Win-Q

공유압

기능사 필기+실기

합격에 윙크
WIN-Q
하다^

공유압기능사 필기+실기

Always with you

사람이 길에서 우연하게 만나거나 함께 살아가는 것만이 인연은 아니라고 생각합니다.
책을 펴내는 출판사와 그 책을 읽는 독자의 만남도 소중한 인연입니다.
SD에듀는 항상 독자의 마음을 헤아리기 위해 노력하고 있습니다.
늘 독자와 함께하겠습니다.

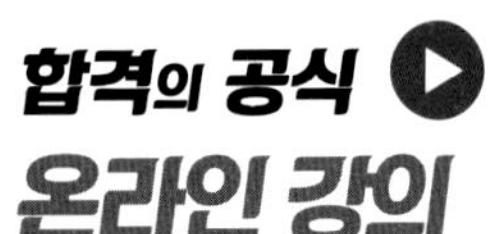

자격증 • 공무원 • 금융/보험 • 면허증 • 언어/외국어 • 검정고시/독학사 • 기업체/취업
이 시대의 모든 합격! SD에듀에서 합격하세요!
www.youtube.com → SD에듀 → 구독

머리말

공유압 분야의 전문가를 향한 첫 발걸음!

공유압 제어 기술은 근래 각광받고 있는 메커트로닉스 분야, 공장 또는 생산 자동화 분야의 기본, 기초 기술로써 많이 활용되고 있다. 최근 국내 산업현장은 인건비 상승과 생산성 향상을 위하여 다양한 자동화 설비를 구축하여 기업의 경쟁력을 강화하고 있는 실정이다.

공유압 제어 기술은 자동화의 기본요소 분야에 속하면서도 응용 분야로 활용되고 있어 단기간에 기술 축적이 어렵지만 성숙 단계에 진입하면 산업 연관 효과가 큰 고부가가치 기술의 특징을 갖고 있다. 또한, 신기술, 신학문에 속하는 공유압 제어 기술인 공유압기능사 자격증을 취득하게 되면 생산자동화 · 기계정비 · 설비보전기능사, 생산자동화 · 기계정비산업기사, 메커트로닉스 · 설비보전기사 등의 상위 자격증을 취득하는 데 큰 도움이 된다.

공유압기능사 자격을 준비하는 수험생은 공부해야 할 과목이 많고 내용 또한 광범위하여 쉽게 공부하기가 어려운 실정이다. 그러나 최근 많은 기업들이 생산성 향상을 위해서는 생산설비의 유지 관리와 자동화시스템 운용 기술이 무엇보다 중요하다는 인식하에 자동화 관련 자격자를 우대하고 있다. 이에 많은 수험생들이 자동화 관련 분야에 관심을 갖게 되었으며 무엇보다 공유압 제어 분야에 많은 관심을 갖는 수험생들이 늘어나고 있다. 공부해야 할 많은 과목과 광범위한 내용 앞에 수험생들에게 도움을 주고자 윙크(Win-Q) 시리즈 '공유압기능사'를 집필하게 되었다.

윙크(Win-Q) 공유압기능사는 기계정비 국가기술 자격 검정기준에 맞추어 구성하였으며, 수험생들이 반드시 알고 있어야 할 내용과 수년간 출제된 기출문제의 내용 위주로 간결하게 정리되어 짧은 시간 안에 손쉽게 자격을 취득할 수 있게 집필되어 있다.

윙크(Win-Q) 시리즈는 PART 01 핵심이론 + 핵심예제와 PART 02 과년도 + 최근 기출복원문제로 구성되었다. PART 01은 18여년간 치른 기출문제의 Keyword를 철저하게 분석하고, 반복되는 문제를 추려낸 뒤 그에 따른 핵심이론 정리와 예제를 수록하여 빈번하게 출제되는 문제는 반드시 맞힐 수 있게 하였고, PART 02에서는 18여년간의 기출문제에 대한 상세한 해설을 곁들여 최근에 출제되고 있는 새로운 유형의 문제에 대비할 수 있게 하였다.

본 도서는 기출문제를 철저히 분석하여 합격을 위한 핵심 Keyword식의 내용 위주로 제시되었기 때문에 이론에 대해 좀 더 상세히 알고자 하는 수험생들에게는 불편한 책이 될 수도 있을 것이다. 하지만 전공자라면 대부분 관련 도서를 구비하고 있을 것이고 그러한 도서를 참고하여 공부를 해 나간다면 좀 더 효과적으로 시험에 대비할 수 있을 것이라 생각한다.

효과적인 자격증 대비서로서 기존의 부담스러웠던 수험서에서 과감하게 군살을 제거하여 꼭 필요한 공부만 할 수 있도록 한 윙크(Win-Q) 시리즈가 수험준비생들에게 '합격비법노트'로서 함께하는 수험서로 자리 잡길 바란다. 수험생 여러분들의 건승을 기원한다.

편저자 씀

시험안내

개 요

공유압축기와 유압펌프, 각종 제어밸브, 공유압실린더와 기타 부속기기 등을 점검 · 정비 및 유지관리의 업무를 수행한다.

수행직무 및 진로

공기압축기나 유압펌프를 활용해 기계에너지를 압력에너지로 변환시키는 장치를 정비하고 유지 · 관리하는 직무를 수행한다. 관련 직업으로는 중장비정비원, 설비기술자(산업기계, 생산설비, 자동화, 선박 등)가 있다.

시험일정

구 분	필기원서접수 (인터넷)	필기시험	필기합격 (예정자)발표	실기원서접수	실기시험	최종 합격자 발표일
제1회	1월 초순	1월 하순	2월 초순	2월 중순	3월 하순	4월 중순
제2회	3월 중순	4월 초순	4월 중순	5월 초순	6월 초순	7월 초순
제3회	5월 하순	6월 하순	7월 초순	7월 중순	8월 중순	9월 중순
제4회	8월 하순	9월 중순	10월 중순	10월 중순	11월 중순	12월 중순

※ 상기 시험일정은 시행처의 사정에 따라 변경될 수 있으니, www.q-net.or.kr에서 확인하시기 바랍니다.

시험요강

❶ 시행처 : 한국산업인력공단

❷ 시험과목

㉠ 필기 : 1. 공유압 일반 2. 기계제도(비절삭) 및 기계요소 3. 기초전기일반

㉡ 실기 : 공유압 실무

❸ 검정방법

㉠ 필기 : 객관식 60문항(60분)

㉡ 실기 : 작업형(2시간 30분 정도)

❹ 합격기준

㉠ 필기 : 100점을 만점으로 하여 60점 이상

㉡ 실기 : 100점을 만점으로 하여 60점 이상

검정현황

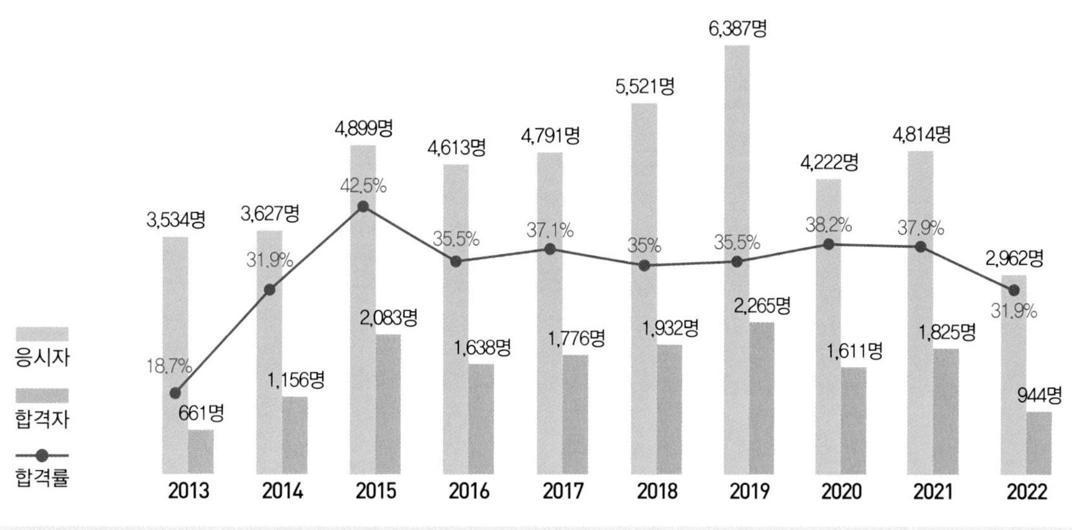

필기시험

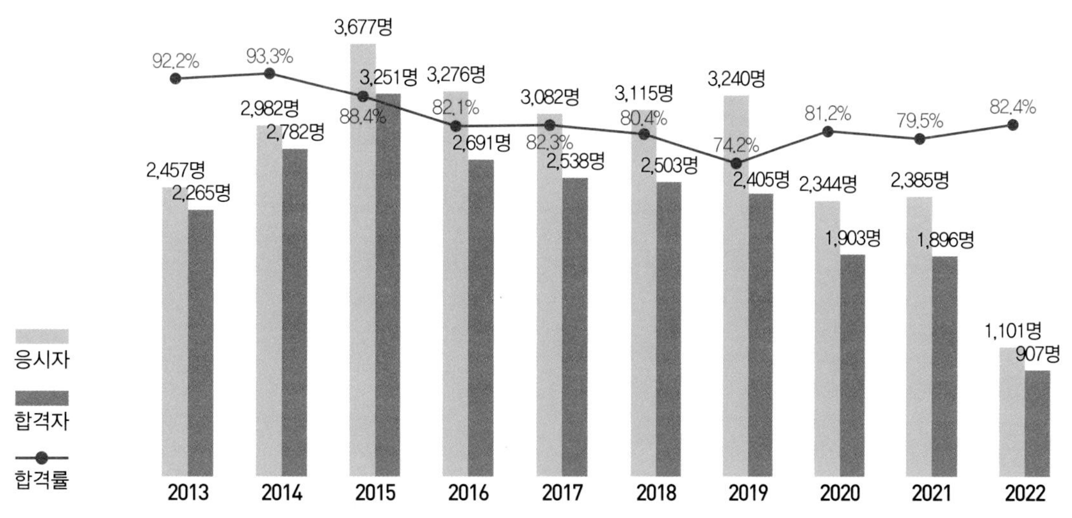

실기시험

시험안내

출제기준

필기과목명	주요항목	세부항목	세세항목
공유압 일반 · 기계제도(비절삭) 및 기계요소 · 기초전기일반	공유압 일반	공유압의 개요	• 기초이론 • 공유압의 이론 • 공유압의 특성
		공압기기	• 공기압 발생장치 • 공기청정화기기 • 압축공기 조정기기 • 공압방향제어밸브 • 공압압력제어밸브 • 공압유량제어밸브 • 공압액추에이터 • 공압 부속기기
		유압기기	• 유압 발생장치 • 유압방향제어밸브 • 유압압력제어밸브 • 유압유량제어밸브 • 유압액추에이터 • 유압 부속기기 • 유압작동유
		공유압기호	• 공압기호 • 유압기호 • 전기기호
		공유압회로	• 공압회로 • 유압회로 • 전기공유압의 개요 • 시퀀스회로의 설계 • 전기공압회로의 설계 • 전기유압회로의 설계

출제비율

공유압 일반	기계제도(비절삭) 및 기계요소	기초전기일반
50%	25%	25%

필기과목명	주요항목	세부항목	세세항목
공유압 일반 · 기계제도(비절삭) 및 기계요소 · 기초전기일반	기계제도(비절삭) 및 기계요소	제도통칙	• 일반사항(도면, 척도, 문자 등) • 선의 종류 및 용도 표시법 • 투상법 • 도형의 표시방법 • 치수의 표시방법 • 기계요소 표시법 • 배관도시기호
		기계요소	• 기계설계의 기초 • 재료의 강도와 변형 • 나사, 리벳 • 키, 핀 • 축, 베어링 • 기어 • 벨트, 체인 • 스프링, 브레이크
	기초전기일반	직 · 교류회로	• 전기회로의 전압, 전류, 저항 • 전력과 열량 • 직 · 교류회로의 기초 • 교류에 대한 RLC의 작용 • 단상, 3상 교류
		전기기기의 구조와 원리 및 운전	• 직류기 • 유도 전동기 • 정류기
		시퀀스 제어	• 시퀀스 제어의 개요 • 제어요소와 논리회로 • 시퀀스 제어의 기본회로 및 이론 • 전동기 제어일반 • 센서의 종류와 특성 • 릴레이, 타이머
		전기 측정	• 전류의 측정 • 전압의 측정 • 저항의 측정

CBT 응시 요령

기능사 종목 전면 CBT 시행에 따른

CBT 완전 정복!

"CBT 가상 체험 서비스 제공"

한국산업인력공단
(http://www.q-net.or.kr) 참고

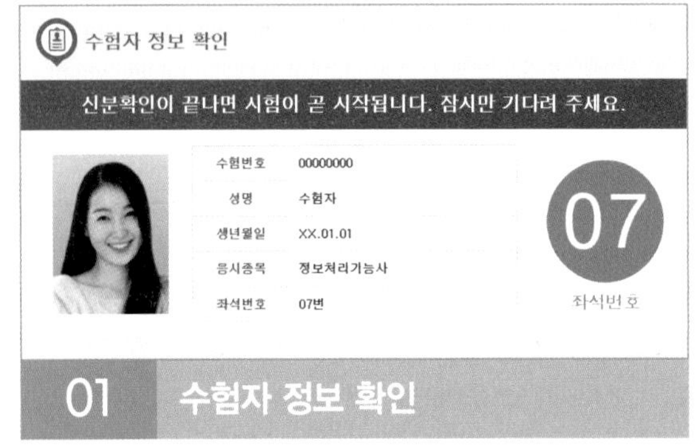

시험장 감독위원이 컴퓨터에 나온 수험자 정보와 신분증이 일치하는지를 확인하는 단계입니다. 수험번호, 성명, 생년월일, 응시종목, 좌석번호를 확인합니다.

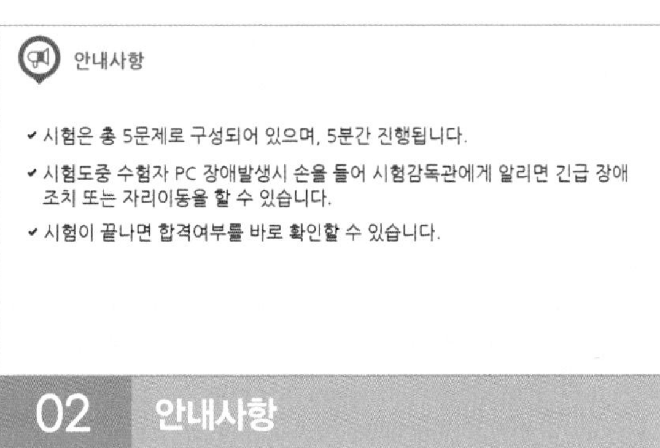

시험에 관한 안내사항을 확인합니다.

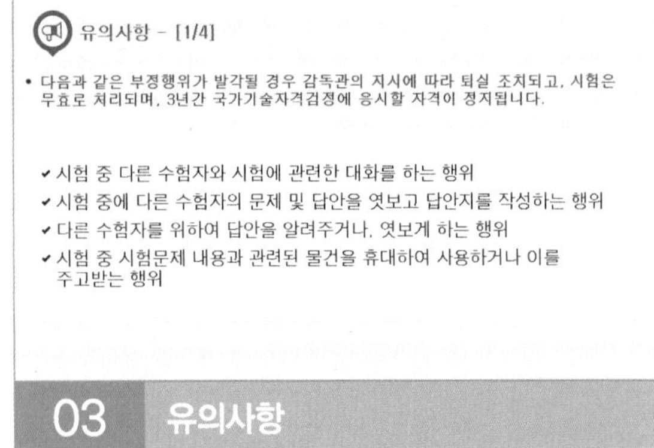

부정행위에 관한 유의사항이므로 꼼꼼히 확인합니다.

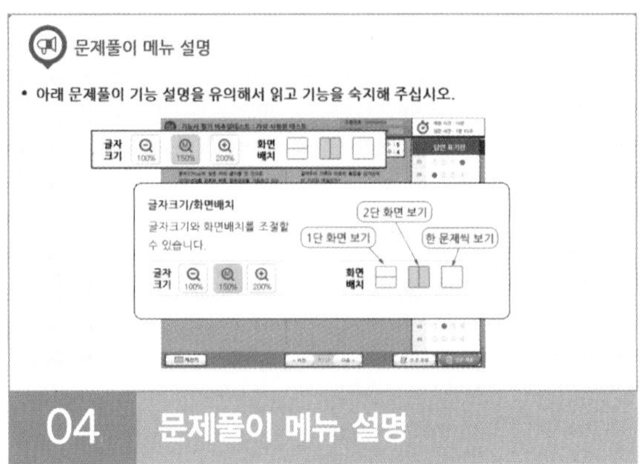

문제풀이 메뉴의 기능에 관한 설명을 유의해서 읽고 기능을 숙지해 주세요.

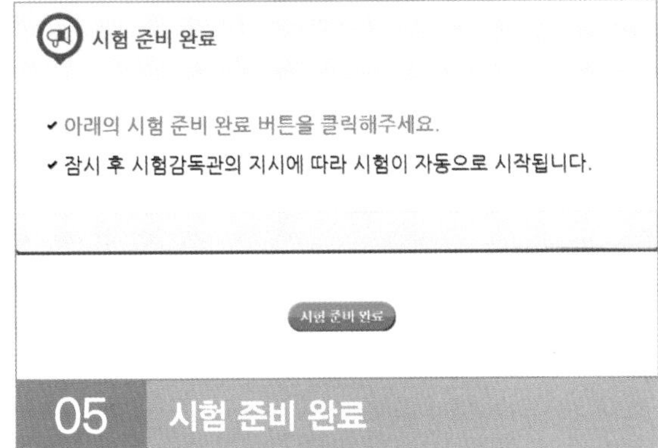

05 시험 준비 완료

시험 안내사항 및 문제풀이 연습까지 모두 마친 수험자는 시험 준비 완료 버튼을 클릭한 후 잠시 대기합니다.

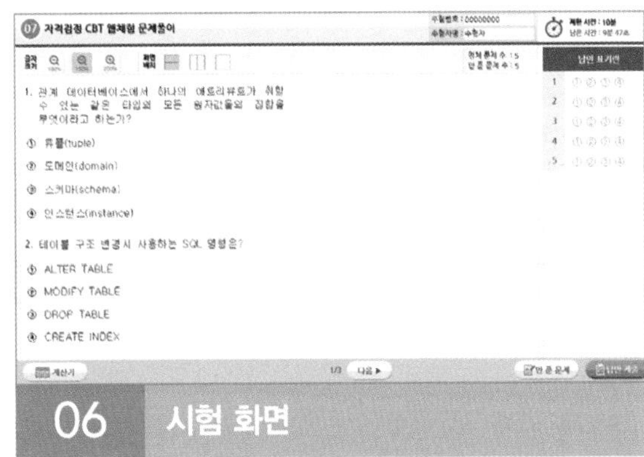

06 시험 화면

시험 화면이 뜨면 수험번호와 수험자명을 확인하고, 글자크기 및 화면배치를 조절한 후 시험을 시작합니다.

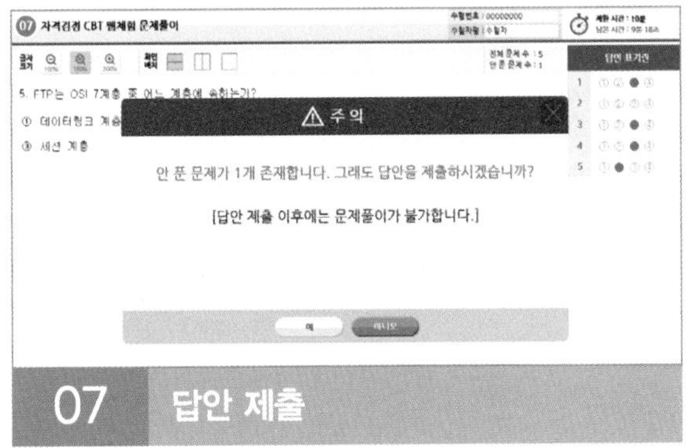

07 답안 제출

[답안 제출] 버튼을 클릭하면 답안 제출 승인 알림창이 나옵니다. 시험을 마치려면 [예] 버튼을 클릭하고 시험을 계속 진행하려면 [아니오] 버튼을 클릭하면 됩니다. 답안 제출은 실수 방지를 위해 두 번의 확인 과정을 거칩니다. [예] 버튼을 누르면 답안 제출이 완료되며 득점 및 합격여부 등을 확인할 수 있습니다.

CBT 완전 정복 Tip

내 시험에만 집중할 것

CBT 시험은 같은 고사장이라도 각기 다른 시험이 진행되고 있으니 자신의 시험에만 집중하면 됩니다.

이상이 있을 경우 조용히 손을 들 것

컴퓨터로 진행되는 시험이기 때문에 프로그램상의 문제가 있을 수 있습니다. 이때 조용히 손을 들어 감독관에게 문제점을 알리며, 큰 소리를 내는 등 다른 사람에게 피해를 주는 일이 없도록 합니다.

연습 용지를 요청할 것

응시자의 요청에 한해 연습 용지를 제공하고 있습니다. 필요시 연습 용지를 요청하며 미리 시험에 관련된 내용을 적어놓지 않도록 합니다. 연습 용지는 시험이 종료되면 회수되므로 들고 나가지 않도록 유의합니다.

답안 제출은 신중하게 할 것

답안은 제한 시간 내에 언제든 제출할 수 있지만 한 번 제출하게 되면 더 이상의 문제풀이가 불가합니다. 안 푼 문제가 있는지 또는 맞게 표기하였는지 다시 한 번 확인합니다.

이 책의 구성과 특징

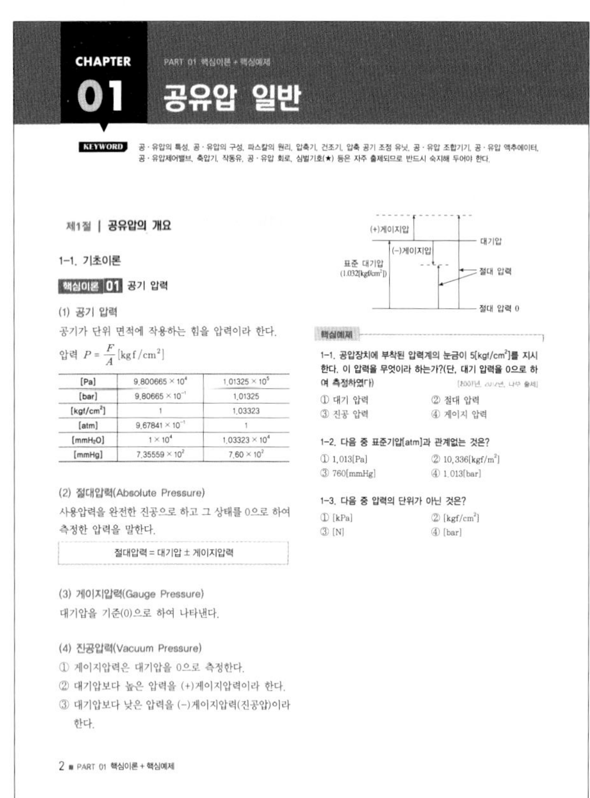

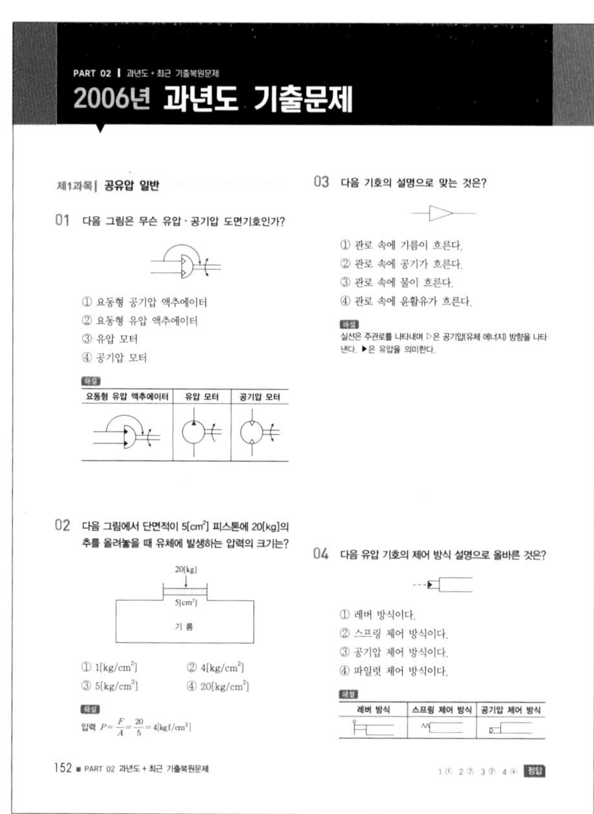

핵심이론 + 핵심예제

필수적으로 학습해야 하는 중요한 이론과 문제를 각 과목별로 분류하여 수록하였습니다.
시험과 관계없는 두꺼운 기본서의 복잡한 이론은 이제 그만! 시험에 꼭 나오는 이론을 중심으로 효과적으로 공부하십시오.

과년도 기출문제

지금까지 출제된 과년도 기출문제를 수록하였습니다. 각 문제에는 자세한 해설이 추가되어 핵심이론만으로는 아쉬운 내용을 보충 학습하고 출제경향의 변화를 확인할 수 있습니다.

PART 02 | 과년도 + 최근 기출복원문제

2023년 제3회 최근 기출복원문제

제1과목 | **공유압 일반**

01 **작동유의 열화를 촉진하는 원인이 아닌 것은?**

① 유온이 너무 높음
② 기포의 혼입
③ 플러깅 불량에 의한 열화된 기름의 잔존
④ 점도의 부적당

해설
① 유온이 너무 높음 → 국부적으로 발열이 발생한다.
② 기포의 혼입 → 캐비테이션 발생으로 열화가 촉진된다.
③ 플러깅 불량에 의한 열화된 기름의 잔존 → 열화된 작동유는 열화를 촉진시킨다.

02 **유압장치에서 방향제어밸브의 일종으로 출구가 고압 측 입구에 자동으로 접속되는 동시에 저압 측 입구를 닫는 작용을 하는 밸브는?**

① 셀렉터 밸브
② 셔틀밸브
③ 바이패스 밸브
④ 체크밸브

해설
① 셀렉터 밸브 : 선택밸브
③ 바이패스 밸브 : 전 유량을 한 가지 기능에 사용하는 경우나 다른 기능을 위해 유량을 흘려보내야 하는 경우 등에 사용하는 밸브
④ 체크밸브 : 한쪽 방향의 유동은 허용하고, 반대 방향의 흐름은 차단하는 밸브

03 **유압동기회로에서 2개의 실린더가 같은 속도로 움직일 수 있도록 위치를 제어해 주는 밸브는?**

① 셔틀밸브
② 분류밸브
③ 바이패스 밸브
④ 서보밸브

해설
① 셔틀밸브(OR 밸브, Shuttle Valve) : 두 개 이상의 입구와 한 개의 출구를 갖춘 밸브로, 둘 중 한 개 이상 압력이 작용할 때 출구에 출력신호가 발생한다(양 체크밸브 또는 OR 밸브) 양쪽 입구로 고압과 저압이 유입될 때 고압쪽이 출력된다(고압우선 셔틀밸브).
③ 바이패스 밸브(By-pass Valve) : 전 유량을 한 가지 기능에 사용하는 경우나 다른 기능을 위해 유량을 흘려보내야 하는 경우 등에 사용한다.
④ 서보밸브(Servo Valve) : 유체의 흐름 방향, 유량, 위치를 조절할 수 있다.

04 **오일탱크 내의 압력을 대기압 상태로 유지시키는 역할을 하는 것은?**

① 가열기 ② 분리판
③ 스트레이너 ④ 에어 브리더

해설
① 가열기 : 작동유의 온도가 저하되면 점도가 높아지므로(펌프의 흡입 불량, 장치의 기동 곤란, 압력손실 증대, 과대한 진동 등이 발생함) 최적의 작업온도를 얻고자 할 때 히터(Heater)가 사용된다.
② 분리판 : 탱크 내부에 분리판(Baffle Plate)을 설치하여 펌프의 흡입쪽과 귀환쪽을 구별하고, 기름이 탱크 내에서 천천히 환류하도록 하여 불순물을 침전시키며 기포의 방출, 기름의 방열을 돕고 기름 온도를 균일하게 한다.
③ 스트레이너 : 펌프의 흡입쪽에 설치하여 불순물 여과작용을 한다.

정답 1 ④ 2 ② 3 ② 4 ④

2023년 제3회 최근 기출복원문제 ▪ 581

CHAPTER 01 PART 03 NCS 기반 실기시험 예상문제

공기압시스템 설계 및 구성 작업

※ 시험시간 : 1시간 30분

▌요구사항 확인하기

※ 지급된 재료 및 시설을 사용하여 아래 작업을 완성하시오.

가. 공기압기기 배치(각 과제별 공통사항임)

1) 공기압회로와 같이 공기압기기를 선정하여 고정판에 배치하시오(단, 공기압기기는 수평 또는 수직 방향으로 수험자가 임의로 배치하고, 리밋 스위치는 방향성을 고려하여 설치하시오).

2) 공기압호스를 적절한 길이로 절단 및 사용하여 기기를 연결하시오(단, 공기압호스가 시스템 동작에 영향을 주지 않도록 정리하시오).

3) 작업압력(서비스 유닛)을 0.5±0.05MPa로 설정하시오.

나. 공기압회로 설계 및 구성

1) **기본동작**(모든 문제가 동일하다)

PBS1을 1회 ON-OFF하면 주어진 변위단계선도에 따라 실린더 A, B, C가 1사이클 동작하도록 시스템을 구성하시오(단, 전기 배선은 +는 적색으로, -는 청색 또는 흑색으로 연결하고, 전선이 시스템 동작에 영향을 주지 않도록 정리하시오).

※ 기본동작 요구사항, 공기압회로도, 변위단계선도를 참고하여 전기회로도를 설계하면 된다. 본 서적은 스테퍼 방식 중 후회로 차단법으로 설계하였다.

2) **연속동작**(모든 문제가 동일하다)

PBS2를 1회 ON-OFF하면 기본동작을 3사이클 동작한 후 정지하고, PBS3를 1회 ON-OFF하면 리셋되도록 시스템을 구성하시오.

3) **시스템 유지보수**

가) …항, 나) …항, 다) …항, 라) …항은 과제별 내용이 다르다.

4) **정리정돈**(모든 문제가 동일하다)

평가 종료 후 작업한 자리의 부품 정리, 공기압 호스 정리, 전선 정리 등 모든 상태를 초기 상태로 정리하시오.

598 ▪ PART 03 NCS 기반 실기시험 예상문제

최근 기출복원문제

최근에 출제된 기출문제를 복원하여 가장 최신의 출제경향을 파악하고 새롭게 출제된 문제의 유형을 익혀 처음 보는 문제들도 모두 맞힐 수 있도록 하였습니다.

NCS 기반 실기시험 예상문제

시험에 꼭 나오는 실기시험 예상문제를 수록하여 수험생들이 실기시험 문제를 미리 공부하여 시험에 합격할 수 있도록 하였습니다.

최신 기출문제 출제경향

2020년 1회

- 실린더 호칭, 설치, 종류별 특징, 각종 심벌(기호) 명칭, 회로도 해석 등 다수 출제
- 압력 단위, 압력 관련 계산식, 논리식 등 기본 문제 출제
- 기초전기 기본 공식과 계산 문제 다수 출제
- 기계제도에 대한 기초지식과 기계요소의 명칭 및 특성을 물어보는 문제 출제

2020년 3회

- 유압기기 및 기호, 유압회로도, 액추에이터 등 기호 관련 문제 출제
- 압력 계산 문제, 공유압 특성, 이론 문제 출제
- 기초전기 기본 공식과 계산 문제 다수 출제
- 기계요소 부품에 대한 기초 문제와 재료 강도 계산 문제 출제

2021년 1회

- 공압청정화장치에서 다수 출제
- 유압 부속장치와 작동유에서 다수 출제
- 회로 해석과 기호 판독에 관한 문제 다수 출제
- 기계요소 부품에 대한 문제 다수 출제
- 기초전기 계산 문제 다수 출제

2021년 3회

- 실린더의 종류별 특징과 각종 심벌 명칭 등 다수 출제
- 공유압 전반에 걸쳐 다양한 문제 다수 출제
- 기계요소의 종류 및 특징
- 기초전기 계산 문제 다수 출제

2022년 1회

- 공유압 기존 기출문제의 보기가 변경되어 다수 출제
- 기초전기일반은 기본내용의 계산 문제가 다수 출제
- 기계제도 및 기계요소에서 지문 보기가 변경되어 다수 출제

2022년 3회

- 공유압 기존 기출문제 보기와 내용이 변경되어 다수 출제
- 기초전기일반은 계산 문제가 어렵게 출제
- 기계제도 및 기계요소에서 지문 보기가 변경되어 다수 출제

2023년 1회

- 공유압 기초이론 공식 및 계산 문제 다수 출제
- 기계요소의 다양한 문제 출제
- 기초전기일반은 공식과 계산 문제 다수 출제

※기출문제 해설을 꼼꼼하게 읽어 보고 시험을 준비해야 함

2023년 3회

- 공유압 기초이론 공식 및 계산 문제 꾸준히 출제
- 기계제도 도면 해석 문제들이 새롭게 출제
- 기초전기일반은 다양한 문제들이 새롭게 출제

※기출문제 해설을 꼼꼼하게 읽어 보고 시험을 준비해야 함

D-20 스터디 플래너

20일 완성!

D-20	D-19	D-18	D-17
✰ 시험안내 및 빨간키 훑어보기	✰ CHAPTER 01 공유압 일반 1. 공유압의 개요	✰ CHAPTER 01 공유압 일반 2. 공압기기	✰ CHAPTER 01 공유압 일반 3. 유압기기

D-16	D-15	D-14	D-13
✰ CHAPTER 01 공유압 일반 4. 공유압기호	✰ CHAPTER 01 공유압 일반 5. 공유압회로	✰ CHAPTER 02 기계제도(비절삭) 및 기계요소 1. 제도통칙	✰ CHAPTER 02 기계제도(비절삭) 및 기계요소 2. 기계요소

D-12	D-11	D-10	D-9
✰ CHAPTER 03 기초전기일반 1. 직 · 교류회로	✰ CHAPTER 03 기초전기일반 2. 전기와 자기	✰ CHAPTER 03 기초전기일반 3. 전기기기의 구조와 원리 및 운전	✰ CHAPTER 03 기초전기일반 4. 시퀀스제어

D-8	D-7	D-6	D-5
✰ CHAPTER 03 기초전기일반 5. 전기측정	2006~2008년 과년도 기출문제 풀이	2009~2011년 과년도 기출문제 풀이	2012~2013년 과년도 기출문제 풀이

D-4	D-3	D-2	D-1
2014~2016년 과년도 기출문제 풀이	2017~2019년 과년도 기출복원문제 풀이	2020~2022년 과년도 기출복원문제 풀이	2023년 최근 기출복원문제 풀이

합격 수기

안녕하세요. 졸업하고 아직 취업 준비 중인 취준생이에요.

자격증 하나 딸까 하고, 검색하던 중에 이 카페를 알게 됐어요.
매번 눈팅만 하다가 제가 이렇게 합격을 해서 글을 남기고 있네요. 말 주변이 없어서 어떻게 공부했는지에 대해서만 간략하게 설명할게요.
교재는 윙크 공유압 기능사책으로 기간은 3주 준비했습니다.
1과목은 이론 전반적인 내용을 공부해야 좋을 것 같아요. 서술형 문제가 좀 나오거든요. 그림은 기호 중에서도 중복되는 것들은 무조건 외우고 가세요.
2과목은 순서문제나, 단어는 외우고 가세요. 무엇 무엇에 대한 설명은 무엇인가? 하고 보기의 단어들이 나열되는 문제가 많이 나옵니다. 선, 기호, 투상도, 입체도 문제도 꼭 나오니 참고하시길 바랍니다. 3과목은 계산문제, 회로, 논리식과 같은 숫자들이 많이 나오는 문제들이 출제되더군요. 다만 기출문제들 중에 숫자까지 똑같이 나오는 문제들은 많이 없습니다. 대신 푸는 식은 동일하니 답 외워가지 마시고 식을 외우세요. 식만 알고 있으면 계산문제는 계산기 없이도 문제를 풀 만큼 수준이 쉽습니다.
취업 준비하면서 너무 지치고, 자심감이 많이 떨어졌었는데 이번에 합격하면서 좋은 기운을 많이 받아가네요.
시험 준비하시는 분들도 모두 합격했으면 좋겠습니다!

2020년 공유압기능사 합격자

안녕하세요 매번 탈락 후기만 적다가... 와! 드디어...

어떻게들 공부하셨어요? 진짜 완전 65점 간신히 합격한거 있죠? 와.. 저 떨어졌으면 울었을뻔!
아. 진짜 대박인게 빨간키? 그거 안보고 갔으면 진짜 백퍼 떨어졌어요. 그거 마지막에 보고 시험을 봤는데 그 덕에 4문제인가? 5문제 풀었어요. 그거 안봤음 완전 백이십퍼 떨어졌음.. 생각만해도 소오름.. 전 사실 공부 많이 못했거든요;; 그래도 진짜 간신히 이렇게 합격할 수 있었던 건 순전히 이 책 때문입니다. 솔직히 준비한 시간이 진짜로.. 한 2주??? 그마저도 좀 못되는 것 같은데.. 여튼 그정도 준비해서 합격한거면 운이 좋았다고 해야할지 책이 좋았다고 해야할지..;;하하;; 그렇다고 공부를 전혀 안했다는 것은 아닙니다! 순전히 운으로만 시험에 합격하기는 힘들죠. 책의 도움을 많이 받았습니다. 저는 오프라인으로 책을 주문했는데 책 소개 보니깐 단기간에 합격할 수 있다. 이런 멘트가 있어서 그냥 '식상하다' 하고 생각했었는데 아. 진심! 레알! 단기간에 합격할 수 있어요. 왜냐면 책이 얇거든요. 게다가 책의 반이 기출이라는 것! 맘만 다잡으면 진짜 한 권 금방 끝냅니다. 그리고 솔직히 책 한 권 풀고 가면 웬만하면 기능사는 합격한다고 봅니다. 저도 공부를 깊게 파지 않아서 그렇다는 거지, 이 책 한권은 끝내고 갔습니다. 문제는 CBT로 전면 바뀌면서 출제경향? 출제기준이 너무 랜덤이라.. 저는 1과목에서 좀 많이 나왔는데, 어떤 분은 2과목에서 많이 나왔다 하시니 어디에서 많이 출제가 된다고 하기엔 조심스럽구요. 다만 제가 공부하면서 명확하게 말씀드릴 수 있는 것은 기출 중복되는 문제들 있잖아요. 그거 분명히 시험 보면 중복해서 또 나옵니다. 아에 새로운 문제들이 매번 나오진 않아요. 새로운 문제들은 솔직히 많이 없어요. 거의 기출에서 나왔던 거 똑같이 나오거나! 아님 약간 변형되서 나오니깐 새로운 유형을 익히려고 하지 마시고 기존에 있던 것만 충실하게 공부하면 됩니다. 아! 그리고 그림문제, 계산문제 놓치지 말고 꼭 공부하시고 시험보세요. 은근 많이 나와요! 요정도가 제 합격수기가 되겠네요. 그럼 다들 열공하시길~~!

2021년 공유압기능사 합격자

이 책의 목차

빨 간 키

합격의 공식 SD에듀 www.sdedu.co.kr

당신의 시험에 빨간불이 들어왔다면!

최다빈출키워드만 쏙쏙! 모아놓은

합격비법 핵심 요약집 "빨간키"와 함께하세요!

당신을 합격의 문으로 안내합니다.

01 공유압 일반

파스칼의 원리

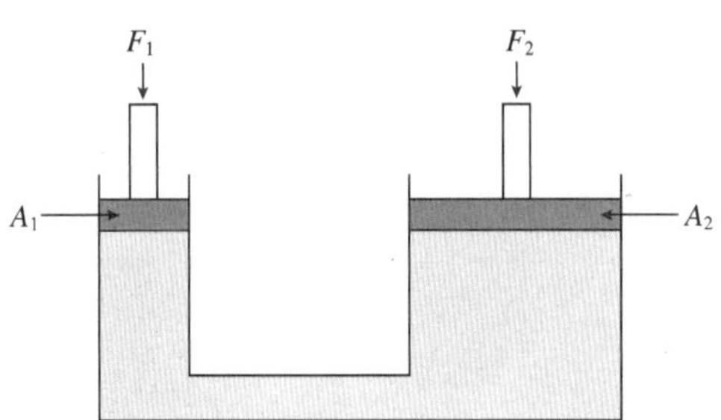

- 경계를 이루고 있는 어떤 표면 위에 정지하고 있는 유체의 압력은 그 표면에 수직으로 작용한다.
- 정지 유체 내의 점에 작용하는 압력의 크기는 모든 방향으로 같게 작용한다.
- 정지하고 있는 유체 중의 압력은 그 무게가 무시될 수 있으면 그 유체 내의 어디에서나 같다.

$$P = \frac{F}{A},\ P = \frac{F_1}{A_1} = \frac{F_2}{A_2},\ F_2 = F_1 \times \frac{A_2}{A_1}$$

절대압력과 게이지압력

- 절대압력 : 사용압력을 완전한 진공으로 하고 그 상태를 0으로 하여 측정한 압력(절대압력 = 대기압 ± 게이지압력)
- 게이지 압력 : 대기압을 기준(대기압의 압력을 0)으로 대기압보다 높은 압력을 (+)게이지압력, 대기압보다 낮은 압력을 (−)게이지 압력 또는 진공압이라 한다.

공압장치의 특성

공압장치의 장점	공압장치의 단점
• 압축공기를 간단히 얻을 수 있다. • 힘의 증폭이 용이하다. • 힘의 전달이 간단(무단변속이 가능)하고 어떤 형태로도 전달이 가능하다. • 작업 속도 변경이 가능하며 제어가 간단하다. • 취급이 간단하다. • 인화의 위험 및 서지압력 발생이 없고 과부하에 안전하다. • 압축공기(에너지)를 축적할 수 있다(공기 저장탱크에 저장). • 탄력이 있다(완충 작용 = 공기 스프링 역할).	• 큰 힘을 얻을 수 없다(보통 3[ton] 이하). • 공기의 압축성으로 위치 제어성이 나쁘다. • 저속에서 균일한 속도를 얻을 수 없다(Stick-Slip 현상 발생). • 응답 속도가 늦다. • 배기 시 소음이 크다. • 초기 에너지 생산 비용이 많이 든다.

공압장치의 구성

- 동력원 : 엔진, 전동기
- 공압발생부 : 압축기, 탱크, 애프터 쿨러
- 공압 청정부 : 필터, 에어드라이어, 루브리케이터
- 제어부 : 압력・방향・유량제어 밸브
- 구동부(액추에이터) : 실린더, 공압 모터, 공압 요동형 액추에이터

공기 압력

- 공기가 단위 면적에 작용하는 힘
- 압력 $P = \frac{F}{A}[\mathrm{kgf/cm^2}]$
- $1[\mathrm{kgf/cm^2}] = 9.80665 \times 10^{-1}[\mathrm{bar}] = 9.80665 \times 10^4[\mathrm{Pa}] = 9.678 \times 10^{-1}[\mathrm{atm}]$

공기압축기 분류

용적형	터보형
• 왕복식 ─┬ 피스톤식 　　　　　└ 다이어프램식 • 회전식 ─┬ 나사식(스크루식) 　　　　　├ 베인식 　　　　　└ 루터 블로어	• 원심식 • 축류식

공기 건조기(제습기)

- 냉동식 건조기
  - 이슬점 온도를 낮추는 원리를 이용
  - 공기를 강제로 냉각시켜 수증기를 응축시켜 수분을 제거하는 방식
- 흡착식 건조기
  - 고실리카겔, 활성알루미나, 실리콘다이옥사이드를 사용하는 물리적 과정의 방식
  - 수분이 고체표면에 붙어버리도록 하는 건조기
  - 가열기가 부착된 히트형과 건조공기의 일부를 사용하는 히트리스형이 있다.
  - 최대 −70[℃]의 저노점을 얻을 수 있다.
- 흡수식 건조기
  - 흡수액(염화리튬, 수용액, 폴리에틸렌)을 사용한 화학적 과정의 방식
  - 장비설치가 간단하다.
  - 움직이는 부분이 없어 기계적 마모가 적다.

▮ 압축공기 조정 유닛

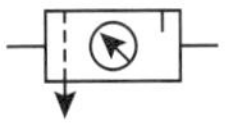

기기의 윤활, 압력 조정, 드레인 제거를 행할 수 있도록 제작된 기기로 압축공기 필터, 압축공기 조절기, 압축공기 윤활기 등 세 가지 기기를 편리하도록 조합한 것

▮ 공·유압 변환기

- 공기 압력을 동일 압력의 유압으로 변환하는 기기(저압의 유압이 쉽게 얻어진다)
- 사용상 주의할 점
  - 수직으로 설치
  - 액추에이터 및 배관 내의 공기를 제거(밀봉 유지)
  - 액추에이터보다 높은 위치에 설치
  - 정기적으로 유량을 점검(부족 시 보충)
  - 열의 발생이 있는 곳에서 사용 금지

▮ 하이드롤릭 체크 유닛

- 보통 공압실린더와 결합하여 운동을 제어하는 액체를 봉입한 실린더
- 내장된 스로틀 밸브를 조정하여 공압실린더의 속도를 제어하는 데 사용
- 바이패스 밸브를 설치하면 중간정지도 가능
- 자력에 의한 작동기능은 없으며, 외부로부터의 피스톤 로드를 전진시키려는 힘이 작용되었을 때에 작동
- 유압 실린더의 양쪽 챔버를 바이패스 관에 접속하고, 그 관로의 도중에 스로틀 밸브를 둔 구조
- 작동할 때 피스톤 로드의 움직임에 의한 내부 유량의 변화를 흡수하기 위해 인덕터라고 부르는 일종의 축압기를 두고 있다.

▮ 증압기

- 공기압을 이용하여 오일로 증압기를 작동시켜 수십 가지 유압으로 변환시키는 배력 장치
- 입구측 압력을 그와 비례한 높은 출력측 압력으로 변환하는 기기
- 직압식과 예압식의 두 종류가 있다.

복동 실린더 출력 계산

- 복동 실린더의 출력(힘)
  - 전진 시 : $F = P \cdot A \cdot \mu$(μ : 실린더의 추력 계수)
  - 후진 시 : $F = P(A - Ar)\mu$(Ar : 실린더 로드의 단면적)
- 실린더의 크기(출력) 결정 요소
  - 실린더 안지름
  - 로드 지름
  - 사용 공기 압력

필터(공기 여과기)

공기여과 방식	드레인 배출 형식	여과도에 따라
• 원심력을 이용하여 분리 • 충돌판을 닿게 하여 분리 • 흡습제를 사용하여 분리 • 냉각하여 분리	• 수동식 • 자동식 - 플로트식 - 파일럿식 - 전동기 구동 방식	• 정밀용 : 5~20[μm] • 일반용 : 44[μm] • 메인라인용 : 50[μm] 이상 ※ 일반 실린더용 : 40~70[μm]

공압작업요소

액추에이터는 유체 에너지(압력)를 기계적인 에너지로 변환하는 기기이다.

- 피스톤 형식에 따른 분류
  - 피스톤 실린더
  - 램형 실린더
  - 다이어프램형(비피스톤) 실린더
  - 벨로스형 실린더
- 작동방식에 따른 분류
  - 단동실린더(단동피스톤식, 격판식, 롤링격판스프링식, 벨로스식)
  - 복동실린더(양로드형, 다위치제어형, 탠덤형, 충격형, 쿠션내장형)
  - 차압작동실린더
- 복합 실린더의 종류
  - 텔리스코프 실린더 : 긴 행정을 지탱할 수 있는 다단 튜브형 로드를 갖춤
  - 탠덤 실린더 : 복수의 피스톤을 n개 연결시켜 n배의 출력을 얻을 수 있도록 한 것
  - 듀얼스트로크 실린더 : 2개의 스트로크를 가진 실린더로 다른 2개의 실린더를 직결로 조합한 것과 같은 기능

공압 모터의 특징(회전운동식 작업요소)

- 공압 모터의 종류 : 회전 날개형(베인형), 피스톤형

공압 모터의 장점	공압 모터의 단점
• 시동 정지가 원활, 출력 대 중량비가 크다. • 과부하 시 위험성이 없다. • 속도제어와 정역 회전 변환이 간단하다. • 폭발의 위험성이 없어 안전하다. • 에너지 축적으로 정전 시에도 작동이 가능하다. • 주위 온도, 습도 등의 큰 제한을 받지 않는다. • 작업 환경을 청결하게 할 수 있다. • 공압 모터의 자체 발열이 적다. • 압축 공기 이외에 질소 가스, 탄산가스 등도 사용 가능하다.	• 에너지 변환효율이 낮다. • 압축성 때문에 제어성이 나쁘다. • 회전속도의 변동이 크다. 따라서 고정도를 유지하기 힘들다. • 소음이 크다.

- 요동형 액추에이터 : 한정된 각도 내에서 회전운동(날개형, 래크 피니언형, 스크루형)

공유압 제어 밸브

- 압력제어 밸브 : 유체 압력을 제어하는 밸브 ⇒ 힘을 제어
- 유량제어 밸브 : 유체 유량을 제어하는 밸브 ⇒ 속도를 제어
- 방향제어 밸브 : 유체 방향을 제어하는 밸브 ⇒ 흐름 방향을 제어

압력제어 밸브 종류와 특징

- 릴리프 밸브 : 압력을 설정값 내로 일정하게 유지하는 밸브
- 감압 밸브 : 장치에 맞는 압력으로 감압하여 안정된 압력을 공급할 목적으로 사용
- 시퀀스 밸브 : 작동순서를 회로의 압력에 의해 제어되는 밸브
- 카운터 밸런스 밸브 : 부하가 급격히 제거되었을 때 일정한 배압을 걸어주는 역할
- 무부하 밸브 : 규정압력 이상으로 되면 배출, 이하가 되면 밸브는 닫히고 다시 작동

유량제어 밸브 종류와 특징

- 교축(Throttle) 밸브 : 유로의 단면적을 교축하여 유량을 제어하는 밸브
- 속도제어 밸브(일방향유량제어밸브) : 유량을 교축하는 동시에 흐름의 방향을 제어하는 밸브
- 급속배기 밸브 : 배출저항을 작게 하여 운동속도를 빠르게 하는 밸브
- 배기교축 밸브 : 방향제어밸브의 배기구에 설치하여 실린더의 속도를 제어하는 밸브
- 분류 밸브 : 2개의 액추에이터가 같은 속도로 동작되도록 제어해 주는 밸브
- 유량비례분류 밸브 : 한 입구에서 두 회로에 분배, 분배비율은 1 : 1~9 : 1 정도

방향제어 밸브 종류와 특징

- 체크 밸브 : 한쪽 방향의 유동은 허용하고 반대 방향의 흐름은 차단하는 밸브
- 셔틀 밸브(OR 밸브) : 입구 중 한 개 이상에 압력이 작용할 때 출력신호가 발생(양체크 밸브, 고압우선 셔틀 밸브)
- 2압 밸브(AND 밸브) : 두 개의 입구에 압력이 작용할 때만 출력신호가 발생. 연동 제어, 안전 제어, 검사 기능, 논리 작동에 사용(저압우선 셔틀 밸브)
- 스톱 밸브 : 유체의 흐름을 정지하거나 흘려보내는 밸브

기타 제어 밸브의 특징

- 공압시간지연밸브 구성
  - 공기저장 탱크
  - 속도제어 밸브
  - 3/2way 밸브
- 전자 밸브(Solenoide Valve) : 전자조작으로 유로의 방향을 전환시키는 밸브
- 비례제어 밸브 : 입력신호가 계속 변하게 되면 출력신호도 비례적으로 변하게 되는 밸브
- 서보 밸브(Servo Valve) : 유체의 흐름방향, 유량, 위치를 조절

연속의 법칙(Law of Continuity)

관 속을 유체가 가득 차서 흐른다면 단위 시간에 단면적 A_1을 통과하는 중량 유량 Q_1는 단면 A_2를 통과하는 중량 유량 Q_2와 같다.

$Q = \gamma_1 A_1 V_1 = \gamma_2 A_2 V_2$, 비압축성 유체일 경우 $\gamma_1 = \gamma_2$이므로

$A_1 V_1 = A_2 V_2 =$ 일정

유압 장치의 특징

유압 장치의 장점	유압 장치의 단점
• 소형 장치로 큰 출력을 얻을 수 있다. • 무단변속이 가능하고 원격제어가 된다. • 정숙한 운전과 반전 및 열 방출성이 우수하다. • 윤활성 및 방청성이 우수하다. • 과부하 시 안전장치가 간단하다. • 전기, 전자의 조합으로 자동 제어가 가능하다.	• 유온의 변화에 액추에이터의 속도가 변화할 수 있다. • 오일에 기포가 섞여 작동이 불량할 수 있다. • 인화의 위험이 있다. • 고압 사용으로 인한 위험성 및 배관이 까다롭다. • 고압에 의한 기름 누설의 우려가 있다. • 장치마다 동력원(펌프와 탱크)이 필요하다.

유압장치의 구성요소

- 동력원 : 오일 탱크, 유압 펌프, 전동기, 릴리프 밸브 등
- 제어부 : 압력・방향・유량제어 밸브 등
- 구동부(액추에이터) : 유압 실린더, 유압 모터, 유압 요동형 모터 등
- 부속기기 : 배관, 여과기, 오일 냉각기 및 가열기, 축압기 등

유압 펌프의 종류

- 용량형 펌프

```
┌회전형 ─┬내접기어형, 외접기어형
│        ├나사펌프
│        └베인펌프 : 평형형(1단, 2단, 2중, 복합), 불평형형
│
└왕복형 ── 피스톤 펌프 : 액시얼형, 레이디얼형
```

- 비용량형 펌프

```
┌원심형 : 터빈 펌프, 벌류트 펌프
├축류형
└혼유형
```

베인 펌프

- 베인 펌프는 로터의 베인이 반지름 방향으로 홈 속에 끼여 있어서 캠링의 내면과 접하여 로터와 함께 회전하면서 오일을 토출한다. 입구・출구 포트, 로터, 베인, 캠링 등이 카트리지로 구성되어 있다.
- 베인 펌프의 특징
  - 토출압력에 대한 맥동이 적고 소음이 작다.
  - 구조가 간단하고 형상이 소형이다.
  - 베인의 선단이 마모해도 기밀이 유지되어 압력저하가 일어나지 않는다.
  - 비교적 고장이 적고 수리 및 관리가 용이하다.
  - 오일의 점성계수 및 청결도에 주의를 요한다.

피스톤(플런저) 펌프

- 피스톤 펌프는 실린더 내부의 피스톤 왕복운동에 의한 용적변화를 이용하여 펌프작용을 한다.
- 축방향 피스톤 펌프(Axial Piston Pump) : 피스톤 운동방향이 실린더 블록의 중심선과 같은 방향인 펌프이며, 사축식과 사판식이 있다.
- 반지름 방향 피스톤 펌프(Radial Piston Pump) : 피스톤의 운동방향이 실린더 블록의 중심선에 직각인 평면 내에서 방사상으로 나열되어 있는 펌프로 회전 캠형(고정 실린더식)과 회전 피스톤(실린더)형이 있다.
- 피스톤 펌프의 특징
  - 고속, 고압의 유압장치에 적합하다.
  - 다른 유압 펌프에 비해 효율이 가장 좋다.
  - 가변용량형 펌프로 많이 사용된다.
  - 구조가 복잡하고 가격이 고가이다.
  - 흡입능력이 가장 낮다.

유압펌프의 동력과 효율

- 이송체적과 토출량 : $Q = n \times V$
- 유압 펌프의 동력
  - 소요 동력 $L_s[\mathrm{kW}] = \dfrac{PTQ}{612 \cdot \eta}$ 또는 $L_s[\mathrm{HP}] = \dfrac{PQ}{450 \cdot \eta}$
  - 펌프 축 동력 $L_p = \dfrac{PQ}{7{,}500\eta}[\mathrm{PS}]$ 또는 $L_p = \dfrac{PQ}{10{,}200\eta}[\mathrm{kW}]$
  - 유압 펌프 축 동력 $L = 2\pi n T_p$(n : 회전수, T_p : 축토크)
- 기계 효율
  - 기계에 부여한 에너지 중 유효한 일이 되는 비율
  - 기계효율 $= \dfrac{\text{이론적 펌프출력}(L_{th})}{\text{펌프에 가해진 동력}(L_s)}$

$$\eta_m = \frac{L - L_m}{L} = \frac{\text{축 동력} - \text{기계손실}}{\text{축 동력}}$$

  - 펌프의 전 효율 : $\eta = \eta_v \cdot \eta_m$ (η_v : 용적효율, η_m : 기계효율)

유압펌프의 효율	• 기어 펌프 : 75~90[%] • 베인 펌프 : 75~90[%] • 피스톤 펌프 : 85~95[%] • 나사 펌프 : 75~85[%]

유압펌프의 고장 원인

• 펌프에서 작동유가 나오지 않는 경우
  - 펌프의 회전 방향과 원동기의 회전 방향이 다른 경우
  - 탱크 내에서 작동유의 유면이 기준 이하로 내려가 있는 경우
  - 흡입관이 막히거나 공기가 흡입되고 있는 경우
  - 펌프의 회전수가 너무 작은 경우
  - 작동유의 점도가 너무 큰 경우
  - 여과기(스트레이너)가 막혀 있는 경우
• 압력이 형성되지 않는 경우
  - 릴리프 밸브의 설정압이 잘못되었거나 작동 불량
  - 유압 회로 중 실린더 및 밸브에서 누설(부하가 걸리지 않음)
  - 펌프 내부의 고장에 의해 압력이 새고 있는 경우(부하가 걸리지 않음)
  - 언로드 밸브 고장
  - 펌프의 고장
• 펌프가 소음을 내는 경우
• 펌프 외부로 작동유가 새는 경우

유압모터의 종류와 특징

• 기어모터 : 구조가 가장 간단, 출력 토크가 일정, 정역전 가능
• 베인모터 : 공급압력이 일정할 때 출력 토크가 일정, 역전 가능, 무단 변속 가능, 가혹한 운전 가능
• 회전 피스톤 모터 : 펌프와 같이 액시얼형과 레이디얼형, 타 모터에 비해 작동 압력이 높다(고압 작동). 효율은 80~90[%]로 양호
• 요동모터(로터리 실린더) : 한정된 각도 내에서 회전요동운동으로 변환. 회전각도는 보통 360° ± 50° 이내

축압기(Accumulator)

용기 내에 오일을 고압으로 압입하여 압유 저장용 용기로 구조가 간단하고 용도도 광범위하여 유압장치에 많이 활용되는 요소

• 가스부하식 : 블래더형, 피스톤형, 벨로스형
• 비가스부하식 : 직압형, 중추식, 스프링형

축압기 설치 시 주의 사항	• 축압기와 펌프 사이에는 역류방지 밸브를 설치 • 축압기와 관로와의 사이에 스톱 밸브를 넣어 토출 압력이 봉입 가스와 압력보다 낮을 때는 차단한 후 가스를 넣어야 함 • 펌프 맥동 방지용은 펌프 토출 측에 설치 • 기름을 모두 배출시킬 수 있는 셧-오프 밸브를 설치

스트레이너

유압회로에서 펌프의 흡입관로에 넣는 여과기를 스트레이너라고 하고, 펌프의 토출관로나 탱크의 환류관로에 사용되는 여과기를 필터라고 한다.

스트레이너의 특징	• 펌프의 흡입구 쪽에 설치 • 펌프 토출량의 2배인 여과량을 설치 • 기름 표면 및 기름 탱크 바닥에서 각각 50[mm] 떨어져서 설치 • 100~150[μm]의 철망을 사용

작동유

• 작동유의 구비조건
  - 비압축성일 것
  - 내열성, 점도지수, 체적탄성계수 등이 클 것
  - 장시간 사용해도 화학적으로 안정될 것
  - 산화안정성(녹이나 부식 발생 방지), 방열성이 좋을 것
  - 장치와의 결합성, 유동성이 좋을 것
  - 이물질 등을 빨리 분리할 것
  - 인화점이 높을 것

• 점도가 너무 높은 경우
  - 마찰손실에 의한 동력손실이 큼(장치 전체의 효율 저하)
  - 장치(밸브, 관 등)의 관내 저항에 의한 압력손실이 큼(기계효율 저하)
  - 마찰에 의한 열이 많이 발생(캐비테이션 발생)
  - 응답성이 저하(작동유의 비활성)

• 점도가 너무 낮은 경우
  - 각 부품서의 누설(내 외부) 손실이 커짐(용적효율 저하)
  - 마찰부분의 마모증대(기계수명 저하)
  - 펌프효율 저하에 따른 온도상승(누설에 따른 원인)
  - 정밀한 조절과 제어 곤란

• 작동유의 점도지수(VI ; Viscosity Index)[단위 : 푸아즈]
  - 유압유는 온도가 변하면 점도도 변하므로 온도변화에 대한 점도변화의 비율을 나타내기 위하여 점도지수를 사용
  - 점도지수값이 큰 작동유가 온도변화에 대한 점도변화가 적다.
  - 점도지수가 높은 기름일수록 넓은 온도 범위에서 사용할 수 있다.

$$\mathrm{VI} = \frac{L-U}{L-H} \times 100$$

▮ 공유압 회로 개요

- 접속구의 표시(ISO 1219, ISO 5599에 규정)

접속구 표시법	ISO 1219	ISO 5599	비 고
공급 포트	P	1	EXE는 대기로 방출하는 포트의 기호로 사용한다.
작업 포트	A, B, C	2, 4, …	
배기 포트	R, S, T	3, 5, …	
제어 포트	X, Y, Z	10, 12, 14, …	
누출 포트	L	–	

- 변위–단계 선도(작동선도, 시퀀스 차트) : 실린더의 작동 순서를 표시, 실린더의 변위는 각 단계에 대해서 표시, 여러 개의 실린더로 구성된 장치에서는 각 실린더의 작동상태를 아래로 이어가면서 표시
- 제어 선도 : 액추에이터의 운동변화에 따른 제어밸브 등의 동작상태를 나타내는 선도. 신호중복의 여부를 판단하는 데 유효한 선도
- 시간 선도 : 액추에이터의 운동상태를 시간에 기준하여 나타내는 선도. 시스템의 시간동작 특성과 속도변화 등을 자세히 파악할 수 있음
- 운동 선도 작성법
  - 운동의 서술적 표현법
  - 테이블 표현법
  - 간략적 표시법

▮ 논리 제어 회로

- AND 회로(논리곱 회로) : 2개 이상의 입력단과 1개의 출력단을 가지며, 모든 입력단에 입력이 가해졌을 경우에만 출력단에 출력이 나타나는 회로
- OR 회로(논리합 회로) : 2개 이상의 입력단과 1개의 출력단을 가지며, 어느 입력단에 입력이 가해져도 출력단에 출력이 나타나는 회로
- NOT 회로(논리부정 회로) : 1개 입력단과 1개의 출력단을 가지며 입력단에 입력이 가해지지 않을 경우에만 출력단에 출력이 나타나는 회로
- NOR 회로 : 2개 이상의 입력단과 1개의 출력단을 가지며, 입력단의 전부에 입력이 없는 경우에만, 출력단에 출력이 나타나는 회로(NOT OR회로)
- NAND 회로 : AND회로의 출력을 반전시킨 것으로 모든 입력이 1일 때만 출력이 없어지는 회로
- 부스터 회로 : 저압력을 어느 정해진 높은 출력으로 증폭하는 회로
- 플립플롭 회로 : 신호와 출력의 관계가 기억 기능이 있어, 먼저 도달한 신호가 우선되어 작동. 다음 신호가 입력될 때까지 처음 신호가 유지되는 것

▌기타 제어 회로

- 카운터 회로 : 입력으로서 가해진 펄스 신호의 수를 계수로 하여 기억하는 회로
- 레지스트 회로 : 2진수로서의 정보를 일단 내부로 기억하여 적시에 그 내용이 이용될 수 있도록 구성한 회로
- 시퀀스 회로 : 미리 정해진 순서에 따라서 제어동작의 각 단계를 점차 추진해 나가는 회로
- 온/오프 회로 : 제어동작이 밸브의 개폐와 같은 2개의 정해진 상태만을 취하는 제어회로
- 안전 회로 : 우발적인 이상 운전, 과부하 운전 등일 때, 사고를 방지하여 정상운전을 확보하는 회로
- 인터로크(Interlock = 연동 회로) 회로 : 시스템을 안전하고 확실하게 운전하기 위한 목적으로 사용하는 회로(인터로크를 목적으로 한 회로)
  - 선입력 우선 회로 : 가장 먼저 입력되는 신호가 동작되도록 하는 회로
  - 후입력 우선 회로 : 나중에 입력된 신호가 우선 동작하도록 하는 회로
- 자기유지 회로 : 전자 계전기 자신의 접점에 의하여 동작 회로를 구성하고 스스로 동작을 유지하는 회로로 일정 시간(기간) 동안 기억 기능을 가진다.
- 속도 제어 회로 : 미터-인 회로, 미터-아웃 회로, 블리드-오프 회로

▌압력 제어 회로

- 압력 조절 회로 : 릴리프 밸브를 사용, 설정한 압력으로 조정하는 회로
- 감압 회로 : 감압 밸브를 사용, 저압의 설정값으로 조정해 주는 회로
- 축압기 회로(어큐뮬레이터 회로) : 축압기를 사용하는 회로
- 무부하 회로 : 유압 펌프를 무부하 운전시키는 회로
- 시퀀스 회로 : 압력에 의해 조작 순서를 자동적으로 행하는 회로
- 카운터 밸런스 회로 : 귀환쪽에 일정한 배압을 유지하는 회로
- 증압 회로 : 증압기를 사용, 고압을 필요로 할 경우 사용하는 회로
- 제동 회로 : 서지압력 방지나 정지 시 유압으로 제동을 걸어 주는 회로
- 증강 회로 : 탠덤 실린더 사용, 강력한 압축력을 얻을 수 있는 회로

▌유량 제어 회로

- 미터 인 회로 : 유량제어 밸브를 실린더의 입구측에 설치하여 관로의 흐름을 제어함으로써 속도(힘)를 제어하는 회로
- 미터 아웃 회로 : 유량제어 밸브를 실린더의 출구측에 설치하여 관로의 흐름을 제어함으로써 속도(힘)를 제어하는 회로
- 블리드 오프 회로 : 실린더와 병렬로 유량 제어 밸브를 설치하여 실린더의 유입되는 유량을 제어하는 방식
- 동기 회로(동조 회로, 싱크로나이징) : 두 개 또는 그 이상의 유압 실린더를 동기 운동, 즉 동일한 속도나 위치로 작동시키고자 할 때 사용
- 감속 회로 : 행정 말단에서 서서히 감속하여 정지하는 회로
- 급속 이송 회로 : 대형 유압 프레스의 램의 급속 이송을 위한 회로

▌방향 제어 회로

- 로킹 회로 : 실린더의 피스톤 위치를 임의로 고정시키는 회로
- 자동 운전 회로 : 유압 작동 변환 밸브를 사용하여 원격 조작이나 자동 운전 조작을 하는 회로
- 안전 장치 회로 : 정전이나 사고가 생길 경우, 운전자와 기계를 안전하게 보호하기 위한 회로

▌검출용 센서

- 접촉형 : 마이크로 스위치, 리밋 스위치, 압력 스위치, 리드 스위치
- 비접촉형 : 광전 센서, 유도형 센서, 용량형 센서, 초음파 센서
  - 마이크로 스위치 : 소형으로 성형품케이스에 밀봉되지 않은 접점 기구를 내장
  - 리밋 스위치 : 견고한 다이캐스팅 케이스에 밀봉된 마이크로 스위치를 내장
  - 리드 스위치 : 유리관 속에 자성체인 백금, 금, 로듐 등의 귀금속으로 된 접점 주위에 마그넷이 접근하면 리드편이 자화되어 유리관 내부의 접점이 On/Off 된다.
- 광전 센서 : 가시광선 및 자외선부터 적외선까지 검출되며, 물체의 유무, 속도나 위치, 레벨, 특정 표시의 식별 등을 검출(투과형, 미러 반사형, 직접 반사형)
- 유도형 센서 : 금속체에만 반응하는 것(유도에 의한 와전류 발생, 고주파 발진형)
- 용량형 센서 : 정전용량변화를 전기신호로 변환하여 검출(비금속 물질도 검출)

▌전자 릴레이

- 철심에 코일을 감고 전류를 흘려주면 전자석이 되어 철편을 끌어당기는 전자기력에 의해 접점을 개폐하는 기능을 가진 제어 장치(전자 계전기)
- 기능으로 분기, 증폭, 신호전달, 다회로 동시조작, 메모리, 변환, 연산, 조정, 검출, 경보 기능 등이 있다.

CHAPTER 02 기계제도(비절삭) 및 기계요소

척 도

- 척도 표기는 A(도면에서의 크기) : B(물체의 실제 크기)
- 현척(실척) : 물체의 크기와 같게 그린 것
- 축척 : 물체의 크기보다 줄여서 그린 것
- 배척 : 물체의 크기보다도 확대해서 그린 것
- N·S : 비례척이 아닌 것(물체의 크기와 상관없이 임의로 그린 경우 표기)

도면의 양식

- 도면에 반드시 기입해야 할 것 : 윤곽선, 표제란, 부품란, 중심마크
- 표제란 : 도면의 오른쪽 아래 위치, 도면 번호, 도명, 척도, 투상법, 제도한 곳, 도면 작성 연월일, 제도자 이름 등을 기입
- 부품란 : 도면의 오른쪽 윗부분에 위치, 오른쪽 아래일 경우에는 표제란 위에 위치, 품번, 품명, 재질, 수량, 무게, 공정, 비고란 등을 기입

선의 종류 및 용도

종 류	명 칭	용 도
가는 실선	치수선	치수를 기입하기 위한 선
	치수보조선	치수를 기입하기 위하여 도형으로부터 끌어낸 선
	지시선	지시, 기호 등을 표시하기 위하여 끌어낸 선
	회전 단면선	도형 내에 절단면을 90° 회전하여 표시한 선
	중심선	도형의 중심을 나타내는 선
	수준면선	수면, 유면 등의 위치를 나타내는 선
가는 2점쇄선	가상선	인접부분, 공구, 지그 등 위치를 참고로 표시하는 선
	무게 중심선	단면의 무게 중심을 연결하는 선
파형의 가는 실선	파단선	대상물의 일부를 파단한 경계 또는 일부를 떼어낸 경계를 표시하는 선
지그재그의 가는 실선		
가는 실선	특수한 용도의 선	• 외형선 및 숨은선의 연장을 표시하는 선 • 평면표시 선, 위치를 명시하는 데 사용하는 선
아주 굵은 실선		얇은 부분의 단선 도시를 명시하는 데 사용하는 선
선의 우선 순위	외형선 > 숨은선 > 절단선 > 중심선 > 무게중심선 > 치수보조선	

▌ 정투상법

- 제3각법 : 물체를 제3상한에 놓고 투상한 것으로 투상면의 뒤쪽에 물체를 놓는다(눈 → 화면 → 물체).
- 제1각법 : 물체를 제1상한에 놓고 투상한 것으로 투상면의 앞쪽에 물체를 놓는다(눈 → 물체 → 화면).

▌ 투상도의 종류

- 보조 투상도 : 경사면의 실제 모양을 표시할 필요가 있는 경우
- 회전 투상도 : 어느 각도 부분을 회전하여 투상하는 방법
- 부분 투상도 : 필요한 부분만을 나타내는 투상도
- 국부 투상도 : 대상물의 구멍, 홈 등 한 국부만의 모양을 도시하는 것
- 부분 확대도 : 특정 부분 확대하여 그리고 글자 및 척도를 기입

▌ 단면도의 종류

- 온(전)단면도 : 물체를 2개로 절단하여 도면 전체를 투상한다.
- 한쪽(반) 단면도 : 대칭 물체의 중심선을 기준으로 1/4 절단하여 투상한다.
- 부분 단면도 : 단면의 필요한 곳의 일부만 절단하여 나타내며, 파단선(가는 실선)으로 긋는다.
- 회전 단면도 : 암, 리브, 훅, 형강 등 단면 모양을 90°로 회전시켜 투상한다.
- 계단 단면도 : 계단모양으로 절단하여 투상한다.

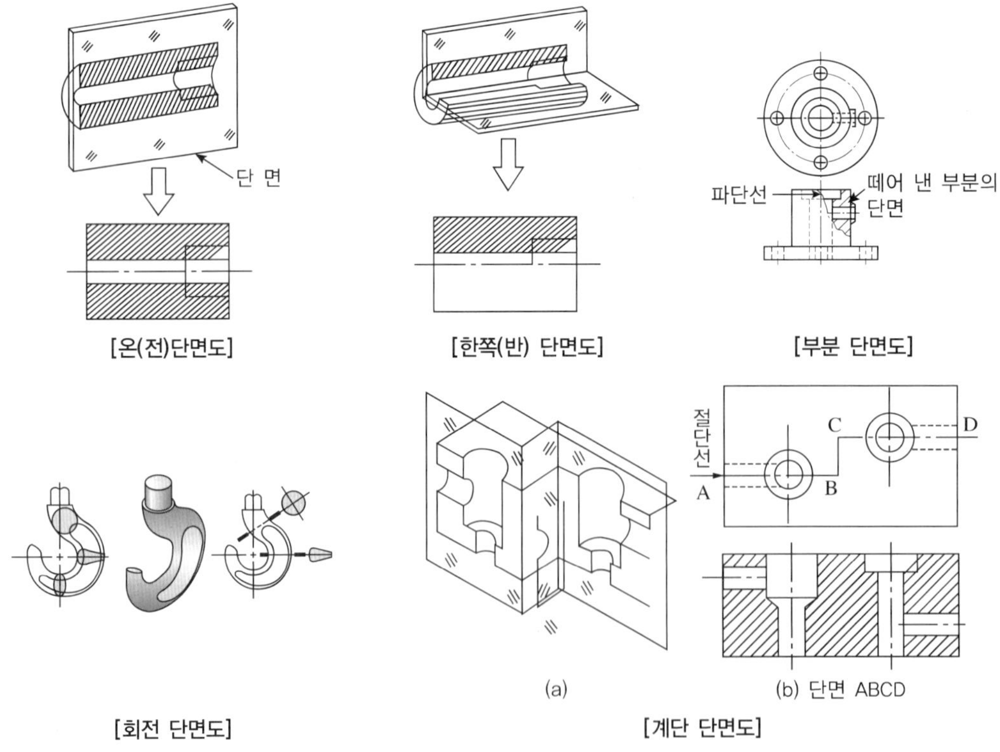

[온(전)단면도] [한쪽(반) 단면도] [부분 단면도]

[회전 단면도] [계단 단면도]

볼트의 종류

- 관통 볼트 : 맞뚫린 구멍에 볼트를 넣고 너트로 조이는 것
- 탭볼트 : 직접 암나사를 낸 구멍에 죄어 사용
- 스터드 볼트 : 환봉의 양끝에 나사를 낸 것
- 스테이 볼트 : 부품의 간격 유지
- 기초 볼트 : 기계 구조물 설치용
- T 볼트 : 공작기계 테이블의 T홈 등에 끼워서 공작물을 고정
- 아이 볼트 : 링 모양이나 구멍이 뚫려 있는 것
- 충격 볼트 : 볼트에 걸리는 충격 하중에 견디게 만들어진 것
- 리머 볼트 : 리머 구멍에 끼워 사용하는 볼트
- 나비 볼트 : 나비모양으로 손으로 쉽게 돌릴 수 있도록 한 것

※ 볼트의 지름 $d=\sqrt{\frac{2W}{\sigma_t}}$ (W : 하중, σ_t : 허용인장응력[kPa])

너트의 풀림 방지법

- 탄성 와셔에 의한 법
- 로크 너트에 의한 법
- 핀 또는 작은 나사를 쓰는 법
- 철사에 의한 법
- 너트의 회전 방향에 의한 법
- 자동 죔 너트에 의한 법
- 세트 스크루에 의한 법

와셔의 용도

- 볼트 머리의 지름보다 구멍이 클 때
- 접촉면이 바르지 못하고 경사졌을 때
- 자리가 다듬어지지 않았을 때
- 너트가 재료를 파고 들어갈 염려가 있을 때
- 너트의 풀림 방지용

주요키의 용도

• 반달 키(Woodruff Key)

- 축에 원호상의 홈을 파고 키를 끼워 넣는다.
- 축이 약해지는 결점(핸들축, 테이퍼 축에 사용)이 있다.

• 패더 키(Feather Key, 미끄럼 키)

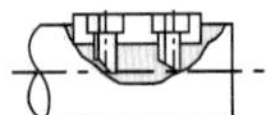

- 묻힘 키의 일종으로 키는 테이퍼가 없이 길다.
- 축방향으로 보스의 이동이 가능하며 보스와의 간격이 있어 회전 중 이탈을 막기 위해 고정하는 수가 많다.

• 접선 키(Tangential Key)

2개의 키를 조합하여 끼워 넣고, 중하중용이며 역전하는 경우는 120° 각도로 두 군데 홈을 판다.

• 스플라인(Spline)

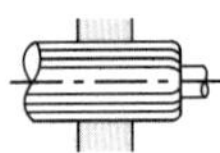

- 축의 둘레에 4~20개의 턱을 만들어 큰 회전력을 전달할 경우에 쓰인다.
- 공작기계, 자동차, 항공기, 무단변속기 등에 사용한다.

핀(Pin)

• 너트의 풀림방지나 핸들과 축의 고정, 맞추는 부분의 위치 결정용으로서 힘이 약하다.

• 종 류

- 테이퍼 핀 : 1/50 테이퍼, 호칭 지름 작은 쪽 표시(슬롯테이퍼 핀)
- 평행 핀 : 부품 맞춤면의 관계 위치를 일정하게 유지, 안내하는 데 사용
- 분할 핀 : 너트의 풀림 방지 등에 사용(호칭 지름은 핀 구멍의 지름)
- 코터 핀 : 두 부품 결합용 핀으로 양끝의 분할용 핀의 구멍이 있음
- 스프링 핀 : 세로 방향으로 쪼개져 있어 구멍의 크기가 정확하지 않을 때 해머로 때려 박을 수 있음

▮ 축

- 모양에 의한 분류
  - 직선축 : 일반적으로 사용하는 축
  - 크랭크 축 : 직선운동을 회전운동으로 전환
  - 플렉시블 축 : 축의 방향을 자유롭게 변경할 수 있는 축
- 축 설계 시 고려할 사항 : 강도, 강성도, 진동, 부식, 온도

▮ 원통 커플링

- 긴 전동축의 연결에 편리하다.
- 설치 및 분해가 쉽다.
- 분할통은 중앙에서 양단을 향하여 1/20~1/30의 테이퍼를 가지고 있다.
- 종류 : 머프, 마찰 원통, 셀러(테이퍼 슬리브), 반중첩, 클램프(분할 원통) 커플링

▮ 클러치

- 맞물림 클러치 : 턱을 가진 한 쌍의 플랜지를 원동축과 종동축의 끝에 붙여서 만든 것(턱모양 : 사각형, 톱니형, 사다리꼴형 등)
- 마찰 클러치 : 마찰력으로 회전을 전달(원판, 원뿔, 원통, 밴드 클러치 등)
- 유체 클러치 : 유체 회전력에 의해 종동축을 회전
- 일방향 클러치 : 종동축이 자유 공전할 수 있도록 한 것

▮ 베어링

- 저널의 종류
  - 레이디얼 저널 : 하중이 축의 중심선에 직각으로 작용
  - 스러스트 저널 : 축선 방향으로 하중이 작용(피벗, 칼라 저널)
  - 원뿔 저널과 구면 저널 : 축선과 축선의 직각 방향에 동시에 하중이 작용하는 것
- 베어링의 종류
  - 레이디얼 베어링 : 하중을 축의 중심에 대하여 직각
  - 스러스트 베어링 : 축의 방향으로 하중을 받음
  - 원뿔(원추) 베어링 : 축방향과 축직각방향의 합성 하중이 작용

기 어

- 래크(Rack)와 피니언 : 피니언과 맞물려서 피니언이 회전하면 래크는 직선 운동한다.
- 웜 기어 : 웜과 웜 기어를 한 쌍으로 사용하며, 역회전을 방지한다. 감속비가 크고, 소음과 진동이 적다.
- 모듈 : 피치원의 지름 D[mm]를 잇수 Z로 나눈 값

$$M = \frac{\text{피치원의 지름}}{\text{잇수}} = \frac{D}{Z}$$

- 중심거리 : $C = \frac{D_A + D_B}{2} = \frac{M(Z_A + Z_B)}{2}$

V벨트의 표준 치수

- M, A, B, C, D, E의 6종류
- M에서 E쪽으로 갈수록 단면이 커진다.

스프링

- 스프링 지수 : $C = \frac{D}{d}$ (보통 4~10)
- 스프링 상수 : $k = \frac{\text{작용하중[N]}}{\text{변위량[mm]}} = \frac{W}{\delta}$ [N/mm]

브레이크

- 반지름 방향(축의 직각 방향)으로 밀어 붙이는 형식 : 블록 브레이크, 밴드 브레이크, 팽창 브레이크
- 축 방향에 밀어 붙이는 형식 : 원판 브레이크, 원추 브레이크
- 자동 브레이크 : 웜 브레이크, 나사 브레이크, 캠 브레이크, 원심력 브레이크
- 브레이크의 단위면적당의 마찰일 : $w_f = \frac{\mu P v}{A} = \mu p v$ [N/mm^2 · m/s]

03 기초전기일반

▌ 전기량 : $Q = It$[C]

▌ 전기적인 일 : $W = EQ$[J]

▌ 저 항

- 전기저항 : $R = \rho \frac{l}{A}$[Ω]
- 옴의 법칙 : $V = IR$[V]
- 컨덕턴스 : $G = \frac{1}{R}$[S]
- 저항의 직렬접속 : $R_0 = R_1 + R_2$
- 저항의 병렬접속 : $R_0 = \frac{R_1 \cdot R_2}{R_1 + R_2}$
- 배율기 저항 : $R_m = (n-1)r$
- 분류기 저항 : $R_s = \frac{r}{n-1}$

▌ 전력 : $P = VI = RI^2 = \frac{V^2}{R}$[W]

▌ 전력량 : $W = Pt = VIt$[Wh]

▌ 줄의 법칙 : $H = 0.24Pt = c \cdot m \cdot \theta$[cal]

▌ 패러데이 법칙 : $W = KQ = KIt$[g]

▮ 주파수와 주기 : $f = \frac{1}{T}[\text{Hz}]$

▮ 교류의 표시법

- 실횻값 : $V = \frac{V_m}{\sqrt{2}} = 0.707\,V_m\,[\text{V}]$
- 평균값 : $I_a = \frac{2}{\pi} I_m = 0.637\,I_m$
- 최댓값 : $V_m = \sqrt{2}\,V_e$
- 파고율 : $\frac{\text{최댓값}}{\text{실횻값}} = 1.414$
- 파형률 : $\frac{\text{실횻값}}{\text{평균값}} = 1.11$
- 순시값 : $v = V_m \sin\omega t\,[\text{V}]$

  $i = I_m \sin\omega t\,[\text{A}]$

▮ 교류의 RLC 회로

- R만의 회로 : $I = \frac{V}{R}$
- L만의 회로 : $I = \frac{V}{X_L} = \frac{V}{\omega L} = \frac{V}{2\pi f L}$
- C만의 회로 : $I = \frac{V}{X_C} = \frac{V}{\frac{1}{\omega C}} = \frac{V}{\frac{1}{2\pi f C}} = 2\pi f C V$
- RLC 직렬 회로 : $I = \frac{V}{Z} = \frac{V}{\sqrt{R^2 + (X_L - X_C)^2}}$

※ ICE ⇔ LEI

콘덴서 회로에서는 전류가 앞선다. 코일 회로에서는 전류가 뒤진다.

▮ RLC 직렬 회로

- 역률 : $\cos\theta = \frac{R}{Z}$
- 공진 주파수 : $f_r = \frac{1}{2\pi\sqrt{LC}}[\text{Hz}]$

복소수의 표현

복소수의 크기 = 실수 + j허수 = $a + jb = \sqrt{a^2 + b^2}$

- $j = \sqrt{-1}$
- $j^2 = -1$
- $j^3 = -j$
- $j^4 = 1$

단상교류전력

- 유효전력 : $P_{유} = VI\cos\theta\,[\mathrm{W}] = RI^2\,[\mathrm{W}]$
- 무효전력 : $P_{무} = VI\sin\theta\,[\mathrm{Var}] = XI^2\,[\mathrm{Var}]$
- 피상전력 : $P_{피} = VI[\mathrm{VA}] = ZI^2\,[\mathrm{VA}] = \sqrt{P_{유}^2 + P_{무}^2}$

3상 교류의 결선

- Y결선
  - $V_{선간전압} = \sqrt{3} \cdot V_{상전압}$
  - $I_{선전류} = I_{상전류}$
- △결선
  - $V_{선간전압} = V_{상전압}$
  - $I_{선전류} = \sqrt{3} \cdot I_{상전류}$
- V결선
  - 출력비 $= \dfrac{P_{\mathrm{V}}}{P_{\triangle}} = \dfrac{\sqrt{3}\,VI\cos\theta}{3\,VI\cos\theta} = \dfrac{1}{\sqrt{3}} = 0.577$
  - 이용률 $= \dfrac{\sqrt{3}\,VI\cos\theta}{2\,VI\cos\theta} = \dfrac{\sqrt{3}}{2} = 0.866$

쿨롱의 법칙

- 전하일 때
  - 힘 : $F = 9 \times 10^9 \times \dfrac{Q_1 \cdot Q_2}{r^2}\,[\mathrm{N}]$
  - 전기장의 세기 : $E = 9 \times 10^9 \times \dfrac{Q}{r^2}\,[\mathrm{V/m}]$
  - 전위 : $V = 9 \times 10^9 \times \dfrac{Q}{r}\,[\mathrm{V}] \rightarrow F = E \cdot Q[\mathrm{N}]$

• 자하(자극)일 때

– 힘 : $F = 6.33 \times 10^4 \times \dfrac{m_1 m_2}{r^2}$[N]

– 자장의 세기 : $H = 6.33 \times 10^4 \times \dfrac{m}{r^2}$[AT/Wb]

– 자위 : $U = 6.33 \times 10^4 \times \dfrac{m}{r}$[AT/Wb] → $F = mH$[N]

전기력선의 성질

• 양전하에서 나와서 음전하로 끝난다.
• 전기력선 위의 접선은 접점에서의 전장의 방향을 나타낸다.
• 도체 표면에서 수직으로 출입하며, 등전위면과 직교한다.
• 한 점의 전기력선의 밀도는 그 점의 전장의 세기를 나타낸다.

콘덴서

• 콘덴서에 축적된 전하 $Q = CV$[C]

• 직렬 접속 : $C_0 = \dfrac{C_1 \times C_2}{C_1 + C_2}$

• 병렬 접속 : $C_0 = C_1 + C_2$

• 콘덴서에 저장되는 에너지 : $W = \dfrac{1}{2}CV^2 = \dfrac{1}{2}QV$[J]

코일에 축적되는 에너지 : $W = \dfrac{1}{2}LI^2$

자기력선의 성질

• N극에서 S극으로 들어가는 가상적인 선이다.
• 자기력선은 서로 교차하지 않는다.
• 자력선의 접선 방향은 자장의 방향과 같다.
• 한 점의 자력선의 밀도는 그 점의 자장의 세기를 나타낸다.

▮ 전류에 의한 자장의 세기

- 비오사바르의 법칙 : $\Delta H = \dfrac{I \cdot \Delta l \cdot \sin\theta}{4\pi r^2}$[AT/m²]
- 원형 코일 중심의 자장의 세기 : $H = \dfrac{NI}{2r}$[AT/m]
- 무한장 직선의 자장의 세기 : $H = \dfrac{I}{2\pi r}$[AT/m]
- 무한장 솔레노이드 : $H = nI$[AT/m]
- 환상솔레노이드 : $H = \dfrac{NI}{2\pi r} = \dfrac{NI}{l}$[AT/m]

▮ 자속밀도 : $B = \dfrac{\phi}{A} = \mu H$[Wb/m²]

▮ 전자력의 크기

- 직선도체에 작용하는 힘 : $F = BlI\sin\theta$[N]
- 평형도체에 작용하는 힘 : $F = \dfrac{2I_1I_2}{r} \times 10^{-7}$[N/m]

▮ 전자유도

- 패러데이의 법칙 : 기전력의 크기 결정

  $e = -N \cdot \dfrac{\Delta\phi}{\Delta t} = -L \cdot \dfrac{\Delta I}{\Delta t}$[V]
- 렌츠의 법칙 : 기전력의 방향 결정
- 플레밍의 오른손 법칙(발전기) : $e = Blv\sin\theta$[V]
- 플레밍의 왼손 법칙(전동기) : $F = BlI\sin\theta$[N]

▮ 자체 인덕턴스 : $e = -N \cdot \dfrac{\Delta\phi}{\Delta t} = -L \cdot \dfrac{\Delta I}{\Delta t}$[V]

$LI = N\phi$에서 $L = \dfrac{N\phi}{I}$[H]

▮ 상호 인덕턴스 : $M = K\sqrt{L_1 L_2}$[H]

▮ 합성 인덕턴스 : $L = L_1 + L_2 \pm 2M$

▮ 유기기전력

- 발전기의 유기기전력 : $E = V + I_a R_a [\mathrm{V}]$
- 전동기의 유기기전력 : $E = V - I_a R_a [\mathrm{V}]$

▮ 전압변동률 : $e = \frac{V_{무부하} - V_{정격}}{V_{정격}} \times 100$

▮ 직류전동기의 속도 제어

- 저항 제어법
- 계자 제어법
- 전압 제어법

▮ 직류전동기의 제동법

- 발전제동
- 회생제동
- 플러깅(역전제동)

▮ 동기속도 : $N_s = \frac{120}{P} f [\mathrm{rpm}]$

▮ 변압기 권수비 : $a = \frac{V_1}{V_2} = \frac{N_1}{N_2} = \frac{I_2}{I_1}$

▮ 유도기 슬립 : $s = \frac{N_{동} - N}{N_{동}} \times 100$

- 슬립의 범위
  - 유도 전동기 : $0 < s < 1$
  - 유도 발전기 : $s < 0$
  - 유도 제동기 : $1 < s < 2$

▮ 단상 유도 전동기의 토크 순서

반발기동형 > 반발유도형 > 콘덴서 기동형 > 분상기동형 > 셰이딩 코일형

단상반파정류기

- 직류 전압 : $E_d = \frac{\sqrt{2}}{\pi}E = 0.45\,E$
- 직류 전류 : $I_d = \frac{2\sqrt{2}}{\pi} \times \frac{E}{R} = 0.9\,I$

사이리스터의 종류

- SCR : 단방향 3단자
- SCS : 단방향 4단자
- SSS : 쌍방향 2단자
- TRIAC : 쌍방향 3단자

다이오드의 특성

- 직렬접속 : 과전압으로부터 보호
- 병렬접속 : 과전류로부터 보호
- 직류전압 제어 : 초퍼
- 교류전압 제어 : 위상

직류분권발전기의 유기기전력

$$E = \frac{PZ}{60a} \cdot \phi N$$

Z : 도체수, ϕ : 자속수, P : 극수(파권일 때 2, 중권일 때 극수)

동기발전기의 병렬운전 조건 : 기전력의 크기, 위상, 주파수가 같을 것

농형유도전동기의 기동법 : 전전압 기동법, 기동보상기법, Y-△ 기동법

피타고라스의 삼각함수

구 분	30°	60°	90°
sin	$\frac{1}{2}$	$\frac{\sqrt{3}}{2}$	1
cos	$\frac{\sqrt{3}}{2}$	$\frac{1}{2}$	0

Win-Q

공유압기능사

PART 1

핵심이론 + 핵심예제

CHAPTER 01 공유압 일반

KEYWORD 공·유압의 특성, 공·유압의 구성, 파스칼의 원리, 압축기, 건조기, 압축 공기 조정 유닛, 공·유압 조합기기, 공·유압 액추에이터, 공·유압제어밸브, 축압기, 작동유, 공·유압 회로, 심벌기호(★) 등은 자주 출제되므로 반드시 숙지해 두어야 한다.

제1절 | 공유압의 개요

1-1. 기초이론

핵심이론 01 공기 압력

(1) 공기 압력

공기가 단위 면적에 작용하는 힘을 압력이라 한다.

압력 $P = \frac{F}{A}[\mathrm{kgf/cm^2}]$

[Pa]	9.800665×10^4	1.01325×10^5
[bar]	9.80665×10^{-1}	1.01325
[$\mathrm{kgf/cm^2}$]	1	1.03323
[atm]	9.67841×10^{-1}	1
[$\mathrm{mmH_2O}$]	1×10^4	1.03323×10^4
[mmHg]	7.35559×10^2	7.60×10^2

(2) 절대압력(Absolute Pressure)

사용압력을 완전한 진공으로 하고 그 상태를 0으로 하여 측정한 압력을 말한다.

절대압력 = 대기압 ± 게이지압력

(3) 게이지압력(Gauge Pressure)

대기압을 기준(0)으로 하여 나타낸다.

(4) 진공압력(Vacuum Pressure)

① 게이지압력은 대기압을 0으로 측정한다.
② 대기압보다 높은 압력을 (+)게이지압력이라 한다.
③ 대기압보다 낮은 압력을 (−)게이지압력(진공압)이라 한다.

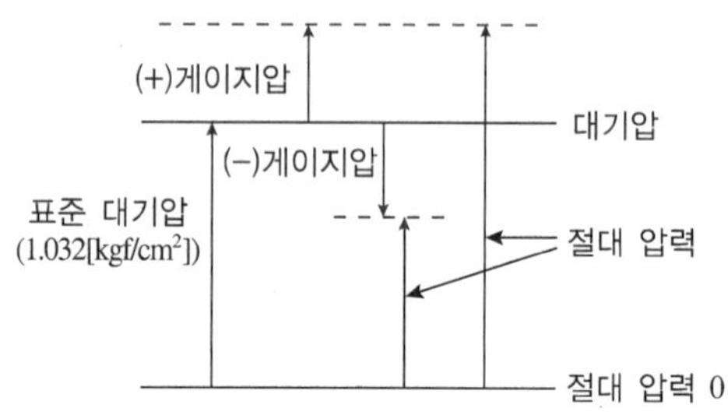

핵심예제

1-1. 공압장치에 부착된 압력계의 눈금이 5[$\mathrm{kgf/cm^2}$]를 지시한다. 이 압력을 무엇이라 하는가?(단, 대기 압력을 0으로 하여 측정하였다) [2007년, 2012년, 다수 출제]

① 대기 압력　② 절대 압력
③ 진공 압력　④ 게이지 압력

1-2. 다음 중 표준기압[atm]과 관계없는 것은?

① 1,013[Pa]　② 10,336[$\mathrm{kgf/m^2}$]
③ 760[mmHg]　④ 1.013[bar]

1-3. 다음 중 압력의 단위가 아닌 것은?

① [kPa]　② [$\mathrm{kgf/cm^2}$]
③ [N]　④ [bar]

|해설|

1-1

① 대기 압력 : 표준 대기압

② 절대 압력 : 사용 압력을 완전한 진공으로 하고 그 상태를 0으로 하여 측정한 압력(절대 압력 = 대기압 ± 게이지압력)

③ 진공 압력 : 대기압보다 높은 압력을 (+)게이지 압력, 대기압보다 낮은 압력을 (−)게이지 압력 또는 진공압

1-2

$1[\text{atm}] = 1.01325 \times 10^5$

1-3

③ [N] ⇒ 힘의 단위

정답 1-1 ④ 1-2 ① 1-3 ③

핵심이론 02 공기의 상태변화

(1) 보일의 법칙(Boyle's Law)

기체의 온도를 일정하게 유지하면서 압력 및 체적이 변화할 때 압력과 체적은 서로 반비례한다.

$P_1 V_1 = P_2 V_2 = \text{Constant}$

(2) 샤를의 법칙(Charles' Law)

기체의 압력을 일정하게 유지하면서 체적 및 온도가 변화할 때 체적과 온도는 서로 비례한다.

$$\frac{T_1}{T_2} = \frac{V_1}{V_2} (\text{Constant})$$

$$V_2 = V_1 \frac{T_2}{T_1}$$

(3) 보일-샤를의 법칙(압력, 체적, 온도와의 관계)

기체의 압력, 체적, 온도의 세 가지가 모두 변화할 때는 위의 두 법칙을 하나로 모은 것이 필요하다.

$PV = GRT$

- G : 기체의 중량[kgf]
- R : 기체상수[kgf · m/kgf · K]
- 공기의 경우 $R = 29.27$

(4) 공기 중의 습도

수분은 공압 기기에 악영향을 미친다.

① 절대습도

$$= \frac{\text{습공기 중의 수증기의 중량}[\text{g/cm}^3]}{\text{습공기 중의 건조공기의 중량}[\text{g/cm}^3]} \times 100[\%]$$

② 상대습도

$$= \frac{\text{습공기 중의 수증기 분압}[\text{kgf/cm}^2]}{\text{포화수증기압}[\text{kgf/cm}^2]} \times 100[\%]$$

③ **노점온도** : 이슬점이 생기는 온도로 습공기의 수증기 분압에 대한 증기의 포화온도를 그 습공기의 노점이라 한다.

④ **포화 수증기** : $1[\text{m}^3]$의 공기 중의 수증기량을 [g]으로 표시한 것이다.

핵심예제

2-1. 보일-샤를의 법칙에서 공기의 기체상수[kgf · m/kgf · K]로 맞는 것은? [2012년 2회]

① 19.27 ② 29.27
③ 39.27 ④ 49.27

2-2. 압축 전의 기체 체적이 10[m^2]이고, 압력이 20[Pa]이다. 이것을 압축하여 체적이 5[m^2]이면 압력은 얼마인가? (단, 온도는 일정하였다)

① 20[Pa] ② 40[Pa]
③ 60[Pa] ④ 80[Pa]

|해설|

2-1
보일-샤를의 법칙은 압력, 체적, 온도의 세 가지가 모두 변화 시
$PV = GRT$
(G : 기체의 중량[kgf], R : 기체상수[kgf · m/kgf · K] 공기의 경우 $R = 29.27$)

2-2
보일의 법칙 $P_1V_1 = P_2V_2$ = 일정에서

$$P_2 = P_1 \times \frac{V_1}{V_2} = 20 \times \frac{10}{5} = 40[\text{Pa}]$$

정답 2-1 ② 2-2 ②

핵심이론 03 유압의 기초 이론(Ⅰ)

(1) 파스칼(Pascal)의 원리

밀폐된 용기 속에 정지 유체의 일부에 가해지는 압력은 유체의 모든 부분에 동일한 힘으로 동시에 전달한다.

① 경계를 이루고 있는 어떤 표면 위에 정지하고 있는 유체의 압력은 그 표면에 수직으로 작용한다.
② 정지 유체 내의 점에 작용하는 압력의 크기는 모든 방향으로 같게 작용한다.
③ 정지하고 있는 유체 중의 압력은 그 무게가 무시될 수 있으면 그 유체 내의 어디에서나 같다.

$$P = \frac{F}{A},\ P = \frac{F_1}{A_1} = \frac{F_2}{A_2},\ F_2 = F_1 \times \frac{A_2}{A_1}$$

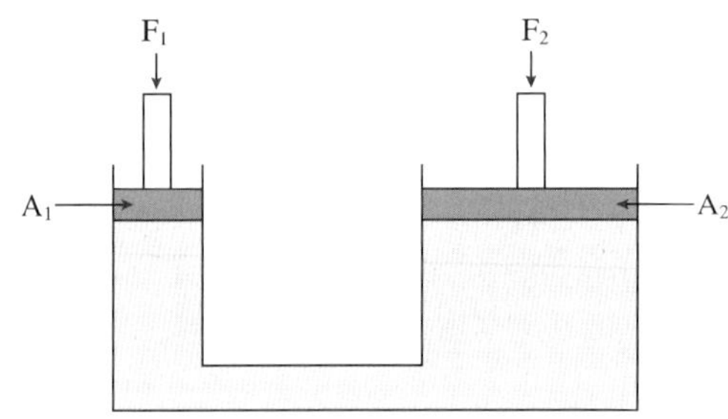

(2) 연속의 법칙(Law of Continuity)

유량(토출량)은 단위 시간당 이동하는 액체의 양을 말한다. $Q = \frac{V}{t}$로 나타내며, 단위는 [L/min], [cc/sec]로 표시한다.

관 속을 유체가 가득 차서 흐른다면 단위시간에 단면적 A_1을 통과하는 중량 유량 Q_1은 단면적 A_2를 통과하는 중량 유량 Q_2와 같다.

$Q = \gamma_1 A_1 V_1 = \gamma_2 A_2 V_2$

비압축성 유체일 경우 $\gamma_1 = \gamma_2$이므로

$Q = A_1 V_1 = A_2 V_2$ = 일정

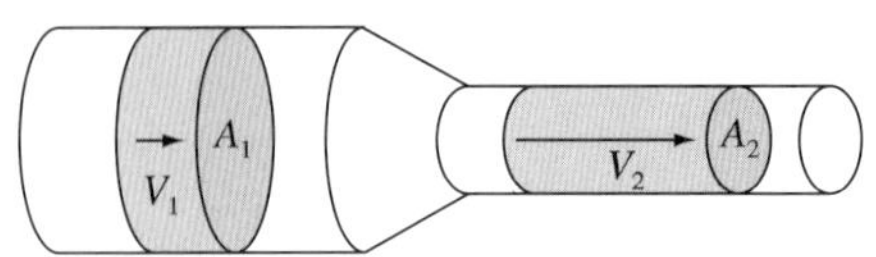

(3) 베르누이의 정리

관 속에서 에너지 손실이 없다고 가정하면, 즉 점성이 없는 비압축성의 액체는 에너지 보존 법칙으로부터 유도될 수 있다.

① 압력 수두 + 위치 수두 + 속도 수두 = 일정

② 수평관로에서는 단면적이 작은 곳에서 압력이 낮다(압력 에너지가 속도 에너지로 변환하기 때문).

$$\frac{P_1}{\gamma}+h_1+\frac{1}{2}\times\frac{V_1^2}{g}=\frac{P_2}{\gamma}+h_2+\frac{1}{2}\times\frac{V_2^2}{g}$$

(P_1, P_2 : 압력, V_1, V_2 : 유속, γ : 액체의 비중량, g : 중력가속도, h_1, h_2 : 위치 수두)

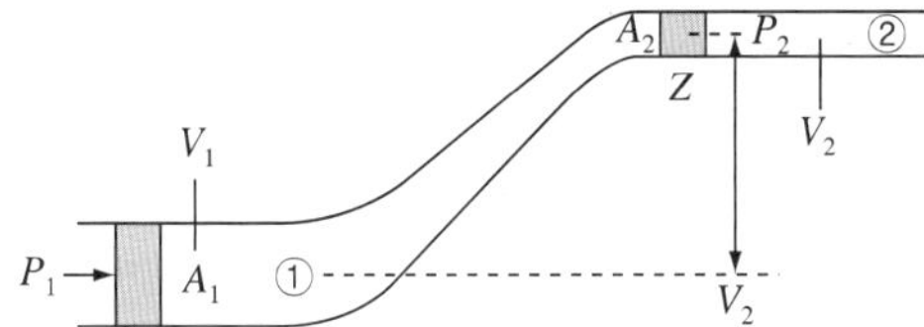

핵심예제

다음 그림에서 단면적이 5[cm²]인 피스톤에 20[kgf]의 추를 올려 놓을 때 유체에 발생하는 압력의 크기는 얼마인가?

[2013년 2회, 2006년, 유사문제 출제]

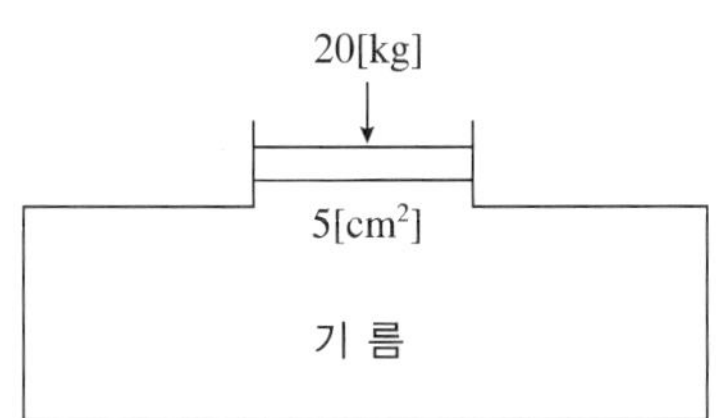

① 1[kgf/cm²]　　② 4[kgf/cm²]

③ 5[kgf/cm²]　　④ 20[kgf/cm²]

|해설|

압력 $P=\frac{F}{A}$에서 $\frac{20}{5}=4$[kgf/cm²]

정답 ②

핵심이론 04 유압의 기초 이론(Ⅱ)

(1) 레이놀즈 수

관을 흐르는 유체는 레이놀즈 수($R_e=\frac{VD}{\nu}$)에 따라 층류와 난류로 구별된다. 레이놀즈 수가 작은 경우, 즉 상대적으로 유속과 지름이 작거나 점성계수가 큰 경우에는 층류가 되고, 레이놀즈 수가 큰 경우에는 난류가 된다. 그 경계값은 보통 $R_e=2{,}320$ 정도이다.

$f=\frac{64}{R_e}$ [f : 관로의 마찰계수(층류일 때만)]

층류 $< R_e$: $2{,}320 <$ 난류

(2) 층류의 특징

① 레이놀즈 수가 작다.

② 유체의 동점도가 크다.

③ 유속이 비교적 작다.

④ 가는 관이나 좁은 틈새를 통과할 때 발생한다.

(3) 난류의 특징

① 레이놀즈 수가 크다.

② 유체의 점도가 작다.

③ 유속이 크고 굵은 관을 통과할 때 발생한다.

(4) 유체의 교축

유체 흐름의 단면적을 감소시켜 관로 내의 저항을 지니게 하는 기구를 교축이라 하며 오리피스와 초크가 있다.

① 오리피스(Orifice)

관로 단면적을 줄인 길이가 단면 치수에 비해 짧은 경우의 교축을 말한다. 압력 강하는 액체의 점도에 영향을 받지 않는다.

② 초크(Choke)

관로 단면적을 줄인 길이가 단면 치수에 비해 긴 경우의 교축을 말한다. 압력 강하는 액체의 점도에 따라 크게 영향을 받는다.

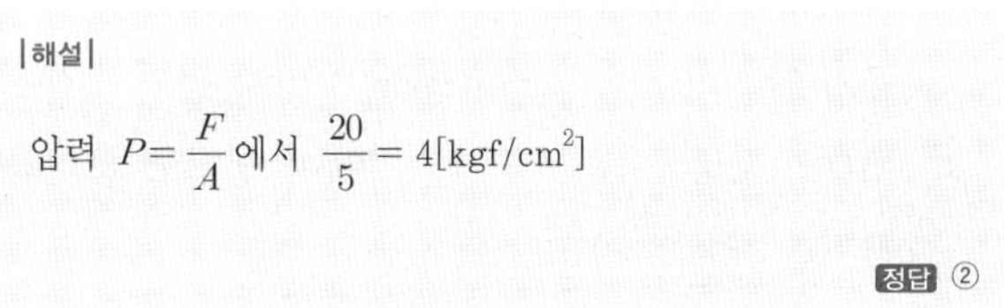

(5) 캐비테이션(Cavitation, 공동현상) 현상

액체가 국부적으로 압력이 낮아 진공상태가 되면 용해된 공기가 기포가 되어 터지면서 관의 표면을 때리면서 소음과 진동을 발생시키는 현상을 말한다.

① 캐비테이션 발생 원인
   ㉠ 펌프를 규정속도 이상으로 고속회전시킬 경우
   ㉡ 흡입필터가 막히거나 유온이 상승한 경우
   ㉢ 과부하가 발생 또는 급격히 유로를 차단한 경우
   ㉣ 패킹부의 공기가 흡입한 경우

② 캐비테이션 방지 대책
   ㉠ 펌프 흡입관의 길이를 짧게, 직경을 크게 확대한다.
   ㉡ 관의 저항을 적게 하기 위한 설계를 변경한다.
   ㉢ 흡입관 안의 평균 유속을 3.5[m/s] 이하가 되도록 설정 한다.
   ㉣ 펌프의 회전수를 낮게 하고 공기 흡입구를 차단한다.

핵심예제

4-1. 공동현상(Cavitation)이 생겼을 때의 피해사항으로 옳지 않은 것은? [2002년]

① 충격력이 감소된다.
② 진동이 발생한다.
③ 공동부가 생긴다.
④ 소음이 크게 생긴다.

4-2. 관내에 유체가 흐를 때 층류가 발생될 수 있는 원인이 아닌 것은?

① 유속이 작은 경우
② 레이놀즈 수가 작은 경우
③ 유체의 동점도가 작은 경우
④ 가는 관이나 좁은 틈새를 통과할 때

|해설|

4-1
① 충격력이 증가된다.

4-2
③ 유체의 동점도가 작은 경우 ⇒ 난류의 특징

정답 4-1 ① 4-2 ③

1-2. 공유압 이론

핵심이론 01 공유압장치의 구성

(1) 공압 장치의 구성요소

① 동력원 : 엔진, 전동기
② 공압발생부 : 압축기, 탱크, 애프터 쿨러
③ 공압 청정부 : 필터, 에어드라이어, 루브리케이터
④ 제어부 : 압력·방향·유량제어 밸브
⑤ 구동부(액추에이터) : 실린더, 공압 모터, 공압 요동형 액추에이터

(2) 공압시스템의 구성

① 동력원 : 압축공기를 생산하는 동력원과 공압 발생장치가 있다.
② 공압 청정부 : 깨끗한 압축 공기를 만들어 주는 공기 청정화 장치가 있다.
③ 제어부 : 액추에이터에 공급되는 힘의 압력제어, 방향제어, 유량제어 등을 수행하는 장치가 있다.
④ 구동부 : 압축 공기를 액추에이터에 공급하여 각종 기계적 일을 하는 장치가 있다.

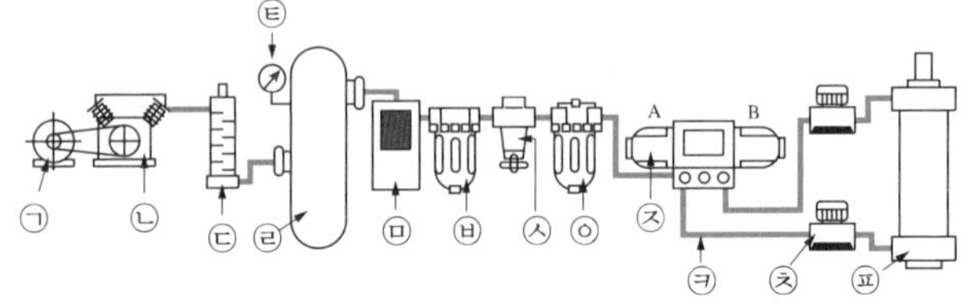

※ 공압시스템 설명
   ㉠ 동력원(Power Unit) : 공기 압축기를 구동하기 위한 전기 모터, 기타 동력원
   ㉡ 공기 압축기(Air Compressor) : 압축 공기의 생산
   ㉢ After Cooler : 공기 압축기에서 생산된 고온의 공기를 냉각
   ㉣ 공기 탱크(Air Tank) : 압축 공기를 저장하는 일정 크기의 용기
   ㉤ 건조기(Air Dryer) : 압축 공기 속의 응축수를 제거

㉥ 공기 필터(Air Filter) : 공기 중의 먼지나 수분을 제거하여 압축 공기를 양질화

㉦ 압력 조절기(Air Regulator) : 감압 밸브가 주로 사용되며 장치에 사용 압력 공급

㉧ 윤활기(Lubricator) : 밸브나 액추에이터의 원활한 작동을 위한 윤활유 공급

㉨ 방향 제어 밸브(Directional Control Valve) : 압축 공기의 흐름 방향을 변화시킴

㉩ 유량 제어 밸브(Flow Control Valve) : Actuator에 공급되는 공기의 양을 증감하여 Actuator의 속도 조절에 사용

㉪ 배관(Pipe) : 압축 공기를 각 공기압 요소에 전달

㉫ 압력 게이지(Pressure Gauge) : 설정된 압력을 지시

㉬ 공기압 실린더(Air Cylinder) : 압축 공기 에너지에 의해 일을 함

(3) 유압장치의 구성요소

① **동력원** : 오일 탱크, 유압 펌프, 전동기, 릴리프 밸브 등

② **제어부** : 압력・방향・유량제어 밸브 등

③ **구동부(액추에이터)** : 유압 실린더, 유압 모터, 유압 요동형 모터 등

④ **부속기기** : 배관, 여과기, 오일 냉각기 및 가열기, 축압기 등

(4) 유압시스템의 구성

① **유압펌프** : 유압 에너지의 발생원으로 오일을 공급하는 기능을 가진다.

② **유압제어 밸브** : 압력(일의 크기), 방향(일의 방향), 유량(일의 속도) 제어 밸브 등으로 공급된 오일을 조절하는 기능을 가진다.

③ **구동부(액추에이터)** : 유압 에너지를 기계적 에너지로 변환하는 작동기로 유압 실린더(직선 운동), 유압 모터(회전 운동), 요동형 유압 모터(일정한 각도로 회전 운동) 등

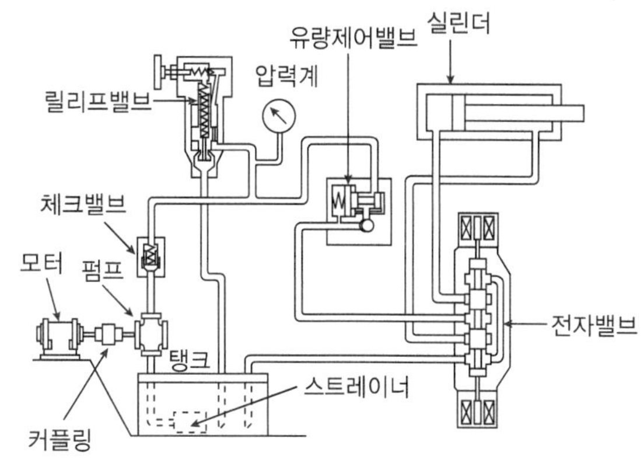

핵심예제

액추에이터 중 유압에너지를 직선운동으로 변환하는 기기는?

[2012년 5회, 유사문제 다수 출제]

① 유압 모터
② 유압 실린더
③ 유압 펌프
④ 요동 모터

|해설|

① 유압 모터 : 유압 에너지를 회전운동으로 변환하는 기기
③ 유압 펌프 : 유압 에너지의 발생원으로 오일을 공급하는 기능
④ 요동 모터 : 유압 에너지를 일정한 각도의 회전운동으로 변환하는 기기

정답 ②

핵심이론 02 공유압 관련 용어

(1) 채터링(Chattering) 현상

압력제어 밸브에서 급격한 압력 변동에 따른 밸브 시트를 두드리는 미세한 진동이 생기는 현상(일종의 자력 진동 현상)이다.

(2) 유체 고착 현상

스풀 밸브 등으로 내부 흐름의 불균성 등에 따라서 축에 대한 압력분포의 평형이 깨져서 스풀 밸브 몸체(슬리브)에 강하게 밀려 고착되어 그 작동이 불가능하게 되는 현상이다.

(3) 드레인(Drain)

대기 중의 수증기가 온도 상승과 하강에 의해 변하게 되고, 특히 온도 강하가 현저하면 수증기의 응축이 시작되어 드레인이 발생한다. 기기의 통로나 관로에서 탱크나 매니폴드 등으로 돌아오는 액체 또는 액체가 돌아오는 현상이다.

(4) 서지 압력(Surge Pressure)

유압 회로에서 과도적으로 발생한 이상한 압력변동을 서지현상(Surging) 또는 유격(Oil Hammer)이라 하고 변동압력의 최댓값을 서지 압력이라 한다.

밸브의 급속한 개폐시에 이상 고압이 발생하는데 이런 압력을 서지 압력이라 하며 순간적으로 회로 내의 압력이 정상 압력의 4배 이상 증가되는데 충격 흡수장치를 사용하면 된다.

핵심예제

과도적으로 상승한 압력의 최댓값을 무엇이라 하는가? [2008년, 2005년, 2002년]

① 배 압 ② 서지압
③ 맥 동 ④ 전 압

|해설|

② 서지압 : 유압 회로에서 과도적으로 발생한 이상한 압력변동

정답 ②

1-3. 공유압의 특성

핵심이론 01 공압 장치의 특성

(1) 공압 장치의 장점

① 압축공기를 간단히 얻을 수 있다.
② 힘의 증폭이 용이하다.
③ 힘의 전달이 간단(무단변속이 가능)하고 어떤 형태로도 전달 가능하다.
④ 작업 속도 변경이 가능하며 제어가 간단하다.
⑤ 취급이 간단하다.
⑥ 인화의 위험 및 서지 압력발생이 없고 과부하에 안전하다.
⑦ 압축공기(에너지)를 축적할 수 있다(공기 저장탱크에 저장).
⑧ 탄력이 있다(완충 작용 = 공기 스프링 역할).

(2) 공압 장치의 단점

① 큰 힘을 얻을 수 없다(보통 3[ton] 이하).
② 공기의 압축성으로 위치 제어성이 나쁘다.
③ 저속에서 균일한 속도를 얻을 수 없다(Stick-Slip 현상 발생).
④ 응답 속도가 늦다.
⑤ 배기 시 소음이 크다.
⑥ 초기 에너지 생산 비용이 많이 든다.

핵심예제

공기압 장치의 특징 설명으로 틀린 것은? [매년 유사문제 출제]

① 사용 에너지를 쉽게 구할 수 있다.
② 힘의 증폭이 용이하고 속도조절이 간단하다.
③ 동력의 전달이 간단하며 먼 거리 이송이 쉽다.
④ 압축성 에너지이므로 위치 제어성이 좋다.

|해설|

공기는 압축성 때문에 비효율적이고 위치 제어성이 좋지 않다.

정답 ④

핵심이론 02 유압 장치의 특성

(1) 유압 장치의 장점

① 소형 장치로 큰 출력을 얻을 수 있다.
② 무단변속이 가능하고 원격제어가 된다.
③ 정숙한 운전과 반전 및 열 방출성이 우수하다.
④ 윤활성 및 방청성이 우수하다.
⑤ 과부하 시 안전 장치가 간단하다.
⑥ 전기, 전자의 조합으로 자동 제어가 가능하다.

(2) 유압 장치의 단점

① 유온의 변화에 액추에이터의 속도가 변화할 수 있다.
② 오일에 기포가 섞여 작동이 불량할 수 있다.
③ 인화의 위험이 있다.
④ 고압 사용으로 인한 위험성 및 배관이 까다롭다.
⑤ 고압에 의한 기름 누설의 우려가 있다.
⑥ 장치마다 동력원(펌프와 탱크)이 필요하다.

핵심예제

유압장치의 장점이 아닌 것은? [2007년 3회, 2009년 3회]

① 힘을 무단으로 변속할 수 있다.
② 속도를 무단으로 변속할 수 있다.
③ 일의 방향을 쉽게 변화시킬 수 있다.
④ 하나의 동력원으로 여러 장치에 동시에 사용할 수 있다.

|해설|

장치마다 동력원(펌프와 탱크)이 필요하다.

정답 ④

제2절 | 공압기기

2-1. 공기압 발생장치

핵심이론 01 공기 압축기

압축공기를 생산하는 장치이다.

(1) 작동원리에 따른 분류

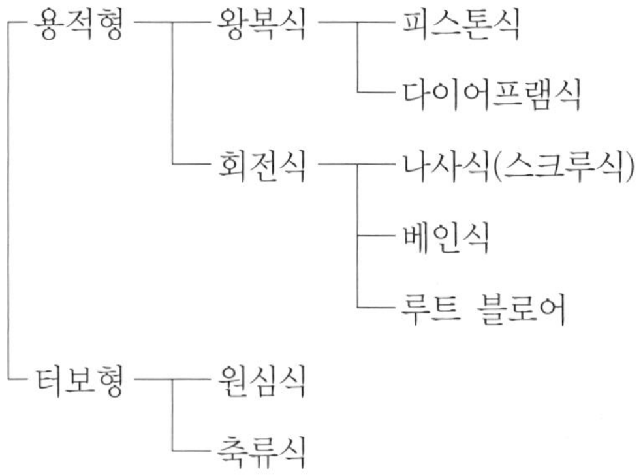

(2) 발생장치에 의한 분류

① 팬 : 0.1[kgf/cm^2] 미만(10[kPa] 미만)
② 송풍기 : 0.1~1[kgf/cm^2](10~100[kPa])
③ 공기 압축기 : 1[kgf/cm^2] 이상

(3) 토출압력에 따른 분류

① 저압 : 1~8[kgf/cm^2]
② 중압 : 10~16[kgf/cm^2]
③ 고압 : 16[kgf/cm^2] 이상

(4) 출력에 따른 분류

① 소형 : 0.2~14[kW]
② 중형 : 15~75[kW]
③ 대형 : 75[kW] 이상

(5) 산업 현장의 공압사용 압력

① 공압기기의 작동 압력 : 4~6[kgf/cm^2]

② 일반 산업분야의 기계에 사용 압력 : 5~7[kgf/cm^2]

③ 프레스 기계용 및 계장용의 사용 압력 : 7~8[kgf/cm^2]

핵심예제

공기 압축기를 작동원리에 의해 분류하였을 때 터보형에 해당되는 압축기는 어느 것인가? [2012년 5회, 2013년 2회]

① 원심식
② 베인식
③ 피스톤식
④ 다이어프램식

|해설|

- 터보형 : 원심식, 축류식
- 용적형 : 베인식, 피스톤식, 다이어프램식

정답 ①

핵심이론 02 압축기의 종류

(1) 왕복식 압축기

크랭크축을 회전시켜 피스톤의 왕복운동으로 압력을 발생한다.

① 가장 일반적으로 많이 사용된다.

② 압력범위는 1단 압축 1.2[MPa], 2단 압축 3.0[MPa], 3단 압축은 22[MPa]까지이다.

③ 냉각방법으로는 공랭식(소형압축기)과 수랭식(중형 압축기)이 있다.

※ 격판 압축기

피스톤이 격판에 의해 흡입실로부터 분리되어 있다. 공기가 왕복운동을 하는 부분과 직접 접촉하지 않기 때문에 공기에 기름이 섞이지 않게 된다. 단점으로 수명이 짧고, 높은 압력을 얻을 수 없다.

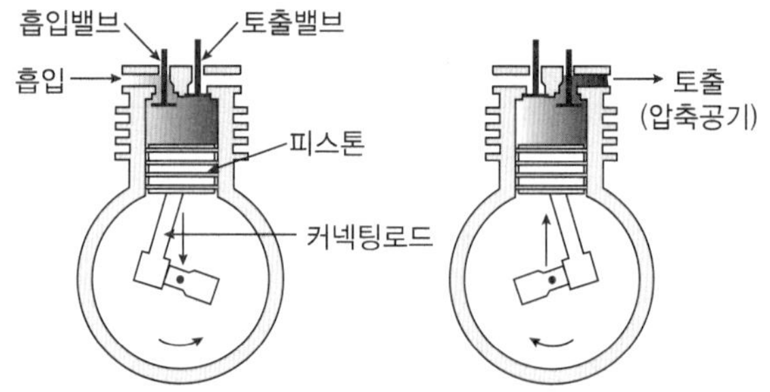

(2) 회전식 압축기

① 베인식 : 편심로터가 흡입과 배출구멍이 있는 실린더 형태의 하우징 내에서 회전하여 압축공기를 토출하는 형태이다.

㉠ 소음과 진동이 작다.

㉡ 공기를 안정되게 공급한다.

㉢ 소형으로 공기압 모터 등의 공급원으로 사용된다.

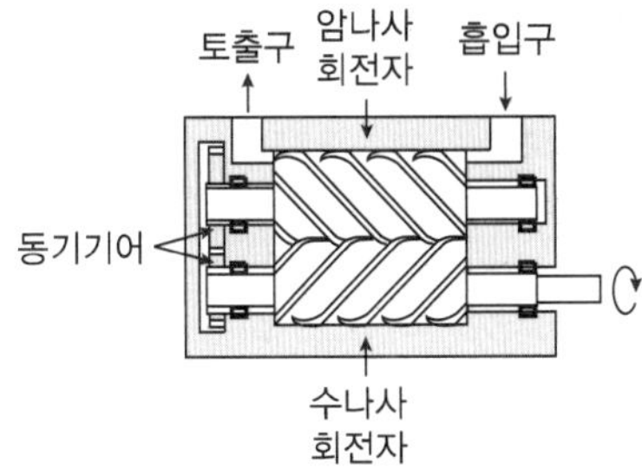

② **스크루식** : 나선형의 로터가 서로 반대로 회전하여 축 방향으로 들어온 공기를 서로 맞물려 회전시켜 공기를 압축한다.

㉠ 고속회전이 가능하며 토출능력이 크다.
㉡ 소음, 진동이 작다.
㉢ 구조는 간단하고 왕복식에 비해 섭동부가 적다.
㉣ 고속회전이므로 고주파음이 생긴다.
㉤ 보수 사이클이 길지만 오버홀이 필요하다.

③ **루트 블로어** : 누에고치형 회전자를 서로 90° 위상 변위를 주고 회전자끼리 서로 반대 방향으로 회전하여 흡입된 공기는 회전자와 케이싱 사이에서 체적 변화없이 토출구 측으로 이동되어 토출된다.

㉠ 비접촉형 무급유식이며 소형, 고압으로 사용한다.
㉡ 토크변동이 크고, 소음이 크다.

(3) 터보 압축기

공기의 유동원리를 이용한 것으로 터보를 고속으로 회전시키면서 공기를 압축(원심식)한다.

① 각종 Plant, 대형・대용량의 공기압원으로 이용한다.
② 진동이 적고 고속 회전이 가능하며 토출공기 압력의 맥동이 없다.
③ 무급유 시방이 가능하다.
④ 종류로는 축방향형, 반경방향형 등이 있다.

(4) 압축기 비교

분 류 / 특 성	왕복식	회전식	터보식
구 조	비교적 간단하다.	간단하고 섭동부가 적다.	대형, 복잡하다.
진 동	비교적 많다.	적다.	적다.
소 음	비교적 높다.	적다.	적다.
보수성	좋다.	섭동부품의 정기교환이 필요	비교적 좋으나 오버홀이 필요
토출공기 압력	중・고압	중 압	표준 압력
가 격	싸다.	비교적 비싸다.	비싸다.

(5) 무급유식 공기 압축기의 특징

① 토출 공기 속에 기름이 함유되어 있지 않으므로 비교적 청정한 압축 공기가 얻어진다.
② 고급 내부 윤활유가 필요 없다.
③ 드레인에는 수분뿐이므로, 자동 배수 밸브가 막히는 경우가 별로 없다.
④ 급유식에 비하여 비싸다.
⑤ 급유식에 비하여 수명이 짧다.

(6) 압축기 설치 조건

① 저온, 저습 장소에 설치하여 드레인 발생 억제
② 유해물질이 적은 곳에 설치
③ 압축기 운전시 진동 고려(방음, 방진벽 설치)
④ 수평관로의 배관은 드레인 배출이 용이하게 1/100의 구배 부과

핵심예제

2-1. 왕복형 공기 압축기에 대한 회전형 공기 압축기의 특징 설명으로 올바른 것은? [2010년]

① 진동이 크다.
② 고압에 적합하다.
③ 소음이 적다.
④ 공압 탱크를 필요로 한다.

2-2. 다음 중 대형 · 대용량이 요구되는 플랜트 등에 사용되는 압축기는?

① 피스톤 압축기
② 터보형 압축기
③ 나사식 압축기
④ 베인식 압축기

|해설|

2-1
회전형 압축기에는 나사식, 베인식, 루트 블로어식이 있다. 특징으로는 진동이 적으며 토출압력이 중압이고 구조가 간단하고 섭동부가 적다.

2-2
터보형 압축기는 터보를 고속으로 회전시켜 압축공기를 만들어 내며, 플랜트 대형 · 대용량의 공기압원으로 이용되고 있다.

정답 **2-1** ③ **2-2** ②

핵심이론 03 압축기 제어 방법

(1) 무부하 조절

① 배기 조절
　㉠ 가장 간단한 조절 방법
　㉡ 탱크 내의 압력이 설정된 압력에 도달하면 안전 밸브가 열려서 압축 공기를 대기 중으로 방출시켜 설정 압력으로 조절하는 방법

② 차단 조절
　㉠ 압축기의 흡입구를 차단하여 압력을 낮추는 방법
　㉡ 회전 피스톤 압축기와 왕복 피스톤 압축기에 많이 사용

③ 그립-암(Grip Arm) 조절
　㉠ 피스톤 압축기에 이용되는 방식
　㉡ 압력이 상승되면 피스톤의 상승 시에도 흡입밸브가 그립암에 의해 열려 있으므로 공기를 압축할 수 없어, 압축공기를 생산할 수 없게 하는 방법

(2) ON-OFF 제어

① 압축기의 운전과 정지를 반복시키면서 조절하는 방식
② 스위칭 횟수를 줄이기 위해서는 대용량의 탱크가 필요하며, 높은 압력을 사용하는 경우나 단속작업 등에 적당한 조절 방법

(3) 저속 조절

① 속도 조절 : 엔진의 속도 조절 장치에 의하여 회전수를 조절하여 압축량을 조절하는 방식
② 차단 조절 : 흡입 공기 입구를 줄임으로써 공기 압축량을 줄이는 간단한 방법
③ 회전 피스톤 압축기와 터보 압축기에 사용

핵심예제

공기 압축기 제어 방법 중 무부하 조절 방법이 아닌 것은?

① 배기 조절 방법 ② 차단 조절 방법
③ 저속 조절 방법 ④ 그립암 조절 방법

|해설|

공기 압축기 제어 방법에는 무부하 조절, ON-OFF 조절, 저속 조절 방법이 있으며 무부하 조절방법에는 배기 조절, 차단 조절, 그립암 조절 방법이 있다.

정답 ③

핵심이론 04 압축공기 저장 탱크

(1) 압축공기 저장 탱크의 역할(기능)

① 공기 소모량이 많아도 압축공기의 공급을 안정화
② 공기 소비 시 발생되는 압력 변화를 최소화
③ 정전 시 짧은 시간 동안 운전이 가능
④ 공기 압력의 맥동 현상을 없애는 역할
⑤ 압축 공기를 냉각시켜 압축 공기 중의 수분(응축수)을 드레인으로 배출

(2) 압축공기 저장 탱크의 크기 선정 요소

① 압축기의 공급 체적
② 압축기의 압력비
③ 시간당 스위칭 수

(3) 압축공기 저장 탱크의 구조

① 안전 밸브
② 압력 스위치
③ 압력계
④ 체크 밸브
⑤ 차단 밸브(공기 배출구)
⑥ 드레인 뽑기
⑦ 접속관

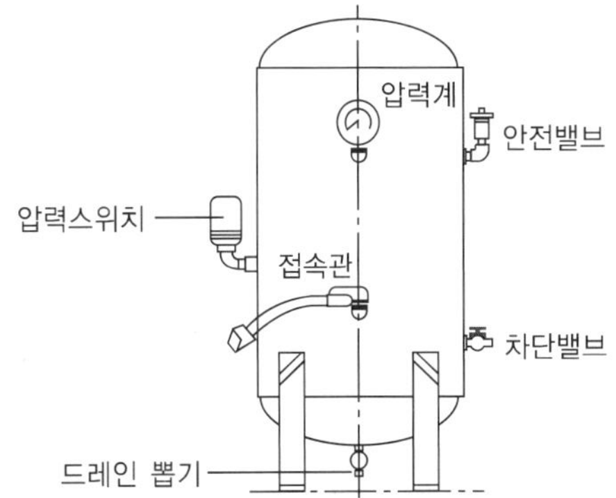

핵심예제

압축공기 저장탱크에 구성되는 기기가 아닌 것은? [2002년]

① 압력계
② 압력 릴리프 밸브
③ 차단밸브
④ 유량계

|해설|

유량계는 유압탱크에 설치된다.

정답 ④

2-2. 공기청정화 기기

핵심이론 01 냉각기

(1) 공기청정화 시스템

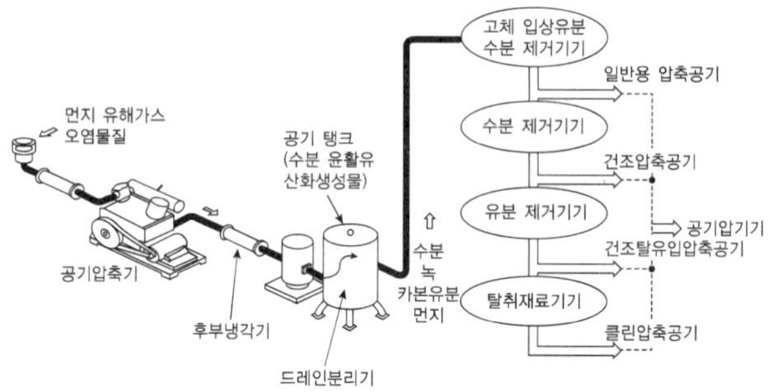

(2) 오염원에 따른 영향

오염원	공압 기기에 미치는 영향
수 분	• 코일의 절연 불량과 녹 유발 • 밸브 몸체의 스풀 고착 및 수명 단축 • 동결의 원인
유 분	• 오염에 따른 기기의 수명 단축 • 작은 유로 단면적의 변화 • 고무계 밸브의 부풀음 및 스풀의 고착
카 본	• 실(Seal) 불량 • 누적으로 인한 화재 및 폭발 • 작은 유로 단면적의 변화 • 기기 수명의 단축 및 밸브의 고착
녹	• 실(Seal) 불량 및 밸브 몸체에 고착 • 기기의 수명 단축 • 작은 유로 단면적의 변화
먼 지	• 필터 엘리먼트의 눈메꿈 • 실(Seal) 불량

(3) 냉각기(Air After Cooler)

공기압축기로부터 토출되는 고온의 압축공기를 공기 건조기로 공급하기 전 건조기의 입구 온도 조건에 알맞도록 1차 냉각시키고 흡입 수증기의 65[%] 이상을 제거하는 장치이다.

- 수랭식은 고온다습하고 먼지가 많은 악조건에서 안정된 성능을 얻을 수 있으므로 냉각효율이 좋아 공기소비량이 많을 때 사용된다.
- 공랭식은 냉각수의 설비가 불필요하므로 단수나 동결의 염려가 없으며 보수도 쉽고 유지비도 적다.

① 수랭식 사용 시 주의사항

㉠ 공기압축기와 가까운 곳에 설치한다(보수점검 용이).

㉡ 입구관로에 필터(100[μm] 여과도)를 설치한다(관 속에 물때가 생기는 것을 방지함으로써 냉각성능을 보장).

㉢ 단수 시 경보장치를 설치한다.

㉣ 청소 시에는 기계적인 방법이나 적당한 세정제를 사용한다.

② 공랭식 사용 시 주의사항

㉠ 보수점검이 쉬운 장소에 설치한다.

㉡ 통풍이 잘 되도록 벽이나 기계로부터 20[cm] 이상의 간격을 두고 설치한다.

㉢ 먼지가 많은 장소에 설치 시 필히 방진용 필터를 설치, 정기적인 청소가 이루어져야 한다.

㉣ 출구온도가 40[℃] 이하를 유지하도록 설계한다.

핵심예제

압축공기 오염원 중 공압기기에 미치는 영향으로 틀린 것은?

① 수분은 겨울에 동결의 원인이 된다.
② 먼지는 필터 엘리먼트의 눈메꿈 원인이 된다.
③ 카본은 누적으로 인한 화재 및 폭발의 원인이 된다.
④ 녹은 고무계 밸브의 부풀음의 원인이 된다.

|해설|

고무계 밸브의 부풀음의 원인은 유분이다.

정답 ④

핵심이론 02 공기 건조기(Air Dryer, 제습기)

압축공기 속에 포함되어 있는 수분을 제거하여 건조한 공기로 만드는 기기로 종류에는 냉동식, 흡착식, 흡수식 건조기가 있다.

(1) 냉동식 건조기

① 이슬점 온도를 낮추는 원리를 이용한 것

② 공기를 강제로 냉각시켜 수증기를 응축시켜 수분을 제거하는 방식의 건조기

③ 사용 시 주의사항

㉠ 공기건조기의 입구온도가 40[℃]를 넘지 않도록 애프터 쿨러와 주라인 필터 다음에 설치한다.

㉡ 공기건조기에서 배출되는 공기는 다시 공기건조기에 순환되지 않도록 주의하여야 한다.

㉢ 진동의 전달을 방지하기 위하여 배관을 연결 시 가요관을 사용하는 것이 좋다.

㉣ 파이프가 응력에 견딜 수 있도록 엘보를 충분히 사용한다.

(2) 흡착식 건조기

① 고체 흡착제인 실리카겔, 활성알루미나, 실리콘다이옥사이드를 사용하는 물리적 과정의 방식이다.

② 고체 흡착제 속을 압축공기가 통과하도록 하여 수분이 고체표면에 붙어버리도록 하는 건조기이다.

③ 건조제의 재생방식 : 가열기가 부착된 히트형과 건조공기의 일부를 사용하는 히트리스형이 있다.

④ 최대 −70[℃]의 저노점을 얻을 수 있다.

⑤ 사용 시 주의사항

㉠ 에어입구는 비방폭형 계기의 설치가 안정되고 심한 진동이 없는 장소에 설치

㉡ 에어출구는 온도가 급격히 변화하지 않으며 0~70[℃]의 범위를 넘지 않고 상대습도가 90[%] 이하인 장소에 설치

㉢ 바이패스 밸브는 가능한 한 주배관에 설치
㉣ 프리필터의 흡착제는 1년에 1회 정도 교환
㉤ 공기건조기 앞쪽에는 반드시 유분제거필터와 프리필터를 설치
㉥ 프리필터는 월 1회 정도 정기점검을 하거나 차압계를 설치하여 1[kg/cm^2] 이상이 되면 필터를 교환

(3) 흡수식 건조기

① 흡수액(염화리튬, 수용액, 폴리에틸렌)을 사용한 화학적 과정의 방식이다.
② 장비설치가 간단하다.
③ 움직이는 부분이 없어 기계적 마모가 적다.
④ 외부에너지의 공급이 필요 없다.
⑤ 건조제는 연간 2~4회 정도 교환한다.
⑥ 재생방법
㉠ 압축공기를 사용하는 히스테리형
㉡ 외부 또는 내부의 가열기에 의한 히트형
㉢ 히트펌프에 의한 히트 펌프형

핵심예제

공기 건조기에 대한 설명 중 옳은 것은?

[2012년 5회, 유사문제 다수 출제]

① 수분제거 방식에 따라 건조식, 흡착식으로 분류한다.
② 흡착식은 실리카겔 등의 고체 흡착제를 사용한다.
③ 흡착식은 최대 -170[℃]까지의 저노점을 얻을 수 있다.
④ 건조제 재생 방법을 논 브리드식이라 부른다.

|해설|

① 수분제거 방식에 따라 냉동식, 흡착식, 흡수식으로 분류한다.
③ 흡착식은 최대 -70[℃]의 저노점을 얻을 수 있다.
④ 흡착식의 건조제 재생방법
• 압축공기를 사용하는 히스테리형
• 외부 또는 내부의 가열기에 의한 히트형
• 히트펌프에 의한 히트 펌프형

정답 ②

핵심이론 03 공기 여과기(Air Filter)

공기압 발생장치에서 보내지는 공기 중에는 수분, 먼지 등이 포함되어 있다. 공기압회로 중에 이러한 물질을 제거하기 위한 목적에 사용되며, 입구부에 필터를 설치한다. 공기 여과기는 압축 공기의 선회류에 의한 원심력을 이용하여 유리 수분을 제거하는 분리 기구와 수많은 미소한 구멍이 있는 여과재로 구성되어 있다.

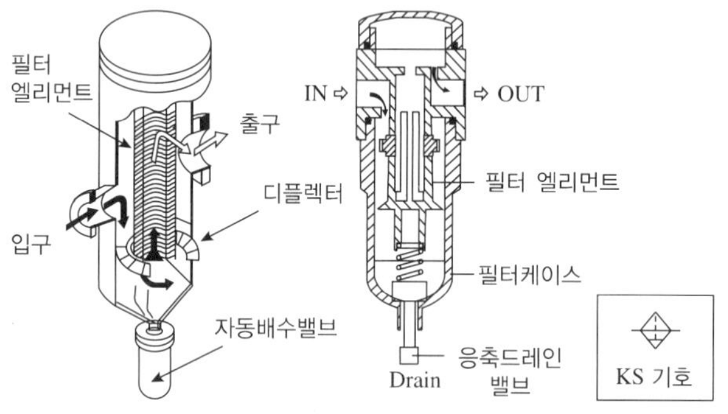

(1) 공기여과 방식

① 원심력을 이용하여 분리하는 방식
② 충돌판을 닿게 하여 분리하는 방식
③ 흡습제를 사용하여 분리하는 방식
④ 냉각하여 분리하는 방식

(2) 드레인 배출 형식

① 수동식 : 콕을 열어 드레인을 배출
② 자동식
㉠ 플로트식(부구식) : 일정량이 고이면 배출밸브가 열림
㉡ 파일럿식(차압식) : 양에 관계없이 압력변화에 의해 배출
㉢ 전동기식 : 전동기에 의해 일정시간마다 배출

(3) 여과도에 따른 규격

① 정밀용 : 5~20[μm]
② 일반용 : 44[μm]
③ 메인라인용 : 50[μm] 이상
※ 일반 실린더용 : 40~70[μm]

(4) 주 배관용 필터(Main Line Filter)

① 주 배관에 설치하여 기름, 물, 먼지 등을 제거
② 정밀필터의 수명연장이나 기기의 고장방지를 목적으로 사용
③ 디플렉터에서 선회운동을 주어 사이클론 효과를 이용
④ 응축된 물은 제거할 수 있지만 압축공기 중의 수분은 제거할 수 없음

(5) 미세 필터

① 일반 필터로 제거할 수 없는 압축공기 중의 미량의 물이나 미세한 오염물질을 제거
② 물방울이나 오물의 정화율이 99.9[%]까지, 0.001[μm] 입자까지 여과
③ 필터 재료에는 규소물, 플라스틱섬유, 유리섬유가 사용

(6) 필터의 선택 조건

① 압력 손실이 적어야 한다.
② 사용 기간이 길어야 한다.
③ 여과 면적이 커야 한다.
④ 수분 분리 능력이 커야 한다.
⑤ 엘리먼트의 교환이 용이해야 한다.

핵심예제

공압장치에 사용되는 압축공기 필터의 공기여과 방법으로 틀린 것은? [2012년 2회, 유사문제 다수 출제]

① 원심력을 이용하여 분리하는 방법
② 충돌판에 닿게 하여 분리하는 방법
③ 가열하여 분리하는 방법
④ 흡습제를 사용해서 분리하는 방법

|해설|

공기여과 방식
• 원심력을 이용하여 분리하는 방식
• 충돌판을 닿게 하여 분리하는 방식
• 흡습제를 사용하여 분리하는 방식
• 냉각하여 분리하는 방식

정답 ③

2-3. 압축공기 조정기기

핵심이론 01 압축공기 조정 유닛(Air Service Unit)

기기의 윤활, 압력 조정, 드레인 제거를 행할 수 있도록 제작된 기기로 압축공기 필터, 압축공기 조절기, 압축공기 윤활기 등 세 가지 기기를 편리하도록 조합한 것이다.

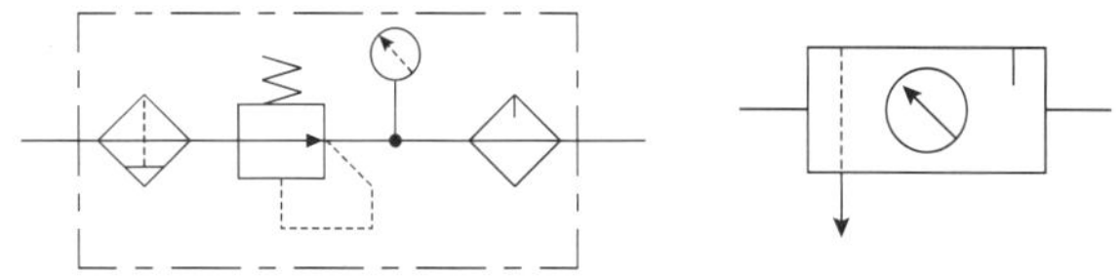

(1) 압축공기 필터(Filter)

① 배관 도중에 설치하여 먼지와 드레인을 제거해서 청정한 압축공기를 공급하는 것
② 분리기구와 여과재로 구성
③ 여과도에 따라 정밀용(5~20[μm]), 일반용(44[μm]), 메인라인용(50[μm] 이상)으로 분류
④ 공기압 장치나 기기에서 가까운 곳에 설치

(2) 압축공기 조절기(Pressure Regulator, 감압밸브)

① 작동압력을 일정한 압력으로 유지시켜 주는 밸브
② 종류 : 직동형, 내부 파일럿형, 외부 파일럿형

(3) 압축공기 윤활기(Lubricator)

① 윤활을 필요로 하는 곳에, 벤투리 원리에 의해 미세한 윤활유를 분무 상태로 공기 흐름에 혼합하여 보내서 윤활작용을 하는 기기
② 사용 시 주의사항
  ㉠ 방향제어 밸브 또는 액추에이터 등에 가능한 가깝게 설치한다.
  ㉡ 분무식 윤활기는 윤활 대상물의 근처에 설치하되 최대 5[m]를 초과하지 않도록 한다.

㉢ 윤활기는 기름을 보급하기 쉬운 장소에 설치한다. 곤란한 장소에 설치해야 할 때는 집중 급유식 윤활기를 사용한다.
㉣ 입구측에는 공압 필터를 설치해야 한다.

(4) 윤활유의 구비 조건

① 열화의 정도가 적을 것
② 윤활성이 있을 것
③ 윤활성이 좋을 것
④ 마찰계수가 적을 것
⑤ 마멸, 발열을 방지할 수 있을 것

(5) 윤활유 선정

① 터빈유 1종(무첨가) ISO VG32
② 터빈유 2종(첨가) ISO VG32

핵심예제

압축공기의 조정 유닛(Unit)의 구성기구가 아닌 것은?

[2012년 5회, 유사문제 다수 출제]

① 압축공기 필터
② 압축공기 조절기
③ 압축공기 윤활기
④ 소음기

|해설|

압축공기 서비스(조정) 유닛 : 기기의 윤활, 압력 조정, 드레인 제거를 행할 수 있도록 제작된 것

- 압축공기 필터(Filter)
- 압축공기 조절기(Pressure Regulator)
- 압축공기 윤활기(Lubricator)

정답 ④

2-4. 압력 제어 밸브

핵심이론 01 압력제어 밸브의 종류

압력제어 밸브는 감압을 목적으로 사용하며 유체의 압력(힘)을 제어하는 밸브이다.

① 릴리프 밸브
② 감압 밸브
③ 시퀀스 밸브
④ 카운터 밸런스 밸브
⑤ 무부하 밸브
⑥ 기 타
㉠ 안전 밸브
㉡ 압력 스위치

(1) 릴리프 밸브

압력을 설정값 내로 일정하게 유지(안전 밸브로 사용)하는 밸브

① **직동형 릴리프 밸브** : 피스톤을 스프링 힘으로 조정
② **평형 피스톤형 릴리프 밸브** : 피스톤을 파일럿 밸브의 압력으로 조정(압력 오버라이드가 적고, 채터링이 거의 일어나지 않는다)

(2) 압력조절 밸브(Reducing Valve, 감압 밸브)

압축공기의 압력을 사용공기압 장치에 맞는 압력으로 감압하여 안정된 공기압을 공급할 목적으로 사용하며, 압축공기의 습도를 낮추는 기능도 있다.
유압회로에서 분기회로의 압력을 주회로의 압력보다 저압으로 할 때 사용하는 밸브이다.

① **논 브리드식** : 릴리프 밸브 시트에 릴리프 구멍이 없는 구조
② **브리드식** : 릴리프 밸브 시트로부터 항상 소량의 공기를 방출하는 구조로 되어 신속한 압력의 조절이 가능
③ **파일럿형** : 직동형 압력제어 밸브보다 정밀도가 높은 압력의 조절을 목적으로 파일럿 기구를 추가한 것이다.

(3) 시퀀스 밸브

공유압 회로에서 순차적으로 작동할 때 작동순서를 회로의 압력에 의해 제어되는 밸브. 즉, 회로 내의 압력상승을 검출하여 압력을 전달하고 실린더나 방향제어밸브를 움직여 작동순서를 제어한다.

(4) 카운터 밸런스 밸브

부하가 급격히 제거되었을 때 그 자중이나 관성력 때문에 소정의 제어를 못하게 된다거나 램의 자유낙하를 방지하기 위하여 귀환유의 유량에 관계없이 일정한 배압을 걸어주는 역할을 한다. 주로 배압제어용으로 사용된다.

(5) 무부하(Unloading) 밸브

작동압이 규정압력 이상으로 되면 무부하 운전을 하여 배출하고 이하가 되면 밸브는 닫히고 다시 작동하게 된다.

(6) 안전 밸브

회로 내의 압력이 설정압력 이상이 되면 작동되며 공유압 기기의 안전을 위한 밸브이다.

(7) 압력 스위치

회로의 압력이 설정값에 도달하면 내부에 있는 마이크로 스위치가 작동하여 전기회로를 열거나 닫게 하는 기기이다.

(8) 유체 퓨즈

회로압이 설정압을 넘으면 막이 유체압에 의해 파멸되어 압유를 탱크로 귀환시킴과 동시에 압력 상승을 막아 기기를 보호하는 역할을 한다.

① 설정압은 재료 강도로 조절한다.
② 응답이 빨라 신뢰성이 좋다.
③ 맥동이 큰 유압장치에 부적당하다.

(9) 압력보상형 유량제어 밸브

압력보상 기구를 내장하고 있으므로 압력의 변동에 의하여 유량이 변동되지 않도록 회로에 흐르는 유량을 항상 일정하게 유지한다. 부하의 변동에도 항상 일정한 속도를 얻고자 할 때 사용하는 밸브이다.

핵심예제

1-1. 압력제어 밸브에 해당되는 것은? [2011년 유사문제 다수 출제]

① 셔틀 밸브
② 체크 밸브
③ 차단 밸브
④ 릴리프 밸브

1-2. 공기탱크와 공기압 회로 내의 공기압력이 규정 이상의 공기 압력으로 될 때에 공기 압력이 상승하지 않도록 대기와 다른 공기압 회로 내로 빼내주는 기능을 갖는 밸브는?

[2013년 2회, 유사문제 다수 출제]

① 감압 밸브
② 릴리프 밸브
③ 시퀀스 밸브
④ 압력 스위치

|해설|

1-1
압력제어밸브의 종류에는 릴리프 밸브, 감압 밸브, 시퀀스 밸브, 카운터 밸런스 밸브, 무부하 밸브, 안전 밸브, 압력 스위치 등이 있다.

1-2
① 감압 밸브 : 고압의 압축유체를 감압시켜 설정공급압력을 일정하게 유지시켜주는 밸브
③ 시퀀스 밸브 : 공유압 회로에서 순차적으로 작동할 때 작동순서를 회로의 압력에 의해 제어되는 밸브
④ 압력 스위치 : 회로의 압력이 설정값에 도달하면 내부에 있는 마이크로 스위치가 작동하여 전기회로를 열거나 닫게 하는 기기

정답 1-1 ④ 1-2 ②

핵심이론 02 압력제어 밸브의 특성

(1) 압력조정 특성

압력제어 밸브의 핸들을 돌렸을 때 회전각에 따라 공기 압력이 원활하게 변화하는 특성이 있다.

(2) 유량 특성

2차측 유로를 조여서 유량이 0인 상태에서 공기 압력을 설정한 후에 2차측 유량을 서서히 증가시켜 가면 2차측 압력은 서서히 저하된다.

(3) 압력 특성

1차측 압력의 변동에 따라 2차측 압력 변동의 변화 특성을 말한다.

(4) 재현(성) 특성

1차측의 공기 압력을 일정 공기압으로 설정하고, 2차측을 조절할 때 설정 압력의 변동 상태를 확인하는 것으로, 장시간 사용 후 변동 상태를 확인한다.

(5) 히스테리시스 특성

압력 제어 밸브의 핸들을 조작하여 공기 압력을 설정하고 압력을 변동시켰다가, 다시 핸들을 조작하여 원래의 설정값에 복귀시켰을 때, 최초의 설정값과의 오차이다(내부 마찰 등에 그 영향이 크다).

(6) 릴리프 특성

2차측 공기의 압력을 외부에서 상승시켰을 때 릴리프 구멍에서 배기되는 고압의 압력특성을 말하며, 감지하지 못하는 영역이 존재한다(릴리프 밸브의 탄성에 기인, 브리드식 구조에서는 불감대 영역을 개선할 수 있다).

(7) 압력조절 밸브의 사용상 주의사항

① 선정용 검토항목을 참고하여 선정한다.
② 이물질 침입을 방지할 수 있도록 반드시 필터를 설치한다.
③ 2차측 부하에 상응한 밸브를 선택하여 조절 공기 압력의 30~80[%] 범위 내에서 사용한다(공기압 기기의 전 공기 소비량이 이 압력조절 밸브의 2차 압력이 80[%] 이하로 내려가지 않도록 밸브 사이즈를 선정).
④ 압력, 유량, 히스테리시스 특성 및 재현성 등을 조사한다.
⑤ 사용목적에 맞는 규격의 밸브를 선정한다.
⑥ 회로 구성상 여러 개의 감압 밸브가 설치되는 경우, 회로 전체의 정상 상태가 유지되도록 주의해야 한다.

핵심예제

2-1. 다음 중 압력제어 밸브의 특성이 아닌 것은? [2012년 5회]

① 크래킹 특성
② 압력조정 특성
③ 유량 특성
④ 히스테리시스 특성

2-2. 압력제어 밸브의 핸들을 돌렸을 때 회전각에 따라 공기압력이 원활하게 변화하는 특성은? [2012년 2회]

① 압력조정 특성
② 유량 특성
③ 재현 특성
④ 릴리프 특성

|해설|

2-1

압력제어 밸브의 특성

- 압력조정 특성
- 유량 특성
- 압력 특성
- 재현(성) 특성
- 히스테리시스 특성
- 릴리프 특성

2-2

② 유량 특성 : 2차측 유로를 조여서 유량이 0인 상태에서 공기 압력을 설정한 후에 2차측 유량을 서서히 증가시켜 가면 2차측 압력이 서서히 저하되는 특성
③ 재현 특성 : 1차측의 공기 압력을 일정 공기압으로 설정하고, 2차측을 조절할 때 설정 압력의 변동 상태를 확인하는 것(장시간 사용 후 변동 상태 확인)
④ 릴리프 특성 : 2차측 공기의 압력을 외부에서 상승시켰을 때 릴리프 구멍에서 배기되는 고압의 압력특성

정답 2-1 ① 2-2 ①

2-5. 유량제어 밸브

핵심이론 01 유량제어 밸브의 종류

유량제어 밸브는 유체의 흐름량(속도)을 제어하는 밸브이다.

- 교축 밸브
- 속도제어 밸브
- 급속배기 밸브
- 배기교축 밸브
- 쿠션 밸브

(1) 교축(Throttle) 밸브

유로의 단면적을 교축하여 유량을 제어하는 밸브로 니들 밸브를 밸브 시트에 대체 이동시켜 교축하는 구조로 된 것이 많다.

(2) 속도제어 밸브(일방향 유량제어 밸브)

유량을 교축하는 동시에 흐름의 방향을 제어하는 밸브로 실린더의 속도를 제어하는 데 주로 사용한다.
실린더의 속도를 제어하는 방식에는 미터 인 방식, 미터 아웃 방식, 블리드 오프 방식이 있다.

(3) 급속배기 밸브

실린더의 속도를 증가시켜 급속히 작동시키고자 할 때 사용, 배출저항을 작게 하여 운동속도를 빠르게 하는 밸브이다.

(4) 배기교축 밸브

방향제어 밸브의 배기구에 설치하여 실린더의 속도를 제어하는 밸브이다.

(5) 분류 밸브

동기 회로에서 2개의 실린더가 같은 속도로 움직일 수 있도록 위치를 제어해 주는 밸브이다.

(6) 유량비례분류 밸브

단순히 한 입구에서 오일을 받아 두 회로에 분배하며, 분배비율은 1 : 1~9 : 1 정도이다.

(7) 바이패스 밸브

전 유량을 한 가지 기능에 사용하는 경우나 다른 기능을 위해 유량을 흘려보내야 하는 경우 등에 사용한다.

(8) 유량제어 밸브 사용 시 주의사항

① 유량이 교축되면 압력 또한 동시에 떨어지게 된다. 출구 압력을 입구 압력의 1/2 이하로 하지 않는다(음속 발생).
② 가능한 제어 대상과 가깝게 설치한다(관로의 용적변화에 따라 제어성이 떨어지게 된다).
③ 유량 조절 후 고정용 나사를 고정하여 일정유량이 제어되도록 한다.
④ 공기 청정화에 주의한다(먼지나 이물질이 틈새를 막히게 함).
⑤ 밸브 크기 선택에 주의한다(제어 흐름의 유량 특성, 자유 흐름의 유량 검토 필요).

핵심예제

1-1. 유량제어 밸브에 속하는 것은? [2012년 5회, 유사문제 다수 출제]

① 전환 밸브　② 체크 밸브
③ 정비 밸브　④ 교축 밸브

1-2. 공압 실린더의 배출저항을 적게 하여 운동속도를 빠르게 하는 밸브로 맞는 것은? [2013년 2회, 유사문제 다수 출제]

① 급속배기 밸브　② 시퀀스 밸브
③ 언로드 밸브　④ 카운터 밸런스 밸브

|해설|

1-1

유량제어 밸브의 종류 : 교축 밸브, 속도제어 밸브, 급속배기 밸브, 배기교축 밸브, 쿠션 밸브 등이 있다.

1-2

② 시퀀스 밸브 : 공유압 회로에서 순차적으로 작동할 때 작동순서를 회로의 압력에 의해 제어되는 밸브이다.
③ 무부하(Unloading) 밸브 : 작동압이 규정압력 이상으로 달했을 때 무부하운전을 하여 배출하고 이하가 되면 밸브는 닫히고 다시 작동하게 된다.
④ 카운터 밸런스 밸브 : 부하가 급격히 제거되었을 때 그 자중이나 관성력 때문에 소정의 제어를 못하게 된다거나 램의 자유낙하를 방지하기 위하여 귀환유의 유량에 관계없이 일정한 배압을 걸어주는 역할을 한다.

정답 1-1 ④ 1-2 ①

2-6. 방향제어 밸브

핵심이론 01 방향제어 밸브

공기흐름의 방향을 제어하는 밸브이다. 방향제어 밸브의 종류는 조작방식, 포트수와 전환 위치수, 흐름의 형식, 밸브의 구조에 따라 분류한다.

(1) 조작방식에 따른 분류

① 인력 조작식
② 기계 조작식
③ 전자 조작식
④ 파일럿 조작식

(2) 포트 및 제어 위치수에 따른 분류

① 2포트 2위치 밸브
② 3포트 2위치 밸브
③ 4포트 2위치 밸브
④ 5포트 2위치 밸브
⑤ 4포트 3위치 밸브
⑥ 5포트 3위치 밸브

※ 참고 사항

- 포트수 : 2, 3, 4, 5포트(4각형 1개에 연결된 포트의 수)
- 제어 위치수 : 2, 3, (4)위치(4각형이 겹쳐 있는 수)
- 기호 판독 또는 기호에 표시되는 것으로 작동방법, 기능, 귀환방법이 있다.
- 방향 전환 밸브에서 밸브와 주관로(파일럿과 드레인 포트는 제외)와의 접속구 수를 포트수 혹은 접속수라 한다. 포트수는 유로전환의 형을 한정한다.

(3) 밸브의 구조에 따른 분류

밸브의 구조는 특성을 좌우하는 중요한 요소가 된다.

- 포핏식(볼 시트 밸브, 디스크 시트 밸브)
- 스풀식
- 슬라이드식(세로 슬라이드 밸브, 세로 평슬라이드 밸브, 판슬라이드 밸브) 등으로 나누어진다.

① 포핏 밸브(Poppet Valves)

㉠ 밸브 몸통이 밸브 자리에서 직각 방향으로 이동하는 방식이다.

㉡ 구조가 간단하고 먼지나 이물질의 영향을 적게 받으므로 소형의 밸브에서 대형의 밸브까지 폭넓게 이용한다.

㉢ 밸브의 연결구 종류 : 볼 디스크, 평판, 원추

㉣ 포핏 밸브의 특징

- 구조가 간단하다(이물질의 영향을 받지 않음).
- 짧은 거리에서 밸브를 개폐할 수 있다(개폐속도가 빠름).
- 활동부가 없기 때문에 윤활이 필요 없고 수명이 길다.
- 소형의 제어밸브나 솔레노이드 밸브의 파일럿 밸브 등에 많이 사용한다.
- 공급압력이 밸브 몸통에 작용하므로 밸브를 열 때의 조작력을 유체압에 비례하여 커져야 하는 단점이 있다.

② 스풀 밸브

㉠ 빗모양의 스풀이 원통형 미끄럼면을 축방향으로 이동하여 밸브를 개폐하는 구조로 되어 있다.

㉡ 메탈실 방식 : 미끄럼면의 미세한 틈이 생기므로, 이 부분에서의 소량의 공기 누설이 있으며, 또한 미끄럼면의 이물질은 밸브 고장의 원인이 되기 때문에 공기의 질이나 윤활유 관리가 필요하다.

㉢ 패킹식 방식 : 누설은 거의 염려되지 않으나 실재료의 종류에 따라 급유가 필요하다.

③ 슬라이드 밸브(Slide Valve, 미끄럼식)

㉠ 밸브 몸통과 밸브체가 미끄러져 개폐 작용을 하는 형식으로, 스풀 밸브를 평면적으로 한 구조이다.

㉡ 직선 이동식과 회전식이 있다.

㉢ 슬라이드 밸브의 특징

- 압력에 따른 힘을 거의 받지 않으므로 작은 힘으로도 밸브를 변환할 수 있다.
- 밸브의 섭동면은 랩 다듬질하여 실 부분을 스프링으로 누르기 때문에 누설량은 거의 없다.
- 작동거리가 길고 섭동저항이 커서 조작력이 크므로 수동조작 밸브에 주로 사용한다.

(4) 방향제어 밸브의 취급상 주의사항

① **사용 압력** : 제원에 표시된 압력 범위 내에서 사용, 최저 작동압력에 주의하고 필요 이상의 고압 사용은 바람직하지 않다.

② **유량** : 같은 치수의 밸브라도 유효단면적이 틀리는 경우는 반드시 압력이나 유량 조건에 맞는 크기를 선택한다.

③ **공기의 질** : 반드시 필터를 사용(보통 40[μm] 정도)하여 이물질이나 응축수를 제거하고, 메탈 실 방식은 5[μm] 이하의 여과도가 바람직하다.

④ **밸브의 설치 및 배관** : 정비를 고려하여 여유 공간을 확보하고 진동이 없는 장소에 설치한다.

⑤ **솔레노이드 밸브** : 조작 전압은 정격 전압의 ±10[%] 범위 내에 있어야 한다. 통전을 차단하면 서지 전압이 발생하여 회로상 문제가 발생하므로 서지 업소버 등을 설치하여 밸브를 보호한다.

핵심예제

1-1. 포핏 방식의 방향전환 밸브가 갖는 장점이 아닌 것은?

[2009년, 2008년]

① 누설이 거의 없다.
② 밸브 이동 거리가 짧다.
③ 조작에 힘이 적게 든다.
④ 먼지, 이물질의 영향이 적다.

1-2. 방향전환 밸브에서 공기 통로를 개폐하는 밸브의 형식과 거리가 먼 것은?

[2013년 5회]

① 포핏식　　② 포트식
③ 스풀식　　④ 회전판 미끄럼식

|해설|

1-1
공급압력이 밸브 몸통에 작용하므로 밸브를 열 때의 조작력을 유체압에 비례하여 커져야 하는 단점이 있다.

1-2
밸브 구조 형식에는 포핏식, 스풀식, 슬라이드식(회전판 미끄럼식)이 있다.

정답 1-1 ③ 1-2 ②

핵심이론 02 방향제어 밸브의 종류

(1) 체크 밸브

한쪽 방향의 유동은 허용하고 반대 방향의 흐름은 차단하는 밸브이다. 중간 정지 회로에 파일럿 조작 체크 밸브를 사용한다.

(2) 셔틀 밸브(OR 밸브)

두 개 이상의 입구와 한 개의 출구를 갖춘 밸브로 둘 중 한 개 이상 압력이 작용할 때 출구에 출력신호가 발생(양체크 밸브 또는 OR밸브)하고 양쪽 입구로 고압과 저압이 유입될 때 고압쪽이 출력(고압우선 셔틀 밸브)된다.

(3) 2압 밸브(AND 밸브)

두 개의 입구와 한 개의 출구를 갖춘 밸브로서 두 개의 입구에 압력이 작용할 때만 출구에 출력이 작용한다. 연동 제어, 안전 제어, 검사 기능, 논리 작동에 사용된다. 저압 우선 셔틀 밸브 등이 이에 속한다.

(4) 스톱 밸브(Stop Valve, Shut Off Valve)

유체의 흐름을 정지하거나 흘려보내는 밸브이다.

(5) 감속 밸브(Deceleration 밸브)

유압 작동기의 운동 위치에 따라 캠 조작으로 회로를 개폐시키는 밸브이다. 작동기의 움직임을 서서히 또는 가속하기 위해 유량제어 밸브와 함께 사용된다.

핵심예제

공기압 회로에서 압축공기의 역류를 방지하고자 하는 경우에 사용하는 밸브로서, 한쪽방향으로만 흐르고 반대방향으로는 흐르지 않는 밸브는? [2009년, 2008년]

① 체크 밸브
② 셔틀 밸브
③ 급속배기 밸브
④ 시퀀스 밸브

|해설|

② 셔틀 밸브(OR 밸브) : 두 개 이상의 입구와 한 개의 출구를 갖춘 밸브로 둘 중 한 개 이상 압력이 작용할 때 출구에 출력신호가 발생
③ 급속배기 밸브 : 실린더의 속도를 증가시켜 급속히 작동시키고자 할 때 사용
④ 시퀀스 밸브 : 공유압 회로에서 순차적으로 작동할 때 작동순서를 회로의 압력에 의해 제어되는 밸브

정답 ①

핵심이론 03 방향전환 밸브의 중립위치 형식

중간 정지 밸브 : 4/3way Valve

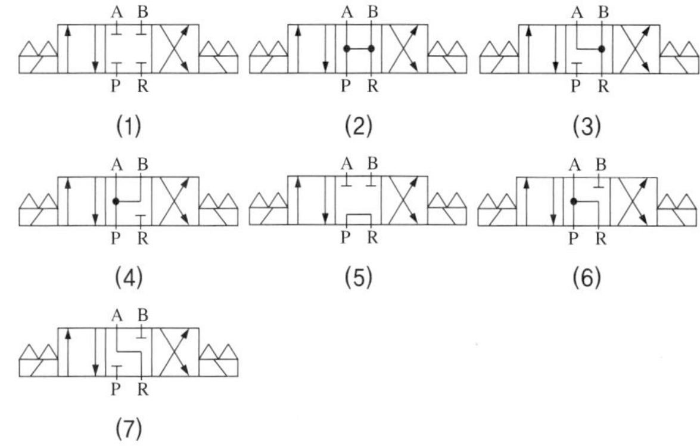

(1) 올 포트 블록(클로즈 센터형)

① 액추에이터를 확실히 정지시킴
② 펌프 압유를 다른 액추에이터에 사용

(2) 올 포트 오픈(오픈 센터형)

① 경부하, 저압에서 관성에 의한 자주(自走)의 위험이 적은 부하의 정지에 사용
② 정지 시 쇼크가 적음
③ 펌프 언로드가 가능

(3) 프레셔 포트 블록(ABR 접속형)

① 경부하, 저속에서 관성에 의한 자주의 위험이 적을 때 사용
② 펌프 압유를 다른 액추에이터에 사용

(4) 탱크 포트 블록(PAB 접속형)

중립 위치에서 전진 행정은 차동 회로에 의해 증속이 가능하다.

(5) 센터 바이패스형(탠덤 : Tandem 센터형)

① 액추에이터를 확실히 정지시킴
② 펌프 언로드가 가능

(6) 실린더 포트 블록(PAR 접속형)

펌프 언로드가 요구되고 부하에 의한 자주를 방지할 필요가 있을 때 사용

(7) 사이드 포트 블록(AR 접속형)

① B포트에 압유가 샐 때 피스톤이 후퇴해도 안전측으로 사용

② 펌프 압유를 다른 실린더에 사용 가능

핵심예제

다음의 그림은 4포트 3위치 방향제어밸브의 도면기호이다. 이 밸브의 중립위치 형식은? [2013년 2회, 2007년]

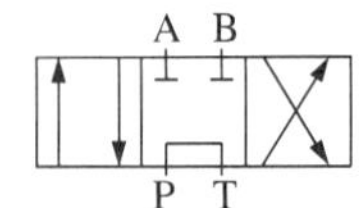

① 탠덤(Tandem) 센터형
② 올 오픈(All Open) 센터형
③ 올 클로즈(All Close) 센터형
④ 프레셔 포트블록(Block) 센터형

|해설|

올 오픈 센터형	올 클로즈 센터형	프레셔 포트블록 센터형
A B P R	A B P R	A B P R

정답 ①

2-7. 기타 제어 밸브

핵심이론 01 기타 제어 밸브

(1) 시간지연 밸브

① 입력이 주어지고 나서 일정 시간 후에 출력이 나타나는 On 시간지연작동 밸브와 입력이 제거되면 일정시간 후에 출력이 소멸되는 Off 시간지연작동 밸브가 있다.

② 공압시간지연밸브의 구성
㉠ 공기저장 탱크
㉡ 속도제어 밸브
㉢ 3/2way 밸브

③ On Delay 타이머 : 전압이 가해지고 일정 시간이 경과한 후 접점이 닫히거나 열리고, 전압을 끊으면 순시에 접점이 열리거나 닫히는 것(한시 동작 순시 복귀형)

④ Off Delay 타이머 : 전압이 가해지면 순시에 접점이 닫히거나 열리고, 전압을 끊으면 설정 시간이 지나 접점이 열리거나 닫히는 것(순시 동작 한시 복귀형)

(2) 전자 밸브(Solenoide Valve)

① 전자(Solenoide) 조작으로 유로의 방향을 전환시키는 밸브이다.

② 전자 밸브의 스풀 전환시간은 0.2초 정도이고, 스풀의 반응속도는 0.05초이다(전환빈도는 매 1초 이하).

③ 이 밸브는 전기스위치와 조합해서 원격조작을 할 수 있다.

④ 회로를 무부하할 수 있고, 시퀀스 작용을 자동적으로 행할 수 있다.

⑤ 교류 솔레노이드 밸브의 특징
㉠ 응답성이 좋다.
㉡ 전원 회로 구성품을 쉽게 구할 수 있다.
㉢ 소비 전력을 절감할 수 있다.
㉣ 소음이 직류에 비해 크다.

⑥ 직류 솔레노이드 밸브의 특징

㉠ 솔레노이드가 안정되어 소음이 없고 흡착력이 강하다.

㉡ 히스테리시스 및 와전류에 의한 손실이 없어 온도 상승이 작다.

㉢ 직류 전원으로 24[V]가 가장 많이 쓰이고 48, 12, 6[V]도 사용한다.

(3) 비례제어 밸브

① 액추에이터의 동작 특성에 따라 입력신호가 계속 변하게 되면 출력신호도 비례적으로 변하게 되는 밸브이다.

② 히스테리시스나 반복 정확도가 떨어지나 가격이 저렴하다.

③ Open-loop에서 정밀도가 높은 전자비례 밸브를 사용할 경우 Closed-loop의 결과치와 동일한 효과를 얻는다.

④ 비례압력제어 밸브, 비례유량제어 밸브 등이 있으나 비례방향제어 밸브가 가장 많이 사용한다.

(4) 서보 밸브(Servo Valve)

① 유체의 흐름방향, 유량, 위치를 조절할 수 있다.

② 입력 신호에 따라 비교적 높은 압력의 공급원으로부터 유체의 유량과 압력을 상당한 응답속도를 가지고 제어하는 밸브를 서보 밸브라 하며, 서보 기구에 사용된다.

③ 서보 밸브는 일반적으로 토크 모터, 유압 증폭부, 안내 밸브로 구성되어 있다.

핵심예제

공압시간 지연 밸브의 구성요소가 아닌 것은? [2007년]

① 공기저장 탱크
② 시퀀스 밸브
③ 속도제어 밸브
④ 3포트 2위치 밸브

|해설|

시간지연밸브의 구성

- 3/2way 밸브(상시닫힘형, 상시열림형)
- 속도제어 밸브
- 공압 소형 탱크(30초 이내)

정답 ②

2-8. 공기압 작업요소

핵심이론 01 공압 실린더

(1) 공압 실린더(공기압 액추에이터)

유체 에너지(압력)를 기계적인 직선 운동 에너지(공압 실린더) 또는 회전 운동 에너지(공압 모터, 공압 요동형 액추에이터)로 변환하는 기기를 말한다.

(2) 공압 실린더의 구조

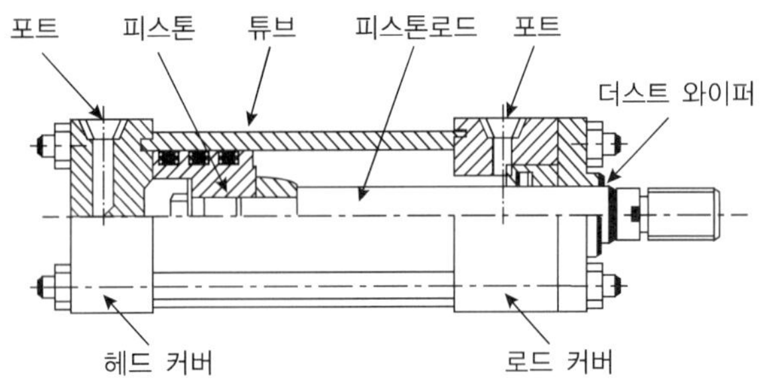

① 피스톤 ② 헤드(로드) 커버
③ 로 드 ④ 포 트
⑤ 튜 브 ⑥ 와이퍼 링 등

핵심예제

다음 중 유체 에너지를 기계적인 에너지로 변환하는 장치는?

[2003년, 2009년, 다수 출제]

① 유압탱크
② 액추에이터
③ 유압펌프
④ 공기압축기

|해설|

액추에이터는 유체에너지(압력)를 기계적인 에너지로 변환하는 기기이다.

정답 ②

핵심이론 02 피스톤 형식에 따른 분류

(1) 피스톤 실린더

가장 일반적인 실린더로 단동, 복동, 차동형이 있다.

(2) 램형 실린더

① 피스톤 지름과 로드 지름 차가 없는 수압 가동부분을 갖는 것으로 좌굴 등 강성을 요할 때 사용한다.
② 피스톤이 필요 없다.
③ 공기 빼기 장치가 필요 없다.
④ 압축력에 대한 휨에 강하다.

(3) 다이어프램형(비피스톤) 실린더

① 수압 가동부분에 피스톤 대신 다이어프램을 사용한다.
② 스트로크는 작으나 저항으로 큰 출력을 얻을 수 있다.
③ 봉함능력이 좋으며 마찰력이 적은 공압 실린더이다.

(4) 벨로스형 실린더

① 피스톤 대신 벨로스를 사용한 실린더이다.
② 섭동부 마찰저항이 적고 내부 누출이 없다.

핵심예제

봉함능력이 좋으며 마찰력이 적은 공압 실린더는? [2002년]

① 단동 실린더(피스톤식)
② 램형 실린더
③ 다이어프램 실린더(비 피스톤식)
④ 복동 실린더(피스톤식)

|해설|

다이어프램형(비피스톤) 실린더
- 수압 가동부분에 피스톤 대신 다이어프램을 사용한다.
- 스트로크는 작으나 저항으로 큰 출력을 얻을 수 있다.

정답 ③

핵심이론 03 작동방식에 따른 분류

(1) 단동 실린더

한쪽 방향만의 공기압에 의해 운동하는 것으로 자중 또는 스프링에 의해 복귀한다.

① 행정거리의 제한(100[mm] 미만)

② 귀환장치가 내장되어 있어 공기소모량이 적다.

③ 단동 실린더의 종류

㉠ 단동 피스톤 실린더

㉡ 격판 실린더 : 클램핑에 이용(스트로크가 3~4[mm] 정도)

㉢ 롤링 격판 스프링(행정거리가 50~80[mm])

㉣ 벨로스 실린더

④ 단동 실린더의 용도 : 클램핑, 프레싱, 이젝팅, 이송, 리프팅 등

(2) 복동 실린더

공기압을 피스톤 양쪽에 다 공급하여 피스톤의 왕복운동이 모두 공기압에 의해 행해지는 것으로서 가장 일반적인 실린더이다.

① 복동 실린더의 특징

㉠ 전・후진 모두 일을 할 수 있다.

㉡ 전・후진 운동 시 힘의 차이가 있다.

㉢ 행정거리는 원칙적으로 제한받지 않는다(최대 2[m] 정도, 로드의 구부러짐, 휨 때문).

② 복동 실린더의 종류

㉠ 양로드형 실린더 : 양방향으로 같은 힘을 낼 수 있다.

㉡ 다위치 제어 실린더

- 두 개 또는 여러 개의 복수 실린더가 직렬로 연결된 실린더이다.
- 서로 행정 거리가 다른 정지위치를 선정하여 제어가 가능하다.
- 서로 행정 거리가 다른 2개의 실린더로 4개의 위치를 제어할 수 있다.
- 컨베이어에서 선반에 물체를 놓을 때, 레버의 작동, 선별기 등에 응용한다.
- 정확한 위치를 제어할 수 있다.

㉢ 탠덤 실린더

- 두 개의 복동 실린더가 1개의 실린더 형태로 조립되어 있다.
- 같은 크기의 복동 실린더에 의해 두 배의 힘을 낼 수 있다.

㉣ 충격 실린더

- 빠른 속도(7~10[m/s])를 얻을 때 사용한다(급속작동).
- 충격적인 힘을 이용하는 프레싱, 플랜징, 리베팅, 펀칭 등의 작업에 이용한다.

㉤ 쿠션 내장형 실린더

- 충격을 완화할 때 사용한다.
- 운동의 끝부분에서 완충한다.
- 쿠션 피스톤이 공기의 배기 통로를 차단하면 공기는 작은 통로를 통하여 빠져나가므로 배압이 형성되어 실린더의 속도가 감소하게 된다.

(3) 차압 작동 실린더

지름이 다른 두 개의 피스톤을 갖는 실린더로서 피스톤과 피스톤 단면적이 회로 기능상 매우 중요하다.

핵심예제

3-1. 공압 실린더 중 단동 실린더가 아닌 것은?

[2006년, 2011년, 다수 출제]

① 피스톤 실린더
② 격판 실린더
③ 벨로스 실린더
④ 로드리스 실린더

3-2. 급격하게 피스톤에 공기압력을 작용시켜서 실린더를 고속으로 움직여 그 속도 에너지를 이용하는 공압 실린더는?

[2008년, 2013년 2회, 다수 출제]

① 서보 실린더
② 충격 실린더
③ 스위치 부착 실린더
④ 터보 실린더

|해설|

3-1

단동 실린더의 종류

- 단동 피스톤 실린더
- 격판 실린더
- 롤링 격판 스프링(행정거리가 50~80[mm])
- 벨로스 실린더

3-2

충격 실린더 : 빠른 속도(7~10[m/s])를 얻을 때 사용되며, 프레싱, 플랜징, 리베팅, 펀칭 등의 작업에 이용된다.

정답 3-1 ④ 3-2 ②

핵심이론 04 각종 실린더

(1) 복합 실린더

① **텔레스코프 실린더**

긴 행정을 지탱할 수 있는 다단 튜브형 로드를 갖췄으며, 튜브형의 실린더가 2개 이상 서로 맞물려 있는 것으로서 높이에 제한이 있는 경우에 사용한다.

② **탠덤 실린더**

꼬치 모양으로 연결된 복수의 피스톤을 n개 연결시켜 n배의 출력을 얻을 수 있도록 한 것이다.

③ **듀얼스트로크 실린더**

2개의 스트로크를 가진 실린더로 다른 2개의 실린더를 직결로 조합한 것과 같은 기능을 갖고 있어 여러 방향의 위치를 결정한다.

(2) 피스톤 로드식

① **편로드형** : 피스톤 한쪽만 피스톤 로드가 있다.
② **양로드형** : 피스톤 양쪽 모두에 피스톤 로드가 있다.

(3) 위치결정 형식

① **2위치형** : 전후진 2위치의 일반 실린더이다.
② **다위치형** : 복수의 실린더를 직결하여 몇 군데의 위치를 결정하는 실린더이다.

(4) 쿠션의 유무

① **쿠션 없음** : 쿠션 장치가 없다.
② **한쪽 쿠션** : 한쪽에만 쿠션 장치가 있다.
③ **양쪽 쿠션** : 양쪽 모두에 쿠션 장치가 있다.

※ 쿠션장치(완충기)

부하의 운동 에너지가 완충 실린더의 흡수 에너지보다 클 때에 행정 끝단에 충격에 의한 파손이 우려되어 사용되는 기기이다.

(5) 위치 결정 형식

① **브레이크붙이** : 브레이크로 임의의 위치에서 정지시킬 수 있다.

② **포지셔너** : 임의의 입력신호에 대해 일정한 함수가 되도록 위치를 결정할 수 있다.

(6) 기 타

① **가변 스트로크 실린더** : 스트로크를 제한하는 가변 스토퍼가 있다.

② **플라스틱형 실린더** : 플라스틱 재료로 구성되어 있다.

③ **로드리스 실린더(피스톤 로드가 없는 실린더)**

㉠ 요크나 마그넷, 체인 등을 통하여 스트로크 범위 내에서 일을 하는 것

㉡ 설치 면적이 극소화되는 장점

㉢ 전후진 시 피스톤 단면적이 같아 중간 정지 특성이 양호

㉣ 스트로크 길이도 5[m]까지 제작

㉤ 로드리스 실린더의 종류 : 슬릿 튜브식, 마그넷식, 체인식 등

④ **와이어형 실린더(로드리스 실린더)** : 피스톤 로드 대신에 와이어를 사용한 것으로 케이블 실린더라고도 한다.

⑤ **플렉시블 튜브형 실린더(로드리스 실린더)** : 실린더 튜브 대신 변형 가능한 튜브, 피스톤 대신 2개의 롤러를 사용한 실린더이다.

핵심예제

로드리스(Rodless) 실린더에 대한 설명으로 적당하지 않은 것은? [2012년 5회]

① 피스톤 로드가 없다.
② 비교적 행정이 짧다.
③ 설치공간을 줄일 수 있다.
④ 임의의 위치에 정지시킬 수 있다.

|해설|

로드리스 실린더(피스톤 로드가 없는 실린더)

- 요크나 마그넷, 체인 등을 통하여 스트로크 범위 내에서 일을 하는 것
- 설치 면적이 극소화되는 장점
- 전후진 시 피스톤 단면적이 같아 중간 정지 특성이 양호
- 스트로크 길이도 5[m]까지 제작
- 종류 : 슬릿 튜브식, 마그넷식, 체인식

정답 ②

핵심이론 05 공압 실린더 지지형식

(1) 고정형

부하가 직선운동을 한다.

① **풋형** : 가장 일반적이고 간단한 설치 방법으로 주로 경부하용이다.

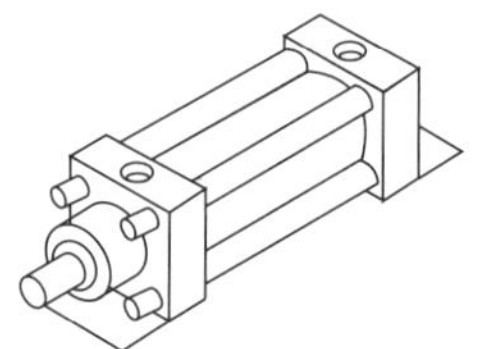

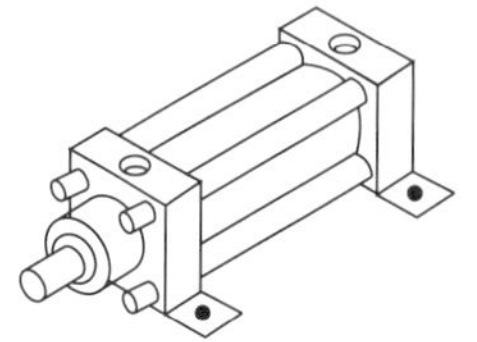

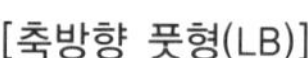

[축방향 풋형(LB)] [축직각 풋형(LA)]

② **플랜지형** : 가장 견고한 설치 방법이다. 부하의 운동 방향과 축심을 일치시켜야 한다.

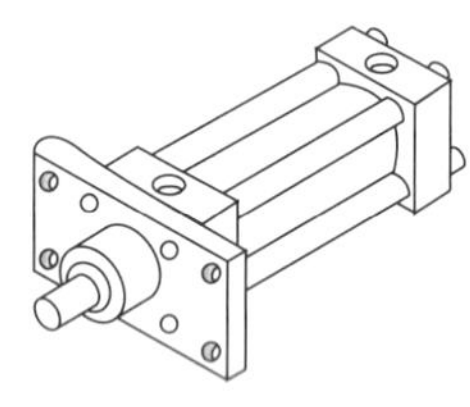

[로드쪽(FA)]

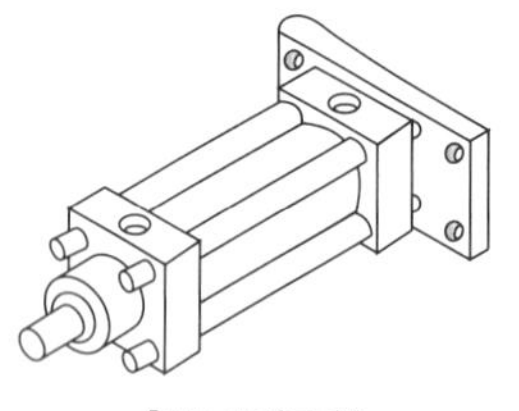

[헤드쪽(FB)]

(2) 요동형

① 부하가 평면 내에서 요동하거나 요동할 가능성이 있는 경우이다(직선운동을 할 때도 사용).

② 부하의 요동방향과 실린더의 요동방향을 일치시켜 피스톤 로드에 횡하중이 걸리지 않도록 한다.

③ 요동 운동하므로 실린더가 다른 부분에 접촉되지 않도록 한다.

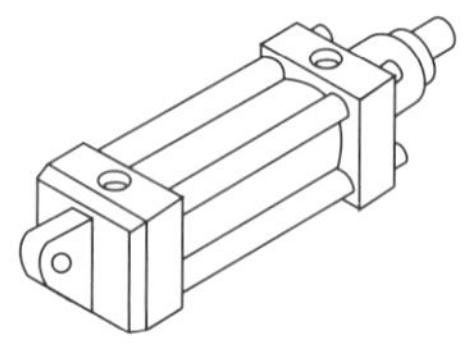

[크레비스형(1산, CA)]

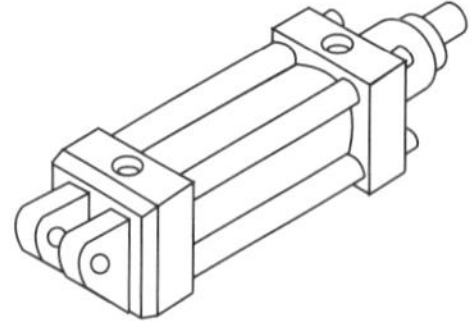

[크레비스형(2산, CB)]

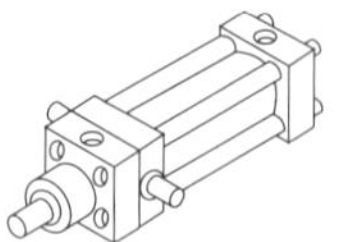

[트러니언형 (로드쪽, TA)]

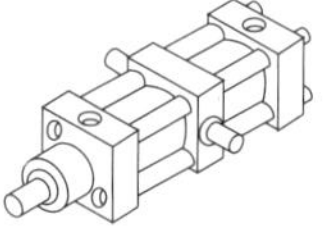

[트러니언형 (중간, TC)]

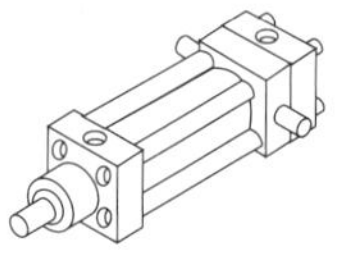

[트러니언형 (헤드쪽, TB)]

핵심예제

실린더의 지지형식에 따른 분류가 아닌 것은? [2002년]

① 풋 형

② 앵글형

③ 플랜지형

④ 트러니언형

|해설|

실린더 지지형식

• 고정형 : 풋형, 플랜지형

• 요동형 : 크레비스형, 트러니언형

정답 ②

핵심이론 06 공압 실린더 관련식

(1) 단동 실린더의 출력(힘)

$F = P \cdot A - F_s - F_u$

여기서, F : 출력되는 힘

P : 사용압력

A : 피스톤 사이드 단면적

F_s : 내장된 스프링 힘

F_u : 실린더 내의 저항 및 마찰력

(2) 복동 실린더의 출력(힘)

① 전진 시 : $F = P \cdot A \cdot \mu$

(μ : 실린더의 추력 계수)

② 후진 시 : $F = P(A - A_r)\,\mu$

(A_r : 실린더 로드의 단면적)

(3) 실린더의 크기(출력) 결정 요소

① 실린더 안지름

② 로드 지름

③ 사용 공기 압력

(4) 공기 소비량 계산

공기압 실린더의 행정 거리에 대한 용적

$$Q_1 = \left[\frac{\pi}{4}\left(D_1^2 L\,\frac{P+1.033}{1.033} + d^2\, l\,\frac{P}{1.033}\right)\right] n \times \frac{1}{1{,}000}$$

$$Q_2 = \left[\frac{\pi}{4}(D_1^2 - D_2^2)\, L\,\frac{P+1.033}{1.033} + d^2\, l\,\frac{P}{1.033}\right] n \times \frac{1}{1{,}000}$$

여기서, Q_1 : 로드 전진 시 공기 소비량[L/min]

Q_2 : 로드 후진 시 공기 소비량[L/min]

D_1 : 실린더 튜브의 안지름[cm]

D_2 : 피스톤 로드의 지름[cm]

d : 배관의 안지름[cm]

L : 피스톤의 행정 거리[cm]

l : 배관의 길이[cm]

n : 1분당 피스톤 왕복 횟수[회/분]

$Q = Q_1 + Q_2$는 매 분당 공기 소비량으로 구해진다.

(5) 실린더 작동 특성

① 사용 공기 압력 범위 : 1~7[kgf/cm^2]로 규정

② 주위 및 사용 온도 : 5~60[℃] 정도로 규정
최저 온도가 5[℃]로 되어 있는 것은 사용 공기 중에 포함한 수분이 작동에 영향을 주기 때문

③ 사용 속도 : 50~500[mm/s] 범위 내로 사용
50[mm/s] 이하로 하면 스틱 – 슬립 현상이 발생

④ 실린더 행정 거리 : 설치 방법, 피스톤 로드 직경, 피스톤 로드 끝에 걸리는 부하의 종류, 가이드의 유무 및 부하의 운동 방향 조건 등에 의해 결정
피스톤 로드 길이가 지름의 10배 이상이면 좌굴이 일어남

⑤ 필요 시 완충 장치 설치

핵심예제

공압 실린더가 운동할 때 낼 수 있는 힘(F)을 식으로 맞게 표현한 것은?(단, P : 실린더에 공급되는 공기의 압력, A : 피스톤 단면적, V : 피스톤 속도이다)

[2009년, 2010년, 2012년 2회 계산문제 출제]

① $F = P \cdot A$

② $F = A \cdot V$

③ $F = \dfrac{P}{A}$

④ $F = \dfrac{A}{V}$

|해설|

복동 실린더의 힘의 계산(실린더 추력계수 고려하지 않음)

- 전진 시 : $F = P \cdot A$
- 후진 시 : $F = P(A - A_r)$

(A_r : 실린더 로드의 단면적)

정답 ①

핵심이론 07 공압 모터 및 요동형 액추에이터

압축공기 에너지를 기계적인 회전운동으로 바꾸어 주는 장치를 공압 모터라 하고, 회전각의 제한이 있는 회전작업요소를 요동형 액추에이터라 한다.

(1) 공압 모터의 종류

회전날개형, 피스톤형, 기어형, 터빈형 등이 있다.

① 회전 날개형(베인형)

㉠ 로터에 날개가 끼워져 있고 날개에 발생하는 수압면적차에 공기압이 작용해서 회전력이 발생한다.

㉡ 고속회전(400~10,000[rpm]), 저토크형

㉢ 공기압 공구류에 사용한다.

② 피스톤형

㉠ 피스톤의 왕복운동을 기계적 회전운동으로 변환함으로써 회전력을 얻는다.

㉡ 변환방식으로 크랭크, 사판, 캠을 이용한다.

㉢ 중저속회전(20~5,000[rpm]), 고토크형

㉣ 출력은 2~25마력(체적효율이 높다)

㉤ 각종 반송장치에 사용한다.

③ 기어형

㉠ 2개의 맞물린 기어에 압축공기를 공급하여 회전력을 얻는다.

㉡ 고속회전 고토크형이며 출력은 60마력이다.

㉢ 광산기계, 호이스트에 사용한다.

④ 터빈형

㉠ 터빈에 공기를 내뿜어서 회전력을 얻는다.

㉡ 초고속회전 미소토크형이다.

㉢ 치과 치료기, 공기압 공구에 사용한다.

(2) 공압 모터의 장점

① 전동기와 비교하여 관성 대 출력의 비로 결정하는 시정수가 작으므로 시동 정지가 원활하며 출력 대 중량의 비가 크다.

② 과부하 시 위험성이 없다.

③ 속도제어와 정역 회전 변환이 간단하다(속도 가변 범위도 1 : 10 이상).

④ 폭발의 위험성이 없어 안전하다.

⑤ 에너지 축적으로 정전 시에도 작동이 가능하다.

⑥ 주위 온도, 습도 등의 분위기에 대하여 다른 원동기만큼 큰 제한을 받지 않는다.

⑦ 작업 환경을 청결하게 할 수 있다.

⑧ 공압 모터 자체 발열이 적다.

⑨ 압축 공기 이외에 질소 가스, 탄산 가스 등도 사용 가능하다.

(3) 공압 모터의 단점

① 에너지 변환효율이 낮다.

② 압축성 때문에 제어성이 나쁘다.

③ 회전속도의 변동이 크다. 따라서 고정도를 유지하기 힘들다.

④ 소음이 크다.

(4) 공압 모터의 출력계산

$$\text{출력} = \frac{nT}{716.2PS}$$

n : 회전수

T : 토크[kg · m]

(5) 요동형 액추에이터의 종류

① 날개형(베인형)

㉠ 날개에 의해 공압을 직접 회전운동으로 변환

㉡ 날개가 1개인 경우와 2개인 경우가 있으며 아주 간결한 것이 특징

② 래크 피니언형

래크와 피니언을 이용해서 회전운동으로 변환

③ 스크루형

㉠ 스크루에 의해서 회전운동으로 변환

㉡ 360° 이상의 요동각도를 얻을 수 있는 것이 특징

핵심예제

다음 설명 중 공기압 모터의 장점은? [2003년, 2010년, 2011년]

① 에너지의 변환 효율이 낮다.
② 제어속도를 아주 느리게 할 수 있다.
③ 큰 힘을 낼 수 있다.
④ 과부하 시 위험성이 없다.

|해설|

공기압 모터의 장점

- 시동 정지가 원활하며 출력 대 중량의 비가 크다.
- 과부하 시 위험성이 없다.
- 속도제어와 정역 회전 변환이 간단하다.
- 폭발의 위험성이 없어 안전하다.
- 에너지 축적으로 정전 시에도 작동이 가능하다.
- 주위 온도, 습도 등의 분위기에 대하여 다른 원동기만큼 큰 제한을 받지 않는다.
- 작업 환경을 청결하게 할 수 있다.
- 공압 모터의 자체 발열이 적다.
- 압축 공기 이외에 질소 가스, 탄산 가스 등도 사용 가능하다.

정답 ④

2-9. 공압 부속기기

핵심이론 01 공압 부속기기

(1) 공압 센서

① 비접촉식 검출기로서 공기 배리어, 반향 감지기, 배압 감지기, 공압 근접 스위치 등이 있다.

② 장 점
㉠ 물체의 재질이나 색에 영향을 받지 않고 검출
㉡ 고온, 진동, 충격 및 습기가 많은 곳에서 사용
㉢ 발열, 불꽃 발생이 없으므로 방폭이 필요로 하는 장소
㉣ 물체의 유무, 치수, 방향, 요철, 구멍가공의 유무, 링 흡착 등의 검출 등 광범위한 검출이 가능
㉤ 검출 목적에 따른 센서 제작이 가능

③ 단 점
㉠ 검출 대상물에 공기류의 영향을 줄 수 있음
㉡ 공기 소비량이 많음(항상 공기를 분출)
㉢ 센서 자체 응답속도는 비교적 빠르나 신호전달이 지연되므로 응답 성능에 주의

(2) 진공 발생기

① 대기압보다 높은 압력, 즉 정압으로 사용되는 일반적인 공기압축기에 대하여 부압에서 사용되는 공기압 기기이다.

② **진공 펌프(베인식, 유회전식)** : 장치가 크고, 진공 밸브에 의한 제어가 필요한 결점

③ 진공 발생부에 가동부가 없는 이젝트를 사용

(3) 완충기(Shock Absorber)

① **완충기의 종류** : 마찰 완충기, 탄성변형 완충기, 소성변형 완충기, 점성저항 완충기, 동압저항 완충기 등

(4) 가변진동발생기

① 두 개의 속도제어 밸브를 조정함에 따라 여러 가지 사이클 시간을 얻을 수 있다.

② 진동수는 압력과 하중에 따라 달라진다.

③ 실린더의 빠른 왕복운동이 요구될 때 사용한다.

④ **구성** : 3/2way NC형, 3/2way NO형, 속도제어밸브 2개

(5) 압력 증폭기

공기 배리어, 방향 근접 센서와 같이 신호압력이 낮기 때문에 증폭하여 사용

(6) 소음기

유체적 소음에 대한 소음방지용으로 공기 압축기의 흡・배기구에 장착되며, 흡・배기음을 감소시키는 기능

① 소음기 구비 조건

㉠ 배기음과 배기 저항이 적을 것

㉡ 소음 효과가 클 것

㉢ 장기간의 사용에 대해 배기 저항 변화가 적을 것

㉣ 전자밸브 따위에 장착하기 쉬운 콤팩트한 형상일 것

㉤ 배기의 충격이나 진동으로 변형이 생기지 않을 것

② 소음기의 종류

㉠ 흡음형

㉡ 리액턴스형 : 신장형, 공명형, 간섭형

㉢ 조합형 : 흡음・신장형

㉣ 다목적형 : 오일 미스트 세퍼레이터붙이, 스로틀 밸브붙이

핵심예제

공압 센서의 종류가 아닌 것은? [2010년]

① 광센서

② 공기 배리어

③ 반향 감지기

④ 배압 감지기

|해설|

공압 센서는 비접촉식 검출기로서 공기 배리어, 반향 감지기, 배압 감지기, 공압 근접 스위치 등이 있다.

정답 ①

핵심이론 02 공・유압 조합기기

(1) 공・유압 조합기기의 종류

① 에어 하이드로 실린더

② 공유압 변환기

③ 하이드롤릭 체크 유닛(Hydraulic Check Unit)

④ 증압기

(2) 에어 하이드로 실린더

① 공유압 변환기 등을 사용하여 작동 에너지를 공기에서 오일의 에너지로 변환하여 기계적인 일을 시키는 실린더

② 실린더 설치 시 공기뽑기가 가능한 구조로 설치

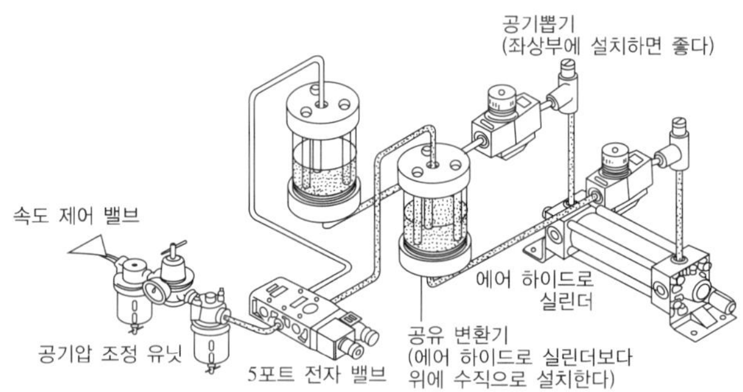

③ 에어 하이드로 실린더의 특징

㉠ 유압 펌프를 사용하지 않고 저가로 유압의 장점을 이용한다.

㉡ 온도 상승이나 펌프의 맥동 같은 것이 없으므로 속도제어 특성이 좋다.

㉢ 중간 위치에 높은 정밀도로 정지된다.

㉣ 부하변동 발생 시 작동속도를 일정하게 유지할 수 있다.

㉤ 증압기를 사용함으로써 고압을 이용할 수 있다.

(3) 공・유압 변환기

① 공기 압력을 동일 압력의 유압으로 변환하는 기기로 비교적 저압의 유압이 쉽게 얻어진다.

② 공기 출입구에 설치되어 있는 위 커버와 오일 출입구가 설치되어 있는 아래 커버 및 실린더로 구성된다.

③ 사용상 주의할 점

㉠ 수직으로 설치

㉡ 액추에이터 및 배관 내의 공기를 제거(밀봉 유지)

㉢ 액추에이터보다 높은 위치에 설치

㉣ 정기적으로 유량을 점검(부족 시 보충)

㉤ 열의 발생이 있는 곳에서 사용 금지

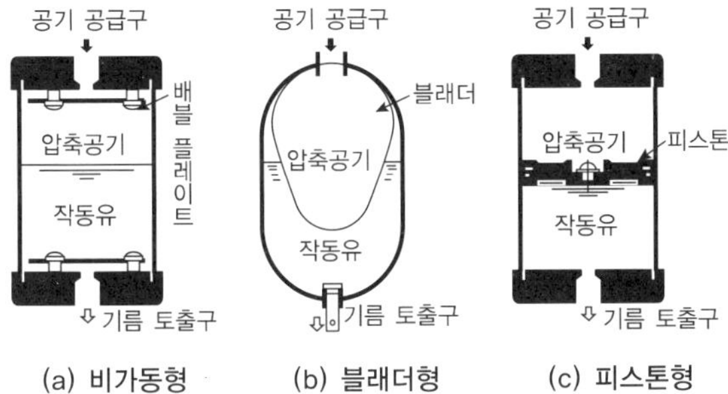

(a) 비가동형 (b) 블래더형 (c) 피스톤형

(4) 하이드롤릭 체크 유닛(Hydraulic Check Unit)

① 보통 공압실린더와 결합하여 운동을 제어하는 액체를 봉입한 실린더이다.

② 내장된 스로틀 밸브를 조정하여 공압실린더의 속도를 제어하는 데 사용한다.

③ 바이패스 밸브를 설치하면 중간정지도 가능하다.

④ 자력에 의한 작동기능은 없으며, 외부로부터의 피스톤 로드를 전진시키려는 힘이 작용되었을 때에 작동한다.

⑤ 유압 실린더의 양쪽 챔버를 바이패스 관에 접속하고, 그 관로의 도중에 스로틀 밸브를 둔 구조이다.

⑥ 작동할 때 피스톤 로드의 움직임에 의한 내부 유량의 변화를 흡수하기 위해 인덕터라고 부르는 일종의 축압기를 두고 있다.

(5) 증압기

① 공기압을 이용하여 오일로 증압기를 작동시켜 수십까지 유압으로 변환시키는 배력 장치이다.

② 입구측 압력을 그와 비례한 높은 출력측 압력으로 변환하는 기기이다.

③ 직압식과 예압식의 두 종류가 있다.

핵심예제

2-1. 공유압 변환기를 에어 하이드로 실린더와 조합하여 사용할 경우 주의사항으로 틀린 것은? [2008년, 2011년 다수 출제]

① 에어 하이드로 실린더보다 높은 위치에 설치한다.
② 공유압변환기는 수평방향으로 설치한다.
③ 열원의 가까이에서 사용하지 않는다.
④ 작동유가 통하는 배관에 누설, 공기 흡입이 없도록 밀봉을 철저히 한다.

2-2. 증압기에 대한 설명으로 가장 적합한 것은? [2009년, 2012년 2회 다수 출제]

① 유압을 공압으로 변환한다.
② 낮은 압력의 압축공기를 사용하여 소형 유압실린더의 압력을 고압으로 변환한다.
③ 대형 유압 실린더를 이용하여 저압으로 변환한다.
④ 높은 유압 압력을 낮은 공기 압력으로 변환한다.

|해설|

2-1

공·유압 변환기 사용 시 주의할 점

- 수직으로 설치
- 액추에이터 및 배관 내의 공기를 제거(밀봉 유지)
- 액추에이터보다 높은 위치에 설치
- 정기적으로 유량을 점검(부족시 보충)
- 열의 발생이 있는 곳에서 사용 금지

2-2

증압기

- 공기압을 이용하여 오일로 증압기를 작동시켜 수십까지 유압으로 변환시키는 배력 장치
- 입구측 압력을 그와 비례한 높은 출력측 압력으로 변환하는 기기

정답 2-1 ② 2-2 ②

제3절 | 유압기기

3-1. 유압 펌프

핵심이론 01 기어 펌프

유압 펌프는 원동기로부터 공급받은 회전에너지를 압력을 가진 유체에너지로 변환하는 기기(유압 공급원)이다. 양질의 유압 펌프는 토출압력이 변화해도 토출량의 변화가 적고, 토출량의 맥동이 적은 것을 말한다.

(1) 유압 펌프의 종류

① 용량형 펌프

② 비용량형 펌프

- 원심형 펌프
  - 터빈 펌프
  - 벌류트 펌프
- 축류형 펌프
- 혼유형 펌프

(2) 기어 펌프

구동 기어와 종동 기어가 하우징 내에서 서로 맞물려 회전하고 이 사이로 흡입한 오일은 기어의 둘레를 돌아 압송되는 펌프로 외접기어 펌프와 내접기어 펌프가 있다.

① 기어 펌프의 특징

㉠ 구조가 간단하고 비교적 가격이 싸다.

㉡ 신뢰도가 높고 운전 보수가 용이하다.

㉢ 입구·출구의 밸브가 없고 왕복 펌프에 비해 고속 운전이 가능하다.

② 외접기어 펌프

펌프축이 회전되면 두 개의 외접기어가 케이싱 안에서 맞물려 회전하면서 펌핑작용을 한다.

㉠ 고속회전 운전이 가능하여 대부분이 불평형식으로 설계되어 있다.

㉡ 압력은 2~21[MPa], 회전수는 600~3,000[rpm]이 사용된다.

㉢ 폐입(밀폐) 현상 : 토출측까지 운반된 오일의 일부는 기어의 맞물림에 의해 두 기어의 틈새에 폐쇄되어 압축과 팽창이 반복되는 현상이다.

㉣ 폐입현상을 방치하면 고압이 발생, 베어링의 하중 증대, 기어의 소음, 진동, 온도 상승, 캐비테이션 등이 발생되므로 이를 방지하기 위해서는 전위 기어를 사용하거나 측판에 유출 홈을 만든다.

③ 내접기어 펌프

케이싱 속에 바깥기어와 안쪽기어가 맞물려 펌핑작용을 한다.

㉠ 두 기어가 동일한 방향으로 회전한다.

㉡ 소형 펌프의 제작에 사용된다.

㉢ 흐름의 맥동이 작고 기어의 상대속도가 적어 이의 마모도 적어서 고속회전에 적합하다.

※ 기어 펌프의 소음 원인

- Cavitation
- 흡입관로 도중 공기 흡입
- 폐입 현상
- 기어의 정밀도 불량
- 토출압력의 맥동 등

핵심예제

구조가 간단하고 운전 시 부하변동 및 성능변화가 적을 뿐 아니라 유지보수가 쉽고 내접형과 외접형이 사용되는 펌프는?

[2012년 5회]

① 기어 펌프
② 베인 펌프
③ 피스톤 펌프
④ 플런저 펌프

|해설|

② 베인 펌프 : 로터의 베인이 반지름 방향으로 홈 속에 끼어 있어서 캠링의 내면과 접하여 로터와 함께 회전하면서 오일을 토출
③ 피스톤(플런저) 펌프 : 실린더의 내부에서는 피스톤의 왕복운동에 의한 용적변화를 이용하여 펌프작용

정답 ①

핵심이론 02 베인 펌프

(1) 베인 펌프의 원리

로터의 베인이 반지름 방향으로 홈 속에 끼여 있어서 캠링의 내면과 접하여 로터와 함께 회전하면서 오일을 토출한다. 입구・출구 포트, 로터, 베인, 캠링 등이 카트리지로 구성되어 있다.

(2) 1단(단단) 베인 펌프(Single-stage Vane Pump)

① 베인 펌프의 기본형이다.
② 최고 토출압력이 35~70[kgf/cm^2], 최고 토출유량은 300[L/min]으로 규정되어 있다.
③ 카트리지는 2장의 부시, 캠링, 로터, 베인으로 구성되어 있다.
④ 축 및 베어링에 편심하중이 걸리지 않으므로 수명이 길다.

(3) 2단 베인 펌프(Two-stage Vane Pump)

① 2개의 카트리지를 1개의 본체 안에 직렬로 연결하여 2배의 압력을 낼 수 있는 펌프
② 최고압력은 140~210[kgf/cm^2]이다.
③ 부하분배 밸브(Load Dividing Valve)가 부착되어 있다.

(4) 이중(이연) 베인 펌프(Double Vane Pump)

① 2개의 카트리지를 1개의 본체 내에 병렬로 연결하여 1개의 원동기로 구동되는 펌프이다.
② 1개의 펌프 유닛을 가지고 2개의 유압원을 얻고자 할 때 사용된다.
③ 설비비가 매우 경제적이다.

(5) 베인 펌프의 특징

① 토출압력에 대한 맥동이 적고 소음이 작다.
② 구조가 간단하고 형상이 소형이다.

③ 베인의 선단이 마모해도 기밀이 유지되어 압력저하가 일어나지 않는다.
④ 비교적 고장이 적고 수리 및 관리가 용이하다.
⑤ 오일의 점성계수 및 청결도에 주의를 요한다.

(6) 베인 펌프의 결점

① 베인, 로터, 캠링 등이 접촉해서 활동, 공작 정도도 높게 함과 동시에 양질의 재료를 선택할 필요가 있다.
② 사용유의 점도 청정도 등에 세심한 주의를 요한다.
③ 부품수가 많은 편이다.

핵심예제

베인 펌프에서 유압을 발생시키는 주요부분이 아닌 것은?

[2005년, 2007년]

① 캠 링　　② 베 인
③ 로 터　　④ 인어링

|해설|

베인 펌프의 주요 구성요소 : 입구・출구 포트, 로터, 베인, 캠링 등이 카트리지로 되어 있다.

정답 ④

핵심이론 03 피스톤 펌프와 나사 펌프

(1) 피스톤(플런저) 펌프의 원리

실린더의 내부에서는 피스톤의 왕복운동에 의한 용적변화를 이용하여 펌프작용을 한다.
피스톤을 구동축에 대해 동일 원주상에 축방향으로 평행하게 배열한 액시얼형 펌프와 구동축에 대하여 방사상으로 배열한 레이디얼형 펌프가 있다.

(2) 축방향 피스톤 펌프(Axial Piston Pump)

피스톤의 운동방향이 실린더 블록의 중심선과 같은 방향인 펌프이며, 사축식과 사판식이 있다.
① **사축식 피스톤 펌프** : 실린더 블록축과 구동축의 각도를 바꾸는 방식이다.
② **사판식 피스톤 펌프** : 실린더 블록축과 구동축을 동일 축상에 배치하고 경사판의 각도를 바꾸어서 피스톤의 행정을 조정하는 방식이다.
③ **가변용량형의 제어방법**
　㉠ 레버 제어방식
　㉡ 핸들 제어방식
　㉢ 서보 제어방식

(3) 반지름 방향 피스톤 펌프(Radial Piston Pump)

피스톤의 운동방향이 실린더 블록의 중심선에 직각인 평면 내에서 방사상으로 나열되어 있는 펌프
① **회전 캠형(고정 실린더식)** : 실린더는 고정되고 편심 캠링의 회전에 의해 피스톤(4~8개)이 방사상으로 왕복운동을 하여 펌프작용을 하는 것이 정용량형 펌프이다.
② **회전 피스톤(실린더)형** : 중앙부에 고정한 핀틀에 4개의 구멍이 있고, 상・하부에 흡입구 및 토출구가 있다. 편심된 실린더가 회전하면 바깥 하우징 안쪽의 피스톤이 회전하면서 왕복 운동하여 펌프작용을 한다.

(4) 피스톤 펌프의 특징

① 고속, 고압의 유압장치에 적합하다.
② 다른 유압 펌프에 비해 효율이 가장 좋다.
③ 가변용량형 펌프로 많이 사용된다.
④ 구조가 복잡하고 가격이 고가이다.
⑤ 흡입능력이 가장 낮다.

(5) 나사 펌프

3개의 정밀한 스크루가 꼭 맞는 하우징 내에서 회전하며 매우 조용하고 효율적으로 유체를 배출한다.
안쪽 스크루가 회전하면 바깥쪽 로터는 같이 회전하면서 유체를 밀어내게 된다.

핵심예제

3-1. 회전속도가 높고 전체 효율이 가장 좋은 펌프는 어느 것인가? [2005년, 2006년 다수 출제]

① 축방향 피스톤식
② 베인펌프식
③ 내접기어식
④ 외접기어식

3-2. 유압 펌프에 관한 설명이다. 이들의 설명이 잘못된 것은? [2006년]

① 나사 펌프 : 운전이 동적이고 내구성이 작다.
② 치차 펌프 : 구조가 간단하고 소형이다.
③ 베인 펌프 : 장시간 사용하여도 성능저하가 적다.
④ 피스톤 펌프 : 고압에 적당하고 누설이 적다.

|해설|

3-1

피스톤(플런저) 펌프의 특징

- 고속, 고압의 유압장치에 적합하다.
- 다른 유압 펌프에 비해 효율이 가장 좋다.
- 가변용량형 펌프로 많이 사용된다.
- 구조가 복잡하고 가격이 고가이다.
- 흡입능력이 가장 낮다.

3-2

① 나사 펌프 : 운전이 정적이고 내구성이 좋다.

정답 3-1 ① 3-2 ①

핵심이론 04 유압 펌프의 동력과 효율

(1) 이송체적과 토출량

$Q = n \times V$ [L/min]

n : 회전수[rpm]

V : 이송체적[L/1회전당]

(2) 유압 펌프의 동력

① 소요 동력

$$L_s = \frac{PQ}{612\eta}\,[\text{kW}] \text{ 또는 } L_s = \frac{PQ}{450\eta}\,[\text{HP}]$$

(P : 토출압력[kgf/cm^2], Q : 토출량[L/min], η : 전효율)

② 펌프 축 동력

$$L_p = \frac{PQ}{10{,}200\eta}\,[\text{kW}] \text{ 또는 } L_p = \frac{PQ}{7{,}500\eta}\,[\text{PS}]$$

(P의 단위가 [kgf/cm^2]이고, Q의 단위가 [cm^3/sec])

③ 유압 펌프 축 동력 $L = 2\pi n T_p$

(n : 회전수, T_p : 축토크)

(3) 기계 효율

① 기계에 부여한 에너지 중 유효한 일이 되는 비율

② $\text{기계효율} = \dfrac{\text{이론적 펌프출력}(L_{th})}{\text{펌프에 가해진 동력}(L_s)}$

$$\eta_m = \frac{L - L_m}{L} = \frac{\text{축동력} - \text{기계손실}}{\text{축 동력}}$$

③ 펌프의 전 효율 : $\eta = \eta_v \cdot \eta_m$

(η_v : 용적효율, η_m : 기계효율)

※ 유압펌프의 효율

- 기어 펌프 : 75~90[%]
- 베인 펌프 : 75~90[%]
- 피스톤 펌프 : 85~95[%]
- 나사 펌프 : 75~85[%]

핵심예제

4-1. 펌프의 송출압력이 50[kgf/cm²], 송출량이 20[L/min]인 유압펌프의 펌프동력은 약 얼마인가? [2005년, 2009년, 다수 출제]

① 1.5[PS] ② 1.7[PS]
③ 2.2[PS] ④ 3.2[PS]

4-2. 펌프의 송출압력이 50[kgf/cm²], 송출량이 20[L/min]인 유압 펌프의 펌프동력은 약 얼마인가?

[2011년, 2013년 2회, 다수 출제]

① 1.0[kW] ② 1.2[kW]
③ 1.6[kW] ④ 2.2[kW]

|해설|

4-1

펌프 동력 계산 $L_p = \frac{PQ}{450}$[PS]

(P의 단위가 [kgf/cm²]이고, Q의 단위가 [L/min])

$$L_p = \frac{PQ}{450} = \frac{50 \times 20}{450} = 2.2[\text{PS}]$$

4-2

펌프 동력 계산 $L_p = \frac{PQ}{612}$[kW]

(P의 단위가 [kgf/cm²]이고, Q의 단위가 [L/min])

$$L_p = \frac{PQ}{612} = \frac{50 \times 20}{612} = 1.6[\text{kW}]$$

정답 4-1 ③ 4-2 ③

핵심이론 05 유압 펌프의 고장 원인

(1) 펌프에서 작동유가 나오지 않는 경우

① 펌프의 회전 방향과 원동기의 회전 방향이 다른 경우
② 작동유가 탱크 내에서 유면이 기준 이하로 내려가 있는 경우
③ 흡입관이 막히거나 공기가 흡입되고 있는 경우
④ 펌프의 회전수가 너무 작은 경우
⑤ 작동유의 점도가 너무 큰 경우
⑥ 여과기(스트레이너)가 막혀 있는 경우

(2) 압력이 형성되지 않는 경우

① 릴리프 밸브의 설정압이 잘못되었거나 작동 불량
② 유압 회로 중 실린더 및 밸브에서 누설(부하가 걸리지 않음)
③ 펌프 내부의 고장에 의해 압력이 새고 있는 경우(부하가 걸리지 않음)
④ 언로드 밸브 고장
⑤ 펌프의 고장

(3) 펌프가 소음을 내는 경우

① 펌프의 회전이 너무 빠른 경우
② 작동유의 점도가 너무 큰 경우
③ 여과기가 너무 작은 경우
④ 흡입관이 막혀 있는 경우
⑤ 기름 중에 기포가 있는 경우
⑥ 흡입관의 접합부에서 공기를 빨아들이는 경우
⑦ 펌프축과 원동기축의 중심이 맞지 않는 경우

(4) 펌프 외부로 작동유가 새는 경우

① 실(Seal)과 패킹의 마모 또는 파손된 경우
② 펌프 접합부의 볼트가 풀려진 경우

핵심예제

펌프가 포함된 유압 유닛에서 펌프 출구의 압력이 상승하지 않는다. 그 원인으로 적당하지 않은 것은? [2008년, 2012년, 다수 출제]

① 릴리프 밸브의 고장
② 속도제어 밸브의 고장
③ 부하가 걸리지 않음
④ 언로드 밸브의 고장

|해설|

② 속도제어 밸브의 고장과는 상관없다.

정답 ②

3-2. 유압 액추에이터

핵심이론 01 유압 모터

작동유의 유체에너지를 축의 연속 회전 운동을 하는 기계적인 에너지로 변환시켜주는 액추에이터로 유압 모터의 토크는 압력으로 제어하고, 회전 속도는 유량으로 제어한다.

(1) 기어 모터

① 구조면에서 가장 간단하며, 출력 토크도 일정하다.
② 저속 회전이 가능하고, 소형으로 큰 토크를 낼 수 있다.
③ 이물질의 영향을 적게 받으며, 운전 조건이 양호하다.
④ 누설량이 많고, 토크변동이 크다.
⑤ 토크 효율은 약 75~85[%], 용적 효율은 94[%] 이하이다.
⑥ 최저 속도는 150~500[rpm] 정도이며, 정밀한 서보기구에는 적합하지 않다.

(2) 베인 모터

① 구조면에서 베인 펌프와 동일하다.
② 공급 압력이 일정할 때 출력 토크가 일정하고, 역전 가능, 무단 변속 가능, 가혹한 운전이 가능하다.
③ 최고 사용압력 70[kgf/cm^2], 회전수 200~1,800[rpm]이고, 축마력당 다른 모터에 비해 크기가 소형이다.
④ 구성부품수가 적고 구조가 간단하여 고장이 적다.

(3) 회전 피스톤 모터

① 액시얼형과 레이디얼형으로 구분되고 각각 정용량형과 가변용량형이 있다.
② 고압, 고속 및 대출력을 발생한다.
③ 구조가 복잡하고 고가이다.
④ 보통 3,000[rpm]과 350[kg/cm^2]의 압력을 얻는다.
⑤ 효율이 세 종류의 유압 모터 중 가장 좋다.

(4) 요동 모터(로터리 실린더)

한정된 각도 내에서 회전요동운동으로 변환하는 기기이다. 회전각도는 보통 360° + 50° 이내이다.

① 피스톤형 요동 모터
   ㉠ 단피스톤형과 이중 피스톤형이 있다.
   ㉡ 오일누출이 매우 적다.
   ㉢ 출력토크가 일정하고, 360° 이상의 회전을 한다.
   ㉣ 래크 피니언형, 피스톤 헬리컬 스플라인형, 피스톤 체인형, 피스톤 링크형 등이 있다.

② 베인형 요동 모터
   ㉠ 구조가 간단하다(소형, 설치면적이 작아 많이 사용).
   ㉡ 오랜 시간 동안 정지시키기 어렵다(브레이크 장치 사용시 가능).
   ㉢ 요동베인이 1~3장, 베인개수에 따라 60~280°
   ㉣ 단일 베인형의 요동각은 280° 이하
   ㉤ 이중 베인형의 요동각은 100° 이하
   ㉥ 삼중 베인형의 요동각은 60° 이하

핵심예제

일명 로터리 실린더라고도 하며 360° 전체를 회전할 수는 없으나 출구와 입구를 변화시키면 ±50° 정, 역회전이 가능한 것은?
[2006년, 2012년 2회]

① 기어 모터 ② 베인 모터
③ 요동 모터 ④ 회전 피스톤 모터

|해설|

① 기어 모터
- 구조면에서 가장 간단하며, 출력 토크가 일정하다.
- 저속 회전이 가능하고, 소형으로 큰 토크를 낼 수 있다.
- 구조면에서 베인 펌프와 동일, 구성부품수가 적고 구조가 간단, 고장이 적다.
- 출력 토크가 일정하고, 역전 가능, 무단 변속 가능, 가혹한 운전이 가능하다.

④ 회전 피스톤 모터
- 액시얼형과 레이디얼형으로 구분, 정용량형과 가변용량형이 있다.
- 고압, 고속 및 대출력을 발생, 구조가 복잡하고 고가이다.

정답 ③

핵심이론 02 유압 모터의 특징

(1) 유압 모터의 특징

① 넓은 범위의 무단변속이 용이(제어가 용이)
② 소형 경량으로서 큰 출력을 낼 수 있고 고속추종에 적당
③ 시동, 정지, 역전, 변속 등은 미터링 밸브 또는 가변토출 펌프에 의해 간단히 제어
④ 내폭성이 우수(2개의 배관만 사용)
⑤ 먼지, 공기가 침입하지 않도록 주의
⑥ 인화에 주의, 점도 변화에 사용 제약(사용온도 20~80[℃])

(2) 유압 모터 선택 시 고려사항

① 체적 및 효율이 우수할 것
② 주어진 부하에 대한 내구성이 클 것
③ 모터로 필요한 동력을 얻을 수 있을 것

(3) 유압 모터 선택 순서

① 부하특성(토크와 속도 관계) 충족 모터 선정
② 작동 압력, 유량, 배관(유로 안지름), 부품 강도 검토
③ 릴리프 밸브, 체크 밸브, 방향제어 밸브, 여과기, 축압기 등의 부속기기 선정
④ 유압 모터 회로 결정

(4) 유압 모터의 동력

$$\text{마력}(L) = \frac{2\pi TN}{60 \times 100 \times 75} = \frac{TN}{71,620}\ [\text{PS}]$$

(5) 전동축에서 토크 계산

$$T = 716.2\frac{H}{n} \text{에서 } H = \frac{n \times T}{716.2}\ [\text{PS}]$$

핵심예제

유압 모터의 특징 설명으로 옳은 것은? [2002년, 2003년, 다수 출제]

① 넓은 범위의 무단변속이 용이하다.
② 넓은 범위의 변속장치를 조작할 수 있다.
③ 운동량이 직선적으로 속도조절이 용이하다.
④ 운동량이 자동으로 직선조작을 할 수 있다.

|해설|

유압 모터의 특징

- 넓은 범위의 무단변속이 용이(제어가 용이)
- 소형 경량으로 큰 출력을 낼 수 있고, 고속추종에 적당
- 시동, 정지, 역전, 변속 등은 미터링 밸브 또는 가변 토출 펌프에 의해 간단히 제어
- 내폭성이 우수
- 먼지, 공기가 침입하지 않도록 주의
- 인화에 주의, 점도 변화에 사용 제약(사용온도 20~80[℃])

정답 ①

3-3. 유압부속기기

핵심이론 01 여과기(Filter)

배관 사이나 귀환회로 또는 바이패스 관로에 부착되어 미세한 불순물의 여과작용을 하며 표면식, 적층식, 다공체식, 흡착식, 자기식 등이 있다.

(1) 필터(Filter)의 종류

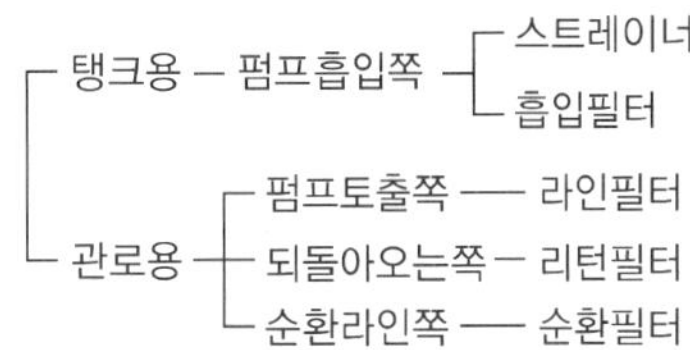

① 표면식
㉠ 2~20[μ]의 종이나 직물에 의한 여과방식이다.
㉡ 소형이며 청소가 용이하여 바이패스 회로에 주로 이용된다.

② 적층식
㉠ 여과지를 다수 겹쳐 사용하는 여과방식이다.
㉡ 대형이며 압력손실이 적고 값이 싸다.

③ 다공체식
㉠ 스테인리스, 청동 등의 미립자를 다공지로 소결한 방식이다.
㉡ 여과능력은 2~200[μ] 정도이며, 흡수능력이 크고 엘리먼트의 세척 재생이 가능하다.

④ 흡착식
흡착제를 사용하는 여과방식이다.

⑤ 자기식
영구자석을 이용하는 여과방식이다.

(2) 필터 선정 시 고려사항

① 여과입도 및 성능
② 유체의 유량 및 압력강하
③ 여과 엘리먼트의 종류
④ 내압과 엘리먼트의 내압

(3) 스트레이너(Strainer)의 특징

유압회로에서 펌프의 흡입관로에 넣는 여과기를 스트레이너라고 하고, 펌프의 토출관로나 탱크의 환류관로에 사용되는 여과기를 필터라고 한다.

① 펌프의 흡입구 쪽에 설치

② 펌프 토출량의 2배인 여과량을 설치

③ 기름 표면 및 기름 탱크 바닥에서 각각 50[mm] 떨어져서 설치

④ 100~150[μm]의 철망을 사용

핵심예제

유압기기에서 스트레이너의 여과입도 중 많이 사용되고 있는 것은? [2002년, 2012년 5회]

① 0.5~1[μm]

② 1~30[μm]

③ 50~70[μm]

④ 100~150[μm]

|해설|

스트레이너의 여과기로 100~150[μm]의 철망을 사용한다.

정답 ④

핵심이론 02 축압기(Accumulator)

용기 내에 오일을 고압으로 압입하여 압유 저장용 용기로 구조가 간단하고 용도도 광범위하여 유압장치에 많이 활용되는 요소이다.

(1) 축압기 종류별 특징

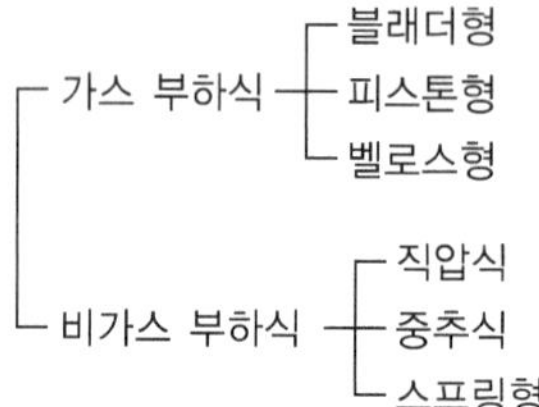

① 블래더형

㉠ 소형이면서 용량이 크고 블래더의 응답성이 좋아 가장 많이 사용된다.

㉡ 고무 강도가 축압기 수명을 결정한다.

㉢ 가장 널리 사용된다.

② 피스톤형

㉠ 넓은 온도범위에서 사용가능하며 특수작용유에 대응이 쉽다.

㉡ 구조상 충격 압축의 흡수는 미흡하다.

㉢ 형상이 간단하고 구성품이 적다.

㉣ 대형도 제작 용이하다.

㉤ 축유량을 크게 잡을 수 있다.

㉥ 유실에 가스 침입의 염려가 있다.

③ 벨로스형

㉠ 용기 속에 금속 벨로스를 삽입하여 가스와 작동유를 분리시킨 구조이다.

㉡ 가스 투과가 없고 온도범위가 넓어 특수유체와 고온용으로 적당하다.

④ 직압형

㉠ 용량, 형상을 자유로이 제작할 수 있어 대용량의 축적에 사용된다.

㉡ 구조는 간단하나 기체가 기름에 혼입되거나 기름 유출에 문제가 있다.

⑤ 중추형

㉠ 토출압력을 일정하게 할 수 있어서 저압, 대용량에 적합하다.

㉡ 일반적으로 크고 무거워 외부 누설방지가 곤란하다.

⑥ 스프링형

넓은 온도 범위에서 사용할 수 있고 저압, 소용량에 적합하다. 비교적 염가이다.

⑦ 다이어프램형

㉠ 유실에 가스 침입의 염려가 없다(유실과 가스실은 금속판으로 격리).

㉡ 구형각의 용기를 사용하므로 소형 고압용에 적당하다.

(2) 축압기의 용도

① 에너지 축적용

② 펌프의 맥동 흡수용

③ 충격 압력의 완충용

④ 유체 이송용

⑤ 2차 회로의 구동

⑥ 압력보상

(3) 축압기 설치 시 주의사항

① 축압기와 펌프 사이에는 역류방지 밸브를 설치한다.

② 축압기와 관로와의 사이에 스톱 밸브를 넣어 토출압력이 봉입 가스와 압력보다 낮을 때는 차단한 후 가스를 넣어야 한다.

③ 펌프 맥동 방지용은 펌프 토출 측에 설치한다.

④ 기름을 모두 배출시킬 수 있는 셧-오프 밸브를 설치한다.

핵심예제

어큐뮬레이터(축압기)의 사용 목적이 아닌 것은?

[2003년, 2008년, 다수출제]

① 에너지의 보조

② 유체의 누설 방지

③ 유체의 맥동 감쇠

④ 충격 압력의 흡수

|해설|

축압기의 용도

- 에너지를 축적용
- 펌프의 맥동 흡수용
- 충격 압력의 완충용
- 유체 이송용
- 2차 회로의 구동
- 압력보상

정답 ②

핵심이론 03 오일실

유압장치의 유압유가 새는 것과 이물질이 기기 내로 침입하는 것을 방지하는 것들을 실 또는 밀봉장치라 하고, 고정부분에 사용하는 것을 개스킷, 운동부분에 사용하는 것을 패킹이라 한다.

(1) 유압용 실

① 개스킷(Gasket)

㉠ 압력 용기나 플랜지면, 기기의 접촉면, 고정면에 끼우고 볼트로 결합

㉡ 실 효과를 주는 것(누설은 허용되지 않는다)

㉢ 상대적 운동이 없는 곳에 사용되는 정적 실을 개스킷이라 함

② 오일실

㉠ 높은 압력이 걸리지 않는 부분에 사용

㉡ 저속에서 고속까지 넓은 범위에 사용

㉢ 구조가 간단하여 취급 용이

㉣ 장착공간이 적어도 되며, 회전용 실이다.

③ 패 킹

㉠ 접합면 또는 접동면의 기밀을 유지하고 누설을 방지하는 밀봉장치

㉡ 상대적 운동이 있는 곳에 사용되는 동적실을 패킹

④ O링

㉠ 대표적인 스퀴즈 패킹이다.

㉡ 1개로 밀봉하므로 가격이 싸고, 장착부분의 장소도 작다.

㉢ 장착 및 떼어내기가 용이(숙련도가 중요하지 않다)하다.

㉣ 동마찰 저항이 비교적 적다.

⑤ 립 패킹

㉠ 단면형상의 패킹으로 립에 탄성을 갖게 한다.

㉡ 유체압 자체에 의하여 실압을 발생시켜 누설방지 기능을 발휘한 것

㉢ 왕복운동에 사용되며, 저속 회전용에도 사용

(2) 오일실 선택 시 고려사항

① 압력에 대한 저항력이 클 것(탄성이 양호할 것)

② 오일에 의해 손상되지 않을 것

③ 작동열에 대한 내열성이 클 것(사용온도 범위가 넓을 것)

④ 내마멸성이 클 것(내노화성이 좋을 것)

⑤ 내유성・내용제성이 좋을 것

⑥ 내마모성을 포함한 기계적 성질이 좋을 것

⑦ 상대 금속을 부식시키지 말 것

핵심예제

유압장치에서 오일실을 선택할 때 고려할 사항으로 틀린 것은? [2002년]

① 압력에 대한 저항력이 클 것

② 오일에 의해 손상되지 않을 것

③ 작동열에 대한 내열성이 클 것

④ 내마멸성이 작을 것

|해설|

오일실은 마모에 대한 저항성이 커야 하며, 마모가 되지 않아야 한다.

정답 ④

핵심이론 04 배 관

(1) 배관, 파이프 이음 시 구비 조건

① 분해와 조립이 쉽고 재현성이 있을 것
② 특수 공구를 필요로 하지 않을 것
③ 통로 넓이에 심한 변화를 미치지 않을 것
④ 조인트부가 차지하는 최대 바깥지름 및 길이가 소형일 것
⑤ 충격, 진동에 대해 강하고, 이완되지 않을 것

(2) 배관 재료

유압용 관에는 강관, 스테인리스강관, 동관, 고무 호스 등이 있다.

(3) 관 이음의 종류

① 나사 이음(Screw Joint)
㉠ 저압이거나 분리의 필요가 있는 곳에 사용
㉡ 정확하게 절삭된 것이 중요(누설 방지)
㉢ 테이프 실 사용

② 플랜지 이음(Flange Joint)
수개의 볼트에 의하여 조임의 힘이 분할되기 때문에 조임이 용이하여 대형관의 이음으로서 편리

③ 플레어 이음(Flared Joint)
㉠ 본체, 슬리브, 너트의 3가지 부품으로 형성
㉡ 37°(고압에 적당), 45°(저압이고 극히 얇은 것에 적당)의 2종류
㉢ 비교적 연질이고 두께가 얇은 것이 바람직

④ 바이트 이음(Bite Joint)
㉠ 본체, 슬리브, 너트의 3가지 부품으로 형성
㉡ 선단에 에지가 관을 파들어가 강한 금속접촉에 의하여 오일 누설을 방지
㉢ 관을 필요한 길이로 끊어 적당한 강도로 조이는 것만으로도 기능이 확실
㉣ 각국에서 규격화되어 항공기, 자동차, 공작기계, 산업기계 등 모든 분야의 고압이음에 사용

⑤ 용접 이음(Welded Joint)
유니언형과 플랜지형의 2가지 형식

핵심예제

유압장치에 사용되는 관(Pipe) 이음 종류에 속하지 않는 것은?

[2004년, 2005년]

① 나사 이음(Screw Joint)
② 플랜지형 이음(Flange Joint)
③ 플레어형 이음(Flare Joint)
④ 개스킷 이음(Gasket Joint)

|해설|

관 이음의 종류
- 나사 이음
- 플랜지 이음
- 플레어 이음
- 바이트 이음
- 용접 이음

정답 ④

핵심이론 05 오일 냉각기 및 가열기

(1) 오일 쿨러(Oil Cooler)

유온을 항상 적당한 온도로 유지하기 위하여 사용되는 냉각장치로 종류에는 수랭식, 공랭식, 냉동식이 있다.

① 수랭식(다관식, 사관식, 이중관식, 평판식)
   ㉠ 10[℃] 전후의 물이 사용될 수 있어야 한다.
   ㉡ 소형으로 냉각능력이 크다.
   ㉢ 소음이 적고, 자동유로 조정이 가능
   ㉣ 냉각수의 설비가 요구된다.
   ㉤ 기름 중에 물이 혼입할 우려가 있다.

② 공랭식(흡입형, 토출형)
   ㉠ 교환 열량이 적은 곳에서 사용된다.
   ㉡ 냉각수 설비가 필요 없고, 보수비가 적다.
   ㉢ 소음이 적다.
   ㉣ 냉각식에 비하여 대형이며 고가이다.

③ 냉동식(프레온 가스, 암모니아 가스)
   ㉠ 일반적으로 히터와 같이 가용되며 이동형 열교환기로서 사용된다.
   ㉡ 냉각수와 환기설비가 필요 없다.
   ㉢ 운반이 용이하며 대기 온도나 물의 온도 이하의 냉각이 용이하다.
   ㉣ 자동 유온 조정에 적합하다.
   ㉤ 대형으로 고가이다.

(2) 가열 장치

① 작동유의 온도가 저하되면 점도 높아짐(펌프의 흡입 불량, 장치의 기동 곤란, 압력손실 증대, 과대한 진동 등이 발생)
② 최적의 작업온도를 얻고자 할 때 히터(Heater)가 사용
③ 점도가 500~1,000[mm^2/sec]보다 클 때 히터 사용
④ 전기적 침하형 히터가 사용
⑤ 히터는 기름 탱크 바닥 쪽에 설치(대류작용 이용)
⑥ 히터 제어는 서모스탯을 이용
⑦ 최대 열용량이 2[W/cm^2]를 넘지 않도록 한다.

핵심예제

5-1. 수랭식 오일쿨러(Oil Cooler)의 장점이 아닌 것은? [2012년 2회]

① 소형으로 냉각능력이 크다.
② 소음이 적다.
③ 자동 유온조정이 가능하다.
④ 냉각수의 설비가 요구된다.

5-2. 사용온도 범위가 비교적 넓기 때문에 화재의 위험성이 높은 유압장치의 작동유에 적합한 것은? [2012년 5회]

① 식물성 작동유
② 동물성 작동유
③ 난연성 작동유
④ 광유계 작동유

|해설|

5-1

수랭식 오일쿨러의 단점

- 냉각수의 설비가 요구된다.
- 기름 중에 물이 혼입할 우려가 있다.

5-2

난연성 작동유 : 사용온도 범위가 넓기 때문에 항공기용 유압작동유로 사용(가열로 주변의 유압장치, 열간 압연, 단조, 주조 설비의 유압장치, 용접기의 유압장치 등에 사용)

정답 5-1 ④ 5-2 ③

3-4. 유압 작동유

핵심이론 01 유압 작동유의 종류

(1) 유압 작동유의 필요 조건

① 온도변화에 따른 점도변화가 작을 것

② 윤활성이 좋을 것

③ 기포의 생성이 적어야 할 것

④ 비중이 낮고 내화성이 클 것

⑤ 공기의 흡수도가 적고, 열전달률이 높을 것

⑥ 열팽창계수가 작고, 비열이 클 것

(2) 작동유의 구비조건

① 비압축성일 것

② 내열성, 점도지수, 체적탄성계수 등이 클 것

③ 장시간 사용해도 화학적으로 안정될 것

④ 산화안정성(녹이나 부식 발생 등이 방지), 방열성이 좋을 것

⑤ 장치와의 결합성, 유동성이 좋을 것

⑥ 이물질 등을 빨리 분리할 것

⑦ 인화점이 높을 것

(3) 작동유의 종류

① 석유계 유압작동유

㉠ 값이 싸고, 사용하기 쉬우며, 작동유에 필요한 여러 가지 성질을 만족시킬 수 있다.

㉡ 일반 산업용으로 가장 널리 사용

㉢ 순광유(무첨가)형, R(방청제)&O(산화방지제)형, 내마모형, 고 VI형

② 난연성 작동유

㉠ 난연성이 우수한 작동유를 총칭

㉡ 사용 온도범위가 넓기 때문에 항공기용 유압 작동유로 사용

㉢ 수중유형, 유중수형, 물-글리콜형, 인산 에스테르형

핵심예제

유압유가 갖추어야 할 조건 중 잘못 서술한 것은 어느 것인가?

[2002년, 2003년, 유사문제 다수 출제]

① 비압축성이고 활동부에서 실(Seal) 역할을 할 것

② 온도의 변화에 따라서도 용이하게 유동할 것

③ 인화점이 낮고 부식성이 없을 것

④ 물, 공기, 먼지 등을 빨리 분리할 것

|해설|

유압유는 인화점이 높아야 한다.

정답 ③

핵심이론 02 유압 작동유의 점도

점도란 액체의 내부 마찰에 기인하는 점성의 정도를 말한다.

(1) 작동유의 점도지수(VI ; Viscosity Index)[단위 : 푸아즈]

① 유압유는 온도가 변하면 점도도 변하므로 온도변화에 대한 점도변화의 비율을 나타내기 위하여 점도지수를 사용한다.

② 점도지수 값이 큰 작동유는 온도변화에 대한 점도변화가 적다.

③ 점도지수가 높은 기름일수록 넓은 온도 범위에서 사용할 수 있다.

④ 일반 광유계 유압유의 VI는 90 이상이다.

⑤ 고점수 지수 유압유의 VI는 130~225 정도이다.

VI ≦ 100인 경우 다음 식 적용

$$VI = \frac{L-U}{L-H} \times 100$$

L : VI = 0인 기준유의 100[°F]에서의 점도

H : VI = 100인 기준유의 100[°F]에서의 점도

U : VI = 구하고자 하는 기름의 100[°F]에서의 점도

※ 보통 유압유의 VI값은 90~120 정도가 좋으며, VI가 높을수록 유온에 대한 점도변화가 적다.

(2) 작동유의 점도가 너무 높은 경우

① 마찰손실에 의한 동력손실이 큼(장치 전체의 효율 저하)

② 장치(밸브, 관 등)의 관내 저항에 의한 압력손실이 큼(기계효율 저하)

③ 마찰에 의한 열이 많이 발생(캐비테이션 발생)

④ 응답성이 저하(작동유의 비활성)

(3) 작동유의 점도가 너무 낮은 경우

① 각 부품에서 누설(내외부)손실이 커짐(용적효율 저하)

② 마찰부분의 마모 증대(기계수명 저하)

③ 펌프효율 저하에 따른 온도상승(누설에 따른 원인)

④ 정밀한 조절과 제어 곤란

핵심예제

점성이 지나치게 크면 어떤 현상이 생기는가? [매년 유사문제 출제]

① 마찰열에 의한 열이 많이 발생한다.
② 부품 사이에서 윤활작용을 못한다.
③ 부품의 마모가 빠르다.
④ 각 부품 사이에서 누설손실이 크다.

|해설|

점도가 너무 높은 경우

- 마찰손실에 의한 동력손실이 큼(장치전체의 효율 저하)
- 장치(밸브, 관 등)의 관내 저항에 의한 압력손실이 큼(기계효율 저하)
- 마찰에 의한 열이 많이 발생(캐비테이션 발생)
- 응답성이 저하

정답 ①

핵심이론 03 유압 작동유의 물리적 성질

(1) 비중과 밀도

① 석유계 유압유는 원유의 종류에 따라 다르며, 보통 0.85~0.95이다.

② 비중이 작아야 점도가 좋다.

(2) 인화점과 연소점

가연성의 정도를 나타내며, 작동유의 인화점은 보통 170~220[℃]

(3) 압축성

작동유는 중압에서 비압축성으로 취급하여 문제가 없으나 고압, 대형의 유압 장치가 되면 압축성은 큰 문제가 된다.

(4) 유동점

동계운전에서 유동점을 고려해야 하며 작동유의 적정온도 기준범위는 30~55[℃]이다(유압시스템의 최적온도는 45~55[℃]이다).

(5) 작동유의 첨가제

① **산화 방지제** : 유황 화합물, 인산 화합물, 아민 및 페놀 화합물

② **방청제** : 유기산 에스테르, 지방산염, 유기인 화합물

③ **소포제** : 실리콘유, 실리콘의 유기 화합물

④ **점도지수 향상제** : 고분자 중합체의 탄화수소

⑤ **유성 향상제** : 유기 화합물이나 유기 에스테르와 같은 극성 화합물

(6) 작동유의 열화를 촉진하는 원인

① 유온이 너무 높음

② 기포의 혼입

③ 플러싱 불량에 의한 열화된 기름의 잔존

(7) 작동유(유압유)에 수분이 혼입될 시 영향

① 작동유의 윤활성 저하

② 작동유의 방청성 저하

③ 캐비테이션 발생

④ 작동유의 산화・열화 촉진

(8) 기포의 영향

① 압축성이 증가하여 기기의 응답성이 저하

② 기포의 압축으로 에너지가 소비되어 동력손실 발생

③ 기포의 단열압축에 기인하는 작동유의 흑화 현상 발생

(9) 액온 관리

① 유체 점도는 온도가 상승함에 따라 저하하고 저온이 될수록 높아진다.

② **고온 사용 시** : 작동유체의 점도저하, 내부 누설, 용적효율 저하, 국부적으로 발열하여 습동부분이 붙기도 한다.

③ **고점도** : 응답시간 지연, 작동 불량

④ **저점도** : 압력 불안정 현상, 내부누설, 위치설정 불안정, 에너지 손실 발생

⑤ **운전온도**

㉠ 유압장치의 최적 온도는 45~55[℃]이다.

㉡ 60[℃]를 넘으면 산화속도가 빠르다.

㉢ 0.5[℃] 상승 시 수명이 반감된다.

㉣ 펌프 흡입측 온도는 55[℃]를 넘어서는 안 된다.

핵심예제

작동유의 유온이 적정 온도 이상으로 상승할 때 일어날 수 있는 현상이 아닌 것은? [2002년, 2005년, 유사문제 다수 출제]

① 윤활 상태의 향상
② 기름의 누설
③ 마찰부분의 마모 증대
④ 펌프 효율 저하에 따른 온도 상승

|해설|

작동유가 고온인 상태에서 사용 시

- 작동유체의 점도 저하
- 내부 누설
- 용적효율 저하
- 국부적으로 발열(온도상승)하여 습동 부분이 붙기도 함

정답 ①

3-5. 오일 탱크

핵심이론 01 오일 탱크(Oil Tank)

유압계에 필요한 작동유를 축적하는 용기, 작동유 속에 혼입된 불순물과 기포의 분리 및 제거, 운전 중 발생열 방출 등의 목적과 함께 유압 펌프, 전동기 및 각종 유압기기의 장착대를 겸하는 유압장치의 주요부이다.

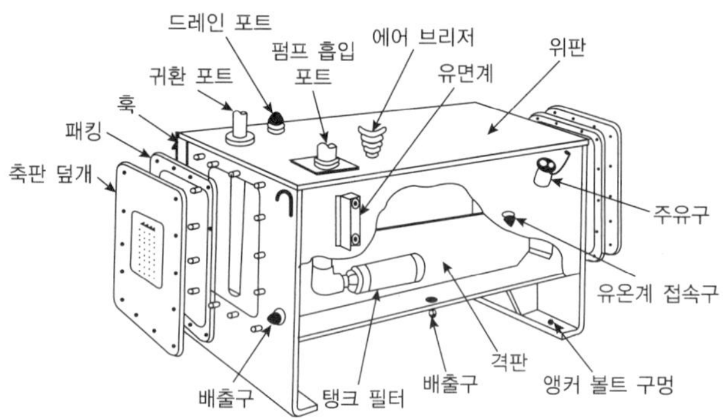

(1) 오일 탱크의 크기

탱크 속에 들어가는 유량이 펌프 토출량의 3배 이상 저장되어야 한다.

(2) 오일 탱크의 구비조건

① 용적은 작동유의 열을 충분히 발산시키고 필요 유량에 대하여 충분히 여유 있는 크기이어야 한다.
② 먼지나 금속찌꺼기 등 이물질이 들어가지 않도록 밀폐구조로 하고 대기압 유지를 위해 공기 청정기가 달린 공기 뽑기(Air Bleeder)를 설치한다.
③ 주유구에는 가는 철망을 치며 반드시 마개를 단다.
④ 펌프 흡입구에는 스트레이너를 부착시켜 이물질 흡입을 방지토록 한다.
⑤ 복귀관은 캐비테이션 또는 기포 생성 방지를 위해 운전 시 기름의 최저 위치보다 낮게 한다. 관의 끝단은 45°로 절단하고 절단구가 탱크 측면을 향하게 하여 기름의 방열을 촉진시키거나 다공의 구형체를 끝단에 부착시켜 기포의 생성을 방지토록 한다.

⑥ 운전 중에 유면이 정상 위치에 있는가를 볼 수 있도록 유면계를 설치한다.
⑦ 탱크 내를 청소하기 쉽도록 큰 측판을 설치한다.
⑧ 탱크 내면은 녹 방지 및 수분 응결방지를 위해 열전도율이 좋은 내유성 도료를 칠하며, 그 색은 기름 열화가 판별 가능토록 백색계통으로 한다.
⑨ 모터 및 펌프를 탱크 위에 설치할 때는 내진강도를 고려한다.
⑩ 탱크 내 수분, 이물질 제거를 위해 탱크 밑부분에 적당하게 기울기(구배)를 주고 최저부에 드레인 배출구를 설치한다.
⑪ 탱크 내부에는 격판(Baffle Plate)을 설치하여 펌프의 흡입쪽과 귀환쪽을 구별하고 기름이 탱크 내에서 천천히 환류하도록 하여 불순물을 침전시키며 기포의 방출, 기름의 방열을 돕고 기름 온도를 균일하게 한다.

핵심예제

유압장치에서 사용되고 있는 오일 탱크에 대한 설명으로 적합하지 않은 것은? [2012년 2회]

① 오일을 저장할 뿐만 아니라 오일을 깨끗하게 한다.
② 오일 탱크의 용량은 장치 내의 작동유를 모두 저장하지 않아도 되므로 사용압력, 냉각장치의 유무에 관계없이 가능한 작은 것을 사용한다.
③ 주유구에는 여과망과 캡 또는 뚜껑을 부착하여 먼지, 절삭분 등의 이물질이 오일 탱크에 혼입되지 않게 한다.
④ 공기 청정기의 통기 용량은 유압 펌프 토출량의 2배 이상으로 하고, 오일 탱크의 바닥면은 바닥에서 최소 15[cm]를 유지하는 것이 좋다.

|해설|

오일 탱크 용량은 운전 중지 시 복귀량에 지장이 없어야 하고 작동 중에도 유면을 적당히 유지하여야 하며, 오일 탱크의 크기는 펌프 토출량의 3배 이상이 좋다.

정답 ②

제4절 | 공유압 기호

핵심이론 01 선 및 원의 용도

(1) 선의 종류별 용도

① 실선 : 주관로, 파일럿 밸브의 공급 관로, 전기 신호선
② 파선 : 파일럿 조작 관로, 드레인 관, 필터, 밸브의 과도 위치
③ 1점쇄선 : 포위선(2개 이상의 기능을 갖는 유닛을 나타내는 포위선)
④ 복선 : 기계적 결합(회전축, 레버, 피스톤 로드 등)

(2) 원

① 대원 : 에너지 변환기(펌프, 압축기, 전동기 등)
② 중간원 : 계축기, 회전 이음
③ 소원 : 체크 밸브, 링크, 롤러(중앙에 점을 찍는다)
④ 점 : 관로의 접속, 롤러의 축
⑤ 반원 : 회전각도가 제안을 받는 펌프 또는 액추에이터

핵심예제

유압・공기압 도면기호(KS B 0054)의 기호 요소에서 기호로 사용되는 선의 종류 중 복선의 용도는? [2006년]

① 주 관로
② 파일럿 조작관로
③ 기계적 결합
④ 포위선

|해설|

① 주 관로 → 실선
② 파일럿 조작관로 → 파선
④ 포위선 → 1점쇄선

정답 ③

핵심이론 02 조작 방식

(1) 인력 조작 방식

명 칭	기 호	비 고
일 반	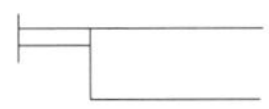	조작 방법을 지시하지 않는 경우 또는 조작 방향의 수를 특별히 지정하지 않는 경우의 일반기호(푸시 버튼형)
★푸시(누름) 버튼	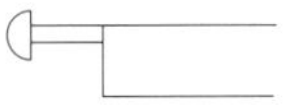	1방향 조작
풀(당김) 버튼	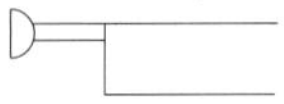	1방향 조작
푸시 풀 버튼	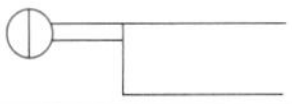	1방향 조작
레 버	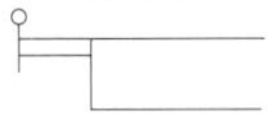	2방향 조작(회전 운동을 포함)
★페 달	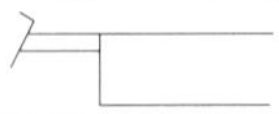	1방향 조작(회전 운동을 포함)
2방향 페달	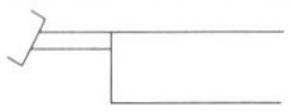	2방향 조작(회전 운동을 포함)

(2) 기계 조작 방식

명 칭	기 호	비 고
플런저		1방향 조작
가변 행정 제한 기구	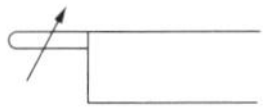	2방향 조작
스프링		1방향 조작
★롤러레버식		2방향 조작
편측 작동 롤러	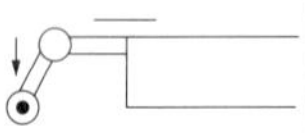	• 화살표는 유효 조작 방향을 나타낸다. 기입을 생략해도 좋다. • 1방향 조작

(3) 전기 조작 방식

명 칭	기 호	비 고
직선형 전기 액추에이터	–	솔레노이드, 토크 모터 등
단동 솔레노이드		• 1방향 조작 • 사선은 우측으로 비스듬히 그려도 좋다.
복동 솔레노이드		• 2방향 조작 • 사선은 위로 넓어져도 좋다.
단동 가변식 전자 액추에이터	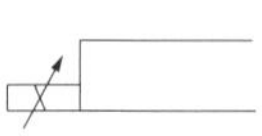	• 1방향 조작 • 비례식 솔레노이드, 포스 모터 등
복동 가변식 전자 액추에이터	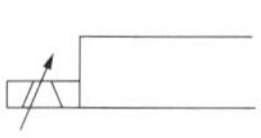	• 2방향 조작 • 토크 모터
회전형 전기 액추에이터	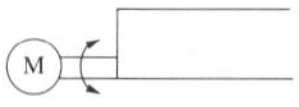 M	• 2방향 조작 • 전동기

(4) 직 · 간접 파일럿 조작 방식

명 칭		기 호	비 고
직접 파일럿 조작			–
간접 파일럿 조작	공압 파일럿		압력을 가하여 조작하는 방식 • 내부 파일럿 • 1차 조작 없음
	유압 파일럿	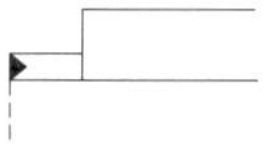	• 외부 파일럿 • 1차 조작 없음
유압 2단 파일럿			• 내부 파일럿, 내부 드레인 • 1차 조작 없음
공압 · 유압 파일럿		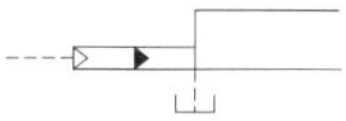	• 외부 공압 파일럿, 내부 유압 파일럿, 외부 드레인 • 1차 조작 없음
전자 · 공압 파일럿		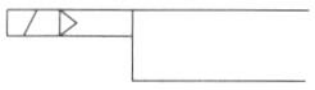	• 단동 솔레노이드에 의한 1차 조작 붙이 • 내부 파일럿
전자 · 유압 파일럿		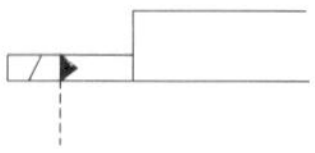	• 단동 솔레노이드에 의한 1차 조작 붙이 • 외부 파일럿, 내부 드레인

(5) 압력을 빼내어 조작하는 방식

명 칭	기 호	비 고
유압 파일럿		• 내부 파일럿, 내부 드레인 • 1차 조작 없음
★유압 파일럿		• 내부 파일럿 • 원격 조작용 벤트포트 붙이
전자・유압 파일럿		• 단동 솔레노이드에 의한 1차 조작 붙이 • 외부 파일럿, 외부 드레인
파일럿 작동형 압력 제어		• 압력 조정용 스프링 붙이 • 외부 드레인 • 원격 조작용 벤트포트 붙이
파일럿 작동형 비례 전자식 압력 제어 밸브		• 단동 비례식 액추에이터 • 내부 드레인

핵심예제

다음 기호의 명칭으로 맞는 것은?

[2004년, 2007년, 2012년 2회 유사문제 출제]

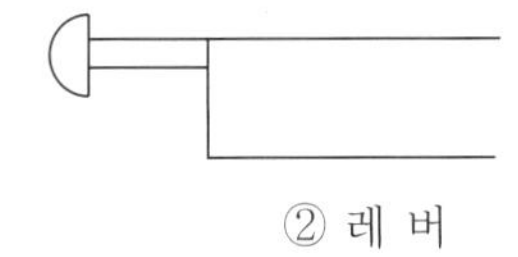

① 버 튼 ② 레 버
③ 페 달 ④ 롤 러

|해설|

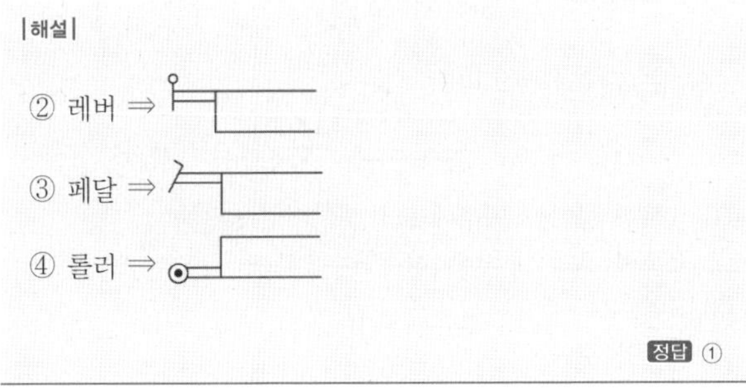

정답 ①

핵심이론 03 에너지 변환과 저장

(1) 펌프 및 모터

명 칭	기 호	비 고
유압 펌프 ★공압 모터	유압 펌프 공압 모터	★공기 압축기 기호 :
★유압 펌프		• 1방향 유동 • 정용량형 • 1방향 회전형
유압 모터		• 1방향 유동 • 조작기구를 특별히 지정하지 않는 경우 • 외부 드레인 • 가변 용량형 • 1방향 회전형 • 양축형
★공압 모터		• 2방향 유동 • 정용량형 • 2방향 회전형
정용량형 펌프・모터		• 1방향 유동 • 정용량형 • 1방향 회전형
가변 용량형 펌프・모터 (인력조작)		• 2방향 유동 • 가변 용량형 • 외부드레인 • 2방향 회전형
★요동형 액추에이터		• 공 압 • 정각도 • 2방향 요동형 • 축의 회전 방향과 유동 방향과의 관계를 나타내는 화살표의 기입은 임의로 한다.
유압 전도 장치		• 1방향 회전형 • 가변 용량형 펌프 • 일체형
가변 용량형 펌프 (압력보상제어)		• 1방향 유동 • 압력 조정 가능 • 외부 드레인
가변 용량형 펌프・모터 (파일럿 조작)		• 2방향 유동 • 2방향 회전형 • 스프링 힘에 의하여 중앙 위치(배제용적 0)로 되돌아오는 방식 • 파일럿 조작 • 외부 드레인 • 신호 n은 M방향으로 변위를 발생시킴

(2) 실린더

명 칭	기 호	비 고
단동 실린더	상세기호 간략기호	• 공 압 • 압출형 • 편로드형 • 대기 중의 배기(유압의 경우는 드레인)
단동 실린더 (스프링 붙이)	(1) (2)	• 유 압 • 편로드형 • 드레인축은 유압유 탱크에 개방 (1) 스프링 힘으로 로드 압출 (2) 스프링 힘으로 로드 흡인
복동 실린더	(1) (2)	(1) • 편로드 • 공 압 (2) • 양로드 • 공 압
복동 실린더 (쿠션 붙이)	2:1 2:1	• 유 압 • 편로드형 • 양 쿠션, 조정형 • 피스톤 면적비 2 : 1
단동 텔레스코프 형 실린더		공 압
복동 텔레스코프 형 실린더		유 압

(3) 특수에너지 – 변환기기

명 칭	기 호	비 고
공기 유압 변환기	단동형 연속형	–
증압기	단동형 연속형	• 압력비 1 : 2 • 2종 유체용

(4) 에너지 – 용기

명 칭	기 호	비 고
어큐뮬레이터		• 일반 기호 • 항상 세로형으로 표시 • 부하의 종류를 지시하지 않는 경우
어큐뮬레이터	기체식 중량식 스프링식	부하의 종류를 지시하는 경우
보조 가스 용기		• 항상 세로형으로 표시 • 어큐뮬레이터와 조합하여 사용하는 보급용 가스 용기
★공기 탱크		–

(5) 동력원

명 칭	기 호	비 고
★유압(동력)원		일반 기호
★공압(동력)원		일반 기호
전동기	M	–
원동기	M	(전동기를 제외)

핵심예제

다음 그림은 무슨 유압 · 공기압 도면기호인가?

[2004년, 2006년, 유사문제 다수 출제]

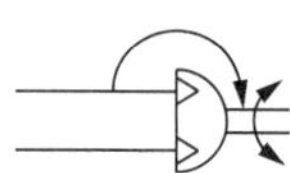

① 요동형 공기압 액추에이터
② 요동형 유압 액추에이터
③ 유압 모터
④ 공기압 모터

|해설|

요동형 유압 액추에이터	유압 펌프	공기압 모터

정답 ①

핵심이론 04 에너지의 제어와 조정

(1) 전환 밸브

명 칭	기 호	비 고
2포트 수동 전환 밸브	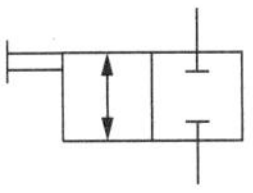	• 2위치 • 폐지 밸브 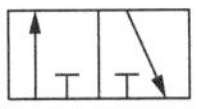 • 3포트2위치변환밸브
3포트 전자 전환 밸브	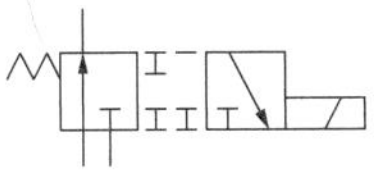	• 2위치 • 1과도 위치 • 전자 조작 스프링 리턴
5포트 파일럿 전환 밸브	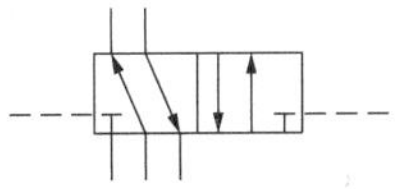	• 2위치 • 2방향 파일럿 조작
★4포트 전자 파일럿 전환 밸브	상세기호 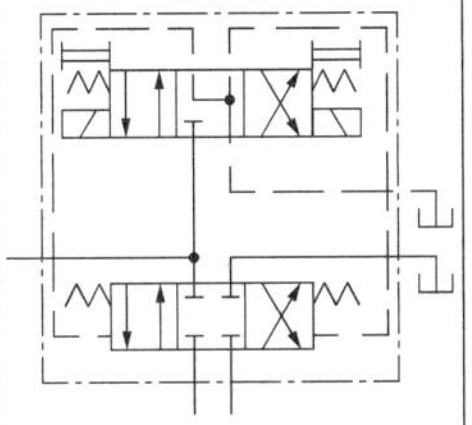 간략기호 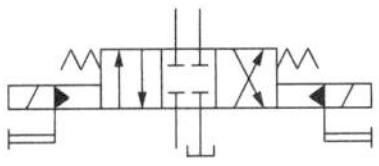	• 주 밸브, 3위치, 스프링 센터, 내부 파일럿 • 파일럿 밸브, 4포트, 3위치, 스프링 센터, 전자 조작(단동 솔레노이드), 수동 오버라이드 조작붙이, 외부 드레인
4포트 전자 파일럿 전환 밸브	상세기호 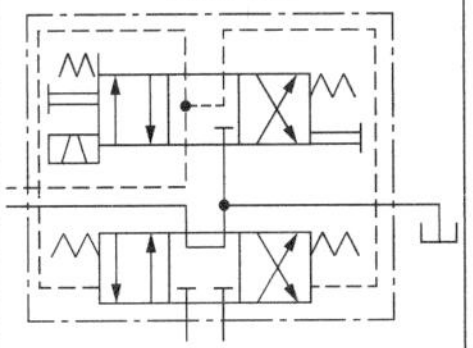 간략기호 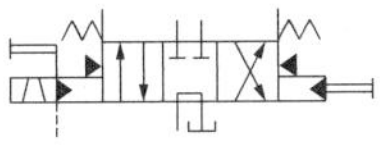	• 주 밸브, 3위치, 프레셔 센터(스프링 센터 겸용), 파일럿압을 제거할 때 작동 위치로 전환된다. • 파일럿 밸브, 4포트 3위치, 스프링 센터, 전자 조작(복동 솔레노이드), 수동 오버라이드 조작붙이, 외부 파일럿, 내부 드레인
4포트 교축 전환 밸브	중앙 위치 언더랩 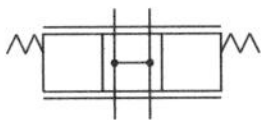 중앙 위치 오버랩 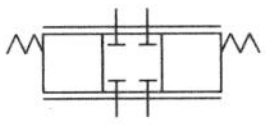	• 3위치 • 스프링 센터 • 무단계 중간 위치
서보 밸브	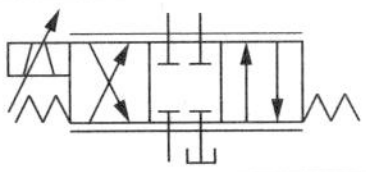	대표 보기

(2) 체크 밸브, 셔틀 밸브, 배기 밸브

명 칭	기 호		비 고
	상세기호	간략기호	
★체크 밸브	(1) 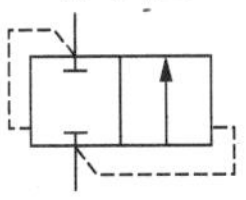		(1) 스프링 없음
	(2) 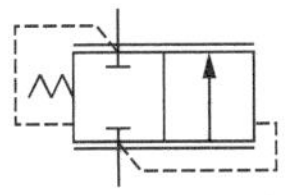		(2) 스프링 붙이
파일럿 조작 체크 밸브	상세기호 (1) 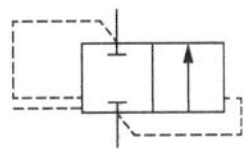 (2) 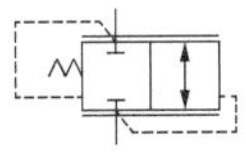	간략기호 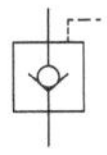 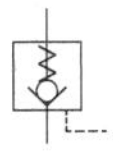	(1) • 파일럿 조작에 의하여 밸브 폐쇄 • 스프링 없음 (2) • 파일럿 조작에 의하여 밸브 열림 • 스프링 붙이
★고압 우선형 셔틀 밸브	상세기호 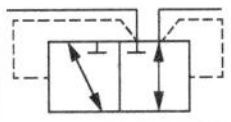	간략기호 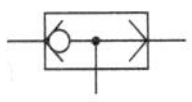	고압쪽의 입구가 출구에 접속되고, 저압쪽의 입구가 폐쇄된다.
★저압 우선형 셔틀 밸브	상세기호 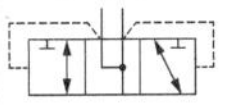	간략기호 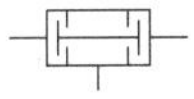	저압쪽의 입구가 저압 우선 출구에 접속되고, 고압쪽의 입구가 폐쇄된다.
★급속 배기 밸브	상세기호 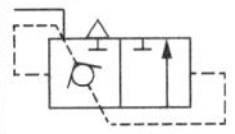	간략기호 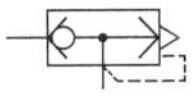	–

(3) 압력 제어 밸브

명 칭	기 호	비 고
★릴리프 밸브	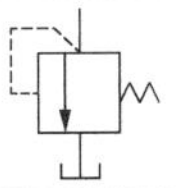	직동형 또는 일반 기호
파일럿 작동형 릴리프 밸브	상세기호 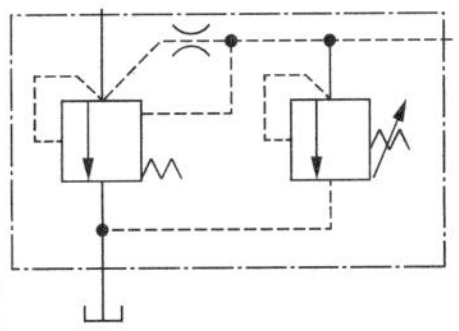 간략기호 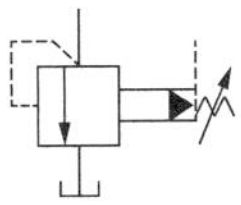	원격 조작용 벤트포트붙이

명 칭	기 호	비 고
전자 밸브 장착(파일럿 작동형) 릴리프 밸브	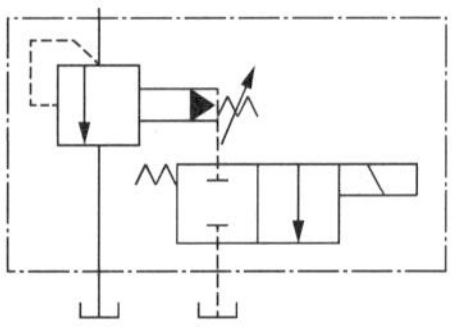	전자 밸브의 조작에 의하여 벤트포트가 열려 무부하로 된다.
비례 전자식 릴리프 밸브(파일럿 작동형)	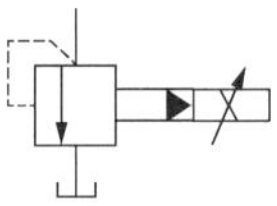	대표 보기
★감압 밸브	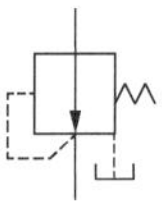	직동형 또는 일반 기호
★파일럿 작동형 감압 밸브	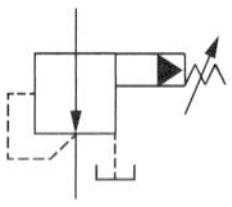	외부 드레인
릴리프 붙이 감압 밸브	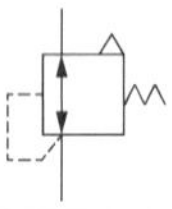	공압용
비례전자식 릴리프 감압 밸브(파일럿 작동형)	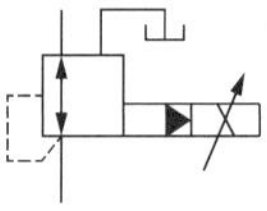	• 유압용 • 대표 보기
일정 비율 감압 밸브	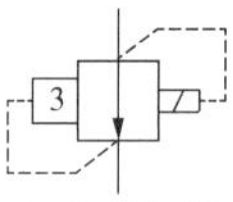 3	감압비 : 1/3
★시퀀스 밸브	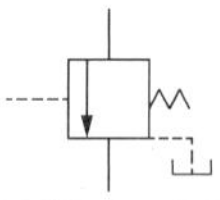	• 직동형 또는 일반 기호 • 외부 파일럿 • 외부 드레인
시퀀스 밸브(보조 조작 장착)	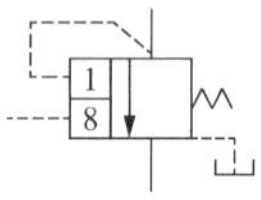 1 8	• 직동형 • 외부 드레인 • 내부 파일럿 또는 외부 파일럿 조작에 의하여 밸브가 작동됨 • 파일럿압의 수압 면적 비가 1 : 8인 경우
파일럿 작동형 시퀀스 밸브	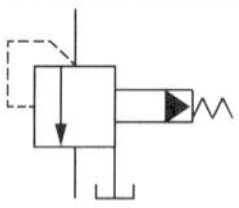	• 내부 파일럿 • 외부 드레인
★무부하 밸브	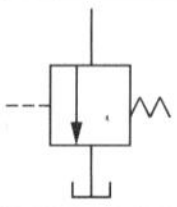	• 직동형 또는 일반 기호 • 내부 드레인

명 칭	기 호	비 고
카운터 밸런스 밸브	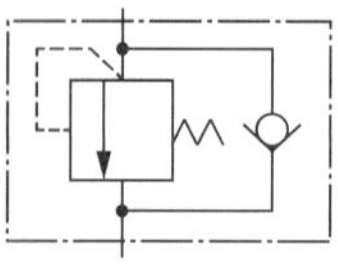	–
★무부하 릴리프 밸브	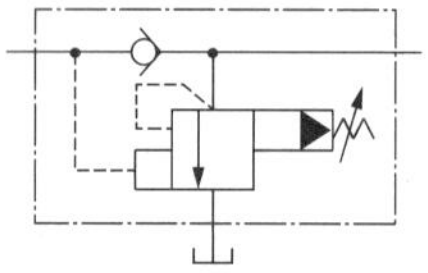	–
양방향 릴리프 밸브	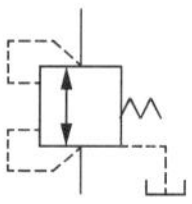	• 직동형 • 외부 드레인
브레이크 밸브	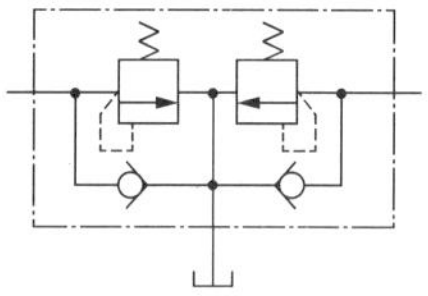	대표 보기

(4) 유량 제어 밸브

명 칭	기 호	비 고
교축 밸브 가변 교축 밸브	상세기호 간략기호 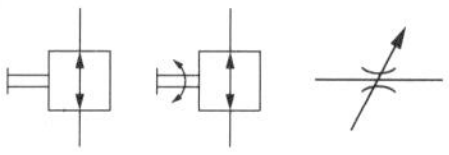	• 간략 기호에서는 조작 방법 및 밸브의 상태가 표시되어 있지 않음 • 통상, 완전히 닫혀진 상태는 없음
오리피스		초크 기호 : 
★스톱 밸브		–
감압 밸브(기계 조작 가변 교축 밸브)	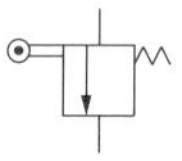	• 롤러에 의한 기계 조작 • 스프링 부하
★1방향 교축 밸브, 속도 제어 밸브(공압)	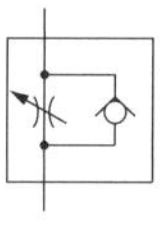	• 가변 교축 장착 • 1방향으로 자유유동, 반대방향으로는 제어 유동
유량 조정 밸브 직렬형 유량 조정 밸브	상세기호 간략기호 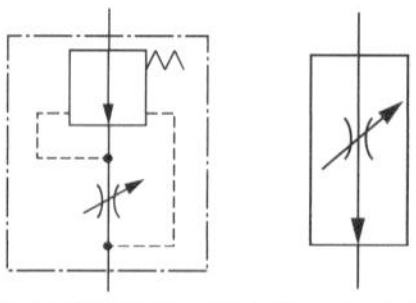	간략 기호에서 유로의 화살표는 압력의 보상을 나타낸다.

명 칭	기 호	비 고
직렬형 유량 조정 밸브 (온도 보상 붙이)	상세기호 간략기호	간략 기호에서 유로의 화살표는 압력의 보상을 나타낸다.
바이패스형 유량 조정 밸브	상세기호 간략기호	간략 기호에서 유로의 화살표는 압력의 보상을 나타낸다.
체크 밸브 붙이 유량 조정 밸브 (직렬형)	상세기호 간략기호	간략 기호에서 유로의 화살표는 압력의 보상을 나타낸다.
★분류 밸브		화살표는 압력 보상을 나타낸다.
집류 밸브		화살표는 압력 보상을 나타낸다.

핵심예제

다음 밸브 기호는 어떤 밸브의 기호인가?

[2003년, 2006년, 2009년 유사문제 다수 출제]

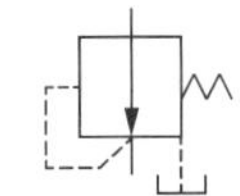

① 무부하 밸브　　② 감압 밸브
③ 시퀀스 밸브　　④ 릴리프 밸브

|해설|

무부하 밸브	시퀀스 밸브	릴리프 밸브

정답 ②

핵심이론 05 유체의 저장과 조정

(1) 기름 탱크

명 칭	기 호	비 고
기름 탱크 (통기식)		관 끝을 액체 속에 넣지 않는 경우
		• 관 끝을 액체 속에 넣는 경우 • 통기용 필터가 있는 경우
		관 끝을 밑바닥에 접속하는 경우
		국소 표시 기호
기름 탱크 (밀폐식)		• 3관로의 경우 • 가압 또는 밀폐된 것 • 각 관 끝을 액체 속에 집어 넣는다. • 관로는 탱크의 긴 벽에 수직

(2) 유체 조정 기기

명 칭	기 호	비 고
★필 터		일반 기호
		자석 붙이
		눈막힘 표시기 붙이
★드레인 배출기		수동 배출
		자동 배출
★드레인 배출기 붙이 필터		수동 배출
		자동 배출
기름 분무 분리기		수동 배출
		자동 배출
★에어 드라이어		–
★루브리케이터		–

명 칭		기 호	비 고
★공압 조정 유닛		상세기호	수직 화살표는 배출기
		간략기호	수직 화살표는 배출기
열교환기	냉각기		냉각액용 관로를 표시하지 않는 경우
			냉각액용 관로를 표시하는 경우
	가열기		–
	온도 조절기		가열 및 냉각

핵심예제

다음 중 드레인 배출기 붙이 필터를 나타내는 기호는?

[2010년, 2013년 2회, 유사문제 다수 출제]

① 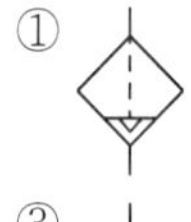

② 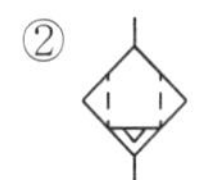

③ 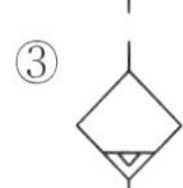

④ 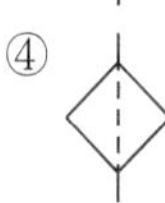

|해설|

① 드레인 배출기 붙이 필터(자동 배출)
② 기름분무 분리기(자동 배출)
③ 드레인 배출기(자동 배출)
④ 필터(일반 기호)

정답 ①

핵심이론 06 보조 기기

(1) 보조 기기

명 칭		기 호	비 고
압력 계측기	압력 표시기		계측은 되지 않고 단지 지시만 하는 표시기
	압력계		–
	차압계		–
유면계			평행선은 수평으로 표시
★온도계			–
유량 계측기	검류기		–
	★유량계		–
	적산 유량계		–
회전 속도계			–
토크계			–

(2) 기타 기기

명 칭	기 호	비 고
★압력 스위치		
리밋 스위치		–
아날로그 변환기		공 압
★소음기		공 압
경음기		공압용
마그넷 세퍼레이터		–

핵심예제

다음 그림의 기호는 무엇을 뜻하는가? [2005년, 2012년 5회]

① 압력계 ② 온도계
③ 유량계 ④ 소음기

|해설|

압력계	유량계	소음기

정답 ②

제5절 | 공유압 회로

5-1. 공압 회로

핵심이론 01 공압요소 표시 방법

(1) 숫자 표시법

① 일련번호 표시방법 : 제어 시스템이 복잡하거나 같은 기기가 중복되는 경우 등에 사용

② 그룹번호와 그룹 내의 일련번호 표시방법 : 그룹분류(0, 1, 2, …), 그룹 내의 일련번호(.0, .1, .2, …)

(2) 문자 표시법

회로도를 질서 정연하게 배열할 때 사용, 검토와 배열이 쉽고 분명한 장점이 있다.

(3) 공압요소 기호 표시법

① 제어밸브 기호로 표시

② 밸브의 기호 표시법(접속구의 표시)

접속구 표시법	ISO 1219	ISO 5599
공급 포트	P	1
작업 포트	A, B, C	2, 4, 6....
배기 포트	R, S, T	3, 5, 7....
제어 포트	X, Y, Z	10, 12, 14....
누출 포트	L	–

EXE는 대기로 방출하는 포트의 기호로 사용한다.

(4) 요소의 표시법

공압회로도에서 모든 요소는 초기 위치로 연결한다.

(5) 배관 라인 표시법

교차점 없이 직선으로 그리고, 작동라인(주관로)은 실선, 제어라인(파일럿 관로)은 점선으로 그린다.

(6) 공압회로 구성방법

① 회로도의 배치는 순서도와 같이 하고 신호는 아래에서 위로 흐르게 한다.

② 에너지의 분배도는 아래에서 위로 공급되도록 표시한다.

③ 요소의 실제배치는 무시하나 실린더와 방향제어 밸브는 수평으로 그린다.

④ 모든 요소는 실제 설비나 회로도에서 같은 표시기호를 사용한다.

⑤ 실제 배치를 확실하게 하기 위해서 실제 위치를 짧은 수직선으로 표시한다.

⑥ 신호 위치를 표시하고 신호가 한 방향일 때 화살표로 표시한다.

⑦ 요소들은 정상상태로 하며 작동된 상태일 때는 작동된 상태로 표시한다.

⑧ 방향성 롤러 밸브와 같이 한쪽 방향으로만 작동되는 경우 화살표로 그 밸브의 작동방향을 표시한다.

⑨ 배관 라인은 가능하면 교차점 없이 직선으로 표시하며 필요 시 명칭을 표시한다.

⑩ 제어 시스템이 복잡하면 제어 시스템 각각의 요소에 대해 구분한다.

⑪ 필요 시 기술적 자료와 설치가격, 시스템 작동순서, 유효가동조건 및 수리부품 등도 기재한다.

핵심예제

밸브의 작업 포트를 표현하는 기호는 무엇인가?

[2004년, 2011년, 2013년 2회]

① A ② P
③ Z ④ R

|해설|

작업포트는 A, B, C, … 또는 2, 4, 6, …으로 표시된다.

정답 ①

핵심이론 02 논리 제어 회로

(1) AND 회로(논리곱 회로)

① 2개 이상의 입력단과 1개의 출력단을 가지며, 모든 입력단에 입력이 가해졌을 경우에만 출력단에 출력이 나타나는 회로

② 진리값

A · B = Y

입력신호		출 력
A	B	Y
0	0	0
0	1	0
1	0	0
1	1	1

③ 회로도

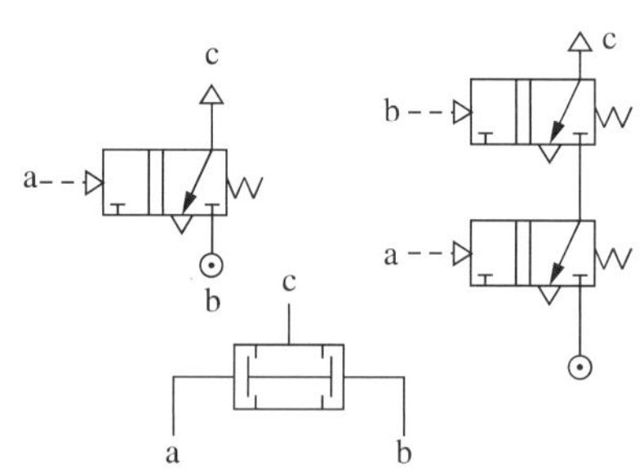

(a) 기본 회로

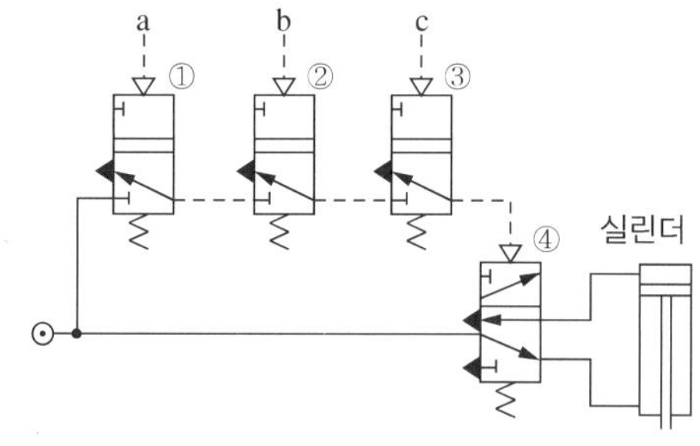

(b) 응용회로

(2) OR 회로(논리합 회로)

① 2개 이상의 입력단과 1개의 출력단을 가지며, 어느 입력단에 입력이 가해져도 출력단에 출력이 나타나는 회로

② 진리값

$A + B = Y$

입력신호		출 력
A	B	Y
0	0	0
0	1	1
1	0	1
1	1	1

③ 회로도

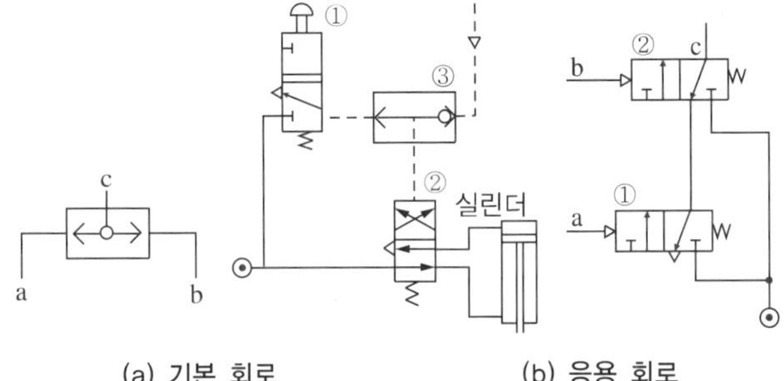

(a) 기본 회로　　　(b) 응용 회로

(3) NOT 회로

① 1개 입력단과 1개의 출력단을 가지며 입력단에 입력이 가해지지 않을 경우에만 출력단에 출력이 나타나는 회로. 입력신호 A와 출력신호 B는 부정의 상태이므로 인버터(Inverter)라 부른다.

② 진리값 및 회로도

$\overline{A} = Y$

입력신호	출 력
A	Y
0	1
1	0

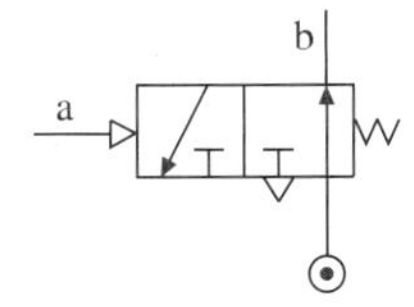

(4) NOR 회로

① 2개 이상의 입력단과 1개의 출력단을 가지며, 입력단의 전부에 입력이 없는 경우에만, 출력단에 출력이 나타나는 회로. NOT OR회로의 기능을 가지고 있다.

② 진리값 및 회로도

$\overline{A + B} = Y$

입력신호		출 력
A	B	Y
0	0	1
0	1	0
1	0	0
1	1	0

(a)　　　(b)

(5) NAND 회로

① AND회로의 출력을 반전시킨 것으로 모든 입력이 1일 때만 출력이 없어지는 회로

② 진리값 및 회로도

$\overline{A \cdot B} = Y$

입력신호		출 력
A	B	Y
0	0	1
0	1	1
1	0	1
1	1	0

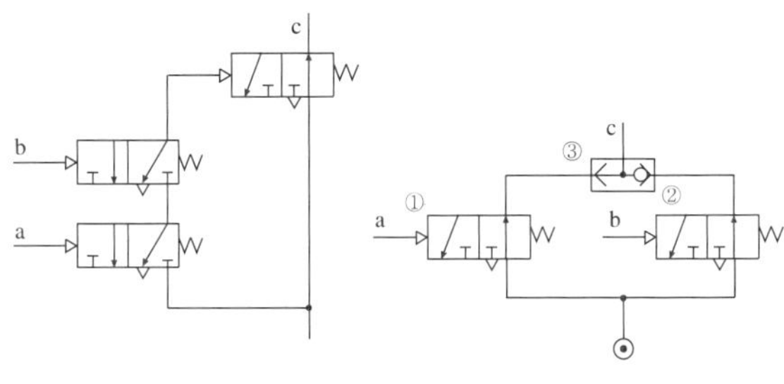

핵심예제

다음 그림과 같은 공압 로직밸브와 진리값에 일치하는 논리는?

[2004년, 2006년, 2010년]

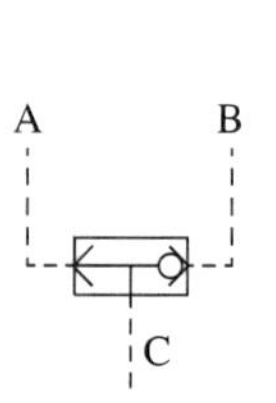

[공압로직밸브]

A + B = Y

입력신호		출 력
A	B	Y
0	0	0
0	1	1
1	0	1
1	1	1

[진리값]

① AND
② OR
③ NOT
④ NOR

|해설|

어느 입력단에 입력이 가해져도 출력이 나타나는 OR회로이다.

※ 논리 제어 회로는 매년 출제되는 문제로 개념과 진리값, 회로도를 알고 있어야 한다.

정답 ②

핵심이론 03 기타 논리 제어 회로

(1) 부스터 회로

저압력을 어느 정해진 높은 출력으로 증폭하는 회로

(2) 플립플롭 회로

① 신호와 출력의 관계가 기억 기능이 있어, 먼저 도달한 신호가 우선되어 작동되며 다음 신호가 입력될 때까지 처음 신호가 유지되는 것

② 2개의 안정된 출력상태를 가지며, 입력의 유무에 불구하고 직전에 가해진 입력의 상태를 출력상태로 유지하는 회로

③ 회로도

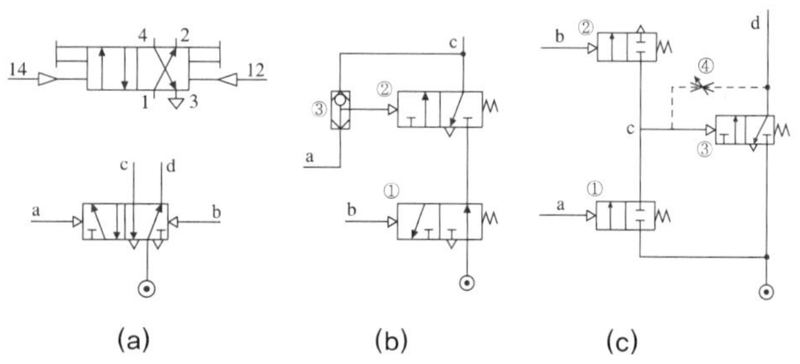

(3) 시간 제어 회로

① ON 딜레이 회로 : 신호가 입력되고 일정시간이 경과된 후 출력이 나오는 회로(한시 동작 순시 복귀형 타이머 회로)

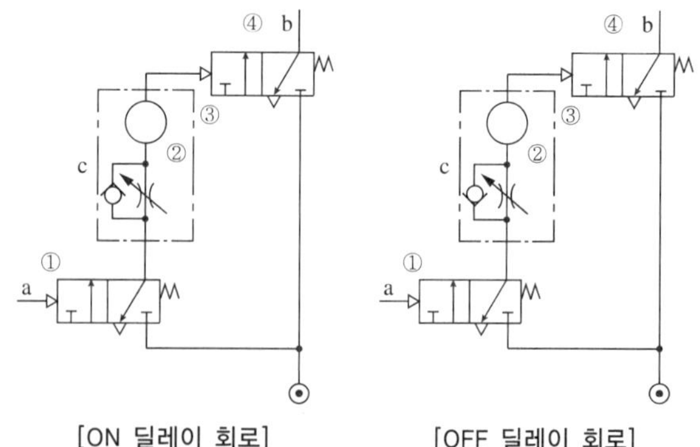

[ON 딜레이 회로] [OFF 딜레이 회로]

② **OFF 딜레이 회로** : 입력신호가 주어지면 곧바로 출력이 얻어지고 입력신호가 없어지면 일정시간이 경과 후에 출력이 소멸되는 회로(순시 동작 한시 복귀형 타이머 회로)

③ **일정 시간 동작 회로** : 스위치를 On-Off 조작함과 동시에 부하가 동작하고 타이머의 설정 시간 후에 정지하는 회로

④ **지연 동작 회로** : 스위치를 On-Off 조작하면 어떤 일정 시간(타이머의 설정 시간) 후에 동작하는 회로

핵심예제

3-1. 2개의 안정된 출력 상태를 가지고, 입력 유무에 관계없이 직전에 가해진 입력의 상태를 출력 상태로서 유지하는 회로는?

[2010년, 2012년 5회]

① 부스터 회로
② 카운터 회로
③ 레지스터 회로
④ 플립플롭 회로

3-2. 다음 그림의 회로는 어떤 회로인가?

[2006년, 2010년, 2012년 2회]

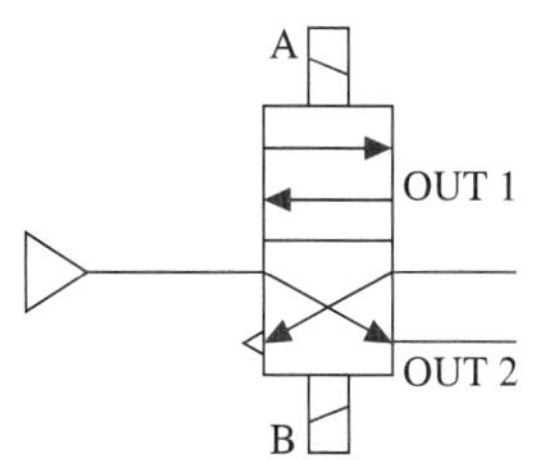

① 1방향 흐름 회로
② 플립플롭 회로
③ 푸시버튼 회로
④ 스트로크 회로

|해설|

3-1
① 부스터 회로 : 저압력을 어느 정해진 높은 출력으로 증폭하는 회로
② 카운터 회로 : 입력으로서 가해진 펄스 신호의 수를 계수로 하여 기억하는 회로
③ 레지스터 회로 : 2진수로써의 정보를 일단 내부로 기억하여 적시에 그 내용이 이용될 수 있도록 구성한 회로

3-2
플립플롭 회로 : 신호와 출력의 관계가 기억 기능이 있다. 먼저 도달한 신호가 우선되어 작동되며 다음 신호가 입력될 때까지 처음 신호가 유지된다. 위 기호는 4/2 way 양솔레노이드 밸브로 메모리(플립플롭)기능을 가지고 있다.

정답 **3-1** ④ **3-2** ②

핵심이론 04 기타 제어 회로

(1) 카운터 회로

입력으로서 가해진 펄스 신호의 수를 계수로 하여 기억하는 회로

(2) 레지스트 회로

2진수로써의 정보를 일단 내부로 기억하여 적시에 그 내용이 이용될 수 있도록 구성한 회로

(3) 시퀀스 회로

미리 정해진 순서에 따라서 제어동작의 각 단계를 점차 추진해 나가는 회로

(4) 온 · 오프 회로

제어동작이 밸브의 개폐와 같은 2개의 정해진 상태만을 취하는 제어회로

(5) 안전 회로

우발적인 이상 운전, 과부하 운전 등일 때, 사고를 방지하여 정상운전을 확보하는 회로

(6) 인터로크(Interlock = 연동 회로) 회로

시스템을 안전하고 확실하게 운전하기 위한 목적으로 사용하는 회로로 두 개의 회로 사이에 출력이 동시에 나오지 않게 하는 데 사용되는 회로(인터로크를 목적으로 한 회로, 선입력 우선 회로)

① **선입력 우선 회로** : 여러 개의 입력 중에서 가장 먼저 신호가 입력되는 경우 다른 신호에 우선하여 그 회로가 동작되도록 하는 회로

② **후입력 우선 회로** : 항상 나중에 주어진 입력(새로운 입력)이 우선 동작하도록 하는 회로(시간적으로 늦은 입력 신호를 우선하여 동작되도록 하는 회로)

(7) 자기유지 회로

전자 계전기가 자신의 접점에 의하여 동작 회로를 구성하고 스스로 동작을 유지하는 회로로 일정 시간(기간)동안 기억 기능을 가진다.

스위치 PB_1를 눌렀다 놓으면 실린더가 전진하여 전진상태를 계속 유지하다가, 스위치 PB_2를 눌렀다 놓으면 실린더가 후진하여 후진상태를 유지한다.

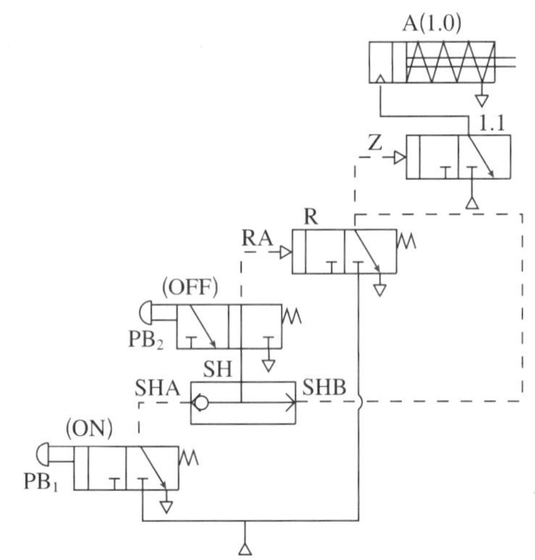

(8) 속도 제어 회로

① 미터 인 회로	② 미터 아웃 회로	③ 블리드 오프 회로

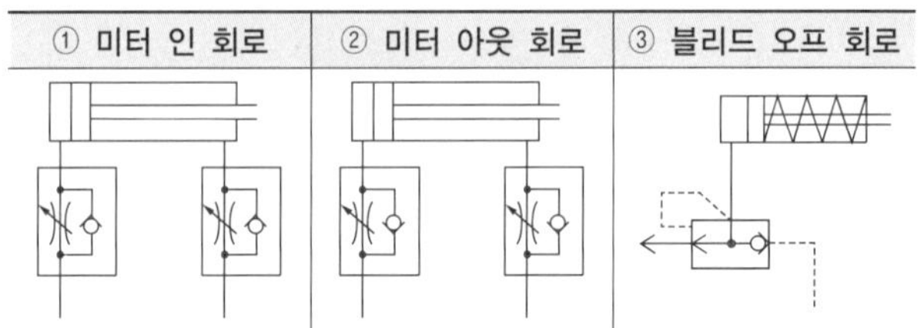

① **미터 인 회로** : 공급쪽 관로에 설치한 바이패스 관로의 흐름을 제어함으로써 속도(힘)를 제어하는 회로로, 실린더 초기 속도조절에는 배기 조절 방법보다 안정되는 장점이 있으나 실린더의 속도가 부하 상태에 따라 크게 변하는 단점이 있음

② **미터 아웃 회로** : 배출쪽 관로에 설치한 바이패스 관로의 흐름을 제어함으로써 속도(힘)를 제어하는 회로로, 초기 속도는 불안하나 피스톤 로드에 작용하는 부하 상태에 크게 영향을 받지 않는 장점. 복동실린더의 속도 제어에는 모두가 배기 조절 방법을 사용

③ 블리드 오프 회로 : 공급쪽 관로에 바이패스관로를 설치하여 바이패스로의 흐름을 제어함으로써 속도(힘)를 제어하는 회로

핵심예제

시스템을 안전하고 확실하게 운전하기 위한 목적으로 사용하는 회로로 두 개의 회로 사이에 출력이 동시에 나오지 않게 하는 데 사용되는 회로는? [2012년 5회, 유사문제 다수 출제]

① 인터로크 회로
② 자기유지 회로
③ 정지우선 회로
④ 한시동작 회로

|해설|

② 자기유지 회로 : 전자 계전기가 자신의 접점에 의하여 동작회로를 구성하고 스스로 동작을 유지하는 회로로 일정 시간(기간)동안 기억 기능을 가진다.
④ 한시동작 회로(ON Delay 회로) : 신호가 입력되고 일정시간이 경과된 후 출력이 나오는 회로(한시 동작 순시 복귀형 타이머 회로)

정답 ①

5-2. 유압 회로

핵심이론 01 기본 회로

(1) 압력 설정 회로

모든 유압회로의 기본, 회로 내의 압력을 설정압력으로 조정하는 회로로서 압력이 설정 압력 이상 시에 릴리프 밸브가 열려 탱크로 귀환하는 회로

(2) 무부하 회로

반복 작동 중 유압을 필요로 하지 않을 때 펌프 토출량을 저압으로 기름 탱크에 되돌려 보내고 유압 펌프를 무부하 운전시키는 회로(유온 상승 방지 및 펌프의 동력 절감)

① PR접속변환 밸브(탠덤센터형 밸브)에 의한 회로
② 2포트 변환 밸브에 의한 회로
③ 축압기, 압력 스위치를 사용한 회로
④ Hi-Lo 회로 : 언로드 밸브를 이용한 Hi-Lo에 의한 무부하 회로. 실린더의 피스톤을 급격히 전진시키려면 저압 대용량으로, 큰 힘을 얻고자 할 때에는 고압 소용량의 펌프를 필요로 하므로, 저압 대용량과 고압 소용량의 2연 펌프를 사용한 회로

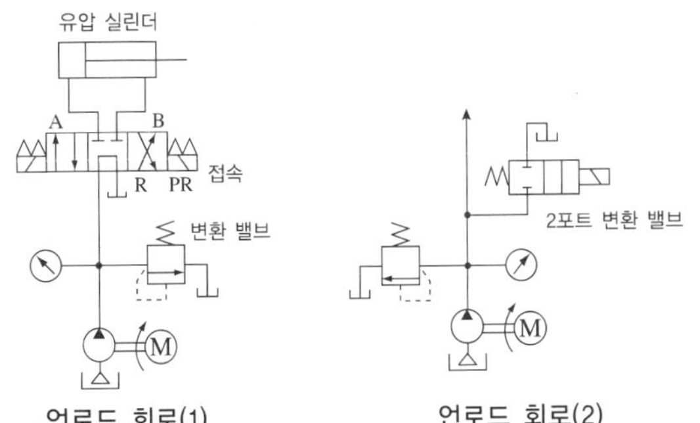

언로드 회로(1)   언로드 회로(2)

[PR 접속 변환 밸브에 의한 회로]

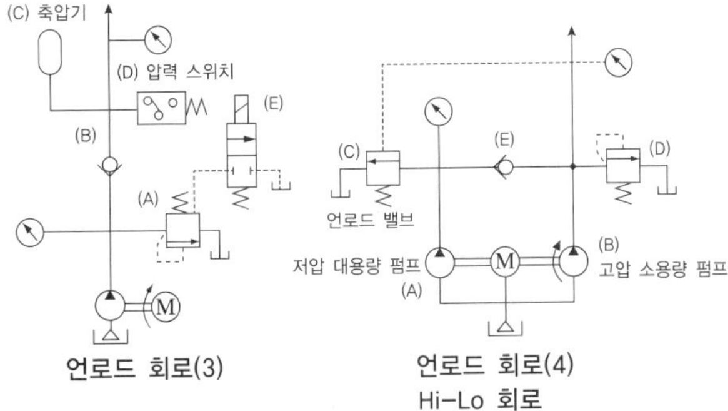

언로드 회로(3)   언로드 회로(4) Hi-Lo 회로

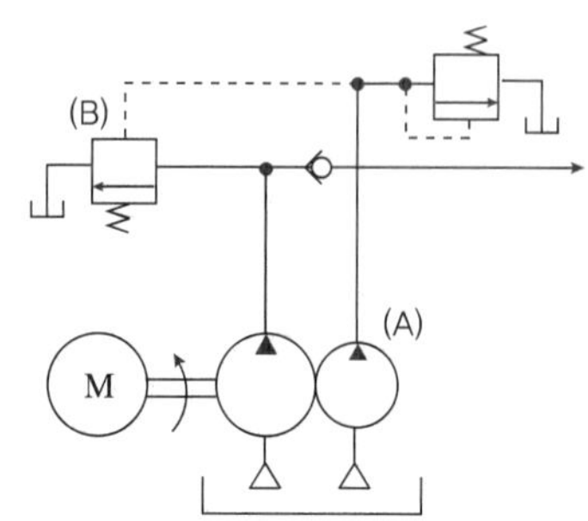

[Hi-Lo에 의한 무부하 회로]

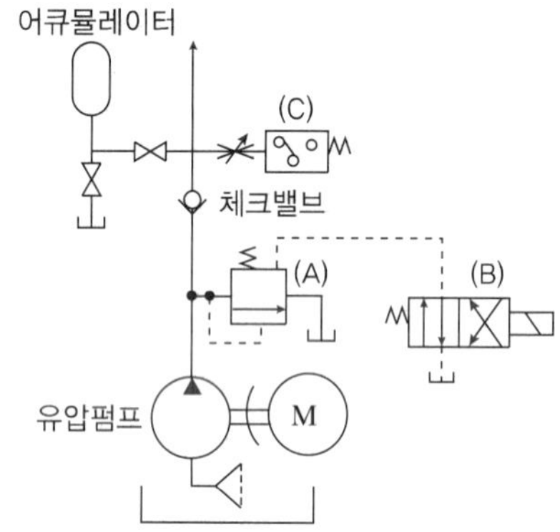

[릴리프 밸브를 이용한 무부하 회로]

축압기, 압력 스위치를 사용한 무부하 회로(릴리프 밸브를 이용한 무부하 회로로 펌프 송출 전량을 탱크로 귀환시키는 회로)

핵심예제

구동부가 일을 하지 않아 회로에서 작동유를 필요로 하지 않을 때 작동유를 탱크로 귀환시키는 것은?

[2008년, 2011년, 2013년 2회 다수 출제]

① AND 회로 ② 무부하 회로
③ 플립플롭 회로 ④ 압력설정 회로

|해설|

① AND 회로 : 2개 이상의 입력단과 1개의 출력단을 가지며, 모든 입력단에 입력이 가해졌을 경우에만 출력단에 출력이 나타나는 회로
③ 플립플롭 회로 : 2개의 안정된 출력상태를 가지며, 입력의 유무에 불구하고 직전에 가해진 입력의 상태를 출력상태로 해서 유지하는 회로
④ 압력설정 회로 : 모든 유압회로의 기본, 회로 내의 압력을 설정 압력으로 조정하는 회로로서 설정 압력 이상 시에 릴리프 밸브가 열려 탱크로 귀환하는 회로

정답 ②

핵심이론 02 압력 제어 회로

(1) 압력 조절 회로

주로 릴리프 밸브를 사용하여 회로의 압력을 설정한 값으로 조정하는 회로

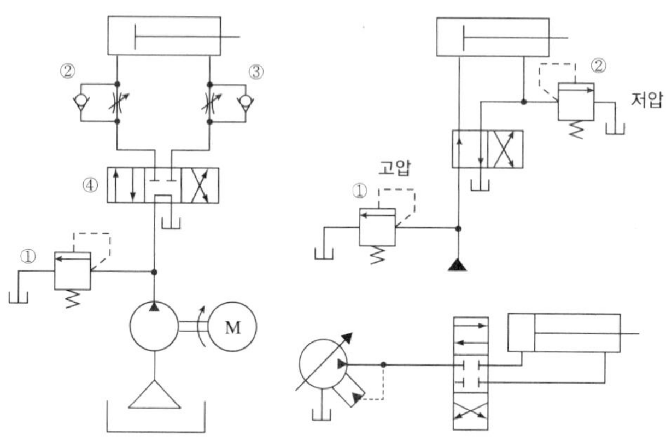

(2) 감압 회로

감압 밸브를 사용하여 저압을 요구하는 실린더에 압유를 공급해 주는 회로

(3) 축압기 회로(어큐뮬레이터 회로)

회로 내에 축압기를 사용하여 압력 유지, 서지압의 흡수 또는 유압의 에너지를 축적하여 동력을 절약하고 회로를 안전하게 하고 보조 동력원으로 사용하는 회로

① **압력 유지 회로(클램프 회로)** : 피스톤에서 유압 누설이 유압기에 의하여 보상되는 회로
② **압력 완충 회로** : 클로즈드 센터형 4포트 변환 밸브의 변환 시 발생하는 서지압을 축압기로 흡수시켜 충격을 완화하는 회로
③ **사이클 시간 단축 회로** : 축압기에 축적된 유압 에너지를 이용하여 사이클 시간을 단축하는 회로. 두 개의 유압 펌프를 사용한 프레스 회로에 축압기를 장착하고 램의 속도를 빨리하는 역할

(4) 시퀀스 회로

유압으로 구동되고 있는 기계의 조작을 순서에 따라 자동적으로 행하게 하는 회로

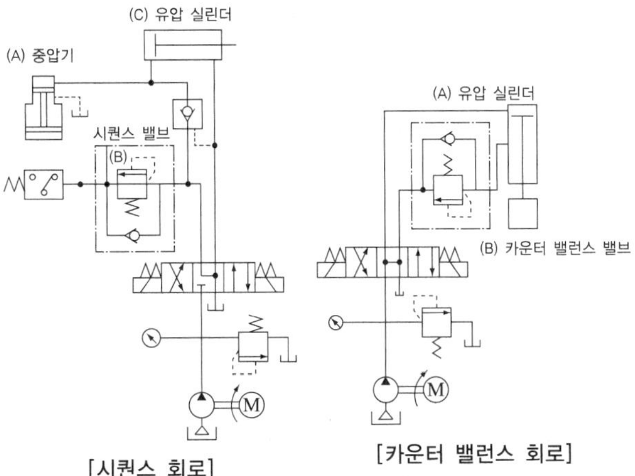

[시퀀스 회로]　　[카운터 밸런스 회로]

(5) 카운터 밸런스 회로

실린더의 부하가 급히 감소하더라도 피스톤이 급진하는 것을 방지하거나 자중 낙하하는 것을 방지하기 위해 실린더 기름 탱크의 귀환쪽에 일정한 배압을 유지하는 회로. 필요한 피스톤의 힘은 릴리프 밸브에 의하여 제어한다.

(6) 증압 회로

조작 사이클의 일부에 있어서 짧은 행정 또는 순간적으로 고압을 필요로 할 경우, 보통 증압기를 사용. 공기압을 유압으로 변환하여 큰 힘을 얻고자 할 때도 있다. 프레스와 잭에 사용된다.

(7) 제동 회로

시동 시 서지 압력 방지나 정지 시 유압으로 제동을 걸어주는 회로

(8) 증강 회로

탠덤 실린더를 사용하여 실린더의 램을 전진시켜 높지 않은 압력으로 강력한 압축력을 얻을 수 있는 회로. 유효면적이 다른 2개의 탠덤 실린더를 사용하거나, 실린더를 탠덤으로 접속하여 병렬 회로를 구성한 것이다.

핵심예제

탠덤 실린더를 사용하여 실린더의 램을 전진시켜 높지 않은 압력으로 강력한 압축력을 얻을 수 있는 회로는? [2006년]

① 시퀀스 회로
② 무부하 회로
③ 증강 회로
④ 블리드 오프 회로

|해설|

① 시퀀스 회로 : 유압으로 구동되고 있는 기계의 조작을 순서에 따라 자동적으로 행하게 하는 회로
② 무부하 회로 : 반복 작동 중 유압을 필요로 하지 않을 때 펌프 토출량을 지압으로 기름 탱크에 되돌려 보내고 유압 펌프를 무부하 운전시키는 회로
④ 블리드 오프 회로 : 공급쪽 관로에 바이패스관로를 설치하여 바이패스로의 흐름을 제어함으로써 속도(힘)를 제어하는 회로

정답 ③

핵심이론 03 유량 제어 회로

(1) 속도 제어 회로

① 미터 인 회로(Meter In Circuit)

㉠ 유량제어 밸브를 실린더의 입구측에 설치한 회로

㉡ 유량제어 밸브가 압력 보상형이면 실린더 속도는 펌프 송출량에 무관하고 일정하다.

㉢ 펌프 송출압은 릴리프 밸브로 정해지고, 릴리프 밸브를 통하여 탱크로 방유되므로 동력손실이 크다.

㉣ 피스톤 로드에 릴리프 밸브 설정압보다 큰 압력이 작용시 피스톤이 자주(自走)할 염려가 있다.

② 미터 아웃 회로(Meter Out Circuit)

㉠ 유량제어 밸브를 실린더의 출구측에 설치한 회로

㉡ 펌프의 송출압력은 유량제어 밸브에 의한 배압과 부하저항에 따라 정해진다.

㉢ 미터 인 회로와 마찬가지로 동력손실이 크다.

㉣ 실린더에 배압이 걸리므로 끌어당기는 하중이 작용하더라도 자주(自走)할 염려가 없다.

㉤ 이 회로는 밀링머신, 보링머신 등에 사용된다.

③ 블리드 오프 회로(Bleed Off Circuit)

㉠ 실린더와 병렬로 유량 제어 밸브를 설치하여 실린더의 유입되는 유량을 제어하는 방식이다.

㉡ 여분의 기름이 릴리프 밸브를 통하지 않고 유량 밸브를 통하여 흐르므로 동력 손실이 적고 효율이 높다.

㉢ 실린더의 부하 변동이 심한 경우에는 정확한 유량 제어가 곤란하다.

㉣ 실린더 입구의 분기 회로에 설치한다.

㉤ 부하 변동이 적은 브로치반이나 연마기 등에 응용된다.

(2) 동기 회로(동조 회로, 싱크로나이징)

두 개 또는 그 이상의 유압 실린더를 동기 운동 즉, 완전히 동일한 속도나 위치로 작동시키고자 할 때 사용

① 유량 조정기 밸브를 이용한 회로

두 개의 유량 조정 밸브를 실린더 배출쪽에 장치하고 양 실린더의 유출량을 조정하여 동기 운동을 하는 회로

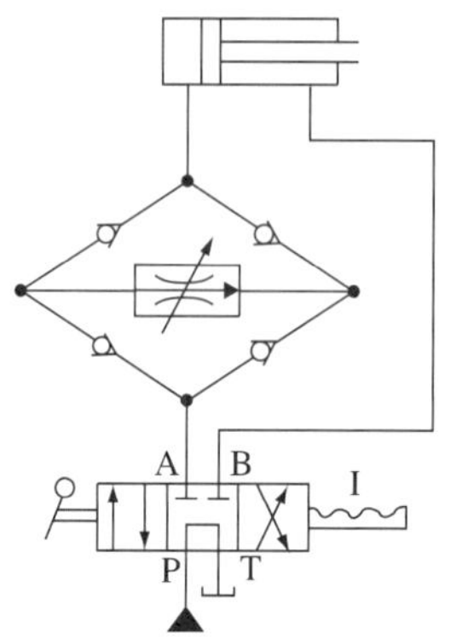

이 회로는 Graetz 회로로 압력 보상형 유량 조절 밸브를 이용하여 동조할 수 있는 회로이다.

② 유압 모터를 이용한 회로

동일 형식의 같은 용량의 유압 모터를 실린더의 개수만큼 사용하여 각 모터를 기계적으로 동일 회전시켜 유량을 동등하게 분배하는 역할

③ 유압 실린더의 직렬 회로

동일 치수의 단로드형 복동 실린더를 직렬로 배치하여 동기시키는 회로

(3) 감속 회로

유압 실린더의 피스톤이 고속으로 작동하고 있을 때 행정 말단에서 서서히 감속하여 원활하게 정지시키고자 할 경우 사용

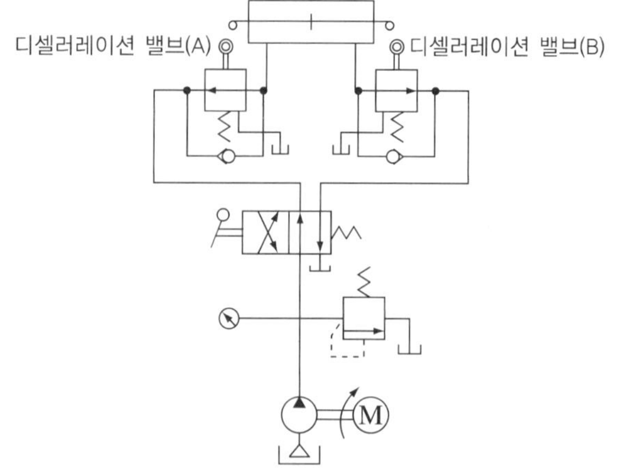

(4) 급속 이송 회로

대형 유압 프레스의 램의 급속 이송을 위한 회로

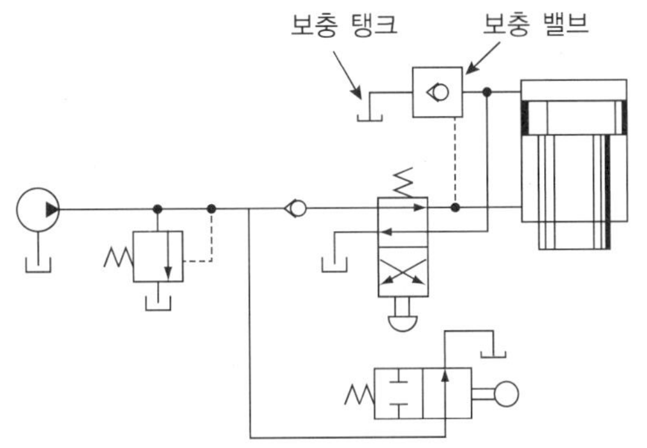

핵심예제

액추에이터의 공급 쪽 관로에 설정된 바이패스 관로의 흐름을 제어함으로써 속도를 제어하는 회로는?

[2002년, 2003년, 매년 유사문제 출제]

① 미터 인 회로
② 미터 아웃 회로
③ 블리드 온 회로
④ 블리드 오프 회로

|해설|

① 미터 인 회로 : 유량제어 밸브를 실린더의 입구측에 설치하여 관로의 흐름을 제어함으로써 속도를 제어하는 회로
② 미터 아웃 회로 : 유량제어 밸브를 실린더의 출구측에 설치하여 관로의 흐름을 제어함으로써 속도를 제어하는 회로

정답 ④

핵심이론 04 방향 제어 회로

(1) 로킹 회로

① 실린더의 피스톤 위치를 임의 위치에서 고정시키는 회로 또는 피스톤의 이동을 방지하는 회로
② 액추에이터 작동 중에 임의의 위치나 행정 도중에 정지 또는 최종단에 로크시켜 놓은 회로
③ 공작기계 드릴 프레스 회로에서 릴리프 밸브 설정 압력과 실린더 작동 압력의 중간값을 설정하는 회로
④ 종 류
  ㉠ 탠덤센터 3위치 4방향 밸브를 사용한 로크 회로(내부 누유 때문에 완전 로크가 어려운 단점)
  ㉡ 체크 밸브를 이용한 로크 회로(자중에 의해 하강 방지용과 압력 스위치를 사용한 과부하 압력장치용)
  ㉢ 파일럿 조작 체크 밸브를 사용한 완전 로크 회로(단조기계나 압연기계 등과 같이 큰 외력에 대항해서 정지위치를 확실히 유지, 고압에 대하여 확실히 정지)

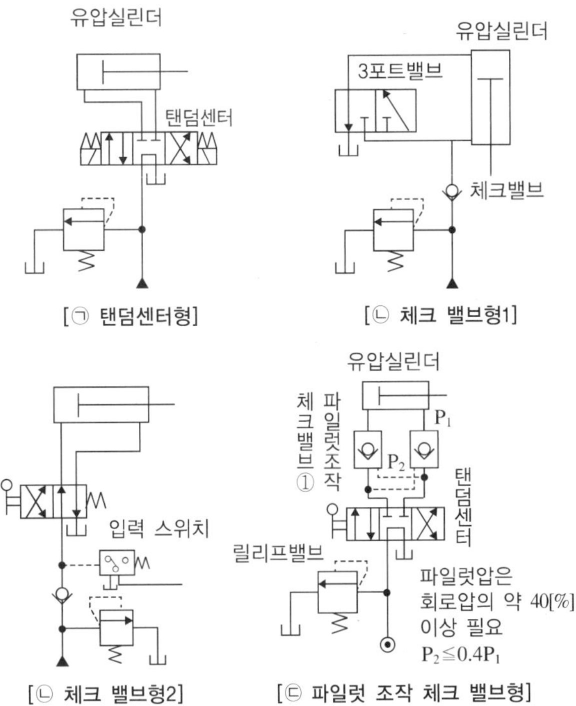

[㉠ 탠덤센터형] [㉡ 체크 밸브형1]

[㉡ 체크 밸브형2] [㉢ 파일럿 조작 체크 밸브형]

(2) 자동 운전 회로

유압 작동 변환 밸브를 사용하여 원격 조작이나 자동 운전 조작을 하는 회로

(3) 안전 장치 회로

정전이나 사고가 생길 경우, 운전자와 기계를 안전하게 보호하기 위한 회로

핵심예제

실린더 행정 중 임의의 위치에 실린더를 고정하고자 할 때 사용하는 회로는? [2004년, 2006년]

① 로킹 회로
② 무부하 회로
③ 동조 회로
④ 릴리프 회로

|해설|

② 무부하 회로 : 반복 작동 중 유압을 필요로 하지 않을 때 펌프 토출량을 저압으로 기름 탱크에 되돌려 보내고 유압 펌프를 무부하 운전시키는 회로
③ 동기 회로(동조 회로, 싱크로나이징) : 두 개 또는 그 이상의 유압 실린더를 동기 운동 즉, 완전히 동일한 속도나 위치로 작동시키고자 할 때 사용
④ 릴리프 밸브 : 주로 안전 밸브로 사용되며 시스템 내의 압력이 최대 허용압력을 초과하는 것을 방지해주는 밸브

정답 ①

핵심이론 05 유압 모터 제어 회로

(1) 정토크 구동 회로

정용량형 유압 펌프를 써서 정용량형 유압 모터를 구동시키는 회로로서, 모터의 속도를 제어

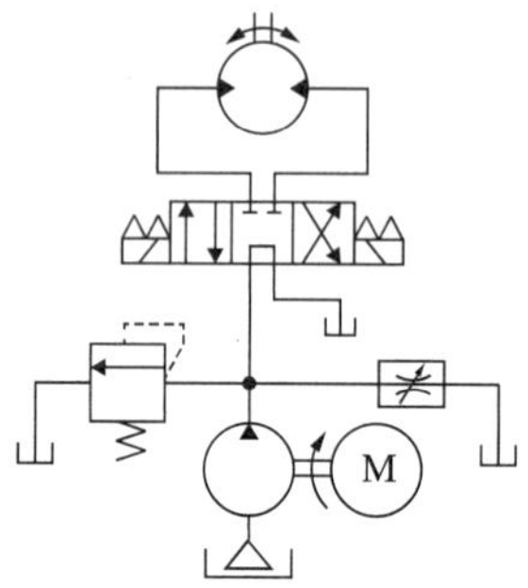

(2) 정마력 구동 회로

정용량형 유압 모터를 일정 압력, 일정 유량하에서 운전하여 가변 용량형 유압 모터를 구동시키는 회로

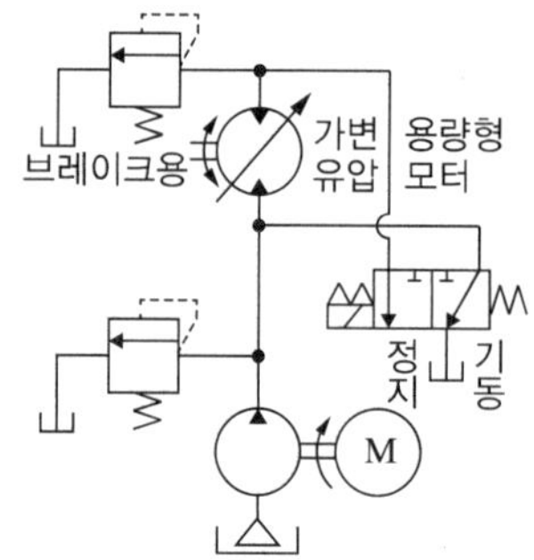

(3) 병렬 배치 회로

유압 모터를 병렬로 배치하여 하나의 유압원에 의하여 조작하는 회로. 부하에 차이가 있으면 가벼운 쪽으로 압유가 흐르므로 압력 보상붙이 유량 조정 밸브가 필요

(4) 직렬 배치 회로

유압 모터를 직렬로 배치하고 두 대 또는 여러 대를 동시에 회전시키는 회로. 고속 저토크의 부하에 적합

(5) 빗형 배치 회로

유압 모터를 PR 접속형 전위 밸브로 직렬로 접속한 회로. 단독으로 정회전, 역회전, 정지도 된다.

(6) 브레이크 회로

유압 모터의 급정지 또는 회전 방향을 전환할 때 유압 펌프에서 유압 모터의 압유의 흐름은 닫히는데, 유압 모터는 자신의 특성이나 부하의 특성 때문에 그대로 회전을 계속하려 한다. 이때 유압 모터가 펌프 역할을 하므로 공기 흡입의 방지 및 브레이크 장치로서의 보상 회로가 필요. 이때의 회로가 브레이크 회로이다.

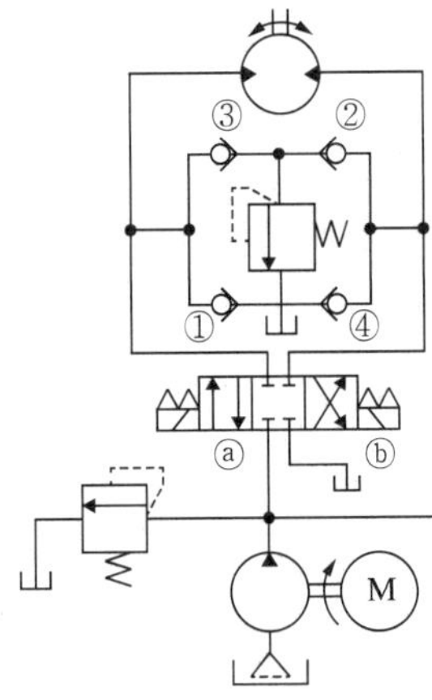

핵심예제

다음과 같은 회로는 어떤 회로인가?

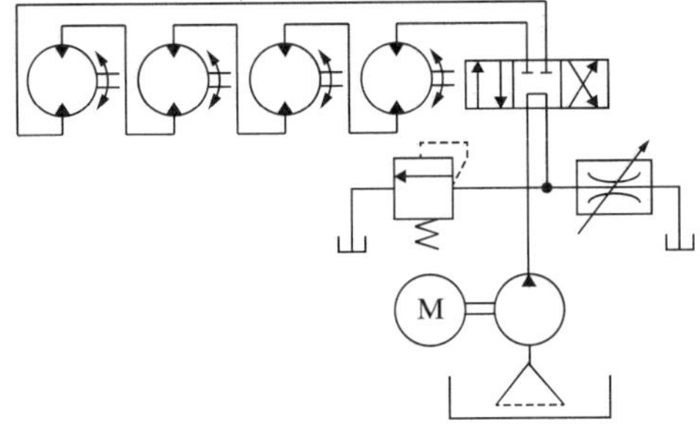

① 정토크 구동회로
② 정마력 구동회로
③ 병렬 배치회로
④ 직렬 배치회로

|해설|

액추에이터인 유압모터 4개가 직렬 형태로 배치되어 있다.

정답 ④

5-3. 전기 공유압의 개요

핵심이론 01 전기제어에 필요한 기초지식

(1) 전기 회로용 기기의 기호와 부호

분류명칭		기 호	부 호
나이프 스위치			PB
퓨 즈		개방형 포장형	SS
수동 조작 (자동복귀접점, 누름버튼)		a접점 b접점	LS
조작 스위치 (잔류 접점, 셀렉터)		a접점 b접점	–
기계적 접점 (리밋 스위치)		a접점 b접점	–
플로어 스위치		a접점 b접점	FLS
압력 스위치		동작에 따라 개폐 전환	PS
릴레이	코 일		CR MS
	자동복귀접점	a접점 b접점	CR MS
	수동복귀접점 (열동접점)	a접점 b접점	OL
타이머	코 일		TR
	ON딜레이	a접점 b접점	TR
	OFF딜레이	a접점 b접점	TR
	ON-OFF딜레이	a접점 b접점	TR
전동기			M
전자코일(솔레노이드)			SOL
부 저			RZ
표시등			LT, L

5-4. 제어용 전기기기

핵심이론 01 검출용 스위치(센서)

(1) 검출용 스위치

- 접촉형 : 마이크로 스위치, 리밋 스위치, 압력 스위치, 리드 스위치
- 비접촉형 : 광전 센서, 유도형 센서, 용량형 센서, 초음파 센서

① 마이크로 스위치
- ㉠ 소형으로 성형품 케이스에 밀봉되지 않은 접점 기구를 내장
- ㉡ 계측장치나 기계의 검출기용으로 사용(압력검출, 액면검출, 바이메탈을 이용한 온도조절, 중량검출, 테이블 왕복운동의 위치검출 등)

② 리밋 스위치
- ㉠ 견고한 다이캐스팅 케이스에 밀봉된 마이크로 스위치를 내장(봉입형 마이크로 스위치)
- ㉡ 내구성이 요구되는 장소나 기계적 보호가 필요한 생산설비 등에 사용

③ 리드 스위치(Reed Switch)
- ㉠ 유리관 속에 자성체인 백금, 금, 로듐 등의 귀금속으로 된 접점 주위에 마그넷이 접근하면 리드편이 자화되어 유리관 내부의 접점이 On/Off된다.
- ㉡ 리드 스위치의 특성
  - 접점부가 완전히 밀폐되어 가스나 액체가 고온, 고습 환경에서 안정된 동작을 한다.
  - 스위칭 시간이 짧다(1[ms] 이내).
  - 반복 정밀도가 높다(±0.2[mm]).
  - 사용 온도 범위가 넓다(−270~150[°C]).
  - 내전압 특성이 우수하다(10[kW] 이상).
  - 동작 수명이 길다.
  - 소형, 경량, 저가격이다.
  - 회로 구성이 간단하다.

④ 광전 센서(PHS : 포토 센서, 광학적 센서)

가시광선 및 자외선부터 적외선까지 검출되며, 물체의 유무, 속도나 위치, 레벨, 특정 표시의 식별 등을 검출한다.
- ㉠ 투과형 : 투광부와 수광부가 다른 몸체로 구성, 일직선상에서 마주보도록 설치, 검출거리가 길다.
- ㉡ 미러(거울) 반사형 : 투광부와 수광부가 일체로 된 것으로 반사율이 높은 미러를 사용한다.
- ㉢ 직접 반사형 : 투광부와 수광부가 한 몸체로 구성, 장소가 좁은 곳에서 사용하며 검출거리가 짧다.

⑤ 유도형 센서(Inductive Sensor)
- ㉠ 금속체에만 반응하는 것(100~1,000[kHz]의 고주파 방출)
- ㉡ 금속체가 전자계의 영향을 받아 유도에 의한 와전류 발생(발진 진폭의 감쇄 반응)
- ㉢ 발진기, 신호발생단계, 증폭기로 구성

⑥ 용량형 센서(Capacitive Sensor, 정전용량형 센서)
- ㉠ 절연된 도체를 전극으로 하여 전극의 정전용량변화를 전기신호로 변환하여 검출
- ㉡ 분극현상을 이용하므로 비금속 물질도 검출 가능

⑦ 전자 릴레이(전자 계전기)
- ㉠ 전자계전기를 보통 릴레이라고 하며, 이 릴레이를 이용한 제어를 전자 계전기 제어 또는 유접점 제어라 한다.
- ㉡ 동작원리는 철심에 코일을 감고 전류를 흘려 주면 전자석이 되어 철편을 끌어당기는 전자기력에 의해 접점을 개폐하는 기능을 가진 제어 장치
- ㉢ 전기적인 입력신호를 얻어 전기회로를 개폐하는 기기로 반복동작을 할 수 있다.
- ㉣ 기능으로 분기, 증폭, 신호전달, 다회로 동시조작, 메모리, 변환, 연산, 조정, 검출, 경보기능 등이 있다.

핵심예제

전기 리드 스위치를 설명한 것으로 틀린 것은?

[2009년, 2012년 5회]

① 자기현상을 이용한 것이다.
② 영구자석으로 작동한다.
③ 불활성 가스 속에 접점을 내장한 유리관의 구조이다.
④ 전극의 정전용량의 변화를 이용하여 검출한다.

|해설|

④ 용량형 센서에 대한 설명이다.

정답 ④

5-5. 시퀀스회로의 설계

핵심이론 01 운동선도 작성법

시퀀스 제어란 미리 정해놓은 순서에 따라 제어의 각 단계를 순차적으로 진행시켜 나가는 제어로, 순서제어, 시간제어, 조건제어 등으로 나눈다.

(1) 운동선도 작성법

① 운동의 서술적 표현법
② 테이블 표현법
③ 간략적 표시법

(2) 작동선도 작성법(변위-단계선도, 시퀀스 차트)

① 액추에이터의 작업순서를 도표로 작성한 것
② 스텝을 일정한 간격으로 등분하며, 전진은 1, 후진은 0으로 나타낸다.
③ 동작순서를 명확히 나타낼 뿐만 아니라 제어회로 설계 시에도 유효하므로 정확히 표현하여야 한다.

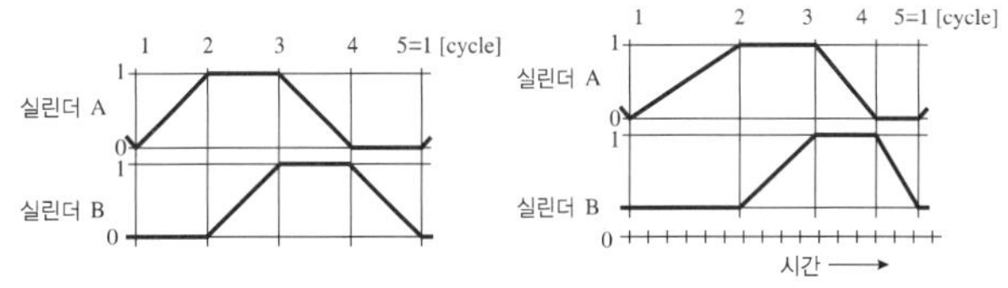

(3) 시간선도 작성법

① 각 액추에이터의 운동상태를 시간에 기준해서 나타내는 선도
② 시스템의 시간동작 특성과 속도변화 등을 자세히 파악할 수 있다.
③ 작업의 단계를 동작시간에 대응시켜 나타내야 한다.

(4) 제어선도 작성법

① 액추에이터의 운동변화에 따른 제어밸브 등의 동작상태를 나타내는 선도

② 신호중복의 여부를 판단하는 데 유효한 선도(작동선도 밑에 연관시켜 그리면 제어신호의 중복 여부를 판단하는 데 용이하다)

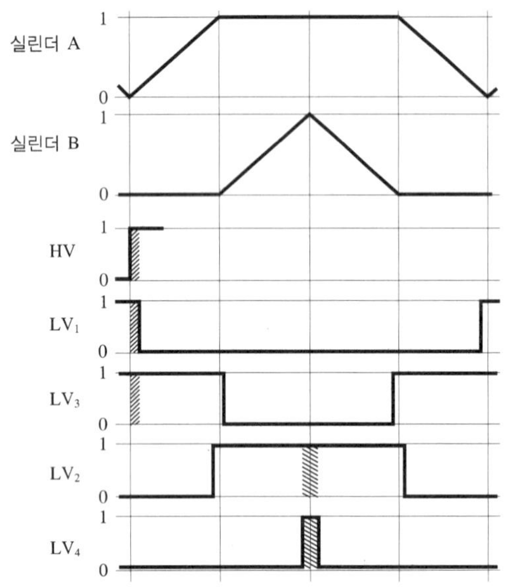

핵심예제

다음의 변위단계 선도에서 실린더 동작순서가 옳은 것은?(단, + : 실린더의 전진, - : 실린더의 후진) [2007년, 2009년]

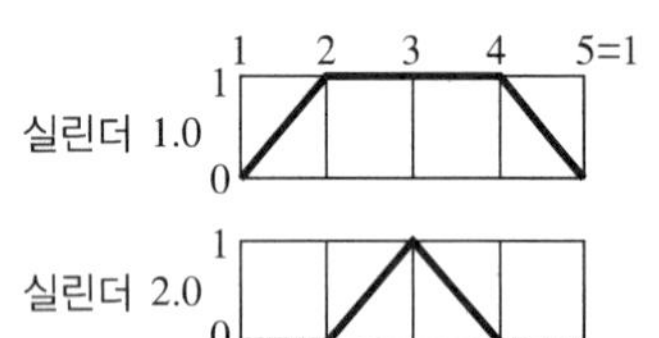

① 1.0^+ 2.0^+ 2.0^- 1.0^-
② 1.0^- 2.0^- 2.0^+ 1.0^+
③ 2.0^+ 1.0^+ 1.0^- 2.0^-
④ 2.0^- 1.0^- 1.0^+ 2.0^+

|해설|

위 변위단계선도에서

- 1스텝 : 실린더1.0 전진(+), 실린더2.0 정지
- 2스텝 : 실린더1.0 정지, 실린더2.0 전진(+)
- 3스텝 : 실린더1.0 정지, 실린더2.0 후진(-)
- 4스텝 : 실린더1.0 후진(-), 실린더2.0 정지
- 5스텝은 1스텝과 동일(반복)

정답 ①

5-6. 공압시스템의 설계

핵심이론 01 사이징 설계

(1) 사이징 설계의 의미

기본적인 회로 설계를 완성 후 요구되는 실린더의 동작을 구체적으로 파악하여 그 목적을 합리적으로 달성하기 위하여 회로를 구성한 각 기기의 사이즈(능력)와 실린더를 제어하는 밸브를 선정 정량적으로 결정하는 것

(2) 사이징 설계를 위한 조건 설정

① 부하의 중량
② 실린더의 동작방향 : 가로방향, 상승운동, 하강운동 등
③ 부하의 크기
④ 부하의 종류 판단 : 관성부하 또는 저항부하
⑤ 실린더의 행정거리
⑥ 실린더 동작시간의 목표값
⑦ 사용압력
⑧ 실린더와 밸브 사이의 배관 길이
⑨ 반복 횟수

핵심예제

공압 시스템의 사이징 설계조건으로 볼 수 없는 것은? [2012년 5회]

① 부하의 중량
② 반복 횟수
③ 실린더의 행정거리
④ 부하의 형상

|해설|

부하의 형상과는 큰 관련이 없다.

정답 ④

5-7. 유압시스템의 설계

핵심이론 01 유압회로 설계에 필요한 요소

(1) 유압회로 설계 순서

① 부하조건에 따른 액추에이터의 결정
② 액추에이터의 속도 결정
③ 유압회로의 구분
④ 시퀀스 차트 작성
⑤ 작동유의 종류 결정

(2) 장치에 관련된 조건

① **주위 온도** : 최고 온도, 최저 온도
② **장치의 허용온도** : 최대, 최소 온도
③ **작동유의 종류** : 석유계 및 일반 작동유, 고점도
④ **냉각수** : 사용여부, 물의 온도
⑤ **설치 장소** : 주위의 통풍 정도
⑥ **배관 길이** : 설치 장소와 액추에이터 사이의 길이

(3) 부하에 대하여

액추에이터에 걸리는 부하에는 정의부하라고 불리우는 운동량을 증가시키는 과주성부하, 가속시의 가속부하, 마찰부하 등이 있다.

① **과주성부하** : 음(-)의 부하, 방향은 저항성 부하와는 반대로 액추에이터의 운동방향과 동일하고 운동량을 증가시키는 부하
② **관성부하** : 기동시의 부하(정지마찰과 저항성부하)와 가속시의 부하(가속부하, 저항성부하, 운동마찰부하)가 있다.

핵심예제

실린더를 이용하여 운동하는 형태가 실린더로부터 떨어져 있는 물체를 누르는 형태이면 이는 어떤 부하인가? [2010년, 2011년]

① 저항부하 ② 관성부하
③ 마찰부하 ④ 쿠션부하

|해설|

물체를 누르는 형태면 압축력이 작용하며 물체는 이에 반발하는 내부 저항부하가 발생하게 된다.

정답 ①

CHAPTER 02 기계제도(비절삭) 및 기계요소

KEYWORD 제도통칙에서 척도, 선의 종류 및 용도, 정투상도의 도면 해석, 특수 투상도 및 단면도의 종류, 치수문자표시, 배관 및 용접 도시기호가 자주 출제되며, 기계요소에서는 기계설계의 기초, 재료강도 계산, 기계요소 등이 자주 출제되므로 반드시 숙지해 두어야 한다.

제1절 | 제도 통칙

1-1. 일반 사항

핵심이론 01 도면의 일반사항

(1) 척 도

① 척도 표기

A(도면에서의 크기) : B(물체의 실제 크기)

② 척도의 종류

㉠ 현척(실척) : 물체의 크기와 같게 그린 것

㉡ 축척 : 물체의 크기보다 줄여서 그린 것

㉢ 배척 : 물체의 크기보다도 확대해서 그린 것

㉣ N·S : 비례척이 아닌 것(물체의 크기와 상관없이 임의로 그린 경우 표기)

③ 척도 기입 방법

㉠ 척도는 표제란에 기입하는 것이 원칙

㉡ 표제란이 없는 경우, 도명이나 품번 가까운 곳에 기입

㉢ 같은 도면에서 서로 다른 척도를 사용하는 경우에는 각 그림 옆에 사용된 척도를 기입

㉣ 그림의 형태가 치수와 비례하지 않을 때에는 치수 밑에 밑줄을 긋거나 '비례가 아님' 또는 N·S(Not to Scale) 등의 문자를 기입

(2) 도면의 양식

① 도면에 반드시 기입해야 할 것들

㉠ 도면의 윤곽선

㉡ 표제란

㉢ 부품란

㉣ 중심마크

② **윤곽선** : 도면의 내용을 기재하는 영역을 명확히 하고, 용지의 가장자리에 손상이 가지 않도록 그린 테두리선을 말한다. 0.5[mm] 이상의 굵기의 실선 사용

③ **표제란** : 도면의 오른쪽 아래 위치·도면 번호, 도명, 척도, 투상법, 제도한 곳, 도면 작성 연월일, 제도자 이름 등을 기입

④ **부품란** : 도면의 오른쪽 윗부분에, 오른쪽 아래일 경우에는 표제란 위에 위치한다. 품번, 품명, 재질, 수량, 무게, 공정, 비고란 등을 기입

⑤ **중심 마크** : 윤곽선으로부터 도면의 가장자리에 이르는 0.5[mm] 직선으로 표시, 촬영, 복사할 때의 편의를 위하여 마련하는 것, 도면의 4변의 각 중앙에 표시, 허용차는 ±0.5[mm]이다.

⑥ **비교 눈금** : 도면을 축소 또는 확대했을 경우, 그 정도를 알기 위해 도면의 아래쪽에 10[mm] 간격으로 그려 놓은 것

⑦ **재단 마크** : 복사한 도면을 재단하는 경우 편의를 위해서 원도의 네 구석에 '」'자 모양으로 표시해 놓은 것

핵심예제

1-1. 도면의 척도란에 5 : 1로 표시되었을 때 의미로 올바른 설명은? [2007년 5회, 2009년 5회, 2013년 5회]

① 축척으로 도면의 형상 크기는 실물의 $\frac{1}{5}$이다.

② 축척으로 도면의 형상 크기는 실물의 5배이다.

③ 배척으로 도면의 형상 크기는 실물의 $\frac{1}{5}$이다.

④ 배척으로 도면의 형상 크기는 실물의 5배이다.

1-2. 도면에서 표제란과 부품란으로 구분할 때, 부품란에 기입할 사항으로 거리가 먼 것은? [2010년 5회, 2012년 5회]

① 품 명 ② 재 질

③ 수 량 ④ 척 도

|해설|

1-1

척도 표기

A(도면에서의 크기) : B(물체의 실제 크기)

1-2

④ 척도는 표제란에 기입한다.

부품란 : 품번, 품명, 재질, 수량, 무게, 공정, 비고란 등을 기입한다.

정답 1-1 ④ 1-2 ④

1-2. 선의 종류 및 용도

핵심이론 01 선의 종류 및 용도

(1) 선의 굵기

① 선의 굵기 기준 : 0.18[mm], 0.25[mm], 0.35[mm], 0.5[mm], 0.7[mm] 및 1[mm]로 한다.

② 선의 우선 순위

외형선 > 숨은선 > 절단선 > 중심선 > 무게중심선 > 치수보조선

(2) 굵기에 따른 선의 종류

① 가는 선 : 굵기가 0.18~0.5[mm]인 선

② 굵은 선 : 굵기가 0.35~1[mm]인 선(가는 선의 2배)

③ 아주 굵은 선 : 굵기가 0.7~2[mm]인 선(가는 선의 4배)

(3) 선의 종류와 용도

선의 종류	용도 명칭	선의 용도
굵은 실선	외형선	대상물의 보이는 부분의 겉모양을 표시한 선
가는 실선	치수선	치수를 기입하기 위한 선
	치수보조선	치수를 기입하기 위하여 도형으로부터 끌어낸 선
	지시선	지시, 기호 등을 표시하기 위하여 끌어낸 선
	회전 단면선	도형 내에 절단면을 90° 회전하여 표시한 선
	중심선	도형의 중심을 나타내는 선
	수준면선	수면, 유면 등의 위치를 나타내는 선
숨은선	가는 파선 굵은 파선	대상물의 보이지 않는 부분의 모양을 표시하는 선
가는 1점쇄선	중심선	• 도형의 중심을 나타내는 선 • 중심이 이동한 중심궤적을 나타내는 선
	기준선	위치 결정의 근거를 명시할 때 사용하는 선
	피치선	반복 도형의 피치를 잡는 기준이 되는 선

선의 종류	용도 명칭	선의 용도
굵은 1점쇄선	특수 지정선	특수한 가공을 하는 부분 등 특별한 요구 사상을 적용할 수 있는 범위를 나타내는 선
가는 2점쇄선	가상선	• 인접 부분을 참고로 표시하는 선 • 공구, 지그 등의 위치를 참고로 표시하는 선 • 가공 부분을 이동 중의 특정한 위치 또는 이동 한계의 위치를 표시하는 선 • 가공 전 또는 가공 후의 모양을 표시하는 선 • 되풀이 하는 것을 나타내는 선 • 도시된 단면의 앞쪽에 있는 부분을 표시하는 선
	무게 중심선	단면의 무게 중심을 연결하는 선
파형의 가는 실선	파단선	대상물의 일부를 파단한 경계 또는 일부를 떼어낸 경계를 표시하는 선
지그재그의 가는 실선		
가는 1점쇄선으로 끝부분을 굵게 한 것	절단선	단면도를 그리는 경우 그 절단 위치를 대응하는 그림에 표시하는 선
가는 실선을 규칙적으로 표시한 것	해칭선	단면도의 절단된 부분을 나타내는 선
가는 실선	특수한 용도의 선	• 외형선 및 숨은선의 연장을 표시하는 선 • 평면이란 것을 나타내는 선 • 위치를 명시하는 데 사용하는 선
아주 굵은 실선		얇은 부분의 단선 도시를 명시하는 데 사용하는 선

핵심예제

1-1. 기계제도에서 대상물의 일부를 떼어낸 경계를 표시하는 데 사용하는 선의 명칭은? [2007년 5회, 2008년 5회, 2012년 5회]

① 가상선　② 피치선
③ 파단선　④ 지시선

1-2. 기계제도에 사용하는 선의 분류에서 가는 실선의 용도가 아닌 것은? [2009년 5회, 2013년 5회]

① 치수선　② 치수 보조선
③ 지시선　④ 외형선

|해설|

1-1
① 가상선 : 인접 부분, 공구, 지그 등의 위치를 참고로 나타내는 선
② 피치선 : 되풀이하는 도형의 피치를 취하는 기준을 표시하는 선
④ 지시선 : 기술·기호 등을 표시하기 위하여 끌어내는 데 쓰이는 선

1-2
외형선 : 대상물의 보이는 부분의 모양을 굵은 실선으로 나타낸다.

정답 **1-1** ③ **1-2** ④

1-3. 투상법

핵심이론 01 투상도

(1) 회화적 투상도

① **투시도** : 원근감을 갖게 한 그림으로 토목 건축 제도에 사용

② **등각 투상도** : X, Y, Z축을 서로 120°씩 등각으로 투상한 그림에 세면을 같은 정도로 나타낸 것

③ **부등각 투상도** : 등각투상도와 비슷하지만 각을 서로 틀리게 하여 나타낸 것

④ **사투상도** : 한 화면을 중점적으로 정확하게 나타내며 경사시켜 투상한 것

(2) 정투상도

① **제3각법** : 물체를 제3상한에 놓고 투상한 것으로 투상면의 뒤쪽에 물체를 놓는다(눈 → 화면 → 물체).

제3각법 기호	제3각법 배치도

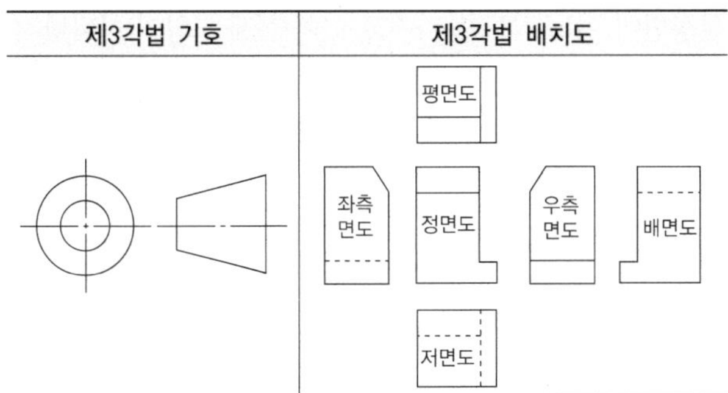

② **제1각법** : 물체를 제1상한에 놓고 투상한 것으로 투상면의 앞쪽에 물체를 놓는다(눈 → 물체 → 화면).

제1각법 기호	제1각법 배치도

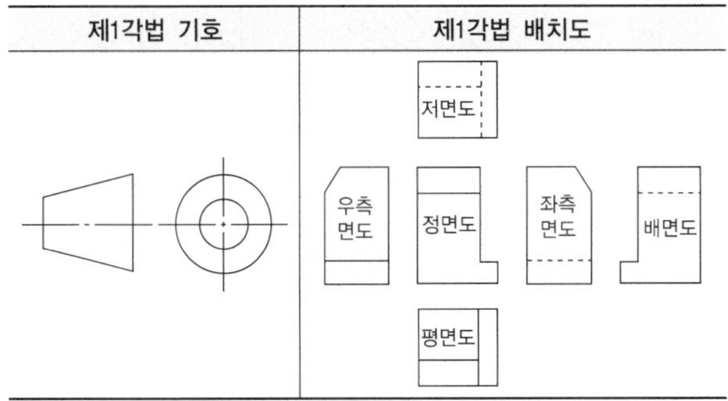

(3) 투상도의 선택 방법

① 주투상도는 대상물의 모양 기능을 가장 명확하게 표시하는 면을 그린다.

② 조립도와 같은 기능을 표시하는 도면에서는 사용하는 상태로 그린다.

③ 부품도와 같이 가공하기 위한 도면에서는 가장 많이 이용하는 공정에서의 대상물을 놓은 상태로 그린다.

④ 특별한 이유가 없는 경우 대상물을 가로 길이로 놓은 상태로 그린다.

⑤ 주투상도를 보충하는 다른 투상도는 되도록 적게 그린다.

⑥ 서로 관련되는 그림의 배치는 되도록 숨은선을 쓰지 않는다.

※ 투상법은 매년 3문제 이상 출제되므로 반드시 알아둘 것

핵심예제

1-1. 기계제도에서 제3각법에 대한 설명으로 틀린 것은?

[2012년 2회 등 다수 출제]

① 눈 → 투상면 → 물체의 순으로 나타낸다.
② 평면도는 정면도의 위에 그린다.
③ 배면도는 정면도의 아래에 그린다.
④ 좌측면도는 정면도의 좌측에 그린다.

1-2. 그림과 같은 3각법에 의한 투상도면의 입체도로 적합한 것은?

[매년 2~3문제 출제]

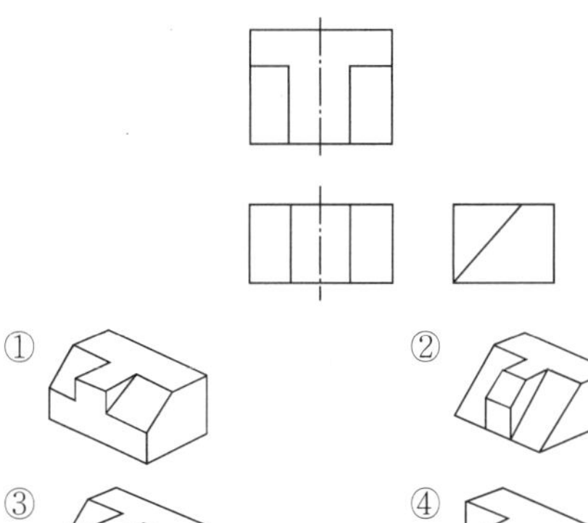

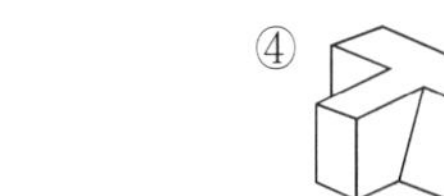

|해설|

1-1

② 배면도는 우측면도 옆에 그린다.

③ 정면도 아래에는 저면도를 그린다.

1-2

제3각법 : 물체를 제3상한에 놓고 투상한 것으로 투상면의 뒤쪽에 물체를 놓는다(눈 → 화면 → 물체).

※ 매년 2~3문제가 출제되므로 배치도를 고려하여야 하고, 특히 외형선과 숨은선(파선)에 대하여 위치를 잘 판단하여야 한다.

정답 1-1 ③ 1-2 ③

핵심이론 02 특수 투상도

(1) 보조 투상도

경사면부가 있는 대상물에서 그 경사면의 실제 모양을 표시할 필요가 있는 경우에 그린 투상도로, 경사면에 맞서는 위치에 배치할 수 없는 경우에는 그 뜻을 화살표와 영자의 대문자로 나타낸다.

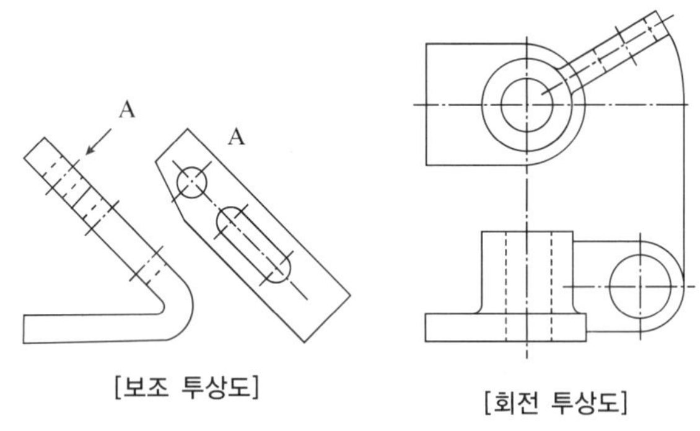

[보조 투상도] [회전 투상도]

(2) 회전 투상도

투상면이 어느 각도를 가지고 있어 실제 모양이 나타나지 않을 때 그 부분을 회전하여 투상하는 방법으로, 잘못 볼 우려가 있을 경우에는 작도에 사용한 선을 남긴다.

(3) 부분 투상도

그림의 일부를 도시하는 것으로, 그 필요 부분만을 나타내는 투상도로 생략한 부분과의 경계를 파단선으로 나타낸다.

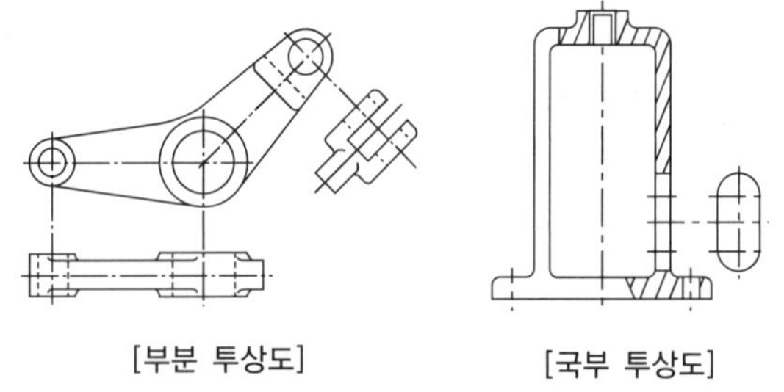

[부분 투상도] [국부 투상도]

(4) 국부 투상도

대상물의 구멍, 홈 등 한 국부만의 모양을 도시하는 것으로, 투상관계를 나타내기 위해 중심선, 기준선, 치수보조선 등으로 연결한다.

(5) 부분 확대도

특정 부분의 도형이 작아서 그 부분의 상세한 도시나 치수 기입을 할 수 없을 때에는 그 부분을 가는 실선으로 에워싸고, 영자의 대문자로 표시함과 동시에 그 해당 부분을 다른 장소에 확대하여 그리고, 표시하는 글자 및 척도를 기입한다.

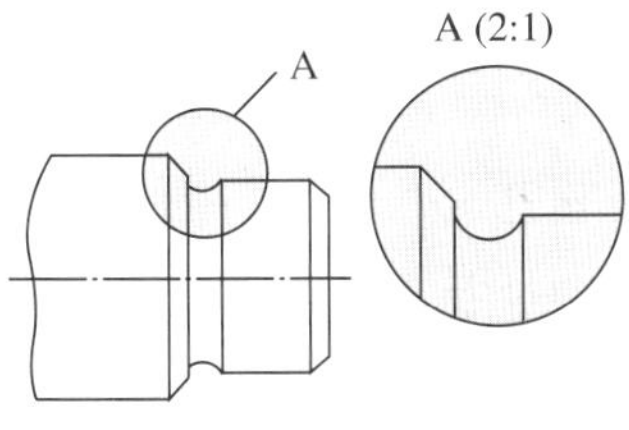

[부분 확대도]

핵심예제

그림의 A 부분과 같이 경사면부가 있는 대상물에서 그 경사면의 실형을 표시할 필요가 있는 경우 사용하는 투상도는?

[2009년 5회, 2013년 5회]

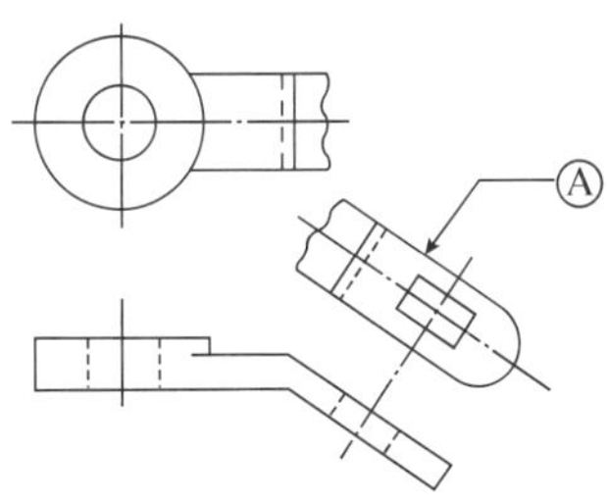

① 국부 투상도　　② 전개 투상도
③ 회전 투상도　　④ 보조 투상도

|해설|

① 국부 투상도 : 대상물의 구멍, 홈 등 한 국부만의 모양을 도시하는 것, 충분한 경우에는 그 필요 부분을 국부 투상도로 도시한 것
② 전개 투상도 : 구부러진 판재를 만들 때는 공작상 불편하므로 실물을 정면도에 그리고 평면도에 전개도를 그린다.
③ 회전 투상도 : 투상면이 어느 각도를 가지고 있기 때문에 그 실형을 표시하지 못할 때에는 그 부분을 회전해서 그 실형을 도시한 것

정답 ④

1-4. 도형의 표시방법

핵심이론 01 단면법(I)

(1) 단면을 도시하는 법칙

① 단면을 표시할 때는 해칭(Hatching)이나 스머징(Smudging)을 한다.
② 단면도와 다른 도면과의 관계는 정투상법에 따른다.
③ 투상도는 어느 것이나 전부 또는 일부를 단면으로 도시할 수 있다.
④ 절단면은 기본 중심선을 지나고 투상면에 평행한 면을 선택하는 것을 원칙으로 한다.
⑤ 절단면 뒤에 있는 숨은선 또는 세부에 기입된 숨은선은 그 물체의 모양을 나타내는 데 필요한 것만 긋는다.
⑥ 단면을 그리기 위하여 제거하였다고 가상한 부분은 다른 도면에서는 생략하지 않고 그려야 한다.
⑦ 단면에는 절단하지 않는 면과 구별하기 위하여 단면의 재료 표시를 나타낸다.

(2) 단면도의 종류

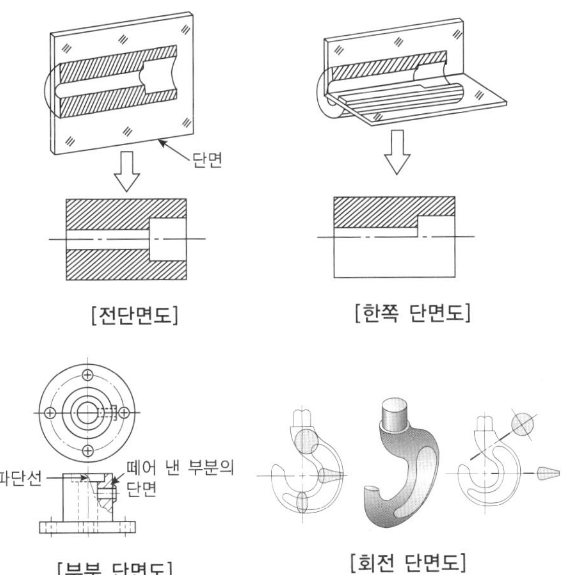

[전단면도]　[한쪽 단면도]

[부분 단면도]　[회전 단면도]

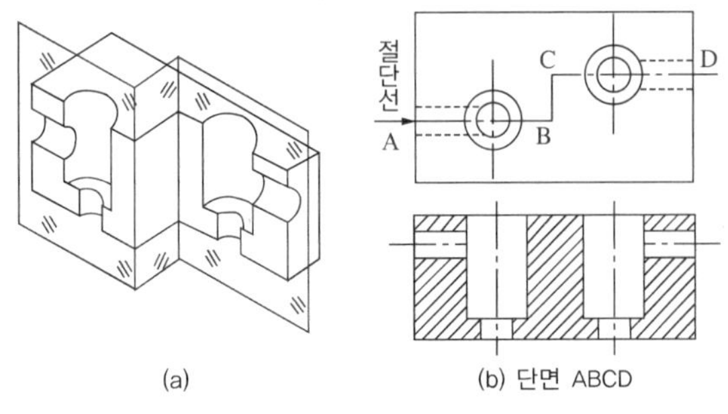

[계단 단면도]

① 온(전)단면도 : 물체를 2개로 절단하여 도면 전체를 투상

② 한쪽(반) 단면도 : 상하 좌우 대칭인 물체의 중심선을 기준으로 1/4 절단하여 투상

③ 부분 단면도 : 단면은 필요한 곳의 일부만 절단하여 나타내며, 파단선(가는 실선)으로 긋는다.

④ 회전 단면도 : 바퀴의 암(Arm), 리브(Rib), 훅(Hook), 형강 등의 경우에 절단한 단면의 모양을 90°로 회전시켜 투상(내부에 도시할 때는 가는 실선, 외부에 도시할 때는 굵은 실선)

⑤ 계단 단면도 : 절단면이 투상면에 평행 또는 수직한 여러 면으로 되어 있어 명시할 곳을 계단모양으로 절단한 것(시작과 끝 또는 굴곡점에 기호를 붙이고 단면도 옆에 단면 ABCD와 같은 기호를 써 넣는다)

핵심예제

한쪽 단면도에 대한 설명으로 올바른 것은?

[2011년 5회, 2012년 5회, 2013년 5회 다수 출제]

① 대칭형의 물체를 중심선을 경계로 하여 외형도의 절반과 단면도의 절반을 조합하여 표시한 것이다.
② 부품도의 중앙 부위 전후를 절단하여, 단면을 90° 회전시켜 표시한 것이다.
③ 도형 전체가 단면으로 표시된 것이다.
④ 물체의 필요한 부분만 단면으로 표시한 것이다.

|해설|

② 회전 도시 단면도
③ 온단면도
④ 부분 단면도

정답 ①

핵심이론 02 단면법(Ⅱ)

(1) 단면 도시를 하지 않은 부품

① 속이 찬 기둥 모양의 부품 : 축, 볼트, 너트, 핀, 와셔, 리벳, 키, 나사, 볼 베어링의 볼

② 얇은 부분 : 리브

③ 부품의 특수한 부품 : 기어의 이, 풀리의 암

(2) 얇은 판의 단면

패킹, 얇은 판, 형강 등과 같이 절단면의 두께가 얇은 경우 실제 치수와 관계없이 1개의 아주 굵은 실선 표시한다.

(3) 생략 도법

① 중간 부분의 생략 : 축, 봉, 파이프, 형강, 테이퍼 축, 그 밖의 동일 단면의 부분 또는 테이퍼부가 긴 경우 그 중간 부분을 생략하여 도시(파단선으로 도시)

② 숨은선의 생략 : 단면을 하였을 때 숨은선을 생략하여도 좋을 경우에는 생략한다.

③ 연속된 같은 모양의 생략 : 같은 종류의 리벳 구멍, 볼트 구멍 등과 같이 연속된 같은 모양이 있는 것은 중심선 또는 중심선의 교차점으로 표시한다.

(4) 해칭 도법

① 해칭(Hatching) : 단면 부분을 가는 실선으로 빗금선을 긋는 방법

② 스머징(Smudging) : 단면 주위를 색연필로 엷게 칠하는 방법

③ 해칭의 원칙

㉠ 가는 실선으로 하는 것을 원칙

㉡ 중심선 또는 기선에 대하여 45° 기울기로 2~3[mm] 간격으로 긋는다(45° 기울기로 분간하기 어려울 때는 기울기를 30°, 60°로 한다).

㉢ 2개 이상의 부품이 가까이 있을 때는 해칭 방향이나 간격을 다르게 한다.

㉣ 간단한 도면에서 단면을 쉽게 알 수 있는 것은 해칭을 생략할 수 있다.
㉤ 동일 부품의 해칭은 동일한 모양으로 해칭을 한다.
㉥ 해칭 또는 스머징 부분 안에 문자, 기호 등을 기입할 때는 해칭 또는 스머징을 중단한다.

핵심예제

단면임을 나타내기 위하여 단면 부분의 주된 중심선에 대해 45° 정도로 경사지게 나타내는 선들을 의미하는 것은?

[2012년 5회, 유사문제 다수 출제]

① 호 핑 ② 해 칭
③ 코 킹 ④ 스머징

|해설|

해칭(Hatching) : 단면 부분을 가는 실선으로 빗금선을 긋는 방법

정답 ②

1-5. 치수의 표시방법

핵심이론 01 치수 기입 원칙

(1) 치수 기입의 원칙

① 대상물의 기능, 제작, 조립 등을 고려하여 필요하다고 생각되는 치수를 명료하게 도면에 지시한다.
② 치수는 대상물의 크기, 자세 및 위치를 가장 명확하게 표시하는 데 필요하고도 충분한 것을 기입한다.
③ 도면에 나타내는 치수는 특별히 명시하지 않는 한, 대상물의 다듬질 치수를 표시한다.
④ 치수는 되도록 주 투상도(정면도)에 집중한다.
⑤ 치수는 중복 기입을 피하고, 선에 겹치게 기입하지 않는다.
⑥ 치수는 되도록 계산해서 구할 필요가 없도록 기입한다.
⑦ 치수는 필요에 따라 기준으로 하는 점, 선 또는 면을 기준으로 하여 기입한다.
⑧ 관련되는 치수는 되도록 한곳에 모아서 기입한다.
⑨ 참고 치수에 대하여는 치수 수치에 괄호를 붙인다.

(2) 치수 수치의 표시 방법

① 길이 치수는 원칙으로 [mm]의 단위로 기입하고, 단위 기호는 붙이지 않는다.
② 각도 치수는 일반적으로 도 단위로 기입하고, 필요한 경우에는 분 및 초를 병용할 수 있다(숫자의 오른쪽 어깨에 각각 °, ′, ″를 기입).

(3) 치수 문자

① 치수 숫자는 도면의 크기와 조화되도록 각각 2.5, 3.2, 4[mm]의 크기로 쓴다.
② 치수 숫자는 치수선 중앙 부분 위에 치수선과 직각 방향으로 쓴다. 수평 방향의 치수선에는 위쪽을, 수직 방향의 치수선에는 왼쪽을 향해 쓴다.

③ 도형이 치수 비례대로 그려져 있지 않을 때는 그 치수 숫자 밑에 줄을 친다.
④ 한 도형에서 치수가 다른 유사한 물체를 나타내는 경우에는 숫자 대신 기호를 쓰고, 그 도형 근처에 각각 치수를 나타내는 수치를 별도로 명기한다.
⑤ 정정 치수는 도면을 완성 후 제작상에 도면을 수정할 때 치수 가운데 선을 긋고 수정한다.
⑥ 도면에서 평면인 것을 나타낼 때는 가는 실선으로 대각선을 그어 표시한다.

(4) 치수에 사용되는 기호

기 호	구 분	기 호	구 분
ϕ	지 름	t	두 께
□	정사각형	p	피 치
R	반지름	Sϕ	구면의 지름
C	45° 모따기	SR	구면의 반지름

※ 치수 숫자 앞에 기입하는 것이 원칙이고, 숫자와 같은 크기로 기입한다.

(5) 현, 원호, 각도의 치수 기입

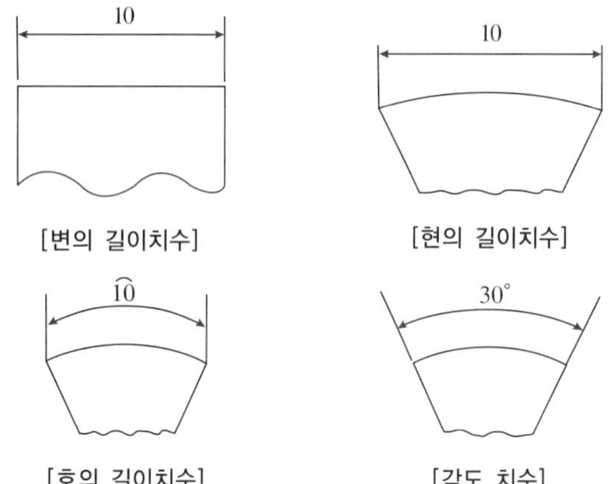

[변의 길이치수] [현의 길이치수]
[호의 길이치수] [각도 치수]

핵심예제

기계제도 치수기입법에서 정정치수를 의미하는 것은?

[2003년 5회, 2006년 5회, 2013년 2회]

① ~~50~~
② 50
③ (50)
④ 《50》

|해설|

정정 치수는 도면을 완성 후 제작상에 도면을 수정할 때 치수 가운데 선을 긋고 수정한다.

정답 ①

1-6. 체결용 기계요소 표시법

핵심이론 01 나사, 리벳의 도시법

(1) 나사의 약도법

① 수나사의 바깥지름, 암나사의 안지름은 굵은 실선으로 표시한다.

② 수나사, 암나사의 골 및 불완전 나사부의 골은 가는 실선으로 표시한다.

③ 완전 나사부와 불완전 나사부의 경계선은 굵은 실선으로 나타낸다.

④ 불완전 나사부의 골을 나타내는 선은 축선에 대하여 30°의 가는 실선으로 그린다.

⑤ 암나사의 단면 도시에서 드릴 구멍이 나타날 때에는 굵은 실선으로 120°가 되게 그린다.

⑥ 가려서 보이지 않는 산마루는 파선으로 그리고 골은 가는 파선으로 그린다.

⑦ 수나사와 암나사의 끼워맞춤 부분은 수나사로 나타낸다.

⑧ 수나사와 암나사를 측면에서 본 것은 수나사의 골지름과 암나사의 골지름은 3/4만큼 그린다.

(2) 나사의 호칭과 표기법

① 나사의 표시 방법

좌 2줄 M50×2－6H : 왼쪽 2줄 미터 가는 나사 암나사 등급6

② 나사의 종류를 표시하는 기호

구 분	나사의 종류		기 호
ISO 규격에 있는 것	미터 보통 나사		M
	미터 가는 나사		
	유니파이 보통 나사		UNC
	유니파이 가는 나사		UNF
	관용 테이퍼 나사	테이퍼 수나사	R
		테이퍼 암나사	R_c
		평행 암나사	R_p
ISO 규격에 없는 것	관용 평행 나사		G
	관용 테이퍼 나사	테이퍼 나사	PT
		평행 암나사	PS
	관용 평행 나사		PF

(3) 리벳의 제도

① 리벳을 도시할 때에는 약도로 표시한다.

② 리벳의 위치만 나타내는 경우는 중심선만 표시한다.

③ 리벳은 키, 핀, 코터와 같이 길이 방향으로 절단하지 않는다.

④ 리벳의 호칭

[규격번호] [종류] [호칭지름] × [길이] [재료표시]

[KS B 1102 열간둥근머리리벳 16×40 SBV 34]

⑤ 호칭길이는 접시머리 리벳만 머리를 포함한 전체 길이로, 그 외의 리벳은 머리부의 길이를 포함하지 않는다.

⑥ 같은 피치, 같은 종류의 구멍은
피치의 수×피치의 치수＝합계치수로 표시한다.

⑦ 박판, 얇은 형강은 그 단면을 굵은 실선으로 표시한다.

핵심예제

1-1. ISO 규격에 있는 관용 테이퍼 수나사의 기호는?

[2005년 5회, 2009년 5회]

① R ② S
③ Tr ④ TM

1-2. 리벳의 호칭이 "KS B 1102 둥근 머리 리벳 18×40 SV330"로 표시된 경우 '40' 숫자의 의미는?

[2010년 5회, 2012년 5회, 2013년 5회]

① 리벳의 수량
② 리벳의 구멍치수
③ 리벳의 길이
④ 리벳의 호칭지름

|해설|

1-1

ISO규격의 관용 테이퍼 나사

- 테이퍼 수나사 : R
- 테이퍼 암나사 : R_c
- 평행 암나사 : R_p

1-2

리벳의 호칭[KS B 1102 둥근 머리 리벳 18×40 SV330]

[규격번호] [종류] [호칭지름] × [길이] [재료표시]

- 18 : 호칭지름
- SV330 : 재료표시

정답 1-1 ① 1-2 ③

1-7. 배관 도시 기호

핵심이론 01 배관의 도시법

(1) 관의 접속 상태 표시

접속 상태	실제 모양	도시 기호
★ 관과 관이 접속하고 있을 때		
관과 관이 분기하고 있을 때		
★ 관과 관이 접속하지 않고 교차하고 있을 때		
관 A가 도면에 직각으로 앞으로 구부러져 있을 때	본다 A	A
관 A가 뒤쪽으로 구부러져 있을 때	A	A
관 A가 앞쪽에서 뒤쪽으로 90° 구부러져 B에 접속할 때	본다 A	A B

(2) 관의 연결 방법 도시 기호

이음 종류	연결 방법	도시 기호
관이음	나사형	
	★ 용접형	또는
	플랜지형	
	턱걸이형	
	납땜형	
	유니언형	
신축이음	루프형	
	★ 슬리브형	
	벨로스형	
	스위블형	

핵심예제

1-1. 배관의 간략 도시방법에서 파이프의 영구 결합부(용접 또는 다른 공법에 의한다) 상태를 나타내는 것은?

[2006년 5회, 2009년 5회]

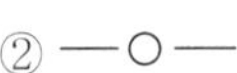

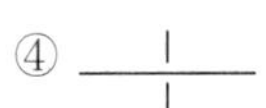

1-2. 공유압 배관의 간략 도시방법으로 신축관 이음의 도시 기호는?

[2006년 5회]

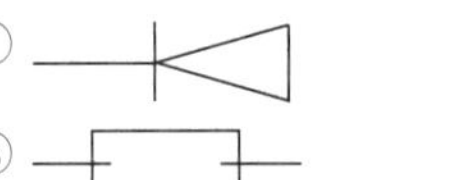

②

|해설|

1-1

①, ④는 관과 관이 접속하지 않고 교차하고 있을 때

② 관이음에서 납땜형

1-2

관의 연결방법 도시 기호 중 신축관 이음은 루프형, 슬리브형, 벨로스형, 스위블형이 있다. ③번 그림이 슬리브형이다.

정답 1-1 ③ 1-2 ③

핵심이론 02 유체, 계기, 밸브의 도시법

(1) 유체의 종류 기호

	• 공기 : A(Air) • 기름 : O(Oil) • 물 : W(Water) • 가스 : G(Gas) • 증기 : V(Vapor) • 수증기 : S(Steam)

(2) 계기의 표시 기호

	• 압력지시계 : P • 유량지시계 : F • 온도지시계 : T

(3) 밸브와 콕의 도시기호

종 류		도시기호	비 고
★ 밸브(일반)			–
★ 앵글 밸브			–
★ 체크 밸브			리프트형 체크 밸브 스윙형 체크 밸브
스프링안전 밸브			–
중력식안전 밸브			–
수동 밸브			–
조작 밸브	일 반		–
	전동식	M	–
	전자기식	S	–
공기릴리프밸브(일반)		A T B	A관 내의 압력이 상승하였을 때 밸브가 열린다.
공기릴리프밸브			–
콕		일반 3방	[일반 콕]

(4) 밸브 이음 도시 기호

종 류		도시기호	
		플랜지 이음	나사 이음
★ 스톱 밸브	글로브 밸브		
	앵글 밸브		
★ 슬루스 밸브			
안전 밸브			
체크 밸브			
콕			

핵심예제

2-1. 그림과 같은 배관도시기호가 있는 관에는 어떤 종류의 유체가 흐르는가? [2003년 5회, 2011년 5회]

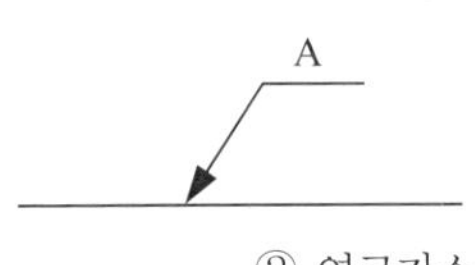

① 공 기 ② 연료가스
③ 증 기 ④ 물

2-2. 그림은 배관의 간략 도시방법으로 사용하는 밸브의 도시 기호이다. 다음 중 어느 것을 표시한 것인가? [2004년 5회]

① 앵글 밸브
② 체크 밸브
③ 볼 밸브
④ 글로브 밸브

|해설|

2-1

② : G, ③ : S, ④ : W

2-2

② 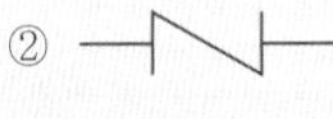

④

정답 2-1 ① 2-2 ①

1-8. 용접 도시 기호

핵심이론 01 용접 도시 기호

(1) 비파괴 시험 기호

기본기호		보조기호	
기 호	시험의 종류	기 호	내 용
RT	방사선 투과시험	N	수직 탐상
UT	초음파 탐상시험	A	경사각 탐상
MT	자분 탐상시험	S	한 방향으로부터의 탐상
PT	침투 탐상시험	B	양방향으로부터의 탐상
ET	와류 탐상시험	W	이중 벽 촬영
LT	누설 시험	D	염색, 비형광 탐상시험
ST	변형도 측정시험	F	형광탐상시험
VT	육안 시험	O	온 둘레 시험
PRT	내압 시험	Cm	요구 품질 등급
AET	어쿠스틱에밋션시험		

(2) 용접의 기본 기호

명 칭	기 호	명 칭	기 호
양쪽 플랜지형		J형(양면 J형)	
한쪽 플랜지형		U형, H	
I형		플레어 V형, 플레어 X형	
V형, X형(양면 V형)		플레어 V형, 플레어 K형	
V형, K형(양면V형)		★ 필릿	
★ 플러그, 슬롯		비드, 살돋음	
넓은 루트면이 있는 V형 맞대기 이음 용접		넓은 루트면이 있는 한 면 개선형 맞대기 용접	
점(스폿) 용접		심 용접	
가장자리 용접		표면 육성	
표면 접합부		경사 접합부	

명 칭	기 호	명 칭	기 호
★ 겹침 접합부		–	–

(3) 용접의 보조 기호

용접부의 표면 모양	평 탄		–
	볼 록		
	오 목		
용접부의 다듬질 방법	칩 핑	C	–
	연 삭	G	그라인더 다듬질일 경우
	절 삭	M	기계 다듬질일 경우
	지정없음	F	다듬질 방법을 지정하지 않을 경우
★ 현장 용접			
★ 전체 둘레 용접			전체 둘레 용접이 분명할 때는 생략하여도 좋다.
★ 전체 둘레 현장 용접			

(4) 도면상의 용접 기호 기입법

화살표쪽 용접	양면 대칭 용접	화살표 반대쪽 용접

(5) 용접부 기호 표시 방법 설명

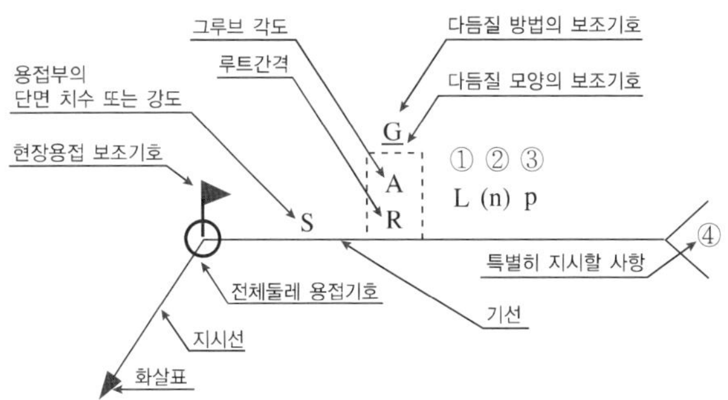

① L : 단속필릿 용접의 용접 길이, 슬롯 용접의 홈 길이 또는 필요한 경우의 용접 길이
② (n) : 단속필릿 용접, 플러그 용접, 슬롯 용접, 점 용접 등의 수
③ p : 단속필릿 용접, 플러그 용접, 슬롯 용접, 점 용접 등의 피치
④ 꼬리(특별한 지시를 하지 않을 때는 그리지 않음)

[예 1]

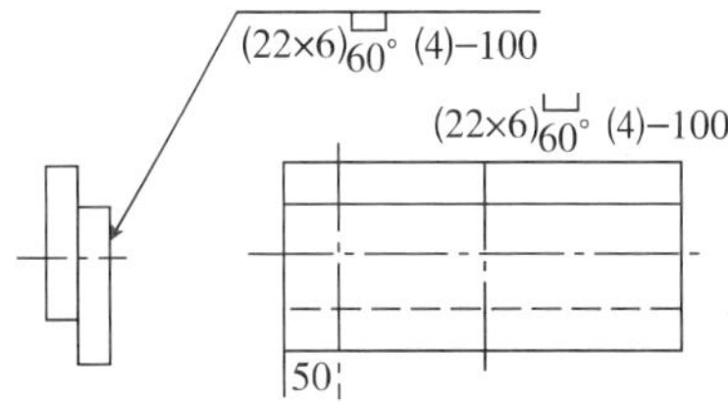

플러그 용접의 화살쪽 구멍지름 22[mm], 용접수 4, 피치 100[mm], 홈각도 60°, 용접깊이 6[mm]

[예 2]

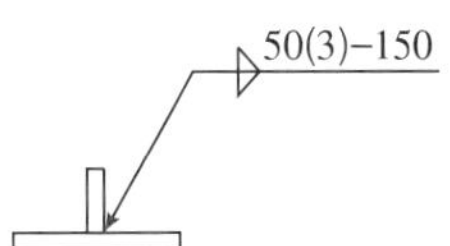

필릿용접의 용접길이 50[mm], 용접수 3, 피치 150[mm]인 경우

핵심예제

1-1. 용접부의 비파괴 시험방법 기호를 나타낸 것 중 틀린 것은?

[2002년 5회, 2003년 5회, 2004년 5회]

① 방사선 투과시험 : XT
② 초음파 탐상시험 : UT
③ 자기분말 탐상시험 : MT
④ 침투 탐상시험 : PT

1-2. 그림과 같은 용접보조기호 설명으로 가장 적합한 것은?

[2012년 5회, 2013년 5회]

① 일주 공장 용접
② 공장 점 용접
③ 일주 현장 용접
④ 현장 점 용접

|해설|

1-1

용접부의 비파괴 시험 기호

기 호	시험의 종류
RT	방사선 투과시험
UT	초음파 탐상시험
MT	자분 탐상시험
PT	침투 탐상시험
ET	와류 탐상시험

1-2

전체 둘레 현장 용접 기호이다.

정답 1-1 ① 1-2 ③

제2절 | 기계요소

2-1. 기계설계의 기초

핵심이론 01 하중(Load)

(1) 하중이 작용하는 방향에 따라

① 인장하중 : 재료를 축선 방향으로 늘어나게 하는 하중
② 압축하중 : 재료를 힘을 주는 방향으로 누르는 하중
③ 비틀림하중 : 재료를 비틀려고 하는 하중
④ 굽힘하중 : 재료를 구부려 휘어지게 하는 하중
⑤ 전단하중 : 재료를 가위로 자르려는 것과 같은 하중

(2) 하중이 작용하는 시간(속도)에 따라

① 정하중 : 시간에 따라서 크기가 변하지 않거나 변화를 무시할 수 있는 하중
② 동하중 : 하중의 크기와 방향이 시간과 더불어 변화하는 하중
㉠ 반복하중 : 힘이 반복적으로 작용하는 하중(방향은 불변)
㉡ 교번하중 : 하중의 크기와 방향이 주기적으로 바뀌는 하중
㉢ 충격하중 : 순간적으로 충격을 주는 하중

(3) 분포상태에 따라

① 집중하중 : 전하중이 부재의 한 곳에 작용하는 하중
② 분포하중 : 전하중이 부재 표면에 분포되어 작용하는 하중

핵심예제

하중을 분류할 때 분류 방법이 나머지 셋과 다른 것은?

[2004년 5회, 2010년 5회, 2012년 5회 유사문제 다수 출제]

① 인장하중 ② 굽힘하중
③ 충격하중 ④ 비틀림하중

|해설|

충격하중은 하중이 작용하는 시간(속도)에 따른 분류에 속하며 그 중에서도 동하중에 속한다.

정답 ③

핵심이론 02 응력(Stress)과 비틀림 모멘트

(1) 응력(Stress)

물체에 외력(하중)이 가해졌을 때 내부에 생기는 저항력으로 단위면적당 받는 힘으로, 단위는 [kg/cm^2]이다.

응력 $\sigma = \frac{W}{A} = \frac{\text{하중}}{\text{단위면적}}$[kg/cm^2]

① 인장응력

② 압축응력

③ 전단응력

(2) 비틀림 모멘트

동력을 전달하는 축에 발생하는 비틀림 응력을 구하는 식

① **모멘트** : $M = P \times l$ [kN · m]

② **비틀림모멘트** : $T = 71{,}620 \times \frac{H}{n}$ [kg · cm]

③ **마력** : $\mathrm{HP} = \frac{T \times n}{71{,}620}$ [PS]

④ 둥근 축의 굽힘 모멘트 $M = \sigma_b \cdot Z$

(σ_b : 축에 생기는 휨 응력, Z : 축의 단면 계수)

⑤ 둥근 축의 비틀림 모멘트 $T = \tau \cdot Z_p$

(τ : 축에 생기는 전단 응력, Z_p : 축의 극단면 계수)

핵심예제

2-1. 아이볼트에 2톤의 인장하중이 걸릴 때 나사부의 바깥지름은?(단, 허용응력 $\sigma_a = 10[kgf/mm^2]$이고 나사는 미터보통나사를 사용한다) [매년 유사문제 출제]

① 20[mm] ② 30[mm]
③ 36[mm] ④ 40[mm]

2-2. 비틀림모멘트 440[N · m], 회전수 300[rev/min(rpm)]인 전동축의 전달 동력[kW]은? [매년 유사문제 출제]

① 5.8 ② 13.8
③ 27.6 ④ 56.6

|해설|

2-1

볼트의 지름

$$d = \sqrt{\frac{2W}{\sigma_t}} = \sqrt{\frac{2 \times 2{,}000}{10}} = 20$$

2-2

$$\text{전달동력[kW]} = \frac{T \times N}{9{,}549} = \frac{440 \times 300}{9{,}549} = 13.82$$

정답 2-1 ① 2-2 ②

2-2. 재료의 강도와 변형

핵심이론 01 하중과 변형의 관계

(1) 하중–변형 선도

연강의 시험편을 인장 시험기에 걸어 하중을 작용시키면 재료는 변형한다. 이와 같이 하중에 따른 변형량을 나타낸 것을 하중–변형 선도라 한다.

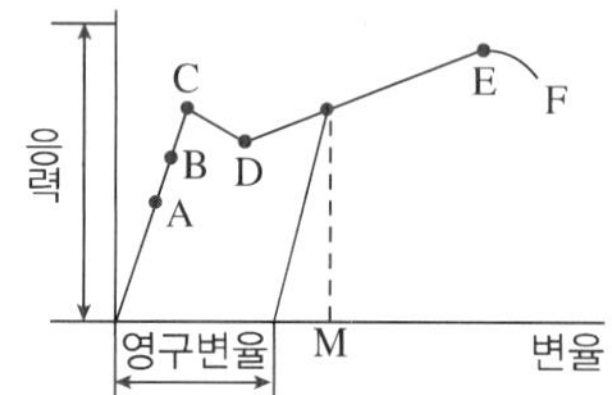

[연강의 하중–변형 선도]

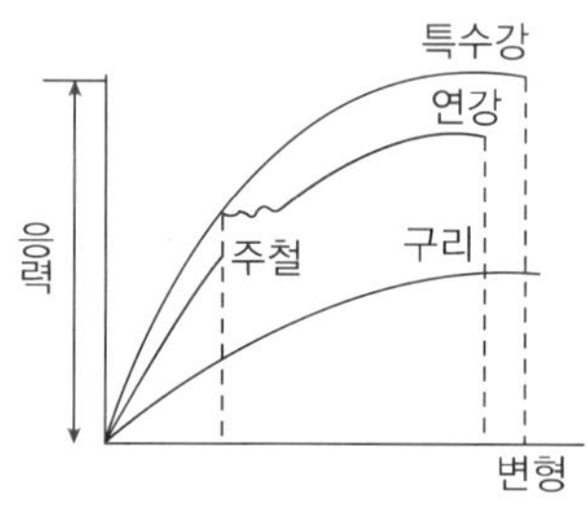

[재료의 응력–변형 곡선]

① 비례한도(A) : O, A는 직선부로 하중의 증가와 함께 변형이 비례적으로 증가
② 탄성한도(B) : 응력을 제거했을 때 변형이 없어지는 한도. B점 이상 응력을 가하면 응력을 제거해도 변형은 완전히 없어지지 않는다(소성변형).
③ 항복점(C, D) : 응력이 증가하지 않아도 변형이 계속해서 갑자기 증가하는 점(C점을 항복점)
④ 인장강도(E) : E점은 최대응력점으로 E점의 응력을 변화하기 전의 단면적으로 나눈 값을 인장강도라고 한다.
⑤ 기타 재료의 응력 변형 곡선 : 연강 이외의 재료를 인장 시험한 응력 변형 곡선으로 항복점이 없는 것이 특징

(2) 후크의 법칙

비례한도 내에서 응력과 변형률은 정비례하고,

$\frac{응력(\sigma)}{변형률(\varepsilon)}$ = 비례상수(E)가 성립한다.

① 세로탄성계수(영률) : $\frac{\sigma}{\varepsilon} = E$

$$E = \frac{\sigma}{\varepsilon} = \frac{W/A}{\lambda/l} = \frac{Wl}{AE}$$

길이 변화량 : $\lambda = \frac{W \cdot l}{A \cdot E} = \frac{\sigma l}{E}$

② 가로탄성계수 : $G = \frac{\tau(전단응력)}{\gamma(전단변형률)}$

$$\gamma = \frac{\tau}{G} = \frac{W/A}{G} = \frac{W}{AG}$$

(3) 열응력(Thermal Stress)

모든 물체는 온도가 상승하면 팽창하고 내려가면 수축한다.

온도변화에 의해 재료에 발생하는 응력

① 열 응력 : $\sigma = E \cdot \varepsilon = E \cdot \alpha(t_2 - t_1)$[kPa]

② 신축량 : $\lambda = l \cdot \alpha(t_2 - t_1)$

핵심예제

1-1. 비례한도 이내에서 응력과 변형률은 어떠한 관계인가?

[매년 유사문제 출제]

① 반비례 ② 비 례
③ 관계없다. ④ 조건에 따라 다르다.

1-2. 재료의 전단 탄성 계수를 바르게 나타낸 것은?

[매년 유사문제 출제]

① 굽힘 응력/전단 변형률
② 전단 응력/수직 변형률
③ 전단 응력/전단 변형률
④ 수직 응력/전단 변형률

|해설|

1-1

후크의 법칙 : 비례한도 내에서 응력과 변형률은 정비례관계가 성립한다.

$\frac{응력(\sigma)}{변형률(\varepsilon)}$ = 비례상수(E)

1-2

가로 탄성 계수

$G = \frac{\tau(전단응력)}{\gamma(전단변형률)}$에서 $\gamma = \frac{\tau}{G} = \frac{W/A}{G} = \frac{W}{AG}$

정답 1-1 ② 1-2 ③

핵심이론 02 재료의 기계적 성질

(1) 피 로

재료가 정하중보다 작은 반복 하중이나 교번 하중에 파단되는 현상

① **피로한도** : 재료가 어느 한도까지는 아무리 반복해도 피로 파괴 현상이 생기지 않는다. 이 응력의 한도를 말한다.

② **피로현상에 영향을 미치는 요소** : 노치부는 응력 집중 현상으로 쉽게 파괴가 생김. 그 외 치수, 표면, 온도와 관계가 있다.

(2) 크리프(Creep)

재료에 일정한 하중이 작용했을 때, 일정한 시간이 경과하면 변형이 커지는 현상. 대개 104시간 후의 변형량이 1[%]일 때를 크리프 한도라고 한다.

(3) 허용응력

기계나 구조물에 실제로 사용하는 응력을 사용응력이라고 하며, 재료를 사용할 때 허용할 수 있는 최대응력을 허용응력이라 한다.

극한강도(σ_u) > 허용응력(σ_a) ≥ 사용응력(σ_a)

(4) 안전율

재료의 극한강도 σ_u와 허용응력 σ_a와의 비를 안전율(S_f)이라 한다.

안전율 $S_f = \dfrac{\sigma_u}{\sigma_a} = \dfrac{\text{극한강도}}{\text{허용응력}}$

(5) 재료의 기계적 성질

① **연성** : 탄성한도를 초과한 힘을 받고도 파괴되지 않고 늘어나서 소성변형이 되는 성질. 금 > 은 > 알루미늄 > 구리 > 백금 > 납 > 아연 > 철 등

② **전성** : 가단성과 같은 뜻, 금속을 얇은 판이나 박으로 만들 수 있는 성질. 금 > 은 > 알루미늄 > 철 > 니켈 > 구리 > 아연 등

③ **인성** : 굽힘이나 비틀림 작용을 반복하여 가할 때 이 외력에 저항하는 성질. 즉, 끈기 있고 질긴 성질

④ **취성** : 물체가 약간의 변형에도 견디지 못하고 파괴되는 성질. 인성의 반대

⑤ **경도** : 물체의 기계적인 단단함의 정도를 수치로 나타낸 것

⑥ **가주성** : 가열하면 유동성이 좋아져서 주조 작업이 가능한 성질

⑦ **소성** : 금속에 외력을 가하여 영구 변형하는 성질

⑧ **탄성** : 금속에 외력을 가하여 변형이 일어나다가 외력을 제거하면 원래대로 되돌아가는 성질

핵심예제

2-1. 일반적으로 사용하는 안전율은 어느 것인가?

[2005년 5회, 2013년 5회]

① $\dfrac{\text{사용응력}}{\text{허용응력}}$　② $\dfrac{\text{허용응력}}{\text{기준강도}}$

③ $\dfrac{\text{기준강도}}{\text{허용응력}}$　④ $\dfrac{\text{허용응력}}{\text{사용응력}}$

2-2. 응력 변형률 선도에서 응력을 서서히 제거할 때 변형이 서서히 없어지는 성질은? [2003년 5회, 2005년 5회, 2012년 5회]

① 점 성　② 탄 성

③ 소 성　④ 관 성

|해설|

2-1

재료의 극한강도 σ_u와 허용응력 σ_a와의 비를 안전율(S_f)이라 한다.

2-2

① 점성 : 유체 내의 분자간의 잡아당기는 힘(성질)

③ 소성 : 금속에 외력을 가하여 영구 변형하는 성질

④ 관성 : 물체가 정지 또는 운동상태에서 지속하려는 성질

정답 2-1 ③ 2-2 ②

2-3. 체결용 기계 요소(Ⅰ)

핵심이론 01 나 사

(1) 나사(체결용, 거리조정용, 전동용 등)

① 피치와 유효지름

㉠ 피치 : 나사산 사이의 거리[mm]

㉡ 리드(Lead) : 나사가 1회전하여 진행한 거리

리드(l) = 줄수(n) × 피치(P) × 회전수

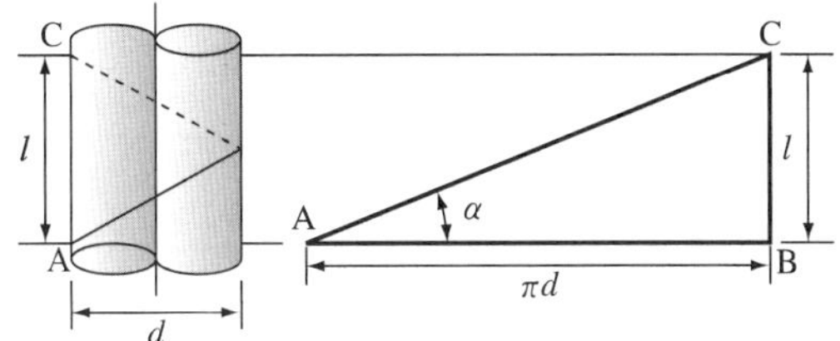

㉢ 유효지름 : 수나사와 암나사가 접촉하고 있는 부분의 평균지름

㉣ 호칭지름 : 수나사는 바깥지름, 암나사는 암나사에 맞는 수나사의 바깥지름

② 나사의 종류

㉠ 나사산의 모양에 따라 : 삼각・사각・사다리꼴・톱니・둥근・볼나사

㉡ 사용 목적에 따라 : 결합용 나사(미터・유니파이・관용), 운동용 나사(사각・사다리꼴・톱니・볼・둥근), 계측용 나사

(2) 결합용 나사

물체에 부품을 결합시키거나 위치의 조정에 사용되는 나사로 주로 삼각나사가 사용

① **미터나사** : 나사의 지름과 피치를 [mm]로 표시, 나사산의 각도가 60°, 기호는 M, 미터보통나사와 미터가는나사가 있다.

② **유니파이나사** : 나사산의 각도 60°, 단위는 [inch], UNC(보통나사), UNF(가는나사)

③ **관용나사(파이프나사)** : 나사산의 각도 55°, 단위는 [inch], 파이프와 같이 두께가 얇은 곳의 결합에 이용되며 누수를 방지하고 기밀을 유지하는 데 적합한 나사

(3) 운동용 나사

① **사각나사** : 매우 큰 힘을 전달하는 프레스, 나사 잭, 선반의 피드에 사용

② **사다리꼴나사** : 애크미나사 또는 재형나사라고도 함. 사각나사보다 강력한 동력 전달용에 사용

③ **톱니나사** : 축선의 한쪽에만 힘을 받는 곳에 사용(잭, 프레스, 바이스). 힘을 받는 면은 축에 직각이고, 받지 않는 면은 30°로 경사

④ **둥근나사** : 너클나사, 나사산과 골이 둥글기 때문에 먼지, 모래가 끼기 쉬운 전구, 호스연결부에 사용

⑤ **볼나사** : 수나사와 암나사의 홈에 강구가 들어 있어 마찰계수가 적고 운동전달이 가볍기 때문에 NC공작기계나 자동차용 스티어링 장치에 사용

핵심예제

1-1. 파이프와 같이 두께가 얇은 곳의 결합에 이용되며, 누수를 방지하고 기밀을 유지하는 데 가장 적합한 나사는?

[유사문제 매년 출제]

① 미터나사 ② 톱니나사
③ 유니파이나사 ④ 관용나사

1-2. 회전수를 적게 하고 빨리 조이고 싶을 때 가장 유리한 나사는?

[2010년 5회, 2012년 5회]

① 1줄 나사 ② 2줄 나사
③ 3줄 나사 ④ 4줄 나사

|해설|

1-1

① 미터나사 : 나사의 지름과 피치를 [mm]로 표시, 나사산의 각도가 60°, 기호는 M, 미터보통나사와 미터가는나사가 있다.

② 톱니나사 : 축선의 한쪽에만 힘을 받는 곳에 사용(잭, 프레스, 바이스). 힘을 받는 면은 축에 직각이고, 받지 않는 면은 30°로 경사

③ 유니파이나사 : 나사산의 각도 60°, 단위는 [inch], UNC(보통나사), UNF(가는나사)

1-2

리드(Lead)는 나사가 1회전하여 진행한 거리이다.

2줄 나사인 경우 1리드는 피치의 2배이다.

리드(l) = 줄 수(n) × 피치(p)

그러므로, 줄 수를 크게 하면 빨리 조일 수 있다.

정답 1-1 ④ 1-2 ④

핵심이론 02 볼트, 리벳

(1) 보통 볼트의 종류

① 관통 볼트 : 맞뚫린 구멍에 볼트를 넣고 너트로 조이는 것

② 탭 볼트 : 너트를 사용하지 않고 직접 암나사를 낸 구멍에 죄어 사용

③ 스터드 볼트 : 환봉의 양끝에 나사를 낸 것으로 기계부품에 한쪽 끝을 영구 결합시키고 너트를 풀어 기계를 분해하는 데 사용

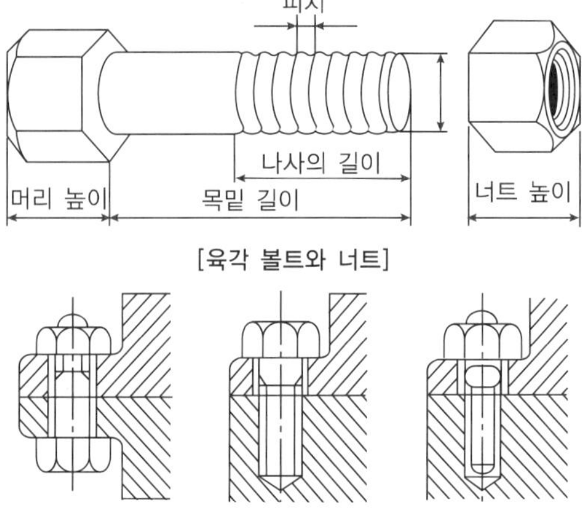

[육각 볼트와 너트]

(a) 관통 볼트 (b) 탭 볼트 (c) 스터드 볼트

[보통 볼트]

(2) 특수 볼트의 종류

① 스테이 볼트 : 부품의 간격 유지, 턱을 붙이거나 격리 파이프를 넣는다.

② 기초 볼트 : 기계 구조물 설치할 때 쓰인다.

③ T 볼트 : 공작기계 테이블의 T홈 등에 끼워서 공작물을 고정

④ 아이 볼트 : 부품을 들어 올리는 데 사용되는 링 모양이나 구멍이 뚫려 있는 것

⑤ 충격 볼트 : 볼트에 걸리는 충격 하중에 견디게 만들어진 것

⑥ 리머 볼트 : 리머 구멍에 끼워 사용하는 볼트로 몸체가 반듯하게 가공된 완성 볼트

⑦ **나비 볼트** : 볼트 머리 부분이 나비모양으로 손으로 쉽게 돌릴 수 있도록 한 것

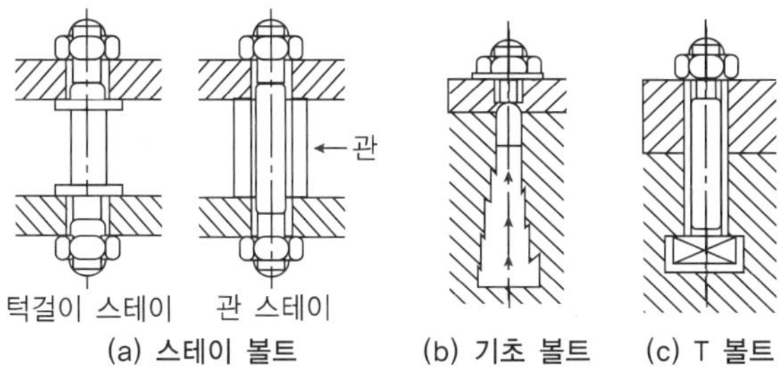

(a) 스테이 볼트 (b) 기초 볼트 (c) T 볼트

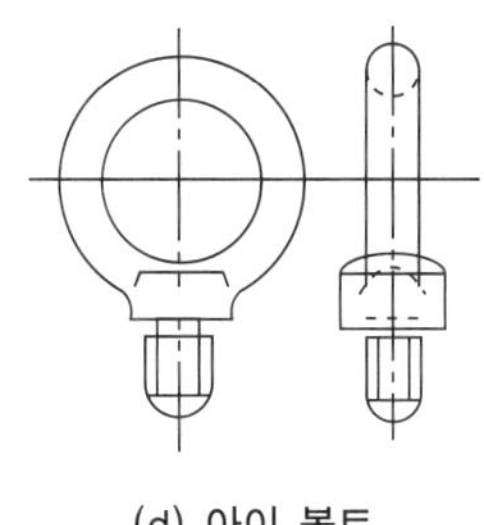

(d) 아이 볼트

[특수 볼트]

(3) 볼트의 지름 계산

축 방향 하중만을 받는 훅, 아이 볼트의 호칭지름 계산

볼트의 지름 $d = \sqrt{\dfrac{2W}{\sigma_t}}$

(W : 하중, σ_t : 허용인장응력[kPa])

(4) 리 벳

보일러, 철교, 구조물, 탱크와 같은 영구 결합에 널리 쓰임

① **보일러용 리벳** : 강도와 기밀 모두 필요, 보일러, 고압탱크 등에 사용

② **저압용 리벳** : 기밀을 필요, 저압탱크, 굴뚝 등에 사용

③ **구조용 리벳** : 강도만을 필요, 건축물, 교량, 구조물 등에 사용

(5) 멈춤링

축이나 구멍에 설치한 부품이 축 방향으로 이동하는 것을 방지하는 목적으로 주로 사용하며, 가공과 설치가 쉬워 소형 정밀기기나 전자기기에 많이 사용되는 기계요소

핵심예제

2-1. 체결하려는 부분이 두꺼워서 관통구멍을 뚫을 수 없을 때 사용되는 볼트는? [2003년 5회, 2008년 5회, 2013년 2회]

① 탭 볼트 ② T홈 볼트
③ 아이 볼트 ④ 스테이 볼트

2-2. 하중 20[kN]을 지지하는 훅 볼트에서 나사부의 바깥지름은 약 몇 [mm]인가?(단, 허용응력 $\sigma_a = 50[\text{N/mm}^2]$이다) [2010년 5회, 2012년 5회]

① 29 ② 57
③ 10 ④ 20

|해설|

2-1

② T홈 볼트 : 공작기계 테이블의 T홈 등에 끼워서 공작물을 고정

③ 아이 볼트 : 부품을 들어 올리는 데 사용되는 링 모양이나 구멍이 뚫려 있는 것

④ 스테이 볼트 : 부품의 간격 유지, 턱을 붙이거나 격리 파이프를 넣는다.

2-2

볼트의 지름 $d = \sqrt{\dfrac{2W}{\sigma_t}} = \sqrt{\dfrac{2 \times 20{,}000}{50}} = 28.28[\text{mm}]$

정답 2-1 ① 2-2 ①

핵심이론 03 너트의 종류

보통 너트는 머리 모양에 따라 4각, 6각, 8각이 있으며, 6각이 가장 많이 사용

(1) 너트의 종류

① 사각 너트 : 외형이 4각으로, 목재에 사용

② 둥근 너트 : 자리가 좁아서 육각 너트를 사용하지 못하는 경우나 너트의 높이를 작게 했을 때 쓰인다.

③ 모따기 너트 : 중심 위치를 정하기 쉽게 축선이 조절되어 있으며, 밑면인 경우는 볼트에 휨 작용을 주지 않는다.

④ 캡 너트 : 유체의 누설을 막기 위하여 위가 막힌 것

⑤ 아이 너트 : 물건을 들어 올리는 고리가 달려 있는 것

⑥ 홈붙이 너트 : 분할 핀을 꽂을 수 있게 홈이 있는 것으로 너트의 풀림 방지용으로 사용

⑦ T 너트 : 공작기계 테이블의 T홈에 끼워지도록 T형 모양이 있는 것으로 공작물 고정용으로 사용

⑧ 나비 너트 : 손으로 돌릴 수 있는 손잡이가 있다.

⑨ 턴 버클 : 오른나사와 왼나사가 양끝에 달려 있어서 막대나 로프를 당겨서 조이는 데 쓰인다.

⑩ 플랜지 너트 : 볼트 구멍이 클 때, 접촉면이 거칠거나 큰 면압을 피하려 할 때 쓰인다.

⑪ 플레이트 너트 : 암나사를 깎을 수 없는 얇은 판에 리벳으로 설치하여 사용

⑫ 슬리브 너트 : 수나사의 편심을 방지하는 데 사용

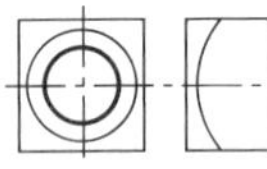
(a) 사각 볼트

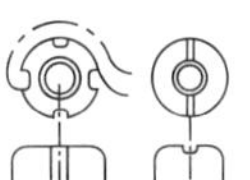
(b) 둥근 너트

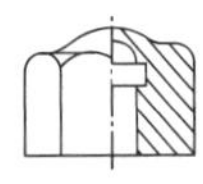
(c) 캡 너트

(d) 아이 너트

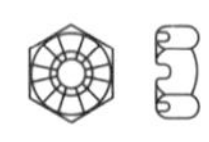
(e) 홈붙이 볼트

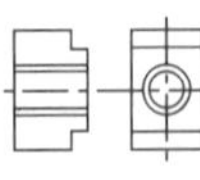
(f) T 너트

(g) 나비 너트

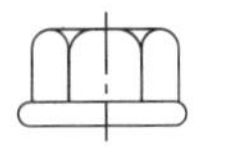
(h) 플랜지 너트

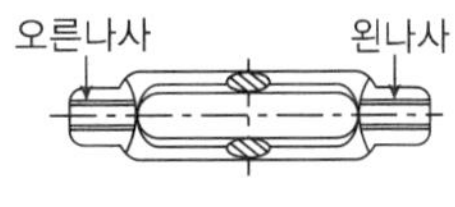

(i) 턴 버클

(j) 슬리브 너트 (k) 플레이트 너트

[너트의 종류]

(2) 너트의 풀림 방지법

① 탄성 와셔에 의한 법

② 로크 너트에 의한 법

③ 핀 또는 작은 나사를 쓰는 법

④ 철사에 의한 법

⑤ 너트의 회전 방향에 의한 법

⑥ 자동 죔 너트에 의한 법

⑦ 세트 스크루에 의한 법

(3) 와셔의 용도

① 볼트 머리의 지름보다 구멍이 클 때

② 접촉면이 바르지 못하고 경사졌을 때

③ 자리가 다듬어지지 않았을 때

④ 너트가 재료를 파고 들어갈 염려가 있을 때

⑤ 너트의 풀림 방지

㉠ 재료 : 연강이 널리 쓰이지만 경강, 황동, 인청동도 쓰임

㉡ 종류 : 스프링 와셔, 이붙이 와셔, 갈퀴붙이 와셔, 혀붙이 와셔 등

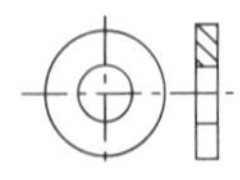
(a) 둥근 와셔

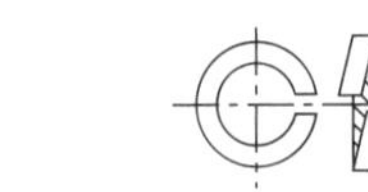
(b) 스프링 와셔

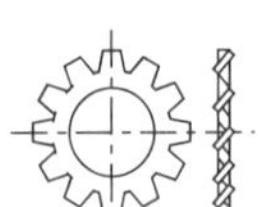
(c) 이붙이 와셔

[각종 와셔]

핵심예제

너트(Nut)의 풀림을 방지하기 위하여 주로 사용되는 핀은?

[2002년 1회, 2008년 5회, 2013년 5회]

① 평행 핀 ② 분할 핀
③ 테이퍼 핀 ④ 스프링 핀

|해설|

분할핀을 조립한 후 끝부분을 좌우로 구부려서 빠지지 않게 한다.

정답 ②

2-4. 체결용 기계 요소(Ⅱ)

핵심이론 01 키, 핀, 코터

(1) 키(Key)

① 축에 풀리, 기어, 플라이 휠, 커플링 등의 회전체를 고정시켜 회전력을 전달한다. 재료는 양질의 강을 사용한다.

② 보통 키에는 테이퍼를 주고, 축과 보스에는 키 홈을 판다.

③ 종 류

묻힘키(Sunk Key) : 축과 보스에 다같이 홈을 파는 가장 많이 쓰는 종류 • 때려 박음키 – 머리붙이와 머리 없는 것이 있으며, 해머로 때려 박는다. – 테이퍼(1/100)가 있다. • 평행키 – 키는 축심에 평행으로 끼우고 보스를 밀어 넣는다. – 키의 양쪽면에 조임 여유를 붙여 상하면은 약간 간격이 있다.	
평 키(Flat Key) • 축은 자리만 편편하게 다듬고 보스에 홈을 판다. • 경하중에 쓰이며, 키에 테이퍼(1/100)가 있다. • 안장 키보다는 강하다.	
안장 키(Saddle Key) • 축은 절삭하지 않고 보스에만 홈을 판다. • 마찰력으로 고정시키며, 축의 임의의 부분에 설치 가능하다. • 극 경하중용으로 쓰이며 키에 테이퍼(1/100)가 있다.	
반달 키(Woodruff Key) • 축에 원호상의 홈을 판다. • 홈에 키를 끼워 넣은 다음 보스를 밀어 넣는다. • 축이 약해지는 결점이 있으나 공작기계 핸들축과 같은 테이퍼 축에 사용한다.	
패더 키(Feather Key) • 묻힘 키의 일종으로 키는 테이퍼가 없이 길다. • 미끄럼 키라고도 한다. • 축 방향으로 보스의 이동이 가능하며 보스와의 간격이 있어 회전 중 이탈을 막기 위해 고정하는 수가 많다.	
스플라인(Spline) • 축의 둘레에 4~20개의 턱을 만들어 큰 회전력을 전달할 경우에 쓰인다. • 스플라인 축은 키홈 역할과 축의 역할도 한다. • 공작기계, 자동차, 항공기, 무단변속기 등에 쓰인다.	

원뿔 키(Cone Key) • 축과 보스에 홈을 파지 않는다. • 한군데가 갈라진 원뿔통을 끼워 넣어 마찰력으로 고정시킨다. • 축의 어느 곳에도 장치 가능하며 바퀴가 편심되지 않는다.	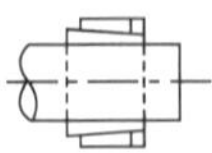
둥근 키(Round Key, Pin Key) • 축과 보스에 드릴로 구멍을 내어 홈을 만든다. • 구멍에 테이퍼 핀을 끼워 넣어 축 끝에 고정시킨다. • 경하중에 사용되며 핸들에 널리 쓰인다.	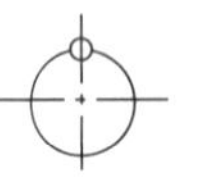
접선 키(Tangential Key) • 축과 보스에 축의 접선 방향으로 홈을 파서 서로 반대의 테이퍼(1/60~1/100)를 가진 2개의 키를 조합하여 끼워 넣는다. • 중하중용이며 역전하는 경우는 120° 각도로 두 군데 홈을 판다. • 정사각형 단면의 키를 90°로 배치한 것을 케네디 키라고 한다.	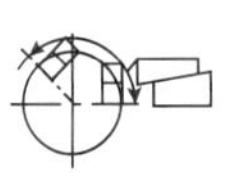
세레이션(Serration) • 축에 작은 삼각형의 작은 이를 만들어 축과 보스를 고정시킨 것으로 같은 지름의 스플라인에 비해 많은 이가 있으므로 전동력이 크다. • 주로 자동차의 핸들 고정용, 전동기나 발전기의 전기자 축 등에 이용 된다.	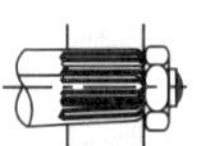

(2) 핀(Pin)

① 너트의 풀림방지나 핸들과 축의 고정, 맞추는 부분의 위치 결정용으로서 힘이 약하다.

② 재료는 강재, 황동, 구리, 알루미늄 등이다.

③ 종 류

㉠ 테이퍼 핀 : 1/50의 테이퍼져 있고, 호칭 지름은 작은 쪽의 지름으로 표시(슬롯테이퍼 핀)

㉡ 평행 핀 : 분해·조립을 하게 되는 부품의 맞춤면의 관계 위치를 항상 일정하게 유지하도록 안내하는 데 사용

㉢ 분할 핀 : 두 갈래로 갈라지기 때문에 너트의 풀림 방지 등에 사용(호칭 지름은 핀 구멍의 지름)

㉣ 코터 핀 : 두 부품 결합용 핀으로 양끝의 분할용 핀의 구멍이 있음

㉤ 스프링 핀 : 세로 방향으로 쪼개져 있어 구멍의 크기가 정확하지 않을 때 해머로 때려 박을 수 있음

핵심예제

회전축의 회전방향이 양쪽 방향인 경우 2쌍의 접선키를 설치할 때 접선키의 중심각은? [매년 다양하게 출제]

① 30° ② 60°
③ 90° ④ 120°

|해설|

접선키는 중하중용이며 역전하는 경우는 120°의 각도로 두 군데 홈을 판다.

정답 ④

2-5. 축용 기계요소

핵심이론 01 축(Shaft)

(1) 작용하는 힘에 의한 분류

① **차축** : 주로 휨을 받는 정지 또는 회전축

② **스핀들** : 주로 비틀림을 받으며 모양, 치수가 정밀(공작기계의 주축)

③ **전동축** : 주로 비틀림과 휨을 받으며 동력 전달이 주목적(주축, 선축, 중간축)

(2) 모양에 의한 분류

① **직선축** : 보통 사용하는 축을 말한다.

② **크랭크 축** : 직선운동을 회전운동으로 전환하는 왕복운동기관에 사용

③ **플렉시블 축** : 전동축에 가요성(휨성)을 주어서 축의 방향을 자유롭게 변경할 수 있는 축

(3) 축 설계 시 고려할 사항

① **강도** : 여러 가지 하중 작용을 고려하여 설계

② **강성도** : 강도, 처짐, 비틀림에 견디게 설계

③ **진동** : 임계속도를 고려하여 설계

④ **부식** : 방식(防蝕) 처리 또는 굵게 설계

⑤ **온도** : 크리프와 열팽창을 고려하여 설계

(4) 전동축의 전달 동력 계산

① **토크** : $T = 71{,}620\dfrac{H}{n}$

(H : 전달마력[HP], n : 축의 매분 회전수)

② **전동축의 전달 동력[kW]**

$$H = \frac{T[\mathrm{N \cdot m}] \times \omega[\mathrm{rad/s}]}{1{,}000} = \frac{T \times \dfrac{2 \times \pi}{60} \times N[\mathrm{rpm}]}{1{,}000} = \frac{T \times N}{9{,}549}$$

$$H = \frac{T[\mathrm{kgf \cdot mm}] \times \omega[\mathrm{rad/s}]}{1{,}000 \times 102} = \frac{T \times \dfrac{2 \times \pi}{60} \times N[\mathrm{rpm}]}{1{,}000 \times 102} = \frac{T \times N}{974{,}000}$$

핵심예제

축을 설계할 때 고려되는 사항과 가장 거리가 먼 것은?

[2003년 5회, 2010년 5회, 2011년 5회 유사문제 출제]

① 축의 강도
② 응력 집중
③ 축의 변형
④ 축의 용도

|해설|

축 설계 시 고려할 사항 : 강도, 강성도, 진동, 부식, 온도

정답 ④

핵심이론 02 커플링, 클러치

(1) 커플링(Coupling)

반영구적으로 두 축을 고정하는 기계요소

① **두 축이 일직선상에 있을 경우**

㉠ 슬리브 커플링 : 고정 축 이음, 주철제 원통 안에 두 축을 맞추어 키로 고정, 축 지름 30[mm] 이하 사용

㉡ 플랜지 커플링 : 가장 많이 사용, 키로 고정하고 양쪽을 볼트로 고정, 축 지름 50~200[mm] 사용, 고속 정밀 회전 축 이음

㉢ 플렉시블 커플링 : 두 축이 정확히 일치하지 않는 경우, 진동 완화를 위해 가죽, 고무, 연철, 금속 등을 끼움

② **두 축이 평행하거나 교차하지 않는 경우**

㉠ 올덤 커플링 : 두 축이 평행하거나 약간 어긋난 경우, 윤활이 어렵고 진동과 마찰이 많아 고속회전에 부적당

㉡ 유니버설 조인트 : 두 축이 만나는 각도가 30° 이하일 때 사용, 원동축은 등속도 운동을 하여도 종동축은 부등속 운동

③ **특수 용도의 경우**

㉠ 안전 커플링 : 제한 하중 이상이 되면 자동적으로 축 이음을 차단한다.

㉡ 유체 커플링 : 유체를 이용하여 진동과 충격을 흡수, 자동차 등의 주동력 축에 이용

(2) 원통 커플링

① 긴 전동축의 연결에 편리하다.

② 설치 및 분해가 쉽다.

③ 분할통은 중앙에서 양단을 향하여 1/20~1/30의 테이퍼를 가지고 있다.

④ **종류** : 머프, 마찰 원통, 셀러(테이퍼 슬리브), 반중첩, 클램프(분할 원통) 커플링이 있다.

(3) 축 이음(Shaft Coupling) 설계 시 유의점

① 센터의 맞춤이 완전히 이루어질 것

② 회전 균형이 완전하도록 할 것

③ 설치 분해가 용이하도록 할 것

④ 진동에 의해 이완되지 않을 것

⑤ 토크 전달에 충분한 강도를 가질 것

⑥ 회전부에 돌기물이 없도록 할 것

⑦ 소형이고 가벼울 것

(4) 클러치의 종류

① **맞물림 클러치**

㉠ 턱을 가진 한 쌍의 플랜지로 구성

㉡ 종동축의 플랜지를 축 방향으로 이동시켜 단속

㉢ 턱 모양 : 사각형, 톱니형, 사다리꼴형 등

② **마찰 클러치**

㉠ 마찰면을 서로 밀어 그 마찰력으로 회전을 전달한다.

㉡ 축 방향 클러치와 원주 방향 클러치로 크게 나눈다.

㉢ 마찰면의 모양에 따라 원판 클러치, 원뿔 클러치, 원통 클러치, 밴드 클러치 등으로 나눈다.

③ **유체 클러치**

원동축의 회전에 따라 중간 매체인 유체가 회전하여 그 유압에 의하여 종동축이 회전

④ **일방향 클러치**

㉠ 원동축의 속도보다 늦을 경우 종동축이 자유 공전한다.

㉡ 한 방향으로만 회전력을 전달하고 반대 방향으로는 전달시키지 못하는 비역전 클러치(롤러 클러치, 래칫 클러치 등)

핵심예제

맞물림 클러치의 턱 형태에 해당하지 않는 것은?

[매년 유사문제 다수 출제]

① 사다리꼴형　② 나선형
③ 유선형　④ 톱니형

|해설|

맞물림 클러치 : 턱을 가진 한쌍의 플랜지를 원동축과 종동축의 끝에 붙여서 만든 것(턱모양 : 사각형, 톱니형, 사다리꼴형, 나선형 등)

정답 ③

핵심이론 03 베어링(Bearing)과 저널(Journal)

(1) 베어링과 저널

① **베어링** : 회전축 또는 왕복 운동하는 축을 지지(축에 작용하는 하중을 받음)

② **저널** : 베어링에 접촉된 축 부분(축과 베어링을 받쳐주는 축부분)

(2) 베어링의 종류

① 하중의 작용에 따른 분류

㉠ 레이디얼 베어링 : 하중을 축의 중심에 대하여 직각

㉡ 스러스트 베어링 : 축의 방향으로 하중을 받는다.

㉢ 원뿔(원추) 베어링 : 합성 베어링이라고도 하며, 하중을 받는 방향이 축방향과 축 직각방향의 합성으로 받는다.

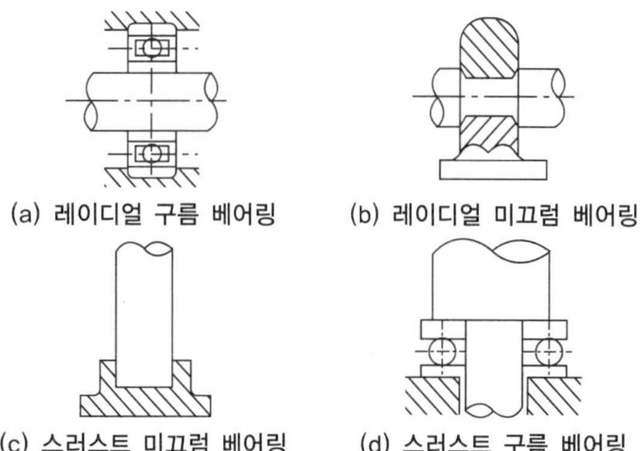

[베어링의 종류]

② 접촉면에 따른 분류

㉠ 미끄럼 베어링 : 저널 부분과 베어링이 미끄럼 접촉을 하는 것(슬라이딩 베어링)

㉡ 구름 베어링 : 저널과 베어링 사이에 볼이나 롤러를 넣어서 구름 마찰(점, 선 접촉)을 하게 한 베어링(볼 베어링, 롤러 베어링)

(3) 저널의 종류

① **레이디얼 저널** : 하중이 축의 중심선에 직각으로 작용

② **스러스트 저널** : 축선 방향으로 하중이 작용

㉠ 피벗 저널(Pivot Journal)

㉡ 칼라 저널(Collar Journal)

③ **원뿔 저널과 구면 저널** : 원뿔은 축선과 축선의 직각 방향에 동시에 하중이 작용하는 것, 구면은 축을 임의의 방향으로 기울어지게 할 수 있다.

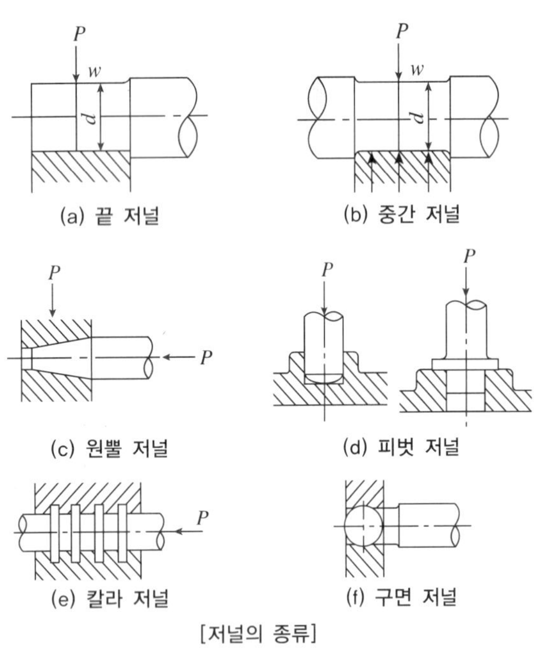

[저널의 종류]

(4) 롤링 베어링 호칭번호

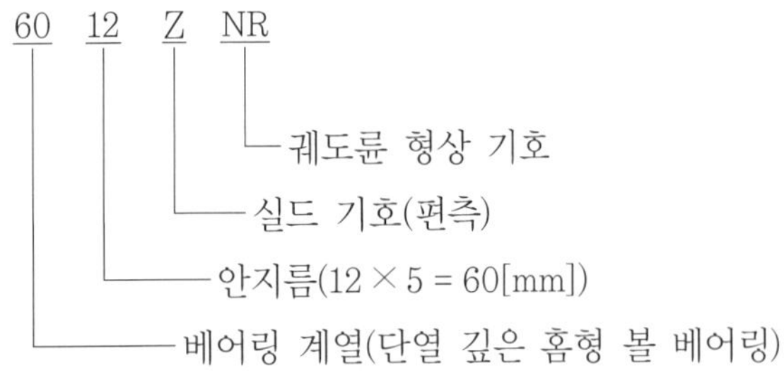

안지름 번호 : 00 → 10[mm], 01 → 12[mm], 02 → 15[mm], 03 → 17[mm], 04부터는 '× 5'를 해준다.

(5) 용 어

① **오일 실(Seal)** : 오일 등이 새는 것을 방지하고, 물 또는 먼지 등이 들어가지 않도록 하는 부품

② **리테이너(Retainer)** : 볼의 간격을 일정하게 유지해 주는 부품

③ **오일리스 베어링** : 부시나 주유가 곤란한 곳에 사용, 베어링 자체에 함유되어 있는 기름이 배출되어 마찰을 감소시킨다.

핵심예제

축계 기계요소에서 레이디얼 하중과 스러스트 하중을 동시에 견딜 수 있는 베어링은? [2005년, 2007년, 2008년, 2013년 2회]

① 니들 베어링
② 원추 롤러 베어링
③ 원통 롤러 베어링
④ 레이디얼 볼 베어링

|해설|

하중의 작용에 따른 분류

- 레이디얼 베어링 : 하중을 축의 중심에 대하여 직각으로 받는다.
- 스러스트 베어링 : 축의 방향으로 하중을 받는다.
- 원뿔 베어링 : 합성 베어링, 하중의 받는 방향이 축방향과 축 직각방향의 합성으로 받는다.

정답 ②

2-6. 전동용 기계요소(Ⅰ)

핵심이론 01 마찰차

전동 장치 : 회전하는 두 축 사이에서 동력을 전달해 주는 장치(마찰차, 기어, 벨트, 로프, 링크 등)

(1) 직접 전달 장치

기어나 마찰차와 같이 직접 접촉하여 동력을 전달하는 것으로, 축 사이가 비교적 짧은 경우에 쓰인다.

(2) 간접 전달 장치

벨트, 체인, 로프 등을 매개로 한 전달 장치로 축간 사이가 클 경우에 쓰인다.

(3) 마찰차의 종류

① **원통 마찰차** : 두 축이 평행하며, 마찰차 지름에 따라 속도비가 다르다(외접, 내접하는 경우가 있다).
② **원뿔 마찰차** : 두 축이 서로 교차하는 곳에 사용된다.
③ **홈붙이 마찰차** : 두 축이 평행한 경우에 사용되며, V홈을 파서 마찰력을 크게 하여 큰 동력 전달에 사용한다.
④ **변속 마찰차** : 속도 변환을 위한 특별한 마찰차로서 원판, 원뿔, 구면 마찰차 등이 있다.

(4) 홈붙이 마찰차의 특징

① 보통 양바퀴를 모두 주철로 만든다.
② 홈의 각도는 $2\alpha = 30 \sim 40°$이다.
③ 홈의 피치는 3~20[mm]가 있고, 보통 10[mm] 정도
④ 홈의 수는 보통 $z = 5$개 정도

핵심예제

다음 중 전동용 기계요소가 아닌 것은? [2005년 5회]

① 벨 트 ② 로 프
③ 코 터 ④ 링 크

|해설|

코터(Cotter) : 축방향으로 인장 혹은 압축이 작용하는 두 축을 연결하는 데 쓰이며, 분해가 가능(부품 체결용 핀)하다.

정답 ③

핵심이론 02 기어(Gear)

마찰차의 접촉면에 이(Tooth)를 만들어 미끄러짐 없이 큰 동력을 일정한 속도비로 전달할 수 있게 만든 것

(1) 기어의 종류

① 두 축이 서로 평행한 경우

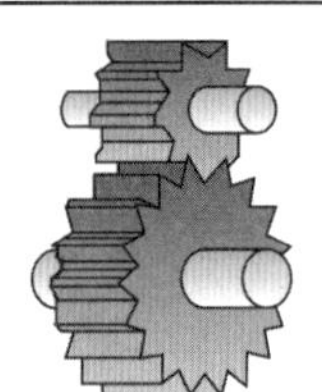 스퍼 기어	• 이끝이 직선으로 평기어로 많이 사용 • 축에 나란한 원통형 기어 • 감속비는 최고 1 : 6까지 가능 • 효율은 가공 상태에 따라 95~98[%] 정도
헬리컬 기어	• 이끝이 나선형인 원통형 기어 • 맞물림이 원활하여 이의 변형과 진동 소음이 작음 • 큰 동력의 전달과 고속운전에 적합 • 감속비는 최고 $\frac{1}{10}\sim\frac{1}{15}$까지 가능 • 효율도 스퍼 기어보다 좋아 98~99[%]까지 가능 • 단점 : 축방향으로 반력이 생김(이를 축에 경사시킨 것으로 물림이 순조롭고 축에 스러스트가 발생)
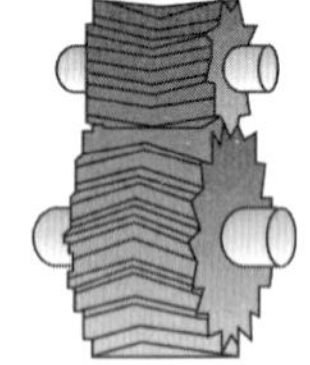 이중헬리컬 기어	• 이끝의 나선형 방향이 서로 반대인 2개의 헬리컬 기어를 맞붙여 놓은 기어(헤링본 기어) • 축 방향 힘을 상쇄시켜 장점만을 살린 기어(방향이 반대인 헬리컬 기어를 같은 축에 고정시킨 것으로 축에 스러스트가 발생하지 않는다) • 단점 : 가공이 어려움
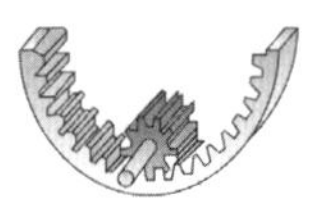 내접 기어	• 원통 또는 원뿔의 안쪽에 이가 만들어져 있는 기어 • 같은 감속비를 얻을 경우 두 축 사이의 축 간 거리를 줄일 수 있음 • 맞물린 2개 기어의 회전 방향이 같음
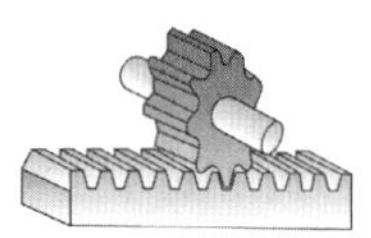 래크(Rack)	• 피니언과 맞물려서 피니언이 회전하면 래크는 직선 운동 • 스퍼 기어의 피치원 반지름이 무한대인 기어

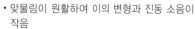

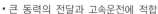

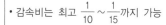

② 두 축이 만나는(교차) 경우

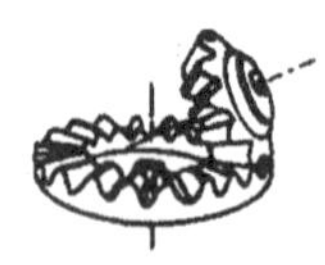 베벨 기어	• 교차되는 두 축 간에 운동을 전달하는 원뿔형의 기어 • 이 끝의 모양에 따라 스퍼 베벨 기어(원뿔면에 이를 직선으로 제작), 헬리컬 베벨 기어, 스파이럴 베벨 기어(이 끝이 곡선으로 된 기어로 소음이 적다)로 분류
 크라운 기어	피치면이 평면인 베벨 기어

③ 두 축이 만나지도 않고 평행하지도 않은 경우

 하이포이드 기어	• 스큐축 간에 운동을 전달하는 한 쌍의 원뿔형 기어 • 스파이럴 베벨 기어와 같은 형상이고 축만 엇갈린 기어
 스큐 기어	교차하지도 않고 평행하지도 않은 두 축 간에 운동을 전달하는 기어
 웜 기어	• 웜과 웜 기어를 한 쌍으로 사용, 역회전 방지 기능 • 큰 감속비(8~140)를 얻을 수 있음 • 소음과 진동이 적음 • 원동차를 보통 웜(나사모양의 기어) 사용 • 단점 : 값이 비싸고 효율이 낮으며 호환성이 없음

핵심예제

2-1. 회전운동을 직선운동으로 바꿀 때 사용되는 기어는?

[2005년 5회, 2006년 5회, 2012년 5회]

① 스퍼 기어
② 래크와 피니언
③ 내접 기어
④ 헬리컬 기어

2-2. 작은 스퍼 기어와 맞물리고 잇줄이 축방향과 일치하며 회전운동을 직선운동으로 바꾸는 데 사용하는 기어는?

[2005년 5회, 2012년 5회]

① 내접 기어
② 래크 기어
③ 헬리컬 기어
④ 크라운 기어

|해설|

2-1
래크(Rack)와 피니언 : 피니언과 맞물려서 피니언이 회전하면 래크는 직선 운동한다.

2-2
① 내접 기어 : 원통 또는 원뿔의 안쪽에 이가 만들어져 있는 기어
③ 헬리컬 기어 : 이끝이 나선형인 원통형 기어
④ 크라운 기어 : 피치면이 평면인 베벨 기어

정답 **2-1** ② **2-2** ②

핵심이론 03 기어 각부 명칭

(1) 기어의 각부 명칭과 이의 크기

① **피치원** : 피치면의 축에 수직한 단면상의 원
② **원주피치** : 피치원 주위에서 측정한 2개의 이웃에 대응하는 부분 간의 거리
③ **이끝원** : 이 끝을 지나는 원
④ **이뿌리원** : 이 밑을 지나는 원

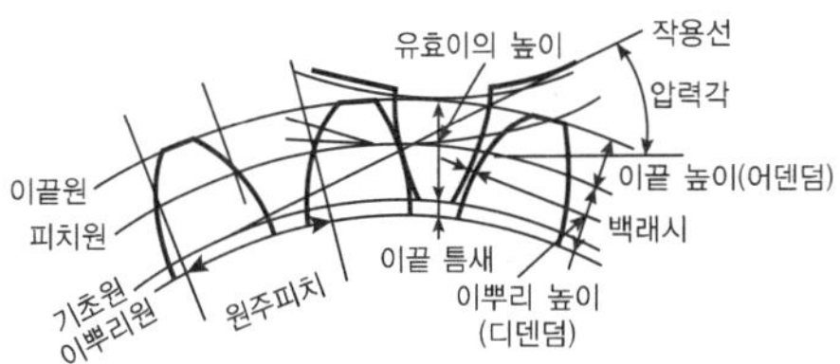

⑤ **모듈(M)** : 피치원의 지름 D[mm]를 잇수 Z로 나눈 값

$$M = \frac{피치원의\ 지름}{잇수} = \frac{D}{Z}$$

⑥ **지름 피치($D \cdot P$)** : 잇수 Z를 피치원의 지름 D[inch]로 나눈 값

$$D \cdot P = \frac{잇수}{피치원의\ 지름} = \frac{Z}{D}$$

⑦ **원주 피치(P)** : 피치원의 원주를 잇수로 나눈 것

$$P = \frac{피치원의\ 지름}{잇수} = \frac{\pi D}{Z}$$

⑧ **이의 크기** : 모듈과 지름 피치 및 원주 피치 사이에는 $P = \pi M,\ D \cdot P = \frac{25.4}{M}$ 관계가 성립. 모듈과 지름 피치에서 이의 크기는 M값이 클수록 커지며, 지름 피치는 그 반대이다.

(2) 기어의 속도비

원동차, 종동차의 회전수를 각각 n_A, n_B[rpm], 잇수를 Z_A, Z_B, 피치원의 지름을 D_A, D_B[mm]라고 하면

① **속도비** : $i = \frac{n_B}{n_A} = \frac{D_A}{D_B} = \frac{MZ_A}{MZ_B} = \frac{Z_A}{Z_B}$

② 중심거리 : $C = \frac{D_A + D_B}{2} = \frac{M(Z_A + Z_B)}{2}$[mm]

단, M은 모듈이며, $D = MZ$가 된다.

③ 바깥지름 : 모듈×2 + 피치원 지름

(3) 이의 간섭과 언더 컷

① 이의 간섭 : 2개의 기어가 맞물려 회전할 때에 한 쪽의 이끝 부분이 다른 쪽 이뿌리 부분을 파고들어 걸리는 현상

② 언더 컷 : 이의 간섭에 의하여 이뿌리 부분이 패어져 가늘게 되는 현상으로 잇수가 몹시 적은 경우(8개 이하)나 잇수비가 매우 클 경우에 생기기 쉽다.

③ 이의 간섭을 막는 법

㉠ 이의 높이를 줄인다.

㉡ 압력각을 증가시킨다(20° 또는 그 이상으로 크게 한다).

㉢ 피니언의 반지름 방향의 이뿌리면을 파낸다.

㉣ 치형의 이끝면을 깎아낸다.

핵심예제

3-1. 피치원 지름이 250[mm]인 표준 스퍼 기어에서 잇수가 50개일 때 모듈은? [2006년 5회, 2012년 5회, 2013년 2회]

① 2 ② 3
③ 5 ④ 7

3-2. 모듈이 5이고, 잇수가 24개와 56개인 두 개의 평 기어가 물고 있다. 이 두 기어의 중심거리는? [2003년 5회, 2012년 5회]

① 200[mm] ② 220[mm]
③ 250[mm] ④ 300[mm]

|해설|

3-1

$M = \frac{\text{피치원의 지름}}{\text{잇수}} = \frac{D}{Z} = \frac{250}{50} = 5$

3-2

중심거리

$C = \frac{D_A + D_B}{2} = \frac{M(Z_A + Z_B)}{2}$[mm]

$= \frac{5(24+56)}{2} = 200$

정답 3-1 ③ 3-2 ①

2-7. 전동용 기계요소(Ⅱ)

핵심이론 01 벨트와 체인

(1) 벨트 전동 장치의 특징

① 축간거리는 10[m] 이하, 속도비는 1 : 6 정도, 속도는 10~30[m/s]

② 벨트 전동 효율은 96~98[%]

③ 충격 하중에 대한 안전 장치의 역할이 되어 원활한 전동이 가능

④ 구조가 간단하고 비용이 싸다.

(2) 평 벨트

① **벨트의 재질** : 가죽, 고무, 천, 띠강 벨트 등이 있다.

② **가죽벨트** : 마찰계수가 크며 마멸에 강하고 질기며(가격이 비쌈), 습도에 따라 길이가 변한다.

③ **고무벨트** : 인장강도가 크고 늘어남이 작으며 수명이 길고 두께가 고르나 기름과 열에 약하다(습한 곳에서 사용).

(3) V벨트

① 축간 거리가 짧은 곳에 쓴다(2~5[m] 적당).

② 속도 10~15[m/s]에 사용한다(속도비는 7 : 1).

③ 단면이 V형이고 이음매가 없다.

④ 전동 효율은 95~99[%] 정도이다.

⑤ 홈 밑에 접촉하지 않게 되어 있다(홈의 빗변으로 벨트가 먹혀 들어가기 때문에 마찰력이 큰데 이것을 쐐기 작용이라 한다).

⑥ **V벨트의 형상** : 고무를 입힌 면포로 싸주고 있다.

⑦ **V벨트의 표준 치수** : M, A, B, C, D, E의 6종류가 있으며, M에서 E쪽으로 가면 단면이 커진다.

⑧ 운전이 조용하고 진동, 충격의 흡수 효과가 있다.

⑨ 초기 장력을 주기 위한 중심거리 조정장치가 필요하다.

⑩ 두 축의 회전 방향이 서로 같은 경우에만 사용한다(엇걸기 할 수 없다).

(4) 벨트 용어 및 역할

① **긴장측** : 원동 풀리에 의하여 끌어당겨져서 장력이 크게 된 쪽(인장쪽)

② **이완측** : 원동 풀리에서 송출되어서 느슨해져 있는 쪽

③ **유효장력** : 인장측 − 이완측

④ **벨트 풀리에서 림의 역할** : 벨트와 직접 접촉하는 것은 림이며 림의 중간이 좌우 끝단보다 더 높아서 벨트의 이탈을 방지한다.

⑤ 초기 장력은 벨트가 구동 시 종동축이 정지되어 구동력을 발생해야 하므로 마찰력이 많이 필요하다.

(5) 체인의 종류

① **롤러 체인** : 강철제의 링크를 핀으로 연결하고 핀에는 부시와 롤러를 끼워서 만든 것. 고속에서 소음이 나는 결점

② **사일런트 체인** : 링크의 바깥면이 스프로킷의 이에 접촉하여 물리며 다소 마모가 생겨도 체인과 바퀴 사이에 틈이 없어서 조용한 전동. 고속 운전과 정숙한 운전에 사용

핵심예제

1-1. V벨트에서 인장강도가 가장 작은 것은? [2009년 5회, 2012년 5회]

① M형 ② A형
③ B형 ④ E형

1-2. 벨트가 회전하기 시작하여 동력을 전달하게 되면 인장측의 장력은 커지고, 이완측의 장력은 작아지게 되는데 이 차를 무엇이라 하는가? [2007년 5회]

① 이완 장력 ② 허용 장력
③ 초기 장력 ④ 유효 장력

|해설|

1-1
M, A, B, C, D, E의 6종류가 있으며, M에서 E쪽으로 가면 단면이 커진다.

1-2
유효장력 : 인장측 − 이완측

정답 1-1 ① 1-2 ④

2-8. 완충용 기계요소

핵심이론 01 스프링(Spring)

(1) 스프링의 용도

① 진동 흡수, 충격 완화(철도, 차량)

② 에너지 저축 및 측정(시계태엽, 저울)

③ 압력의 제한(안전밸브) 및 침의 측정(압력 게이지)

④ 기계 부품의 운동 제한 및 운동 전달(내연 기관의 밸브 스프링)

(2) 스프링의 종류

① **재료에 의한 분류** : 금속 스프링, 비금속 스프링, 유체 스프링 등

② **하중에 의한 분류** : 인장 스프링, 압축 스프링, 토션 바 스프링, 구부림을 받는 스프링 등

※ 토션 바 : 원형봉에 비틀림 모멘트를 가하면 비틀림이 생기는 원리를 이용한 스프링

③ **용도에 의한 분류** : 완충 스프링, 가압 스프링, 측정용 스프링, 동력 스프링 등

④ **모양에 의한 분류** : 코일 스프링, 스파이럴 스프링, 겹판 스프링, 링 스프링, 원반 스프링, 토션 스프링 등

※ 스프링 단면의 형상 : 원형, 직사각형, 사다리꼴 등

(3) 스프링의 휨과 하중

① 스프링 상수 K_1, K_2의 2개를 접속시켰을 때 스프링 상수

㉠ 병렬의 경우(a, b) : $K = K_1 + K_2$

㉡ 직렬의 경우(c) : $\frac{1}{K} = \frac{1}{K_1} + \frac{1}{K_2}$

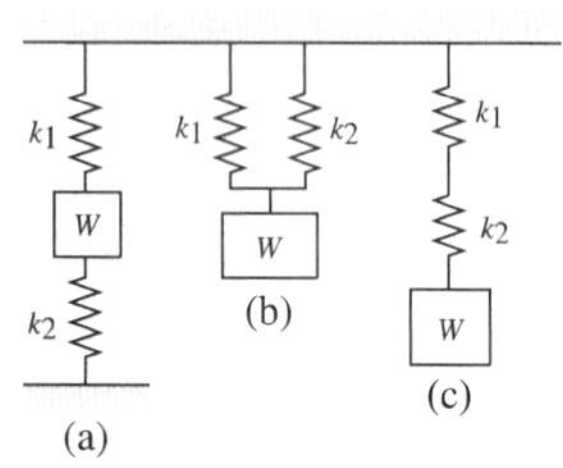

② 코일의 감김 수

㉠ 총 감긴 수 : 코일 끝에서 끝까지의 감김 수

㉡ 유효 감김 수 : 스프링의 기능을 가진 부분의 감김 수

㉢ 자유 감김 수 : 무하중일 때 압축 코일 스프링의 소선이 서로 접하지 않는 부분의 감김 수

③ **스프링 지수** : 스프링 설계에 중요한 수로, 코일의 평균 지름(D)과 재료의 지름(d)의 비이다.

스프링 지수(C)$=\frac{D}{d}$ (보통 4~10)

④ **스프링 상수(k)** : 훅의 법칙에 의한 스프링의 비례 상수. 스프링의 세기를 나타내며, 스프링 상수가 크면 잘 늘어나지 않는다(스프링 상수는 작용 하중과 변위량의 비).

스프링 상수(k) $= \frac{\text{작용하중[N]}}{\text{변위량[mm]}} = \frac{W}{\delta}$[N/mm]

핵심예제

1-1. 스프링의 용도에 가장 적합하지 않은 것은? [2013년 2회]

① 충격 완화용 ② 무게 측정용
③ 동력 전달용 ④ 에너지 축적용

1-2. 스프링 상수 6[N/mm]인 코일 스프링에 24[N]의 하중을 걸면 처짐은 몇 [mm]인가? [매년 유사문제 출제]

① 0.25 ② 1.50
③ 4.00 ④ 4.25

|해설|

1-1

스프링의 용도

- 진동 흡수, 충격 완화(철도, 차량)
- 에너지 저축 및 측정(시계 태엽, 저울)
- 압력의 제한(안전밸브) 및 침의 측정(압력 게이지)
- 기계 부품의 운동 제한 및 운동 전달(내연 기관의 밸브 스프링)

1-2

스프링 상수(k) $= \frac{\text{작용하중[N]}}{\text{변위량[mm]}} = \frac{W}{\delta}$[N/mm]

$\therefore \delta = \frac{W}{k} = \frac{24}{6} = 4$[mm]

정답 1-1 ③ 1-2 ③

핵심이론 02 브레이크(Brake)

기계운동 부분의 에너지를 흡수해서 속도를 느리게 하거나 정지시키는 장치

(1) 브레이크의 종류

① 반지름 방향(축의 직각 방향)으로 밀어 붙이는 형식

㉠ 블록 브레이크 : 브레이크 드럼을 브레이크 블록으로 누르게 한 것으로 단식, 복식으로 구분(차량, 기중기에 사용)

㉡ 밴드 브레이크 : 브레이크륜의 외주에 강제의 밴드를 감고 밴드에 장력을 주어 밴드와 브레이크륜 사이의 마찰에 의해 제동작용을 하는 것(단동식, 차동식, 합동식의 3가지 형식)

㉢ 팽창 브레이크 : 2개의 브레이크 블록이 브레이크륜의 안쪽에 있어서 이것을 바깥쪽으로 확장하여 브레이크륜에 접촉시켜서 제동하는 것

② 축 방향에 밀어 붙이는 형식

㉠ 원판 브레이크 : 마찰면을 원뿔형 또는 원판으로 하여 나사나 레버 등으로 축 방향으로 밀어붙이는 형식

㉡ 원추 브레이크 : 마찰면을 원추로 한 것

③ 자동 브레이크 : 웜 브레이크, 나사 브레이크, 캠 브레이크, 원심력 브레이크

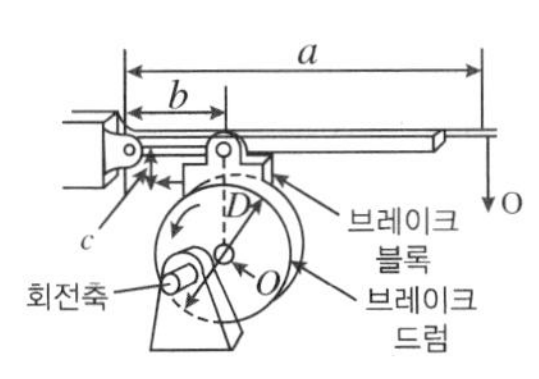

(a) 블록 브레이크

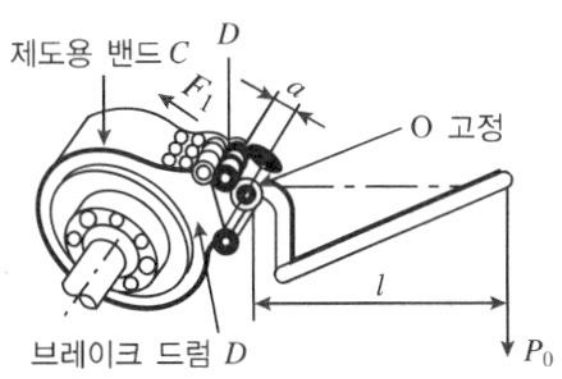

(b) 밴드 브레이크

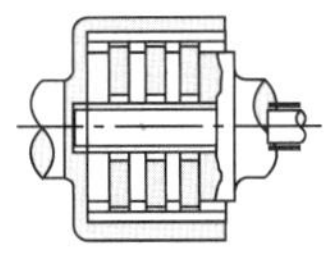
(c) 축압 다판식 브레이크

[브레이크의 종류]

(2) 브레이크 용량

드럼의 원주 속도 v[m/s], 드럼을 블록이 P[N]으로 밀어붙이고, 블록의 접촉 면적 A[mm^2]이라 하면,
브레이크의 단위면적당의 마찰일 :

$$w_f = \frac{\mu P v}{A} = \mu p v \,[\text{N/mm}^2 \cdot \text{m/s}]$$

μpv : 브레이크 용량, p : 제동압력, μ : 마찰계수

핵심예제

브레이크의 축 방향에 압력이 작용하는 브레이크는?

[매년 유사문제 출제]

① 원판 브레이크
② 복식 블록 브레이크
③ 밴드 브레이크
④ 드럼 브레이크

|해설|

원판 브레이크 : 마찰면을 원뿔형 또는 원판으로 하여 나사나 레버 등으로 축 방향으로 밀어붙이는 형식
②, ③, ④는 반지름 방향에서 압력을 작용시킨다.

정답 ①

CHAPTER 03 기초전기일반

KEYWORD 전기량, 저항과 콘덴서의 직병렬, 줄의 법칙, 교류에서 최댓값과 실횻값 구하기, R-L-C회로에서 역률과 전류값, 전기력선과 자기력선의 성질, 각종 자기장의 세기 구하는 문제 등은 자주 출제되므로 핵심키워드에 나오는 공식모음과 같이 반드시 숙지하여 대비하여야 한다.

제1절 | 직 · 교류 회로

1-1. 전기회로의 전압, 전류, 저항

핵심이론 01 전류와 전기량

(1) 전류(Electric Current)

1초 동안에 1[C]의 전기량이 이동한 것을 말한다.

(2) 전기량

$Q = It$ [C]

l : 길이[m], A : 단면적[m^2], ρ : 고유저항[Ω · m]
Q : 전기량[C], t : 시간[sec]

(3) 전기적인 일

W[J] $= EQ = EIt$

Q : 전기량[C], E : 전압[V], W : 전기가 한 일[J]

(4) 기전력

도체에 전기를 흐르게 하는 능력

(5) 전위(Electric Potential)

전류는 전기적인 위치가 높은 곳에서 낮은 곳으로 흐른다. 이 전기적인 높이를 전위라 한다.

핵심예제

1-1. 전기량(Q)과 전류(I), 시간(t)의 상호관계식이 바른 것은? [2010년 5회]

① $Q = It$ ② $Q = \frac{I}{t}$
③ $Q = \frac{t}{I}$ ④ $I = Q$

1-2. 100[Ω]의 크기를 가진 저항에 직류 전압 100[V]를 가했을 때, 이 저항에 소비되는 전력은 얼마인가? [2012년 2회]

① 100[W] ② 150[W]
③ 200[W] ④ 250[W]

1-3. 2[A]의 전류가 1시간 동안 흐르면 전기량은 몇 [C]인가?

① 2 ② 12
③ 3,600 ④ 7,200

1-4. 100[V]의 전압에 2[A]의 전류가 5초 동안 흐르면 몇 [J]의 일을 하는가?

① 100 ② 1,000
③ 2,000 ④ 3,600

|해설|

1-1
$Q = I \times t$

1-2
$P = VI = RI^2 = \frac{V^2}{R}$
$P = \frac{V^2}{R} = \frac{100^2}{100} = 100$[W]

1-3
$Q = It = 2 \times 3{,}600 = 7{,}200$[C]

1-4
$W = EIt = 100 \times 2 \times 5 = 1{,}000$[J]

정답 1-1 ① 1-2 ① 1-3 ④ 1-4 ②

핵심이론 02 전기저항

(1) 옴의 법칙 $I = \frac{V}{R}$[A] : 전류는 저항에 반비례한다.

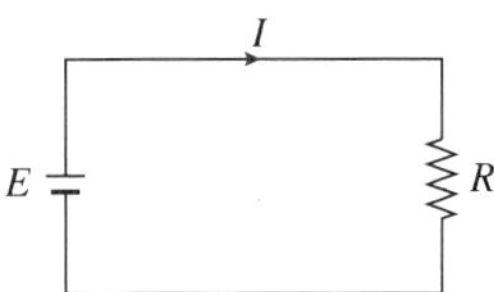

(2) 고유저항 $R = \rho \frac{l}{A}$[Ω]

l : 길이[m], A : 단면적[m^2], ρ : 고유저항[Ω · m]

(3) 컨덕턴스(저항의 역수)

전류가 흐르기 쉬운 정도를 나타내는 상수

$G = \frac{1}{R}$[℧]

$I = GV$[A]

(4) 저항의 측정

① **저저항 측정** : 캘빈더블 브리지, 전위차계법

② **중저항 측정** : 휘트스톤 브리지법, 전압전류계법, 회로시험계

③ **고저항 측정** : 절연저항계, 메거

④ **특수 저항 측정** : 콜라우시 브리지(전해액 등)

(5) 도체와 부도체

① **도체** : 전기를 잘 통하는 물체(금속, 전해용액, 인체 등)

② **부도체** : 절연체라고도 하며, 전기가 거의 흐르지 않는 물체(운모, 도자기, 고무, 에보나이트, 합성수지, 파라핀, 황 등)

③ **반도체** : 온도가 높아지는 등 특정한 상태가 되면 도체와 같은 성질을 가지는 물체(산화제일구리, 셀렌, 게르마늄, 실리콘)

핵심예제

2-1. 100[Ω]의 부하가 연결된 회로에 10[V]의 직류 전압을 가하고 전류를 측정하면 계기에 나타나는 값은? [2006년 5회]

① 10[A] ② 1[A]
③ 0.1[A] ④ 0.01[A]

2-2. 10[Ω]과 20[Ω]의 저항이 직렬로 연결된 회로에 60[V]의 전압을 가했을 때 10[Ω]의 저항에 걸리는 전압을 구하면 얼마인가? [2006년 5회]

① 6[V] ② 10[V]
③ 20[V] ④ 30[V]

|해설|

2-1

$I = \frac{V}{R} = \frac{10}{100} = 0.1$[A]

2-2

$I = \frac{V}{R} = \frac{60}{10+20} = 2$[A]

$V = IR = 2 \times 10 = 20$[V]

정답 2-1 ③ 2-2 ③

핵심이론 03 저항의 접속

(1) 직렬 접속

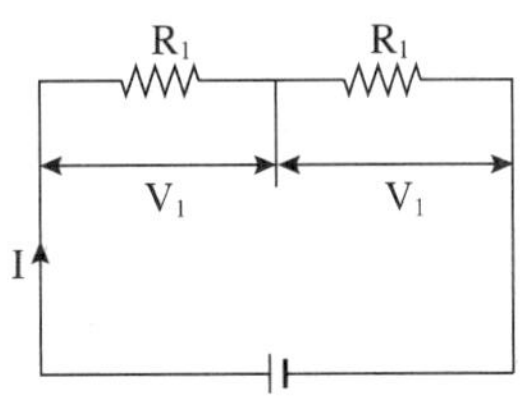

① 전전압 $V = V_1 + V_2$

② 합성 저항 $R = R_1 + R_2$

③ 전류 $I = \dfrac{V}{R} = \dfrac{V}{R_1 + R_2}$

④ 저항의 전압강하

㉠ $V_1 = R_1 \cdot I = R_1 \cdot \dfrac{V}{R_1 + R_2} = \dfrac{R_1}{R_1 + R_2} \cdot V$

㉡ $V_2 = R_2 \cdot I = R_2 \cdot \dfrac{V}{R_1 + R_2} = \dfrac{R_2}{R_1 + R_2} \cdot V$

⑤ 전원 내부에는 내부 저항(Internal Resistance)이 생긴다.

$I = \dfrac{E}{R + r}$

$\therefore\ E = I(R + r) = IR$(외부전압 강하) + I_r(내부전압강하)

(2) 병렬 접속

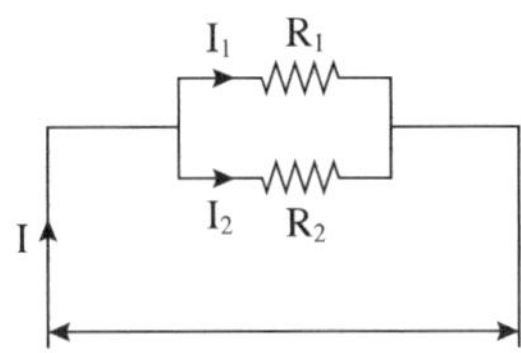

① 병렬 접속의 합성전류

$I_1 = \dfrac{V}{R_1},\ I_2 = \dfrac{V}{R_2}$

$I = I_1 + I_2 = \dfrac{V}{R_1} + \dfrac{V}{R_2}$

② 병렬 접속의 합성저항

$\dfrac{1}{R} = \dfrac{1}{R_1} + \dfrac{1}{R_2}$에서 $R = \dfrac{1}{\dfrac{1}{R_1} + \dfrac{1}{R_2}} = \dfrac{R_1 \cdot R_2}{R_1 + R_2}$

(3) 키르히호프의 법칙(Kirchhoff's Law)

① 키르히호프의 제1법칙(전류 법칙) : 어느 회로의 연결점에 흘러 들어오는 전류의 합은 나가는 전류의 합과 같다. 즉, 입출력 전류의 대수합은 0이다.

$\sum I = 0$

그러므로, 아래 그림에서

$I_1 + I_2 - I_3 + I_4 = 0$

$I_1 + I_2 + I_4 = I_3$

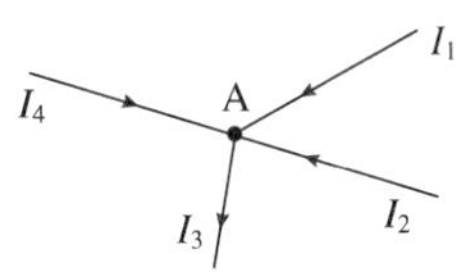

② 키르히호프의 제2법칙(전압 법칙) : 회로망의 어느 폐회로에서도 기전력의 총합은 저항에서 발생하는 전압강하의 총합과 같다.

$V_1 - V_2 = I_1R_1 + I_2R_2 + I_3R_3$

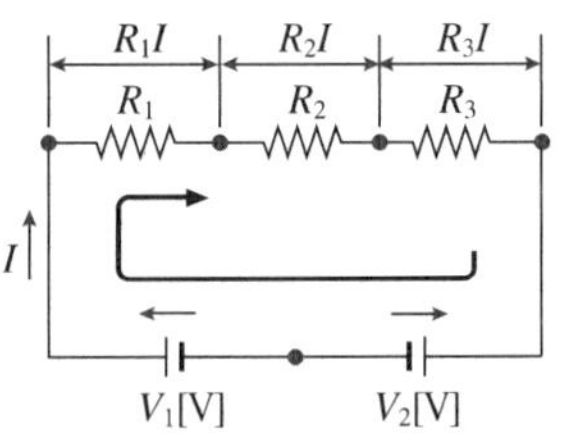

핵심예제

3-1. 그림에서 2[Ω], 3[Ω], 4[Ω]의 저항을 직렬로 연결하고 전압 $E_T = 9$[V]를 인가할 때, 4[Ω]에 의한 전압강하[V]는?

[2009년 5회]

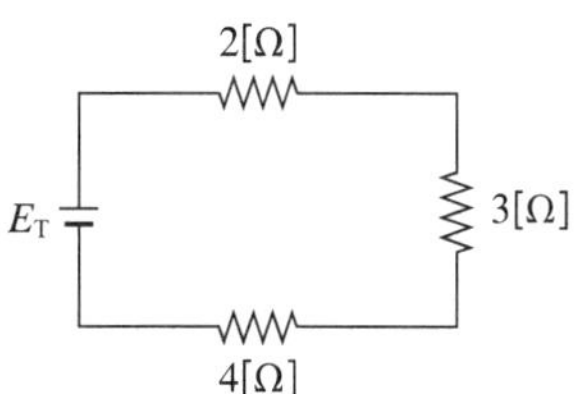

① 2 ② 3
③ 4 ④ 5

3-2. 그림에서 a, b간의 합성저항은 몇 [Ω]인가?

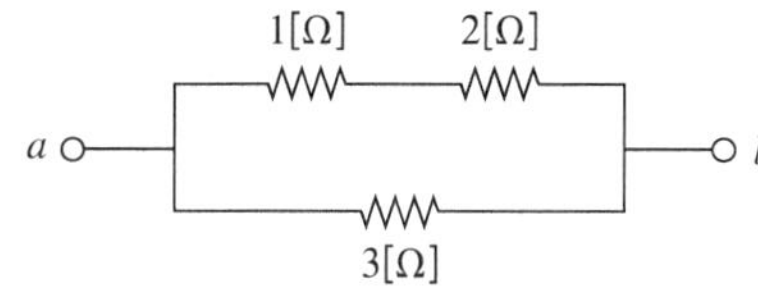

① 1.5 ② 3
③ 5 ④ 6

3-3. 다음 그림에서 $R_1 = 10$[Ω], $R_2 = 15$[Ω], $R_3 = 4$[Ω]이고 a, c 사이에 100[V]의 전압을 가할 때 R_1에 흐르는 전류는 몋 [A]인가?

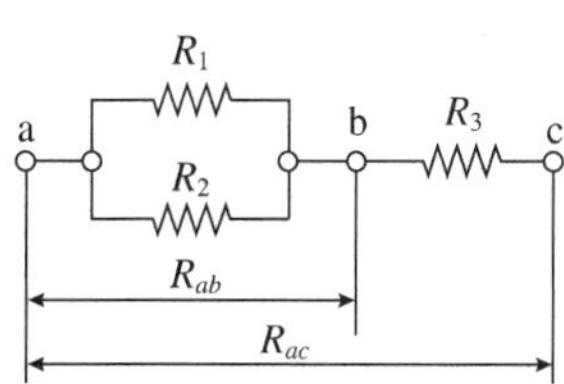

① 4 ② 6
③ 10 ④ 25

|해설|

3-1

$R = 2+3+4 = 9$, $I = \frac{V_r}{R} = \frac{9}{9} = 1$

4[Ω]에 걸리는 전압 $V_4 = 4 \times 1 = 4$[V]

3-2

$R_1 + R_2 = 1 + 2 = 3$[Ω]

$\therefore R_{ab} = \frac{3 \times 3}{3+3} = 1.5$[Ω]

3-3

전저항 $R_0 = \frac{10 \times 15}{10+15} + 4 = 10$[Ω]

전전류 $I_0 = \frac{V}{R_0} = \frac{100}{10} = 10$[A]

$\therefore I_1 = I_0 \times \frac{R_2}{R_1 + R_2} = 10 \times \frac{15}{10+15} = 6$[A]

정답 3-1 ③ 3-2 ① 3-3 ②

1-2. 전력과 열량

핵심이론 01 전력과 전력량

(1) 전 력

1초 동안에 운반되는 전기 에너지, 즉 전기가 하는 일을 전력이라 하고, 와트(Watt, [W])라는 단위로 표시한다.

$$P = VI = RI^2 = \frac{V^2}{R}[\mathrm{W}]$$

(2) 전력량

P[W]의 전력에 의하여 t[sec] 동안에 전달되는 전기 에너지를 전력량이라 하며, 단위는 [Wh], [kWh] 등이 쓰인다.

$1[\mathrm{kWh}] = 10^3[\mathrm{Wh}] = 3.6 \times 10^6[\mathrm{J}]$

$1[\mathrm{HP}] = 746[\mathrm{W}] \fallingdotseq \frac{3}{4}[\mathrm{kW}]$

(3) 효율(η)

$$효율(\eta) = \frac{출력}{입력} \times 100[\%] = \frac{입력 - 손실}{입력} \times 100[\%]$$

$$= \frac{출력}{출력 + 손실} \times 100[\%]$$

핵심예제

1-1. 220[V], 40[W]의 형광등 10개를 4시간 동안 사용했을 때의 소비전력량은? [2005년 5회]

① 8.8[kWh] ② 0.16[kWh]
③ 1.6[kWh] ④ 16[kWh]

1-2. 정격이 5[A], 220[V]인 전기 제품을 10시간 동안 사용했을 때의 전력량[kWh]은? [2008년 5회]

① 1 ② 11
③ 21 ④ 31

1-3. 20[Ω]의 저항에 10[A]의 전류가 흐르면 몇 [kW]의 전력이 발생하는가?

① 0.2 ② 2
③ 20 ④ 200

1-4. 출력 10[kW], 효율 90[%]인 기기의 손실은 약 몇 [kW]인가?

① 0.1 ② 0.2
③ 1.11 ④ 11.11

|해설|

1-1

소비전력량 = 전력 × 시간 = 40 × 10 × 4
= 1,600[W] = 1.6[kWh]

1-2

$W = Pt = VIt = RI^2t = \frac{V^2}{R}$

$W = VIt = 220 \times 5 \times 10 = 11{,}000 = 11[\mathrm{kWh}]$

1-3

$P = RI^2 = 20 \times 10^2 = 2{,}000[\mathrm{W}] = 2[\mathrm{kW}]$

1-4

$\eta = \frac{출력}{입력}$

$입력 = \frac{출력}{\eta} = \frac{10}{0.9} = 11.11$

손실 = 입력 − 출력 = 11.11 − 10 = 1.11[kW]

정답 1-1 ③ 1-2 ② 1-3 ② 1-4 ③

핵심이론 02 열 량

(1) 줄의 법칙

도선에 전류가 흐르면 열이 발생하게 되는데 이 법칙을 줄의 법칙(Joule's Law)이라 한다.

$H = 0.24I^2Rt[\text{cal}]$, $W = Pt = RI^2t[\text{J}]$

$1[\text{cal}] = 4.186[\text{J}]$, $1[\text{J}] = \frac{1}{4.186} = 0.24[\text{cal}]$

(2) 전류의 3대 작용

① **발열 작용** : 전기 저항에 전류가 흐르면 열이 발생하는 현상을 이용하는 것으로 전열기, 전등, 전기 히터, 전기 다리미 등에 이용된다.

② **자기 작용** : 전기 에너지를 기계 에너지로, 기계 에너지를 전기 에너지로 바꾸는 작용을 이용한 것으로 전자석, 변압기, 전동기, 계전기, 전화기 등에 이용된다.

③ **화학 작용** : 전류가 물질 속을 흐르면서 화학 반응이나 전기 분해 작용을 하는 것으로 전기 분해, 전기 도금, 전지 등에 이용된다.

핵심예제

2-1. 다음 중 줄의 법칙을 설명한 것 중 맞는 것은?(단, 여기서 H는 열량) [2003년 5회]

① $H = I^2Rt[\text{J}]$
② $H = 0.24IRt[\text{cal}]$
③ $1[\text{kWh}] = 860[\text{cal}]$
④ $1[\text{J}] = \frac{1}{9.186}[\text{cal}]$

2-2. 10[Ω]의 저항에 5[A]의 전류를 3분 동안 흘렸을 때 발열량은 몇 [cal]인가? [2004년 5회]

① 1,080[cal]　② 2,160[cal]
③ 5,400[cal]　④ 10,800[cal]

2-3. 전력량 1[J]은 몇 열량 에너지[cal]인가? [2011년 5회]

① 0.24　② 4.2
③ 86　④ 860

2-4. 납축전지의 전해액은?

① 증류수　② 염 산
③ 소금물　④ 묽은 황산

2-5. 5[L]의 물을 20[℃]에서 30[℃]로 높이는 데 필요한 열량 [kcal]은 얼마인가?

① 5　② 30
③ 50　④ 90

|해설|

2-1

$H[\text{cal}] = Pt = VIt = I^2Rt = \frac{V^2}{R}t$

옴의 법칙 $V = IR$을 응용한 식

2-2

$H = 0.24RI^2t = 0.24 \times 10 \times 5^2 \times 3 \times 60 = 10{,}800[\text{cal}]$

2-3

$1[\text{cal}] = 4.2[\text{J}]$

$\therefore 1[\text{J}] = \frac{1}{4.2}[\text{cal}] = 0.24[\text{cal}]$

2-5

$H = CM_t$

$= 5 \times 10^3(30-20) = 50[\text{kcal}]$

정답 2-1 ① 2-2 ④ 2-3 ① 2-4 ④ 2-5 ③

1-3. 교류회로의 기초

핵심이론 01 교류의 종류

(1) 교 류

시간의 변화에 따라 크기와 방향이 주기적으로 변화하는 전압과 전류

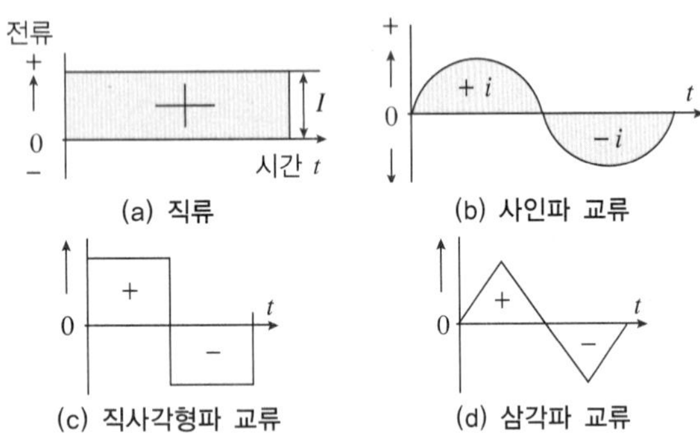

(a) 직류 (b) 사인파 교류

(c) 직사각형파 교류 (d) 삼각파 교류

(2) 주파수와 주기

① 주기 T : 1주파에 걸리는 시간 T[sec]

$$T = \frac{1}{f}[\text{sec}]$$

② 주파수(Frequency) : 1초 동안에 변화하는 주파의 수

$$f = \frac{1}{T}[\text{Hz}]$$

핵심예제

교류에서 1초 동안에 반복되는 사이클의 수를 무엇이라 하는가?

[2013년 2회]

① 주파수 ② 전 력
③ 각속도 ④ 주 기

|해설|

① 주파수(Frequency) : 교류가 그 파형에 따라 완전히 한 번 변화하기까지를 1주파라고 한다. 1초 동안의 주파의 수를 주파수라 하며, 단위는 헤르츠[Hz]로 표시한다.

$$f = \frac{1}{T}[\text{Hz}]$$

④ 주기(Period) : 1주파에 걸리는 시간 T[sec]을 말한다.

$$T = \frac{1}{f}[\text{sec}]$$

정답 ①

핵심이론 02 교류의 표시법

(1) 순시값

$$e = V_m \sin(\omega t + \theta) = \sqrt{2}\, V \sin(\omega t + \theta)$$

θ : 위상차

ω : 각속도 $\omega = 2\pi f$[rad/sec]

(2) 최댓값 : $V_m = \sqrt{2}\, V_e$

(3) 실횻값 : $V_e = \dfrac{V_m}{\sqrt{2}}$

(4) 평균값 : $E_{av} = \dfrac{2}{\pi} V_m = 0.637\, V_m$[V]

(5) 파고율 = $\dfrac{\text{최댓값}}{\text{실횻값}}$

(6) 파형률 = $\dfrac{\text{실횻값}}{\text{평균값}}$

핵심예제

2-1. 사인파 전압의 순시값이 $v = \sqrt{2}\, V\sin\omega t[V]$인 교류의 실횻값[V]은? [2012년 5회]

① $\dfrac{V}{2}$ ② $\sqrt{2}\,V$
③ V ④ $\dfrac{V}{\sqrt{2}}$

2-2. 정현파 교류 전압 $120\sqrt{2}\sin(120\pi t - 60°)[V]$을 멀티미터로 측정할 때 전압[V]은? [2002년 6회]

① $120\sqrt{2}$ ② $60\sqrt{2}$
③ 120 ④ 60

2-3. $e = 141\sin(100\pi t - 30°)[V]$라면 이 교류의 최댓값은 몇 [V]인가?

① 100 ② 141
③ 220 ④ 380

2-4. $e = 141\sin(100\pi t - 30°)[V]$라면 실횻값은 몇 [V]인가?

① 100 ② 141
③ $100\sqrt{2}$ ④ $100\sqrt{3}$

2-5. $e = 141\sin(100\pi t - 30°)[V]$라면 사인파 교류의 주파수는 몇 [Hz]인가?

① 40 ② 50
③ 60 ④ 120

2-6. $e = 141\sin(100\pi t - 30°)[V]$라면 평균값은 몇 [V]인가?

① 50 ② 60
③ 90 ④ 120

2-7. $e = 141\sin(100\pi t - 30°)[V]$라면 파고율은?

① 0.637 ② 1.11
③ 1.414 ④ 3.14

2-8. $e = 141\sin(100\pi t - 30°)[V]$라면 파형률은?

① 0.637 ② 1.11
③ 1.141 ④ 3.14

|해설|

2-1

$$\text{실횻값} = \frac{\text{최댓값}}{\sqrt{2}} = \frac{\sqrt{2}\,V}{\sqrt{2}} = V$$

2-2

멀티미터로 측정한 전압은 120[V]이다.

$$\text{실횻값} = \frac{\text{최댓값}}{\sqrt{2}} = \frac{120\sqrt{2}}{\sqrt{2}} = 120[V]$$

2-3

$$V_m = 100\sqrt{2} = 141[V]$$

2-4

$$V = \frac{1}{\sqrt{2}} V_m = \frac{1}{\sqrt{2}} 141 = 100[V]$$

2-5

$\omega = 2\pi f$에서

$$f = \frac{\omega}{2\pi} = \frac{100\pi}{2\pi} = 50[Hz]$$

2-6

$$V_{av} = \frac{2}{\pi} V_m = \frac{2}{\pi} \times 141 = 90[V]$$

2-7

$$\text{파고율} = \frac{\text{최댓값}}{\text{실횻값}} = \frac{100\sqrt{2}}{100} = \sqrt{2} = 1.414$$

2-8

$$\text{파형률} = \frac{\text{실횻값}}{\text{평균값}} = \frac{100}{90} = 1.11$$

정답 2-1 ③ 2-2 ③ 2-3 ② 2-4 ① 2-5 ② 2-6 ③ 2-7 ③ 2-8 ②

핵심이론 03 사인파 교류의 발생

(1) 유기기전력

자기장 안에서 도체를 놓고 도체의 축을 기준으로 회전시키면 도체가 자속을 끊으면서 기전력을 발생한다.

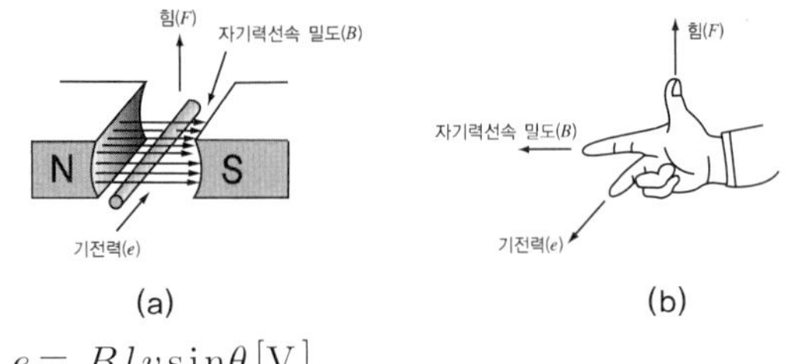

$e = Blv\sin\theta\,[\mathrm{V}]$

(2) 사인파 교류와 벡터

① 벡터량 : 크기와 방향을 갖는 양

② 벡터의 합성 : 두 벡터의 합성은 평행사변형법을 써서 합성할 수 있다.

$\overrightarrow{A} + \overrightarrow{B} = \overrightarrow{C}$ 또는 $\dot{A} + \dot{B} = \dot{C}$

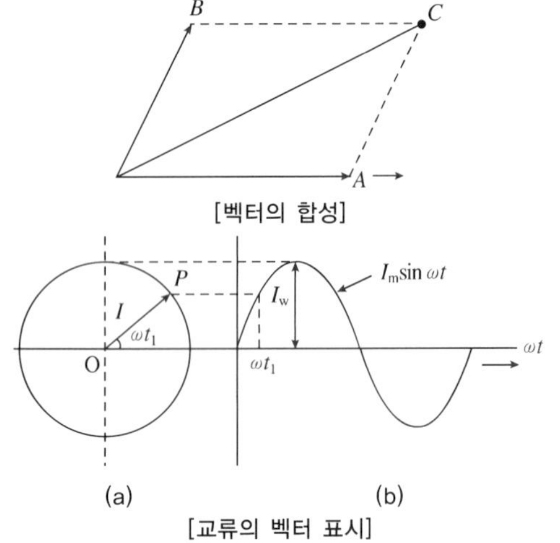

[벡터의 합성]

[교류의 벡터 표시]

(3) 벡터의 복소수 표시

① 직각 좌표 표시

$\dot{A} = a + jb$

절댓값 $A = |\dot{A}| = \sqrt{a^2 + b^2}$, 편각 $\theta = \tan^{-1}\dfrac{b}{a}$

② 극좌표 표시

$a = A\cos\theta,\ b = A\sin\theta$

$\dot{A} = A\cos\theta + A\sin\theta = A(\cos\theta + j\sin\theta) = A\angle\theta$

③ 공액복소수 : 허수의 부호가 서로 다른 복소수

$\dot{Z} = a + jb$ 와 $\dot{Z} = a - jb$

④ 허수축 j의 값

㉠ $j = \sqrt{-1}$

㉡ $j^2 = -1$

㉢ $j^3 = j^2 \times j = -j$

㉣ $j^4 = j^2 \times j^2 = 1$

(4) 복소수의 계산

① 복소수의 곱셈

$\dot{A} = \dot{A}_1\dot{A}_2 = (A_1\angle\theta_1)(A_2\angle\theta_2) = A_1A_2\angle(\theta_1 + \theta_2)$

② 복소수의 나눗셈

$$\dot{A} = \frac{\dot{A}_1}{\dot{A}_2} = \frac{(A_1\angle\theta_1)}{(A_2\angle\theta_2)} = \frac{A_1}{A_2}\angle(\theta_1 - \theta_2)$$

핵심예제

3-1. 평등 자장 내에 전류가 흐르는 직선 도선을 놓을 때, 전자력이 최대가 되는 도선과 자장 방향의 각도는?

[2002년 6회, 2006년 5회]

① 0°　　② 30°
③ 60°　　④ 90°

3-2. 길이 10[cm]의 도선이 자속밀도 1[Wb/m²]의 평등자장 안에서 자속과 수직방향으로 3[sec] 동안에 12[m] 이동하였다. 이때 유도되는 기전력은 몇 [V]인가?

① 0.2　　② 0.3
③ 0.4　　④ 0.8

3-3. $\dot{I}=8+j6$ [A]로 표시되는 전류의 크기(I)는 몇[A]인가?

① 6　　② 8
③ 9　　④ 10

3-4. $Z=\dot{3}-j4$의 절댓값은?

① -1　　② 5
③ 7　　④ 12

3-5. $\dot{A}_1=3+j5$, $\dot{A}_2=3+j3$인 두 벡터를 합한 벡터의 크기는?

① 10　　② 14
③ 24　　④ 36

|해설|

3-1

전자력 $F=BlI\sin\theta$[N]에서 전자력이 최대가 되는 도선의 각도는 자장의 방향에 $\theta=90°$이다.

3-2

$e=Blv\sin\theta=1\times0.1\times\dfrac{12}{3}\times\sin90°=0.4$[V]

3-3

$I=\sqrt{8^2+6^2}=\sqrt{100}=10$[A]

3-4

$Z=\sqrt{3^2+(-4)^2}=5$

3-5

$\dot{A}=\dot{A}_1+\dot{A}_2=3+j5+3+j3=6+j8$

$\therefore\ \dot{A}=\sqrt{6^2+8^2}=10$

정답 3-1 ④ 3-2 ③ 3-3 ④ 3-4 ② 3-5 ①

핵심이론 04 교류에 대한 RLC 작용

(1) 저항(R)만의 회로

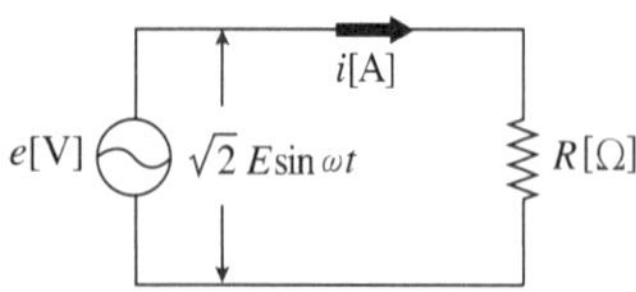

$$I = \frac{V}{R}[\text{A}]$$

전압과 전류의 위상은 동상이다.

(2) 코일(L)만의 회로

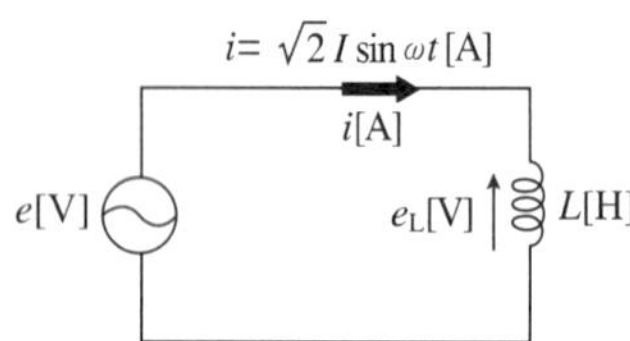

$$I = \frac{V}{X_L} = \frac{V}{\omega L} = \frac{V}{2\pi f L}[\text{A}]$$

$$X_L = \omega L = 2\pi f L[\Omega]$$

위상은 V이 I보다 $\frac{\pi}{2}$ 앞선다(진상).

(3) 콘덴서(C)만의 회로

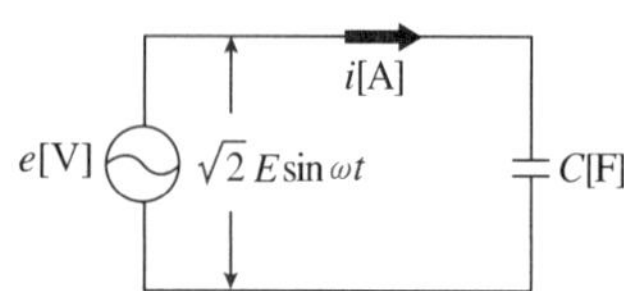

$$I = \frac{V}{X_C} = \frac{V}{\frac{1}{\omega C}} = \frac{V}{\frac{1}{2\pi f C}} = 2\pi f C V[\text{A}]$$

$$X_C = \frac{1}{\omega C} = \frac{1}{2\pi f C}[\Omega]$$

콘덴서에 흐르는 전류는 전압보다 $\frac{\pi}{2}$ 만큼 앞선다(진상).

핵심예제

4-1. 정전용량 88.4[μF]인 콘덴서가 연결된 교류 60[Hz]의 주파수에 대한 용량 리액턴스는? [2002년 6회]

① 29[Ω] ② 30[Ω]
③ 31[Ω] ④ 32[Ω]

4-2. 자체 인덕턴스가 0.01[H]인 코일에 100[V], 60[Hz]의 사인파 전압을 가할 때 유도 리액턴스는 약 몇 [Ω]인가?

① 1.11 ② 3.77
③ 4.5 ④ 5.6

|해설|

4-1

$$X_C = \frac{1}{\omega C} = \frac{1}{2\pi f C}$$
$$= \frac{1}{2\times\pi\times60\times88.4\times10^{-6}} = 30[\Omega]$$

4-2

$$X_L = \omega L = 2\pi f L$$
$$= 2\pi\times60\times0.01 = 3.77[\Omega]$$

정답 4-1 ② 4-2 ②

핵심이론 05 $R-L-C$의 직렬 회로

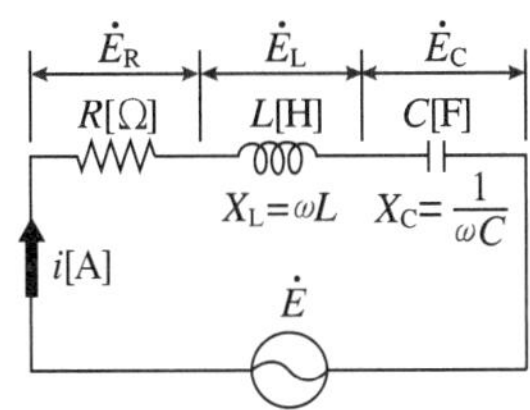

① $X_L > X_C$일 때

유도성 리액턴스 : 전류가 전압보다 위상이 늦는다.

② $X_L < X_C$일 때

용량성 리액턴스 : 전류가 전압보다 위상이 앞선다.

③ $X_L = X_c$일 때, 리액턴스는 0이고 R만 존재하게 된다(직렬 공진). 이때의 주파수를 공진 주파수라 한다.

$$f_0 = \frac{1}{2\pi\sqrt{LC}}$$

$$I = \frac{E}{\sqrt{R^2+\left(\omega L-\frac{1}{\omega C}\right)^2}} = \frac{E}{Z}$$

$Z = \sqrt{R^2+\left(\omega L-\frac{1}{\omega C}\right)^2}\ [\Omega]$을 임피던스라 한다.

핵심예제

5-1. RC 직렬회로에서 임피던스가 10[Ω], 저항 8[Ω]일 때 용량리액턴스[Ω]는? [2009년 5회]

① 4 ② 5
③ 6 ④ 7

5-2. $R=4[\Omega]$, $X_L=8[\Omega]$, $X_C=5[\Omega]$의 RLC직렬회로에 20[V]의 교류를 가할 때 유도 리액턴스 X_L을 흐르는 전류의 크기는?

① 4 ② 5
③ 6 ④ 7

5-3. RLC직렬회로에서 전압과 전류가 동상(직렬공진)이 될 수 있는 조건은?

① $\omega LC=1$ ② $\omega=LC$
③ $\omega LC=0$ ④ $\omega^2 LC=1$

|해설|

5-1

$Z=\sqrt{R^2+X_C{}^2}$

$10=\sqrt{8^2+X_C{}^2}$

$\therefore X_C=6$

5-2

$$I=\frac{V}{Z}=\frac{V}{\sqrt{R^2+(X_L-X_C)^2}}$$

$$=\frac{20}{\sqrt{4^2+(8-5)^2}}=\frac{20}{5}=4[A]$$

5-3

$Z=\sqrt{R^2+(X_L-X_C)^2}$

$=\sqrt{R^2+\left(\omega L-\frac{1}{\omega C}\right)^2}$ 에서

$X_L=X_C$, $\omega L=\frac{1}{\omega C}$, $\omega^2 LC=1$

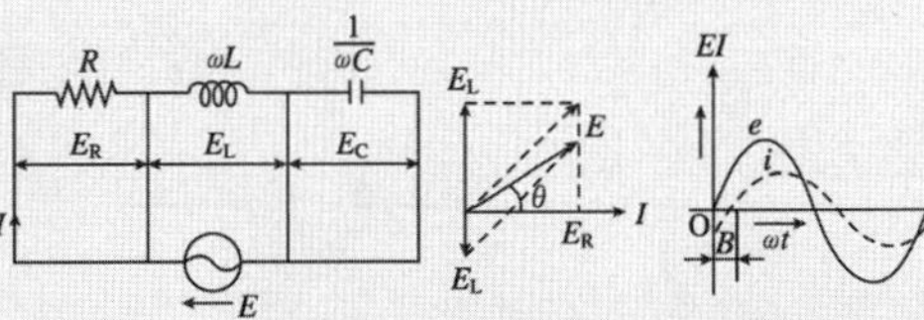

[코일, 저항 및 콘덴서의 직렬회로]

정답 5-1 ③ 5-2 ① 5-3 ④

1-4. 교류 전력

핵심이론 01 단상, 3상전력

(1) 단상전력

① 유효 전력 : $P_{유} = VI\cos\theta[\mathrm{W}]$

② 무효 전력 : $P_{무} = VI\sin\theta[\mathrm{Var}]$

③ 피상 전력 : $P_{피} = VI[\mathrm{VA}]$

(2) 3상전력

① 유효 전력 : $P_{유} = \sqrt{3}\,VI\cos\theta[\mathrm{W}]$

② 무효 전력 : $P_{무} = \sqrt{3}\,VI\sin\theta[\mathrm{Var}]$

③ 피상 전력 : $P_{피} = \sqrt{3}\,VI[\mathrm{VA}]$

(3) 역 률

$$역률 = \frac{P_{유}}{P_{피}} = \frac{VIcos\theta}{VI} = \cos\theta$$

$$\cos\theta = \frac{R}{Z}$$

핵심예제

1-1. 저항이 $R[\Omega]$, 리액턴스 $X[\Omega]$이 직렬로 접속된 부하에서 역률은? [2010년 5회]

① $\cos\theta = \frac{R}{\sqrt{R^2+X^2}}$ ② $\cos\theta = \frac{\sqrt{2}\,R}{\sqrt{R^2+X^2}}$

③ $\cos\theta = \frac{R}{X^2}$ ④ $\cos\theta = \frac{2R}{\sqrt{R^2+X^2}}$

1-2. 피상전력 500[kVA], 유효전력 400[kW]일 때 역률은?

① 0.4 ② 0.6

③ 0.8 ④ 1

1-3. 저항 8[Ω], 유도 리액턴스 10[Ω], 용량 리액턴스 4[Ω]인 직렬회로의 역률은?

① 0.4 ② 0.6

③ 0.8 ④ 1

1-4. 단상전압 220[V]에 소형 전동기를 접속하였더니 2.5[A]의 전류가 흘렀다. 이때 역률이 80[%]라면 이 전동기의 소비전력은 몇 [W]인가?

① 110 ② 220

③ 380 ④ 440

|해설|

1-1

$$\cos\theta = \frac{R}{Z} = \frac{R}{\sqrt{R^2+X^2}}$$

1-2

$$역률 = \frac{P_{유}}{P_{피}} = \frac{400}{500} = 0.8$$

1-3

$$\cos\theta = \frac{R}{Z} = \frac{R}{\sqrt{R^2+(X_L-X_C)^2}} = \frac{8}{\sqrt{8^2+(10-4)^2}} = 0.8$$

1-4

$$P = VI\cos\theta = 220\times2.5\times0.8 = 440[\mathrm{W}]$$

정답 1-1 ① 1-2 ③ 1-3 ③ 1-4 ④

핵심이론 02 3상 교류의 결선

(1) Y결선

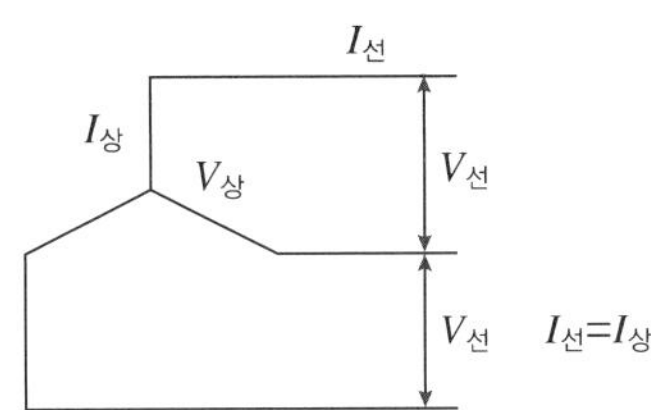

여기서, $V_{선}$: 선간전압

$V_{상}$: 상전압

$I_{선}$: 선전류

$I_{상}$: 상전류

$$V_{선}= \sqrt{3}\ V_{상} \angle \frac{\pi}{6}$$

선간접압은 상전압보다 $\frac{\pi}{6}$[rad] 앞선다.

(2) △ 결선

$V_{선} = V_{상}$

$I_{선} = \sqrt{3}\ I_{상} \angle -\frac{\pi}{6}$

선전류는 상전류보다 $\frac{\pi}{6}$[rad] 뒤진다.

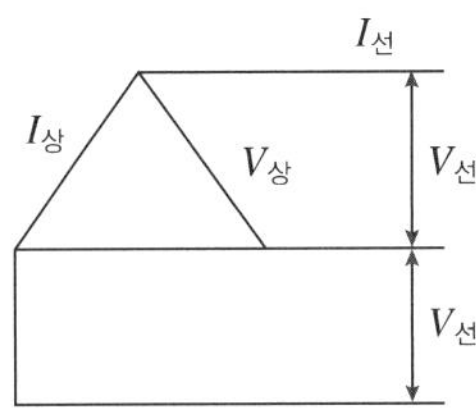

(3) V결선

① 출력비

$$\frac{P_V}{P_{\triangle}} = \frac{\sqrt{3}\ VI\cos\theta}{3\,VI\cos\theta} = \frac{1}{\sqrt{3}} = 0.577$$

② 이용률 : $\frac{\sqrt{3}\ VI\cos\theta}{2\,VI\cos\theta} = \frac{\sqrt{3}}{2} = 0.866$

핵심예제

2-1. Y결선으로 접속된 3상 회로에서 선간전압은 상전압의 몇 배인가? [2007년 5회]

① 2배 ② $\sqrt{2}$ 배
③ 3배 ④ $\sqrt{3}$ 배

2-2. 성형 결선 시 선간전압이 380[V]이면 상전압은 몇 [V]인가?

① 110 ② 220
③ 380 ④ 440

2-3. △결선으로 되어 있는 변압기에서 1대가 고장이 나서 V 결선으로 할 때 공급할 수 있는 전력은 고장 전 전력의 약 몇 [%]인가?

① 57.7 ② 86.6
③ 125.8 ④ 162.5

|해설|

2-1

Y결선에서 선간전압 $V_l = \sqrt{3}\,V_p$

2-2

$$V_{상} = \frac{V_{선}}{\sqrt{3}} = \frac{380}{1.732} = 220[\text{V}]$$

2-3

$$\frac{\text{V결선의 출력}}{\triangle\text{결선의 출력}} = \frac{\sqrt{3}\,VI}{3VI} = 0.577$$

$0.577 \times 100 = 57.7[\%]$

정답 2-1 ④ 2-2 ② 2-3 ①

2-1. 전 기

핵심이론 01 쿨롱의 법칙

두 전하(자극) 사이에 작용하는 힘의 크기는 두 전하(자극) 사이의 거리의 제곱에 반비례하고, 두 전하(자극)의 세기의 곱에 비례한다. 이것을 쿨롱의 법칙이라 한다.

(1) 전하일 때

힘 $F = 9 \times 10^9 \times \frac{Q_1 \cdot Q_2}{r^2}[\mathrm{N}]$

전기장의 세기 $E = 9 \times 10^9 \times \frac{Q}{r^2}[\mathrm{V/m}]$

전위 $V = 9 \times 10^9 \times \frac{Q}{r}[\mathrm{V}]$

$\therefore F = E \cdot Q[\mathrm{N}]$

(2) 자하(자극)일 때

힘 $F = 6.33 \times 10^4 \times \frac{m_1 m_2}{r^2}[\mathrm{N}]$

자장의 세기 $H = 6.33 \times 10^4 \times \frac{m}{r^2}[\mathrm{AT/Wb}]$

자위 $U = 6.33 \times 10^4 \times \frac{m}{r}[\mathrm{V}]$

$\therefore F = mH[\mathrm{N}]$

핵심예제

1-1. 공기 중에서 자기장의 크기가 10[AT/m]인 점에 8[Wb]의 자극을 둘 때, 이 자극에 작용하는 자기력은 몇 [N]인가?

[2002년]

① 80[N] ② 8[N]
③ 1.25[N] ④ 0.8[N]

1-2. 진공 중에 10^{-6}[C], 10^{-4}[C]의 두 점전하가 1[m]의 간격을 두고 놓여 있다. 두 전하 사이에 작용하는 힘은 몇 [N]인가?

① 6.33 ② 9
③ 9×10^{-1} ④ 9×10^{2}

1-3. 진공 속에서 1[m]의 거리를 두고 10^{-3}[Wb]와 10^{-5}[Wb]의 자극이 놓여 있다면 그 사이에 작용하는 힘[N]은?

① 6.33×10^4 ② 6.33×10^{-4}
③ 9×10^9 ④ 9×10^{-9}

|해설|

1-1

$F = mH = 8 \times 10 = 80[\mathrm{N}]$

1-2

$$F = 9 \times 10^9 \times \frac{Q_1 Q_2}{r^2}$$
$$= 9 \times 10^9 \times \frac{10^{-6} \times 10^{-4}}{1^2}$$
$$= 9 \times 10^9 \times 10^{-10} = 9 \times 10^{-1}[\mathrm{N}]$$

1-3

$$F = k\frac{m_1 m_2}{r^2}$$
$$= 6.33 \times 10^4 \times \frac{10^{-3} \times 10^{-5}}{1^2} = 6.33 \times 10^{-4}[\mathrm{N}]$$

정답 1-1 ① 1-2 ③ 1-3 ②

핵심이론 02 전류의 자기 작용

(1) 앙페르의 오른나사 법칙

전류에 의한 자장의 방향을 결정한다. 진행 방향과 나사의 돌리는 방향에 각각 일치한다.

(2) 비오사바르의 법칙

도선에 전류를 흘릴 때 r[m]떨어진 곳의 자장의 세기

$$\Delta H = \frac{I\Delta l \sin\theta}{4\pi r^2}[\mathrm{AT/m}]$$

(3) 무한장 직선에서 자기장의 세기

$$H = \frac{I}{2\pi r}[\mathrm{AT/m}]$$

(4) 원형코일의 중심에서 자기장의 세기

$$H = \frac{NI}{2r}$$

(5) 환상 솔레노이드

$$H = \frac{NI}{2\pi r} = \frac{NI}{l}[\mathrm{AT/m}]$$

원주의 길이 $l = 2\pi r$

(6) 무한장 솔레노이드

$$H = nI[\mathrm{AT/m}]$$

핵심예제

2-1. 지름 20[cm], 권수 100회의 원형 코일에 1[A]의 전류를 흘릴 때 코일 중심 자장의 세기[AT/m]는? [2003년 5회]

① 200　② 300
③ 400　④ 500

2-2. 무한장 직선 도체에 전류를 통했을 때 10[cm] 떨어진 점에서 자계의 세기가 2[AT/m]라면 전류의 크기는 약 몇 [A]인가?

① 0.5　② 1
③ 1.1　④ 1.26

2-3. 길이 2[m]의 균일한 자로에 8,000회의 도선을 감고 10[mA]의 전류를 흘릴 때 자로에서 자장의 세기[AT/m]는?

① 20　② 40
③ 80　④ 160

2-4. 1[cm]당 권수 50인 솔레노이드에 10[mA]의 전류를 흘릴 때 내부의 자장의 세기[AT/m]는?

① 50　② 60
③ 80　④ 75

|해설|

2-1

코일 중심에서 자기장의 세기

$$H = \frac{NI}{2r} = \frac{100\times 1}{2\times 10^{-1}} = 500[\mathrm{AT/m}]$$

2-2

무한장 직선 전류에 의한 자장의 세기

$$H = \frac{I}{2\pi r}[\mathrm{AT/m}]$$

$$\therefore\ I = 2\pi r H = 2\pi\times 10\times 10^{-2}\times 2 = 1.26[\mathrm{A}]$$

2-3

$$H = \frac{NI}{2\pi r} = \frac{NI}{l}[\mathrm{AT/m}]$$

$$= \frac{8{,}000\times 10\times 10^{-3}}{2} = 40[\mathrm{AT/m}]$$

2-4

1[cm]당 50회이면 1[m]당 5,000회

$$\therefore\ H = nI = 5{,}000\times 10\times 10^{-3} = 50[\mathrm{AT/m}]$$

정답 2-1 ④ 2-2 ④ 2-3 ② 2-4 ①

핵심이론 03 전자력과 유도 작용

(1) 플레밍의 왼손 법칙(전동기의 원리)

왼손 세 손가락을 서로 직각으로 펼치고 가운데 손가락을 전류, 집게손가락을 자장의 방향으로 하면, 엄지손가락의 방향은 힘의 방향이 된다. 이것을 플레밍의 왼손 법칙이라 하며, 이 원리를 이용한 것이 전동기이다.

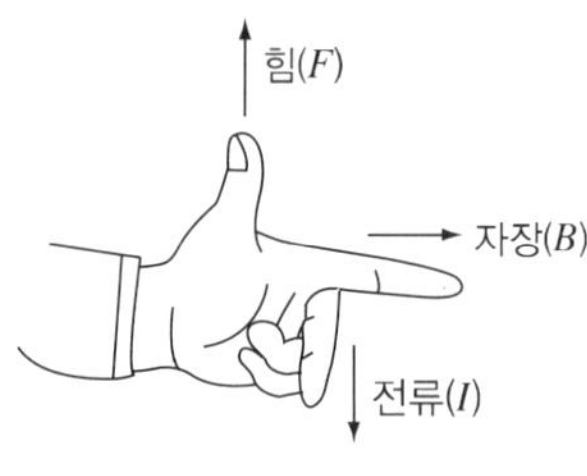

[플레밍의 왼손법칙]

(2) 전자력(Electromagnetic Force)

자속밀도 B[Wb/m^2]의 자장 안에 이와 직각으로 길이 l[m]의 도선을 놓고 I[A]의 전류를 흐르게 할 때, 도선이 받는 전자력은

$F = BIl\sin\theta$[N]

(3) 평행 전류 사이의 전력

① 흡인 작용 : 2개의 평행 도선의 방향이 같을 때

② 반발 작용 : 2개의 평행 도선의 방향이 반대일 때

$$F = \frac{2I_1 I_2}{r} \times 10^{-7} [\text{N/m}]$$

(4) 전자 유도

코일을 놓고 자석을 움직이면 코일에 전류가 흐른다. 즉, 코일을 지나는 자속이 변화하면 코일에 기전력이 생기는데, 이 현상을 전자유도 작용이라 한다.

$$e = -N\frac{\Delta\phi}{\Delta t}[\text{V}]$$

(5) 패러데이 법칙(Faraday's Law)

전자 유도에 의하여 회로에 유도되는 기전력의 크기는 이 회로와 쇄교하는 자속의 변화량에 비례한다.

(6) 렌츠의 법칙(Lenz's Law)

유도 기전력의 방향은 그 유도 전류가 만드는 자속이 원래의 자속증감을 방해하는 방향이다.

(7) 자체인덕턴스

$$e = L\frac{di}{dt} = N\frac{d\phi}{dt}[\text{V}]$$

$$LI = N\phi,\ \ L = \frac{N\phi}{I}[\text{H}]$$

(8) 상호 인덕턴스

$M = k\sqrt{L_1 L_2}$[H]

k : 결합계수

(9) 코일에 축적되는 에너지

$$W = \frac{1}{2}LI^2[\text{J}]$$

핵심예제

3-1. 권수가 300인 코일에서 2초 사이에 10[Wb]의 자속이 변화한다면, 코일에 발생되는 유도 기전력의 크기는 몇 [V]인가?

[2006년 5회]

① 20　　② 1,500
③ 3,000　　④ 6,000

3-2. 자속밀도 10[Wb/m^2]의 균일한 자장 내에 길이 2[cm]의 도선이 자장과 30°의 각도를 이루고 있을 때 여기에 30[A]의 전류를 흐르게 하면 도선에 작용하는 힘[N]은?

① 3　　② 60
③ 90　　④ 120

3-3. 자체 인덕턴스 40[mH]의 코일에서 0.2초 동안에 10[A]의 전류가 변화하였다. 코일에 유도되는 기전력은 몇 [V]인가?

① 1　　② 2
③ 3　　④ 4

3-4. 감은 횟수 200회의 코일에 5[A]의 전류가 흘러서 0.025[Wb]의 자속이 코일에 발생하면 이 코일의 자체 인덕턴스는 몇 [H]인가?

① 1　　② 2
③ 5　　④ 7.5

3-5. 자체인덕턴스가 40[mH]와 90[mH]인 두 개의 코일이 있다. 두 코일 사이에 누설자속이 없다고 하면 상호 인덕턴스는 몇 [mH]인가?

① 60　　② 130
③ 360　　④ 480

3-6. 0.25[H]와 0.23[H]의 자체 인덕턴스를 직렬로 접속할 때 합성 인덕턴스의 최댓값은 약 몇 [H]인가?

① 0.48　　② 0.96
③ 1.2　　④ 2.4

3-7. 자체 인덕턴스 20[mH]의 코일에 20[A] 전류를 흘릴 때 저장되는 에너지는 몇 [J]인가?

① 2　　② 4
③ 20　　④ 40

|해설|

3-1

$$e = N\frac{\Delta\phi}{\Delta t} = 300\times\frac{10}{2} = 1{,}500[\mathrm{V}]$$

3-2

$$F = BlI\sin\theta = 10\times0.02\times30\times\frac{1}{2} = 3[\mathrm{N}]$$

3-3

$$e = L\frac{\Delta I}{\Delta t} = 40\times10^{-3}\times\frac{10}{0.2} = 2[\mathrm{V}]$$

3-4

$$LI = N\phi$$

$$L = \frac{N\phi}{I} = \frac{200\times0.025}{5} = 1[\mathrm{H}]$$

3-5

상호인덕턴스

$$M = K\sqrt{L_1 L_2} = \sqrt{40\times90} = 60[\mathrm{mH}]$$

3-6

$$L_0 = L_1 + L_2 + 2M = L_1 + L_2 + 2k\sqrt{L_1 L_2}$$
$$= 0.25 + 0.23 + 2\times\sqrt{0.25\times0.23} = 0.96[\mathrm{H}]$$

3-7

$$W = \frac{1}{2}LI^2$$
$$= \frac{1}{2}\times20\times10^{-3}\times20^2 = 4[\mathrm{J}]$$

정답 3-1 ② 3-2 ① 3-3 ② 3-4 ① 3-5 ① 3-6 ② 3-7 ②

2-2. 콘덴서와 정전 용량

핵심이론 01 콘덴서의 접속

(1) 직렬 접속

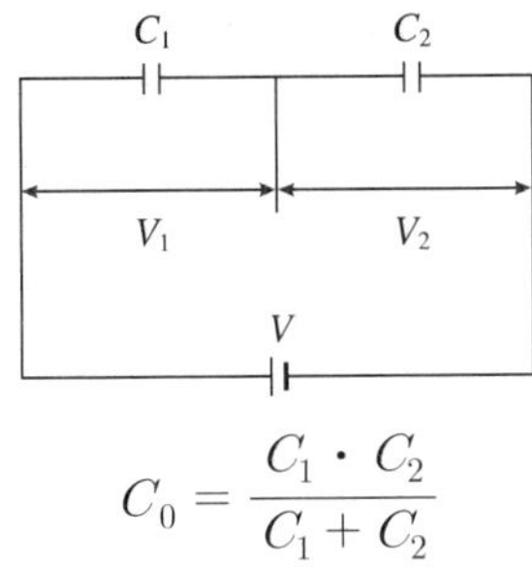

$$C_0 = \frac{C_1 \cdot C_2}{C_1 + C_2}$$

(2) 병렬 접속

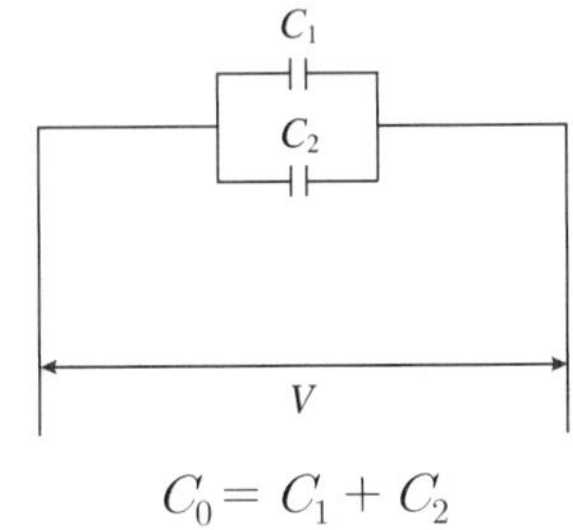

$$C_0 = C_1 + C_2$$

핵심예제

1-1. 정전용량 $C_1 = 120[\mu F]$, $C_2 = 30[\mu F]$가 직렬로 접속되었을 때 합성 정전용량은 몇 $[\mu F]$인가?

① 15　② 24
③ 150　④ 2,400

1-2. 0.02$[\mu F]$, 0.03$[\mu F]$ 2개의 콘덴서를 병렬로 접속할 때의 합성용량은 몇 $[\mu F]$인가?

① 0.05　② 0.06
③ 1.2　④ 1.6

|해설|

1-1

$$C_0 = \frac{C_1 \times C_2}{C_1 + C_2} = \frac{120 \times 30}{120 + 30} = 24[\mu F]$$

1-2

$$C_0 = C_1 + C_2 = 0.02 + 0.03 = 0.05[\mu F]$$

정답 1-1 ② 1-2 ①

핵심이론 02 정전 용량 및 충전에너지

(1) 정전용량

정전 용량이 C[F]인 콘덴서에 전압 V[V]를 걸면 Q[C]의 전기량이 모인다.

$Q = CV$

(2) 콘덴서에 저축되는 에너지

$$W = \frac{1}{2} VQ = \frac{1}{2} CV^2 [J]$$

핵심예제

2-1. 0.2$[\mu F]$ 콘덴서와 0.1$[\mu F]$ 콘덴서를 병렬 연결하여 40[V]의 전압을 가할 때 0.2$[\mu F]$에 축적되는 전하$[\mu C]$의 값은?

① 0.2　② 4
③ 5　④ 8

2-2. 200$[\mu F]$의 콘덴서를 충전하는 데 9[J]의 일이 필요하였다. 충전전압은 몇 [V]인가?

① 200　② 300
③ 450　④ 900

|해설|

2-1

$Q = CV = 0.2 \times 40 = 8[\mu F]$

2-2

$$W = \frac{1}{2} CV^2$$

$$V = \sqrt{\frac{2W}{C}} = \sqrt{\frac{2 \times 9}{200 \times 10^{-6}}} = 300[V]$$

정답 2-1 ④ 2-2 ②

제3절 | 전자기기의 구조와 원리 및 운전

3-1. 직류기와 교류기

핵심이론 01 직류기

(1) 직류 발전기의 구조

① 전기자 : 유기기전력 발생

② 계자 : 자속 발생

③ 정류자 : 코일의 반회전마다 전류의 방향을 바꾸는 장치

④ 브러시 : 외부 회로와 내부 회로를 접속하는 장치

(2) 유기기전력

① $e = Blv[\mathrm{V}]$

② $E = \dfrac{PZ\phi N}{60a} = K\phi N[\mathrm{V}] \quad (K = \dfrac{PZ}{60a})$

중권일 때 $a = p$

파권일 때 $a = 2$

(3) 직류발전기의 3요소

전기자, 계자, 정류자

(4) 전기자 반작용

전기자 전류에 의한 자속이 주자속에 영향을 주는 현상으로 편자 작용과 감자 작용으로 전기적 중성축 이동, 정류자 사이에 불꽃을 발생시키는 원인이 되므로 보상권선을 설치한다.

① 영 향

㉠ 주자속 감소

㉡ 유도기전력 감소

㉢ 토크 감소

㉣ 속도 증가

② 방지 대책

㉠ 보상 권선 설치

㉡ 보극 설치

㉢ 전기자 기자력보다 상대적으로 계자 기자력을 크게 한다.

(5) 직류 발전기의 종류

① 자여자 발전기

㉠ 분권 발전기 : 계자 권선과 전기자 권선이 병렬 접속

㉡ 직권 발전기 : 계자 권선과 전기자 권선이 직렬 접속

㉢ 복권 발전기 : 분권 계자와 직권 계자를 조합한 발전기

② 타여자 발전기 : 여자 전류를 다른 독립된 직류 전원에서 얻는 발전기

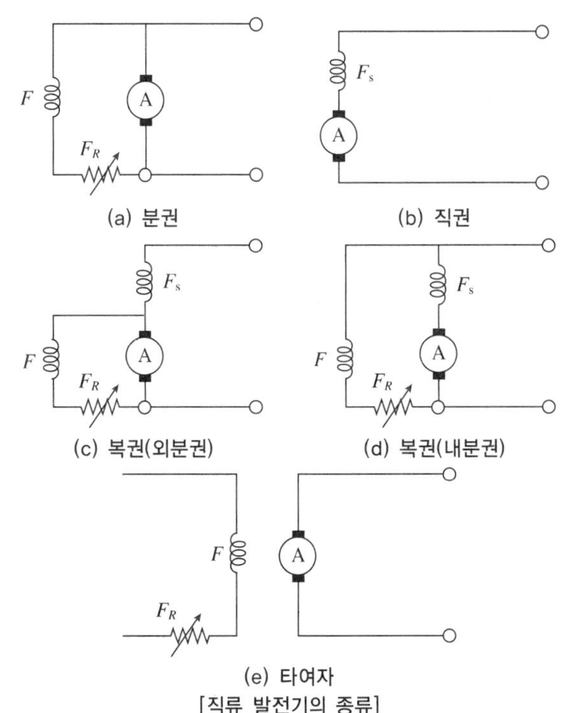

[직류 발전기의 종류]

(6) 직류 발전기의 병렬 운전 조건

① 정격 단자 전압이 같을 것

② 극성이 같을 것

③ 외부 특성 곡선이 일치하고 약간의 수하 특성을 가질 것

(7) 전압변동률

$$\varepsilon = \frac{V_0 - V}{V} \times 100$$

V : 정격전압

V_0 : 무부하전압

(8) 직류 전동기의 종류

① **분권 전동기** : 일정 속도 및 가변 속도를 다같이 필요로 하는 펌프, 송풍기, 선반 등에 적당하다.

② **직권 전동기** : 토크의 변화에 비하면 출력의 변화가 적다. 전차, 전기 기관차, 기중기 등에 적당하다.

③ **복권 전동기** : 기중기, 윈치, 분쇄기 등에 사용한다.

(9) 직류전동기와 발전기의 단자전압 비교

① 전동기 $E = V - I_a R_a$[V]

② 발전기 $E = V + I_a R_a$[V]

V : 단자전압

E : 역기전력

I_a : 전기자전류

R_a : 전기자 저항

(10) 직류전동기의 속도제어법

① **저항 제어법** : 전기자 저항을 조절

② **계자 제어법** : 자속을 변화시키는 방법

③ **전압 제어법** : 단자전압을 제어

(11) 제동법

① **발전제동** : 운전 중인 전동기를 전원에서 분리하여 발전기로 작용시켜 운동에너지를 전기에너지로 변환시키는 방법

② **회생제동** : 전동기를 발전기로 변환시켜 전력을 전원에 공급시키는 방법

③ **역전제동** : 전동기의 회전방향을 바꾸어 급제동시키는 방법

(12) 효 율

$$\eta = \frac{출력}{입력} \times 100[\%] = \frac{출력}{출력 + 손실} \times 100[\%]$$

핵심예제

1-1. 직류기의 구조 중 정류자면에 접촉하여 전기자 권선과 외부 회로를 연결시켜 주는 것은? [2013년 2회]

① 브러시(Brush)
② 정류자(Commutator)
③ 전기자(Armature)
④ 계자(Field Magnet)

1-2. 직류 전동기의 속도제어법이 아닌 것은? [2012년 5회]

① 계자 제어법 ② 발전 제어법
③ 저항 제어법 ④ 전압 제어법

1-3. 발전기를 정격 전압 220[V]로 운전하다가 무부하로 운전하였더니 단자 전압이 253[V]가 되었다. 이 발전기의 전압 변동률은 몇 [%]인가?

① 3 ② 5
③ 15 ④ 25

1-4. 직류발전기가 있다. 자극수는 6, 전기자 총 도체수 400, 매 극당 자속 0.01[Wb], 회전수는 600[rpm]일 때 전기자에 유기되는 기전력은 몇 [V]인가?(단, 전기자 권선은 파권이다)

① 80 ② 100
③ 110 ④ 120

1-5. 자속밀도 0.8[Wb/m^2]의 평등자계 내에 길이 0.5[m]의 도체를 자계에 직각으로 놓고 이것을 30[m/s]의 속도로 운전하면 이 도체에 유기되는 기전력은?

① 6 ② 8
③ 10 ④ 12

1-6. 전기자 저항 0.1[Ω], 전기자 전류 104[A], 유도기전력 110.4[V]인 직류 분권 발전기의 단자 전압[V]은?

① 100 ② 110
③ 120 ④ 140

|해설|

1-1

직류 전동기의 구조

- 계자(Field Magnet) : 자속을 얻기 위한 자장을 만들어 주는 부분으로 자극, 계자 권선, 계철로 되어 있다.
- 전기자(Armature) : 회전하는 부분으로 철심과 전기자 권선으로 되어 있다.
- 정류자(Commutator) : 전기자 권선에 발생한 교류 전류를 직류로 바꾸어 주는 부분이다.
- 브러시(Brush) : 회전하는 정류자 표면에 접촉하면서, 전기자 권선과 외부 회로를 연결하여 주는 부분이다.

1-2

직류전동기의 속도제어법

- 계자제어
- 전압제어
- 저항제어

1-3

$$\varepsilon = \frac{V_0 - V}{V} \times 100 = \frac{253 - 220}{220} \times 100 = 15[\%]$$

1-4

$$E = \frac{PZ\phi N}{60a} = \frac{6 \times 400 \times 0.01 \times 600}{60 \times 2} = 120\,[\mathrm{V}]$$

1-5

$$e = Blv\sin\theta = 0.8 \times 0.5 \times 30 \times 1 = 12[\mathrm{V}]$$

1-6

$$V = E - I_a R_a = 110.4 - 104 \times 0.1 = 100[\mathrm{V}]$$

정답 1-1 ① 1-2 ② 1-3 ③ 1-4 ③ 1-5 ④ 1-6 ①

핵심이론 02 교류기

(1) 3상 유도 전동기 동기속도

$$N_s = \frac{120}{P} f\,[\mathrm{rpm}]$$

(2) 동기발전기의 병렬운전조건

① 기전력의 크기가 같을 것

② 기전력의 위상이 같을 것

③ 기전력의 주파수가 같을 것

④ 기전력의 파형이 같을 것

핵심예제

4극의 유도전동기에 50[Hz]의 교류 전원을 가할 때 동기속도 [rpm]는? [2010년 5회]

① 200　　② 750

③ 1,200　　④ 1,500

|해설|

$$N_S = \frac{120f}{P} = \frac{120 \times 50}{4} = 1{,}500[\mathrm{rpm}]$$

정답 ④

3-2. 유도기

핵심이론 01 유도전동기

(1) 전력변환

① 2차 출력

P_o = 2차 입력(P_2) - 2차 동손(P_{C2})

2차 동손 $P_{C2} = sP_2$

② 2차 효율

$$\eta = \frac{\text{출력}}{\text{입력}} = \frac{P_0}{P_2} = (1-s)P_2 = \frac{N}{N_s}$$

③ 슬립 : 전동기의 실제 속도는 동기 속도보다 다소 뒤지게 되는 비율

$$S = \frac{N_s - N}{N_s} = \frac{P_{2c}}{P_2}$$

N_s : 동기속도

N : 전부하속도

(2) 동기 속도(회전 자계의 속도)

$$N_s = \frac{120f}{P}[\text{rpm}]$$

N_s : 동기 속도[rpm]

P : 고정자 권선에 의한 자극수

f : 전원 주파수[Hz]

(3) 단상 유도 전동기

① 원리 : 단상에서는 회전 자장이 생기지 않으므로 기동을 시켜주어야 회전하게 된다.

② 종류 및 기동토크 순서

반발 기동형 > 반발 유도형 > 콘덴서 기동형 > 분상 기동형 > 셰이딩 코일형

(4) 기동법

① 농형유도전동기의 기동법

㉠ 전전압 기동법

㉡ Y-△ 기동법

㉢ 기동보상기법

② 권선형 유도전동기의 기동법

2차 저항법(기동저항기법)

(5) 슬립의 범위

① 전동기 $0 < S < 1$

② 발전기 $S < 1$

③ 제동기 $1 < S < 2$

(6) 속도제어

① 전원 주파수, 극수 제어법

② 2차 저항법 : 비례추이 이용

③ 2차 여자법 : 2차 슬립 주파수의 전압을 외부에서 가하는 법

④ 역전 : 3상 단자 중 2단자의 접속을 바꾼다.

핵심예제

1-1. 유도 전동기에서 동기 속도를 결정하는 요인은?

[2007년 5회]

① 위상 - 파형
② 홈수 - 주파수
③ 자극수 - 주파수
④ 자극수 - 전기각

1-2. 전부하 슬립 5[%], 2차 저항손 6[kW]인 3상 유도 전동기의 2차 입력은 몇 [kW]인가?

① 80　② 100
③ 120　④ 150

1-3. 출력 10[kW], 효율 90[%]인 기기의 손실은 약 몇 [kW]인가?

① 0.9　② 1.11
③ 10　④ 11.11

|해설|

1-1

$N_s = \frac{120f}{P}$[rpm]

따라서, 동기속도는 자극수와 주파수로 결정된다.

1-2

2차 동손

$P_{C2} = sP_2$

$P_2 = \frac{P_{C2}}{S} = \frac{6}{0.05} = 120$[kW]

1-3

$\eta = \frac{출력}{입력}$

$입력 = \frac{출력}{\eta} = \frac{10}{0.9} = 11.11$[kW]

손실 = 입력 − 출력 = 11.11 − 10 = 1.11[kW]

정답 1-1 ③ 1-2 ③ 1-3 ②

핵심이론 02 변압기

(1) 변압기의 원리

전자유도작용에 의해 코일에 전류가 흐르면 전류의 반대 방향으로 역기전력이 발생

$$e = -L\frac{di}{dt} = -N\frac{d\phi}{dt}$$

(2) 변압기의 권수비와 유기기전력

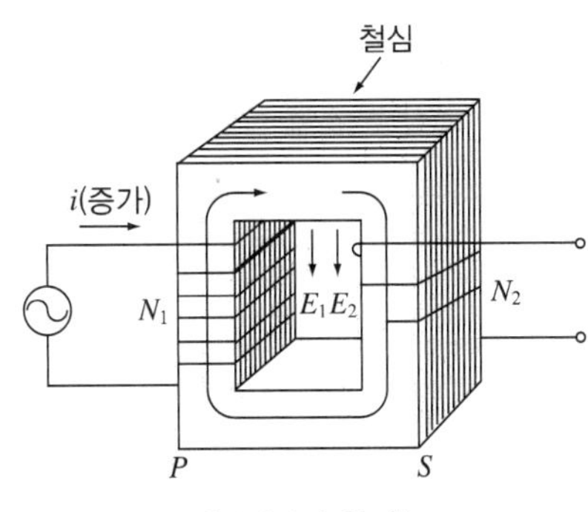

[변압기의 원리]

권수비 $a = \frac{N_1}{N_2} = \frac{E_1}{E_2} = \frac{I_2}{I_1}$

① 1차 유도기전력 $E_1 = 4.44f\phi m N_1$[V]

② 2차 유도기전력 $E_2 = 4.44f\phi m N_2$[V]

(3) 변압기유의 구비조건

① 절연내력이 클 것

② 점도가 낮을 것

③ 인화점이 높고 응고점이 낮을 것

(4) 변압기의 결선

① △-△결선

30[kV] 이하의 배전반용으로 많이 쓰이며, 전체용량은 변압기 1대의 용량의 3배이다.

$V_l = V_P$, $I_l = \sqrt{3} I_P$

V_l : 선간전압

V_P : 상전압

I_l : 선전류

I_P : 상전류

② △-Y결선

승압용으로 특별 고압 송전선의 송전단 측에 쓰인다.

③ Y-△결선

강압용으로 특별 고압 송전단의 수전단 측에 쓰인다.

④ Y-Y결선

$V_l = \sqrt{3}\, V_P$, $I_l = I_P$

⑤ V-V결선

3대 중 1대가 고장났을 때 사용하는 결선법으로 2대의 출력비는 $P_V = \sqrt{3} \times$ 한 대의 변압기 용량

(5) 변압기 효율과 전압 변동률

① **변압기 효율** : 변압기의 입력에 대한 출력량의 비를 말하며, 출력이 클수록 효율이 좋다.

$$\text{효율} = \frac{\text{출력}}{\text{입력}} \times 100[\%]$$

$$= \frac{\text{출력}}{\text{출력} + \text{철손} + \text{동손}} \times 100[\%]$$

$$= \frac{E_2 \cdot I_2 \cdot \cos\theta_2}{E_2 \cdot I_2 \cdot \cos\theta_2 + P_i + P_c} \times 100[\%]$$

② **전압 변동률** : 변압기에 부하를 걸어 줄 때 2차 단자 전압이 떨어지는 비율을 말한다.

$$\text{전압변동률} = \frac{E_0 - E}{E} \times 100$$

E_0 : 무부하 단자 전압

E : 전부하 단자 전압

핵심예제

2-1. 1차 전압 110[V]와 2차 전압 220[V]인 변압기의 권선비는? [2006년 5회]

① 1 : 1　　② 1 : 2
③ 1 : 3　　④ 1 : 4

2-2. 권수비가 100인 변압기에 있어서 2차측의 전류가 1,000[A]일 때 이것을 1차측으로 환산하면 몇 [A]인가?

① 10　　② 100
③ 0.1　　④ 0.01

2-3. 단상변압기의 2차 무부하 전압이 240[V]이고, 정격부하시의 2차 단자전압이 200[V]이다. 전압변동률은?

① 5　　② 10
③ 20　　④ 40

|해설|

2-1

권선비 $a = \frac{n_1}{n_2} = \frac{V_1}{V_2} = \frac{I_2}{I_1} = \frac{110}{220} = \frac{1}{2}$

$\therefore\ n_1 : n_2 = 1 : 2$

2-2

권수비 $a = \frac{V_1}{V_2} = \frac{N_1}{N_2} = \frac{I_2}{I_1}$

$I_1 = \frac{I_2}{a} = \frac{1,000}{100} = 10[\text{A}]$

2-3

전압변동률

$\varepsilon = \frac{V_{20} - V_{2n}}{V_{2n}} \times 100 = \frac{240 - 200}{200} \times 100 = 20[\%]$

정답 2-1 ② 2-2 ① 2-3 ③

3-3. 정류기

교류를 직류로 교환하는 장치이다.

핵심이론 01 정류기의 종류

(1) 반도체 정류기

① 단상 반파정류

㉠ 직류전압 : $E_d = \frac{\sqrt{2}}{\pi}E = 0.45E$

㉡ 직류전류 : $I_d = \frac{\sqrt{2}}{\pi}I = 0.45I$

② 단상 전파 정류

㉠ 직류전압 : $E_d = \frac{2\sqrt{2}}{\pi}E = 0.9E$

㉡ 직류전류 : $I_d = \frac{2\sqrt{2}}{\pi} \times I = 0.9I$

(2) 사이리스터

① SCR : 단방향성 3단자

② SCS : 단방향성 4단자

③ SSS : 쌍방향성 2단자

④ TRIAC : 쌍방향성 3단자

(3) 다이오드의 특성

① 직렬접속 : 과전압으로부터 보호

② 병렬접속 : 과전류로부터 보호

③ 직류전압 제어 : 초퍼

④ 교류전압 제어 : 위상

핵심예제

1-1. 다음 중 단자가 3개가 아닌 것은? [2005년 5회]

① 사이리스터
② 트라이액
③ 다이오드
④ MOSFET

1-2. 반도체 PN접합이 하는 작용은?

① 정 류
② 압 전
③ 변 압
④ 증 폭

1-3. 사이리스터를 사용하여 전압위상제어로 속도제어를 하는 것은?

① 전류제어
② 전압제어
③ 저항제어
④ 주파수제어

|해설|

1-1
다이오드는 2단자 소자이다.

정답 1-1 ③ 1-2 ① 1-3 ②

제4절 | 시퀀스 제어

4-1. 시퀀스 제어의 개요

시퀀스 제어는 미리 정해 놓은 순서에 따라 제어의 각 단계를 행하는 제어로 "0"과 "1"로 대표되는 디지털 신호로 제어되는 정성제어이며 신호의 흐름이 한 방향으로만 행해지는 열린 루프제어이다.

핵심이론 01 시퀀스 제어의 종류

(1) 릴레이 시퀀스

유접점 전자 릴레이의 접점으로 구성되는 기계적 유접점 시퀀스

(2) 로직 시퀀스

반도체의 논리 소자 등을 사용한 무접점 시퀀스 회로로서 "H"입력형인 논리회로와 "L"입력형의 음논리 회로가 있다.

(3) PLC 시퀀스

컴퓨터의 CPU로 릴레이 시퀀스, 논리소자를 프로그램화하여 기억시킨 무접점 시퀀스 회로

핵심예제

1-1. 시퀀스 제어(Sequence Control)를 설명한 것은?

[2010년 5회]

① 출력신호를 입력신호로 되돌려 제어한다.
② 목표값에 따라 자동적으로 제어한다.
③ 미리 정해 놓은 순서에 따라 제어의 각 단계를 순차적으로 제어한다.
④ 목표값과 결과치를 비교하여 제어한다.

1-2. 온도, 압력, 위치, 속도, 전압 등과 같은 물리량을 연속적인 아날로그 크기로 제어하는 것을 무슨 제어라 하는가?

① 정성적제어
② 정량적제어
③ 이산정보제어
④ 디지털제어

|해설|

1-1

시퀀스 제어 : 미리 정해놓은 순서에 따라 제어의 각 단계를 순차적으로 제어하는 회로

정답 1-1 ③ 1-2 ②

핵심이론 02 접점의 종류 및 심벌

(1) 자주 쓰는 접점 심벌

명 칭	심 벌		비 고
	a접점	b접점	
일반 접점 또는 수동 접점			토클 스위치
수동조작 자동복귀접점			푸시버튼 스위치
기계적 접점 (리밋 스위치)			–
계전기 접점 또는 보조 스위치 접점			–
한시동작접점			타이머
한시복귀접점			
열동계전기 수동복귀접점			–
전자접촉기접점			–

(2) 푸시버튼 스위치의 구조

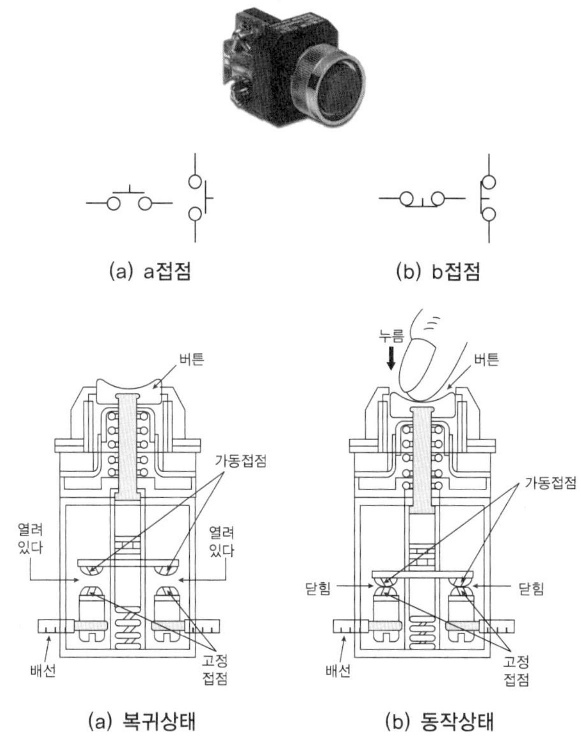

(a) a접점 (b) b접점

(a) 복귀상태 (b) 동작상태

(3) 릴레이의 구조와 원리

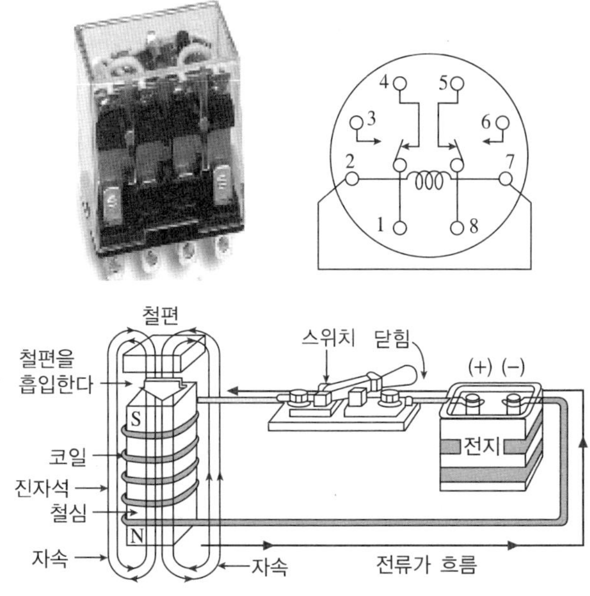

(4) 타이머의 구조

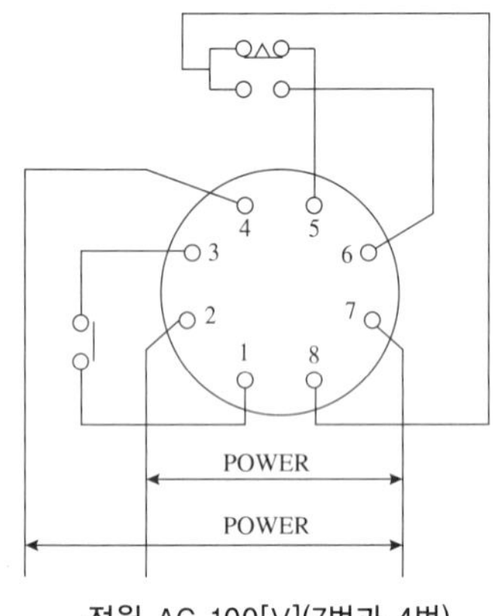

전원 AC 100[V](7번과 4번)
AC 200[V](7번과 2번)

(5) 전자접촉기

전자접촉기의 전자코일(MC)에 전류가 흐르면 고정 철심이 전자석으로 되어 가동철심을 흡인하여 가동 철심에 부착된 주접점과 보조접점을 폐로하고, 전자코일에 전류가 흐르지 않으면 개로한다.

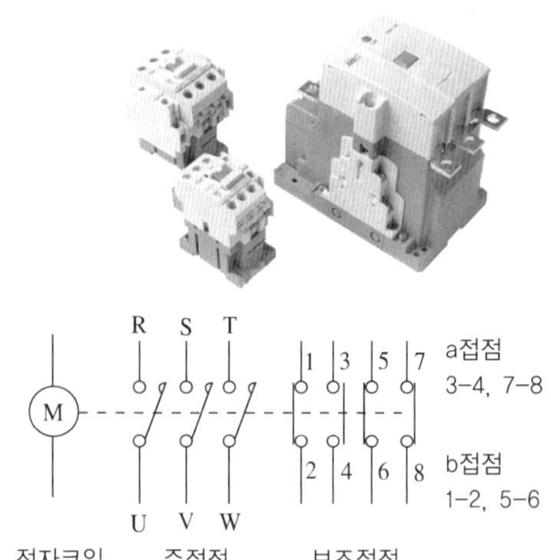

핵심예제

그림과 같은 전동기 주회로에서 THR은? [2010년 5회]

MCB
MC
THR
M

① 퓨 즈
② 열동 계전기
③ 접 점
④ 램 프

|해설|

THR은 열동 계전기이다.

정답 ②

핵심이론 03 유접점 기본회로 및 논리회로

(1) 자기유지회로

전자 릴레이에 시동신호를 주어 동작시키면 전자 릴레이 자체의 접점에 의해 측로(바이패스)하여 동작회로를 만들어 시동신호를 제거해도 동작을 계속함과 동시에 정지신호를 주면 전자 릴레이가 복귀하는 회로를 말한다.

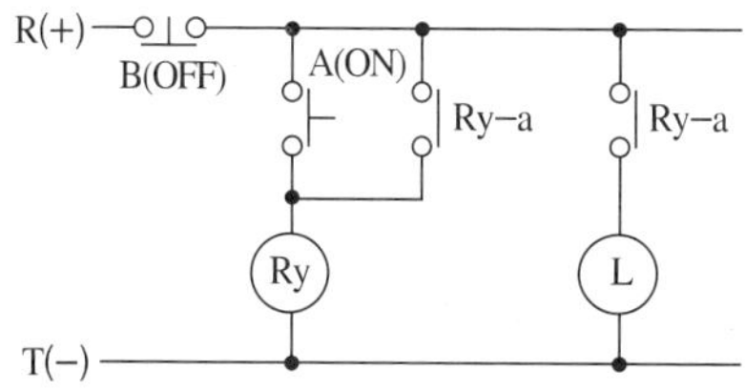

(2) 정지우선회로

PB1과 PB2를 동시에 누르면 출력 부저 BZ가 동작되지 않는 회로

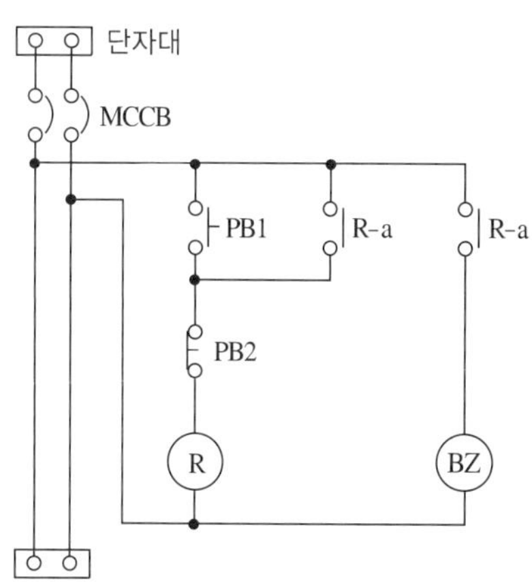

(3) 기동우선회로

PB1과 PB2를 동시에 누르면 출력 부저 BZ의 동작이 선행하는 회로

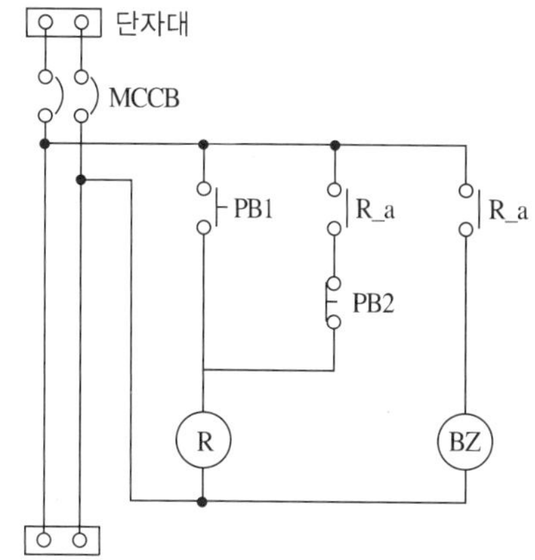

(4) 인터로크회로(상대동작금지회로)

먼저 입력된 신호의 출력이 동작되면서 상대동작의 출력을 금지하는 회로

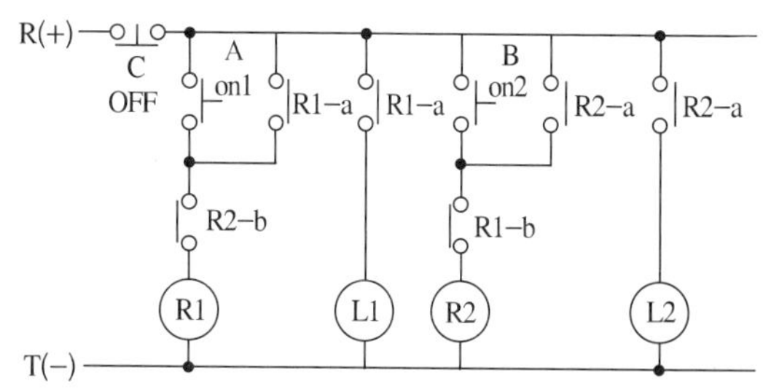

(5) AND 회로

두 개의 접점 A, B가 모두 동작해야 출력되는 회로를 말한다.

논리식 ⓧ = A · B

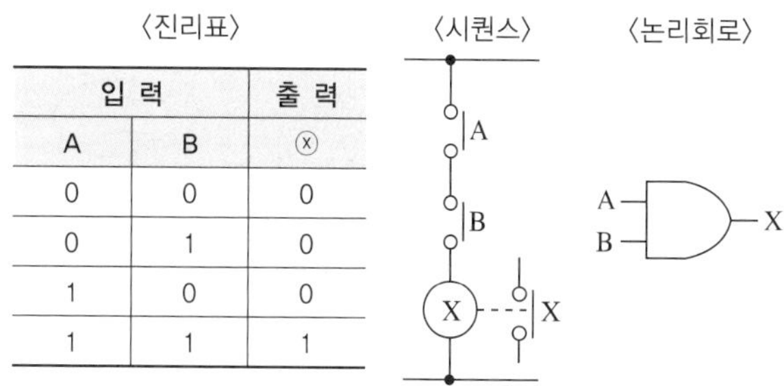

입 력		출 력
A	B	ⓧ
0	0	0
0	1	0
1	0	0
1	1	1

(6) OR 회로

두 개의 접점 중 하나만 동작해도 출력되는 회로를 말한다.

논리식 ⓧ = A + B

〈진리표〉

입 력		출 력
A	B	ⓧ
0	0	0
0	1	1
1	0	1
1	1	1

〈시퀀스〉 〈논리회로〉

(7) NAND 회로

AND 회로의 부정회로로 입력 A, B 모두가 ON되어야 출력이 OFF되는 회로이다.

논리식 ⓧ = $\overline{A \cdot B} = \overline{A} + \overline{B}$

〈진리표〉

입 력		출 력
A	B	ⓧ
0	0	1
0	1	1
1	0	1
1	1	0

〈시퀀스〉 〈논리회로〉

(8) NOR 회로

OR 회로의 부정 회로로 입력 A, B 중 어느 하나라도 ON되면 출력이 OFF되고 입력 A, B 전부가 OFF되면 출력이 ON되는 회로이다.

논리식 ⓧ = $\overline{A + B} = \overline{A} \cdot \overline{B}$

〈진리표〉 〈시퀀스〉 〈논리회로〉

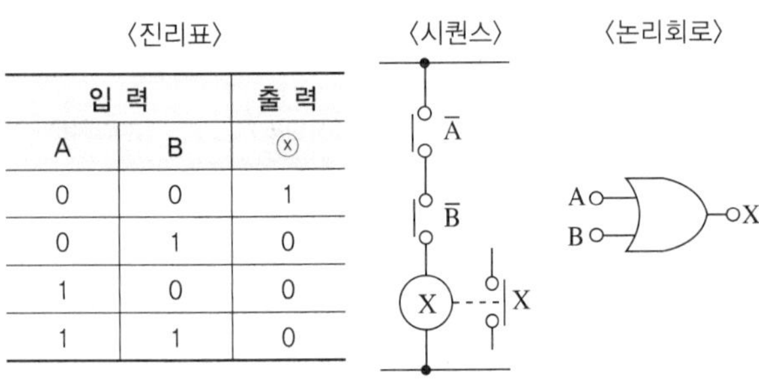

입 력		출 력
A	B	ⓧ
0	0	1
0	1	0
1	0	0
1	1	0

(9) 자기유지회로

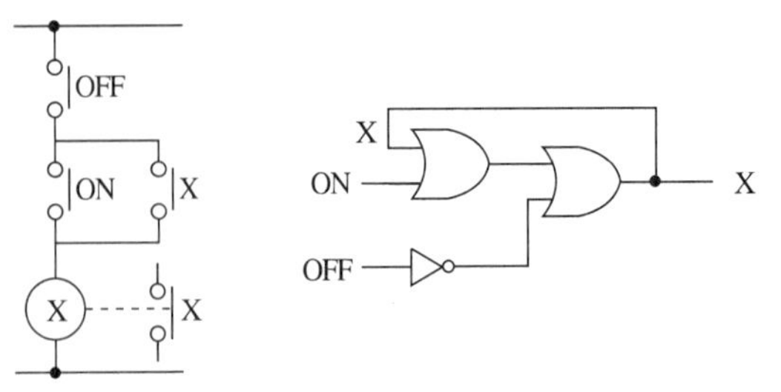

핵심예제

3-1. 그림과 같은 논리기호를 논리식으로 나타내면?

[2013년 2회]

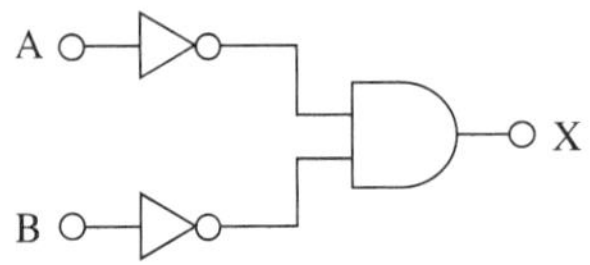

① $X = A + B$
② $X = \overline{A + \overline{B}}$
③ $X = \overline{A} - \overline{B}$
④ $X = \overline{A} \cdot \overline{B}$

3-2. 버튼을 누르고 있는 동안만 출력이 나오고 버튼을 놓으면 출력이 즉시 정지하는 회로는?

① 자기유지회로
② 기동우선회로
③ 촌동회로
④ 인터로크회로

|해설|

3-1

NOR 회로의 논리식 $X = \overline{A+B} = \overline{A} \cdot \overline{B}$

정답 3-1 ④ 3-2 ③

핵심이론 01 배율기 직렬 접속

(1) 전압계

전압을 측정하는 계기로, 병렬로 회로에 접속하며, 가동코일형은 직류측정에 사용된다.

(2) 배율기

전압의 측정범위를 넓히기 위해 전압계에 직렬로 저항을 접속한다.

배율$(M) = \dfrac{R_V + R_m}{R_V} = 1 + \dfrac{R_m}{R_V}$

$\therefore\ R_m = (M-1)R_V$

R_V : 전압계 내부저항

R_m : 배율기 저항

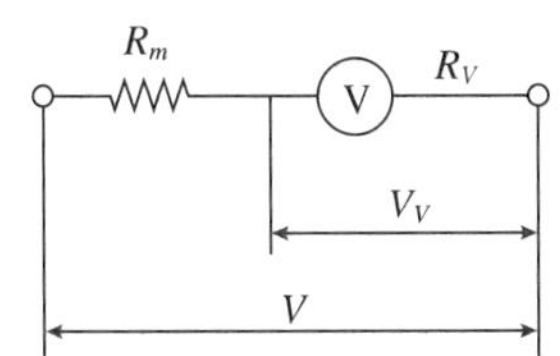

핵심예제

내부저항 5[kΩ]의 전압계 측정범위를 10배로 하기 위한 방법은? [2007년 5회]

① 15[kΩ]의 배율기 저항을 병렬 연결한다.
② 15[kΩ]의 배율기 저항을 직렬 연결한다.
③ 45[kΩ]의 배율기 저항을 병렬 연결한다.
④ 45[kΩ]의 배율기 저항을 직렬 연결한다.

|해설|

배율기 배율

$m = 1 + \dfrac{R_m}{r}$

$10 = 1 + \dfrac{R_m}{5}$

$\therefore\ R_m = 45[\text{k}\Omega]$

정답 ④

핵심이론 02 분류기 병렬 접속

(1) 전류계

전류의 세기를 측정하는 계기로, 직렬로 회로에 접속하며 내부저항이 전압계보다 작다.

(2) 분류기

전류계의 측정범위를 넓히기 위해 전류계에 병렬로 저항을 접속한다.

배율 $\mu = \dfrac{R_A + R_S}{R_S}$

$\therefore\ R_s = \dfrac{R_A}{M-1}$

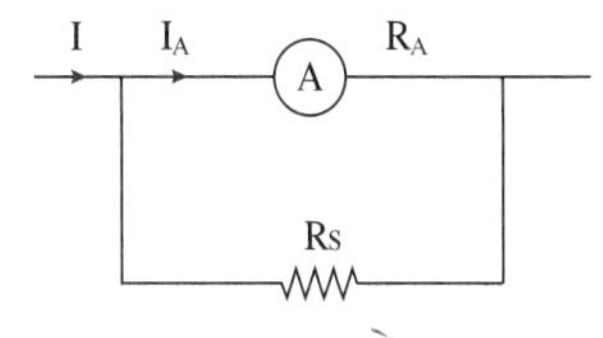

핵심예제

분류기를 사용하여 전류를 측정하는 경우 전류계의 내부 저항 0.12[Ω], 분류기의 저항 0.03[Ω]이면 분류기 배율은? [2008년 5회]

① 6 ② 5
③ 4 ④ 3

|해설|

분류기 배율

$m = 1 + \dfrac{r}{R_A} = 1 + \dfrac{0.12}{0.03} = 5$

정답 ②

핵심이론 03 저항측정의 종류

(1) 저저항(1[Ω] 이하) 측정법

① 전압강하법

② 전위차계법

③ 휘트스톤 브리지법 : $X = \frac{P}{Q}R[\Omega]$

④ 캘빈더블 브리지법 : $X = \frac{N}{M}R[\Omega]$

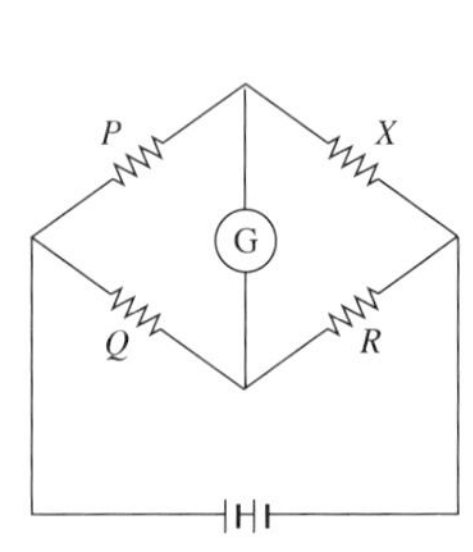

[휘스톤 브리지법]

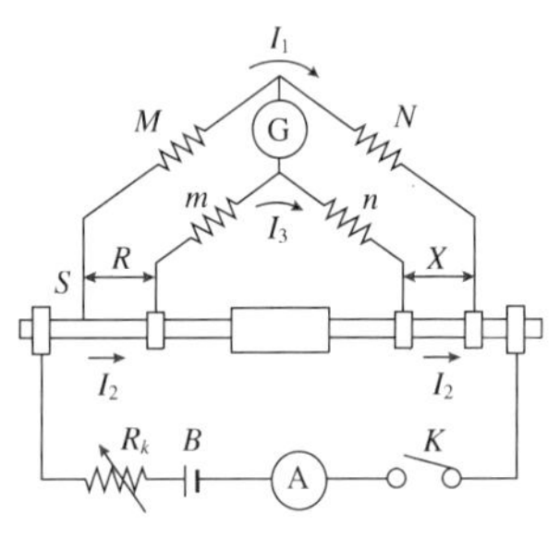

[캘빈더블 브리지법]

(2) 중저항(1[Ω]~1[MΩ]) 측정법

① 전압 강하법

② 휘트스톤 브리지법

(3) 고저항(1[MΩ] 이상) 측정법

① 직접 편위법

② 전압계법

③ 콘덴서의 충·방전에 의한 측정

핵심예제

다음 그림과 같은 직류 브리지의 평형조건은? [2002년 6회]

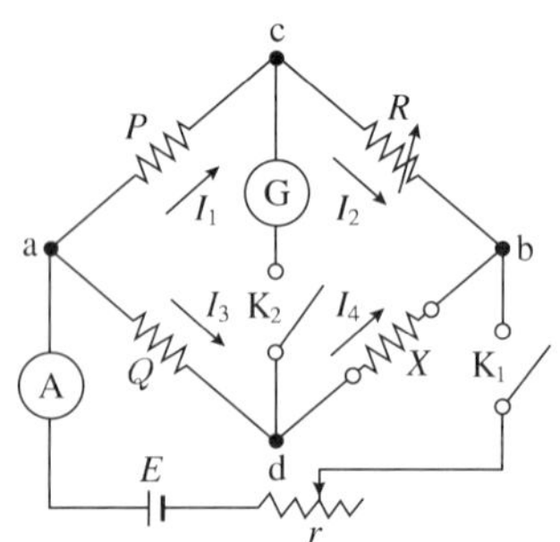

① $QX = PR$

② $PX = QR$

③ $RX = PQ$

④ $RX = 2PQ$

|해설|

$PX = QR$일 때 c점과 d점의 전위가 같아 검류계 $G = 0$이 된다.

정답 ②

핵심이론 04 전력과 역률

(1) 전류계 및 전압계에 의한 측정

(부하에 대하여 전류계는 직렬, 전압계는 병렬 연결)

① $P = VI - I^2 R_a[\mathrm{W}]$

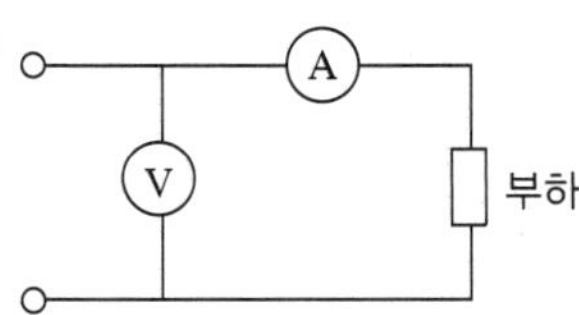

② $P = VI - \dfrac{V^2}{R_V}[\mathrm{W}] = V(1 - \dfrac{V}{R_V})$

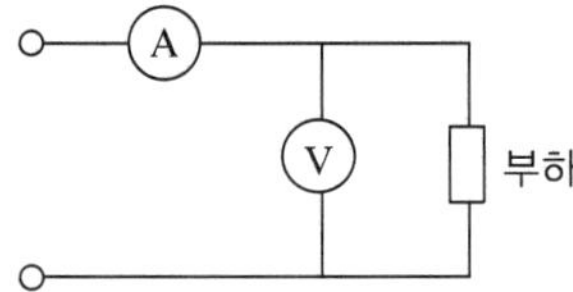

여기서, 전압 : $V[\mathrm{V}]$

전류 : $I[\mathrm{A}]$

전압계 내부저항 : $R_V[\Omega]$

전류계 내부저항 : $R_a[\Omega]$

(2) 교류전류

① $P_e = VI\cos\theta[\mathrm{W}]$

② $P_a = VI[\mathrm{Var}]$

③ $P_r = VI\sin\theta[\mathrm{VA}]$

여기서, 유효전력 : $P_e[\mathrm{W}]$

무효전력 : $P_r[\mathrm{Var}]$

피상전력 : $P_a[\mathrm{VA}]$

(3) 역 률

$$\cos\theta = \frac{P_e}{P_a} = \frac{VI\cos\theta}{VI}$$

핵심예제

4-1. 옥내 전등선의 절연 저항을 측정하는 데 가장 적당한 측정기는? [2013년 2회]

① 휘트스톤 브리지
② 캘빈더블 브리지
③ 메 거
④ 전위차계

4-2. 직류를 측정하는 데 적합한 계기는?

① 가동코일형
② 유도형
③ 열전형
④ 전자형

|해설|

4-1

절연저항 측정기(Megger)

저항값을 측정하는 기기로, 케이블 고장 시 절연체의 저항값을 측정하여 고장상과 건전상을 구분하며, 배터리식과 수동 발전식으로 나뉜다. 발생전압에 따라 DC 500, 1,000, 2,000, 2,500[V] 등이 있으나 저압선로에서는 500[V]를 사용해야 한다.

4-2

② 유도형 : 교류에만 동작
③ 열전형 : 직류・교류 양용

가동코일형 계기의 특징

- 극성을 가지고 전류 방향으로 지침의 흔들리는 방향이 결정된다.
- 눈금이 등분눈금이다.
- 감도가 좋다.
- 직류 전용이다.

정답 4-1 ③ 4-2 ①

Win-Q

공유압기능사

2006~2016년 과년도 기출문제

2017~2022년 과년도 기출복원문제

2023년 최근 기출복원문제

과년도 + 최근 기출복원문제

2006년 과년도 기출문제

제1과목 | 공유압 일반

01 다음 그림은 무슨 유압·공기압 도면기호인가?

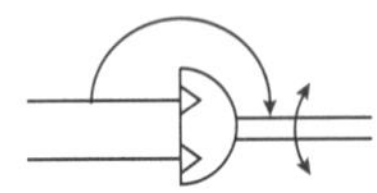

① 요동형 공기압 액추에이터
② 요동형 유압 액추에이터
③ 유압 모터
④ 공기압 모터

해설

요동형 유압 액추에이터	유압 모터	공기압 모터

02 다음 그림에서 단면적이 5[cm²] 피스톤에 20[kg]의 추를 올려놓을 때 유체에 발생하는 압력의 크기는?

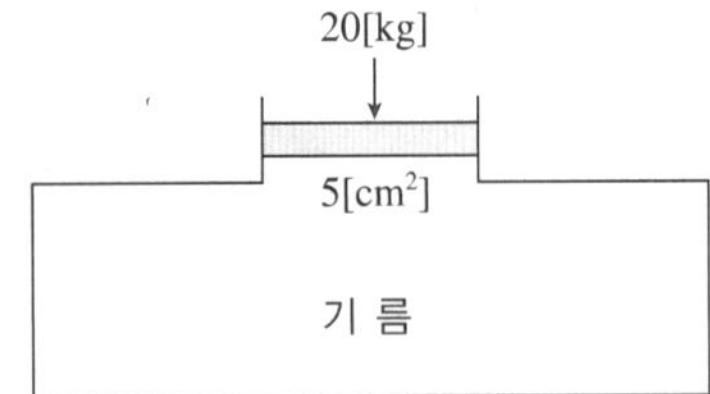

① 1[kg/cm²]　② 4[kg/cm²]
③ 5[kg/cm²]　④ 20[kg/cm²]

해설

압력 $P = \frac{F}{A} = \frac{20}{5} = 4[\text{kgf/cm}^2]$

03 다음 기호의 설명으로 맞는 것은?

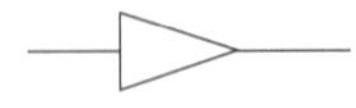

① 관로 속에 기름이 흐른다.
② 관로 속에 공기가 흐른다.
③ 관로 속에 물이 흐른다.
④ 관로 속에 윤활유가 흐른다.

해설

실선은 주관로를 나타내며 ▷은 공기압(유체 에너지) 방향을 나타낸다. ▶은 유압을 의미한다.

04 다음 유압 기호의 제어 방식 설명으로 올바른 것은?

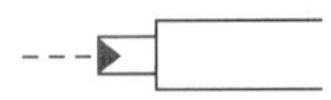

① 레버 방식이다.
② 스프링 제어 방식이다.
③ 공기압 제어 방식이다.
④ 파일럿 제어 방식이다.

해설

레버 방식	스프링 제어 방식	공기압 제어 방식

1 ① 2 ② 3 ② 4 ④ 정답

05 유관의 안지름을 5[cm], 유속을 10[cm/s]로 하면 최대 유량은 약 몇 [cm³/s]인가?

① 196
② 250
③ 462
④ 785

해설

유량 $Q = A \times V$에서 면적 $A = \frac{\pi d^2}{4} = \frac{3.14 \times 5^2}{4}$이다.

그러므로, 유량 $Q = \frac{\pi \times d^2}{4} \times 10 = 196.25[\text{cm}^3/\text{s}]$

06 입력 측과 출력 측의 작용 면적비에 대응하는 증압비에 따라 압력을 변환하는 기기는?

① 측압기
② 차동기
③ 여과기
④ 증압기

해설

증압기
- 공기압을 이용하여 오일로 증압기를 작동시켜 수십배까지 유압으로 변환시키는 배력 장치이다.
- 입구측 압력을 그와 비례한 높은 출력측 압력으로 변환하는 기기이다.
- 직압식과 예압식의 두 종류가 있다.

07 유압 모터의 종류가 아닌 것은?

① 기어형
② 베인형
③ 피스톤형
④ 나사형

해설

유압 모터의 종류
- 기어 모터
- 베인 모터
- 회전 피스톤 모터
- 요동 모터

08 다음 중 고압 작동에 적합한 특징을 갖는 모터는?

① 피스톤 모터
② 기어 모터
③ 압력 평형식 베인 모터
④ 압력 불평형식 베인 모터

해설

유압 모터의 종류
- 기어 모터 : 구조가 가장 간단, 출력 토크가 일정, 정역전 가능
- 베인 모터 : 공급압력이 일정할 때 출력 토크가 일정, 역전가능, 무단 변속가능, 가혹한 운전 가능
- 회전 피스톤 모터 : 펌프와 같이 액시얼형과 레이디얼형, 타모터에 비해 작동 압력이 높음(고압 작동). 효율은 80~90[%]로 양호
- 요동 모터 : 360° 이내의 회전 운동, 링크기구 감속기구 등이 필요 없어 작은 공간에서 회전 운동 가능

정답 5 ① 6 ④ 7 ④ 8 ①

09 다음 중 공기압 장치의 기본 시스템이 아닌 것은?

① 압축공기 발생장치
② 압축공기 조정장치
③ 공압제어 밸브
④ 유압 펌프

해설
공압장치의 구성
- 동력원 : 엔진, 전동기
- 공압발생부 : 압축기, 탱크, 애프터 쿨러
- 공압청정부 : 필터, 에어 드라이어
- 제어부 : 압력제어, 유량제어, 방향제어
- 구동부(액추에이터) : 실린더, 공압모터, 요동형 액추에이터

10 양정은 압력을 비중량으로 나눈 값이다. 양정의 단위로 적당한 것은?

① [kg] ② [m]
③ [kg/cm^2] ④ [m^3/sec]

해설
- 양정(수두) : 압력을 비중량으로 나눈 것(단위는 [m])
- 실양정 : 펌프를 중심으로 하여 흡입 액면으로부터 송출 액면까지 수직 높이(흡입실 양정 + 토출실 양정)
- 전양정 = 실양정 + 손실 수두의 합

11 완전한 진공을 "0"으로 표시한 압력은?

① 게이지압력 ② 최고압력
③ 평균압력 ④ 절대압력

해설
- 절대압력 : 사용압력을 완전한 진공으로 하고 그 상태를 0으로 하여 측정한 압력

※ 절대압력 = 대기압±게이지압력
- 게이지압력 : 대기압을 기준(대기압의 압력을 0)
- 진공압 : 대기압보다 높은 압력을 (+)게이지압력이라 하고, 대기압보다 낮은 압력을 (–)게이지압력 또는 진공압이라 함

12 유압동력을 직선왕복 운동으로 변환하는 기구는?

① 유압 모터 ② 요동 모터
③ 유압 실린더 ④ 유압 펌프

해설
① 유압 모터 : 작동유의 유체 에너지를 축의 연속 회전 운동을 하는 기계적인 에너지로 변환시켜주는 액추에이터
② 요동 모터 : 작동유의 유체 에너지를 한정된 각도 내에서 회전요동운동으로 변환시켜주는 액추에이터
④ 유압 펌프 : 원동기로부터 공급받은 회전에너지로 압력을 가진 유체에너지로 변환하는 기기(유압 공급원)

13 유압 펌프 중에서 가변 체적형의 제작이 용이한 펌프는?

① 내접형 기어 펌프
② 외접형 기어 펌프
③ 평형형 베인 펌프
④ 축방향 회전피스톤 펌프

해설
축방향 피스톤 펌프(Axial Piston Pump) : 피스톤의 운동방향이 실린더 블록의 중심선과 같은 방향인 펌프이며, 사축식과 사판식이 있다.

9 ④ 10 ② 11 ④ 12 ③ 13 ④ 정답

14 유압유의 점성이 지나치게 큰 경우 나타나는 현상이 아닌 것은?

① 유동의 저항이 지나치게 많아진다.

② 마찰에 의한 열이 발생한다.

③ 부품 사이의 누출 손실이 커진다.

④ 마찰 손실에 의한 펌프의 동력이 많이 소비된다.

해설

③ 부품 사이의 누출 손실이 커지는 것은 점도가 너무 낮은 경우이다.

유압유의 점도가 너무 높은 경우

- 마찰손실에 의한 동력손실이 큼(장치전체의 효율 저하)
- 장치(밸브, 관 등)의 관 내 저항에 의한 압력손실이 큼(기계효율 저하)
- 마찰에 의한 열이 많이 발생(캐비테이션 발생)
- 응답성이 저하

15 작동유의 열화를 촉진하는 원인이 될 수 없는 것은?

① 유온이 너무 높음

② 기포의 혼입

③ 플러깅 불량에 의한 열화된 기름의 잔존

④ 점도가 부적당

해설

① 유온이 너무 높음 → 국부적으로 발열 발생

② 기포의 혼입 → 캐비테이션 발생으로 열화 촉진

③ 플러깅 불량에 의한 열화된 기름의 잔존 → 열화된 작동유는 열화를 촉진

16 다음 그림에서 공압로직 밸브와 진리값에 일치하는 로직 명칭은?

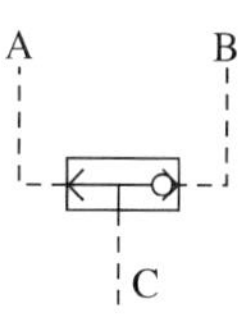

[공압로직밸브]

$A+B=Y$

입력신호		출력신호
A	B	C
0	0	0
0	1	1
1	0	1
1	1	1

[진리값]

① AND ② OR

③ NOT ④ NOR

해설

① AND 회로

$A \cdot B=Y$

입력신호		출 력
A	B	Y
0	0	0
0	1	0
1	0	0
1	1	1

③ NOT 회로

$\overline{A}=Y$

입력신호	출 력
A	Y
0	1
1	0

④ NOR 회로

$\overline{A+B}=Y$

입력신호		출 력
A	B	Y
0	0	1
0	1	0
1	0	0
1	1	0

정답 14 ③ 15 ④ 16 ②

17 **유압 장치에서 방향제어 밸브의 일종으로서 출구가 고압측 입구에 자동적으로 접속되는 동시에 저압측 입구를 닫는 작용을 하는 밸브는?**

① 셀렉터 밸브
② 셔틀 밸브
③ 바이패스 밸브
④ 체크 밸브

해설
① 셀렉터 밸브 : 선택 밸브
③ 바이패스 밸브 : 전 유량을 한 가지 기능에 사용하는 경우나 다른 기능을 위해 유량을 흘려보내야 하는 경우 등에 사용
④ 체크 밸브 : 한쪽 방향의 유동은 허용하고 반대 방향의 흐름은 차단하는 밸브

18 **다음 밸브 기호는 어떤 밸브의 기호인가?**

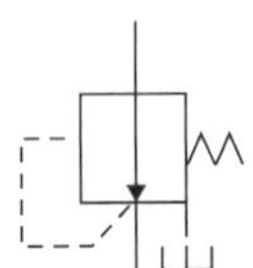

① 무부하 밸브
② 감압 밸브
③ 시퀀스 밸브
④ 릴리프 밸브

해설

무부하 밸브	시퀀스 밸브	릴리프 밸브

19 **공기 탱크의 기능을 나열한 것 중 틀린 것은?**

① 압축기로부터 배출된 공기 압력의 맥동을 평준화한다.
② 다량의 공기가 소비되는 경우 급격한 압력 강하를 방지한다.
③ 공기 탱크는 저압에 사용되므로 법적 규제를 받지 않는다.
④ 주위의 외기에 의해 냉각되어 응축수를 분리시킨다.

해설
압축공기 저장 탱크의 역할
- 공기 소모량이 많아도 압축공기의 공급을 안정화
- 공기 소비 시 발생되는 압력 변화를 최소화
- 정전 시 짧은 시간 동안 운전이 가능
- 공기 압력의 맥동 현상을 없애는 역할
- 압축 공기를 냉각시켜 압축 공기 중의 수분을 드레인으로 배출

20 **다음의 유압·공기압 도면기호는 무엇을 나타낸 것인가?**

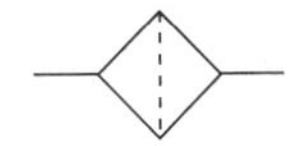

① 어큐뮬레이터
② 필 터
③ 윤활기
④ 유량계

해설

어큐뮬레이터	윤활기	유량계

17 ② 18 ② 19 ③ 20 ② 정답

21 회로압이 설정압을 넘으면 막이 파열되어 압유를 탱크로 귀환시켜 압력 상승을 막아 기기를 보호하는 역할을 하는 것은?

① 방향제어 밸브

② 유체 퓨즈

③ 파일럿 작동형 체크 밸브

④ 감압 밸브

해설

유체 퓨즈

- 설정압을 재료 강도로 조절한다.
- 응답이 빨라 신뢰성이 좋다.
- 맥동이 큰 유압장치에는 부적당하다.

22 다음에서 플립플롭 기능을 만족하는 밸브는?

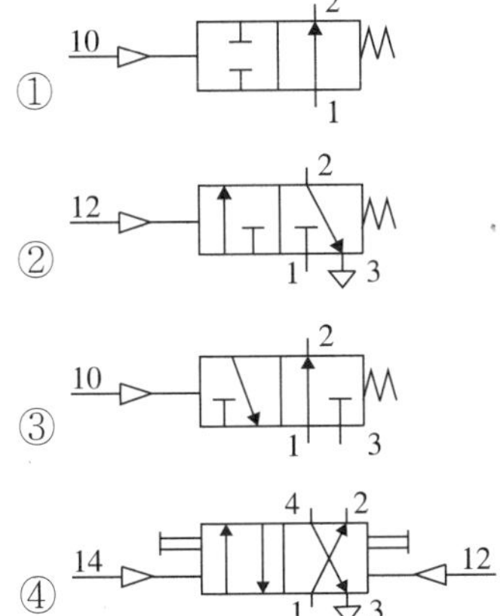

해설

④ 제어 신호인 14와 12가 있는 밸브는 플립플롭 기능이 있다.

플립플롭 회로

신호와 출력의 관계가 기억되는 기능이 있다(먼저 도달한 신호가 우선되어 작동되며 다음 신호가 입력될 때가지 처음 신호가 유지되는 것). 2개의 안정된 출력상태를 가지며, 입력의 유무에 불구하고 직전에 가해진 입력 상태를 출력해서 유지하는 밸브이다.

23 공압 실린더에서 쿠션조절의 의미는?

① 실린더의 속도를 빠르게 한다.

② 실린더의 힘을 조절한다.

③ 전체 운동 속도를 조절한다.

④ 운동의 끝부분에서 완충한다.

해설

쿠션 내장형 실린더 : 충격을 완화할 때 사용된다. 운동의 끝부분에서 완충한다. 쿠션 피스톤이 공기의 배기 통로를 차단하면 공기는 작은 통로를 통하여 빠져나가므로 배압이 형성되어 실린더의 속도가 감소하게 된다.

24 실린더 중 단동 실린더가 될 수 없는 것은?

① 피스톤 실린더

② 격판 실린더

③ 램형 실린더

④ 양 로드형 실린더

해설

④ 양 로드형 실린더는 복동 실린더이다.

단동 실린더의 종류

- 단동 피스톤 실린더
- 격판 실린더
- 롤링 격판 스프링
- 벨로스 실린더

정답 21 ② 22 ④ 23 ④ 24 ④

25 유압펌프에 관한 설명이다. 이들의 설명이 잘못된 것은?

① 나사 펌프 : 운전이 동적이고 내구성이 작다.
② 치차 펌프 : 구조가 간단하고 소형이다.
③ 베인 펌프 : 장시간 사용하여도 성능저하가 적다.
④ 피스톤 펌프 : 고압에 적당하고 누설이 적다.

해설
① 나사 펌프 : 운전이 정적이고 내구성이 좋다.

26 유압·공기압 도면기호(KS B 0054)의 기호 요소에서 기호로 사용되는 선의 종류 중 복선의 용도는?

① 주관로
② 파일럿 조작관로
③ 기계적 결합
④ 포위선

해설
선의 의미
- 실선 : 주관로, 파일럿 밸브에서 공급 관로, 전기신호선(귀환관로 포함)
- 파선 : 파일럿 조작관로, 드레인 관, 필터, 밸브의 과도위치
- 1점쇄선 : 포위선
- 복선 : 기계적 결합(회전축, 레버, 피스톤 로드 등)

27 주로 안전 밸브로 사용되며 시스템 내의 압력이 최대 허용압력을 초과하는 것을 방지해주는 밸브로 가장 적합한 것은?

① 언로드 밸브
② 시퀀스 밸브
③ 릴리프 밸브
④ 압력 스위치

해설
① 무부하(Unloading) 밸브 : 작동압이 규정압력 이상에 도달했을 때 무부하운전을 하여 배출하고 이하가 되면 밸브는 닫히고 다시 작동하게 된다.
② 시퀀스 밸브 : 공유압 회로에서 순차적으로 작동할 때 작동순서를 회로의 압력에 의해 제어하는 밸브이다.
④ 압력 스위치 : 회로의 압력이 설정값에 도달하면 내부에 있는 마이크로 스위치가 작동하여 전기회로를 열거나 닫게 하는 기기이다.

28 탠덤 실린더를 사용하여 실린더의 램을 전진시켜 높지 않은 압력으로 강력한 압축력을 얻을 수 있는 회로는?

① 시퀀스 회로
② 무부하 회로
③ 증강 회로
④ 블리드 오프 회로

해설
① 시퀀스 회로 : 유압으로 구동되고 있는 기계의 조작을 순서에 따라 자동적으로 행하게 하는 회로
② 무부하 회로 : 반복 작동 중 유압을 필요로 하지 않을 때 펌프 토출량을 저압으로 기름 탱크에 되돌려 보내고 유압 펌프를 무부하 운전시키는 회로
④ 블리드 오프 회로 : 공급쪽 관로에 바이패스관로를 설치하여 바이패스로의 흐름을 제어함으로써 속도(힘)를 제어하는 회로

25 ① 26 ③ 27 ③ 28 ③ 정답

29 다음에 설명되는 요소의 도면기호는 어느 것인가?

> "실린더의 속도를 증가시키는 목적으로 사용되는 공압요소로서 효과적으로 사용하기 위해 실린더에 직접 설치하거나, 가능한 가깝게 설치한다."

①
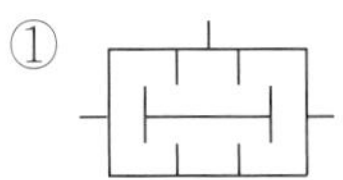

②
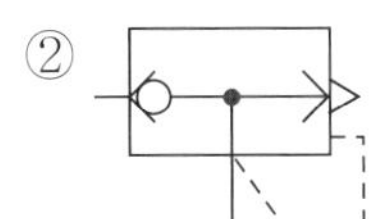

③
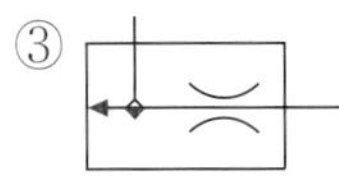

④
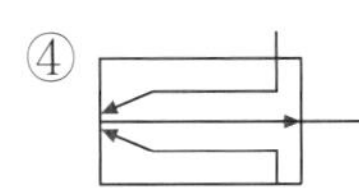

해설

급속배기 밸브를 설명하고 있으며 기호는 ②이다.

① 2압(AND) 밸브
③ 공압센서
④ 공압센서

30 압력보상형 유량제어 밸브에 대한 설명이다. 맞는 것은?

① 실린더 등의 운동속도와 힘을 동시에 제어할 수 있는 밸브이다.
② 밸브 입구와 출구의 압력 차를 일정하게 유지하는 밸브이다.
③ 체크 밸브와 교축 밸브로 구성되어 일방향으로 유량을 제어한다.
④ 유압 실린더 등의 이송속도를 부하에 관계없이 일정하게 할 수 있다.

해설

압력보상형 유량제어 밸브

압력보상 기구를 내장하고 있으므로 압력의 변동에 의하여 유량이 변동되지 않도록 회로에 흐르는 유량을 항상 일정하게 유지, 부하의 변동에도 항상 일정한 속도를 얻고자 할 때 사용하는 밸브

제3과목 | 기초전기일반

31 빌딩, 아파트 물탱크(수조)의 수위를 검출하여 급수 펌프를 자동으로 운전하도록 하는 것은?

① 전자개폐기　　② 플로트리스계전기
③ 근접스위치　　④ 한계스위치

해설

플로트리스스위치는 액면의 높이를 전극봉이 검출하는 액면검출 스위치이다.

32 전원이 V결선된 경우 부하에 전달되는 전력은 △결선인 경우의 약 몇 [%]인가?

① 57.7　　② 86.6
③ 100　　④ 147

해설

$$\frac{P_V}{P_\triangle} = \frac{\sqrt{3}\,VI}{3VI} \times 100 = \frac{1}{\sqrt{3}} \times 100 = 0.577 \times 100 = 57.7[\%]$$

33 변압기를 병렬 운전하기 위한 조건이 아닌 것은?

① 각 변압기의 중량이 같아야 한다.
② 각 변압기의 극성이 같아야 한다.
③ 각 변압기의 권수비가 같아야 한다.
④ 각 변압기의 백분율 임피던스 강하가 같아야 한다.

해설

변압기의 병렬운전 조건

- 1·2차 정격전압이 같을 것
- 1·2차의 극성이 같을 것
- 임피던스의 전압이 같을 것
- 각 변압기의 저항과 누설 리액턴스의 비가 같을 것

정답 29 ② 30 ④ 31 ② 32 ① 33 ①

34 10[Ω]과 20[Ω]의 저항이 직렬로 연결된 회로에 60[V]의 전압을 가했을 때 10[Ω]의 저항에 걸리는 전압을 구하면 얼마인가?

① 6[V] ② 10[V]
③ 20[V] ④ 30[V]

해설

$I = \frac{V}{R} = \frac{60}{10+20} = 2[A]$

$V = IR = 2 \times 10 = 20[V]$

35 대칭 3상 교류에서 각 상의 위상차는?

① 60° ② 90°
③ 120° ④ 150°

해설

대칭 3상 교류의 위상차는 $\frac{2}{3}\pi[\text{rad}]$이다.

36 교류 전압의 크기와 위상을 측정할 때 사용되는 계기는?

① 교류 전압계
② 전자 전압계
③ 교류 전위차계
④ 회로 시험기

해설

전압의 정밀측정에 사용하는 측정기 중 교류용은 실횻값과 위상각을 잴 수 있고, 표준전기 등의 이미 알고 있는 전압과 비교하여 측정하는 것을 전위차계라고 한다.

37 시퀀스 제어계의 일반적인 동작 과정을 나타낸 것이다. A, B, C, D에 맞는 용어를 순서대로 나열한 것은?

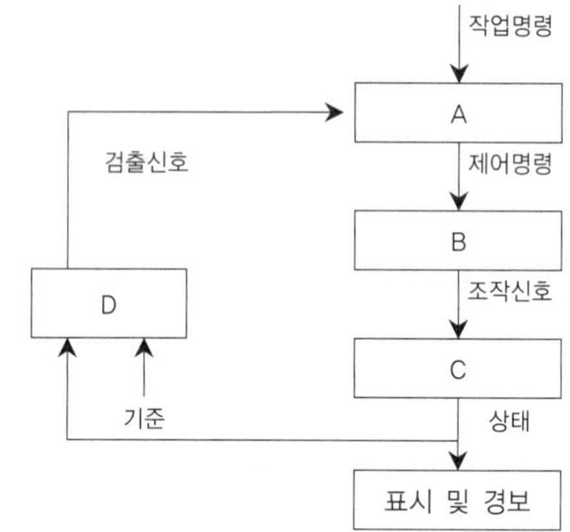

① A : 명령 처리부 B : 제어 대상
C : 조작부 D : 검출부
② A : 제어 대상 B : 검출부
C : 명령처리부 D : 조작부
③ A : 검출부 B : 명령 처리부
C : 조작부 D : 제어 대상
④ A : 명령 처리부 B : 조작부
C : 제어 대상 D : 검출부

38 평등 자장 내에 전류가 흐르는 직선 도선을 놓을 때, 전자력이 최대가 되는 도선과 자장 방향의 각도는?

① 0° ② 30°
③ 60° ④ 90°

해설

전자력 $F = BIl\sin\theta$[N]에서 전자력이 최대가 되는 도선의 각도는 자장의 방향에 $\theta = 90°$이다.

34 ③ 35 ③ 36 ③ 37 ④ 38 ④ 정답

39 금속 및 전해질 용액과 같이 전기가 잘 흐르는 물질을 무엇이라 하는가?

① 도 체 ② 반도체
③ 절연체 ④ 저 항

해설
• 도체 : 전하가 이동하기 쉬운 물질
• 반도체 : 일정한 조건이 되어야 전하가 이동함

40 권수가 300인 코일에서 2초 사이에 10[Wb]의 자속이 변화한다면, 코일에 발생되는 유도 기전력의 크기는 몇[V]인가?

① 20 ② 1,500
③ 3,000 ④ 6,000

해설
$$e = N\frac{\Delta\phi}{\Delta t} = 300 \times \frac{10}{2} = 1{,}500[\mathrm{V}]$$

41 3상 농형 유도전동기의 기동법이 아닌 것은?

① 전전압 기동방법
② Y-△ 기동방법
③ 기동 보상기 방법
④ Y-Y 기동방법

해설
• 농형 유도전동기 기동법 : 전전압기동법, Y-△기동법, 리액터 기동법, 기동보상기법
• 권선형 유도전동기 기동법 : 2차 저항법

42 100[Ω]의 부하가 연결된 회로에 10[V]의 직류 전압을 가하고 전류를 측정하면 계기에 나타나는 값은?

① 10[A]
② 1[A]
③ 0.1[A]
④ 0.01[A]

해설
$$I = \frac{V}{R} = \frac{10}{100} = 0.1[\mathrm{A}]$$

43 자기 저항의 단위는?

① [Ω]
② [H/m]
③ [AT/Wb]
④ [N・m]

해설
$$R_m = \frac{F}{\phi} = \frac{NI}{\phi}[\mathrm{AT/Wb}]$$

정답 39 ① 40 ② 41 ④ 42 ③ 43 ③

44 OR논리 시퀀스제어 회로의 입력스위치나 접점의 연결은?

① 직 렬

② 병 렬

③ 직·병렬

④ Y

해설

- AND : 직렬연결
- OR : 병렬연결

45 1차 전압 110[V]와 2차 전압 220[V]인 변압기의 권선비는?

① 1 : 1

② 1 : 2

③ 1 : 3

④ 1 : 4

해설

권선비 $a = \frac{n_1}{n_2} = \frac{V_1}{V_2} = \frac{I_2}{I_1} = \frac{110}{220} = \frac{1}{2}$

$\therefore n_1 : n_2 = 1 : 2$

제2과목 | 기계제도(비절삭) 및 기계요소

46 공유압 배관의 간략 도시방법으로 신축관 이음의 도시 기호는?

①

②

③

④

해설

관의 연결방법 도시 기호 중 신축관 이음은 루프형, 슬리브형, 벨로스형, 스위블형이 있다. ③번이 슬리브형이다.

47 다음과 같은 용접도시기호의 설명으로 올바른 것은?

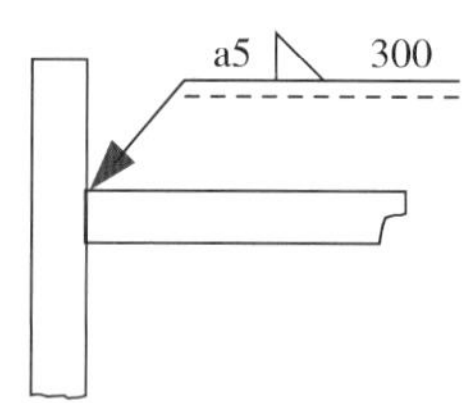

① 홈 깊이 5[mm]

② 목 길이 5[mm]

③ 목 두께 5[mm]

④ 루트 간격 5[mm]

해설

필릿용접의 목두께 5[mm]와 용접길이 300[mm]

44 ② 45 ② 46 ③ 47 ③ 정답

48 절단된 면을 다른 부분과 구분하기 위하여 가는 실선으로 규칙적으로 빗줄을 그은 선의 명칭은?

① 해칭선　　② 피치선
③ 파단선　　④ 기준선

해설
② 피치선 : 되풀이하는 도형의 피치를 취하는 기준을 표시하는 데 쓰인다.
③ 파단선 : 대상물의 일부를 파단한 경계 또는 일부를 떼어낸 경계를 표시하는 데 사용한다.
④ 기준선 : 위치 결정의 근거가 된다는 것을 명시할 때 쓰인다.

49 다음과 같은 물체의 한쪽 단면도로 가장 적합한 것은?

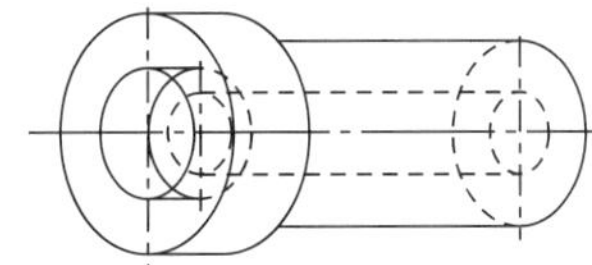

①
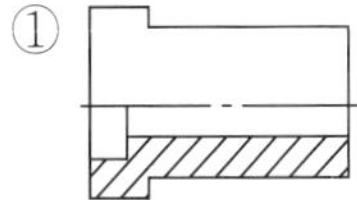

②
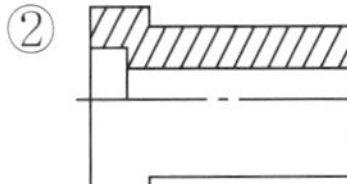

③
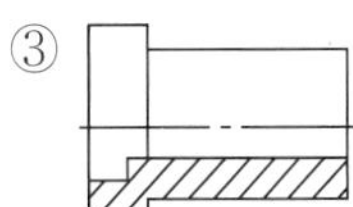

④
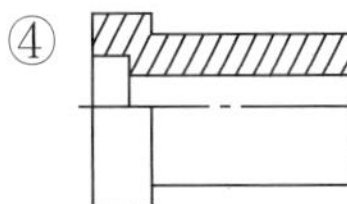

해설
한쪽(반) 단면도 : 물체의 1/4을 잘라내고 도면의 반쪽을 단면으로 나타낸다.

50 기계제도 치수기입법에서 정정치수를 의미하는 것은?

① ~~50~~　　② 50
③ (50)　　④ 《50》

해설
정정 치수 : 제작상에 도면을 수정할 때 기입하는 치수로, 가운데 선을 그어 기입한다.

51 다음 입체도의 화살표 방향이 정면이고 좌우 대칭일 때 우측면도로 가장 적합한 것은?

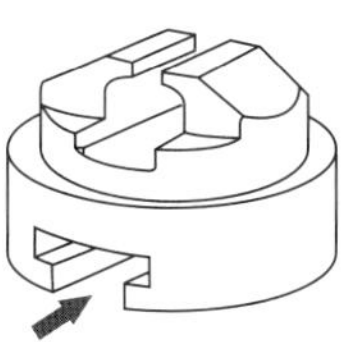

①
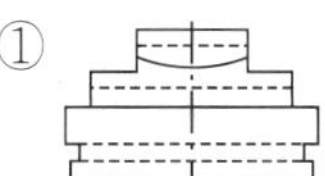

②
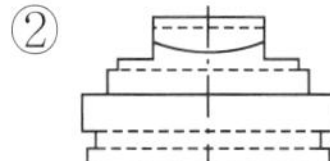

③
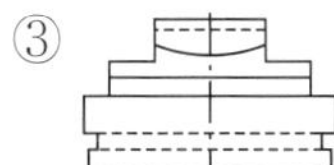

④
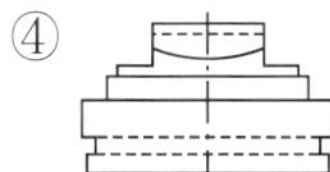

해설
위 입체도에서 정면도를 기준으로 좌우가 대칭이므로 좌측면도와 우측면도가 같다. 우측면도에서 좌우가 계단이 있고 숨은선이 있는 ②가 정답이다.

정답 48 ①　49 ④　50 ①　51 ②

52 제3각법으로 정투상한 보기와 같은 정면도와 평면도에 가장 적합한 우측면도는?

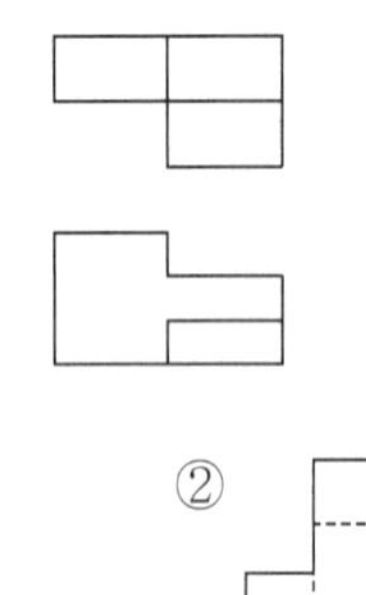

①　　　②

③　　　④

해설

측면도에서 정면도 부분만 파선이며 평면도 부분은 파선이 없으므로 ④가 정답이다.

53 파이프와 같이 두께가 얇은 곳의 결합에 이용되며, 누수를 방지하고 기밀유지하는 데 가장 적합한 나사는?

① 미터나사

② 톱니나사

③ 유니파이나사

④ 관용나사

해설

① 미터나사 : 나사의 지름과 피치를 [mm]로 표시, 나사산의 각도가 60°, 기호는 M, 미터보통나사와 미터가는나사가 있다.

② 톱니나사 : 축선의 한쪽에만 힘을 받는 곳에 사용(잭, 프레스, 바이스). 힘을 받는 면은 축에 직각이고, 받지 않는 면은 30°로 경사진다.

③ 유니파이나사 : 나사산의 각도 60°, 단위는 [inch], UNC(보통나사), UNF(가는나사)가 있다.

54 물체에 외력(하중)이 가해졌을 때 단위 면적당 작용하는 힘을 무엇이라 정의하는가?

① 변형률　　② 응 력

③ 탄성계수　　④ 탄성에너지

해설

응력(Stress) : 물체에 외력(하중)이 가해졌을 때 내부에 생기는 저항력[kg/cm^2]

55 코일스프링의 평균 지름이 20[mm], 소선의 지름이 2[mm]면 스프링 지수는?

① 40　　② 0.1

③ 18　　④ 10

해설

스프링 지수$(C) = \frac{D}{d} = \frac{20}{2} = 10$

56 환봉에 압축하중을 가했을 때 최대전단응력은 최대압축응력의 몇 배인가?

① $\frac{1}{3}$　　② $\frac{1}{2}$

③ 2　　④ 3

해설

단면에서 나타나는 최대값(Mohr's Circle)은 $\tau = \frac{\sigma}{2}\sin 2\theta$이므로 $\sin 2\theta = 1(2\theta = 45°)$이면, 전단응력은 압축응력의 1/2배이다.

52 ④　53 ④　54 ②　55 ④　56 ②　정답

57 **평벨트 풀리에서 벨트와 직접 접촉하여 동력을 전달하는 부분은?**

① 보 스　　② 암
③ 림　　④ 리 브

해설
림은 벨트의 이탈을 방지하기 위해서 풀리에서 가운데 부분이 약간 돌출되어 있다.

58 **축 단면계수를 Z, 최대 굽힘응력을 σ_b라 하면 축에 작용하는 굽힘 모멘트 M은?**

① $M=\dfrac{Z}{\sigma_b}$　　② $M=\dfrac{\sigma_b}{Z}$
③ $M=\sigma_b Z$　　④ $M=\dfrac{1}{2}\sigma_b Z$

해설
축의 강도
- 둥근 축의 굽힘 모멘트 $M=\sigma_b \cdot Z$
  (σ_b : 축에 생기는 휨 응력, Z : 축의 단면계수)
- 둥근 축의 비틀림 모멘트 $T=\tau \cdot Z_p$
  (τ : 축에 생기는 전단응력, Z_p : 축의 극단면계수)

59 **피치원 지름 165[mm], 잇수 55인 표준평기어의 모듈은?**

① 2.89　　② 30
③ 3　　④ 2.54

해설
$M=\dfrac{\text{피치원의 지름}}{\text{잇수}}=\dfrac{D}{Z}=\dfrac{165}{55}=3$

60 **두 축이 평행하지도 않고 만나지도 않으며 큰 감속을 얻고자 할 때 사용하는 기어는?**

① 스퍼 기어
② 베벨 기어
③ 웜 기어
④ 헬리컬 기어

해설
웜 기어 : 웜과 웜 기어를 한 쌍으로 사용하며, 역회전을 방지한다. 큰 감속비를 얻을 수 있으며, 소음이 적다.

정답 57 ③ 58 ③ 59 ③ 60 ③

2007년 과년도 기출문제

제1과목 | 공유압 일반

01 유압 회로에서 유압의 점도가 높을 때 일어나는 현상이 아닌 것은?

① 관내 저항에 의한 압력이 저하된다.
② 동력손실이 커진다.
③ 열발생의 원인이 된다.
④ 응답성이 저하된다.

해설
점도가 너무 높은 경우
- 마찰손실에 의한 동력손실이 큼(장치전체의 효율 저하)
- 장치(밸브, 관 등)의 관내 저항에 의한 압력손실이 큼(기계효율 저하)
- 마찰에 의한 열이 많이 발생(캐비테이션 발생)
- 응답성 저하(작동유의 비활성)

02 유압과 비교한 공기압의 특징 설명으로 옳지 않은 것은?

① 에너지의 축적이 어렵다.
② 동력원의 집중이 용이하다.
③ 압력제어 밸브로 과부하 안전대책이 가능하다.
④ 보수, 관리가 용이하다.

해설
공압 장치의 특성
- 장 점
  - 동력원인 압축공기를 간단히 얻을 수 있다.
  - 힘의 증폭이 용이하다.
  - 힘의 전달이 간단하고 어떤 형태로도 전달 가능하다.
  - 작업속도 변경이 가능하며 제어가 간단하다.
  - 취급이 간단하다.
  - 인화의 위험 및 서지 압력발생이 없고 과부하에 안전하다.
  - 압축공기를 축적(저장)할 수 있다.
  - 탄력이 있다(완충 작용 = 공기 스프링 역할).
- 단 점
  - 큰 힘을 얻을 수 없다(보통 3[ton] 이하).
  - 공기의 압축성으로 효율이 좋지 않다.
  - 저속에서 균일한 속도를 얻을 수 없다.
  - 응답속도가 늦다.
  - 배기와 소음이 크다.
  - 구동비용이 고가이다.

1 ① 2 ① 정답

03 다음 그림은 무슨 기호인가?

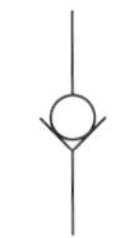

① 분류 밸브
② 셔틀 밸브
③ 디셀러레이션 밸브
④ 체크 밸브

해설

분류 밸브	셔틀 밸브	디셀러레이션 밸브

04 구형의 용기를 사용하며, 유실과 가스실은 금속판으로 격리되어 유실에 가스의 침입이 없고, 특히 소형의 고압용 어큐뮬레이터로 이용되는 것은?

① 추부하형 어큐뮬레이터
② 다이어프램형 어큐뮬레이터
③ 스프링 부하형 어큐뮬레이터
④ 블래더형 어큐뮬레이터

해설

① 추부하형 어큐뮬레이터 : 투출압력을 일정하게 할 수 있어서 저압, 대용량에 적합(크고 무거워 외부 누설방지가 곤란)
③ 스프링 부하형 어큐뮬레이터 : 넓은 온도 범위에서 사용, 저압, 소용량에 적합. 비교적 염가
④ 블래더형 어큐뮬레이터 : 소형이면서 용량이 크고 블래더의 응답성이 좋아 가장 많이 사용

05 공유압 변환기의 사용상 주의점을 열거한 것 중 맞는 것은?

① 공유압 변환기는 수직 방향으로 설치한다.
② 공유압 변환기는 액추에이터보다 낮은 위치에 설치한다.
③ 열원에 근접시켜 사용한다.
④ 작동유가 통하는 배관에는 공기 흡입이 잘 되어야 한다.

해설

공유압 변환기 사용상 주의할 점
- 수직으로 설치
- 액추에이터 및 배관 내의 공기를 제거(밀봉 유지)
- 액추에이터보다 높은 위치에 설치
- 정기적으로 유량을 점검(부족 시 보충)
- 열의 발생이 있는 곳에서 사용 금지

06 실린더의 귀환 행정 시 일을 하지 않을 경우 귀환속도를 빠르게 하여 시간을 단축시킬 필요가 있을 때 사용하는 밸브는?

① 셔틀 밸브
② 2압 밸브
③ 체크 밸브
④ 급속배기 밸브

해설

① 셔틀 밸브(OR 밸브) : 두 개 이상의 입구와 한 개의 출구를 갖춘 밸브로 둘 중 한 개 이상 압력이 작용할 때 출구에 출력신호가 발생(양체크 밸브 또는 OR밸브, 고압우선 셔틀밸브)
② 2압 밸브(AND 밸브) : 두 개의 입구와 한 개의 출구를 갖춘 밸브로서 두개의 입구에 압력이 작용할 때만 출구에 출력이 작용. 연동 제어, 안전 제어, 검사 기능, 논리 작동에 사용. 저압우선 셔틀 밸브
③ 체크 밸브 : 한쪽 방향의 흐름은 허용하고 반대 방향의 흐름은 차단하는 밸브

정답 3 ④ 4 ② 5 ① 6 ④

07 유량제어 밸브의 사용목적과 거리가 먼 것은?

① 액추에이터의 속도 제어
② 솔레노이드 밸브의 신호시간 제어
③ 실린더의 배출되는 공기량 제어
④ 공기식 타이머의 시간 제어

해설
② 솔레노이드 밸브의 신호시간 제어 : 전자석 원리
① 액추에이터의 속도 제어 : 속도(유량)제어 밸브
③ 실린더의 배출되는 공기량 제어 : (유량)급속배기 밸브
④ 공기식 타이머의 시간 제어 : 일방향유량제어 밸브(속도제어 밸브)

08 블리드 오프 회로에서 유량제어 밸브는 어떻게 하는가?

① 실린더 입구의 분기 회로에 설치한다.
② 방향제어 밸브의 드레인 포트에 연결한다.
③ 실린더에 공급되는 유량을 교축한다.
④ 펌프에 직접 연결하여 사용한다.

해설
블리드 오프 회로 : 공급쪽 관로에 바이패스관로를 설치(㉠ 유량제어 밸브)하여 바이패스로의 흐름을 제어함으로써 속도(힘)를 제어하는 회로

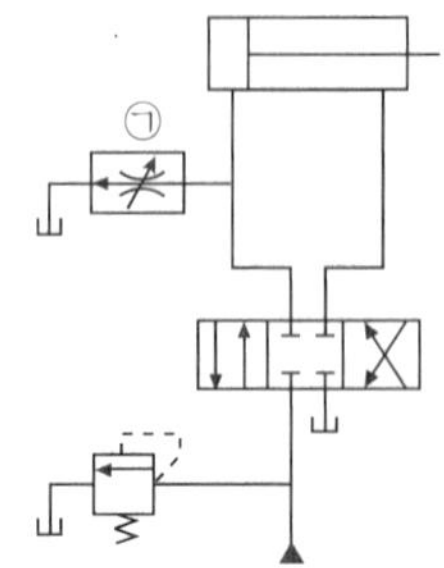

09 다음의 기호를 보고 알 수 없는 것은?

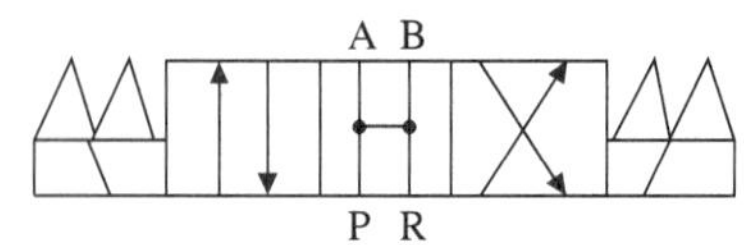

① 4포트 밸브
② 오픈 센터
③ 개스킷 접속
④ 3위치 밸브

해설
4/3way, 오픈 센터형, 스프링 센터, 전자조작(단동 솔레노이드)

10 램형 실린더가 갖는 장점이 아닌 것은?

① 피스톤이 필요 없다.
② 공기 빼기 장치가 필요 없다.
③ 실린더 자체 중량이 가볍다.
④ 압축력에 대한 휨에 강하다.

해설
램형 실린더
- 피스톤 지름과 로드 지름 차가 없는 수압 가동부분을 갖는 것으로 좌굴 등 강성을 요할 때 사용한다.
- 피스톤이 필요 없다.
- 공기 빼기 장치가 필요 없다.
- 압축력에 대한 휨에 강하다.

11 베인 펌프에서 유압을 발생시키는 주요부분이 아닌 것은?

① 캠 링
② 베 인
③ 로 터
④ 이너링

해설
베인 펌프의 주요 구성요소 : 입구・출구 포트, 로터, 베인, 캠링 등이 카트리지로 되어 있다.

7 ② 8 ① 9 ③ 10 ③ 11 ④ 정답

12 **공압용 솔레노이드 형태의 전환 밸브에서 밸브의 구체적인 전환방식은?**

① 레버조작 ② 롤러조작
③ 전기조작 ④ 디텐트조작

해설
전자 밸브(Solenoide Valve) : 전자(Solenoide) 조작으로 유로의 방향을 전환시키는 밸브이다.
※ 솔레노이드 : 전자석의 힘을 이용하여 플런저를 움직여 공기압의 방향을 전환시키는 것

13 **공압장치에 사용되는 압축공기 필터의 여과방법으로 틀린 것은?**

① 원심력을 이용하여 분리하는 방법
② 충돌판에 닿게 하여 분리하는 방법
③ 가열하여 분리하는 방법
④ 흡습제를 사용해서 분리하는 방법

해설
공기여과 방식
- 원심력을 이용하여 분리하는 방식
- 충돌판을 닿게 하여 분리하는 방식
- 흡습제를 사용하여 분리하는 방식
- 냉각하여 분리하는 방식

14 **회로 설계를 하고자 할 때 부가조건의 설명이 잘못된 것은 무엇인가?**

① 리셋(Reset) : 리셋 신호가 입력되면 모든 작동상태는 초기 위치가 된다.
② 비상정지(Emergency Stop) : 비상정지 신호가 입력되면 대부분의 전기제어시스템에서는 전원이 차단되나 공압 시스템에서는 모든 작업요소가 원위치 된다.
③ 단속 사이클(Single Cycle) : 각 제어 요소들을 임의의 순서대로 작동시킬 수 있다.
④ 정지(Stop) : 연속 사이클에서 정지 신호가 입력되면 마지막 단계까지는 작업을 수행하고 새로운 작업을 시작하지 못한다.

해설
단속 사이클 : 시작 신호가 입력되면 제어 시스템이 첫 단계에서 마지막 단계까지 1회 동작된다.

15 **다음과 같은 공압 장치의 명칭은?**

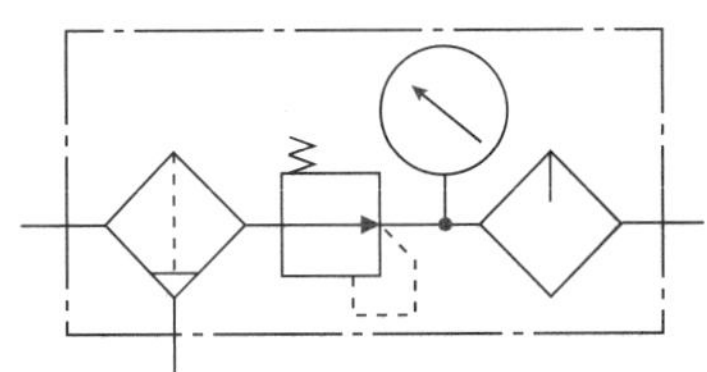

① NOT 밸브
② 유량조절 밸브
③ 공기 건조기
④ 공기압 조정 유닛

해설
공기압 조정 유닛(서비스 유닛)
- 압축공기 필터(Filter)
- 압축공기 조절기(Pressure Regulator)
- 압축공기 윤활기(Lubricator)

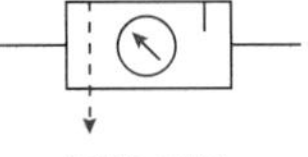

간략 기호

정답 12 ③ 13 ③ 14 ③ 15 ④

16 다음 중 제습기의 종류가 아닌 것은?

① 냉동식 제습기
② 흡착식 제습기
③ 흡수식 제습기
④ 공랭식 제습기

해설
공기 건조기(제습기) : 압축공기 속에 포함되어 있는 수분을 제거하여 건조한 공기로 만드는 기기로, 냉동식, 흡착식, 흡수식 등의 종류가 있다.

17 다음 진리값과 일치하는 로직회로의 명칭은?

$\overline{A} = B$

입력신호	출 력
A	B
0	1
1	0

① AND 회로
② OR 회로
③ NOT 회로
④ NAND 회로

해설
① AND 회로 : $A * B = Y$
② OR 회로 : $A + B = Y$
④ NAND 회로 : $\overline{A * B} = Y$

18 감압 밸브에서 1차측의 공기압력이 변동했을 때 2차측의 압력이 어느 정도 변화하는가를 나타내는 특성은?

① 크래킹 특성
② 압력 특성
③ 강도 특성
④ 히스테리시스 특성

해설
히스테리시스 특성 : 압력 제어 밸브의 핸들을 조작하여 공기 압력을 설정하고 압력을 변동시켰다가, 다시 핸들을 조작하여 원래의 설정값에 복귀시켰을 때, 최초의 설정값과의 오차를 말한다(내부 마찰 등에 그 영향이 크다).

19 그림의 실린더는 피스톤 면적(A)가 8[cm^2]이고, 행정거리(S)는 10[cm]다. 이 실린더가 전진행정을 1분 동안에 마치려면 필요한 공급 유량은 얼마인가?

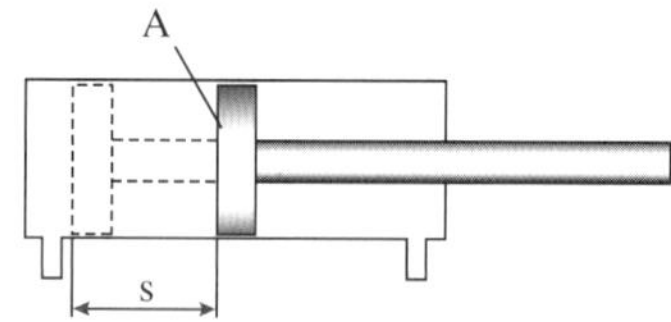

① 60[cm^3/min]
② 70[cm^3/min]
③ 80[cm^3/min]
④ 90[cm^3/min]

해설
공급 유량 $Q = AV$에서 면적 $A = 8[\text{cm}^2]$

속도 $V = \dfrac{s(\text{거리})}{t(\text{시간})}$에서 $\dfrac{10}{1} = 10$

그러므로 유량 Q는 $8 \times 10 = 80[\text{cm}^3/\text{min}]$

16 ④ 17 ③ 18 ② 19 ③ 정답

20 **유압유에 수분이 혼입될 때 미치는 영향이 아닌 것은?**

① 작동유의 윤활성을 저하시킨다.
② 작동유의 방청성을 저하시킨다.
③ 캐비테이션이 발생한다.
④ 작동유의 압축성이 증가한다.

해설
작동유(유압유)에 수분이 혼입될 시 영향
- 작동유의 윤활성 저하
- 작동유의 방청성 저하
- 캐비테이션 발생
- 작동유의 산화·열화 촉진

21 **작동유 탱크의 유면이 너무 낮을 경우 가장 손상을 받기 쉬운 것은?**

① 유압 액추에이터　② 유압 펌프
③ 여과기　④ 유압 전동기

해설
유면이 너무 낮아 작동유 공급이 되지 않으면 유압 펌프가 과열운전이 되어 손상을 받는다.

22 **유압 동기 회로에서 2개의 실린더가 같은 속도로 움직일 수 있도록 위치를 제어해 주는 밸브는 어떤 것인가?**

① 셔틀 밸브
② 분류 밸브
③ 바이패스 밸브
④ 서보 밸브

해설
① 셔틀 밸브(OR 밸브, Shuttle Valve) : 두 개 이상의 입구와 한 개의 출구를 갖춘 밸브로 둘 중 한 개 이상 압력이 작용할 때 출구에 출력신호가 발생(양체크 밸브 또는 OR(밸브), 양쪽 입구로 고압과 저압이 유입될 때 고압쪽이 출력됨(고압우선 셔틀밸브)
③ 바이패스 밸브(By-pass Valve) : 전 유량을 한 가지 기능에 사용하는 경우나 다른 기능을 위해 유량을 흘려보내야 하는 경우 등에 사용
④ 서보 밸브(Servo Valve) : 유체의 흐름방향, 유량, 위치를 조절할 수 있음

23 **다음의 변위단계 선도에서 실린더 동작순서가 옳은 것은?(단, + : 실린더의 전진, - : 실린더의 후진)**

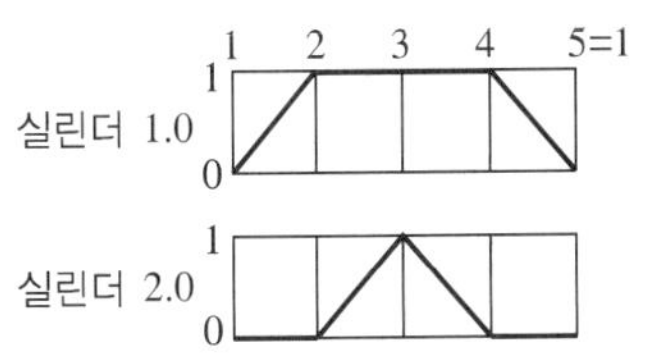

① 1.0^{+} 2.0^{+} 2.0^{-} 1.0^{-}
② 1.0^{-} 2.0^{-} 2.0^{+} 1.0^{+}
③ 2.0^{+} 1.0^{+} 1.0^{-} 2.0^{-}
④ 2.0^{-} 1.0^{-} 1.0^{+} 2.0^{+}

해설
변위단계선도에서의 동작순서
- 1스텝 : 실린더1.0 전진($^{+}$), 실린더2.0 정지
- 2스텝 : 실린더1.0 정지, 실린더2.0 전진($^{+}$)
- 3스텝 : 실린더1.0 정지, 실린더2.0 후진($^{-}$)
- 4스텝 : 실린더1.0 후진($^{-}$), 실린더2.0 정지
- 5스텝은 1스텝과 동일(반복)

정답 20 ④ 21 ② 22 ② 23 ①

24 공압 장치에 부착된 압력계의 눈금이 5[kgf/cm^2]를 지시한다. 이 압력을 무엇이라 하는가?

① 대기 압력
② 절대 압력
③ 진공 압력
④ 게이지 압력

해설
① 대기 압력 : 표준 대기 압력
② 절대 압력 : 사용압력을 완전한 진공으로 하고 그 상태를 0으로 하여 측정한 압력
※ 절대압력 = 대기압 ± 게이지압력
③ 진공 압력 : 대기압보다 낮은 압력을 (-)게이지 압력 또는 진공압

25 다음과 같은 회로의 명칭은?

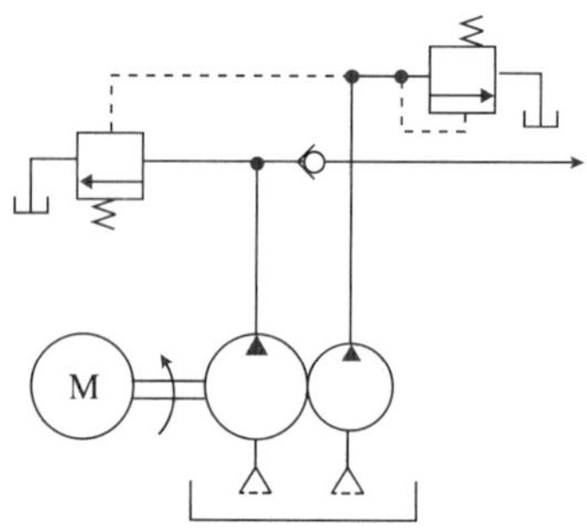

① 압력 스위치에 의한 무부하 회로
② 전환 밸브에 의한 무부하 회로
③ 축압기에 의한 무부하 회로
④ Hi-Lo에 의한 무부하 회로

해설
Hi-Lo에 의한 무부하 회로 : 실린더의 피스톤을 급격히 전진시키려면 저압 대용량으로, 큰 힘을 얻고자 할 때에는 고압 소용량의 펌프를 필요로 하므로, 저압 대용량과 고압 소용량의 2연 펌프를 사용한 회로

26 공기 압축기를 출력에 의해서 분류한 것 중 중형에 해당하는 것은?

① 0.2~14[kW]
② 15~75[kW]
③ 76~150[kW]
④ 150[kW] 이상

해설
압축기의 출력에 따른 분류
• 소형 : 0.2~14[kW]
• 중형 : 15~75[kW]
• 대형 : 75[kW] 이상

27 회로의 압력이 설정압을 초과하면 격막이 파열되어 회로의 최고 압력을 제한하는 것은?

① 압력 스위치
② 유체 스위치
③ 유체 퓨즈
④ 감압 스위치

해설
유체 퓨즈
• 설정압은 재료 강도로 조절한다.
• 응답이 빨라 신뢰성이 좋다.
• 맥동이 큰 유압장치에는 부적당하다.

24 ④ 25 ④ 26 ② 27 ③ 정답

28 **유압회로에서 분기회로의 압력을 주회로의 압력보다 저압으로 할 때 사용하는 밸브는?**

① 카운터밸런스 밸브
② 릴리프 밸브
③ 방향제어 밸브
④ 감압 밸브

해설
① 카운터밸런스 밸브 : 부하가 급격히 제거되었을 때 일정한 배압을 걸어주는 역할을 하는 밸브(주로 배압제어용으로 사용)
② 릴리프 밸브 : 압력을 설정값 내로 일정하게 유지(안전 밸브로 사용)
③ 방향제어 밸브 : 공기압 회로에서 실린더나 기타의 액추에이터로 공급되는 압축 공기의 흐름 방향을 변화시키는 밸브

29 **실린더의 크기를 결정하는 데 직접 관련되는 요소는?**

① 사용공기 압력　② 유 량
③ 행정거리　④ 속 도

해설
실린더의 크기(출력)는 실린더 안지름, 로드 지름, 공급 압력에 의해 결정된다.

30 **다음의 그림과 같은 방향제어밸브의 작동방식은?**

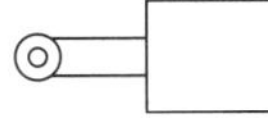

① 수동식　② 전자식
③ 플런저식　④ 롤러 레버식

해설
위 기호는 기계 조작 방식 중 롤러 방식이다.

제3과목 | 기초전기일반

31 **버튼을 누르고 있는 동안만 회로가 동작하고 놓으면 그 즉시 전동기가 정지하는 운전법으로, 주로 공작기계에 사용하는 방법은?**

① 촌동 운전　② 연동 운전
③ 정·역 운전　④ 순차 운전

해설
입력이 있을 때만 출력이 나오는 회로는 촌동회로이다.

32 **다음 중 지시계기의 구비조건으로서 갖추어야 할 조건이 아닌 것은?**

① 눈금이 균등하거나 대수 눈금일 것
② 절연내력이 낮을 것
③ 튼튼하고 취급이 편리할 것
④ 확도가 높고 외부의 영향을 받지 않을 것

해설
절연내력은 커야 한다.

정답 28 ④ 29 ① 30 ④ 31 ① 32 ②

33 파형의 맥동 성분을 제거하기 위해 다이오드 정류 회로의 직류 출력단에 부착하는 것은?

① 저 항
② 콘덴서
③ 사이리스터
④ 트랜지스터

해설
콘덴서의 기능은 전하를 축적하는 기능과 교류의 흐름을 조절하는 기능이 있다.

34 직류 회로에서 옴(Ohm)의 법칙을 설명한 내용 중 맞는 것은?

① 전류는 전압의 크기에 비례하고 저항값의 크기에 비례한다.
② 전류는 전압의 크기에 반비례하고 저항값의 크기에 반비례한다.
③ 전류는 전압의 크기에 비례하고 저항값의 크기에 반비례한다.
④ 전류는 전압의 크기에 반비례하고 저항값의 크기에 비례한다.

해설
$I = \frac{V}{R}$에서 도체에 흐르는 전류는 전압에 비례하고 저항에 반비례한다.

35 내부저항 5[kΩ]의 전압계 측정범위를 10배로 하기 위한 방법은?

① 15[kΩ]의 배율기 저항을 병렬 연결한다.
② 15[kΩ]의 배율기 저항을 직렬 연결한다.
③ 45[kΩ]의 배율기 저항을 병렬 연결한다.
④ 45[kΩ]의 배율기 저항을 직렬 연결한다.

해설
배율기 배율

$m = 1 + \frac{R_m}{r}$

$10 = 1 + \frac{R_m}{5}$　　$\therefore R_m = 45[\text{k}\Omega]$

36 그림과 같은 주파수 특성을 갖는 전기 소자는?

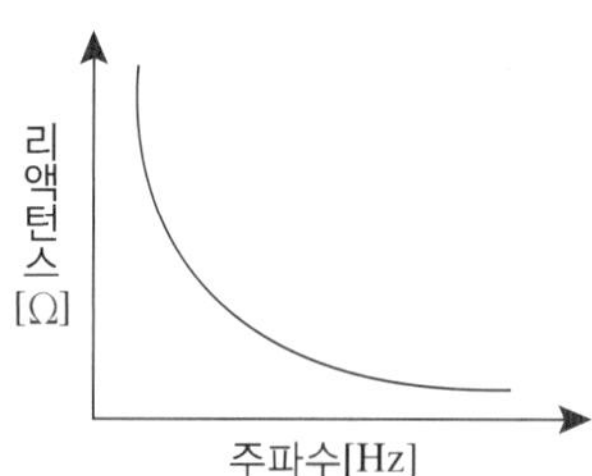

① 저 항　② 코 일
③ 콘덴서　④ 다이오드

해설
$X_C = \frac{1}{\omega C} = \frac{1}{2\pi f C}$이므로 주파수에 반비례한다.

37 다음 측정단위 중 1[kW]는 몇 [W]인가?

① 10[W]　② 100[W]
③ 1,000[W]　④ 10,000[W]

해설
1[kW] = 1,000[W]

33 ② 34 ③ 35 ④ 36 ③ 37 ③ 정답

38 직류 전동기를 기동할 때에 전기자 회로에 직렬로 연결하여 기동 전류를 억제시키고, 속도가 증가함에 따라 저항을 천천히 감소시키는 것을 무엇이라 하는가?

① 기동기 ② 정류자
③ 브러시 ④ 제어기

해설
기동기는 기동 시 최대저항으로 기동전류를 억제하고 가속되면 점차 저항을 감소시킨다.

39 다음 중 시퀀스 제어에 속하는 것은?

① 정성적 제어
② 정량적 제어
③ 되먹임 제어
④ 닫힌 루프 제어

해설
- 시퀀스제어 : 미리 정해놓은 순서에 따라 제어의 각 단계를 순차적으로 제어하는 회로(순차제어, 정성적 제어)이다.
- 정성적 제어 : 일정 시간 간격을 기억시켜 제어 회로를 ON/OFF 또는 유무상태만으로 제어하는 명령으로 두 개 값만 존재하며 이산 정보와 디지털 정보가 있다.
- 되먹임 제어 : 되먹임에 의해 제어량의 값을 목표값과 비교하여 이 두 값이 일치하도록 수정 동작을 행하는 제어(정량적 제어)이다.

40 다음에 열거한 것 중 검출 기기가 아닌 것은?

① 솔레노이드 밸브
② 리밋 스위치
③ 광전 스위치
④ 근접 스위치

해설
리밋, 광전, 근접 스위치는 검출기기이다.

41 코일이 여자될 때마다 숫자가 하나씩 증가하며 계수 표시를 하는 것은?

① 기계식 카운터
② 전자식 카운터
③ 적산 카운터
④ 프리셋 카운터

해설
적산 카운터 : 입력신호가 들어올 때마다 숫자가 증가하는 카운터

42 실횻값이 E[V]인 정현파 교류전압의 최댓값은 얼마인가?

① $\sqrt{2}\,E[\mathrm{V}]$ ② $\dfrac{1}{\sqrt{2}}E[\mathrm{V}]$
③ $\dfrac{2}{\pi}E[\mathrm{V}]$ ④ $2\,E[\mathrm{V}]$

해설
$E_m = \sqrt{2}\,E$

정답 38 ① 39 ① 40 ① 41 ③ 42 ①

43 Y결선으로 접속된 3상 회로에서 선간전압은 상전압의 몇 배인가?

① 2배 ② $\sqrt{2}$ 배
③ 3배 ④ $\sqrt{3}$ 배

해설
Y결선에서 선간전압 $V_L = \sqrt{3}\, V_p$

44 직류 200[V], 1,000[W]의 전열기에 흐르는 전류는 얼마인가?

① 0.5[A] ② 5[A]
③ 50[A] ④ 10[A]

해설
$P = VI[\mathrm{W}]$
$I = \dfrac{P}{V} = \dfrac{1{,}000}{200} = 5[\mathrm{A}]$

45 유도 전동기에서 동기 속도를 결정하는 요인은?

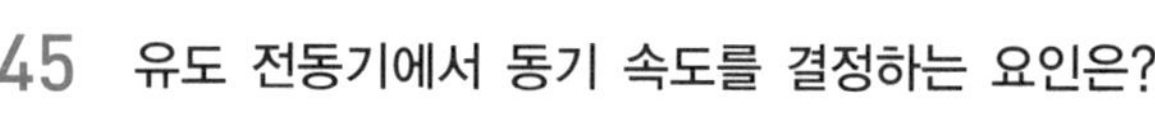

① 위상-파형
② 홈수-주파수
③ 자극수-주파수
④ 자극수-전기각

해설
$N_s = \dfrac{120f}{P}[\mathrm{rpm}]$
따라서, 동기 속도는 자극수와 주파수로 결정된다.

제2과목 | 기계제도(비절삭) 및 기계요소

46 배관도면에서 글로브 밸브에서 나사 이음할 때 도시 기호는?

①
②
③
④

해설
나사이음의 도시기호는 마주보는 삼각형에 작은 흑색 원으로 표시한다.

47 다음 용접도시기호를 올바르게 설명한 것은?

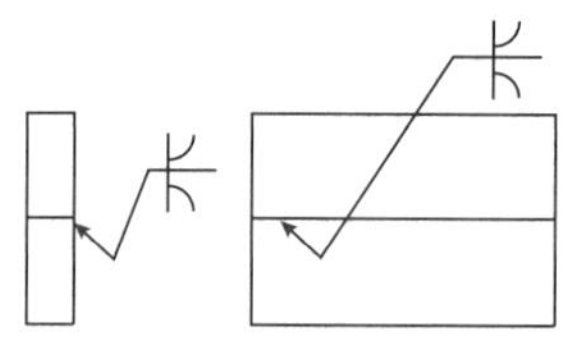

① 양면 U형 이음 맞대기 용접
② 한쪽 U형 이음 맞대기 용접
③ K형 이음 맞대기 용접
④ 양면 J형 이음 맞대기 용접

해설
용접의 기본기호에서 양면 J형 맞대기 용접기호이다.

43 ④ 44 ② 45 ③ 46 ② 47 ④ 정답

48 물체의 구멍, 홈 등 특정부분만의 모양을 도시하는 것으로 다음 그림과 같이 그려진 투상도의 명칭은?

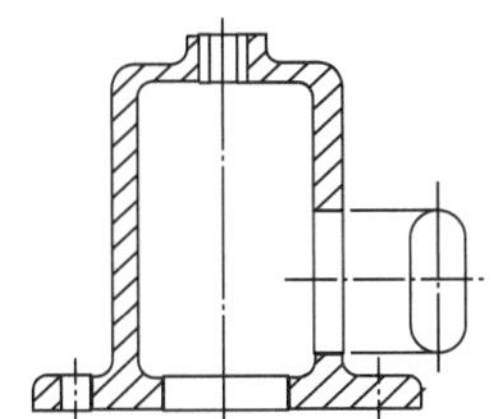

① 회전 투상도
② 보조 투상도
③ 부분 확대도
④ 국부 투상도

해설
① 회전 투상도 : 투상면이 어느 각도를 가지고 있기 때문에 그 실형을 표시하지 못할 때에 그 부분을 회전해서 도시한 것
② 보조 투상도 : 경사면부가 있는 물체는 그 경사면과 맞서는 위치에 보조 투상도를 그려 경사면의 실형을 나타낸 것
③ 부분 투상도 : 도면의 일부를 도시하여 충분한 경우에는 그 필요 부분만을 부분 투상도로 도시한 것

49 도면의 척도란에 5 : 1로 표시되었을 때 의미로 올바른 설명은?

① 축척으로 도면의 형상 크기는 실물의 $\frac{1}{5}$이다.
② 축척으로 도면의 형상 크기는 실물의 5배이다.
③ 배척으로 도면의 형상 크기는 실물의 $\frac{1}{5}$이다.
④ 배척으로 도면의 형상 크기는 실물의 5배이다.

해설
척 도
A(도면에서의 크기) : B(물체의 실제 크기)로 표기

50 다음 도면에서 전체 길이인 괄호 안의 치수는?

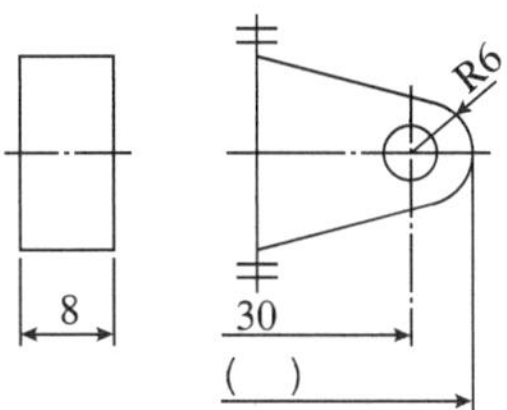

① 36 ② 42
③ 66 ④ 72

해설
대칭 기호가 있으므로 R6은 12이다.
그러므로 전체길이는 30 + 12 = 42이다.

51 다음과 같은 제3각 정투상도인 정면도, 평면도에 가장 적합한 우측면도는?

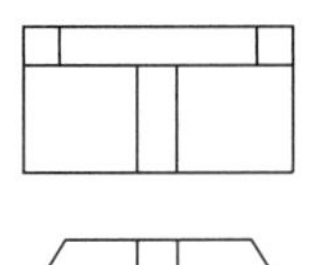

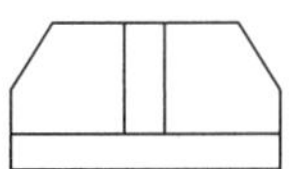

①
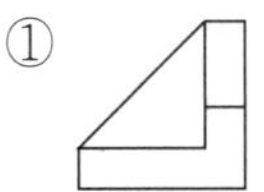
②

③
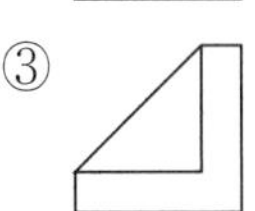
④
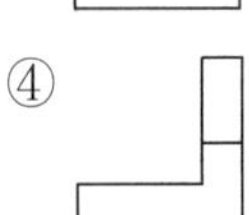

해설
정면도에서 양측면은 경사져 있고, 중앙은 보가 있는 상태이므로 ①번이 정답이다.

정답 48 ④ 49 ④ 50 ② 51 ①

52 파형의 가는 실선 또는 지그재그 선을 사용하는 선은?

① 회전단면선
② 파단선
③ 절단선
④ 기준선

해설
① 회전단면선 : 가는 실선
③ 절단선 : 가는 1점쇄선으로 끝부분 및 방향이 변하는 부분을 굵게 한 것
④ 기준선 : 가는 1점쇄선

53 다음 중 운동용 나사가 아닌 것은?

① 관용나사
② 사각나사
③ 사다리꼴나사
④ 볼나사

해설
운동용 나사의 종류
- 사각나사 : 나사산의 모양이 사각. 삼각나사에 비하여 풀어지긴 쉬우나 저항이 적은 관계로 동력전달용 잭, 나사 프레스, 선반의 피드에 사용
- 사다리꼴나사 : 애크미나사 또는 재형나사라고도 함. 사각나사보다 강력한 동력 전달용에 사용
- 톱니나사 : 축선의 한쪽에만 힘을 받는 곳에 사용(잭, 프레스, 바이스). 힘을 받는 면은 축에 직각이고, 받지 않는 면은 30°로 경사
- 둥근나사 : 너클나사, 나사산처럼 골이 둥글기 때문에 먼지, 모래가 끼기 쉬운 전구, 호스연결부에 사용
- 볼나사 : 수나사와 암나사의 홈에 강구가 들어 있어 마찰계수가 적음

54 가로 탄성 계수를 바르게 나타낸 것은?

① 굽힘 응력/전단 변형률
② 전단 응력/수직 변형률
③ 전단 응력/전단 변형률
④ 수직 응력/전단 변형률

해설
- 가로탄성계수 : $G = \dfrac{\tau(\text{전단응력})}{\gamma(\text{전단변형률})}$
- 세로탄성계수(영률) : $E = \dfrac{\sigma(\text{응력})}{\varepsilon(\text{변형률})}$

55 지름 D[mm]인 코일스프링에 하중 P[kgf]를 가할 때 δ[mm]의 변위를 일으키는 스프링 상수 K [kgf/mm]는?

① $K = \dfrac{P}{\delta}$
② $K = \dfrac{P}{D}$
③ $K = \dfrac{D}{P}$
④ $K = \dfrac{\delta}{P}$

해설
스프링 상수(K) : 훅의 법칙에 의한 스프링의 비례 상수, 스프링의 세기를 나타내며, 스프링 상수가 크면 잘 늘어나지 않는다. 스프링 상수는 작용 하중과 변위량의 비이다.

$K = \dfrac{\text{작용하중[N]}}{\text{변위량[mm]}} = \dfrac{P}{\delta}\text{[N/mm]}$

52 ② 53 ① 54 ③ 55 ① 정답

56 맞물림 클러치의 턱 모양이 아닌 것은?

① 톱니형
② 사다리꼴형
③ 반달형
④ 사각형

해설
③ 반달형은 마찰력을 줄 수 있는 조건이 못된다.
맞물림 클러치 : 턱을 가진 한쌍의 플랜지를 원동축과 종동축의 끝에 붙여서 만든 것이다.

57 롤링 베어링의 장점이 아닌 것은?

① 과열의 위험이 없다.
② 규격이 정해진 품종이 풍부하고 교환성이 좋다.
③ 기계의 소형화가 가능하다.
④ 소음 및 진동이 없고, 설치와 조립이 쉽다.

해설
롤링 베어링은 선 접촉으로 소음과 진동이 발생하고, 설치와 조립이 어렵다.

58 벨트가 회전하기 시작하여 동력을 전달하게 되면 인장측의 장력은 커지고, 이완측의 장력은 작아지게 되는데 이 차를 무엇이라 하는가?

① 이완 장력
② 허용 장력
③ 초기 장력
④ 유효 장력

해설
유효장력 = 인장측 − 이완측

59 키의 길이가 50[mm], 접선력은 6,000[kgf], 키의 전단 응력이 20[kgf/mm^2]일 때 키의 폭은?

① 6[mm]
② 30[mm]
③ 12[mm]
④ 9[mm]

해설
전단응력
$\tau = \frac{W}{A}$[kg/cm^2] (인장력 W[kg], 단면적 A[cm^2])
키의 폭 $b = \frac{W}{\tau \times l} = \frac{6,000}{20 \times 50} = 6$

60 다음 중 브레이크의 종류가 아닌 것은?

① 블 록
② 밴 드
③ 원 판
④ 토션바

해설
④ 토션바는 스프링의 일종이다.
브레이크의 종류
- 반지름 방향으로 밀어 붙이는 형식 : 블록 브레이크, 밴드 브레이크, 팽창 브레이크
- 축 방향에 밀어 붙이는 형식 : 원판 브레이크, 원추 브레이크
- 자동 브레이크 : 웜 브레이크, 나사 브레이크, 캠 브레이크, 원심력 브레이크

정답 56 ③ 57 ④ 58 ④ 59 ① 60 ④

2008년 과년도 기출문제

제1과목 | 공유압 일반

01 유압에 비하여 공기압의 장점이 아닌 것은?

① 안전성이 우수하다.
② 에너지 효율성이 좋다.
③ 에너지 축적이 용이하다.
④ 신속성(동작속도)이 좋다.

해설
② 유압보다 에너지 효율성이 좋지 않다(구동 비용이 고가임).
공기압의 장점
- 동력원인 압축공기를 간단히 얻을 수 있다.
- 힘의 증폭이 용이하다.
- 힘의 전달이 간단하고 어떤 형태로도 전달 가능하다.
- 작업속도 변경이 가능하며 제어가 간단하다.
- 취급이 간단하다.
- 인화의 위험 및 서지 압력발생이 없고 과부하에 안전하다.
- 압축공기를 축적(저장)할 수 있다.
- 탄력이 있다(완충 작용 = 공기 스프링 역할).

02 오일 탱크 내의 압력을 대기압 상태로 유지시키는 역할을 하는 것은?

① 가열기 ② 분리판
③ 스트레이너 ④ 에어 브리더

해설
① 가열기 : 작동유의 온도가 저하되면 점도 높아지므로(펌프의 흡입 불량, 장치의 기동 곤란, 압력손실 증대, 과대한 진동 등이 발생함) 최적의 작업온도를 얻고자 할 때 히터(Heater)가 사용된다.
② 분리판 : 탱크 내부에는 분리판(Baffle Plate)을 설치하여 펌프의 흡입쪽과 귀환쪽을 구별하고 기름이 탱크 내에서 천천히 환류하도록 하여 불순물을 침전시키며 기포의 방출, 기름의 방열을 돕고 기름 온도를 균일하게 한다.
③ 스트레이너 : 펌프의 흡입 쪽에 설치하여 불순물 여과작용을 한다.

03 공기압 회로에서 실린더나 기타의 액추에이터로 공급되는 압축 공기의 흐름 방향을 변화시키는 밸브는?

① 압력제어 밸브
② 유량제어 밸브
③ 방향제어 밸브
④ 릴리프 밸브

해설
① 압력제어 밸브 : 유체압력을 제어하는 밸브 → 힘
② 유량제어 밸브 : 유량의 흐름을 제어하는 밸브 → 속도
④ 릴리프 밸브 : 압력을 설정값 내로 일정하게 유지(안전 밸브로 사용)

04 과도적으로 상승한 압력의 최댓값을 무엇이라 하는가?

① 배 압
② 서지압
③ 맥 동
④ 전 압

해설
서지압(력) : 밸브의 급속한 개폐시에 이상 고압이 발생하는데 이런 압력을 서지압력이라 하며 순간적으로 회로 내의 압력이 정상 압력의 4배 이상 증가되는데 충격 흡수장치를 사용하면 된다.

1 ② 2 ④ 3 ③ 4 ② 정답

05 **기계적 에너지를 유압 에너지로 변환하여 유압을 발생시키는 부분은?**

① 유압 펌프
② 유량 밸브
③ 유압 모터
④ 유압 액추에이터

해설
② 유량밸브 : 유량을 제어하는 밸브
③ 유압모터 : 유체 에너지를 연속회전운동을 하는 기계적인 에너지로 변환시켜주는 액추에이터
④ 유압 액추에이터 : 작동유의 압력 에너지를 기계적 에너지로 바꾸는 기기의 총칭

06 **유압회로에서 어떤 부분 회로의 압력을 주회로의 압력보다 저압으로 사용하고자 할 때 사용하는 밸브는?**

① 배압 밸브
② 감압 밸브
③ 압력보상형 밸브
④ 셔틀 밸브

해설
① 배압 밸브(카운터 밸런스 밸브) : 부하가 급격히 제거되었을 때 일정한 배압을 걸어주는 역할을 하는 밸브(주로 배압제어용으로 사용)
③ 압력보상형 유량제어 밸브 : 압력의 변동에 의하여 유량이 변동되지 않도록 회로에 흐르는 유량을 항상 일정하게 유지(압력보상 기구를 내장). 부하의 변동에도 항상 일정한 속도를 얻고자 할 때 사용하는 밸브
④ 셔틀 밸브(OR 밸브) : 두 개 이상의 입구와 한 개의 출구를 갖춘 밸브로 둘 중 한 개 이상 압력이 작용할 때 출구에 출력신호가 발생(양체크 밸브 또는 OR밸브, 고압우선 셔틀밸브)

07 **다음의 기호 중 고압실린더의 1방향 속도제어에 주로 사용되는 것은?**

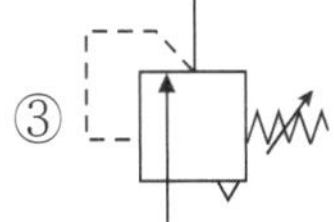

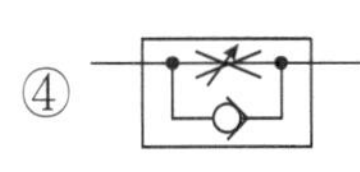

해설
① 교축 밸브(가변 교축 밸브)
② 유량 조정 밸브(직렬형 유량 조정 밸브)
③ 양방향 릴리프 밸브

08 **압력의 크기가 변해도 같은 유량을 유지할 수 있는 유량 제어 밸브는?**

① 니들 밸브
② 유량분류 밸브
③ 압력보상 유량제어 밸브
④ 스로틀 앤드 체크 밸브

해설
① 니들 밸브 : 작은 지름의 파이프에서 유량을 미세하게 조정하기에 적합한 밸브이다.
② 유량 분류 밸브 : 유량을 제어하고 분배하는 기능으로 유량 순위 분류 밸브, 유량 조정 순위 밸브, 유량 비례 분류 밸브로 구분하며, 분배 비율은 1:1~9:1이다.
④ 스로틀 앤드 체크 밸브 : 한쪽 방향으로의 흐름은 제어하고 역방향의 흐름은 제어가 불가능하다.

정답 5 ① 6 ② 7 ④ 8 ③

09 다음의 방향 밸브 중 3개의 작동유 접속구와 2개의 위치를 가지고 있는 밸브는 어느 것인가?

①

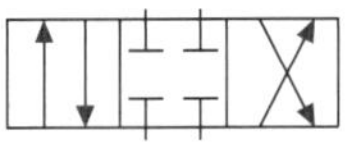

②

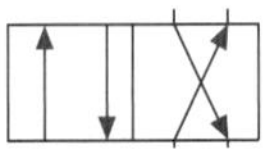

③

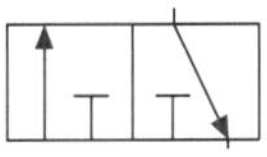

④

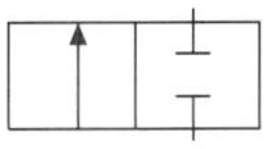

해설

① 4개의 접속구와 3개의 위치
② 4개의 접속구와 2개의 위치
④ 2개의 접속구와 2개의 위치

10 공유압 변환기를 에어 하이드로 실린더와 조합하여 사용할 경우 주의사항으로 틀린 것은?

① 에어 하이드로 실린더보다 높은 위치에 설치한다.
② 공유압 변환기는 수평 방향으로 설치한다.
③ 열원의 가까이에서 사용하지 않는다.
④ 작동유가 통하는 배관에 누설, 공기 흡입이 없도록 밀봉을 철저히 한다.

해설

공유압 변환기 사용상 주의할 점
- 수직으로 설치
- 액추에이터 및 배관 내의 공기를 제거(밀봉 유지)
- 액추에이터보다 높은 위치에 설치
- 정기적으로 유량을 점검(부족 시 보충)
- 열의 발생이 있는 곳에서 사용 금지

11 방향전환 밸브의 포핏식이 갖고 있는 특징으로 맞는 것은?

① 이동거리가 짧고, 밀봉이 완벽하다.
② 이물질의 영향을 잘 받는다.
③ 작은 힘으로 밸브가 작동한다.
④ 윤활이 필요하며 수명이 짧다.

해설

포핏 밸브의 특징
- 구조가 간단하다(이물질의 영향을 받지 않음).
- 짧은 거리에서 밸브를 개폐한다(개폐속도가 빠름).
- 활동부가 없기 때문에 윤활이 필요 없고 수명이 길다.
- 소형의 제어 밸브나 솔레노이드 밸브의 파일럿 밸브 등에 많이 사용한다.
- 공급압력이 밸브 몸통에 작용하므로 밸브를 열 때 조작력이 유체압에 비례하여 커져야 하는 단점이 있다.

12 다음 중 압력 제어 밸브 및 스위치에 속하지 않는 것은?

① 압력 스위치
② 시퀀스 밸브
③ 릴리프 밸브
④ 유량제어 밸브

해설

압력제어밸브의 종류
- 릴리프 밸브
- 감압 밸브
- 시퀀스 밸브
- 카운터 밸런스 밸브
- 무부하 밸브
- 기 타
  - 안전 밸브
  - 압력 스위치

9 ③ 10 ② 11 ① 12 ④ 정답

13 **공압 실린더의 배출 저항을 작게 하여 운동 속도를 빠르게 하는 밸브의 명칭은?**

① 급속 배기 밸브
② 시퀀스 밸브
③ 언로드 밸브
④ 카운터 밸런스 밸브

해설
② 시퀀스 밸브 : 공유압 회로에서 순차적으로 작동할 때 작동순서가 회로의 압력에 의해 제어되는 밸브이다.
③ 무부하 밸브 : 작동압이 규정압력 이상으로 달했을 때 무부하운전을 하여 배출하고 이하가 되면 밸브는 닫히고 다시 작동하게 된다.
④ 카운터 밸런스 밸브 : 부하가 급격히 제거되었을 때 일정한 배압을 걸어주는 역할을 하는 밸브이다(주로 배압제어용으로 사용).

14 **실린더, 로터리 액추에이터 등 일반 공압기기의 공기여과에 적당한 여과기 엘리먼트의 입도는?**

① 5[μm] 이하
② 5~10[μm]
③ 10~40[μm]
④ 40~70[μm]

해설
여과도에 따른 분류
- 정밀용 : 5~20[μm]
- 일반용 : 44[μm]
- 메인라인용 : 50[μm] 이상

15 **공압 실린더의 속도를 조정하려 한다. 이때 필요한 밸브는?**

① 셔틀제어 밸브
② 방향제어 밸브
③ 2압제어 밸브
④ 유량제어 밸브

해설
① 셔틀 밸브(OR 밸브) : 두 개 이상의 입구와 한 개의 출구를 갖춘 밸브로 둘 중 한개 이상 압력이 작용할 때 출구에 출력신호가 발생(양체크 밸브 또는 OR 밸브, 고압우선 셔틀 밸브)
② 방향제어 밸브 : 유체흐름의 방향을 제어하는 밸브
③ 2압 밸브(AND 밸브) : 두 개의 입구와 한 개의 출구를 갖춘 밸브로서 두개의 입구에 압력이 작용할 때만 출구에 출력이 작용. 연동 제어, 안전 제어, 검사 기능, 논리 작동에 사용. 저압우선 셔틀 밸브

16 **다음 중 방향제어 밸브에 속하는 것은?**

① 미터링 밸브
② 언로딩 밸브
③ 솔레노이드 밸브
④ 카운터 밸런스 밸브

해설
③ 솔레노이드 밸브 : 전자 밸브로 방향을 제어
① 미터링 밸브 : 유량제어 밸브
② 언로딩 밸브 : 압력제어 밸브
④ 카운터 밸런스 밸브 : 압력제어 밸브

정답 13 ① 14 ④ 15 ④ 16 ③

17 **펌프가 포함된 유압유닛에서 펌프 출구의 압력이 상승하지 않는다. 그 원인으로 적당하지 않은 것은?**

① 릴리프 밸브의 고장
② 속도제어 밸브의 고장
③ 부하가 걸리지 않음
④ 언로드 밸브의 고장

해설
압력이 형성되지 않는 경우
- 릴리프 밸브의 설정압이 잘못되었거나 작동 불량
- 유압 회로 중 실린더 및 밸브에서 누설(부하가 걸리지 않음)
- 펌프의 내부 고장에 의해 압력이 새고 있는 경우(부하가 걸리지 않음)
- 언로드 밸브 고장
- 펌프의 고장

18 **3개의 공압 실린더를 A+, B+, A−, C+, C−, B−의 순서로 제어하는 회로를 설계하고자 할 때, 신호의 중복(트러블)을 피하려면 몇 개의 그룹으로 나누어야 하는가?(단, A, B, C : 공압 실린더, + : 전진동작, − : 후진동작)**

① 2	② 3
③ 4	④ 5

해설
그룹으로 나누는 것은 제어체인을 구성하는 메모리 밸브의 수를 최소화하기 위한 것으로 동일 실린더의 운동이 한 그룹에 한 번씩만 나타나도록 하여 최소화시킨다.
A+, B+ / A−, C+ / C−, B−

19 **유압 액추에이터의 종류가 아닌 것은?**

① 펌 프
② 유압 실린더
③ 기어 모터
④ 요동 모터

해설
유압 펌프 : 원동기로부터 공급받은 회전에너지를 압력을 가진 유체에너지로 변환하는 기기(유압 공급원)

20 **어큐뮬레이터(축압기)의 사용 목적이 아닌 것은?**

① 에너지의 보존
② 유체의 누설 방지
③ 유체의 맥동 감쇠
④ 충격 압력의 흡수

해설
어큐뮬레이터(축압기)의 용도
- 에너지 축적용
- 펌프의 맥동 흡수용
- 충격 압력의 완충용
- 유체 이송용
- 2차 회로의 구동
- 압력보상

21 **유압에너지가 가진 특성이 아닌 것은?**

① 소형장치로 큰 출력을 얻을 수 있다.
② 온도변화에 큰 영향을 받지 않는다.
③ 원격제어가 가능하다.
④ 공기압보다 작동속도가 늦다.

해설
② 유온 변화에 의해 액추에이터의 속도가 변화할 수 있다.

17 ② 18 ② 19 ① 20 ② 21 ② 정답

22 다음의 공압 실린더 중 다른 실린더에 비하여 고속으로 동작할 수 있는 것은?

① 텔리스코픽 실린더
② 충격 실린더
③ 가변스트로크 실린더
④ 다위치형 실린더

해설
충격 실린더 : 빠른 속도(7~10[m/s])를 얻을 때 사용된다. 프레싱, 플랜징, 리베팅, 펀칭 등의 작업에 이용

23 유압실린더에 작용하는 힘을 산출할 때 사용되는 것은?

① 보일의 법칙
② 파스칼의 원리
③ 가속도의 법칙
④ 플레밍의 왼손 법칙

해설
파스칼(Pascal)의 원리
- 정지하고 있는 유체의 압력은 그 표면에 수직으로 작용한다.
- 점에 작용하는 압력의 크기는 모든 방향으로 같게 작용한다.
- 정지하고 있는 유체 중의 압력은 그 무게가 무시될 수 있으며, 그 유체 내의 어디에서나 같다.

$$P=\frac{F_1}{A_1}=\frac{F_2}{A_2}$$

24 다음 공압 장치의 기본 요소 중 구동부에 속하는 것은?

① 애프터 쿨러 ② 여과기
③ 실린더 ④ 루브리케이터

해설
공압장치의 구성
- 동력원 : 엔진, 전동기
- 공압발생부 : 압축기, 공기탱크, 애프터 쿨러
- 공압청정부 : 필터, 에어 드라이어
- 제어부 : 압력제어, 유량제어, 방향제어
- 구동부(액추에이터) : 실린더, 공압모터, 공압요동 액추에이터

25 구동부가 일을 하지 않아 회로에서 작동유를 필요로 하지 않을 때 작동유를 탱크로 귀환시키는 것은?

① AND 회로 ② 무부하 회로
③ 플립플롭 회로 ④ 압력 설정 회로

해설
① AND 회로 : 2개 이상의 입력부와 1개의 출력부를 가지며, 모든 입력부에 입력이 가해졌을 경우에만 출력부에 출력이 나타나는 회로
③ 플립플롭 회로 : 2개의 안정된 출력 상태를 가지고, 입력 유무에 관계없이 직전에 가해진 입력의 상태를 출력 상태로서 유지하는 회로
④ 압력 설정 회로 : 모든 유압회로의 기본, 회로 내의 압력을 설정 압력으로 조정하는 회로로서 설정 압력 이상 시 릴리프 밸브가 열려 탱크로 귀환하는 회로

26 유압 작동유의 점도를 나타내는 단위는?

① 포아즈 ② 디그리
③ 리스크 ④ 토 크

해설
점도 : 작동유는 작동부품 사이를 적당히 차폐(Seal)하는데 충분한 점도를 가져야 한다(단위 : 포아즈 P, cP). 작동유의 가장 중요한 성질이다.

정답 22 ② 23 ② 24 ③ 25 ② 26 ①

27 시퀀스(Sequence) 밸브의 정의로 맞는 것은?

① 펌프를 무부하로 하는 밸브

② 동작을 순차적으로 하는 밸브

③ 배압을 방지하는 밸브

④ 감압시키는 밸브

해설

① 펌프를 무부하로 하는 밸브 : 무부하 밸브

③ 배압을 방지하는 밸브 : 카운터밸런스 밸브

④ 감압시키는 밸브 : 감압 밸브

28 다음의 유압 공기압 기호의 명칭은?

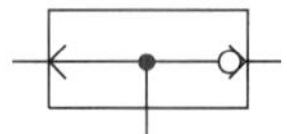

① 감압 밸브

② 고압우선형 셔틀 밸브

③ 릴리프 밸브

④ 급속배기 밸브

해설

감압 밸브	릴리프 밸브	급속배기 밸브

29 공압 발생 장치의 구성상 필요 없는 장치는?

① 방향제어 밸브

② 공기탱크

③ 압축기

④ 냉각기

해설

공압장치의 구성

- 동력원 : 엔진, 전동기
- 공압발생부 : 압축기, 공기탱크, 애프터 쿨러
- 공압청정부 : 필터, 에어 드라이어
- 제어부 : 압력제어, 유량제어, 방향제어
- 구동부(액추에이터) : 실린더, 공압모터, 공압요동 액추에이터

30 공기 건조 방식 중 −70[℃] 정도까지의 저노점을 얻을 수 있는 공기 건조 방식은?

① 흡수식

② 냉각식

③ 흡착식

④ 저온 건조 방식

해설

공기 건조기(제습기) : 압축공기 속에 포함되어 있는 수분을 제거하여 건조한 공기로 만드는 기기(종류 : 냉동식, 흡착식, 흡수식)

- 냉동식 건조기 : 이슬점 온도를 낮추는 원리를 이용한 것
  - 공기를 강제로 냉각시켜 수증기를 응축시켜 수분을 제거하는 방식의 건조기
  - 입구온도가 40[℃]를 넘지 않도록 애프터 쿨러와 주라인 필터 다음에 설치
- 흡착식 건조기 : 고체흡착제(실리카겔, 활성알루미나, 실리콘다이옥사이드)를 사용하는 물리적 과정의 방식
  - 건조제의 재생방식 : 가열기가 부착된 히트형과 건조공기의 일부를 사용하는 히트리스형
  - 최대 −70[℃]의 저노점을 얻을 수 있음
- 흡수식 건조기 : 흡수액(염화리튬, 수용액, 폴리에틸렌)을 사용한 화학적 과정의 방식
  - 장비설치가 간단하고, 움직이는 부분이 없어 기계적 마모가 적음
  - 외부 에너지의 공급이 필요 없음
  - 건조제는 연간 2~4회 정도 교환

27 ② 28 ② 29 ① 30 ③ **정답**

제3과목 | 기초전기일반

31 SCR의 설명 중 틀린 것은?

① SCR은 교류가 출력된다.
② SCR은 한번 통전하면 게이트에 의해서 전류를 차단할 수 없다.
③ SCR은 정류 작용이 있다.
④ SCR은 교류전원의 위상 제어에 많이 사용된다.

해설
SCR은 단일 방향 3단자 소자로 게이트로 Turn-on하고 위상 제어 및 정류 작용을 하여 직류를 출력한다.

32 전기기계는 주어진 에너지가 모두 유효한 에너지로 변환하는 것이 아니고 그 중의 일부 에너지가 없어지는 손실이 발생된다. 축과 베어링, 브러시와 정류자 등의 마찰로 인한 손실을 무엇이라 하는가?

① 동 손
② 철 손
③ 기계손
④ 표유 부하손

해설
기계손 : 기계적 원인에 의한 손실로 축과 베어링, 브러쉬와 정류자 실린더와 피스톤 등의 마찰손을 말한다.

33 그림과 같은 전동기 주회로에서 THR은?

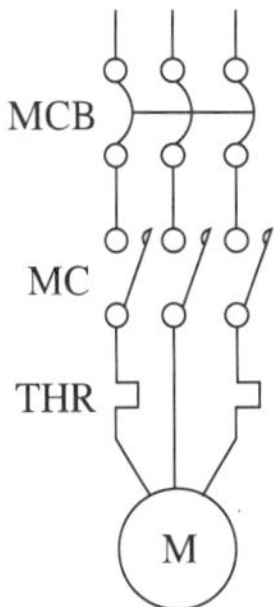

① 퓨 즈　② 열동 계전기
③ 접 점　④ 램 프

해설
• MCB : 배선용차단기
• MC : 전자접촉기
• THR : 열동 계전기
• M : 모터

34 측정 오차를 작게 하기 위한 전류계와 전압계의 내부 저항에 대한 설명으로 바른 것은?

① 전류계, 전압계 모두 큰 내부 저항
② 전류계, 전압계 모두 작은 내부 저항
③ 전류계는 작은 내부 저항, 전압계는 큰 내부저항
④ 전류계는 큰 내부 저항, 전압계는 작은 내부저항

해설
전류계는 부하와 직렬로 연결하므로 전류계에 걸리는 전압강하를 줄이기 위해 작은 내부저항을 사용하고 부하와 병렬로 연결하는 전압계는 전압계에 흐르는 전류를 최소로 하여 부하에 흐르는 전류가 원래 전류의 상태를 유지하도록 한다.

정답 31 ① 32 ③ 33 ② 34 ③

35 다음 휘트스톤 브리지 회로에서 X는 몇 [Ω]인가?(단, 전류 평형이 되었을 때)

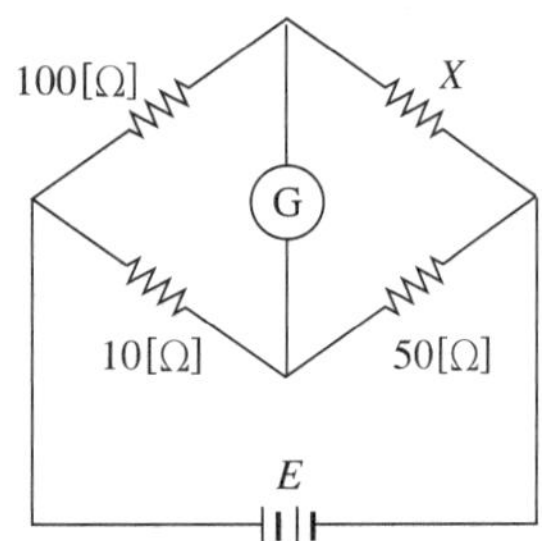

① 10　　② 50
③ 100　　④ 500

해설
$10X = 100 \times 50$
$\therefore X = 500[\Omega]$

36 사인파 교류 파형에서 주기 T[s], 주파수 f[Hz]와 각속도 ω[rad/s] 사이의 관계식을 나타낸 것으로 옳은 것은?

① $\omega = \dfrac{1}{2\pi f}$
② $\omega = 2\pi f$
③ $\omega = \dfrac{1}{2\pi T}$
④ $\omega = 2\pi T$

해설
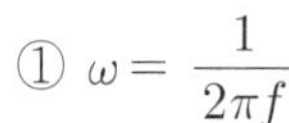
$\omega = 2\pi f = \dfrac{2\pi}{T}\left(f = \dfrac{1}{T}\right)$

37 전동기 운전 시퀀스 제어 회로에서 전동기의 연속적인 운전을 위해 반드시 들어가는 제어 회로는?

① 인터로크　　② 지연동작
③ 자기유지　　④ 반복동작

해설
자기유지회로 : 시퀀스 제어 회로에서 동작 상태를 유지하는 회로

38 △결선된 대칭 3상 교류 전원의 선전류는 상전류의 몇 배인가?

① $\dfrac{1}{2}$배　　② 1배
③ $\sqrt{2}$배　　④ $\sqrt{3}$배

해설
△결선 선전류 $I_l = \sqrt{3}\, I_P$

39 그림과 같은 회로의 명칭은?

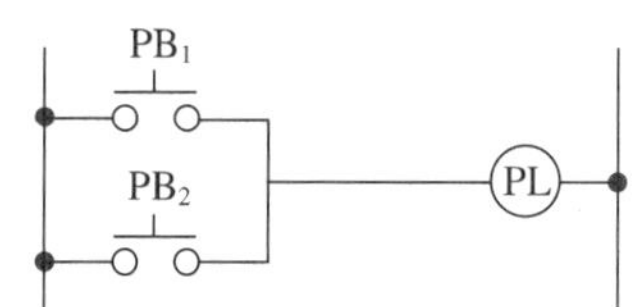

① OR 회로　　② AND 회로
③ NOT 회로　　④ NOR 회로

해설
OR 회로 : 두 개 회로 중 하나의 입력만 있어도 출력이 나오는 회로

35 ④　36 ②　37 ③　38 ④　39 ① 정답

40 백열전구를 스위치로 점등 및 소등하는 것은 무슨 제어라고 하는가?

① 정성적 제어
② 되먹임 제어
③ 정량적 제어
④ 자동 제어

해설
정성적 제어 : 일정 시간 간격을 기억시켜 제어 회로를 ON/OFF 또는 유무상태만으로 제어하는 명령으로 두 개값만 존재하며 이산 정보와 디지털 정보가 있다.

41 절연 전선에서는 온도가 높게 되면 절연물이 열화되어 절연 전선으로서 사용할 수 없게 되므로 전선에 안전하게 흘릴 수 있는 최대 전류를 규정해 놓고 있다. 이것을 무엇이라 하는가?

① 허용 전류
② 합성 전류
③ 단락 전류
④ 내부 전류

해설
허용전류 : 전선의 저항으로 인한 발열작용으로 전선의 피복이 열화되지 않을 정도의 전류값

42 정격이 5[A], 220[V]인 전기 제품을 10시간 동안 사용했을 때의 전력량[kWh]은?

① 1 ② 11
③ 21 ④ 31

해설
$$W = Pt = VIt = RI^2t = \frac{V^2}{R}$$
$$= 220 \times 5 \times 10 = 11,000 = 11[\text{kWh}]$$

43 교류 전류 중 코일만으로 된 회로에서 전압과 전류와의 위상은?

① 전압이 90° 앞선다.
② 전압이 90° 뒤진다.
③ 동상이다.
④ 전류가 180° 앞선다.

해설
• 저항만의 회로 : 전압과 전류가 동상이다.
• 코일만의 회로 : 전압이 전류보다 90° 앞선다.
• 콘덴서만의 회로 : 전류가 전압보다 90° 앞선다.
※ ICE – I(전류)가 C(콘덴서)에서 E(전압)보다 앞선다.

정답 40 ① 41 ① 42 ② 43 ①

44 구동회로에 가해지는 펄스 수에 비례한 회전각도 만큼 회전시키는 특수 전동기는?

① 분 권
② 직 권
③ 직류 스테핑
④ 타여자

해설
스테핑 모터 : 외부의 DC전압 또는 전류를 모터의 각 상단자에 스위칭방식으로 입력시켜 줌에 따라 일정한 각도의 회전을 하는 모터이다.

45 분류기를 사용하는 전류를 측정하는 경우 전류계의 내부 저항 0.12[Ω], 분류기의 저항 0.03[Ω]이면 그 배율은?

① 6 ② 5
③ 4 ④ 3

해설
분류기배율 $m = 1 + \frac{r}{R_A} = 1 + \frac{0.12}{0.03} = 5$

제2과목 | 기계제도(비절삭) 및 기계요소

46 다음 입체도에서 화살표 방향을 정면으로 한 제3각 정투상도로 가장 적합한 것은?

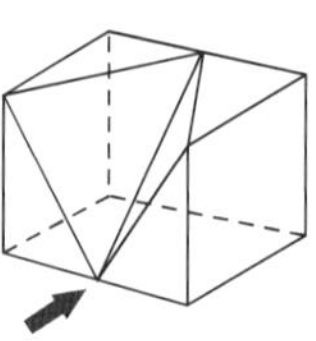

①
②
③
④

해설
정면도와 평면도가 대칭인 모형이고, 우측면도에는 파선이 있는 ④번이 정답이다.

47 보기와 같이 화살표 방향을 정면도로 선택하였을 때 평면도의 모양은?

[보 기]

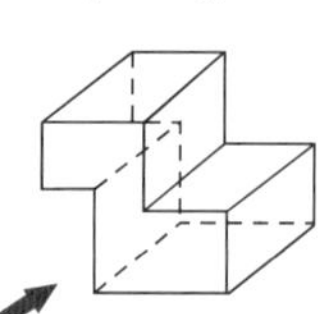

①
② 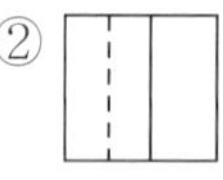
③ 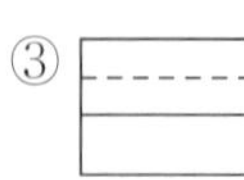
④ 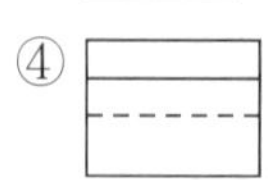

해설
평면도는 ②의 모양으로 배치되어 그려져야 한다.

44 ③ 45 ② 46 ④ 47 ② 정답

48 투상면이 각도를 가지고 있어 실형을 표시하지 못할 때에는 그림과 같이 표시할 수 있다. 무슨 투상도인가?

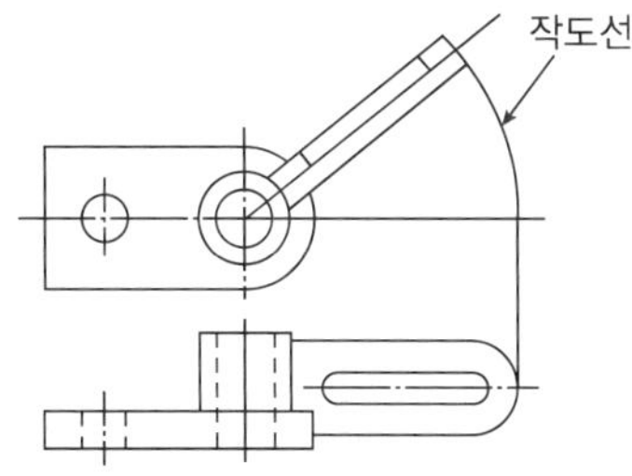

① 보조 투상도
② 회전 투상도
③ 부분 투상도
④ 국부 투상도

해설
① 보조 투상도 : 경사면부가 있는 물체에서 경사면과 맞서는 위치에 보조 투상도를 그려 경사면의 실형을 나타낸 것
③ 부분 투상도 : 도면의 일부를 도시하여 충분한 경우에는 그 필요 부분만을 부분 투상도로 도시한 것
④ 국부 투상도 : 대상물의 구멍, 홈 등 한 국부만의 모양을 도시하는 것, 충분한 경우에는 그 필요 부분을 국부 투상도로 도시한 것

49 배관의 간략 도시 방법에서 체크 밸브 도시 기호는?

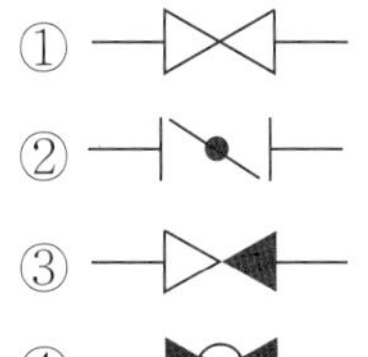

해설
체크 밸브는 흰색 삼각형과 흑색 삼각형이 마주보는 형태로 도시된다.

50 치수에 사용하는 기호이다. 잘못 연결된 것은?

① 정사각형의 변 – □
② 구의 반지름 – R
③ 지름 – ϕ
④ 45° 모따기 – C

해설
치수에 사용되는 기호

기 호	구 분	기 호	구 분
ϕ	지 름	t	두 께
□	정사각형	p	피 치
R	반지름	Sϕ	구면의 지름
C	45° 모따기	SR	구면의 반지름

51 기계제도에서 대상물의 일부를 떼어낸 경계를 표시하는 데 사용하는 선의 명칭은?

① 가상선 ② 피치선
③ 파단선 ④ 지시선

해설
① 가상선
- 인접 부분을 참고로 표시하는 데 사용한다.
- 공구, 지그 등의 위치를 참고로 나타내는 데 사용한다.
- 가동 부분을 이동 중의 특정한 위치 또는 이동 한계의 위치를 표시하는 데 사용한다.

② 피치선 : 되풀이하는 도형의 피치를 취하는 기준을 표시하는 데 쓰인다.
④ 지시선 : 기술·기호 등을 표시하기 위하여 끌어내는 데 쓰인다.

정답 48 ② 49 ③ 50 ② 51 ③

52 다음 KS용접기호 중 플러그 용접 기호는?

① 　　　② ○

③ 　　　④ ∨

해설

① ⊬형, K형(양면 ⊬형) 용접
② 점(스폿) 용접
④ ∨형, X형(양면 ∨형) 용접

53 원형봉에 비틀림 모멘트를 가하면 비틀림이 생기는 원리를 이용한 스프링은?

① 코일 스프링
② 벌류트 스프링
③ 접시 스프링
④ 토션바

해설

토션바 스프링은 비틀림 모멘트에 견디게 설계되어 있다.

54 직경 12[mm]의 환봉에 축방향으로 5,000[N]의 인장하중을 가하면 인장응력은 약 몇 [N/mm^2]인가?

① 44.2　　　② 66.4
③ 98.6　　　④ 132.6

해설

인장응력

$\sigma_t = \frac{W}{A}$[kg/cm^2] (인장력 W[kg], 단면적 A[cm^2])

$= \frac{5,000}{\frac{3.14 \times 12^2}{4}} = 44.2$[N/mm^2]

55 링크가 스프로킷 휠에 비스듬히 미끄러져 들어가는 구조로 되어 있어 고속운전 또는 정숙하고 원활한 운전이 필요할 때 사용하는 체인은?

① 롤러 체인
② 핀틀 체인
③ 사일런트 체인
④ 블록 체인

해설

사일런트 체인 : 링크의 바깥면이 스프로킷의 이에 접촉하여 물리며 다소 마모가 생겨도 체인과 바퀴 사이에 틈이 없어서 조용한 전동 체인. 고속 운전과 정숙한 운전에 사용

56 호칭번호가 6208로 표기되어 있는 구름베어링이 있다. 이 표기 중에서 08이 뜻하는 것은?

① 틈새 기호
② 계열 번호
③ 안지름 번호
④ 등급 기호

해설

• 62 : 베어링 계열
• 08 : 안지름 번호(8 × 5 = 40[mm])

정답: 52 ③ 53 ④ 54 ① 55 ③ 56 ③

57 접촉면의 압력을 p, 속도를 v, 마찰계수가 μ일 때 브레이크 용량(Brake Capacity)을 표시하는 것은?

① μpv
② $\frac{1}{\mu pv}$
③ $\frac{pv}{\mu}$
④ $\frac{\mu}{pv}$

해설
브레이크 용량 : 드럼의 원주 속도 v[m/s], 드럼을 블록이 P[N]으로 밀어 붙이고, 블록의 접촉 면적 A[mm^2]이라 하면, 브레이크의 단위면적당 마찰일은

$w_f = \frac{\mu Pv}{A} = \mu pv$[N/mm^2 · m/s]이다.

(μpv : 브레이크 용량, p : 제동압력, μ : 마찰계수)

58 너트(Nut)의 풀림을 방지하기 위하여 주로 사용되는 핀은?

① 평행 핀
② 분할 핀
③ 테이퍼 핀
④ 스프링 핀

해설
분할핀을 조립한 후 끝부분을 좌우로 구부려서 빠지지 않게 한다.

59 동력전달에 필요한 마찰력을 주기 위하여 정지하고 있을 때 벨트에 장력을 준 상태에서 벨트 풀리에 끼워 접촉면에 알맞은 합력이 작용하도록 하는데 이 장력을 무엇이라 하는가?

① 말기 장력
② 유효 장력
③ 피치 장력
④ 초기 장력

해설
초기 장력은 벨트가 구동 시 종동축이 정지되어 구동력을 발생해야 하므로 마찰력이 많이 필요하다.

60 부품을 일정한 간격으로 유지하고 구조물 자체를 보강하는 데 사용되는 볼트는?

① 기초 볼트
② 아이 볼트
③ 나비 볼트
④ 스테이 볼트

해설
① 기초 볼트 : 기계 구조물 설치할 때 쓰인다.
② 아이 볼트 : 부품을 들어 올리는 데 사용되는 링 모양이나 구멍이 뚫려 있는 것을 말한다.
③ 나비 볼트 : 손으로 돌릴 수 있는 손잡이가 있는 볼트이다.

정답 57 ① 58 ② 59 ④ 60 ④

2009년 과년도 기출문제

제2과목 | 기계제도(비절삭) 및 기계요소

01 일반적으로 고온에서 볼 수 있는 현상으로, 금속에 오랜 시간 외력을 가하면 시간이 경과됨에 따라 그 변형이나 변형률이 증가되는 현상은?

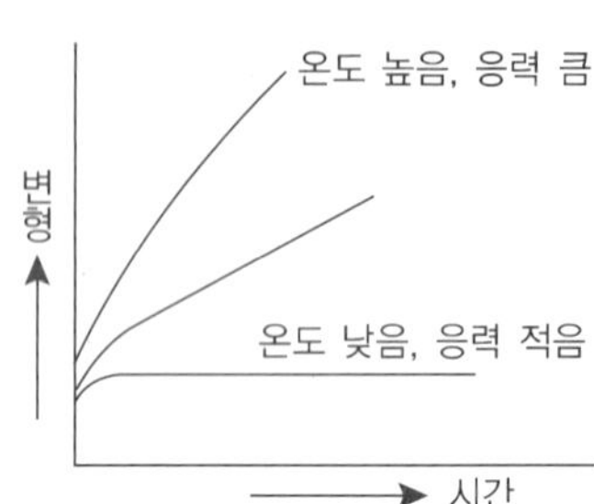

① 피 로　　② 크리프
③ 허용응력　　④ 안전율

해설
① 피로 : 재료가 정하중보다 작은 반복 하중이나 교번 하중에 파단되는 현상
③ 허용응력 : 재료를 사용할 때 허용할 수 있는 최대응력
④ 안전율 : 재료의 극한강도 σ_u와 허용응력 σ_a와의 비

02 코일 전체의 평균지름을 D[mm], 소선의 지름을 d[mm]라 할 때, 스프링지수(C)를 구하는 식으로 옳은 것은?

① $C = d \times D$　　② $C = \frac{d}{D}$
③ $C = \frac{2d}{D}$　　④ $C = \frac{D}{d}$

해설
스프링 지수 : 스프링 설계에 중요한 수로, 코일의 평균 지름(D)과 재료 지름(d)의 비이다.
스프링 지수(C) $= \frac{D}{d}$(보통 4~10)

03 아이 볼트(Eye Bolt)로 52[kN]의 물체를 수직으로 들어 올리려고 한다. 이 아이 볼트 나사부의 바깥지름은 약 몇 [mm]인가?(단, 볼트재료는 연강으로 하고 허용인장응력은 60[N/mm^2]이다)

① 21　　② 33
③ 42　　④ 59

해설
볼트의 지름
$d = \sqrt{\frac{2W}{\sigma_t}}$ (W : 하중, σ_t : 허용인장응력[kPa])
$= \sqrt{\frac{2 \times 52,000}{60}} = 42$

04 V벨트의 단면 형태를 표시한 것 중 단면적이 가장 큰 것은?

① A형　　② B형
③ C형　　④ M형

해설
V벨트의 표준 치수 : M, A, B, C, D, E의 6종류가 있으며, M에서 E쪽으로 가면 단면이 커진다.

1 ② 2 ④ 3 ③ 4 ③ 정답

05 브레이크 블록의 구비 조건으로 적당하지 않은 것은?

① 마찰 계수가 작을 것

② 내마멸성이 클 것

③ 내열성이 클 것

④ 제동 효과가 양호할 것

해설

① 마찰 계수가 클 것

06 다음 중 원통 커플링에 속하지 않는 것은?

① 머프 커플링

② 마찰원통 커플링

③ 셀러 커플링

④ 유니버설 커플링

해설

원통 커플링의 종류에는 머프 커플링, 마찰원통 커플링, 셀러 커플링, 반중첩 커플링이 있다.

07 스플라인에 관한 설명으로 틀린 것은?

① 자동차, 공작기계, 항공기, 발전용 증기터빈 등에 널리 쓰인다.

② 단속 키보다 훨씬 작은 토크를 전달시킨다.

③ 축의 둘레에 여러 개의 일정 간격의 키가 있다.

④ 축과 보스와의 중심축을 정확하게 맞출 수 있다.

해설

스플라인(Spline)

- 축의 둘레에 4~20개의 턱을 만들어 큰 회전력을 전달할 경우에 쓰인다.
- 스플라인 축은 키홈 역할과 축의 역할도 한다.

08 마찰 클러치 설계 시 고려사항이 아닌 것은?

① 원활히 단속할 수 있도록 한다.

② 소형이며 가벼워야 한다.

③ 열을 충분히 제거하고, 고착되지 않아야 한다.

④ 접촉면의 마찰계수가 작아야 한다.

해설

④ 접촉면의 마찰계수가 커야 한다.

정답 5 ① 6 ④ 7 ② 8 ④

09 OR 논리를 만족시키는 밸브는?

① 2압 밸브
② 급속 배기 밸브
③ 셔틀 밸브
④ 압력 시퀀스 밸브

해설
① 2압 밸브(AND 밸브) : 두 개의 입구와 한 개의 출구를 갖춘 밸브로서 두 개의 입구에 압력이 작용할 때만 출구에 출력이 작용. 연동 제어, 안전 제어, 검사 기능, 논리 작동에 사용. 저압우선 셔틀 밸브
② 급속배기 밸브 : 공압 실린더의 속도를 증가시킬 목적으로 사용하는 밸브
④ 압력 시퀀스 밸브 : 공유압 회로에서 순차적으로 작동할 때 작동순서가 회로의 압력에 의해 제어되는 밸브

10 다음과 같이 1개의 입력포트와 1개의 출력포트를 가지고 입력포트에 입력이 되지 않은 경우에만 출력포트에 출력이 나타나는 회로는?

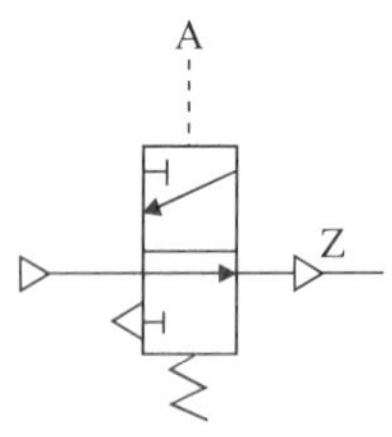

① NOR 회로 ② AND 회로
③ NOT 회로 ④ OR 회로

해설
① NOR 회로 : 2개 이상의 입력부과 1개의 출력부를 가지며, 입력부의 전부에 입력이 없는 경우에만, 출력부에 출력이 나타나는 회로(NOT OR 회로의 기능)
② AND 회로 : 2개 이상의 입력부와 1개의 출력부를 가지며, 모든 입력부에 입력이 가해졌을 경우에만 출력부에 출력이 나타나는 회로
④ OR 회로(논리합 회로) : 2개 이상의 입력부와 1개의 출력부를 가지며, 어느 입력부에 입력이 가해져도 출력부에 출력이 나타나는 회로

11 다음의 변위단계 선도에서 실린더 동작순서가 옳은 것은?(단, + : 실린더의 전진, – : 실린더의 후진)

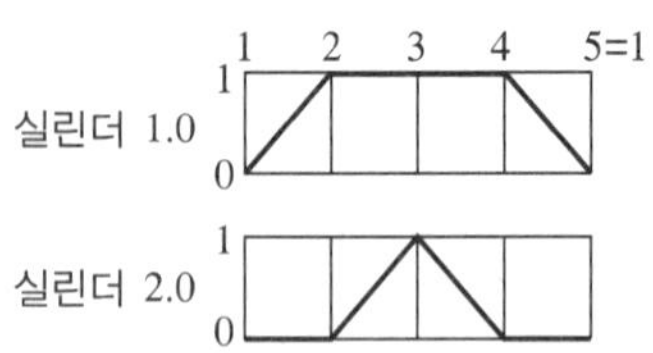

① 1.0^{+} 2.0^{+} 2.0^{-} 1.0^{-}
② 1.0^{-} 2.0^{-} 2.0^{+} 1.0^{+}
③ 2.0^{+} 1.0^{+} 1.0^{-} 2.0^{-}
④ 2.0^{-} 1.0^{-} 1.0^{+} 2.0^{+}

해설
변위단계선도에서 실린더 작동순서
- 1스텝 : 실린더1.0 전진(+), 실린더2.0 정지
- 2스텝 : 실린더1.0 정지, 실린더2.0 전진(+)
- 3스텝 : 실린더1.0 정지, 실린더2.0 후진(–)
- 4스텝 : 실린더1.0 후진(–), 실린더2.0 정지
- 5스텝 : 1스텝과 동일(반복)

12 압력조절 밸브에 대한 설명으로 맞는 것은?

① 밸브시트에 릴리프 구멍이 있는 것이 논 브리드식이다.
② 감압을 목적으로 사용한다.
③ 생산된 압력을 증압하여 공급한다.
④ 압력 릴리프 밸브라고도 한다.

해설
압력조절 밸브(감압 밸브, 압력조절기)
압축공기의 압력을 사용공기압 장치에 맞는 압력으로 감압하여 안정된 공기압을 공급할 목적으로 사용. 유압회로에서 분기회로의 압력을 주회로의 압력보다 저압으로 할 때 사용하는 밸브. 압축공기의 습도를 낮추는 기능도 있다.
- 논 브리드식 : 릴리프 밸브 시트에 릴리프 구멍이 없는 구조
- 브리드식 : 릴리프 밸브 시트로부터 항상 소량의 공기를 방출하는 구조로 되어 신속한 압력의 조절이 가능
- 파일럿형 : 직동형 압력제어 밸브보다 정밀도가 높은 압력의 조절을 목적으로 파일럿 기구를 추가한 것

9 ③ 10 ③ 11 ① 12 ② 정답

13 압력 제어밸브에서 급격한 압력 변동에 따른 밸브 시트를 두드리는 미세한 진동이 생기는 현상은?

① 노 킹
② 채터링
③ 해머링
④ 캐비테이션

해설
① 노킹 : 내연기관의 이상연소(異常燃燒)에 의해 실린더 벽을 망치로 두드리는 것과 같은 소리가 나는 현상
③ 해머링 : 관 속에 순간적으로 이상한 충격압이 발생하여 음을 내며 진동하는 것(워터 해머링, 수격현상)
④ 캐비테이션 : 유동하고 있는 액체의 압력이 국부적으로 저하되어, 포화 증기압 또는 공기 분리압에 달하여 증기를 발생시키거나 용해 공기 등이 분리되어 기포를 일으키는 현상

14 유압에서 이용되는 속도제어의 3가지 기본 회로는?

① 미터 인 회로, 미터 아웃 회로, 록킹 회로
② 블리드 오프 회로, 록킹 회로, 미터 아웃 회로
③ 미터 아웃 회로, 블리드 오프 회로, 록킹 회로
④ 미터 인 회로, 블리드 오프 회로, 미터 아웃 회로

해설
속도제어 회로
- 미터 인 회로 : 유량제어 밸브를 실린더의 입구측에 설치하여 관로의 흐름을 제어함으로써 속도를 제어하는 회로
- 미터 아웃 회로 : 유량제어 밸브를 실린더의 출구측에 설치하여 관로의 흐름을 제어함으로써 속도를 제어하는 회로
- 블리드 오프 회로 : 실린더와 병렬로 유량제어 밸브를 설치하여 실린더의 유입(유출)되는 유량을 제어하여 속도를 제어하는 회로

15 유압펌프의 동력을 계산하는 방법으로 맞는 것은?

① 압력×수압면적
② 압력×유량
③ 질량×가속도
④ 힘×거리

해설
펌프 동력(L_p)

$L_p = \frac{PQ}{612}$[kW], $L_p = \frac{PQ}{450}$[PS]

(P의 단위가 [kgf/cm²]이고, Q의 단위가 [L/min])

16 다음 중 이상적인 유압 시스템의 최적 온도는?

① −35~0[℃]
② 10~30[℃]
③ 45~55[℃]
④ 65~85[℃]

해설
운전온도 : 유압장치의 최적 온도는 45~55[℃]

17 유량비례 분류 밸브의 분류 비율은 어떤 범위에서 사용하는가?

① 1 : 1~9 : 1
② 1 : 1~12 : 1
③ 1 : 1~15 : 1
④ 1 : 1~20 : 1

해설
유량 비례 분류 밸브는 단순히 한 입구에서 오일을 받아 두 회로에 분배하며, 분배 비율은 1 : 1~9 : 1이다.

정답 13 ② 14 ④ 15 ② 16 ③ 17 ①

18 전기신호를 이용하여 제어를 하는 이유로 가장 적합한 것은?

① 과부하에 대한 안전대책이 용이하다.
② 작동속도가 빠르다.
③ 외부 누설(감전, 인화)의 영향이 없다.
④ 출력유지가 용이하다.

해설
전기신호를 이용하여 제어하는 이유는 속도 제어와 응답성, 신호 전달이 매우 좋기 때문이다.

19 관속을 흐르는 유체에서 "$A_1V_1 = A_2V_2 =$ 일정" 하다는 유체 운동의 이론은?(A_1, A_2 : 단면적, V_1, V_2 : 유체속도)

① 파스칼의 원리
② 연속의 법칙
③ 베르누이의 정리
④ 오일러 방정식

해설
연속의 법칙(Law of Continuity)
관 속을 유체가 가득 차서 흐른다면 단위 시간에 단면적 A_1을 통과하는 중량 유량 Q_1은 단면 A_2를 통과하는 중량 유량 Q_2와 같다.
$Q = \gamma_1 A_1 V_1 = \gamma_2 A_2 V_2$
비압축성 유체일 경우 $\gamma_1 = \gamma_2$이므로
$A_1V_1 = A_2V_2$=일정

20 액추에이터의 속도를 조절하는 밸브는?

① 감압 밸브
② 유량제어 밸브
③ 방향제어 밸브
④ 압력제어 밸브

해설
② 유량제어 밸브 : 유량의 흐름(속도)을 제어하는 밸브
① 감압 밸브 : 회로의 압력을 주회로의 압력보다 저압으로 사용하고자 할 때 사용하는 밸브
③ 방향전환 밸브 : 유압장치에서 작동유를 통과, 차단시키거나 또는 진행 방향을 바꾸어주는 밸브
④ 압력제어 밸브 : 유체압력(힘)을 제어하는 밸브

21 어큐뮬레이터의 용도가 아닌 것은?

① 에너지 축적
② 서지압 방지
③ 자동 릴레이 작동
④ 펌프맥동 흡수

해설
어큐뮬레이터의 용도(회로의 목적)
- 에너지 축적용
- 펌프의 맥동 흡수용
- 충격 압력의 완충용
- 유체 이송용
- 2차 회로의 구동
- 압력보상

18 ② 19 ② 20 ② 21 ③ 정답

22 압축공기 조정 유닛(Unit)의 조합기구가 아닌 것은?

① 압축 공기 필터
② 압축 공기 조절기
③ 압축 공기 윤활기
④ 소음기

해설
서비스 유닛
• 압축공기 필터(Filter)
• 압축공기 조절기(Pressure Regulator, 감압밸브)
• 압축공기 윤활기(Lubricator)

23 저압의 피스톤 패킹에 사용되고 피스톤에 볼트로 장착될 수 있으며 저항이 다른 것에 비해 적은 것은?

① V형 패킹　　② U형 패킹
③ 컵형 패킹　　④ 플런저 패킹

해설
컵형 패킹 : 볼트로 죄어 설치한다. 끝 부분만이 실린더와 접촉하여 미끄럼 작용을 하므로 저항이 다른 것에 비하여 적고, 실린더와 피스톤 사이의 간극이 어느 정도 커도 오일이 누출되지 않는다. 고압에 적합하지 않고 저압용으로 사용된다.

24 공압과 유압의 조합기기에 해당되는 것은?

① 에어 서비스 유닛
② 스틱 앤 슬립 유닛
③ 하이드롤릭 체크 유닛
④ 벤투리 포지션 유닛

해설
하이드롤릭 체크 유닛(Hydraulic Check Unit) : 보통 공압실린더와 연결되고, 내장된 스로틀 밸브를 조정하여 공압실린더의 속도를 제어하는 데 사용된다.

25 다음의 기호에 해당되는 밸브가 사용되는 경우는?

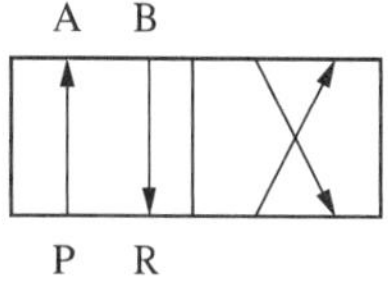

① 실린더 유량의 제어
② 실린더 방향의 제어
③ 실린더 압력의 제어
④ 실린더 힘의 제어

해설
위 기호는 4/2way 방향제어 밸브이다.

26 실린더 중 양방향의 운동에서 모두 일을 할 수 있는 것은?

① 단동 실린더(피스톤식)
② 램형 실린더
③ 다이어프램 실린더(비피스톤식)
④ 복동 실린더(피스톤식)

해설
복동 실린더 : 공기압을 피스톤 양쪽에 공급하여 왕복운동이 모두 공기압에 의해 행해지는 것으로 가장 일반적인 실린더이다.
• 전・후진 모두 일을 할 수 있다.
• 전・후진 운동 시 힘의 차이가 있다.
• 행정거리는 원칙적으로 제한 받지 않는다. 최대 2[m] 정도이다(로드의 구부러짐, 휨 때문).

정답 22 ④ 23 ③ 24 ③ 25 ② 26 ④

27 **다음 도면 기호의 명칭은 무엇인가?**

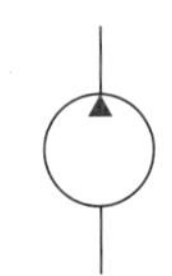

① 유압 펌프

② 압축기

③ 유압 모터

④ 공기압 모터

해설

(공기)압축기	유압 모터	공기압 모터

28 **증압기에 대한 설명으로 가장 적합한 것은?**

① 유압을 공압으로 변환한다.

② 낮은 압력의 압축공기를 사용하여 소형 유압실린더의 압력을 고압으로 변환한다.

③ 대형 유압 실린더를 이용하여 저압으로 변환한다.

④ 높은 유압 압력을 낮은 공기 압력으로 변환한다.

해설

증압기

- 공기압을 이용하여 오일로 증압기를 작동시켜 수십배까지 유압으로 변환시키는 배력 장치이다.
- 입구측 압력을 그와 비례한 높은 출력측 압력으로 변환하는 기기이다.
- 직압식과 예압식의 두 종류가 있다.

29 **자기 현상을 이용한 스위치로 빠른 전환 사이클이 요구될 때 적당한 스위치를 무엇이라 하는가?**

① 전기 리밋 스위치

② 압력 스위치

③ 전기 리드 스위치

④ 광전 스위치

해설

리드 스위치(Reed Switch) : 유리관 속에 자성체인 백금, 금 로듐 등의 귀금속으로 된 접점 주위에 마그넷이 접근하면 리드편이 자화되어 유리관 내부의 접점이 On/Off 된다.

30 **다음 중 공압 실린더가 운동할 때 낼 수 있는 힘(F)을 식으로 맞게 표현한 것은?(단, P : 실린더에 공급되는 공기의 압력, A : 피스톤 단면적, v : 피스톤 속도)**

① $F = P \cdot A$

② $F = A \cdot v$

③ $F = P/A$

④ $F = A/v$

해설

복동 실린더 출력

- 전진시 : $F = P \cdot A \cdot \mu$ (μ : 실린더의 추력 계수)
- 후진시 : $F = P(A - Ar)\mu$ (Ar : 실린더 로드의 단면적)

27 ① 28 ② 29 ③ 30 ① 정답

31 송풍기가 발생시키는 압축 공기의 범위는?

① 10[kPa] 미만

② 10[kPa] 이상 ~ 100[kPa] 미만

③ 100[kPa] 이상 ~ 500[kPa] 미만

④ 500[kPa] 이상 ~ 1[MPa] 미만

해설

공압 발생장치

- 팬 : 0.1[kgf/cm^2] 미만(10[kPa] 미만)
- 송풍기 : 0.1~1[kgf/cm^2](10~100[kPa])
- 공기 압축기 : 1[kgf/cm^2] 이상

32 다음과 같은 기호의 명칭은?

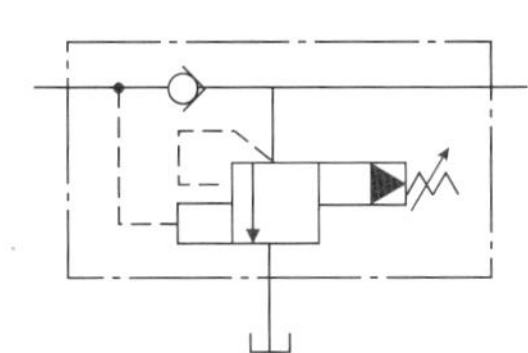

① 브레이크 밸브

② 카운터 밸런스 밸브

③ 무부하 릴리프 밸브

④ 시퀀스 밸브

해설

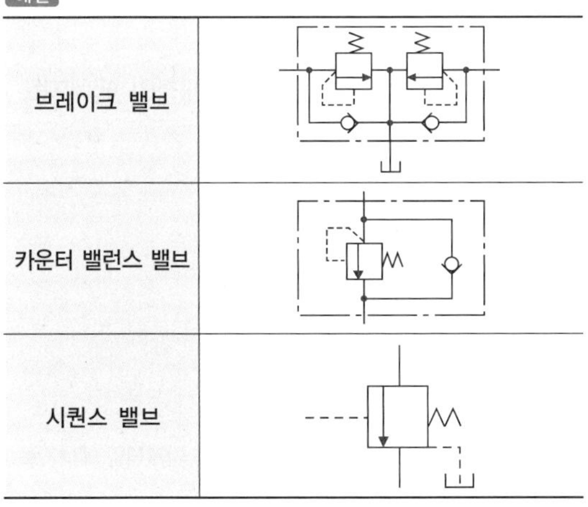

브레이크 밸브	
카운터 밸런스 밸브	
시퀀스 밸브	

33 다음 그림의 밸브 기호가 나타내는 것은?

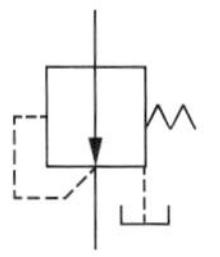

① 감압 밸브(Reducing Valve)

② 릴리프 밸브(Relief Valve)

③ 시퀀스 밸브(Sequence Valve)

④ 무부하 밸브(Unloading Valve)

해설

릴리프 밸브	시퀀스 밸브	무부하 밸브

34 공기압 장치의 특징 설명으로 틀린 것은?

① 사용 에너지를 쉽게 구할 수 있다.

② 힘의 증폭이 용이하고 속도조절이 간단하다.

③ 동력의 전달이 간단하며 먼 거리 이송이 쉽다.

④ 압축성 에너지이므로 위치 제어성이 좋다.

해설

④ 압축성 에너지이므로 위치 제어성이 나쁘다.

공압 장치의 특성

- 장 점
  - 동력원인 압축공기를 간단히 얻을 수 있다.
  - 힘의 증폭이 용이하다.
  - 힘의 전달이 간단하고 어떤 형태로도 전달이 가능하다.
  - 작업속도 변경이 가능하며 제어가 간단하다.
  - 취급이 간단하다.
  - 인화의 위험 및 서지 압력발생이 없고 과부하에 안전하다.
  - 압축공기를 축적(저장)할 수 있다.
  - 탄력이 있다(완충 작용 = 공기 스프링 역할).
- 단 점
  - 큰 힘을 얻을 수 없다(보통 3[ton] 이하).
  - 공기의 압축성으로 효율이 좋지 않다.
  - 저속에서 균일한 속도를 얻을 수 없다.
  - 응답속도가 늦다.
  - 배기와 소음이 크다.
  - 구동비용이 고가이다.

35 유압펌프 무부하 회로에 대한 설명으로 맞는 것은?

① 펌프의 토출 압력을 일정하게 유지한다.

② 펌프의 송출량을 어큐뮬레이터로 공급하는 회로이다.

③ 부하에 의한 자유낙하를 방지하는 회로이다.

④ 간단한 방법으로 탠덤 센터형 밸브의 중립위치를 이용한다.

해설

①은 압력설정회로, ②는 축압기회로(어큐뮬레이터회로), ③은 카운터밸런스회로에 대한 설명이다.

36 회로의 압력이 설정압을 초과하면 격막이 파열되어 회로의 최고 압력을 제한하는 것은?

① 압력 스위치

② 유체 스위치

③ 유체 퓨즈

④ 감압 스위치

해설

유체 퓨즈 : 회로압이 설정압을 넘으면 막이 유체압에 의해 파열되어 압유를 탱크로 귀환시킴과 동시에 압력 상승을 막아 기기를 보호하는 역할을 한다.

37 포핏 방식의 방향 전환 밸브가 갖는 장점이 아닌 것은?

① 누설이 거의 없다.

② 밸브 이동 거리가 짧다.

③ 조작에 힘이 적게 든다.

④ 먼지, 이물질의 영향이 적다.

해설

포핏 밸브의 특징

- 구조가 간단하며, 이물질의 영향을 받지 않는다.
- 짧은 거리에서 밸브를 개폐할 수 있고, 개폐속도가 빠르다.
- 활동부가 없기 때문에 윤활이 필요 없고 수명이 길다.
- 비교적 소형의 제어 밸브나 솔레노이드 밸브의 파일럿 밸브 등에 많이 사용되고 있다.
- 공급압력이 밸브 몸통에 작용하므로 밸브를 열 때 조작력이 유체압에 비례하여 커져야 하는 단점이 있다.

38 다음 중 유체 에너지를 기계적인 에너지로 변환하는 장치는?

① 유압 탱크

② 액추에이터

③ 유압 펌프

④ 공기압축기

해설

액추에이터는 유체 에너지(압력)를 기계적인 에너지로 변환하는 기기이다.

35 ④ 36 ③ 37 ③ 38 ② 정답

39 교류 전원의 주파수가 60[Hz]이고 극수가 4극인 동기 전동기의 회전수는?

① 180[rpm]　② 1,800[rpm]
③ 240[rpm]　④ 2,400[rpm]

해설
$N=\frac{120f}{P}=\frac{120\times60}{4}=1,800[\text{rpm}]$

40 전원이 교류가 아닌 직류로 주어져 있을 때에 어떤 직류 전압을 입력으로 하여 크기가 다른 직류를 얻기 위한 회로는?

① 인버터 회로
② 초퍼 회로
③ 사이리스터 회로
④ 다이오드 정류 회로

해설
초퍼 회로 : 교류에서 변압기를 이용해 전압과 전류의 크기를 변화하듯 직류에서 초퍼 회로를 이용하여 같은 역할을 한다.

41 전류의 유무나 전류의 세기를 측정하는 데 쓰는 실험용 계기로 보통 1[mA] 이하의 미소전류를 측정할 때 쓰는 계기는?

① 전위차계　② 분류기
③ 배율기　④ 검류계

해설
④ 검류계 : 미소전류 측정 시 사용
② 분류기 : 전류계의 측정범위를 넓히기 위한 것
③ 배율기 : 전압계의 측정범위를 넓히기 위한 것

42 그림에서 2[Ω], 3[Ω], 4[Ω]의 저항을 직렬로 연결하고 전압 E_T = 9[V]를 인가할 때, 4[Ω]에 의한 전압강하[V]는?

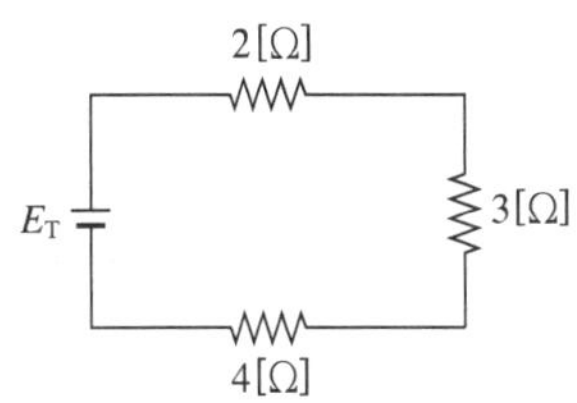

① 2　② 3
③ 4　④ 5

해설
$R=2+3+4=9,\ \ I=\frac{V_r}{R}=\frac{9}{9}=1$
4[Ω]에 걸리는 전압 $V_4=4\times1=4[\text{V}]$

43 도선에 전류가 흐를 때 발생하는 열량은?

① 저항의 세기에 반비례한다.
② 전류의 세기에 반비례한다.
③ 전류 세기의 제곱에 비례한다.
④ 전류 세기의 제곱에 반비례한다.

해설
$H=I^2Rt$

정답 39 ② 40 ② 41 ④ 42 ③ 43 ③

44 3상 유도전동기에서 기동 시에는 Y결선으로 운전하여 기동 전류를 감소시키고, 전동기의 속도가 점차로 증가하여 정격 속도에 이르면 △결선으로 정상 운전하는 기동법은?

① 전전압 기동법
② Y-△ 기동법
③ 기동 보상기법
④ △-Y 기동법

해설
Y-△ 기동법 : 전동기의 기동 전류를 제한하는 기동법으로 전동기 기동 시 Y결선으로 하고 전동기의 정상전류가 되면 △결선으로 하는 기동법

45 검출 스위치가 아닌 것은?

① 리밋 스위치
② 광전 스위치
③ 버튼 스위치
④ 근접 스위치

해설
버튼 스위치는 조작 스위치이다.

46 다음 중 동기기의 전기자 반작용에 해당되지 않는 것은?

① 교차자화작용
② 감자작용
③ 증자작용
④ 회절작용

해설
④ 회절 작용은 빛과 소리에 관한 작용이다.
동기기의 전기자 반작용은 직축 반작용(감자, 증자작용)과 횡축 반작용(교차자화작용)으로 이루어진다.

47 일반적인 가정에서 제일 많이 사용하는 전원 방식은?

① 단상 직류 220[V]
② 단상 교류 220[V]
③ 3상 직류 220[V]
④ 3상 교류 220[V]

해설
우리나라는 단상 교류 220[V]를 주로 사용한다.

48 시퀀스 회로에서 전동기를 표시하는 것은?

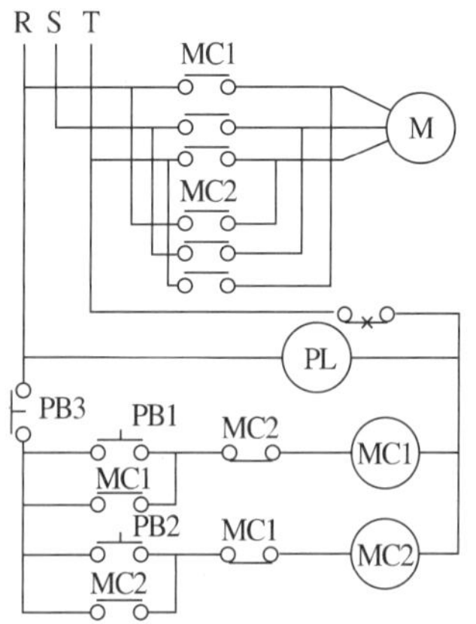

① M ② PL
③ MC1 ④ MC2

해설
• M : 전동기
• PL : 파일럿램프
• MC : 전자접촉기
• PB : 푸시버튼램프

44 ② 45 ③ 46 ④ 47 ② 48 ① 정답

49 시퀀스 제어(Sequence Control)의 기능에 대한 용어를 잘못 설명한 것은?

① 여자 : 릴레이 전자접촉기 등의 코일에 전류가 흘러서 전자석이 되는 것
② 소자 : 릴레이 전자접촉기 등의 코일에 흐르고 있는 전류를 차단하여 자력을 잃게 하는 것
③ 인칭 : 기계의 동작을 느리게 하기 위해 동작을 반복하여 행하는 것
④ 인터로크 : 복수의 동작을 관여시키는 것으로 어떤 조건을 갖추기까지의 동작을 정지시키는 것

해설
인칭회로 : 일명 '촌동회로'로, 푸시버튼 스위치의 입력신호가 들어가는 순간만 동작하는 회로

50 회로 시험기 사용에서 저항 측정 시 전환 스위치를 R×100에 놓았을 때 계기의 바늘이 50[Ω]을 가리켰다면 측정된 저항값은?

① 50[Ω] ② 100[Ω]
③ 500[Ω] ④ 5,000[Ω]

해설
100×50 = 5,000[Ω]

51 R-C직렬회로에서 임피던스가 10[Ω], 저항이 8[Ω]일 때 용량리액턴스[Ω]는?

① 4 ② 5
③ 6 ④ 7

해설
$Z = \sqrt{R^2 + X_C{}^2}$
$10 = \sqrt{8^2 + X_C{}^2}$ $\therefore X_C = 6$

52 저항 R[Ω]과 유도리액턴스가 X_L[Ω]이 직렬로 접속된 회로의 임피던스 Z[Ω]의 값은?

① $Z = R^2 + X_L$
② $Z = R^2 - X_L$
③ $Z = \sqrt{R^2 + X_L^2}$
④ $Z = \sqrt{R^2 - X_L}$

해설
$Z = \sqrt{R^2 + X_L{}^2}$

53 다음 중 회로 시험기를 사용할 때 극성에 주의해서 측정해야 하는 것은?

① 저 항
② 교류전압
③ 직류전압
④ 주파수

해설
직류전압 측정 시 적색봉은 +, 흑색봉은 - 에 접속한다.

정답 49 ③ 50 ④ 51 ③ 52 ③ 53 ③

54 ISO 규격에 있는 관용 테이퍼 수나사의 기호는?

① R ② S
③ Tr ④ TM

해설

ISO 규격의 관용 테이퍼 나사
- 테이퍼 수나사 : R
- 테이퍼 암나사 : Rc
- 평행 암나사 : Rp

55 기계제도에 사용하는 선의 분류에서 가는 실선의 용도가 아닌 것은?

① 치수선
② 치수 보조선
③ 지시선
④ 외형선

해설

선의 종류	용도에 의한 명칭	선의 용도
굵은 실선	외형선	대상물의 보이는 부분의 모양을 표시하는 데 쓰인다.
가는 실선	치수선	치수를 기입하기 위하여 쓰인다.
	치수보조선	치수를 기입하기 위하여 도형으로부터 끌어내는 데 쓰인다.
	지시선	기술·기호 등을 표시하기 위하여 끌어내는 데 쓰인다.
	회전 단면선	도형 내에 그 부분의 끊은 곳을 90° 회전하여 표시하는 데 쓰인다.
	중심선	도형의 중심선을 간략하게 표시하는 데 쓰인다.
	수준면선	수면, 유면 등의 위치를 표시하는 데 쓰인다.

56 A : B로 척도를 표시할 때 A : B의 설명이 가장 적합한 것은?

	A		B
①	도면에서의 길이	:	대상물의 실제 길이
②	도면에서의 치수	:	대상물의 실제 치수
③	대상물의 실제 길이	:	도면에서의 길이
④	대상물의 크기	:	도면의 크기

해설

척 도

A(도면에서의 크기) : B(물체의 실제 크기)
- 현척 : 물체의 크기와 같게 그린 것
- 축척 : 물체의 크기보다 줄여서 그린 것
- 배척 : 물체의 크기보다도 확대해서 그린 것

57 배관의 간략 도시방법에서 파이프의 영구 결합부(용접 또는 다른 공법에 의한다) 상태를 나타내는 것은?

① 
② 
③ 
④

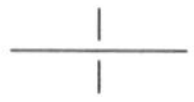

해설

② : 관이음에서 납땜형

①, ④ : 관과 관이 접속하지 않고 교차하고 있을 때

54 ① 55 ④ 56 ① 57 ③ 정답

58 **그림과 같은 입체도에서 화살표 방향을 정면도로 했을 때 평면도로 가장 적합한 것은?**

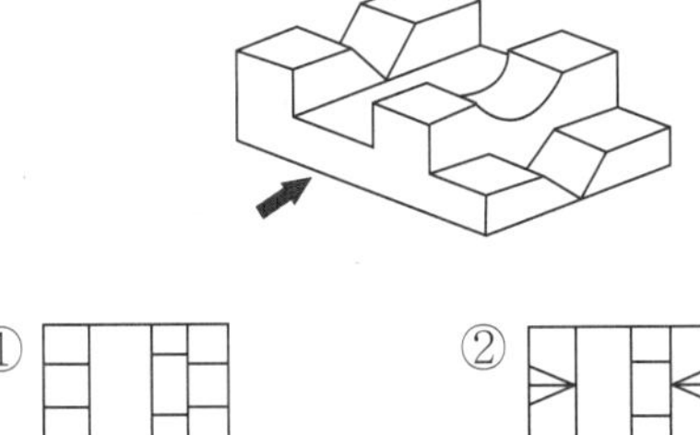

①　②

③　④

해설

위에서 바라본 평면도는 ③번이 정답이다.

59 **그림의 ㉠ 부분과 같이 경사면부가 있는 대상물에서 그 경사면의 실형을 표시할 필요가 있는 경우 사용하는 투상도는?**

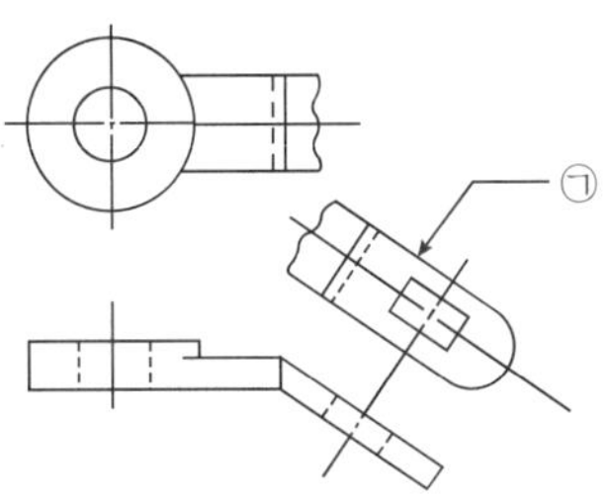

① 국부 투상도　② 전개 투상도

③ 회전 투상도　④ 보조 투상도

해설

① 국부 투상도 : 대상물의 구멍, 홈 등 한 국부만의 모양을 도시하는 것으로, 충분한 경우에는 그 필요 부분을 국부 투상도로 도시한 것이다.

② 전개 투상도 : 구부러진 판재를 만들 때는 공작상 불편하므로 실물을 정면도에 그리고 평면도에 전개도를 그린다.

③ 회전 투상도 : 투상면이 어느 각도를 가지고 있기 때문에 그 실형을 표시하지 못할 때에 그 부분을 회전해서 그 실형을 도시한 것이다.

60 **배관 도시 기호 중 체크 밸브를 나타내는 것은?**

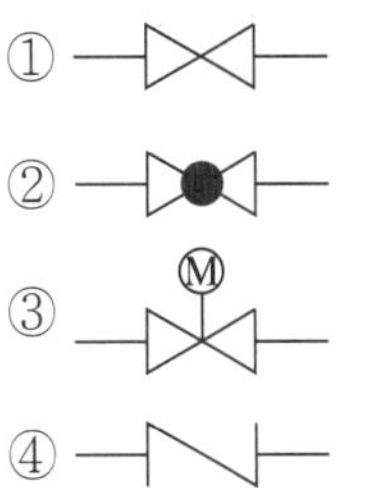

해설

① : 일반 밸브 도시 기호

② : 글로브 밸브에서 나사이음 도시 기호

③ : 전동식 조작 밸브 도시 기호

정답 58 ③ 59 ④ 60 ④

2010년 과년도 기출문제

제2과목 | 기계제도(비절삭) 및 기계요소

01 키의 종류에서 일반적으로 60[mm] 이하의 작은 축에 사용되고 특히 테이퍼 축에 사용이 용이하다. 키의 가공에 의해 축의 강도가 약하게 되기는 하나 키 및 키 홈 등의 가공이 쉬운 것은?

① 성크키 ② 접선키
③ 반달키 ④ 원뿔키

해설
① 성크키(묻힘 키) : 때려 박음키와 평행키가 있다.
② 접선키 : 축과 보스에 축의 접선 방향으로 홈을 파서 서로 반대의 테이퍼(1/60~1/100)를 가진 2개의 키를 조합하여 끼워 넣는다.
④ 원뿔키 : 축과 보스에 홈을 파지 않고, 한 군데가 갈라진 원뿔통을 끼워 넣어 마찰력으로 고정시킨다.

02 스프링 상수 6[N/mm]인 코일 스프링에 24[N]의 하중을 걸면 처짐은 몇 [mm]인가?

① 0.25 ② 1.50
③ 4.00 ④ 4.25

해설

$$\text{스프링 상수}(k) = \frac{\text{작용하중[N]}}{\text{변위량[mm]}} = \frac{W}{\delta}[\text{N/mm}]$$

$$\delta = \frac{W}{k} = \frac{24}{6} = 4[\text{mm}]$$

03 브레이크의 축방향에 압력이 작용하는 브레이크는?

① 원판 브레이크
② 복식 블록 브레이크
③ 밴드 브레이크
④ 드럼 브레이크

해설
원판 브레이크 : 마찰면을 원뿔형 또는 원판으로 하여 나사나 레버 등으로 축 방향으로 밀어붙이는 형식
②, ③, ④는 반지름 방향에서 압력을 작용시킨다.

04 축을 설계할 때 고려되는 사항과 가장 거리가 먼 것은?

① 축의 강도 ② 응력 집중
③ 축의 변경 ④ 축의 용도

해설
축 설계상의 고려할 사항 : 강도, 강성도, 진동, 부식, 온도

05 회전수를 적게하고 빨리 조이고 싶을 때 가장 유리한 나사는?

① 1줄 나사 ② 2줄 나사
③ 3줄 나사 ④ 4줄 나사

해설
리드(Lead) : 나사가 1회전하여 진행한 거리, 2줄 나사인 경우 1리드는 피치의 2배이다.
리드(l) = 줄 수(n) × 피치(p)
그러므로, 줄 수를 크게 하면 빨리 조일 수 있다.

1 ③ 2 ③ 3 ① 4 ④ 5 ④ 정답

06 벨트의 종류에서 인장강도가 가장 큰 것은?

① 가죽 벨트
② 섬유 벨트
③ 고무 벨트
④ 강철 벨트

해설
보기 중 강철의 인장강도가 가장 크다.

07 회전축을 지지하고 있는 베어링에서 이 축과 베어링에 의하여 받쳐지고 있는 축 부분을 무엇이라 하는가?

① 리테이너 ② 저 널
③ 볼 ④ 롤 러

해설
- 리테이너 : 베어링의 볼 간격을 유지
- 볼과 롤러 : 베어링의 종류

08 하중을 분류할 때 분류 방법이 나머지 셋과 다른 것은?

① 인장 하중
② 굽힘 하중
③ 충격 하중
④ 비틀림 하중

해설
충격 하중은 하중이 작용하는 속도에 따른 분류에 속하며 그 중에서도 동하중에 속한다.
하중이 작용하는 방향에 따른 분류
- 인장 하중 : 재료를 축선 방향으로 늘어나게 하려는 하중
- 압축 하중 : 재료를 누르는 하중
- 비틀림 하중 : 재료를 비틀려고 하는 하중
- 휨 하중 : 재료를 구부리는 하중
- 전단 하중 : 재료를 가위로 자르려는 것과 같은 하중

제1과목 | 공유압 일반

09 동기 회로에서 2개의 실린더가 같은 속도로 움직일 수 있도록 제어해 주는 밸브는?

① 체크 밸브
② 분류 밸브
③ 바이패스 밸브
④ 스톱 밸브

해설
① 체크 밸브 : 한쪽 방향의 흐름은 허용하고 반대 방향의 흐름은 차단하는 밸브
③ 바이패스 밸브 : 한 가지 기능에 사용하는 경우나 다른 기능을 위해 유량을 흘려보내야 하는 경우 등에 사용
④ 스톱 밸브 : 공기의 흐름을 정지하거나 흘러 보내는 밸브

10 다음 중 유압 장치의 구성 요소가 아닌 것은?

① 기름 탱크
② 유압 모터
③ 제어 밸브
④ 공기 압축기

해설
④ 공기 압축기는 공압 장치의 구성 요소이다.
유압 장치의 구성요소
- 유압펌프 : 유압 에너지의 발생원으로 오일을 공급하는 기능
- 유압제어 밸브 : 압력(일의 크기), 방향(일의 방향), 유량(일의 속도)제어 밸브 등으로 공급된 오일을 조절하는 기능
- 액추에이터 : 유압 에너지를 기계적 에너지로 변환하는 작동기로 유압 실린더, 모터 등
- 부속기기 : 오일탱크, 여과기, 오일냉각기 및 가열기, 축압기, 배관 등

정답 6 ④ 7 ② 8 ③ 9 ② 10 ④

11 다음 중 실린더의 속도를 제어할 수 있는 기능을 가진 밸브는?

① 일방향 유량제어 밸브
② 3/2way 밸브
③ AND 밸브
④ 압력 시퀀스 밸브

해설
① 일방향 유량제어 밸브 : 유량제어 밸브(속도제어 역할)
② 3/2way 밸브 : 방향제어 밸브
③ AND 밸브 : 방향제어 밸브
④ 압력 시퀀스 밸브 : 압력제어 밸브

12 작동유의 유온이 적정 온도 이상으로 상승할 때 일어날 수 있는 현상이 아닌 것은?

① 윤활 상태의 향상
② 기름의 누설
③ 마찰 부분의 마모 증대
④ 펌프 효율 저하에 따른 온도 상승

해설
작동유가 고온인 상태에서 사용 시
• 작동유체의 점도저하
• 내부 누설
• 용적효율 저하
• 국부적으로 발열(온도상승)하여 습동 부분이 붙기도 함

13 유관의 안지름을 5[cm], 유속을 10[cm/s]로 하면 최대 유량은 약 몇 [cm^3/s]인가?

① 196 ② 250
③ 462 ④ 785

해설
연속의 법칙(Law of Continuity)
관 속을 유체가 가득 차서 흐른다면 단위 시간에 단면적 A_1을 통과하는 유량 Q_1는 단면 A_2를 통과하는 유량 Q_2와 같다.

$Q = A_1 V_1 = A_2 V_2$

$Q = \frac{\pi \times 5^2}{4} \times 10 = 196.25$

14 공압 센서의 종류가 아닌 것은?

① 광센서 ② 공기 배리어
③ 반향 감지기 ④ 배압 감지기

해설
공압 센서는 비접촉식 검출기로서 공기 배리어, 반향 감지기, 배압 감지기, 공압 근접 스위치 등이 있다.

15 응축수 배출기의 종류가 아닌 것은?

① 플로트식(Float Type)
② 파일럿식(Pilot Type)
③ 미립자 분리식(Mist Separator Type)
④ 전동기 구동식(Motor Drive Type)

해설
드레인 배출 형식
• 수동식
• 자동식 : 플로트식, 파일럿식, 전동기 구동 방식

11 ① 12 ① 13 ① 14 ① 15 ③ 정답

16 다음 그림과 같은 공압 로직밸브와 진리값에 일치하는 논리는?

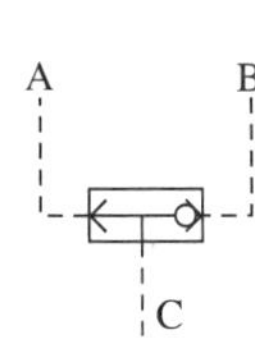

[공압로직밸브]

$A+B=C$

입 력		출 력
A	B	C
0	0	0
0	1	1
1	0	1
1	1	1

[진리값]

① AND ② OR
③ NOT ④ NOR

해설

① AND : 공압로직밸브

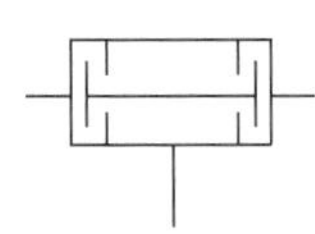

$A \cdot B=Y$

입 력		출 력
A	B	Y
0	0	0
0	1	0
1	0	0
1	1	1

③ NOT 회로

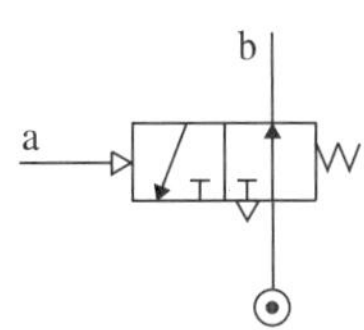

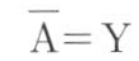

$\overline{A}=Y$

입 력	출 력
A	Y
0	1
1	0

④ NOR 회로

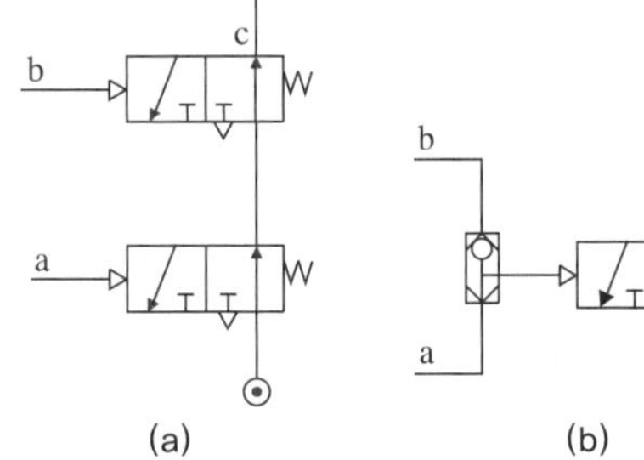

(a) (b)

$\overline{A+B}=Y$

입 력		출 력
A	B	Y
0	0	1
0	1	0
1	0	0
1	1	0

17 왕복형 공기 압축기에 대한 회전형 공기 압축기의 특징 설명으로 올바른 것은?

① 진동이 크다.
② 고압에 적합하다.
③ 소음이 적다.
④ 공압 탱크를 필요로 한다.

해설

압축기의 특성비교

분 류 / 특 성	왕복형	회전형	터보형
구 조	비교적 간단	간단하고 섭동부가 적다.	대형, 복잡하다.
진 동	비교적 많다.	적다.	적다.
소 음	비교적 높다.	적다.	적다.
보수성	좋다.	섭동부품의 정기교환이 필요	비교적 좋으나 오버홀이 필요
토출공기 압력	중·고압	중 압	표준 압력
가 격	싸다.	비교적 비싸다.	비싸다.

18 공압 실린더의 속도를 증가시킬 목적으로 사용하는 밸브는?

① 교축 밸브
② 속도제어 밸브
③ 급속배기 밸브
④ 배기교축 밸브

해설

① 교축(Throttle) 밸브 : 유로의 단면적을 교축하여 유량을 제어하는 밸브
② 속도제어 밸브(일방향 유량제어 밸브) : 유량을 교축하는 동시에 흐름의 방향을 제어하는 밸브로 실린더의 속도를 제어하는 데 주로 사용
④ 배기교축 밸브 : 방향제어 밸브의 배기구에 설치하여 실린더의 속도를 제어하는 밸브

정답 16 ② 17 ③ 18 ③

19 다음과 같은 회로의 명칭은?

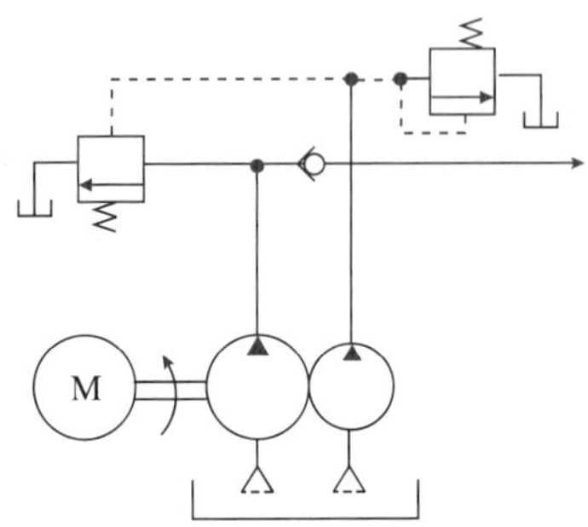

① 압력 스위치에 의한 무부하 회로
② 전환밸브에 의한 무부하 회로
③ 축압기에 의한 무부하 회로
④ Hi-Lo에 의한 무부하 회로

해설

무부하 회로 : 반복 작동 중 유압을 필요로 하지 않을 때 펌프 토출량을 저압으로 기름 탱크에 되돌려 보내고 유압 펌프를 무부하 운전시키는 회로

- PR접속 변환 밸브(탠덤 센터형 밸브)에 의한 회로
- 2포트 변환 밸브에 의한 회로
- 축압기, 압력 스위치를 사용한 회로
- Hi-Lo 회로

위 그림은 언로드 밸브를 이용한 Hi-Lo에 의한 무부하 회로이다.

20 다음과 같은 유압회로의 언로드 형식은 어떤 형태로 분류되는가?

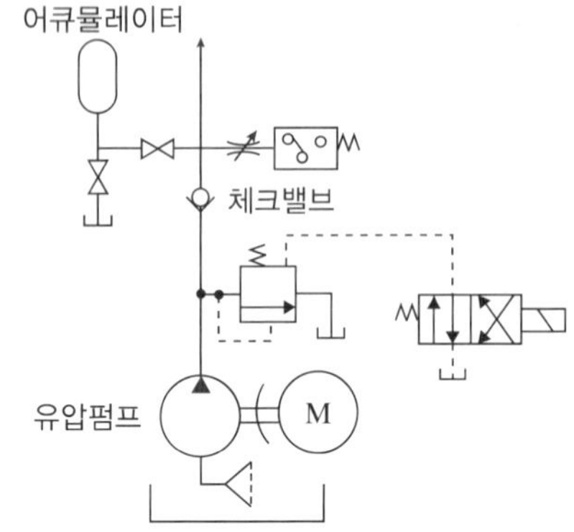

① 바이패스 형식에 의한 방법
② 탠덤센서에 의한 방법
③ 언로드 밸브에 의한 방법
④ 릴리프 밸브를 이용한 방법

해설

축압기, 압력 스위치를 사용한 무부하 회로이다. 보기에 없으므로, 릴리프 밸브를 이용한 무부하 회로로 펌프 송출 전량을 탱크로 귀환시키는 회로이다.

21 유압 펌프가 갖추어야 할 특징 중 옳은 것은?

① 토출량의 변화가 클 것
② 토출량의 맥동이 적을 것
③ 토출량에 따라 속도가 변할 것
④ 토출량에 따라 밀도가 클 것

해설

양질의 유압 펌프

- 토출 압력이 변화해도 토출량의 변화가 적다.
- 토출량의 맥동이 적다.

19 ④ 20 ④ 21 ② 정답

22 전기적인 입력신호를 얻어 전기회로를 개폐하는 기기로 반복동작을 할 수 있는 기기는?

① 압력 스위치
② 전자 릴레이
③ 시퀀스 밸브
④ 자동 밸브

해설
전자 릴레이(전자 계전기) : 보통 릴레이라고 하며, 이 릴레이를 이용한 제어를 전자 계전기 제어 또는 유접점 제어라 한다. 동작원리는 철심에 코일을 감고 전류를 흘려주면 전자석이 되어 철편을 끌어당겨(전자기력에 의해) 접점을 개폐하는 기능

23 다음 중 복동실린더의 공기 소모량을 계산할 때 고려하여야 할 대상이 아닌 것은?

① 압축비
② 분당 행정수
③ 피스톤 직경
④ 배관의 직경

해설
실린더의 공기 소비량
공기압 실린더의 행정거리에 대한 용적으로 계산한다. 그러므로 배관의 직경은 직접적인 고려 대상이 아니라고 본다.
계산식은 다음과 같다.

$$Q_1 = \left[\frac{\pi}{4}\left(D_1^2 L \frac{P+1.033}{1.033} + d^2 l \frac{P}{1.033}\right)\right] n \times \frac{1}{1,000}$$

$$Q_2 = \left[\frac{\pi}{4}(D_1^2 - D_2^2)\, L\, \frac{P+1.033}{1.033} + d^2\, l\, \frac{P}{1.033}\right] n \times \frac{1}{1,000}$$

Q_1 : 로드 전진 시 공기 소비량[L/min]
Q_2 : 로드 후진 시 공기 소비량[L/min]
D_1 : 실린더 튜브의 안지름[cm]
D_2 : 피스톤 로드의 지름[cm]
d : 배관의 안지름[cm]
L : 피스톤의 행정거리[cm]
l : 배관의 길이[cm]
n : 1분당 피스톤 왕복 횟수(회/분)
그러므로, $Q = Q_1 + Q_2$(매 분당 공기 소비량)
보기 중에서 배관의 직경은 복동 실린더의 공기 소모량 계산에서 중요치 않다고 본다.

24 도면에서 ㉠의 밸브가 ON되면 실린더의 피스톤 운동 상태는 어떻게 되는가?

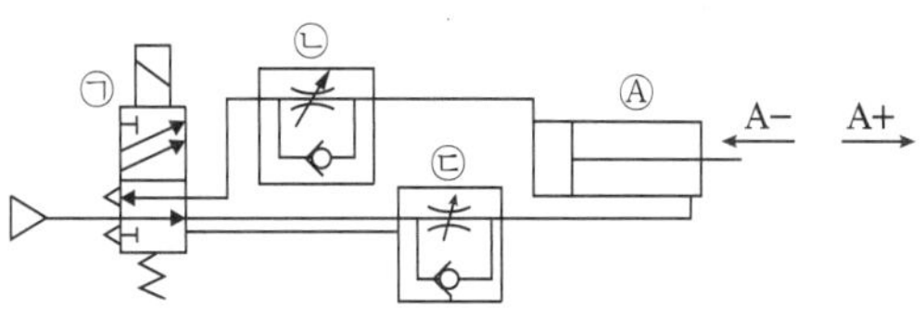

① A+쪽으로 전진
② A−쪽으로 복귀
③ 왕복운동
④ 정지상태 유지

해설
㉠의 5/2way 방향제어밸브가 전환되면 A포트쪽으로 공압이 공급되어 실린더는 전진운동을 한다.
㉡와 ㉢은 일방향 유량제어 밸브(속도제어 밸브)로 전・후진 속도를 미터 아웃 방법으로 제어되고 있다.

25 1차측 공기압력이 변화하여도 2차측 공기압력의 변동을 최저로 억제하여 안정된 공기압력을 일정하게 유지하기 위한 밸브는?

① 방향제어 밸브
② 감압 밸브
③ OR 밸브
④ 유량제어 밸브

해설
① 방향제어 밸브 : 공기흐름의 방향을 제어하는 밸브
③ 셔틀 밸브(OR 밸브) : 두 개 이상의 입구와 한 개의 출구를 갖춘 밸브로 둘 중 한 개 이상 압력이 작용할 때 출구에 출력신호가 발생(양체크 밸브 또는 OR밸브, 고압우선 셔틀밸브)
④ 유량제어 밸브 : 유량의 흐름을 제어하는 밸브

정답 22 ② 23 ④ 24 ① 25 ②

26 다음의 기호가 나타내는 것은?

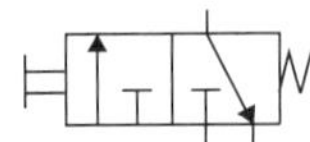

① 3/2way 방향제어 밸브(푸시 버튼형, N.O)
② 3/2way 방향제어 밸브(롤러 레버형, N.O)
③ 3/2way 방향제어 밸브(푸시 버튼형, N.C)
④ 3/2way 방향제어 밸브(롤러 레버형, N.C)

해설
위 기호는 3/2way 상시닫힘형(N.C) 방향제어 밸브로 인력작동 스프링복귀형 밸브이다.

27 베르누이의 정리에서 에너지 보존의 법칙에 따라 유체가 가지고 있는 에너지가 아닌 것은?

① 위치 에너지
② 마찰 에너지
③ 운동 에너지
④ 압력 에너지

해설
베르누이의 정리 : 점성이 없는 비압축성의 액체가 수평관을 흐를 경우, 에너지 보존의 법칙에 의해,
'압력수두 + 위치수두 + 속도수두 = 일정'하다는 것으로 식이 성립된다.

$$\frac{P_1}{\gamma}+h_1+\frac{1}{2}\cdot\frac{V_1^2}{g}=\frac{P_2}{\gamma}+h_2+\frac{1}{2}\cdot\frac{V_2^2}{g}$$

(P_1, P_2 : 압력, V_1, V_2 : 유속, γ : 액체의 비중량, g : 중력가속도, h_1, h_2 : 위치수두)

28 그림의 한쪽 로드형 실린더에서 부하없이 A, B포트에 같은 압력의 오일을 흘려 넣으면 피스톤의 움직임은?

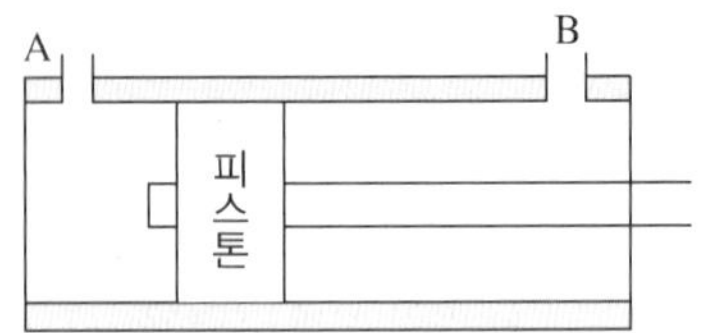

① A쪽으로 움직인다.
② B쪽으로 움직인다.
③ 제자리에서 회전한다.
④ 제자리에 정지한다.

해설
실린더의 출력
- 전진 시 : $F=P\cdot A\cdot\mu$ (μ : 실린더의 추력 계수)
- 후진 시 : $F=P(A-Ar)\mu$ (Ar : 실린더 로드의 단면적)
  전진 시 출력이 크므로 B쪽으로 움직인다.

29 유압기기에서 포트(Port)수에 대한 설명으로 맞는 것은?

① 유압 밸브가 가지고 있는 기능의 수
② 관로와 접촉하는 전환 밸브의 접촉구의 수
③ R, S, T의 기호로 표시된다.
④ 밸브배관의 수는 포트수보다 1개 적다.

해설
전환 밸브에서 밸브와 주관로(파일럿과 드레인 포트는 제외)와의 접속구수를 포트수 혹은 접속수라 한다. 포트수는 유로전환형을 한정한다.

26 ③ 27 ② 28 ② 29 ② 정답

30 공기 건조기에 대한 설명 중 옳은 것은?

① 수분 제거 방식에 따라 건조식, 흡착식으로 분류한다.

② 흡착식은 실리카겔 등의 고체 흡착제를 사용한다.

③ 흡착식은 최대 −170[℃]까지의 저노점을 얻을 수 있다.

④ 건조제 재생 방법을 논 브리드식이라 부른다.

해설

공기 건조기(제습기) : 압축공기 속에 포함되어 있는 수분을 제거하여 건조한 공기로 만드는 기기

- 냉동식 건조기 : 이슬점 온도를 낮추는 원리를 이용한 것
- 흡착식 건조기 : 고체흡착제(실리카겔, 활성알루미나, 실리콘다이옥사이드)를 사용하는 물리적 과정의 방식
  - 건조제의 재생방식 : 가열기가 부착된 히트형과 건조공기의 일부를 사용하는 히트리스형이 있다.
  - 최대 −70[℃]의 저노점을 얻을 수 있다.
- 흡수식 건조기 : 흡수액(염화리튬, 수용액, 폴리에틸렌)을 사용한 화학적 과정의 방식

31 다음 중 드레인 배출기 붙이 필터를 나타내는 기호는?

① 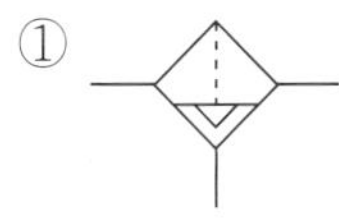

② 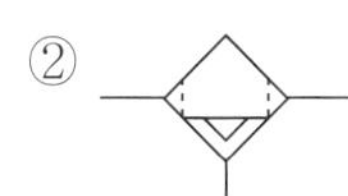

③ 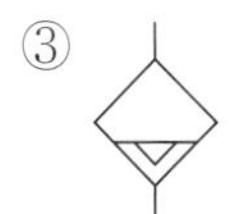

④ 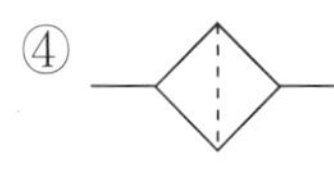

해설

① 드레인 배출기 붙이 필터(자동 배출)
② 기름분무 분리기(자동 배출)
③ 드레인 배출기(자동 배출)
④ 필터(일반 기호)

32 다음 중 유압의 특징으로 맞는 것은?

① 직선운동에만 사용한다.

② 유온의 변화와 속도는 무관하다.

③ 무단변속이 가능하다.

④ 원격제어가 불가능하다.

해설

유압장치의 특징

- 장 점
  - 소형 장치로 큰 출력을 얻을 수 있다.
  - 무단변속이 가능하고 원격제어가 된다.
  - 정숙한 운전과 반전 및 열 방출성이 우수하다.
  - 윤활성 및 방청성이 우수하다.
  - 과부하 시 안전 장치가 간단하다.
  - 전기, 전자의 조합으로 자동 제어가 가능하다.
- 단 점
  - 유온의 변화에 액추에이터의 속도가 변화할 수 있다.
  - 오일에 기포가 섞여 작동이 불량할 수 있다.
  - 인화의 위험이 있다.
  - 고압 사용으로 인한 위험성 및 배관이 까다롭다.
  - 고압에 의한 기름 누설의 우려가 있다.
  - 장치마다 동력원(펌프와 탱크)이 필요하다.

33 유압장치에서 작동유를 통과, 차단시키거나 또는 진행 방향을 바꾸어주는 밸브는?

① 유압차단 밸브

② 유량제어 밸브

③ 방향전환 밸브

④ 압력제어 밸브

해설

① 유압차단 밸브 : 유량(유압)의 흐름을 차단하는 밸브
② 유량제어 밸브 : 유량의 흐름을 제어하는 밸브(속도)
④ 압력제어 밸브 : 유체압력을 제어하는 밸브(힘)

정답 30 ② 31 ① 32 ③ 33 ③

34 다음 유압기호 중 파일럿 작동, 외부 드레인형의 감압 밸브에 해당하는 것은?

① 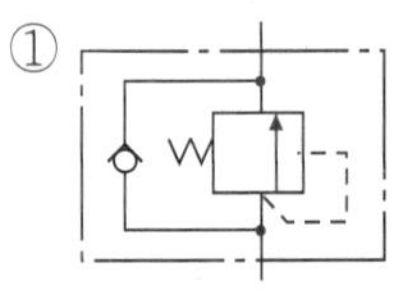
② 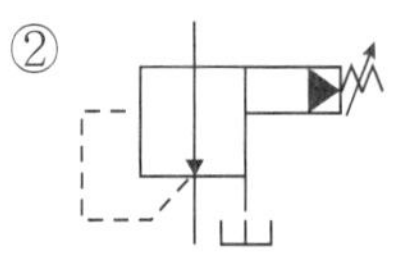
③ 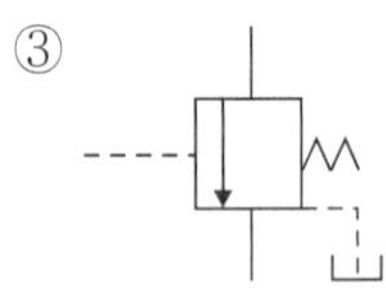
④ 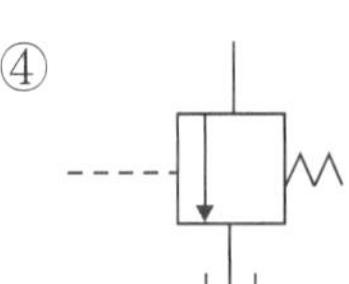

해설
① 카운터밸런스 밸브
③ 시퀀스 밸브
④ 무부하 밸브

35 공압시간 지연 밸브의 구성요소가 아닌 것은?

① 공기저장 탱크
② 시퀀스 밸브
③ 속도제어 밸브
④ 3포트 2위치 밸브

해설
시간지연밸브
제어신호가 입력된 후 일정한 시간이 경과된 다음에 작동되는 한시작동 시간지연 밸브와 제어신호가 없어진 후 일정한 시간이 경과된 후 복귀하는 한시 복귀 시간지연 밸브
- 3/2way 밸브(상시닫힘형, 상시열림형)
- 속도제어 밸브
- 공압 소형 탱크(30초 이내)로 구성

36 2개의 안정된 출력 상태를 가지고, 입력 유무에 관계없이 직전에 가해진 압력의 상태를 출력 상태로서 유지하는 회로는?

① 부스터 회로
② 카운터 회로
③ 레지스터 회로
④ 플립플롭 회로

해설
① 부스터 회로 : 저압력을 어느 정해진 높은 출력으로 증폭하는 회로
② 카운터 회로 : 입력으로서 가해진 펄스 신호의 수를 계수로 하여 기억하는 회로
③ 레지스터 회로 : 2진수로서 정보를 일단 내부에 기억하여 적시에 그 내용이 이용될 수 있도록 구성한 회로

37 공압 모터의 특징으로 맞는 것은?

① 에너지 변환 효율이 높다.
② 과부하 시 위험성이 크다.
③ 배기음이 적다.
④ 공기의 압축성에 의해 제어성은 그다지 좋지 않다.

해설
공압 모터의 특징
- 장 점
  - 시동 정지가 원활하며 출력 대 중량비가 크다.
  - 과부하 시 위험성이 없다.
  - 속도제어와 정역 회전 변환이 간단하다(속도 가변 범위도 1 : 10 이상).
  - 폭발의 위험성이 없어 안전하다.
  - 에너지 축적으로 정전시에도 작동이 가능하다.
  - 주위 온도, 습도 등의 분위기에 대하여 다른 원동기만큼 큰 제한을 받지 않는다.
  - 작업 환경을 청결하게 할 수 있다.
  - 자체 발열이 적다.
  - 압축 공기 이외에 질소 가스, 탄산가스 등의 사용이 가능하다.
- 단 점
  - 에너지 변환효율이 낮다.
  - 압축성 때문에 제어성이 나쁘다.
  - 회전속도의 변동이 커 고정도를 유지하기 힘들다.
  - 소음이 크다.

34 ② 35 ② 36 ④ 37 ④ 정답

38 다음 중 액추에이터 가동 시 부하에 해당하는 것으로 맞는 것은?

① 정지 마찰
② 가속 부하
③ 운동 마찰
④ 과주성 부하

해설
액추에이터의 가동 시 정지 마찰이 부하에 속한다.

40 교류 전압의 순시값이 $v = \sqrt{2}\ V\sin\omega t$[V]이고, 전류값 $i = \sqrt{2}\ I\sin\left(\omega t + \frac{\pi}{2}\right)$[A]인 정현파의 위상 관계는?

① 전류의 위상과 전압의 위상은 같다.
② 전압의 위상이 전류의 위상보다 $\frac{\pi}{4}$[rad]만큼 앞선다.
③ 전류의 위상이 전압의 위상보다 $\frac{\pi}{2}$[rad]만큼 앞선다.
④ 전류의 위상이 전압의 위상보다 $\frac{\pi}{2}$[rad]만큼 뒤진다.

해설
전압의 위상이 전류의 위상보다 $\frac{\pi}{2}$[rad] 뒤진다.

제3과목 | 기초전기일반

39 다음 그림과 같은 직류 브리지의 평형조건은?

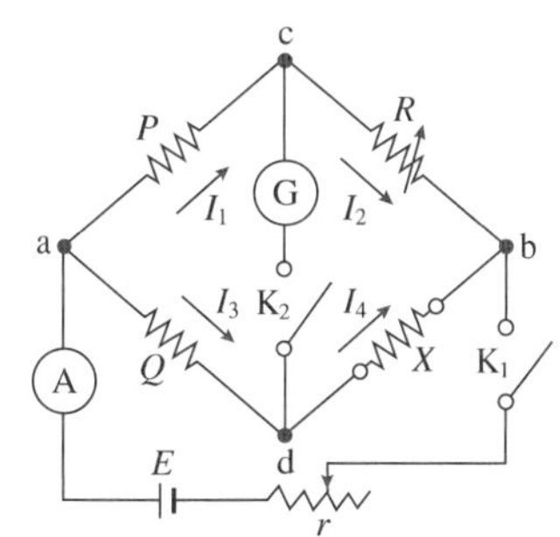

① $QX = PR$
② $PX = QR$
③ $RX = PQ$
④ $RX = 2PQ$

해설
직류 브리지회로의 평형조건 $PX = QR$

41 유도전동기의 슬립 $S = 1$일 때의 회전자의 상태는?

① 발전기 상태이다.
② 무구속 상태이다.
③ 동기속도 상태이다.
④ 정지 상태이다.

해설
회전수 $N = N_S(1-S)$에서 $S = 1$이면 $N = 0$으로 정지상태이다.

정답 38 ① 39 ② 40 ③ 41 ④

42 그림과 같은 전동기 주회로에서 THR은?

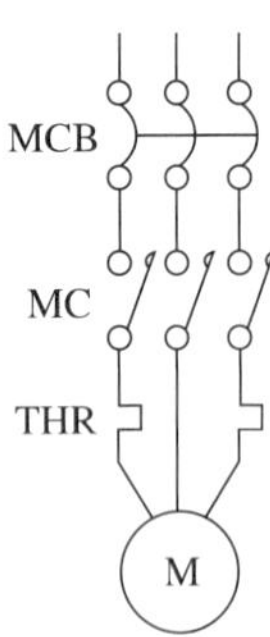

① 퓨 즈　　② 열동 계전기
③ 접 점　　④ 램 프

해설
THR은 열동 계전기이다.

43 고전압을 직접 전압계로 측정하는 것은 계기의 정격과 절연 때문에 불가능하며, 또한 고압에 대한 안전성의 문제도 있기 때문에 이를 해결하기 위하여 사용하는 계기는?

① 단로기　　② 발전기
③ 전동기　　④ 계기용 변압기

해설
고압측정을 위해 계기용 변압기를 사용하여 측정기를 보호한다.

44 기동 시 토크가 큰 것이 특징이며 전동차나 크레인과 같이 기동 토크가 큰 것을 요구하는 것에 적합한 전동기는?

① 타여자 전동기　　② 분권 전동기
③ 직권 전동기　　④ 복권 전동기

해설
직권 전동기의 특성 : 기동토크가 커서 전동차나 크레인, 전기기관차 등에 이용된다.

45 그림과 같은 회로에서 펄스 입력 $V1$에 대한 충전 전압 $V2$의 시상수[ms]는?

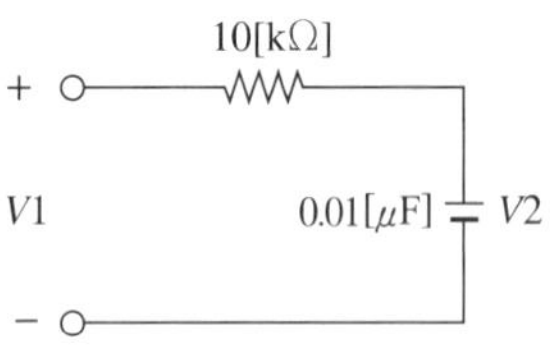

① 0.01　　② 0.1
③ 1　　④ 10

해설
시상수 $\tau = RC = 10 \times 10^3 \times 0.01 \times 10^{-6} = 0.1$[ms]

46 그림의 논리회로에서 입력 X, Y와 출력 Z 사이의 관계를 나타낸 진리표에서 ABCD의 값으로 옳은 것은?

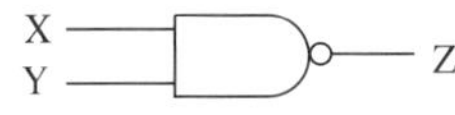

X	Y	Z	X	Y	Z
1	1	A	0	1	C
1	0	B	0	0	D

① A = 0, B = 1, C = 1, D = 1
② A = 0, B = 0, C = 1, D = 1
③ A = 0, B = 0, C = 0, D = 1
④ A = 1, B = 0, C = 0, D = 0

해설
NAND 회로는 AND 회로의 출력값에 NOT을 취한 값이다.

42 ② 43 ④ 44 ③ 45 ② 46 ① 정답

47 저항이 $R[\Omega]$, 리액턴스 $X[\Omega]$이 직렬로 접속된 부하에서 역률은?

① $\cos\theta = \dfrac{R}{\sqrt{R^2+X^2}}$

② $\cos\theta = \dfrac{\sqrt{2}\,R}{\sqrt{R^2+X^2}}$

③ $\cos\theta = \dfrac{R}{X^2}$

④ $\cos\theta = \dfrac{2R}{\sqrt{R^2+X^2}}$

해설

역률 $\cos\theta = \dfrac{R}{Z} = \dfrac{R}{\sqrt{R^2+X^2}}$

48 전기량(Q)과 전류(I), 시간(t)의 상호 관계식이 바른 것은?

① $Q = It$　　② $Q = \dfrac{I}{t}$

③ $Q = \dfrac{t}{I}$　　④ $I = Q$

해설

$Q = I \times t$

49 250[V], 60[W]인 백열전구 10개를 5시간 동안 모두 점등하였다면, 이때의 전력량[kWh]은?

① 1　　② 2

③ 3　　④ 4

해설

전력량 $W = PtN = 60 \times 5 \times 10 = 3{,}000[\text{Wh}] = 3[\text{kWh}]$

50 자동차용의 전자 장치는 대개 직류 12[V]로 동작되도록 만들어져 있는데, 사용 전압이 12[V]가 아닌 전자 장치를 자동차에서 사용하려면 전압을 12[V]로 변환시켜야 한다. 이와 같이 어떤 직류 전압을 입력으로 하여 크기가 다른 전압의 직류로 변환하는 회로는?

① 단상 인버터

② 3상 인버터

③ 사이크로 컨버터

④ 초 퍼

해설

초퍼회로 : 교류에서 변압기를 이용해 전압과 전류의 크기를 변화하듯 직류에서 초퍼회로를 이용하여 직류전압의 크기를 변화시킨다.

51 기기의 동작을 서로 구속하며, 기기의 보호와 조작자의 안전을 목적으로 하는 회로는?

① 인터로크 회로

② 자기유지 회로

③ 지연복귀 회로

④ 지연동작 회로

해설

인터로크 회로 : 상대동작금지 회로라고도 하며 복수의 출력장치 중 하나가 출력되면 나머지 출력을 금지시키는 회로

정답 47 ① 48 ① 49 ③ 50 ④ 51 ①

52 그림에서 X로 표시되는 기기는 무엇을 측정하는 것인가?

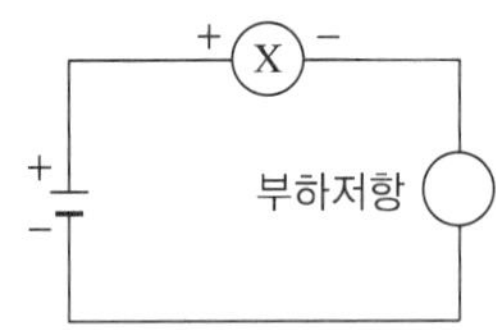

① 교류전압
② 교류전류
③ 직류전압
④ 직류전류

해설
부하에 직렬로 연결된 직류전류계이다.

53 시퀀스 제어(Sequence Control)를 설명한 것은?

① 출력신호를 입력신호로 되돌려 제어한다.
② 목표값에 따라 자동적으로 제어한다.
③ 미리 정해 놓은 순서에 따라 제어의 각 단계를 순차적으로 제어한다.
④ 목표값과 결과치를 비교하여 제어한다.

해설
시퀀스 제어 : 미리 정해놓은 순서에 따라 제어의 각 단계를 순차적으로 제어하는 회로(순차 제어, 정성적 제어)

제2과목 | 기계제도(비절삭) 및 기계요소

54 도면에서 표제란과 부품란으로 구분할 때, 부품란에 기입할 사항으로 거리가 먼 것은?

① 품 명　　② 재 질
③ 수 량　　④ 척 도

해설
④ 척도는 표제란에 기입한다.
부품란 : 도면의 오른쪽 윗부분에 위치, 오른쪽 아래일 경우에는 표제란 위에 위치. 품번, 품명, 재질, 수량, 무게, 공정, 비고란 등을 기입한다.

55 그림과 같은 입체도를 화살표 방향을 정면으로 하여 3각법으로 정투상한 도면으로 가장 적합한 것은?

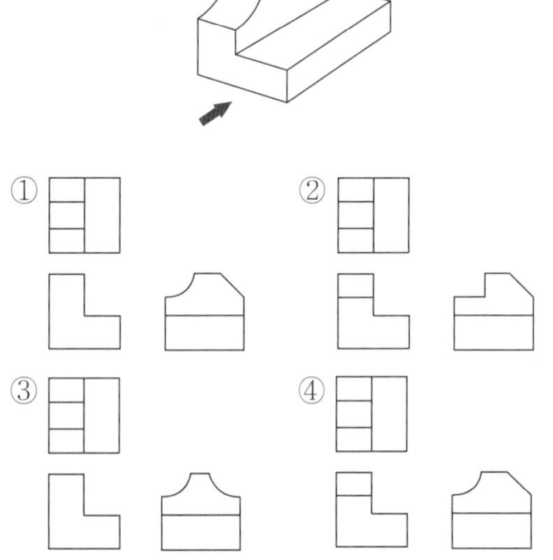

해설
정면도를 기본으로 위에 평면도, 좌우측에 측면도를 표기한다. ④번이 정답이다.

52 ④ 53 ③ 54 ④ 55 ④ 정답

56 보기와 같은 KS용접기호의 해독으로 틀린 것은?

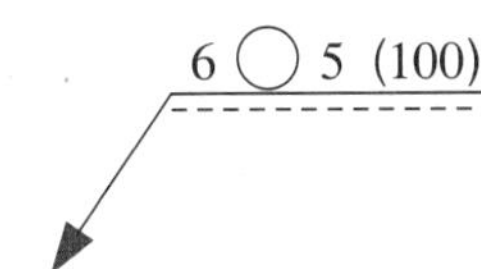

① 화살표 반대쪽 점 용접
② 점 용접부의 지름 6[mm]
③ 용접부의 개수(용접 수) 5개
④ 점 용접한 간격은 100[mm]

해설
① 점선 부분(화살표쪽)에 표기되어야 한다.

57 대상으로 하는 부분의 단면이 한 변의 길이가 20[mm]인 정사각형이라고 할 때, 그 면을 직접적으로 도시하지 않고 사용하는 치수는?

① C20 ② t20
③ □20 ④ SR20

해설
① C20 : 45° 모따기
② t20 : 두께 20
④ SR20 : 구면의 반지름 20

58 한쪽 단면도에 대한 설명으로 올바른 것은?

① 대칭형의 물체를 중심선을 경계로 하여 외형도의 절반과 단면도의 절반을 조합하여 표시한 것이다.
② 부품도의 중앙 부위 전후를 절단하여, 단면을 90° 회전시켜 표시한 것이다.
③ 도형 전체가 단면으로 표시된 것이다.
④ 물체의 필요한 부분만 단면으로 표시한 것이다.

해설
② 회전 도시 단면도
③ 온 단면도
④ 부분 단면도

59 리벳의 호칭이 "KS B 1102 둥근 머리 리벳 18×40 SV330"으로 표시된 경우 숫자 '40'의 의미는?

① 리벳의 수량
② 리벳의 구멍치수
③ 리벳의 길이
④ 리벳의 호칭지름

해설
리벳의 호칭

규격번호	종류	호칭지름	×	길이	재료표시

- 18 : 호칭지름
- SV330 : 재료표시

60 도면의 같은 장소에 선이 겹칠 때 표시되는 우선순위가 가장 먼저인 것은?

① 숨은선 ② 절단선
③ 중심선 ④ 치수 보조선

해설
선의 우선 순위
외형선 > 숨은선 > 절단선 > 중심선 > 무게중심선 > 치수보조선

정답 56 ① 57 ③ 58 ① 59 ③ 60 ①

2011년 과년도 기출문제

제2과목 | 기계제도(비절삭) 및 기계요소

01 비중이 약 2.7로 가볍고 내식성과 가공성이 좋으며 전기 및 열전도도가 높은 재료는?

① 금(Au)
② 알루미늄(Al)
③ 철(Fe)
④ 은(Ag)

해설
① 금(Au) : 비중 19.3[g/cm^3]
③ 철(Fe) : 비중 7.82[g/cm^3]
④ 은(Ag) : 비중 10.49[g/cm^3]
※ 저자의견 : 출제기준을 벗어난 재료 관련 문제로 오답 처리됨

02 순철의 성질에 관한 사항 중 틀린 것은?

① 상온에서 연성과 전성이 크다.
② 용융점의 온도는 539[℃] 정도이다.
③ 단접하기 쉽고 소성가공이 용이하다.
④ 용접성이 좋다.

해설
순철의 용융점은 1,538[℃]이다.
※ 저자의견 : 출제기준을 벗어난 재료 관련 문제로 오답 처리됨

03 노 내에서 페로 실리콘(Fe–Si), 알루미늄(Al) 등의 강탈산제를 첨가하여 충분히 탈산시킨 것으로서 표면에 헤어크랙이 생기기 쉬우며 상부에 수축관이 생기기 쉬운 강괴는?

① 킬드강 ② 림드강
③ 세미킬드강 ④ 캡트강

해설
헤어크랙(Hair Crack)은 수소가스에 의해 머리카락 모양으로 갈라지는 균열로 킬드강에서 발생하고 수소의 압력이나 열응력, 변태응력 등에 의해서 균열이 발생한다.
※ 저자의견 : 출제기준을 벗어난 재료 관련 문제로 오답 처리됨

04 다음 중 응력의 단위를 옳게 표시한 것은?

① [N/m] ② [N/m^2]
③ [N · m] ④ [N]

해설
응력(Stress) : 물체에 외력(하중)이 가해졌을 때 내부에 생기는 저항력으로 단위면적당 받는 힘을 말한다. 단위는 [kg/cm^2]을 사용한다.

05 다음 중 자유롭게 휠 수 있는 축은?

① 전동 축 ② 크랭크 축
③ 중공 축 ④ 플렉시블 축

해설
플렉시블 축 : 가요 축이라고도 하며, 전동 축에 가요성(휨성)을 주어서 축의 방향을 자유롭게 변경할 수 있는 축

1 ② 2 ② 3 ① 4 ② 5 ④ 정답

06 제강할 때 편석을 일으키기 쉬우며, 이 원소의 함유량이 0.25[%] 정도 이상이면 연신율이 감소하고, 냉간취성을 일으키는 원소는?

① 인 ② 황
③ 망 간 ④ 규 소

해설
P(인)을 0.25[%] 이상 함유하면 연신율이 감소하고 냉간 취성이 발생한다.
※ 저자의견 : 출제기준을 벗어난 재료 관련 문제로 오답 처리됨

07 니켈 – 구리계 합금 중 구리에 니켈을 60~70[%] 정도 첨가한 것으로 내열, 내식성이 우수하므로 터빈 날개, 펌프 임펠러 등의 재료로 사용되는 것은?

① 모넬 메탈 ② 콘스탄탄
③ 로 메탈 ④ 인코넬

해설
모넬 메탈 : Ni–Cu계 합금으로, Ni 60~70[%], Cu–Fe 1~3[%], 화학공업용, 강도와 내식성이 우수하다.
※ 저자의견 : 출제기준을 벗어난 재료 관련 문제로 오답 처리됨

08 전동축의 회전력이 40[kgf·m]이고 회전수가 300[rpm]일 때 전달마력은 약 몇 [PS]인가?

① 12.3 ② 16.8
③ 123 ④ 168

해설
전동축에서 토크 계산
$T = 716.2\dfrac{H}{n}$에서 전달마력 $H = \dfrac{n \times T}{716.2}$[PS]에 대입하면
$H = \dfrac{300 \times 40}{716.2}[\mathrm{PS}] = 16.75[\mathrm{PS}]$

제1과목 | 공유압 일반

09 공기압 회로에서 압축공기의 역류를 방지하고자 하는 경우에 사용하는 밸브로서, 한쪽방향으로만 흐르고 반대방향으로는 흐르지 않는 밸브는?

① 체크 밸브
② 셔틀 밸브
③ 급속배기 밸브
④ 시퀀스 밸브

해설
② 셔틀 밸브(OR 밸브) : 두 개 이상의 입구와 한 개의 출구를 갖춘 밸브로 둘 중 한 개 이상 압력이 작용할 때 출구에 출력신호가 발생(양체크 밸브 또는 OR밸브, 고압우선 셔틀밸브)
③ 급속배기 밸브 : 실린더의 속도를 증가시켜 급속히 작동시키고자 할 때 사용(배출저항을 작게 하여 운동속도를 빠르게 한다)
④ 시퀀스 밸브 : 공유압 회로에서 순차적으로 작동할 때 작동순서가 회로의 압력에 의해 제어되는 밸브

10 공유압 변환기를 에어 하이드로 실린더와 조합하여 사용할 경우 주의사항으로 틀린 것은?

① 에어하이드로 실린더보다 높은 위치에 설치한다.
② 공유압 변환기는 수평방향으로 설치한다.
③ 열원의 가까이에서 사용하지 않는다.
④ 작동유가 통하는 배관에 누설, 공기 흡입이 없도록 밀봉을 철저히 한다.

해설
공유압 변환기 사용 시 주의할 점
- 수직으로 설치
- 액추에이터 및 배관 내의 공기를 제거(밀봉 유지)
- 액추에이터보다 높은 위치에 설치
- 정기적으로 유량을 점검(부족 시 보충)
- 열의 발생이 있는 곳에서 사용 금지

정답 6 ① 7 ① 8 ② 9 ① 10 ②

11 유압 장치의 과부하 방지에 사용되는 기기는?

① 시퀀스 밸브
② 카운터 밸런스 밸브
③ 릴리프 밸브
④ 감압 밸브

해설
① 시퀀스 밸브 : 공유압 회로에서 순차적으로 작동할 때 작동순서가 회로의 압력에 의해 제어되는 밸브
② 카운터 밸런스 밸브 : 부하가 급격히 제거되었을 때 일정한 배압을 걸어주는 역할을 하는 밸브(주로 배압제어용으로 사용)
④ 감압 밸브 : 고압의 압축유체를 감압시켜 설정공급압력을 일정하게 유지시켜주는 밸브

12 압력 시퀀스 밸브가 하는 일을 나타낸 것은?

① 자유낙하의 방지
② 배압의 방지
③ 구동요소의 순차작동
④ 무부하 운전

해설
시퀀스 밸브 : 공유압 회로에서 순차적으로 작동할 때 작동순서가 회로의 압력에 의해 제어되는 밸브로, 회로 내의 압력상승을 검출하여 압력을 전달하여 실린더나 방향제어밸브를 움직여 작동순서를 제어한다.

13 다음 그림의 기호가 나타내는 것은?

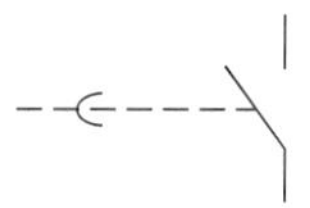

① 수동조작 스위치 a접점
② 수동조작 스위치 b접점
③ 소자 지연 타이머 a접점
④ 여자 지연 타이머 a접점

해설
스위치 ON 지연 타이머에 대한 기호이다.

14 공기압 유량제어 밸브 사용상의 주의사항으로 틀린 것은?

① 유량제어 밸브는 되도록 제어대상에 멀리 설치하는 것이 제어성의 면에서 바람직하다.
② 공기압 실린더의 속도제어에는 공기의 압축성을 고려하여 미터 아웃 방식을 사용한다.
③ 유량조절이 끝나면 고정용 나사를 꼭 고정하는 것을 잊지 않도록 한다.
④ 크기의 선정도 중요하다.

해설
유량제어 밸브 사용 시 주의 사항
- 유량이 교축되면 압력 또한 동시에 떨어지게 된다.
- 출구 압력을 입구 압력의 1/2 이하로 하지 않는다(음속발생).
- 가능한 제어 대상과 가깝게 설치한다(관로의 용적변화에 따라 제어성이 떨어지게 된다).
- 유량 조절 후 고정용 나사를 고정하여 일정유량이 제어되도록 한다.
- 공기 청정화에 주의한다(먼지나 이물질이 틈새를 막는다).
- 밸브 크기 선택에 주의한다(제어 흐름의 유량 특성, 자유 흐름의 유량 검토 필요).

11 ③ 12 ③ 13 ④ 14 ① 정답

15 검출용 스위치 중 접촉형 스위치가 아닌 것은?

① 마이크로 스위치

② 광전 스위치

③ 리밋 스위치

④ 리드 스위치

해설

검출 방법에 따른 센서 분류

- 접촉식 : 리밋 스위치, 리드 스위치, 마이크로 스위치, 매트 스위치, 터치 센서, 압력 센서
- 비접촉식 : 근접 센서, 광전 센서, 초음파 센서, 바코드, 컴퓨터 비전

16 유압 작동유의 점도가 너무 높을 경우 유압장치의 운전에 미치는 영향이 아닌 것은?

① 캐비테이션(Cavitation)의 발생

② 배관 저항에 의한 압력감소

③ 유압장치 전체의 효율 저하

④ 응답성의 저하

해설

점도가 너무 높은 경우

- 마찰손실에 의한 동력손실이 큼(장치전체의 효율 저하)
- 장치(밸브, 관 등)의 관내 저항에 의한 압력손실이 큼(기계효율 저하)
- 마찰에 의한 열이 많이 발생(캐비테이션 발생)

17 다음 설명 중 공기압 모터의 장점은?

① 에너지의 변환 효율이 낮다.

② 제어속도를 아주 느리게 할 수 있다.

③ 큰 힘을 낼 수 있다.

④ 과부하 시 위험성이 없다.

해설

공기압 모터의 장점

- 시동 정지가 원활하며 출력 대 중량비가 크다.
- 과부하 시 위험성이 없다.
- 속도제어와 정역 회전 변환이 간단하다.
- 폭발의 위험성이 없어 안전하다.
- 에너지 축적으로 정전시에도 작동이 가능하다.
- 주위 온도, 습도 등의 분위기에 대하여 다른 원동기만큼 큰 제한을 받지 않는다.
- 작업 환경을 청결하게 할 수 있다.
- 공압 모터 자체 발열이 적다.
- 압축 공기 이외에 질소 가스, 탄산 가스 등도 사용 가능

18 실린더를 이용하여 운동하는 형태가 실린더로부터 떨어져 있는 물체를 누르는 형태이면 이는 어떤 부하인가?

① 저항부하

② 관성부하

③ 마찰부하

④ 쿠션부하

해설

물체를 누르는 형태면 압축력이 작용하며 물체는 이에 반발하는 내부 저항부하가 발생하게 된다.

정답 15 ② 16 ② 17 ④ 18 ①

19 구동부가 일을 하지 않아 회로에서 작동유를 필요로 하지 않을 때 작동유를 탱크로 귀환시키는 것은?

① AND 회로
② 무부하 회로
③ 플립플롭 회로
④ 압력설정 회로

해설

① AND 회로 : 2개 이상의 입력단과 1개의 출력단을 가지며, 모든 입력단에 입력이 가해졌을 경우에만 출력단에 출력이 나타나는 회로
③ 플립플롭 회로 : 2개의 안정된 출력상태를 가지며, 입력의 유무에 불구하고 직전에 가해진 입력의 상태를 출력상태로 해서 유지하는 회로
④ 압력설정 회로 : 모든 유압회로의 기본, 회로 내의 압력을 설정 압력으로 조정하는 회로로서 설정 압력 이상 시 릴리프 밸브가 열려 탱크로 귀환하는 회로

20 유압장치의 특징과 거리가 먼 것은?

① 소형장치로 큰 힘을 발생한다.
② 작동유로 인한 위험성이 있다.
③ 일의 방향을 쉽게 변환시키기 어렵다.
④ 무단변속이 가능하고 정확한 위치제어를 할 수 있다.

해설

유압장치의 장점
• 소형 장치로 큰 출력을 얻을 수 있다.
• 무단변속이 가능하고 원격제어가 된다.
• 정숙한 운전과 반전 및 열 방출성이 우수하다.
• 윤활성 및 방청성이 우수하다.
• 과부하 시 안전 장치가 간단하다.
• 전기, 전자의 조합으로 자동 제어가 가능하다.

유압장치의 단점
• 유온의 변화에 액추에이터의 속도가 변화할 수 있다.
• 오일에 기포가 섞여 작동이 불량할 수 있다.
• 인화의 위험이 있다.
• 고압 사용으로 인한 위험성 및 배관이 까다롭다.
• 고압에 의한 기름 누설의 우려가 있다.
• 장치마다 동력원(펌프와 탱크)이 필요하다.

21 압력조절 밸브 사용 시 주의사항으로 공기압 기기의 전공기 소비량이 압력조절 밸브에서 공급되었을 때 압력조절 밸브의 2차 압력이 몇 [%] 이하로 내려가지 않도록 하는 것이 바람직한가?

① 60 ② 70
③ 80 ④ 90

해설

압력조절 밸브의 사용상 주의 사항
• 선정용 검토항목을 참고하여 선정
• 이물질 침입을 방지할 수 있도록 반드시 필터를 설치
• 2차측 부하에 상응한 밸브를 선택하여 조절 공기 압력의 30~80[%] 범위 내에서 사용(공기압 기기의 전 공기 소비량이 이 압력조절 밸브의 2차 압력이 80[%] 이하로 내려가지 않도록 하는 밸브 사이즈를 선정)
• 압력, 유량, 히스테리시스 특성 및 재현성 등을 조사
• 사용목적에 맞는 규격의 밸브를 선정
• 회로 구성 상 여러 개의 감압 밸브가 설치되는 경우, 회로 전체의 정상 상태가 유지되도록 주의해야 한다.

22 다음의 기호가 나타내는 기기를 설명한 것 중 옳은 것은?

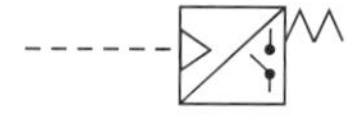

① 실린더의 로킹 회로에서만 사용된다.
② 유압 실린더의 속도제어에서 사용된다.
③ 회로의 일부에 배압을 발생시키고자 할 때 사용한다.
④ 유압신호를 전기신호로 전환시켜준다.

해설

압력 스위치 : 회로의 압력이 설정값에 도달하면 내부에 있는 마이크로 스위치가 작동하여 전기회로를 열거나 닫게 하는 기기

19 ② 20 ③ 21 ③ 22 ④ 정답

23 토출 압력에 의한 분류에서 저압으로 구분되는 공기압축기의 압력범위는?

① 1[kgf/cm^2] 이하 ② 7~8[kgf/cm^2]
③ 10~15[kgf/cm^2] ④ 15[kgf/cm^2] 이상

해설
토출압력에 따른 분류
• 저압 : 1~8[kgf/cm^2]
• 중압 : 10~16[kgf/cm^2]
• 고압 : 16[kgf/cm^2] 이상

24 압력제어 밸브에 해당되는 것은?

① 셔틀 밸브 ② 체크 밸브
③ 차단 밸브 ④ 릴리프 밸브

해설
① 셔틀밸브 : 방향제어 밸브
② 체크밸브 : 방향제어 밸브
③ 차단밸브 : 방향제어 밸브
압력제어밸브의 종류
• 릴리프 밸브
• 감압 밸브
• 시퀀스 밸브
• 카운터 밸런스 밸브
• 무부하 밸브
• 안전 밸브
• 압력 스위치

25 다음 중 공기압 장치의 기본시스템이 아닌 것은?

① 압축공기 발생장치
② 압축공기 조정장치
③ 공압제어 밸브
④ 유압펌프

해설
④ 유압펌프 : 유압 장치의 기본 시스템

26 펌프의 송출압력이 50[kgf/cm^2], 송출량이 20[L/min]인 유압펌프의 펌프동력은 약 얼마인가?

① 1.5[PS] ② 1.7[PS]
③ 2.2[PS] ④ 3.2[PS]

해설
펌프 동력 계산
$L_p = \frac{PQ}{612}$[kW], $L_p = \frac{PQ}{450}$[PS]
P의 단위가 [kgf/cm^2]이고, Q의 단위가 [L/min]
$L_p = \frac{PQ}{450}[\text{PS}] = \frac{50 \times 20}{450} = 2.2[\text{PS}]$

27 유압회로에서 어떤 부분 회로의 압력을 주회로의 압력보다 저압으로 사용하고자 할 때 사용하는 밸브는?

① 배압 밸브
② 감압 밸브
③ 압력 보상형 밸브
④ 셔틀 밸브

해설
① 배압 밸브(카운터 밸런스 밸브) : 부하가 급격히 제거되었을 때 일정한 배압을 걸어주는 역할을 하는 밸브(주로 배압제어용으로 사용)
③ 압력보상형 유량제어 밸브 : 압력의 변동에 의하여 유량이 변동되지 않도록 회로에 흐르는 유량을 항상 일정하게 유지(압력보상 기구를 내장). 부하의 변동에도 항상 일정한 속도를 얻고자 할 때 사용하는 밸브
④ 셔틀 밸브(OR 밸브) : 두 개 이상의 입구와 한 개의 출구를 갖춘 밸브로 둘 중 한 개 이상 압력이 작용할 때 출구에 출력신호가 발생(고압우선 셔틀 밸브)

정답 23 ② 24 ④ 25 ④ 26 ③ 27 ②

28 **유압장치에서 유량제어 밸브로 유량을 조정할 경우 실린더에서 나타나는 효과는?**

① 유압의 역류조절
② 운동속도의 조절
③ 운동방향의 결정
④ 정지 및 시동

해설
유량제어 밸브 : 유량의 흐름(속도)을 제어하는 밸브

29 **압력의 크기에 의해 제어되거나 압력에 큰 영향을 미치는 것은?**

① 논 리턴 밸브 ② 방향제어 밸브
③ 압력제어 밸브 ④ 유량제어 밸브

해설
압력제어 밸브 : 유체압력(힘)을 제어하는 밸브

30 **그림의 연결구를 표시하는 방법에서 틀린 부분은?**

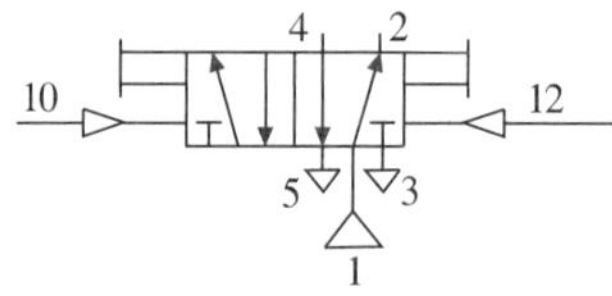

① 공급라인 : 1
② 제어라인 : 4
③ 작업라인 : 2
④ 배기라인 : 3

해설
• 제어라인 : 10, 12
• 작업라인 : 2, 4
• 배기라인 : 3, 5

31 **다음은 어떤 밸브를 나타내는 기호인가?**

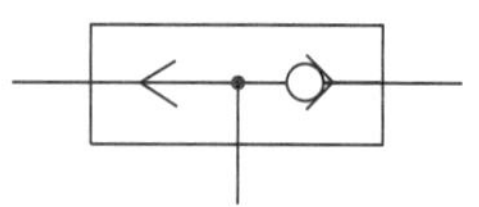

① 급속배기 밸브
② 셔틀 밸브
③ 2압 밸브
④ 파일럿 조작 밸브

해설
① 급속배기 밸브 :

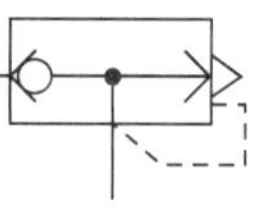

③ 2압 밸브 :

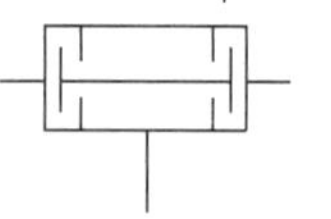

④ 파일럿 조작 밸브 : (간접, 공압용)

32 **공기건조 방식 중 −70[℃] 정도까지의 저노점을 얻을 수 있는 공기건조 방식은?**

① 흡수식
② 냉각식
③ 흡착식
④ 저온건조방식

해설
공기 건조기(제습기) : 압축공기 속에 포함되어 있는 수분을 제거하여 건조한 공기로 만드는 기기
• 냉동식 건조기 : 이슬점 온도를 낮추는 원리를 이용한 것
• 흡착식 건조기 : 고체흡착제(실리카겔, 활성알루미나, 실리콘다이옥사이드)를 사용하는 물리적 과정의 방식
• 흡수식 건조기 : 흡수액(염화리튬, 수용액, 폴리에틸렌)을 사용한 화학적 과정의 방식

28 ② 29 ③ 30 ② 31 ② 32 ③ 정답

33 습공기 내에 있는 수증기의 양이나 수증기의 압력과 포화상태에 대한 비를 나타내는 것은?

① 절대습도
② 상대습도
③ 대기습도
④ 게이지습도

해설

- 절대습도 $= \dfrac{\text{습공기 중의 수증기의 중량[g/m}^3]}{\text{습공기 중의 건조공기의 중량[g/m}^3]} \times 100[\%]$
- 상대습도 $= \dfrac{\text{습공기 중의 수증기 분압[kgf/cm}^2]}{\text{포화수증기압[kgf/cm}^2]} \times 100[\%]$

34 축 동력을 계산하는 방법에 대한 설명으로 틀린 것은?

① 설정압력과 토출량을 곱하여 계산한다.
② 효율은 안전을 위하여 약 75[%]로 한다.
③ 효율은 체적 효율만을 고려한다.
④ 단위는 [kW]를 사용할 수 있다.

해설

효율을 계산할 때는 체적효율과 기계효율을 고려하여야 한다.

35 공압 조합 밸브로 1개의 정상상태에서 닫힌 3/2-Way 밸브와 1개의 정상상태 열림 3/2-Way 밸브, 2개의 속도제어 밸브로 구성되어 있는 기기로, 두 개의 속도제어 밸브를 조정하면 여러 가지 사이클 시간을 얻을 수 있으며, 진동수는 압력과 하중에 따라 달라지게 하는 제어기기는 무엇인가?

① 가변 진동발생기
② 압력증폭기
③ 시간지연 밸브
④ 공유압 조합기기

해설

② 압력증폭기 : 공기 배리어, 반향 근접 감지기와 같이 신호압력이 낮기 때문에 증폭해야 할 경우에 사용한다.
③ 시간지연 밸브 : 제어신호가 입력된 후 일정한 시간이 경과된 다음에 작동되는 한시작동 시간지연 밸브와 제어신호가 없어진 후 일정한 시간이 경과된 후 복귀하는 한시복귀 시간지연 밸브가 있다.
④ 공유압 조합기기 : 에어 하이드로 실린더, 공유압 변환기, 하이드롤릭 체크 유닛 증압기 등이 있다.

36 제어 작업이 주로 논리제어의 형태로 이루어지는 AND, OR, NOT, 플립플롭 등의 기본 논리연결을 표시하는 기호도를 무엇이라 하는가?

① 논리도
② 회로도
③ 제어선도
④ 변위단계선도

해설

③ 제어선도 : 액추에이터의 운동변화에 따른 제어밸브 등의 동작상태를 나타내는 선도. 신호 중복의 여부를 판단하는 데 유효한 선도
④ 변위단계선도(작동선도, 시퀀스 차트) : 실린더의 작동 순서를 표시하며 실린더의 변위는 각 단계에 대해서 표시

정답 33 ② 34 ③ 35 ① 36 ①

37 공압 실린더 중 단동 실린더가 아닌 것은?

① 피스톤 실린더
② 격판 실린더
③ 벨로스 실린더
④ 로드리스 실린더

해설
단동실린더의 종류
- 단동 피스톤 실린더
- 격판 실린더
- 롤링 격판 스프링(행정거리가 50~80[mm])
- 벨로스 실린더

38 축압기에 대한 설명 중 틀린 것은?

① 맥동이 발생한다.
② 압력보상이 된다.
③ 충격 완충이 된다.
④ 유압에너지를 축적할 수 있다.

해설
- 축압기(어큐뮬레이터) : 용기 내에 오일을 고압으로 압입하여 압유 저장용 용기
- 축압기의 용도
  - 에너지 축적용
  - 펌프의 맥동 흡수용
  - 충격 압력의 완충용
  - 유체 이송용
  - 2차 회로의 구동
  - 압력보상

제3과목 | 기초전기일반

39 4극의 유도전동기에 50[Hz]의 교류 전원을 가할 때 동기속도[rpm]는?

① 200 ② 750
③ 1,200 ④ 1,500

해설
$N_S = \frac{120f}{P} = \frac{120 \times 50}{4} = 1,500[\text{rpm}]$

40 동일한 전원에 연결된 여러 개의 전등은 다음 중 어느 경우가 가장 밝은가?

① 각 등을 직·병렬 연결할 때
② 각 등을 직렬 연결할 때
③ 각 등을 병렬 연결할 때
④ 전등의 연결방법과는 관계없다.

해설
동일한 전원에 각 등을 병렬 연결하면 각 등에 전원 전압이 똑같이 걸린다.

41 다음 중 지시계기의 구비조건이 아닌 것은?

① 눈금이 균등하거나 대수 눈금일 것
② 절연내력이 낮을 것
③ 튼튼하고 취급이 편리할 것
④ 지시가 측정값의 변화에 신속히 응답할 것

해설
지시계기는 안정상 절연내력이 커야 한다.

37 ④ 38 ① 39 ④ 40 ③ 41 ② 정답

42 사인파 교류의 순시값이 $v = V\sin\omega t$[V]이면 실횻값은?(단, V는 최댓값이다)

① $\dfrac{V}{\sqrt{2}}$　② V
③ $\sqrt{2}\,V$　④ $2V$

해설

실횻값 $= \dfrac{\text{최댓값}}{\sqrt{2}}$

43 내부저항 5[kΩ]의 전압계 측정범위를 10배로 하기 위한 방법은?

① 15[kΩ]의 배율기 저항을 병렬 연결한다.
② 15[kΩ]의 배율기 저항을 직렬 연결한다.
③ 45[kΩ]의 배율기 저항을 병렬 연결한다.
④ 45[kΩ]의 배율기 저항을 직렬 연결한다.

해설

전압계 내부저항의 9배 크기의 저항을 직렬로 연결하여 내부저항에 걸리는 전압의 크기를 $\dfrac{1}{10}$로 줄인다.

44 임피던스 Z[Ω]인 단상 교류 부하를 단상 교류 전원 V[V]에 연결하였을 경우 흐르는 전류가 I[A]라면 단상 전력 P를 구하는 식은?(단, θ : 전압과 전류의 위상차, $\cos\theta$: 역률)

① $P = VI\cos\theta$[W]
② $P = \sqrt{3}\,VI\cos\theta$[W]
③ $P = VR\cos\theta$[W]
④ $P = VI\sin\theta$[W]

해설

단상교류전력 $P = VI\cos\theta$[W]이다.

45 시간의 변화에 따라 각 계전기나 접점 등의 변화 상태를 시간적 순서에 의해 출력상태를 (On/Off), (H/L), (0/1) 등으로 나타낸 것은?

① 실체 배선도
② 플로 차트
③ 논리 회로도
④ 타임 차트

해설

타임 차트 : 계전기 및 접점상태, 램프의 ON/OFF상태 등을 시간의 변화에 따라 H/L로 표시한 것

46 정전용량 C만의 회로에 $v = \sqrt{2}\,V\sin\omega t$[V]인 사인파 전압을 가할 때 전압과 전류의 위상관계는?

① 전류는 전압보다 위상이 90° 뒤진다.
② 전류는 전압보다 위상이 30° 앞선다.
③ 전류는 전압보다 위상이 30° 뒤진다.
④ 전류는 전압보다 위상이 90° 앞선다.

해설

- 저항만의 회로 : 전압과 전류가 동상
- 코일만의 회로 : 전압이 전류보다 90° 앞선다.
- 콘덴서만의 회로: 전류가 전압보다 90° 앞선다.

※ ICE : I(전류)가 C(콘덴서)에서 E(전압)보다 앞선다.

정답 42 ① 43 ④ 44 ① 45 ④ 46 ④

47 가동코일형 전류계에서 전류측정범위를 확대시키는 방법은?

① 가동코일과 직렬로 분류기 저항을 접속한다.
② 가동코일과 병렬로 분류기 저항을 접속한다.
③ 가동코일과 직렬로 배율기 저항을 접속한다.
④ 가동코일과 직·병렬로 배율기 저항을 접속한다.

해설
전류 측정 범위를 확대하기 위해서는 가동코일형 전류계의 내부저항보다 적은 저항을 병렬로 연결하여 가동코일형 전류계로 흐르는 전류의 양을 감소시킨다.

48 기기의 보호나 작업자의 안전을 위해 기기의 동작상태를 나타내는 접점으로 기기의 동작을 금지하는 회로는?

① 인칭 회로
② 인터로크 회로
③ 자기유지 회로
④ 자기유지처리 회로

해설
인터로크 회로 : 상대동작 금지 회로라고도 하며 복수의 출력장치 중 하나가 출력되면 나머지 출력을 금지시키는 회로

49 열동계전기의 기호는?

① DS ② THR
③ NFB ④ S

해설
THR : 열동 계전기

50 전력량 1[J]은 몇 열량 에너지[cal]인가?

① 0.24 ② 4.2
③ 86 ④ 860

해설
1[cal] = 4.2[J]

$\therefore 1[J] = \frac{1}{4.2}[cal] = 0.24[cal]$

51 다음 중 입력요소는?

① 전동기
② 전자계전기
③ 리밋스위치
④ 솔레노이드 밸브

해설
- 입력요소 : 리밋스위치
- 출력요소 : 전동기, 전자계전기, 솔레노이드 밸브

47 ② 48 ② 49 ② 50 ① 51 ③ 정답

52 하나의 회전기를 사용하여 교류를 직류로 바꾸는 것은?

① 셀렌 정류기
② 실리콘 정류기
③ 회전 변류기
④ 아산화동 정류기

해설
회전 변류기 : 교류를 직류로 바꾸는 회전기기

53 직류 전동기에서 운전 중에 항상 브러시와 접촉하는 것은?

① 전기자
② 계 자
③ 정류자
④ 계 철

해설
직류 전동기에서의 전류흐름은 전원 – 브러시 – 정류자 – 전기자 코일로 이어진다.

제2과목 | 기계제도(비절삭) 및 기계요소

54 다음 그림에서 A부의 치수는 얼마인가?

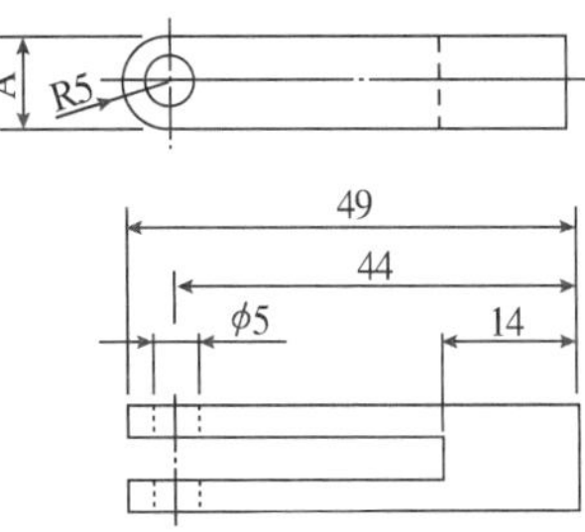

① 5　② 10
③ 15　④ 14

해설
R5(반지름)이므로 A부의 치수는 10이 된다.

55 선은 굵기에 따라 가는 선, 굵은 선, 아주 굵은 선의 세 종류로 구분하는데 굵기의 비율로 가장 올바른 것은?

① 1 : 2 : 3　② 1 : 2 : 4
③ 1 : 3 : 5　④ 1 : 2 : 5

해설
굵기에 따른 선의 종류
- 가는 선 : 굵기가 0.18~0.5[mm]인 선
- 굵은 선 : 굵기가 0.35~1[mm]인 선(가는 선의 2배)
- 아주 굵은 선 : 굵기가 0.7~2[mm]인 선(가는 선의 4배)

56 도면에서 비례척이 아님을 나타내는 기호는?

① NS　② NPS
③ NT　④ PQ

해설
그림의 형태가 치수와 비례하지 않을 때에는 치수 밑에 밑줄을 긋거나 '비례가 아님' 또는 NS(Not to Scale) 등의 문자를 기입한다.

정답 52 ③ 53 ③ 54 ② 55 ② 56 ①

57 그림과 같은 투상도의 평면도와 우측면도에 가장 적합한 정면도는?

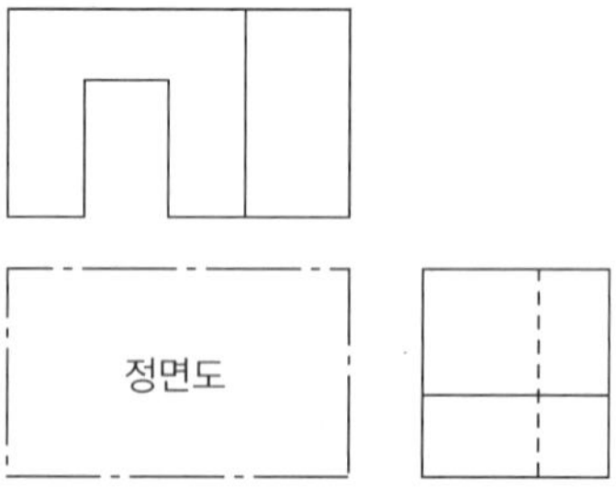

① 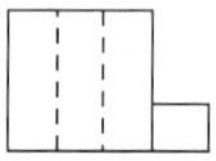
② 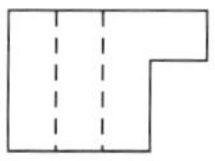
③ 
④ 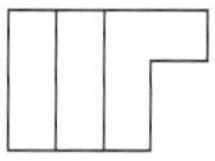

해설
측면도 중간에 실선이 있으므로 계단 형태로 나타낸다.

58 KS 용접기호 중에서 그림과 같은 용접기호는 무슨 용접기호인가?

① 심 용접 ② 비드 용접
③ 필릿 용접 ④ 점용접

해설

심 용접	비드 용접	점 용접
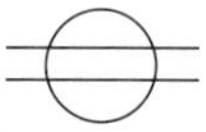		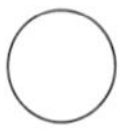

59 그림과 같은 배관도시기호가 있는 관에는 어떤 종류의 유체가 흐르는가?

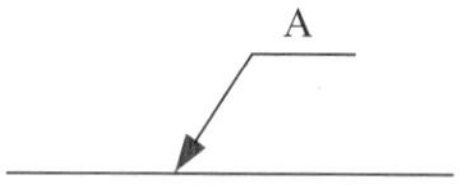

① 공 기 ② 연료가스
③ 증 기 ④ 물

해설

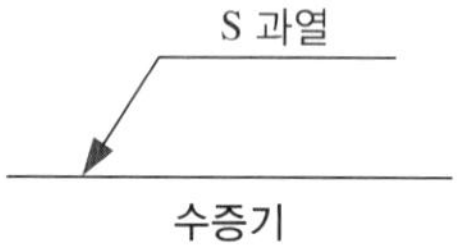

- 공기 : A(Air)
- 가스 : G(Gas)
- 기름 : O(Oil)
- 증기 : V(Vapor)
- 물 : W(Water)
- 수증기 : S(Steam)

60 개스킷, 박판, 형강 등에서 절단면이 얇은 경우 단면도 표시법으로 가장 적합한 설명은?

① 절단면을 검게 칠한다.
② 실제치수와 같은 굵기의 아주 굵은 1점쇄선으로 표시한다.
③ 얇은 두께의 단면이 인접되는 경우 간격을 두지 않는 것이 원칙이다.
④ 모든 인접 단면과의 간격은 0.5[mm] 이하의 간격이 있어야 한다.

해설
패킹이나 얇은 판처럼 얇은 것을 단면으로 그릴 때 외형선보다 약간 굵은 실선으로 그린다.

57 ③ 58 ③ 59 ① 60 ① 정답

2012년 제2회 과년도 기출문제

제1과목 | 공유압 일반

01 일명 로터리 실린더라고도 하며 360° 전체를 회전할 수는 없으나 출구와 입구를 변화시키면 ±50° 정, 역회전이 가능한 것은?

① 기어 모터
② 베인 모터
③ 요동 모터
④ 회전 피스톤 모터

해설
① 기어 모터
- 구조면에서 가장 간단하며, 출력 토크가 일정하다.
- 저속 회전이 가능하고, 소형으로 큰 토크를 낼 수 있다.

② 베인 모터
- 구조면에서 베인 펌프와 동일하고, 구성부품수가 적고 구조가 간단하며, 고장이 적다.
- 출력 토크가 일정하고, 역전 가능, 무단 변속 가능, 가혹한 운전이 가능하다.

④ 회전 피스톤 모터
- 액시얼형과 레이디얼형으로 구분, 정용량형과 가변용량형이 있다.
- 고압, 고속 및 대출력을 발생, 구조가 복잡하고 고가이다.

02 그림과 같은 공압 회로는 어떤 논리를 나타내는가?

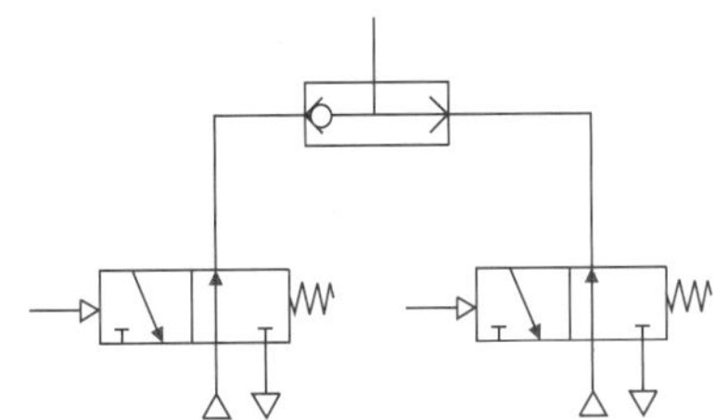

① OR
② AND
③ NAND
④ EX-OR

해설
③ NAND 회로 : AND 회로의 출력을 반전시킨 것으로 모든 입력이 1일 때만 출력이 없어지는 회로이다.

03 유압장치의 장점이 아닌 것은?

① 힘을 무단으로 변속할 수 있다.
② 속도를 무단으로 변속할 수 있다.
③ 일의 방향을 쉽게 변화시킬 수 있다.
④ 하나의 동력원으로 여러 장치에 동시에 사용할 수 있다.

해설
- 유압장치의 장점
  - 소형 장치로 큰 출력을 얻을 수 있다.
  - 무단변속이 가능하고 원격제어가 된다.
  - 정숙한 운전과 반전 및 열 방출성이 우수하다.
  - 윤활성 및 방청성이 우수하다.
  - 과부하 시 안전장치가 간단하다.
  - 전기, 전자의 조합으로 자동 제어가 가능하다.
- 유압장치의 단점
  - 유온의 변화에 액추에이터의 속도가 변화할 수 있다.
  - 오일에 기포가 섞여 작동이 불량할 수 있다.
  - 인화의 위험이 있다.
  - 고압 사용으로 인한 위험성 및 배관이 까다롭다.
  - 고압에 의한 기름 누설의 우려가 있다.
  - 장치마다 동력원(펌프와 탱크)이 필요하다.

정답 1 ③ 2 ③ 3 ④

04 유압장치에서 사용되고 있는 오일 탱크에 대한 설명으로 적합하지 않은 것은?

① 오일을 저장할 뿐만 아니라 오일을 깨끗하게 한다.
② 오일 탱크의 용량은 장치 내의 작동유를 모두 저장하지 않아도 되므로 사용압력, 냉각장치의 유무에 관계없이 가능한 작은 것을 사용한다.
③ 주유구에는 여과망과 캡 또는 뚜껑을 부착하여 먼지, 절삭분 등의 이물질이 오일 탱크에 혼입되지 않게 한다.
④ 공기 청정기의 통기 용량은 유압 펌프 토출량의 2배 이상으로 하고, 오일 탱크의 바닥면은 바닥에서 최소 15[cm]를 유지하는 것이 좋다.

해설
오일탱크 용량은 운전 중지 시 복귀량에 지장이 없어야 하고 작동 중에도 유면을 적당히 유지하여야 하며, 오일 탱크의 크기는 펌프 토출량의 3배 이상 좋다.

05 유압회로에 공기가 침입할 때 발생되는 상태가 아닌 것은?

① 공동현상
② 정마찰
③ 열화촉진
④ 응답성 저하

해설
• 공동현상(캐비테이션) : 유동하고 있는 액체의 압력이 국부적으로 저하되어, 포화 증기압 또는 공기 분리압에 달하여 증기를 발생시키거나 또는 용해 공기 등이 분리되어 기포를 일으키는 현상으로, 국부적으로 초고압이 생겨 소음, 마찰(동마찰)에 의한 열이 많이 발생되며 응답성이 저하된다.
• 정마찰 : 정지하고 있는 물체에 외력을 가하여 미끄러지게 하려고 할 때 접촉면에 반대 방향으로 작용하는 저항

06 2개 이상의 실린더를 순차 작동시키려면 어떤 밸브를 사용해야 하는가?

① 감압 밸브
② 릴리프 밸브
③ 시퀀스 밸브
④ 카운터 밸런스 밸브

해설
① 감압 밸브 : 고압의 압축유체를 감압시켜 설정공급압력을 일정하게 유지시켜주는 밸브
② 릴리프 밸브 : 압력을 설정값 내로 일정하게 유지시켜주는 밸브(안전 밸브로 사용)
④ 카운터 밸런스 밸브 : 부하가 급격히 제거되었을 때 일정한 배압을 걸어주는 역할을 하는 밸브(주로 배압제어용으로 사용)

07 압축공기를 생산하는 장치는?

① 에어 루브리케이터(Air Lubricator)
② 에어 액추에이터(Air Actuator)
③ 에어 드라이어(Air Dryer)
④ 에어 컴프레서(Air Compressor)

해설
① 에어 루브리케이터(윤활기) : 공압기기인 공압 실린더나 밸브 등의 작동을 원활하게 하기 위해 미세 윤활유를 공급하는 기기
② 에어 액추에이터 : 실린더나 모터 등
③ 에어 드라이어(건조기, 제습기) : 압축공기 속에 포함되어 있는 수분을 제거하여 건조한 공기로 만드는 기기(종류에는 냉동식, 흡착식, 흡수식이 있다)

4 ② 5 ② 6 ③ 7 ④ 정답

08 **유량비례 분류 밸브의 분류 비율은 일반적으로 어떤 범위에서 사용하는가?**

① 1 : 1~9 : 1　　② 1 : 1~18 : 1

③ 1 : 1~27 : 1　　④ 1 : 1~36 : 1

해설

유량 비례 분류 밸브는 단순히 한 입구에서 오일을 받아 두 회로에 분배하며, 분배 비율은 1:1~9:1이다.

09 **전기신호를 이용하여 제어를 하는 이유로 가장 적합한 것은?**

① 과부하에 대한 안전대책이 용이하다.

② 응답속도가 빠르다.

③ 외부 누설(감전, 인화)의 영향이 없다.

④ 출력유지가 용이하다.

해설

① 과부하에 대한 안전대책이 복잡하다.

③ 외부 누설(감전, 인화)의 영향이 있다.

④ 출력유지가 곤란하다.

10 **공압 장치에 사용되는 압축공기 필터의 공기여과 방법으로 틀린 것은?**

① 원심력을 이용하여 분리하는 방법

② 충돌판에 닿게 하여 분리하는 방법

③ 가열하여 분리하는 방법

④ 흡습제를 사용해서 분리하는 방법

해설

공기여과 방식

- 원심력을 이용하여 분리하는 방식
- 충돌판을 닿게 하여 분리하는 방식
- 흡습제를 사용하여 분리하는 방식
- 냉각하여 분리하는 방식

11 **주어진 입력신호에 따라 정해진 출력을 나타내며 신호와 출력의 관계가 기억기능을 겸비한 회로는?**

① 시퀀스 회로

② 온 오프 회로

③ 레지스터 회로

④ 플립플롭 회로

해설

① 시퀀스 회로 : 미리 정해진 순서에 따라서 제어동작의 각 단계를 점차 추진해 나가는 회로

② 온 오프 회로 : 제어동작이 밸브의 개폐와 같은 2개의 정해진 상태만을 취하는 제어회로

③ 레지스터 회로 : 2진수로서의 정보를 일단 내부로 기억하여 적시에 그 내용이 이용될 수 있도록 구성한 회로

12 **다음의 기호 중 공압 실린더의 1방향 속도제어에 주로 사용되는 밸브는?**

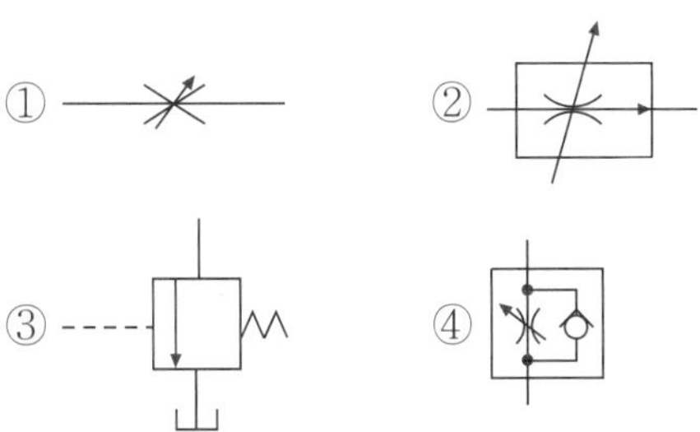

해설

① 오리피스 밸브(조절가능형)

② 유량조정 밸브(직렬형 유량조정 밸브)

③ 무부하 밸브

④ 일방향 교축 밸브(일방향 속도조절 밸브, 속도제어 밸브)

정답 8 ① 9 ② 10 ③ 11 ④ 12 ④

13 방향제어 밸브에서 존재할 수 있는 포트 수가 아닌 것은?

① 1　　② 2
③ 3　　④ 4

해설
• 포트 수 : 2, 3, 4, 5 포트(4각형 1개에 연결된 포트의 수)
• 제어위치 수 : 2, 3, (4) 위치(1개 이상의 4각형이 겹쳐있는 수)

14 유압유에서 온도변화에 따른 점도의 변화를 표시하는 것은?

① 점도지수　　② 점 도
③ 비 중　　④ 동점도

해설
작동유의 점도지수(VI) : 작동유의 온도에 대한 점도변화의 비율을 나타내기 위하여 점도지수를 사용
② 점도 : 유체의 점성 정도(점도 계수)
③ 비중 : 물체의 단위 체적당 무게(중량)
④ 동점도 : 유체의 점도(점성률)를 밀도로 나눈 것

15 유량제어 밸브를 실린더의 입구 측에 설치한 회로로서 유압 액추에이터에 유입하는 유량을 제어하는 방식으로 움직임에 대하여 정(正)의 부하가 작용하는 경우에 적합한 회로는?

① 블리드 오프 회로
② 브레이크 회로
③ 감압 회로
④ 미터 인 회로

해설
① 블리드 오프 회로 : 공급쪽 관로에 바이패스관로를 설치하여 바이패스로의 흐름을 제어함으로써 속도(힘)를 제어하는 회로
② 브레이크 회로 : 관성에 의한 운동을 방지하기 위하여 설치하는 회로
③ 감압 회로 : 감압 밸브를 사용하여 저압을 요구하는 실린더에 압유를 공급해 주는 회로

16 다음의 기호를 무엇이라 하는가?

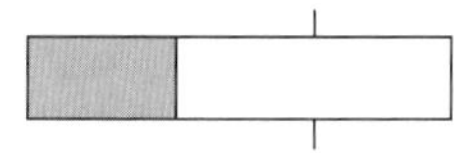

① On Delay 타이머
② Off Delay 타이머
③ 카운터
④ 솔레노이드

해설
② Off Delay 타이머 : 전압이 가해지면 순시에 접점이 닫히거나 열리고, 전압을 끊으면 설정 시간이 지나 접점이 열리거나 닫히는 것(순시 동작 한시 복귀형)
① On Delay 타이머 : 전압이 가해지고 일정 시간이 경과한 후 접점이 닫히거나 열리고, 전압을 끊으면 순시에 접점이 열리거나 닫히는 것(한시 동작 순시 복귀형)

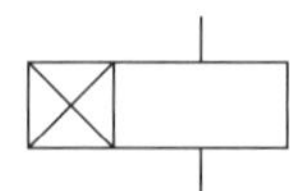

③ 카운터 : 사전에 계수량을 정하고 계수값이 설정값에 도달하면, 내장된 접점이 동작(계수 코일, 리셋 코일, 마이크로 스위치 등으로 구성)
④ 솔레노이드 : 전자석의 힘을 이용하여 플런저를 움직여 공기압의 방향을 전환시키는 것

13 ① 14 ① 15 ④ 16 ② 정답

17 증압기에 대한 설명으로 가장 적합한 것은?

① 유압을 공압으로 변환한다.
② 낮은 압력의 압축공기를 사용하여 소형 유압실린더의 압력을 고압으로 변환한다.
③ 대형 유압 실린더를 이용하여 저압으로 변환한다.
④ 높은 유압 압력을 낮은 공기 압력으로 변환한다.

해설
증압기
- 공기압을 이용하여 오일로 증압기를 작동시켜 수십 배까지 유압으로 변환시키는 배력 장치
- 입구측 압력을 그와 비례한 높은 출력측 압력으로 변환하는 기기

18 유압 밸브 중에서 파일럿부가 있어서 파일럿 압력을 이용하여 주(主)스풀을 작동시키는 것은?

① 직동형 릴리프 밸브
② 평형 피스톤형 릴리프 밸브
③ 인라인형 체크 밸브
④ 앵글형 체크 밸브

해설
릴리프 밸브 : 압력을 설정값 내로 일정하게 유지(안전 밸브로 사용)
- 직동형 릴리프 밸브 : 피스톤을 스프링 힘으로 조정
- 평형 피스톤형 릴리프 밸브 : 피스톤을 파일럿 밸브의 압력으로 조정(압력 오버라이드가 적고, 채터링이 거의 일어나지 않는다)

19 공압 실린더가 운동할 때 낼 수 있는 힘(F)을 식으로 맞게 표현한 것은?(단, P : 실린더에 공급되는 공기의 압력, A : 피스톤 단면적, V : 피스톤 속도이다)

① $F=PA$
② $F=AV$
③ $F=P/A$
④ $F=A/V$

해설
복동 실린더에서 힘의 계산
- 전진 시 : $F=P\cdot A$
- 후진 시 : $F=P(A-Ar)$
  (Ar : 실린더 로드의 단면적)

20 다음 기기들의 설명 중 틀린 것은?

① 실린더 : 유압의 압력 에너지를 기계적 에너지로 바꾸는 기기이다.
② 체크 밸브 : 유체를 양방향으로 흐르게 한다.
③ 제어 밸브 : 유체를 정지 또는 흐르게 하는 기능을 한다.
④ 릴리프 밸브 : 장치 내의 압력이 과도하게 높아지는 것을 방지한다.

해설
체크 밸브 : 유체를 양방향으로 흐르게 한다. ⇒ 한쪽 방향의 흐름은 허용하고 반대 방향의 흐름은 차단하는 밸브

정답 17 ② 18 ② 19 ① 20 ②

21 다음 기호의 명칭으로 맞는 것은?

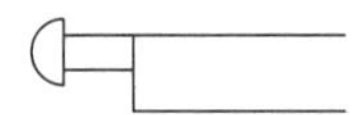

① 버 튼　　② 레 버

③ 페 달　　④ 롤 러

해설

- 레버 :
- 페달 :
- 롤러 :

22 습기있는 압축공기가 실리카겔, 활성알루미나 등의 건조제를 지나가면 건조제가 압축공기 중의 습기와 결합하여 혼합물이 형성되어 건조되는 공기 건조기는?

① 흡착식 에어 드라이어

② 흡수식 에어 드라이어

③ 냉동식 에어 드라이어

④ 혼합식 에어 드라이어

해설

공기 건조기(제습기) : 압축공기 속에 포함되어 있는 수분을 제거하여 건조한 공기로 만드는 기기

- 냉동식 건조기 : 이슬점 온도를 낮추는 원리를 이용한 것
- 흡착식 건조기 : 고체흡착제(실리카겔, 활성알루미나, 실리콘 다이옥사이드)를 사용하는 물리적 과정의 방식
- 흡수식 건조기 : 흡수액(염화리튬, 수용액, 폴리에틸렌)을 사용한 화학적 과정의 방식

23 유압·공기압 도면기호 중 접속구를 나타내었다. 다음 그림과 같은 공기구멍에 대한 설명으로 맞는 것은?

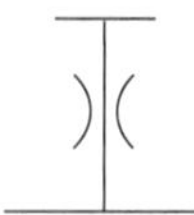

① 연속적으로 공기를 빼는 경우

② 어느 시기에 공기를 빼고 나머지 시간은 닫아놓는 경우

③ 필요에 따라 체크기구를 조작하여 공기를 빼내는 경우

④ 수압 면적이 상이한 경우

해설

유압 구동장치의 기호 중 특정 시간에 공기빼기 기호이다.

24 공압 단동 실린더의 설명으로 틀린 것은?

① 스프링이 내장된 형식이 일반적이다.

② 클램핑, 프레싱, 이젝팅 등의 용도로 사용된다.

③ 행정거리는 복동 실린더보다 짧은 것이 일반적이다.

④ 공기 소모량은 복동 실린더보다 많다.

해설

④ 귀환장치가 내장되어 있어 공기소요량이 적다.

21 ① 22 ① 23 ② 24 ④ **정답**

25 **급속배기 밸브의 설명으로 적합한 것은?**

① 순차 작동이 된다.

② 실린더 운동속도를 빠르게 한다.

③ 실린더의 진행방향을 바꾼다.

④ 서지 압력을 완충시킨다.

해설

급속배기 밸브 : 실린더의 속도를 증가시켜 급속히 작동시키고자 할 때 사용(배출저항을 작게 하여 운동속도를 빠르게 한다)

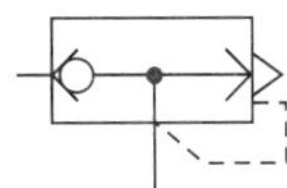

26 **수랭식 오일 쿨러(Oil Cooler)의 장점이 아닌 것은?**

① 소형으로 냉각능력이 크다.

② 소음이 적다.

③ 자동 유온조정이 가능하다.

④ 냉각수의 설비가 요구된다.

해설

수랭식 오일쿨러의 단점

- 냉각수의 설비가 요구된다.
- 기름 중에 물이 혼입할 우려가 있다.

27 **압력제어밸브의 핸들을 돌렸을 때 회전각에 따라 공기압력이 원활하게 변화하는 특성은?**

① 압력조정 특성

② 유량 특성

③ 재현 특성

④ 릴리프 특성

해설

② 유량 특성 : 2차측 유로를 조여서 유량이 0인 상태에서 공기 압력을 설정한 후에 2차측 유량을 서서히 증가시키면 2차측 압력이 서서히 저하되는 특성

③ 재현 특성 : 1차측의 공기 압력을 일정 공기압으로 설정하고, 2차측을 조절할 때 설정 압력의 변동 상태를 확인하는 것(장시간 사용 후 변동 상태의 확인)

④ 릴리프 특성 : 2차측 공기의 압력을 외부에서 상승시켰을 때 릴리프 구멍에서 배기되는 고압의 압력 특성

28 **보일-샤를의 법칙에서 공기의 기체상수[kgf · m/kgf · K]로 맞는 것은?**

① 19.27

② 29.27

③ 39.27

④ 49.27

해설

보일-샤를의 법칙(압력, 체적, 온도와의 관계)

압력, 체적, 온도의 세가지가 모두 변화 시

$PV = GRT$

(G : 기체의 중량[kgf], R : 기체상수[kgf · m/kgf · K], 공기의 경우 R : 29.27)

정답 25 ② 26 ④ 27 ① 28 ②

29 다음 중 일반 산업분야의 기계에서 사용하는 압축 공기의 압력으로 가장 적당한 것은?

① 약 50~70[kgf/cm^2]
② 약 500~700[kPa]
③ 약 500~700[bar]
④ 약 50~70[Pa]

해설
일반 산업분야의 기계에 사용 압력은 5~7[kgf/cm^2]

[Pa]	[bar]	[kgf/cm^2]	[atm]
1.01325×10^5	1.01325	1.03323	1

30 다음 중 기계효율을 설명한 것으로 맞는 것은?

① 펌프의 이론 토출량에 대한 실제 토출량의 비
② 구동장치로부터 받은 동력에 대하여 펌프가 유압유에 준 이론 동력의 비
③ 펌프가 받은 에너지를 유용한 에너지로 변환한 정도에 대한 척도
④ 펌프 동력의 축동력의 비

해설
기계효율 : 기계에 부여한 에너지 중 유효한 일이 되는 비율

$$\eta_m = \frac{L - L_m}{L} = \frac{\text{축동력} - \text{기계손실}}{\text{축동력}}$$

제3과목 | 기초전기일반

31 직류 전동기 중에서 무부하 운전이나 벨트 운전을 절대로 해서는 안 되는 전동기는?

① 타여자 전동기
② 복권 전동기
③ 직권 전동기
④ 분권 전동기

해설
직권 전동기는 무부하 운전이나 벨트 운전을 하면 위험하다.

32 다음 그림에서 I_1의 값은 얼마인가?

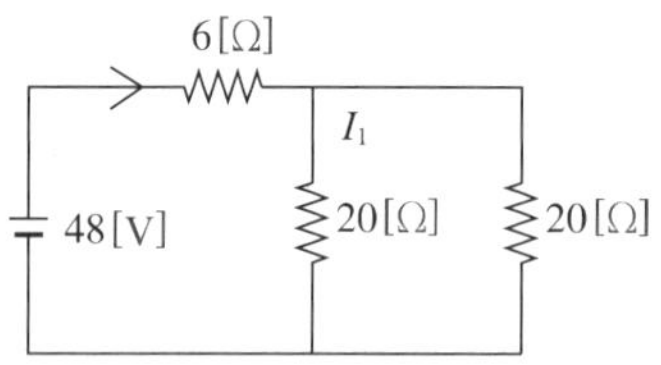

① 1.5[A]　　② 2.4[A]
③ 3[A]　　④ 8[A]

해설
전체전류 $I = \frac{V}{R}$에서 합성저항 $R = 6 + \frac{20 \times 20}{20 + 20} = 16[\Omega]$

$\therefore I = \frac{48}{16} = 3[A]$

$20[\Omega]$으로 흐르는 전류 $I_1 = 3 \times \frac{20}{20 + 20} = 1.5[A]$

29 ② 30 ② 31 ③ 32 ① 정답

33 **15[kW] 이상의 농형 유도전동기에 주로 적용되는 방식으로, 기동 시 공급전압을 낮추어 기동전류를 제한하는 기동법은?**

① Y-△ 기동법
② 기동 보상기법
③ 저항 기동법
④ 직입 기동법

해설
15[kW] 이상의 농형 유도전동기에 주로 적용되는 방식으로, 기동 시 공급 전압을 낮추어 기동전류를 제한하는 것이 기동 보상기법이다.

34 **교류에서 전압과 전류의 벡터 그림이 다음과 같다면 어떤 소자로 구성된 회로인가?**

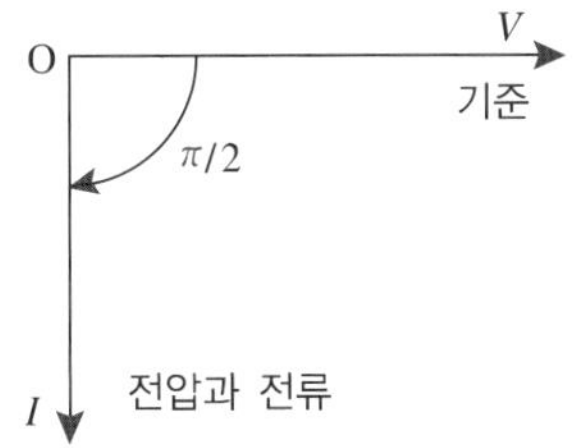

① 저 항 ② 코 일
③ 콘덴서 ④ 다이오드

해설
• 저항만의 회로 : 전압과 전류가 동상
• 코일만의 회로 : 전압이 전류보다 90° 앞선다.
• 콘덴서만의 회로 : 전류가 전압보다 90° 앞선다.
※ ICE : I(전류)가 C(콘덴서)에서 E(전압)보다 앞선다.

35 **시퀀스 제어용 기기로 전자 접촉기와 열동 계전기를 총칭하는 것은?**

① 적산 카운터
② 한시 타이머
③ 전자 개폐기
④ 전자 계전기

해설
전자 접촉기와 열동 계전기를 총칭하는 계전기를 전자 개폐기(Magnetic Relay)라 한다.

36 **정류회로에 커패시터 필터를 사용하는 이유는?**

① 용량 증대를 위하여
② 소음을 감소하기 위하여
③ 직류에 가까운 파형을 얻기 위하여
④ 2배의 직류값을 얻기 위하여

해설
커패시터 필터(콘덴서)를 사용하면 굴곡진 파형을 직선에 가깝게 평탄하게 하는 정류작용을 한다.

정답 33 ② 34 ② 35 ③ 36 ③

37 정전용량이 0.01[μF]인 콘덴서의 1[MHz]에서의 용량 리액턴스는 약 몇 [Ω]인가?

① 15.9 ② 16.9
③ 159 ④ 169

해설

$$X_c = \frac{1}{\omega_c} = \frac{1}{2\pi fc}$$
$$= \frac{1}{2\times 3.14\times 10^6 \times 0.01\times 10^{-6}}$$
$$= 15.9[\Omega]$$

38 리밋 스위치의 A접점은?

① 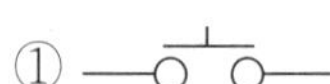

②

③

④

해설

리밋 스위치는 기계적 접점이다.

39 다음과 같은 진리표에 해당하는 회로는?(단, L : 0[V], H : 5[V]이다)

입력신호		출 력
A	B	X
L	L	L
L	H	L
H	L	L
H	H	H

① OR 회로
② AND 회로
③ NOT 회로
④ NOR 회로

해설

X = A · B, 즉 입력신호 두 개가 동시에 들어올 때 출력이 나온다.

40 전류계를 사용하는 방법으로 틀린 것은?

① 부하전류가 클 때에는 분류기를 사용한다.
② 전류가 흐르므로 인체에 접촉되지 않도록 주의한다.
③ 전류치를 모를 때는 높은 쪽 범위부터 측정한다.
④ 전류계 접속 시 회로에 병렬 접속한다.

해설

전류계는 회로의 부하에 직렬로 연결한다.

37 ① 38 ③ 39 ② 40 ④ 정답

41 대칭 3상 교류 전압 순시값의 합은 얼마인가?

① 0[V]　② 50[V]
③ 110[V]　④ 220[V]

해설
대칭 3상 교류 전압의 순시값의 합은 0[V]이다.

42 평형조건을 이용한 중저항 측정법은?

① 켈빈 더블 브리지법
② 전위차계법
③ 휘트스톤 브리지법
④ 직접 편위법

해설
• 휘트스톤 브리지법 : 평형조건을 이용한 중저항 측정법
• 켈빈 더블 브리지법 : 저저항 측정법에 쓰임

43 100[Ω]의 크기를 가진 저항에 직류 전압 100[V]를 가했을 때, 이 저항에 소비되는 전력은 얼마인가?

① 100[W]
② 150[W]
③ 200[W]
④ 250[W]

해설
$$P=\frac{V^2}{R}=\frac{100^2}{100}=100[\mathrm{W}]$$

44 3상 유도전동기의 회전 방향을 변경하는 방법은?

① 1차측의 3선 중 임의의 1선을 단락시킨다.
② 1차측의 3선 중 임의의 2선을 전원에 대하여 바꾼다.
③ 1차측의 3선 모두를 전원에 대하여 바꾼다.
④ 1차 권선의 극수를 변화시킨다.

해설
1차측의 3선 중 임의의 2선을 바꾸면 회전방향이 바뀐다.

45 회로시험기를 이용하여 측정하고자 한다. 틀린 방법은?

① 적색단자 막대는 (+)극에, 흑색단자 막대는 (−)극에 접속시킨다.
② 전류는 직렬로 연결하고, 전압은 병렬로 연결한다.
③ 미지의 전압과 전류 측정 시에는 측정범위가 낮은 곳부터 높은 곳으로 범위를 넓혀간다.
④ 교류를 측정할 때에는 허용치를 넘지 않는 주파수 범위 내에서 이용한다.

해설
회로시험기 측정 시 레인지의 선택은 높은 값부터 낮은 값으로 내려오면서 측정해야 안전하고 정밀도를 높일 수 있다.

정답 41 ① 42 ③ 43 ① 44 ② 45 ③

46 그림과 같은 솔리드 모델링에 의한 물체의 형상에서 화살표 방향의 정면도로 가장 적합한 투상도는?

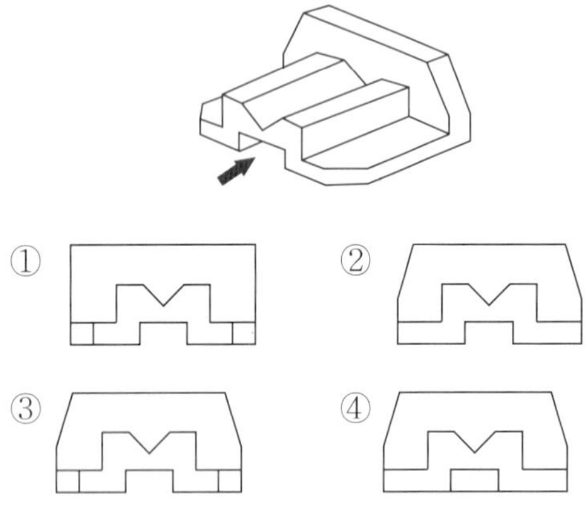

해설
정면도는 물체의 형상을 잘 표현할 수 있는 방향에서 본 것으로 ③번이 정답이다.

47 암이나 리브 등의 단면을 회전도시 단면도를 사용하여 나타낼 경우 절단한 곳의 전후를 끊어서 그 사이에 단면의 형상을 나타낼 때 사용하는 선은?

① 굵은 실선
② 가는 1점쇄선
③ 가는 파선
④ 굵은 1점쇄선

해설
바퀴의 암(Arm), 리브(Rib), 훅(Hook), 형강 등의 경우에 절단한 단면의 모양을 90°로 회전시켜 투상도의 내부에 도시할 경우에는 가는 실선으로, 외부에 도시할 경우에는 굵은 실선으로 그리는 것이다.

48 그림과 같은 용접 기호에 대한 해석이 잘못된 것은?

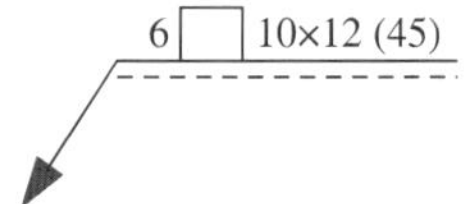

① 용접 목 길이는 10[mm]
② 슬롯부의 너비는 6[mm]
③ 용접부의 길이는 12[mm]
④ 인접한 용접부 간의 거리(피치)는 45[mm]

해설
① 슬롯 용접의 홈 길이는 10[mm]

49 도면의 마이크로 사진 촬영, 복사 등의 작업을 편리하게 하기 위하여 표시하는 것과 가장 관계가 깊은 것은?

① 윤곽선
② 중심마크
③ 표제란
④ 재단마크

해설
① 윤곽선 : 도면의 내용을 기재하는 영역을 명확히 하고, 용지의 가장자리에 손상이 가지 않도록 테두리선을 말한다. 0.5[mm] 이상 굵기의 실선 사용
③ 표제란 : 도면의 오른쪽 아래에 위치. 도면 번호, 도명, 척도, 투상법, 제도한 곳, 도면 작성 연월일, 제도자 이름 등을 기입
④ 재단마크 : 복사한 도면을 재단하는 경우 편의를 위해서 원도의 네 구석에 '⌟'자 모양으로 표시해 놓은 것

46 ③ 47 ① 48 ① 49 ② 정답

50 그림의 도면은 제3각법으로 정투상한 정면도와 우측면도일 때 가장 적합한 평면도는?

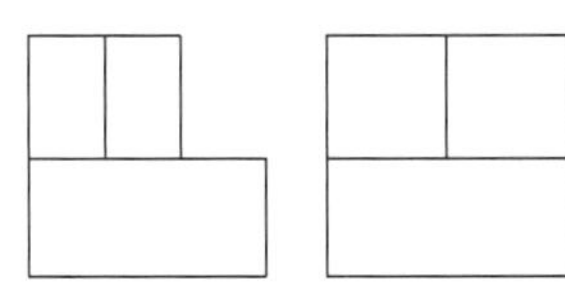

①　　②

③　　④

해설

평면도는 정면도 위에 배치된다.

51 기계제도에서 가는 2점쇄선을 사용하는 것은?

① 중심선　② 지시선

③ 가상선　④ 피치선

해설

가는 2점쇄선으로 사용되는 선은 가상선과 무게중심선이다.

① 중심선 : 가는 실선, 가는 1점쇄선

② 지시선 : 가는 실선

④ 피치선 : 가는 1점쇄선

52 기계가공 도면에서 구의 반지름을 표시하는 기호는?

① ϕ　② R

③ SR　④ Sϕ

해설

① ϕ : 지름

② R : 반지름

④ Sϕ : 구면의 지름

53 아이볼트에 2[ton]의 인장하중이 걸릴 때 나사부의 바깥지름은?(단, 허용응력 σ_a = 10[kgf/mm^2]이고 나사는 미터보통나사를 사용한다)

① 20[mm]　② 30[mm]

③ 36[mm]　④ 40[mm]

해설

볼트의 지름 $d=\sqrt{\frac{2W}{\sigma_t}}=\sqrt{\frac{2\times 2{,}000}{10}}=20$

54 맞물림 클러치의 턱 형태에 해당하지 않는 것은?

① 사다리꼴형　② 나선형

③ 유선형　④ 톱니형

해설

맞물림 클러치 : 턱을 가진 한 쌍의 플랜지를 원동축과 종동축의 끝에 붙여서 만든 것(턱모양 : 사각형, 톱니형, 사다리꼴형, 나선형 등)

정답 50 ③ 51 ③ 52 ③ 53 ① 54 ③

55 미터나사에 관한 설명으로 틀린 것은?

① 미터법을 사용하는 나라에서 사용된다.
② 나사산의 각도가 60°이다.
③ 미터 보통 나사는 진동이 심한 곳의 이완방지용으로 사용된다.
④ 호칭치수는 수나사의 바깥지름과 피치를 [mm]로 나타낸다.

해설
미터나사 : 나사의 지름과 피치를 [mm]로 표시, 나사산의 각도가 60°, 기호는 M, 미터보통나사와 미터 가는 나사가 있다.

56 회전력의 전달과 동시에 보스를 축 방향으로 이동시킬 때 가장 적합한 키는?

① 새들키 ② 반달키
③ 미끄럼키 ④ 접선키

해설
미끄럼키(패더키 : Feather Key)
- 묻힘 키의 일종으로 키는 테이퍼가 없이 길다.
- 축 방향으로 보스의 이동이 가능하며 보스와의 간격이 있어 회전 중 이탈을 막기 위해 고정하는 수가 많다.

57 피치원 지름이 250[mm]인 표준 스퍼 기어에서 잇수가 50개일 때 모듈은?

① 2 ② 3
③ 5 ④ 7

해설
$$M = \frac{\text{피치원의 지름}}{\text{잇수}} = \frac{D}{Z} = \frac{250}{50} = 5$$

58 V 벨트 전동장치의 장점을 맞게 설명한 것은?

① 설치면적이 넓으므로 사용이 편리하다.
② 평 벨트처럼 벗겨지는 일이 없다.
③ 마찰력이 평 벨트보다 작다.
④ 벨트의 마찰면을 둥글게 만들어 사용한다.

해설
V벨트의 특징
- 속도비는 7 : 1이다.
- 미끄럼이 적고 전동 회전비가 크다.
- 수명이 길지만 벨트가 끊어졌을 경우 이어서 사용할 수 없다.
- 운전이 조용하고 진동, 충격의 흡수 효과가 있다.
- 축간 거리가 짧은 데 쓴다(2~5[m] 적당).
- 전동효율이 96~99[%]로 매우 높다.

55 ③ 56 ③ 57 ③ 58 ② 정답

59 **브레이크 드럼을 브레이크 블록으로 누르게 한 것으로 단식, 복식으로 구분하며 차량, 기중기 등에 많이 사용되는 것은?**

① 가죽 브레이크
② 블록 브레이크
③ 축압 브레이크
④ 밴드 브레이크

해설
반지름 방향(축의 직각 방향)으로 밀어 붙이는 형식
• 블록 브레이크
• 밴드 브레이크
• 팽창 브레이크

60 **재료의 어느 범위 내에 단위 면적당 균일하게 작용하는 하중은?**

① 집중하중
② 분포하중
③ 반복하중
④ 교번하중

해설
① 집중하중 : 전하중이 부재의 한 곳에 작용하는 하중이다.
③ 반복하중 : 계속 반복되는 하중으로 교번하중과 충격하중이 있다.
④ 교번하중 : 크기와 방향이 바뀐다.

정답 59 ② 60 ②

2012년 제5회 과년도 기출문제

제1과목 | 공유압 일반

01 사용온도가 비교적 넓기 때문에 화재의 위험성이 높은 유압장치의 작동유에 적합한 것은?

① 식물성 작동유
② 동물성 작동유
③ 난연성 작동유
④ 광유계 작동유

해설
난연성 작동유 : 사용 온도범위가 넓기 때문에 항공기용 유압 작동유로 사용(가열로 주변의 유압 장치, 열간 압연, 단조, 주조 설비의 유압 장치, 용접기의 유압 장치 등에 사용)

02 공유압 제어밸브와 사용목적이 틀린 것은?

① 감압 밸브 : 어떤 부분 회로의 압력을 주회로의 압력보다 저압으로 할 때 사용된다.
② 2압 밸브 : 안전제어, 검사기능 등에 사용된다.
③ 압력 스위치 : 압력 신호를 높은 압력으로 만든다.
④ 시퀀스 밸브 : 다수의 액추에이터에 작동순서를 결정한다.

해설
압력 스위치 : 회로의 압력이 설정값에 도달하면 내부에 있는 마이크로 스위치가 작동하여 전기회로를 열거나 닫게 하는 기기

03 유량제어 밸브에 속하는 것은?

① 전환 밸브
② 체크 밸브
③ 정비 밸브
④ 교축 밸브

해설
유량제어 밸브의 종류
• 교축밸브
• 속도제어 밸브
• 급속배기 밸브
• 배기교축 밸브
• 쿠션 밸브

04 구조가 간단하고 운전 시 부하변동 및 성능변화가 적을 뿐 아니라 유지보수가 쉽고 내접형과 외접형이 사용되는 펌프는?

① 기어 펌프
② 베인 펌프
③ 피스톤 펌프
④ 플런저 펌프

해설
② 베인 펌프 : 로터의 베인이 반지름 방향으로 홈 속에 끼여 있어서 캠 링의 내면과 접하여 로터와 함께 회전하면서 오일을 토출
③ 피스톤(플런저) 펌프 : 실린더의 내부에서는 피스톤의 왕복운동에 의한 용적변화를 이용하여 펌프작용

1 ③ 2 ③ 3 ④ 4 ① 정답

05 **공압의 특징을 나타낸 것이다. 옳지 않은 것은?**

① 위치 제어가 용이하다.

② 에너지 축적이 용이하다.

③ 과부하가 되어도 안전하다.

④ 배기소음이 발생한다.

해설

- 공압 장치의 장점
  - 동력원인 압축공기를 간단히 얻을 수 있다.
  - 힘의 증폭이 용이하다.
  - 힘의 전달이 간단하고 어떤 형태로도 전달이 가능하다.
  - 작업속도 변경이 가능하며 제어가 간단하다.
  - 취급이 간단하다.
  - 인화의 위험 및 서지 압력발생이 없고 과부하에 안전하다.
  - 압축공기를 축적(저장)할 수 있다.
  - 탄력이 있다(완충 작용 = 공기 스프링 역할).
- 공압 장치의 단점
  - 큰 힘을 얻을 수 없다(보통 3[ton] 이하).
  - 공기의 압축성으로 효율이 좋지 않다.
  - 저속에서 균일한 속도를 얻을 수 없다.
  - 응답속도가 늦다.
  - 배기와 소음이 크다.
  - 구동비용이 고가이다.

06 **펌프가 포함된 유압 유닛에서 펌프 출구의 압력이 상승하지 않는다. 그 원인으로 적당하지 않은 것은?**

① 릴리프 밸브의 고장

② 속도제어 밸브의 고장

③ 부하가 걸리지 않음

④ 언로드 밸브의 고장

해설

압력이 형성되지 않는 경우

- 릴리프 밸브의 설정압이 잘못되었거나 작동 불량
- 유압 회로 중 실린더 및 밸브에서 누설(부하가 걸리지 않음)
- 펌프 내부의 고장에 의해 압력이 새고 있는 경우(부하가 걸리지 않음)
- 언로드 밸브 고장
- 펌프의 고장

07 **로드리스(Rodless) 실린더에 대한 설명으로 적당하지 않은 것은?**

① 피스톤 로드가 없다.

② 비교적 행정이 짧다.

③ 설치공간을 줄일 수 있다.

④ 임의의 위치에 정지시킬 수 있다.

해설

로드리스 실린더(피스톤 로드가 없는 실린더)

- 요크나 마그넷, 체인 등을 통하여 스트로크 범위 내에서 일을 하는 것
- 설치 면적이 극소화 되는 장점
- 전후진 시 피스톤 단면적이 같아 중간 정지 특성이 양호
- 스토로크 길이 5[m]까지 제작
- 종류 : 슬릿 튜브식, 마그넷식, 체인식

08 **유압기기에서 스트레이너의 여과입도 중 많이 사용되고 있는 것은?**

① 0.5~1[μm]

② 1~30[μm]

③ 50~70[μm]

④ 100~150[μm]

해설

스트레이너의 특징

- 펌프의 흡입구 쪽에 설치
- 펌프 토출량의 2배인 여과량을 설치
- 기름 표면 및 기름 탱크 바닥에서 각각 50[mm] 떨어져서 설치
- 100~150[μm]의 철망을 사용

정답 5 ① 6 ② 7 ② 8 ④

09 **유압 및 공기압 용어의 정의에 대하여 규정한 한국 산업표준으로 맞는 것은?**

① KS B 0112

② KS B 0114

③ KS B 0119

④ KS B 0120

해설

- KS B 0112 : 사무기계의 명칭에 관한 용어
- KS B 0114 : 공작기계 용어(폐지)
- KS B 0119 : 유압 용어(폐지)

10 **다음 중 압력제어 밸브의 특성이 아닌 것은?**

① 크래킹 특성

② 압력조정 특성

③ 유량 특성

④ 히스테리시스 특성

해설

압력제어 밸브의 특성

- 압력조정 특성
- 유량 특성
- 압력 특성
- 재현(성) 특성
- 히스테리시스 특성
- 릴리프 특성

11 **공압 시스템의 사이징 설계 조건으로 볼 수 없는 것은?**

① 부하의 중량

② 반복 횟수

③ 실린더의 행정거리

④ 부하의 형상

해설

사이징 설계를 위한 조건 설정

- 부하의 중량
- 실린더의 동작방향 : 가로방향, 상승운동, 하강운동 등
- 부하의 크기
- 부하의 종류 판단 : 관성부하 또는 저항부하
- 실린더의 행정거리
- 실린더 동작시간의 목표값
- 사용압력
- 실린더와 밸브 사이의 배관 길이
- 반복횟수

12 **공기압 장치에서 사용되는 압축기를 작동원리에 따라 분류하였을 때 맞는 것은?**

① 터보형 ② 밀도형

③ 전기형 ④ 일반형

해설

공기압축기의 작동원리에 따른 분류

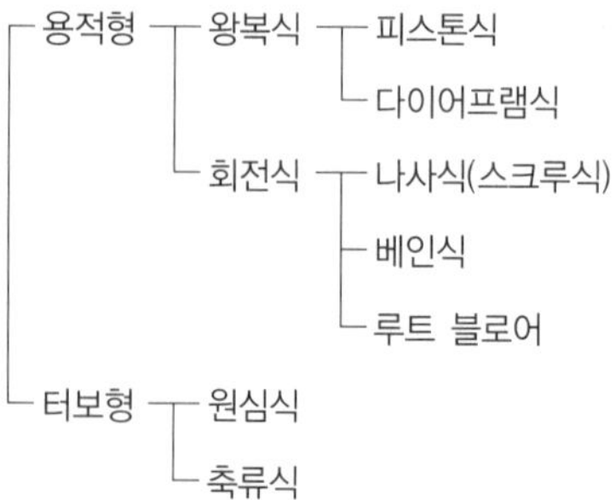

9 ④ 10 ① 11 ④ 12 ① 정답

13 **공압시스템에서 제어 밸브가 할 수 없는 것은?**

① 방향 제어
② 속도 제어
③ 압축 제어
④ 압력 제어

해설
밸브의 기능에 따른 분류
- 압력 제어 밸브
- 유량 제어 밸브(속도 제어)
- 방향 제어 밸브

14 **공기 건조기에 대한 설명 중 옳은 것은?**

① 수분제거 방식에 따라 건조식, 흡착식으로 분류한다.
② 흡착식은 실리카겔 등의 고체 흡착제를 사용한다.
③ 흡착식은 최대 -170[℃]까지의 저노점을 얻을 수 있다.
④ 건조제 재생 방법을 논 브리드식이라 부른다.

해설
① 수분제거 방식에 따라 냉동식, 흡착식, 흡수식으로 분류한다.
③ 흡착식은 최대 -70[℃]의 저노점을 얻을 수 있다.
④ 흡착식의 건조제 재생 방법
- 압축공기를 사용하는 히스테리형
- 외부 또는 내부의 가열기에 의한 히트형
- 히트펌프에 의한 히트 펌프형

15 **공유압제어 밸브를 기능에 따라 분류하였을 때 해당되지 않는 것은?**

① 방향제어 밸브
② 압력제어 밸브
③ 유량제어 밸브
④ 온도제어 밸브

해설
밸브의 기능에 따른 분류
- 압력제어 밸브
- 유량제어 밸브(속도 제어)
- 방향제어 밸브

16 **다음 그림의 기호는 무엇을 뜻하는가?**

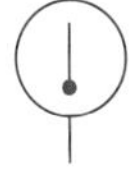

① 압력계　　② 온도계
③ 유량계　　④ 소음기

해설

압력계	유량계	소음기

정답 13 ③ 14 ② 15 ④ 16 ②

17 2개의 안정된 출력 상태를 가지고, 입력 유무에 관계없이 직전에 가해진 압력의 상태를 출력상태로 유지하는 회로는?

① 부스터 회로
② 카운터 회로
③ 레지스터 회로
④ 플립플롭 회로

해설
① 부스터 회로 : 저압력을 어느 정해진 높은 출력으로 증폭하는 회로
② 카운터 회로 : 입력으로서 가해진 펄스 신호의 수를 계수로 하여 기억하는 회로
③ 레지스터 회로 : 2진수로서의 정보를 일단 내부로 기억하여 적시에 그 내용이 이용될 수 있도록 구성한 회로

18 다음 그림의 회로는 어떤 회로인가?

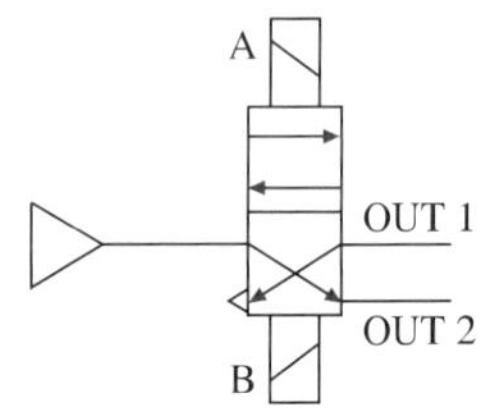

① 1방향 흐름 회로
② 플립플롭 회로
③ 푸시버튼 회로
④ 스트로크 회로

해설
플립플롭 회로 : 입력신호와 출력신호에 대한 기억 기능이 있다. 먼저 도달한 신호가 우선되어 작동되며 다음 신호가 입력될 때까지 처음 신호가 유지되는 것. 위 기호는 4/2way 양솔레노이드 밸브로 메모리(플립플롭)기능을 가지고 있다.

19 압축공기의 조정 유닛(Unit)의 구성기구가 아닌 것은?

① 압축공기 필터
② 압축공기 조절기
③ 압축공기 윤활기
④ 소음기

해설
압축공기 서비스(조정) 유닛 : 기기의 윤활, 압력 조정, 드레인 제거를 행할 수 있도록 제작된 것
• 압축공기 필터(Filter)
• 압축공기 조절기(Pressure Regulator, 감압밸브)
• 압축공기 윤활기(Lubricator)

20 공압과 유압의 조합기기에 해당되는 것은?

① 에어 서비스 유닛
② 스틱 앤 슬립 유닛
③ 하이드롤릭 체크 유닛
④ 벤투리 포지션 유닛

해설
공유압 조합기기의 종류
• 에어 하이드로 실린더
• 공유압 변환기
• 하이드롤릭 체크 유닛(Hydraulic Check Unit)
• 증압기

17 ④ 18 ② 19 ④ 20 ③ 정답

21 액추에이터 중 유압에너지를 직선운동으로 변환하는 기기는?

① 유압 모터
② 유압 실린더
③ 유압 펌프
④ 요동 모터

해설
① 유압 모터 : 유압 에너지를 회전운동으로 변환하는 기기
③ 유압 펌프 : 유압 에너지의 발생원으로 오일을 공급하는 기능
④ 요동 모터 : 유압 에너지를 일정한 각도의 회전운동으로 변환하는 기기

22 전기 리드 스위치를 설명한 것으로 틀린 것은?

① 자기현상을 이용한 것이다.
② 영구자석으로 작동한다.
③ 불활성 가스 속에 접점을 내장한 유리관의 구조이다.
④ 전극의 정전용량 변화를 이용하여 검출한다.

해설
④ 전극의 정전용량의 변화를 이용하여 검출하는 것은 정전용량형 센서이다.
리드 스위치(Reed Switch)
• 유리관 속에 자성체인 백금, 금, 로듐 등의 귀금속으로 된 접점 주위에 마그넷이 접근하면 리드편이 자화되어 유리관 내부의 접점이 On/Off가 된다.
• 리드 스위치의 특성
- 접점부가 완전히 밀폐되어 가스나 액체 중 고온, 고습 환경에서 안정된 동작을 한다.
- 스위칭 시간이 짧다(1[ms] 이내).
- 반복 정밀도가 높다(±0.2[mm]).
- 사용 온도 범위가 넓다(-270~150[°C]).
- 내전압 특성이 우수하다(10[kW] 이상).
- 동작 수명이 길다.
- 소형, 경량, 저가격이다.
- 회로 구성이 간단하다.

23 유압장치의 구성요소 중 동력장치에 해당되는 요소는 어느 것인가?

① 펌 프
② 압력제어 밸브
③ 액추에이터
④ 실린더

해설
유압펌프 : 유압 에너지의 발생원으로 오일을 공급하는 기능을 가진 동력발생장치이다.

24 유압펌프가 기름을 토출하지 않을 때 흡입 쪽의 점검이 필요한 기기는?

① 실린더
② 스트레이너
③ 어큐뮬레이터
④ 릴리프 밸브

해설
스트레이너 : 유압회로에서 펌프의 흡입관로에 넣는 여과기로 기름 표면 및 기름 탱크 바닥에서 각각 50[mm] 떨어져서 설치된다.

정답 21 ② 22 ④ 23 ① 24 ②

25 양 제어밸브, 양 체크밸브라고도 말하며 압축공기 입구 (X, Y)가 2개소, 출구(A)가 1개소로 되어 있으며, 서로 다른 위치에 있는 신호 밸브로부터 나오는 신호를 분류하고 제2의 신호밸브로 공기가 누출되는 것을 방지하므로 OR요소라고도 하는 밸브는 어느 것인가?

① 셔틀 밸브
② 체크 밸브
③ 언로드 밸브
④ 리듀싱 밸브

해설
② 체크 밸브(Check Valve) : 한쪽 방향의 흐름은 허용하고 반대 방향의 흐름은 차단하는 밸브이다.
③ 무부하 밸브(Unloading Valve) : 작동압이 규정압력 이상이면 무부하 운전을 하여 배출하고 이하가 되면 밸브는 닫히고 다시 작동하게 된다.
④ 감압 밸브(Reducing Valve) : 압축공기의 압력을 사용공기압 장치에 맞는 압력으로 감압하여 안정된 공기압을 공급할 목적으로 사용하는 밸브이다.

26 공기압 회로에서 실린더나 액추에이터로 공급하는 공기의 흐름방향을 변환하는 기능을 갖춘 밸브는 어느 것인가?

① 방향전환 밸브
② 유량제어 밸브
③ 압력제어 밸브
④ 속도제어 밸브

해설
② 유량제어 밸브 : 유량의 흐름을 제어하는 밸브 → 속도
③ 압력제어 밸브 : 유체압력을 제어하는 밸브 → 힘
④ 속도제어 밸브 : 일명 일방향 유량제어 밸브로 체크 밸브와 교축 밸브로 구성

27 공압장치에 부착된 압력계의 눈금이 5[kgf/cm^2]를 지시한다. 이 압력을 무엇이라 하는가?(단, 대기 압력을 0으로 하여 측정하였다)

① 대기 압력
② 절대 압력
③ 진공 압력
④ 게이지 압력

해설
① 대기 압력 : 표준 대기압
② 절대 압력 : 사용 압력을 완전한 진공으로 하고 그 상태를 0으로 하여 측정한 압력(절대 압력 = 대기압±게이지압력)이다.
③ 진공 압력 : 대기압보다 높은 압력을 (+)게이지 압력, 대기압보다 낮은 압력을 (−)게이지 압력 또는 진공압이라고 한다.

28 시스템을 안전하고 확실하게 운전하기 위한 목적으로 사용하는 회로로 두 개의 회로 사이에 출력이 동시에 나오지 않게 하는 데 사용되는 회로는?

① 인터로크 회로
② 자기유지 회로
③ 정지우선 회로
④ 한시동작 회로

해설
② 자기유지 회로 : 전자 계전기 자신의 접점에 의하여 동작 회로를 구성하고 스스로 동작을 유지하는 회로로 일정 시간(기간) 동안 기억 기능을 가진다.
③ 정지우선 회로(후입력 우선 회로) : 항상 나중에 주어진 입력이 우선 작동하도록 하는 회로
④ 한시동작 회로(ON Delay 회로) : 신호가 입력되고 일정시간이 경과된 후 출력이 나오는 회로(한시 동작 순시 복귀형 타이머 회로)

25 ① 26 ① 27 ④ 28 ① 정답

29 액추에이터의 공급 쪽 관로에 설정된 바이패스 관로의 흐름을 제어함으로써 속도를 제어하는 회로는?

① 미터 인 회로
② 미터 아웃 회로
③ 블리드 온 회로
④ 블리드 오프 회로

해설

① 미터 인 회로 : 공급쪽 관로에 설치한 바이패스 관로의 흐름을 제어함으로써 속도를 제어하는 회로
② 미터 아웃 회로 : 배출쪽 관로에 설치한 바이패스 관로의 흐름을 제어함으로써 속도를 제어하는 회로. 부하 상태에 크게 영향을 받지 않으며 복동실린더의 속도 제어에는 모두가 배기 조절 방법을 사용

30 한 방향의 유동을 허용하나 역방향의 유동은 완전히 저지하는 역할을 하는 밸브는?

① 체크 밸브
② 셔틀 밸브
③ 이압 밸브(AND 밸브)
④ 유량제어 밸브

해설

② 셔틀 밸브(OR 밸브) : 두 개 이상의 입구와 한 개의 출구를 갖춘 밸브로 둘 중 한 개 이상 압력이 작용할 때 출구에 출력신호가 발생(양체크 밸브 또는 OR밸브, 고압우선 셔틀밸브)
③ 2압 밸브(AND 밸브) : 두 개의 입구와 한 개의 출구를 갖춘 밸브로서 두 개의 입구에 압력이 작용할 때만 출구에 출력이 작용. 연동 제어, 안전 제어, 검사 기능, 논리 작동에 사용. 저압우선 셔틀 밸브
④ 유량제어 밸브 : 유량의 흐름을 제어하는 밸브. 종류에는 교축 밸브, 속도제어 밸브, 급속배기 밸브, 배기교축 밸브 등이 있다.

제3과목 | 기초전기일반

31 권선형 유도 전동기의 속도 제어법 중 비례추이를 이용한 제어법으로 맞는 것은?

① 극수 변환법
② 전원 주파수 변환법
③ 전압제어법
④ 2차 저항 제어법

해설

2차 저항법 : 2차 회로에 가변저항기를 접속하고 비례추이의 원리에 의하여 큰 기동토크를 얻고 기동 전류도 억제한다.

32 도체의 전기저항은?

① 단면적에 비례하고 길이에 반비례한다.
② 단면적에 반비례하고 길이에 비례한다.
③ 단면적과 길이에 반비례한다.
④ 단면적과 길이에 비례한다.

해설

$R = \rho \frac{l}{A} [\Omega]$

33 시퀀스 제어의 형태가 아닌 것은?

① 시한제어 ② 순서제어
③ 조건제어 ④ 되먹임제어

해설

시퀀스 제어명령어 처리기능에 따른 분류

- 시한제어 : 제어의 순서와 제어 시간이 기억되어 정해진 시간에 순서대로 제어되는 회로(네온사인)
- 순서제어 : 제어의 순서만 기억되고 시간은 검출기에 의해 이루어지는 제어로서 리밋 스위치, 압력스위치 등(공작기기 프로그램제어)
- 조건제어 : 검출한 결과를 종합하여 제어 명령을 하도록 하는 제어(엘리베이터)

34 4[Ω], 5[Ω], 8[Ω]의 저항 3개를 병렬로 접속하고 50[V]의 전압을 가하면 5[Ω]에 흐르는 전류는 몇 [A]인가?

① 4[A]
② 5[A]
③ 8[A]
④ 10[A]

해설

$I_5 = \frac{V}{R_5} = \frac{50}{5} = 10[\mathrm{A}]$

35 10[A]의 전류가 흘렀을 때의 전력이 100[W]인 저항에 20[A]의 전류가 흐르면 전력은 몇 [W]인가?

① 50
② 100
③ 200
④ 400

해설

$P = RI^2$에서 저항 $R = \frac{P}{I^2} = \frac{100}{100} = 1[\Omega]$

$1[\Omega]$의 저항에 $20[\mathrm{A}]$의 전류를 흘리면

$P = RI^2 = 1 \times 20^2 = 400[\mathrm{W}]$

36 3상 유도 전동기의 원리는?

① 브론델 법칙
② 보일의 법칙
③ 아라고 원판
④ 자기저항 효과

해설

자석을 원판주변으로 움직이면 같은 방향으로 원판이 돌아가는 아라고 원판이 유도 전동기의 원리이다.

37 다음 그림과 같이 입력이 동시에 ON 되었을 때에만 출력이 ON 되는 회로를 무슨 회로라고 하는가?

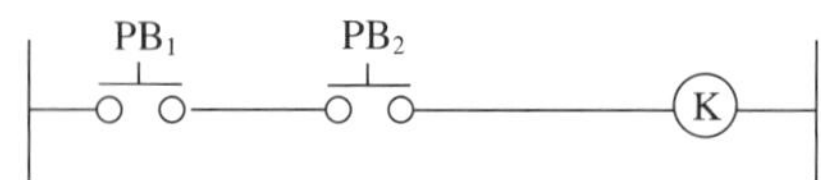

① OR 회로
② AND 회로
③ NOR 회로
④ NAND 회로

해설

AND 회로 : 입력이 둘 다 같이 있을 때만 출력이 나옴

38 전압계 사용법 중 틀린 것은?

① 전압의 크기를 측정할 시 사용된다.
② 전압계는 회로의 두 단자에 병렬로 연결한다.
③ 교류전압 측정 시에는 극성에 유의한다.
④ 교류전압을 측정할 시에는 교류 전압계를 사용한다.

해설

직류전압 측정 시 극성에 유의한다.

34 ④ 35 ④ 36 ③ 37 ② 38 ③ 정답

39 전류를 측정하는 기본 단위의 기호가 잘못된 것은?

① 킬로암페어 : [kA]

② 밀리암페어 : [mA]

③ 마이크로암페어 : [μA]

④ 나노암페어 : [pA]

해설

나노암페어 : [nA]

40 백열전구를 스위치로 점등과 소등을 하는 것을 무슨 제어라고 하는가?

① 정성적 제어 ② 되먹임 제어

③ 정량적 제어 ④ 자동 제어

해설

- 시퀀스제어 : 미리 정해놓은 순서에 따라 제어의 각 단계를 순차적으로 제어하는 회로(순차 제어, 정성적 제어)이다.
- 정성적 제어 : 일정 시간 간격을 기억시켜 제어 회로를 ON/OFF 또는 유무상태만으로 제어하는 명령으로 두 개 값만 존재하며 이산 정보와 디지털 정보가 있다.
- 되먹임 제어 : 되먹임에 의해 제어량의 값을 목표값과 비교하여 이 두 값이 일치하도록 수정 동작을 행하는 제어(정량적 제어)이다.

41 다음 중 검출용 스위치는?

① 푸시버튼 스위치

② 근접 스위치

③ 토글 스위치

④ 전환 스위치

해설

근접 스위치 : 물리적 접촉으로 대상물의 유무 상태를 검출하는 무접촉형 스위치

42 사인파 전압의 순시값이 $v = \sqrt{2}\,V\sin\omega t$[V]인 교류의 실횻값[V]은?

① $\frac{V}{2}$ ② $\sqrt{2}\,V$

③ V ④ $\frac{V}{\sqrt{2}}$

해설

$$\text{실횻값} = \frac{\text{최댓값}}{\sqrt{2}} = \frac{\sqrt{2}\,V}{\sqrt{2}} = V$$

43 교류 회로의 역률을 구하는 공식으로 맞는 것은?

① $\frac{\text{피상전력}}{\text{전압} \times \text{전류}}$

② $\frac{\text{무효전력}}{\text{전압} \times \text{전류}}$

③ $\frac{\text{겉보기전류}}{\text{전압} \times \text{전류}}$

④ $\frac{\text{유효전력}}{\text{전압} \times \text{전류}}$

해설

$$\cos\theta = \frac{\text{유효전력}}{\text{피상전력}} = \frac{VI\cos\theta}{VI} = \cos\theta$$

정답 39 ④ 40 ① 41 ② 42 ③ 43 ④

44 직류 전동기의 속도 제어법이 아닌 것은?

① 계자 제어법
② 발전 제어법
③ 저항 제어법
④ 전압 제어법

해설
직류 전동기의 속도 제어법
- 계자 제어
- 전압 제어
- 저항 제어

45 3상 교류의 △결선에서 상전압과 선간전압의 크기 관계를 표시한 것은?

① 상전압 < 선간전압
② 상전압 > 선간전압
③ 상전압 = 선간전압
④ 상전압 ≠ 선간전압

해설
- △결선에서 선간접압 : $V_L = V_P$
- Y결선에서 선간전압 : $V_L = \sqrt{3}\,V_P$

제2과목 | 기계제도(비절삭) 및 기계요소

46 단면임을 나타내기 위하여 단면부분의 주된 중심선에 대해 45° 정도로 경사지게 나타내는 선들을 의미하는 것은?

① 호 핑
② 해 칭
③ 코 킹
④ 스머징

해설
해칭 : 단면이 있는 것을 나타내는 방법
- 가는 실선으로 하는 것이 원칙
- 기본 중심선 또는 기선에 대하여 45° 기울기로 2~3[mm] 간격의 가는 실선으로 긋는다(기울기를 30°, 60° 가능).
- 2개 이상의 부품이 가까이 있을 때는 해칭 방향이나 간격을 다르게 한다.

47 기계제도에서 대상물의 일부를 떼어낸 경계를 표시하는 데 사용하는 선의 명칭은?

① 가상선
② 피치선
③ 파단선
④ 지시선

해설
① 가상선 : 가는 2점쇄선, 인접 부분을 참고로 표시하는 데 사용한다. 공구, 지그 등의 위치를 참고로 나타내는 데 사용하고, 가동 부분을 이동 중의 특정한 위치 또는 이동 한계의 위치를 표시하는 데 사용한다.
② 피치선 : 가는 1점쇄선, 되풀이하는 도형의 피치를 취하는 기준을 표시하는 데 쓰인다.
④ 지시선 : 가는 실선, 기술·기호 등을 표시하기 위하여 끌어내는 데 쓰인다.

44 ② 45 ③ 46 ② 47 ③ 정답

48 그림의 치수선은 어떤 치수를 나타내는 것인가?

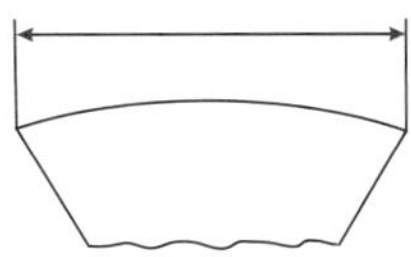

① 각도의 치수
② 현의 길이 치수
③ 호의 길이 치수
④ 반지름의 치수

해설

각도의 치수	30°
호의 길이치수	$\widehat{10}$
구의 지름 반지름의 치수	Sϕ24, SR90

49 그림과 같은 3각법으로 정투상한 정면도와 우측면도에 가장 적합한 평면도는?

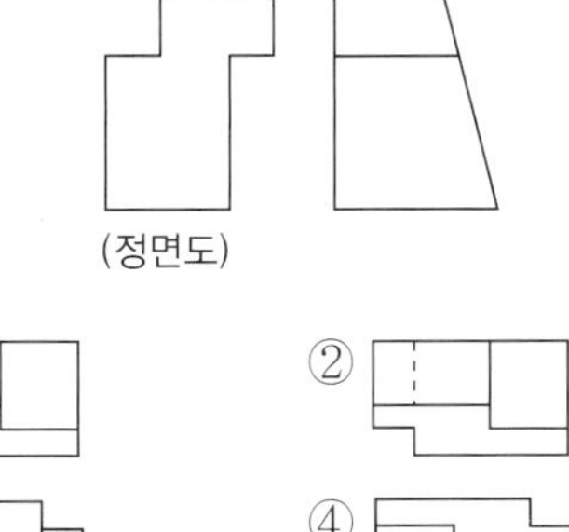

해설
평면도의 파선이 오른쪽에 있어야 하고, 측면도에 경사부분에 대한 표현이 잘되어 있는 ③번이 정답이다.

50 경사면부가 있는 대상물에서 그 경사면의 실형을 표시할 필요가 있는 경우 그 투상도로 가장 적합한 것은?

① 회전 투상도
② 부분 투상도
③ 국부 투상도
④ 보조 투상도

해설
① 회전 투상도 : 투상면이 어느 각도를 가지고 있기 때문에 그 실형을 표시하지 못할 때에는 그 부분을 회전해서 그 실형을 도시한 것
② 부분 투상도 : 도면의 일부를 도시하는 것으로, 충분한 경우에는 그 필요 부분만을 부분 투상도로 도시한 것
③ 국부 투상도 : 대상물의 구멍, 홈 등 한 국부만의 모양을 도시하는 것, 충분한 경우에는 그 필요 부분을 국부 투상도로 도시한 것

51 리벳의 호칭길이를 가장 올바르게 도시한 것은?

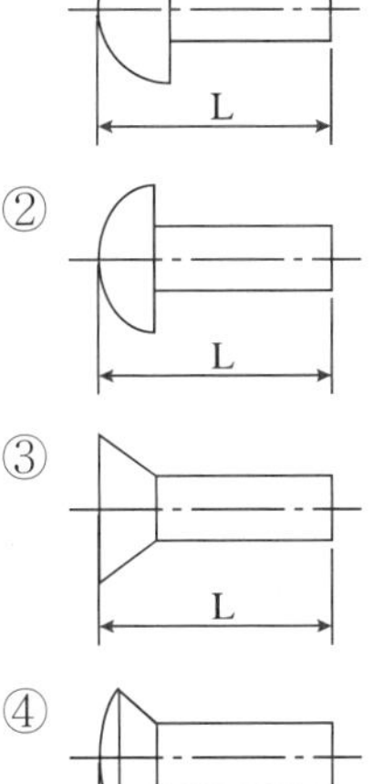

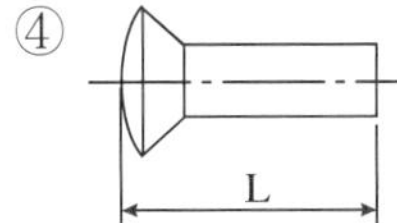

해설
호칭길이에서 접시머리 리벳만 머리를 포함한 전체 길이로 호칭, 그 외의 리벳은 머리부의 길이를 포함하지 않는다.

정답 48 ② 49 ③ 50 ④ 51 ③

52 그림과 같은 용접보조기호 설명으로 가장 적합한 것은?

① 일주 공장 용접
② 공장점 용접
③ 일주 현장 용접
④ 현장점 용접

해설
전체 둘레 현장 용접 기호이다.

53 볼트와 너트의 풀림방지, 핸들을 축에 고정할 때 등 큰 힘을 받지 않는 가벼운 부품을 설치하기 위한 결합용 기계요소로 사용되는 것은?

① 키
② 핀
③ 코 터
④ 리 벳

해설
① 키 : 벨트 풀리나 기어, 차륜을 고정시킬 때 홈을 파고 홈에 끼우는 것
③ 코터 : 축방향으로 인장 혹은 압축이 작용하는 두 축을 연결하는 데 쓰이며 분해 가능
④ 리벳 : 보일러, 철교, 구조물, 탱크와 같은 영구 결합에 널리 쓰임

54 작은 스퍼기어와 맞물리고 잇줄이 축방향과 일치하며 회전운동을 직선운동으로 바꾸는 데 사용하는 기어는?

① 내접 기어
② 래크 기어
③ 헬리컬 기어
④ 크라운 기어

해설
① 내접 기어 : 원통 또는 원뿔의 안쪽에 이가 만들어져 있는 기어
③ 헬리컬 기어 : 이 끝이 나선형인 원통형 기어
④ 크라운 기어 : 피치면이 평면인 베벨 기어

55 코일스프링에 하중을 36[kgf] 작용시킬 때 처짐량이 6[mm]였다면, 스프링 상수값은 몇 [kgf/mm]인가?

① 6
② 7
③ 8
④ 10

해설
$$\text{스프링 상수}(k) = \frac{\text{작용하중[N]}}{\text{변위량[mm]}} = \frac{W}{\delta} = \frac{36}{6} = 6$$

56 나사가 축을 중심으로 한 바퀴 회전할 때 축방향으로 이동한 거리는 무엇인가?

① 피 치
② 리 드
③ 리드각
④ 백래시

해설
① 피치 : 나사산과 나사산의 거리
③ 리드각 : 나사곡선의 각
④ 백래시 : 나사를 전후진시켰을 때의 틈새

정답 52 ③ 53 ② 54 ② 55 ① 56 ②

57 응력 변형률 선도에서 응력을 서서히 제거할 때 변형이 서서히 없어지는 성질은?

① 점 성 ② 탄 성
③ 소 성 ④ 관 성

해설
① 점성 : 유체 내의 분자간의 잡아당기는 힘(성질)
③ 소성 : 금속에 외력을 가하여 영구 변형하는 성질
④ 관성 : 물체가 정지 또는 운동상태 등 기존의 상태를 지속하려는 성질

58 끝면의 모양에 따라 45° 모따기형과 평형이 있으며 위치결정이나 막대의 연결용으로 사용하는 핀은?

① 스프링 핀
② 분할 핀
③ 테이퍼 핀
④ 평행 핀

해설
① 스프링 핀 : 탄성력을 부여한 핀으로, 세로 방향으로 쪼개져 있어 구멍의 크기가 정확하지 않을 때 해머로 때려 박을 수 있다.
② 분할 핀 : 두 갈래로 갈라지기 때문에 너트의 풀림 방지 등에 사용
③ 테이퍼 핀 : 1/50의 테이퍼가 있고, 두 개의 축을 연결할 때 사용. 호칭지름은 작은 쪽의 지름으로 표시

59 V벨트에서 인장강도가 가장 작은 것은?

① M형 ② A형
③ B형 ④ E형

해설
M, A, B, C, D, E의 6종류가 있으며, M에서 E쪽으로 가면 단면이 커진다.

60 속도비가 1/3이고, 원동차의 잇수가 25개, 모듈이 4인 표준 스퍼기어의 외접 연결에서 중심거리는?

① 75[mm] ② 100[mm]
③ 150[mm] ④ 200[mm]

해설
원동차, 종동차 회전수를 각각 n_A, n_B[rpm], 잇수를 Z_A, Z_B, 피치원의 지름을 D_A, D_B[mm]라고 하면,

속도비 $i = \frac{n_B}{n_A} = \frac{D_A}{D_B} = \frac{MZ_A}{MZ_B} = \frac{Z_A}{Z_B}$ 가 된다.

중심거리 $C = \frac{D_A + D_B}{2} = \frac{M(Z_A + Z_B)}{2}$ [mm] 에서

피치원의 지름으로 속도비를 계산할 수 있다.
피치원의 지름 $D_A = MZ = 4 \times 25 = 100$ 이다.

속도비 $i = \frac{n_B}{n_A} = \frac{1}{3} = \frac{D_A}{D_B} = \frac{100}{D_B}$ 에서 $D_B = 300$

그러므로, 중심거리 $C = \frac{D_A + D_B}{2} = \frac{100 + 300}{2} = 200$

정답 57 ② 58 ④ 59 ① 60 ④

2013년 제2회 과년도 기출문제

제1과목 | 공유압 일반

01 다음 그림에서 단면적이 5[cm²]인 피스톤에 20[kgf]의 추를 올려 놓았을 때 유체에 발생하는 압력의 크기는 얼마인가?

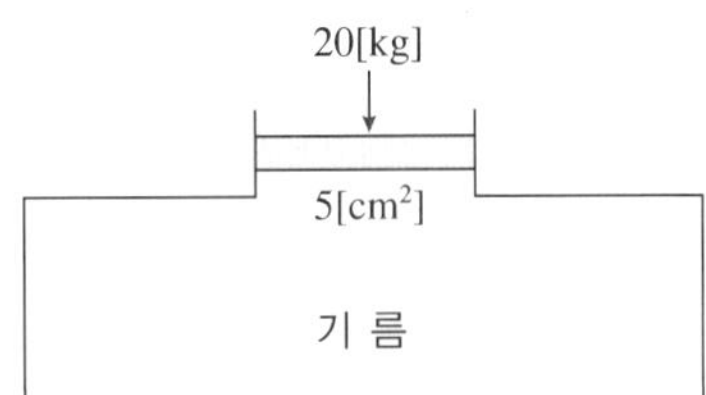

① 1[kgf/cm²] ② 4[kgf/cm²]
③ 5[kgf/cm²] ④ 20[kgf/cm²]

해설

압력 $P = \frac{F}{A}$에서 $\frac{20}{5} = 4[\mathrm{kgf/cm^2}]$

02 다음에 설명되는 요소의 도면기호는 어느 것인가?

> "압축공기 필터는 압축공기가 필터를 통과할 때에 이물질 및 수분을 제거하는 역할을 한다. 이 장치는 필터 내의 응축수를 자동으로 제거하기 위해 사용된다."

①
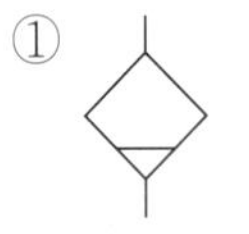

②
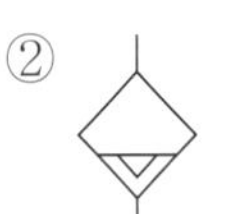

③

④
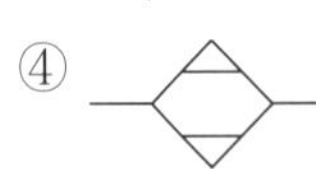

해설

① 수동 배출
③ 루브리케이터(윤활기)
④ 에어 드라이어(건조기)

03 다음 유압기호의 명칭은?

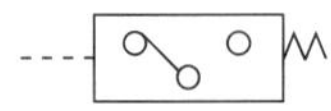

① 스톱 밸브
② 압력계
③ 압력 스위치
④ 축압기

해설

스톱 밸브	압력계	축압기(어큐뮬레이터)

04 공압탱크의 크기를 결정할 때 안전계수는 대략 얼마로 하는가?

① 0.5
② 1.2
③ 2.5
④ 3

해설

- 일반 공압탱크의 안전계수 : 1.2 이상
- 항공로켓용 공압탱크의 안전계수 : 2 이상

1 ② 2 ② 3 ③ 4 ② 정답

05 **압력보상형 유량제어밸브에 대한 설명으로 맞는 것은?**

① 실린더 등의 운동속도와 힘을 동시에 제어할 수 있는 밸브이다.

② 밸브 입구와 출구의 압력 차이를 일정하게 유지하는 밸브이다.

③ 체크 밸브와 교축 밸브로 구성되어 한 방향으로 유량을 제어한다.

④ 유압 실린더 등의 이송속도를 부하에 관계없이 일정하게 할 수 있다.

해설

압력보상형 유량제어 밸브 : 압력보상 기구를 내장하고 있으므로 압력의 변동에 의하여 유량이 변동되지 않도록 회로에 흐르는 유량을 항상 일정하게 유지하고, 부하의 변동에도 항상 일정한 속도를 얻고자 할 때 사용하는 밸브

06 **유압장치의 작동이 불량하다. 그 원인으로 잘못된 것은?**

① 무부하 상태에서 작동될 때

② 펌프의 회전이 반대일 때

③ 릴리프 밸브에 결함이 있을 때

④ 압축라인에서 오일이 누출될 때

해설

② 펌프의 회전이 반대일 때 : 펌프의 회전 방향과 원동기의 회전 방향이 다른 경우 펌프에서 작동유가 나오지 않는다.

③ 릴리프 밸브에 결함이 있을 때 : 릴리프 밸브의 설정압이 잘못되었거나 작동 불량이면 압력이 형성되지 않는다.

④ 압축라인에서 오일이 누출될 때 : 실(Seal)과 패킹의 마모 또는 파손이 된 경우이다.

07 **공압 시퀀스 제어 회로의 운동 선도 작성방법이 아닌 것은?**

① 운동의 서술적 표현법

② 테이블 표현법

③ 기호에 의한 간략적 표시법

④ 작동시간 표현법

해설

시간 선도 : 액추에이터의 운동상태를 시간에 기준하여 나타내는 선도. 시스템의 시간동작 특성과 속도변화 등을 자세히 파악할 수 있다.

※ 운동 선도 작성법

- 운동의 서술적 표현법
- 테이블 표현법
- 간략적 표시법

08 **두 개의 강관을 평행(일직선상)으로 연결하고자 할 때 사용되는 관 이음쇠는?**

① 유니언

② 엘 보

③ 티

④ 크로스

해설

② 엘보 : 유체의 방향을 바꾸고자 할 때 사용(90°, 45° 등)

③ 티 : 묶음용

④ 크로스 : 십자형 모양의 관 이음쇠

정답 5 ④ 6 ① 7 ④ 8 ①

09 **급격하게 피스톤에 공기압력을 작용시켜서 실린더를 고속으로 움직여 그 속도 에너지를 이용하는 공압 실린더는?**

① 서보 실린더
② 충격 실린더
③ 스위치 부착 실린더
④ 터보 실린더

해설
충격 실린더 : 빠른 속도(7~10[m/s])를 얻을 때 사용되며, 프레싱, 플랜징, 리베팅, 펀칭 등의 작업에 이용된다.

10 **다음의 그림은 4포트 3위치 방향제어밸브의 도면기호이다. 이 밸브의 중립위치 형식은?**

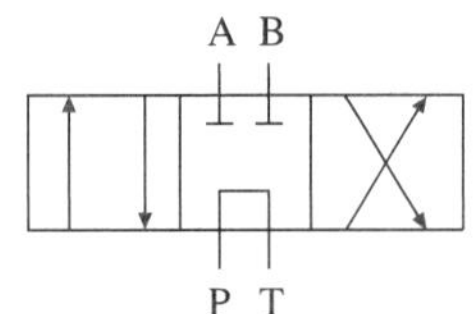

① 탠덤(Tandem) 센터형
② 올 오픈(All Open) 센터형
③ 올 클로즈(All Close) 센터형
④ 프레셔 포트블록(Block) 센터형

해설

올 오픈 센터형	A B / P R
올 클로즈 센터형	A B / P R
프레셔 포트블록 센터형	A B / P R

11 **유압펌프 중에서 회전사판의 경사각을 이용하여 토출량을 가변할 수 있는 펌프는?**

① 베인 펌프
② 액시얼 피스톤 펌프
③ 레이디얼 피스톤 펌프
④ 스크루 펌프

해설
① 베인 펌프(Vane Pump) : 로터의 베인이 반지름 방향으로 홈 속에 끼여 있어서 캠링의 내면과 접하여 로터와 함께 회전하면서 오일을 토출
③ 반지름 방향 피스톤 펌프(Radial Piston Pump) : 피스톤의 운동방향이 실린더 블록의 중심선에 직각인 평면 내에서 방사상으로 나열되어 있는 펌프
④ 나사(스크루) 펌프(Screw Pump) : 3개의 정밀한 스크루가 꼭 맞는 하우징 내에서 회전하며 매우 조용하고 효율적으로 유체를 배출

12 **광전 스위치를 설명한 것 중 잘못된 것은?**

① 레벨 검출, 특정 표시 식별 등에 많이 이용되며, 포토 센서, 광학적 센서라고도 한다.
② 종류에는 투과형, 미러 반사형, 확산 반사형이 있다.
③ 미러 반사형 광전 스위치는 투광부와 수광부가 각각 분리되어 있다.
④ 투과형은 투광기와 수광기를 동일 축선상에 위치시켜 사용하여야 정확한 측정이 가능하다.

해설
광전(포토) 센서는 가시광선 및 자외선부터 적외선까지 검출한다.
- 투과형 : 투광부와 수광부가 다른 몸체로 구성, 일직선상에서 마주보도록 설치한다.
- 미러 반사형 : 투광부와 수광부가 일체로 된 것, 반사율이 높은 미러를 사용한다.
- 직접 반사형 : 투광부와 수광부가 한 몸체로 구성, 장소가 좁은 곳에서 사용하며 검출거리가 짧다.

9 ② 10 ① 11 ② 12 ③ 정답

13 **유압 작동유의 점도가 너무 낮을 때 일어날 수 있는 사항이 아닌 것은?**

① 캐비테이션이 발생한다.

② 마모나 눌러붙음이 발생한다.

③ 펌프의 용적효율이 저하된다.

④ 펌프에서의 내부누설이 증가한다.

해설

① 캐비테이션은 점도가 너무 높을 때 발생한다.

점도가 너무 낮은 경우

- 각 부품에서의 누설(내외부) 손실이 커짐(용적효율 저하)
- 마찰부분의 마모 증대(기계수명 저하)
- 펌프효율 저하에 따른 온도 상승(누설에 따른 원인)
- 정밀한 조절과 제어 곤란

14 **공기탱크와 공기압 회로 내의 공기 압력이 규정 이상의 공기 압력으로 될 때에 공기 압력이 상승하지 않도록 대기와 다른 공기압 회로 내로 빼내주는 기능을 갖는 밸브는?**

① 감압 밸브

② 릴리프 밸브

③ 시퀀스 밸브

④ 압력 스위치

해설

① 감압 밸브 : 고압의 압축유체를 감압시켜 설정공급압력을 일정하게 유지시켜주는 밸브

③ 시퀀스 밸브 : 공유압 회로에서 순차적으로 작동할 때 작동순서가 회로의 압력에 의해 제어되는 밸브

④ 압력 스위치 : 회로의 압력이 설정값에 도달하면 내부에 있는 마이크로 스위치가 작동하여 전기회로를 열거나 닫게 하는 기기

15 **유압 작동유의 일반적인 구비조건으로 틀린 것은?**

① 압축성이어야 한다.

② 화학적으로 안정하여야 한다.

③ 방열성이 좋아야 한다.

④ 녹이나 부식 발생이 방지되어야 한다.

해설

작동유의 구비조건

- 비압축성일 것
- 내열성, 점도지수, 체적탄성계수 등이 클 것
- 장시간 사용해도 화학적으로 안정될 것
- 산화안정성(녹이나 부식 발생 등이 방지), 방열성이 좋을 것
- 장치와의 결합성, 유동성이 좋을 것
- 이물질 등을 빨리 분리할 것
- 인화점이 높을 것

16 **증압기의 사용 목적으로 적합한 것은?**

① 속도의 증감

② 에너지의 저장

③ 압력의 증대

④ 보조 탱크의 기능

해설

증압기

- 공기압을 이용하여 오일로 증압기를 작동시켜 수십 배까지 유압으로 변환시키는 배력 장치
- 입구측 압력을 그와 비례한 높은 출력측 압력으로 변환하는 기기
- 직압식과 예압식의 두 종류가 있음

정답 13 ① 14 ② 15 ① 16 ③

17 다음 기호의 밸브 작동을 바르게 설명한 것은?

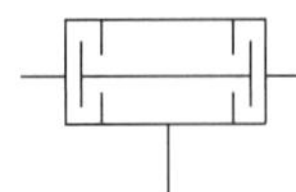

① 어느 한쪽만 유입될 때 출력된다.

② 양쪽에 공기가 유입될 때 폐쇄된다.

③ 양쪽에 공기가 유입될 때 고압쪽이 출력된다.

④ 양쪽에 공기가 유입될 때 저압쪽이 출력된다.

해설

2압 밸브(AND 밸브)

두 개의 입구와 한 개의 출구를 갖춘 밸브로서 두 개의 입구에 압력이 작용할 때만 출구에 출력이 작용한다. 연동 제어, 안전 제어, 검사 기능, 논리 작동에 사용하며 저압 우선 셔틀 밸브이다.

18 밸브의 작업 포트를 표현하는 기호는 무엇인가?

① A　② P

③ Z　④ R

해설

접속구 표시법	ISO 1219	ISO 5599
공급 포트	P	1
작업 포트	A, B, C	2, 4, …
배기 포트	R, S, T	3, 5, …
제어 포트	X, Y, Z	10, 12, 14, …
누출 포트	L	–

19 공기 압축기를 작동원리에 의해 분류하였을 때 터보형에 해당되는 압축기는 어느 것인가?

① 원심식

② 베인식

③ 피스톤식

④ 다이어프램식

해설

공기 압축기 작동원리에 따른 분류

20 공압제어 밸브의 종류에 해당되지 않는 것은?

① 압력제어 밸브

② 방향제어 밸브

③ 유량제어 밸브

④ 온도제어 밸브

해설

공압제어 밸브의 기능에 따른 분류

- 압력제어 밸브
- 유량제어 밸브
- 방향제어 밸브

17 ④ 18 ① 19 ① 20 ④ 정답

21 **유압 에너지를 기계적 에너지로 변환하는 장치부는?**

① 동력원　② 제어부
③ 구동부　④ 배관부

해설
① 동력원 : 유압 펌프
② 제어부 : 유압제어 밸브
④ 배관부 : 부속기기

22 **펌프의 송출압력이 50[kgf/cm²], 송출량이 20[L/min]인 유압 펌프의 펌프동력은 약 얼마인가?**

① 1.0[kW]　② 1.2[kW]
③ 1.6[kW]　④ 2.2[kW]

해설
펌프 동력

$$L_p = \frac{PQ}{612}[\text{kW}]$$

(P의 단위가 [kgf/cm²]이고, Q의 단위가 [L/min])

$$L_p = \frac{PQ}{612} = \frac{50 \times 20}{612} = 1.6[\text{kW}]$$

23 **유압 실린더의 중간 정지회로에 적합한 방향제어 밸브는?**

① 3/2way 밸브
② 4/3way 밸브
③ 4/2way 밸브
④ 2/2way 밸브

해설
4포트 3위치 밸브는 유압 실린더를 중간 정지시킬 수 있다.

24 **유온 상승 방지 및 펌프의 동력절감을 위해 사용하는 회로는?**

① 감압 회로
② 감속 회로
③ 시퀀스 회로
④ 무부하 회로

해설
① 감압 회로 : 감압 밸브를 사용하여 저압을 요구하는 실린더에 압유를 공급해 주는 회로
② 감속 회로 : 유압 실린더의 피스톤이 고속으로 작동하고 있을 때 행정 말단에서 서서히 감속하여 원활하게 정지시키고자 할 경우 사용
③ 시퀀스 회로 : 미리 정해진 순서에 따라서 제어동작의 각 단계를 점차 추진해 나가는 회로

25 **다음의 그림은 단동실린더 제어 회로이다. 이 회로를 설명한 것 중 옳은 것은?**

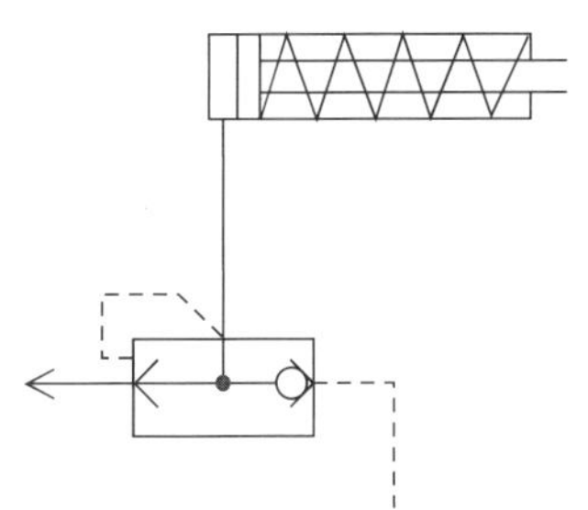

① 후진속도 증가회로
② 전진속도 증가회로
③ 전진속도 조절회로
④ 후진속도 조절회로

해설
블리드 오프 회로 : 공급쪽 관로에 바이패스관로를 설치하여 바이패스로의 흐름을 제어함으로써 속도를 제어하는 회로

정답 21 ③ 22 ③ 23 ② 24 ④ 25 ①

26 압력의 원격조작이 가능한 밸브는?

① 유량조정 밸브
② 파일럿 작동형 릴리프 밸브
③ 셔틀 밸브
④ 감압 밸브

해설
파일럿 작동형 릴리프 밸브에는 원격 조작용 벤트포트붙이가 있다.

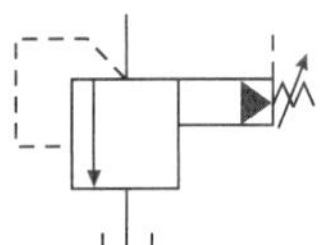

27 대기의 성분 중 가장 많은 것부터 나열한 것은?

① 산소 → 질소 → 아르곤 → 이산화탄소
② 산소 → 아르곤 → 질소 → 이산화탄소
③ 질소 → 이산화탄소 → 산소 → 아르곤
④ 질소 → 산소 → 아르곤 → 이산화탄소

해설
대기의 성분에는 질소가 78[%], 산소가 21[%], 아르곤, 이산화탄소, 네온 순으로 분포되어 있다.

28 부하의 운동 에너지가 완충 실린더의 흡수 에너지보다 클 때에 행정 끝단에 충격에 의한 파손이 우려되어 사용되는 기기를 무엇이라 하는가?

① 유량조절밸브 ② 완충기
③ 윤활기 ④ 필 터

해설
쿠션(완충기) 내장형 실린더 : 충격을 완화할 때 사용(운동의 끝부분에서 완충)된다. 쿠션 피스톤이 공기의 배기 통로를 차단하면 공기는 작은 통로를 통하여 빠져나가므로 배압이 형성되어 실린더의 속도가 감소하게 된다.

29 피스톤 모터의 특징으로 틀린 것은?

① 사용압력이 높다.
② 출력 토크가 크다.
③ 구조가 간단하다.
④ 체적효율이 높다.

해설
피스톤형 모터
- 피스톤의 왕복운동을 기계적 회전운동으로 변환함으로써 회전력을 얻는다. 크랭크, 사판, 캠을 이용
- 중저속회전(20~5,000[rpm]), 고토크형, 출력은 2~25마력(체적효율이 높다)
- 반송장치에 사용

30 공압 실린더의 배출저항을 적게 하여 운동 속도를 빠르게 하는 밸브로 맞는 것은?

① 급속배기 밸브
② 시퀀스 밸브
③ 언로드 밸브
④ 카운터 밸런스 밸브

해설
② 시퀀스(Sequence) 밸브 : 공유압 회로에서 순차적으로 작동할 때 작동순서가 회로의 압력에 의해 제어되는 밸브이다.
③ 무부하(Unloading) 밸브 : 작동압이 규정압력 이상으로 달했을 때 무부하 운전을 하여 배출하고 이하가 되면 밸브는 닫히고 다시 작동한다.
④ 카운터 밸런스(Counter Balance) 밸브 : 부하가 급격히 제거되었을 때 그 자중이나 관성력 때문에 소정의 제어를 못하게 된다거나 램의 자유낙하를 방지하기 위하여 귀환유의 유량에 관계없이 일정한 배압을 걸어주는 역할을 한다.

26 ② 27 ④ 28 ② 29 ③ 30 ① 정답

제3과목 | 기초전기일반

31 전원이 교류가 아닌 직류로 주어져 있을 때에 어떤 직류 전압을 입력으로 하여 크기가 다른 직류를 얻기 위한 회로는?

① 인버터 회로
② 초퍼 회로
③ 사이리스터 회로
④ 다이오드 정류회로

해설
초퍼회로 : 교류에서 변압기를 이용해 전압과 전류의 크기를 변화하듯 직류에서 초퍼회로를 이용하여 같은 역할을 한다.

32 교류회로에서 직렬공진 시 최대가 되는 것은?

① 전 압
② 전 류
③ 저 항
④ 임피던스

해설
$I = \dfrac{E}{\sqrt{R^2 + (\omega L - \frac{1}{\omega C})^2}} = \dfrac{E}{Z}$ 에서 임피던스 직렬공진 시 임피던스 Z가 가장 적으며 전류 I는 최대가 된다.

33 유도전동기의 슬립 $s = 1$일 때의 회전자의 상태는?

① 발전기 상태이다.
② 무구속 상태이다.
③ 동기속도 상태이다.
④ 정지 상태이다.

해설
$N = (1-s)N_s = (1-s)\dfrac{120f}{P}$ 에서 s가 1이면 속도 $N = 0$(정지)이다.

34 구조가 간단하고 고장이 적고 취급이 용이하며, 공장의 동력용 또는 세탁기나 냉장고뿐만 아니라 펌프, 재봉틀 등 많은 가전제품의 동력을 필요로 하는 곳에 사용되고 있는 것은?

① 변압기
② 스테핑 모터
③ 유도 전동기
④ 제어 정류기

해설
농형유도전동기의 장점
운전특성(효율과 역률)이 좋고, 구조가 간단하고 견고하며 가격이 싸기 때문에 주로 가전제품의 동력용으로 많이 사용한다.

정답 31 ② 32 ② 33 ④ 34 ③

35 전류 측정 시 안전 및 유의사항으로 거리가 먼 것은?

① 측정 전 날씨의 조건(습도)을 확인한다.
② 직류 전류계를 사용할 때 전원의 극성을 틀리지 않도록 접속한다.
③ 회로 연결 시 그 접속에 따른 접촉 저항이 작도록 해야 한다.
④ 전류계의 내부저항이 작을수록 회로에 주는 영향이 작고, 그 측정오차도 작다.

해설
전류 측정 시 측정 전 날씨의 조건은 관계가 적다.

36 배율기를 사용하여 측정 범위를 확대하여 직류 전압을 측정하려고 한다. 배율기의 저항이 50[kΩ]일 때, 전압계의 전압은 60[V]를 가리킨다. 측정 전압은 몇 [V]인가?

① 72 ② 240
③ 360 ④ 720

해설
배율기 배율

$$m = 1 + \frac{R_m}{R_v} = 1 + \frac{50}{10} = 6$$

∴ 최대측정전압 $= m \times$ 전압계의 전압
$= 6 \times 60 = 360[\text{V}]$

※ 저자 의견 : 문제의 조건에서 전압계의 내부저항 10[kΩ]이 빠져있음

37 옥내 전등선의 절연 저항을 측정하는데 가장 적당한 측정기는?

① 휘트스톤 브리지
② 켈빈 더블 브리지
③ 메 거
④ 전위차계

해설
- 저저항(1[Ω] 이하) 측정법
  - 전압강하법
  - 전위차계법
  - 휘트스톤 브리지법
  - 켈빈더블 브리지법
- 중저항 (1[Ω]~1[MΩ]) 측정법
  - 전압 강하법
  - 휘트스톤 브리지법
- 고저항 (1[MΩ] 이상) 측정법
  - 직접 편위법
  - 전압계법
  - 콘덴서의 충·방전에 의한 측정

38 다음 그림은 전동기 정회전, 역회전 회로이다. 전원이 투입되면 항상 ON 상태인 것은?

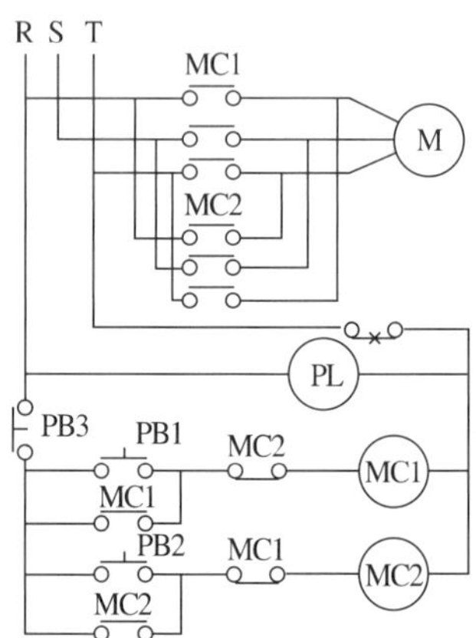

① M ② PL
③ MC1 ④ MC2

해설
전원이 투입되고 입력신호가 없는 상황에서 전원 R, T상에 연결된 것은 PL뿐이다.

35 ① 36 ③ 37 ③ 38 ② 정답

39 직류기의 구조 중 정류자면에 접촉하여 전기자 권선과 외부 회로를 연결시켜 주는 것은?

① 브러시(Brush)
② 정류자(Commutator)
③ 전기자(Armature)
④ 계자(Field Magnet)

해설

직류 전동기의 구조

- 브러시(Brush) : 회전하는 정류자 표면에 접촉하면서, 전기자 권선과 외부 회로를 연결하여 주는 부분이다.
- 정류자(Commutator) : 전기자 권선에 발생한 교류를 직류로 바꾸어 주는 부분이다.
- 전기자(Armature) : 회전하는 부분으로 철심과 전기자 권선으로 되어있다.
- 계자(Field Magnet) : 자속을 얻기 위한 자장을 만들어주는 부분으로 자극, 계자 권선, 계철로 되어있다.

40 교류에서 1초 동안에 반복되는 사이클의 수를 무엇이라 하는가?

① 주파수　② 전 력
③ 각속도　④ 주 기

해설

- 주파수(Frequency) : 교류가 그 파형에 따라 완전히 한 번 변화하기까지를 1주파라 하고, 1초 동안 주파의 수를 주파수라 하며, 단위는 헤르츠[Hz]를 사용한다.
- 주기(Period) : 1주파에 걸리는 시간 T[sec]을 말한다.

$T=\frac{1}{f}$[sec]

41 그림과 같은 논리기호를 논리식으로 나타내면?

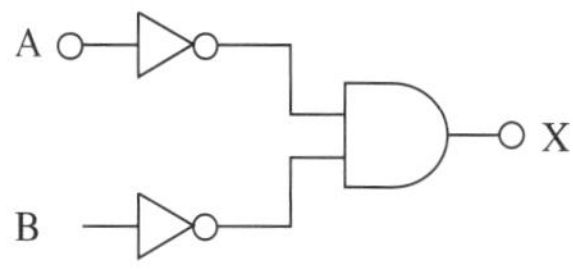

① $X=A+B$　② $X=\overline{A+B}$
③ $X=\overline{A}-\overline{B}$　④ $X=\overline{A}\cdot\overline{B}$

해설

NOR 회로의 논리식 $X=\overline{A+B}=\overline{A}\cdot\overline{B}$

42 3상 교류 전력 P[W]는?

① $P=VI\cos\theta$[W]
② $P=\sqrt{3}\,VI\cos\theta$[W]
③ $P=2\,VI\cos\theta$[W]
④ $P=\frac{1}{\sqrt{2}}VI\cos\theta$[W]

해설

- 3상 교류전력 $P=\sqrt{3}\,VI\cos\theta$
- 단상 교류전력 $P=VI\cos\theta$

43 자석이 가지는 자기량의 단위는?

① [AT]　② [Wb]
③ [N]　④ [H]

해설

① [AT] : 기자력의 단위
② [Wb] : 자속의 단위, 자극의 세기
③ [N] : 정전력(힘)
④ [H] : 인덕턴스의 단위

정답 39 ① 40 ① 41 ④ 42 ② 43 ②

44 직류 전동기를 급정지 또는 역전시키는 전기 제동 방법은?

① 플러깅
② 계자제어
③ 워드 레오나드 방식
④ 일그너 방식

해설
제동법
- 발전제동 : 운전 중인 전동기를 전원에서 분리하여 발전기로 작용시켜 운동에너지를 전기에너지로 변환시키는 방법
- 회생제동 : 전동기를 발전기로 변환시켜 전력을 전원에 공급시키는 방법
- 역상제동(플러깅) : 전동기의 회전방향을 바꾸어 급제동시키는 방법

45 전력(Electric Power)을 맞게 설명한 것은?

① 도선에 흐르는 전류의 양을 말한다.
② 전원의 전기적인 압력을 말한다.
③ 단위 시간 동안에 전하가 하는 일을 말한다.
④ 전기가 할 수 있는 힘을 말한다.

해설
전력은 전압과 전류의 곱으로 나타낸다.

제2과목 | 기계제도(비절삭) 및 기계요소

46 그림과 같이 도면에서 대각선으로 표시한 가는 실선이 나타내는 뜻은?

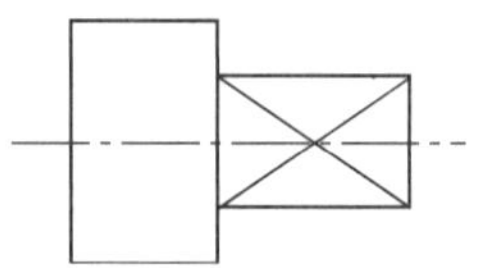

① 평 면
② 열처리할 면
③ 가공 제외 면
④ 끼워 맞춤하는 부분

해설
도면에서 평면인 것을 나타낼 때는 가는 실선으로 대각선을 그어 표시한다.

47 그림과 같은 용접 보조기호를 가장 올바르게 설명한 것은?

① 현장점 용접
② 전둘레 필릿 용접
③ 전둘레 현장 용접
④ 전둘레 용접

해설
전체 둘레 현장 용접 기호이다.

44 ① 45 ③ 46 ① 47 ③ 정답

48 그림과 같이 입체도의 화살표 방향을 정면으로 한 제 3각 정투상도로 가장 적합한 것은?

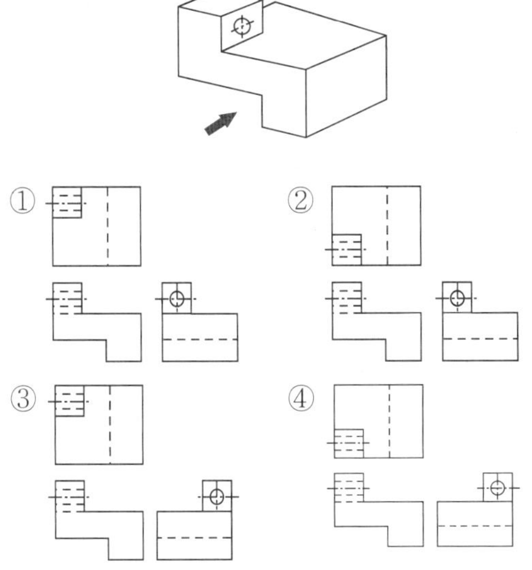

해설

정면도, 평면도, 우측면도에서 구멍의 위치를 보면 ②가 정답이다.

49 그림과 같은 3각법에 의한 투상도면의 입체도로 적합한 것은?

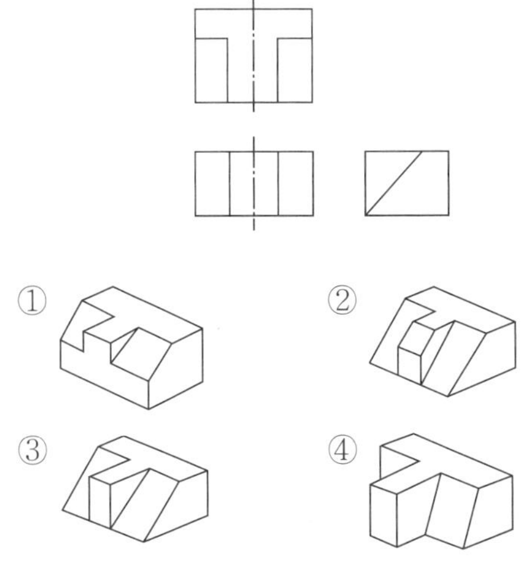

해설

정면도, 평면도, 우측면도의 대각선을 종합하면 ③번이 정답이다.

50 기계제도에서 제3각법에 대한 설명으로 틀린 것은?

① 눈 → 투상면 → 물체의 순으로 나타낸다.

② 평면도는 정면도의 위에 그린다.

③ 배면도는 정면도의 아래에 그린다.

④ 좌측면도는 정면도의 좌측에 그린다.

해설

② 배면도는 우측면도 옆에 그린다.

③ 정면도 아래에는 저면도를 그린다.

51 도면에서 특정 치수가 비례척도가 아닌 경우를 바르게 표기한 것은?

① (24) ② ~~24~~

③ [24] ④ <u>24</u>

해설

① 참고치수 표기

② 수정치수 표기

③ 정확한 치수 표기

52 기계제도에서 물체의 투상에 관한 설명 중 잘못된 것은?

① 주투상도는 대상물의 모양 및 기능을 가장 명확하게 표시하는 면을 그린다.

② 보다 명확한 설명을 위해 주투상도를 보충하는 다른 투상도는 되도록 많이 그린다.

③ 특별한 이유가 없는 경우 대상물을 가로길이로 놓은 상태로 그린다.

④ 서로 관련되는 그림의 배치는 되도록 숨은선을 쓰지 않도록 한다.

해설

주투상도를 보충하는 다른 투상도는 되도록 적게 그린다.

정답 48 ② 49 ③ 50 ③ 51 ④ 52 ②

53 스프링의 용도에 가장 적합하지 않은 것은?

① 충격 완화용
② 무게 측정용
③ 동력 전달용
④ 에너지 축적용

해설

스프링의 용도
- 진동 흡수, 충격 완화(철도, 차량)
- 에너지 저축 및 측정(시계태엽, 저울)
- 압력의 제한(안전밸브) 및 침의 측정(압력 게이지)
- 기계 부품의 운동 제한 및 운동 전달(내연 기관의 밸브 스프링)

54 재료의 전단 탄성 계수를 바르게 나타낸 것은?

① 굽힘 응력/전단 변형률
② 전단 응력/수직 변형률
③ 전단 응력/전단 변형률
④ 수직 응력/전단 변형률

해설

전단탄성계수(가로 탄성 계수)

$G = \frac{\tau(\text{전단응력})}{\gamma(\text{전단변형률})}$에서 $\gamma = \frac{\tau}{G} = \frac{W/A}{G} = \frac{W}{AG}$

55 직접전동 기계요소인 홈 마찰차에서 홈의 각도(α)는?

① $2\alpha = 10\sim20°$
② $2\alpha = 20\sim30°$
③ $2\alpha = 30\sim40°$
④ $2\alpha = 40\sim50°$

해설

홈붙이 마찰차의 특징
- 보통 양바퀴를 모두 주철로 만든다.
- 홈의 각도는 $2\alpha = 30\sim40°$이다.
- 홈의 피치는 3~20[mm]가 있고, 보통 10[mm] 정도이다.
- 홈의 수는 보통 $z = 5$개 정도이다.

56 하중 20[kN]을 지지하는 훅 볼트에서 나사부의 바깥지름은 약 몇 [mm]인가?(단, 허용 응력 σ_a = 50[N/mm^2]이다)

① 29 ② 57
③ 10 ④ 20

해설

볼트의 지름 $d = \sqrt{\frac{2W}{\sigma_t}} = \sqrt{\frac{2 \times 20{,}000}{50}} = 28.28$

57 평기어에서 잇수가 40개, 모듈이 2.5인 기어의 피치원 지름은 몇 [mm]인가?

① 100 ② 125
③ 150 ④ 250

해설

모듈 $M = \frac{\text{피치원의 지름}}{\text{잇수}} = \frac{D}{Z}$에서

피치원 지름 = 모듈 × 잇수 = 2.5 × 40 = 100

53 ③ 54 ③ 55 ③ 56 ① 57 ① 정답

58 **축계 기계요소에서 레이디얼 하중과 스러스트 하중을 동시에 견딜 수 있는 베어링은?**

① 니들 베어링
② 원추 롤러 베어링
③ 원통 롤러 베어링
④ 레이디얼 볼 베어링

해설
하중의 작용에 따른 분류
• 레이디얼 베어링 : 하중을 축의 중심에 대하여 직각으로 받는다.
• 스러스트 베어링 : 축의 방향으로 하중을 받는다.
• 원뿔 베어링 : 합성 베어링, 하중의 받는 방향이 축방향과 축 직각방향의 합성으로 받는다.

59 **체결하려는 부분이 두꺼워서 관통구멍을 뚫을 수 없을 때 사용되는 볼트는?**

① 탭 볼트
② T홈 볼트
③ 아이 볼트
④ 스테이 볼트

해설
② T홈 볼트 : 공작기계 테이블의 T홈 등에 끼워서 공작물을 고정
③ 아이 볼트 : 부품을 들어 올리는 데 사용되는 링 모양이나 구멍이 뚫려 있는 것
④ 스테이 볼트 : 부품의 간격 유지, 턱을 붙이거나 격리 파이프를 넣음

60 **우드러프 키라고도 하며, 일반적으로 60[mm] 이하의 작은 축에 사용되고, 특히 테이퍼 축에 편리한 키는?**

① 평 키
② 반달 키
③ 성크 키
④ 원뿔 키

해설
① 평 키 : 축은 자리만 편편하게 다듬고 보스에 홈을 판다. 경하중에 쓰이며, 키에 테이퍼(1/100)가 있다.
③ 성크 키(묻힘 키) : 축과 보스에 같이 홈을 팔 때 가장 많이 쓰는 종류. 머리붙이와 머리 없는 것이 있으며, 해머로 때려 박는다.
④ 원뿔 키 : 축과 보스에 홈을 파지 않는다. 한군데가 갈라진 원뿔통을 끼워 넣어 마찰력으로 고정시킨다.

정답 58 ② 59 ① 60 ②

2013년 제5회 과년도 기출문제

제1과목 | 공유압 일반

01 다음 중 감지거리가 가장 짧은 공압 비접촉식 센서는?

① 배압 감지기

② 반향 감지센서

③ 공기 배리어

④ 공압 리밋 밸브

해설

① 배압 감지기 : 감지거리는 0~0.5[mm] 정도로 가장 짧다.

② 반향 감지기 : 감지거리는 1~6[mm], 특수한 것은 20[cm]까지 감지한다.

③ 공기 배리어 : 감지거리는 100[mm]를 초과해서는 안 된다.

02 다음에 표기한 기호가 의미하는 전기회로용 기기의 명칭은?

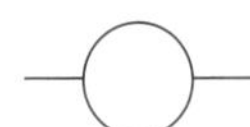

① 코 일　② 퓨 즈

③ 표시등　④ 전동기

해설

구분	기호
퓨 즈	개방형　포장형
표시등	
전동기	

03 다음은 일정용량형 유압모터의 기호이다. 어떤 형에 해당되는가?

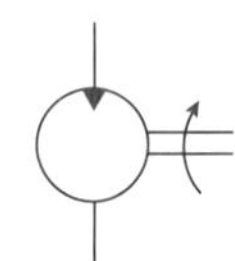

① 한방향 흐름

② 두방향 흐름

③ 하부 방향 흐름

④ 우방향 흐름

해설

유압모터

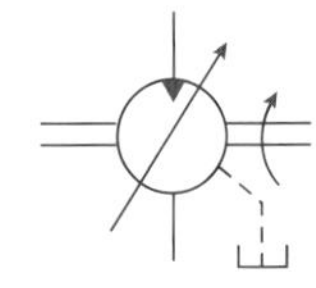

- 1방향 유동
- 조작기구를 특별히 지정하지 않는 경우
- 외부 드레인
- 가변 용량형
- 1방향 회전형
- 압축형 기능을 가지고 있음

04 유관의 안지름을 2.5[cm], 유속을 10[cm/s]로 하면 최대 유량은 약 몇 [cm^3/s]인가?

① 49　② 98

③ 196　④ 250

해설

연속의 법칙

$Q = A \cdot V$ 에서

유량 $Q = \frac{\pi \cdot 2.5^2}{4} \times 10 = 49[\text{cm}^3/\text{s}]$

1 ① 2 ① 3 ① 4 ① 정답

05 **어큐뮬레이터 회로에서 어큐뮬레이터의 역할이 아닌 것은?**

① 회로 내의 맥동을 흡수한다.
② 회로 내의 압력을 감압시킨다.
③ 회로 내의 충격압력을 흡수한다.
④ 정전 시 비상용 유압원으로 사용한다.

해설
어큐뮬레이터의 용도(회로의 목적)
- 에너지 축적용(임시 유압원)
- 펌프의 맥동 흡수용
- 충격 압력의 완충용
- 유체 이송용
- 2차 회로의 구동
- 압력보상

06 **유압에 의해 동력을 전달하고자 한다. 공압장치에 비해 유압장치의 장점으로 옳지 않은 것은?**

① 자동화가 가능하다.
② 무단 변속이 가능하다.
③ 온도에 의한 영향을 많이 받는다.
④ 힘의 증폭 및 속도 조절이 용이하다.

해설
④는 공압장치의 장점이다.
유압장치의 단점
- 유온의 변화에 액추에이터의 속도가 변화할 수 있다.
- 오일에 기포가 섞여 작동이 불량할 수 있다.
- 인화의 위험이 있다.
- 고압 사용으로 인한 위험성 및 배관이 까다롭다.
- 고압에 의한 기름 누설의 우려가 있다.
- 장치마다 동력원(펌프와 탱크)이 필요하다.

07 **파스칼의 원리에 관한 설명으로 옳지 않은 것은?**

① 각 점의 압력은 모든 방향에서 같다.
② 유체의 압력은 면에 대하여 직각으로 작용한다.
③ 정지해 있는 유체에 힘을 가하면 단면적이 적은 곳은 속도가 느리게 전달된다.
④ 밀폐한 용기 속에 유체의 일부에 가해진 압력은 유체의 모든 부분에 똑같은 세기로 전달된다.

해설
파스칼(Pascal)의 원리
- 경계를 이루고 있는 어떤 표면 위에 정지하고 있는 유체의 압력은 그 표면에 수직으로 작용한다.
- 정지 유체 내의 점에 작용하는 압력의 크기는 모든 방향으로 같게 작용한다.
- 정지하고 있는 유체 중의 압력은 그 무게가 무시될 수 있으면 그 유체 내의 어디에서나 같다.

08 **방향 전환 밸브에서 공기의 통로를 개폐하는 밸브의 형식과 거리가 먼 것은?**

① 포핏식
② 포트식
③ 스풀식
④ 회전판 미끄럼식

해설
밸브의 구조(형식)는 그 특성을 좌우하는 중요한 요소가 되는 것으로 포핏식, 스풀식, 슬라이드식 등으로 나누어진다.

정답 5 ② 6 ③ 7 ③ 8 ②

09 포핏(Poppet) 밸브의 장점이 아닌 것은?

① 밀봉이 우수하다.

② 작은 힘으로 작동된다.

③ 짧은 거리에서 밸브의 전환이 이루어진다.

④ 먼지 등의 이물질 영향을 거의 받지 않는다.

해설

② 공급압력이 밸브 몸통에 작용하므로 밸브를 열 때 조작력은 유체압에 비례하여 커져야 하는 단점이 있다.

10 실린더 입구의 분기회로에 유량제어 밸브를 설치하여 실린더 입구 측의 불필요한 압유를 배출시켜 작동 효율을 증진시킨 속도제어 회로는?

① 재생회로

② 미터 인 회로

③ 미터 아웃 회로

④ 블리드 오프 회로

해설

속도제어 회로

- 미터 인 회로 : 유량제어 밸브를 실린더의 입구측에 설치하여 관로의 흐름을 제어함으로써 속도를 제어하는 회로
- 미터 아웃 회로 : 유량제어 밸브를 실린더의 출구측에 설치하여 관로의 흐름을 제어함으로써 속도를 제어하는 회로
- 블리드 오프 회로 : 실린더와 병렬로 유량제어 밸브를 설치하여 실린더의 유입(유출)되는 유량을 제어하여 속도를 제어하는 회로

11 공압 드레인 방출 방법 중 드레인의 양에 관계없이 압력 변화를 이용하여 드레인을 배출하는 것은?

① 전동식 ② 차압식

③ 수동식 ④ 부구식

해설

드레인 배출 형식

- 수동식 : 수동으로 콕을 열어 배출
- 자동식
  - 플로트식(부구식) : 드레인에 일정량이 고이면 자동으로 배출 밸브가 열려 배출
  - 파일럿식(차압식) : 드레인 양에 관계없이 압력변화를 이용해서 배출
  - 전동식 : 전동기에 의하여 일정시간마다 밸브가 열려 배출

12 비압축성 유체의 정상 흐름에 대한 베르누이 방정식 $\frac{{v_1}^2}{2g}+\frac{P_1}{\gamma}+z_1=\frac{{v_2}^2}{2g}+\frac{P_2}{\gamma}+z_2=const$ 에서 $\frac{{v_1}^2}{2g}$ 항이 나타내는 에너지의 종류는 무엇인가? (단, v : 속도, P : 압력, γ : 비중량, z : 위치)

① 속도에너지

② 위치에너지

③ 압력에너지

④ 전기에너지

해설

베르누이의 정리

압력수두 + 위치수두 + 속도수두 = 일정

- 위치에너지 : z_1, z_2
- 압력에너지 : $\frac{P_1}{\gamma}$, $\frac{P_2}{\gamma}$

9 ② 10 ④ 11 ② 12 ① 정답

13 **기어펌프에 관한 설명으로 옳지 않은 것은?**

① 구조상 일반적으로 가변용량형이다.

② 고압의 기어펌프는 베어링 하중이 크다.

③ 윤활유, 절삭유의 수송용으로 사용된다.

④ 기어 펌프는 외접식 펌프와 내접식 펌프가 있다.

해설

① 피스톤(플런저) 펌프에 대한 설명이다.

14 **일반적으로 널리 사용되는 압축기로 사용압력범위는 10~100[kgf/cm^2] 정도이며, 냉각 방식에 따라 공랭식과 수랭식으로 분류되는 압축기는?**

① 터보 압축기

② 베인형 압축기

③ 스크루형 압축기

④ 왕복 피스톤 압축기

해설

① 터보 압축기 : 공기의 유동원리를 이용한 것으로 터보를 고속으로 회전(3~4만 회전/분)시키면서 공기를 압축(원심식)

② 베인형 압축기 : 편심로터가 흡입과 배출구멍이 있는 실린더 형태의 하우징 내에서 회전하여 압축공기를 토출하는 형태

③ 스크루형 압축기 : 나선형의 로터가 서로 반대로 회전하여 축방향으로 들어온 공기를 서로 맞물려 회전시켜 공기를 압축

15 **다음의 기호가 가지고 있는 기능을 설명한 것으로 옳은 것은?**

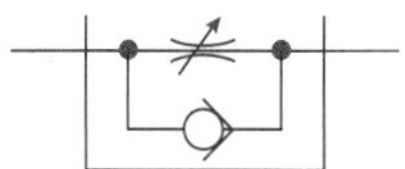

① 압력을 조정한다.

② OR 논리를 만족시킨다.

③ 실린더의 힘을 조절한다.

④ 실린더의 속도를 조절한다.

해설

일방향 유량 조절 밸브(일명 속도조절밸브라고 한다)로 교축 밸브와 체크 밸브의 조합으로 되어있으며, 교축 밸브로 유량을 조절하게 되어있다. 유량에 따라 속도가 조절되며, 체크 밸브의 방향에 따라 미터 인, 미터 아웃 회로 설계가 된다.

16 **고압시퀀스 회로의 신호 중복에 관한 설명으로 옳은 것은?**

① 실린더의 제어에 시간지연밸브가 사용될 때를 말한다.

② 실린더의 제어에 2개 이상의 체크 밸브가 사용될 때를 말한다.

③ 1개의 실린더를 제어하는 마스터 밸브에 전기신호를 주는 것을 말한다.

④ 1개의 실린더를 제어하는 마스터 밸브에 동시에 세트 신호와 리셋 신호가 존재하는 것을 말한다.

해설

4/2way, 5/2way의 양밸브에서 Z(전진)신호와 Y(후진)신호를 줄 수 있는 밸브에서 발생한다.

신호 중복.: 마스터 밸브에 Set 신호와 Reset 신호가 동시에 존재하는 것

정답 13 ① 14 ④ 15 ④ 16 ④

17 펌프의 용적효율 94[%], 압력효율 95[%], 펌프의 전 효율이 85[%]라면 펌프의 기계효율은 약 몇 [%]인가?

① 85　　② 87
③ 92　　④ 95

해설
펌프의 전 효율 = 압력효율 × 용적효율 × 기계효율
즉, $\eta = L_P/L_S = L_P/L_h \cdot \eta_m = \eta_P \cdot \eta_V \cdot \eta_m$

$$\text{기계효율} = \frac{\text{전효율}}{\text{압력효율} \times \text{용적효율}} \times 100[\%] = \frac{0.85}{0.95 \times 0.94} \times 100[\%] = 95[\%]$$

18 유압동력을 직선왕복 운동으로 변환하는 기구는?

① 유압모터
② 요동모터
③ 유압 실린더
④ 유압 펌프

해설
① 유압모터 : 작동유의 유체 에너지를 축의 연속 회전 운동을 하는 기계적 에너지로 변환시켜주는 액추에이터로 유압 모터의 토크는 압력으로 제어하고, 회전 속도는 유량으로 제어
② 요동모터 : 작동유의 유체 에너지를 축의 일정한 각도(한정된 각도) 운동을 하는 기계적인 에너지로 변환시켜주는 액추에이터
④ 유압펌프 : 원동기로부터 공급받은 회전에너지를 압력을 가진 유체에너지로 변환하는 기기(유압 공급원)

19 피스톤 로드가 양쪽에 있는 실린더는?

① 램형 실린더
② 양 로드 실린더
③ 탠덤 실린더
④ 피스톤형 실린더

해설
① 램형 실린더 : 피스톤 지름과 로드 지름 차가 없는 수압 가동부분을 갖는 것으로 좌굴 등 강성을 요할 때 사용한다.
③ 탠덤 실린더 : 두 개의 복동실린더가 1개의 실린더 형태로 조립된 것으로 같은 크기의 복동 실린더에 의해 두 배의 힘을 낼 수 있다.
④ 피스톤형 실린더 : 가장 일반적인 실린더로 단동, 복동, 차동형이 있다.

20 유압기기에서 포트(Port) 수에 대한 설명으로 옳은 것은?

① R.S.T의 기호로 표시된다.
② 밸브 배관의 수도 포트수보다 1개 적다.
③ 유압밸브가 가지고 있는 기능의 수이다.
④ 관로와 접촉하는 전환밸브의 접촉구의 수이다.

해설
포트수 : 2, 3, 4, 5 포트(4각형 1개에 연결된 포트의 수)로, 전환밸브에서 밸브와 주관로(파일럿과 드레인 포트는 제외)와의 접속구수를 포트수 혹은 접속수라 한다. 포트수는 유로전환형을 한정한다.

21 과도적으로 상승한 압력의 최댓값을 무엇이라 하는가?

① 배 압　　② 전 압
③ 맥 동　　④ 서지압

해설
① 배압(Back Pressure) : 출구측(반대쪽) 압력
② 전압(Total Pressure) : 유체의 정압과 동압의 합
③ 맥동(Pulsating Pressure) : 압력이 시간에 대한 방향은 변하지 않고 크기만 변하는 것

17 ④　18 ③　19 ②　20 ④　21 ④　정답

22 유압작동유의 점도지수에 관한 설명으로 옳은 것은?

① 점도지수가 크면 유압장치의 효율을 증대시킨다.

② 점도지수가 작은 경우, 정상 운전 시 누유량이 감소된다.

③ 점도지수가 작은 경우, 정상 운전 시 온도조절범위가 넓어진다.

④ 점도지수가 크면 온도 변화에 대한 유압작동유의 점도 변화가 크다.

해설

작동유의 점도지수(VI ; Viscosity Index)[단위 : Poise]

- 유압유는 온도가 변하면 점도도 변하므로 온도변화에 대한 점도 변화의 비율을 나타내기 위하여 점도지수를 사용한다.
- 점도지수값이 큰 작동유가 온도변화에 대한 점도변화가 적다.
- 점도지수가 높은 기름일수록 넓은 온도 범위에서 사용할 수 있다.
- 일반 광유계 유압유의 VI는 90 이상이다.
- 고점수 지수 유압유의 VI는 130~225 정도이다.

23 다음 중 에너지 변환효율이 가장 좋은 것은?

① 공 압

② 유 압

③ 전 기

④ 기 계

해설

에너지 변환효율

- 공압 : 다소 나쁘다.
- 유압 : 다소 좋다.
- 전기 : 좋다.
- 기계 : 다소 좋다.

24 다음 중 2개의 입력신호 중에서 높은 압력만을 출력하는 OR 밸브는?

① 이압 밸브

② 셔틀 밸브

③ 체크 밸브

④ 시퀀스 밸브

해설

셔틀 밸브(OR 밸브)

- 두 개 이상의 입구와 한 개의 출구를 갖춘 밸브로 둘 중 한 개 이상 압력이 작용할 때 출구에 출력신호가 발생한다.
- 양체크 밸브 또는 OR 밸브라 한다.
- 양쪽 입구로 고압과 저압이 유입될 때 고압쪽이 출력(고압우선 셔틀밸브)된다.

25 면적 2[m^2]의 평면상에 1[kgf/cm^2]의 압력이 균등히 작용할 때 평면에 작용하는 힘은 얼마인가?

① 5톤　　② 10톤

③ 15톤　　④ 20톤

해설

압력 $P = \frac{F}{A}$[kgf/cm^2]에서 힘 $F = P \times A$이다.

$F = 1[kgf/cm^2] \times 20,000[cm^2] = 20,000[kgf] = 20$톤

26 송출압력이 200[kgf/cm^2]이며, 100[L/min]의 송출량을 갖는 레이디얼 플런저 펌프의 소요 동력은 약 몇 [PS]인가?(단, 펌프 효율은 90[%]이다)

① 36.31　　② 39.72

③ 49.38　　④ 59.48

해설

펌프의 소요동력 $L_s = \frac{P \cdot Q}{450 \cdot \eta}$[PS]에서 $\frac{200 \times 100}{450 \times 0.9} = 49.38$

정답 22 ① 23 ③ 24 ② 25 ④ 26 ③

27 다음은 어떤 회로의 진리값을 나타낸 표이다. 이 회로에 해당 논리제어회로는?

입력신호		출 력
A	B	C
0	0	0
0	1	0
1	0	0
1	1	1

① OR 회로
② AND 회로
③ NOT 회로
④ NOR 회로

해설

① OR 회로 진리값

입력신호		출 력
A	B	Y
0	0	0
0	1	1
1	0	1
1	1	1

③ NOT 회로 진리값

입력신호	출 력
A	Y
0	1
1	0

④ NOR 회로 진리값

입력신호		출 력
A	B	Y
0	0	1
0	1	0
1	0	0
1	1	0

28 유량제어밸브에 해당하는 것은?

① 교축 밸브
② 시퀀스 밸브
③ 감압 밸브
④ 릴리프 밸브

해설

유량제어 밸브

유량의 흐름을 제어하는 밸브(속도)

• 종류 : 교축밸브, 속도제어 밸브, 급속배기 밸브, 배기교축 밸브, 쿠션 밸브, 압력제어 밸브

29 다음 중 액추에이터의 가속 시 부하에 해당하지 않는 것은?

① 가속 부하
② 저항성 부하
③ 정지마찰 부하
④ 운동마찰 부하

해설

관성부하 : 기동 시 부하(정지마찰과 저항성 부하)와 가속 시 부하(가속부하, 저항성부하, 운동마찰부하)가 있다.

30 공압모터에 관한 설명으로 옳지 않은 것은?

① 회전수 변동이 크다.
② 모터 자체의 발열이 적다.
③ 에너지 변환효율이 낮다.
④ 전동기에 비해 시동과 정지 시 쇼크가 발생한다.

해설

전동기와 비교하여 관성 대 출력비로 결정하는 시정수가 작으므로 시동 정지가 원활하며 출력 대 중량비가 크다. 시동과 정지 시 쇼크 발생은 없다.

27 ② 28 ① 29 ③ 30 ④ 정답

제3과목 | 기초전기일반

31 유도 전동기의 슬립을 나타내는 식은?

① $\frac{\text{동기속도} - \text{회전자속도}}{\text{동기속도}}$

② $\frac{\text{회전자속도} - \text{동기속도}}{\text{동기속도}}$

③ $\frac{\text{회전자속도} - \text{동기속도}}{\text{회전자속도}}$

④ $\frac{\text{동기속도} - \text{회전자속도}}{\text{회전자속도}}$

해설

유도전동기의 슬립

$s = \frac{N_s - N}{N_s}$

(N_s : 동기속도, N : 회전자 회전 속도)

32 다음과 같은 측정 회로에서 전류계는 20.1[A]를, 전압계는 200[V]를 지시하였다. 저항 R_x의 값은 얼마인가?(단, 전압계의 내부 저항 $R_v = 2{,}000$[Ω]이다)

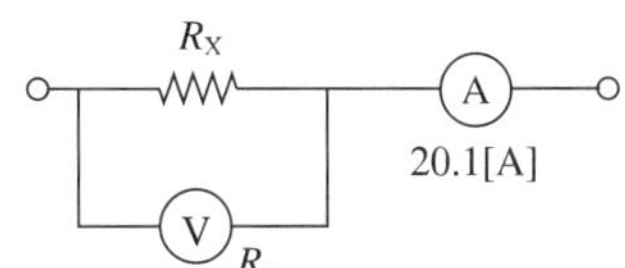

① 20[Ω] ② 20.1[Ω]
③ 10[Ω] ④ 10.1[Ω]

해설

$\frac{V}{R_v} = \frac{200}{2{,}000} = 0.1[\text{A}]$

$2{,}000 : R_x = I_x : I_v$에서 $2{,}000 : R_x = 20 : 0.1$

$\therefore R_x = \frac{2{,}000 \times 0.1}{20} = 10[\Omega]$

33 전자 계전기의 종류에 해당되지 않는 것은?

① 보조 계전기
② 한시 계전기
③ 푸시버튼 스위치
④ 전자 접촉기

해설

③ 푸시버튼 스위치는 접촉형 스위치

34 정격전압이 100[V], 소비전력이 2[kW]인 전열기구에 몇 [A]의 전류가 흐르는가?

① 0.2 ② 20
③ 200 ④ 2,000

해설

$P = VI$에서 $I = \frac{P}{V} = \frac{2{,}000}{100} = 20[\text{A}]$

35 다음 설명 중 맞는 것은?

① 일정 시간에 전기에너지가 한 일의 양을 전력이라 한다.
② 전열기는 전류의 발열 작용을 이용한 것이다.
③ [kW]는 전력량의 단위이다.
④ [W]는 전열량의 단위이다.

해설

① 전력량은 일정시간 전기에너지가 한 일의 양
③ [kW]는 전력의 단위
④ [W]는 전력의 단위

정답 31 ① 32 ③ 33 ③ 34 ② 35 ②

36 측정 단위 중 1[kW]는 몇 [W]인가?

① 10 ② 100

③ 1,000 ④ 10,000

해설

$1[\mathrm{kW}] = 10^3[\mathrm{W}]$

37 어떤 부하의 저항 성분이 8[Ω], 유도 리액턴스 성분 12[Ω], 용량 리액턴스 성분 12[Ω]이다. 이 회로에 120[V] 전압 공급 시 피상 전력[VA]은 얼마인가?

① 1,000 ② 1,200

③ 1,800 ④ 2,000

해설

$I = \frac{V}{Z} = \frac{120}{8} = 15[\mathrm{A}]$

$\therefore\ P = VI = 120 \times 15 = 1{,}800[\mathrm{VA}]$

38 SCR 설명 중 틀린 것은?

① SCR은 교류가 출력된다.

② SCR은 한 번 통전하면 게이트에 의해서 전류를 차단할 수 없다.

③ SCR은 정류 작용이 있다.

④ SCR은 교류전원의 위상 제어에 많이 사용된다.

해설

SCR의 출력은 직류이다.

39 대칭 3상 교류에서 각 상의 위상차는?

① 60° ② 90°

③ 120° ④ 150°

해설

대칭 3상 교류 : 크기가 같고 서로 $\frac{2\pi}{3}$[rad] 만큼의 위상차를 가지는 3상 교류

40 전기적인 접점기구의 직·병렬로 미리 정해진 순서에 따라 단계적으로 기기가 조작되는 논리 판단 제어는?

① 아날로그 정량제어

② 프로세서 제어

③ 서보기구 제어

④ 시퀀스 제어

해설

입력이 시간적으로 차례차례 가해질 경우, 어떤 정해진 입력계열에 대해 특정한 응답을 하는 전기회로를 가리킨다.

36 ③ 37 ③ 38 ① 39 ③ 40 ④ 정답

41 직류 발전기의 단자 전압을 조정할 때 어느 것을 조절하는가?

① 계자 저항기
② 전류 저항기
③ 가동 저항기
④ 전압 조정기

해설
$V = E - I_a(R_a + R_s)$
(V : 단자전압, E : 유기기 전력, I_a : 전기자 전류, R_a : 전기자 저항, R_s : 계자 저항)

42 교류 전압의 크기와 위상을 측정할 때 사용되는 계기는?

① 교류 전압계
② 전자 전압계
③ 교류 전위차계
④ 회로 시험기

해설
① 교류전압계 : 교류의 전압을 측정하는 지시계기
② 전자전압계 : 반도체나 진공관을 이용하여, 교류를 직류로 변환시켜 측정하는 전압계
④ 회로시험기 : 전압·전류·저항 등을 직독할 수 있는 다중 측정 범위의 계기

43 불대수의 기본적인 논리식이 잘못된 것은?

① $A \cdot A = A$
② $A \cdot \overline{A} = 0$
③ $A \cdot (A + B) = A$
④ $A \cdot B + A = B$

해설
$A \cdot B + A = A(B + 1) = A$

44 $R-C$ 직렬회로에서 임피던스가 5[Ω], 저항 4[Ω]일 때 용량 리액턴스[Ω]는?

① 1 ② 2
③ 3 ④ 4

해설
$Z = \sqrt{R^2 + X_c^2}$ 에서 $5 = \sqrt{4^2 + X_c^2}$
$\therefore X_c = 3$

45 여러 개의 입력 중에서 가장 먼저 신호가 입력되는 경우 다른 신호에 우선하여 그 회로가 동작되도록 하는 회로는?

① 자기유지 회로
② 시간제어 회로
③ 선입력 우선 회로
④ 후입력 우선 회로

해설
① 자기유지 회로 : 전자(電磁) 계전기를 조작하는 다른 스위치의 접점에 병렬로 그 전자 계전기의 a접점이 접속된 회로
② 시간 제어 회로 : On/Off의 출력을 시간적으로 제어하는 회로
④ 후입력 우선 회로 : 여러 개의 입력 중 가장 늦게 들어온 신호를 우선으로 출력을 내는 회로

정답 41 ① 42 ③ 43 ④ 44 ③ 45 ③

46 다음과 같은 용접 도시 기호의 명칭으로 옳은 것은?

① 겹침 접합부
② 경사 접합부
③ 표면 접합부
④ 표면 육성

해설

경사 접합부	표면 접합부	표면 육성

47 모따기의 각도가 45°일 때 치수 수치 앞에 넣는 모따기 기호는?

① D　② C
③ R　④ ϕ

해설
45° 모따기 기호는 "C"이다.

48 다음의 입체도를 제3각법으로 나타낼 때 정면도로 올바른 것은?(단, 화살표 방향이 정면이다)

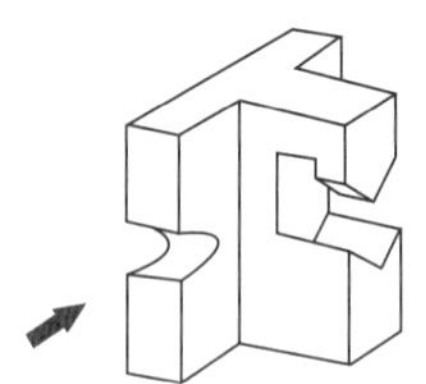

①　②
③　④

해설
정면도에서 숨은선 부분을 잘 처리한 ②가 정답이다.

49 리벳의 호칭이 "KS B 1102 둥근 머리 리벳 18 × 40 SV330"로 표시된 경우 숫자 "40"의 의미는?

① 리벳의 수량
② 리벳의 구멍 치수
③ 리벳의 길이
④ 리벳의 호칭지름

해설
리벳의 호칭

규격번호	종류	호칭지름	×	길이	재료표시

- 18 : 호칭지름
- 40 : 리벳의 길이

정답 46 ① 47 ② 48 ② 49 ③

50 도면의 척도란에 5 : 1로 표시되었을 때 의미로 올바른 설명은?

① 축척으로 도면의 형상 크기는 실물의 $\frac{1}{5}$이다.

② 축척으로 도면의 형상 크기는 실물의 5배이다.

③ 배척으로 도면의 형상 크기는 실물의 $\frac{1}{5}$이다.

④ 배척으로 도면의 형상 크기는 실물의 5배이다.

해설

척 도

A(도면에서의 크기) : B(물체의 실제 크기)

51 다음 중 선의 굵기가 가는 실선이 아닌 것은?

① 지시선 ② 치수선

③ 해칭선 ④ 외형선

해설

외형선 : 굵은 실선

52 패킹, 얇은 판, 형강 등과 같이 절단면의 두께가 얇은 경우 실제 치수와 관계없이 단면을 특정선으로 표시할 수 있다. 이 선은 무엇인가?

① 가는 실선

② 굵은 1점쇄선

③ 아주 굵은 실선

④ 가는 2점쇄선

해설

얇은 판의 단면은 아주 굵은 실선으로 표시한다.

53 회전축의 회전방향이 양쪽 방향인 경우 2쌍의 접선키를 설치할 때 접선키의 중심각은?

① 30° ② 60°

③ 90° ④ 120°

해설

접선 키(Tangential Key)

- 축과 보스에 축의 접선 방향으로 홈을 파서 서로 반대의 테이퍼(1/60~1/100)를 가진 2개의 키를 조합하여 끼워 넣는다.
- 중하중용이며 역전하는 경우는 120° 각도로 두 군데 홈을 판다.

54 축이나 구멍에 설치한 부품이 축방향으로 이동하는 것을 방지하는 목적으로 주로 사용하며, 가공과 설치가 쉬워 소형정밀기기나 전자기기에 많이 사용되는 기계요소는?

① 키 ② 코 터

③ 멈춤링 ④ 커플링

해설

① 키 : 벨트 풀리나 기어, 차륜을 고정시킬 때 홈을 파고 홈에 끼우는 것

② 코터 : 축방향으로 인장 혹은 압축이 작용하는 두 축을 연결하는 데 쓰이며 분해 가능

④ 커플링 : 두 축을 연결하는 기구

정답 50 ④ 51 ④ 52 ③ 53 ④ 54 ③

55 나사의 풀림 방지법이 아닌 것은?

① 철사를 사용하는 방법
② 와셔를 사용하는 방법
③ 로크 너트에 의한 방법
④ 사각 너트에 의한 방법

해설
너트의 풀림 방지법
- 탄성 와셔에 의한 법
- 로크 너트에 의한 법
- 핀(분할핀) 또는 작은 나사를 쓰는 법
- 철사에 의한 법
- 너트의 회전 방향에 의한 법
- 자동 죔 너트에 의한 법
- 세트 스크루에 의한 법

56 비틀림 모멘트 440[N · m], 회전수 300[rev/min(=rpm)]인 전동축의 전달 동력[kW]은?

① 5.8
② 13.8
③ 27.6
④ 56.6

해설
전달동력[kW] $= \dfrac{T \times N}{9,549} = \dfrac{440 \times 300}{9,549} = 13.82$

57 일반적으로 사용하는 안전율은 어느 것인가?

① $\dfrac{\text{사용응력}}{\text{허용응력}}$

② $\dfrac{\text{허용응력}}{\text{기준강도}}$

③ $\dfrac{\text{기준강도}}{\text{허용응력}}$

④ $\dfrac{\text{허용응력}}{\text{사용응력}}$

해설
안전율(S_f) : 재료의 극한강도 σ_u과 허용응력 σ_a와의 비

$S_f = \dfrac{\sigma_u}{\sigma_a} = \dfrac{\text{극한강도}}{\text{허용응력}}$

일반적인 안전율은 기준강도를 허용응력으로 나눈 값으로 구한다.

58 미끄럼 베어링의 윤활 방법이 아닌 것은?

① 적하 급유법
② 패드 급유법
③ 오일링 급유법
④ 그리스 급유법

해설
미끄럼 베어링은 윤활유 급유에 신경을 써야 한다. 그리스 급유법은 적절하지 않다.

55 ④ 56 ② 57 ③ 58 ④ 정답

59 기어에서 이의 간섭 방지 대책으로 틀린 것은?

① 압력각을 크게 한다.
② 이의 높이를 높인다.
③ 이끝을 둥글게 한다.
④ 피니언의 이뿌리면을 파낸다.

해설

이의 간섭을 막는 법

- 이의 높이를 줄인다.
- 압력각을 증가시킨다(20° 또는 그 이상으로 크게 한다).
- 피니언 반지름 방향의 이뿌리면을 파낸다.
- 치형의 이끝면을 둥글게 깎아낸다.

60 결합용 기계요소인 와셔를 사용하는 이유가 아닌 것은?

① 볼트 머리보다 구멍이 클 때
② 볼트 길이가 길어 체결여유가 많을 때
③ 자리면이 볼트 체결압력을 지탱하기 어려울 때
④ 너트가 닿는 자리면이 거칠거나 기울어져 있을 때

해설

와셔의 사용

- 볼트 머리의 지름보다 구멍이 클 때
- 접촉면이 바르지 못하고 경사졌을 때
- 자리가 다듬어지지 않았을 때
- 너트가 재료를 파고 들어갈 염려가 있을 때
- 너트의 풀림 방지

정답 59 ② 60 ②

2014년 제2회 과년도 기출문제

제1과목 | 공유압 일반

01 다음 중 표준 대기압(1[atm])과 다른 값은?

① 760[mmHg]
② 1.0332[kgf/m^2]
③ 1,013[mbar]
④ 101.3[kPa]

해설
②는 단위가 틀렸다.

[kPa]	[mbar]	[kgf/cm^2]	[atm]	[mmHg]
101.325	1,013.25	1.03323	1	760

02 다음 그림과 같은 변위단계선도가 나타내는 시스템의 운동상태는?

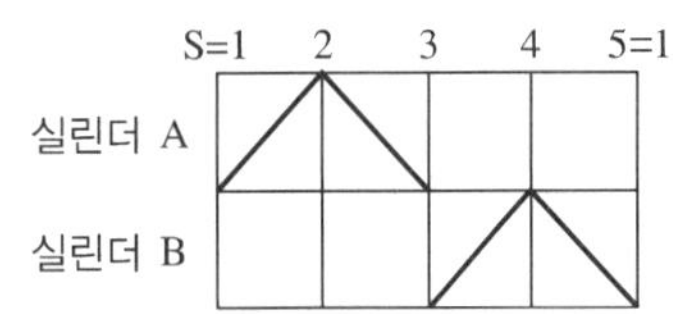

① A+, B+, B−, A−
② A+, B+, A−, B−
③ A+, A−, B+, B−
④ B+, B−, A+, A−

해설
1단계는 A실린더 전진, 2단계는 A실린더 후진, 3단계는 B실린더 전진, 4단계는 B실린더 후진, 5단계는 1단계와 같다.

03 다음 중 유압이 이용되지 않는 곳은?

① 건설기계
② 항공기
③ 덤프차(Dump Car)
④ 컴퓨터

해설
컴퓨터는 유압이 사용되지 않는다.

04 실린더 안지름 50[mm], 피스톤 로드 지름 20[mm]인 유압실린더가 있다. 작동유의 유압을 35[kgf/cm^2], 유량을 10[L/min]라 할 때 피스톤의 전진행정 시 낼 수 있는 힘은 약 몇 [kgf]인가?

① 480 ② 575
③ 612 ④ 687

해설
복동 실린더의 전진시 내는 힘의 크기는 $F = P \cdot A \cdot \mu$ (μ : 실린더의 추력계수)이다.

$F = P \times \frac{\pi \times D^2}{4}$ 에서 $35 \times \frac{3.14 \times 5^2}{4} = 686.87$

1 ② 2 ③ 3 ④ 4 ④ 정답

05 공압용 실린더에서 튜브와 커버를 인장력에 의해 결속시킬 때 필요한 구조장치는?

① 타이로드
② 트러니언
③ 쿠션장치
④ 다이어프램

해설

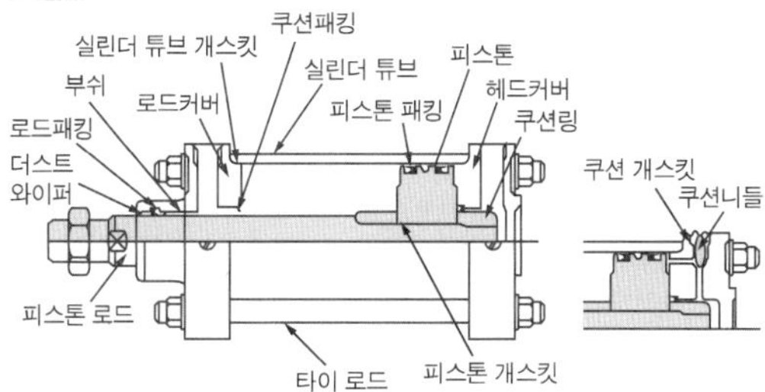

06 유압에너지의 장점이 아닌 것은?

① 온도변화에 따른 작업 조건의 변화
② 정확한 위치제어가 가능
③ 제어 및 조정성이 우수
④ 큰 부하 상태에서의 출발이 가능

해설

① 온도변화에 따른 작업조건의 변화는 단점이다.
유압장치의 장점
- 소형 장치로 큰 출력을 얻을 수 있다.
- 무단변속이 가능하고 원격제어가 가능하다.
- 정숙한 운전과 반전 및 열 방출성이 우수하다.
- 윤활성 및 방청성이 우수하다.
- 과부하시 안전장치가 간단하다.
- 전기, 전자의 조합으로 자동 제어가 가능하다.

07 릴레이의 코일부에 전류가 공급되었을 때에 대한 설명으로 맞는 것은?

① 접점을 복귀시킨다.
② 가동철편을 잡아당긴다.
③ 가동접점을 원위치시킨다.
④ 고정접점에 출력을 만든다.

해설

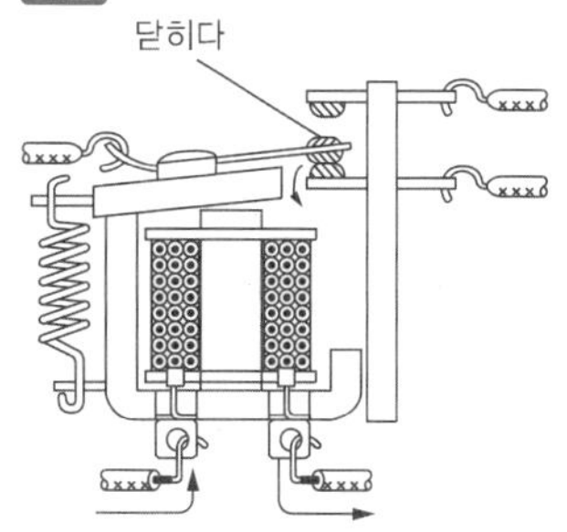

코일에 전류를 인가하면 철심이 전자석이 되어 가동접점이 붙어있는 가동철편을 끌어당기게 된다. 따라서 가동철편 선단부의 가동접점이 이동하여 고정접점 a접점에 붙게 되고 고정접점 b접점은 끊어지게 된다. 그리고 코일에 인가했던 전류를 차단하면 전자력이 소멸되어 가동철편은 복귀 스프링에 의해 원상태로 복귀되므로 가동접점은 b접점과 접촉한다.

08 9개의 입력신호 중 어느 한 곳의 신호만 있어도 한 곳으로 출력을 발생시킬 수 있는 밸브와 그 수량은?

① 2압밸브, 8개
② 2압밸브, 9개
③ 셔틀밸브, 8개
④ 셔틀밸브, 9개

해설

입력신호 중 어느 한곳의 신호만으로 출력이 발생되는 밸브는 셔틀밸브이다. 셔틀밸브로 입력신호 9개 중 한곳의 신호로 출력을 발생시킨다면 8개만 있으면 된다.

정답 5 ① 6 ① 7 ② 8 ③

09 **유압 작동유의 종류에 속하지 않는 것은?**

① 석유계 유압유
② 합성계 유압유
③ 유성계 유압유
④ 수성계 유압유

해설
작동유의 종류에는 석유계 유압유와 난연성 유압유(수성계와 합성계로 구분)가 있다.

10 **다음 그림의 기호가 나타내는 것은?**

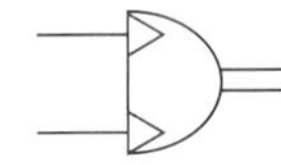

① 유압펌프
② 공기압축기
③ 공압 가변 용량형 펌프
④ 요동형 공기압 액추에이터

해설

유압펌프	공기압축기	공압 가변 용량형 펌프

11 **유압 서보시스템에 대한 설명으로 옳지 않은 것은?**

① 서보기구는 토크모터, 유압증폭부, 안내밸브의 3요소로 구성된다.
② 서보 유압밸브의 노즐 플래퍼는 기계적 변위를 유압으로 변환하는 기구이다.
③ 전기신호를 기계적 변위로 바꾸는 기구는 스풀이다.
④ 서보시스템의 구성을 위하여 피드백 신호가 있어야 한다.

해설
서보 유압 밸브
- 서보기구에 의한 Feed Back 제어가 가능하다.
- 토크모터, 유압증폭부, 안내밸브의 3요소로 구성된다.
- 토크모터는 전기신호를 기계적 변위로 바꿔준다.
- 노즐 플래퍼는 기계적 변위를 유압으로 변환시킨다.
- 스풀은 유압을 증폭시킨다.

12 **다음 그림은 방향 조정 장치에 사용되어 양쪽 실린더에 같은 유량이 흐르도록 하는 것이다. 이 밸브의 명칭은?**

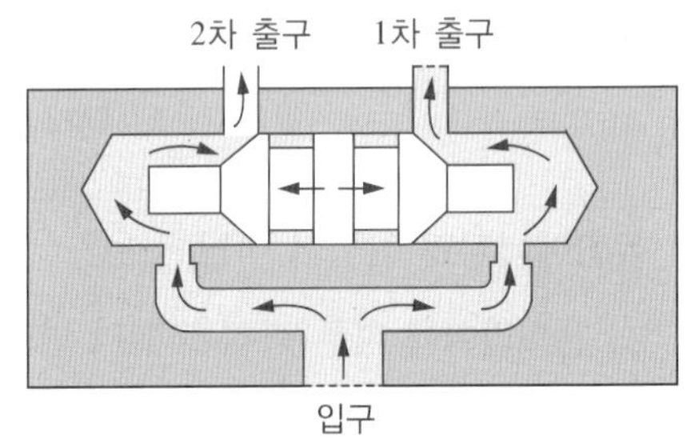

① 유량제어 서보 밸브
② 유량 분류 밸브
③ 압력제어 서보 밸브
④ 유량 조정 순위 밸브

해설
분류 및 집류 밸브
- 압유가 입구로 유입되면 각각의 출구로 균등(10% 범위 내)하게 분배
- 분류·집류 밸브는 두 개의 실린더의 작동을 동조시키는 데 사용하며 정확도가 크게 요구되지 않는 경우에 사용

9 ③ 10 ④ 11 ③ 12 ② 정답

13 ISO-1219 표준(문자식 표현)에 의한 공압밸브의 연결구 표시방법에 따라 A, B, C 등으로 표현되어야 하는 것은?

① 배기구
② 제어 라인
③ 작업 라인
④ 압축공기 공급 라인

해설

접속구 표시법	ISO 1219	ISO 5599
공급 포트	P	1
작업 포트	A, B, C	2, 4, …
배기 포트	R, S, T	3, 5, …
제어 포트	X, Y, Z	10, 12, 14, …
누출 포트	L	–

14 실린더, 로터리 액추에이터 등 일반용 공압기기의 공기여과에 적당한 여과기 엘리먼트의 입도는?

① 5[μm] 이하 ② 5~10[μm]
③ 10~40[μm] ④ 40~70[μm]

해설

① 5[μm] 이하 : 순 유체 소자용(특수용)
② 5~10[μm] : 공기 마이크로미터용(정밀용)
③ 10~40[μm] : 공기 터빈, 공기 모터(고속용)

15 미끄럼 면에서 사용되는 유체의 누설방지용으로 사용하는 요소는?

① 램 ② 슬리브
③ 패 킹 ④ 플랜지

해설

실은 밀봉장치의 총칭이며, 고정부분에 사용하는 실을 개스킷, 운동부분에 사용되는 실을 패킹이라 한다.

16 마름모(◇)가 기본이 되는 공유압 기호가 아닌 것은?

① 여과기
② 열교환기
③ 차압계
④ 루브리케이터

해설

여과기	열 교환기	차압계	루브리케이터

17 기기의 보호와 조작자의 안전을 목적으로 기기의 동작상태를 나타내는 접점을 이용하여 기기의 동작을 금지하는 회로는?

① 인터로크 회로
② 플리커 회로
③ 정지우선 회로
④ 시동우선 회로

해설

인터로크(Interlock, 연동회로) 회로
시스템을 안전하고 확실하게 운전하기 위한 목적으로 사용하는 회로로 두 개의 회로 사이에 출력이 동시에 나오지 않게 하는 데 사용되는 회로(인터로크를 목적으로 한 회로는 선입력 우선 회로)

정답 13 ③ 14 ④ 15 ③ 16 ③ 17 ①

18 **유압회로에서 주회로 압력보다 저압으로 해서 사용하고자 할 때 사용하는 밸브는?**

① 감압밸브
② 시퀀스밸브
③ 언로드밸브
④ 카운터밸런스밸브

해설

② 시퀀스밸브 : 공유압 회로에서 순차적으로 작동할 때 작동순서가 회로의 압력에 의해 제어되는 밸브
③ 언로드밸브 : 작동압이 규정압력 이상으로 달했을 때 무부하운전을 하여 배출하고 규정압력 이하가 되면 밸브는 닫히고 다시 작동하게 되는 밸브
④ 카운터밸런스밸브 : 부하가 급격히 제거되었을 때 그 자중이나 관성력 때문에 소정의 제어를 못하게 된다거나 램의 자유낙하를 방지하기 위하여 귀환유의 유량에 관계없이 일정한 배압을 걸어주는 역할을 하는 밸브

19 **메모리 방식으로 조작력이나 제어신호를 제거하여도 정상상태로 복귀하지 않고 반대 신호가 주어질 때까지 그 상태를 유지하는 방식을 무엇이라 하는가?**

① 디텐드 방식
② 스프링 복귀방식
③ 파일럿 방식
④ 정상 상태 열림 방식

해설

② 스프링 복귀방식 : 밸브 본체에 내장되어 있는 스프링력으로 정상상태로 복귀시키는 방식
③ 파일럿 방식 : 공압 신호에 의한 복귀 방식
④ 정상상태 열림 : 밸브의 조작력이나 제어신호를 가하지 않은 상태에서 밸브가 열려 있는 상태

20 **다음 그림과 같은 유압펌프의 종류는?**

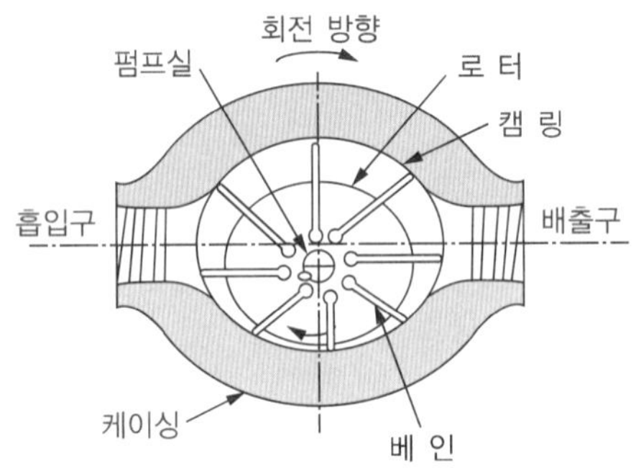

① 나사펌프
② 베인펌프
③ 로브펌프
④ 피스톤펌프

해설

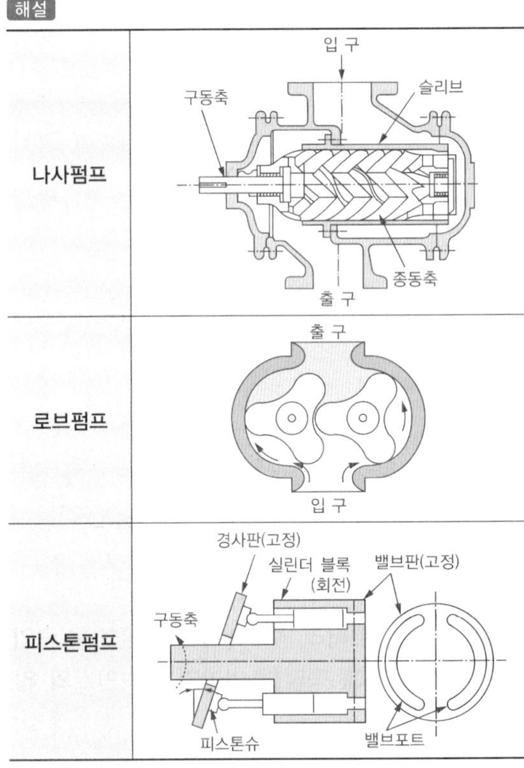

18 ① 19 ① 20 ② 정답

21 유압 실린더의 전진운동 시 유압유가 공급되는 입구쪽에 체크밸브 위치를 차단되게 일방향 유량제어밸브를 설치하여 실린더의 전진속도를 제어하는 회로는?

① 재생회로
② 미터인 회로
③ 블리드 오프 회로
④ 미터 아웃 회로

해설

③ 블리드 오프 회로 : 공급쪽 관로에 바이패스관로를 설치하여 바이패스로의 흐름을 제어함으로써 속도(힘)를 제어하는 회로
④ 미터 아웃 회로 : 배출쪽 관로에(체크밸브를 배기 차단되게 설치하고 일방향 유량제어밸브를 설치) 설치한 바이패스 관로의 흐름을 제어함으로써 속도(힘)를 제어하는 회로

22 회로 내의 압력이 설정압 이상이 되면 자동으로 작동되어 탱크 또는 공압기기의 안전을 위하여 사용되는 밸브는?

① 안전밸브
② 체크밸브
③ 시퀀스밸브
④ 리밋밸브

해설

② 체크밸브 : 한쪽 방향의 유동은 허용하고 반대 방향의 흐름은 차단하는 밸브
③ 시퀀스밸브 : 공유압 회로에서 순차적으로 작동할 때 작동순서가 회로의 압력에 의해 제어되는 밸브
④ 리밋밸브 : 근접 접촉에 의하여 밸브가 동작되는 밸브. 일반적으로 3/2way 밸브가 사용됨

23 압축공기 저장탱크의 구성 기기가 아닌 것은?

① 압력계
② 체크밸브
③ 유량계
④ 안전밸브

해설

압축공기 저장 탱크의 구조
- 안전밸브
- 압력 스위치
- 압력계
- 체크밸브
- 차단밸브(공기 배출구)
- 드레인 뽑기
- 접속관

24 공압 소음기의 구비조건이 아닌 것은?

① 배기음과 배기저항이 클 것
② 충격이나 진동에 변형이 생기지 않을 것
③ 장기간의 사용에 배기저항 변화가 작을 것
④ 밸브에 장착하기 쉬운 형상일 것

해설

소음기 구비 조건
- 배기음과 배기 저항이 적을 것
- 소음 효과가 클 것
- 장기간의 사용에 대해 배기 저항 변화가 적을 것
- 전자밸브 따위에 장착하기 쉬운 형상일 것
- 배기의 충격이나 진동으로 변형이 생기지 않을 것

정답 21 ② 22 ① 23 ③ 24 ①

25 **시스템 내의 최대 압력을 제한해주는 것으로 주로 유압회로에서 많이 사용하는 것은?**

① 감압밸브
② 릴리프밸브
③ 체크밸브
④ 시퀀스밸브

해설
① 감압밸브(압력조절밸브) : 압축공기의 압력을 사용공기압 장치에 맞는 압력으로 감압하여 안정된 공기압을 공급할 목적으로 사용
③ 체크밸브 : 한쪽 방향의 유동은 허용하고 반대 방향의 흐름은 차단하는 밸브
④ 시퀀스밸브 : 공유압 회로에서 순차적으로 작동할 때 작동순서를 회로의 압력에 의해 제어되는 밸브

26 **오일 탱크의 배유구(Drain Plug) 위치로 가장 적절한 곳은?**

① 유면의 최상단
② 탱크의 제일 낮은 곳
③ 유면의 1/2이 되는 위치
④ 탱크의 정중앙 중간 위치

해설
탱크 내 수분, 이물질 제거를 위해 탱크 밑부분에 적당하게 기울기(구배)를 주고 최저부에 드레인 배출구를 설치한다.

27 **유량제어밸브에 관한 설명으로 옳지 않은 것은?**

① 유압 모터의 회전 속도를 제어한다.
② 유압 실린더의 운동 속도를 제어한다.
③ 정용량형 펌프의 토출량을 바꿀 수 있다.
④ 관로 일부의 단면적을 줄여 유량을 제어한다.

해설
가변용량형 펌프를 사용하면 유량을 조절할 수 있으나 정용량형 펌프는 토출량이 일정하여 유량조절이 어려우므로 유량제어밸브를 이용하여 토출량의 일부를 탱크에 방출하여 속도제어를 얻을 수 있다.

28 **다음 유압기호에 대한 설명으로 옳은 것은?**

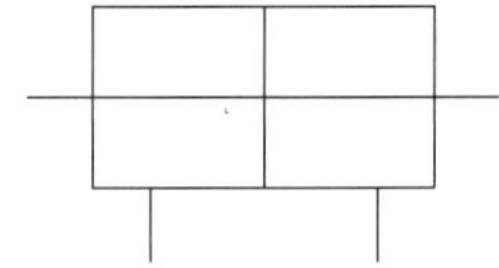

① 양쪽 로드형 단동 실린더이다.
② 양쪽 로드형 복동 실린더이다.
③ 한쪽 로드형 단동 실린더이다.
④ 한쪽 로드형 복동 실린더이다.

해설
양로드형 실린더로 양방향(피스톤 로드가 양쪽에 있음)으로 같은 힘을 낼 수 있다.

25 ② 26 ② 27 ③ 28 ② 정답

29 다음 그림의 기호가 가지고 있는 기능에 관한 설명으로 옳지 않은 것은?

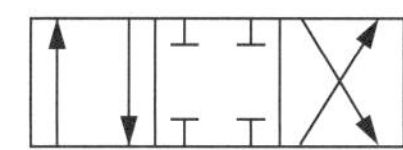

① 실린더 내의 압력을 제거할 수 있다.
② 실린더가 전진 운동할 수 있다.
③ 실린더가 후진 운동할 수 있다.
④ 모터가 정지할 수 있다.

해설
올 포트 블록(Closed Center형)형으로 액추에이터를 확실히 정지시킬 수 있으며 펌프 압유를 다른 액추에이터에 사용한다.

30 부하의 변동이 있어도 비교적 안정된 속도를 얻을 수 있는 회로는?

① 미터인 회로
② 미터 아웃 회로
③ 블리드온 회로
④ 블리드 오프 회로

해설
미터 아웃 회로는 배출쪽 관로에 체크밸브를 배기 차단되게 설치하고 일방향 유량조절밸브로 관로의 흐름을 제어함으로써 속도(힘)를 제어하는 회로로, 초기 속도는 불안하나 피스톤 로드에 작용하는 부하 상태에 크게 영향을 받지 않는 장점이 있다. 복동실린더의 속도 제어에는 모두가 배기 조절 방법을 사용한다.

제3과목 | 기초전기일반

31 다음과 같이 전력용 반도체 소자로 구성된 스위칭 회로의 이름은 무엇인가?

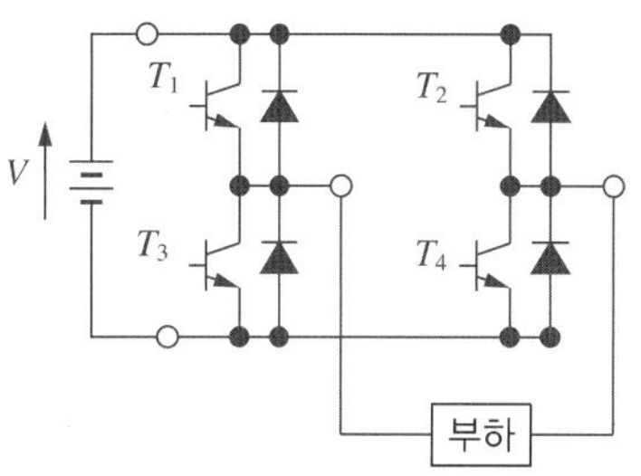

① 증폭기 ② 반파정류
③ 인버터 ④ 3상 컨버터

해설
• 인버터 : 직류를 교류로 출력
• 컨버터 : 교류를 직류로 출력

32 두 개의 저항 R_1, R_2가 병렬로 접속된 회로에 R_1에 20[V]의 전압이 걸렸다면, R_2에는 몇 [V]의 전압이 걸리게 되는가?

① 20 ② $20R_1$
③ $20R_2$ ④ $20R_1R_2$

해설
저항의 병렬접속에서 저항의 크기에 관계없이 걸리는 전압은 동일하다.

정답 29 ① 30 ② 31 ③ 32 ①

33 1차 전지(알칼리 전지, 리튬 전지) 전압의 크기를 측정하고자 할 때 사용되는 계기로 적당한 것은?

① 메 거
② 직류전압계
③ 검류계
④ 교류 브리지

해설
① 메거 : 고저항 측정(절연저항측정)
③ 검류계 : 매우 작은 전류의 유무를 측정하는 계기
④ 교류 브리지 : 사인파 교류에 의해서 작동하는 브리지 회로

34 다음 회로는 무엇인가?

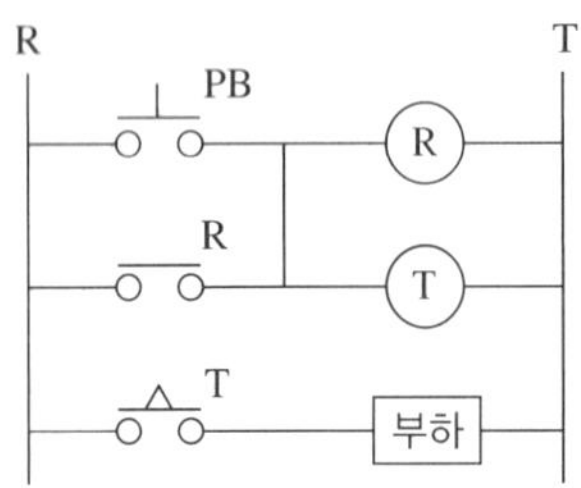

① 인터로크회로
② 정역회로
③ 지연동작회로
④ 일정시간 동작회로

해설
① 인터로크회로

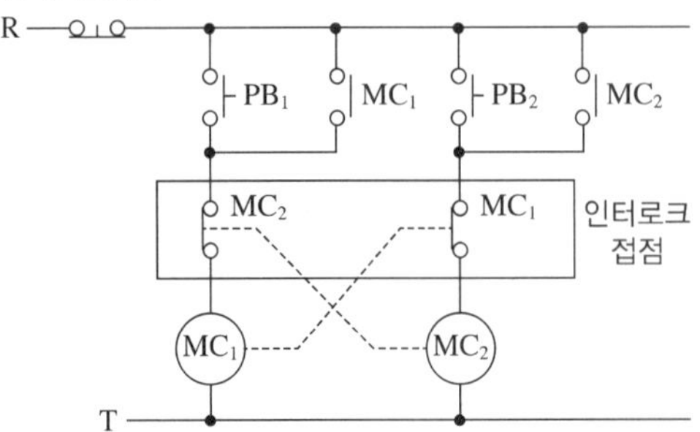

② 정역회로

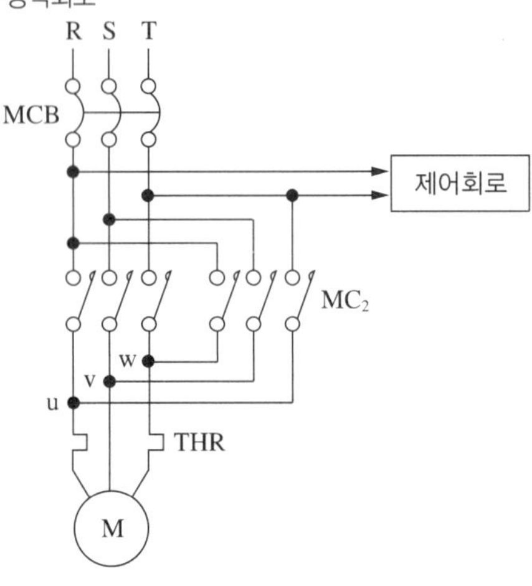

④ 일정시간동작회로

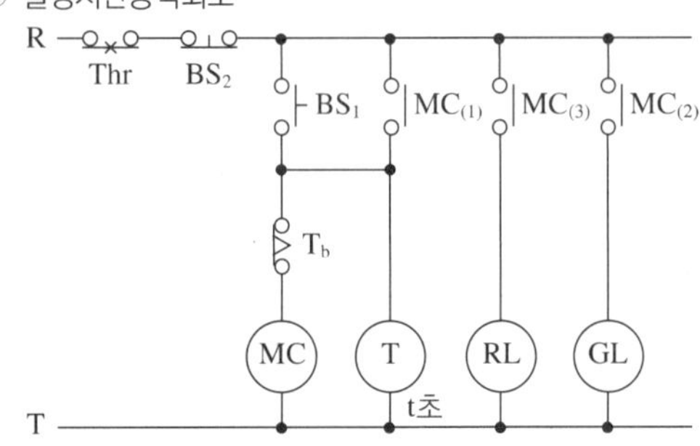

35 직류기(DC Machine) 중 기계에너지를 전기에너지로 변환시키는 기기는?

① 변압기
② 직류전동기
③ 유도전동기
④ 직류발전기

해설
① 변압기 : 자기유도와 상호유도현상을 응용하여 전원 쪽에 인가되는 전압, 전류의 관계를 권수에 비례하여 임의로 변환하는 전기 기기
② 직류전동기 : 직류전원를 이용하여 전기에너지를 기계에너지로 변환하는 기기
③ 유도전동기 : 교류전원을 이용하여 전기에너지를 기계에너지로 변환하는 기기

33 ② 34 ③ 35 ④ 정답

36 N극과 S극 사이의 자기장 내에 있는 도체를 상하로 움직이면 도체에 기전력이 유도되는 현상은?

① 자화유도현상
② 자기유도현상
③ 전자유도현상
④ 주파수유도현상

해설
① 자화유도현상 : 자석이 아닌 자성체가 자석처럼 되는 현상으로 자기유도현상과 같은 원리
② 자기유도현상 : 자성이 있는 물체 가까이에 자성체를 둘 때 그 자성체가 자성을 띠게 되는 현상
④ 주파수유도현상 : 유도전자기현상에 의해서 전압이 유도되어 유도전류가 발생할 때 이때 도체 주변에 항상 자기장과 전기장이 있으므로 자연스럽게 발전과정에서 주파수도 만들어지는 현상

37 그림과 같이 교류전류에 대한 저항(R)만의 회로에서 전압과 전류의 위상 관계는?

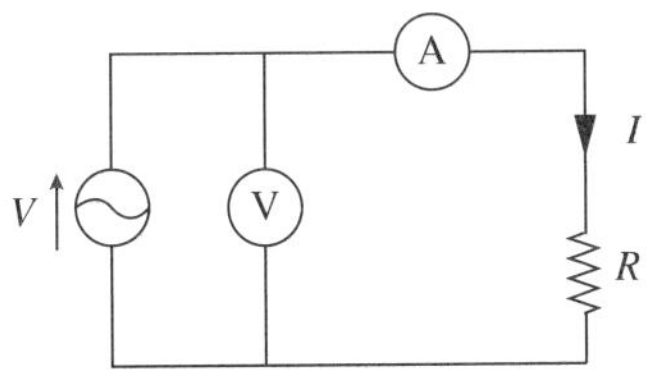

① 전압과 전류는 위상이 같다.
② 전압은 전류보다 위상이 90° 앞선다.
③ 전류는 전압보다 위상이 90° 앞선다.
④ 전압은 전류보다 위상이 180° 앞선다.

해설
② 코일만의 회로는 전압이 전류보다 위상이 90° 앞선다.
③ 콘덴서만의 회로는 전류가 전압보다 위상이 90° 앞선다.
④ 해당 없음

38 저항 3[Ω]과 유도 리액턴스 4[Ω]이 직렬로 접속된 회로에 교류전압 100[V]를 가할 때에 흐르는 전류는 몇 [A]인가?

① 14.3　　② 20
③ 24.3　　④ 30

해설
$Z=\sqrt{R^2+X_L^2}=\sqrt{3^2+4^2}=5$
$\therefore\ I=\frac{V}{Z}=\frac{100}{5}=20[\mathrm{A}]$

39 일정시간 동안 전기에너지가 한 일의 양을 무엇이라고 하는가?

① 전 류　　② 전 압
③ 전기량　　④ 전력량

해설
전력량 $W=Pt=VIt$

40 정격이 5[A], 220[V]인 전기제품을 10시간 동안 사용하였을 때 전력량은 몇 [kWh]인가?

① 1　　② 11
③ 21　　④ 31

해설
$W=Pt=VIt=220\times5\times10=11{,}000[\mathrm{Wh}]=11[\mathrm{kWh}]$

정답 36 ③ 37 ① 38 ② 39 ④ 40 ②

41 회로시험기를 사용하여 저항 측정 시 전환스위치를 $R \times 100$에 놓았을 때 계기의 바늘이 30[Ω]을 가리켰다면 저항값은?

① 30[Ω] ② 100[Ω]
③ 300[Ω] ④ 3,000[Ω]

해설
측정값 30[Ω] × 100 = 3,000[Ω]

42 5a 2b의 접점을 지닌 전자개폐기와 계전기를 사용하여 기동스위치 1개로 3상 유도전동기의 운전과 정지가 가능한 제어회로를 만들고자 한다. 이때 5a 2b에서 보조 a접점의 개수는?

① 2 ② 3
③ 4 ④ 5

해설
- a접점 : 주회로 a접점 3개 + 보조회로 a접점 2개 = 5개
- b접점 : 보조회로 b접점 2개

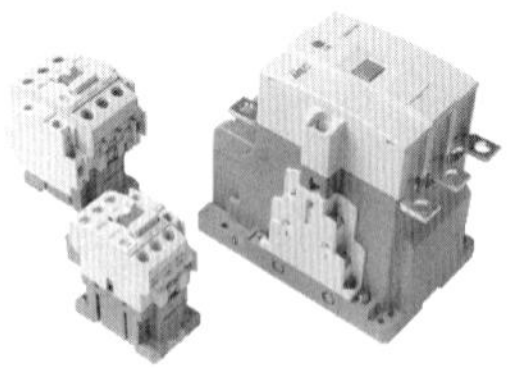

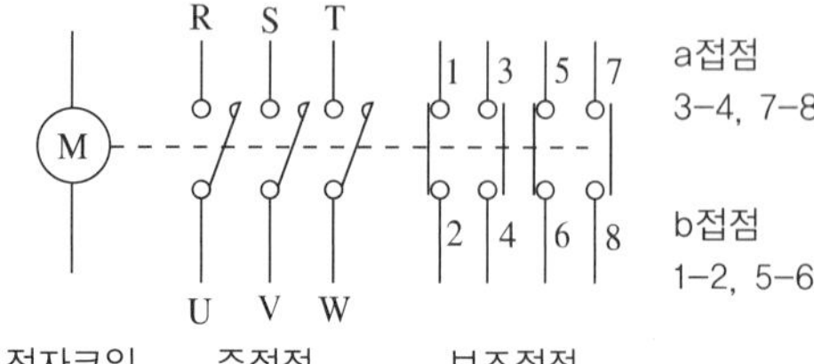

43 유효전력(ⓐ), 무효전력(ⓑ), 피상전력(ⓒ)의 단위를 바르게 나열한 것은?

① ⓐ [Var], ⓑ [W], ⓒ [VA]
② ⓐ [W], ⓑ [VA], ⓒ [Var]
③ ⓐ [W], ⓑ [Var], ⓒ [VA]
④ ⓐ [Var], ⓑ [Var], ⓒ [W]

44 전동기의 기동버튼을 누를 때 전원 퓨즈가 단선되는 원인이 아닌 것은?

① 코일의 단락
② 접촉자의 접지
③ 접촉자의 단락
④ 철심면의 오손

해설
부하가 걸리지 않은 합선상태에서 과전류가 흐를 때 퓨즈가 용단됨

45 한 달간 사용한 전력량을 계산하였더니 100[kWh]를 사용하였는데, 이를 줄[J] 단위로 환산하면 얼마인가?

① 0.24 ② 746
③ 10^5 ④ 3.6×10^8

해설
100[kWh] = 100 × 1,000 × 3,600 = 3.6×10^8[J]
K = 1,000
1시간 = 3,600초

41 ④ 42 ① 43 ③ 44 ④ 45 ④ 정답

46 도면 부품란에 "SM 45C"로 기입되어 있을 때 어떤 재료를 의미하는가?

① 탄소 주강품
② 용접용 스테인리스 강재
③ 회주철품
④ 기계 구조용 탄소 강재

해설

- SM : 기계 구조용
- 45C : 탄소 함유량 0.40~0.50%의 중간값

47 보기에서와 같이 입체도를 제3각법으로 그린 투상도에 관한 설명으로 옳은 것은?

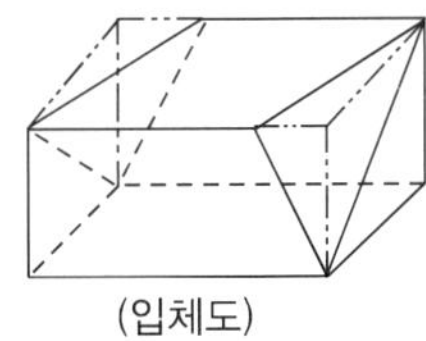
(입체도)

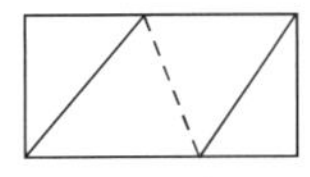

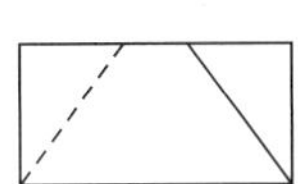

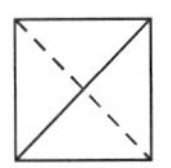

① 평면도만 틀림
② 정면도만 틀림
③ 우측면도만 틀림
④ 모두 올바름

해설

평면도에서 파선(숨은선)이 없어야 한다.

48 그림과 같이 경사면부가 있는 물체에서 경사면의 실제 형상을 나타낼 수 있도록 그린 투상도는?

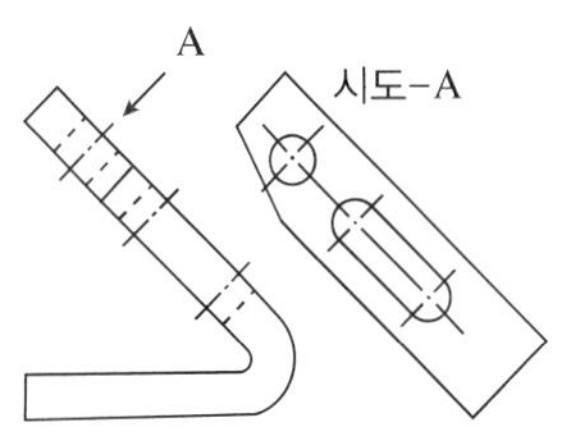

① 보조 투상도
② 국부 투상도
③ 회전 투상도
④ 부분 투상도

해설

국부 투상도	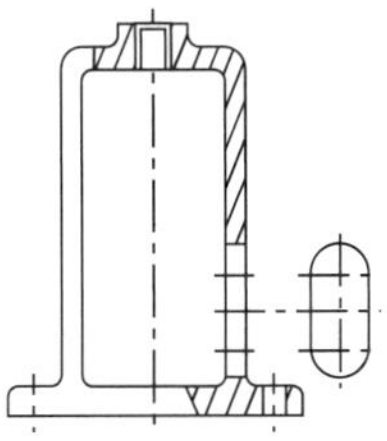
회전 투상도	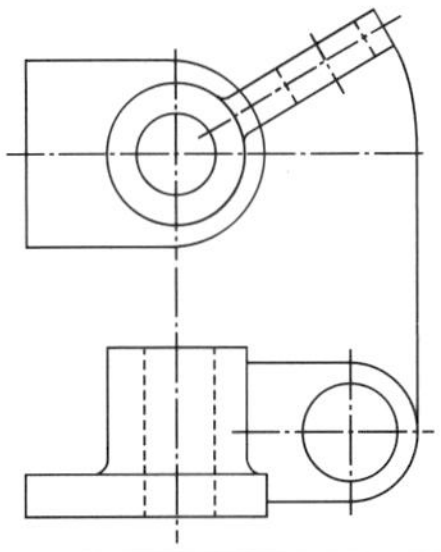
부분 투상도	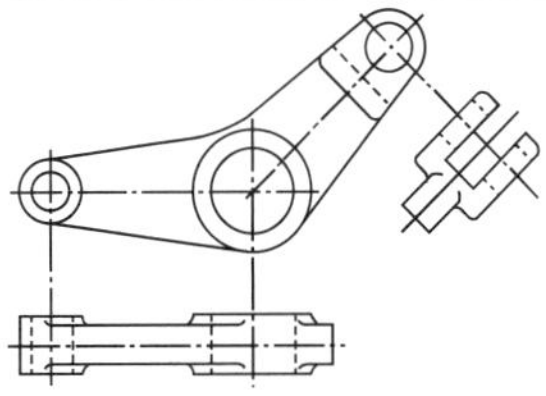

정답 46 ④ 47 ① 48 ①

49 **원호의 반지름이 커서 그 중심위치를 나타낼 필요가 있을 경우, 지면 등의 제약이 있을 때는 그 반지름의 치수선을 구부려서 표시할 수 있다. 이때 치수선의 표시방법으로 맞는 것은?**

① 중심점의 위치는 원호의 실제 중심위치에 있어야 한다.

② 중심점에서 연결된 치수선의 방향은 정확히 화살표로 향한다.

③ 치수선의 방향은 중심에 관계없이 보기 좋게 긋는다.

④ 치수선에 화살표가 붙은 부분은 정확한 중심 위치를 향하도록 한다.

해설

반지름의 치수 기입법

- 반지름의 치수는 반지름 기호 R를 치수 수치 앞에 기입하여 표시한다.
- 원호의 반지름을 표시하는 치수선에는 원호 쪽에만 화살표를 표시한다.
- 원호의 중심 위치를 표시할 필요가 있을 때에는 + 자 또는 검은 둥근점으로 표시한다.
- 원호의 반지름이 클 때에는 중심을 옮겨 치수선을 꺾어 표시해도 좋다. 이때, 화살표가 붙은 치수선은 본래 중심 위치로 향해야 한다.
- 같은 중심을 가진 반지름은 누진 치수 기입법을 사용하여 표시한다.

50 **다음 그림에서 "가"와 "나"의 용도에 의한 명칭과 선의 종류(굵기)가 바르게 연결된 것은?**

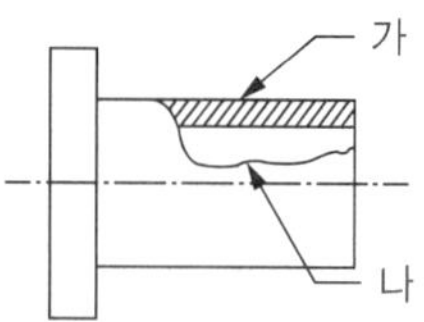

① 가. 해칭선-가는 실선, 나. 가상선-가는 실선

② 가. 해칭선-굵은 실선, 나. 파단선-굵은 실선

③ 가. 해칭선-가는 실선, 나. 파단선-굵은 실선

④ 가. 해칭선-가는 실선, 나. 파단선-가는 실선

해설

- 해칭선 : 기본 중심선 또는 기선에 대하여 45° 기울기로 2~3mm 간격으로 가는 실선을 긋는다.
- 파단선 : 대상물의 일부를 파단한 경계 또는 일부를 떼어낸 경계를 표시하는 선으로 지그재그의 가는 실선으로 긋는다.

51 **다음 투상법의 기호는 제 몇 각법을 나타내는 기호인가?**

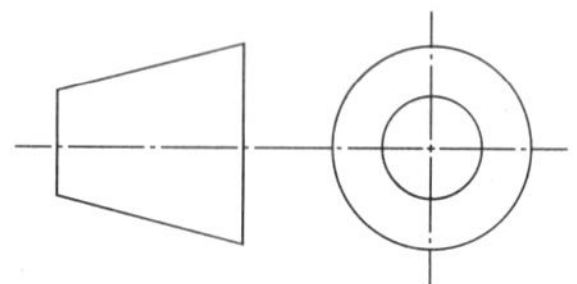

① 제1각법

② 제2각법

③ 제3각법

④ 제4각법

해설

제1각법	제3각법
• 물체를 제1각 내에 두고 투상 • 눈 → 물체 → 투상면	• 물체를 제3각 내에 두고 투상 • 눈 → 투상면 → 물체

49 ④ 50 ④ 51 ① **정답**

52 강판을 말아서 그림과 같은 원통을 만들고자 한다. 다음 중 가장 적합한 강판의 크기(가로 × 세로)는?

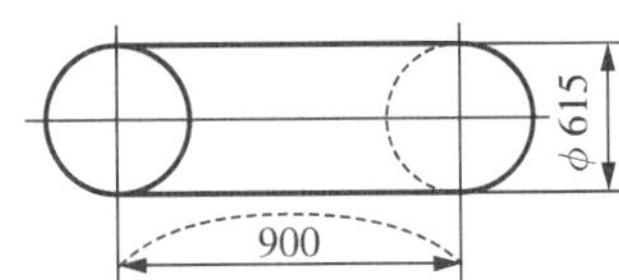

① 966 × 900
② 1,932 × 900
③ 2,515 × 900
④ 3,864 × 900

해설
세로 길이는 원주길이가 되므로 원주길이는
$\pi \times d$(지름) = 3.14 × 615 = 1,931.1
가로 길이는 900이다.

53 코일 스프링의 전체의 평균 지름이 30[mm], 소선의 지름이 3[mm]라면 스프링 지수는?

① 0.1
② 6
③ 8
④ 10

해설
스프링 지수 : 스프링 설계에 중요한 수로, 코일의 평균 지름(D)과 재료의 지름(d)의 비이다.
스프링 지수(C) $= \dfrac{D}{d}$(보통 4~10) $= \dfrac{30}{3} = 10$

54 양 끝에 왼나사 및 오른나사가 있어서 막대나 로프 등을 조이는 데 사용하는 기계요소는?

① 나비 너트
② 캡 너트
③ 아이 너트
④ 턴 버클

해설

나비 너트	캡 너트
아이 너트	**턴 버클**
	오른나사 왼나사

55 한 변의 길이가 2[cm]인 정사각형 단면의 주철제 각봉에 4,000[N]의 중량을 가진 물체를 올려놓았을 때 생기는 압축응력[N/mm²]은?

① 10[N/mm²]
② 20[N/mm²]
③ 30[N/mm²]
④ 40[N/mm²]

해설
압축응력 : $\sigma_c = \dfrac{P_c}{A}[\text{kg/cm}^2] = \dfrac{4{,}000}{20 \times 20} = 10[\text{N/mm}^2]$

정답 52 ② 53 ④ 54 ④ 55 ①

56 기준원 위에서 원판을 굴릴 때 원판 위의 1점이 그리는 궤적으로 나타내는 것은?

① 쌍곡선
② 포물선
③ 인벌류트 곡선
④ 사이클로이드 곡선

해설
인벌류트 곡선 : 원 기둥에 감은 실을 풀 때 실의 1점이 그리는 원의 일부 곡선

57 축을 설계할 때 고려사항으로 가장 적합하지 않은 것은?

① 변 형 ② 축간 거리
③ 강 도 ④ 진 동

해설
축 설계상의 고려할 사항
• 강 도
• 강성도
• 진 동
• 부 식
• 온 도

58 국제단위계 SI단위를 옳게 표현한 것은?

① 가속도 : [km/h]
② 체적 : [kℓ]
③ 응력 : [Pa]
④ 힘 : [N/m^2]

해설
① 가속도 : [m/s^2]
② 체적 : [m^3]
④ 힘 : [N], [$kg \cdot m/s^2$]

59 다음은 무엇에 대한 설명인가?

> 2개의 축이 평행하지만 축 선의 위치가 어긋나 있을 때 사용하며, 한 개의 원판 앞뒤에 서로 직각 방향으로 키 모양의 돌기를 만들어 이것을 양 축 사이의 플랜지 사이에 끼워놓아, 한쪽의 축을 회전시키면 중앙의 원판이 홈에 따라서 미끄러지며 다른 쪽의 축에 회전력을 전달시키는 축 이음 방법이다.

① 셀러 커플링
② 유니버설 커플링
③ 올덤 커플링
④ 마찰 클러치

해설
① 셀러 커플링 : 원뿔형상의 접촉면으로 조합된 주철제의 외부원통 1개와 내부원통 2개를 볼트로 축에 조여 붙여 사용한다.
② 유니버설 커플링 : 두 축이 서로 만나거나 평행해도 그 거리가 멀 때 사용하며, 회전하면서 그 축의 중심선의 위치가 달라지는 것에 동력을 전달하는 데 사용한다.
④ 마찰 클러치 : 원동축과 종동축에 설치된 마찰면을 서로 밀어 그 마찰력으로 회전을 전달한다.

60 다음 중 다른 벨트에 비하여 탄성과 마찰계수는 떨어지지만 인장강도가 대단히 크고 벨트 수명이 긴 장점을 가지고 있는 것으로 마찰을 크게 하기 위하여 풀리의 표면에 고무, 코르크 등을 붙여 사용하는 것은?

① 가죽 벨트
② 고무 벨트
③ 섬유 벨트
④ 강철 벨트

해설
① 가죽 벨트 : 마찰계수가 크며 마멸에 강하고 질기며(가격이 비쌈), 습도에 따라 길이가 변한다.
② 고무 벨트 : 인장강도가 크고 늘어남이 작으며 수명이 길고 두께가 고르나 기름과 열에 약하다. 습한 곳에서 사용한다.
③ 섬유 벨트 : 목면, 모, 실크, 마 등을 정해진 폭으로 짜 만든 벨트이며 포를 겹쳐 꿰매어 맞춘 것이다. 고속에서도 진동이 적지만 가장자리가 닳아서 떨어지면 약해진다.

56 ④ 57 ② 58 ③ 59 ③ 60 ④ 정답

2014년 제5회 과년도 기출문제

제1과목 | 공유압 일반

01 펌프의 토출 압력이 높아질 때 체적 효율과의 관계로 옳은 것은?

① 효율이 증가한다.
② 효율은 일정하다.
③ 효율이 감소한다.
④ 효율과는 무관하다.

해설
펌프가 축을 통하여 얻은 에너지 중 유용한 에너지의 정도가 어느 정도인가의 척도를 효율이라 한다. 유량-압력선도에서 이론적 송출량에서 누설량이 고려된 실제 송출량만큼 토출되므로 압력이 높아질수록 체적 효율은 감소한다.

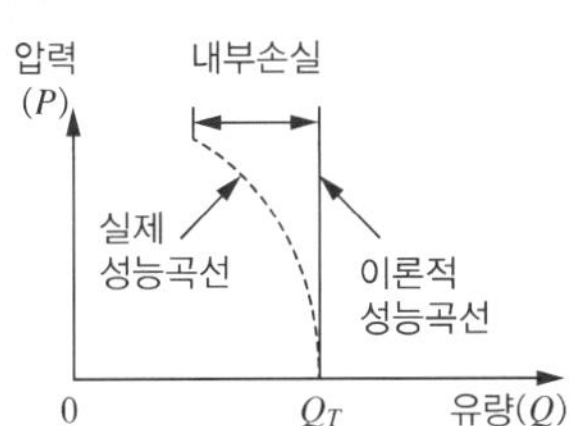

02 필터를 설치할 때 체크 밸브를 병렬로 사용하는 경우가 많다. 이때 체크 밸브를 사용하는 이유로 알맞은 것은?

① 기름의 충만
② 역류의 방지
③ 강도의 보강
④ 눈막힘의 보완

해설
눈막힘에 따른 압력상승을 보완하기 위해 병렬로 사용한다.

03 흡착식 건조기에 관한 설명으로 옳지 않은 것은?

① 건조제로 실리카겔, 활성 알루미나 등이 사용된다.
② 흡착식 건조기는 최대 −70[℃] 정도까지의 저이슬점을 얻을 수 있다.
③ 건조제가 압축공기 중의 수분을 흡착하여 공기를 건조하게 된다.
④ 냉매에 의해 건조되며 2~5[℃]까지 냉각되어 습기를 제거한다.

해설
④ 냉동식 건조기를 설명하고 있다.

04 제어작업이 주로 논리제어의 형태로 이루어지는 AND, OR, NOT, 플립플롭 등의 기본논리연결을 표시하는 기호도를 무엇이라 하는가?

① 논리도
② 제어선도
③ 회로도
④ 변위단계선도

해설
② 제어선도 : 신호발생요소의 신호 영역을 ON-OFF 표시방식으로 표현함으로써 각 신호발생요소의 작동상태를 알 수 있으며 각 신호발생요소간의 신호간섭현상을 예지할 수 있다.
④ 변위단계선도 : 액추에이터의 작업순서를 도표로 작성한 것으로 스텝을 일정한 간격으로 등분하며, 전진은 1, 후진은 0으로 나타낸다.

정답 1 ③ 2 ④ 3 ④ 4 ①

05 유압회로에서 회로 내의 압력을 일정하게 유지시키는 역할을 하는 밸브는?

① 체크 밸브
② 릴리프 밸브
③ 유압 펌프
④ 솔레노이드 밸브

해설
① 체크 밸브 : 한쪽 방향의 유동은 허용하고 반대 방향의 흐름은 차단하는 밸브
③ 유압 펌프 : 원동기로부터 공급받은 회전에너지로 압력을 가진 유체에너지로 변환하는 기기
④ 솔레노이드 밸브 : 전자(Solenoide) 조작으로 유로의 방향을 전환시키는 밸브

06 유압장치에서 사용되고 있는 오일 탱크에 관한 설명으로 적합하지 않은 것은?

① 오일을 저장할 뿐만 아니라 오일을 깨끗하게 한다.
② 주유구에는 여과망과 캡 또는 뚜껑을 부착하여 먼지, 절삭분 등의 이물질이 오일 탱크에 혼입되지 않게 한다.
③ 공기청정기의 통기용량은 유압펌프 토출량의 2배 이상으로 하고, 오일탱크의 바닥면은 바닥에서 최소 15[cm]를 유지하는 것이 좋다.
④ 오일탱크의 용량은 장치 내의 작동유를 모두 저장하지 않아도 되므로 사용압력, 냉각장치의 유무에 관계없이 가능한 작은 것을 사용한다.

해설
탱크의 용적은 작동유의 열을 충분히 발산시키고 필요유량에 대하여도 충분히 여유 있는 크기이어야 하며, 오일 탱크의 크기는 냉각장치의 유무, 사용압력, 유압회로의 상태에 따라서 달라진다.

07 다음 중 공압 센서로 검출할 수 없는 것은?

① 물체의 유무
② 물체의 위치
③ 물체의 재질
④ 물체의 방향 변위

해설
공압 센서
- 비접촉식 검출기로서 에어 센서, 제트 센서 등으로 불려진다.
- 물체의 유무, 위치, 방향, 변위 등의 검출을 행하는 것으로 기계적 위치 변화를 공압 변화로 변환하는 것으로 분류할 수 있다.
- 원리에는 자유분사 원리(Free-Jet Principle)와 배압감지원리(Back-Pressure Sensor)의 두 가지가 있다.

08 습공기 중에 포함되어 있는 건조공기 중량에 대한 수증기의 중량을 무엇이라고 하는가?

① 포화습도 ② 상대습도
③ 평균습도 ④ 절대습도

해설
- 절대습도 : 습공기 1[m^3]당 건공기의 중량과 수증기의 중량비이다.
- 상대습도 : 어떤 습공기 중의 수증기(수증기량) 분압(수증기압)과 같은 온도에서 포화공기의 수증기와 분압과의 비이다.

09 공압장치의 공압 밸브 조작방식이 아닌 것은?

① 수동조작방식
② 래치조작방식
③ 전자조작방식
④ 파일럿조작방식

해설
공압 밸브 조작방식
- 인력조작방식
- 기계조작방식
- 전기조작방식
- 파일럿조작방식

5 ② 6 ④ 7 ③ 8 ④ 9 ② 정답

10 **공압장치에 사용되는 압축공기 필터의 공기여과 방법으로 틀린 것은?**

① 가열하여 분리하는 방법

② 원심력을 이용하여 분리하는 방법

③ 흡습제를 사용해서 분리하는 방법

④ 충돌판에 닿게 하여 분리하는 방법

해설

공기여과 방식

- 원심력을 이용하여 분리하는 방식
- 충돌판을 닿게 하여 분리하는 방식
- 흡습제를 사용하여 분리하는 방식
- 냉각하여 분리하는 방식

11 **공기압 실린더의 지지형식이 아닌 것은?**

① 풋 형

② 플랜트형

③ 플랜지형

④ 트러니언형

해설

공압 실린더 지지형식

- 고정형 : 풋형, 플랜지형
- 요동형 : 클레비스형, 트러니언형

12 **다음과 같은 회로도의 기능은?**

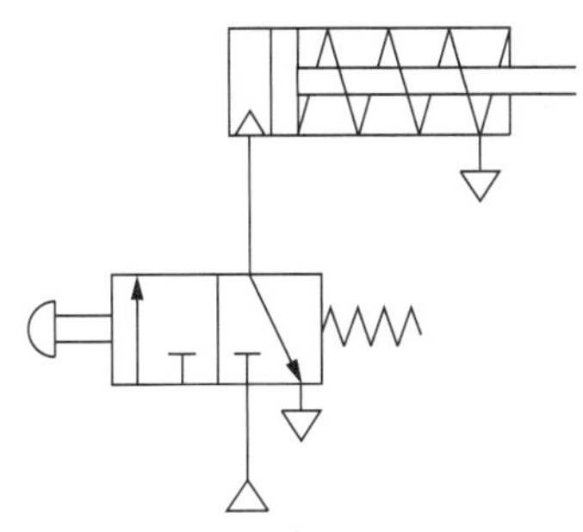

① 단동실린더 고정회로

② 복동실린더 고정회로

③ 단동실린더 제어회로

④ 복동실린더 제어회로

해설

실린더 심벌은 단동실린더이고, 단동실린더를 제어하는 밸브는 3/2Way 밸브가 사용된다.

13 **공기압축기를 작동원리에 따라 분류할 때 용적형 압축기가 아닌 것은?**

① 축류식

② 피스톤식

③ 베인식

④ 다이어프램식

해설

작동원리에 따른 분류

14 공기압 회로에서 압축 공기의 역류를 방지하고자 하는 경우에 사용하는 밸브로서, 한쪽 방향으로만 흐르고 반대 방향으로는 흐르지 않는 밸브는?

① 체크 밸브

② 시퀀스 밸브

③ 셔틀 밸브

④ 급속배기 밸브

해설

② 시퀀스 밸브 : 회로에서 순차적으로 작동할 때 작동순서를 회로의 압력에 의해 제어하는 밸브

③ 셔틀 밸브 : 두 개 이상의 입구와 한 개의 출구를 갖춘 밸브로 둘 중 하나에 이상 압력이 작용할 때 출구에 출력신호가 발생(양 체크 밸브 또는 OR밸브)

④ 급속배기 밸브 : 실린더의 속도를 증가시켜 급속히 작동시키고자 할 때 사용, 배출저항을 작게 하여 운동속도를 빠르게 하는 밸브

15 다음 중 공기압 장치의 기본시스템이 아닌 것은?

① 유압펌프

② 압축공기 조정장치

③ 공압 제어밸브

④ 압축공기 발생장치

해설

① 유압장치의 기본시스템(유압펌프 : 유압 에너지의 발생원으로 오일을 공급하는 기능)

공압장치의 구성

- 동력원 : 엔진, 전동기
- 공압발생부 : 압축기, 탱크, 애프터 쿨러
- 공압청정부 : 필터, 에어 드라이어
- 제어부 : 압력제어, 유량제어, 방향제어
- 구동부(액추에이터) : 실린더, 공압모터, 요동형 액추에이터

16 다음과 같이 2개의 3/2way 밸브를 연결한 상태의 회로는 어떠한 논리를 나타내는가?

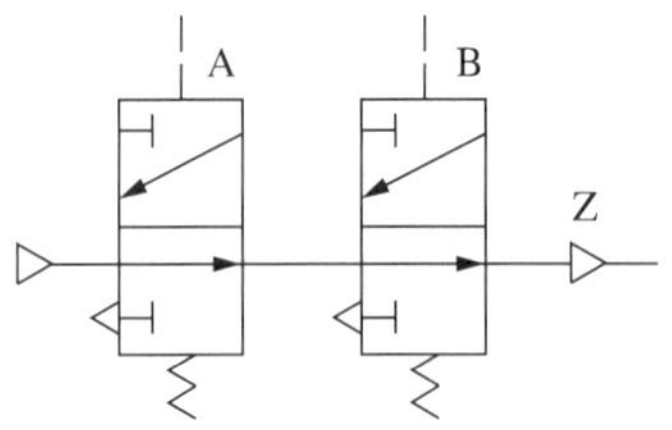

① OR 논리

② AND 논리

③ NOR 논리

④ NAND 논리

해설

NOR 회로

2개 이상의 입력단과 1개의 출력단을 가지며, 입력단의 전부에 입력이 없는 경우에만 출력단에 출력이 나타나는 회로이다. NOT OR회로의 기능을 가지고 있다.

17 일정량의 액체가 채워져 있는 용기의 밑면적이 받는 압력은?

① 정 압

② 절대압력

③ 대기압

④ 게이지압력

해설

- 게이지압력 : 대기압을 기준으로 하여 나타낸다(대기압의 압력을 0).
- 절대압력 : 완전 진공을 기준으로 하여 나타낸다(완전진공 상태를 0).

※ 절대압력 = 대기압 + 게이지압력

14 ① 15 ① 16 ③ 17 ① **정답**

18 유압시스템의 최고 압력을 설정할 수 있는 밸브는?

① 감압 밸브
② 방향 제어 밸브
③ 언로딩 밸브
④ 압력 릴리프 밸브

해설

① 감압 밸브(Reducing Valve, 압력조절기) : 압력을 사용하는 장치에 맞는 압력으로 감압하여 안정된 압력을 공급할 목적으로 사용
② 방향 제어 밸브 : 공기흐름의 방향을 제어하는 밸브의 총칭
③ 무부하 밸브(Unloading Valve) : 작동압이 규정압력 이상으로 달했을 때 무부하운전을 하여 배출하고 규정압력 이하가 되면 밸브는 닫히고 다시 작동하게 되는 밸브

19 실린더가 전진운동을 완료하고 실린더 측에 일정한 압력이 형성된 후에 후진운동을 하는 경우처럼 스위칭 작용에 특별한 압력이 요구되는 곳에 사용하는 밸브는?

① 시퀀스 밸브
② 3/2way 방향 제어 밸브
③ 급속 배기 밸브
④ 4/2way 방향 제어 밸브

해설

시퀀스 밸브

공유압 회로에서 순차적으로 작동할 때 작동순서를 회로의 압력에 의해 제어되는 밸브이다. 즉, 회로 내의 압력상승을 검출하여 압력을 전달하여 실린더나 방향제어밸브를 움직여 작동순서를 제어한다.

20 압력 80[kgf/cm^2], 유량 25[L/min]인 유압 모터에서 발생하는 최대 토크는 약 몇 [kgf · m]인가? (단, 1회당 배출량은 30cc/rev이다)

① 1.6 ② 2.2
③ 3.8 ④ 7.6

해설

유압모터의 토크

$T = \frac{q \times P}{2\pi}$[kgf · cm]

여기서, P : 작동유의 압력
q : 유압모터 1회전당 배출량[cm^3/rev]

$\therefore\ T = \frac{30 \times 80}{2 \times 3.14 \times 100} = 3.82$[kgf · m]

※ 단위에 주의하여 계산한다.

21 회로 중의 공기압력이 상승해 갈 때나 하강해 갈 때에 설정된 압력이 되면 전기 스위치가 변환되어 압력 변화를 전기신호로 나타나게 한다. 이러한 작동을 하는 기기는?

① 압력스위치
② 릴리프 밸브
③ 시퀀스 밸브
④ 언로드 밸브

해설

② 릴리프 밸브 : 시스템 내의 최대압력을 제한해 주는 것으로 주로 유압회로에서 많이 사용
③ 시퀀스 밸브 : 회로에서 순차적으로 작동할 때 작동순서를 회로의 압력에 의해 제어되는 밸브
④ 언로드 밸브 : 작동압이 규정압력 이상으로 달했을 때 무부하운전을 하여 배출하고, 규정압력 이하가 되면 밸브는 닫히고 다시 작동하게 되는 밸브

정답 18 ④ 19 ① 20 ③ 21 ①

22 유압 · 공기압 도면기호(KS B 0054)의 기호 요소 중 1점쇄선의 용도는?

① 주관로
② 포위선
③ 계측기
④ 회전이음

해설
유 · 공압 도면기호(KS B 0054)에서 선의 의미
- 실선 : 주관로, 파일럿 밸브에의 공급 관로, 전기신호선(귀환관로를 포함)
- 파선 : 파일럿 조작관로, 드레인 관, 필터, 밸브의 과도위치
- 1점쇄선 : 포위선
- 복선 : 기계적 결합(회전축, 레버, 피스톤로드 등)

23 작동유의 구비조건으로 옳지 않은 것은?

① 압축성일 것
② 화학적으로 안정할 것
③ 열을 방출시킬 수 있어야 할 것
④ 기름 속의 공기를 빨리 분리시킬 수 있을 것

해설
작동유의 구비조건
- 비압축성일 것
- 내열성, 점도지수, 체적탄성계수 등이 클 것
- 장시간 사용해도 화학적으로 안정될 것
- 산화안정성(녹이나 부식 발생 등이 방지), 방열성이 좋을 것
- 장치와의 결합성, 유동성이 좋을 것
- 이물질 등을 빨리 분리할 것
- 인화점이 높을 것

24 유압 · 공기압 도면기호(KS B 0054)의 기호 요소 중 정사각형의 용도가 아닌 것은?

① 필 터
② 피스톤
③ 주유기
④ 열교환기

해설
② 피스톤 : 직사각형으로 표시

25 복동 실린더의 미터-아웃 방식에 의한 속도제어 회로는?

① 실린더로 공급되는 유체의 양을 조절하는 방식
② 실린더에서 배출되는 유체의 양을 조절하는 방식
③ 공급과 배출되는 유체의 양을 모두 조절하는 방식
④ 전진 시에는 공급유체를, 후진 시에는 배출유체의 양을 조절하는 방식

해설
미터 아웃 방식
배출 쪽 관로에 체크밸브를 배기 차단되게 설치하고 일방향 유량조절 밸브로 관로의 흐름을 제어함으로써 속도(힘)를 제어하는 회로로, 초기 속도는 불안하나 피스톤 로드에 작용하는 부하 상태에 크게 영향을 받지 않는 장점이 있다. 복동실린더의 속도 제어에는 모두가 배기 조절 방법을 사용한다.

22 ② 23 ① 24 ② 25 ② 정답

26 다음 그림에 관한 설명으로 옳은 것은?

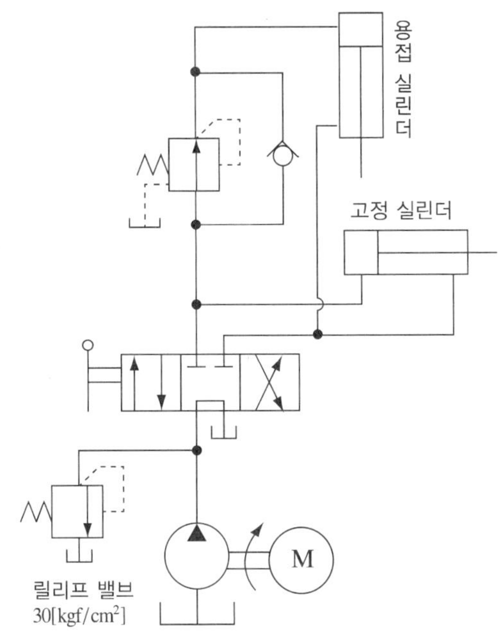

① 자유낙하를 방지하는 회로이다.

② 감압 밸브의 설정압력은 릴리프 밸브의 설정압력보다 낮다.

③ 용접실린더와 고정실린더의 순차제어를 위한 회로이다.

④ 용접실린더에 공급되는 압력을 높게 하기 위한 방법이다.

해설

감압 밸브에 의한 2압력 회로이다. 고정 실린더의 고정압력은 릴리프 밸브의 설정압력으로 설정되고, 용접 실린더의 접합압력은 감압 밸브의 설정압력이며 릴리프 밸브의 설정압력보다 낮은 범위에서 조정해야 한다.

27 압력제어 밸브의 핸들을 돌렸을 때 회전각에 따라 공기압력이 원활하게 변화하는 특성은?

① 유량 특성

② 릴리프 특성

③ 재현 특성

④ 압력조정 특성

해설

① 유량 특성 : 2차측 유로를 조여서 유량이 0인 상태에서 공기 압력을 설정한 후에 2차측 유량을 서서히 증가시켜 가면 2차측 압력은 서서히 저하된다.

② 릴리프 특성 : 2차측 공기의 압력을 외부에서 상승시켰을 때 릴리프 구멍에서 배기되는 고압의 압력특성을 말한다.

③ 재현(성) 특성 : 1차측의 공기 압력을 일정 공기압으로 설정하고, 2차측을 조절할 때 설정 압력의 변동 상태를 확인하는 것으로, 장시간 사용 후 변동 상태의 확인이다.

28 압축공기에 비하여 유압의 장점으로 옳지 않은 것은?

① 정확성

② 비압축성

③ 배기성

④ 힘의 강력성

해설

③ 유압 시스템에서 배기되는 유압은 회수를 해야 하므로 장점으로 볼 수 없다.

정답 26 ② 27 ④ 28 ③

29 **유압회로에서 유압 작동유의 점도가 너무 높을 때 일어나는 현상이 아닌 것은?**

① 응답성이 저하된다.
② 동력손실이 커진다.
③ 열 발생의 원인이 된다.
④ 관내 저항에 의한 압력이 저하된다.

해설

점도가 너무 높은 경우

- 마찰손실에 의한 동력손실이 큼(장치전체의 효율 저하)
- 장치(밸브, 관 등)의 관내 저항에 의한 압력손실이 큼(기계효율 저하)
- 마찰에 의한 열이 많이 발생(캐비테이션 발생)
- 응답성이 저하(작동유의 비활성)

30 **유압 작동유의 적절한 점도가 유지되지 않을 경우 발생되는 현상이 아닌 것은?**

① 동력손실 증대
② 마찰 부분 마모 증대
③ 내부 누설 및 외부 누설
④ 녹이나 부식 발생의 억제

해설

④ 녹이나 부식 발생이 촉진된다.

제3과목 | 기초전기일반

31 **전열기에 전압을 가하여 전류를 흘리면 열이 발생하게 되는데, I[A]의 전류가 저항 R[Ω]인 도체를 t[sec] 동안 흘렀다면 이 도체에서 발생하는 열에너지는 몇 [J]인가?**

① IRt　　② I^2Rt
③ $4.2I^2Rt$　　④ $0.24I^2Rt$

해설

$P = VIt = I^2Rt$[J]

32 **다음과 같은 전동기 정역회로의 동작에 관한 설명으로 옳지 않은 것은?**

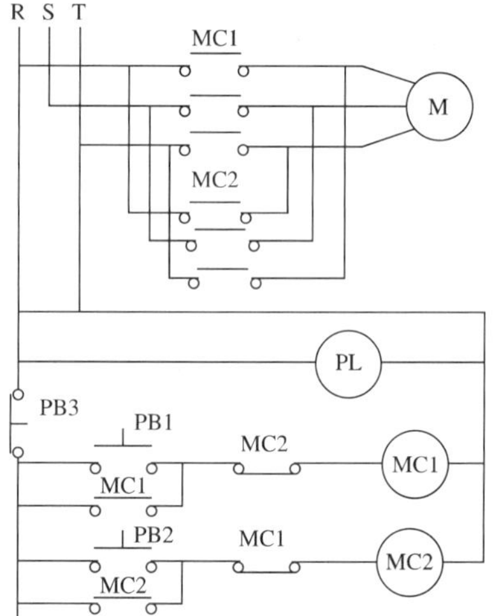

① PL은 전원이 투입되면 PB 스위치와 관계없이 항상 점등된다.
② PB1을 누르면 MC1이 여자되어 MC1-a 접점이 붙고 전동기 M이 정회전 운동을 한다.
③ PB2를 누르면 MC2가 여자되어 MC2-a 접점이 붙고 전동기 M이 역회전 운동을 한다.
④ PB3을 누르면 MC1, MC2가 여자되어 전동기 M이 자동으로 정·역회전 운동을 한다.

29 ④ 30 ④ 31 ② 32 ④ **정답**

33 500[W]의 전력을 소비하는 전기난로를 6시간 동안 사용할 때의 전력량은 얼마인가?

① 0.3[kWh]
② 3[kWh]
③ 30[kWh]
④ 300[kWh]

해설
$W = Pt$ = 500 × 6 = 3,000 = 3[kWh]

34 전류의 단위로 암페어[A]를 사용한다. 다음 중 1[A]에 해당하는 것은?

① 1[sec] 동안에 1[C]의 전기량이 이동하였다.
② 저항 1[Ω]인 물체에 10[V]의 전압을 인가하였다.
③ 1[m] 높은 전위에서 1[m] 낮은 전위로 전기량이 흘렀다.
④ 1[C]의 전기량이 두 점 사이를 이동하여 1[J]의 일을 하였다.

해설
1[A]는 1초 동안에 흐르는 1[C]의 전기량을 의미한다.

35 1[Ω] 미만의 저저항을 측정하기 위하여 전압강하법을 사용하였다. 전압강하법을 이용한 측정시 유의사항으로 옳지 않은 것은?

① 내부저항이 큰 전압계를 이용한다.
② 측정 중에는 일정 온도를 유지한다.
③ 도선의 연결 단자 구성시 접촉저항이 작도록 한다.
④ 전원과 병렬로 가변저항을 삽입하여 전류의 양을 조절한다.

해설
저저항측정법
오차를 최소화하기 위하여 전압강하법, 전위차계법, 캘빈더블 브리지법을 사용한다.

- 전압강하법(전압전류계법) : 오차를 최소화하기 위하여 내부 저항이 큰 전압계를 사용하여 전압계로 흐르는 전류를 최소화함으로써 측정오차를 줄인다. 편위법(바늘의 움직임)으로 측정한다.
- 전위차계법 : 영위법(기준과 비교하여 상대적)으로 측정한다.
- 캘빈더블 브리지법 : 1[Ω] 이하의 저저항의 정밀측정에 사용된다. 휘트스톤 브리지에 저항이 큰 보조저항을 첨가한 것으로 검류계에 전류가 흐르지 않을 때 측정하므로 정밀측정에 적합하다.

※ 저항의 분류
- 저저항 : 1[Ω] 미만
- 중저항 : 1[Ω]~1[MΩ]
- 고저항 : 1[MΩ] 이상

36 평형 3상 회로에서 △ 결선의 3상 전원 중 2개 상의 전원만을 이용하여 3상 부하에 전력을 공급할 때 사용되는 결선은?

① Y결선
② △ 결선
③ V결선
④ Z결선

해설
V결선

- 출력비 : $\dfrac{P_V}{P_\triangle} = \dfrac{\sqrt{3}\,VI\cos\theta}{3VI\cos\theta} = \dfrac{1}{\sqrt{3}} = 0.577$
- 이용률 : $\dfrac{\sqrt{3}\,VI\cos\theta}{2VI\cos\theta} = \dfrac{\sqrt{3}}{2} = 0.866$

37 다음 중 건식정류기(금속정류기)가 아닌 것은?

① 셀렌정류기
② 실리콘정류기
③ 회전변류기
④ 아산화동정류기

해설
금속정류기의 종류
셀렌정류기, 실리콘정류기, 아산화동정류기

38 다음 접점회로가 나타내는 논리회로는?

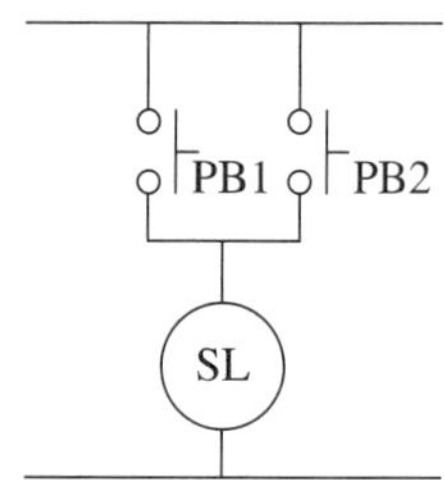

① OR회로
② AND회로
③ NOT회로
④ NAND회로

39 다음 중 측정 중 또는 측정방법으로 인해 발생할 수 있는 오차가 아닌 것은?

① 우연오차
② 과실오차
③ 계통오차
④ 정밀오차

해설
오차는 크게 세 가지로 계통오차, 과실오차, 우연오차로 분류하며 오차의 종류와 원인을 규명함으로써 오차를 줄일 수 있다.

40 직류기의 손실 중 전기자 철심 안에서 자속이 변할 때 철심부에 생기는 손실로서, 히스테리시스손, 와류손 등으로 구분되는 것은?

① 동 손
② 철 손
③ 기계손
④ 표류부하손

해설
변압기의 손실은 철손과 동손으로 구분된다.
- 철손 : 부하의 유무와 상관없이 전압만 인가되고 있으면 발생하는 손실로 무부하손실이라고 한다(히스테리시스손+와류손).
- 동손 : 부하전류에 의한 권선의 I^2R 손으로 부하가 변동하면 전류의 제곱에 비례해서 증감하게 되며 보통 부하손이라고 한다.

37 ③ 38 ① 39 ④ 40 ② 정답

41 100[Ω]의 부하가 연결된 회로에 10[V]의 직류 전압을 인가하고 전류를 측정하면 계기에 나타나는 값은 몇 [A]인가?

① 10　　② 1
③ 0.1　　④ 0.01

해설
$I = \frac{V}{R} = \frac{10}{100} = 0.1[\mathrm{A}]$

42 서보모터에 관한 설명으로 옳지 않은 것은?

① 저속회전이 쉽다.
② 급가감속이 어렵다.
③ 정역회전이 가능하다.
④ 저속에서 큰 토크를 얻을 수 있다.

해설
② 급가감속이 쉽다.

43 단상 유도전동기가 산업 및 가정용으로 널리 이용되는 이유로 옳지 않은 것은?

① 직류전원을 생활 주변에서 쉽게 얻을 수 있다.
② 전동기의 구조가 간단하고 고장이 적고 튼튼하다.
③ 작은 동력을 필요로 하며 가격이 비교적 저렴하다.
④ 취급과 운전이 쉬워 다른 전동기에 비해 매우 편리하게 이용할 수 있다.

해설
단상 유도전동기의 장점
- 취급과 운전이 쉽다.
- 구조가 간단하고 고장이 적다.
- 작은 동력을 필요로 하며 가격이 저렴하다.

44 정현파 교류전압의 순시값이 $200\sin\omega t$[V]일 때 최댓값은 몇 [V]인가?

① 100　　② 200
③ 300　　④ 400

해설
순시값과 최댓값
순시값 $v = V_m \sin\omega t[\mathrm{V}]$
$i = I_m \sin\omega t[\mathrm{A}]$
$\therefore V_m = 200[\mathrm{V}]$

45 정전용량 C[F]인 콘덴서에 교류전원을 접속하여 사용할 경우의 전류와 전압과의 위상 관계는?

① 전류와 전압은 동상이다.
② 전류가 전압보다 위상이 90° 늦다.
③ 전류가 전압보다 위상이 90° 앞선다.
④ 전류가 전압보다 위상이 120° 앞선다.

해설
콘덴서에서는 전류가 전압보다 위상이 90° 앞선다(IEC).

정답 41 ③ 42 ② 43 ① 44 ② 45 ③

46 다음 입체도에서 화살표 방향의 정면도로 적합한 것은?

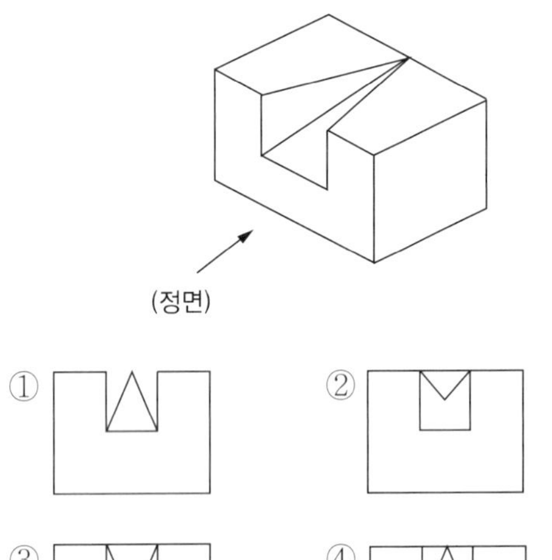

47 그림과 같은 용접 기호에서 a5는 무엇을 의미하는가?

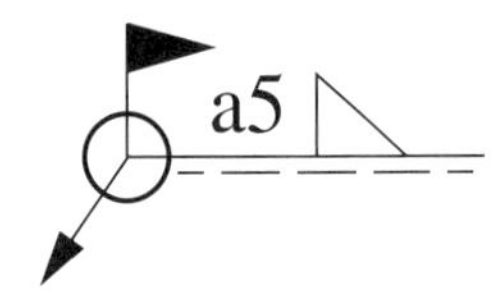

① 루트 간격이 5[mm]
② 필릿 용접 목 두께가 5[mm]
③ 필릿 용접 목 길이가 5[mm]
④ 점 용접부의 용접 수가 5개

해설
전체 둘레 현장 용접의 보조 기호이며 필릿 용접, 목 두께를 나타낸다.

48 3각법으로 투상한 그림과 같은 정면도와 평면도에 좌측면도로 적합한 것은?

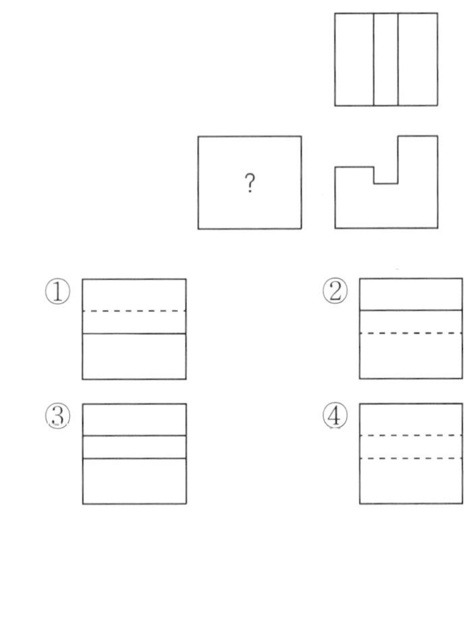

49 기계제도에서 척도 및 치수 기입법 설명으로 잘못된 것은?

① 치수는 되도록 주투상도에 집중하여 기입한다.
② 치수는 특별한 명기가 없는 한 제품의 완성치수이다.
③ 현의 길이를 표시하는 치수선은 동심 원호로 표시한다.
④ 도면에 NS로 표시된 것은 비례척이 아님을 나타낸 것이다.

해설

현의 길이치수	호의 길이치수	각도 치수
10	$\overset{\frown}{10}$	30°

46 ④ 47 ② 48 ② 49 ③ 정답

50 도면에서 표제란의 투상법란에 그림과 같은 투상법 기호로 표시되는 경우는 몇 각법 기호인가?

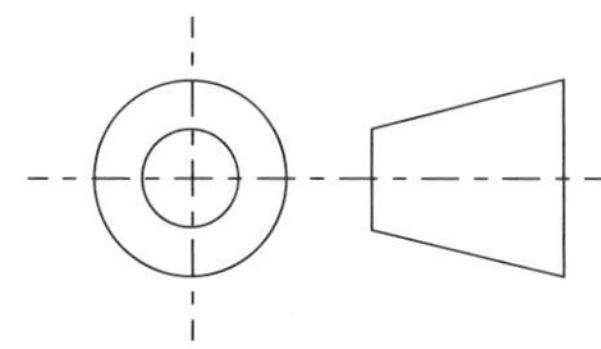

① 1각법 ② 2각법
③ 3각법 ④ 4각법

해설
제1각법

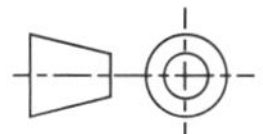

51 그림과 같이 직육면체를 나타낼 수 있는 투상도는?

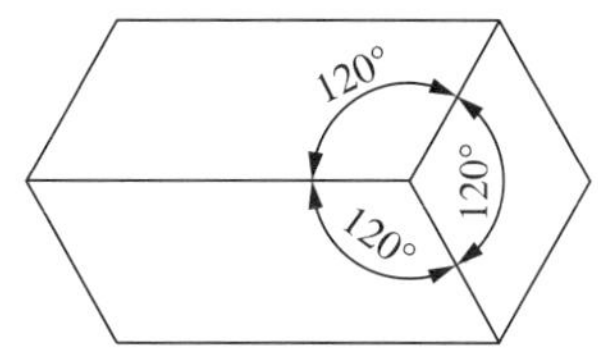

① 정투상도
② 사투상도
③ 등각 투상도
④ 부등각 투상도

해설
① 정투상도 : 세 개의 직교하는 화면의 중간에 물체를 놓고 3방향에서 평행 광선을 투상하면 각각의 화면에 그림이 투상된다. 이 3가지의 그림을 정면도, 평면도, 측면도라고 한다.
② 사투상도 : 정투상도에서 정면도의 크기와 모양은 그대로 사용, 평면도와 우측면도를 경사시켜 그리는 투상법이다.
④ 부등각 투상도 : 서로 직교하는 3개의 면 및 3개의 축에 각이 서로 다르게 경사져 있는 그림으로 2각이 같은 것을 2측 투상도, 3각이 전부 다른 것을 3측 투상도라 한다.

52 선의 종류에 의한 용도 중 가는 실선으로 표현해야 하는 선으로 틀린 것은?

① 치수선
② 중심선
③ 지시선
④ 외형선

해설
④ 외형선은 굵은 실선으로 표시한다.

53 코일 스프링에 350[N]의 하중을 걸어 5.6[cm] 늘어났다면 이 스프링의 스프링 상수[N/mm]는?

① 5.25
② 6.25
③ 53.5
④ 62.5

해설
스프링 상수는 작용 하중과 변위량의 비로 나타낸다.

$$\frac{350[N]}{50[mm]} = 6.25[N/mm]$$

정답 50 ③ 51 ③ 52 ④ 53 ②

54 **축에서 토크가 67.5[kN · mm]이고, 지름 50[mm]일 때 키(Key)에 발생하는 전단 응력은 몇 [N/mm²]인가?(단, 키의 크기는 너비 × 높이 × 길이 = 15mm × 10mm × 60mm이다)**

① 2　　② 3
③ 6　　④ 8

해설
전단응력

$\tau = \frac{W}{A}$

토크는 길이(반지름) × 힘(하중)이므로, 축에 발생하는 하중(힘)은

$W = \frac{67,500}{25} = 2,700$[N]이다.

또한, 전단응력이 작용하는 부분(면적)은 너비 × 길이가 되므로 15 × 60 = 900[mm^2]이다.

그러므로, 전단응력 $\tau = \frac{2,700}{900} = 3$[N/$mm^2$]이다.

55 **기어에서 이 끝 높이(Addendum)가 의미하는 것은?**

① 두 기어의 이가 접촉하는 거리
② 이뿌리원부터 이끝원까지의 거리
③ 피치원에서 이뿌리원까지의 거리
④ 피치원에서 이끝원까지의 거리

해설
② 이뿌리원부터 이끝원까지의 거리 : 유효 이의 높이
③ 피치원에서 이뿌리원까지의 거리 : 이뿌리 높이

56 **너트의 풀림 방지법이 아닌 것은?**

① 턴 버클에 의한 방법
② 자동 죔 너트에 의한 방법
③ 분할 핀에 의한 방법
④ 로크 너트에 의한 방법

해설
너트의 풀림 방지법
- 탄성 와셔에 의한 법
- 로크 너트에 의한 법
- 핀(분할핀) 또는 작은 나사를 쓰는 법
- 철사에 의한 법
- 너트의 회전방향에 의한 법
- 자동 죔 너트에 의한 법
- 세트 스크루에 의한 법

57 **1/100의 기울기를 가진 2개의 테이퍼 키를 한 쌍으로 하여 사용하는 키는?**

① 원뿔 키
② 둥근 키
③ 접선 키
④ 미끄럼 키

해설
① 원뿔 키 : 축과 보스에 홈을 파지 않고, 한군데가 갈라진 원뿔통을 끼워 넣어 마찰력으로 고정시킨다.
② 둥근 키 : 축과 보스에 드릴로 구멍을 내어 홈을 만들고, 구멍에 테이퍼 핀을 끼워 넣어 축 끝에 고정시킨다.

54 ② 55 ④ 56 ① 57 ③ 정답

58 607C2P6으로 표시된 베어링에서 안지름은?

① 7[mm]

② 30[mm]

③ 35[mm]

④ 60[mm]

해설

60	7	C2	P6
㉠	㉡	㉢	㉣

㉠ 베어링 계열 번호(깊은 홈 볼베어링)
㉡ 안지름(7[mm])
㉢ 내부 틈새(보통의 레이디얼 내부 틈새보다 작다)
㉣ 등급 기호(6급)

59 원동차와 종동차의 지름이 각각 400[mm], 200[mm] 일 때 중심거리는?

① 300[mm]

② 600[mm]

③ 150[mm]

④ 200[mm]

해설

2축간 중심 거리

$$C = \frac{D_A + D_B}{2}$$
$$= \frac{400+200}{2}$$
$$= 300[\text{mm}]$$

※ 외접일 때 +, 내접일 때 −값을 넣어 계산한다.

60 체결용 기계요소가 아닌 것은?

① 나 사

② 키

③ 브레이크

④ 핀

해설

③ 브레이크는 제어용(제동용) 기계요소이다.

정답 58 ① 59 ① 60 ③

2015년 제2회 과년도 기출문제

제1과목 | 공유압 일반

01 전기제어에 사용되는 접점의 종류가 아닌 것은?

① a접점 ② b접점
③ c접점 ④ d접점

해설
전기회로에 사용하는 접점의 종류
① a접점 : NO접점, 평상시에 열려 있다가 스위치를 조작할 때에만 접점이 붙는다.
② b접점 : NC접점, 평상시에는 닫혀 있다가 스위치를 조작할 때에만 접점이 떨어진다.
③ c접점 : 전환접점, a접점과 b접점이 하나의 케이스 안에 있어서 필요에 따라 a접점과 b접점을 선택하여 사용한다.

02 난연성 유압유가 아닌 것은?

① 석유계(石油系)
② 인산 에스테르계
③ 유화계(乳化系)
④ 물 – 글리코올계

해설
난연성 작동유의 종류
내화성 작동유로 수성계와 합성계로 나누며, 사용 온도범위가 넓기 때문에 항공기용 유압 작동유로 사용한다.
- 물 – 글리코올계 : 물 40[%] + 글리코올을 주성분으로 한 작동유
- 유화계 : 석유계 유압유에 유화제에 의한 물을 미립자의 상태로 해서 40[%] 전후 혼합하여 에멀전으로 만든 것
- 인산 에스테르계 : 인산 에스테르를 주성분으로 한 작동유

03 오일 쿨러의 종류가 아닌 것은?

① 증기식
② 공랭식
③ 수랭식
④ 냉동식

해설
오일 쿨러(Oil Cooler) : 유온을 항상 적당한 온도로 유지하기 위하여 사용되는 냉각장치로, 종류에는 수랭식, 공랭식, 냉동식이 있다.

04 다음 밸브 중 방향 제어 밸브에 속하는 것은?

① 니들 밸브
② 스로틀 밸브
③ 리듀싱 밸브
④ 2포트 2위치 밸브

해설
① 니들 밸브 : 유량제어 밸브
② 스로틀 밸브 : 유량제어 밸브
③ 리듀싱 밸브 : 압력제어 밸브

정답 1 ④ 2 ① 3 ① 4 ④

05 그림 1과 그림 2는 전기제어회로에서 사용되는 제어용 기기의 특성을 입력(i)과 출력(o) 상태로 표현한 것이다. 이들이 각각 나타내는 것은?

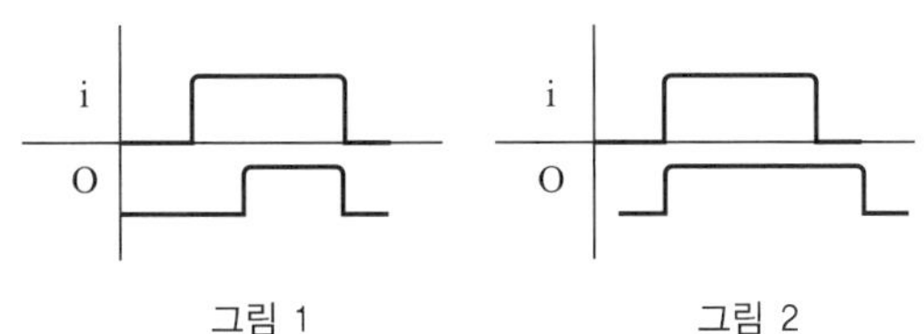

그림 1　　　　그림 2

① 그림 1 : 소자 지연 타이머, 그림 2 : 여자 지연 타이머

② 그림 1 : 소자 지연 타이머, 그림 2 : 소자 지연 타이머

③ 그림 1 : 여자 지연 타이머, 그림 2 : 여자 지연 타이머

④ 그림 1 : 여자 지연 타이머, 그림 2 : 소자 지연 타이머

해설

- 여자 지연 타이머 : ON 딜레이 타이머
- 소자 지연 타이머 : OFF 딜레이 타이머

06 다음 중 압력 제어 밸브의 특성이 아닌 것은?

① 유량특성

② 압력조정특성

③ 인터폴로특성

④ 히스테리시스특성

해설

압력 제어 밸브의 특성

- 압력조정특성
- 유량특성
- 압력특성
- 재현(성)특성
- 히스테리시스특성
- 릴리프특성

07 2개의 안정된 출력 상태를 가지고, 입력 유무에 관계없이 직전에 가해진 압력의 상태를 출력상태로서 유지하는 회로는?

① 부스터 회로

② 플립플롭 회로

③ 카운터 회로

④ 레지스터 회로

해설

① 부스터 회로 : 저압력을 어느 정해진 높은 출력으로 증폭하는 회로

③ 카운터 회로 : 입력으로써 가해진 펄스 신호의 수를 계수로 하여 기억하는 회로

④ 레지스터 회로 : 2진수로서의 정보를 일단 내부로 기억하여 적시에 그 내용이 이용될 수 있도록 구성한 회로

08 다음 중 체적효율이 가장 높은 펌프는?

① 외접 기어 펌프

② 평형형 베인 펌프

③ 내접 기어 펌프

④ 회전 피스톤 펌프

해설

유압펌프의 효율

- 기어 펌프 : 75~90[%]
- 베인 펌프 : 75~90[%]
- 피스톤 펌프 : 85~95[%]
- 나사 펌프 : 75~85[%]

정답 5 ④ 6 ③ 7 ② 8 ④

09 기호 요소 중 회전축, 레버, 피스톤 로드 등을 나타내는 기호는?

① 반 원 ② 정사각형
③ 복 선 ④ 일점쇄선

해설
① 반원 : 회전각도가 제한을 받는 펌프 또는 액추에이터
② 정사각형 : 제어기기, 전동기 이외의 원동기, 유체 조정기기, 실린더 내의 쿠션, 어큐뮬레이터의 추
④ 일점쇄선 : 포위선

10 공기 건조기에 대한 설명으로 옳은 것은?

① 건조제 재생 방법을 논 브리드식이라 부른다.
② 흡착식은 실리카겔 등의 고체 흡착제를 사용한다.
③ 흡착식은 최대 −170[℃]까지의 저노점을 얻을 수 있다.
④ 수분 제거 방식에 따라 건조식, 흡착식으로 분류한다.

해설
① 건조제의 재생 방식은 가열기가 부착된 히트형과 건조공기의 일부를 사용하는 히트리스형이 있다.
③ 최대 −70[℃]의 저노점을 얻을 수 있다.
④ 종류에는 냉동식, 흡착식, 흡수식이 있다.

11 기계 에너지를 유압 에너지로 변환시키는 장치는?

① 유압모터 ② 유압펌프
③ 유압밸브 ④ 유압실린더

해설
① 유압모터 : 작동유의 유체 에너지를 축의 연속 회전 운동을 하는 기계적인 에너지로 변환시켜주는 액추에이터
③ 유압밸브 : 압력(일의 크기), 방향(일의 방향), 유량(일의 속도) 제어 밸브 등으로 공급된 오일을 조절하는 기능
④ 유압실린더 : 작동유의 유체 에너지를 기계적 에너지로 변환(직선운동)하는 액추에이터

12 공기압 조정유닛의 기능이 아닌 것은?

① 여과 기능
② 윤활 기능
③ 저장 기능
④ 압력 조절 기능

해설
압축공기 조정유닛(Air Service Unit) : 기기의 윤활, 압력 조정, 드레인 제거를 행할 수 있도록 제작된 것으로 압축공기 필터(Filter), 압축공기 조절기(Pressure Regulator), 압축공기 윤활기(Lubricator)로 구성되어 있다.

13 공압의 장점에 관한 설명으로 옳지 않은 것은?

① 큰 힘을 쉽게 얻을 수 있다.
② 환경오염의 우려가 없다.
③ 에너지 축적이 용이하다.
④ 힘의 증폭이 용이하고 속도조절이 간단하다.

해설
① 유압의 장점이다.

9 ③ 10 ② 11 ② 12 ③ 13 ① 정답

14 다음 유압 회로의 명칭은 무엇인가?

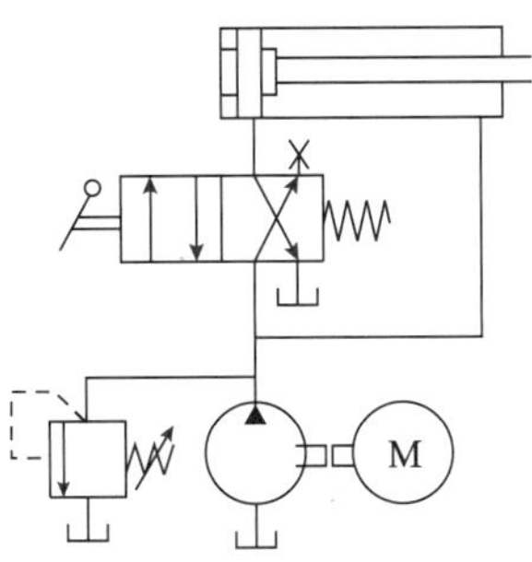

① 로킹 회로
② 재생 회로
③ 동조 회로
④ 속도 회로

해설

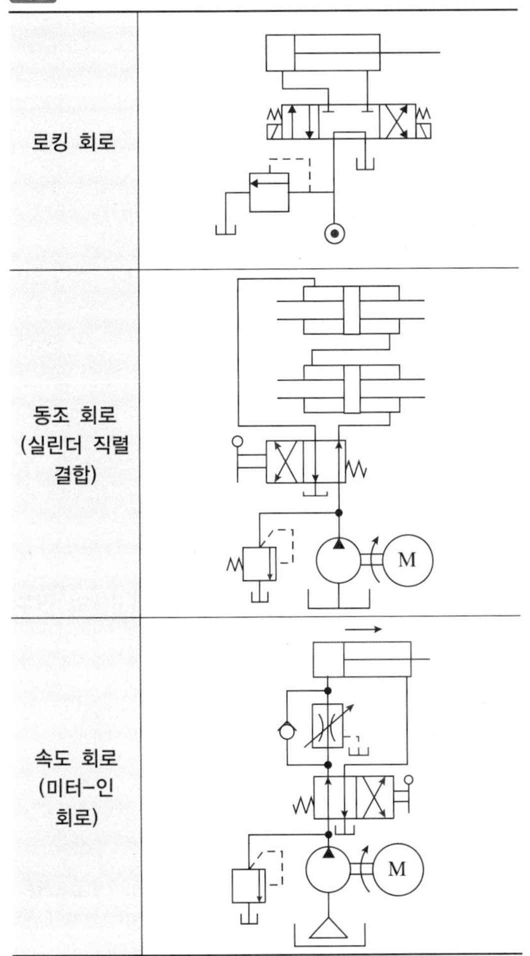

로킹 회로	
동조 회로 (실린더 직렬 결합)	
속도 회로 (미터-인 회로)	

15 공압실린더의 전진 속도를 조절하기 위해 사용하는 밸브는?

① 셧-오프 밸브
② 방향 조절 밸브
③ 유량 조절 밸브
④ 압력 조절 밸브

해설

- 압력 조절 밸브 : 유체압력을 제어하는 밸브로 액추에이터의 출력(힘)을 제어
- 유량 조절 밸브 : 유량의 흐름을 제어하는 밸브로 액추에이터의 속도를 제어
- 방향 조절 밸브 : 공기흐름의 방향을 제어하는 밸브로 액추에이터의 전·후진 방향을 제어

16 다음에 설명하고 있는 요소의 도면기호는 어느 것인가?

> 이 밸브는 공압, 유압 시스템에서 액추에이터의 속도를 조정하는 데 사용되며, 유량의 조정은 한 쪽 흐름 방향에서만 가능하고 반대 방향의 흐름은 자유롭다.

① 

② 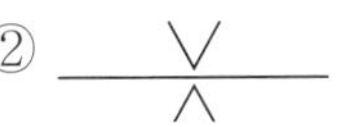

③

④ 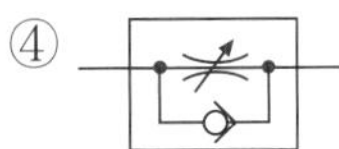

해설

① 교축 밸브
② 오리피스(관로 면적을 줄인 통로 길이가 단면치수에 비해 비교적 짧은 경우)
③ 가변 교축 밸브(흐름량을 조절 가능)

정답 14 ② 15 ③ 16 ④

17 공압 시스템에서 부하의 변동시 비교적 안정된 속도가 얻어지는 속도제어 방법은?

① 미터 인 방법
② 미터 아웃 방법
③ 블리드 온 방법
④ 블리드 오프 방법

해설
속도제어 방법의 특징
• 미터 인 회로 : 실린더 초기 속도조절에는 배기 조절 방법보다 안정되는 장점은 있으나 실린더의 속도가 부하 상태에 따라 크게 변하는 단점이 있다.
• 미터 아웃 회로 : 초기 속도는 불안하나 피스톤 로드에 작용하는 부하 상태에 크게 영향을 받지 않는 장점이 있다. 복동실린더의 속도 제어에는 모두가 배기 조절 방법을 사용한다.
• 블리드 오프 회로 : 공급 쪽 관로에 바이패스관로를 설치하여 바이패스로의 흐름을 제어함으로써 속도(힘)를 제어하는 회로이다.

18 공기의 압축성 때문에 스틱 슬립(Stick-slip) 현상이 생겨 속도가 안정되지 않을 때 이를 방지하기 위해 사용되는 기기는?

① 증압기
② 충격 방출기
③ 증폭기
④ 공유압 변환기

해설
공유압 변환기의 용도 : 공기의 압축성 때문에 스틱-슬립(Stick-slip)현상이 발생하여 균일한 속도를 얻을 수 없다. 이러한 문제를 해결하기 위해 공유압 변환기를 사용하면 오일의 압축성을 이용하여 안정된 저속의 운동이 가능하게 된다.

19 진공발생기에서 진공이 발생하는 것은 어떤 원리를 이용한 것인가?

① 샤를의 원리
② 파스칼의 원리
③ 벤투리 원리
④ 토리첼리의 원리

해설
벤투리 효과(원리) : 배관이 넓은 곳은 압력이 높고 유체의 흐름속도는 느리다. 반면 좁은 곳은 압력이 낮고 유체의 흐름속도는 빠르다. 배관 내의 압력차로 인하여 유체가 좁은 통로 쪽으로 빨려 올라가서 생기는 현상이다.

20 압력을 비중량으로 나눈 양정(Lift)의 단위는?

① [m]
② [N/m^2]
③ [mmHg]
④ [kgf/cm^2]

해설
• 양정[m]은 압력[kg/m^2]을 비중량[kg/m^3]으로 나눈 값이다.
• 실양정 : 펌프를 중심으로 하여 흡입 액면으로부터 송출 액면까지 수직 높이(흡입실 양정 + 토출실 양정)

17 ② 18 ④ 19 ③ 20 ① 정답

21 OR 논리를 만족시키는 밸브는?

① 2압 밸브
② 급속 배기 밸브
③ 셔틀 밸브
④ 압력 시퀀스 밸브

해설

2압 밸브(AND 밸브)	급속배기 밸브
두 개의 입구와 한 개의 출구를 갖춘 밸브로서 두 개의 입구에 압력이 작용할 때만 출구에 출력이 작용. 연동 제어, 안전 제어, 검사 기능, 논리 작동에 사용. 저압우선 셔틀 밸브	실린더의 속도를 증가시켜 급속히 작동시키고자 할 때 사용, 배출저항을 작게 하여 운동속도를 빠르게 하는 밸브
셔틀 밸브(OR 밸브)	**시퀀스 밸브**
두 개 이상의 입구와 한 개의 출구를 갖춘 밸브로 둘 중 한 개 이상 압력이 작용할 때 출구에 출력신호가 발생(양체크 밸브 또는 OR 밸브), 양쪽 입구로 고압과 저압이 유입될 때 고압쪽이 출력됨(고압우선 셔틀 밸브)	공유압 회로에서 순차적으로 작동할 때 작동순서를 회로의 압력에 의해 제어되는 밸브

22 다음의 그림이 나타내는 회로의 명칭은?

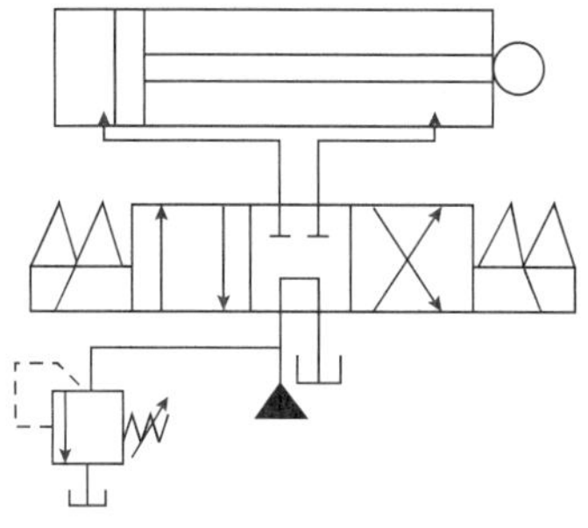

① 로킹 회로
② 시퀀스 회로
③ 단락 회로
④ 브레이크 회로

해설

① 로킹 회로 : 액추에이터 작동 중에 임의의 위치나 행정 도중에 정지 또는 최종단에 로크시켜 놓은 회로
② 시퀀스 회로 : 유압으로 구동되고 있는 기계의 조작을 순서에 따라 자동적으로 행하게 하는 회로
④ 브레이크 회로 : 시동시의 서지 압력 방지나 정지시 유압으로 제동을 걸어 주는 회로

23 용적식 압축기 중 가장 깨끗한 공기를 만들 수 있는 공기압축기는?

① 피스톤 압축기
② 축류식 압축기
③ 스크루 압축기
④ 다이어프램 압축기

해설

격판(다이어프램) 압축기
피스톤이 격판에 의해 흡입실로부터 분리되어 있어 공기가 왕복운동을 하는 부분과 직접 접촉하지 않기 때문에 공기에 기름이 섞이지 않게 된다. 단점으로 수명이 짧고, 높은 압력을 얻을 수 없다. 식품, 의약품, 화학산업 등에 많이 사용된다.

정답 21 ③ 22 ① 23 ④

24 유압작동유가 구비하여야 할 조건이 아닌 것은?

① 압축성이어야 한다.

② 열을 방출시킬 수 있어야 한다.

③ 적절한 점도가 유지되어야 한다.

④ 장시간 사용하여도 화학적으로 안정되어야 한다.

해설

작동유의 구비조건

- 비압축성일 것
- 내열성, 점도지수, 체적탄성계수 등이 클 것
- 장시간 사용해도 화학적으로 안정될 것
- 산화안정성(녹이나 부식 발생 등이 방지), 방열성이 좋을 것
- 장치와의 결합성, 유동성이 좋을 것
- 이물질 등을 빨리 분리할 것
- 인화점이 높을 것

25 포핏 방식의 방향 전환 밸브가 갖는 장점이 아닌 것은?

① 누설이 거의 없다.

② 밸브 이동 거리가 짧다.

③ 조작에 힘이 적게 든다.

④ 먼지, 이물질의 영향이 적다.

해설

③ 공급압력이 밸브 몸통에 작용하므로 밸브를 열 때의 조작력을 유체압에 비례하여 커져야 하는 단점이 있다.

26 피스톤에 공기 압력을 급격하게 작용시켜 피스톤을 고속으로 움직이며, 이때의 속도 에너지를 이용하는 공기압 실린더는?

① 탠덤형 공압 실린더

② 다위치형 공압 실린더

③ 텔레스코프형 공압 실린더

④ 임팩트 실린더형 공압 실린더

해설

① 탠덤형 공압 실린더 : 복수의 피스톤을 N개 연결시켜 N배의 출력을 얻을 수 있도록 한 것

② 다위치형 공압 실린더 : 두 개 또는 여러 개의 복수 실린더가 직렬로 연결된 실린더로 서로 행정 거리가 다른 정지위치를 선정하여 제어가 가능

③ 텔레스코프형 공압 실린더 : 긴 행정을 지탱할 수 있는 다단 튜브형 로드를 갖췄으며, 튜브형의 실린더가 2개 이상 서로 맞물려 있는 것으로서 높이에 제한이 있는 경우에 사용

27 공압장치의 기본요소 중 구동부에 속하는 것은?

① 여과기

② 애프터 쿨러

③ 실린더

④ 루브리케이터

해설

공압장치의 구성

- 동력원 : 엔진, 전동기
- 공압발생부 : 압축기, 탱크, 애프터 쿨러
- 공압청정부 : 필터, 에어 드라이어
- 제어부 : 압력제어, 유량제어, 방향제어
- 구동부(액추에이터) : 실린더, 공압모터, 요동형 액추에이터

24 ① 25 ③ 26 ④ 27 ③ 정답

28 유압 실린더의 피스톤 로드를 깨끗이 유지하기 위해 필요한 것은?

① 쿠션 장치
② 슬리브 실린더
③ 로드 와이퍼 실
④ 피스톤 행정 제한 장치

해설

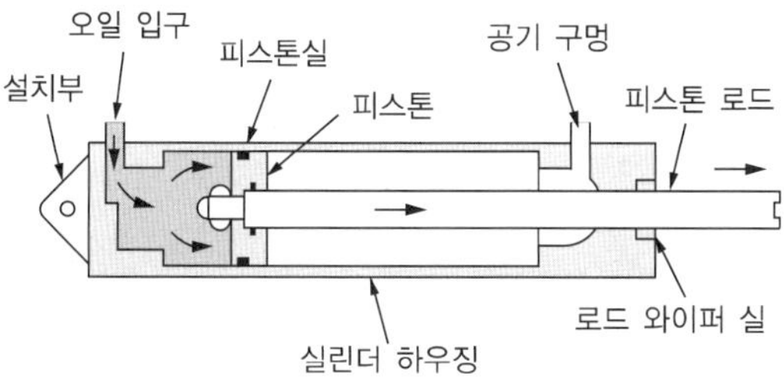

29 유압제어밸브 중 출구가 고압측 입구에 자동적으로 접속되는 동시에 저압측 입구를 닫는 작용을 하는 밸브는?

① 셔틀 밸브　　② 셀렉터 밸브
③ 체크 밸브　　④ 바이패스 밸브

해설

21번 문제 해설 참조

30 검출용 스위치 중 무접촉형 스위치는?

① 광전 스위치　　② 리밋 스위치
③ 압력 스위치　　④ 마이크로 스위치

해설

검출용 스위치
- 접촉형 : 마이크로 스위치, 리밋 스위치, 압력 스위치, 리드 스위치
- 비접촉형 : 광전센서, 유도형센서, 용량형센서, 초음파센서

제3과목 | 기초전기일반

31 시퀀스도를 그리는 일반적인 방법으로 옳지 않은 것은?

① 전원 모선은 상하 또는 좌우에 쓴다.
② 아래(오른쪽) 제어 모선에 전등을 비롯한 부하를 그린다.
③ 위(왼쪽) 제어 모선에 누름 버튼 스위치, 감지기 등을 그린다.
④ 교류전원은 P(+), N(−), 직류전원은 (R), (T) 등으로 표시한다.

해설

교류 3상4선의 표시는 R, S, T, N으로 한다.

32 부하가 저항만으로 이루어진 교류회로에서 전압과 전류의 위상 관계는?

① 전류는 전압과 동상이다.
② 전류는 전압보다 위상이 90° 늦다.
③ 전류는 전압보다 위상이 90° 앞선다.
④ 전류는 전압보다 위상이 180° 늦다.

해설

- R만의 회로는 전압과 전류는 동상이다.
- L만의 회로는 전압이 전류보다 위상이 90° 앞선다.
- C만의 회로는 전류가 전압보다 위상이 90° 앞선다.

정답 28 ③ 29 ① 30 ① 31 ④ 32 ①

33 그림과 같은 주파수 특성을 갖는 전기소자는?

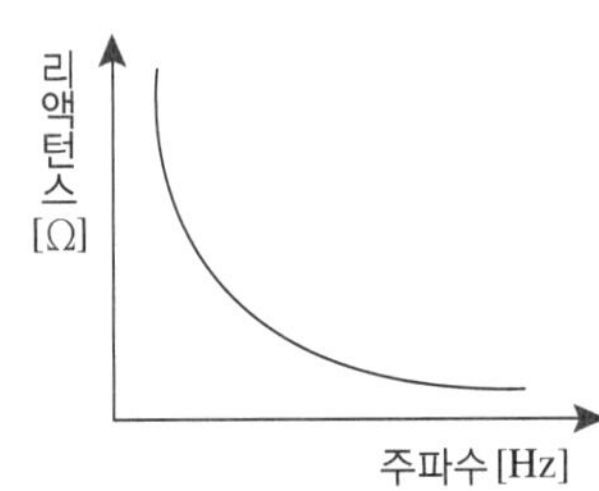

① 저 항 ② 코 일
③ 콘덴서 ④ 다이오드

해설

$X_c = \frac{1}{\omega c} = \frac{1}{2\pi fc}$ 에서 주파수에 반비례한다.

34 3상 유도전동기의 회전방향을 바꾸기 위한 조치로 옳은 것은?

① 전원의 주파수 변환
② 전동기의 극수 변환
③ 전동기의 Y−Δ 변환
④ 전원의 2상 접속 변환

해설

3상 전원 3선 중 두 선의 접속을 바꾼다.

35 저항만의 부하로 이루어진 단상 교류회로에서 전원 실효전압 V[V], 실효전류 I[A]가 흐른다면 단상전력 P[W]는?

① $P = VI$
② $P = \sqrt{2}\,VI$
③ $P = \frac{1}{\sqrt{2}}VI$
④ $P = \sqrt{3}\,VI$

해설

$I = \frac{V}{R} = \frac{\sqrt{2}\,V\sin\omega t}{R} = \sqrt{2}\,I\sin\omega t$[A]

여기서 $I = \frac{V}{R}$

따라서 전압 V와 I는 동상으로서 그 실횻값 I는 옴의 법칙이 그대로 성립한다.

$\therefore P = VI$[W]

36 전기적 신호를 파형으로 보면서 관찰하게 만든 전기·전자 계측기는?

① 함수발생기
② 오실로스코프
③ 디지털 멀티미터
④ 진동편형 주파수계

해설

오실로스코프 : 시간에 따른 입력전압의 변화를 화면에 출력하는 장치로서 전기진동이나 펄스처럼 시간적 변화가 빠른 신호를 관측한다.

33 ③ 34 ④ 35 ① 36 ② 정답

37 **직류 미소전류의 측정방법에 관한 설명으로 옳은 것은?**

① 직류 전류의 측정에는 주로 가동 철편형 계기가 사용된다.

② 전류계는 전류의 크기를 측정하고자 하는 회로에 병렬로 연결한다.

③ 전류의 크기가 얼마나 되겠는지를 미리 짐작한 후 예상값보다 작은 눈금의 전류계를 선택하여야 한다.

④ 전원장치의 (+)극 쪽에 연결된 도선은 전류계의 (+)단자에, (−)극 쪽에 연결된 도선은 전류계의 (−)단자에 연결한다.

해설

미소전류를 측정하는 것을 검류계라 한다. 전류계의 내부 저항은 작고, 회로에 직렬로 접속하여 계측한다. 가동 코일에 회로 전류를 흘렸을 때 생기는 회전력에 의해서 전류값을 지시한다.

38 **저항 R인 전선의 길이를 2배로 하고, 단면적을 1/2로 변화하였을 때의 저항은 얼마인가?**

① $1/2R$ ② $2R$

③ $4R$ ④ $8R$

해설

전기저항 $R=\rho\frac{l}{A}[\Omega]$ 에서 $R=\frac{2\times l}{\frac{1}{2}\times A}=4\frac{l}{A}[\Omega]$

39 **전동기의 정·역 운전회로에서 다른 계전기의 동시동작을 금지시키는 회로는?**

① 비반전 회로

② 정지우선회로

③ 인터로크 회로

④ 기동우선회로

해설

인터로크 회로란 주로 기기의 보호와 조작자의 안전을 목적으로 하고 있다. 2개의 전자 릴레이 인터로크 회로는 한쪽의 전자 릴레이가 동작하고 있는 사이는 상대방의 전자 릴레이 동작을 금지하기 때문에 상대동작 금지회로라고 한다.

40 **그림과 같은 회로도를 갖는 기본 논리 게이트의 논리식은?**

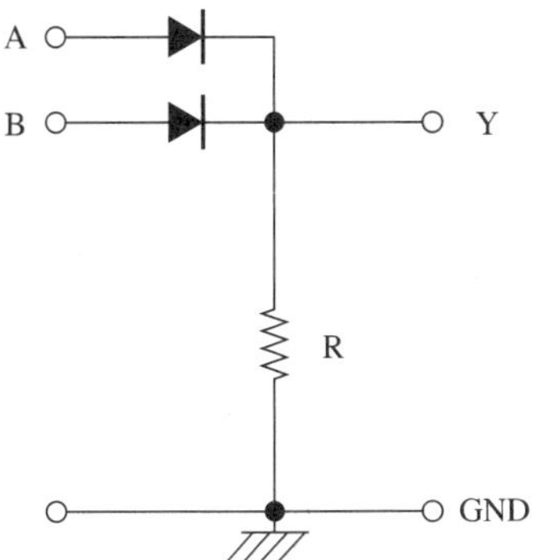

① Y = A · B

② Y = A + B

③ Y = A + A · B

④ Y = A ∩ B

해설

두 개 또는 그 이상의 신호가 있을 경우 이들 신호 중에서 어느 하나라도 신호가 ON 되면 출력신호가 나오는 회로를 OR회로라고 한다.

정답 37 ④ 38 ③ 39 ③ 40 ②

41 정류회로에 커패시터 필터를 사용하는 이유는?

① 용량의 감소를 위하여
② 소음을 감소시키기 위하여
③ 2배의 직류값을 얻기 위하여
④ 직류에 가까운 파형을 얻기 위하여

해설
교류(AC)를 직류(DC)로 바꾸는 여러 과정 가운데 맥류(脈流)를 완전한 직류로 바꾸어주는 전원공급장치이다. 정류회로・정전압회로와 함께 전원공급장치의 핵심이 되는 정류회로의 일부이다.

42 220[V], 40[W]의 형광등 10개를 4시간 동안 사용했을 때의 소비전력량은 몇 [kWh]인가?

① 0.16 ② 1.6
③ 8.8 ④ 16

해설
소비전력량 = 소비전력 × 시간 = 40[W] × 10개 × 4시간 = 1,600[W]
= 1.6[kWh]

43 도체의 저항값에 관한 설명으로 옳은 것은?

① 전압에 비례하고, 전류와는 반비례한다.
② 전류에 비례하고, 전압과는 반비례한다.
③ 도체의 고유저항에 비례하고, 길이에 반비례한다.
④ 도체의 고유저항에 반비례하고, 길이에 비례한다.

해설
옴의 법칙에서 $R=\frac{V}{I}[\Omega]$과 $R=\rho\frac{l}{A}[\Omega]$

44 정전용량이 2[μF]인 콘덴서의 1[kHz]에서의 용량 리액턴스는 약 몇 [Ω]인가?

① 15.9
② 79.6
③ 159
④ 796

해설
$$X_c=\frac{1}{\omega c}=\frac{1}{2\pi fc}=\frac{1}{2\times3.14\times1\times10^3\times2\times10^{-6}}$$
$$=79.6[\Omega]$$

45 직류발전기의 주요 부분 중 기전력이 유도되는 부분은?

① 계 자
② 브러시
③ 전기자
④ 정류자

해설
연강판으로 성층한 전기자 철심과 전기자 권선으로 되어 있으며 자속을 끊어 기전력을 유기시킨다.

41 ④ 42 ② 43 ① 44 ② 45 ③ 정답

46 일반적으로 제도에서 사용할 수 있는 척도로 틀린 것은?

① 10 : 1
② 5 : 1
③ 3 : 1
④ 2 : 1

해설
척 도
A(도면에서의 크기) : B(물체의 실제 크기)
- 현척 : 물체의 크기와 같게 그린 것(1 : 1)
- 축척 : 물체의 크기보다 줄여서 그린 것(1 : 2, 5, 10, 50, 100, 200)
- 배척 : 물체의 크기보다도 확대해서 그린 것(2, 5, 10, 20, 50 : 1)

47 제3각법 정투상도에서 저면도의 배치 위치로 옳은 것은?

① 정면도의 아래쪽
② 정면도의 오른쪽
③ 정면도의 위쪽
④ 정면도의 왼쪽

해설

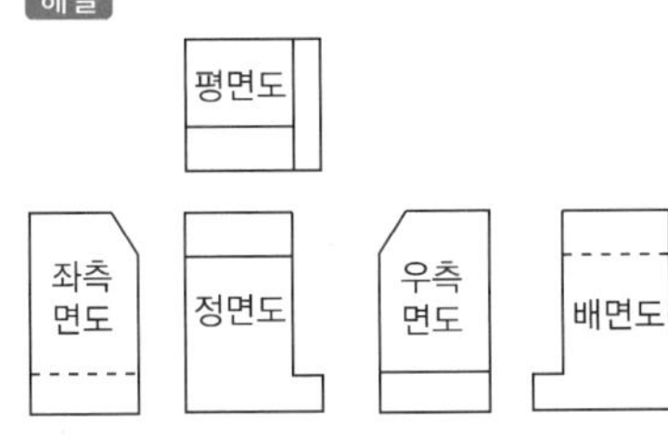

48 다음 제3각 정투상도에 해당하는 입체도는?

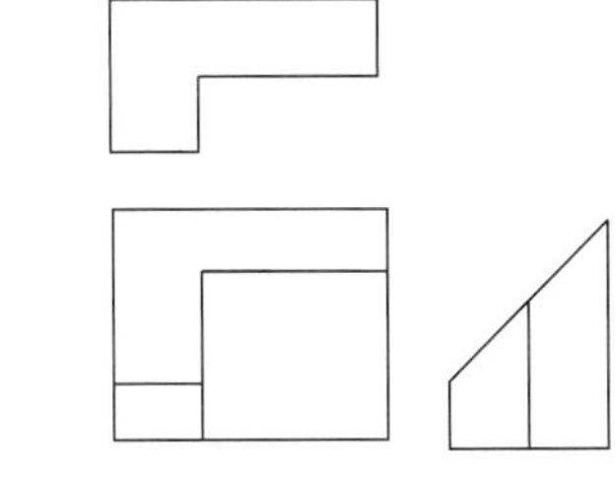

①
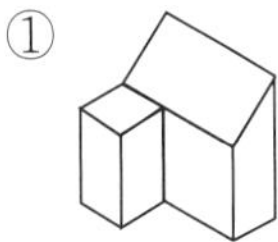
②
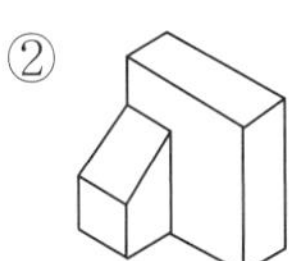
③
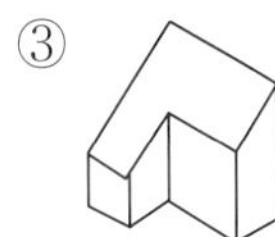
④
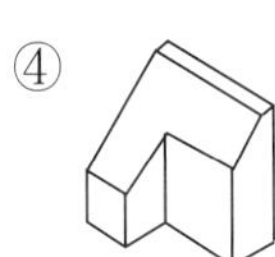

49 치수에 사용하는 기호와 그 설명이 잘못 연결된 것은?

① 정사각형의 변 – □
② 구의 반지름 – R
③ 지름 – ϕ
④ 45° 모따기 – C

해설
② 반지름 – R

정답 46 ③ 47 ① 48 ③ 49 ②

50 기계재료 기호 SM 15CK에서 "15"가 의미하는 것은?

① 침탄 깊이
② 최저 인장강도
③ 탄소 함유량
④ 최대 인장강도

해설
15 : 탄소 함유량 0.10 ~ 0.20[%]의 중간값

51 다음 입체도에서 화살표 방향이 정면일 때 우측면도로 가장 적합한 것은?

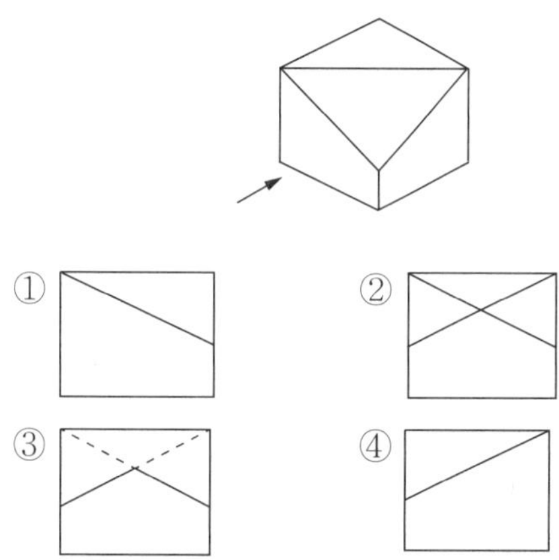

52 그림에서 "①"의 선 명칭으로 옳은 것은?

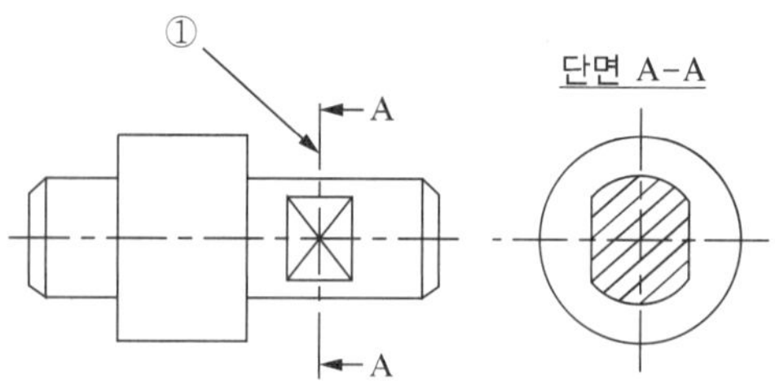

① 파단선　② 절단선
③ 피치선　④ 숨은선

해설
단면도 : 어떤 물체의 내부를 나타내려고 할 때 어느 면으로 절단(절단선)하여 형상을 도시

53 평 벨트와 비교한 V 벨트 전동의 특성이 아닌 것은?

① 설치면적이 넓어 큰 공간이 필요하다.
② 비교적 작은 장력으로 큰 회전력을 전달할 수 있다.
③ 운전이 정숙하다.
④ 마찰력이 평 벨트보다 크고 미끄럼이 적다.

해설
① 축간 거리가 짧은 데 사용한다.

50 ③ 51 ④ 52 ② 53 ① 정답

54 두 물체 사이의 거리를 일정하게 유지시키면서 결합하는데 사용하는 볼트는?

① 기초볼트
② 아이볼트
③ 나비볼트
④ 스테이볼트

해설
① 기초볼트 : 기계 구조물 설치할 때 쓰인다.
② 아이볼트 : 부품을 들어 올리는 데 사용되는 링 모양이나 구멍이 뚫려 있는 것이다.
③ 나비볼트 : 손으로 돌릴 수 있는 손잡이가 달린 볼트이다.

55 시험 전 단면적이 6[mm^2], 시험 후 단면적이 1.5[mm^2]일 때 단면수축률은?

① 25[%] ② 45[%]
③ 55[%] ④ 75[%]

해설
단면수축률

$$= \frac{\text{변형량}}{\text{최초재료면적}} \times 100$$

$$= \frac{\text{시험 전 면적} - \text{시험 후 면적}}{\text{시험 전 면적}} \times 100$$

$$= \frac{6 - 1.5}{6} \times 100 = 75[\%]$$

56 축이 회전하는 중에 임의로 회전력을 차단할 수 있는 것은?

① 커플링
② 스플라인
③ 크랭크
④ 클러치

해설
① 커플링 : 운전 중에 두 축의 연결 상태를 풀 수 없도록 고정한 것
② 스플라인 : 축의 둘레에 4~20개의 턱을 만들어 큰 회전력을 전달하는 키이면서 축의 역할도 함
③ 크랭크 : 4절 회전기구로 회전운동을 행하는 링크

57 고정 원판식 코일에 전류를 통하면, 전자력에 의하여 회전 원판이 잡아 당겨져 브레이크가 걸리고, 전류를 끊으면 스프링 작용으로 원판이 떨어져 회전을 계속하는 브레이크는?

① 밴드 브레이크
② 디스크 브레이크
③ 전자 브레이크
④ 블록 브레이크

해설
① 밴드 브레이크 : 브레이크륜의 외주에 강제의 밴드를 감고 밴드에 장력을 주어서 밴드와 브레이크륜 사이의 마찰에 의하여 제동작용을 하는 것
② 디스크(원판) 브레이크 : 마찰면을 원판(디스크)으로 하여 나사나 레버 등으로 축 방향으로 밀어붙여 제동작용을 하는 것
④ 블록 브레이크 : 브레이크 드럼을 브레이크 블록으로 눌러 제동작용을 하는 것

정답 54 ④ 55 ④ 56 ④ 57 ③

58 기계요소 부품 중에서 직접 전동용 기계요소에 속하는 것은?

① 벨 트
② 기 어
③ 로 프
④ 체 인

해설

- 직접 전달 장치 : 기어나 마찰차와 같이 직접 접촉하여 동력을 전달하는 것으로, 축 사이가 비교적 짧은 경우에 사용
- 간접 전달 장치 : 벨트, 체인, 로프 등을 매개로 한 동력 전달 장치로 축간 사이가 클 경우 사용

59 지름 50[mm]인 원형 단면에 하중 4,500[N]이 작용할 때 발생되는 응력은 약 몇 [N/mm^2]인가?

① 2.3
② 4.6
③ 23.3
④ 46.6

해설

압축응력 : $\sigma_c = \frac{P_c}{A}$[kg/cm^2]에서

$$= \frac{4,500}{\frac{3.14 \times 50^2}{4}} = \frac{4,500}{1,962.5} = 2.293[\text{N/mm}^2]$$

60 너트의 밑면에 넓은 원형 플랜지가 붙어있는 너트는?

① 와셔붙이 너트
② 육각너트
③ 판 너트
④ 캡 너트

58 ② 59 ① 60 ① 정답

2015년 제4회 과년도 기출문제

제1과목 | 공유압 일반

01 그림과 같은 유압회로의 명칭은?

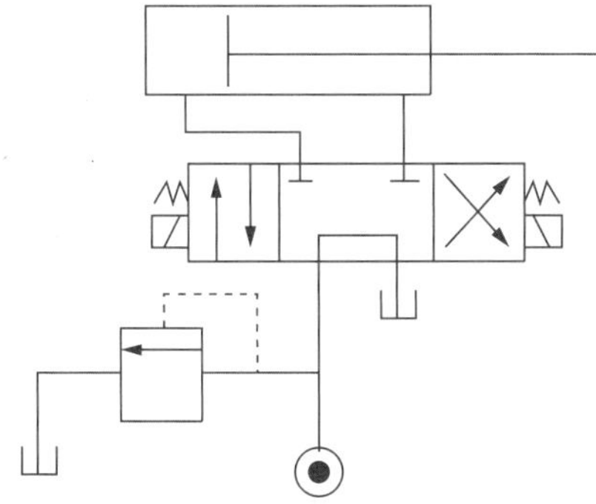

① 감속 회로
② 차동 회로
③ 로킹 회로
④ 정토크 구동 회로

해설
③ 로킹 회로 : 실린더 행정 중 임의의 위치에 실린더를 고정하여 피스톤의 이동을 방지하는 회로
① 감속 회로 : 유압 실린더의 피스톤이 고속으로 작동하고 있을 때 행정 말단에서 서서히 감속하여 원활하게 정지시키고자 할 경우 사용
② 차동 회로 : 신호 중복이 발생했을 때 차동 압력제어 밸브를 이용하여 회로를 구성하는 회로 또는 차동실린더를 이용하여 회로를 구성하는 회로
④ 정토크 구동 회로 : 정용량형 유압 펌프를 써서 정용량형 유압 모터를 구동시키는 회로로서, 모터의 속도를 제어

02 다음 중 실린더의 속도를 제어할 수 있는 기능을 가진 밸브는?

① AND 밸브
② 3/2-Way 밸브
③ 압력 시퀀스 밸브
④ 일방향 유량제어 밸브

해설
속도제어 밸브(일방향 유량제어 밸브)

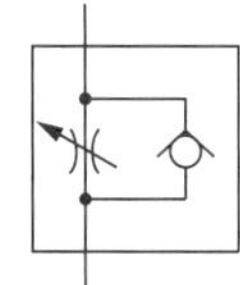

유량을 교축하는 동시에 흐름의 방향을 제어하는 밸브로 실린더의 속도를 제어하는 데 주로 사용한다. 유량의 조정은 한쪽 흐름 방향에서만 가능하고 반대 방향의 흐름은 자유롭다.

03 공유압 변환기를 에어 하이드로 실린더와 조합하여 사용할 경우 주의사항으로 틀린 것은?

① 열원의 가까이에서 사용하지 않는다.
② 공유압 변환기는 수평 방향으로 설치한다.
③ 에어 하이드로 실린더보다 높은 위치에 설치한다.
④ 작동유가 통하는 배관에 누설, 공기 흡입이 없도록 밀봉을 철저히 한다.

해설
공유압 변환기 사용상 주의할 점
• 수직으로 설치
• 액추에이터 및 배관 내의 공기를 제거(밀봉 유지)
• 액추에이터보다 높은 위치에 설치
• 정기적으로 유량을 점검(부족 시 보충)
• 열의 발생이 있는 곳에서 사용 금지

정답 1 ③ 2 ④ 3 ②

04 공압 실린더를 순차적으로 작동시키기 위해서 사용되는 밸브의 명칭은 무엇인가?

① 시퀀스 밸브
② 무부하 밸브
③ 압력 스위치
④ 교축 밸브

해설

② 무부하(Unloading) 밸브 : 작동압이 규정압력 이상으로 달했을 때 무부하 운전을 하여 배출하고 이하가 되면 밸브는 닫히고 다시 작동하게 되는 밸브
③ 압력 스위치 : 회로의 압력이 설정값에 도달하면 내부에 있는 마이크로 스위치가 작동하여 전기회로를 열거나 닫게 하는 기기
④ 교축(Throttle) 밸브 : 유로의 단면적을 교축하여 유량을 제어하는 밸브

05 자기 현상을 이용한 스위치로 빠른 전환 사이클이 요구될 때 사용되는 스위치는?

① 압력 스위치
② 전기 리드 스위치
③ 광전 스위치
④ 전기 리밋 스위치

해설

② 리드 스위치(Reed Switch) : 유리관 속에 자성체인 백금, 금로듐 등의 귀금속으로 된 접점 주위에 마그넷이 접근하면 리드편이 자화되어 유리관 내부의 접점이 On/Off된다.

06 공압 밸브에 부착되어 있는 소음기의 역할에 관한 설명으로 옳은 것은?

① 배기속도를 빠르게 한다.
② 공압 작동부의 출력이 커진다.
③ 공압 기기의 에너지 효율이 좋아진다.
④ 압축공기 흐름에 저항이 부여되고 배압이 생긴다.

해설

소음기 : 유체적 소음에 대한 소음방지용으로 공기 압축기의 흡・배기구에 장착되며, 흡・배기음을 감소시키는 기능을 한다.

07 연속적으로 공기를 빼내는 공기 구멍을 나타내는 기호는?

①
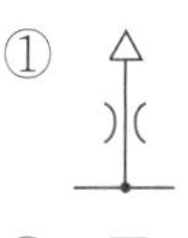

②
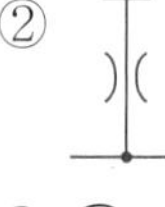

③
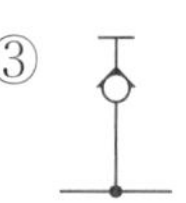

④

해설

공기구멍 (어느 시기에 공기를 빼고 나머지 시간은 닫아 놓는 경우)	공기구멍 (필요에 따라 체크 기구를 조작하여 공기를 빼는 경우)	어큐뮬레이터 (축압기)

4 ① 5 ② 6 ④ 7 ① 정답

08 **공기 청정화 장치로 이용되는 공기 필터에 관한 설명으로 적합하지 않은 것은?**

① 압축공기에 포함된 이물질을 제거하여 문제가 발생하지 않도록 사용한다.

② 압축공기는 필터를 통과하면서 응축된 물과 오물을 제거하는 역할을 한다.

③ 투명의 수지로 되어 있는 필터통은 가정용 중성 세제로 세척하여 사용하여야 한다.

④ 필터에 의하여 걸러진 응축물은 필터통에 꽉 채워져 있어야 추가적인 이물질 공급이 차단되어 효율적이다.

해설

공기압 발생장치에서 보내지는 공기 중에는 수분, 먼지 등이 포함되어 있다. 공기 필터는 공기압 회로 중에 이러한 물질을 제거하기 위한 목적에 사용되며, 입구부에 설치한다.

09 **유압 탱크의 구비 조건이 아닌 것은?**

① 필요한 기름의 양을 저장할 수 있을 것

② 복귀관 측과 흡입관 측 사이에 격판을 설치할 것

③ 펌프의 출구 측에 스트레이너가 설치되어 있을 것

④ 적당한 크기의 주유구와 배유구가 설치되어 있을 것

해설

펌프 흡입구에는 스트레이너를 부착시켜 이물질 흡입을 방지토록 한다.

10 **공압 실린더나 공압 탱크의 공기를 급속히 방출할 필요가 있을 때 또는 공압 실린더 속도를 증가시킬 필요가 있을 때 사용되는 밸브로 가장 적당한 것은?**

① 2압 밸브

② 셔틀 밸브

③ 체크 밸브

④ 급속 배기 밸브

해설

① 2압 밸브(AND 밸브) : 두 개의 입구와 한 개의 출구를 갖춘 밸브로서 두 개의 입구에 압력이 작용할 때만 출구에 출력이 작용

② 셔틀 밸브(OR 밸브) : 두 개 이상의 입구와 한 개의 출구를 갖춘 밸브로 둘 중 한 개 이상 압력이 작용할 때 출구에 출력신호가 발생(양체크 밸브 또는 OR 밸브), 양쪽 입구로 고압과 저압이 유입될 때 고압 쪽이 출력됨(고압우선 셔틀 밸브)

③ 체크 밸브 : 한쪽 방향의 유동은 허용하고 반대 방향의 흐름은 차단하는 밸브

11 **접속된 관로를 나타내는 기호는?**

① ②

③ ④

해설

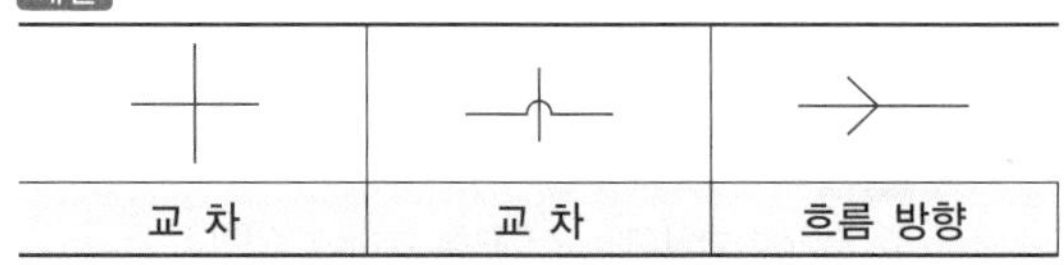

12 루브리케이터(Lubricator)에 사용되는 적정한 윤활유는?

① 기계유 1종(ISO VG 32)
② 터빈유 1종, 2종(ISO VG 32)
③ 그리스유 3종, 4종(ISO VG 32)
④ 스핀들유 3종, 4종(ISO VG 32)

해설
일반적으로 공기압 제어 회로용의 윤활유로서 윤활기에 급유하는 기름은 터빈유 1종, 2종(ISO VG 32)이 적당하다.

13 유압펌프의 성능을 표현하는 것으로 단위시간당 에너지를 의미하는 것은?

① 동 력　② 전 력
③ 항 력　④ 추 력

14 회로설계 시 주의하여야 할 부하 중 과주성 부하에 관한 설명으로 옳지 않은 것은?

① 음의 부하이다.
② 저항성 부하이다.
③ 운동량을 증가시킨다.
④ 액추에이터의 운동방향과 동일하게 작용한다.

해설
② 저항성 부하이다. → 관성 부하에 속한다.

15 전기제어의 동작 상태에 관한 설명으로 옳지 않은 것은?

① 기기의 미소 시간 동작을 위해 조작 동작되는 것을 조깅이라 한다.
② 계전기 코일에 전류를 흘려 자화 성질을 얻게 하는 것을 여자라 한다.
③ 계전기 코일에 전류를 차단하여 자화 성질을 잃게 하는 것을 소자라 한다.
④ 계전기가 소자된 후에도 동작기능이 유효하게 하는 것을 인터로크라 한다.

해설
• 인터로크 : 두 계전기의 동작을 관련시키는 것으로 한 계전기가 동작할 때에는 다른 계전기는 동작하지 않도록 하는 것
• 자기유지 : 계전기가 여자된 후에도 동작기능이 계속 유지되는 것

16 액추에이터의 공급 쪽 관로 내의 흐름을 제어함으로써 속도를 제어하는 그림과 같은 회로는 무슨 방식인가?

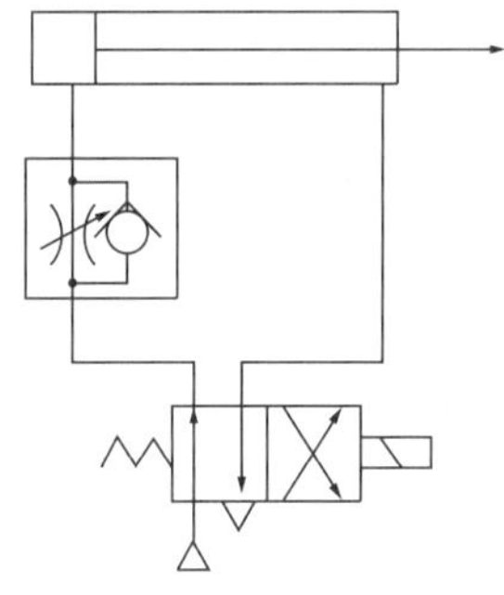

① 미터 인　② 미터 아웃
③ 블리드 온　④ 블리드 오프

해설
속도 제어 회로의 종류

미터 인 회로	미터 아웃 회로	블리드 오프 회로

12 ② 13 ① 14 ② 15 ④ 16 ① 정답

17 **다음 중 공압 모터의 장점인 것은?**

① 배기음이 작다.
② 에너지 변환 효율이 높다.
③ 폭발의 위험성이 거의 없다.
④ 공기의 압축성에 의해 제어성이 우수하다.

해설
공압 모터의 단점
- 에너지 변환효율이 낮다.
- 압축성 때문에 제어성이 나쁘다.
- 회전속도의 변동이 크다. 따라서 고정도를 유지하기 힘들다.
- 소음이 크다.

18 **유압펌프의 동력을 산출하는 방법으로 옳은 것은?**

① 힘×거리
② 압력×유량
③ 질량×가속도
④ 압력×수압면적

해설
유압 펌프에서 펌프 토출 압력을 P, 펌프 토출량을 Q라 할 때 펌프가 발생하는 동력을 펌프 동력(Lp)이라 하며, $Lp=\dfrac{PQ}{10,200}$[kW], $Lp=\dfrac{PQ}{7,500}$[PS]로 나타낸다(P : 펌프 토출압력[kgf/cm^2], Q : 토출량[ℓ/min]).

19 **유압실린더가 중력으로 인하여 제어속도 이상 낙하하는 것을 방지하는 밸브는?**

① 감압 밸브
② 시퀀스 밸브
③ 무부하 밸브
④ 카운터밸런스 밸브

해설
① 감압 밸브(Reducing Valve) : 압축공기의 압력을 사용공기압 장치에 맞는 압력으로 감압하여 안정된 공기압을 공급할 목적으로 사용하는 밸브
② 시퀀스 밸브 : 공유압 회로에서 순차적으로 작동할 때 작동순서가 회로의 압력에 의해 제어되는 밸브
③ 무부하 밸브(Unloading Valve) : 작동압이 규정압력 이상으로 달했을 때 무부하 운전을 하여 배출하고 이하가 되면 밸브는 닫히고 다시 작동하게 되는 밸브

20 **실린더 로드의 지름을 크게 하여 부하에 대한 위험을 줄인 실린더는?**

① 램형 실린더
② 탠덤 실린더
③ 다위치 실린더
④ 텔레스코프 실린더

해설
② 탠덤 실린더 : 두 개의 복동 실린더가 1개의 실린더 형태로 조립된 실린더(같은 크기의 복동 실린더에 의해 두 배의 힘을 낼 수 있다)
③ 다위치 실린더 : 두 개 또는 여러 개의 복수 실린더가 직렬로 연결된 실린더(서로 행정 거리가 다른 2개의 실린더로 4개의 위치를 제어할 수 있다)
④ 텔레스코프 실린더 : 긴 행정을 지탱할 수 있는 다단 튜브형 로드를 갖췄으며, 튜브형의 실린더가 2개 이상 서로 맞물려 있는 것으로서 높이에 제한이 있는 경우에 사용한다.

정답 17 ③ 18 ② 19 ④ 20 ①

21 **일의 3요소에 해당되지 않는 것은?**

① 크 기

② 속 도

③ 형 상

④ 방 향

22 **유압 제어 밸브 중 회로압이 설정압을 넘으면 막이 유체압에 의해 파열되어 압유를 탱크로 귀환시키고 동시에 압력상승을 막아 기기를 보호하는 역할을 하는 기기는?**

① 유체 퓨즈

② 압력 스위치

③ 감압 밸브

④ 릴리프 밸브

해설

② 압력 스위치 : 회로의 압력이 설정값에 도달하면 내부에 있는 마이크로 스위치가 작동하여 전기회로를 열거나 닫게 하는 기기

③ 감압 밸브(Reducing Valve) : 압축공기의 압력을 사용공기압 장치에 맞는 압력으로 감압하여 안정된 공기압을 공급할 목적으로 사용하는 밸브

④ 릴리프 밸브 : 압력을 설정값 내로 일정하게 유지시켜 주는 밸브(안전밸브로 사용)

23 **그림과 같은 회로도를 무엇이라고 하는가?**

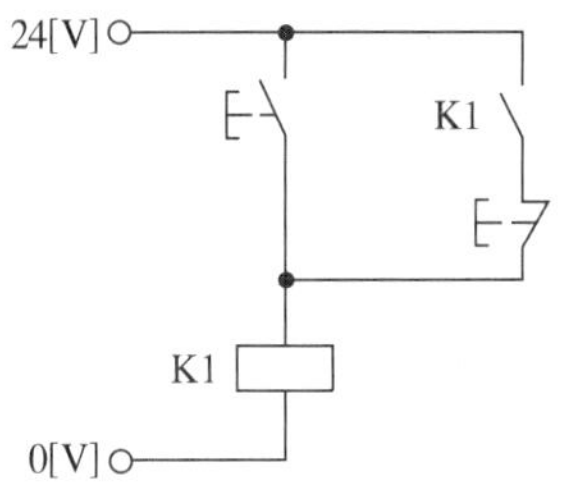

① 인터로크 회로

② 플립플롭 회로

③ ON 우선 자기유지 회로

④ OFF 우선 자기유지 회로

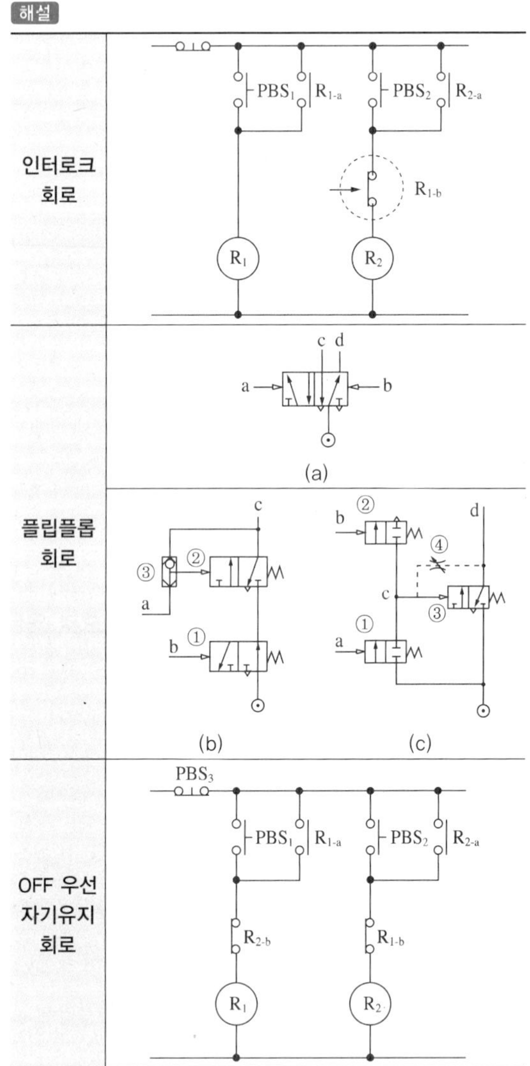

21 ③ 22 ① 23 ③ 정답

24 압력의 크기에 의해 제어되거나 압력에 큰 영향을 미치는 것은?

① 솔레노이드 밸브 ② 방향 제어 밸브
③ 압력 제어 밸브 ④ 유량 제어 밸브

해설
밸브의 기능에 따른 분류
- 압력 제어 밸브 : 유체압력을 제어하는 밸브 → 힘을 제어
- 유량 제어 밸브 : 유량의 흐름을 제어하는 밸브 → 속도를 제어
- 방향 제어 밸브 : 유체의 흐름 방향을 제어하는 밸브

25 피스톤 로드의 중심선에 대하여 직각을 이루는 실린더의 양측으로 뻗은 1쌍의 원통 모양의 피벗으로 지지된 공압 실린더의 지지형식을 무엇이라 하는가?

① 풋 형 ② 클레비스형
③ 용접형 ④ 트러니언형

해설
공압 실린더 지지 형식

풋 형	축방향 풋 형 : LB	축직각 풋 형 : LA
플랜지형	로드쪽 : FA	헤드쪽 : FB
클레비스형	1산(CA)	2산(CB)
트러니언형	로드쪽(TA)	중간(TC)
	헤드쪽(TB)	

26 다음과 같은 회로의 명칭은?

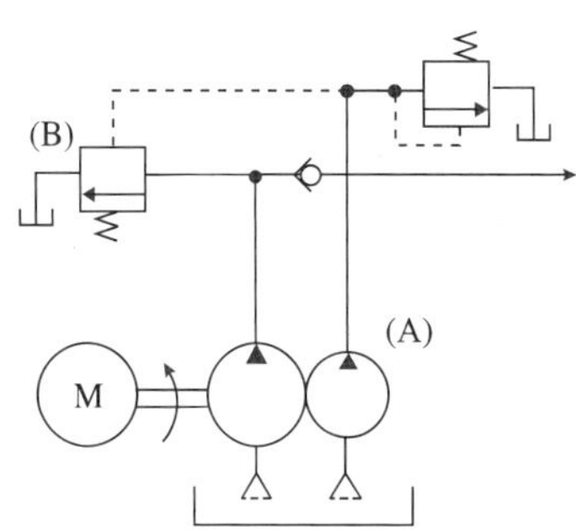

① 로크 회로 ② 무부하 회로
③ 동조 회로 ④ 카운터밸런스 회로

해설
Hi-Lo에 의한 무부하 회로 그림이다.

27 다음 중 공기압 발생장치에 해당되지 않는 장치는?

① 송풍기 ② 진공펌프
③ 압축기 ④ 공압모터

해설
공압모터는 액추에이터에 속한다.

28 유압 실린더나 유압 모터의 작동 방향을 바꾸는 데 사용되는 것으로 회로 내의 유체 흐름의 통로를 조정하는 것은?

① 체크 밸브
② 유량 제어 밸브
③ 압력 제어 밸브
④ 방향 제어 밸브

해설
밸브의 기능에 따른 분류
- 압력 제어 밸브 : 유체압력을 제어하는 밸브 → 힘을 제어
- 유량 제어 밸브 : 유량의 흐름을 제어하는 밸브 → 속도를 제어
- 방향 제어 밸브 : 유체의 흐름 방향을 제어하는 밸브

정답 24 ③ 25 ④ 26 ② 27 ④ 28 ④

29 공압 장치의 특징으로 옳지 않은 것은?

① 사용 에너지를 쉽게 구할 수 있다.
② 압축성 에너지이므로 위치 제어성이 좋다.
③ 힘의 증폭이 용이하고 속도조절이 간단하다.
④ 동력의 전달이 간단하며 먼 거리 이송이 쉽다.

해설
공압 장치의 장점
- 동력원인 압축공기를 간단히 얻을 수 있다.
- 힘의 증폭이 용이하다.
- 힘의 전달이 간단하고 어떤 형태로도 전달 가능하다.
- 작업속도 변경이 가능하며 제어가 간단하다.
- 취급이 간단하다.
- 인화의 위험 및 서지 압력발생이 없고 과부하에 안전하다.
- 압축공기를 축적(저장)할 수 있다.
- 탄력이 있다(완충 작용 = 공기 스프링 역할).

30 공압 시스템의 사이징 설계조건으로 볼 수 없는 것은?

① 반복 횟수
② 부하의 형상
③ 부하의 중량
④ 실린더의 행정거리

해설
사이징 설계를 위한 조건 설정
- 부하의 중량
- 실린더의 동작방향 : 가로방향, 상승운동, 하강운동 등
- 부하의 크기
- 부하의 종류 판단 : 관성부하 또는 저항부하
- 실린더의 행정거리
- 실린더 동작시간의 목표값
- 사용압력
- 실린더와 밸브 사이의 배관 길이
- 반복 횟수

제3과목 | 기초전기일반

31 백열전구를 스위치로 점등과 소등을 하는 것은 무슨 제어라고 하는가?

① 자동제어 ② 정성적 제어
③ 되먹임 제어 ④ 정량적 제어

해설
제어 명령 : 제어량을 원하는 상태로 하기 위한 입력 신호
- 정성적 제어 : 스위치 개폐에 의한 상태의 제어
- 정량적 제어 : 크기 및 양에 대한 제어

32 전류를 측정하는 기본 단위의 표현이 틀린 것은?

① 나노암페어 : [pA]
② 밀리암페어 : [mA]
③ 킬로암페어 : [kA]
④ 마이크로암페어 : [μA]

해설
① 나노암페어 : [nA]

33 직류 분권전동기의 속도제어방법이 아닌 것은?

① 계자 제어
② 저항 제어
③ 전압 제어
④ 주파수 제어

해설
직류분권발전기 속도제어방법
- 저항에 의한 속도제어
- 계자에 의한 속도제어
- 전압에 의한 속도제어

29 ② 30 ② 31 ② 32 ① 33 ④ 정답

34 정전용량(C)만의 교류 회로에서 용량 리액턴스에 관한 설명으로 옳은 것은?

① 기호는 X_C, 단위는 [H]를 사용한다.
② 정전용량(C)에 각속도 ω를 곱한 값이다.
③ 정전용량(C)에 각속도 ω로 나눈 값이다.
④ 정전용량(C)에 각속도 ω를 곱한 값의 역수이다.

해설
용량 리액턴스 $X_c = \frac{1}{\omega c} = \frac{1}{2\pi fc}$

35 다음 회로는 어떠한 회로를 나타낸 것인가?

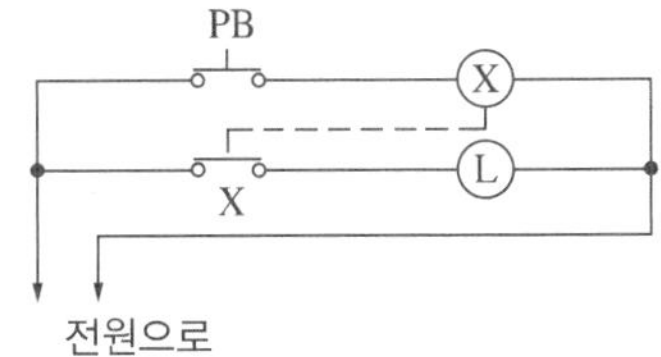

① On 회로
② Off 회로
③ C 접점회로
④ 인터로크 회로

해설
PB 스위치를 누르면 릴레이 X가 여자되고 a접점이 동작되는 촌동 회로이다.

36 직류 전동기가 기동하지 않을 때, 고장의 원인으로 보기에 가장 거리가 먼 것은?

① 과부하
② 제어기의 양호
③ 퓨즈의 용단
④ 계자권선의 단선

해설
고장원인
접속불량(37%), 절연제의 박리(30%), 단선(17%)

37 기계설비조정을 위하여 순간적으로 전동기를 시동·정지시킬 때 이용하는 회로는?

① 정역운전
② 리액터기동
③ 현장·원격제어
④ 촌동운전(미동, Jog)

해설
촌동회로(인칭회로) : 작업기계에 미세한 운동을 하도록 전동기의 전원회로를 짧은 간격으로 반복 개폐할 수 있는 전기회로

38 교류 고전압 측정에 주로 사용되는 것은?

① 진동 검류계
② 계기용 변압기(PT)
③ 켈빈 더블 브리지
④ 계기용 변류기(CT)

정답 34 ④ 35 ① 36 ② 37 ④ 38 ②

39 평형 3상 Y 결선의 상전압(V_P)와 선간전압(V_l)과의 관계는?

① $V_P = V_l$　　② $V_P = \sqrt{3}\, V_l$

③ $V_P = 3\, V_l$　　④ $V_P = \dfrac{1}{\sqrt{3}}\, V_l$

해설

Y 결선과 전압

- 상전압 : 각 상에 걸리는 전압
- 선간전압 : 부하에 전력을 공급하는 선들 사이의 전압
- 상전압과 선간전압의 관계 : 선간전압이 상전압보다 $\pi/6(30°)$ 앞선다.

40 전선에 흐르는 전류에 의한 자장의 방향을 결정하는 것은 무슨 법칙인가?

① 렌츠의 법칙

② 플레밍의 왼손 법칙

③ 플레밍의 오른손 법칙

④ 앙페르의 오른나사 법칙

해설

앙페르(Ampere)의 오른나사 법칙

오른손 엄지손가락을 세우고 나머지 손가락들을 쥐었을 때, 전류가 엄지손가락 방향으로 흐르면 자계는 나머지 손가락들이 가리키는 방향으로 발생하고, 전류가 나머지 손가락들이 가리키는 방향으로 흐르면 자계는 엄지손가락 방향으로 생김

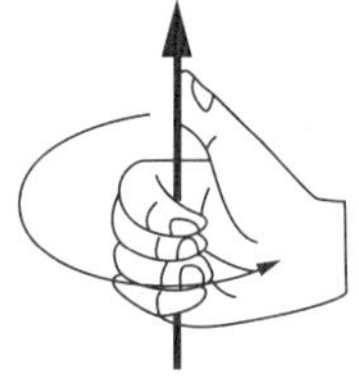

41 어떤 전기 회로에 2초 동안 10[C]의 전하가 이동하였다면 전류는 몇 [A]인가?

① 0.2　　② 2.5

③ 5　　④ 20

해설

$Q = It$ 에서 $I = \dfrac{Q}{t} = \dfrac{10}{2} = 5[\mathrm{A}]$

42 그림과 같은 기호의 스위치 명칭은?

① 광전 스위치

② 터치 스위치

③ 리밋 스위치

④ 레벨 스위치

해설

리밋 스위치(제한 스위치) : 승강기, 공작 기계 따위가 작동을 하다가 어떤 한계를 넘어서서 위험한 경우에 자동적으로 동작을 멈추게 하기 위하여 쓰는 스위치

43 최댓값이 E[V]인 정현파 교류전압의 실횻값은 몇 [V]인가?

① $\dfrac{1}{\sqrt{2}}E$　　② $\sqrt{2}\,E$

③ $\dfrac{2}{\pi}E$　　④ $2E$

해설

실횻값과 최댓값의 관계

$v = V_m \sin\omega t = \sqrt{2}\, V_{eff} \sin\omega t$ 에서 $V_{eff} = \dfrac{1}{\sqrt{2}} V_m$

39 ④ 40 ④ 41 ③ 42 ③ 43 ① 정답

44 교류회로에서 위상을 고려하지 않고 단순히 전압과 전류의 실횻값을 곱한 값을 무엇이라고 하는가?

① 임피던스
② 피상 전력
③ 무효 전력
④ 유효 전력

해설
전력의 분류
- 피상 전력 : 교류의 부하 또는 전원의 용량을 표시하는 전력, 전원에서 공급되는 전력
  - 단위 : [VA]
  - 피상 전력의 표현 : $P_a = VI$[VA]
- 유효 전력 : 전원에서 공급되어 부하에서 유효하게 이용되는 전력, 전원에서 부하로 실제 소비되는 전력
  - 단위 : [W]
  - 유효 전력의 표현 : $P = VI\sin\theta$[W]
- 무효 전력 : 실제로는 아무런 일을 하지 않아 부하에서는 전력으로 이용될 수 없는 전력, 실제로 아무런 일도 할 수 없는 전력
  - 단위 : [Var]
  - 무효 전력의 표현 : $P_r = VI\sin\theta$[Var]
- 역률 : 피상 전력 중에서 유효전력으로 사용되는 비율

45 다음 중 직류기의 구성 요소가 아닌 것은?

① 계 자
② 정류자
③ 콘덴서
④ 전기자

해설
직류기의 구성요소 : 고정자(계자), 전기자, 정류자

제2과목 | 기계제도(비절삭) 및 기계요소

46 관용 테이퍼 나사 중 테이퍼 수나사를 나타내는 표시 기호로 옳은 것은?

① G ② R
③ Rc ④ Rp

해설
① G : 관용 평행 나사
③ Rc : 관용 테이퍼 나사(테이퍼 암나사)
④ Rp : 관용 테이퍼 나사(평행 암나사)

47 도면에 표제란과 부품란이 있을 때, 부품란에 기입할 사항으로 가장 거리가 먼 것은?

① 제도 일자 ② 부품명
③ 재 질 ④ 부품번호

해설
부품란에는 품번, 품명, 재질, 수량, 무게, 공정, 비고란 등을 기입한다. 제도 일자는 표제란에 기입한다.

48 그림과 같은 용접기호에서 "40"의 의미를 바르게 설명한 것은?

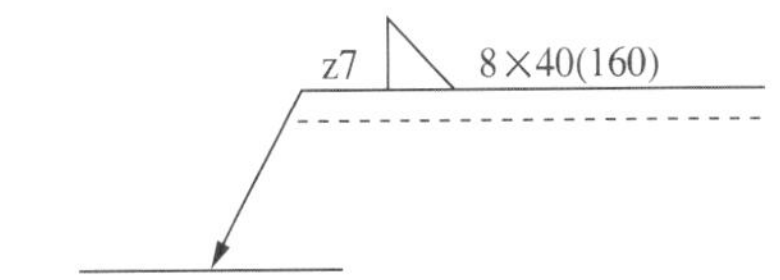

① 용접부 길이
② 용접부 수
③ 인접한 용접부의 간격
④ 용입의 바닥까지의 최소거리

해설
단속필릿용접에서
- z7 : 단면에서 이등변 삼각형의 변 길이
- 8 : 용접부의 개수(용접 수)
- 40 : 용접부 길이(크레이터 제외)
- 160 : 인접한 용접부 간격(피치)

정답 44 ② 45 ③ 46 ② 47 ① 48 ①

49 도면에서 판의 두께를 표시하는 방법을 정해 놓고 있다. 두께 3[mm]의 표현방법으로 옳은 것은?

① P3　　② C3
③ t3　　④ □3

해설

② C3 : 모따기 한 변 치수가 3
④ □3 : 정사각형 한 변 치수가 3

50 그림과 같은 입체도를 제3각법으로 투상한 도면으로 가장 적합한 것은?

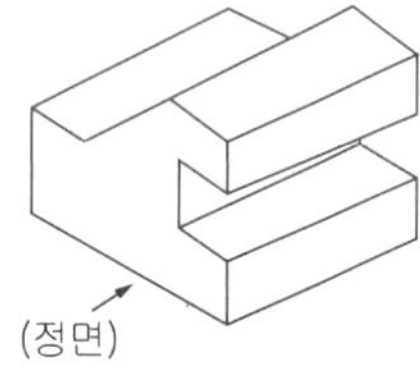

①　　②

③　　④

51 물체의 구멍, 홈 등 특정 부분만의 모양을 도시하는 것으로 그림과 같이 그려진 투상도의 명칭은?

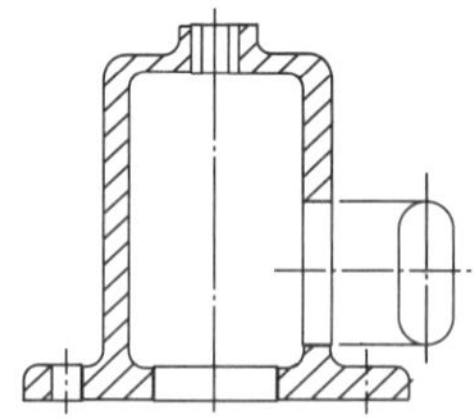

① 회전 투상도　　② 보조 투상도
③ 부분 확대도　　④ 국부 투상도

해설

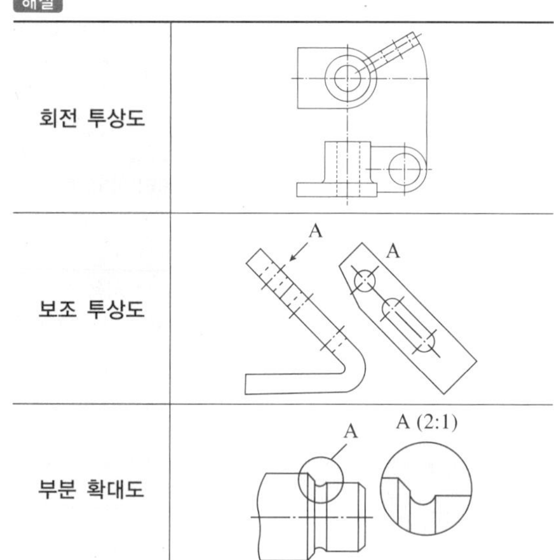

회전 투상도
보조 투상도
A
A
부분 확대도
A
A (2:1)

52 곡면과 곡면, 또는 곡면과 평면 등과 같이 두 입체가 만나서 생기는 경계선을 나타내는 용어로 가장 적합한 것은?

① 전개선
② 상관선
③ 현도선
④ 입체선

49 ③　50 ④　51 ④　52 ②　**정답**

53 다음 제동장치 중 회전하는 브레이크 드럼을 브레이크 블록으로 누르게 한 것은?

① 밴드 브레이크
② 원판 브레이크
③ 블록 브레이크
④ 원추 브레이크

해설
① 밴드 브레이크 : 브레이크륜의 외주에 강제의 밴드를 감고 밴드에 장력을 주어서 밴드와 브레이크륜 사이의 마찰에 의하여 제동 작용을 하는 것
② 원판 브레이크 : 마찰면을 원뿔형 또는 원판으로 하여 나사나 레버 등으로 축 방향으로 밀어붙이는 형식
④ 원추 브레이크 : 마찰면을 원추형으로 하여 나사나 레버 등으로 축 방향으로 밀어붙이는 형식

54 저널 베어링에서 저널의 지름이 30[mm], 길이가 40[mm], 베어링의 하중이 2,400[N]일 때, 베어링의 압력은 몇 [MPa]인가?

① 1 ② 2
③ 3 ④ 4

해설
베어링에 작용하는 압력
$P=\dfrac{W}{D\times L}[\mathrm{MPa}]$ (W : 하중[N], D : Shaft 직경(베어링 직경)[mm], L : 베어링 길이[mm])에서
$P=\dfrac{2,400}{30\times 40}=2[\mathrm{MPa}]$

55 너트 위쪽에 분할 핀을 끼워 풀리지 않도록 하는 너트는?

① 원형 너트
② 플랜지 너트
③ 홈붙이 너트
④ 슬리브 너트

해설
① 원형 너트(캡 너트) : 유체의 누설을 막기 위하여 위가 막힌 것으로 너트의 밑면에 넓은 원형 플랜지가 붙어 있다.
② 플랜지 너트 : 볼트 구멍이 클 때, 접촉면이 거칠거나 큰 면압을 피하려 할 때 사용
④ 슬리브 너트 : 수나사의 편심을 방지하는 데 사용

56 두 축이 나란하지도 교차하지도 않으며, 베벨기어의 축을 엇갈리게 한 것으로, 자동차의 차동기어 장치의 감속기어로 사용되는 것은?

① 베벨기어
② 웜기어
③ 베벨헬리컬기어
④ 하이포이드기어

해설
① 베벨기어 : 교차되는 두 축 간에 운동을 전달하는 원뿔형의 기어를 총칭(원뿔면에 이를 만든 것으로 이가 직선인 것)
② 웜기어 : 웜과 웜기어를 한 쌍으로 사용한 기어
③ 베벨헬리컬기어 : 교차되는 두 축에 베벨기어와 헬리컬기어를 사용한 기어

정답 53 ③ 54 ② 55 ③ 56 ④

57 원형나사 또는 둥근나사라고도 하며, 나사산의 각(a)은 30°로 산마루와 골이 둥근 나사는?

① 톱니나사
② 너클나사
③ 볼나사
④ 세트 스크루

해설
① 톱니나사 : 축선의 한 쪽에만 힘을 받는 곳에 사용하며 힘을 받는 면은 축에 직각이고, 받지 않는 면은 30°로 경사
③ 볼나사 : 수나사와 암나사의 홈에 강구가 들어 있어 마찰계수가 적고 운동전달이 가볍기 때문에 NC 공작기계나 자동차용 스티어링 장치에 사용
④ 세트 스크루 : 나사의 끝을 이용하여 축에 바퀴를 고정시키거나 위치를 조정할 때 쓰이는 작은 나사로 홈형, 6각 구멍형, 머리형 등이 있다.

58 나사에 관한 설명으로 틀린 것은?

① 나사에서 피치가 같으면 줄 수가 늘어나도 리드는 같다.
② 미터계 사다리꼴 나사산의 각도는 30°이다.
③ 나사에서 리드라 하면 나사축 1회전당 전진하는 거리를 말한다.
④ 톱니나사는 한방향으로 힘을 전달시킬 때 사용한다.

해설
리드(l) = 줄 수(n) × 피치(p)에서 줄 수가 늘어난 만큼 리드도 늘어난다.

59 42,500[kgf · mm]의 굽힘 모멘트가 작용하는 연강축 지름은 약 몇 [mm]인가?(단, 허용 굽힘 응력은 5[kgf/mm^2]이다)

① 21 ② 36
③ 44 ④ 92

해설
굽힘 응력 $\sigma = \frac{M(\text{굽힘 모멘트})}{Z(\text{단면계수})}$에서

축지름 단면계수 $Z = \frac{\pi d^3}{32}$이다.

$Z = \frac{M}{\sigma} = \frac{42,500[\text{kgf} \cdot \text{mm}]}{5[\text{kgf/mm}^2]} = 8,500[\text{mm}^3]$

그러므로, $d^3 = \frac{8,500 \times 32}{\pi} \fallingdotseq 86,624$, $d \fallingdotseq 44$

60 한 변의 길이가 30[mm]인 정사각형 단면의 강재에 4,500[N]의 압축하중이 작용할 때 강재의 내부에 발생하는 압축응력은 몇 [N/mm^2]인가?

① 2 ② 4
③ 5 ④ 10

해설
압축응력 : $\sigma_c = \frac{P_c}{A}[\text{kg/cm}^2]$에서

$\sigma_c = \frac{4,500[\text{N}]}{30 \times 30[\text{mm}^2]} = 5[\text{N/mm}^2]$

57 ② 58 ① 59 ③ 60 ③ 정답

2015년 제5회 과년도 기출문제

제1과목 | 공유압 일반

01 압력제어 밸브에서 상시 열림 기호는?

① 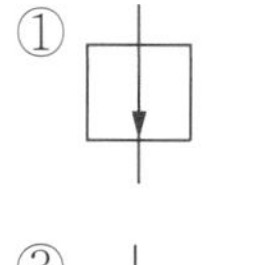
② 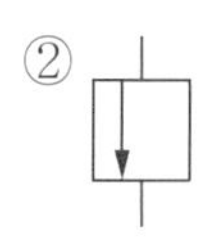
③ 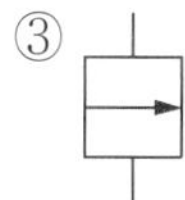
④ 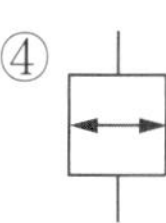

해설
①번 그림은 상시 열림 기호이고, ②번 그림은 상시 닫힘 기호이다.

02 유량비례분류 밸브의 분류 비율은 일반적으로 어떤 범위에서 사용하는가?

① 1 : 1~36 : 1
② 1 : 1~27 : 1
③ 1 : 1~18 : 1
④ 1 : 1~9 : 1

해설
유량비례분류 밸브 : 단순히 한 입구에서 오일을 받아 두 회로에 분배하며, 분배비율은 1 : 1~9 : 1이다.

03 그림의 회로도에서 죔 실린더의 전진 시 최대 작용 압력은 몇 [kgf/cm²]인가?

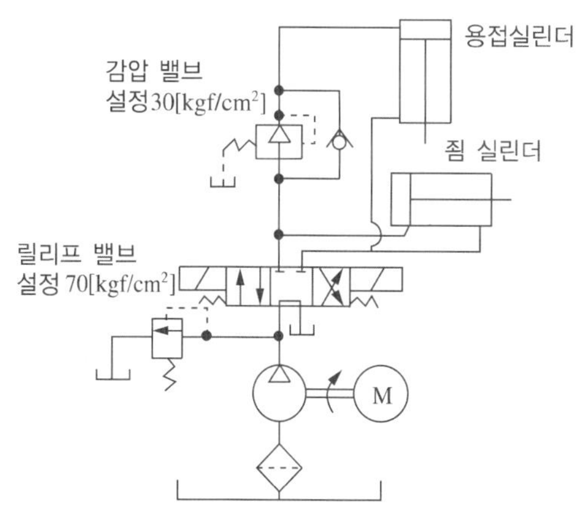

① 30
② 40
③ 70
④ 110

해설
릴리프 밸브의 설정 압력이 70[kgf/cm²]이므로 죔 실린더의 전·후진과 용접실린더의 후진 시 최대 작용 압력은 70[kgf/cm²]이 되며, 용접실린더의 전진 시 작용 압력은 30[kgf/cm²]이 된다.

정답 1 ① 2 ④ 3 ③

04 그림의 실린더는 피스톤 단면적(A)이 20[cm^2], 행정거리(s)는 10[cm]이다. 이 실린더가 전진행정을 1분 동안에 마치려면 필요한 공급유량은 약 몇 [cm^3/sec]인가?

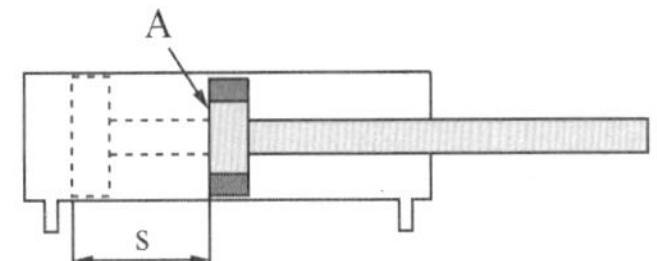

① 1.1　② 2.2
③ 3.3　④ 4.4

해설
공급유량 계산
피스톤 단면적 : A[cm^2]
행정거리 : s[cm]
공급유량 : Q = A × s[cm^3/sec]
전진행정이 분당으로 제시되었으므로, 초당으로 바꾸려면 60으로 나누어주어야 한다.
그러므로, 20 × 10 = 200
200 ÷ 60 = 3.3[cm^3/sec]이다.

05 미리 정한 복수의 입력신호조건을 동시에 만족하였을 경우에만 출력에 신호가 나오는 공압회로는?

① AND 회로
② OR 회로
③ NOR 회로
④ NOT 회로

해설
② OR 회로(논리합 회로) : 2개 이상의 입력단과 1개의 출력단을 가지며, 어느 입력단에 입력이 가해져도 출력단에 출력이 나타나는 회로
③ NOR 회로 : 2개 이상의 입력단과 1개의 출력단을 가지며, 입력단의 전부에 입력이 없는 경우에만, 출력단에 출력이 나타나는 회로
④ NOT 회로 : 1개 입력단과 1개의 출력단을 가지며 입력단에 입력이 가해지지 않을 경우에만 출력단에 출력이 나타나는 회로

06 공기압 장치의 배열 순서로 옳은 것은?

① 공기압축기 → 공기탱크 → 에어드라이어 → 공기압조정유닛
② 공기압축기 → 에어드라이어 → 공기압조정유닛 → 공기탱크
③ 공기압축기 → 공기압조정유닛 → 에어드라이어 → 공기탱크
④ 에어드라이어 → 공기탱크 → 공기압조정유닛 → 공기압축기

해설
공압시스템의 배열순서
흡입필터 → 흡기소음기 → 중간냉각기 → 공기압축기 → 후부냉각기 → 공기탱크 → 메인라인필터 → 에어드라이어 → 공기압조정유닛 → 액추에이터

07 자동화 라인에 사용하는 공기압력 게이지가 0.5[MPa]을 나타내고 있다. 이때 사용되고 있는 공압동력장치는?

① 팬
② 압축기
③ 송풍기
④ 공기 여과기

해설
공압 발생장치
• 팬 : 0.1[kgf/cm^2] 미만(10[kPa] 미만)
• 송풍기 : 0.1~1[kgf/cm^2](10~100[kPa])
• 공기압축기 : 1[kgf/cm^2] 이상(100[kPa] 이상)

4 ③　5 ①　6 ①　7 ② 정답

08 유압 실린더의 조립형식에 의한 분류에 속하지 않는 것은?

① 일체형 방식
② 슬라이딩 방식
③ 플랜지 방식
④ 볼트 삽입 방식

해설

조립형식에 따른 분류

- 일체형 방식
- 타이로드 방식
- 플랜지 방식
- 용접 방식
- 볼트 삽입 방식

09 방향제어 밸브의 연결구 표시 중 공급라인의 숫자 및 영문 표시(ISO 규격)는?

① 1, A　　② 2, B
③ 1, P　　④ 2, R

해설

접속구의 표시

접속구 표시법	ISO 1219	ISO 5599
공급 포트	P	1
작업 포트	A, B, C	2, 4.....
배기 포트	R, S, T	3, 5.....
제어 포트	X, Y, Z	10, 12, 14....
누출 포트	L	–

10 다음 중 유체에너지를 기계적인 에너지로 변환하는 장치는?

① 유압탱크
② 액추에이터
③ 유압펌프
④ 공기압축기

해설

① 유압탱크 : 작동유를 저장하는 기기
③ 유압펌프 : 유압 에너지의 발생원으로 오일을 공급하는 기능
④ 공기압축기 : 압축공기를 생산하는 장치

11 다음 중 요동형 액추에이터의 기호는?

①
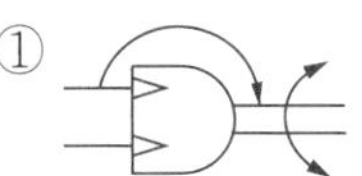

②
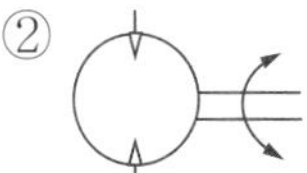

③
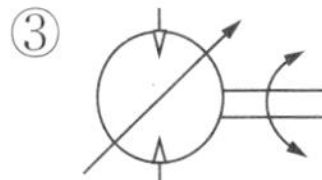

④
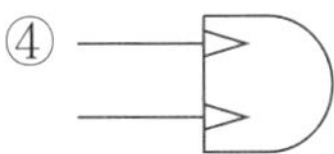

해설

② 그림 : 공압 모터(정용량형, 2방향 회전형)
③ 그림 : 공압 모터(가변용량형, 2방향 회전형)

정답 8 ② 9 ③ 10 ② 11 ①

12 **유압장치에서 작동유를 통과, 차단시키거나 또는 진행 방향을 바꾸어 주는 밸브는?**

① 유압차단 밸브
② 유량제어 밸브
③ 압력제어 밸브
④ 방향전환 밸브

해설
밸브의 기능에 따른 분류
② 유량제어 밸브 : 유량의 흐름을 제어하는 밸브 → 속도를 제어
③ 압력제어 밸브 : 유체압력을 제어하는 밸브 → 힘을 제어
④ 방향전환 밸브 : 유체의 흐름 방향을 제어하는 밸브

13 **공압의 특성 중 장점에 속하지 않는 것은?**

① 이물질에 강하다.
② 인화의 위험이 없다.
③ 에너지 축적이 용이하다.
④ 압축공기의 에너지를 쉽게 얻을 수 있다.

해설
공압의 장점
- 동력원인 압축공기를 간단히 얻을 수 있다.
- 힘의 증폭이 용이하다.
- 힘의 전달이 간단하고 어떤 형태로도 전달 가능하다.
- 작업속도 변경이 가능하며 제어가 간단하다.
- 취급이 간단하다.
- 인화의 위험 및 서지 압력발생이 없고 과부하에 안전하다.
- 압축공기를 축적(저장)할 수 있다.
- 탄력이 있다(완충 작용 = 공기 스프링 역할).

14 **동력에 관한 설명으로 옳은 것은?**

① 작용한 힘의 크기와 움직인 거리의 곱이다.
② 작용한 힘의 크기와 움직이는 속도의 곱이다.
③ 작용한 압력의 크기와 움직인 거리의 곱이다.
④ 작용한 압력의 크기와 움직이는 속도의 곱이다.

해설
동력이란 단위시간에 하는 일의 비율을 말하며, 작업하는 능력을 표시한다. 물체 A가 힘 F를 받아서 힘의 방향으로 S만큼 변위시키는 데 t초가 걸렸다고 하면 동력은 단위 시간당의 작업이므로,

동력 $= \dfrac{\text{작업}}{\text{단위시간}} = \dfrac{F \times S}{t}$ [kg · m/s]이다.

거리를 시간으로 나눈 값$\left(\dfrac{S}{t}\right)$을 속도라고 한다.

15 **그림과 같은 유압회로에서 실린더의 속도를 조절하는 방법으로 가장 적절한 것은?**

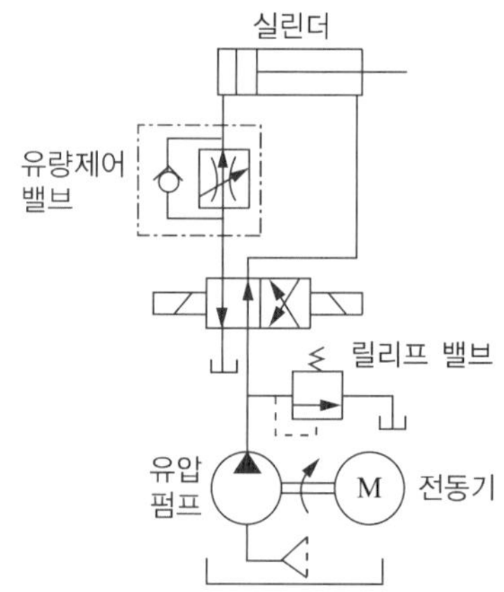

① 가변형 펌프의 사용
② 유량제어 밸브의 사용
③ 전동기의 회전수 조절
④ 차동 피스톤 펌프의 사용

해설
위 그림은 실린더 전진 포트쪽에 일방향 유량조절 밸브가 부착되어 있으며, 전진속도 미터 인 방식으로 속도조절을 하는 유압회로이다.

12 ④ 13 ① 14 ② 15 ② 정답

16 속도에너지를 이용하여 피스톤을 고속으로 움직이게 하는 공압 실린더는?

① 탠덤형 공압 실린더
② 다위치형 공압 실린더
③ 텔레스코프형 공압 실린더
④ 임팩트 실린더형 공압 실린더

해설

① 탠덤 실린더 : 꼬치 모양으로 연결된 복수의 피스톤을 n개 연결시켜 n배의 출력을 얻을 수 있도록 한 것이다.
② 다위치형 실린더 : 2개의 스트로크를 가진 실린더, 즉 다른 2개의 실린더를 직결로 조합한 것과 같은 기능을 갖고 있어 여러 방향의 위치를 결정한다.
③ 텔레스코프 실린더 : 긴 행정을 지탱할 수 있는 다단 튜브형 로드를 갖췄으며, 튜브형의 실린더가 2개 이상 서로 맞물려 있는 것으로서 높이에 제한이 있는 경우에 사용한다.

17 다음 중 작동유의 열화 판정법으로 적절한 것은?

① 성상 시험법
② 초음파 진단법
③ 레이저 진단법
④ 플라즈마 진단법

해설

윤활유의 열화 판정법에는 직접 판정법과 간이 판정법이 있다. 직접 판정법은 신유와 사용유의 성상(性狀)을 비교, 검토하여 판정하는 방법이다.

18 위치 검출용 스위치의 부착 시 주의사항에 관한 설명으로 옳지 않은 것은?

① 스위치 부하의 설계 선정 시 부하의 과도적인 전기 특성에 주의한다.
② 전기 용접기 등의 부근에는 강한 자계가 형성되므로 거리를 두거나 차폐를 실시한다.
③ 직렬접속은 몇 개라도 접속이 가능하지만 스위치의 누설전류가 접속 수만큼 커지므로 주의한다.
④ 실린더 스위치는 전기 접점이므로 직접 정격 전압을 가하면 단락되어 스위치나 전기회로를 파손시킨다.

해설

③ 병렬접속은 몇 개라도 접속이 가능하지만 접속된 누설전류 합이 부하에 영향을 미치지 않는 정도까지 다수 연결할 수 있다.

19 다음 중 유압을 발생시키는 부분은?

① 안전 밸브 ② 제어 밸브
③ 유압 모터 ④ 유압 펌프

20 압축공기의 저장탱크를 구성하는 기기가 아닌 것은?

① 압력계 ② 차단 밸브
③ 유량계 ④ 압력 스위치

해설

압축공기 저장 탱크의 구조
- 안전 밸브
- 압력 스위치
- 압력계
- 체크 밸브
- 차단밸브(공기 배출구)
- 드레인 뽑기
- 접속관 등

정답 16 ④ 17 ① 18 ③ 19 ④ 20 ③

21 **순수 공압 제어회로의 설계에서 신호의 트러블(신호 중복에 의한 장애)을 제거하는 방법 중 메모리 밸브를 이용한 공기분배방식은?**

① 3/2-Way 밸브의 사용 방식
② 시간지연 밸브의 사용 방식
③ 캐스케이드 체인 사용 방식
④ 방향성 리밋 스위치의 사용 방식

해설
신호중복 방지대책
- 기계적인 신호 제거 방법 : 오버센터 장치를 사용(눌리는 과정에서만 잠깐 작동되는 것으로 롤러 레버형, 누름 버튼형, 페달형 등이 있다)
- 방향성 롤러 레버 밸브에 의한 신호 제거법
- 시간지연 밸브(타이머)에 의한 신호 제거법 : 정상 상태 열림형 시간 지연 밸브 사용
- 공압제어체인(캐스케이드 체인, 시프트 레지스터 체인)에 의한 신호 제거법 : 메모리 밸브를 이용한 공기분배 방식

22 **공기 마이크로미터 등의 정밀용에 사용되는 공기 여과기의 여과 엘리먼트 틈새 범위로 옳은 것은?**

① 5[μm] 이하
② 5~10[μm]
③ 10~40[μm]
④ 40~70[μm]

해설

여과 엘리먼트 (입도 : μm)	사용기기	비 고
70~40[μm]	실린더, 액추에이터	일반용
40~10[μm]	공기터빈, 공기모터	고속용
10~5[μm]	공기마이크로미터	정밀용
5[μm] 이하	순 유체소자	특수용

23 **무부하 회로의 장점이 아닌 것은?**

① 유온의 상승효과
② 펌프의 수명연장
③ 유압유의 노화 방지
④ 펌프의 구동력 절약

해설
무부하(Unloading) 회로
회로에서 작동유를 필요로 하지 않을 때, 즉 조작단의 일을 하지 않을 때 작동유를 탱크로 귀환시켜 펌프를 무부하로 만드는 회로
- 장점 : 펌프의 구동력 절약, 장치의 가열방지, 펌프수명 연장, 전효율 양호, 유온상승 방지, 유압유의 노화 방지 등

24 **유압을 측정했더니 압력계의 지침이 50[kgf/cm^2]일 때 절대압력은 약 몇 [kgf/cm^2]인가?**

① 35
② 40
③ 51
④ 61

해설
절대압력 = 대기압 ± 게이지압력에서, 대기압(1.03323[kgf/cm^2]) + 게이지압력(50[kgf/cm^2]을 계산하면 약 51[kgf/cm^2]이다.

21 ③ 22 ② 23 ① 24 ③ 정답

25 베르누이의 정리에서 에너지 보존의 법칙에 따라 유체가 가지고 있는 에너지가 아닌 것은?

① 위치에너지
② 마찰에너지
③ 운동에너지
④ 압력에너지

해설
베르누이의 정리
점성이 없는 비압축성의 액체가 수평관을 흐를 경우, 에너지 보존의 법칙에 의해 성립되는 관계식의 특성을 말한다.
압력수두 + 위치수두 + 속도수두 = 일정

26 실린더의 동작시간을 결정하는 요인이 아닌 것은?

① 검출 센서의 종류
② 실린더의 피스톤에 가해지는 부하
③ 실린더 흡기측에 압력을 공급하는 능력
④ 실린더 배기측의 압력을 배기하는 능력

해설
실린더의 동작시간을 결정하는 요인
- 실린더 배기측의 압력을 배기하는 능력
- 실린더 흡기측에 압력을 공급하는 능력
- 실린더 피스톤에 가해지는 부하
- 가동 부분의 질량(W/g)

27 증압기에 관한 설명으로 옳지 않은 것은?

① 입구측 압력은 공압을, 출구측 압력은 유압으로 변환하여 증압한다.
② 직압식 증압기는 공압 실린더부와 유압 실린더부가 있고 이들 내부에 증압로드가 있다.
③ 예압식 증압기는 직압식과 구조가 유사하며, 공유압 변환기가 오일탱크 전단에 설치되어 있다.
④ 증압기는 일반적으로 증압비 10~25 정도의 것이 많으며 공기압 0.5[MPa]일 때 발생하는 유압은 5~12.5[MPa] 정도이다.

해설
③ 예압식은 직압식과 구조는 같으나 오일 탱크 대신 공유압 변환기가 접속되어 있다.

28 다음의 오염물질 중 밸브 몸체에 고착, 실(Seal) 불량, 누적에 의한 화재 및 폭발, 오염 등의 원인이 되는 이물질은?

① 녹 ② 유 분
③ 수 분 ④ 카 본

해설
압축공기 내의 오염 물질

오염 물질	공압 기기에 미치는 영향
수 분	코일의 절연 불량과 녹을 유발하여 밸브 몸체에 스풀의 고착 및 수명 단축을 가져오고, 동결의 원인이 된다.
유 분	기기의 수명 단축, 오염, 아주 작은 유로 면적의 변화, 고무계 밸브의 부풀음, 스풀의 고착 등
카 본	실(Seal) 불량, 누적으로 인한 화재, 폭발, 오염, 아주 작은 유로 면적의 변화, 기기 수명의 단축, 밸브의 고착 등
녹	밸브 몸체에 고착, 실 불량, 기기의 수명 단축, 오염, 아주 작은 유로 단면적의 변화
먼 지	필터 엘리먼트의 눈메꿈, 실 불량 등

정답 25 ② 26 ① 27 ③ 28 ④

29 **입력라인용 필터의 막힘과 이로 인한 엘리먼트의 파손을 방지할 목적으로 라인필터에 부착하는 밸브는?**

① 귀환 밸브
② 릴리프 밸브
③ 체크 밸브
④ 어큐뮬레이터

해설
관로(라인)필터는 입력라인이나 리턴라인에 설치되며 릴리프 밸브가 부착되어 있어 막힘에 의한 압력강하가 커지면, 자동적으로 릴리프 밸브가 열려 엘리먼트가 파괴되는 것을 방지하게 되어 있다.

30 **실린더의 귀환행정 시 일을 하지 않을 경우 귀환속도를 빠르게 하여 시간을 단축시킬 필요가 있을 때 사용하는 밸브는?**

① 2압 밸브
② 셔틀 밸브
③ 체크 밸브
④ 급속배기 밸브

해설
① 2압 밸브(AND 밸브) : 두 개의 입구와 한 개의 출구를 갖춘 밸브로서 두 개의 입구에 압력이 작용할 때만 출구에 출력이 작용한다. 연동 제어, 안전 제어, 검사 기능, 논리 작동에 사용(저압우선 셔틀 밸브)
② 셔틀 밸브(OR 밸브) : 두 개 이상의 입구와 한 개의 출구를 갖춘 밸브로 둘 중 한 개 이상의 압력이 작용할 때 출구에 출력신호가 발생(양체크 밸브 또는 OR 밸브), 양쪽 입구로 고압과 저압이 유입될 때 고압 쪽이 출력된다(고압 우선 셔틀 밸브).
③ 체크 밸브 : 한쪽 방향의 유동은 허용하고, 반대 방향의 흐름은 차단하는 밸브

제3과목 | 기초전기일반

31 **그림에서 X로 표시되는 기기는 무엇을 측정하는 것인가?**

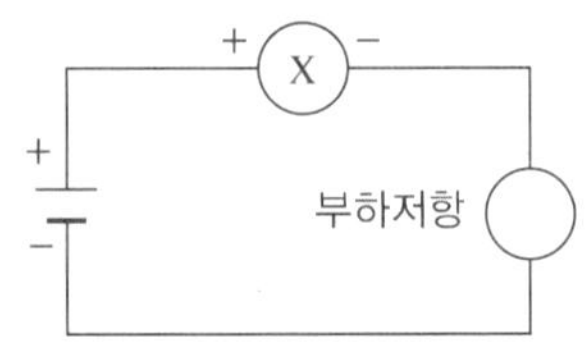

① 교류전압 ② 교류전류
③ 직류전압 ④ 직류전류

해설
부하에 직렬로 연결하여 흐르는 전원전류인 직류전류를 측정하는 전류계의 위치

32 **빌딩, 아파트 물탱크(수조)의 수위를 검출하는 스위치는?**

① 포토 스위치
② 한계 스위치
③ 근접 스위치
④ 플로트 계전기

해설
④ 플로트 계전기 : 옥상 물탱크 내의 수위에 따라 작동

33 **전력을 바르게 표현한 것은?**

① 전압×저항 ② 저항/전류
③ 전압×전류 ④ 전압/저항

해설
$P = V \cdot I$

29 ② 30 ④ 31 ④ 32 ④ 33 ③ 정답

34 구동회로에 가해지는 펄스 수에 비례한 회전각도 만큼 회전시키는 특수 전동기는?

① 분권 전동기
② 직권 전동기
③ 타여자 전동기
④ 직류 스테핑 전동기

해설
펄스 입력 신호에 따라서 스텝 상태로 변위하는 모터로, NC 서보의 요소부품. 10[W] 이하의 정도나 탈조(脫調)에 의한 오차의 집적(集積)에 영향을 주지 않는 시스템에 사용한다.

35 자석 부근에 못을 놓으면 못도 자석이 되어 자성을 가지게 되는데 이러한 현상을 무엇이라고 하는가?

① 절 연
② 자 화
③ 자 극
④ 전자력

해설
자화란 자기장 안의 물체가 자기(磁氣)를 띠게 됨. 또는 그 결과로 생긴 단위 부피당의 자기 모멘트

36 RL 병렬 회로에 $100\angle 0°$[V]의 전압이 가해질 경우에 흐르는 전체 전류(I)은 몇 [A]인가?(단, $R=100[\Omega]$, $\omega L=100[\Omega]$이다)

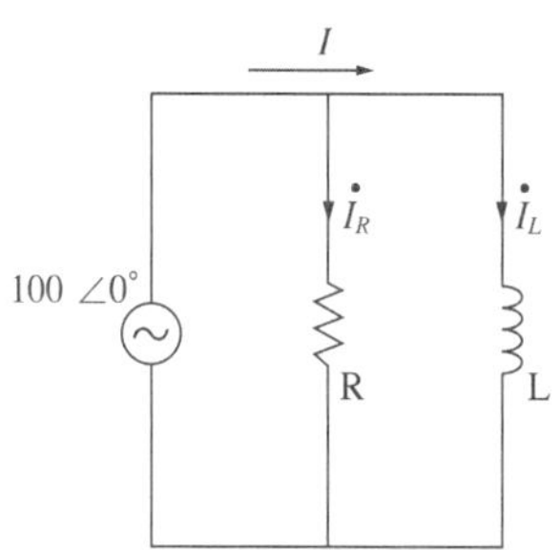

① 1　　② 2
③ $\sqrt{2}$　　④ 100

해설

$$Z=\frac{R\cdot X_L}{\sqrt{R^2+X_L^2}}=\frac{R\cdot\omega L}{\sqrt{R^2+(\omega L)^2}}=\frac{100\times100}{\sqrt{100^2+100^2}}$$

$$=\frac{100\times100}{100\sqrt{2}}=\frac{100}{\sqrt{2}}=\frac{100\sqrt{2}}{2}=50\sqrt{2}$$

$$\therefore\ I=\frac{V}{Z}=\frac{100}{50\sqrt{2}}=\frac{2}{\sqrt{2}}=\frac{2\sqrt{2}}{2}=\sqrt{2}[\text{A}]$$

37 금속 및 전해질 용액과 같이 전기가 잘 흐르는 물질을 무엇이라 하는가?

① 도 체
② 저 항
③ 절연체
④ 반도체

해설
열이나 전기를 잘 전달하는 물체를 도체라 한다.

정답 34 ④ 35 ② 36 ③ 37 ①

38 **시퀀스 제어계의 구성 요소에서 검출부, 명령처리부, 조작부, 표시경보부를 총칭하여 무엇이라 하는가?**

① 제어부 ② 제어대상
③ 조절기 ④ 제어명령

해설
시퀀스 제어계의 기본 구성요소
명령처리부–조작부–검출부–표시 경보부

39 **사인파 교류 파형에서 주기 T[s], 주파수 f[Hz]와 각속도 ω[rad/s] 사이의 관계식을 바르게 표기한 것은?**

① $\omega=2\pi f$ ② $\omega=2\pi T$

③ $\omega=\dfrac{1}{2\pi f}$ ④ $\omega=\dfrac{1}{2\pi T}$

해설
$T=\dfrac{1}{f}[\mathrm{s}],\ f=\dfrac{1}{T}=\dfrac{1}{\frac{2\pi}{\omega}}=\dfrac{\omega}{2\pi}[\mathrm{Hz}]$

$\therefore\ \omega=2\pi f[\mathrm{rad/s}]$

40 **발전기의 배전반에 달려 있는 계전기 중 대전류가 흐를 경우 회로의 기기를 보호하기 위한 장치는 무엇인가?**

① 과전압 계전기
② 과전력 계전기
③ 과속도 계전기
④ 과전류 계전기

해설
과전류 계전기 : 허용된 이상의 부하가 걸려서 과전류가 흐르게 되면 주회로를 차단하여 회로에 화재가 발생하는 것을 예방하는 계전기를 과전류 계전기라 한다.

41 **전압계 사용법 중 틀린 것은?**

① 전압의 크기를 측정할 시 사용된다.
② 교류 전압 측정 시에는 극성에 유의한다.
③ 전압계는 회로의 두 단자에 병렬로 연결한다.
④ 교류 전압을 측정할 시에는 교류 전압계를 사용한다.

해설
전압계 사용법
- 전압계는 부하 또는 전원과 병렬로 접속해야 한다.
- 전압계는 그 내부 저항이 큰 것일수록 측정 오차가 작다.
- 측정할 전압을 미리 예측하여 전압계에 과전압이 걸리지 않도록 한다.

42 **b 접점(Break Contact)에 대한 설명으로 옳은 것은?**

① 간접 조작에 의해 열리거나 닫히는 접점
② 전환 접점으로 a 접점과 b 접점을 공유한 접점
③ 항상 열려 있다가 외부의 힘에 의하여 닫히는 접점
④ 항상 닫혀 있다가 외부의 힘에 의하여 열리는 접점

38 ① 39 ① 40 ④ 41 ② 42 ④ 정답

43 반도체 소자는 작은 신호를 증폭하여 큰 신호를 만들거나 신호의 모양을 바꾸는 데 사용되어 왔으며, 기술의 발전에 따라 전압과 전류의 용량을 크게 만들 수 있게 되었다. 다음 중 반도체에 관한 설명으로 옳지 않은 것은?

① 저항률이 10^{-4}[Ω · m] 이하를 말한다.
② P형 반도체는 정공, 즉 (+)성분이 남는다.
③ 다이오드는 P형과 N형 반도체를 접합한 것이다.
④ 대표적인 반도체 소자는 다이오드, 트랜지스터 FET 등이 있다.

해설
반도체의 저항은 온도가 올라가면 저항값은 작아지고 온도가 내려가면 저항값은 커진다.

44 직류기를 구성하는 주요 부분이 아닌 것은?

① 계 자 ② 필 터
③ 정류자 ④ 전기자

해설
직류기의 구성요소
- 계 자
- 정류자
- 전기자
- 브러시와 브러시 홀더

45 3상 교류의 △결선에서 상전압과 선간접압의 크기 관계를 바르게 표시한 것은?

① 상전압 < 선간전압
② 상전압 > 선간전압
③ 상전압 = 선간전압
④ 상전압 ≤ 선간전압

해설
- △결선 : 선간전압 = 상전압, 선전류 = $\sqrt{3}$ 상전류
- Y결선 : 선간전압 = $\sqrt{3}$ 상전압, 선전류 = 상전류

제2과목 | 기계제도(비절삭) 및 기계요소

46 구의 반지름을 나타내는 치수 보조 기호는?

① Sϕ ② R
③ ϕ ④ SR

해설
치수 보조 기호

기 호	구 분	기 호	구 분
ϕ	지 름	t	두 께
□	정사각형	p	피 치
R	반지름	Sϕ	구면의 지름
C	45° 모따기	SR	구면의 반지름

47 판금 제품을 만드는 데 필요한 도면으로 입체의 표면을 한 평면 위에 펼쳐서 그리는 도면은?

① 회전 평면도
② 전개도
③ 보조 투상도
④ 사투상도

해설
- 회전 투상도 : 투상면이 어느 각도를 가지고 있어 실제 모양이 나타나지 않을 때 그 부분을 회전하여 투상하는 방법
- 보조 투상도 : 경사면부가 있는 대상물에서 그 경사면의 실제 모양을 표시할 필요가 있는 경우에 그린 투상도
- 사투상도 : 정투상도에서 정면도의 크기와 모양은 그대로 사용, 평면도와 우측면도를 경사시켜 그리는 투상법으로 종류에는 캐비닛도와 카발리에도가 있다.

정답 43 ① 44 ② 45 ③ 46 ④ 47 ②

48 A : B로 척도를 표시할 때 A : B의 설명으로 옳은 것은?

	A		B
①	도면에서의 길이	:	대상물의 실제 길이
②	도면에서의 치수값	:	대상물의 실제 길이
③	대상물의 실제길이	:	도면에서의 길이
④	대상물의 크기	:	도면의 크기

해설

척 도

A(도면에서의 길이) : B(물체의 실제 길이)

49 설명용 도면으로 사용되는 캐비닛도를 그릴 때 사용하는 투상법으로 옳은 것은?

① 정투상

② 등각투상

③ 사투상

④ 투시투상

해설

① 정투상 : 세 개의 직교하는 화면의 중간에 물체를 놓고 3방향에서 평행 광선을 투상하면 각각의 화면에 그림이 투상된다. 이 3가지의 그림을 정면도, 평면도, 측면도라고 한다.

② 등각투상 : X, Y, Z축을 서로 120°씩 등각으로 투상한 그림에 세면을 같은 정도로 나타낸 것

④ 투시투상 : 시점과 물체의 각점을 연결하는 방사선에 의하여 그리는 것으로 원근감이 있어 건축조감도 등 건축제도에 널리 쓰인다.

50 그림과 같은 입체도에서 화살표 방향을 정면으로 할 때 좌측면도로 옳은 것은?(단, 정면도에서 좌우 대칭이다)

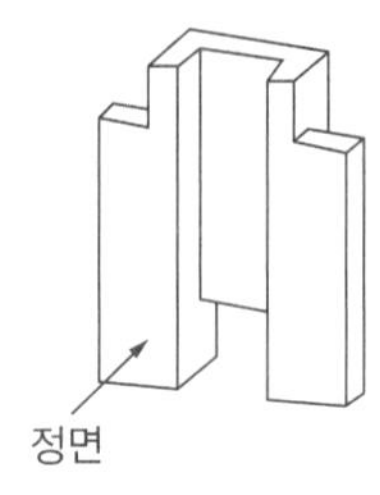

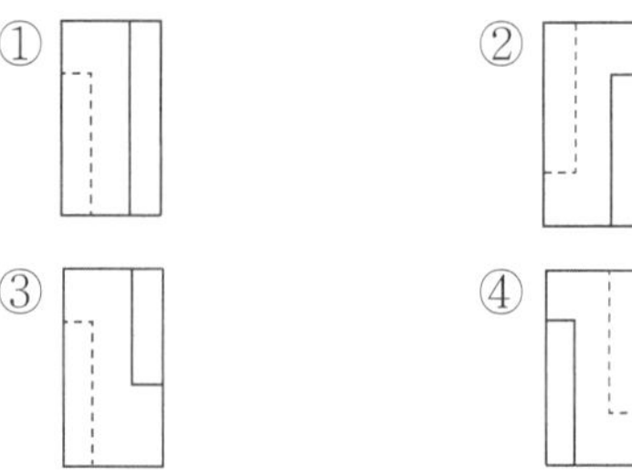

해설

좌측에서 바라본 모습은 ②번 그림이다.

51 일반 구조용 압연강재의 KS 기호는?

① SPCG

② SPHC

③ SS400

④ STS304

해설

- SS : 일반 구조용 압연강재
- 400 : 최저인장강도[kg/mm^2]

48 ① 49 ③ 50 ② 51 ③ 정답

52 기계제도에서 가는 실선으로 나타내는 선은?

① 외형선　　② 피치선
③ 가상선　　④ 파단선

해설
가는 실선의 용도 : 치수선, 치수보조선, 지시선, 회전 단면선, 중심선, 수준면선
① 외형선 : 굵은 실선
② 피치선 : 가는 1점쇄선
③ 가상선 : 가는 2점쇄선

53 강도와 기밀을 필요로 하는 압력용기에 쓰이는 리벳은?

① 접시머리 리벳
② 둥근머리 리벳
③ 납작머리 리벳
④ 얇은 납작머리 리벳

해설
보일러용(기밀), 구조용(강도)으로 사용되는 리벳은 둥근머리 리벳과 둥근접시머리 리벳이 있다.

54 다음 중 가장 큰 회전력을 전달할 수 있는 것은?

① 안장 키　　② 평 키
③ 묻힘 키　　④ 스플라인

해설
① 안장 키(Saddle Key) : 축은 절삭하지 않고 보스에만 홈을 파서 마찰력으로 고정시키며, 축의 임의의 부분에 설치 가능(극 경하중용)
② 평 키(Flat Key) : 축은 자리만 편편하게 다듬고 보스에 홈을 판다(경하중).
③ 묻힘 키(Sunk Key) : 축과 보스에 다같이 홈을 파는 가장 많이 쓰는 종류이다.

55 양끝을 고정한 단면적 2[cm^2]인 사각봉이 온도 −10[℃]에서 가열되어 50[℃]가 되었을 때, 재료에 발생하는 열응력은?(단, 사각봉의 탄성계수는 21[GPa], 선팽창계수는 12×10^{-6}[℃]이다)

① 15.1[MPa]
② 25.2[MPa]
③ 29.9[MPa]
④ 35.8[MPa]

해설
열 응력 : $\sigma = E \cdot \epsilon = E \cdot \alpha(t_2 - t_1)$[kPa]($E$: 세로탄성계수, α : 선팽창계수)
= 21,000[MPa] × 0.000012 × 60[℃] = 15.12[MPa]

56 다음 중 V벨트의 단면 형상에서 단면이 가장 큰 벨트는?

① A
② C
③ E
④ M

해설
V벨트의 표준 치수
M, A, B, C, D, E의 6종류가 있으며, M에서 E쪽으로 갈수록 단면이 커진다.

정답 52 ④ 53 ② 54 ④ 55 ① 56 ③

57 체결하려는 부분이 두꺼워서 관통구멍을 뚫을 수 없을 때 사용되는 볼트는?

① 탭 볼트
② T홈 볼트
③ 아이 볼트
④ 스테이 볼트

해설
② T홈 볼트 : 공작기계 테이블의 T홈 등에 끼워서 공작물을 고정시키는 데 사용
③ 아이 볼트 : 부품을 들어 올리는 데 사용되는 링 모양이나 구멍이 뚫려 있는 것
④ 스테이 볼트 : 부품의 간격 유지, 턱을 붙이거나 격리 파이프를 넣는다.

58 표준기어의 피치점에서 이끝까지의 반지름 방향으로 측정한 거리는?

① 이뿌리 높이
② 이끝 높이
③ 이끝 원
④ 이끝 틈새

해설
기어의 각 부 명칭
- 피치원 : 피치면의 축에 수직한 단면상의 원
- 원주피치 : 피치원 주위에서 측정한 2개의 이웃에 대응하는 부분 간의 거리
- 이끝원 : 이 끝을 지나는 원
- 이뿌리원 : 이 밑을 지나는 원
- 이끝 높이(어덴덤) : 피치원에서 이끝원까지의 거리
- 이뿌리 높이 : 피치원에서 이뿌리원까지의 거리
- 유효이의 높이 : 이뿌리원부터 이끝원까지의 거리

59 풀리의 지름 200[mm], 회전수 900[rpm]인 평벨트 풀리가 있다. 벨트의 속도는 약 몇 [m/s]인가?

① 9.42
② 10.42
③ 11.42
④ 12.42

해설
원주속도

$$v = \frac{\pi D_1 N_1}{60 \times 10^3} = \frac{\pi D_2 N_2}{60 \times 10^3}\,[\text{m/s}]\text{에서}$$

$$= \frac{3.14 \times 200 \times 900}{60 \times 1{,}000} = 9.42[\text{m/s}]$$

60 나사에서 리드(L), 피치(P), 나사 줄 수(n)와의 관계식으로 옳은 것은?

① $L = P$
② $L = 2P$
③ $L = nP$
④ $L = n$

해설
리드(L) = 줄 수(n) × 피치(P)

57 ① 58 ② 59 ① 60 ③ 정답

2016년 제2회 과년도 기출문제

제1과목 | 공유압 일반

01 전기적인 입력신호를 얻어 전기회로를 개폐하는 기기로 반복동작을 할 수 있는 기기는?

① 차동 밸브
② 압력 스위치
③ 시퀀스 밸브
④ 전자 릴레이

해설

전자 릴레이(전자 계전기)

- 보통 릴레이라고 하며, 릴레이를 이용한 제어를 전자계전기 제어 또는 유접점 제어라 한다.
- 철심에 코일을 감고 전류를 흘려주면 전자석이 되어 철편을 끌어당기는 전자기력에 의해 접점을 개폐하는 기능을 가진 제어장치이다.
- 전기적인 입력신호를 얻어 전기회로를 개폐하는 기기로 반복동작을 할 수 있다.
- 분기, 증폭, 신호전달, 다회로 동시조작, 메모리, 변환, 연산, 조정, 검출, 경보 기능 등이 있다.

02 유관의 안지름을 2.5[cm], 유속을 10[cm/s]로 하면 최대 유량은 약 몇 [cm^3/s]인가?

① 49
② 98
③ 196
④ 250

해설

연속의 법칙

$Q = A \times V$에서 $\frac{1}{4} \times 3.14 \times 2.5^2 \times 10 = 49[cm^3/s]$

03 유압실린더를 그림과 같은 회로를 이용하여 단조 기계와 같이 큰 외력에 대항하여 행정의 중간 위치에서 정지시키고자 할 때 점선 안에 들어갈 적당한 밸브는?

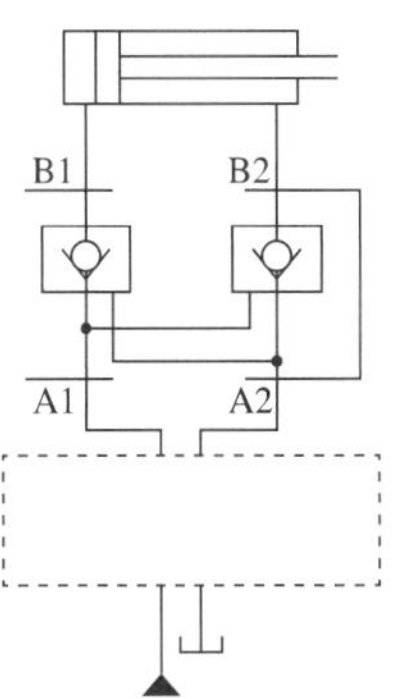

①
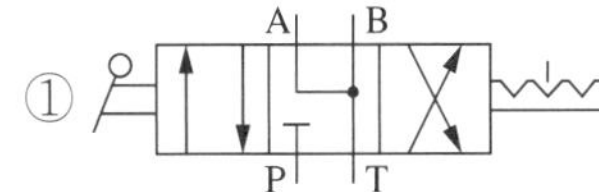

②
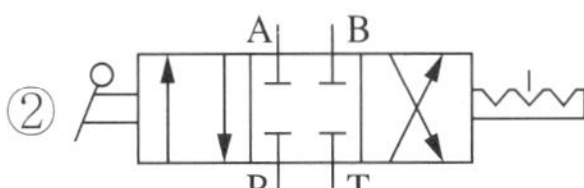

③
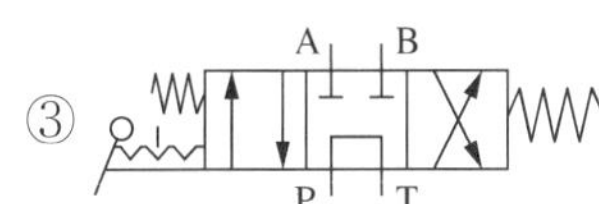

④
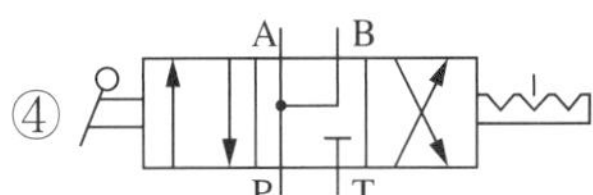

해설

완전 로크 회로

단조기계나 압연기계 등과 같이 큰 외력에 대항해서 정지위치를 확실히 유지하려면 파일럿 조작 체크 밸브를 사용하여 고압에 대하여 확실히 정지시킬 수 있다. 이 체크 밸브는 크랭킹 압력이 낮은 것을 사용하여 유압실린더로부터 배출하는 압유를 쉽게 토출할 수 있게 해야 한다.

※ 저자의견 : 공단에서는 정답을 ①번으로 발표하였으나, 저자는 ③번이 정답이라고 생각됨

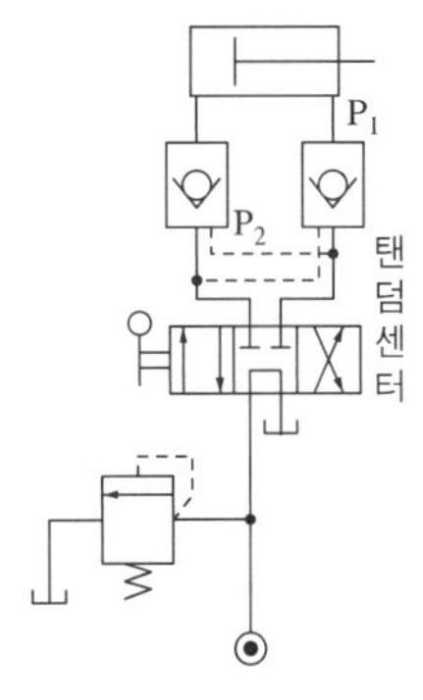

정답 1 ④ 2 ① 3 ①

04 유압 회로에서 유량이 필요하지 않게 되었을 때 작동유를 탱크로 귀환시키는 회로는?

① 무부하 회로
② 동조 회로
③ 시퀀스 회로
④ 브레이크 회로

해설

② 동조 회로(동기 회로, 싱크로나이징 회로) : 두 개 또는 그 이상의 유압 실린더를 동기 운동 즉, 완전히 동일한 속도나 위치로 작동시키고자 할 때 사용하는 회로
③ 시퀀스 회로 : 유압으로 구동되고 있는 기계의 조작을 순서에 따라 자동적으로 행하게 하는 회로
④ 브레이크 회로 : 유압 모터의 급정지 또는 회전 방향을 전환할 때 유압 펌프에서 유압 모터의 압유의 흐름은 닫히는데, 유압 모터는 자신의 특성이나 부하의 특성 때문에 그대로 회전을 계속하려 한다. 이때 유압 모터가 펌프 역할을 하므로 공기 흡입의 방지 및 브레이크 장치로서의 보상 회로가 필요하다. 이때 사용되는 회로를 브레이크 회로라 한다.

05 유압장치의 장점을 설명한 것으로 틀린 것은?

① 에너지의 축적이 용이하다.
② 힘의 변속이 무단으로 가능하다.
③ 일의 방향을 쉽게 변환할 수 있다.
④ 작은 장치로 큰 힘을 얻을 수 있다.

해설

유압 장치의 장점

- 소형 장치로 큰 출력을 얻을 수 있다.
- 무단 변속이 가능하고 원격제어가 된다.
- 정숙한 운전과 반전 및 열 방출성이 우수하다.
- 윤활성 및 방청성이 우수하다.
- 과부하 시 안전장치가 간단하다.
- 전기, 전자의 조합으로 자동 제어가 가능하다.

유압장치의 단점

- 유온의 변화에 액추에이터의 속도가 변화할 수 있다.
- 오일에 기포가 섞여 작동이 불량할 수 있다.
- 인화의 위험이 있다.
- 고압 사용으로 인한 위험성 및 배관이 까다롭다.
- 고압에 의한 기름 누설의 우려가 있다.
- 장치마다 동력원(펌프와 탱크)이 필요하다.

06 도면에서 밸브 ㉠의 입력으로 A가 ON되고, ㉡의 신호 B를 OFF로 해서 출력 Out이 On 되게 한 다음 신호 A를 OFF로 한다면 출력은 어떻게 되는가?

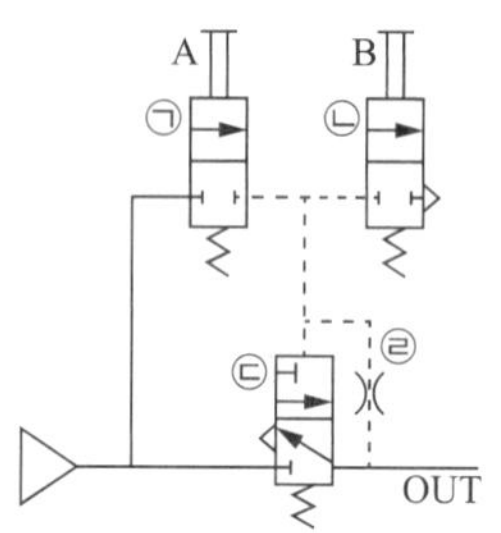

① Out은 OFF로 된다.
② Out은 ON으로 유지된다.
③ ㉢의 밸브가 OFF로 된다.
④ ㉡의 밸브에서 대기 방출이 된다.

해설

밸브 ㉠이 ON되면 ㉢ 밸브(3포트 2위치)의 위치가 전환되어 OUT으로 출력이 나오게 되면서 ㉣의 밸브(교축) 쪽으로도 신호가 들어가면서 ㉠ 밸브가 OFF되어도 계속 순환하게 된다. 즉, OUT쪽 신호는 계속 ON으로 유지된다.

07 램형 실린더의 장점이 아닌 것은?

① 피스톤이 필요 없다.
② 공기 빼기 장치가 필요 없다.
③ 실린더 자체 중량이 가볍다.
④ 압축력에 대한 힘에 강하다.

해설

① 피스톤이 필요 없다(피스톤 지름과 로드 지름 차가 없는 수압 가동부분을 갖는 것으로 좌굴 등 강성을 요할 때 사용).
② 공기 빼기 장치가 필요 없다.
④ 압축력에 대한 힘에 강하다.

4 ① 5 ① 6 ② 7 ③ 정답

08 상시개방접점과 상시폐쇄접점의 2가지 기능을 모두 갖고 있는 접점은?

① 메이크접점
② 전환접점
③ 브레이크접점
④ 유지접점

해설

전기회로에 사용하는 접점의 종류

- a접점 : Arbeit Contact, 상시개방접점, Make Contact, NO접점(Normally Open Contact), 평상시에 열려 있다가 스위치를 조작할 때에만 접점이 붙는다.
- b접점 : Break Contact, 상시폐쇄접점, NC접점(Normally Close Contact), 평상시에는 닫혀 있다가 스위치를 조작할 때에만 접점이 떨어진다.
- c접점 : Transfer Over Contact(트랜스퍼접점), 전환접점, a접점과 b접점이 하나의 케이스 안에 있어서 필요에 따라 a접점과 b접점을 선택하여 사용한다.

09 다음 중 흡수식 공기 건조기의 특징이 아닌 것은?

① 취급이 간편하다.
② 장비의 설치가 간단하다.
③ 외부 에너지 공급원이 필요 없다.
④ 건조기에 움직이는 부분이 많으므로 기계적 마모가 많다.

해설

흡수식 건조기

- 흡수액(염화리튬, 수용액, 폴리에틸렌)을 사용한 화학적 과정의 방식이다.
- 장비설치가 간단하다.
- 움직이는 부분이 없어 기계적 마모가 적다.
- 외부에너지의 공급이 필요 없다.
- 건조제는 연간 2~4회 정도의 주기로 교환한다.
- 재생방법에 따라 히스테리형, 히트형, 펌프형 등이 있다.

10 토크가 T[kgf · m]이고, n[rpm]으로 회전하는 공압모터의 출력(PS)을 구하는 식은?

① $\dfrac{nT}{716.2}$

② $\dfrac{716.2}{nT}$

③ $\dfrac{716.2T}{n}$

④ $\dfrac{716.2n}{T}$

해설

공압 모터의 출력계산

출력 $= \dfrac{nT}{716.2}$[PS]

- 발생 토크는 회전수에 역비례하고 공기 소비량은 회전수에 정비례한다.
- 출력은 무부하 회전수의 약 1/2에서 최대로 된다.

11 공유압 제어 밸브를 기능에 따라 분류하였을 때 해당되지 않는 것은?

① 방향제어 밸브
② 압력제어 밸브
③ 유량제어 밸브
④ 온도제어 밸브

해설

공유압 제어 밸브의 기능에 따른 분류

- 방향제어 밸브 : 유체의 흐름 방향을 제어하는 밸브
- 압력제어 밸브 : 유체압력을 제어하는 밸브 → 힘을 제어
- 유량제어 밸브 : 유량의 흐름을 제어하는 밸브 → 속도를 제어

정답 8 ② 9 ④ 10 ① 11 ④

12 표와 같은 진리값을 갖는 논리제어회로는?

입력신호		출 력
A	B	C
0	0	0
0	1	0
1	0	0
1	1	1

① OR 회로 ② AND 회로
③ NOT 회로 ④ NOR 회로

해설

OR 회로

입력신호		출 력
A	B	C
0	0	0
0	1	1
1	0	1
1	1	1

NOT 회로

입력신호	출 력
A	Y
0	1
1	0

NOR 회로

입력신호		출 력
A	B	Y
0	0	1
0	1	0
1	0	0
1	1	0

13 유압제어 밸브의 분류에서 압력제어 밸브에 해당되지 않는 것은?

① 릴리프 밸브(Relief Valve)
② 스로틀 밸브(Throttle Valve)
③ 시퀀스 밸브(Sequence Valve)
④ 카운터 밸런스 밸브(Counter Balance Valve)

해설

교축(Throttle) 밸브 : 유로의 단면적을 교축하여 유량을 제어하는 밸브로 니들 밸브를 밸브 시트에 대체 이동시켜 교축하는 구조로 된 것이다.

14 다음 중 2개의 입력신호 중에서 높은 압력만을 출력하는 OR 밸브는?

① 셔틀 밸브
② 이압 밸브
③ 체크 밸브
④ 시퀀스 밸브

해설

② 이압 밸브(AND 밸브) : 두 개의 입구와 한 개의 출구를 갖춘 밸브로서 두 개의 입구에 압력이 작용할 때만 출구에 출력이 작용(저압우선 셔틀 밸브)
③ 체크 밸브 : 한쪽 방향의 유동은 허용하고 반대 방향의 흐름은 차단하는 밸브
④ 시퀀스 밸브 : 작동순서를 회로의 압력에 의해 제어하는 밸브

정답 12 ② 13 ② 14 ①

15 그림에 해당되는 제어 방법으로 옳은 것은?

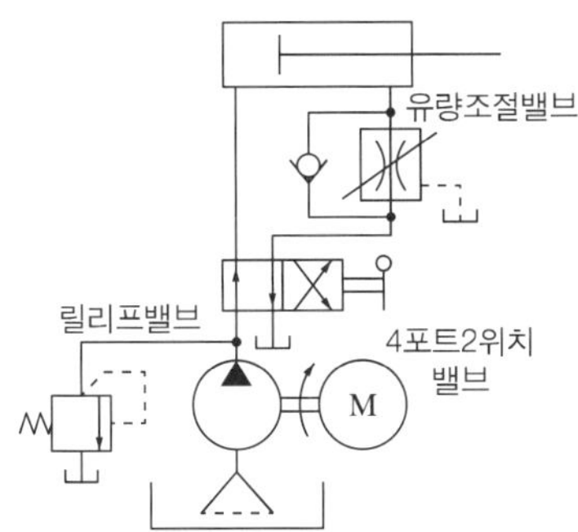

① 미터 인 방식의 전진행정 제어 회로
② 미터 인 방식의 후진행정 제어 회로
③ 미터 아웃 방식의 전진행정 제어 회로
④ 미터 아웃 방식의 후진행정 제어 회로

해설

그림에서 유량조절 밸브의 체크 밸브 타입의 방향으로 실린더 B포트에 설치되면 미터 아웃 방식의 전진행정 제어 회로가 되고, 실린더 A포터에 설치되면 미터 아웃 방식의 후진행정 제어 회로가 된다.

16 공기탱크와 공기압 회로 내의 공기압력이 규정 이상의 공기 압력으로 될 때에 공기 압력이 상승하지 않도록 대기와 다른 공기압 회로 내로 빼내 주는 기능을 갖는 밸브는?

① 감압 밸브
② 시퀀스 밸브
③ 릴리프 밸브
④ 압력스위치

해설

① 감압 밸브 : 사용공기압 장치에 맞는 압력으로 감압하여 안정된 공기압을 공급할 목적으로 사용하는 밸브
② 시퀀스 밸브 : 공유압 회로에서 순차적으로 작동할 때 작동순서를 회로의 압력에 의해 제어하는 밸브
④ 압력 스위치 : 회로의 압력이 설정값에 도달하면 내부에 있는 마이크로 스위치가 작동하여 전기 회로를 열거나 닫게 하는 기기

17 펌프의 송출압력이 50[kgf/cm^2], 송출량이 20[L/min]인 유압 펌프의 펌프 동력은 약 몇 [kW]인가?

① 1.0 ② 1.2
③ 1.6 ④ 2.2

해설

펌프 동력(L_p)

$L_p = \dfrac{PQ}{10,200}$[kW]에서 P : 펌프 토출압력[kgf/cm^2], Q : 실제 펌프 토출량[cm^3/sec]이다.

송출량 20[L/min]은 20,000/60[cm^3/sec]으로 단위를 맞추어야 한다.

그러므로, $L_p = \dfrac{50 \times 20,000}{10,200 \times 60} \fallingdotseq 1.63$[kW]이다.

18 방향제어 밸브의 조작방식 중 기계방식의 밸브 기호는?

①

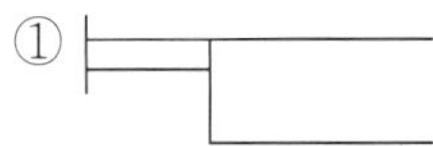

②

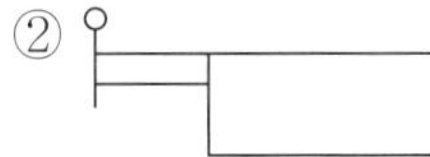

③

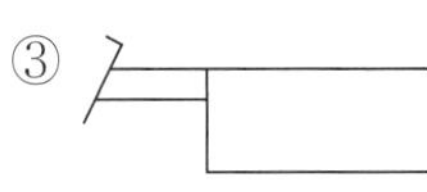

④

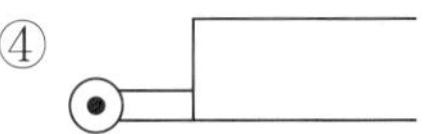

해설

① : 인력조작방식의 일반형
② : 인력조작방식의 레버형
③ : 인력조작방식의 페달형

19 다음 유압기호의 명칭으로 옳은 것은?

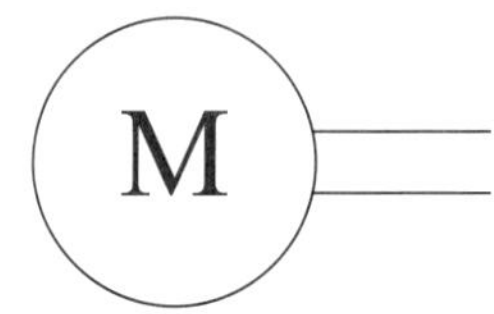

① 공기 탱크 ② 전동기
③ 내연기관 ④ 축압기

해설

동력원 기호

명 칭	기 호
유압(동력)원	
공압(동력)원	
전동기	M
원동기	M

20 그림에서처럼 밀폐된 시스템이 평형 상태를 유지할 경우 힘 F_1을 옳게 표현한 식은?

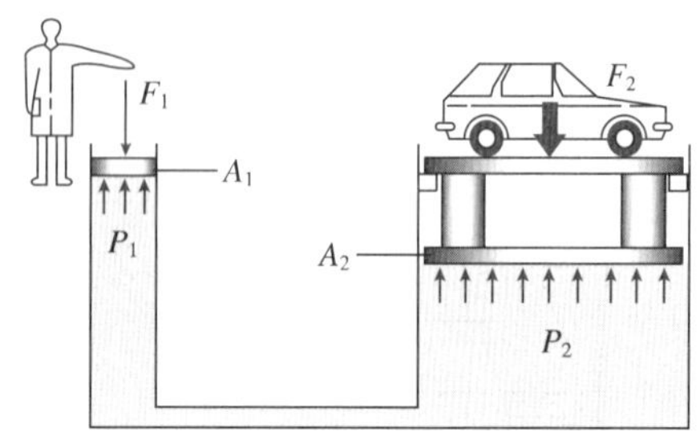

① $\dfrac{A_1 \times A_2}{F_2}$ ② $\dfrac{A_1 \times F_2}{A_2}$
③ $\dfrac{F_2}{A_1 \times A_2}$ ④ $\dfrac{A_2}{A_1 \times F_2}$

해설

파스칼(Pascal)의 원리

$P = \dfrac{F_1}{A_1} = \dfrac{F_2}{A_2}$ 에서 $F_1 = \dfrac{A_1 \times F_2}{A_2}$ 이다.

21 공기 압축기를 출력에 따라 분류할 때 소형의 범위는?

① 50~180[W] ② 0.2~14[kW]
③ 15~75[kW] ④ 75[kW] 이상

해설

공기 압축기의 출력에 따른 분류
- 소형 : 0.2~14[kW]
- 중형 : 15~75[kW]
- 대형 : 75[kW] 이상

22 유압 실린더의 중간 정지 회로에 적합한 방향제어 밸브는?

① 3/2way 밸브 ② 4/3way 밸브
③ 4/2way 밸브 ④ 2/2way 밸브

해설

4포트 3위치 밸브, 5포트 3위치 밸브 등의 3위치가 되는 밸브들은 중간 정지가 가능하다.

23 그림과 같은 유압 탱크에서 스트레이너를 장착할 가장 적절한 위치는?

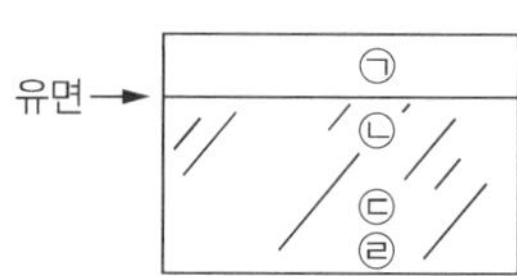

① ㉠과 같이 유면 위쪽
② ㉡과 같이 유면 바로 아래
③ ㉢과 같이 바닥에서 좀 떨어진 곳
④ ㉣과 같이 바닥

해설

스트레이너는 펌프의 흡입쪽에 설치하며, 펌프 토출량의 2배인 여과량을 가져야 하고, 기름 표면 및 기름 탱크 바닥에서 각각 50[mm] 떨어져서 설치해야 한다.

19 ② 20 ② 21 ② 22 ② 23 ③ **정답**

24 다른 실린더에 비하여 고속으로 동작할 수 있는 공압 실린더는?

① 충격 실린더
② 다위치형 실린더
③ 텔레스코픽 실린더
④ 가변 스트로크 실린더

해설
② 다위치형 실린더 : 복수의 실린더를 직결하여 몇 군데의 위치를 결정하는 실린더이다.
③ 텔레스코픽 실린더 : 긴 행정을 지탱할 수 있는 다단 튜브형 로드를 갖췄으며, 튜브형의 실린더가 2개 이상 서로 맞물려 있는 것으로서 높이에 제한이 있는 경우에 사용한다.
④ 가변 스트로크 실린더 : 스트로크를 제한하는 가변 스토퍼가 있다.

25 면적을 감소시킨 통로로서 길이가 단면 치수에 비하여 비교적 짧은 경우의 유동 교축부는?

① 초크(Choke)
② 플런저(Plunger)
③ 스풀(Spool)
④ 오리피스(Orifice)

해설
유로의 단면적을 변화시키는 기구를 교축(Throttle)이라 하며, 오리피스와 초크가 있다.
① 초크(Choke) : 관로 면적을 줄인 통로 길이가 단면 치수에 비하여 긴 경우
④ 오리피스(Orifice) : 관로 면적을 줄인 통로 길이가 단면 치수에 비해 비교적 짧은 경우

26 다음 기호를 보고 알 수 없는 것은?

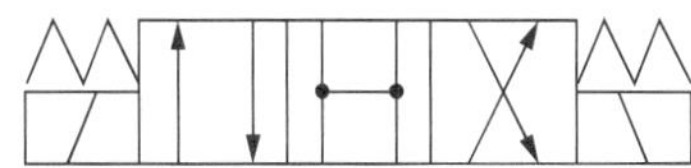

① 포트의 수　② 위치의 수
③ 조작방법　④ 접속의 형식

해설
• 포트의 수 : 4
• 위치의 수 : 3
• 조작방법 : 단동솔레노이드, 스프링센터

27 유압유에서 온도 변화에 따른 점도의 변화를 표시하는 것은?

① 비 중　② 동점도
③ 점 도　④ 점도지수

해설
작동유의 점도지수(VI ; Viscosity Index)[단위 : 푸아즈]
• 유압유는 온도가 변하면 점도도 변하므로 온도 변화에 대한 점도 변화의 비율을 나타내기 위하여 점도지수를 사용한다.
• 점도지수값이 큰 작동유가 온도 변화에 대한 점도 변화가 적다.
• 점도지수가 높은 기름일수록 넓은 온도 범위에서 사용할 수 있다.
• 일반 광유계 유압유의 VI는 90 이상이다.

28 유압 장치에서 유량제어 밸브로 유량을 조정할 경우 실린더에서 나타나는 효과는?

① 정지 및 시동
② 운동 속도의 조절
③ 유압의 역류 조절
④ 운동 방향의 결정

해설
유량제어 밸브로 유체의 흐름량을 제어하면 실린더, 모터 등의 운동 속도가 조절된다.

정답 24 ① 25 ④ 26 ④ 27 ④ 28 ②

29 전기 시퀀스 제어회로를 구성하는 요소 중 동작은 수동으로 되나 복귀는 자동으로 이루어지는 것은?

① 토글 스위치(Toggle Switch)

② 선택 스위치(Selector Switch)

③ 푸시버튼 스위치(Pushbutton Switch)

④ 로터리 캠 스위치(Rotary Cam Switch)

해설

유지형 수동 스위치

스위치를 조작하여 a접점은 닫히고 b접점은 열리도록 놓았다면 그 상태가 계속 유지되다가, 반대로 조작을 하여야만 a접점은 열리고 b접점은 닫히는 원래 상태로 복귀하는 스위치로 토글 스위치(Toggle Switch), 선택 스위치(Selector Switch), 텀블러 스위치(Tumbler Switch) 등이 있다.

30 작동유가 갖고 있는 에너지의 축적작용과 충격압력의 완충작용도 할 수 있는 부속기기는?

① 스트레이너

② 유체 커플링

③ 패킹 및 개스킷

④ 어큐뮬레이터

해설

어큐뮬레이터(축압기)의 용도

- 에너지 축적용
- 펌프의 맥동 흡수용
- 충격 압력의 완충용
- 유체 이송용
- 2차 회로의 구동
- 압력 보상

제3과목 | 기초전기일반

31 SCR의 활용으로 옳지 않은 것은?

① 수은정류기

② 자동제어장치

③ 제어용 전력증폭기

④ 전류조정이 가능한 직류 전원설비

해설

SCR의 응용분야

- 스위치 : 개폐횟수가 많은 곳, 방폭을 위해 불꽃이 생겨서는 안 되는 곳, 원격조작, 신속한 동작이 요구되는 곳, 과전압 보호, 속응성 보호장치, 변압기 탭 전환, 용접기의 제어 등
- 위상제어 : 전등의 밝기 조정, 전동기의 속도 제어, 전열 제어 등
- 정류기 : 제어할 수 있는 정류기로 사용, 정전압원, 정전류원 등
- 초퍼(Chopper)와 인버터(Inverter) : 전동기의 속도 제어, 비상용 전원, 고주파전원 등

32 대칭 3상 교류 전압에서 각 상의 위상차는?

① 60°

② 90°

③ 120°

④ 240°

해설

- $v_a = \sqrt{2}\,V\sin wt$
- $v_b = \sqrt{2}\,V\sin(wt - 120°)$
- $v_c = \sqrt{2}\,V\sin(wt - 240°)$

29 ③ 30 ④ 31 ① 32 ③ 정답

33 3상 유도 전동기의 $Y-\Delta$ 결선 변환 회로에 대한 설명으로 옳지 않은 것은?

① Y 결선으로 기동한다.
② 기동전류가 1/3로 줄어든다.
③ 정상 운전 속도일 때 △ 결선으로 변환한다.
④ 기동 시 상전압을 $\sqrt{3}$ 배 승압하여 기동한다.

해설
기동 시 선간전압을 $\sqrt{3}$ 배 승압하여 기동한다.

34 P[W] 전구를 t시간 사용하였을 때의 전력량[Wh]은?

① tP ② t^2P
③ $\frac{P}{t}$ ④ $\frac{P^2}{t}$

해설
$W=Pt=VIt$[Wh]
전력량은 일정한 시간 동안에 사용한 전력의 양을 말한다. 단위는 [Wh(와트시)]를 사용한다.

35 내부저항 5[kΩ]의 전압계 측정범위를 5배로 하기 위한 방법은?

① 20[kΩ]의 배율기 저항을 병렬 연결한다.
② 20[kΩ]의 배율기 저항을 직렬 연결한다.
③ 25[kΩ]의 배율기 저항을 병렬 연결한다.
④ 25[kΩ]의 배율기 저항을 직렬 연결한다.

해설
$V=V_0\left(1+\frac{R_m}{r_0}\right)$에서 $5V_0=\left(1+\frac{4r_0}{r_0}\right)$이므로 내부저항인 r_0 5[kΩ]의 4배인 20[kΩ]의 저항을 직렬로 연결한다.

36 교류의 크기를 나타내는 방법이 아닌 것은?

① 순시값
② 실횻값
③ 최댓값
④ 최솟값

해설
교류의 크기 : 순시값, 실횻값, 최댓값

37 가동코일형 전류계에서 전류측정 범위를 확대시키는 방법은?

① 가동코일과 직렬로 분류기 저항을 접속한다.
② 가동코일과 병렬로 분류기 저항을 접속한다.
③ 가동코일과 직렬로 배율기 저항을 접속한다.
④ 가동코일과 직·병렬로 배율기 저항을 접속한다.

해설
저항의 병렬연결에서 각 저항에 흐르는 전류는 키르히호프의 법칙에 의하여 입력 전류의 각 저항값에 반비례하여 분배된다.

정답 33 ④ 34 ① 35 ② 36 ④ 37 ②

38 교류 전류에 대한 저항(R), 코일(L), 콘덴서(C)의 작용에서 전압과 전류의 위상이 동상인 회로는?

① R만의 회로
② L만의 회로
③ C만의 회로
④ R, L, C 직·병렬회로

해설

R만의 $I=\frac{V}{R}$이며 전압과 전류가 동위상이다.

콘덴서(C)회로에서는 전류[I]가 앞서고 L인 코일회로(인덕턴스)에서는 전압[V]이 앞선다.

39 무부하 운전이나 벨트 운전을 절대로 해서는 안 되는 직류 전동기는?

① 직권 전동기
② 복권 전동기
③ 분권 전동기
④ 타여자 전동기

해설

직권 전동기의 단점

- 정류에서 브러시나 정류자에 마모가 발생하기 때문에, 보수 수요가 있다.
- 고회전 영역에서는 원심력의 영향으로 정류자가 파괴될 위험이 있다.
- 고부하 가속 운전 시 등의 경우는 정류자 사이의 섬락 등의 중대한 고장을 일으키기 쉽다.
- 이론적인 무부하 운전속도는 무한대로 과회전에 의해 전동기가 파괴될 수도 있기 때문에 무부하 운전 가능성이 있는 용도로는 쓸 수 없다.

40 그림은 어떤 회로를 나타낸 것인가?

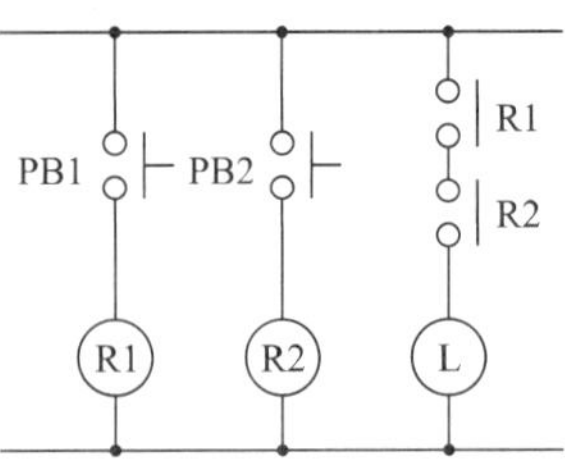

① OR 회로
② 인터로크 회로
③ AND 회로
④ 자기유지 회로

해설

AND 회로 : 입력이 직렬로 연결되면 출력이 나오는 회로

41 직선 전류에 의한 자기장의 방향을 알려고 할 때 적용되는 법칙은?

① 패러데이의 법칙
② 플레밍의 왼손 법칙
③ 플레밍의 오른손 법칙
④ 앙페르의 오른나사 법칙

해설

④ 앙페르의 오른나사 법칙 : 도선에 전류가 흐를 때 오른손 엄지로 전류방향을 맞추고 나머지 네 손가락으로 감싸면 손가락이 감싸고 있는 방향이 자기장의 방향이 된다.

① 패러데이 전자유도법칙 : 전류가 흐르고 있지 않은 코일에 외부에서 자기장의 변화를 생기게 해 주면 그 변화를 없애기 위해서 유도 전류가 흐르고 이 유도전류는 자기장의 변화, 자기선속의 시간적 변화율에 비례하고 코일의 감긴 횟수에 비례한다.

② 플레밍의 왼손 법칙 : 자기장 속에서 전류가 흐르게 되면 전류로 인해 자기장이 생기기 때문에 전류가 흐르고 있는 도선이 힘을 받게 된다. 이 힘을 전자기력이라 하고 왼손의 엄지, 검지, 중지를 각각이 직각이 되도록 펴면 검지는 자기장, 중지는 전류, 엄지는 힘 방향이 된다.

③ 플레밍의 오른손 법칙 : 유도전류의 방향을 알아낼 수 있는 법칙으로 오른손의 엄지, 검지, 중지를 각각이 직각이 되도록 펴면 검지는 자기장, 중지는 전류, 엄지는 힘 방향이 된다.

38 ① 39 ① 40 ③ 41 ④ 정답

42 **자석의 성질에 관한 설명으로 옳지 않은 것은?**

① 자석에는 N극과 S극이 있다.
② 자극으로부터 자력선이 나온다.
③ 자기력선은 비자성체를 투과한다.
④ 자력이 강할수록 자기력선의 수가 적다.

43 **시간의 변화에 따라 각 계전기나 접점 등의 변화 상태를 시간적 순서에 의해 출력상태를 (ON, OFF), (H, L), (1, 0) 등으로 나타낸 것은?**

① 플로 차트
② 실체 배선도
③ 타임 차트
④ 논리 회로도

해설
다음 그림과 같이 시간의 변화에 따라 출력상태를 표시한 것이다.

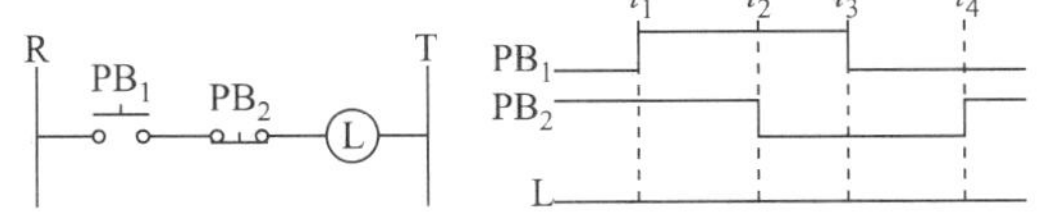

44 **전압이 가해지고 일정 시간이 경과한 후 접점이 닫히거나 열리고, 전압을 끊으면 순시 접점이 열리거나 닫히는 것은?**

① 전자 개폐기
② 플리커 릴레이
③ 온딜레이 타이머
④ 오프딜레이 타이머

해설
③ 온딜레이 타이머 : 전원을 공급하고 설정시간이 경과한 후 접점이 열리거나 닫히고 전원을 끊으면 순시에 접점이 복귀되는 타이머
④ 오프딜레이 타이머 : 전원을 공급하면 접점이 순시에 동작하고 전원을 끊으면 설정시간이 경과한 후 접점이 복귀되는 타이머

45 **전기저항과 열의 관계를 설명한 것으로 틀린 것은?**

① 저항기는 대부분 정특성을 갖는다.
② 전구의 필라멘트는 부특성을 갖는다.
③ 온도상승과 저항값이 비례하는 것을 정특성이라 한다.
④ 온도상승과 저항값이 반비례하는 것을 부특성이라 한다.

해설
필라멘트의 재질은 텅스텐으로 온도상승과 저항값에 비례하는 정특성을 가진다.
$H = I^2Rt\,[\mathrm{J}]$, $1[\mathrm{cal}] = 4.186[\mathrm{J}]$
$H = 0.24I^2Rt\,[\mathrm{cal}]$

정답 42 ④ 43 ③ 44 ③ 45 ②

46 도면에서 척도의 표시가 " 1 : 2 "로 표시된 것은 무엇을 의미하는가?

① 배 척
② 현 척
③ 축 척
④ 비례척이 아님

해설
척 도
A(도면에서의 크기) : B(물체의 실제 크기)
① 배척 : 물체의 크기보다도 확대해서 그린 것(2, 5, 10, 20, 50 : 1)
② 현척 : 물체의 크기와 같게 그린 것(1 : 1)
③ 축척 : 물체의 크기보다 줄여서 그린 것(1 : 2, 5, 10, 50, 100, 200)

47 다음 중 숨은선 그리기의 예로 적절하지 않은 것은?

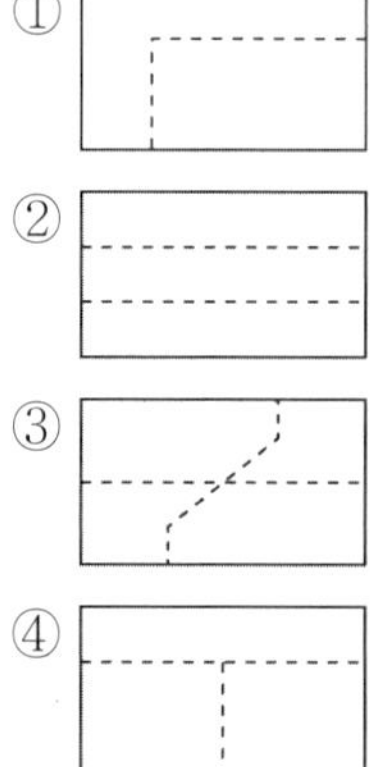

해설
③ : 숨은선이 서로 교차하는 부분은 서로 만나게 그린다.

48 그림과 같이 물체의 구멍, 홈 등 특정 부분만의 모양을 도시하는 것을 목적으로 하는 투상도의 명칭은?

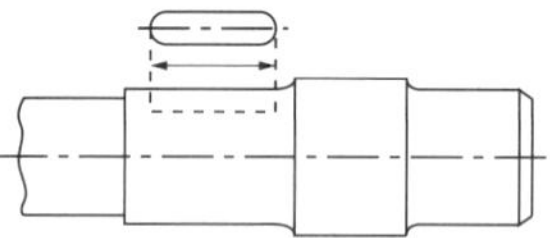

① 국부 투상도　② 보조 투상도
③ 부분 투상도　④ 회전 투상도

해설
② 보조 투상도 : 경사면부가 있는 대상물에서 그 경사면의 실제 모양을 표시할 필요가 있는 경우에 그린 투상도
③ 부분 투상도 : 그림의 일부를 도시하는 것으로 그 필요 부분만을 나타내는 투상도
④ 회전 투상도 : 투상면이 어느 각도를 가지고 있어 실제 모양이 나타나지 않을 때 그 부분을 회전하여 투상하는 방법

49 그림과 같은 입체도에서 화살표 방향을 정면으로 한다면 좌측면도로 적합한 투상도는?(단, 투상도는 제3각법을 이용한다)

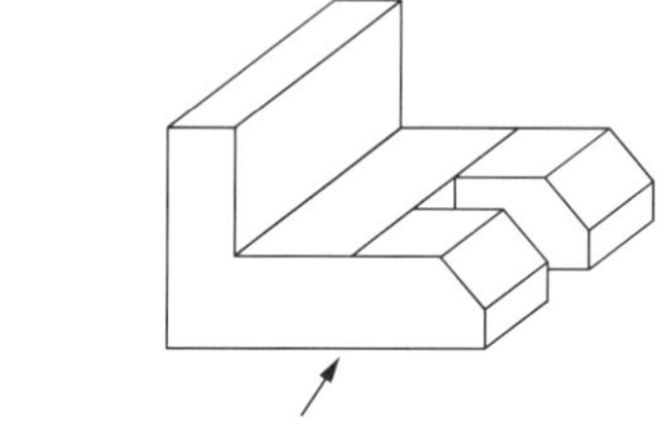

①　②

③ 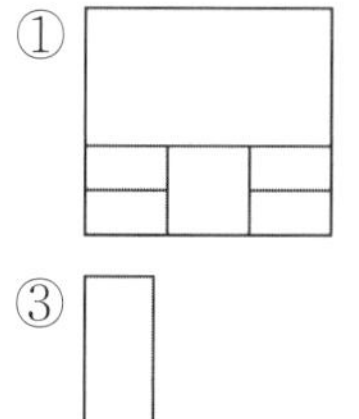　④ 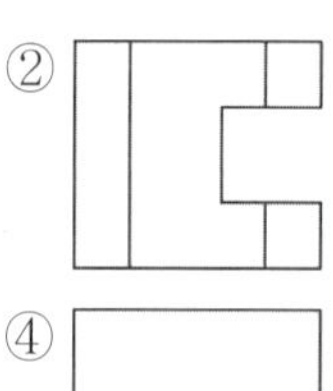

해설
① : 우측면도
② : 평면도
③ : 정면도

46 ③ 47 ③ 48 ① 49 ④ 정답

50 다음 그림의 치수 기입에 대한 설명으로 틀린 것은?

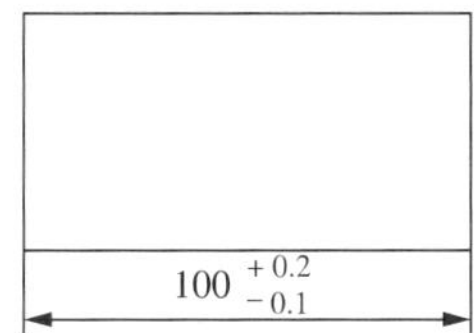

① 공차는 0.1이다.

② 기준 치수는 100이다.

③ 최대허용치수는 100.2이다.

④ 최소허용치수는 99.9이다.

해설

치수공차란 최대허용치수와 최소허용치수와의 차, 즉 위치수 허용차와 아래치수 허용차의 차이다. 그러므로 공차 = 100.2 − 99.9 = 0.3

51 나사의 도시 방법에 관한 설명 중 틀린 것은?

① 측면에서 본 그림 및 단면도에서 나사산의 봉우리는 굵은 실선으로 나타낸다.

② 단면도에 나타나는 나사 부품에서 해칭은 나사산의 골 밑을 나타내는 선까지 긋는다.

③ 나사의 끝면에서 본 그림에서는 나사의 골 밑은 가는 실선으로 그린 원주의 3/4에 거의 같은 원의 일부로 표시한다.

④ 숨겨진 나사를 표시하는 것이 필요한 곳에서는 산의 봉우리와 골 밑은 가는 파선으로 표시한다.

해설

나사의 해칭은 전체를 해칭하며 암수가 체결된 것을 표현할 때는 해칭 방향을 다르게 표기한다.

52 SS400로 표시된 KS 재료기호의 400은 어떤 의미인가?

① 재질 번호

② 재질 등급

③ 최저인장강도

④ 탄소 함유량

해설

SS400 : 일반 구조용 압연강재
- S : 강(Steel)
- S : 일반구조용 압연재
- 400 : 최저인장강도

53 12[kN · m]의 토크를 받는 축의 지름은 약 몇 [mm] 이상이어야 하는가?(단, 허용 비틀림 응력은 50[MPa]이라 한다)

① 84

② 107

③ 126

④ 145

정답 50 ① 51 ② 52 ③ 53 ②

54 **평벨트 전동장치와 비교하여 V벨트 전동장치의 장점에 대한 설명으로 틀린 것은?**

① 엇걸기로도 사용이 가능하다.
② 미끄럼이 적고 속도비를 크게 할 수 있다.
③ 운전이 정숙하고 충격을 완화하는 작용을 한다.
④ 비교적 작은 장력으로 큰 회전력을 전달할 수 있다.

해설
V 벨트는 두 축의 회전 방향이 서로 같은 경우에만 사용할 수 있다. 즉, 엇걸기 할 수 없다.

55 **모듈 5이고 잇수가 각각 40개와 60개인 한쌍의 표준 스퍼기어에서 두 축의 중심거리는?**

① 100[mm]
② 150[mm]
③ 200[mm]
④ 250[mm]

해설
중심거리

$C=\frac{D_A+D_B}{2}=\frac{M(Z_A+Z_B)}{2}$[mm]에서

$C=\frac{5\times(40+60)}{2}=250$[mm]

56 **애크미 나사라고도 하며 나사산의 각도가 인치계에서는 29°이고, 미터계에서는 30°인 나사는?**

① 사다리꼴 나사
② 미터 나사
③ 유니파이 나사
④ 너클 나사

해설
사다리꼴 나사 : 애크미 나사 또는 재형 나사라고도 한다. 사각나사보다 강력한 동력 전달용에 사용하며 나사산의 각도는 미터계열은 30°, 인치(휘트워드 나사 ; Whitworth Screw Thread)계열은 29°이다.

57 **둥근 봉을 비틀 때 생기는 비틀림 변형을 이용하여 만드는 스프링은?**

① 코일 스프링
② 벌류트 스프링
③ 접시 스프링
④ 토션 바

해설
토션 바 스프링

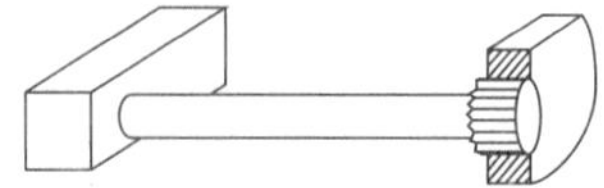

54 ① 55 ④ 56 ① 57 ④ 정답

58 SI단위계의 물리량과 단위가 틀린 것은?

① 힘 – [N]
② 압력 – [Pa]
③ 에너지 – [dyne]
④ 일률 – [W]

해설
SI단위계
• 길이 : [m]
• 시간 : [sec]
• 질량 : [kg]
• 힘 : [N]
• 무게 : [kgf]
• 일 : [J]
• 일률 : [J/s(W)]
• 압력 : [Pa]

59 고압 탱크나 보일러의 리벳이음 주위에 코킹(Caulking)을 하는 주목적은?

① 강도를 보강하기 위해서
② 기밀을 유지하기 위해서
③ 표면을 깨끗하게 유지하기 위해서
④ 이음 부위의 파손을 방지하기 위해서

해설
리벳 이음 후에 유체의 누설을 막기 위하여 코킹이나 플러링을 하며, 이때의 판 끝은 75~85°로 깎아 준다.

60 나사의 풀림 방지법에 속하지 않는 것은?

① 스프링 와셔를 사용하는 방법
② 로크 너트를 사용하는 방법
③ 부시를 사용하는 방법
④ 자동 조임 너트를 사용하는 방법

해설
나사(너트)의 풀림 방지법
• 탄성 와셔에 의한 법
• 로크 너트에 의한 법
• 핀(분할핀) 또는 작은 나사를 쓰는 법
• 철사에 의한 법
• 너트의 회전방향에 의한 법
• 자동 죔 너트에 의한 법
• 세트 스크루에 의한 법

정답 58 ③ 59 ② 60 ③

2016년 제4회 과년도 기출문제

제1과목 | 공유압 일반

01 유압유로서 갖추어야 할 성질로 옳지 않은 것은?

① 내연성이 클 것
② 점도 지수가 클 것
③ 윤활성이 우수할 것
④ 체적탄성계수가 작을 것

해설
작동유의 구비조건
- 비압축성일 것
- 내열성, 점도지수, 체적탄성계수 등이 클 것
- 장시간 사용해도 화학적으로 안정될 것
- 산화안정성(녹이나 부식 발생 등의 방지), 방열성이 좋을 것
- 장치와의 결합성, 유동성이 좋을 것
- 이물질 등을 빨리 분리할 것
- 인화점이 높을 것

02 그림과 같은 회로에서 속도 제어 밸브의 접속 방식은?

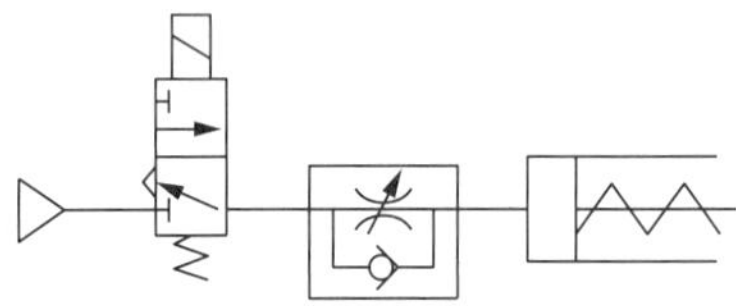

① 미터인 방식 ② 블리드오프 방식
③ 미터아웃 방식 ④ 파일럿오프 방식

해설

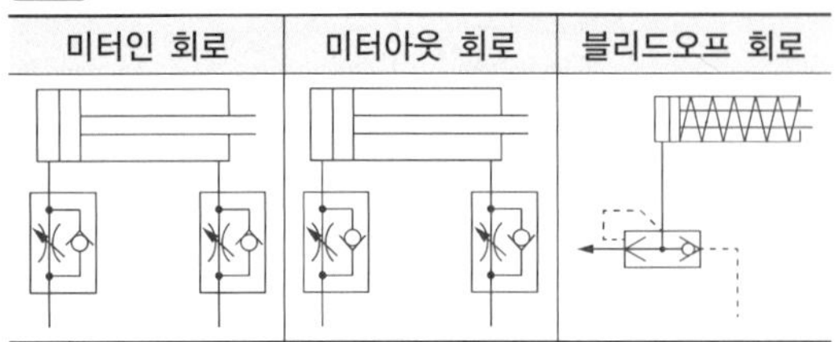

미터인 회로	미터아웃 회로	블리드오프 회로

03 조작력이 작용하고 있을 때의 밸브 몸체의 최종 위치를 나타내는 용어는?

① 노멀 위치
② 중간 위치
③ 작동 위치
④ 과도 위치

해설
노멀 위치 : 조작력이 작용하지 않은 초기 상태의 위치

04 시스템을 안전하고 확실하게 운전하기 위한 목적으로 사용하는 회로로 2개의 회로 사이에 출력이 동시에 나오지 않게 하는 데 사용되는 회로는?

① 인터로크 회로
② 자기유지 회로
③ 정지우선 회로
④ 한시동작 회로

해설
② 자기유지 회로 : 전자 계전기 자신의 접점에 의하여 동작 회로를 구성하고 스스로 동작을 유지하는 회로로 일정 시간(기간) 동안 기억 기능을 가진다.
③ 정지우선 회로(후입력 우선 회로) : 항상 나중에 주어진 입력이 우선 동작하도록 하는 회로
④ 한시동작 회로(ON Delay 회로) : 신호가 입력되고 일정시간이 경과된 후 출력이 나오는 회로(한시동작 순시 복귀형 타이머 회로)

1 ④ 2 ① 3 ③ 4 ① 정답

05 피스톤이 없이 로드 자체가 피스톤 역할을 하는 것으로 출력축인 로드의 강도를 필요로 하는 경우에 자주 이용되는 것은?

① 단동 실린더
② 램형 실린더
③ 다이어프램 실린더
④ 양로드 복동 실린더

해설
① 단동 실린더 : 한쪽 방향만의 공기압에 의해 운동하는 것을 단동 실린더라 하며 보통 자중 또는 스프링에 의해 복귀한다.
③ 다이어프램형(비피스톤) 실린더 : 수압 가동부분에 피스톤 대신 다이어프램을 사용하고 스트로크는 작으나 저항으로 큰 출력을 얻을 수 있다.
④ 양로드형 실린더 : 양방향(피스톤 로드가 양쪽에 있음) 같은 힘을 낼 수 있다.

06 유압 기본회로 중 2개 이상의 실린더가 정해진 순서대로 움직일 수 있는 회로에 속하는 것은?

① 로킹 회로
② 언로딩 회로
③ 차동 회로
④ 시퀀스 회로

해설
① 로킹 회로 : 실린더 행정 중 임의의 위치에 실린더를 고정하고자 할 때 사용하는 회로
② 언로딩(무부하) 회로 : 반복 작동 중 유압을 필요로 하지 않을 때 펌프 토출량을 저압으로 기름 탱크에 되돌려 보내고 유압 펌프를 무부하 운전시키는 회로
③ 차동 회로 : 복동 실린더의 피스톤측 수압 면적과 로드측 수압 면적의 비가 2 : 1인 실린더를 이용하여 시스템을 구성한 회로

07 유압 장치의 장점이 아닌 것은?

① 작동이 원활하며 진동도 적다.
② 인화 및 폭발의 위험성이 없다.
③ 유량 조절로 무단 변속이 가능하다.
④ 작은 크기로도 큰 힘을 얻을 수 있다.

해설
유압 장치의 장점
• 소형 장치로 큰 출력을 얻을 수 있다.
• 무단 변속이 가능하고 원격제어가 된다.
• 정숙한 운전과 반전 및 열 방출성이 우수하다.
• 윤활성 및 방청성이 우수하다.
• 과부하 시 안전 장치가 간단하다.
• 전기, 전자의 조합으로 자동 제어가 가능하다.
유압 장치의 단점
• 유온의 변화에 액추에이터의 속도가 변화할 수 있다.
• 오일에 기포가 섞여 작동이 불량할 수 있다.
• 인화의 위험이 있다.
• 고압 사용으로 인한 위험성 및 배관이 까다롭다.
• 고압에 의한 기름 누설의 우려가 있다.
• 장치마다 동력원(펌프와 탱크)이 필요하다.

08 3개의 공압 실린더를 A+, B+, C+, A−, B−, C−의 순서로 제어하는 회로를 설계하고자 할 때, 신호의 중복(트러블)을 피하려면 최소 몇 개의 그룹으로 나누어야 하는가?(단, A, B, C는 공압실린더, "+"는 전진 동작, "−"는 후진 동작이다)

① 2 ② 3
③ 4 ④ 5

해설
신호 중복을 피하기 위한 회로 설계법 중 캐스케이드 회로 설계에서는 작동 순서를 그룹별로 나눈다.
전환 밸브의 수를 최소화하기 위하여 작동순서를 그룹별로 나눌 때 각 그룹 내에서의 실린더는 한 번만 들어가야 한다. 그렇다면 A+, B+, C+, A−, B−, C− 동작에서 그룹을 나누어 보면 [A+, B+, C+] // [A−, B−, C−] 의 2개의 그룹으로 나누어진다.

정답 5 ② 6 ④ 7 ② 8 ①

09 **신호의 계수에 사용할 수 없는 것은?**

① 전자 카운터 ② 유압 카운터
③ 공압 카운터 ④ 메커니컬 카운터

10 **공기 건조 방식 중 −70[℃] 정도까지의 저 노점을 얻을 수 있는 것은?**

① 흡수식 ② 냉각식
③ 흡착식 ④ 저온 건조 방식

해설

공기 건조기 (제습기) : 압축공기 속에 포함되어 있는 수분을 제거하여 건조한 공기로 만드는 기기

- 냉동식 건조기 : 이슬점 온도를 낮추는 원리를 이용한 것
- 흡착식 건조기 : 고체흡착제(실리카겔, 활성알루미나, 실리콘다이옥사이드)를 사용하는 물리적 과정
- 흡수식 건조기 : 흡수액 (염화리튬, 수용액, 폴리에틸렌)을 사용한 화학적 과정

11 **유압 펌프의 동력(L_p)을 구하는 식으로 옳은 것은?(단, P는 펌프 토출압[kgf/cm²], Q는 이론 토출량[L/min]이다)**

① $L_p = \frac{PQ}{450}$[kW] ② $L_p = \frac{PQ}{612}$[kW]
③ $L_p = \frac{PQ}{7,500}$[kW] ④ $L_p = \frac{PQ}{12,000}$[kW]

해설

펌프 동력 $L_p = \frac{PQ}{10,200}$[kW], $L_p = \frac{PQ}{7,500}$[PS]
(P : 펌프 토출압력[kg/cm²], Q : 토출량[L/min])
(P의 단위는 [kgf/cm²]이고, Q의 단위는 [cm³/sec]이다)
축 동력(기계효율)$L_s = \frac{P \cdot Q}{612 \cdot \eta}$[kW], $L_s = \frac{P \cdot Q}{450 \cdot \eta}$[HP]

12 **실린더 피스톤의 운동 속도를 증가시킬 목적으로 사용하는 밸브는?**

① 이압 밸브
② 셔틀 밸브
③ 체크 밸브
④ 급속 배기 밸브

해설

① 이압 밸브(AND 밸브) : 두 개의 입구와 한 개의 출구를 갖춘 밸브로서 두 개의 입구에 압력이 작용할 때만 출구에 출력이 작용
② 셔틀 밸브(OR 밸브) : 두 개 이상의 입구와 한 개의 출구를 갖춘 밸브로 둘 중 한 개 이상 압력이 작용할 때 출구에 출력신호가 발생(고압 우선 셔틀밸브)
③ 체크 밸브 : 한쪽 방향의 유동은 허용하고 반대 방향의 흐름은 차단하는 밸브

13 **압력 제어 밸브의 종류에 속하지 않는 것은?**

① 감압 밸브
② 릴리프 밸브
③ 셔틀 밸브
④ 시퀀스 밸브

해설

셔틀 밸브는 방향제어 밸브의 한 종류이다.
압력제어 밸브의 종류

- 릴리프 밸브
- 감압 밸브
- 시퀀스 밸브
- 카운터 밸런스 밸브
- 무부하 밸브

9 ② 10 ③ 11 ② 12 ④ 13 ③ 정답

14 압축공기의 응축된 물과 고형 이물질을 제거하기 위하여 사용하는 필터의 기호는?

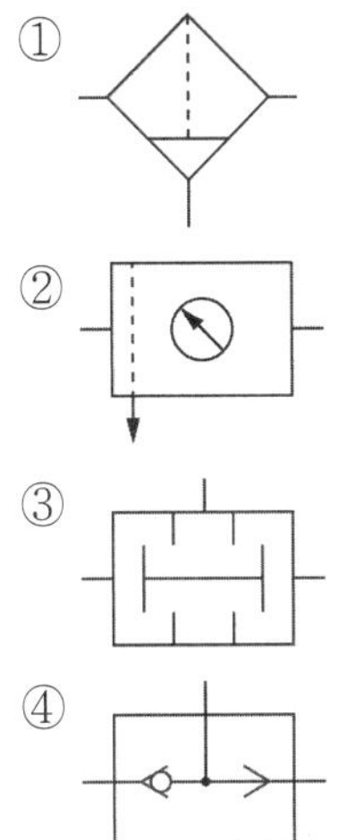

해설

기 호	명 칭	기 능
	공기압조정 유닛 (Air Service Unit)	기기의 윤활, 압력 조정, 드레인 제거를 행할 수 있도록 제작된 것으로 필터, 조절기(감압밸브), 윤활기로 구성되어 있다.
	저압우선형 셔틀밸브 (AND 밸브)	두 개의 입구와 한 개의 출구를 갖춘 밸브로서 두 개의 입구에 압력이 작용할 때만 출구에 출력이 작용한다.
	고압우선형 셔틀밸브 (OR 밸브)	두 개 이상의 입구와 한 개의 출구를 갖춘 밸브로 둘 중 한 개 이상 압력이 작용할 때 출구에 출력신호가 발생한다.

15 밸브의 조작방식 중 복동 가변식 전자 액추에이터의 기호는?

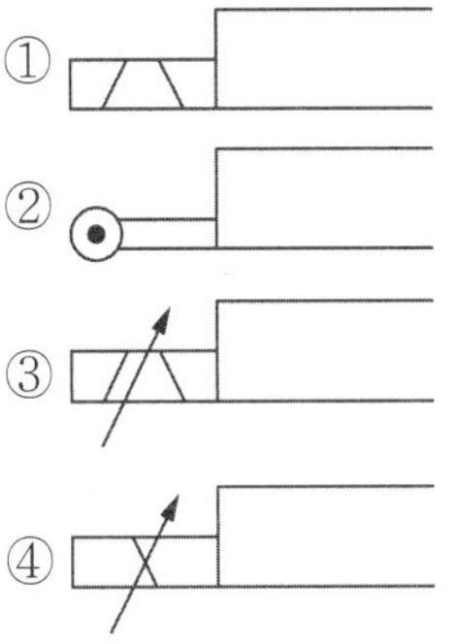

해설

복동 솔레노이드	롤러레버식 (기계조작방식)	단동 가변식 전자 액추에이터

16 충격 완화에 사용되는 완충기에 관한 설명으로 옳지 않은 것은?

① 충격 에너지는 속도가 빠르거나 정지되는 시간이 짧을수록 커진다.

② 스프링식 완충기는 구조가 간단하고 모든 충격력을 완벽하게 흡수할 수 있다.

③ 가변 오리피스형 유압식 완충기는 동작의 시작과 종료까지 항상 일정한 저항력이 발생한다.

④ 충격력의 완화가 더욱 필요한 때는 쿠션 행정의 길이를 길게 하거나 감속회로를 설치한다.

정답 14 ① 15 ③ 16 ②

17 그림의 유압기호에 관한 설명으로 옳지 않은 것은?

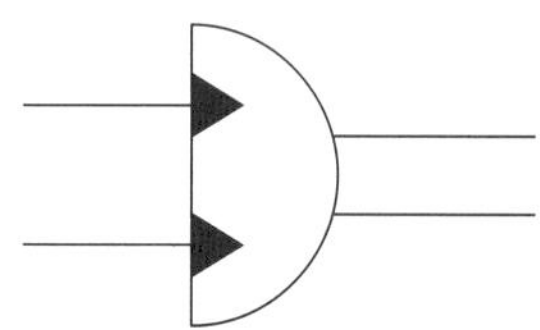

① 요동형 유압펌프이다.

② 요동형 유압 액추에이터이다.

③ 요동운동의 범위를 조절할 수 있다.

④ 2개의 오일 출입구에서 교대로 오일을 출입시킨다.

해설

요동형 유압모터이다.

18 액추에이터의 속도를 조절하는 밸브는?

① 감압 밸브

② 유량 제어 밸브

③ 방향 제어 밸브

④ 압력 제어 밸브

해설

밸브의 기능에 따른 분류

• 압력 제어 밸브 : 유체압력을 제어하는 밸브 → 힘을 제어
• 유량 제어 밸브 : 유량의 흐름을 제어하는 밸브 → 속도를 제어
• 방향 제어 밸브 : 유체의 흐름 방향을 제어하는 밸브

19 회로의 압력이 설정압을 초과하면 격막이 파열되어 회로의 최고 압력을 제한하는 것은?

① 유체 퓨즈

② 유체 스위치

③ 압력 스위치

④ 감압 스위치

해설

압력 스위치 : 회로의 압력이 설정값에 도달하면 내부에 있는 마이크로 스위치가 작동하여 전기회로를 열거나 닫게 하는 기기

20 기계적 에너지로 압축 공기를 만드는 장치는?

① 공기 탱크

② 공기 압축기

③ 공기 냉각기

④ 공기 건조기

해설

① 공기 탱크 : 압축공기를 저장하는 기기
③ 공기 냉각기 : 압축공기를 냉각하고 수분을 응축시켜 제거하는 열 교환기
④ 공기 건조기 : 압축공기 중에 포함된 수분을 제거하여 건조한 공기를 만드는 기기

21 공유압 변환기의 종류가 아닌 것은?

① 비가동형

② 블래더형

③ 플로트형

④ 피스톤형

해설

공유압 변환기는 구조에 따라 비가동형, 블래더형, 피스톤형으로 구분한다.

17 ① 18 ② 19 ① 20 ② 21 ③ 정답

22 **축압기의 사용 용도에 해당하지 않는 것은?**

① 압력 보상

② 충격 완충작용

③ 유압 에너지의 축척

④ 유압 펌프의 맥동 발생 촉진

해설

축압기(어큐뮬레이터)의 용도

- 에너지 축적용
- 펌프의 맥동 흡수용
- 충격 압력의 완충용
- 유체 이송용
- 2차 회로의 구동
- 압력 보상

23 **펌프가 포함된 유압 유닛에서 펌프 출구의 압력이 상승하지 않는다면 그 원인으로 적당하지 않은 것은?**

① 외부 누설 증가

② 릴리프 밸브의 고장

③ 밸브 실(Seal)의 파손

④ 속도제어 밸브의 조정 불량

해설

펌프 유압 유닛에서 압력이 형성되지 않는 경우

- 릴리프 밸브의 설정압이 잘못되었거나 작동 불량
- 유압 회로 중 실린더 및 밸브에서 누설(부하가 걸리지 않음)
- 펌프 내부의 고장에 의해 압력이 새고 있는 경우(부하가 걸리지 않음)
- 언로드 밸브 고장
- 펌프의 고장

24 **공압시스템 설계 시 사이징 설계를 위한 조건으로 틀린 것은?**

① 부하의 종류

② 실린더의 행정거리

③ 실린더의 동작 방향

④ 압축기의 용량

해설

사이징 설계를 위한 조건 설정

- 부하의 중량
- 실린더의 동작방향 : 가로방향, 상승운동, 하강운동 등
- 부하의 크기
- 부하의 종류 판단 : 관성부하 또는 저항부하
- 실린더의 행정거리
- 실린더 동작시간의 목표값
- 사용압력
- 실린더와 밸브 사이의 배관 길이
- 반복횟수

25 **공압 실린더, 제어 밸브 등의 작동을 원활하게 하기 위하여 윤활유를 분무 급유하는 기기의 명칭은?**

① 드레인

② 에어 필터

③ 레귤레이터

④ 루브리케이터

해설

윤활기(루브리케이터)

- 공압기기인 공압 실린더, 제어 밸브 등의 작동을 원활하게 하기 위하여 윤활유를 분무 급유하는 기기이다.
- 윤활제는 기기의 마모를 적게 하고, 마찰력을 감소, 장치의 부식을 방지한다.
- 벤투리의 작동원리에 의해 작동한다.

정답 22 ④ 23 ④ 24 ④ 25 ④

26 밸브의 변환 및 외부 충격에 의해 과도적으로 상승한 압력의 최댓값을 무엇이라고 하는가?

① 배 압
② 서지 압력
③ 크래킹 압력
④ 리시트 압력

27 관로의 면적을 줄인 길이가 단면치수에 비하여 비교적 긴 경우의 교축을 무엇이라 하는가?

① 서 지　　② 초 크
③ 공 동　　④ 오리피스

해설
오리피스(Orifice) : 관로 면적을 줄인 통로 길이가 단면치수에 비해 비교적 짧은 경우

28 분사노즐과 수신노즐이 같이 있으며 배압의 원리에 의하여 작동되는 공압기기는?

① 압력 증폭기
② 공압제어 블록
③ 반향 감지기
④ 가변 진동 발생기

해설
반향 감지기(Reflex Sensor)
- 배압 원리(Back-pressure Principle)에 의해 작동
- 구조가 간단(분사노즐과 수신노즐이 한 몸)
- 0.1~0.2[bar] 정도의 압축공기를 공급하면 환상의 통로를 통하여 빠져나가게 되며 노즐부는 대기압보다 낮은 상태가 된다.
- 감지거리는 1~6[mm], 특수한 것은 20[cm]까지 감지
- 먼지, 충격파, 어두움, 투명함 또는 내자성 물체의 영향을 받지 않기 때문에 모든 산업체에 이용

29 두 개의 복동 실린더가 1개의 실린더 형태로 조립되어 출력이 거의 2배의 힘을 낼 수 있는 실린더는?

① 탠덤 실린더
② 케이블 실린더
③ 로드리스 실린더
④ 다위치제어 실린더

해설
- 와이어형 실린더 : 피스톤 로드 대신에 와이어를 사용한 것으로 케이블 실린더라고도 한다.
- 로드리스 실린더 : 요크나 마그넷, 체인 등을 통하여 스트로크 범위 내에서 일을 하는 것으로 설치 면적이 극소화 되는 장점이 있다.
- 다위치제어 실린더 : 두 개 또는 여러 개의 복수 실린더가 직렬로 연결된 실린더로 서로 행정 거리가 다른 2개의 실린더로 4개의 위치를 제어할 수 있다.

30 공기조정 유닛의 압력조절 밸브에 관한 설명으로 옳은 것은?

① 감압을 목적으로 사용한다.
② 압력유량 제어 밸브라고도 한다.
③ 생산된 압력을 증압하여 공급한다.
④ 밸브시트에 릴리프 구멍이 있는 것이 논 브리드식이다.

해설
압축공기 조정 유닛(Air Service Unit)
기기의 윤활, 압력 조정, 드레인 제거를 행할 수 있도록 제작된 것이다.
- 압축공기 필터(Filter)
- 압축공기 조절기(Pressure Regulator, 감압 밸브 사용)
- 압축공기 윤활기(Lubricator)

26 ② 27 ② 28 ③ 29 ① 30 ① 정답

31 최대 눈금 10[mA]의 전류계로 1[A]의 전류를 측정하려면 필요한 분류기 저항은 몇 [Ω]인가?(단, 전류계 내부저항은 0.5[Ω]이다)

① 0.005
② 0.05
③ 0.5
④ 5

해설
$10 \times 10^{-3} : 1 = R_i : 0.5$

$R_i = \frac{10 \times 10^{-3} \times 0.5}{1} = 0.005[\Omega]$

32 직류 200[V], 1,000[W]의 전열기에 흐르는 전류는 몇 [A]인가?

① 0.5
② 5
③ 10
④ 50

해설
전력 P[W] = 전류 I[A] × 전압 V[V]에서

$\therefore I = \frac{P}{V} = \frac{1,000}{200} = 5[A]$

33 SCR에 대한 설명으로 틀린 것은?

① 교류가 출력된다.
② 정류 작용이 있다.
③ 교류전원의 위상 제어에 많이 사용된다.
④ 한 번 통전하면 게이트에 의해서 전류를 차단할 수 없다.

해설
SCR
- pnpn접합에 또 하나의 게이트 전극을 붙인 것으로 실리콘 제어 정류기라고도 한다.
- SCR의 구성은 애노드(Anode), 캐소드(Cathode), 게이트(Gate)의 전극을 가지고 있다.
- SCR은 게이트에 미소한 전류를 약간만 흘려 주면 애노드가 캐소드에 대해 (+)인 경우에 애노드-캐소드 간은 통전 상태가 된다.
- 일단 통전되면 게이트는 제어 능력이 없다.
- 통전 상태를 멈추게 하려면 애노드 전압을 0으로 하거나 역방향 전압을 가하면 된다.
- SCR은 이러한 동작 특성을 이용하여 직류의 가변 전압회로, 스위칭용, 인버터, 교류의 위상 제어 등에 사용된다.

34 회로 시험기를 이용하여 저항값을 측정하고자 할 때 전환 스위치의 위치는?

① DC V　　② Ω
③ AC V　　④ DC mA

해설
회로 시험기 사용법
- 눈금판이나 전환 스위치 주위에는 저항(OHMS), 직류전압(DC V), 교류전압(AC V), 직류전류(DC mA) 등의 측정 범위가 구분되어 표시되어 있으므로 전환 스위치가 가리키는 측정 범위에 해당하는 눈금판의 눈금을 읽어야 한다.
- 빨간색 리드선은 측정단자의 (+)단자에 연결하고 검은색 리드선은 (−)단자에 연결하여 사용한다.

정답 31 ① 32 ② 33 ① 34 ②

35 Y결선으로 접속된 3상 회로에서 선간 전압은 상전압의 몇 배인가?

① 2 ② $\sqrt{2}$
③ 3 ④ $\sqrt{3}$

해설
Y결선과 전압
- 상전압 : 각 상에 걸리는 전압
- 선간 전압 : 부하에 전력을 공급하는 선들 사이의 전압
- 상전압과 선간 전압의 관계 : 선간 전압이 상전압보다 $\pi/6(30°)$ 앞선다.
- 선간 전압의 크기 : $V_l = \sqrt{3}\, V_p\,[\mathrm{V}]$

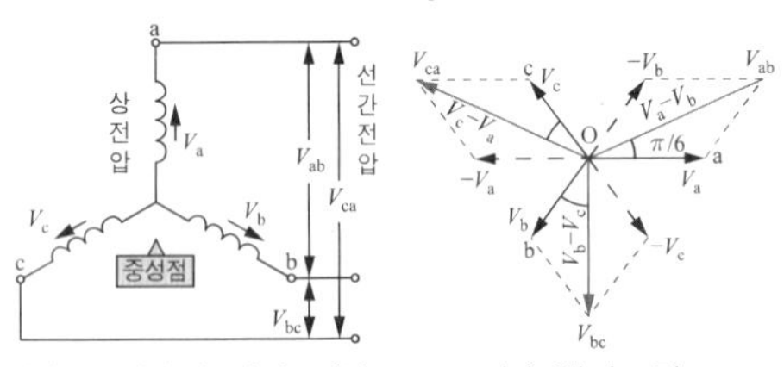

(a) 상전압과 선간 전압 (b) 벡터그림
[Y결선의 상접압과 선간 전압의 관계]

36 두 종류의 금속을 서로 접합하고 접합점을 서로 다른 온도의 차이를 주게 되면 기전력이 발생하여 일정한 방향으로 전류가 흐르는 현상은?

① 가우스 효과 ② 제베크 효과
③ 톰슨 효과 ④ 펠티에 효과

해설
열전효과(Thermo-electric Effect)
열 및 전기와의 관계를 나타내는 효과(제베크 효과, 펠티에 효과, 톰슨 효과)들을 총칭한다.
제베크 효과(Seeback Effect)
- 두 개의 금속 접합점 양단간 온도차에 의해 열 기전력 발생
- 고온부 전자들이 페르미 준위보다 더 높은 운동에너지를 갖게 되어, 저온부로 확산되며 전위차(고온 +, 저온 −) 발생

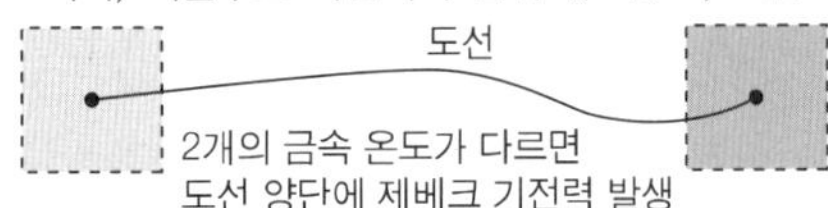

펠티에 효과(Peltier Effect)
- 두 금속의 접점에 전류가 흐를 때 가열되거나 냉각되는 효과
- 전류가 흐르는 방향을 반대로 하면 열이 흐르는 방향이 바뀜

톰슨효과(Thomson Effect)
- 도체 선상의 온도차에 의해 기전력 발생
- 비 등온 도체에 전류가 흐를 때 가열되거나 냉각되는 효과

37 그림과 같은 R−L−C 직렬회로에서 공진주파수가 발생할 수 있는 조건은?

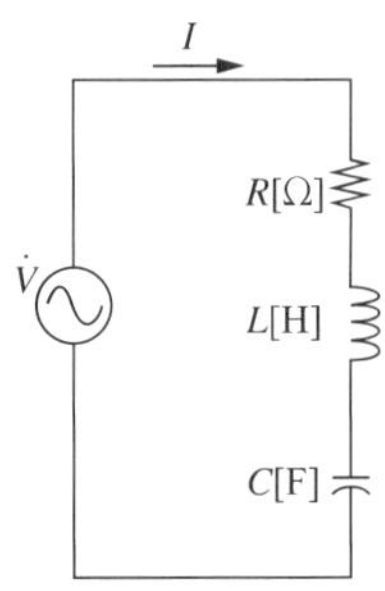

① $R=0$ ② $\omega L > \dfrac{1}{\omega C}$
③ $\omega L = \dfrac{1}{\omega C}$ ④ $\omega L < \dfrac{1}{\omega C}$

해설
R−L−C 공진 주파수

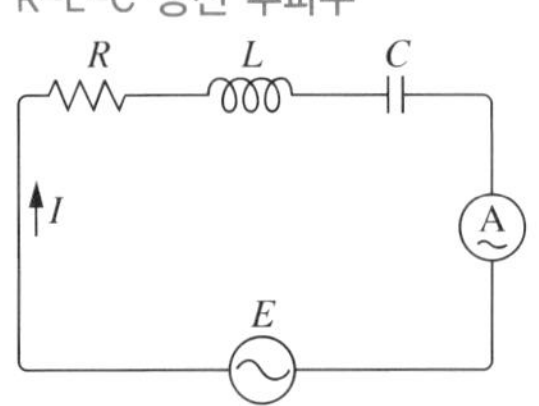

- 회로에 가장 센 전류가 흐를 때의 주파수
- 유도 리액턴스와 용량 리액턴스가 같을 때($XL = XC$) 임피던스는 최소(Z = R)이고, 회로에는 가장 센 전류가 흐름

$f = \dfrac{1}{2\pi\sqrt{LC}}$

∴ 공진조건 $wL = \dfrac{1}{wC}$

38 직류 전동기를 급정지 또는 역전시키는 전기 제동 방법은?

① 플러깅 ② 계자제어
③ 워드 레너드 방식 ④ 일그너 방식

해설
직류 전동기 제동
- 발전제동 : 운전 중인 전동기를 전원에서 분리하여 발전기로 작용시켜 운동 에너지를 전기 에너지로 변환시키는 방법
- 회생제동 : 전동기를 발전기로 변환시켜 전력을 전원에 공급시키는 방법
- 역전제동 : 전동기의 회전방향을 바꾸어 급제동시키는 방법

35 ④ 36 ② 37 ③ 38 ① 정답

39 직류 전동기에서 자기회로를 만드는 철심과 회전력을 발생시키는 전기자 권선으로 구성된 것은?

① 계 자 ② 전기자
③ 정류자 ④ 브러시

해설
전기자 부분 : 직류기에서는 회전하는 부분을 전기자라 부르며 전기자도체에 발생하는 전자력에 의해 동력을 발생시키는 역할을 한다. 즉, 계자에 발생했던 자속을 끊음으로써 전압을 유기하여 전류를 흘린다.

- 전기자 권선 : 전압을 유기하여 전류를 흘리는 부분으로 일반적으로 2층 2권선으로 되어 있고, 권선방식에 따라 중권과 파권이 있다.
- 전기자 철심 : 전기자 권선을 고정시키고 토크를 전달하는 부분이다.

40 무접점 방식 시퀀스에 사용되는 것은?

① 전자 릴레이
② 푸시버튼 스위치
③ 사이리스터
④ 열동형 릴레이

해설
전자 릴레이, 푸시버튼 스위치, 열동형 계전기는 유접점 방식이다.

41 전기량(Q)과 전류(I), 시간(t)의 상호 관계식이 옳은 것은?

① $Q=It$ ② $Q=\frac{I}{t}$
③ $Q=\frac{t}{I}$ ④ $I=Q$

해설
전기량 $Q=It[\mathrm{C}]$

42 도체에 전류가 흐를 때 자기력선의 방향은 어떤 법칙에 의하는가?

① 렌츠의 법칙
② 플레밍의 왼손 법칙
③ 플레밍의 오른손 법칙
④ 앙페르의 오른나사 법칙

해설
오른나사의 법칙 : 전류가 나사의 진행방향으로 흐르면 자계는 그 나사의 회전방향으로 발생하고, 전류가 나사의 회전방향으로 흐르면 자계는 그 나사의 진행방향으로 생긴다.

43 자기 인덕턴스 L[H], 코일에 흐르는 전류 세기 I[A]일 때 코일에 저장되는 에너지[J]는?

① LI
② $\frac{1}{2}LI$
③ $\frac{1}{2}LI^2$
④ $\frac{1}{2}L^2I$

해설
코일에 저장되는 에너지 : 자체유도계수가 L인 코일에 전류 I가 흐를 때 코일에 저장된 에너지는 $W=\frac{1}{2}LI^2[\mathrm{J}]$

정답 39 ② 40 ③ 41 ① 42 ④ 43 ③

44 시퀀스 제어(Sequence Control)의 접점표시 중 한시동작 한시복귀 접점을 표시한 것은?

①

②

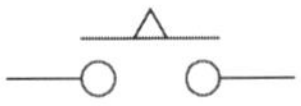

③

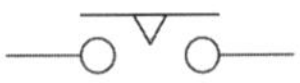

④

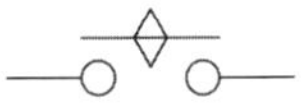

해설

한시동작 한시복귀 a접점으로 플리커 접점이라고도 한다.

45 시퀀스 제어에서 검출부에 해당되지 않는 것은?

① 리밋 스위치

② 마이크로 스위치

③ 압력 스위치

④ 푸시버튼 스위치

해설

푸시버튼 스위치는 입력부에 해당된다.

제2과목 | 기계제도(비절삭) 및 기계요소

46 가공방법의 보조기호 중에서 리밍(Reaming) 가공에 해당하는 것은?

① FS　　② FL

③ FF　　④ FR

해설

① FS : 스크레이퍼 다듬질

② FL : 래핑 다듬질

③ FF : 줄 다듬질

47 굵은 실선 또는 가는 실선을 사용하는 선에 해당하지 않는 것은?

① 외형선

② 파단선

③ 절단선

④ 치수선

해설

절단선은 가는 1점쇄선으로 끝부분을 굵게 한 것으로 표현

• 굵은 실선의 용도 : 외형선

• 가는 실선의 용도 : 치수선, 치수보조선, 지시선, 회전 단면선, 중심선, 수준면선

44 ④ 45 ④ 46 ④ 47 ③ 정답

48 보기 도면과 같이 지시된 치수보조기호의 해독으로 옳은 것은?

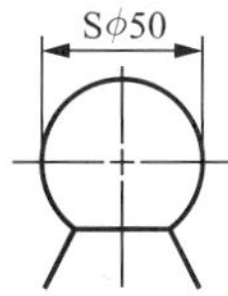

① 호의 지름이 50[mm]
② 구의 지름이 50[mm]
③ 호의 반지름이 50[mm]
④ 구의 반지름이 50[mm]

해설
치수에 사용되는 기호

기 호	구 분
ϕ	지 름
□	정사각형
R	반지름
C	45° 모따기
t	두 께
p	피 치
Sϕ	구면의 지름
SR	구면의 반지름

49 그림과 같이 대상물의 구멍, 홈 등과 같이 한 부분의 모양을 도시하는 것으로 충분한 경우에는 그 필요한 부분만을 나타내는 투상도의 종류는?

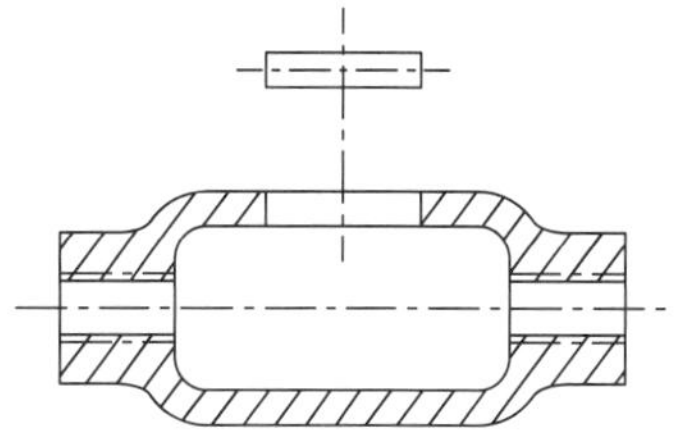

① 국부 투상도　　② 부분 투상도
③ 보조 투상도　　④ 회전 투상도

해설
② 부분 투상도 : 그림의 일부를 도시하는 것으로 그 필요 부분만을 나타내는 투상도로 생략한 부분과의 경계를 파단선으로 나타낸다.
③ 보조 투상도 : 경사면부가 있는 대상물에서 그 경사면의 실제 모양을 표시할 필요가 있는 경우에 그린 투상도이다.
④ 회전 투상도 : 투상면이 어느 각도를 가지고 있어 실제 모양이 나타나지 않을 때 그 부분을 회전하여 투상하는 방법으로 잘못 볼 우려가 있을 경우에는 작도에 사용한 선을 남긴다.

50 도면에서 척도란에 NS로 표시된 것은 무엇을 뜻하는가?

① 축척임을 표시
② 제1각법임을 표시
③ 비례척이 아님을 표시
④ 배척임을 표시

해설
척도 기입 방법
- 척도는 표제란에 기입하는 것이 원칙
- 표제란이 없는 경우에는 도명이나 품번의 가까운 곳에 기입
- 같은 도면에서 서로 다른 척도를 사용하는 경우에는 각 그림 옆에 사용된 척도를 기입
- 그림의 형태가 치수와 비례하지 않을 때에는 치수 밑에 밑줄을 긋거나 '비례가 아님' 또는 NS(Not to Scale) 등의 문자를 기입한다.

정답 48 ② 49 ① 50 ③

51 정사각뿔의 중심에 직립하는 원통의 구조물에 대해 그림과 같이 정면도와 평면도를 나타내었다. 여기서 일부 선이 누락된 정면도를 가장 정확하게 완성한 것은?

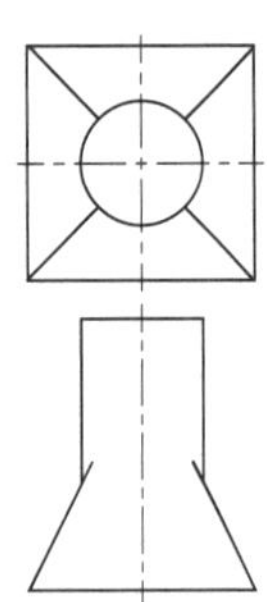

① ② ③ ④

52 기계 재료 표시 기호 중 탄소 공구강 강재의 KS 재료기호는?

① SCM 415
② STC 140
③ SM 20C
④ GC 200

해설
① SCM 415 : 크롬 몰리브덴 강재
③ SM 20C : 기계구조용 탄소강 강재
④ GC200 : 회 주철재

53 페더키(Feather Key)라고도 하며, 축 방향으로 보스를 슬라이딩 운동을 시킬 필요가 있을 때 사용하는 키는?

① 성크 키
② 접선 키
③ 미끄럼 키
④ 원뿔 키

해설
① 성크 키(묻힘키, Sunk Key) : 축과 보스에 다같이 홈을 파서 사용하는 키
② 접선 키(Tangential Key) : 축과 보스에 축의 접선 방향으로 홈을 파서 서로 반대의 테이퍼를 가진 2개의 키를 조합하여 사용하는 키
④ 원뿔 키(Cone Key) : 축과 보스에 홈을 파지 않고, 한군데가 갈라진 원뿔통을 끼워 넣어 마찰력으로 고정시켜 사용하는 키

54 다음 중 V-벨트의 단면적이 가장 작은 형식은?

① A
② B
③ E
④ M

해설
V-벨트의 표준 치수 : M, A, B, C, D, E의 6종류가 있으며, M에서 E쪽으로 가면 단면이 커진다.

51 ① 52 ② 53 ③ 54 ④ 정답

55 **축 방향 및 축과 직각인 방향으로 하중을 동시에 받는 베어링은?**

① 레이디얼 베어링
② 테이퍼 베어링
③ 스러스트 베어링
④ 슬라이딩 베어링

해설

하중의 작용에 따른 베어링 분류
- 레이디얼 베어링 : 하중을 축의 중심에 대하여 직각으로 한다.
- 스러스트 베어링 : 축의 방향으로 하중을 받는다.
- 원뿔(원추) 베어링 : 합성 베어링이라고도 하며, 하중의 받는 방향이 축방향과 축 직각방향의 합성으로 받는다.

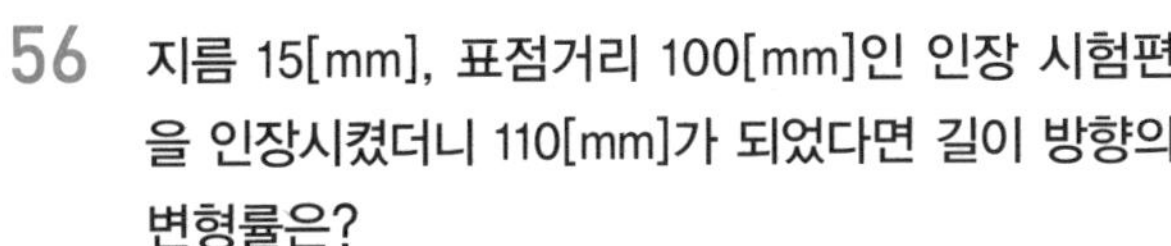

56 **지름 15[mm], 표점거리 100[mm]인 인장 시험편을 인장시켰더니 110[mm]가 되었다면 길이 방향의 변형률은?**

① 9.1[%]
② 10[%]
③ 11[%]
④ 15[%]

해설

길이 방향의 변형률 : $\frac{l'-l}{l} = \frac{\lambda}{l} \times 100 = \frac{\lambda}{l} \times 100[\%]$

$= \frac{110-100}{100} \times 100 = 10[\%]$

(l : 최초의 길이, l' : 변형 후의 길이)

57 **나사의 풀림을 방지하는 용도로 사용되지 않는 것은?**

① 스프링 와셔
② 캡 너트
③ 분할 핀
④ 로크 너트

해설

나사(너트)의 풀림 방지법
- 탄성(스프링) 와셔에 의한 법
- 로크 너트에 의한 법
- 핀(분할 핀) 또는 작은 나사를 쓰는 법
- 철사에 의한 법
- 너트의 회전 방향에 의한 법
- 자동 죔 너트에 의한 법
- 세트 스크루에 의한 법

58 **그림과 같은 스프링에서 스프링 상수가 k_1 = 10[N/mm], k_2 = 15[N/mm]이라면 합성 스프링 상수값은 약 몇 [N/mm]인가?**

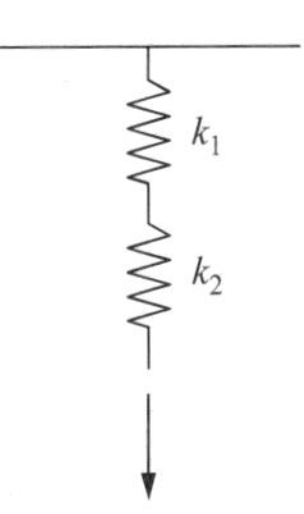

① 3　　② 6
③ 9　　④ 25

해설

직렬의 경우이므로, $\frac{1}{k} = \frac{1}{k_1} + \frac{1}{k_2}$ 이다.

$\frac{1}{k} = \frac{1}{10} + \frac{1}{15} = \frac{3}{30} + \frac{2}{30} = \frac{5}{30} = \frac{1}{6}$

그러므로, $k = 6$

정답 55 ② 56 ② 57 ② 58 ②

59 동력전달을 직접 전동법과 간접 전동법으로 구분할 때, 직접 전동법으로 분류되는 것은?

① 체인 전동
② 벨트 전동
③ 마찰차 전동
④ 로프 전동

해설
- 직접 전달 장치 : 기어나 마찰차와 같이 직접 접촉으로 전달하는 것으로 축간 거리가 짧은 경우
- 간접 전달 장치 : 벨트, 체인, 로프 등을 매개로 한 전달 장치로 축간 사이가 클 경우

60 양 끝이 수나사를 깎은 머리 없는 볼트로 한쪽은 본체에 조립한 상태에서, 다른 한쪽에는 결합할 부품을 대고 너트를 조립하는 볼트는?

① 탭 볼트
② 관통 볼트
③ 기초 볼트
④ 스터드 볼트

해설
① 탭 볼트 : 너트를 사용하지 않고 직접 암나사를 낸 구멍에 죄어 사용(체결하려는 부분이 두꺼워서 관통 구멍을 뚫을 수 없을 때 사용)한다.
② 관통 볼트 : 가장 널리 사용하며, 맞뚫린 구멍에 볼트를 넣고 너트로 조이는 것이다.
③ 기초 볼트 : 기계 구조물을 설치할 때 쓰인다.

59 ③ 60 ④ 정답

2017년 제2회 과년도 기출복원문제

※ 2017년부터는 CBT(컴퓨터 기반 시험)로 진행되어 수험자의 기억에 의해 문제를 복원하였습니다. 실제 시행문제와 일부 상이할 수 있음을 알려드립니다.

제1과목 | 공유압 일반

01 공압 장치인 서비스 유닛의 구성품으로 맞는 것은?

① 윤활기, 필터, 감압 밸브
② 윤활기, 실린더, 압축기
③ 압축기, 탱크, 필터
④ 압축기, 필터, 모터

해설
압축공기 조정 유닛(Air Service Unit) : 기기의 윤활, 압력 조정, 드레인 제거를 행할 수 있도록 제작된 것이다.
압축공기 조정 유닛의 구성품
- 압축공기 필터(Filter)
- 압축공기 조절기(감압밸브, Pressure Regulator)
- 압축공기 윤활기(Lubricator)

02 다음 그림은 무슨 기호인가?

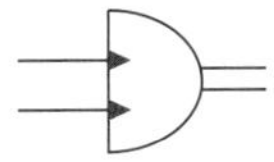

① 요동형 공기압 액추에이터
② 요동형 유압 액추에이터
③ 유압 모터
④ 공기압 모터

해설

요동형 공압 액추에이터	유압 모터	공압 모터

03 그림의 기호가 나타내는 것은?

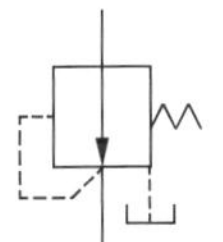

① 감압 밸브(Reducing Valve)
② 시퀀스 밸브(Sequence Valve)
③ 릴리프 밸브(Relief Valve)
④ 무부하 밸브(Unloading Valve)

해설

시퀀스 밸브	릴리프 밸브	무부하 밸브

04 공압장치의 공압 밸브 조작 방식으로 사용되지 않는 것은?

① 인력 조작 방식
② 래치 조작 방식
③ 파일럿 조작 방식
④ 전기 조작 방식

해설
공압밸브 조작 방식 : 인력 조작 방식, 기계 조작 방식, 전기 조작 방식, 파일럿 조작 방식 등이 있다.

정답 1 ① 2 ② 3 ① 4 ②

05 다음 중 유압회로에서 주요 밸브가 아닌 것은?

① 압력제어 밸브
② 회로제어 밸브
③ 유량제어 밸브
④ 방향제어 밸브

해설
밸브의 기능에 따른 분류
• 압력제어 밸브
• 유량제어 밸브
• 방향제어 밸브

06 다음의 진리표에 따른 논리 신호로 맞는 것은?(입력신호 : a와 b, 출력신호 : c)

입 력		출 력
a	b	c
0	0	1
0	1	0
1	0	0
1	1	0

① OR 회로
② AND 회로
③ NOR 회로
④ NAND 회로

해설
NOR 회로 : 2개 이상의 입력단과 1개의 출력단을 가지며, 입력단의 입력이 없는 경우에만 출력단에 출력이 나타나는 회로이다. NOT OR 회로의 기능을 가지고 있다.

07 다음 기호의 설명으로 맞는 것은?

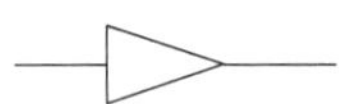

① 관로 속에 기름이 흐른다.
② 관로 속에 공기가 흐른다.
③ 관로 속에 물이 흐른다.
④ 관로 속에 윤활유가 흐른다.

해설
실선은 주관로를 나타내며 ▷은 공기압(유체 에너지) 방향을 나타낸다. ▶은 유압을 의미한다.

08 유압동력을 직선왕복 운동으로 변환하는 기구는?

① 유압 모터
② 요동 모터
③ 유압 실린더
④ 유압 펌프

해설
① 유압 모터 : 작동유의 유체 에너지를 축의 연속 회전 운동을 하는 기계적인 에너지로 변환시켜 주는 액추에이터
② 요동 모터 : 작동유의 유체 에너지를 한정된 각도 내에서 회전요동운동으로 변환시켜 주는 액추에이터
④ 유압 펌프 : 원동기로부터 공급받은 회전에너지로 압력을 가진 유체에너지로 변환하는 기기(유압 공급원)

5 ② 6 ③ 7 ② 8 ③ 정답

09 유압 회로에서 유압의 점도가 높을 때 일어나는 현상이 아닌 것은?

① 관내 저항에 의한 압력이 저하된다.
② 동력손실이 커진다.
③ 열발생의 원인이 된다.
④ 응답성이 저하된다.

해설
점도가 너무 높은 경우
- 마찰손실에 의한 동력손실이 큼(장치 전체의 효율 저하)
- 장치(밸브, 관 등)의 관내 저항에 의한 압력손실이 큼(기계효율 저하)
- 마찰에 의한 열이 많이 발생(캐비테이션 발생)
- 응답성 저하(작동유의 비활성)

10 유압에 비하여 공기압의 장점이 아닌 것은?

① 안전성이 우수하다.
② 에너지 효율성이 좋다.
③ 에너지 축적이 용이하다.
④ 신속성(동작속도)이 좋다.

해설
② 유압보다 에너지 효율성이 좋지 않다(구동 비용이 고가임).
공기압의 장점
- 동력원인 압축공기를 간단히 얻을 수 있다.
- 힘의 증폭이 용이하다.
- 힘의 전달이 간단하고 어떤 형태로도 전달 가능하다.
- 작업속도 변경이 가능하며 제어가 간단하다.
- 취급이 간단하다.
- 인화의 위험 및 서지 압력발생이 없고 과부하에 안전하다.
- 압축공기를 축적(저장)할 수 있다.
- 탄력이 있다(완충 작용 = 공기 스프링 역할).

11 다음 공압 장치의 기본 요소 중 구동부에 속하는 것은?

① 애프터 쿨러 ② 여과기
③ 실린더 ④ 루브리케이터

해설
공압장치의 구성
- 동력원 : 엔진, 전동기
- 공압발생부 : 압축기, 공기탱크, 애프터 쿨러
- 공압청정부 : 필터, 에어 드라이어
- 제어부 : 압력제어, 유량제어, 방향제어
- 구동부(액추에이터) : 실린더, 공압모터, 공압요동 액추에이터

12 유량 비례 분류 밸브의 분류 비율은 어떤 범위에서 사용하는가?

① 1 : 1~9 : 1 ② 1 : 1~12 : 1
③ 1 : 1~15 : 1 ④ 1 : 1~20 : 1

해설
유량 비례 분류 밸브는 단순히 한 입구에서 오일을 받아 두 회로에 분배하며, 분배 비율은 1 : 1~9 : 1이다.

13 다음 중 공압 실린더가 운동할 때 낼 수 있는 힘(F)을 식으로 맞게 표현한 것은?(단, P : 실린더에 공급되는 공기의 압력, A : 피스톤 단면적, v : 피스톤 속도)

① $F = P \cdot A$
② $F = A \cdot v$
③ $F = P/A$
④ $F = A/v$

해설
복동 실린더 출력
- 전진 시 : $F = P \cdot A \cdot \mu$ (μ : 실린더의 추력 계수)
- 후진 시 : $F = P(A - Ar)\mu$ (Ar : 실린더 로드의 단면적)

정답 9 ① 10 ② 11 ③ 12 ① 13 ①

14 작동유의 유온이 적정 온도 이상으로 상승할 때 일어날 수 있는 현상이 아닌 것은?

① 윤활 상태의 향상
② 기름의 누설
③ 마찰 부분의 마모 증대
④ 펌프 효율 저하에 따른 온도 상승

해설
작동유가 고온인 상태에서 사용 시
- 작동유체의 점도저하
- 내부 누설
- 용적효율 저하
- 국부적으로 발열(온도상승)하여 습동 부분이 붙기도 한다.

15 다음과 같은 회로의 명칭은?

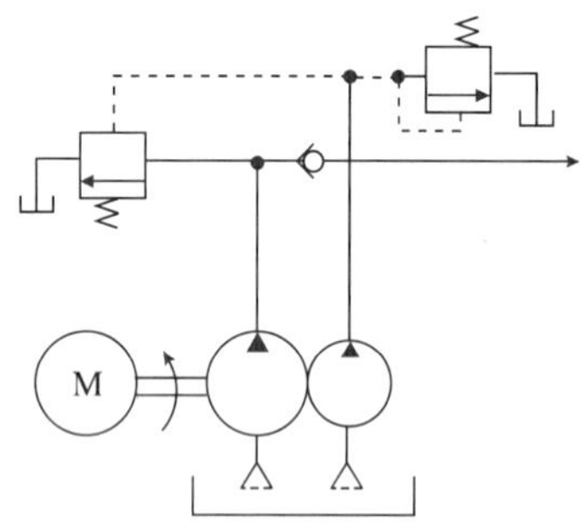

① 압력 스위치에 의한 무부하 회로
② 전환밸브에 의한 무부하 회로
③ 축압기에 의한 무부하 회로
④ Hi-Lo에 의한 무부하 회로

해설
문제의 그림은 언로드 밸브를 이용한 Hi-Lo에 의한 무부하 회로이다.
무부하 회로 : 반복 작동 중 유압을 필요로 하지 않을 때 펌프 토출량을 저압으로 기름 탱크에 되돌려 보내고 유압 펌프를 무부하 운전시키는 회로
- PR접속 변환 밸브(탠덤 센터형 밸브)에 의한 회로
- 2포트 변환 밸브에 의한 회로
- 축압기, 압력 스위치를 사용한 회로
- Hi-Lo 회로

16 사용온도가 비교적 넓기 때문에 화재의 위험성이 높은 유압장치의 작동유에 적합한 것은?

① 식물성 작동유
② 동물성 작동유
③ 난연성 작동유
④ 광유계 작동유

해설
난연성 작동유 : 사용 온도범위가 넓기 때문에 항공기용 유압 작동유로 사용(가열로 주변의 유압 장치, 열간 압연, 단조, 주조 설비의 유압 장치, 용접기의 유압 장치 등에 사용)

17 2개의 안정된 출력 상태를 가지고, 입력 유무에 관계없이 직전에 가해진 압력의 상태를 출력상태로 유지하는 회로는?

① 부스터 회로
② 카운터 회로
③ 레지스터 회로
④ 플립플롭 회로

해설
① 부스터 회로 : 저압력을 어느 정해진 높은 출력으로 증폭하는 회로
② 카운터 회로 : 입력으로서 가해진 펄스 신호의 수를 계수로 하여 기억하는 회로
③ 레지스터 회로 : 2진수로서의 정보를 일단 내부로 기억하여 적시에 그 내용이 이용될 수 있도록 구성한 회로

14 ① 15 ④ 16 ③ 17 ④ 정답

18 액추에이터의 공급 쪽 관로에 설정된 바이패스 관로의 흐름을 제어함으로써 속도를 제어하는 회로는?

① 미터 인 회로
② 미터 아웃 회로
③ 블리드 온 회로
④ 블리드 오프 회로

해설

속도제어 회로
- 미터 인 회로 : 유량제어 밸브를 실린더의 입구측에 설치하여 관로의 흐름을 제어함으로써 속도를 제어하는 회로
- 미터 아웃 회로 : 유량제어 밸브를 실린더의 출구측에 설치하여 관로의 흐름을 제어함으로써 속도를 제어하는 회로
- 블리드 오프 회로 : 실린더와 병렬로 유량제어 밸브를 설치하여 실린더의 유입(유출)되는 유량을 제어하여 속도를 제어하는 회로

19 2개 이상의 실린더를 순차 작동시키려면 어떤 밸브를 사용해야 하는가?

① 감압 밸브
② 릴리프 밸브
③ 시퀀스 밸브
④ 카운터 밸런스 밸브

해설

① 감압 밸브 : 고압의 압축유체를 감압시켜 설정공급압력을 일정하게 유지시켜 주는 밸브
② 릴리프 밸브 : 압력을 설정값 내로 일정하게 유지시켜 주는 밸브(안전 밸브로 사용)
④ 카운터 밸런스 밸브 : 부하가 급격히 제거되었을 때 일정한 배압을 걸어주는 역할을 하는 밸브(주로 배압제어용으로 사용)

20 다음 중 유압작동유의 구비조건으로 틀린 것은?

① 압축성일 것
② 내열성, 점도지수 등이 클 것
③ 장시간 사용해도 화학적으로 안정될 것
④ 적당한 유막 강도를 가질 것

해설

작동유의 구비조건
- 비압축성일 것
- 내열성, 점도지수, 체적탄성계수 등이 클 것
- 장시간 사용해도 화학적으로 안정될 것
- 산화안정성(녹이나 부식 발생 등이 방지), 방열성이 좋을 것
- 장치와의 결합성, 유동성이 좋을 것
- 이물질 등을 빨리 분리할 것
- 인화점이 높을 것
- 적당한 유막 강도를 가질 것

21 공기압 실린더의 구조에서 피스톤에 연결되어 있으며 힘을 외부로 전달하는 구성품은?

① 헤드 커버
② 실린더 튜브
③ 로드 커버
④ 피스톤 로드

해설

- 헤드(로드) 커버 : 헤드와 로드는 실린더 튜브 양 끝에 설치되어 피스톤의 행정 거리를 결정한다.
- 실린더 튜브 : 실린더의 외곽을 이루는 부분으로 피스톤의 움직임을 안내한다.

정답 18 ④ 19 ③ 20 ① 21 ④

22 다음은 어떤 밸브를 설명하고 있는가?

- 공급되는 공기압이 일정 수준에 도달하면 출구 쪽으로 공기압을 내보내는 기능을 하는 밸브이다.
- 다수의 액추에이터를 사용할 때 일정한 압력을 확인하고 다음 동작이 진행되어야 하는 경우와 작동 순서가 미리 정해진 경우에 사용한다.

① 감압 밸브
② 시퀀스 밸브
③ 압력 제한 밸브
④ 속도 제어 밸브

해설
- 감압 밸브 : 압축공기의 압력을 사용공기압 장치에 맞는 압력으로 감압하여 안정된 공기압을 공급할 목적으로 사용하는 밸브
- 압력 제어 밸브 : 유체압력을 제어하는 밸브로 궁극적으로 액추에이터의 힘을 제어하는 밸브
- 속도 제어 밸브 : 액추에이터의 속도를 제어하는 밸브

23 다음 보기의 기호는 어떤 밸브인가?

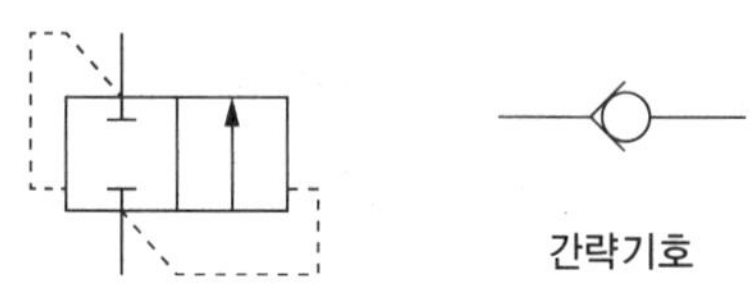

① OR 밸브
② 셔틀 밸브
③ 2압 밸브
④ 체크 밸브

해설
④ 체크 밸브 : 한쪽 방향의 유동은 허용하고 반대 방향의 흐름은 차단하는 밸브

24 다음 에어 드라이어 중 −70℃의 저노점이 가능한 것은?

① 흡수식 에어 드라이어
② 흡착식 에어 드라이어
③ 건조식 에어 드라이어
④ 냉동식 에어 드라이어

해설
공기 건조기(제습기)
- 흡착식 건조기 : 최대 −70℃의 저노점을 얻을 수 있다.
- 냉동식 건조기 : 이슬점 온도를 낮추는 원리를 이용한 것이다.
- 흡수식 건조기 : 염화리튬, 수용액, 폴리에틸렌을 사용한 화학적 과정의 방식이다.

25 분사 노즐과 수신 노즐이 한 몸으로 되어 있으며 배압의 원리에 의해 작동되는 공압 감지기는?

① 공기 배리어
② 반향 감지기
③ 공압 근접 스위치
④ 배압 감지기

해설
① 공기 배리어 : 분사 노즐과 수신 노즐로 구성, 감지거리는 100[mm]를 초과해서는 안 된다.
③ 공압 근접 스위치 : 공기 배리어와 같은 원리로 작동되며, 압력 증폭기를 사용해야 한다.
④ 배압 감지기 : 가장 간단한 구조이며, P에서 공급되는 공기는 출구로 계속 흘러나가며, 출구가 물체에 의하여 막히면 A쪽으로 신호 압력이 형성된다.

22 ② 23 ④ 24 ② 25 ② 정답

26 압축공기 저장 탱크의 역할이 아닌 것은?

① 압축공기를 저장한다.

② 응축수를 분리시킨다.

③ 맥동 현상을 증폭시킨다.

④ 압력변화를 최소화 한다.

해설

압축공기 저장 탱크의 역할

- 공기 소모량이 많아도 압축공기의 공급을 안정화
- 공기 소비 시 발생되는 압력 변화를 최소화
- 정전 시 짧은 시간 동안 운전이 가능
- 공기 압력의 맥동 현상을 없애는 역할
- 압축 공기를 냉각시켜 압축 공기 중의 수분을 드레인으로 배출

27 진공발생기에서 진공이 발생되는 원리는?

① 벤투리 원리　② 샤를의 원리

③ 보일의 원리　④ 파스칼의 원리

해설

벤투리 원리 : 배관이 넓은 곳은 압력이 높고 유체의 흐름속도는 느리다. 반면 좁은 곳은 압력이 낮고 유체의 흐름속도는 빠르다. 배관 내의 압력차로 인하여 유체가 좁은 통로쪽으로 빨려 올라가서 생기는 현상이다.

28 공압용 시간지연 밸브의 구성요소가 아닌 것은?

① 3/2way 밸브　② 속도제어 밸브

③ 압력제어 밸브　④ 공압 소형 탱크

해설

시간지연 밸브의 구성요소

- 3/2way 밸브(상시닫힘형, 상시열림형)
- 속도제어 밸브
- 공압 소형 탱크(30초 이내)로 구성

29 1차측의 공기 압력을 일정 공기압으로 설정하고, 2차측을 조절할 때 설정 압력의 변동 상태를 확인하는 것으로, 장시간 사용 후 변동 상태의 확인이 필요한 특성은?

① 유량 특성

② 재현 특성

③ 히스테리시스 특성

④ 릴리프 특성

해설

① 유량 특성 : 2차측 유로를 조여서 유량이 0인 상태에서 공기 압력을 설정한 후에 2차측 유량을 서서히 증가시키면 2차측 압력은 서서히 저하되는 특성

③ 히스테리시스 특성 : 압력제어 밸브의 핸들을 조작하여 공기 압력을 설정하고 압력을 변동시켰다가, 다시 핸들을 조작하여 원래의 설정값에 복귀시켰을 때, 최초의 설정값과의 오차

④ 릴리프 특성 : 2차측 공기의 압력을 외부에서 상승시켰을 때 릴리프 구멍에서 배기되는 고압의 압력 특성

30 밸브 몸통과 밸브체가 미끄러져 개폐 작용을 하는 형식으로, 직선 이동식과 회전식이 있는 구조는?

① 포핏식

② 스풀식

③ 슬라이드식

④ 패킹식

해설

① 포핏식 : 밸브 몸통이 밸브 자리에서 직각 방향으로 이동하는 방식

② 스풀식 : 빗모양의 스풀이 원통형 미끄럼면을 축방향으로 이동하여 밸브를 개폐하는 구조

④ 패킹식 : 스풀식의 한 종류

정답 26 ③ 27 ① 28 ③ 29 ② 30 ③

제3과목 | 기초전기일반

31 반도체 사이리스터에 의한 전동기의 속도 제어 중 주파수 제어는?

① 초퍼제어
② 인버터제어
③ 컨버터제어
④ 브리지 정류제어

해설
교류전동기를 이용하여 인버터 출력전압과 주파수를 바꿈으로써 가・감속제어를 하는 방식

32 직류기에서 브러시의 역할은?

① 기전력 유도
② 자속생성
③ 정류작용
④ 전기자 권선과 외부회로 접속

해설
브러시의 역할 : 정류자에서 만든 직류를 외부로 유출하는 곳

33 $L=40$[mH]의 코일에 흐르는 전류가 0.2초 동안에 10[A]가 변화했다. 코일에 유기되는 기전력[V]은?

① 1 ② 2
③ 3 ④ 4

해설
$$e=L\frac{di}{dt}=40\times10^{-3}\times\frac{10}{0.2}=2[\mathrm{V}]$$

34 SCR의 특성 중 적합하지 않은 것은?

① PNPN 구조로 되어 있다.
② 정류작용을 할 수 있다.
③ 정방향 및 역방향 제어를 할 수 있다.
④ 고속도의 스위칭작용을 할 수 있다.

해설
SCR은 단일방향성 3단 소자이다.

35 P형 반도체의 전기 전도의 주된 역할을 하는 반송자는?

① 전 자
② 가전자
③ 불순물
④ 정 공

해설
N형 반도체의 반송자는 전자이며, P형 반도체의 반송자는 정공이다.

31 ② 32 ④ 33 ② 34 ③ 35 ④ 정답

36 **전류와 자기장의 자력선 방향을 쉽게 아는 것은?**

① 앙페르의 오른나사의 법칙
② 렌츠의 법칙
③ 비오 – 사바르의 법칙
④ 전자유도 법칙

해설
앙페르의 오른나사의 법칙
오른손 엄지가 전류의 방향을 가리키도록 하면 나머지 손가락으로 도선을 감싸듯이 쥐는 것처럼 돌아가는 방향의 원형 자기장이 형성된다. 즉, 엄지손가락의 방향은 오른나사의 진행방향에, 나머지 감싼 손가락의 방향은 오른나사의 회전방향에 대응된다.

37 **$R-L-C$ 직렬회로에서 직렬 공진인 경우 전압과 전류의 위상관계는 어떻게 되는가?**

① 전류가 전압보다 $\pi/2$[rad] 앞선다.
② 전류가 전압보다 $\pi/2$[rad] 뒤진다.
③ 전류가 전압보다 π[rad] 앞선다.
④ 전류와 전압은 동상이다.

해설
$R-L-C$ 직렬회로에서 임피던스 $Z=\sqrt{R^2+(X_L-X_C)^2}$ 이고, 공진일 때 $X_L-X_C=0$으로 저항 R만의 회로가 되어 전압과 전류는 동상이다.

38 **대칭 3상 교류의 성형 결선에서 선간 전압이 220[V]일 때 상전압은 얼마인가?**

① 192[V] ② 172[V]
③ 127[V] ④ 117[V]

해설
성형결선에서 $V_{선}=\sqrt{3}\,V_{상}$이다.

$\therefore\ V_{상}=\dfrac{1}{\sqrt{3}}V_{선}=\dfrac{1}{\sqrt{3}}\times 220=127[\mathrm{V}]$

39 **200[V], 500[W]의 전열기를 220[V]전원에 사용하였다면, 이때의 전력은 얼마인가?**

① 400[W] ② 500[W]
③ 550[W] ④ 605[W]

해설
$P=\dfrac{V^2}{R}$에서 $R=\dfrac{V^2}{P}=\dfrac{200^2}{500}=80[\Omega]$

$\therefore\ P'=\dfrac{220^2}{80}=605[\mathrm{W}]$

40 **어떤 사인파 교류전압의 평균값이 191[V]이면 최댓값은?**

① 150 ② 250
③ 300 ④ 400

해설
평균값 $V_a=\dfrac{2}{\pi}V_m$에서 최댓값 $V_m=\dfrac{\pi}{2}V_a=\dfrac{\pi}{2}\times 191=300$

정답 36 ① 37 ④ 38 ③ 39 ④ 40 ③

41 자기 인덕턴스 1[H]의 코일에 10[A]의 전류가 흐르고 있을 때 축적되는 에너지[J]는?

① 10 ② 50
③ 100 ④ 200

해설
$W=\frac{1}{2}LI^2=\frac{1}{2}\times1\times10^2=50$

42 어떤 소자 회로에 $e=100\sin(377t+60°)$[V]의 전압을 가했더니 $i=10\sin(377t+60°)$[A]의 전류가 흘렀다. 이 소자는 어떤 것인가?

① 순저항 ② 유도리액턴스
③ 용량리액턴스 ④ 다이오드

해설
전압과 전류의 위상이 60°로 같으므로 동상인 저항만의 회로이다.

43 그림에서 a, b간의 합성정전용량[F]은 얼마인가?

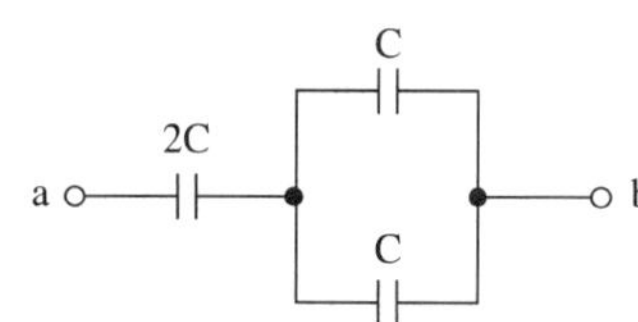

① C ② 2C
③ 3C ④ 4C

해설
병렬회로 부분에서 C+C=2C이고,
직렬회로에서는 $C_T=\frac{2C\times2C}{2C+2C}=C$ 이다.

44 반지름 30[cm], 권수 5회의 원형 코일에 6[A]의 전류를 흘릴 때 코일 중심의 자기장[AT/m]의 세기는?

① 3 ② 5
③ 30 ④ 50

해설
$H=\frac{NI}{2r}=\frac{5\times6}{2\times0.3}=50$

45 직류직권전동기에서 벨트를 걸고 운전하면 안 되는 가장 큰 이유는?

① 벨트가 벗겨지면 위험 속도에 도달하므로
② 손실이 많아지므로
③ 직렬하지 않으면 속도 제어가 곤란하므로
④ 벨트의 마멸 보수가 곤란하므로

해설
벨트가 벗겨지면 갑자기 고속이 된다.

41 ② 42 ① 43 ① 44 ④ 45 ① 정답

제2과목 | 기계제도(비절삭) 및 기계요소

46 다음 중 모멘트의 단위는?

① [kg · m/s^2]　　② [N · m]
③ [kW]　　④ [kgf · m/s]

해설
모멘트 : $M = P \times l$ [N×m]

47 도면에서 척도란에 'NS'로 표시된 것은 무엇을 뜻하는가?

① 축 척
② 나사를 표시
③ 배 척
④ 비례척이 아닌 것을 표시

해설
척도 기입 방법
- 척도는 표제란에 기입하는 것이 원칙
- 표제란이 없는 경우에는 도명이나 품번의 가까운 곳에 기입
- 같은 도면에서 서로 다른 척도를 사용하는 경우에는 각 그림 옆에 사용된 척도를 기입
- 그림의 형태가 치수와 비례하지 않을 때에는 치수 밑에 밑줄을 긋거나 '비례가 아님' 또는 NS(Not to Scale) 등의 문자를 기입

48 배관의 간략 도시방법에서 파이프의 영구 결합부(용접 또는 다른 공법에 의한다) 상태를 나타내는 것은?

① 　　② 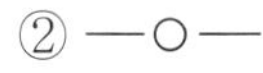
③ 　　④ 

해설
② : 관이음에서 납땜형
①, ④은 관과 관이 접속하지 않고 교차하고 있을 때

49 KS 용접기호 중에서 그림과 같은 용접기호는 무슨 용접기호인가?

① 심 용접
② 비드 용접
③ 필릿 용접
④ 점 용접

해설

심 용접	비드 용접	점 용접

50 그림과 같은 용접 기호에 대한 해석이 잘못된 것은?

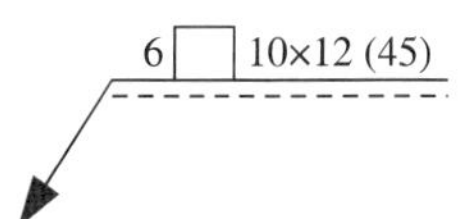

① 용접 목 길이는 10[mm]
② 슬롯부의 너비는 6[mm]
③ 용접부의 길이는 12[mm]
④ 인접한 용접부 간의 거리(피치)는 45[mm]

해설
① 슬롯 용접의 홈 길이는 10[mm]

정답 46 ② 47 ④ 48 ③ 49 ③ 50 ①

51 기계제도에서 가는 2점쇄선을 사용하는 것은?

① 중심선
② 지시선
③ 가상선
④ 피치선

해설
가는 2점쇄선으로 사용되는 선은 가상선과 무게중심선이다.
① 중심선 : 가는 실선, 가는 1점쇄선
② 지시선 : 가는 실선
④ 피치선 : 가는 1점쇄선

52 그림의 치수선은 어떤 치수를 나타내는 것인가?

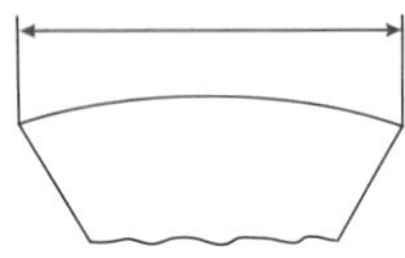

① 각도의 치수
② 현의 길이 치수
③ 호의 길이 치수
④ 반지름의 치수

해설

각도의 치수	30°
호의 길이치수	$\overset{\frown}{10}$
구의 지름 반지름의 치수	Sϕ24, SR90

53 도면에서 특정 치수가 비례척도가 아닌 경우를 바르게 표기한 것은?

① (24)
② ~~24~~
③ [24]
④ $\underline{24}$

해설
① 참고치수 표기
② 수정치수 표기
③ 정확한 치수 표기

54 3각법으로 투상한 다음의 도면에 가장 적합한 입체도는?

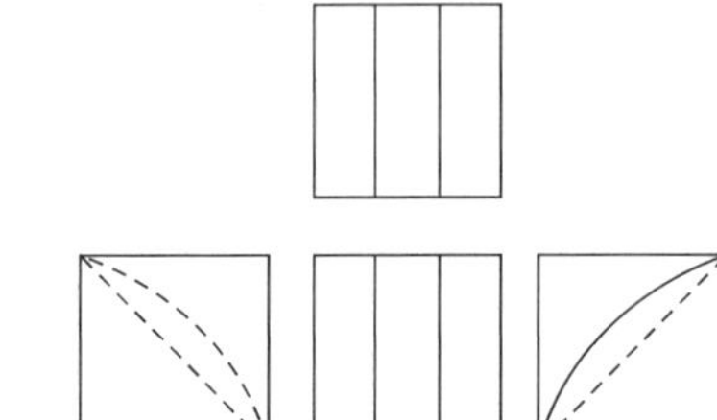

①
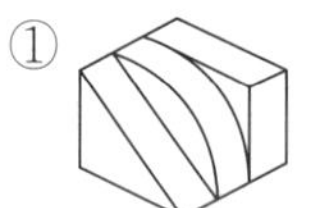

②

③

④
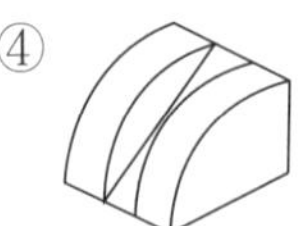

해설
좌측면도와 우측면도의 외형(굵은 실선 표기)에 중점을 두고 판단하면 ②가 정답이다.

51 ③ 52 ② 53 ④ 54 ② 정답

55 다음 입체도의 화살표 방향이 정면이고 좌우 대칭일 때 우측면도로 가장 적합한 것은?

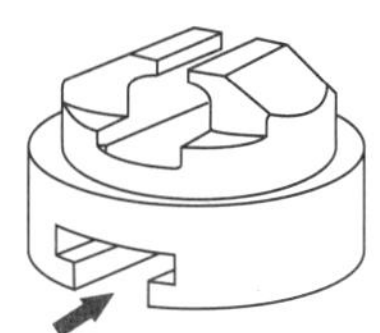

① 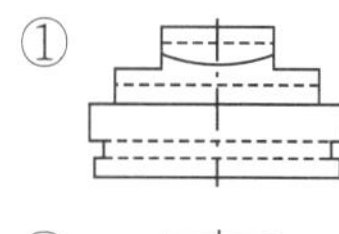
② 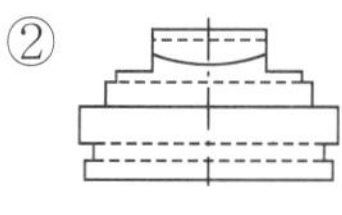
③ 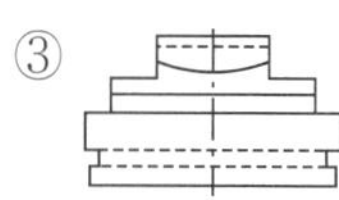
④ 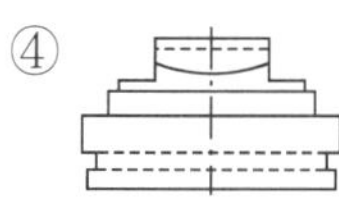

해설

위 입체도에서 정면도를 기준으로 좌우가 대칭이므로 좌측면도와 우측면도가 같다. 우측면도에서 좌우가 계단이 있고 숨은선이 있는 ②가 정답이다.

56 하중의 크기와 방향이 주기적으로 바뀌는 하중은?

① 교번하중
② 반복하중
③ 충격하중
④ 집중하중

해설

② 반복하중 : 힘이 반복적으로 작용하는 하중
③ 충격하중 : 순간적으로 충격을 주는 하중
④ 집중하중 : 전하중이 부재의 한 곳에 작용하는 하중

57 다음 연강의 하중변형선도에서 "B"는 무엇인가?

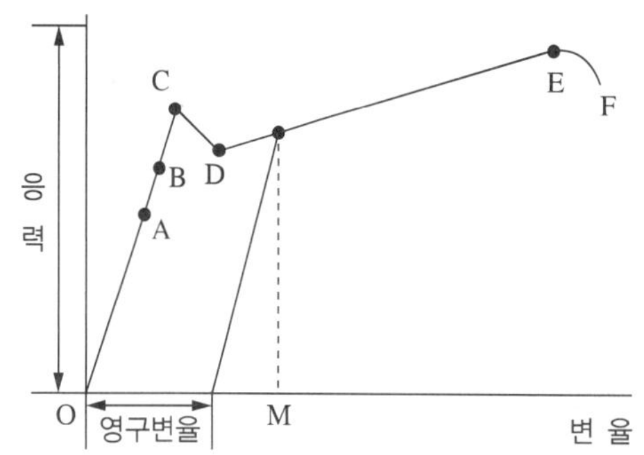

① 비례한도 ② 탄성한도
③ 항복점 ④ 인장강도

해설

② 탄성한도(B) : 응력을 제거했을 때 변형이 없어지는 한도
① 비례한도(A) : O, A는 직선부로 하중의 증가와 함께 변형이 비례적으로 증가
③ 항복점(C, D) : 응력이 증가하지 않아도 변형이 계속해서 갑자기 증가하는 점
④ 인장강도(E) : E점은 최대응력 점으로 E점의 응력을 변화하기 전의 단면적으로 나눈 값

58 직경 12[mm]의 환봉에 축방향으로 5,000[N]의 인장하중을 가하면 인장응력은 약 몇 [N/mm²]인가?

① 44.2 ② 66.4
③ 98.6 ④ 132.6

해설

인장응력

$\sigma_t = \frac{W}{A}$[kg/cm²] (인장력 W[kg], 단면적 A[cm²])

$$= \frac{5,000}{\frac{3.14 \times 12^2}{4}} = 44.2\text{[N/mm}^2\text{]}$$

정답 55 ② 56 ① 57 ② 58 ①

59 선의 분류에서 가는 실선의 용도가 아닌 것은?

① 치수선
② 외형선
③ 지시선
④ 중심선

해설
가는 실선의 용도 : 치수선, 치수보조선, 지시선, 회전 단면선, 중심선, 수준면선

60 전동장치에서 간접 전달 장치가 아닌 것은?

① 마찰차
② 벨 트
③ 로 프
④ 체 인

해설
마찰차는 직접 전달 장치에 속한다.

59 ② 60 ① 정답

2017년 제4회 과년도 기출복원문제

제1과목 | 공유압 일반

01 다음 중 공기압 실린더의 구성요소가 아닌 것은?

① 피스톤(Piston)
② 커버(Cover)
③ 베어링(Bearing)
④ 타이 로드(Tie Rod)

해설
실린더의 구성품
- 피스톤
- 헤드(로드) 커버
- 로 드
- 포 트
- 튜 브
- 와이퍼 링

02 다음과 같은 방향제어 밸브의 명칭은?

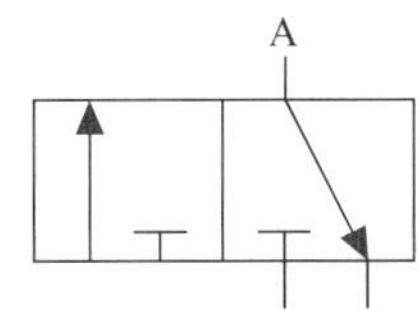

① 2포트 2위치 밸브
② 3포트 2위치 밸브
③ 4포트 2위치 밸브
④ 5포트 2위치 밸브

해설
이 기호는 3포트 2위치로, 3/2way 밸브이다.

03 그림에서 유압기호의 명칭은 무엇인가?

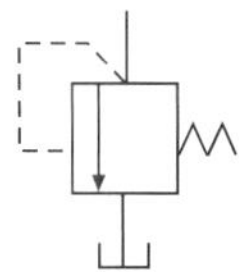

① 릴리프 밸브(Relief Valve)
② 감압 밸브(Reducing Valve)
③ 언로드 밸브(Unload Valve)
④ 시퀀스 밸브(Sequence Valve)

해설

감압 밸브	언로드 밸브	시퀀스 밸브

04 공압장치의 공압 밸브 조작 방식으로 사용되지 않는 것은?

① 인력 조작 방식
② 래치 조작 방식
③ 파일럿 조작 방식
④ 전기 조작 방식

해설
공압 밸브 조작 방식 : 인력 조작 방식, 기계 조작 방식, 전기 조작 방식, 파일럿 조작 방식 등이 있다.

정답 1 ③ 2 ② 3 ① 4 ②

05 베인 펌프에서 유압을 발생시키는 주요부분이 아닌 것은?

① 캠 링 ② 베 인
③ 로 터 ④ 이너링

해설
베인 펌프의 주요 구성요소 : 입구·출구 포트, 로터, 베인, 캠링 등이 카트리지로 되어 있다.

06 다음의 공기압 회로 도면 기호의 명칭은?

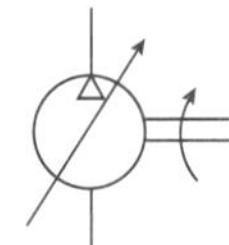

① 정용량형 공기압 모터
② 정용량형 공기 압축기
③ 가변용량형 공기압 모터
④ 가변용량형 공기 압축기

해설
이 기호는 한 방향 가변용량형 공기 압축기 기호이다.

07 완전한 진공을 "0"으로 표시한 압력은?

① 게이지압력 ② 최고압력
③ 평균압력 ④ 절대압력

해설
- 절대압력 : 사용압력을 완전한 진공으로 하고 그 상태를 0으로 하여 측정한 압력

※ 절대압력 = 대기압±게이지압력
- 게이지압력 : 대기압을 기준(대기압의 압력을 0)
- 진공압 : 대기압보다 높은 압력을 (+)게이지압력이라 하고, 대기압보다 낮은 압력을 (–)게이지압력 또는 진공압이라 함

08 공압 실린더에서 쿠션조절의 의미는?

① 실린더의 속도를 빠르게 한다.
② 실린더의 힘을 조절한다.
③ 전체 운동 속도를 조절한다.
④ 운동의 끝부분에서 완충한다.

해설
쿠션 내장형 실린더 : 충격을 완화할 때 사용된다. 운동의 끝부분에서 완충한다. 쿠션 피스톤이 공기의 배기 통로를 차단하면 공기는 작은 통로를 통하여 빠져나가므로 배압이 형성되어 실린더의 속도가 감소하게 된다.

09 공압장치에 사용되는 압축공기 필터의 여과방법으로 틀린 것은?

① 원심력을 이용하여 분리하는 방법
② 충돌판에 닿게 하여 분리하는 방법
③ 가열하여 분리하는 방법
④ 흡습제를 사용해서 분리하는 방법

해설
공기여과 방식
- 원심력을 이용하여 분리하는 방식
- 충돌판을 닿게 하여 분리하는 방식
- 흡습제를 사용하여 분리하는 방식
- 냉각하여 분리하는 방식

5 ④ 6 ④ 7 ④ 8 ④ 9 ③ 정답

10 과도적으로 상승한 압력의 최댓값을 무엇이라 하는가?

① 배 압
② 서지압
③ 맥 동
④ 전 압

해설
서지압(력) : 밸브의 급속한 개폐 시에 이상 고압이 발생하는데 이런 압력을 서지압력이라 하며, 순간적으로 회로 내의 압력이 정상 압력의 4배 이상 증가되는데 충격 흡수장치를 사용하면 된다.

11 기계적 에너지를 유압 에너지로 변환하여 유압을 발생시키는 부분은?

① 유압 펌프
② 유량 밸브
③ 유압 모터
④ 유압 액추에이터

해설
② 유량밸브 : 유량을 제어하는 밸브
③ 유압모터 : 유체 에너지를 연속회전운동을 하는 기계적인 에너지로 변환시켜 주는 액추에이터
④ 유압 액추에이터 : 작동유의 압력 에너지를 기계적 에너지로 바꾸는 기기의 총칭

12 다음 그림과 같은 공압로직밸브와 진리값에 일치하는 논리는?

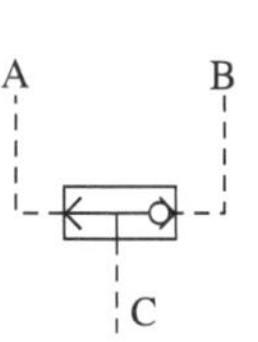

[공압로직밸브]

A+B=C

입 력		출 력
A	B	C
0	0	0
0	1	1
1	0	1
1	1	1

[진리값]

① AND ② OR
③ NOT ④ NOR

해설
① AND : 공압로직밸브

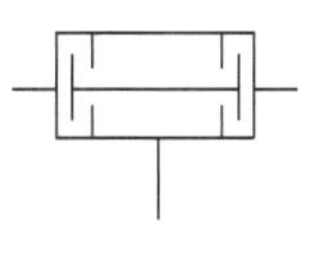

A · B=Y

입 력		출 력
A	B	Y
0	0	0
0	1	0
1	0	0
1	1	1

③ NOT 회로

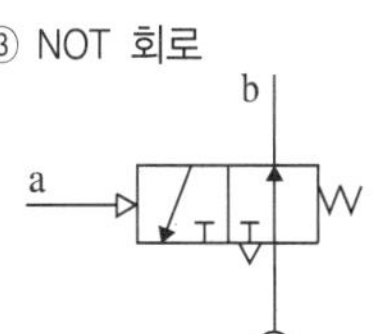

$\overline{A}$=Y

입 력	출 력
A	Y
0	1
1	0

④ NOR 회로

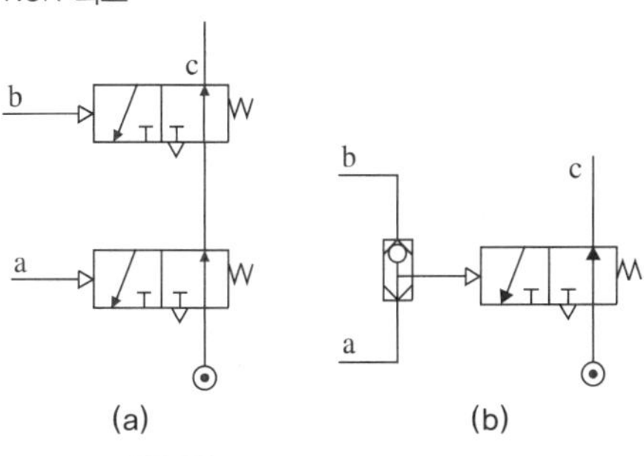

(a) (b)

$\overline{A+B}$=Y

입 력		출 력
A	B	Y
0	0	1
0	1	0
1	0	0
1	1	0

정답 10 ② 11 ① 12 ②

13 공압시간지연 밸브의 구성요소가 아닌 것은?

① 공기저장 탱크
② 시퀀스 밸브
③ 속도제어 밸브
④ 3포트 2위치 밸브

해설
시간지연 밸브
제어신호가 입력된 후 일정한 시간이 경과된 다음에 작동되는 한시 작동 시간지연 밸브와 제어신호가 없어진 후 일정한 시간이 경과된 후 복귀하는 한시 복귀 시간지연 밸브
- 3/2way 밸브(상시닫힘형, 상시열림형)
- 속도제어 밸브
- 공압 소형 탱크(30초 이내)로 구성

14 압력제어 밸브에 해당되는 것은?

① 셔틀 밸브
② 체크 밸브
③ 차단 밸브
④ 릴리프 밸브

해설
① 셔틀 밸브 : 방향제어 밸브
② 체크 밸브 : 방향제어 밸브
③ 차단 밸브 : 방향제어 밸브
압력제어 밸브의 종류
- 릴리프 밸브
- 감압 밸브
- 시퀀스 밸브
- 카운터 밸런스 밸브
- 무부하 밸브
- 안전 밸브
- 압력 스위치

15 다음의 기호를 무엇이라 하는가?

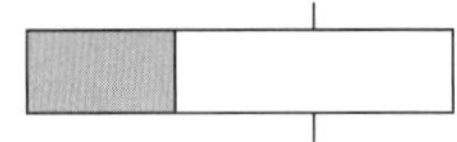

① On Delay 타이머
② Off Delay 타이머
③ 카운터
④ 솔레노이드

해설
② Off Delay 타이머 : 전압이 가해지면 순시에 접점이 닫히거나 열리고, 전압을 끊으면 설정 시간이 지나 접점이 열리거나 닫히는 것(순시 동작 한시 복귀형)
① On Delay 타이머 : 전압이 가해지고 일정 시간이 경과한 후 접점이 닫히거나 열리고, 전압을 끊으면 순시에 접점이 열리거나 닫히는 것(한시 동작 순시 복귀형)

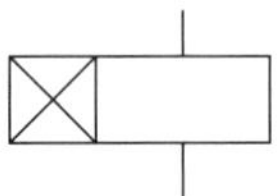

③ 카운터 : 사전에 계수량을 정하고 계수값이 설정값에 도달하면, 내장된 접점이 동작(계수 코일, 리셋 코일, 마이크로 스위치 등으로 구성)
④ 솔레노이드 : 전자석의 힘을 이용하여 플런저를 움직여 공기압의 방향을 전환시키는 것

16 공기압 장치에서 사용되는 압축기를 작동원리에 따라 분류하였을 때 맞는 것은?

① 터보형 ② 밀도형
③ 전기형 ④ 일반형

해설
공기압축기의 작동원리에 따른 분류

13 ② 14 ④ 15 ② 16 ① 정답

17 응축수 배출기의 종류가 아닌 것은?

① 플로트식(Float Type)

② 파일럿식(Pilot Type)

③ 미립자 분리식(Mist Separator Type)

④ 전동기 구동식(Motor Drive Type)

해설

드레인 배출 형식

- 수동식
- 자동식 : 플로트식, 파일럿식, 전동기 구동방식

18 램형 실린더가 갖는 장점이 아닌 것은?

① 피스톤이 필요 없다.

② 공기 빼기 장치가 필요 없다.

③ 실린더 자체 중량이 가볍다.

④ 압축력에 대한 휨에 강하다.

해설

램형 실린더

- 피스톤 지름과 로드 지름 차가 없는 수압 가동부분을 갖는 것으로 좌굴 등 강성을 요할 때 사용한다.
- 피스톤이 필요 없다.
- 공기 빼기 장치가 필요 없다.
- 압축력에 대한 휨에 강하다.

19 공유압 회로도에서 기기의 상태 표시로 틀린 것은?

① 수동조작밸브는 통상 누르기 전의 상태로 표현한다.

② 마스터밸브는 실린더의 초기 상태로 나타내어야 한다.

③ 모든 기기는 동작 중인 상태를 기준으로 나타내어야 한다.

④ 플립플롭형 메모리밸브는 신호가 가해지지 않은 상태로 나타내어야 한다.

해설

모든 기기는 동작 전의 상태로 나타낸다.

20 공압 모터의 특징으로 맞는 것은?

① 에너지 변환 효율이 높다.

② 과부하 시 위험성이 크다.

③ 배기음이 적다.

④ 공기의 압축성에 의해 제어성은 그다지 좋지 않다.

해설

공압 모터의 특징

- 장 점
  - 시동 정지가 원활하며 출력 대 중량비가 크다.
  - 과부하 시 위험성이 없다.
  - 속도제어와 정역 회전 변환이 간단하다(속도 가변 범위도 1:10 이상).
  - 폭발의 위험성이 없어 안전하다.
  - 에너지 축적으로 정전 시에도 작동이 가능하다.
  - 주위 온도, 습도 등의 분위기에 대하여 다른 원동기만큼 큰 제한을 받지 않는다.
  - 작업 환경을 청결하게 할 수 있다.
  - 자체 발열이 적다.
  - 압축 공기 이외에 질소 가스, 탄산가스 등의 사용이 가능하다.
- 단 점
  - 에너지 변환효율이 낮다.
  - 압축성 때문에 제어성이 나쁘다.
  - 회전속도의 변동이 커 고정도를 유지하기 힘들다.
  - 소음이 크다.

정답 17 ③ 18 ③ 19 ③ 20 ④

21 **공기를 강제로 냉각시켜 이슬점 온도를 낮추는 원리를 이용한 압축공기 건조기는?**

① 흡착식 건조기
② 흡수식 건조기
③ 냉동식 건조기
④ 물리식 건조기

해설

공기 건조기(제습기)
• 냉동식 건조기 : 이슬점 온도를 낮추는 원리를 이용한 것이다.
• 흡착식 건조기 : 최대 −70℃의 저노점을 얻을 수 있다.
• 흡수식 건조기 : 염화리튬, 수용액, 폴리에틸렌을 사용한 화학적 과정의 방식이다.

22 **압력제어 밸브의 핸들을 조작하여 공기 압력을 설정하고 압력을 변동시켰다가, 다시 핸들을 조작하여 원래의 설정값에 복귀시켰을 때, 최초의 설정값과의 오차가 발생하는 특성은?**

① 유량 특성
② 재현 특성
③ 히스테리시스 특성
④ 릴리프 특성

해설

① 유량 특성 : 2차측 유로를 조여서 유량이 0인 상태에서 공기 압력을 설정한 후에 2차측 유량을 서서히 증가시키면 2차측 압력은 서서히 저하되는 특성
② 재현 특성 : 1차측의 공기 압력을 일정 공기압으로 설정하고, 2차측을 조절할 때 설정 압력의 변동 상태를 확인하는 것으로, 장시간 사용 후 변동 상태의 확인이 필요하다.
④ 릴리프 특성 : 2차측 공기의 압력을 외부에서 상승시켰을 때 릴리프 구멍에서 배기되는 고압의 압력 특성

23 **슬라이드식 밸브의 특징이 아닌 것은?**

① 작은 힘으로도 밸브를 변환할 수 있다.
② 랩 다듬질하여 누설량은 거의 없다.
③ 조작력이 크므로 수동조작 밸브에 주로 사용한다.
④ 짧은 거리에서 밸브를 개폐하므로 개폐 속도가 빠르다.

해설

④은 포핏 밸브의 특징이다.

24 **피스톤형 어큐뮬레이터에 대한 설명이 아닌 것은?**

① 넓은 온도범위에서 사용 가능하며 특수 작용유에 대응이 쉽다.
② 구조상 충격 압축의 흡수는 미흡하다.
③ 형상이 간단하고 구성품이 적다.
④ 구형각의 용기를 사용하므로 소형 고압용에 적당하다.

해설

④은 다이어프램형 어큐뮬레이터에 대한 설명이다.

25 **스트레이너에 대한 설명으로 틀린 것은?**

① 펌프의 출구쪽에 설치
② 펌프 토출량의 2배인 여과량을 설치
③ 100~150[μm]의 철망을 사용
④ 기름 표면 및 기름 탱크 바닥에서 각각 50[mm] 떨어져서 설치

해설

스트레이너는 펌프의 입구쪽에 설치한다.

21 ③ 22 ③ 23 ④ 24 ④ 25 ① 정답

26 펌프의 토출쪽 관로에 설치하는 필터는?

① 스트레이너　　② 흡입필터
③ 리턴필터　　④ 라인필터

해설
필터의 종류

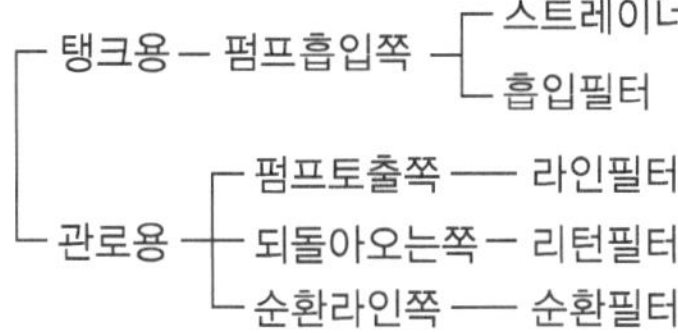

27 2~20[μ]의 종이나 직물에 의한 여과방식으로 소형이며 청소가 용이하여 바이패스 회로에 주로 이용되는 필터는?

① 표면식 필터
② 적층식 필터
③ 다공체식 필터
④ 흡착식 필터

해설
② 적층식 필터 : 여과지를 다수 겹쳐 사용하는 여과방식
③ 다공체식 필터 : 스테인리스, 청동 등의 미립자를 다공지로 소결한 방식
④ 흡착식 필터 : 흡착제를 사용하는 여과방식

28 오일실 선택 시 고려사항이 아닌 것은?

① 압력에 대한 저항력이 클 것
② 오일에 의해 손상되지 않을 것
③ 작동 열에 대한 내열성이 작을 것
④ 내마멸성이 클 것

해설
③ 작동 열에 대한 내열성은 클 것

29 다음 회로에 대한 명칭은?

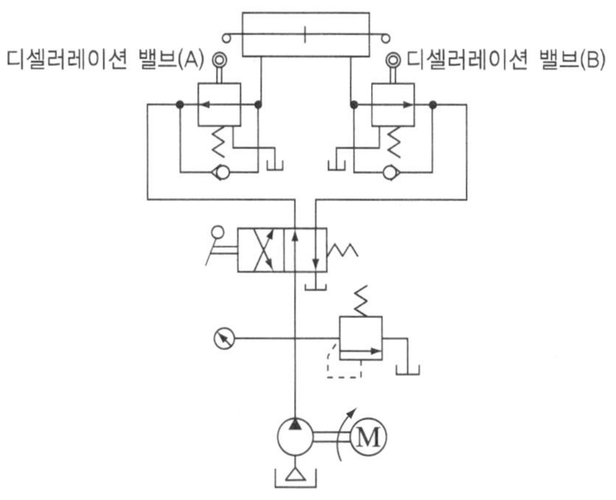

① 감속 회로
② 급속 이송 회로
③ 동기 회로
④ 완전 로크 회로

해설
감속 회로
유압 실린더의 피스톤이 고속으로 작동하고 있을 때 행정 말단에서 서서히 감속하여 원활하게 정지시키고자 할 경우 사용

30 밸브의 복귀 방식이 아닌 것은?

① 스프링 복귀 방식
② 파일럿 복귀 방식
③ 디텐트 복귀 방식
④ 플런저 복귀 방식

해설
밸브의 복귀방식에 따른 분류
• 스프링 복귀방식 : 밸브 본체에 내장되어 있는 스프링력으로 정상상태로 복귀시키는 방식
• 파일럿 방식 : 공압신호에 의한 복귀 방식
• 디텐트 방식 : 메모리 방식으로 조작력이나 제어신호를 제거하여도 정상상태로 복귀하지 않고 방대 신호가 주어질 때까지 그 상태를 유지하는 방식

정답 26 ④ 27 ① 28 ③ 29 ① 30 ④

제3과목 | 기초전기일반

31 자동 점멸기 등을 비롯한 각종 자동 제어 회로나 광통신 회로에 이용되는 반도체 소자는?

① 트랜지스터
② 다이악
③ 사이리스터
④ CdS

해설
CdS(황화카드뮴셀 : 황의 원소기호가 S, 카드뮴의 원소기호가 Cd라서 CdS)는 가변저항으로 밝아지면 저항이 낮아지고 어두워지면 저항이 높아진다.

32 브리지 정류회로로 알맞은 것은?

①
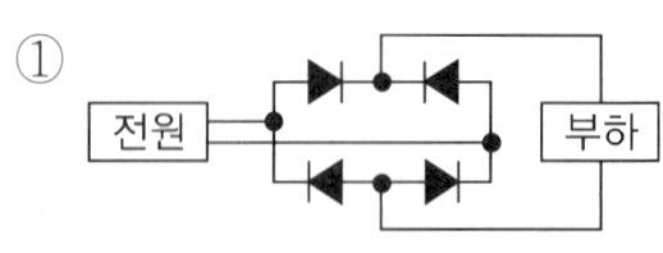

②
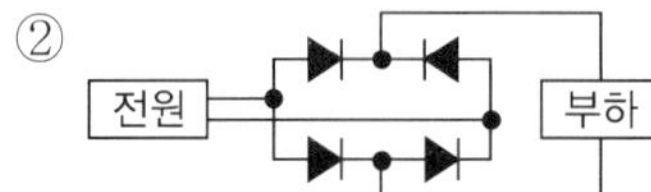

③
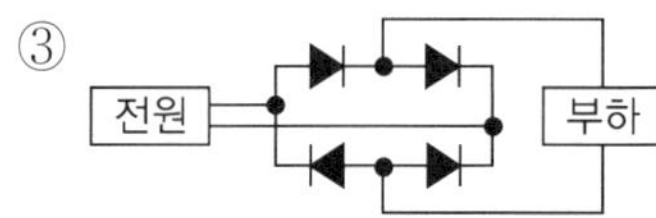

④
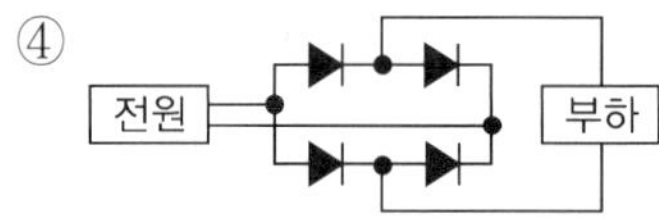

해설
브리지 정류회로
전파정류회로의 일종으로 다이오드 4개를 브리지 모양으로 접속하여 정류하는 회로

33 $i = 8\sqrt{2}\sin\omega t + 6\sqrt{2}\sin(2\omega t + 60°)$[A]의 실횻값은?

① 2 ② 5
③ 10 ④ 20

해설
실횻값 $i_e = \sqrt{8^2 + 6^2} = 10$

34 100[V], 500[W]의 전열기를 90[V]에 사용할 때 소비전력은 몇 [W]인가?

① 320 ② 405
③ 445 ④ 500

해설
$P = \dfrac{V^2}{R}$ 에서 $R = \dfrac{V^2}{P} = \dfrac{100^2}{500} = 20[\Omega]$

$\therefore\ P' = \dfrac{V^2}{R} = \dfrac{90^2}{20} = 405[\mathrm{W}]$

35 반도체로 만든 PN접합은 무슨 작용을 하는가?

① 증폭작용
② 발전작용
③ 정류작용
④ 변조작용

해설
다이오드는 PN접합으로 되어 있고, 교류를 직류로 바꾸는 정류작용을 한다.

31 ④ 32 ① 33 ③ 34 ② 35 ③ 정답

36 6[Ω], 8[Ω], 9[Ω]의 저항 3개를 직렬로 접속한 회로에 5[A]의 전류를 흘릴 때 회로에 공급한 전압[V]은?

① 125 ② 115
③ 100 ④ 85

해설
전체 저항 $R=6+8+9=23[\Omega]$이고, $V=IR$에서
$V=5\times23=115[\text{V}]$

37 3,000[AT/m]의 자장 중에 어떤 자극을 놓았을 때 300[N]의 힘을 받는다고 한다. 자극의 세기는 몇 [Wb]인가?

① 0.1 ② 0.5
③ 1 ④ 5

해설
$F=mH$에서 자극 $m=\dfrac{F}{H}=\dfrac{300}{3{,}000}=0.1[\text{Wb}]$

38 자장의 세기에 대한 설명이 잘못된 것은?

① 단위 자극에 작용하는 힘과 같다.
② 자속 밀도에 투자율을 곱한 것과 같다.
③ 수직 단면의 자력선 밀도와 같다.
④ 단위길이당 기자력과 같다.

해설
자속밀도 $B=\mu\text{H}$이며, 자속밀도 B의 SI(국제단위) 단위는 테슬러이고 T로 나타낸다.
1T = Weber/m^2이고, 기본적인 물리단위는 1T = Wb/m^2 = N/(C・m/s) = N/(A・m)

39 100[V]의 전압계가 있다. 이 전압계를 써서 200[V]의 전압을 측정하려면 최소 몇[Ω]의 저항을 외부에 접속해야 하겠는가?(단, 전압계의 내부저항은 5,000[Ω]이라 한다)

① 10,000
② 5,000
③ 2,500
④ 1,000

해설
100[V] 전압계의 내부저항이 5,000[Ω]이면 200[V]의 전압을 측정하기 위해서 5,000[Ω]의 저항을 직렬로 접속해야 한다.

40 0.5[A]의 전류가 흐르는 코일에 저축된 전자 에너지를 0.2[J] 이하로 하기 위한 인덕턴스[H]는?

① 2.2
② 1.6
③ 1.2
④ 0.8

해설
$W=\dfrac{1}{2}LI^2$에서 $L=\dfrac{2W}{I^2}=\dfrac{2\times0.2}{0.5^2}=1.6[\text{H}]$

정답 36 ② 37 ① 38 ② 39 ② 40 ②

41 상전압 200[V], 1상의 부하 임피던스 $Z = 3 + j4$ [Ω]인 △결선의 선전류[A]는?

① 약 40 ② 약 70
③ 약 90 ④ 약 100

해설

상전류 $I_p = \frac{V_p}{Z} = \frac{200}{\sqrt{3^2 + 4^2}} = \frac{200}{5} = 40$

선전류 $I_l = \sqrt{3} I_p = \sqrt{3} \times 40 \fallingdotseq 70[\mathrm{A}]$

42 전기분해를 하면 석출되는 물질의 양은 통과한 전기량과 관계가 있다. 이것을 나타낸 법칙은?

① 옴의 법칙
② 쿨롱의 법칙
③ 앙페르의 법칙
④ 패러데이의 법칙

해설

④ 패러데이의 법칙 : 전해액 중에 흐르는 전류의 전기량은 전극에서 석출되는 물질의 양과 같다.

43 전동기의 제동에서 전동기가 가지는 운동에너지를 전기에너지로 변환시키고 이것으로 전력을 회생시킴과 동시에 제동하는 방법은?

① 발전제동
② 역전제동
③ 맴돌이 전류제동
④ 회생제동

해설

④ 회생제동 : 전동기를 발전기로서 작동시켜 운동에너지를 전기에너지로 바꾸고 회수하여 제동력을 만드는 전기제동방법

44 직류기의 손실 중 기계손에 속하는 것은?

① 풍 손
② 와전류손
③ 히스테리시스손
④ 표류부하손

해설

기계손 : 풍손, 베어링 마찰손, 브러시 마찰손

45 직류를 교류로 변환하는 장치는?

① 컨버터
② 초 퍼
③ 인버터
④ 정류기

해설

- 직류-교류 변환 : 인버터
- 교류-직류 변환 : 제어정류기
- 교류-교류 변환 : 사이클로 컨버터
- 직류-직류 변환 : 초퍼

41 ② 42 ④ 43 ④ 44 ① 45 ③ 정답

제2과목 | 기계제도(비절삭) 및 기계요소

46 배관도에서 파이프 내에 흐르는 유체가 수증기일 때의 기호는?

① A ② G

③ O ④ S

해설
유체의 종류 기호
- 공기 : A(Air)
- 가스 : G(Gas)
- 기름 : O(Oil)
- 증기 : V(Vapor)
- 물 : W(Water)
- 수증기 : S(Steam)

47 기계구조물의 용접부 등에 비파괴검사 시험기호에서 RT로 표시된 기호가 뜻하는 것은?

① 방사선 투과 시험
② 자분 탐상 시험
③ 초음파 탐상 시험
④ 침투 탐상 시험

해설
비파괴검사 시험기호

기 호	시험의 종류
RT	방사선 투과 시험
UT	초음파 탐상 시험
MT	자분 탐상 시험
PT	침투 탐상 시험
ET	와류 탐상 시험

48 보기에서와 같이 입체도를 제3각법으로 그린 투상도에 관한 설명으로 올바른 것은?

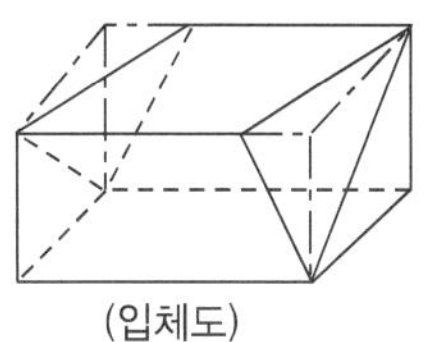
(입체도)

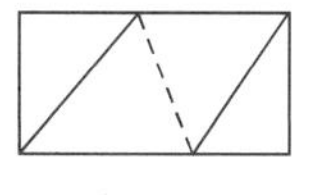

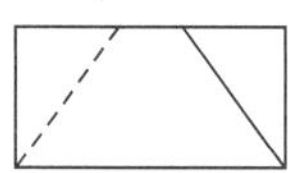

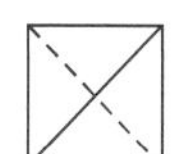

① 평면도만 틀림
② 정면도만 틀림
③ 우측면도만 틀림
④ 모두 올바름

해설
평면도가 틀렸으며 파선이 없어야 한다.

49 모듈이 5이고, 잇수가 24개와 56개인 두 개의 평기어가 물고 있다. 이 두 기어의 중심거리는?

① 200[mm]
② 220[mm]
③ 250[mm]
④ 300[mm]

해설
중심거리

$$C = \frac{D_A + D_B}{2} = \frac{M(Z_A + Z_B)}{2}\,[\text{mm}]$$

$$= \frac{5(24+56)}{2} = 200$$

정답 46 ④ 47 ① 48 ① 49 ①

50 다음 용접 기호의 설명으로 올바른 것은?

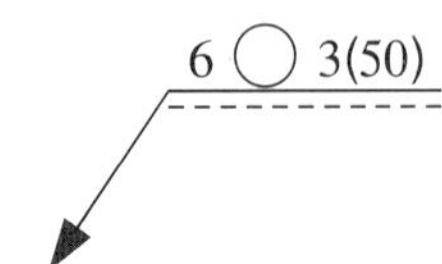

① 심 용접으로 슬롯부의 폭이 6[mm]
② 점 용접으로 용접수가 3개
③ 심 용접으로 용접수가 6개
④ 점 용접으로 용접 길이 50[mm]

해설
- 6 : 용접부의 치수(지름)
- ○ : 점(스폿) 용접
- 3 : 용접 수(개수)
- (50) : 용접 간격

51 다음 식에서 (　　)에 들어갈 적합한 용어는?

$$\frac{\text{극한강도}}{\text{허용응력}} = (\quad)$$

① 안전율
② 파괴강도
③ 영 률
④ 사용강도

해설
안전율 : 재료의 극한강도 σ_u 와 허용응력 σ_a 와의 비를 안전율 (S_f)이라 한다.

안전율 $S_f = \frac{\sigma_u}{\sigma_a} = \frac{\text{극한강도}}{\text{허용응력}}$

52 베어링에서 오일 실의 용도를 바르게 설명한 것은?

① 오일 등이 새는 것을 방지하고 물 또는 먼지 등이 들어가지 않도록 하기 위함
② 축방향에 작용하는 힘을 방지하기 위함
③ 베어링이 빠져 나오는 것을 방지하기 위함
④ 열의 발산을 좋게 하기 위함

해설
베어링의 윤활은 기계의 장기적 사용과 원활한 회전을 위해서 매우 중요하다. 특히, 오일 실은 베어링의 윤활이 새어나가는 것을 막고 외부의 이물질이 들어오는 것을 방지하는 역할을 한다.

53 공유압 배관의 간략 도시방법으로 신축관 이음의 도시 기호는?

① 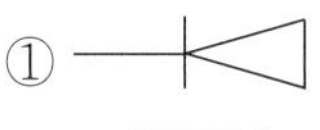
② 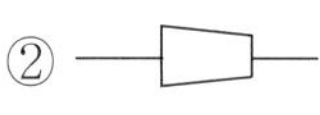
③ 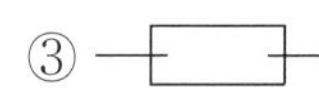
④ 

해설
관의 연결방법 도시 기호 중 신축관 이음은 루프형, 슬리브형, 벨로스형, 스위블형이 있다. ③번이 슬리브형이다.

54 축 단면계수를 Z, 최대 굽힘응력을 σ_b라 하면 축에 작용하는 굽힘 모멘트 M은?

① $M = \frac{Z}{\sigma_b}$
② $M = \frac{\sigma_b}{Z}$
③ $M = \sigma_b Z$
④ $M = \frac{1}{2}\sigma_b Z$

해설
축의 강도
- 둥근 축의 굽힘 모멘트 $M = \sigma_b \cdot Z$
  (σ_b : 축에 생기는 휨 응력, Z : 축의 단면계수)
- 둥근 축의 비틀림 모멘트 $T = \tau \cdot Z_p$
  (τ : 축에 생기는 전단응력, Z_p : 축의 극단면계수)

50 ② 51 ① 52 ① 53 ③ 54 ③ 정답

55 다음 KS용접기호 중 플러그 용접 기호는?

① 
② 
③ 
④ 

해설

① ⅴ형, K형(양면 ⅴ형) 용접
② 점(스폿) 용접
④ V형, X형(양면 V형) 용접

56 다음 연강의 하중변형선도에서 "A"는 무엇인가?

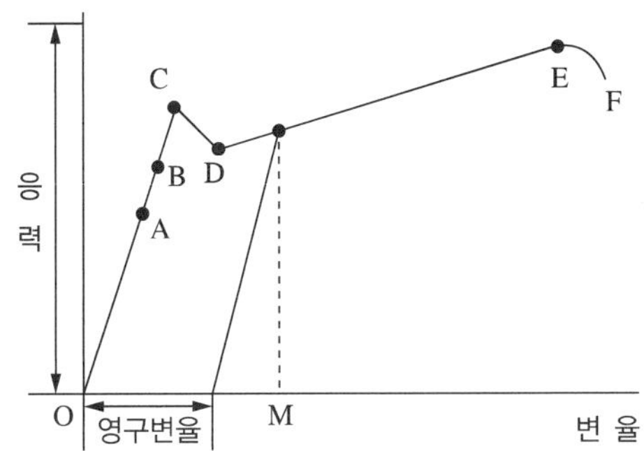

① 비례한도
② 탄성한도
③ 항복점
④ 인장강도

해설

① 비례한도(A) : O, A는 직선부로 하중의 증가와 함께 변형이 비례적으로 증가
② 탄성한도(B) : 응력을 제거했을 때 변형이 없어지는 한도
③ 항복점(C, D) : 응력이 증가하지 않아도 변형이 계속해서 갑자기 증가하는 점
③ 인장강도(E) : E점은 최대응력 점으로 E점의 응력을 변화하기 전의 단면적으로 나눈 값

57 다음은 어떤 투상도인가?

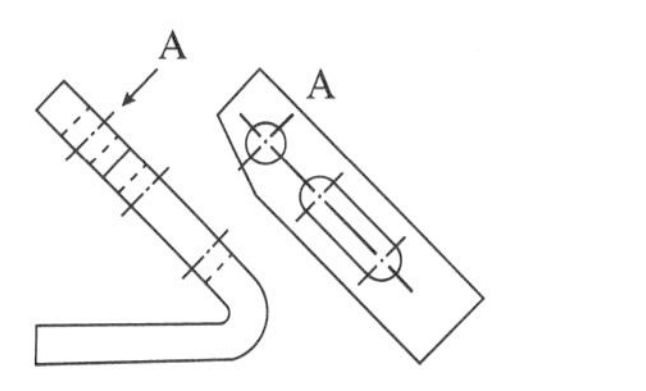

경사면부가 있는 대상물에서 그 경사면의 실제 모양을 표시할 필요가 있는 경우에 그린 투상도

① 부분 투상도
② 회전 투상도
③ 보조 투상도
④ 국부 투상도

해설

① 부분 투상도 : 그림의 일부를 도시하는 것으로 그 필요 부분만을 나타내는 투상도
② 회전 투상도 : 투상면이 어느 각도를 가지고 있어 실제 모양이 나타나지 않을 때 그 부분을 회전하여 투상하는 방법
④ 국부 투상도 : 대상물의 구멍, 홈 등 한 국부만의 모양을 도시하는 것

58 다음 키의 설명으로 틀린 것은?

① 축의 재료보다 강한 재료를 사용한다.
② 축에 기어, 풀리 등을 조립할 때 사용한다.
③ 원활한 작동을 위해 원주방향 이동틈새를 둔다.
④ 보통 키에는 테이퍼를 주고 축과 보스에는 키 홈을 판다.

해설

키는 축에 풀리, 기어, 커플링 등의 회전에 고정시켜 회전력을 전달하는 기계요소이며, 축보다 단단한 양질의 강을 재료로 사용하고, 보통 키에는 테이퍼를 주고, 축과 보스에는 키 홈을 판다.

정답 55 ③ 56 ① 57 ③ 58 ③

59 608C2P6로 표시된 베어링의 호칭번호의 설명 중 틀린 것은?

① 60 : 베어링 계열 기호(단열 홈 베어링)

② 8 : 베어링 바깥지름 8번(바깥지름 80[mm])

③ C2 : 틈 기호(C2의 틈)

④ P6 : 등급 기호(6급)

해설

② 8 : 베어링 안지름 번호(안지름 8[mm])

60 두 축이 만나는 경우에 사용하는 기어는?

① 베벨 기어

② 웜 기어

③ 스큐 기어

④ 하이포이드 기어

해설

- 두 축이 만나는 경우 : 베벨 기어, 크라운 기어
- 두 축이 만나지도 않고 평행하지도 않은 경우 : 하이포이드 기어, 스큐 기어, 웜 기어

59 ② 60 ① 정답

2018년 제2회 과년도 기출복원문제

제1과목 | 공유압 일반

01 파스칼의 원리에 관한 설명으로 옳지 않은 것은?

① 각 점의 압력은 모든 방향에서 같다.
② 유체의 압력은 면에 대하여 직각으로 작용한다.
③ 정지해 있는 유체에 힘을 가하면 단면적이 작은 곳은 속도가 느리게 전달된다.
④ 밀폐한 용기 속에 유체의 일부에 가해진 압력은 유체의 모든 부분에 똑같은 세기로 전달된다.

해설

파스칼(Pascal)의 원리

- 경계를 이루고 있는 어떤 표면 위에 정지하고 있는 유체의 압력은 그 표면에 수직으로 작용한다.
- 정지 유체 내의 점에 작용하는 압력의 크기는 모든 방향으로 같게 작용한다.
- 정지하고 있는 유체 중의 압력은 그 무게가 무시될 수 있으면 그 유체 내의 어디에서나 같다.

02 공압 장치의 기본 요소 중 구동부에 속하지 않는 것은?

① 공압 모터
② 공압 실린더
③ 에어 드라이어
④ 요동형 액추에이터

해설

구동부는 압축공기를 액추에이터에 공급하여 각종 기계적 일을 하는 장치로 실린더, 공압 모터, 요동형 액추에이터 등이 있다.

03 공압 장치의 특징으로 옳지 않은 것은?

① 사용 에너지를 쉽게 구할 수 있다.
② 압축성 에너지이므로 위치 제어성이 좋다.
③ 힘의 증폭이 용이하고 속도 조절이 간단하다.
④ 동력의 전달이 간단하며 먼 거리 이송이 쉽다.

해설

공압 장치의 장점

- 동력원인 압축공기를 간단히 얻을 수 있다.
- 힘의 증폭이 용이하다.
- 힘의 전달이 간단하고 어떤 형태로도 전달 가능하다.
- 작업속도 변경이 가능하며 제어가 간단하다.
- 취급이 간단하다.
- 인화의 위험 및 서지 압력 발생이 없고 과부하에 안전하다.
- 압축공기를 축적(저장)할 수 있다.
- 탄력이 있다(완충작용 = 공기 스프링 역할).

04 압축기의 종류 중 왕복 피스톤 압축기는?

① 베인형
② 원심형
③ 스크루형
④ 다이어프램형

해설

- 왕복식 : 피스톤형, 다이어프램형
- 회전형 : 베인형, 스크루형, 루트블로어형

정답 01 ③ 02 ③ 03 ② 04 ④

05 왕복형 공기 압축기에 대한 회전형 공기 압축기의 특징 설명으로 올바른 것은?

① 진동이 크다.
② 고압에 적합하다.
③ 소음이 적다.
④ 공압 탱크를 필요로 한다.

해설

압축기의 특성비교

특 성 \ 분 류	왕복형	회전형	터보형
구 조	비교적 간단하다.	간단하고 섭동부가 적다.	대형이고 복잡하다.
진 동	비교적 크다.	작다.	작다.
소 음	비교적 크다.	작다.	작다.
보수성	좋다.	섭동부품의 정기 교환이 필요하다.	비교적 좋으나 오버홀이 필요하다.
토출공기 압력	중·고압	중 압	표준 압력
가 격	싸다.	비교적 비싸다.	비싸다.

06 공기 건조기 중 냉동식 건조기에 대한 설명으로 올바른 것은?

① 공기를 강제로 냉각시켜 수증기를 응축시켜 수분을 제거하는 방식이다.
② 고체흡착제 속을 압축공기가 통과하도록 하여 수분이 고체 표면에 붙어 버리도록 하는 방식이다.
③ 에어 입구는 비방폭형 계기의 설치가 안정되고 심한 진동이 없는 장소에 설치하는 방식이다.
④ 에어 출구는 온도가 급격히 변화하지 않으며 0~70[℃] 범위를 넘지 않고 상대습도가 90[%] 이하인 장소에 설치는 방식이다.

해설

②~④는 흡착식 건조기에 대한 설명이다.

07 밸브의 작동 방식에 따른 기호로 틀린 것은?

① 솔레노이드식 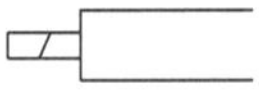
② 푸시 버튼식 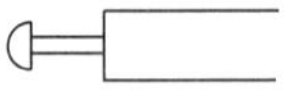
③ 스프링 방식 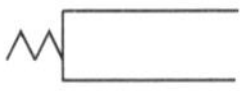
④ 롤러 방식

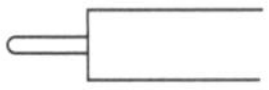

해설

④는 플런저식이다.

08 다음 그림의 기호와 명칭이 틀린 것은?

① 교축 밸브 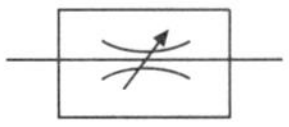
② 속도 제어 밸브 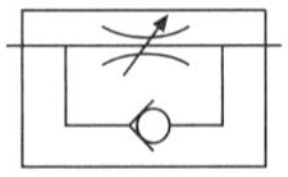
③ 급속 배기 밸브 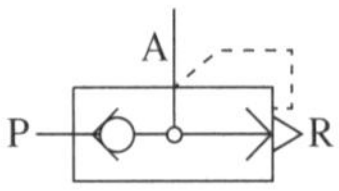
④ 무부하 밸브

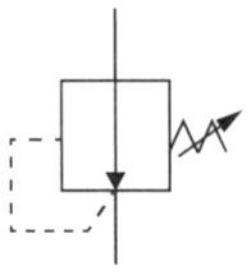

해설

④는 감압 밸브(압력 제한 밸브)이다.

05 ③ 06 ① 07 ④ 08 ④ 정답

09 다음 그림의 기호는 어떤 밸브인가?

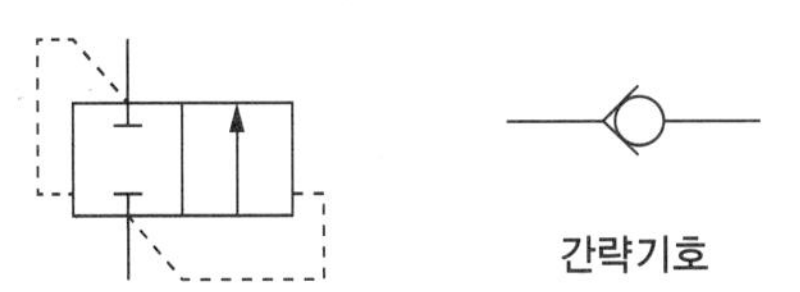

간략기호

① OR 밸브
② 셔틀 밸브
③ 2압 밸브
④ 체크 밸브

해설

구 분	상세기호	간략기호
OR 밸브 (고압 우선형 셔틀 밸브)		
2압 밸브 (AND 밸브) (저압 우선형 셔틀 밸브)		

10 다음 필터에 대한 설명으로 틀린 것은?

① 필터 일반기호
② 자석붙이 필터
③ 드레인 급속 배출기붙이 필터
④ 드레인 수동 배출기붙이 필터 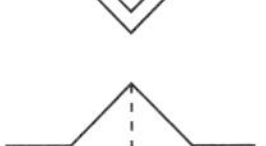

해설
③은 드레인 자동 배출기붙이 필터이다.

11 터보식 압축기의 특징으로 틀린 것은?

① 가격이 비싸다.
② 소음과 진동이 작다.
③ 구조가 대형이고 복잡하다.
④ 보수성이 좋아 오버홀 정비가 필요 없다.

해설
터보식 압축기는 보수성이 좋으나 오버홀 정비가 필요하다.

12 공유압회로도에서 기기의 상태 표시로 틀린 것은?

① 마스터 밸브는 실린더의 초기 상태로 나타내어야 한다.
② 모든 기기는 동작 개시 후의 동작 상태로 나타내어야 한다.
③ 플립플롭형 메모리 밸브는 신호가 가해지지 않은 상태로 나타내어야 한다.
④ 자동복귀용 밸브는 스프링에 의해 자동적으로 복귀된 상태로 나타내어야 한다.

해설
모든 기기는 동작 개시 전의 동작 상태로 나타내어야 한다.

정답 09 ④ 10 ③ 11 ④ 12 ②

13 다음 그림(심벌)의 명칭은?

① 공기 압축 컴프레서
② 공압 요동형 액추에이터
③ 일방향 회전형 공압 모터
④ 양방향 회전형 공압 모터

해설

- : 한방향 가변 용량형 공기 압축기(컴프레서)
- 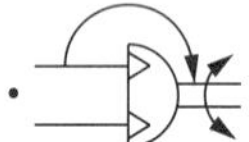 : 공압 요동형 액추에이터(정각도, 2방향 요동형)
- 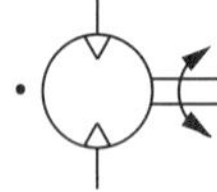 : 일방향 회전형 공압 모터

14 단동 실린더를 제어하기에 적합한 방향제어 밸브는?

① 3/2 way 밸브
② 4/2 way 밸브
③ 4/3 way 밸브
④ 5/2 way 밸브

15 다음 그림은 어떤 속도제어 회로인가?

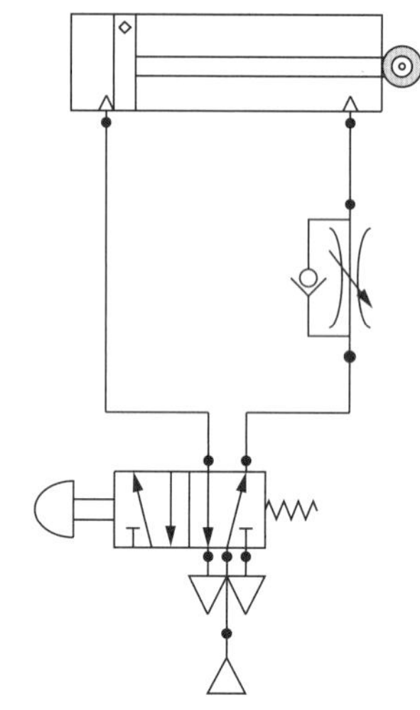

① 전진속도 미터 인 회로
② 전진속도 미터 아웃 회로
③ 후진속도 미터 인 회로
④ 후진속도 미터 아웃 회로

해설

A포트쪽으로 공압이 들어가면 실린더가 전진하게 되는데 피스톤을 기준으로 B포트 라인에 들어 있는 압축공기가 빠져나오는 양에 따라 전진속도가 달라진다. 일방향 유량제어 밸브(속도제어 밸브)의 체크 밸브는 배기쪽으로 빠져나오지 못하고, 교축 밸브로 공기량을 조절하게 되어 있으므로 전진속도가 빠져나오는 공기량에(아웃) 의해 속도가 조절된다.

16 방향제어 밸브에 대한 명칭과 기호가 바른 것은?

① 3/5way 밸브
② 2/3way 밸브
③ 5/2way 밸브
④ 6/3way 밸브

해설

① 5/3way 밸브
② 3/2way 밸브
④ 3/3way 밸브

13 ④ 14 ① 15 ② 16 ③ 정답

17 **2개의 입구와 1개의 출구를 가지고 있으며, 2개의 입구에 공기압이 공급될 때만 동작하는 AND 회로의 특성을 보이는 밸브는?**

① 셔틀 밸브
② 2압 밸브
③ 체크 밸브
④ 시퀀스 밸브

해설
① 셔틀 밸브 : 2개 이상의 입구와 1개의 출구를 갖춘 밸브로 둘 중 1개 이상 압력이 작용할 때 출구에 출력신호가 발생하는 밸브
③ 체크 밸브 : 한쪽 방향의 유동은 허용하고 반대 방향의 흐름은 차단하는 밸브
④ 시퀀스 밸브 : 순차적으로 작동할 때 작동순서가 회로의 압력에 의해 제어되는 밸브

18 **다음 그림은 4포트 3위치 방향제어 밸브의 도면기호이다. 이 밸브의 중립위치 형식은?**

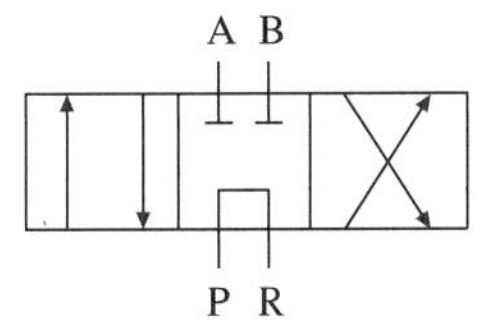

① 탠덤(Tandem) 센터형
② 올 오픈(All Open) 센터형
③ 올 클로즈(All Close) 센터형
④ 프레셔 포트 블록(Block) 센터형

해설

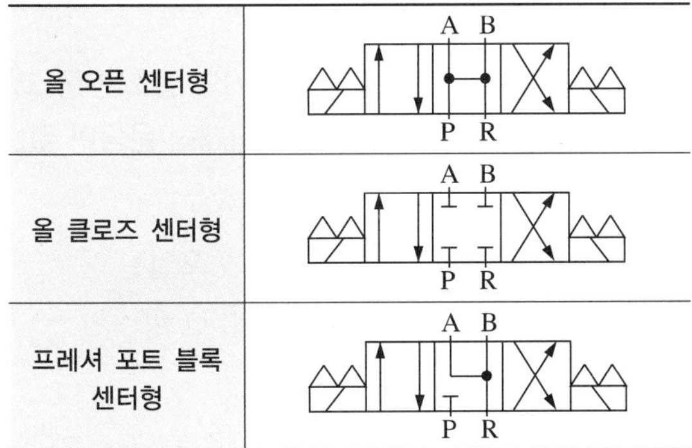

올 오픈 센터형	A B / P R
올 클로즈 센터형	A B / P R
프레셔 포트 블록 센터형	A B / P R

19 **실린더의 작동 방식에 따른 분류로 틀린 것은?**

① 단동 실린더
② 복동 실린더
③ 차동 실린더
④ 탠덤 실린더

해설
탠덤 실린더는 두 개의 복동 실린더가 직렬로 연결되어 한 개의 피스톤으로 구성되어 있는 형태로 복수 실린더에 속한다.

20 **실린더 설치에 있어 가장 강력한 설치 방법으로 부하의 운동 방향과 축심을 일치시키는 설치 형식은?**

① 풋 형
② 플랜지형
③ 클레비스형
④ 트러니언형

해설
① 풋형 : 가장 단단하고 일반적인 설치 방법으로 주로 경부하용이다.
③ 클레비스형(피벗형) : 부하의 요동 방향과 실린더의 요동 방향을 일치시켜 피스톤 로드에 횡하중이 걸리지 않도록 설치한다.
④ 트러니언형 : 요동 운동을 하므로 실린더가 다른 부분에 접촉되지 않도록 한다.

정답 17 ② 18 ① 19 ④ 20 ②

21 방향전환 밸브의 중립 위치 형식에서 펌프 언로드가 요구되고 부하에 의한 자주를 방지할 필요가 있을 때 사용하는 밸브는?

①
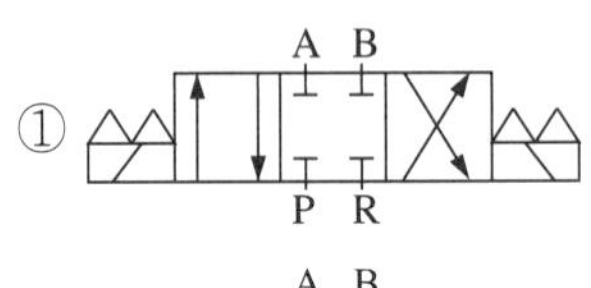

②
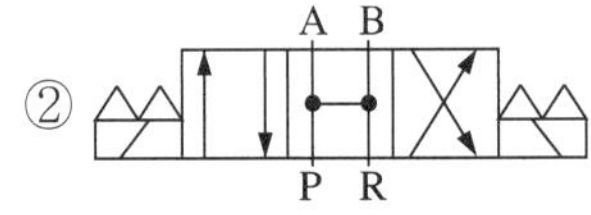

③
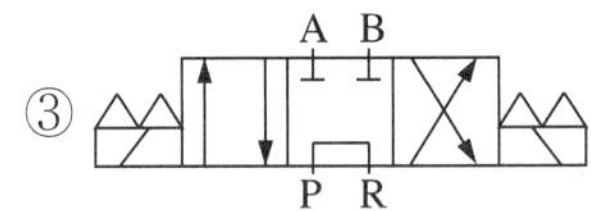

④
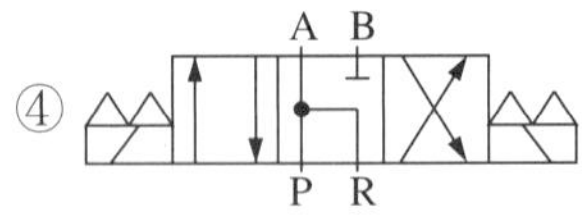

해설

실린더 포트 블록(PAR 접속형)은 펌프 언로드가 요구되고 부하에 의한 자주를 방지할 필요가 있을 때 사용하는 밸브이다.

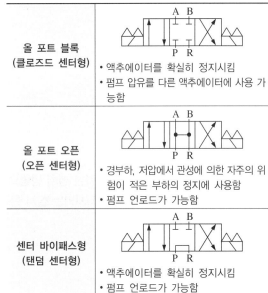

올 포트 블록 (클로즈드 센터형)	A B / P R • 액추에이터를 확실히 정지시킴 • 펌프 압유를 다른 액추에이터에 사용 가능함
올 포트 오픈 (오픈 센터형)	A B / P R • 경부하, 저압에서 관성에 의한 자주의 위험이 적은 부하의 정지에 사용함 • 펌프 언로드가 가능함
센터 바이패스형 (탠덤 센터형)	A B / P R • 액추에이터를 확실히 정지시킴 • 펌프 언로드가 가능함

22 다음의 기호가 나타내는 기기를 설명한 것 중 옳은 것은?

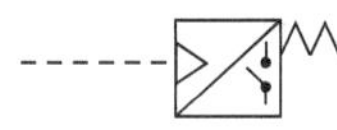

① 실린더의 로킹 회로에서만 사용된다.
② 유압 실린더의 속도제어에서 사용된다.
③ 회로의 일부에 배압을 발생시키고자 할 때 사용한다.
④ 유압신호를 전기신호로 전환시켜 준다.

해설

압력 스위치 : 회로의 압력이 설정값에 도달하면 내부에 있는 마이크로 스위치가 작동하여 전기회로를 열거나 닫게 하는 기기

23 구조가 간단하고 운전 시 부하 변동 및 성능 변화가 적을 뿐 아니라 유지보수가 쉽고 내접형과 외접형이 사용되는 펌프는?

① 기어 펌프　② 베인 펌프
③ 피스톤 펌프　④ 플런저 펌프

해설

② 베인 펌프 : 로터의 베인이 반지름 방향으로 홈 속에 끼여 있어서 캠 링의 내면과 접하여 로터와 함께 회전하면서 오일을 토출시킴
③, ④ 피스톤(플런저) 펌프 : 실린더의 내부에서는 피스톤의 왕복운동에 의한 용적 변화를 이용하여 펌프작용을 함

24 압력 용기나 플랜지면, 기기의 접촉면 등 고정면에 끼우고 볼트로 결합하며 상대적 운동이 없는 곳에 사용되는 유압용 실은?

① 개스킷　② 오일실
③ 패 킹　④ O 링

해설

오일실, 패킹, O링은 운동(회전)하는 부분에 사용한다.

정답 21 ④ 22 ④ 23 ① 24 ①

25 작동유는 중압에서 비압축성으로 취급하여 문제가 없으나 고압이나 대형의 유압 장치가 되면 큰 문제가 되는 물리적 성질은?

① 인화점　　② 연소점
③ 유동점　　④ 압축성

26 다음과 같은 기호의 명칭은?

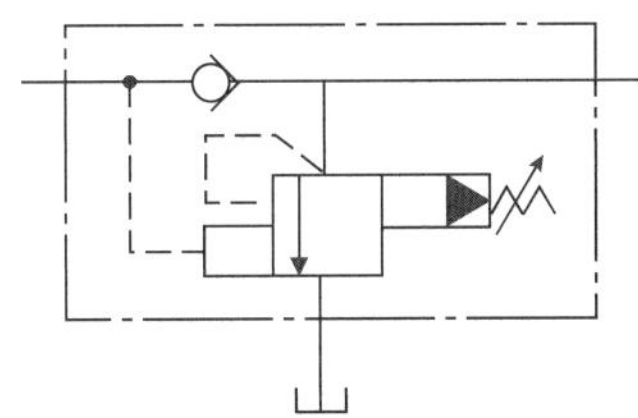

① 브레이크 밸브
② 카운터 밸런스 밸브
③ 무부하 릴리프 밸브
④ 시퀀스 밸브

해설

브레이크 밸브	
카운터 밸런스 밸브	
시퀀스 밸브	

27 다음 기호의 명칭은?

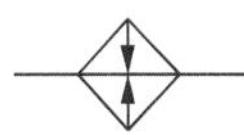

① 냉각기　　② 가열기
③ 건조기　　④ 온도 조절기

해설

냉각기	건조기	온도 조절기

28 밸브의 양쪽 입구로 고압과 저압이 각각 유입될 때 고압쪽이 출력되고 저압쪽이 폐쇄되는 밸브는?

① OR 밸브
② 체크 밸브
③ AND 밸브
④ 급속배기 밸브

해설

셔틀 밸브(OR 밸브) : 두 개 이상의 입구와 한 개의 출구를 갖춘 밸브로 둘 중 한 개 이상 압력이 작용할 때 출구에 출력신호가 발생(양체크 밸브)한다. 양쪽 입구로 고압과 저압이 유입될 때 고압쪽이 출력되어 고압우선셔틀 밸브라고 한다.

정답 25 ④ 26 ③ 27 ② 28 ①

29 유압유가 갖추어야 할 조건 중 잘못 서술한 것은 어느 것인가?

① 비압축성이고 활동부에서 실(Seal)역할을 할 것
② 온도의 변화에 따라서도 용이하게 유동할 것
③ 인화점이 낮고 부식성이 없을 것
④ 물, 공기, 먼지 등을 빨리 분리할 것

해설
작동유의 구비조건
• 비압축성일 것
• 내열성, 점도지수, 체적탄성계수 등이 클 것
• 장시간 사용해도 화학적으로 안정될 것
• 산화안정성(녹이나 부식 발생 등이 방지), 방열성이 좋을 것
• 장치와의 결합성, 유동성이 좋을 것
• 이물질 등을 빨리 분리할 것
• 인화점이 높을 것

30 유압 장치의 특징과 거리가 먼 것은?

① 소형 장치로 큰 힘을 발생한다.
② 고압 사용으로 인한 위험성이 있다.
③ 일의 방향을 쉽게 변환시키기 어렵다.
④ 무단 변속이 가능하고 정확한 위치제어를 할 수 있다.

해설
③ 일의 방향을 쉽게 변환시킬 수 있다.

제3과목 | 기초전기일반

31 어떤 도체에 I[A]의 전류가 t[sec] 동안 흘렀을 때 이동된 전기량[C]은?

① $\frac{t}{I}$ ② I^2t
③ $\frac{I}{t}$ ④ It

해설
전류 $I=\frac{Q}{t}$[A]에서 전기량 $Q=It$[C]이다.

32 서로 다른 종류의 안티몬과 비스무트의 두 금속을 접속하여 여기에 전류가 통하면, 그 접점에서 열의 발생 또는 흡수가 일어난다. 줄열과 달리 전류의 방향에 따라 열의 흡수와 발생이 다르게 나타나는 이 현상은?

① 펠티에 효과 ② 제베크 효과
③ 제3금속의 법칙 ④ 열전효과

해설
두 종류의 금속을 접속하여 전류가 흐를 때 두 금속의 접합부에서 열의 발생 또는 흡수가 일어나는 열전현상을 펠티에 효과라고 하며 전자냉동기에서 응용한다.

33 대칭 3상 교류에서 기전력 및 주파수가 같을 경우 각 상간의 위상차는 얼마인가?

① $\frac{\pi}{2}$ ② $\frac{2\pi}{3}$
③ π ④ 2π

해설
대칭 3상 교류에서 각 상간 위상차는 $120°\left(\frac{2\pi}{3}[\text{rad}]\right)$이다.

29 ③ 30 ③ 31 ④ 32 ① 33 ② 정답

34 $I=8+j6$[A]로 표시되는 전류의 크기(I)는 몇 [A]인가?

① 6 ② 8
③ 10 ④ 12

해설

$I=\sqrt{8^2+6^2}=\sqrt{100}=10[\text{A}]$

35 60[Hz]의 동기전동기가 2극일 때 동기속도는 몇 [rpm]인가?

① 7,200
② 4,800
③ 3,600
④ 2,400

해설

동기전동기에서 동기속도

$N_s=\dfrac{120f}{P}=\dfrac{120\times60}{2}=3,600[\text{rpm}]$이다.

36 500[Ω]의 저항에 1[A]의 전류가 1분 동안 흐를 때에 발생하는 열량은 몇 [cal]인가?

① 3,600
② 5,000
③ 6,200
④ 7,200

해설

발열량 $H=0.24I^2Rt[\text{cal}]$
$=0.24\times1^2\times500\times60$
$=7,200[\text{cal}]$

37 교류의 파형률이란?

① $\dfrac{\text{실횻값}}{\text{평균값}}$ ② $\dfrac{\text{최댓값}}{\text{실횻값}}$
③ $\dfrac{\text{평균값}}{\text{실횻값}}$ ④ $\dfrac{\text{실횻값}}{\text{최댓값}}$

해설

교류의 직류 성분값인 평균값에 대한 교류의 실횻값 비율이다.

38 그림과 같은 회로에서 합성저항은 몇 [Ω]인가?

4[Ω] 10[Ω]
6[Ω] 10[Ω]

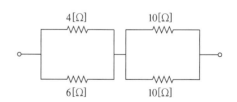

① 6.6 ② 7.4
③ 8.7 ④ 9.4

해설

합성저항 $R=\dfrac{4\times6}{4+6}+\dfrac{10\times10}{10+10}=7.4[\Omega]$

정답 34 ③ 35 ③ 36 ④ 37 ① 38 ②

39 **콘덴서의 정전 용량이 커질수록 용량 리액턴스의 값은 어떻게 되는가?**

① 작아진다.

② 커진다.

③ 무한대로 접근한다.

④ 변화하지 않는다.

해설

용량 리액턴스 $X_C = \frac{1}{\omega C}[\Omega]$이므로 정전용량 C와 반비례한다.
즉, 정전용량이 커질수록 용량 리액턴스는 작아진다.

40 **변압기의 온도 상승을 억제하기 위해서 갖추어야 할 변압기유의 조건으로 틀린 것은?**

① 절연내력이 작을 것

② 인화점이 높을 것

③ 응고점이 낮을 것

④ 화학적으로 안정될 것

해설

변압기 절연유의 구비조건

- 절연내력이 크다.
- 인화점이 높고 응고점이 낮다.
- 고온에서 산화되지 않는다.
- 점도가 낮고 냉각효과가 크다.
- 절연재료와 화학작용을 일으키지 않는다.

41 **지름 20[cm], 권수 100회의 원형 코일에 1[A]의 전류를 흘릴 때 코일 중심 자장의 세기[AT/m]는?**

① 200　② 300

③ 400　④ 500

해설

코일 중심 자기장의 세기

$H = \frac{NI}{2r} = \frac{100 \times 1}{2 \times 10^{-1}} = 500[\mathrm{AT/m}]$

42 **단상 유도 전동기를 기동하려고 할 때 다음 중 기동 토크가 가장 작은 것은?**

① 셰이딩 코일형

② 반발 기동형

③ 콘덴서 기동형

④ 분상 기동형

해설

기동 토크가 작은 순서로 나열하면 다음과 같다.
셰이딩 코일형, 분상 기동형, 콘덴서 기동형, 반발 기동형

43 **직류 발전기를 정격 속도, 정격 부하전류에서 정격 전압 V_n[V]을 발생하도록 한 다음, 계자저항 및 회전 속도를 바꾸지 않고 무부하로 하였을 때의 단자 전압을 V_o라 하면, 이 발전기의 전압 변동률 ε[%]는?**

① $\frac{V_o - V_n}{V_o} \times 100$

② $\frac{V_o + V_n}{V_o} \times 100$

③ $\frac{V_o - V_n}{V_n} \times 100$

④ $\frac{V_o + V_n}{V_n} \times 100$

해설

전압변동률

정격 부하에서 무부하로 전환하였을 때 전압의 차를 백분율로 표시하면,

$\varepsilon = \frac{V_o - V_n}{V_n} \times 100[\%]$

39 ①　40 ①　41 ④　42 ①　43 ③　정답

44 부하의 전압과 전류를 측정하기 위한 전압계와 전류계의 접속방법으로 옳은 것은?

① 전압계 : 직렬, 전류계 : 병렬
② 전압계 : 직렬, 전류계 : 직렬
③ 전압계 : 병렬, 전류계 : 직렬
④ 전압계 : 병렬, 전류계 : 병렬

해설
전압계는 전원과 병렬접속하고, 전류계는 부하와 직렬접속한다.

45 다음 제어용 기기 중 과부하 및 단락사고인 경우 자동 차단되어 개폐기 역할을 겸하는 것은?

① 퓨 즈
② 릴레이
③ 리밋 스위치
④ 노퓨즈 브레이커

해설
과부하 및 단락사고의 경우 자동차단기능이 있는 개폐기 역할을 하는 것은 노퓨즈 브레이커이다.

제2과목 | 기계제도(비절삭) 및 기계요소

46 막대의 양끝에 나사를 깎은 머리없는 볼트로서 볼트를 끼우기 어려운 곳에 미리 볼트를 심어 놓고 너트를 조일 수 있도록 한 볼트는?

① 기초 볼트
② 스테이 볼트
③ 스터드 볼트
④ 충격 볼트

해설
① 기초 볼트 : 기계 구조물을 설치할 때 쓰인다.
② 스테이 볼트 : 부품의 간격을 유지하기 위하여 턱을 붙이거나 격리 파이프를 넣은 볼트이다.
④ 충격 볼트 : 볼트에 걸리는 충격 하중에 견디게 만들어진 볼트이다.

47 표제란에 다음 그림과 같은 투상법 기호로 표시하는 각법은?

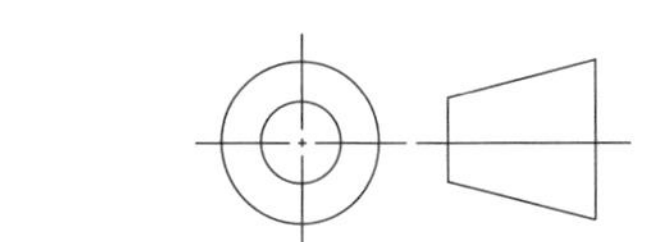

① 1각법 ② 2각법
③ 3각법 ④ 4각법

해설
제3각법 : 물체를 제3각 내에 두고 투상하는 방식으로, 투상면의 뒤쪽에 물체를 놓는다(눈 → 투상면 → 물체). 배열은 정면도를 중심으로 하여 위쪽에 평면도, 오른쪽에 우측면도가 배열된다.

정답 44 ③ 45 ④ 46 ③ 47 ③

48 **다음과 같은 입체도의 화살표 방향을 정면도로 선택한다면 좌측면도로 다음 중 가장 적합한 것은?**

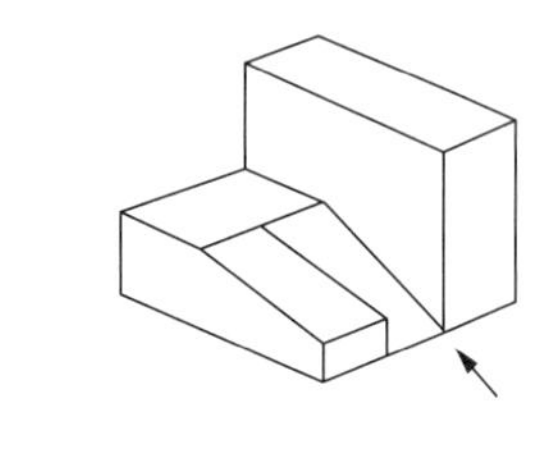

①

② 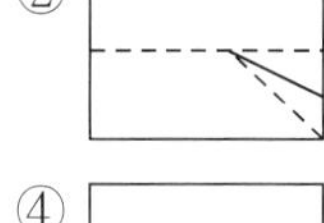

③

④ 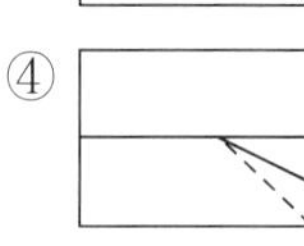

해설

외형선과 숨은선을 잘 구별하면 문제의 좌측면도는 ③임을 유추할 수 있다.

49 **도면에서 척도란에 'NS'로 표시된 것은 무엇을 뜻하는가?**

① 축 척

② 나사를 표시

③ 배 척

④ 비례척이 아닌 것을 표시

해설

척도 기입방법

- 척도는 표제란에 기입하는 것이 원칙이다.
- 표제란이 없는 경우에는 도명이나 품번의 가까운 곳에 기입한다.
- 같은 도면에서 서로 다른 척도를 사용하는 경우에는 각 그림 옆에 사용된 척도를 기입한다.
- 그림의 형태가 치수와 비례하지 않을 때에는 치수 밑에 밑줄을 긋거나 '비례가 아님' 또는 NS(Not to Scale) 등의 문자를 기입한다.

50 **다음과 같은 용접 도시기호의 설명으로 올바른 것은?**

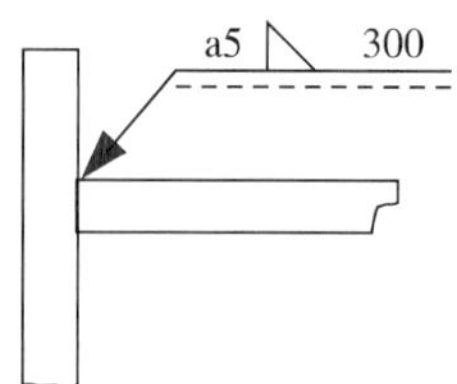

① 홈 깊이 5[mm]

② 목 길이 5[mm]

③ 목 두께 5[mm]

④ 루트 간격 5[mm]

해설

필릿용접의 목 두께 5[mm]와 용접 길이 300[mm]

51 **물체의 구멍, 홈 등 특정 부분만의 모양을 도시하는 것으로 다음 그림과 같이 그려진 투상도의 명칭은?**

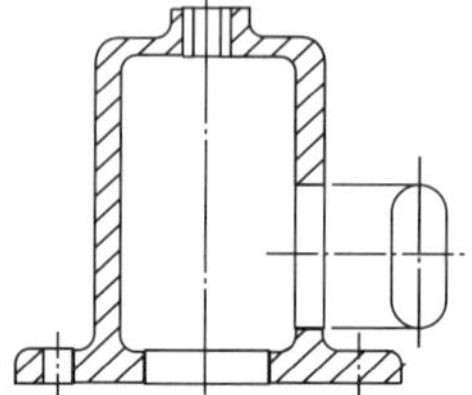

① 회전 투상도

② 보조 투상도

③ 부분 확대도

④ 국부 투상도

해설

① 회전 투상도 : 투상면이 어느 각도를 가지고 있기 때문에 그 실형을 표시하지 못할 때에 그 부분을 회전해서 도시한 것

② 보조 투상도 : 경사면부가 있는 물체는 그 경사면과 맞서는 위치에 보조 투상도를 그려 경사면의 실형을 나타낸 것

③ 부분 투상도 : 도면의 일부를 도시하여 충분한 경우에는 그 필요 부분만을 부분 투상도로 도시한 것

48 ③ 49 ④ 50 ③ 51 ④ 정답

52 치수에 사용하는 기호이다. 잘못 연결된 것은?

① 정사각형의 변 – □
② 구의 반지름 – R
③ 지름 – ϕ
④ 45° 모따기 – C

해설

치수에 사용되는 기호

기 호	구 분	기 호	구 분
ϕ	지 름	t	두 께
□	정사각형	p	피 치
R	반지름	Sϕ	구면의 지름
C	45° 모따기	SR	구면의 반지름

53 비틀림 모멘트 440[N · m], 회전수 300[rev/min(=rpm)]인 전동축의 전달동력[kW]은?

① 5.8
② 13.8
③ 27.6
④ 56.6

해설

전달동력 $= \dfrac{T \times N}{9,549} = \dfrac{440 \times 300}{9,549} = 13.82[\text{kW}]$

54 한 변의 길이가 2[cm]인 정사각형 단면의 주철제 각 봉에 4,000[N]의 중량을 가진 물체를 올려놓았을 때 생기는 압축응력[N/mm²]은?

① 10[N/mm²]
② 20[N/mm²]
③ 30[N/mm²]
④ 40[N/mm²]

해설

압축응력

$\sigma_c = \dfrac{P_c}{A}[\text{kg/cm}^2] = \dfrac{4,000}{20 \times 20} = 10[\text{N/mm}^2]$

55 축에서 토크가 67.5[kN · mm]이고, 지름 50[mm]일 때 키(Key)에 발생하는 전단응력은 몇 [N/mm²]인가?(단, 키의 크기는 너비 × 높이 × 길이 = 15 × 10 × 60mm이다)

① 2
② 3
③ 6
④ 8

해설

전단응력

$\tau = \dfrac{W}{A}$

토크는 길이(반지름) × 힘(하중)이므로, 축에 발생하는 하중(힘)은 $W = \dfrac{67,500}{25} = 2,700[\text{N}]$ 이다.

또한, 전단응력이 작용하는 부분(면적)은 너비×길이가 되므로 15 × 60 = 900[mm²]이다.

그러므로, 전단응력 $\tau = \dfrac{2,700}{900} = 3[\text{N/mm}^2]$ 이다.

56 스프링의 세기를 나타내는 것은?

① 총감긴수
② 유효 감긴수
③ 스프링 지수
④ 스프링 상수

해설

스프링 상수는 스프링의 세기를 나타내며, 스프링 상수가 크면 잘 늘어나지 않는다. 작용하중과 변위량의 비로 나타낸다.

정답 52 ② 53 ② 54 ① 55 ② 56 ④

57 **벨트에 있어 인장측과 이완측의 차는?**

① 긴장측
② 이완측
③ 유효장력
④ 초기장력

해설
① 긴장측 : 끌어당겨져서 장력이 크게 된 쪽
② 이완측 : 송출되어서 느슨해져 있는 쪽
④ 초기장력 : 벨트가 구동 시 발생되는 장력

58 **리벳의 표시법으로 틀린 것은?**

① 리벳을 도시할 때는 약도로 표시한다.
② 리벳의 위치만 나타낼 때는 중심선만 표시한다.
③ 리벳은 키, 핀, 코터와 같이 길이 방향으로 절단한다.
④ 호칭 길이는 접시머리 리벳만 머리를 포함한 전체길이로 나타낸다.

해설
리벳은 키, 핀, 코터와 같이 길이 방향으로 절단하지 않는다.

59 **다음 중 가는 실선을 잘못 사용한 것은?**

① 물체 내부에 회전 단면을 가는 실선으로 그렸다.
② 당면한 부위의 해칭선을 가는 실선으로 그렸다.
③ 가공 전이나 가공 후의 모양을 가는 실선으로 그렸다.
④ 투상도의 어느 부분이 평면이라는 것을 나타내기 위해 가는 실선으로 대각선을 그렸다.

해설
③은 가는 2점쇄선을 사용한다.

60 **가위로 물체를 자르거나 전단기로 철판을 절단할 때 주로 생기는 하중은?**

① 인장하중
② 압축하중
③ 전단하중
④ 비틀림하중

해설
① 인장하중 : 재료를 축선 방향으로 늘어나게 하는 하중
② 압축하중 : 재료를 힘을 주는 방향으로 누르는 하중
④ 비틀림 하중 : 재료를 비틀려고 하는 하중

57 ③ 58 ③ 59 ③ 60 ③ 정답

2018년 제4회 과년도 기출복원문제

제1과목 | 공유압 일반

01 공압 장치의 구성요소 중 공압 발생부가 아닌 것은?

① 압축기
② 공기탱크
③ 애프터 쿨러
④ 에어 드라이어

해설
공압 장치의 구성
- 동력원 : 엔진, 전동기
- 공압 발생부 : 압축기, 탱크, 애프터 쿨러
- 공압 청정부 : 필터, 에어 드라이어
- 제어부 : 압력 제어, 유량 제어, 방향 제어
- 구동부(액추에이터) : 실린더, 공압 모터, 요동형 액추에이터

02 액추에이터 중 유압 에너지를 회전 운동으로 변환하는 기기는?

① 유압 펌프
② 유압 실린더
③ 유압 모터
④ 요동 모터

해설
유압 액추에이터(구동부)는 유압 에너지를 기계적 에너지로 변환하는 작동기로 유압 실린더(직선 운동), 유압 모터(회전 운동), 요동형 유압 모터(일정한 각도로 회전 운동) 등이 있다.

03 유압에 비하여 압축공기의 장점이 아닌 것은?

① 안전성 ② 압축성
③ 저장성 ④ 신속성(동작속도)

해설
② 압축성 : 공기의 압축성으로 인해 효율이 좋지 않다(단점).
고압의 장점
- 동력원인 압축공기를 간단히 얻을 수 있다.
- 힘의 증폭이 용이하다.
- 힘의 전달이 간단하고 어떤 형태로도 전달이 가능하다.
- 작업속도 변경이 가능하며 제어가 간단하다.
- 취급이 간단하다.
- 인화의 위험 및 서지 압력 발생이 없고 과부하에 안전하다.
- 압축공기를 축적(저장)할 수 있다.
- 탄력이 있다(완충작용 = 공기 스프링 역할).

04 유압 장치의 장점이 아닌 것은?

① 작동이 원활하며 진동도 작다.
② 인화 및 폭발의 위험성이 없다.
③ 유량 조절로 무단 변속이 가능하다.
④ 작은 크기로도 큰 힘을 얻을 수 있다.

해설
유압 장치의 장점
- 소형 장치로 큰 출력을 얻을 수 있다.
- 무단 변속이 가능하고 원격 제어가 된다.
- 정숙한 운전과 반전 및 열방출성이 우수하다.
- 윤활성 및 방청성이 우수하다.
- 과부하 시 안전장치가 간단하다.
- 전기, 전자의 조합으로 자동 제어가 가능하다.

유압 장치의 단점
- 유온의 변화에 액추에이터의 속도가 변화할 수 있다.
- 오일에 기포가 섞여 작동이 불량할 수 있다.
- 인화의 위험이 있다.
- 고압 사용으로 인한 위험성 및 배관이 까다롭다.
- 고압에 의한 기름 누설의 우려가 있다.
- 장치마다 동력원(펌프와 탱크)이 필요하다.

정답 01 ④ 02 ③ 03 ② 04 ②

05 **압축공기 건조에 사용되는 흡착식 건조기에 대한 설명으로 올바른 것은?**

① 일시적으로 사용하기에 유용하다.
② 외부 에너지 공급이 필요하지 않다.
③ 물리적 방식을 사용하여 반영구적으로 사용할 수 있다.
④ 사용되는 건조제는 염화리튬 수용액, 폴리에틸렌 등이 있다.

해설
흡착식 건조기
- 고체 흡착제 SiO_2 : 실리카겔, 활성알루미나, 실리콘다이옥사이드를 사용하는 물리적 방식이다.
- 건조제의 재생방식으로 가열기가 부착된 히트형과 건조공기의 일부를 사용하는 히트리스형이 있다.
- 최대 −70[℃]의 저노점을 얻을 수 있다.

06 **압축기의 종류 중 원심식 압축기는?**

① 터보 압축기
② 스크루 압축기
③ 피스톤 압축기
④ 루트 블로어 압축기

해설
터보 압축기는 공기의 유동원리를 이용한 것으로, 터보를 고속으로 회전(3~4만 회전/분)시키면서 공기를 압축한다.

07 **공유압 시스템에 사용하는 윤활유의 구비조건으로 틀린 것은?**

① 윤활성이 좋을 것
② 원활성이 있을 것
③ 마찰계수가 클 것
④ 열화의 정도가 작을 것

해설
윤활유의 구비조건
- 열화의 정도가 작을 것
- 원활성이 있을 것
- 윤활성이 좋을 것
- 마찰계수가 작을 것
- 마멸, 발열을 방지할 수 있을 것

08 **유압시스템의 작동유 적정온도 30~55[℃]에서 사용되어야 하는 물리적 성질은 무엇인가?**

① 인화점
② 연소점
③ 압축성
④ 유동점

해설
유동점은 동계운전에서 고려해야 하며 작동유의 적정온도 기준범위는 30~55[℃]가 적당하다.

05 ③ 06 ① 07 ③ 08 ④ 정답

09 다음 기호에 대한 설명으로 옳은 것은?

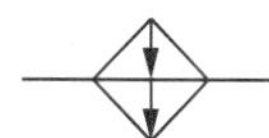

① 열을 발생하는 가열기이다.
② 가열과 냉각을 할 수 있는 온도 조절기이다.
③ 냉각액용 관로를 표시하지 않는 냉각기이다.
④ 윤활유를 한 방향으로 공급해주는 루브리케이터이다.

해설

가열기	냉각기	루브리케이터

10 램형 실린더의 장점이 아닌 것은?

① 피스톤이 필요 없다.
② 공기 빼기 장치가 필요 없다.
③ 실린더 자체 중량이 가볍다.
④ 압축력에 대한 휨에 강하다.

해설

램형 실린더의 장점

- 피스톤이 필요 없다(피스톤 지름과 로드 지름의 차가 없는 수압 가동 부분을 갖는 것으로 좌굴 등 강성을 요할 때 사용).
- 공기 빼기 장치가 필요 없다.
- 압축력에 대한 휨에 강하다.

11 다음 그림의 압축기 명칭은?

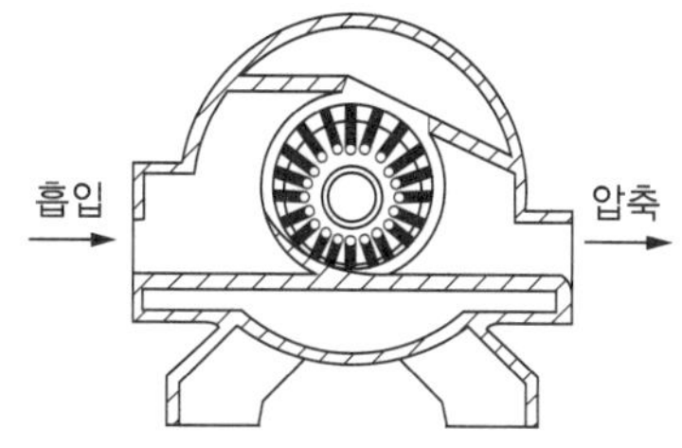

① 왕복식 압축기
② 터보식 압축기
③ 루트블로어식 압축기
④ 베인식 압축기

해설

베인식 압축기는 편심로터가 흡입과 배출 구멍이 있는 실린더 형태의 하우징 내에서 회전하여 압축공기를 토출하는 형태이다.

12 유압유의 점성이 지나치게 큰 경우 나타나는 현상이 아닌 것은?

① 유동의 저항이 지나치게 많아진다.
② 마찰에 의한 열이 발생한다.
③ 부품 사이의 누출 손실이 커진다.
④ 마찰 손실에 의한 펌프의 동력이 많이 소비된다.

해설

③ 점도가 너무 낮으면 각 부품 사이의 누출(내외부) 손실이 커진다.

점도가 너무 높은 경우

- 마찰 손실에 의한 동력 손실이 크다(장치 전체의 효율 저하).
- 장치(밸브, 관 등)의 관 내 저항에 의한 압력 손실이 크다(기계효율 저하).
- 마찰에 의한 열이 많이 발생한다(캐비테이션 발생).
- 응답성이 저하된다(작동유의 비활성).

정답 09 ② 10 ③ 11 ④ 12 ③

13 시스템 내의 압력이 최대 허용 압력을 초과하는 것을 방지해 주는 것으로 주로 안전밸브로 사용되는 것은?

① 압력스위치
② 언로딩 밸브
③ 시퀀스 밸브
④ 릴리프 밸브

해설
릴리프 밸브 : 압력을 설정값 내로 일정하게 유지시킨다(안전밸브로 사용).
- 직동형 릴리프 밸브 : 피스톤을 스프링 힘으로 조정한다.
- 평형 피스톤형 릴리프 밸브 : 피스톤을 파일럿 밸브의 압력으로 조정한다.

14 유압유에 수분이 혼입될 때 미치는 영향이 아닌 것은?

① 작동유의 윤활성을 저하시킨다.
② 작동유의 방청성을 저하시킨다.
③ 캐비테이션이 발생한다.
④ 작동유의 압축성이 증가한다.

해설
작동유(유압유)에 수분이 혼입될 시 미치는 영향
- 작동유의 압축성 감소
- 작동유의 윤활성 저하
- 작동유의 방청성 저하
- 캐비테이션 발생
- 작동유의 산화·열화 촉진

15 기화기의 벤투리관에서 연료를 흡입하는 원리를 잘 설명할 수 있는 것은?

① 베르누이의 정리
② 보일-샤를의 법칙
③ 파스칼의 원리
④ 연속의 법칙

해설
베르누이의 정리
- 점성이 없는 비압축성의 액체가 수평관을 흐를 경우, 에너지 보존의 법칙에 의해 성립되는 관계식의 특성이다.
- 압력수두 + 위치수두 + 속도수두 = 일정
- 수평관로에서는 단면적이 작은 곳에서 압력이 낮다(압력 에너지가 속도 에너지로 변환하기 때문).

16 밸브의 변환 및 피스톤의 완성력에 의해 과도적으로 상승한 압력의 최댓값을 무엇이라고 하는가?

① 크래킹 압력　② 서지 압력
③ 리시트 압력　④ 배 압

해설
서지 압력 : 과도적으로 상승한 압력의 최댓값

17 공압용 방향 전환 밸브의 구멍(Port)에서 'EXH'가 나타내는 것은?

① 밸브로 진입
② 실린더로 진입
③ 대기로 방출
④ 탱크로 귀환

해설
EXH는 대기로 방출하는 포트의 기호로 사용한다.

13 ④ 14 ④ 15 ① 16 ② 17 ③ 정답

18 다음과 같이 1개의 입력포트와 1개의 출력포트를 가지고 입력포트에 입력이 되지 않은 경우에만 출력포트에 출력이 나타나는 회로는?

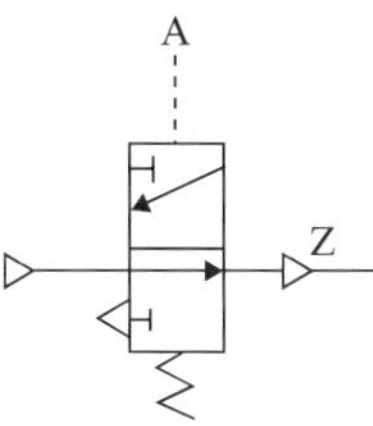

① NOR 회로
② AND 회로
③ NOT 회로
④ OR 회로

해설
NOT 회로 : 입력신호 A와 출력신호 B는 부정의 상태이므로 인버터(Inverter)라고 부른다.

19 유압 펌프에서 축토크를 T_p[kg-cm], 축동력을 L이라 할 때 회전수 n[rev/sec]을 구하는 식은?

① $n = 2\pi T_p$
② $n = \dfrac{T_p}{2\pi L}$
③ $n = \dfrac{L}{2\pi T_p}$
④ $n = \dfrac{2\pi L}{T_p}$

해설
유압 펌프 축 동력 $L = 2\pi n T_p$에서 회전수 n을 구하면 된다.

20 송출 압력이 200[kg/cm^2]이며, 100[L/min]의 송출량을 갖는 레이디얼 플런저 펌프의 소요동력은 얼마인가?(단, 펌프효율은 90[%]이다)

① 39.48[PS]
② 49.38[PS]
③ 59.48[PS]
④ 69.38[PS]

해설
펌프의 소요동력

$$L_s = \frac{P \cdot Q}{450 \cdot \eta} = \frac{200 \times 100}{450 \times 0.9} = 49.38$$

21 미끄럼 밀봉이 없으며 단지 재료가 늘어나는 것에 따라 생기는 마찰이 있을 뿐인 실린더로 클램핑 실린더라고도 하는 것은?

① 격판 실린더
② 탠덤 실린더
③ 피스톤 실린더
④ 벨로스 실린더

해설
② 탠덤 실린더 : 피스톤을 n개 연결시켜 n배의 출력을 얻을 수 있는 실린더이다.
③ 피스톤 실린더 : 가장 일반적인 실린더로 단동, 차동, 복동형이 있다.
④ 벨로스 실린더 : 피스톤 대신 벨로스를 사용하는 실린더이다.

정답 18 ③ 19 ③ 20 ② 21 ①

22 공압 실린더의 지지형식에서 실린더 요동형이 아닌 것은?

① 로드측 플랜지형

② 헤드측 트러니언형

③ 로드측 트러니언형

④ 2산형 클레비스형

해설

요동형 : 1산 클레비스형, 2산 클레비스형, 로드측 트러니언형, 중간측 트러니언형, 헤드측 트러니언형

23 공기압 방향제어 밸브의 포트 표시기호의 설명으로 틀린 것은?

① 공급 라인 : P 또는 1

② 배기 라인 : R, S, T 또는 3, 5, 7

③ 작업 라인 : A, B, C 또는 2, 4, 6

④ 제어 라인 : M, E, X 또는 11, 13, 15

해설

제어 라인 : X, Y, Z 또는 10, 12, 14

24 유압 제어와 비교한 공압 제어의 특징으로 틀린 것은?

① 유압에 비하여 큰 출력을 낼 수 있다.

② 수분 탈착기와 빙결 방지기를 설치해야 한다.

③ 공기 압력은 일반적으로 6~7[kgf/cm^2]를 사용한다.

④ 작동속도는 빠르나 압축성으로 속도가 일정하지 않다.

해설

공압제어는 압축성 유체인 공기를 이용하므로 큰 출력을 낼 수 없다.

25 다음 중 릴리프 밸브의 크랭킹 압력이 40[kgf/cm^2]이고, 전량 압력이 80[kgf/cm^2]이면 이 밸브의 압력 오버라이드는 몇 [kgf/cm^2]인가?

① 20 ② 40

③ 100 ④ 120

해설

압력 오버라이드 = 전량 압력 − 크랭킹 압력

26 면적이 10[cm^2]인 곳을 60[kg · 중]의 무게로 누르면 작용 압력은?

① 6[kg/cm^2]

② 60[kg/cm^2]

③ 6[kgf/cm^2]

④ 60[kgf/cm^2]

해설

압력 $P = \frac{W}{A}$[kgf/cm^2]

22 ① 23 ④ 24 ① 25 ② 26 ③ 정답

27 **미터 아웃 속도 제어방식에 대한 설명은?**

① 실린더로 유입되는 공기를 조절하여 속도를 제어한다.

② 실린더의 초기 운동 시 안정감이 있지만 차츰 압력 균형이 깨져 좋지 않다.

③ 체적이 작은 소형 실린더의 속도 제어에 주로 사용된다.

④ 하중에 관계없이 안정된 속도를 얻을 수 있어 많이 사용된다.

해설

①, ②, ③은 미터 인 속도 제어방식의 특징이다.

28 **공기탱크의 역할이 아닌 것은?**

① 응축수를 분리시킨다.

② 압축공기를 저장한다.

③ 공기 압력의 맥동을 평준화한다.

④ 사용 시 급격한 압력 강하를 일으킨다.

해설

압축공기 저장탱크의 역할(기능)

- 공기 소모량이 많아도 압축공기의 공급을 안정화시킨다.
- 공기 소비 시 발생되는 압력 변화를 최소화시킨다.
- 정전 시 짧은 시간 동안 운전이 가능하다.
- 공기 압력의 맥동현상을 없애는 역할을 한다.
- 압축공기를 냉각시켜 압축공기 중의 수분을 드레인으로 배출한다.

29 **4포트 3위치 밸브 중 클로즈 센터형 밸브에 대한 설명으로 틀린 것은?**

① 급격한 밸브 전환 시 서지압이 발생된다.

② 중립 위치에서 펌프를 무부하시킬 수 있다.

③ 실린더를 임의의 위치에서 고정시킬 수 있다.

④ 경부하, 저압에서 관성에 의한 스스로 이동의 우려가 적은 부하의 정지에 사용한다.

해설

④는 올 포트 오픈(오픈 센터형)의 특징이다.

30 **작동유를 고온에서 사용하면 발생되는 특징이 아닌 것은?**

① 내부 누설 발생

② 용적효율 저하

③ 작동유체의 점도 상승

④ 국부적으로 발열하여 습동 부분이 붙기도 한다.

해설

유체 점도는 온도가 상승함에 따라 점도가 저하되고, 저온이 될수록 점도는 높아진다.

정답 27 ④ 28 ④ 29 ④ 30 ③

제3과목 | 기초전기일반

31 가정용 전등선의 전압이 실횻값으로 100[V]일 때 이 교류의 최댓값은?

① 약 110[V]

② 약 121[V]

③ 약 130[V]

④ 약 141[V]

해설

- 실횻값 $V = \frac{V_m}{\sqrt{2}}$
- 최댓값 $V_m = \sqrt{2} \times 100[\text{V}] \fallingdotseq 141.42[\text{V}]$

32 농형 유도전동기의 기동법이 아닌 것은?

① 전전압 기동형

② 저저항 2차권선 기동법

③ 기동보상기법

④ Y－△ 기동법

해설

농형 유도전동기의 기동법

- Y－△기동법
- 기동보상기에 의한 기동법
- 전전압 기동법

33 직류기의 구조 중 정류자면에 접촉하여 전기자 권선과 외부 회로를 연결시켜 주는 것은?

① 브러시(Brush)

② 정류자(Commutator)

③ 전기자(Armature)

④ 계자(Field Magnet)

해설

직류 전동기의 구조

- 브러시(Brush) : 회전하는 정류자 표면에 접촉하면서 전기자 권선과 외부 회로를 연결하여 주는 부분이다.
- 정류자(Commutator) : 전기자 권선에 발생한 교류를 직류로 바꾸어 주는 부분이다.
- 전기자(Armature) : 회전하는 부분으로 철심과 전기자 권선으로 되어 있다.
- 계자(Field Magnet) : 자속을 얻기 위한 자장을 만들어 주는 부분으로 자극, 계자 권선, 계철로 되어 있다.

34 논리식 Y = AB + B를 간소화시킨 것은?

① Y = A ② Y = B

③ Y = AB ④ Y = A + B

해설

Y = AB + B = B(A + 1) = B(불 대수 A + 1 = 1이므로)

35 $e = 100\sqrt{2}\sin\left(100\pi t - \frac{\pi}{3}\right)$[V]인 정현파 교류 전압의 주파수는 얼마인가?

① 50[Hz] ② 60[Hz]

③ 100[Hz] ④ 314[Hz]

해설

$f = \frac{\omega}{2\pi} = \frac{100\pi}{2\pi} = 50[\text{Hz}]$

31 ④ 32 ② 33 ① 34 ② 35 ① 정답

36 다음 회로는 무엇인가?

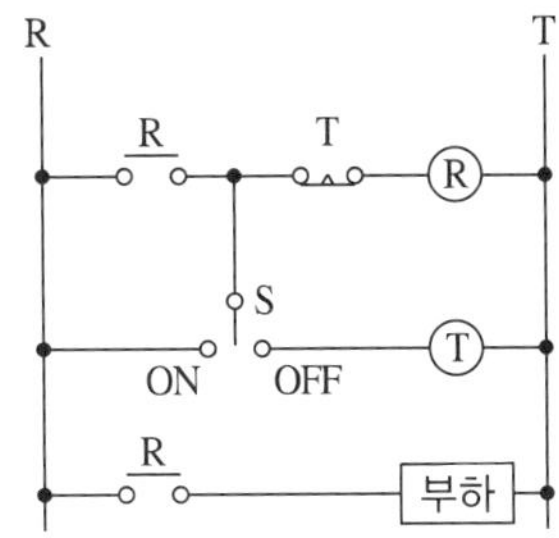

① 지연동작회로
② 지연복귀회로
③ 일정시간 동작회로
④ 반복동작회로

해설

• 지연동작회로 : 구동 스위치를 "ON"으로 조작하면 타이머에 설정한 시간이 경과한 후에 부하가 동작하는 회로를 한시동작 타이머를 사용하여 구현하는 회로

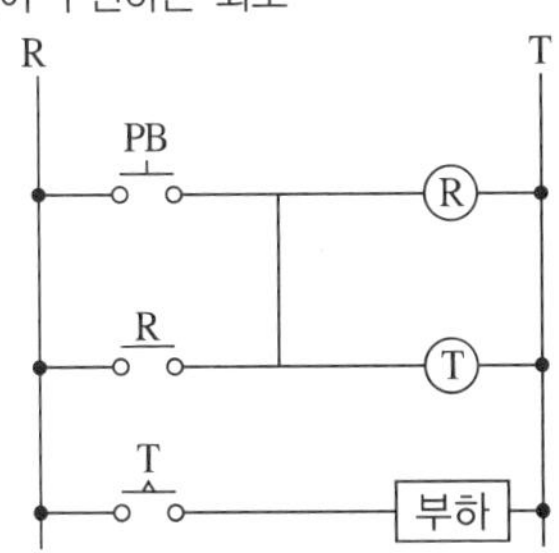

• 지연복귀회로 : 정지 스위치를 조작하면 타이머에 설정한 시간이 경과한 후에 부하의 동작이 정지하는 회로를 한시동작 타이머를 사용하여 구현하는 회로

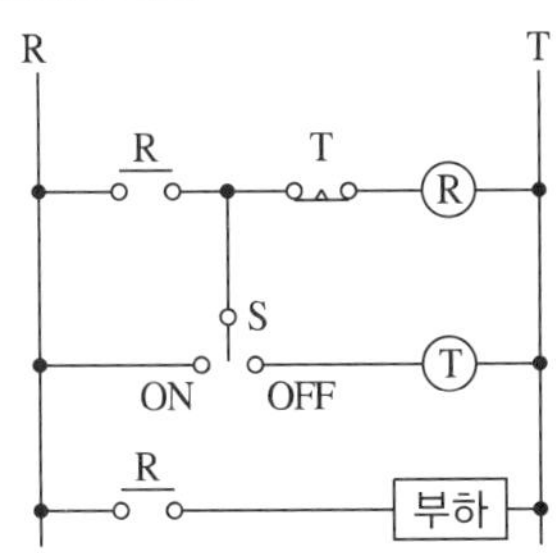

• 일정시간 동작회로 : 시동 스위치를 "ON"으로 조작하면 즉시 부하가 동작하고, 일정시간(타이머 설정시간)이 경과하면 부하의 동작이 정지하는 회로

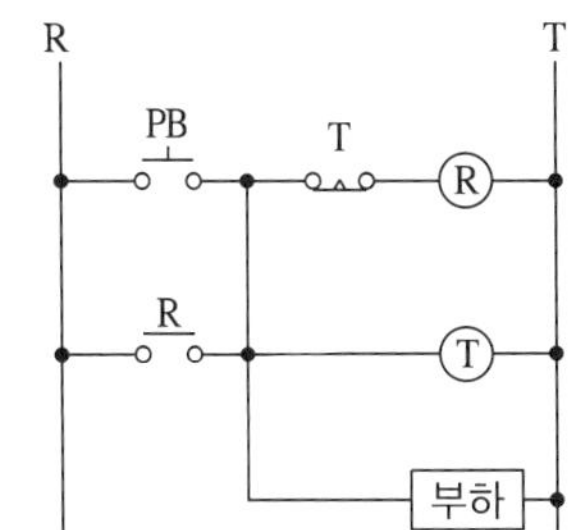

• 반복동작회로 : 두 개의 한시동작 타이머를 사용하여, 각각의 타이머 설정시간에 따라서 ON과 OFF를 반복동작하는 회로

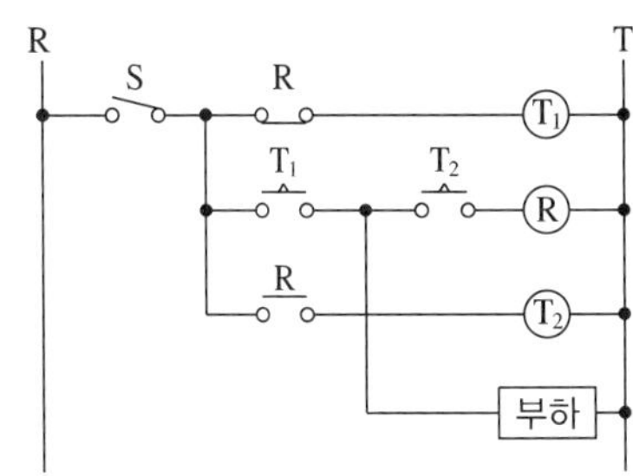

37 직류 분권전동기의 속도 제어방법이 아닌 것은?

① 계자 제어
② 저항 제어
③ 전압 제어
④ 주파수 제어

해설

직류 분권동기의 속도 제어방법

• 저항에 의한 속도 제어
• 계자에 의한 속도 제어
• 전압에 의한 속도 제어

정답 36 ② 37 ④

38 **교류전력에서 일반적으로 전기기기의 용량을 표시하는 데 쓰이는 전력은?**

① 피상전력
② 유효전력
③ 무효전력
④ 기전력

해설
- 피상전력 : 전기기기의 용량 표시전력
- 유효전력 : 전기기기에 사용된 전력
- 무효전력 : 전기기기 사용 시 손실된 전력

39 **회로에서 검류계의 지시가 0일 때 저항 X는 몇 [Ω]인가?**

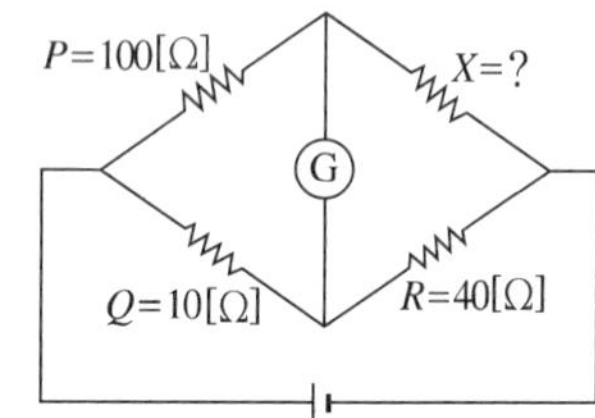

① 10[Ω]　② 40[Ω]
③ 100[Ω]　④ 400[Ω]

해설
휘트스톤 브리지
- 4개의 저항 P, Q, R, X에 검류계를 접속하여 미지의 저항을 측정하기 위한 회로
- 브리지의 평형조건 : $PR=QX$
- $X=\frac{PR}{Q}=\frac{100\times 40}{10}=400[\Omega]$

40 **동기속도 3,600[rpm], 주파수 60[Hz]의 동기발전기의 극수는?**

① 2극　② 4극
③ 6극　④ 8극

해설
$N_s=\frac{120f}{P}$ (N_s : 동기속도, f : 주파수, P : 극수)

$3,600=\frac{120\times 60}{P}$

$\therefore\ P=2$

41 **전동기 운전 시퀀스 제어회로에서 전동기의 연속적인 운전을 위해 반드시 들어가는 제어회로는?**

① 인터로크
② 지연동작
③ 자기유지
④ 반복동작

해설
자기유지회로 : 시퀀스 제어회로에서 동작 상태를 유지하는 회로

38 ① 39 ④ 40 ① 41 ③ 정답

42 다음 그림은 시퀀스 제어계의 일반적인 동작과정을 나타낸 것이다. A, B, C, D에 맞는 용어를 순서대로 나열한 것은?

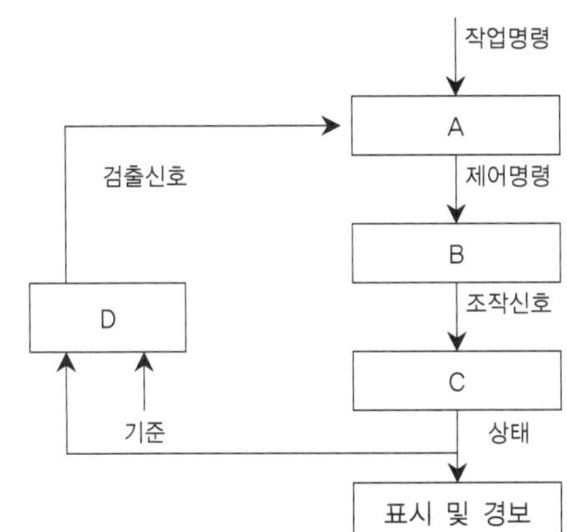

① A : 명령처리부 B : 제어 대상
C : 조작부 D : 검출부
② A : 제어 대상 B : 검출부
C : 명령처리부 D : 조작부
③ A : 검출부 B : 명령처리부
C : 조작부 D : 제어 대상
④ A : 명령처리부 B : 조작부
C : 제어 대상 D : 검출부

해설
시퀀스 제어계의 동작부 : 명령처리부, 조작부, 제어 대상, 표시 및 경보부, 검출 부분으로 구성
시퀀스 제어계

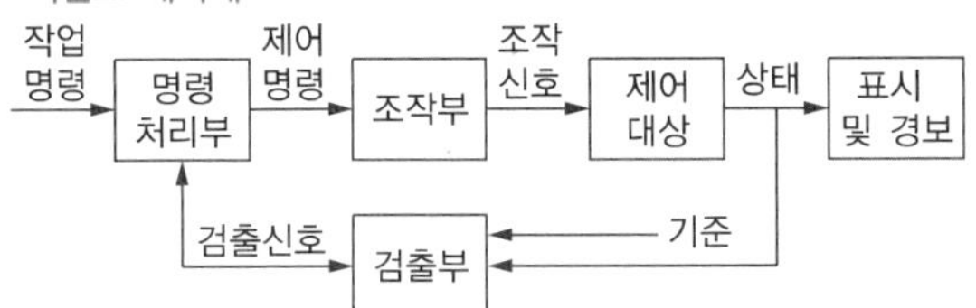

43 $\frac{\pi}{6}$[rad]는 몇 도인가?

① 30° ② 45°
③ 60° ④ 90°

해설
$\pi = 180°$ 이므로, $\frac{180°}{6} = 30°$

44 변압기의 정격출력으로 맞는 것은?

① 정격 1차 전압×정격 1차 전류
② 정격 1차 전압×정격 2차 전류
③ 정격 2차 전압×정격 1차 전류
④ 정격 2차 전압×정격 2차 전류

해설
변압기의 정격출력
정격용량(VA) = 정격 2차 전압×정격 2차 전류

45 도체가 운동하여 자속을 끊었을 때 기전력의 방향을 알아내는 데 편리한 법칙은?

① 렌츠의 법칙
② 패러데이의 법칙
③ 플레밍의 왼손법칙
④ 플레밍의 오른손법칙

해설
플레밍의 오른손법칙 : 발전기
• 엄지 : 운동의 방향
• 검지 : 자계의 방향
• 중지 : 유도기 전력의 방향

정답 42 ④ 43 ① 44 ④ 45 ④

제2과목 | 기계제도(비절삭) 및 기계요소

46 다음과 같은 정면도와 평면도의 우측면도로 가장 적합한 투상은?

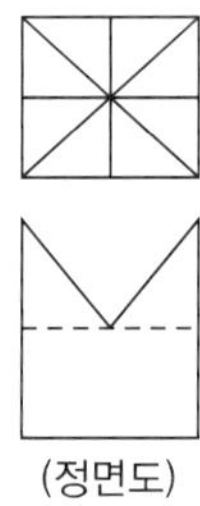

(정면도)

① 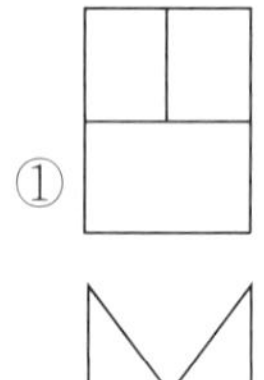

② 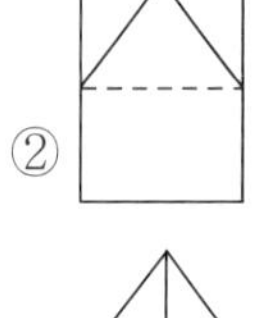

③ 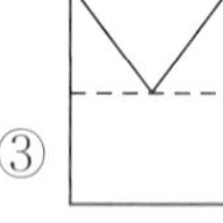

④

해설

가운데를 중심으로 정면도와 측면도의 골이 파진 모양이다.

47 다음 중 도면에 사용되는 가는 1점쇄선의 용도가 아닌 것은?

① 중심선

② 기준선

③ 피치선

④ 해칭선

해설

④ 해칭선 : 가는 실선으로 규칙적으로 줄을 늘어 놓은 것

48 마찰면을 원뿔형 또는 원판으로 하여 나사나 레버 등으로 축 방향으로 밀어붙이는 형식의 브레이크는?

① 밴드 브레이크

② 블록 브레이크

③ 전자 브레이크

④ 원판 브레이크

해설

① 밴드 브레이크 : 반지름 방향으로 밀어붙이는 형식

② 블록 브레이크 : 반지름 방향으로 밀어붙이는 형식

③ 전자 브레이크 : 전기적 에너지를 이용하여 밀어붙이는 형식

49 다음 중 가장 큰 하중이 걸리는 데 사용되는 키는?

① 새들 키　　② 묻힘 키

③ 둥근 키　　④ 평 키

해설

- 새들 키(안장 키)
  - 축은 절삭하지 않고 보스에만 홈을 판다.
  - 마찰력으로 고정시키며, 축 임의의 부분에 설치 가능하다.
  - 극경하중용으로 사용한다.
- 둥근 키(Round Key, Pin Key)
  - 축과 보스에 드릴로 구멍을 내어 홈을 만든다.
  - 구멍에 테이퍼 핀을 끼워 넣어 축 끝에 고정시킨다.
  - 경하중에 사용되며 핸들에 널리 쓰인다.
- 평 키(Flat Key)
  - 축은 자리만 편편하게 다듬고 보스에 홈을 판다.
  - 경하중에 쓰이며, 키에 테이퍼(1/100)가 있다.
  - 안장 키보다는 강하다.

46 ③ 47 ④ 48 ④ 49 ② 정답

50 다음과 같이 입체도를 3각법으로 투상한 것으로 가장 적합한 것은?

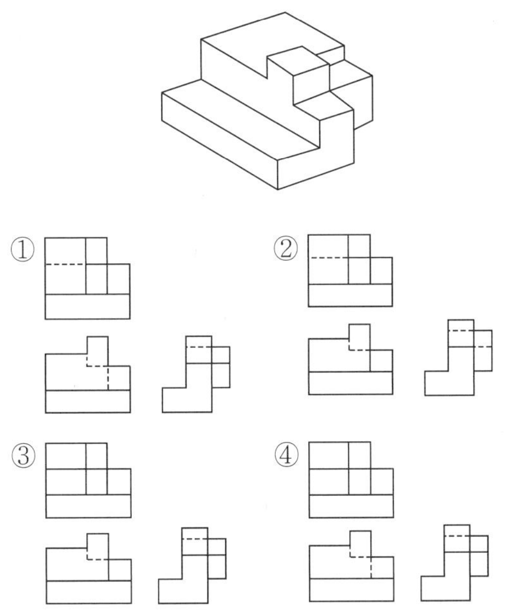

해설
입체도에서 좌측을 경사지게 본 면이 정면도이고 위에서 본 것이 평면도, 우측에서 본 것이 우측면도이다.

51 V벨트 전동장치의 장점을 맞게 설명한 것은?

① 설치면적이 넓으므로 사용이 편리하다.
② 평 벨트처럼 벗겨지는 일이 없다.
③ 마찰력이 평 벨트보다 작다.
④ 벨트의 마찰면을 둥글게 만들어 사용한다.

해설
V벨트의 특징
- 속도비는 7 : 1이다.
- 미끄럼이 작고 전동 회전비가 크다.
- 수명이 길지만 벨트가 끊어졌을 경우 이어서 사용할 수 없다.
- 운전이 조용하고 진동, 충격의 흡수효과가 있다.
- 축간거리가 짧은 데 쓴다(2~5[m] 적당).
- 전동효율이 96~99[%]로 매우 높다.

52 리벳의 호칭이 "KS B 1102 둥근 머리 리벳 18 × 40 SV330"로 표시된 경우 숫자 "40"의 의미는?

① 리벳의 수량
② 리벳의 구멍 치수
③ 리벳의 길이
④ 리벳의 호칭지름

해설
리벳의 호칭

규격번호	종 류	호칭지름	×	길 이	재료 표시

- 18 : 호칭지름
- 40 : 리벳의 길이

53 607C2P6으로 표시된 베어링에서 안지름은?

① 7[mm]
② 30[mm]
③ 35[mm]
④ 60[mm]

해설

60	7	C2	P6
㉠	㉡	㉢	㉣

㉠ 베어링 계열 번호(깊은 홈 볼베어링)
㉡ 안지름(7[mm])
㉢ 내부 틈새(보통의 레이디얼 내부 틈새보다 작다)
㉣ 등급 기호(6급)

정답 50 ① 51 ② 52 ③ 53 ①

54 원동차와 종동차의 지름이 각각 400[mm], 200[mm]일 때 중심거리는?

① 300[mm]

② 600[mm]

③ 150[mm]

④ 200[mm]

해설

2축 간 중심거리

$$C = \frac{D_A + D_B}{2} = \frac{400+200}{2} = 300[\text{mm}]$$

※ 외접일 때 +, 내접일 때 −값을 넣어서 계산한다.

55 고정 원판식 코일에 전류를 통하면, 전자력에 의하여 회전 원판이 잡아 당겨져 브레이크가 걸리고, 전류를 끊으면 스프링 작용으로 원판이 떨어져 회전을 계속하는 브레이크는?

① 밴드 브레이크

② 디스크 브레이크

③ 전자 브레이크

④ 블록 브레이크

해설

① 밴드 브레이크 : 브레이크륜의 외주에 강제의 밴드를 감고 밴드에 장력을 주어서 밴드와 브레이크륜 사이의 마찰에 의하여 제동작용을 하는 것

② 디스크(원판) 브레이크 : 마찰면을 원판(디스크)으로 하여 나사나 레버 등으로 축 방향으로 밀어붙여 제동작용을 하는 것

④ 블록 브레이크 : 브레이크 드럼을 브레이크 블록으로 눌러 제동작용을 하는 것

56 맞뚫린 구멍에 볼트를 넣고 너트로 조이는 볼트는?

① 탭 볼트

② 관통 볼트

③ 스터드 볼트

④ 스테이 볼트

해설

① 탭 볼트 : 너트를 사용하지 않고 직접 암나사를 낸 구멍에 죄어 사용

③ 스터드 볼트 : 환봉의 양끝에 나사를 낸 것

④ 스테이 볼트 : 부품의 간격 유지에 사용

57 웜기어에 대한 설명으로 틀린 것은?

① 웜과 웜기어를 한 쌍으로 사용하며 역회전 방지 기능이 있다.

② 피니언과 맞물려 회전하면서 직선운동을 한다.

③ 큰 감속비를 얻을 수 있다.

④ 소음과 진동이 작다.

해설

②는 래크와 피니언에 대한 설명이다.

54 ① 55 ③ 56 ② 57 ② 정답

58 두 축이 평행한 경우에 사용되며, V홈을 파서 마찰력을 크게 하여 큰 동력전달에 사용되는 마찰차는?

① 원통 마찰차
② 원뿔 마찰차
③ 변속 마찰차
④ 홈붙이 마찰차

해설
① 원통 마찰차 : 두 축이 평행하며, 마찰차의 지름에 따라 속도비가 다르다.
② 원뿔 마찰차 : 두 축이 서로 교차하는 곳에 사용된다.
③ 변속 마찰차 : 속도 변환을 위한 특별한 마찰차이다.

59 다음 그림은 무엇을 나타내는가?

① 현장 용접 기호
② 전체 둘레 용접 기호
③ 현장 용접 기준점 기호
④ 전체 둘레 현장 용접 기호

해설

현장 용접	
전체 둘레 용접	
전체 둘레 현장 용접	

60 키를 조립하였을 경우 축과 보스가 가볍게 이동할 수 있는 키는?

① 평 키
② 접선 키
③ 묻힘 키
④ 미끄럼 키

해설
① 평 키 : 축은 자리만 편편하게 다듬고 보스에 홈을 판다.
② 접선 키 : 축과 보스에 축의 접선 방향으로 홈을 파서 서로 반대의 테이퍼(1/60~1/100)를 가진 2개의 키를 조합하여 끼워 넣는다.
③ 묻힘 키 : 축과 보스에 다 같이 홈을 파는 데 가장 많이 쓰이는 종류이다.

정답 58 ④ 59 ④ 60 ④

2019년 제1회 과년도 기출복원문제

제1과목 | 공유압 일반

01 공기압 실린더의 구조 중 피스톤에 연결되어 있으며 힘을 외부로 전달하는 구성품은?

① 포 트
② 피스톤
③ 로드 커버
④ 피스톤 로드

해설
① 포트 : 압축공기의 공급 또는 배기를 위한 연결구
② 피스톤 : 공기 압력을 받는 실린더 튜브 내에서 미끄럼 운동을 하는 것
③ 헤드(로드) 커버 : 헤드와 로드는 실린더 튜브 양끝에 설치되어 피스톤의 행정거리를 결정한다.

02 교축밸브라고 하며, 공기압이 흐르는 양을 일정하게 유지하는 간단한 구조의 밸브로서 방향성이 없어 양쪽 방향의 유량을 제어할 수 있는 밸브는?

① 스로틀 밸브
② 시퀀스 밸브
③ 급속 배기밸브
④ 압력제한밸브

해설
② 시퀀스 밸브 : 공유압 회로에서 순차적으로 작동할 때 작동 순서를 회로의 압력에 의해 제어하는 밸브
③ 급속 배기밸브 : 실린더의 귀환 행정 시 일을 하지 않을 경우 귀환속도를 빠르게 하여 시간을 단축시킬 필요가 있을 때 사용하는 밸브
④ 압력제한밸브 : 유체압력을 제한(제어)하는 밸브

03 직류 솔레노이드 밸브의 특징이 아닌 것은?

① 흡착력이 교류보다 강하다.
② 소음이 교류보다 크다.
③ 와전류에 의한 손실이 없어 온도 상승이 작다.
④ 직류 전원으로 6[V], 12[V], 24[V], 48[V] 중 24[V]를 많이 사용한다.

해설
직류 솔레노이드 밸브의 특징
• 흡착력이 교류보다 강하다.
• 솔레노이드가 안정되어 소음이 없다.
• 히스테리시스 및 와전류에 의한 손실이 없어 온도 상승이 작다.
• 직류 전원으로 6[V], 12[V], 24[V], 48[V] 중 24[V]를 많이 사용한다.

04 공기압 유체시스템 및 부품에 대한 기호와 회로도를 규격한 것으로 제어포트의 표시로 옳은 것은?

① A, B, C, …
② P (1)
③ R, S, T, …
④ X, Y, Z, …

해설
① A, B, C, … : 작업포트
② P (1) : 공급포트
③ R, S, T, … : 배기포트

1 ④ 2 ① 3 ② 4 ④ 정답

05 다음 기호의 명칭은?

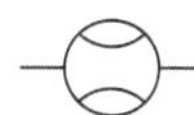

① 토크계　　② 적산유량계
③ 유량계측　　④ 회전속도계

해설

토크계	적산유량계	회전속도계

06 다음은 어떤 밸브를 설명하고 있는가?

- 공기압 시스템의 압력 상한치를 설정하여 그 이상이 되면 밸브의 출구가 열려 공기압을 대기 중으로 배출시켜 압력을 제한하는 역할을 한다.
- 안전밸브나 압력 스위치 대용으로 사용된다.

① 감압밸브
② 시퀀스 밸브
③ 압력제한밸브
④ 속도제어밸브

해설

① 감압밸브 : 압축공기의 압력을 사용 공기압 장치에 맞는 압력으로 감압하여 안정된 공기압을 공급할 목적으로 사용하는 밸브
② 시퀀스 밸브 : 공유압 회로에서 순차적으로 작동할 때 작동순서를 회로의 압력에 의해 제어되는 밸브
④ 속도제어밸브 : 유량을 교축하는 동시에 흐름의 방향을 제어하는 밸브로 실린더의 속도를 제어하는 데 주로 사용하는 밸브

07 다음 중 유압펌프의 동력(L_p)을 구하는 식으로 맞는 것은?(P = 펌프 토출압[kg/cm²], Q = 이론 토출량[L/min], η = 전효율이다)

① $L_p = \dfrac{P \times Q}{450\eta}$[PS]

② $L_p = \dfrac{P \times Q}{612\eta}$[PS]

③ $L_p = \dfrac{P \times Q}{7,500\eta}$[PS]

④ $L_p = \dfrac{P \times Q}{10,200\eta}$[PS]

해설

유압펌프의 동력은 실제로 펌프에서 기름에 전달되는 동력으로,
$L_p = \dfrac{P \times Q}{10,200\eta}$[kW], $L_p = \dfrac{P \times Q}{7,500\eta}$[PS]이다.

08 다음 그림의 기호는 어떤 밸브인가?

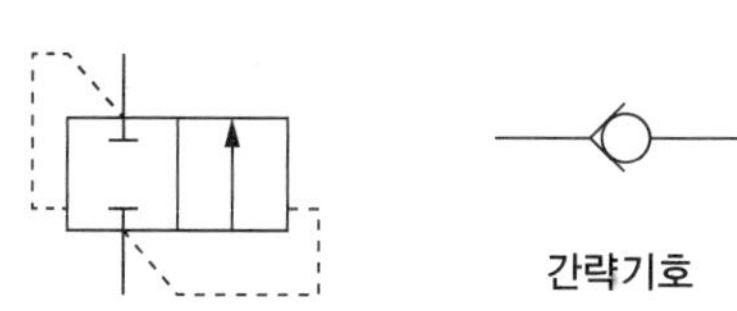

① 급속 배기밸브　　② 셔틀밸브
③ 2압 밸브　　④ 체크밸브

해설

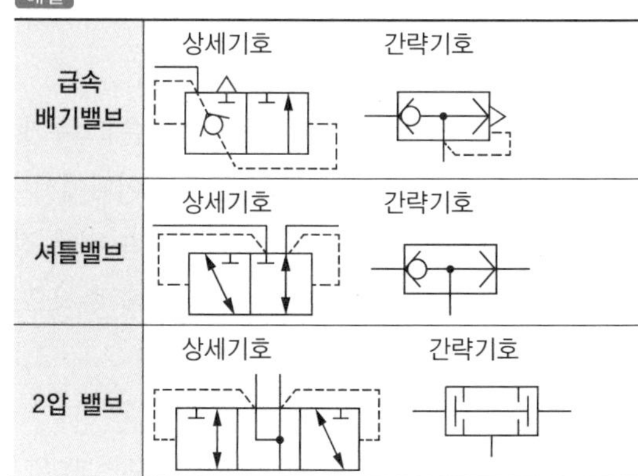

정답 5 ③ 6 ③ 7 ③ 8 ④

09 **벤투리 원리에 의해 미세한 윤활유를 분무 상태로 공기 흐름에 혼합하여 보내서 윤활작용을 하게 하는 기기는?**

① 윤활기(Lubricator)
② 냉각기(After Cooler)
③ 공기건조기(Air Dryer)
④ 교축밸브(Throttle Valve)

10 **파스칼(Pascal)의 원리를 설명한 것으로 틀린 것은?**

① $P_1 V_1 = P_2 V_2 =$ Constant가 성립된다.
② 정지 유체 내의 점에 작용하는 압력의 크기는 모든 방향으로 같게 작용한다.
③ 정지하고 있는 유체 중의 압력은 그 무게가 무시될 수 있으면, 그 유체 내의 어디에서나 같다.
④ 경계를 이루고 있는 어떤 표면 위에 정지하고 있는 유체의 압력은 그 표면에 수직으로 작용한다.

해설
$P_1 V_1 = P_2 V_2 =$ Constant가 성립되는 것은 보일의 법칙이다.

11 **스트레이너는 어느 위치에 설치하는가?**

① 유압펌프의 흡입관
② 방향제어밸브의 복귀포트
③ 드레인 관 끝
④ 냉각기와 가열기 사이

해설
스트레이너는 유압펌프 흡입측에 설치하여 기름탱크에서 펌프나 유압회로에 불순물이 들어오지 않도록 여과작용을 한다.

12 **압축기의 종류 중 왕복 피스톤 압축기에 해당되는 것은?**

① 원심식
② 베인식
③ 스크루식
④ 다이어프램식

해설
왕복 피스톤 압축기에는 피스톤식과 다이어프램식 등이 있다.

9 ① 10 ① 11 ① 12 ④ 정답

13 압축기의 무부하 조절방식이 아닌 것은?

① 배기 조절방식
② 차단 조절방식
③ 흡입량 조절방식
④ 그립-암 조절방식

해설
무부하 조절방식에는 배기 조절, 차단 조절, 그립-암 조절방식이 있다.

14 공압 요동형 액추에이터 사용상의 주의사항으로 틀린 것은?

① 속도 조정은 속도제어밸브를 미터 인 회로에 접속하여야 한다.
② 회전에너지가 기기의 허용에너지보다 클 때는 부하쪽의 지름이 큰 곳에 외부 완충장치를 설치한다.
③ 요동각도의 정밀도가 높아야 할 때에는 부하쪽의 지름이 큰 곳에 외부 완충장치를 설치한다.
④ 축 방향의 하중인 경우 축에 부하가 작게 작용하는 방법으로 부하를 부착한다.

해설
속도 조정은 속도제어밸브를 미터 아웃 회로에 접속하여야 한다.

15 유압유의 성질이 아닌 것은?

① 비열이 클 것
② 10[%] 희석되어도 유압유와 적합성이 있을 것
③ 비점이 높을 것
④ 비중이 클 것

해설
유압 작동유의 필요조건
- 온도 변화에 따른 점도 변화가 작을 것
- 윤활성이 좋을 것
- 기포의 생성이 적어야 할 것
- 비중이 낮고 내화성이 클 것
- 공기의 흡수도가 작고, 열전달률이 높을 것
- 열팽창계수가 작고, 비열이 클 것

16 유압펌프에 관한 설명으로 잘못된 것은?

① 나사펌프 : 운전이 동적이고 내구성이 작다.
② 치차펌프 : 구조가 간단하고 소형이다.
③ 베인펌프 : 장시간 사용하여도 성능 저하가 작다.
④ 피스톤 펌프 : 고압에 적당하고 누설이 적다.

해설
나사펌프 : 운전이 정적이고 내구성이 좋다.

정답 13 ③ 14 ① 15 ④ 16 ①

17 다음 그림의 실린더는 피스톤 면적(A)가 8[cm^2]이고, 행정거리(s)는 10[cm]다. 이 실린더가 전진 행정을 1분 동안에 마치려면 필요한 공급 유량은 얼마인가?

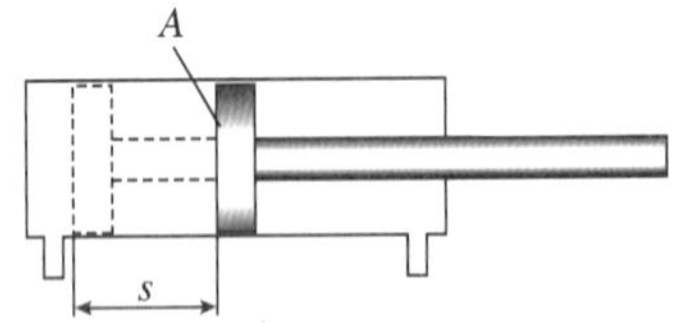

① 60[cm^3/min]
② 70[cm^3/min]
③ 80[cm^3/min]
④ 90[cm^3/min]

해설

공급 유량 $Q = Av$에서 면적 $A = 8[\text{cm}^2]$

속도 $v = \dfrac{s(\text{거리})}{t(\text{시간})}$에서 $\dfrac{10}{1} = 10[\text{cm/min}]$

그러므로 유량 Q는 $8 \times 10 = 80[\text{cm}^3/\text{min}]$

18 유압 작동유의 점도가 너무 높을 경우 유압장치의 운전에 미치는 영향이 아닌 것은?

① 캐비테이션(Cavitation) 발생
② 배관저항에 의한 압력 감소
③ 유압장치 전체의 효율 저하
④ 응답성 저하

해설

점도가 너무 높은 경우
- 마찰손실에 의한 동력손실이 큼(장치 전체의 효율 저하)
- 장치(밸브, 관 등)의 관 내 저항에 의한 압력손실이 큼(기계효율 저하)
- 마찰에 의한 열이 많이 발생(캐비테이션 발생)

19 다음 중 압력제어밸브의 특성이 아닌 것은?

① 크래킹 특성
② 압력 조정 특성
③ 유량 특성
④ 히스테리시스 특성

해설

압력제어밸브의 특성
- 압력 조정 특성
- 유량 특성
- 압력 특성
- 재현(성) 특성
- 히스테리시스 특성
- 릴리프 특성

20 비압축성 유체의 정상 흐름에 대한 베르누이 방정식 $\dfrac{v_1^{\,2}}{2g} + \dfrac{P_1}{\gamma} + z_1 = \dfrac{v_2^{\,2}}{2g} + \dfrac{P_2}{\gamma} + z_2 = \text{const.}$에서 $\dfrac{v_1^{\,2}}{2g}$항이 나타내는 에너지의 종류는 무엇인가?(단, v : 속도, P : 압력, γ : 비중량, z : 위치)

① 속도에너지
② 위치에너지
③ 압력에너지
④ 전기에너지

해설

베르누이의 정리

압력수두 + 위치수두 + 속도수두 = 일정
- 위치에너지 : z_1, z_2
- 압력에너지 : $\dfrac{P_1}{\gamma}$, $\dfrac{P_2}{\gamma}$

17 ③ 18 ② 19 ① 20 ① 정답

21 공압소음기의 구비조건이 아닌 것은?

① 배기음과 배기저항이 클 것
② 충격이나 진동에 변형이 생기지 않을 것
③ 장기간의 사용에 배기저항 변화가 작을 것
④ 밸브에 장착하기 쉬운 형상일 것

해설
소음기 구비조건
• 배기음과 배기저항이 작을 것
• 소음효과가 클 것
• 장기간 사용에 대해 배기저항 변화가 작을 것
• 전자밸브 등에 장착하기 쉬운 형상일 것
• 배기의 충격이나 진동으로 변형이 생기지 않을 것

22 작동유의 구비조건으로 옳지 않은 것은?

① 압축성일 것
② 화학적으로 안정할 것
③ 열을 방출시킬 수 있어야 할 것
④ 기름 속의 공기를 빨리 분리시킬 수 있을 것

해설
작동유의 구비조건
• 비압축성일 것
• 내열성, 점도지수, 체적탄성계수 등이 클 것
• 장시간 사용해도 화학적으로 안정될 것
• 산화안정성(녹이나 부식 발생 등이 방지), 방열성이 좋을 것
• 장치와의 결합성, 유동성이 좋을 것
• 이물질 등을 빨리 분리할 것
• 인화점이 높을 것

23 다음 그림의 회로도에서 죔 실린더의 전진 시 최대 작용압력은 몇 [kgf/cm^2]인가?

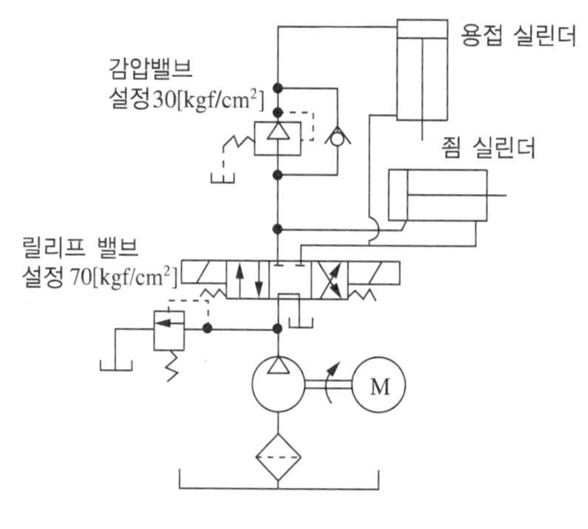

① 30 ② 40
③ 70 ④ 110

해설
릴리프 밸브의 설정압력이 70[kgf/cm^2]이므로 죔 실린더의 전·후진과 용접 실린더의 후진 시 최대 작용압력은 70[kgf/cm^2]이 되며, 용접 실린더의 전진 시 작용압력은 30[kgf/cm^2]이 된다.

24 무부하회로의 장점이 아닌 것은?

① 유온의 상승효과
② 펌프의 수명 연장
③ 유압유의 노화 방지
④ 펌프의 구동력 절약

해설
무부하(Unloading)회로
회로에 작동유가 필요하지 않을 때, 즉 조작단의 일을 하지 않을 때 작동유를 탱크로 귀환시켜 펌프를 무부하로 만드는 회로
• 장점 : 펌프의 구동력 절약, 장치의 가열 방지, 펌프 수명 연장, 전효율 양호, 유온 상승 방지, 유압유의 노화 방지 등

정답 21 ① 22 ① 23 ③ 24 ①

25 **다음 중 흡수식 공기건조기의 특징이 아닌 것은?**

① 취급이 간편하다.
② 장비의 설치가 간단하다.
③ 외부 에너지 공급원이 필요 없다.
④ 건조기에 움직이는 부분이 많으므로 기계적 마모가 많다.

해설

흡수식 건조기
- 흡수액(염화리튬, 수용액, 폴리에틸렌)을 사용한 화학적 과정의 방식이다.
- 장비 설치가 간단하다.
- 움직이는 부분이 없어 기계적 마모가 적다.
- 외부 에너지의 공급이 필요 없다.
- 건조제는 연간 2~4회 정도의 주기로 교환한다.
- 재생방법에 따라 히스테리형, 히트형, 펌프형 등이 있다.

26 **펌프의 송출압력이 50[kgf/cm^2], 송출량이 20[L/min]인 유압펌프의 펌프동력은 약 몇 [kW]인가?**

① 1.0　　② 1.2
③ 1.6　　④ 2.2

해설

펌프 동력(L_p)

$L_p = \frac{PQ}{10,200}$[kW]에서, P : 펌프 토출압력[kgf/cm^2], Q : 실제 펌프 토출량[cm^3/sec]이다.

송출량 20[L/min]은 20,000/60[cm^3/sec]으로 단위를 맞추어야 하므로,

$L_p = \frac{50 \times 20,000}{10,200 \times 60} \fallingdotseq 1.63$[kW]이다.

27 **다음 그림에서 유압기호의 명칭은 무엇인가?**

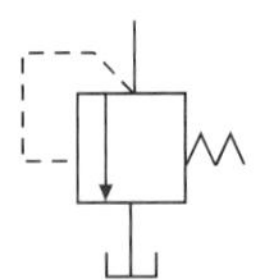

① 릴리프 밸브(Relief Valve)
② 감압밸브(Reducing Valve)
③ 언로드 밸브(Unload Valve)
④ 시퀀스 밸브(Sequence Valve)

해설

감압밸브	언로드 밸브	시퀀스 밸브

28 **슬라이드식 밸브의 특징이 아닌 것은?**

① 작은 힘으로도 밸브를 변환할 수 있다.
② 랩 다듬질하여 누설량은 거의 없다.
③ 조작력이 크므로 수동조작 밸브에 주로 사용한다.
④ 짧은 거리에서 밸브를 개폐하므로 개폐속도가 빠르다.

해설

④은 포핏밸브의 특징이다.

25 ④ 26 ③ 27 ① 28 ④ 정답

29 **방향 전환 밸브의 중립 위치 형식에서 펌프 언로드가 요구되고 부하에 의한 자주를 방지할 필요가 있을 때 사용하는 밸브는?**

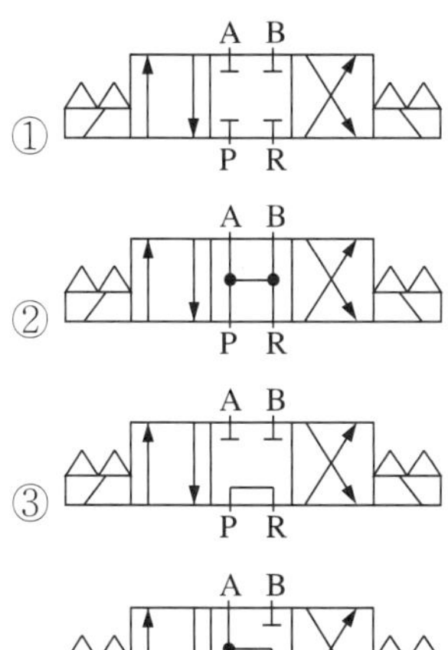

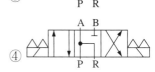

해설

실린더 포트 블록(PAR 접속형)은 펌프 언로드가 요구되고 부하에 의한 자주를 방지할 필요가 있을 때 사용하는 밸브이다.

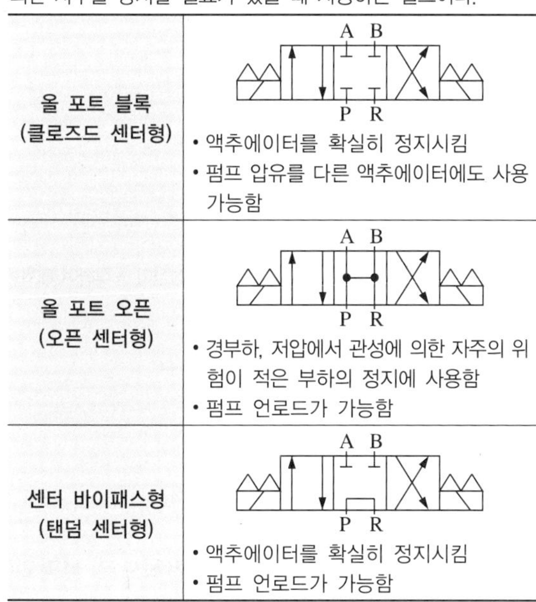

올 포트 블록 (클로즈드 센터형)	A B / P R • 액추에이터를 확실히 정지시킴 • 펌프 압유를 다른 액추에이터에도 사용 가능함
올 포트 오픈 (오픈 센터형)	A B / P R • 경부하, 저압에서 관성에 의한 자주의 위험이 적은 부하의 정지에 사용함 • 펌프 언로드가 가능함
센터 바이패스형 (탠덤 센터형)	A B / P R • 액추에이터를 확실히 정지시킴 • 펌프 언로드가 가능함

30 **다음과 같은 기호의 명칭은?**

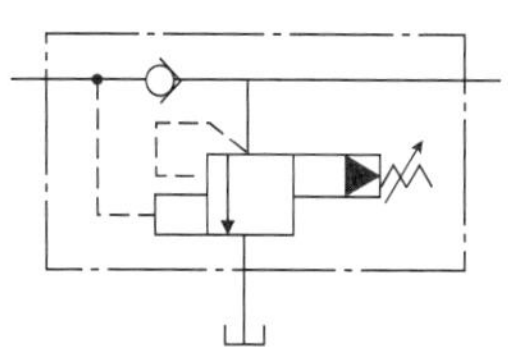

① 브레이크 밸브
② 카운터밸런스 밸브
③ 무부하 릴리프 밸브
④ 시퀀스 밸브

해설

브레이크 밸브	
카운터밸런스 밸브	
시퀀스 밸브	

제3과목 | 기초전기일반

31 자기회로의 옴의 법칙에 대한 설명 중 맞는 것은?

① 자기회로의 기자력은 자속에 반비례한다.
② 자기회로를 통하는 자속은 자기저항에 비례하고, 기자력에 반비례한다.
③ 자기회로의 기자력은 자기저항에 반비례한다.
④ 자기회로를 통하는 자속은 기자력에 비례하고, 자기저항에 반비례한다.

해설

$\phi = \frac{F}{R_m}$[Wb] 자속은 기자력에 비례하고 자기저항에 반비례한다.

32 다음은 어떤 회로인가?

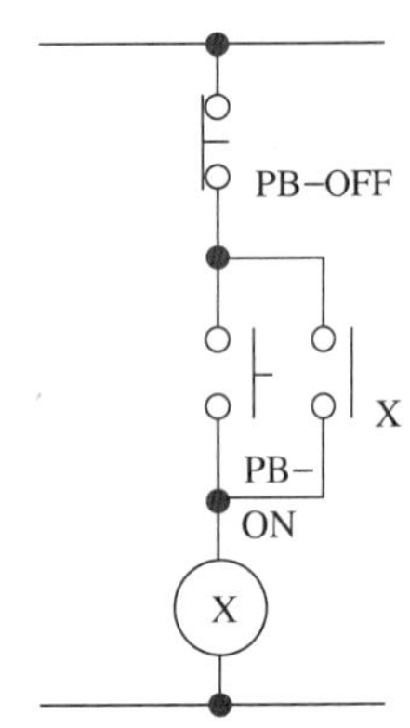

① 정지우선 회로
② 기동우선 회로
③ 신호검출 회로
④ 인터로크 회로

해설

PB 스위치를 동시에 투입했을 때 전원이 연결되지 않아 출력 X가 나오지 않는다.

33 10[Ω]의 저항에 5[A]의 전류를 3분 동안 흘렸을 때 발열량은 몇 [cal]인가?

① 1,080[cal]　② 2,160[cal]
③ 5,400[cal]　④ 10,800[cal]

해설

$H = 0.24RI^2t = 0.24 \times 10 \times 5^2 \times 3 \times 60 = 10,800$[cal]

34 다음 그림과 같은 회로의 명칭은?

① 자기유지 회로
② 카운터 회로
③ 타이머 회로
④ 플리커 회로

해설

PB_1을 눌렀다 놓아도 릴레이 X의 a접점이 동작하여 폐회로 상태를 계속 유지한다.

35 전동기의 전자력은 어떤 법칙으로 설명되는가?

① 플레밍의 오른손 법칙
② 플레밍의 왼손 법칙
③ 렌츠의 법칙
④ 비오-사바르의 법칙

해설

전동기의 전자력은 플레밍의 왼손 법칙이 적용된다.

31 ④ 32 ① 33 ④ 34 ① 35 ② 정답

36 220[V], 40[W]의 형광등 10개를 4시간 동안 사용했을 때 소비전력량은?

① 8.8[kWh]
② 0.16[kWh]
③ 1.6[kWh]
④ 16[kWh]

해설
소비전력량 = 전력 × 시간 = 40 × 10 × 4
= 1,600[W] = 1.6[kWh]

37 다음 불 대수 $Y = AC + \overline{A}C + \overline{B}C$를 간소화하면?

① C ② AB
③ AC ④ B

해설
$Y = AC + \overline{A}C + \overline{B}C$
$= C(A + \overline{A} + \overline{B}) = C(1 + \overline{B}) = C$

38 가장 최근 기기의 소형화, 고기능화, 저렴화, 고속화 및 프로그램 수정의 용이함을 실현한 시퀀스 제어는?

① 릴레이 시퀀스
② PLC 시퀀스
③ 로직 시퀀스
④ 닫힌 루프제어

해설
PLC의 특징
소형화, 고기능화, 저렴화, 고속화, 프로그램 수정의 간편화

39 대칭 3상 교류에서 각 상의 위상차는?

① 60°
② 90°
③ 120°
④ 150°

해설
대칭 3상 교류의 위상차는 $\frac{2}{3}\pi[\mathrm{rad}]$이다.

40 금속 및 전해질 용액과 같이 전기가 잘 흐르는 물질을 무엇이라고 하는가?

① 도 체
② 반도체
③ 절연체
④ 저 항

해설
• 도체 : 전하가 이동하기 쉬운 물질
• 반도체 : 일정한 조건이 되어야 전하가 이동함

정답 36 ③ 37 ① 38 ② 39 ③ 40 ①

41 OR 논리 시퀀스 제어 회로의 입력스위치나 접점의 연결은?

① 직 렬 ② 병 렬
③ 직・병렬 ④ Y

해설
- AND : 직렬연결
- OR : 병렬연결

42 파형의 맥동 성분을 제거하기 위해 다이오드 정류 회로의 직류 출력단에 부착하는 것은?

① 저 항 ② 콘덴서
③ 사이리스터 ④ 트랜지스터

해설
콘덴서에는 전하를 축적하는 기능과 교류의 흐름을 조절하는 기능이 있다.

43 다음 그림과 같은 주파수 특성을 갖는 전기소자는?

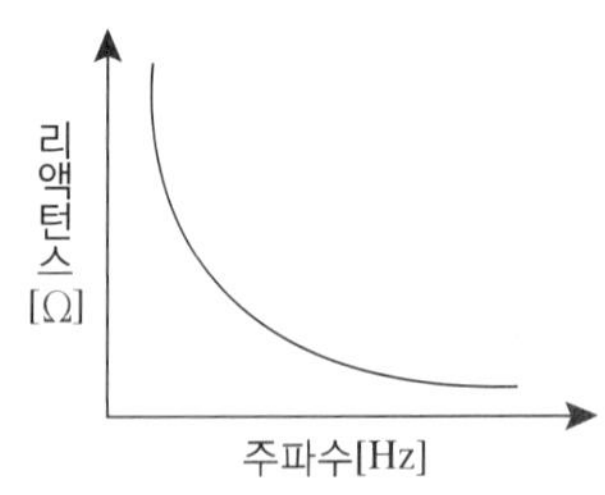

① 저 항 ② 코 일
③ 콘덴서 ④ 다이오드

해설
$X_C = \frac{1}{\omega C} = \frac{1}{2\pi f C}[\Omega]$ 이므로 주파수에 반비례한다.

44 Y결선으로 접속된 3상 회로에서 선간전압은 상전압의 몇 배인가?

① 2배 ② $\sqrt{2}$ 배
③ 3배 ④ $\sqrt{3}$ 배

해설
Y결선에서 선간전압 $V_L = \sqrt{3}\, V_p$

45 다음 그림과 같은 전동기 주회로에서 THR은?

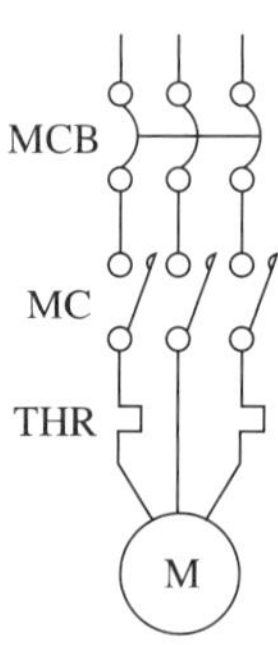

① 퓨 즈 ② 열동계전기
③ 접 점 ④ 램 프

해설
- MCB : 배선용 차단기
- MC : 전자접촉기
- THR : 열동계전기
- M : 모터

41 ② 42 ② 43 ③ 44 ④ 45 ② 정답

제2과목 | 기계제도(비절삭) 및 기계요소

46 도면에서 지시선으로 인출하여 표기한 치수가 '20-12드릴'일 때 올바른 해석은?

① 구멍의 지름이 12mm이고, 구멍의 수가 20개이다.
② 구멍의 지름이 20mm이고, 구멍의 수가 12개이다.
③ 구멍의 지름을 12mm로 하고, 구멍의 깊이를 20mm로 드릴작업을 한다.
④ 구멍의 지름을 20mm로 하고, 구멍의 깊이를 12mm로 드릴작업을 한다.

해설
일반적으로 치수가 붙으면 작업의 직경이나 도구를 지정하는 경우가 많다.

47 코일 스프링의 도시법 중 요목표에 기입되지 않는 것은?

① 자유 높이 ② 재료의 지름
③ 코일의 안지름 ④ 스프링의 종횡비

해설
코일 스프링의 요목표에는 재료, 재료의 지름, 코일의 안지름, 총감김수, 앞 끝 두께, 감긴 방향, 자유 높이, 하주 높이, 코일 상수 등이 기록된다.

48 스프로킷 휠의 이끝원은 어떤 선으로 표시하는가?

① 굵은 실선 ② 가는 실선
③ 일점쇄선 ④ 은 선

해설
스프로킷 휠의 제도 시 이끝원은 굵은 실선, 피치원은 가는 일점쇄선, 이뿌리원은 가는 실선으로 그린다.

49 키의 종류 중 축에 작은 삼각형의 이를 만들어 축과 보스를 고정시킨 것으로 전동력이 큰 것은?

① 안장 키
② 반달 키
③ 스플라인
④ 세레이션

해설
세레이션은 같은 지름의 스플라인에 비해 많은 이가 있어 전동력이 크다. 자동차의 핸들 고정용, 전동기나 발전기의 전기자 축 등에 이용된다.

50 베어링의 종류 중 축의 방향으로 비중을 받는 베어링은?

① 레이디얼 베어링
② 스러스트 베어링
③ 원뿔 베어링
④ 원추 베어링

해설
- 레이디얼 베어링 : 축의 중심에 대하여 하중이 직각으로 작용
- 원뿔 베어링, 원추베어링 : 합성 베어링으로 하중을 받는 방향이 축 방향과 축 직각 방향의 합성으로 받는다. 원뿔과 원추는 같은 형태이다.

정답 46 ① 47 ④ 48 ① 49 ④ 50 ②

51 **리벳의 호칭 길이를 가장 올바르게 도시한 것은?**

① 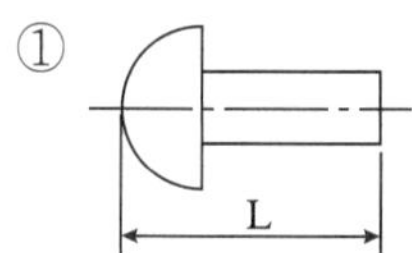

② 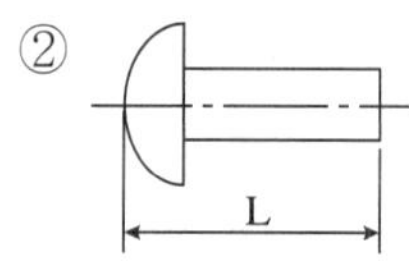

③ 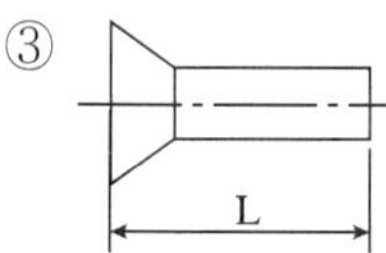

④ 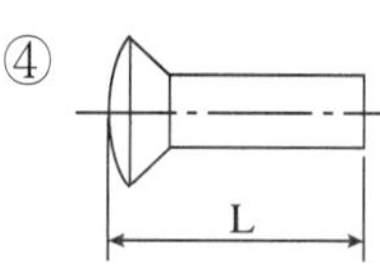

해설

호칭 길이에서 접시머리 리벳만 머리를 포함한 전체 길이가 호칭 길이이다. 그 외의 리벳은 머리부의 길이를 포함하지 않는다.

52 **속도비가 1/3이고, 원동차의 잇수가 25개, 모듈이 4인 표준 스퍼기어의 외접 연결에서 중심거리는?**

① 75[mm] ② 100[mm]

③ 150[mm] ④ 200[mm]

해설

원동차, 종동차 회전수를 각각 n_A, n_B[rpm], 잇수를 Z_A, Z_B, 피치원의 지름을 D_A, D_B[mm]라고 하면,

속도비 $i = \frac{n_B}{n_A} = \frac{D_A}{D_B} = \frac{MZ_A}{MZ_B} = \frac{Z_A}{Z_B}$가 된다.

중심거리 $C = \frac{D_A + D_B}{2} = \frac{M(Z_A + Z_B)}{2}$[mm]에서

피치원의 지름으로 속도비를 계산할 수 있다.

피치원의 지름 $D_A = MZ = 4 \times 25 = 100$이다.

속도비 $i = \frac{n_B}{n_A} = \frac{1}{3} = \frac{D_A}{D_B} = \frac{100}{D_B}$에서 $D_B = 300$

그러므로, 중심거리 $C = \frac{D_A + D_B}{2} = \frac{100 + 300}{2} = 200$

53 **다음 그림과 같이 입체도의 화살표 방향을 정면으로 한 제3각 정투상도로 가장 적합한 것은?**

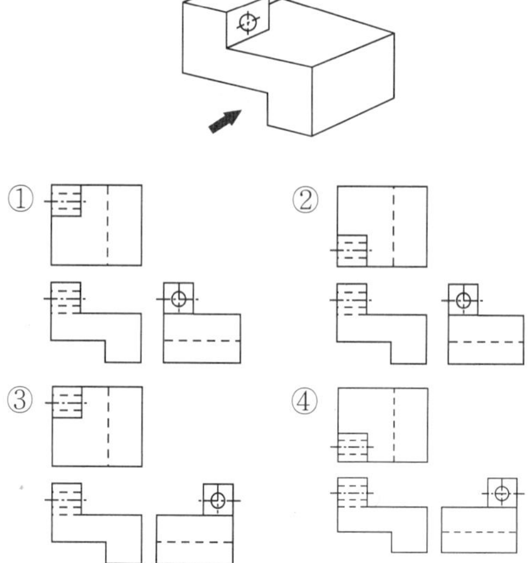

해설

정면도, 평면도, 우측면도에서 구멍의 위치를 보면 ②가 정답이다.

54 **체결하려는 부분이 두꺼워서 관통 구멍을 뚫을 수 없을 때 사용되는 볼트는?**

① 탭 볼트

② T홈 볼트

③ 아이 볼트

④ 스테이 볼트

해설

② T홈 볼트 : 공작기계 테이블의 T홈 등에 끼워서 공작물을 고정시킴

③ 아이 볼트 : 부품을 들어 올리는 데 사용되는 링 모양이나 구멍이 뚫려 있는 것

④ 스테이 볼트 : 부품의 간격 유지, 턱을 붙이거나 격리 파이프를 넣음

51 ③ 52 ④ 53 ② 54 ① 정답

55 다음의 입체도를 제3각법으로 나타낼 때 정면도로 올바른 것은?(단, 화살표 방향이 정면이다)

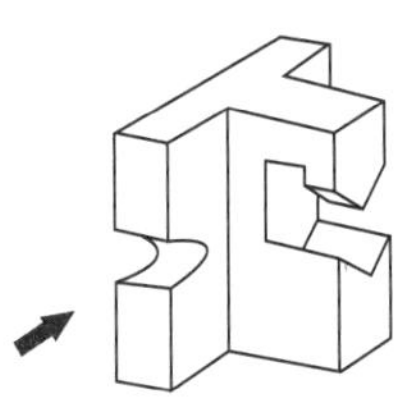

①

②

③

④

해설

정면도에서 숨은선 부분을 잘 처리한 ②가 정답이다.

56 비틀림 모멘트 440[N · m], 회전수 300[rev/min(=rpm)]인 전동축의 전달동력[kW]은?

① 5.8

② 13.8

③ 27.6

④ 56.6

해설

전달동력[kW] $= \dfrac{T \times N}{9{,}549} = \dfrac{440 \times 300}{9{,}549} = 13.82$

57 한 변의 길이가 2[cm]인 정사각형 단면의 주철제 각봉에 4,000[N]의 중량을 가진 물체를 올려 놓았을 때 생기는 압축응력[N/mm²]은?

① 10[N/mm²]

② 20[N/mm²]

③ 30[N/mm²]

④ 40[N/mm²]

해설

압축응력 $\sigma_c = \dfrac{P_c}{A}[\mathrm{kg/cm^2}] = \dfrac{4{,}000}{20 \times 20} = 10[\mathrm{N/mm^2}]$

58 다음 중 다른 벨트에 비하여 탄성과 마찰계수는 떨어지지만 인장강도가 대단히 크고 벨트 수명이 긴 장점을 가지고 있는 것으로 마찰을 크게 하기 위하여 풀리의 표면에 고무, 코르크 등을 붙여 사용하는 것은?

① 가죽 벨트

② 고무 벨트

③ 섬유 벨트

④ 강철 벨트

해설

① 가죽 벨트 : 마찰계수가 크며 마멸에 강하고 질기며(가격이 비쌈), 습도에 따라 길이가 변한다.

② 고무 벨트 : 인장강도가 크고 늘어남이 작으며 수명이 길고 두께가 고르나 기름과 열에 약하다. 습한 곳에서 사용한다.

③ 섬유 벨트 : 목면, 모, 실크, 마 등을 정해진 폭으로 짜 만든 벨트이며 포를 겹쳐 꿰매어 맞춘 것이다. 고속에서도 진동이 적지만 가장자리가 닳아서 떨어지면 약해진다.

정답 55 ② 56 ② 57 ① 58 ④

59 607C2P6으로 표시된 베어링에서 안지름은?

① 7[mm]

② 30[mm]

③ 35[mm]

④ 60[mm]

해설

60	7	C2	P6
㉠	㉡	㉢	㉣

㉠ 베어링 계열번호(깊은 홈 볼 베어링)
㉡ 안지름(7mm)
㉢ 내부 틈새(보통의 레이디얼 내부 틈새보다 작다)
㉣ 등급기호(6급)

60 원동차와 종동차의 지름이 각각 400[mm], 200[mm]일 때 중심거리는?

① 300[mm]

② 600[mm]

③ 150[mm]

④ 200[mm]

해설

2축 간 중심거리

$$C = \frac{D_A + D_B}{2}$$

$$= \frac{400+200}{2}$$

$$= 300[\text{mm}]$$

※ 외접일 때 +, 내접일 때 −값을 넣어 계산한다.

59 ① 60 ① 정답

2019년 제3회 과년도 기출복원문제

제1과목 | 공유압 일반

01 다음 그림과 같은 공기압 실린더의 명칭은?

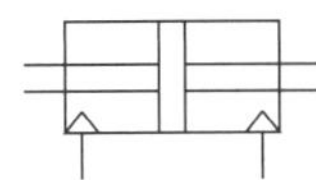
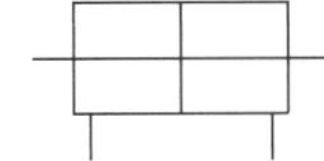

① 단동 실린더
② 복동 실린더
③ 양로드 실린더
④ 탠덤 실린더

해설
양로드 실린더는 피스톤 양쪽에 모두 피스톤 로드가 있다.

02 교류 솔레노이드 밸브의 특징으로 틀린 것은?

① 응답성이 좋다.
② 소비 전력을 절감할 수 있다.
③ 전원회로 구성품을 쉽게 구할 수 있다.
④ 안정되어 소음이 없고 흡착력이 강하다.

해설
교류 솔레노이드 밸브의 특징
• 응답성이 좋다.
• 소비 전력을 절감할 수 있다.
• 전원회로 구성품을 쉽게 구할 수 있다.
• 소음이 직류에 비해 크다.

03 공급되는 공기압은 작업포트를 통해 액추에이터로 공급되고, 배기되는 공기압은 배기포트를 통해 급속히 유출되는 밸브로 실린더 속도제어용으로도 사용되는 밸브는?

① 스로틀 밸브
② 시퀀스 밸브
③ 급속 배기밸브
④ 압력제한밸브

해설
① 스로틀 밸브 : 공기압이 흐르는 양을 일정하게 유지하는 구조의 밸브
② 시퀀스 밸브 : 공유압 회로에서 순차적으로 작동할 때 작동 순서를 회로의 압력에 의해 제어되는 밸브
④ 압력제한밸브 : 유체압력을 제한(제어)하는 밸브

04 면적이 15[cm^2]인 곳을 300[kg · 중]의 무게로 누르면 작용하는 압력은 얼마인가?

① 0.05[kgf/cm^2]
② 20[kgf/cm^2]
③ 0.05[kg/cm^2]
④ 20[kg/cm^2]

해설
압력 $P = \frac{\text{무게}}{\text{면적}} = \frac{W[\text{kgf}]}{A[\text{cm}^2]} = \frac{300}{15} = 20[\text{kgf/cm}^2]$

정답 1 ③ 2 ④ 3 ③ 4 ②

05 다음 기호의 명칭은?

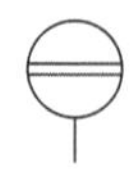

① 토크계
② 유면계
③ 유량계측기
④ 회전속도계

해설

토크계	유량계측기(검류기)	회전속도계

06 다음은 어떤 밸브를 설명하고 있는가?

> • 공급되는 공기압이 일정 수준에 도달하면 출구쪽으로 공기압을 내보내는 기능을 하는 밸브이다.
> • 다수의 액추에이터를 사용할 때 일정한 압력을 확인하고 다음 동작이 진행되어야 하는 경우와 작동 순서가 미리 정해진 경우에 사용한다.

① 감압밸브
② 시퀀스 밸브
③ 급속 배기밸브
④ 2압 밸브

해설

① 감압밸브 : 압축공기의 압력을 사용 공기압 장치에 맞는 압력으로 감압하여 안정된 공기압을 공급할 목적으로 사용하는 밸브
③ 급속 배기밸브 : 실린더의 속도를 증가시켜 급속히 작동시키고자 할 때 사용하는 밸브
④ 2압 밸브 : 두 개의 입구와 한 개의 출구를 갖춘 밸브로서, 두 개의 입구에 압력이 작용할 때만 출구에 출력이 작용하는 밸브

07 다음 중 유압펌프의 동력(L_p)을 구하는 식으로 맞는 것은?(P = 펌프 토출압[kg/cm^2], Q = 이론 토출량[L/min], η = 전효율이다)

① $L_p = \dfrac{P \times Q}{450\eta}$[kW]

② $L_p = \dfrac{P \times Q}{612\eta}$[kW]

③ $L_p = \dfrac{P \times Q}{7,500\eta}$[kW]

④ $L_p = \dfrac{P \times Q}{10,200\eta}$[kW]

해설

유압펌프의 동력은 실제로 펌프에서 기름에 전달되는 동력으로,
$L_p = \dfrac{P \times Q}{10,200\eta}$[kW], $L_p = \dfrac{P \times Q}{7,500\eta}$[PS]이다.

08 1[bar]의 압력값과 다른 것은?

① 750.061[mmHg]
② 14.507[psi]
③ 100,000[Pa]
④ 101,325[N/m^2]

해설

[mmHg] = $\dfrac{7.60 \times 10^2}{1.01325} \fallingdotseq 750.061$

[psi] = $\dfrac{1.4696 \times 10}{1.01325} \fallingdotseq 14.504$

[Pa] = $\dfrac{1.01325 \times 10^5}{1.01325} \fallingdotseq 100,000$

5 ② 6 ② 7 ④ 8 ④ 정답

09 **유압 실린더를 조작하는 도중에 부하가 급속히 제거될 경우, 배압을 발생시켜 실린더의 급속한 전진을 방지하려고 할 때 사용하는 밸브는?**

① 릴리프 밸브
② 시퀀스 밸브
③ 무부하밸브
④ 카운터밸런스 밸브

해설
① 릴리프 밸브 : 압력을 설정값 내로 일정하게 유지시켜 주는 밸브
② 시퀀스 밸브 : 유압회로에서 순차적으로 작동할 때 작동 순서를 회로의 압력에 의해 제어되는 밸브
③ 무부하밸브 : 작동압이 규정압력 이상으로 달했을 때 무부하운전을 하여 배출하고, 이하가 되면 밸브는 닫히고 다시 작동하는 밸브

10 **실린더 설치형식 중 로드 중심선에 대하여 직각으로 실린더의 양측으로 뻗은 원통상의 피벗으로 지탱하는 방식은?**

① 풋 형
② 플랜지형
③ 클레비스형
④ 트러니언형

해설
① 풋형 : 가장 일반적이고 간단한 설치방법으로 주로 경부하용이다.
② 플랜지형 : 가장 견고한 설치방법으로 부하의 운동 방향과 축심을 일치시켜야 한다.
③ 클레비스형 : 피벗형으로 부하의 요동 방향과 실린더의 요동방향을 일치시켜야 한다.

11 **공유압 기호요소를 그리는데 2개 이상의 기능을 갖는 조립 유닛을 나타내는 포위선으로 맞는 것은?**

① 실 선
② 파 선
③ 1점쇄선
④ 복 선

해설
① 실선 : 주관로, 파일럿 밸브의 공급 관로, 전기신호선으로 사용
② 파선 : 파일럿 조작 관로, 드레인 관, 필터, 밸브의 과도 위치 등으로 사용
④ 복선 : 기계적 결합(회전축, 레버, 피스톤 로드 등)에 사용

12 **공압 필터기호이다. 설명이 틀린 것은?**

① 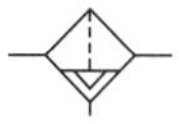 : 급속 배출
② 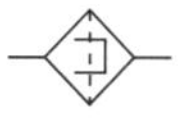 : 자석붙이
③ 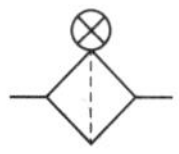 : 눈막힘 표시기 붙이
④ 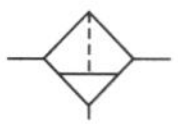 : 수동 배출

해설
①은 드레인 자동 배출기 붙이 필터이다.

13 제어신호가 입력된 후 일정 시간이 경과된 다음에 작동되는 시간지연밸브의 구성요소가 아닌 것은?

① 압력증폭기

② 유량조절밸브

③ 공기탱크

④ 3/2way 밸브

해설

시간지연밸브의 구성 순서는 유량조절밸브, 공기탱크, 3포트 2위치 밸브로 되어 있다.

14 공압센서 사용상의 주의사항으로 틀린 것은?

① 분해능력을 크게 하기 위해서는 가능한 한 검출거리를 길게 한다.

② 공압센서의 출력압이 미압이므로 알맞은 증폭기를 선정한다.

③ 응답속도를 위해 증폭기와 센서의 배관은 짧게 해야 한다.

④ 공급하는 공기는 안정된 압력 유지와 유분, 수분, 먼지 등이 없는 공기를 사용한다.

해설

분해능력을 크게 하기 위해서는 가능한 한 검출거리를 짧게 한다. 검출거리가 짧은 센서는 공기 소비량도 적다.

15 유압유가 갖추어야 할 조건 중 잘못 서술한 것은?

① 비압축성이고 활동부에서 실(Seal)역할을 할 것

② 온도의 변화에 따라서도 용이하게 유동할 것

③ 인화점이 낮고 부식성이 없을 것

④ 물, 공기, 먼지 등을 빨리 분리할 것

해설

작동유의 구비조건

- 비압축성일 것
- 내열성, 점도지수, 체적탄성계수 등이 클 것
- 장시간 사용해도 화학적으로 안정될 것
- 산화안정성(녹이나 부식 발생 등이 방지), 방열성이 좋을 것
- 장치와의 결합성, 유동성이 좋을 것
- 이물질 등을 빨리 분리할 것
- 인화점이 높을 것

16 유압펌프에서 축 토크를 T_p[kg-cm], 축동력을 L이라고 할 때 회전수 n[rev/sec]을 구하는 식은?

① $n = 2\pi T_p$

② $n = \dfrac{T_p}{2\pi L}$

③ $n = \dfrac{L}{2\pi T_p}$

④ $n = \dfrac{2\pi L}{T_p}$

해설

유압펌프 축동력 $L = 2\pi n T_p$에서 회전수 n을 구한다.

13 ① 14 ① 15 ③ 16 ③ 정답

17 유압유의 점성이 지나치게 큰 경우 나타나는 현상이 아닌 것은?

① 유동의 저항이 지나치게 많아진다.
② 마찰에 의한 열이 발생한다.
③ 부품 사이의 누출손실이 커진다.
④ 마찰손실에 의한 펌프의 동력이 많이 소비된다.

해설
부품 사이의 누출 손실이 커지는 것은 점도가 너무 낮은 경우이다.
유압유의 점도가 너무 높은 경우
- 마찰손실에 의한 동력손실이 큼(장치 전체의 효율 저하)
- 장치(밸브, 관 등)의 관 내 저항에 의한 압력손실이 큼(기계효율 저하)
- 마찰에 의한 열이 많이 발생(캐비테이션 발생)
- 응답성이 저하

18 유압 실린더에 작용하는 힘을 산출할 때 사용되는 것은?

① 보일의 법칙
② 파스칼의 원리
③ 가속도의 법칙
④ 플레밍의 왼손 법칙

해설
파스칼(Pascal)의 원리
- 정지하고 있는 유체의 압력은 그 표면에 수직으로 작용한다.
- 점에 작용하는 압력의 크기는 모든 방향으로 같게 작용한다.
- 정지하고 있는 유체 중의 압력은 그 무게가 무시될 수 있으며, 그 유체 내의 어디에서나 같다.

$$P=\frac{F_1}{A_1}=\frac{F_2}{A_2}$$

19 유관의 안지름을 5[cm], 유속을 10[cm/sec]로 하면 최대 유량은 약 몇 [cm^3/sec]인가?

① 196 ② 250
③ 462 ④ 785

해설
연속의 법칙(Law of Continuity)
관 속에 유체가 가득 차서 흐른다면 단위시간에 단면적 A_1을 통과하는 유량 Q_1은 단면 A_2를 통과하는 유량 Q_2와 같다.

$$Q=A_1V_1=A_2V_2$$

$$Q=\frac{\pi\times5^2}{4}\times10=196.25$$

20 베르누이의 정리에서 에너지 보존의 법칙에 따라 유체가 가지고 있는 에너지가 아닌 것은?

① 위치에너지
② 마찰에너지
③ 운동에너지
④ 압력에너지

해설
베르누이의 정리 : 점성이 없는 비압축성의 액체가 수평관을 흐를 경우 에너지 보존의 법칙에 의해,
'압력수두 + 위치수두 + 속도수두 = 일정'하다라는 식이 성립된다.

$$\frac{P_1}{\gamma}+h_1+\frac{1}{2}\cdot\frac{V_1^2}{g}=\frac{P_2}{\gamma}+h_2+\frac{1}{2}\cdot\frac{V_2^2}{g}$$

(P_1, P_2 : 압력, V_1, V_2 : 유속, γ : 액체의 비중량, g : 중력가속도, h_1, h_2 : 위치수두)

정답 17 ③ 18 ② 19 ① 20 ②

21 **로터리 실린더라고도 하며 360° 전체를 회전할 수는 없으나 출구와 입구를 변화시키면 ±50° 정, 역회전이 가능한 것은?**

① 기어모터
② 베인모터
③ 요동모터
④ 회전 피스톤 모터

해설
① 기어모터
- 구조면에서 가장 간단하며, 출력 토크가 일정하다.
- 저속 회전이 가능하고, 소형으로 큰 토크를 낼 수 있다.

② 베인모터
- 구조면에서 베인펌프와 동일하고, 구성 부품수가 적고 구조가 간단하며, 고장이 적다.
- 출력 토크가 일정하고, 역전 가능, 무단 변속 가능, 가혹한 운전이 가능하다.

④ 회전 피스톤 모터
- 액시얼형과 레이디얼형으로 구분, 정용량형과 가변용량형이 있다.
- 고압, 고속 및 대출력을 발생, 구조가 복잡하고 고가이다.

22 **유압 작동유의 일반적인 구비조건으로 틀린 것은?**

① 압축성이어야 한다.
② 화학적으로 안정되어야 한다.
③ 방열성이 좋아야 한다.
④ 녹이나 부식 발생이 방지되어야 한다.

해설
작동유의 구비조건
- 비압축성일 것
- 내열성, 점도지수, 체적탄성계수 등이 클 것
- 장시간 사용해도 화학적으로 안정될 것
- 산화안정성(녹이나 부식 발생 등의 방지), 방열성이 좋을 것
- 장치와의 결합성, 유동성이 좋을 것
- 이물질 등을 빨리 분리할 것
- 인화점이 높을 것

23 **흡착식 건조기에 관한 설명으로 옳지 않은 것은?**

① 건조제로 실리카겔, 활성 알루미나 등이 사용된다.
② 흡착식 건조기는 최대 −70[℃] 정도까지의 저이슬점을 얻을 수 있다.
③ 건조제가 압축공기 중의 수분을 흡착하여 공기를 건조하게 한다.
④ 냉매에 의해 건조되며 2~5[℃]까지 냉각되어 습기를 제거한다.

해설
④는 냉동식 건조기에 대한 설명이다.

24 **공기압축기를 작동원리에 따라 분류할 때 용적형 압축기가 아닌 것은?**

① 축류식
② 피스톤식
③ 베인식
④ 다이어프램식

해설
작동원리에 따른 분류

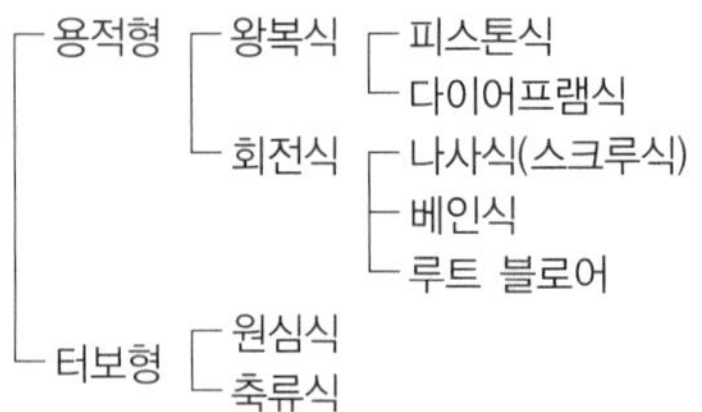

21 ③ 22 ① 23 ④ 24 ① 정답

25 다음 그림에 관한 설명으로 옳은 것은?

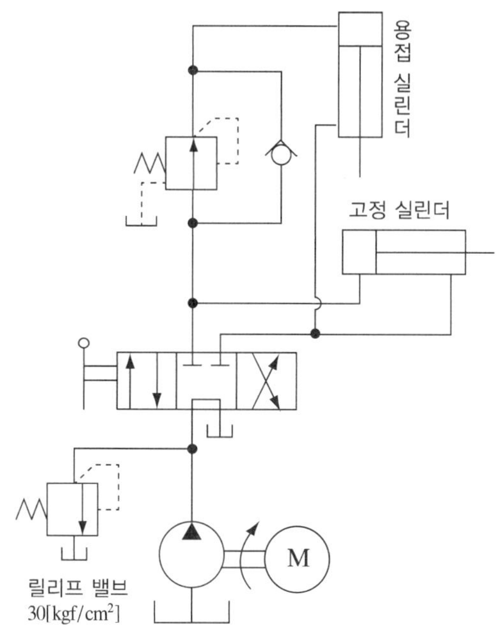

① 자유낙하를 방지하는 회로이다.
② 감압밸브의 설정압력은 릴리프 밸브의 설정압력보다 낮다.
③ 용접 실린더와 고정 실린더의 순차제어를 위한 회로이다.
④ 용접 실린더에 공급되는 압력을 높게 하기 위한 방법이다.

해설
감압밸브에 의한 2압력 회로이다. 고정 실린더의 고정압력은 릴리프 밸브의 설정압력으로 설정되고, 용접 실린더의 접합압력은 감압밸브의 설정압력이며, 릴리프 밸브의 설정압력보다 낮은 범위에서 조정해야 한다.

26 2개의 안정된 출력 상태를 가지고, 입력 유무에 관계없이 직전에 가해진 압력의 상태를 출력 상태로 유지하는 회로는?

① 부스터 회로
② 플립플롭 회로
③ 카운터 회로
④ 레지스터 회로

해설
① 부스터 회로 : 저압력을 어느 정해진 높은 출력으로 증폭하는 회로
③ 카운터 회로 : 입력으로서 가해진 펄스신호의 수를 계수로 하여 기억하는 회로
④ 레지스터 회로 : 2진수로서의 정보를 일단 내부로 기억하여 적시에 그 내용이 이용될 수 있도록 구성한 회로

27 공기의 압축성 때문에 스틱-슬립(Stick-slip)현상이 생겨 속도가 안정되지 않을 때 이를 방지하기 위해 사용되는 기기는?

① 증압기
② 충격 방출기
③ 증폭기
④ 공유압 변환기

해설
공유압 변환기의 용도 : 공기의 압축성 때문에 스틱-슬립(Stick-slip)현상이 발생하여 균일한 속도를 얻을 수 없다. 이러한 문제를 해결하기 위해 공유압 변환기를 사용하면 오일의 압축성을 이용하여 안정된 저속운동이 가능하다.

정답 25 ② 26 ② 27 ④

28 **연속적으로 공기를 빼내는 공기 구멍을 나타내는 기호는?**

해설

공기 구멍 (어느 시기에 공기를 빼고 나머지 시간은 닫아 놓는 경우)	공기 구멍 (필요에 따라 체크 기구를 조작하여 공기를 빼는 경우)	어큐뮬레이터 (축압기)

29 **다음 중 공압모터의 장점은?**

① 배기음이 작다.
② 에너지 변환효율이 높다.
③ 폭발의 위험성이 거의 없다.
④ 공기의 압축성에 의해 제어성이 우수하다.

해설

공압모터의 단점
- 에너지 변환효율이 낮다.
- 압축성 때문에 제어성이 나쁘다.
- 회전속도의 변동이 크다. 따라서 고정도를 유지하기 힘들다.
- 소음이 크다.

30 **공압의 특성 중 장점에 속하지 않는 것은?**

① 이물질에 강하다.
② 인화의 위험이 없다.
③ 에너지 축적이 용이하다.
④ 압축공기의 에너지를 쉽게 얻을 수 있다.

해설

공압의 장점
- 동력원인 압축공기를 간단히 얻을 수 있다.
- 힘의 증폭이 용이하다.
- 힘의 전달이 간단하고 어떤 형태로도 전달 가능하다.
- 작업속도 변경이 가능하며 제어가 간단하다.
- 취급이 간단하다.
- 인화의 위험 및 서지압력 발생이 없고 과부하에 안전하다.
- 압축공기를 축적(저장)할 수 있다.
- 탄력이 있다(완충 작용 = 공기 스프링 역할).

제3과목 | 기초전기일반

31 **변압기의 온도 상승을 억제하기 위해서 갖추어야 할 변압기유의 조건으로 틀린 것은?**

① 절연내력이 작을 것
② 인화점이 높을 것
③ 응고점이 낮을 것
④ 화학적으로 안정될 것

해설

변압기 절연유의 구비조건
- 절연내력이 크다.
- 인화점이 높고 응고점이 낮다.
- 고온에서 산화되지 않는다.
- 점도가 낮고 냉각효과가 크다.
- 절연재료와 화학작용을 일으키지 않는다.

28 ① 29 ③ 30 ① 31 ① 정답

32 다음은 어떤 회로인가?

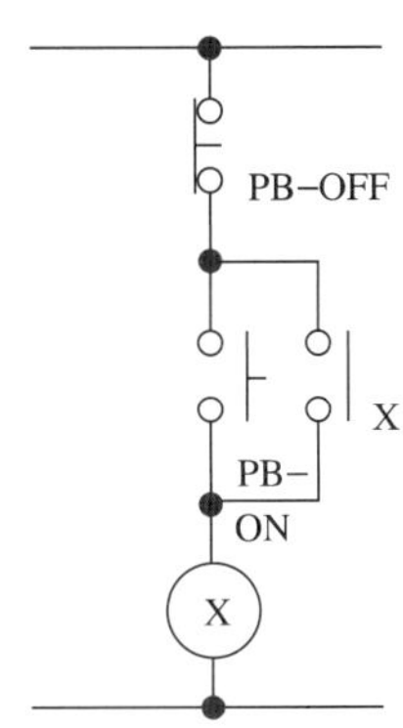

① 정지우선 회로
② 기동우선 회로
③ 신호검출 회로
④ 인터로크 회로

해설
PB 스위치를 동시에 투입했을 때 전원이 연결되지 않아 출력 X가 나오지 않는다.

33 극성을 가지고 있어 교류회로에 사용할 수 없는 콘덴서는?

① 전해 콘덴서
② 세라믹 콘덴서
③ 마이카 콘덴서
④ 마일러 콘덴서

해설
전해 콘덴서는 극성을 가지고 있어 직류회로에서 사용된다.

34 변압기 및 전기기기의 철심으로 얇은 철판을 겹쳐서 사용하는 이유는 무엇을 줄이기 위함인가?

① 자기흡인력
② 유도기전력
③ 맴돌이 전류손
④ 상호 인덕턴스

해설
철심 면적을 좁게 하여 맴돌이 전류의 발생을 줄인다.

35 다음 그림과 같은 접점회로의 논리식과 등가인 것은?

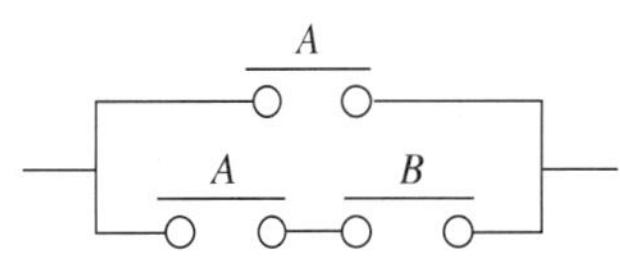

① $\overline{A}$ ② A
③ 0 ④ 1

해설
논리식은 $A+AB=A(1+B)=A$이다.

정답 32 ① 33 ① 34 ③ 35 ②

36 다음 그림과 같이 자석을 코일과 가까이 또는 멀리 하면 검류계의 지침이 순간적으로 움직이는 것을 알 수 있다. 이와 같이 코일을 관통하는 자속을 변화시킬 때 기전력이 발생하는 현상을 무엇이라고 하는가?

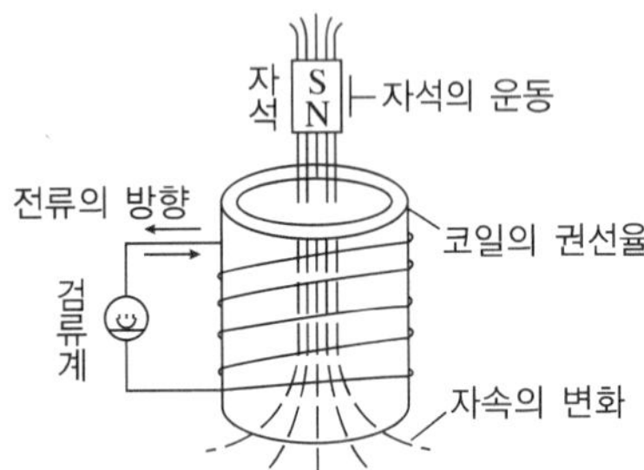

① 드리프트

② 상호유도

③ 전자유도

④ 정전유도

해설

전자유도법칙 : 자기장의 변화에 의하여 도체에 기전력이 발생하는 현상

37 주파수 60[kHz], 인덕턴스 20[μH]인 회로에 교류전류 $I = I_m \sin\omega t$[A]를 인가했을 때 유도 리액턴스 X_L[Ω]은?

① 1.2π

② 2.4π

③ 36π

④ $1.2 \times 10^3\pi$

해설

유도 리액턴스

$$X_L = \omega L = 2\pi f L = 2\pi \times 60{,}000 \times 20 \times 10^{-6} = 2.4\pi[\Omega]$$

38 공기 중에서 자기장의 크기가 10[A/m]인 점에 8[Wb]의 자극을 둘 때, 이 자극이 작용하는 자기력은 몇 [N]인가?

① 80[N]

② 8[N]

③ 1.25[N]

④ 0.8[N]

해설

$F = mH = 8 \times 10 = 80$[N]

39 교류전압의 크기와 위상을 측정할 때 사용되는 계기는?

① 교류전압계

② 전자전압계

③ 교류 전위차계

④ 회로시험기

해설

전압의 정밀 측정에 사용하는 측정기 중 교류용은 실횻값과 위상각을 잴 수 있고, 표준전기 등의 이미 알고 있는 전압과 비교하여 측정하는 것을 전위차계라고 한다.

40 평등 자장 내에 전류가 흐르는 직선 도선을 놓을 때, 전자력이 최대가 되는 도선과 자장 방향의 각도는?

① 0°

② 30°

③ 60°

④ 90°

해설

전자력 $F = BIl\sin\theta$[N]에서 전자력이 최대가 되는 도선의 각도는 자장의 방향에 $\theta = 90°$이다.

36 ③ 37 ② 38 ① 39 ③ 40 ④ 정답

41 자기저항의 단위는?

① [Ω] ② [H/m]
③ [AT/Wb] ④ [N·m]

해설

$R_m = \frac{F}{\phi} = \frac{NI}{\phi}$ [AT/Wb]

42 직류 전동기를 기동할 때에 전기자 회로에 직렬로 연결하여 기동전류를 억제시키고, 속도가 증가함에 따라 저항을 천천히 감소시키는 것을 무엇이라고 하는가?

① 기동기 ② 정류자
③ 브러시 ④ 제어기

해설

기동기는 기동 시 최대 저항으로 기동전류를 억제하고 가속되면 점차 저항을 감소시킨다.

43 다음 중 시퀀스 제어에 속하는 것은?

① 정성적 제어
② 정량적 제어
③ 되먹임 제어
④ 닫힌 루프제어

해설

- 시퀀스 제어 : 미리 정해 놓은 순서에 따라 제어의 각 단계를 순차적으로 제어하는 회로(순차제어, 정성적 제어)이다.
- 정성적 제어 : 일정 시간 간격을 기억시켜 제어 회로를 ON/OFF 또는 유무 상태만으로 제어하는 명령으로 두 개 값만 존재하며 이산 정보와 디지털 정보가 있다.
- 되먹임 제어 : 되먹임에 의해 제어량의 값을 목표값과 비교하여 이 두 값이 일치하도록 수정 동작을 행하는 제어(정량적 제어)이다.

44 실횻값이 E[V]인 정현파 교류전압의 최댓값은 얼마인가?

① $\sqrt{2}\,E$[V] ② $\frac{1}{\sqrt{2}}E$[V]
③ $\frac{2}{\pi}E$[V] ④ $2\,E$[V]

해설

$E_m = \sqrt{2}\,E$

45 다음 휘트스톤 브리지 회로에서 X는 몇 [Ω]인가?(단, 전류 평형이 되었을 때)

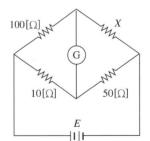

① 10 ② 50
③ 100 ④ 500

해설

$10X = 100 \times 50$

$\therefore\ X = 500$[Ω]

정답 41 ③ 42 ① 43 ① 44 ① 45 ④

제2과목 | 기계제도(비절삭) 및 기계요소

46 KS 나사제도에서 관용 평행나사를 나타내는 기호는?

① R ② G
③ M ④ S

해설
① R : 관용 테이퍼 수나사
③ M : 미터보통나사
④ S : 미니어처나사

47 선의 종류에서 물체의 보이지 않는 부분의 형상을 나타내는 것은?

① 굵은 1점쇄선
② 가는 1점쇄선
③ 가는 2점쇄선
④ 가는 파선 또는 굵은 파선

해설
형상을 나타낼 때는 외형선(굵은 실선)을 사용하고, 가려서 보이지 않는 형상은 파선(숨은선)으로 표시한다.

48 피치원 지름이 350[mm]인 표준 스퍼기어에서 잇수가 50개일 때 모듈은?

① 2 ② 3
③ 5 ④ 7

해설
모듈 $M = \frac{\text{피치원의 지름}(D)}{\text{잇수}(Z)} = \frac{350}{50} = 7$

49 아이볼트에 5[ton]의 인장하중이 걸릴 때 나사부의 바깥지름은?(단, 허용응력 $\sigma_a = 100[\text{kgf/mm}^2]$이고, 나사는 미터보통나사를 사용한다)

① 10 ② 20
③ 30 ④ 36

해설
볼트의 지름 $d = \sqrt{\frac{2W}{\sigma_a}} = \sqrt{\frac{2 \times 5{,}000}{100}} = 10$

50 재료의 어느 범위 내에 단위 면적당 한곳에 작용하는 하중은?

① 집중하중
② 분포하중
③ 반복하중
④ 교번하중

해설
② 분포하중 : 전 하중이 부재 표면에 분포되어 작용하는 하중
③ 반복하중 : 힘이 반복적으로 작용하는 하중(방향은 불변)
④ 교번하중 : 하중의 크기와 방향이 주기적으로 바뀌는 하중

46 ② 47 ④ 48 ④ 49 ① 50 ① 정답

51 다음 제3각 정투상도에 해당하는 입체도는?

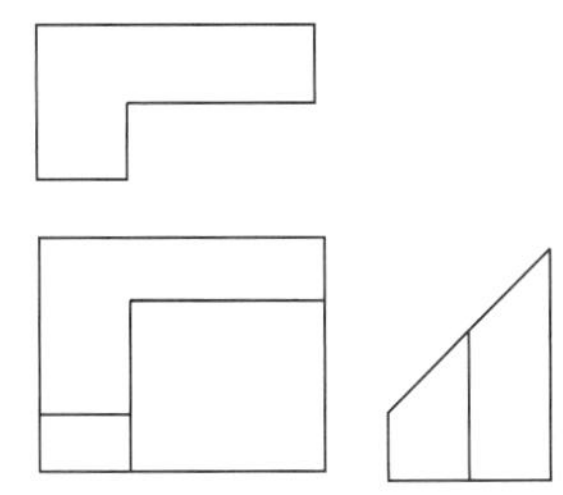

①　　②

③　　④

52 다음 그림에서 'ⓐ'의 선 명칭으로 옳은 것은?

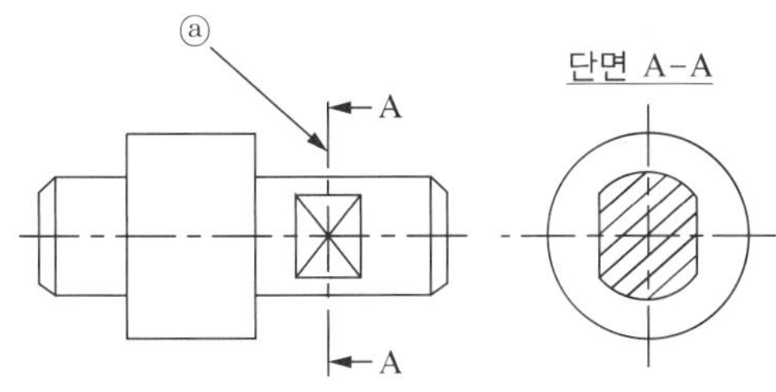

① 파단선　　② 절단선

③ 피치선　　④ 숨은선

해설

단면도 : 어떤 물체의 내부를 나타내려고 할 때 어느 면으로 절단(절단선)하여 형상을 도시

53 지름 50[mm]인 원형 단면에 하중 4,500[N]이 작용할 때 발생되는 응력은 약 몇 [N/mm^2]인가?

① 2.3　　② 4.6

③ 23.3　　④ 46.6

해설

압축응력 : $\sigma_c = \dfrac{P_c}{A}$[kg/cm^2]

$$= \frac{4,500}{\frac{3.14 \times 50^2}{4}} = \frac{4,500}{1,962.5} = 2.293[\mathrm{N/mm^2}]$$

54 다음 그림과 같은 용접기호에서 '40'의 의미를 바르게 설명한 것은?

z7　8×40(160)

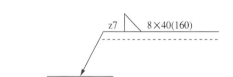

① 용접부 길이

② 용접부 수

③ 인접한 용접부의 간격

④ 용입의 바닥까지의 최소 거리

해설

단속 필릿용접에서

- z7 : 단면에서 이등변삼각형의 변 길이
- 8 : 용접부의 개수(용접수)
- 40 : 용접부 길이(크레이터 제외)
- 160 : 인접한 용접부 간격(피치)

정답 51 ③ 52 ② 53 ① 54 ①

55 다음 그림과 같은 입체도를 제3각법으로 투상한 도면으로 가장 적합한 것은?

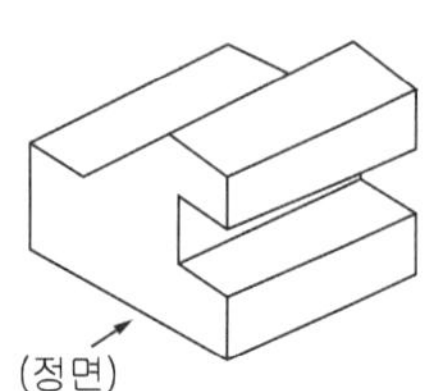

①

②

③

④

56 체결하려는 부분이 두꺼워서 관통 구멍을 뚫을 수 없을 때 사용되는 볼트는?

① 탭 볼트

② T홈 볼트

③ 아이 볼트

④ 스테이 볼트

해설

② T홈 볼트 : 공작기계 테이블의 T홈 등에 끼워서 공작물을 고정시키는 데 사용

③ 아이 볼트 : 부품을 들어 올리는 데 사용되는 링 모양이나 구멍이 뚫려 있는 것

④ 스테이 볼트 : 부품의 간격 유지, 턱을 붙이거나 격리 파이프를 넣는다.

57 풀리의 지름 200[mm], 회전수 900[rpm]인 평벨트 풀리가 있다. 벨트의 속도는 약 몇 [m/sec]인가?

① 9.42

② 10.42

③ 11.42

④ 12.42

해설

원주 속도 $v = \frac{\pi D_1 N_1}{60 \times 10^3} = \frac{\pi D_2 N_2}{60 \times 10^3}$ [m/sec]에서

$= \frac{3.14 \times 200 \times 900}{60 \times 1,000} = 9.42$[m/sec]

58 나사의 풀림 방지법에 속하지 않는 것은?

① 스프링 와셔를 사용하는 방법

② 로크 너트를 사용하는 방법

③ 부시를 사용하는 방법

④ 자동 조임 너트를 사용하는 방법

해설

나사(너트)의 풀림 방지법

- 탄성 와셔에 의한 법
- 로크 너트에 의한 법
- 핀(분할핀) 또는 작은 나사를 쓰는 법
- 철사에 의한 법
- 너트의 회전 방향에 의한 법
- 자동 죔 너트에 의한 법
- 세트 스크루에 의한 법

55 ④ 56 ① 57 ① 58 ③ 정답

59 가공방법의 보조기호 중에서 리밍(Reaming)가공에 해당하는 것은?

① FS ② FL
③ FF ④ FR

해설
① FS : 스크레이퍼 다듬질
② FL : 래핑 다듬질
③ FF : 줄 다듬질

60 다음 그림과 같은 스프링에서 스프링 상수가 k_1 = 10[N/mm], k_2 = 15[N/mm]이라면 합성 스프링 상수값은 약 몇 [N/mm]인가?

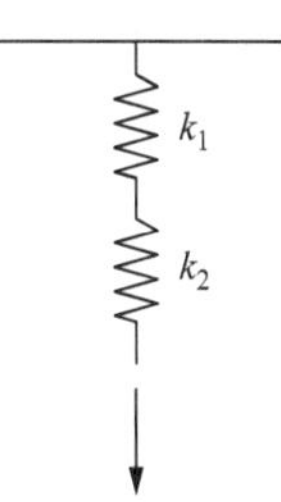

① 3 ② 6
③ 9 ④ 25

해설
직렬의 경우이므로, $\frac{1}{k}=\frac{1}{k_1}+\frac{1}{k_2}$ 이다.

$\frac{1}{k}=\frac{1}{10}+\frac{1}{15}=\frac{3}{30}+\frac{2}{30}=\frac{5}{30}=\frac{1}{6}$

그러므로, $k=6$

정답 59 ④ 60 ②

2020년 제1회 과년도 기출복원문제

제1과목┃ 공유압 일반

01 공유압 기호 요소 설계에서 대원의 용도로 옳은 것은?

① 계측기
② 회전 이음
③ 에너지 변환기
④ 관로의 접속구

해설
원의 용도
• 대원 : 에너지 변환기(펌프, 압축기, 전동기 등)
• 중간원 : 계축기, 회전 이음
• 소원 : 체크밸브, 링크, 롤러(중앙에 점을 찍는다)
• 점 : 관로의 접속, 롤러의 축
• 반원 : 회전 각도가 제안을 받는 펌프 또는 액추에이터

02 공기압 실린더의 호칭방법 중 LB의 의미는?

KS B 6373 LB 50 B 100

① 규격번호
② 지지형식
③ 쿠션의 유무
④ 튜브의 안지름

해설
공기압 실린더의 호칭 방법

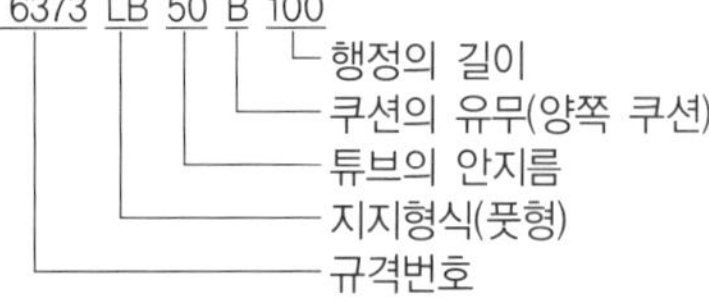

03 니들밸브에 대한 설명으로 옳은 것은?

① 작은 지름의 파이프에서 유량을 미세하게 조정하는 밸브
② 한쪽 방향의 유동은 허용하고 반대 방향의 흐름은 차단하는 밸브
③ 두 개 이상의 입구와 한 개의 출구를 갖춘 밸브
④ 회로 내의 압력을 설정하는 밸브

해설
② 체크밸브
③ 셔틀밸브
④ 릴리프밸브

04 스트레이너 설치 위치로 옳은 것은?

① 탱크 복귀관
② 유압펌프의 흡입관
③ 유압펌프의 배출관
④ 제어밸브와 액추에이터 사이

해설
스트레이너의 특징
• 펌프의 흡입쪽에 설치한다.
• 펌프 토출량의 2배인 여과량을 설치한다.
• 기름 표면 및 기름탱크 바닥에서 각각 50[mm] 떨어져서 설치한다.
• 100~150[μm]의 철망을 사용한다.

1 ③ 2 ② 3 ① 4 ② 정답

05 공압 실린더 취급 시 주의사항으로 잘못된 것은?

① 로드 선단과 연결부에 자유도가 없도록 한다.
② 작업 환경의 주위 온도는 5~60[℃]가 적당하다.
③ 실린더의 속도는 일반적으로 50~500[mm/s] 범위 내로 사용한다.
④ 피스톤 로드는 가로 하중과 굽힘 모멘트가 걸리지 않도록 고려한다.

해설
실린더 작동 특성
- 사용 공기압력 범위 : 1~7[kgf/cm^2]로 규정
- 주위 및 사용 온도 : 5~60[℃] 정도로 규정
- 사용속도 : 50~500[mm/s] 범위 내로 사용
- 실린더 행정거리 : 설치방법, 피스톤 로드 직경, 피스톤 로드 끝에 걸리는 부하의 종류, 가이드의 유무 및 부하의 운동 방향 조건 등에 의해 결정된다. 피스톤 로드 길이가 지름의 10배 이상이면 좌굴이 일어난다.
- 필요시 완충장치를 설치한다.
- 실린더의 작동 방향이 추종하도록 설치하고, 로드 선단과 연결부에 자유도를 갖도록 설치한다.

06 실린더의 부하가 급격히 감소하더라도 피스톤이 급속히 전진하는 것을 방지하기 위하여 귀환쪽에 일정한 배압을 걸어 주기 위한 회로를 구성하고자 할 때 사용하는 밸브는?

①
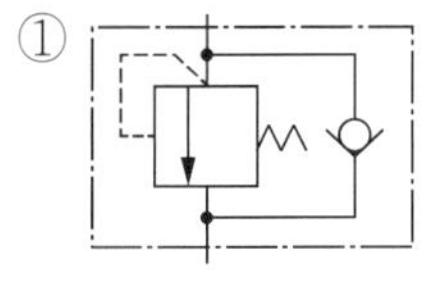
②
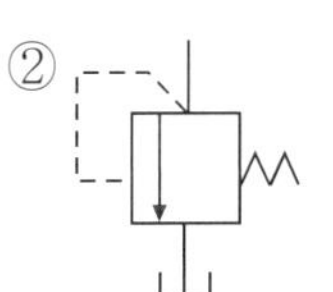
③
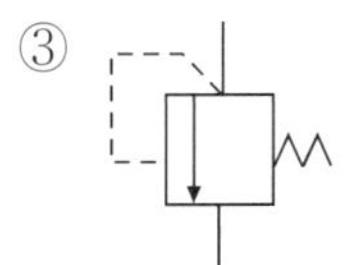
④
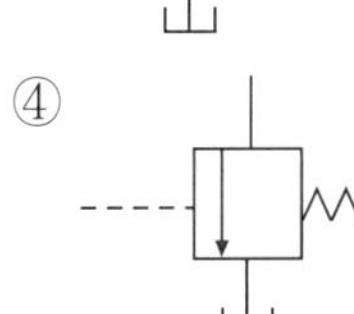

해설
① 카운터 밸런스 밸브
② 릴리프밸브
③ 시퀀스밸브
④ 무부하밸브

07 실린더 설치에 있어 가장 일반적이고 간단한 설치 방법으로 주로 경부하용으로 사용하는 것은?

① 풋 형
② 클레비스형
③ 플랜지형
④ 트러니언형

해설
② 클레비스형 : 부하의 요동 방향과 실린더의 요동 방향을 일치시켜 피스톤 로드에 횡하중이 걸리지 않도록 한다.
③ 플랜지형 : 가장 견고한 설치방법으로 부하의 운동 방향과 축심을 일치시켜 설치한다.
④ 트러니언형 : 실린더 로드 중심선에 대해서 직각으로 실린더의 양측으로 뻗은 원통상의 피벗으로 지탱하는 설치형식이다.

08 다음 그림의 기호는 어떤 밸브인가?

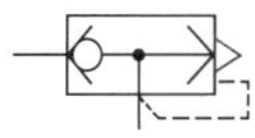

① 급속 배기밸브
② 저압 우선형 밸브
③ 고압 우선형 밸브
④ 파일럿 조작 체크밸브

해설

저압 우선형 밸브	고압 우선형 밸브	파일럿 조작 체크밸브

정답 5 ① 6 ① 7 ① 8 ①

09 유압베인모터의 1회전당 유량이 50[CC]일 때 공급압력 8[MPa], 유량 30[L/min]으로 할 경우 최대 회전수[rpm]는?

① 600
② 650
③ 6,000
④ 6,500

해설

유량 $Q = \frac{V\,N}{1{,}000}$ 에서

회전수 $N = \frac{Q \times 1{,}000}{V} = \frac{30 \times 1{,}000}{50} = 600[\text{rpm}]$

10 다음 공유압 도면기호는 어떤 보조기기의 기호인가?

① 압력계
② 온도계
③ 차압계
④ 유량계

해설

압력계	온도계	유량계

11 1기압은 수은주 760[mmHg]이다. 상온의 물이라면 수두는 얼마인가?

① 0.76[m]
② 1.034[m]
③ 7.6[m]
④ 10.33[m]

해설

1기압에 수은주는 760[mmHg]이고, 수두는 10,332.3[mmH_2O]이다.

12 에어 드라이어 중 흡수액을 사용하여 화학적으로 건조하는 방식은?

① 애프터 쿨러
② 흡착식 드라이어
③ 냉동식 드라이어
④ 흡수식 드라이어

해설

① 애프터 쿨러 : 공기압축기로부터 토출되는 고온(200[℃])의 압축공기를 공기건조기로 공급하기 전 건조기의 입구 온도조건(약 35[℃])에 알맞도록 1차 냉각시키고 흡입 수증기의 65[%] 이상을 제거하는 장치
② 흡착식 건조기 : 고체 흡착제 SiO_2(실리콘다이옥사이드)를 사용하는 물리적 과정의 방식
③ 냉동식 건조기 : 이슬점 온도를 낮추는 원리를 이용한 것

9 ① 10 ③ 11 ④ 12 ④ 정답

13 다음 밸브의 특징으로 옳은 것은?

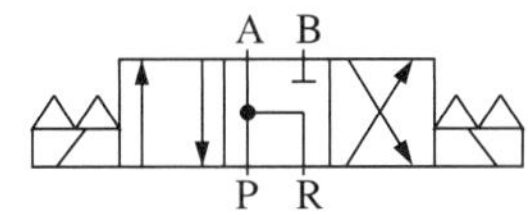

① 펌프 압유를 다른 액추에이터에 사용한다.

② 중립 위치에서 전진 행정은 차동회로에 의해 증속이 가능하다.

③ B포트에 압유가 샐 때 피스톤이 후퇴해도 안전측으로 사용한다.

④ 펌프 언로드가 요구되고 부하에 의한 자주를 방지할 필요가 있을 때 사용한다.

해설

실린더 포트 블록으로, PAR 접속형이라고 한다.

14 다음 기호의 명칭은?

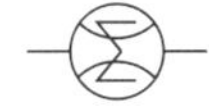

① 토크계

② 유면계

③ 적산유량계

④ 회전속도계

해설

토크계	유면계	회전속도계

15 다음 유압회로의 명칭으로 맞는 것은?

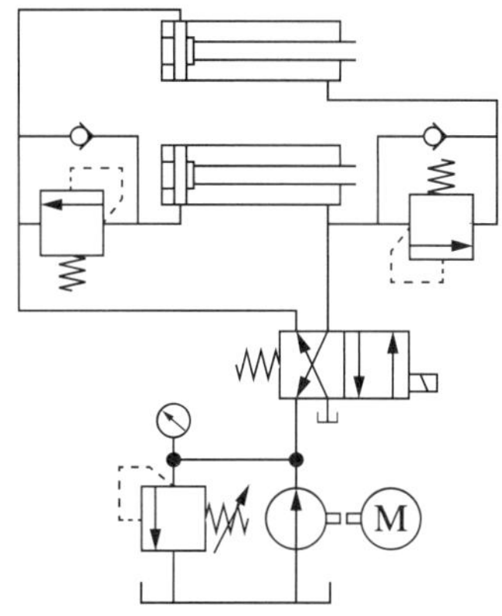

① 차압회로

② 시퀀스회로

③ 미터 아웃 회로

④ 완전 로크 회로

해설

시퀀스회로는 유압으로 구동되고 있는 기계의 조작을 순서에 따라 자동적으로 행하게 하는 회로로서 시퀀스밸브로 구성되어 있다.

16 응축수 배출기의 종류가 아닌 것은?

① 플로트식(Float Type)

② 파일럿식(Pilot Type)

③ 미립자 분리식(Mist Separator Type)

④ 전동기 구동식(Motor Drive Type)

해설

드레인 배출 형식

- 수동식
- 자동식 : 플로트식, 파일럿식, 전동기 구동 방식

정답 13 ④ 14 ③ 15 ② 16 ③

17 다음과 같은 유압회로의 언로드 형식은 어떤 형태로 분류되는가?

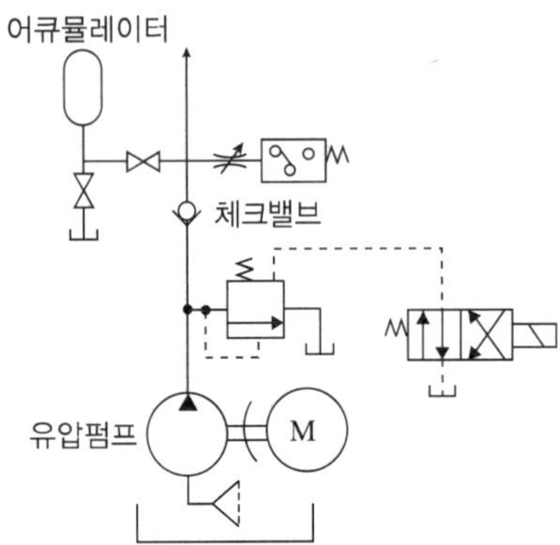

① 바이패스 형식에 의한 방법
② 탠덤센서에 의한 방법
③ 언로드밸브에 의한 방법
④ 릴리프밸브를 이용한 방법

해설
축압기, 압력 스위치를 사용한 무부하회로이다. 보기에 없으므로, 릴리프밸브를 이용한 무부하회로로 펌프 송출 전량을 탱크로 귀환시키는 회로이다.

18 베르누이의 정리에서 에너지 보존의 법칙에 따라 유체가 가지고 있는 에너지가 아닌 것은?

① 위치 에너지
② 마찰 에너지
③ 운동 에너지
④ 압력 에너지

해설
베르누이의 정리 : 점성이 없는 비압축성의 액체가 수평관을 흐를 경우 에너지 보존의 법칙에 의해,
'압력수두 + 위치수두 + 속도수두 = 일정'하다는 식이 성립된다.

$$\frac{P_1}{\gamma}+h_1+\frac{1}{2}\cdot\frac{V_1^2}{g}=\frac{P_2}{\gamma}+h_2+\frac{1}{2}\cdot\frac{V_2^2}{g}$$

(P_1, P_2 : 압력, V_1, V_2 : 유속, γ : 액체의 비중량, g : 중력가속도, h_1, h_2 : 위치수두)

19 다음의 기호가 나타내는 것은?

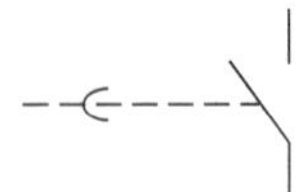

① 수동 조작스위치 a접점
② 수동 조작스위치 b접점
③ 소자 지연 타이머 a접점
④ 여자 지연 타이머 a접점

해설
스위치 ON 지연 타이머에 대한 기호이다.

20 유압 작동유의 점도가 너무 높을 경우 유압장치의 운전에 미치는 영향이 아닌 것은?

① 캐비테이션(Cavitation) 발생
② 배관저항에 의한 압력 감소
③ 유압장치 전체의 효율 저하
④ 응답성의 저하

해설
점도가 너무 높은 경우
- 마찰손실에 의한 동력손실이 크다(장치 전체의 효율 저하).
- 장치(밸브, 관 등)의 관 내 저항에 의한 압력손실이 크다(기계효율 저하).
- 마찰에 의한 열이 많이 발생한다(캐비테이션 발생).

17 ④ 18 ② 19 ④ 20 ② 정답

21 압력조절밸브 사용 시 주의사항으로 공기압 기기의 전공기 소비량이 압력조절밸브에서 공급되었을 때 압력조절밸브의 2차 압력이 몇 [%] 이하로 내려가지 않도록 하는 것이 바람직한가?

① 60　　② 70
③ 80　　④ 90

해설

압력조절밸브의 사용상 주의사항

- 선정용 검토항목을 참고하여 선정한다.
- 이물질 침입을 방지할 수 있도록 반드시 필터를 설치한다.
- 2차측 부하에 상응한 밸브를 선택하여 조절 공기압력의 30~80[%] 범위 내에서 사용한다(공기압 기기의 전 공기 소비량이 이 압력조절 밸브의 2차 압력이 80[%] 이하로 내려가지 않도록 하는 밸브 사이즈를 선정).
- 압력, 유량, 히스테리시스 특성 및 재현성 등을 조사한다.
- 사용목적에 맞는 규격의 밸브를 선정한다.
- 회로 구성상 여러 개의 감압밸브가 설치되는 경우, 회로 전체의 정상 상태가 유지되도록 주의해야 한다.

22 펌프의 송출압력이 50[kgf/cm²], 송출량이 20[L/min]인 유압펌프의 펌프동력은 약 얼마인가?

① 1.5[PS]　　② 1.7[PS]
③ 2.2[PS]　　④ 3.2[PS]

해설

펌프동력 계산

$L_p = \frac{PQ}{612}[\text{kW}],\ L_p = \frac{PQ}{450}[\text{PS}]$

P의 단위가 [kgf/cm²]이고, Q의 단위가 [L/min]

$L_p = \frac{PQ}{450}[\text{PS}] = \frac{50 \times 20}{450} = 2.2[\text{PS}]$

23 다음 그림과 같은 공압회로는 어떤 논리를 나타내는가?

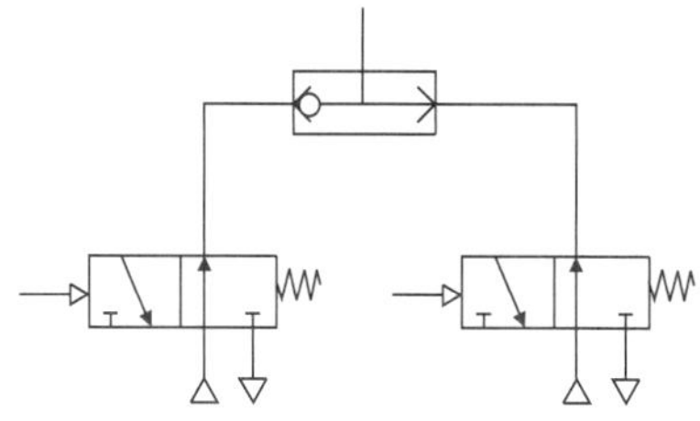

① OR　　② AND
③ NAND　　④ EX-OR

해설

NAND 회로 : AND 회로의 출력을 반전시킨 것으로, 모든 입력이 1일 때만 출력이 없어지는 회로이다.

24 다음의 기호를 무엇이라고 하는가?

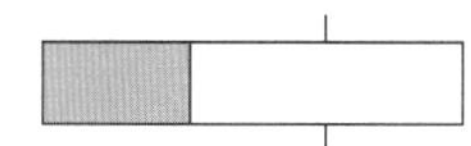

① On Delay 타이머
② Off Delay 타이머
③ 카운터
④ 솔레노이드

해설

② Off Delay 타이머 : 전압이 가해지면 순시에 접점이 닫히거나 열리고, 전압을 끊으면 설정시간이 지나 접점이 열리거나 닫히는 것(순시 동작 한시 복귀형)

① On Delay 타이머 : 전압이 가해지고 일정 시간이 경과한 후 접점이 닫히거나 열리고, 전압을 끊으면 순시에 접점이 열리거나 닫히는 것(한시 동작 순시 복귀형)

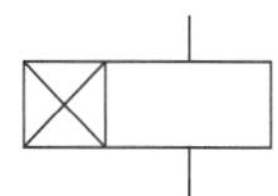

③ 카운터 : 사전에 계수량을 정하고 계수값이 설정값에 도달하면, 내장된 접점이 동작(계수 코일, 리셋 코일, 마이크로 스위치 등으로 구성)

④ 솔레노이드 : 전자석의 힘을 이용하여 플런저를 움직여 공기압의 방향을 전환시키는 것

정답 21 ③ 22 ③ 23 ③ 24 ②

25 보일-샤를의 법칙에서 공기의 기체상수[kgf · m/kgf · K]로 맞는 것은?

① 19.27　　② 29.27
③ 39.27　　④ 49.27

해설
보일-샤를의 법칙(압력, 체적, 온도와의 관계)
압력, 체적, 온도의 세 가지가 모두 변화 시
$PV = GRT$
(G : 기체의 중량[kgf], R : 기체상수[kgf · m/kgf · K], 공기의 경우 R : 29.27)

26 펌프가 포함된 유압 유닛에서 펌프 출구의 압력이 상승하지 않는다. 그 원인으로 적당하지 않은 것은?

① 릴리프밸브의 고장
② 속도제어밸브의 고장
③ 부하가 걸리지 않음
④ 언로드밸브의 고장

해설
압력이 형성되지 않는 경우
- 릴리프밸브의 설정압이 잘못되었거나 작동 불량
- 유압회로 중 실린더 및 밸브에서 누설(부하가 걸리지 않음)
- 펌프 내부의 고장에 의해 압력이 새고 있는 경우(부하가 걸리지 않음)
- 언로드밸브 고장
- 펌프 고장

27 유압기기에서 스트레이너의 여과입도 중 많이 사용되고 있는 것은?

① 0.5~1[μm]
② 1~30[μm]
③ 50~70[μm]
④ 100~150[μm]

해설
스트레이너의 특징
- 펌프의 흡입구쪽에 설치한다.
- 펌프 토출량의 2배인 여과량을 설치한다.
- 기름 표면 및 기름탱크 바닥에서 각각 50[mm] 떨어져서 설치한다.
- 100~150[μm]의 철망을 사용한다.

28 다음 그림은 어떤 회로인가?

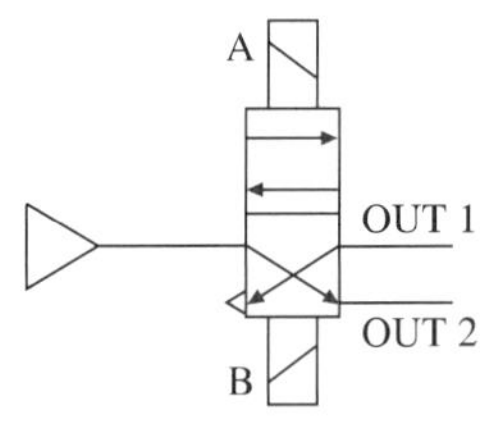

① 1방향 흐름 회로
② 플립플롭 회로
③ 푸시버튼 회로
④ 스트로크 회로

해설
플립플롭 회로 : 입력신호와 출력신호에 대한 기억 기능이 있다. 먼저 도달한 신호가 우선 작동되며 다음 신호가 입력될 때까지 처음 신호가 유지되는 회로이다. 문제의 기호는 4/2way 양 솔레노이드밸브로, 메모리(플립플롭) 기능을 가지고 있다.

25 ② 26 ② 27 ④ 28 ② 정답

29 공압탱크의 크기를 결정할 때 안전계수는 대략 얼마로 하는가?

① 0.5　　② 1.2
③ 2.5　　④ 3

해설
- 일반 공압탱크의 안전계수 : 1.2 이상
- 항공로켓용 공압탱크의 안전계수 : 2 이상

30 공압 시퀀스 제어회로의 운동 선도 작성방법이 아닌 것은?

① 운동의 서술적 표현법
② 테이블 표현법
③ 기호에 의한 간략적 표시법
④ 작동시간 표현법

해설
시간 선도 : 액추에이터의 운동 상태를 시간에 기준하여 나타내는 선도로, 시스템의 시간동작 특성과 속도 변화 등을 자세히 파악할 수 있다.
※ 운동 선도 작성법
- 운동의 서술적 표현법
- 테이블 표현법
- 간략적 표시법

제3과목 | 기초전기일반

31 직류발전기의 병렬운전 조건이 아닌 것은?

① 극성이 같을 것
② 정격단자전압이 같을 것
③ 수하 특성이 없을 것
④ 외부 특성곡선이 같을 것

해설
직류발전기의 병렬운전 조건
- 정격단자전압이 같을 것
- 극성이 같을 것
- 외부 특성곡선이 일치하고 약간의 수하 특성을 가질 것

32 자기저항의 단위는?

① [Ω]　　② [H/m]
③ [AT/Wb]　　④ [N・m]

해설
$R_m = \frac{F}{\phi} = \frac{NI}{\phi}$[AT/Wb]

33 사이리스터의 설명이 옳은 것은?

① SSS : 단방향성 3단자
② SCR : 단방향성 4단자
③ SCS : 쌍방향성 2단자
④ TRIAC : 쌍방향성 3단자

해설
- SCR : 단방향성 3단자
- SCS : 단방향성 4단자
- SSS : 쌍방향성 2단자
- TRIAC : 쌍방향성 3단자

정답 29 ② 30 ④ 31 ③ 32 ③ 33 ④

34 다음 그림과 같은 전동기 주회로에서 THR은?

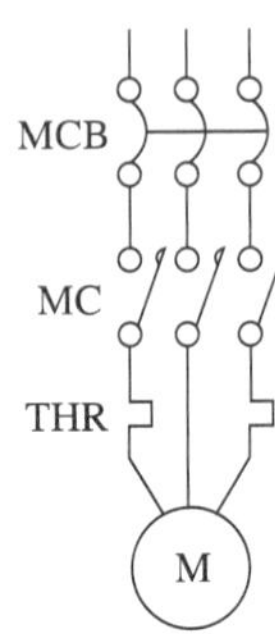

① 퓨 즈
② 열동계전기
③ 접 점
④ 램 프

해설
- MCB : 배선용 차단기
- MC : 전자접촉기
- THR : 열동계전기
- M : 모 터

35 역률 80[%]의 부하의 유효전력이 100[kW]일 때 무효전력은 몇 [kVar]인가?

① 75　② 85
③ 95　④ 100

해설
유효전력 $= VI\cos\theta[\mathrm{W}]$
무효전력 $= VI\sin\theta[\mathrm{Var}]$
$\cos\theta = 0.8$이므로, $\sin\theta = 0.6$
$(\sqrt{\cos^2\theta + \sin^2\theta} = 1)$
$\therefore\ VI \times 0.8 = 100,\ VI \times 0.6 = \dfrac{100}{0.8} \times 0.6 = 75[\mathrm{kVar}]$

36 기동 시 토크가 큰 것이 특징이며 전동차나 크레인과 같이 기동 토크가 큰 것을 요구하는 것에 적합한 전동기는?

① 타여자전동기
② 직권전동기
③ 분권전동기
④ 복권전동기

해설
직권전동기의 특성 : 기동토크가 커서 전동차나 크레인, 전기기관차 등에 이용된다.

37 평형 3상 Y결선에서 선간전압과 상전압의 위상차는 몇 [rad]인가?

① $\dfrac{\pi}{2}$　② $\dfrac{\pi}{3}$
③ $\dfrac{\pi}{4}$　④ $\dfrac{\pi}{6}$

해설
Y결선에서 선간전압은 상전압보다 $\dfrac{\pi}{6}$[rad] 앞선다.

38 직류전동기의 속도제어법이 아닌 것은?

① 계자제어법
② 발전제어법
③ 저항제어법
④ 전압제어법

해설
직류전동기의 속도제어법 : 계자제어, 전압제어, 저항제어

34 ② 35 ① 36 ② 37 ④ 38 ② 정답

39 500[Ω]의 저항에 1[A]의 전류가 1분 동안 흐를 때 발생하는 열량은 몇 [cal]인가?

① 2,700
② 5,600
③ 6,200
④ 7,200

해설
발열량 $H = 0.24I^2Rt$[cal]
$\therefore H = 0.24 \times 1^2 \times 500 \times 60 = 7,200$[cal]

40 건식정류기(금속정류기)가 아닌 것은?

① 회전변류기
② 셀렌정류기
③ 실리콘정류기
④ 아산화동정류기

해설
금속정류기의 종류 : 셀렌정류기, 실리콘정류기, 아산화동정류기

41 100[μF]의 콘덴서에 1,000[V]의 전압을 가할 때 콘덴서에 저축되는 에너지는 몇 [J]인가?

① 30 ② 40
③ 50 ④ 60

해설
$W = \frac{1}{2}VQ = \frac{1}{2}CV^2 = \frac{1}{2} \times 100 \times 10^{-6} \times 1,000^2 = 50$[J]

42 다음 그림과 같은 *R–L–C* 직렬회로에서 공진주파수가 발생할 수 있는 조건은?

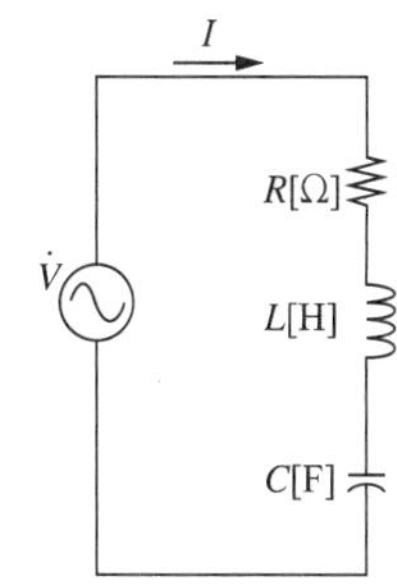

① $R = 0$ ② $\omega L > \frac{1}{\omega C}$
③ $\omega L < \frac{1}{\omega C}$ ④ $\omega L = \frac{1}{\omega C}$

해설
R–L–C 공진주파수

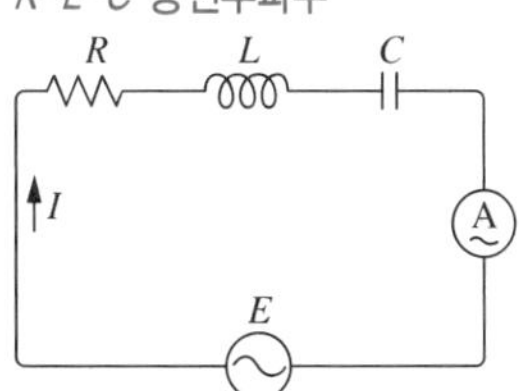

- 회로에 가장 센 전류가 흐를 때의 주파수이다.
- 유도 리액턴스와 용량 리액턴스가 같을 때($XL = XC$) 임피던스는 최소($Z = R$)이고, 회로에는 가장 센 전류가 흐른다.

$f = \frac{1}{2\pi\sqrt{LC}}$

$\therefore$ 공진조건 $\omega L = \frac{1}{\omega C}$

정답 39 ④ 40 ① 41 ③ 42 ④

43 공기 중에서 두 자극 $m_1 = 4\times10^{-3}$[Wb], $m_2 = 6\times10^{-3}$[Wb], $r = 5$[cm]이면, 자극 m_1, m_2 사이에 작용하는 힘은 얼마인가?

① 224[N] ② 308[N]
③ 552[N] ④ 608[N]

해설
두 자극 사이의 힘

$$F = 6.33\times10^4\times\frac{m_1m_2}{r^2}[\text{N}]$$
$$= 6.33\times10^4\times\frac{4\times10^{-3}\times6\times10^{-3}}{(5\times10^{-2})^2} \fallingdotseq 608[\text{N}]$$

44 전동기 운전 시퀀스 제어회로에서 전동기의 연속적인 운전을 위해 반드시 들어가는 제어회로는?

① 자기유지
② 지연동작
③ 인터로크
④ 반복 동작

해설
자기유지회로 : 시퀀스 제어회로에서 동작 상태를 유지하는 회로

45 다음 단상 유도전동기 중 기동토크가 가장 큰 것은?

① 콘덴서 기동형
② 반발기동형
③ 분상기동형
④ 셰이딩 코일형

해설
단상 유도전동기의 종류 및 기동토크 순서
반발기동형 > 반발유도형 > 콘덴서 기동형 > 분상기동형 > 셰이딩 코일형

제2과목 | 기계제도(비절삭) 및 기계요소

46 축의 도시방법에 대한 설명으로 옳은 것은?

① 축의 끝에는 모따기를 하지 않는다.
② 축은 길이 방향으로 온단면 도시를 한다.
③ 길이가 긴 축은 중간을 파단하여 짧게 그릴 수 있다.
④ 축의 키 홈을 나타낼 때는 국부투상도로 나타내어서는 안 된다.

해설
축은 일반적으로 길이 방향으로 절단하지 않으며 필요에 따라 부분 단면만 가능하다.

47 구멍의 치수가 축의 치수보다 작을 때의 끼워맞춤을 무엇이라고 하는가?

① 보통 끼워맞춤
② 억지 끼워맞춤
③ 중간 끼워맞춤
④ 헐거운 끼워맞춤

해설
끼워맞춤의 종류
- 헐거운 끼워맞춤 : 구멍의 최소 치수가 축의 최대 치수보다 큰 경우이며, 항상 틈새가 생기는 끼워맞춤이다.
- 억지 끼워맞춤 : 구멍의 최대 치수가 축의 최소 치수보다 작은 경우이며, 항상 죔새가 생기는 끼워맞춤이다.
- 중간 끼워맞춤 : 축, 구멍의 치수에 따라 틈새 또는 죔새가 생기는 끼워맞춤으로, 헐거운 끼워맞춤이나 억지 끼워맞춤으로 얻을 수 없는 더욱 작은 틈새나 죔새를 얻는 데 적용한다.

43 ④ 44 ① 45 ② 46 ② 47 ② 정답

48 볼트 구멍이 클 때 또는 접촉면이 거칠거나 큰 면압을 피하려 할 때 사용하는 너트는?

① 홈붙이 너트
② 플랜지 너트
③ 슬리브 너트
④ 플레이트 너트

해설
① 홈붙이 너트 : 너트의 풀림을 막기 위하여 분할 핀을 꽂을 수 있게 홈이 6개 또는 10개 정도 있는 너트이다.
③ 슬리브 너트 : 수나사의 편심을 방지하는 데 사용한다.
④ 플레이트 너트 : 암나사를 깎을 수 없는 얇은 판에 리벳으로 설치하여 사용한다.

49 버니어 캘리퍼스의 사용상 주의점이 아닌 것은?

① 측정 시 측정면의 이물질을 제거한다.
② 측정 시 본척과 부척의 영점을 일치시킨다.
③ 정압장치가 있으므로 측정력은 제한이 없다.
④ 눈금을 읽을 때 눈금으로부터 직각 위치에서 읽는다.

해설
버니어 캘리퍼스로 측정 시 무리한 힘을 주지 않는다.

50 스퍼기어의 모듈이 3, 잇수가 40개인 스퍼기어의 바깥지름은?

① 13.3[mm] ② 120[mm]
③ 126[mm] ④ 240[mm]

해설
모듈 $m = \frac{D_p}{Z}$ 에서
피치원 지름 $D_p = m \times Z = 3 \times 40 = 120$
바깥지름 $D = D_p + 2m = 120 + 2 \times 3 = 126$

51 키의 종류에서 일반적으로 60[mm] 이하의 작은 축에 사용되고, 특히 테이퍼 축에 사용이 용이하다. 키의 가공에 의해 축의 강도가 약하게 되기는 하나 키 및 키 홈 등의 가공이 쉬운 것은?

① 성크키 ② 접선키
③ 반달키 ④ 원뿔키

해설
① 성크키(묻힘키) : 때려 박음키와 평행키가 있다.
② 접선키 : 축과 보스에 축의 접선 방향으로 홈을 파서 서로 반대의 테이퍼(1/60~1/100)를 가진 2개의 키를 조합하여 끼워 넣는다.
④ 원뿔키 : 축과 보스에 홈을 파지 않고, 한 군데가 갈라진 원뿔통을 끼워 넣어 마찰력으로 고정시킨다.

52 리벳의 호칭이 'KS B 1102 둥근 머리 리벳 18 × 40 SV330'으로 표시된 경우 숫자 '40'의 의미는?

① 리벳의 수량
② 리벳의 구멍치수
③ 리벳의 길이
④ 리벳의 호칭지름

해설
리벳의 호칭

규격번호	종 류	호칭지름	×	길 이	재료 표시

• 18 : 호칭지름
• SV330 : 재료 표시

정답 48 ② 49 ③ 50 ③ 51 ③ 52 ③

53 **회전력의 전달과 동시에 보스를 축 방향으로 이동시킬 때 가장 적합한 키는?**

① 새들키
② 반달키
③ 미끄럼키
④ 접선키

해설
미끄럼키(패더키 : Feather Key)
• 묻힘키의 일종으로 키는 테이퍼가 없이 길다.
• 축 방향으로 보스의 이동이 가능하며 보스와의 간격이 있어 회전 중 이탈을 막기 위해 고정하는 수가 많다.

54 **개스킷, 박판, 형강 등에서 절단면이 얇은 경우 단면도 표시법으로 가장 적합한 설명은?**

① 절단면을 검게 칠한다.
② 실제치수와 같은 굵기의 아주 굵은 1점쇄선으로 표시한다.
③ 얇은 두께의 단면이 인접되는 경우 간격을 두지 않는 것이 원칙이다.
④ 모든 인접 단면과의 간격은 0.5[mm] 이하의 간격이 있어야 한다.

해설
패킹이나 얇은 판처럼 얇은 것을 단면으로 그릴 때 외형선보다 약간 굵은 실선으로 그린다.

55 **수랭식 오일쿨러(Oil Cooler)의 장점이 아닌 것은?**

① 소형으로 냉각능력이 크다.
② 소음이 작다.
③ 자동유온 조정이 가능하다.
④ 냉각수의 설비가 요구된다.

해설
수랭식 오일쿨러의 단점
• 냉각수의 설비가 요구된다.
• 기름 중에 물이 혼입될 우려가 있다.

56 **작은 스퍼기어와 맞물리고 잇줄이 축 방향과 일치하며 회전운동을 직선운동으로 바꾸는 데 사용하는 기어는?**

① 내접기어
② 래크기어
③ 헬리컬 기어
④ 크라운 기어

해설
① 내접 기어 : 원통 또는 원뿔의 안쪽에 이가 만들어져 있는 기어
③ 헬리컬 기어 : 이 끝이 나선형인 원통형 기어
④ 크라운 기어 : 피치면이 평면인 베벨 기어

53 ③ 54 ① 55 ④ 56 ② 정답

57 속도비가 1/3이고, 원동차의 잇수가 25개, 모듈이 4인 표준 스퍼기어의 외접 연결에서 중심거리는?

① 75[mm] ② 100[mm]
③ 150[mm] ④ 200[mm]

해설

원동차, 종동차 회전수를 각각 n_A, n_B[rpm], 잇수를 Z_A, Z_B, 피치원의 지름을 D_A, D_B[mm]라고 하면,

속도비 $i = \frac{n_B}{n_A} = \frac{D_A}{D_B} = \frac{MZ_A}{MZ_B} = \frac{Z_A}{Z_B}$ 가 된다.

중심거리 $C = \frac{D_A + D_B}{2} = \frac{M(Z_A + Z_B)}{2}$[mm]에서

피치원의 지름으로 속도비를 계산할 수 있다.
피치원의 지름 $D_A = MZ = 4 \times 25 = 100$이다.

속도비 $i = \frac{n_B}{n_A} = \frac{1}{3} = \frac{D_A}{D_B} = \frac{100}{D_B}$에서 $D_B = 300$

그러므로, 중심거리 $C = \frac{D_A + D_B}{2} = \frac{100 + 300}{2} = 200$

58 직접전동 기계요소인 홈 마찰차에서 홈의 각도(α)는?

① $2\alpha = 10 \sim 20°$
② $2\alpha = 20 \sim 30°$
③ $2\alpha = 30 \sim 40°$
④ $2\alpha = 40 \sim 50°$

해설

홈붙이 마찰차의 특징
- 보통 양바퀴를 모두 주철로 만든다.
- 홈의 각도는 $2\alpha = 30 \sim 40°$이다.
- 홈의 피치는 3~20[mm]가 있고, 보통 10[mm] 정도이다.
- 홈의 수는 보통 $z = 5$개 정도이다.

59 하중 20[kN]을 지지하는 훅 볼트에서 나사부의 바깥지름은 약 몇 [mm]인가?(단, 허용 응력 σ_a= 50[N/mm^2]이다)

① 29 ② 57
③ 10 ④ 20

해설

볼트의 지름 $d = \sqrt{\frac{2W}{\sigma_t}} = \sqrt{\frac{2 \times 20,000}{50}} = 28.28$

60 축계 기계요소에서 레이디얼 하중과 스러스트 하중을 동시에 견딜 수 있는 베어링은?

① 니들 베어링
② 원추 롤러 베어링
③ 원통 롤러 베어링
④ 레이디얼 볼 베어링

해설

하중의 작용에 따른 분류
- 레이디얼 베어링 : 하중을 축의 중심에 대하여 직각으로 받는다.
- 스러스트 베어링 : 축의 방향으로 하중을 받는다.
- 원뿔 베어링 : 합성 베어링, 하중의 받는 방향이 축 방향과 축 직각 방향의 합성으로 받는다.

정답 57 ④ 58 ③ 59 ① 60 ②

2020년 제3회 과년도 기출복원문제

제1과목 | 공유압 일반

01 실린더 설치방법에서 부하의 요동 방향과 실린더의 요동 방향을 일치시켜 피스톤 로드에 횡하중이 걸리지 않도록 설치하는 방식은?

① 풋 형　　② 클레비스형
③ 플랜지형　　④ 트러니언형

해설

① 풋형 : 가장 일반적이고 간단한 설치방법으로, 주로 경부하용으로 사용한다.
③ 플랜지형 : 가장 견고한 설치방법으로, 부하의 운동 방향과 축심을 일치시켜 설치한다.
④ 트러니언형 : 실린더 로드 중심선에 대해서 직각으로 실린더의 양측으로 뻗은 원통상의 피벗으로 지탱하는 설치형식이다.

02 솔레노이드밸브에서 전압이 걸려 있는데도 아마추어가 작동되지 않는 원인이 아닌 것은?

① 코일이 소손됨
② 아마추어가 고착됨
③ 전압이 너무 낮음
④ 실링 시트가 마모됨

해설

솔레노이드밸브 고장
- 결함 : 전압이 걸려 있는데도 아마추어가 미작동
- 원인 : 아마추어가 고착된 경우, 전압이 너무 높거나 너무 낮은 경우, 솔레노이드 코일이 소손된 경우

03 다음 공유압 도면기호는 어떤 보조기기의 기호인가?

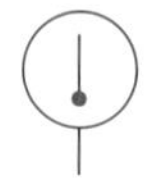

① 압력계　　② 온도계
③ 차압계　　④ 유량계

해설

압력계	차압계	유량계

04 4포트 3위치 밸브 중 클로즈센터형 밸브에 대한 설명으로 옳지 않은 것은?

① 급격한 밸브 전환 시 서지압이 발생된다.
② 중립 위치에서 펌프를 무부하시킬 수 있다.
③ 실린더를 임의의 위치에서 고정시킬 수 있다.
④ 1개의 펌프로 2개 이상의 실린더를 작동시킬 수 있다.

해설

클로즈 센터형(올포트 블록형)
- 기호 :
- 특 징
  - 중립 위치에서 모든 포트가 닫혀 유로가 차단된 형식이다(액추에이터를 확실히 정지).
  - 펌프 압유를 다른 액추에이터에 사용 가능하다.
  - 급격한 밸브 전환 시 서지압이 발생한다.

정답 1 ② 2 ④ 3 ② 4 ②

05 고체 흡착제를 사용하는 물리적 방식의 건조기는?

① 애프터 쿨러
② 흡착식 건조기
③ 냉동식 건조기
④ 흡수식 건조기

해설

① 애프터 쿨러 : 압축공기를 공기건조기로 공급하기 전 건조기의 입구 온도조건(약 35[℃])에 알맞도록 1차 냉각시키고 흡입 수증기의 65[%] 이상을 제거하는 장치
③ 냉동식 건조기 : 이슬점 온도를 낮추는 원리를 이용한 것
④ 흡수식 건조기 : 에어 드라이어 중 흡수액을 사용하여 화학적으로 건조하는 방식

06 미터 인 회로와 미터 아웃 회로의 공통점은?

① 릴리프밸브를 통해 여분의 기름이 탱크로 복귀하지 않는다.
② 릴리프밸브를 통해 여분의 기름이 탱크로 복귀하므로 동력손실이 크다.
③ 릴리프밸브를 통해 여분의 기름이 탱크로 복귀하므로 유온이 떨어진다.
④ 릴리프밸브를 통해 여분의 기름이 탱크로 복귀하지 않으므로 동력손실이 있다.

해설

• 미터 인 회로의 특징 : 유량제어밸브를 실린더 입구측에 설치한 회로이다. 펌프 송출압은 릴리프밸브의 설정압으로 정해지고 여분은 탱크로 방유하며, 동력손실이 크다.
• 미터 아웃 회로의 특징 : 유량제어밸브를 실린더 출구측에 설치한 회로이다. 펌프 송출압은 유량제어밸브에 의한 배압과 부하저항에 의해 결정되며, 동력손실이 크다.

07 면적이 10[cm²]인 곳을 50[kg · 중]의 무게로 누르면 작용압력은?

① 5[kg/cm²]
② 500[kg/cm²]
③ 5[kgf/cm²]
④ 500[kgf/cm²]

해설

압력 $P = \frac{W}{A} = \frac{50}{10} = 5$[kgf/cm²]

08 공압 기본 논리회로에서 입력되는 복수의 조건 중에 어느 한 개라도 입력조건이 충족되면 출력이 되는 회로는?

① OR회로
② AND회로
③ NOR회로
④ NOT회로

해설

② AND회로 : 복수의 조건 모두 충족되어야 출력되는 회로이다.
③ NOR회로 : 2개 이상의 입력단과 1개의 출력단을 가지며, 입력단의 전부에 입력이 없는 경우에만 출력단에 출력이 나타나는 회로이다.
④ NOT회로 : 1개 입력단과 1개의 출력단을 가지며 입력단에 입력이 가해지지 않을 경우에만 출력단에 출력이 나타나는 회로이다.

정답 5 ② 6 ② 7 ③ 8 ①

09 공압시스템에서 저장탱크 내의 압축공기의 적정 온도는 몇 [℃]인가?

① −10~0[℃]
② 10~20[℃]
③ 40~50[℃]
④ 90~100[℃]

해설
저장탱크 내 공기의 적정 온도 : 40~50[℃]
애프터 쿨러는 압축공기를 40[℃] 정도까지 냉각한다.

10 다음의 밸브에 대한 설명으로 거리가 먼 것은?

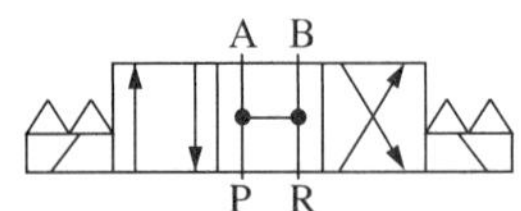

① 오픈센터형이라고 한다.
② 펌프 언로드가 가능하다.
③ 정지 시 액추에이터에 쇼크가 작다.
④ 액추에이터를 확실히 정지시킬 수 있다.

해설
액추에이터를 확실히 정지시킬 수 있는 것은 클로즈 센터형과 탠덤형이다.

11 교류 솔레노이드밸브에 대한 특징으로 거리가 먼 것은?

① 응답성이 좋다.
② 소비전력을 절감할 수 있다.
③ 전원회로 구성품을 쉽게 구할 수 있다.
④ 솔레노이드가 안정되어 소음이 없고 흡착력이 강하다.

해설
④번은 직류 솔레노이드밸브의 특징이다.
교류 솔레노이드밸브의 특징
- 응답성이 좋다.
- 소비 전력을 절감할 수 있다.
- 전원회로 구성품을 쉽게 구할 수 있다.
- 소음이 직류에 비해 크다.

12 압축기는 변동하는 공기의 수요에 공급량을 맞추기 위해 적절한 조절방식에 의해 제어된다. 다음 중 무부하 조절방식이 아닌 것은?

① 배기 조절방식
② 차단 조절방식
③ 흡입량 조절방식
④ 그립-암 조절방식

해설
공기압축기 압력제어방법
- 무부하 조절 : 배기 조절, 차단 조절, 그립-암(Grip Arm) 조절
- ON-OFF 제어
- 저속 조절 : 속도 조절, 차단 조절

9 ③ 10 ④ 11 ④ 12 ③ 정답

13 **미끄럼 밀봉이 필요 없으며 단지 재료가 늘어나는 것에 따라 생기는 마찰이 있는 실린더로, 클램핑 실린더라고도 하는 것은?**

① 탠덤 실린더
② 격판 실린더
③ 피스톤 실린더
④ 벨로스 실린더

해설
① 탠덤 실린더 : 두 개의 복동 실린더가 서로 나란히 연결된 복수의 피스톤을 갖는 공압 실린더로, 같은 크기의 복동 실린더에 의해 두 배의 힘을 낼 수 있다.
③ 피스톤 실린더 : 가장 일반적인 실린더로 단동, 차동, 복동형이 있다.
④ 벨로스 실린더 : 상사 플레이트(Plate)와 그 사이에 고무 재질의 벨로스로 구성된 귀환 스프링이 없는 단동 실린더로서, 단동 실린더와 진동 감쇠기의 용도로 사용한다.

14 **유압 카운터 밸런스회로의 특징이 아닌 것은?**

① 부하가 급격히 감소되더라도 피스톤이 급진되지 않는다.
② 카운터 밸런스밸브는 릴리프밸브와 체크밸브로 구성되어 있다.
③ 일정한 배압을 유지시켜 램의 중력에 의해서 자연낙하하는 것을 방지한다.
④ 같은 치수의 복동 실린더 두 개를 배관하여 두 실린더의 전·후진 속도를 같도록 한 회로이다.

해설
④번은 동기회로(동조회로, 싱크로나이징)에 대한 설명이다.

15 **실린더의 운동 변화에 따른 제어밸브의 동작 상태를 ON, OFF로 표현하며, 신호 중복의 여부를 판단하는 데 유용한 회로선도는?**

① 논리선도
② 기능선도
③ 제어선도
④ 래더 다이어그램 선도

16 **유압펌프 중에서 회전사판의 경사각을 이용하여 토출량을 가변할 수 있는 펌프는?**

① 베인펌프
② 액시얼 피스톤 펌프
③ 레이디얼 피스톤 펌프
④ 스크루 펌프

해설
① 베인펌프(Vane Pump) : 로터의 베인이 반지름 방향으로 홈 속에 끼여 있어서 캠링의 내면과 접하여 로터와 함께 회전하면서 오일을 토출한다.
③ 반지름 방향 피스톤 펌프(Radial Piston Pump) : 피스톤의 운동 방향이 실린더 블록의 중심선에 직각인 평면 내에서 방사상으로 나열되어 있는 펌프이다.
④ 나사(스크루) 펌프(Screw Pump) : 3개의 정밀한 스크루가 꼭 맞는 하우징 내에서 회전하며 매우 조용하고 효율적으로 유체를 배출한다.

정답 13 ② 14 ④ 15 ③ 16 ②

17 유압 실린더의 중간 정지회로에 적합한 방향제어 밸브는?

① 3/2way 밸브

② 4/3way 밸브

③ 4/2way 밸브

④ 2/2way 밸브

해설

4포트 3위치 밸브는 유압 실린더를 중간 정지시킬 수 있다.

18 피스톤 모터의 특징으로 틀린 것은?

① 사용압력이 높다.

② 출력토크가 크다.

③ 구조가 간단하다.

④ 체적효율이 높다.

해설

피스톤형 모터

- 피스톤의 왕복운동을 기계적 회전운동으로 변환함으로써 회전력을 얻는다. 크랭크, 사판, 캠을 이용한다.
- 중저속 회전(20~5,000[rpm]), 고토크형, 출력은 2~25마력(체적효율이 높다)
- 반송장치에 사용한다.

19 유관의 안지름을 2.5[cm], 유속을 10[cm/s]로 하면 최대 유량은 약 몇 [cm^3/s]인가?

① 49 ② 98

③ 196 ④ 250

해설

연속의 법칙

$Q = A \cdot V$ 에서

유량 $Q = \frac{\pi \cdot 2.5^2}{4} \times 10 = 49[\text{cm}^3/\text{s}]$

20 일반적으로 널리 사용되는 압축기로 사용압력의 범위는 10~100[kgf/cm^2] 정도이며, 냉각방식에 따라 공랭식과 수랭식으로 분류되는 압축기는?

① 터보압축기

② 베인형 압축기

③ 스크루형 압축기

④ 왕복 피스톤 압축기

해설

① 터보압축기 : 공기의 유동원리를 이용한 것으로 터보를 고속으로 회전(3~4만 회전/분)시키면서 공기를 압축(원심식)한다.

② 베인형 압축기 : 편심로터가 흡입과 배출 구멍이 있는 실린더 형태의 하우징 내에서 회전하여 압축공기를 토출하는 형태이다.

③ 스크루형 압축기 : 나선형의 로터가 서로 반대로 회전하여 축 방향으로 들어온 공기를 서로 맞물려 회전시켜 공기를 압축시킨다.

17 ② 18 ③ 19 ① 20 ④ 정답

21 **펌프의 용적효율 94[%], 압력효율 95[%], 펌프의 전 효율이 85[%]라면 펌프의 기계효율은 약 몇 [%]인가?**

① 85 ② 87
③ 92 ④ 95

해설
펌프의 전효율 = 압력효율 × 용적효율 × 기계효율
즉, $\eta = L_P/L_S = L_P/L_h \cdot \eta_m = \eta_P \cdot \eta_V \cdot \eta_m$

$$기계효율 = \frac{전효율}{압력효율 \times 용적효율} = \frac{0.85}{0.95 \times 0.94} = 0.95$$

기계효율은 0.95 × 100[%] = 95[%]

22 **릴레이의 코일부에 전류가 공급되었을 때에 대한 설명으로 맞는 것은?**

① 접점을 복귀시킨다.
② 가동철편을 잡아당긴다.
③ 가동접점을 원위치시킨다.
④ 고정접점에 출력을 만든다.

해설

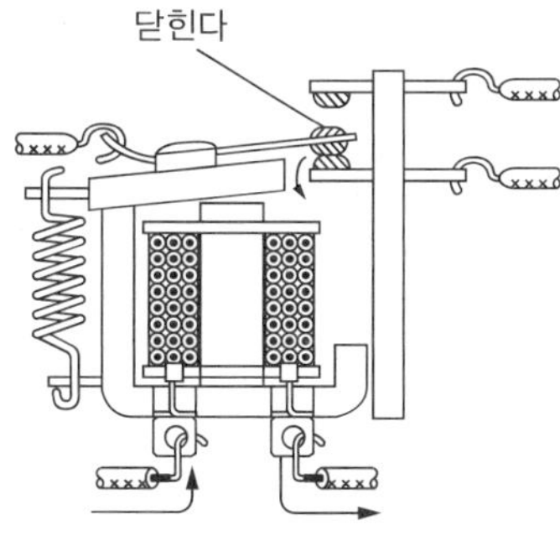

코일에 전류를 인가하면 철심이 전자석이 되어 가동접점이 붙어 있는 가동철편을 끌어당기게 된다. 따라서 가동철편 선단부의 가동접점이 이동하여 고정접점 a접점에 붙게 되고, 고정접점 b접점은 끊어지게 된다. 그리고 코일에 인가했던 전류를 차단하면 전자력이 소멸되어 가동철편은 복귀 스프링에 의해 원상태로 복귀되므로 가동접점은 b접점과 접촉한다.

23 **유압 서보시스템에 대한 설명으로 옳지 않은 것은?**

① 서보기구는 토크모터, 유압증폭부, 안내밸브의 3요소로 구성된다.
② 서보 유압밸브의 노즐 플래퍼는 기계적 변위를 유압으로 변환하는 기구이다.
③ 전기신호를 기계적 변위로 바꾸는 기구는 스풀이다.
④ 서보시스템의 구성을 위하여 피드백 신호가 있어야 한다.

해설
서보유압밸브
- 서보기구에 의한 Feed Back 제어가 가능하다.
- 토크모터, 유압증폭부, 안내밸브의 3요소로 구성된다.
- 토크모터는 전기신호를 기계적 변위로 바꿔 준다.
- 노즐 플래퍼는 기계적 변위를 유압으로 변환시킨다.
- 스풀은 유압을 증폭시킨다.

24 **메모리 방식으로 조작력이나 제어신호를 제거해도 정상 상태로 복귀하지 않고 반대 신호가 주어질 때까지 그 상태를 유지하는 방식은?**

① 디텐드 방식
② 스프링 복귀방식
③ 파일럿 방식
④ 정상 상태 열림방식

해설
② 스프링 복귀방식 : 밸브 본체에 내장되어 있는 스프링력으로 정상 상태로 복귀시키는 방식
③ 파일럿 방식 : 공압신호에 의한 복귀방식
④ 정상 상태 열림방식 : 밸브의 조작력이나 제어신호를 가하지 않은 상태에서 밸브가 열려 있는 상태

정답 21 ④ 22 ② 23 ③ 24 ①

25 부하의 변동이 있어도 비교적 안정된 속도를 얻을 수 있는 회로는?

① 미터 인 회로
② 미터 아웃 회로
③ 블리드온 회로
④ 블리드 오프 회로

해설
미터 아웃 회로는 배출쪽 관로에 체크밸브를 배기 차단되게 설치하고 일방향 유량조절밸브로 관로의 흐름을 제어함으로써 속도(힘)를 제어하는 회로로, 초기 속도는 불안하나 피스톤 로드에 작용하는 부하 상태에 크게 영향을 받지 않는 장점이 있다. 복동실린더의 속도제어에는 모두 배기 조절방법을 사용한다.

26 펌프의 토출 압력이 높아질 때 체적효율과의 관계로 옳은 것은?

① 효율이 증가한다.
② 효율은 일정하다.
③ 효율이 감소한다.
④ 효율과는 무관하다.

해설
펌프가 축을 통해 얻은 에너지 중 유용한 에너지가 어느 정도인가의 척도를 효율이라고 한다. 유량－압력선도에서 이론적 송출량에서 누설량이 고려된 실제 송출량만큼 토출되므로 압력이 높아질수록 체적효율은 감소한다.

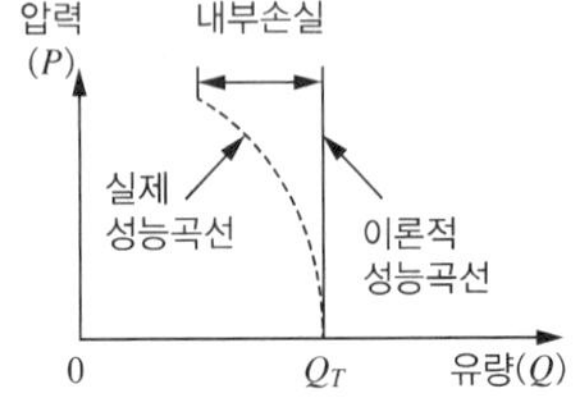

27 필터를 설치할 때 체크밸브를 병렬로 사용하는 경우가 많다. 이때 체크밸브를 사용하는 이유로 알맞은 것은?

① 기름의 충만
② 역류의 방지
③ 강도의 보강
④ 눈막힘의 보완

해설
눈막힘에 따른 압력 상승을 보완하기 위해 체크밸브를 병렬로 사용한다.

28 습공기 중에 포함되어 있는 건조공기 중량에 대한 수증기의 중량을 무엇이라고 하는가?

① 포화습도
② 상대습도
③ 평균습도
④ 절대습도

해설
• 절대습도 : 습공기 1[m^3]당 건공기의 중량과 수증기의 중량비이다.
• 상대습도 : 어떤 습공기 중의 수증기(수증기량) 분압(수증기압)과 같은 온도에서 포화공기의 수증기와 분압의 비이다.

25 ② 26 ③ 27 ④ 28 ④ 정답

29 다음 그림과 같이 2개의 3/2way 밸브를 연결한 상태의 회로는 어떤 논리인가?

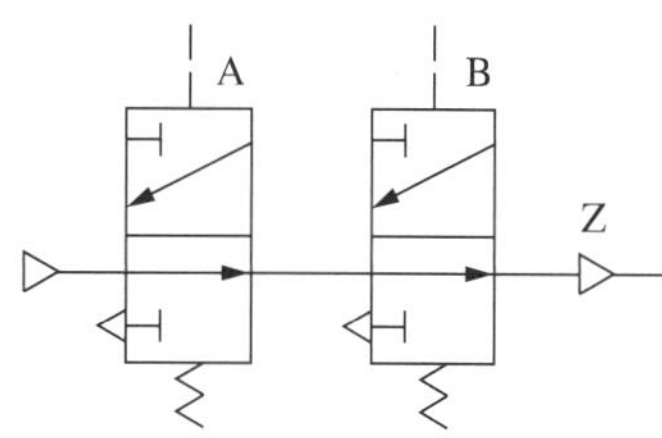

① OR 논리
② AND 논리
③ NOR 논리
④ NAND 논리

해설

NOR 회로
2개 이상의 입력단과 1개의 출력단을 가지며, 입력단의 전부에 입력이 없는 경우에만 출력단에 출력이 나타나는 회로이다. NOT OR회로의 기능을 가지고 있다.

30 실린더가 전진운동을 완료하고 실린더측에 일정한 압력이 형성된 후에 후진운동을 하는 경우처럼 스위칭 작용에 특별한 압력이 요구되는 곳에 사용하는 밸브는?

① 시퀀스밸브
② 3/2way 방향제어밸브
③ 급속배기밸브
④ 4/2way 방향제어밸브

해설

시퀀스밸브
공유압회로에서 순차적으로 작동할 때 작동순서를 회로의 압력에 의해 제어되는 밸브이다. 즉, 회로 내의 압력 상승을 검출하여 압력을 전달하여 실린더나 방향제어밸브를 움직여 작동 순서를 제어한다.

제3과목 | 기초전기일반

31 전자유도현상에 의하여 생기는 유도기전력의 크기를 정의하는 법칙은?

① 렌츠의 법칙
② 패러데이의 법칙
③ 앙페르의 법칙
④ 플레밍의 왼손 법칙

해설

- 렌츠의 법칙 : 코일 중의 자속이 변화할 때는 코일 내에 기전력이 발생하며, 그 방향은 기전력에 의한 전류가 만드는 자속이 원래 자속의 증감을 방해하는 방향이 된다.
- 패러데이의 법칙 : 전자유도에 의해 생긴 유기 기전력의 크기는 이 회로와 쇄교하는 자속수에 비례한다.
- 앙페르의 오른나사 법칙 : 오른나사의 진행 방향은 전류의 방향이 되고, 오른나사의 회전 방향은 자장의 방향이 된다.
- 플레밍의 오른손 법칙 : 검지(자속 방향), 엄지(도체의 운동 방향), 중지(유기 기전력의 방향)

※ 오른손 법칙은 발전기, 왼손법칙은 전동기에 적용

32 주파수 60[kHz], 인덕턴스 20[μH]인 회로에 교류전류 $I=I_m \sin\omega t$[A]를 인가했을 때, 유도 리액턴스 X_L[Ω]은?

① 1.2π
② 2.4π
③ 36π
④ $1.2\times10^3\pi$

해설

유도 리액턴스
$X_L=\omega L=2\pi fL=2\pi\times60\times10^3\times20\times10^{-6}=2.4\pi$

정답 29 ③ 30 ① 31 ② 32 ②

33 변압기 3대 중 1대가 고장 났을 때 사용하는 결선법으로, 2대의 출력비는 한 대의 변압기 용량의 $\sqrt{3}$ 배인 결선법은?

① △-△결선
② Y-Y결선
③ V-V결선
④ △-Y결선

해설
V-V결선
3대 중 1대가 고장 났을 때 사용하는 결선법으로, 2대의 출력비는 $P_V = \sqrt{3} \times$한 대의 변압기 용량이다.

34 내부저항 5[kΩ]의 전압계 측정범위를 10배로 하기 위한 방법은?

① 15[kΩ]의 배율기 저항을 병렬연결한다.
② 15[kΩ]의 배율기 저항을 직렬연결한다.
③ 45[kΩ]의 배율기 저항을 병렬연결한다.
④ 45[kΩ]의 배율기 저항을 직렬연결한다.

해설
배율기 배율

$$m = 1 + \frac{R_m}{r}$$

$$10 = 1 + \frac{R_m}{5}$$

$$\therefore R_m = 45[\text{k}\Omega]$$

35 발전기를 정격전압 220[V]로 전부하 운전하다가 무부하로 운전하였더니 단자전압이 250[V]가 되었다. 이 발전기의 전압 변동률[%]은?

① 10.2 ② 13.6
③ 17.4 ④ 20.4

해설
전압변동률

$$\varepsilon = \frac{V_0 - V}{V} \times 100 (V_0 : \text{무부하전압},\ V : \text{정격전압})$$

$$\therefore \varepsilon = \frac{250 - 220}{220} \times 100 = 13.6[\%]$$

36 전원이 교류가 아닌 직류로 주어져 있을 때 어떤 직류전압을 입력으로 하여 크기가 다른 직류를 얻기 위한 회로는?

① 인버터회로
② 초퍼회로
③ 사이리스터회로
④ 다이오드 정류회로

해설
초퍼회로 : 교류에서 변압기를 이용해 전압과 전류의 크기를 변화하듯 직류에서 초퍼회로를 이용하여 같은 역할을 한다.

37 실횻값이 200[V]인 정현파 교류의 최댓값은 몇 [V]인가?

① 282 ② 296
③ 315 ④ 343

해설

$$V = \frac{V_m}{\sqrt{2}}[\text{V}] \text{에서}$$

$$V_m = \sqrt{2}\, V = \sqrt{2} \times 200 ≒ 282[\text{V}]$$

33 ③ 34 ④ 35 ② 36 ② 37 ① 정답

38 다음 중 입력요소는?

① 전동기 ② 전자계전기
③ 리밋스위치 ④ 솔레노이드밸브

해설
- 입력요소 : 리밋스위치
- 출력요소 : 전동기, 전자계전기, 솔레노이드밸브

39 변압기유의 구비조건 중 잘못된 것은?

① 절연내력이 클 것
② 점도가 낮을 것
③ 인화점이 높을 것
④ 응고점이 높을 것

해설
변압기유의 구비조건
- 절연내력이 클 것
- 점도가 낮을 것
- 경제적일 것
- 인화점이 높고 응고점이 낮을 것

40 다음 그림과 같은 논리기호를 논리식으로 나타내면?

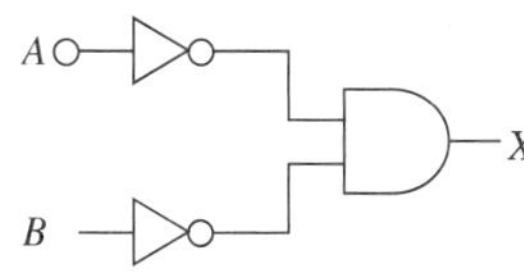

① $X=A+B$ ② $X=\overline{A+B}$
③ $X=\overline{A}-\overline{B}$ ④ $X=\overline{A}\cdot\overline{B}$

해설
NOR회로의 논리식
$X=\overline{A+B}=\overline{A}\cdot\overline{B}$

41 무한장 직선 도체에 5[A]의 전류가 흐르고 있을 때 생기는 자장의 세기가 10[AT/m]인 점은 도체로부터 약 몇 [cm] 떨어졌는가?

① 6 ② 7
③ 8 ④ 9

해설
무한장 직선에서 자기장의 세기
$H=\frac{I}{2\pi r}$[AT/m]
$\therefore\ r=\frac{I}{2\pi H}=\frac{5}{2\times3.14\times10}\fallingdotseq 8$[cm]

42 RL 병렬회로에 100∠0°[V]의 전압이 가해질 경우에 흐르는 전체 전류(I)는 몇 [A]인가?(단, R = 100[Ω], ωL = 100[Ω]이다)

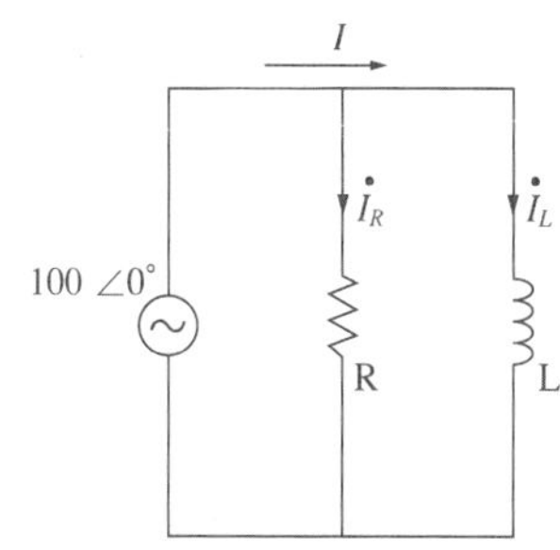

① 1 ② 2
③ $\sqrt{2}$ ④ 100

해설
$Z=\frac{R\cdot X_L}{\sqrt{R^2+X_L^2}}=\frac{R\cdot\omega L}{\sqrt{R^2+(\omega L)^2}}=\frac{100\times100}{\sqrt{100^2\times100^2}}$
$=\frac{100\times100}{100\sqrt{2}}=\frac{100}{\sqrt{2}}=\frac{100\sqrt{2}}{2}=50\sqrt{2}$
$\therefore\ I=\frac{V}{Z}=\frac{100}{50\sqrt{2}}=\frac{2}{\sqrt{2}}=\frac{2\sqrt{2}}{2}=\sqrt{2}$[A]

정답 38 ③ 39 ④ 40 ④ 41 ③ 42 ③

43 실횻값이 E[V]인 정현파 교류의 평균값[V]은?

① $\frac{2}{2\sqrt{2}}E$ ② $\frac{2\sqrt{2}}{\pi}E$

③ $\frac{2}{\pi}E^2$ ④ $\frac{\pi}{2}E^2$

해설

평균값 $= \frac{2}{\pi} \times$ 최댓값, 최댓값 $= \sqrt{2} \times$ 실횻값

$\therefore$ 평균값 $= \frac{2}{\pi} \times \sqrt{2} \times$ 실횻값 $= \frac{2\sqrt{2}}{\pi}E$

44 직류기의 손실 중 기계손에 속하는 것은?

① 풍 손

② 와전류손

③ 히스테리시스손

④ 표류부하손

해설

기계손 : 풍손, 베어링 마찰손, 브러시 마찰손

45 어떤 형광등에 100[V]의 전압을 가하니 0.2[A]의 전류가 흘렀다. 이 형광등의 소비전력은 몇 [W]인가?

① 20 ② 30

③ 40 ④ 50

해설

$P = VI = 100 \times 0.2 = 20$[W]

제2과목 | 기계제도(비절삭) 및 기계요소

46 양 끝에 오른나사와 왼나사가 있어 배관 지지장치의 높낮이를 조절할 때 사용되는 너트는?

① 홈붙이 너트

② 나비 너트

③ 턴 버클

④ T 너트

해설

① 홈붙이 너트 : 너트의 풀림을 막기 위하여 분할 핀을 꽂을 수 있게 홈이 6개 또는 10개 정도 있다.
② 나비 너트 : 손으로 돌릴 수 있는 손잡이가 있다.
④ T 너트 : 공작기계 테이블의 T홈에 끼워지도록 모양이 T형으로 공작물 고정용에 사용한다.

47 강재의 얇은 판으로 홈의 간극을 점검하고 측정하는 데 사용하는 측정기는?

① 틈새 게이지

② 높이 게이지

③ 블록 게이지

④ 실린더 게이지

해설

② 높이 게이지 : 지그(Jig)나 부품의 마름질을 할 때 또는 구멍 위치 점검, 표면의 점검 등에 사용한다.
③ 블록 게이지 : 치수의 기준으로 사용한다(구성 : 103, 76, 32, 9, 8개조 등의 세트).
④ 실린더 게이지 : 실린더의 내경을 측정한다.

43 ② 44 ① 45 ① 46 ③ 47 ① 정답

48 축, 구멍의 치수에 따라 틈새 또는 죔새가 생기는 경우의 맞춤을 무엇이라고 하는가?

① 보통 끼워맞춤
② 억지 끼워맞춤
③ 중간 끼워맞춤
④ 헐거운 끼워맞춤

해설
끼워맞춤의 종류
- 헐거운 끼워맞춤 : 구멍의 최소 치수가 축의 최대 치수보다 큰 경우이며, 항상 틈새가 생기는 끼워맞춤이다.
- 억지 끼워맞춤 : 구멍의 최대 치수가 축의 최소 치수보다 작은 경우이며, 항상 죔새가 생기는 끼워맞춤이다.
- 중간 끼워맞춤 : 축, 구멍의 치수에 따라 틈새 또는 죔새가 생기는 끼워맞춤으로, 헐거운 끼워맞춤이나 억지 끼워맞춤으로 얻을 수 없는 더욱 작은 틈새나 죔새를 얻는 데 적용한다.

49 마찰차를 사용하기에 적합하지 않은 것은?

① 회전속도가 클 때
② 전달할 힘이 클 때
③ 속도비가 중요하지 않을 때
④ 두 축 사이를 단속할 필요가 있을 때

해설
마찰차의 응용범위
- 속도비가 중요하지 않은 경우
- 회전속도가 커서 보통의 기어를 사용하지 못하는 경우
- 전달 힘이 크지 않아도 되는 경우
- 두 축 사이를 단속할 필요가 있는 경우

50 부분단면도를 적용하는 데 거리가 먼 것은?

① 단면의 경계가 애매하게 될 염려가 있을 때
② 단면으로 나타낼 필요가 있는 부분이 좁을 때
③ 원칙적으로 길이 방향으로 절단하지 않는 것을 특별히 나타낼 때
④ 절단면이 투상면에 평행 또는 수직한 여러 면으로 되어 있어 명시할 곳을 계단 모양으로 나타낼 때

해설
④번은 계단 단면도에 대한 설명이다.

51 시험 전 단면적이 6[mm^2], 시험 후 단면적이 1.5[mm^2]일 때 단면수축률은?

① 25[%] ② 45[%]
③ 55[%] ④ 75[%]

해설
단면수축률

$$= \frac{\text{변형량}}{\text{최초 재료면적}} \times 100$$

$$= \frac{\text{시험 전 면적} - \text{시험 후 면적}}{\text{시험 전 면적}} \times 100$$

$$= \frac{6 - 1.5}{6} \times 100 = 75[\%]$$

정답 48 ③ 49 ② 50 ④ 51 ④

52 기계요소 부품 중에서 직접전동용 기계요소에 속하는 것은?

① 벨 트 ② 기 어
③ 로 프 ④ 체 인

해설
- 직접 전달장치 : 기어나 마찰차와 같이 직접 접촉하여 동력을 전달하는 것으로, 축 사이가 비교적 짧은 경우에 사용한다.
- 간접 전달장치 : 벨트, 체인, 로프 등을 매개로 한 동력 전달 장치로 축간 사이가 클 경우 사용한다.

53 다음 그림과 같은 용접기호에서 '40'의 의미를 바르게 설명한 것은?

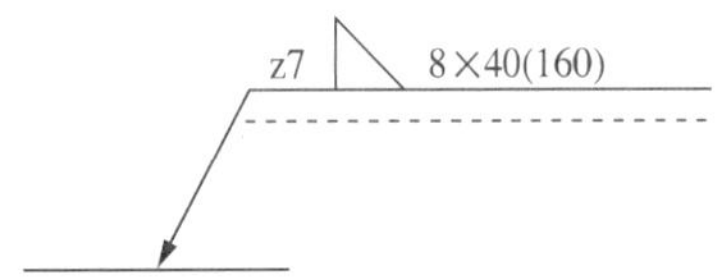

① 용접부 길이
② 용접부 수
③ 인접한 용접부의 간격
④ 용입 바닥까지의 최소 거리

해설
단속 필릿용접에서
- z7 : 단면에서 이등변삼각형의 변 길이
- 8 : 용접부의 개수(용접 수)
- 40 : 용접부 길이(크레이터 제외)
- 160 : 인접한 용접부 간격(피치)

54 42,500[kgf · mm]의 굽힘 모멘트가 작용하는 연강축 지름은 약 몇 [mm]인가?(단, 허용 굽힘 응력은 5[kgf/mm²]이다)

① 21 ② 36
③ 44 ④ 92

해설
굽힘 응력 $\sigma = \dfrac{M(\text{굽힘 모멘트})}{Z(\text{단면계수})}$에서

축 지름 단면계수 $Z = \dfrac{\pi d^3}{32}$이다.

$$Z = \frac{M}{\sigma} = \frac{42,500[\text{kgf} \cdot \text{mm}]}{5[\text{kgf/mm}^2]} = 8,500[\text{mm}^3]$$

$$\therefore d^3 = \frac{8,500 \times 32}{\pi} \fallingdotseq 86,624,\ d \fallingdotseq 44$$

55 고압탱크나 보일러의 리벳이음 주위에 코킹(Caulking)을 하는 주목적은?

① 강도를 보강하기 위해서
② 기밀을 유지하기 위해서
③ 표면을 깨끗하게 유지하기 위해서
④ 이음 부위의 파손을 방지하기 위해서

해설
리벳이음 후에 유체의 누설을 막기 위하여 코킹이나 플러링을 하며, 이때의 판 끝은 75~85°로 깎아 준다.

52 ② 53 ① 54 ③ 55 ② 정답

56 **회전축의 회전 방향이 양쪽 방향인 경우 2쌍의 접선키를 설치할 때 접선키의 중심각은?**

① 30° ② 60°
③ 90° ④ 120°

해설
접선 키(Tangential Key)
- 축과 보스에 축의 접선 방향으로 홈을 파서 서로 반대의 테이퍼(1/60~1/100)를 가진 2개의 키를 조합하여 끼워 넣는다.
- 중하중용이며 역전하는 경우는 120° 각도로 두 군데 홈을 판다.

57 **미끄럼 베어링의 윤활방법이 아닌 것은?**

① 적하 급유법 ② 패드 급유법
③ 오일링 급유법 ④ 그리스 급유법

해설
미끄럼 베어링은 윤활유 급유에 신경을 써야 한다. 그리스 급유법은 적절하지 않다.

58 **양 끝에 왼나사 및 오른나사가 있어서 막대나 로프 등을 조이는 데 사용하는 기계요소는?**

① 나비 너트 ② 캡 너트
③ 아이 너트 ④ 턴 버클

해설

나비 너트	캡 너트
아이 너트	**턴 버클**
	오른나사 왼나사

59 **코일 스프링에 350[N]의 하중을 걸어 5.6[cm] 늘어났다면, 이 스프링의 스프링 상수[N/mm]는?**

① 5.25 ② 6.25
③ 53.5 ④ 62.5

해설
스프링 상수는 작용하중과 변위량의 비로 나타낸다.

$\frac{350[N]}{50[mm]} = 6.25[N/mm]$

60 **축에서 토크가 67.5[kN · mm]이고, 지름 50[mm]일 때 키(Key)에 발생하는 전단응력은 몇 [N/mm²]인가?(단, 키의 크기는 너비×높이×길이 = 15mm ×10mm×60mm이다)**

① 2 ② 3
③ 6 ④ 8

해설
전단응력

$\tau = \frac{W}{A}$

토크는 길이(반지름)×힘(하중)이므로, 축에 발생하는 하중(힘)은

$W = \frac{67,500}{25} = 2,700[N]$이다.

또한, 전단응력이 작용하는 부분(면적)은 너비×길이가 되므로 $15 \times 60 = 900[mm^2]$이다.

그러므로, 전단응력 $\tau = \frac{2,700}{900} = 3[N/mm^2]$이다.

정답 56 ④ 57 ④ 58 ④ 59 ② 60 ②

2021년 제1회 과년도 기출복원문제

제1과목 | 공유압 일반

01 다음 중 공기압 실린더의 구성요소가 아닌 것은?

① 피스톤(Piston)
② 커버(Cover)
③ 베어링(Bearing)
④ 타이 로드(Tie Rod)

해설
실린더의 구성품
• 피스톤
• 헤드(로드) 커버
• 로 드
• 포 트
• 튜 브
• 와이퍼 링

02 공유압 변환기의 사용상 주의점이 아닌 것은?

① 액추에이터 및 배관 내의 공기를 충분히 뺀다.
② 공유압 변환기는 수평 방향으로 설치한다.
③ 열원의 가까이에서 사용하지 않는다.
④ 공유압 변환기는 반드시 액추에이터보다 높은 위치에 설치한다.

해설
공유압 변환기 사용상 주의할 점
• 수직으로 설치
• 액추에이터 및 배관 내의 공기 제거(밀봉 유지)
• 액추에이터보다 높은 위치에 설치
• 정기적으로 유량 점검(부족 시 보충)
• 열의 발생이 있는 곳에서 사용 금지

03 다음은 어큐뮬레이터를 설치할 때 주의사항을 열거한 것이다. 틀린 것은?

① 어큐뮬레이터와 펌프 사이에는 역류방지밸브를 설치한다.
② 어큐뮬레이터의 기름을 모두 배출시킬 수 있는 셧-오프밸브를 설치한다.
③ 펌프 맥동방지용은 펌프 토출측에 설치한다.
④ 어큐뮬레이터는 수평으로 설치한다.

해설
어큐뮬레이터(축압기) 설치 시 주의사항
• 축압기와 펌프 사이에는 역류방지밸브를 설치한다.
• 축압기와 관로 사이에 스톱밸브를 넣어 토출압력이 봉입가스와 압력보다 낮을 때는 차단한 후 가스를 넣어야 한다.
• 펌프 맥동방지용은 펌프 토출측에 설치한다.
• 기름을 모두 배출시킬 수 있는 셧-오프밸브를 설치한다.

04 유압유가 갖추어야 할 조건 중 잘못 서술한 것은?

① 비압축성이고 활동부에서 실(Seal)역할을 할 것
② 온도의 변화에 따라서도 용이하게 유동할 것
③ 인화점이 낮고 부식성이 없을 것
④ 물, 공기, 먼지 등을 빨리 분리할 것

해설
작동유의 구비조건
• 비압축성일 것
• 내열성, 점도지수, 체적탄성계수 등이 클 것
• 장시간 사용해도 화학적으로 안정될 것
• 산화안정성(녹이나 부식 발생 등이 방지), 방열성이 좋을 것
• 장치와의 결합성, 유동성이 좋을 것
• 이물질 등을 빨리 분리할 것
• 인화점이 높을 것

1 ③ 2 ② 3 ④ 4 ③ 정답

05 **압축공기가 건조제를 통과할 때 물이나 증기가 건조제에 닿으면 화합물이 형성되어 건조제와 물의 혼합물로 용해되어 건조되는 것은?**

① 흡착식 에어드라이어
② 흡수식 에어드라이어
③ 냉동식 에어드라이어
④ 혼합식 에어드라이어

해설
흡수식 건조기
- 흡수액(염화리튬, 수용액, 폴리에틸렌)을 사용한 화학적 과정의 방식이다.
- 장비 설치가 간단하다.
- 움직이는 부분이 없어 기계적 마모가 적다.
- 외부에너지의 공급이 필요 없다.
- 건조제는 연간 2~4회 정도 교환한다.

06 **유압 작동유의 점도지수에 대한 설명으로 올바른 것은?**

① 점도지수가 너무 크면 유압장치의 효율을 저하시킨다.
② 점도지수가 크면 온도 변화에 대한 유압 작동유의 점도 변화가 크다.
③ 점도지수가 작은 경우, 저온에서 작동할 때 예비운전시간이 짧아진다.
④ 점도지수가 작은 경우, 정상 운전 시에 누유량이 감소된다.

해설
점도지수가 크면 클수록 온도 변화에 대한 점도 변화가 작다.
점도지수가 너무 낮은 경우, 누설 손실이 커진다.

07 **다음에서 기계방식의 구동이 아닌 것은?**

①
②
③
④ 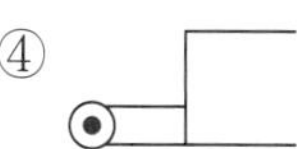

해설
③은 인력 조작의 페달방식이다.

08 **다음 공기압 회로 도면기호의 명칭은?**

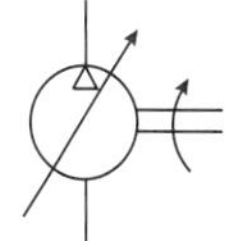

① 정용량형 공기압 모터
② 정용량형 공기압축기
③ 가변용량형 공기압 모터
④ 가변용량형 공기압축기

해설
문제의 기호는 한 방향 가변용량형 공기압축기 기호이다.

09 **송출압력이 200[kg/cm^2]이며, 100[L/min]의 송출량을 갖는 레이디얼 플런저 펌프의 소요동력은 얼마인가?(단, 펌프효율은 90[%]이다)**

① 39.48[PS]
② 49.38[PS]
③ 59.48[PS]
④ 69.38[PS]

해설
펌프의 소요동력

$$L_s = \frac{P \cdot Q}{450 \cdot \eta} = \frac{200 \times 100}{450 \times 0.9} = 49.38$$

정답 5 ② 6 ① 7 ③ 8 ④ 9 ②

10 공기탱크의 기능 설명 중 틀린 것은?

① 압축기로부터 배출된 공기 압력의 맥동을 평준화한다.

② 다량의 공기가 소비되는 경우 급격한 압력 강하를 방지한다.

③ 공기탱크는 저압에 사용되므로 법적 규제를 받지 않는다.

④ 주위의 외기에 의해 냉각되어 응축수를 분리시킨다.

해설

압축공기 저장탱크의 역할

- 공기 소모량이 많아도 압축공기의 공급을 안정화
- 공기 소비 시 발생되는 압력 변화를 최소화
- 정전 시 짧은 시간 동안 운전이 가능
- 공기 압력의 맥동현상을 없애는 역할
- 압축공기를 냉각시켜 압축공기 중의 수분을 드레인으로 배출

11 주로 안전 밸브로 사용되며 시스템 내의 압력이 최대 허용압력을 초과하는 것을 방지해 주는 밸브로 가장 적합한 것은?

① 언로드밸브

② 시퀀스밸브

③ 릴리프밸브

④ 압력 스위치

해설

① 무부하(Unloading)밸브 : 작동압이 규정 압력 이상에 도달했을 때 무부하운전을 하여 배출하고, 이하가 되면 밸브는 닫히고 다시 작동하게 된다.

② 시퀀스밸브 : 공유압 회로에서 순차적으로 작동할 때 작동 순서를 회로의 압력에 의해 제어하는 밸브이다.

④ 압력 스위치 : 회로의 압력이 설정값에 도달하면 내부에 있는 마이크로 스위치가 작동하여 전기회로를 열거나 닫게 하는 기기이다.

12 압력보상형 유량제어밸브에 대한 설명이다. 맞는 것은?

① 실린더 등의 운동속도와 힘을 동시에 제어할 수 있는 밸브이다.

② 밸브 입구와 출구의 압력차를 일정하게 유지하는 밸브이다.

③ 체크밸브와 교축밸브로 구성되어 일방향으로 유량을 제어한다.

④ 유압 실린더 등의 이송속도를 부하에 관계없이 일정하게 할 수 있다.

해설

압력보상형 유량제어밸브

압력보상기구를 내장하고 있어 압력 변동에 의하여 유량이 변동되지 않도록 회로에 흐르는 유량을 항상 일정하게 유지하고, 부하의 변동에도 항상 일정한 속도를 얻고자 할 때 사용하는 밸브이다.

13 작동유 탱크의 유면이 너무 낮을 경우 가장 손상을 받기 쉬운 것은?

① 유압 액추에이터　　② 유압펌프

③ 여과기　　④ 유압 전동기

해설

유면이 너무 낮아 작동유 공급이 되지 않으면 유압펌프가 과열운전이 되어 손상을 받는다.

14 실린더의 크기를 결정하는 데 직접 관련되는 요소는?

① 사용 공기 압력　　② 유 량

③ 행정거리　　④ 속 도

해설

실린더의 크기(출력)는 실린더 안지름, 로드 지름, 공급 압력에 의해 결정된다.

10 ③ 11 ③ 12 ④ 13 ② 14 ① 정답

15 오일탱크 내의 압력을 대기압 상태로 유지시키는 역할을 하는 것은?

① 가열기
② 분리판
③ 스트레이너
④ 에어 브리더

해설
① 가열기 : 작동유의 온도가 저하되면 점도 높아지므로(펌프의 흡입불량, 장치의 기동 곤란, 압력손실 증대, 과대한 진동 등이 발생함) 최적의 작업온도를 얻고자 할 때 히터(Heater)가 사용된다.
② 분리판 : 탱크 내부에는 분리판(Baffle Plate)을 설치하여 펌프의 흡입쪽과 귀환쪽을 구별하고 기름이 탱크 내에서 천천히 환류하도록 하여 불순물을 침전시키며 기포의 방출, 기름의 방열을 돕고 기름 온도를 균일하게 한다.
③ 스트레이너 : 펌프의 흡입쪽에 설치하여 불순물 여과작용을 한다.

16 방향전환밸브의 포핏식이 갖고 있는 특징으로 맞는 것은?

① 이동거리가 짧고, 밀봉이 완벽하다.
② 이물질의 영향을 잘 받는다.
③ 작은 힘으로 밸브가 작동한다.
④ 윤활이 필요하며 수명이 짧다.

해설
포핏밸브의 특징
- 구조가 간단하다(이물질의 영향을 받지 않음).
- 짧은 거리에서 밸브를 개폐한다(개폐속도가 빠름).
- 활동부가 없기 때문에 윤활이 필요 없고 수명이 길다.
- 소형의 제어밸브나 솔레노이드밸브의 파일럿밸브 등에 많이 사용한다.
- 공급 압력이 밸브 몸통에 작용하므로 밸브를 열 때 조작력이 유체압에 비례하여 커져야 하는 단점이 있다.

17 실린더, 로터리 액추에이터 등 일반 공압기기의 공기 여과에 적당한 여과기 엘리먼트의 입도는?

① 5[μm] 이하
② 5~10[μm]
③ 10~40[μm]
④ 40~70[μm]

해설
여과도에 따른 분류
- 정밀용 : 5~20[μm]
- 일반용 : 44[μm]
- 메인라인용 : 50[μm] 이상

18 저압의 피스톤 패킹에 사용되고 피스톤에 볼트로 장착될 수 있으며 저항이 다른 것에 비해 작은 것은?

① V형 패킹
② U형 패킹
③ 컵형 패킹
④ 플런저 패킹

해설
컵형 패킹 : 볼트로 죄어 설치한다. 끝 부분만 실린더와 접촉하여 미끄럼 작용을 하므로 저항이 다른 것에 비하여 작고, 실린더와 피스톤 사이의 간극이 어느 정도 커도 오일이 누출되지 않는다. 고압에 적합하지 않고 저압용으로 사용된다.

정답 15 ④ 16 ① 17 ④ 18 ③

19 **자기현상을 이용한 스위치로 빠른 전환 사이클이 요구될 때 적당한 스위치는?**

① 전기 리밋 스위치
② 압력 스위치
③ 전기 리드 스위치
④ 광전 스위치

해설
리드 스위치(Reed Switch) : 유리관 속에 자성체인 백금, 금 로듐 등의 귀금속으로 된 접점 주위에 마그넷이 접근하면 리드편이 자화되어 유리관 내부의 접점이 On/Off 된다.

20 **다음과 같은 기호의 명칭은?**

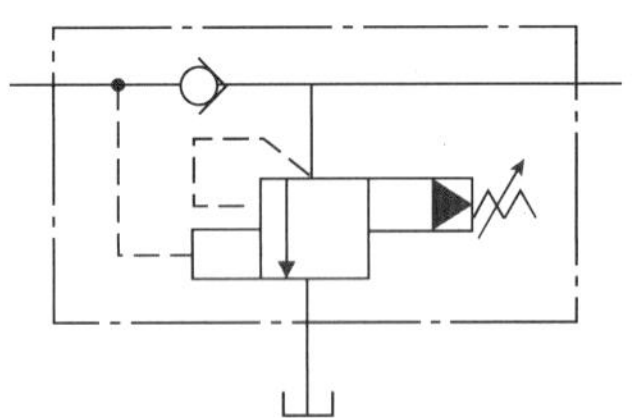

① 브레이크밸브
② 카운터밸런스밸브
③ 무부하릴리프밸브
④ 시퀀스밸브

해설

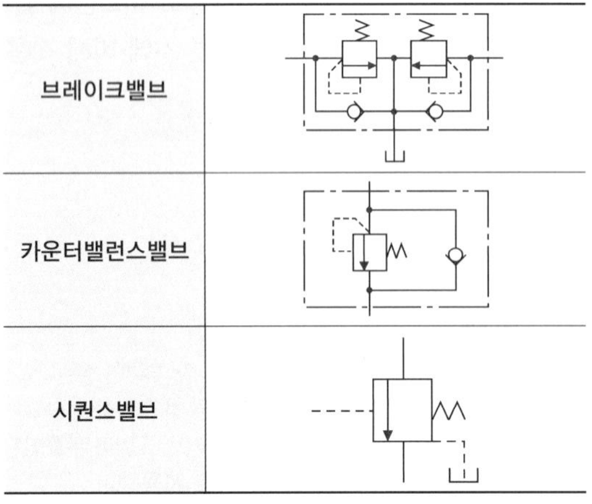

명칭	기호
브레이크밸브	
카운터밸런스밸브	
시퀀스밸브	

21 **유관의 안지름을 5[cm], 유속을 10[cm/s]로 하면 최대 유량은 약 몇 [cm^3/s]인가?**

① 196 ② 250
③ 462 ④ 785

해설
연속의 법칙(Law of Continuity)
관 속에 유체가 가득 차서 흐른다면 단위 시간에 단면적 A_1을 통과하는 유량 Q_1는 단면 A_2를 통과하는 유량 Q_2와 같다.

$Q = A_1 V_1 = A_2 V_2$

$Q = \frac{\pi \times 5^2}{4} \times 10 = 196.25$

22 **왕복형 공기압축기에 대한 회전형 공기압축기의 특징 설명으로 올바른 것은?**

① 진동이 크다.
② 고압에 적합하다.
③ 소음이 작다.
④ 공압 탱크를 필요로 한다.

해설
압축기의 특성 비교

분류 / 특성	왕복형	회전형	터보형
구 조	비교적 간단하다.	간단하고 섭동부가 적다.	대형, 복잡하다.
진 동	비교적 크다.	작다.	작다.
소 음	비교적 높다.	작다.	작다.
보수성	좋다.	섭동부품의 정기 교환이 필요하다.	비교적 좋으나 오버홀이 필요하다.
토출공기 압력	중・고압	중 압	표준 압력
가 격	싸다.	비교적 비싸다.	비싸다.

19 ③ 20 ③ 21 ① 22 ③ 정답

23 다음과 같은 유압회로의 언로드 형식은 어떤 형태로 분류 되는가?

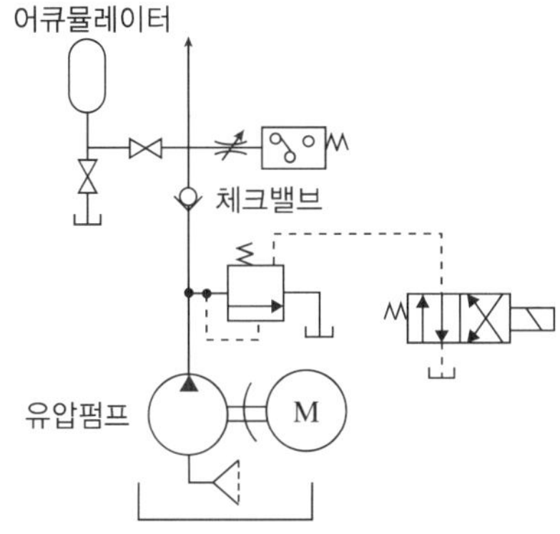

① 바이패스 형식에 의한 방법
② 탠덤센서에 의한 방법
③ 언로드밸브에 의한 방법
④ 릴리프밸브를 이용한 방법

해설

축압기, 압력 스위치를 사용한 무부하회로이다. 보기에 없으므로, 릴리프밸브를 이용한 무부하회로로 펌프 송출 전량을 탱크로 귀환시키는 회로이다.

24 제어작업이 주로 논리제어의 형태로 이루어지는 AND, OR, NOT, 플립플롭 등의 기본 논리연결을 표시하는 기호도는?

① 논리도
② 회로도
③ 제어선도
④ 변위단계선도

해설

③ 제어선도 : 액추에이터의 운동 변화에 따른 제어밸브 등의 동작 상태를 나타내는 선도. 신호 중복의 여부를 판단하는 데 유효한 선도
④ 변위단계선도(작동선도, 시퀀스 차트) : 실린더의 작동 순서를 표시하며 실린더의 변위는 각 단계에 대해서 표시

25 축압기에 대한 설명 중 틀린 것은?

① 맥동이 발생한다.
② 압력보상이 된다.
③ 충격 완충이 된다.
④ 유압에너지를 축적할 수 있다.

해설

- 축압기(어큐뮬레이터) : 용기 내에 오일을 고압으로 압입하는 압유 저장용 용기
- 축압기의 용도
  - 에너지 축적용
  - 펌프의 맥동 흡수용
  - 충격 압력의 완충용
  - 유체 이송용
  - 2차 회로의 구동
  - 압력보상

26 다음 그림은 어떤 밸브의 상세기호이다. 간략기호는?

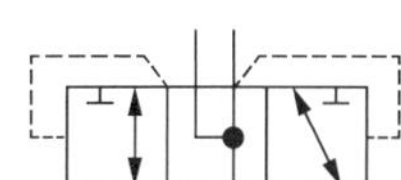

①

②

③

④

해설

저압우선형 셔틀밸브의 상세기호이다. 저압쪽 입구가 저압우선 출구에 접속되고, 고압쪽 입구가 폐쇄된다.

27 직류 솔레노이드밸브의 특징으로 옳은 것은?

① 소비전력을 절감할 수 있다.

② 응답성은 좋으나 소음이 크다.

③ 전원회로 구성품을 쉽게 구할 수 있다.

④ 히스테리시스 및 와전류에 의한 손실이 없어 온도 상승이 작다.

해설

직류 솔레노이드밸브의 특징

- 솔레노이드가 안정되어 소음이 없고, 흡착력이 강하다.
- 히스테리시스 및 와전류에 의한 손실이 없어 온도 상승이 작다.
- 직류 전원으로 24[V]가 가장 많이 쓰이고 48[V], 12[V], 6[V]도 사용한다.

28 전기회로에 사용되는 b접점에 대한 설명으로 옳은 것은?

① 상개 접점이라고 한다.

② Make Contact라고 한다.

③ Normally Open Contact라고 한다.

④ 평상시에는 닫혀 있다가 스위치를 조작할 때에만 접점이 떨어진다.

해설

①, ②, ③는 a접점에 대한 설명이다.

29 공압회로 설계 시 기기의 표현 상태로 틀린 것은?

① 마스터밸브는 실린더의 초기 상태에 따라 도시한다.

② 플립플롭형의 메모리밸브는 신호가 가해진 상태로 도시한다.

③ 스프링 내장형 밸브는 스프링에 의해 복귀된 상태인 초기 상태로 도시한다.

④ 모든 기기의 기호는 스타트밸브(스위치)를 누르기 전의 상태로 나타내야 한다.

해설

플립플롭형의 메모리밸브는 신호가 가해지지 않은 상태를 도시한다.

30 공압용 배관 및 파이프 이음 시 구비조건으로 틀린 것은?

① 특수공구를 필요로 하지 않을 것

② 분해와 조립이 쉽고 재현성이 있을 것

③ 충격, 진동에 대해 강하고, 이완되지 않을 것

④ 조인트부가 차지하는 최대 바깥지름 및 길이가 대형일 것

해설

배관 및 파이프 이음 시 구비조건

- 분해와 조립이 쉽고 재현성이 있을 것
- 특수공구를 필요로 하지 않을 것
- 통로 너비에 심한 변화를 미치지 않을 것
- 조인트부가 차지하는 최대 바깥지름 및 길이가 소형일 것
- 충격과 진동에 대해 강하고, 이완되지 않을 것

27 ④ 28 ④ 29 ② 30 ④ 정답

제3과목 | 기초전기일반

31 10[Ω]의 저항에 5[A]의 전류를 3분 동안 흘렸을 때 발열량은 몇[cal]인가?

① 1,080[cal] ② 2,160[cal]
③ 5,400[cal] ④ 10,800[cal]

해설
$H = 0.24RI^2t = 0.24 \times 10 \times 5^2 \times 3 \times 60 = 10,800[\mathrm{cal}]$

32 10[Ω]과 20[Ω]의 저항이 직렬로 연결된 회로에 60[V]의 전압을 가했을 때 10[Ω]의 저항에 걸리는 전압을 구하면 얼마인가?

① 6[V] ② 10[V]
③ 20[V] ④ 30[V]

해설
$I = \dfrac{V}{R} = \dfrac{60}{10+20} = 2[\mathrm{A}]$
$V = IR = 2 \times 10 = 20[\mathrm{V}]$

33 저항이 R[Ω], 리액턴스 X[Ω]이 직렬로 접속된 부하에서 역률은?

① $\cos\theta = \dfrac{R}{\sqrt{R^2 + X^2}}$

② $\cos\theta = \dfrac{\sqrt{2}R}{\sqrt{R^2 + X^2}}$

③ $\cos\theta = \dfrac{R}{X^2}$

④ $\cos\theta = \dfrac{2R}{\sqrt{R^2 + X^2}}$

해설
역 률
$\cos\theta = \dfrac{R}{Z} = \dfrac{R}{\sqrt{R^2 + X^2}}$

34 사인파 교류의 순시값이 $v = V\sin\omega t$[V]일 때, 실횻값은?(단, V는 최댓값)

① $\dfrac{V}{\sqrt{2}}$

② V

③ $\sqrt{2}\,V$

④ $2V$

해설
실횻값
$V = \dfrac{\text{최댓값}}{\sqrt{2}}$

35 평형조건을 이용한 중저항 측정법은?

① 켈빈 더블 브리지법
② 전위차계법
③ 휘트스톤 브리지법
④ 직접 편위법

해설
① 켈빈 더블 브리지법 : 저저항 측정법에 쓰인다.
② 전위차계법 : 가변저항을 통해 저항값을 조절하여 전압을 조절한다.
④ 직접 편위법 : 피측정량에 따라서 측정기에 편위를 주어 그 편위량에서 피측정량을 판독하는 방법이다.

정답 31 ④ 32 ③ 33 ① 34 ① 35 ③

36 **3상 교류의 Δ 결선에서 상전압과 선간전압의 크기 관계를 옳게 표시한 것은?**

① 상전압 < 선간전압

② 상전압 > 선간전압

③ 상전압 = 선간전압

④ 상전압 ≠ 선간전압

해설

- △결선 : 선간전압 = 상전압, 선전류 = $\sqrt{3}$ 상전류
- Y결선 : 선간전압 = $\sqrt{3}$ 상전압, 선전류 = 상전류

37 **N극과 S극 사이의 자기장 내에 있는 도체를 상하로 움직이면 도체에 기전력이 유도되는 현상은?**

① 자화유도현상

② 자기유도현상

③ 전자유도현상

④ 주파수유도현상

해설

① 자화유도현상 : 자석이 아닌 자성체가 자석처럼 되는 현상으로, 자기유도현상과 같은 원리이다.

② 자기유도현상 : 자성이 있는 물체 가까이에 자성체를 둘 때 그 자성체가 자성을 띠게 되는 현상이다.

④ 주파수유도현상 : 유도전자기현상에 의해서 전압이 유도되어 유도전류가 발생할 때 도체 주변에 항상 자기장과 전기장이 있으므로 자연스럽게 발전과정에서 주파수도 만들어지는 현상이다.

38 **평형 3상 회로에서 Δ 결선의 3상 전원 중 2개의 상의 전원만 이용하여 3상 부하에 전력을 공급할 때 사용되는 결선은?**

① Y결선 ② Δ 결선

③ V결선 ④ Z결선

해설

V결선 : 평형 3상 회로에서 3상 전원 중 2개의 상의 전원만 이용하여 3상 부하에 전력을 공급한다.

- 출력비 : $\dfrac{\sqrt{3}\,VIcos\theta}{3\,VIcos\theta} = \dfrac{1}{\sqrt{3}} = 0.577$
- 이용률 : $\dfrac{\sqrt{3}\,VIcos\theta}{2\,VIcos\theta} = \dfrac{\sqrt{3}}{2} = 0.866$

39 **직류발전기의 병렬 운전 조건이 아닌 것은?**

① 극성이 같을 것

② 정격단자전압이 같을 것

③ 수하 특성이 없을 것

④ 외부 특성곡선이 같을 것

해설

직류발전기의 병렬 운전 조건

- 정격단자전압이 같을 것
- 극성이 같을 것
- 외부 특성곡선이 일치하고 약간의 수하 특성을 가질 것

40 **사이리스터의 설명이 옳은 것은?**

① SSS : 단방향성 3단자

② SCR : 단방향성 4단자

③ SCS : 쌍방향성 2단자

④ TRIAC : 쌍방향성 3단자

해설

① SSS : 쌍방향성 2단자

② SCR : 단방향성 3단자

③ SCS : 단방향성 4단자

36 ③ 37 ③ 38 ③ 39 ③ 40 ④ 정답

41 기동 시 토크가 큰 것이 특징이며 전동차나 크레인과 같이 기동토크가 큰 것을 요구하는 것에 적합한 전동기는?

① 타여자전동기 ② 직권전동기
③ 분권전동기 ④ 복권전동기

해설
직권전동기의 특성 : 기동토크가 커서 전동차나 크레인, 전기기관차 등에 이용된다.

42 무부하 운전이나 벨트 운전을 절대로 하면 안 되는 직류전동기는?

① 직권전동기 ② 복권전동기
③ 분권전동기 ④ 타여자전동기

해설
직권전동기의 단점
- 정류에서 브러시나 정류자에 마모가 발생하기 때문에 보수 수요가 있다.
- 고회전 영역에서는 원심력의 영향으로 정류자가 파괴될 위험이 있다.
- 고부하 가속 운전 시와 같은 경우에는 정류자 사이의 섬락 등의 중대한 고장을 일으키기 쉽다.

43 시간의 변화에 따라 각 계전기나 접점 등의 변화 상태를 시간적 순서에 의해 출력 상태를 (On, Off), (H, L), (1, 0) 등으로 나타낸 것은?

① 플로차트 ② 실체배선도
③ 타임차트 ④ 논리회로도

해설
타임차트 : 시간의 변화에 따라 각 계전기나 접점 등의 변화 상태를 시간적 순서로 나타낸다.

44 직류기에서 브러시의 역할은?

① 기전력 유도
② 자속 생성
③ 정류작용
④ 전기자 권선과 외부 회로 접속

해설
브러시 : 정류자에서 만든 직류를 외부로 유출하는 곳

45 P형 반도체의 전기 전도의 주된 역할을 하는 반송자는?

① 전 자
② 가전자
③ 불순물
④ 정 공

해설
N형 반도체의 반송자는 전자이며, P형 반도체의 반송자는 정공이다.

정답 41 ② 42 ① 43 ③ 44 ④ 45 ④

46 지름 15[mm], 표점거리 100[mm]인 인장 시험편을 인장시켰더니 110[mm]가 되었다면 길이 방향의 변형률은?

① 9.1[%]
② 10[%]
③ 11[%]
④ 15[%]

해설
길이 방향의 변형률

$$\frac{l'-l}{l} = \frac{\lambda}{l}\times 100 = \frac{\lambda}{l}\times 100[\%] = \frac{110-100}{100}\times 100 = 10[\%]$$

여기서, l : 최초의 길이
l' : 변형 후의 길이

47 기계재료 표시 기호 중 탄소 공구강 강재의 KS 재료기호는?

① SCM 415
② STC 140
③ SM 20C
④ GC 200

해설
① SCM 415 : 크롬 몰리브덴 강재
③ SM 20C : 기계구조용 탄소강 강재
④ GC200 : 회 주철재

48 다음 도면과 같이 지시된 치수보조기호의 해독으로 옳은 것은?

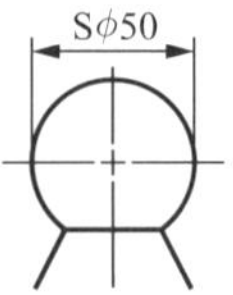

① 호의 지름이 50[mm]
② 구의 지름이 50[mm]
③ 호의 반지름이 50[mm]
④ 구의 반지름이 50[mm]

해설
치수에 사용되는 기호

기 호	구 분
ϕ	지 름
□	정사각형
R	반지름
C	45° 모따기
t	두 께
p	피 치
Sϕ	구면의 지름
SR	구면의 반지름

49 나사의 도시방법에 관한 설명 중 틀린 것은?

① 측면에서 본 그림 및 단면도에서 나사산의 봉우리는 굵은 실선으로 나타낸다.
② 단면도에 나타나는 나사 부품에서 해칭은 나사산의 골 밑을 나타내는 선까지 긋는다.
③ 나사의 끝면에서 본 그림에서는 나사의 골 밑은 가는 실선으로 그린 원주의 3/4에 거의 같은 원의 일부로 표시한다.
④ 숨겨진 나사를 표시하는 것이 필요한 곳에서는 산의 봉우리와 골 밑은 가는 파선으로 표시한다.

해설
나사의 해칭은 전체를 해칭하며 암수가 체결된 것을 표현할 때는 해칭 방향을 다르게 표기한다.

정답 46 ② 47 ② 48 ② 49 ②

50 다음 그림과 같은 입체도에서 화살표 방향을 정면으로 한다면 좌측면도로 적합한 투상도는?(단, 투상도는 제3각법을 이용한다)

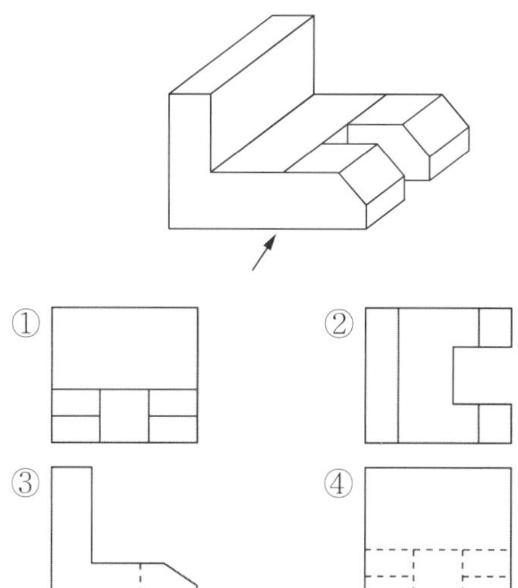

해설
① 우측면도
② 평면도
③ 정면도

51 풀리의 지름 200[mm], 회전수 900[rpm]인 평벨트 풀리가 있다. 벨트의 속도는 약 몇 [m/s]인가?

① 9.42
② 10.42
③ 11.42
④ 12.42

해설
원주속도

$$v = \frac{\pi D_1 N_1}{60 \times 10^3} = \frac{\pi D_2 N_2}{60 \times 10^3} \text{[m/s]}$$

$$= \frac{3.14 \times 200 \times 900}{60 \times 1{,}000} = 9.42\text{[m/s]}$$

52 체결하려는 부분이 두꺼워서 관통 구멍을 뚫을 수 없을 때 사용되는 볼트는?

① 탭 볼트　② T홈 볼트
③ 아이 볼트　④ 스테이 볼트

해설
② T홈 볼트 : 공작기계 테이블의 T홈 등에 끼워서 공작물을 고정시키는 데 사용
③ 아이 볼트 : 부품을 들어 올리는 데 사용되는 링 모양이나 구멍이 뚫려 있는 것
④ 스테이 볼트 : 부품의 간격 유지, 턱을 붙이거나 격리 파이프를 넣는다.

53 다음 중 가장 큰 회전력을 전달할 수 있는 것은?

① 안장키　② 평키
③ 묻힘키　④ 스플라인

해설
① 안장키(Saddle Key) : 축은 절삭하지 않고 보스에만 홈을 파서 마찰력으로 고정시키며, 축의 임의의 부분에 설치 가능하다(극 경하중용).
② 평키(Flat Key) : 축은 자리만 편편하게 다듬고 보스에 홈을 판다(경하중).
③ 묻힘키(Sunk Key) : 축과 보스에 다 같이 홈을 파는 가장 많이 쓰는 종류이다.

54 강도와 기밀을 필요로 하는 압력용기에 쓰이는 리벳은?

① 접시머리 리벳
② 둥근머리 리벳
③ 납작머리 리벳
④ 얇은 납작머리 리벳

해설
보일러용(기밀), 구조용(강도)으로 사용되는 리벳은 둥근머리 리벳과 둥근접시머리 리벳이 있다.

정답 50 ④ 51 ① 52 ① 53 ④ 54 ②

55 한 변의 길이가 30[mm]인 정사각형 단면의 강재에 4,500[N]의 압축하중이 작용할 때 강재의 내부에 발생하는 압축응력은 몇 [N/mm²]인가?

① 2 ② 4
③ 5 ④ 10

해설
압축응력

$$\sigma_c = \frac{P_c}{A}[\text{kg/cm}^2]$$
$$= \frac{4,500[\text{N}]}{30 \times 30[\text{mm}^2]} = 5[\text{N/mm}^2]$$

56 두 축이 나란하지도 교차하지도 않으며, 베벨기어의 축을 엇갈리게 한 것으로, 자동차의 차동기어장치의 감속기어로 사용되는 것은?

① 베벨기어
② 웜기어
③ 베벨헬리컬기어
④ 하이포이드기어

해설
① 베벨기어 : 교차되는 두 축 간에 운동을 전달하는 원뿔형 기어의 총칭(원뿔면에 이를 만든 것으로 이가 직선인 것)
② 웜기어 : 웜과 웜기어를 한 쌍으로 사용한 기어
③ 베벨헬리컬기어 : 교차되는 두 축에 베벨기어와 헬리컬기어를 사용한 기어

57 다음 제동장치 중 회전하는 브레이크 드럼을 브레이크 블록으로 누르게 한 것은?

① 밴드 브레이크
② 원판 브레이크
③ 블록 브레이크
④ 원추 브레이크

해설
① 밴드 브레이크 : 브레이크륜의 외주에 강제의 밴드를 감고 밴드에 장력을 주어서 밴드와 브레이크륜 사이의 마찰에 의하여 제동 작용을 하는 것
② 원판 브레이크 : 마찰면을 원뿔형 또는 원판으로 하여 나사나 레버 등으로 축 방향으로 밀어붙이는 형식
④ 원추 브레이크 : 마찰면을 원추형으로 하여 나사나 레버 등으로 축 방향으로 밀어붙이는 형식

58 도면에서 판의 두께를 표시하는 방법을 정해 놓고 있다. 두께 3[mm]의 표현방법으로 옳은 것은?

① P3
② C3
③ t3
④ □3

해설
② C3 : 모따기 한 변의 치수가 3
④ □3 : 정사각형 한 변의 치수가 3

55 ③ 56 ④ 57 ③ 58 ③ 정답

59 다음 그림과 같은 용접기호에서 a5가 의미하는 것은?

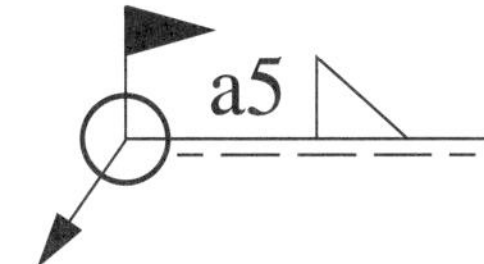

① 루트 간격이 5[mm]

② 필릿 용접의 목 두께가 5[mm]

③ 필릿 용접의 목 길이가 5[mm]

④ 점 용접부의 용접수가 5개

60 607C2P6으로 표시된 베어링에서 안지름은?

① 7[mm]

② 30[mm]

③ 35[mm]

④ 60[mm]

해설

60	7	C2	P6
㉠	㉡	㉢	㉣

㉠ 베어링 계열 번호(깊은 홈 볼베어링)
㉡ 안지름(7mm)
㉢ 내부 틈새(보통의 레이디얼 내부 틈새보다 작다)
㉣ 등급기호(6급)

정답 59 ② 60 ①

2021년 제3회 과년도 기출복원문제

제1과목 | 공유압 일반

01 유압실린더의 중간 정지회로에 파일럿 작동형 체크밸브를 사용하는 이유로 적당한 것은?

① 실린더 내부의 누설 방지
② 실린더 내 압력 평형의 유지
③ 밸브 내부 누설 방지
④ 무부하 상태의 유지

해설
파일럿 작동형 체크밸브는 파일럿 작동에 의하여 역류도 허용되는데 실린더 내 압력 평형을 유지하기 위해 사용된다.

02 유압모터를 선택하기 위한 고려사항이 아닌 것은?

① 체적 및 효율이 우수할 것
② 모터의 외형 공간이 충분히 클 것
③ 주어진 부하에 대한 내구성이 클 것
④ 모터로 필요한 동력을 얻을 수 있을 것

해설
유압 모터의 외형 공간은 고려사항이 아니다.

03 유압유에 수분이 혼입될 때 미치는 영향이 아닌 것은?

① 작동유의 윤활성을 저하시킨다.
② 작동유의 방청성을 저하시킨다.
③ 캐비테이션이 발생한다.
④ 작동유의 압축성이 증가한다.

해설
작동유(유압유)에 수분이 혼입될 시 영향
• 작동유의 윤활성 저하
• 작동유의 방청성 저하
• 작동유의 압축성 감소
• 캐비테이션 발생
• 작동유의 산화·열화 촉진

04 호스의 이음재료가 못 되는 것은?

① 강
② 황 동
③ 고 무
④ 스테인리스강

해설
관 재료 : 강관, 스테인리스강관, 동관, 고무 호스 등

1 ② 2 ② 3 ④ 4 ③ 정답

05 **실린더 행정 중 임의의 위치에 실린더를 고정하고자 할 때 사용하는 회로는?**

① 로킹회로

② 무부하회로

③ 동조회로

④ 릴리프회로

해설

- 무부하회로 : 반복 작동 중 유압을 필요로 하지 않을 때 펌프 토출량을 저압으로 기름탱크에 되돌려 보내고 유압펌프를 무부하 운전시키는 회로
- 동기회로(동조회로, 싱크로나이징) : 두 개 또는 그 이상의 유압실린더를 동기 운동, 즉 완전히 동일한 속도나 위치로 작동시키고자 할 때 사용
- 릴리프밸브 : 주로 안전회로로 사용되며, 시스템 내의 압력이 최대허용압력을 초과하는 것을 방지해 주는 회로

06 **유압장치에서 릴리프밸브의 역할은?**

① 유체에 압력을 증가시키는 압력제어밸브이다.

② 유체의 유로 방향을 변환시키는 방향전환밸브이다.

③ 유체의 압력을 일정하게 유지시키는 압력제어밸브이다.

④ 유압장치에서 유체의 압력을 감소시키는 감압밸브이다.

해설

릴리프밸브 : 압력을 설정값 내로 일정하게 유지시킨다(안전밸브로 사용).

07 **회전속도가 높고 전체 효율이 가장 좋은 펌프는?**

① 축 방향 피스톤식

② 베인펌프식

③ 내접기어식

④ 외접기어식

해설

피스톤(플런저)펌프 : 실린더의 내부에서는 피스톤의 왕복운동에 의한 용적 변화를 이용하여 펌프작용을 한다.

- 고속, 고압의 유압장치에 적합하다.
- 다른 유압펌프에 비해 효율이 가장 좋다.
- 가변용량형 펌프로 많이 사용된다.
- 구조가 복잡하고 가격이 고가이다.
- 흡입능력이 가장 낮다.

08 **다음은 어떤 회로인가?**

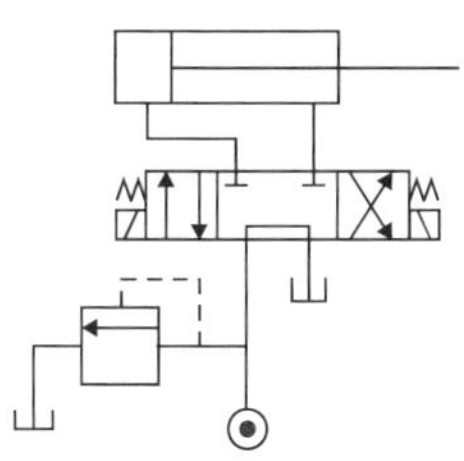

① 감속회로

② 차동회로

③ 로킹회로

④ 정토크 구동회로

해설

로킹회로 : 실린더 행정 중 임의의 위치에 실린더를 고정하여 피스톤의 이동을 방지하는 회로

정답 5 ① 6 ③ 7 ① 8 ③

09 다음 유압기호의 제어방식 설명으로 올바른 것은?

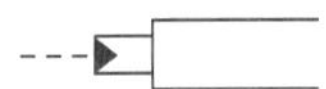

① 레버방식이다.
② 스프링 제어방식이다.
③ 공기압 제어방식이다.
④ 파일럿 제어방식이다.

해설

레버방식	스프링 제어방식	공기압 제어방식

10 입력측과 출력측의 작용 면적비에 대응하는 증압비에 따라 압력을 변환하는 기기는?

① 축압기 ② 차동기
③ 여과기 ④ 증압기

해설

증압기
- 공기압을 이용하여 오일로 증압기를 작동시켜 수십배까지 유압으로 변환시키는 배력장치이다.
- 입구측 압력을 그와 비례한 높은 출력측 압력으로 변환하는 기기이다.
- 직압식과 예압식의 두 종류가 있다.

11 작동유의 열화를 촉진하는 원인이 될 수 없는 것은?

① 유온이 너무 높음
② 기포의 혼입
③ 플러깅 불량에 의한 열화된 기름의 잔존
④ 점도가 부적당

해설

① 유온이 너무 높음 → 국부적으로 발열 발생
② 기포의 혼입 → 캐비테이션 발생으로 열화 촉진
③ 플러링 불량에 의한 열화된 기름의 잔존 → 열화된 작동유는 열화를 촉진

12 다음 그림은 어떤 밸브의 기호인가?

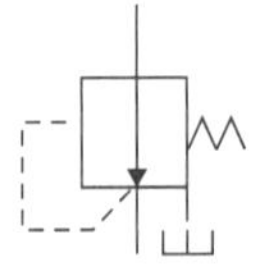

① 무부하밸브
② 감압밸브
③ 시퀀스밸브
④ 릴리프밸브

해설

무부하밸브	시퀀스밸브	릴리프밸브

13 공유압 변환기의 사용상 주의점으로 옳은 것은?

① 공유압 변환기는 수직 방향으로 설치한다.
② 공유압 변환기는 액추에이터보다 낮은 위치에 설치한다.
③ 열원에 근접시켜 사용한다.
④ 작동유가 통하는 배관에는 공기 흡입이 잘되어야 한다.

해설

공유압 변환기 사용상 주의할 점
- 수직으로 설치
- 액추에이터 및 배관 내의 공기 제거(밀봉 유지)
- 액추에이터보다 높은 위치에 설치
- 정기적으로 유량 점검(부족 시 보충)
- 열의 발생이 있는 곳에서 사용 금지

9 ④ 10 ④ 11 ④ 12 ② 13 ① **정답**

14 감압밸브에서 1차측의 공기 압력이 변동했을 때 2차측의 압력이 어느 정도 변화하는가를 나타내는 특성은?

① 크래킹 특성　　② 압력 특성
③ 강도 특성　　④ 히스테리시스 특성

해설
히스테리시스 특성 : 압력제어밸브의 핸들을 조작하여 공기 압력을 설정하고 압력을 변동시켰다가 다시 핸들을 조작하여 원래의 설정값에 복귀시켰을 때, 최초의 설정값과의 오차를 말한다(내부 마찰 등에 그 영향이 크다).

15 펌프가 포함된 유압유닛에서 펌프 출구의 압력이 상승하지 않는다. 그 원인으로 적당하지 않은 것은?

① 릴리프밸브의 고장
② 속도제어밸브의 고장
③ 부하가 걸리지 않음
④ 언로드밸브의 고장

해설
압력이 형성되지 않는 경우
- 릴리프밸브의 설정압이 잘못되었거나 작동 불량
- 유압회로 중 실린더 및 밸브에서 누설(부하가 걸리지 않음)
- 펌프의 내부 고장에 의해 압력이 새고 있는 경우(부하가 걸리지 않음)
- 언로드밸브 고장
- 펌프의 고장

16 다음 공압 실린더 중 다른 실린더에 비하여 고속으로 동작할 수 있는 것은?

① 텔리스코픽 실린더
② 충격 실린더
③ 가변스트로크 실린더
④ 다위치형 실린더

해설
충격 실린더 : 빠른 속도(7~10[m/s])를 얻을 때 사용된다. 프레싱, 플랜징, 리베팅, 펀칭 등의 작업에 이용한다.

17 구동부가 일을 하지 않아 회로에서 작동유를 필요로 하지 않을 때 작동유를 탱크로 귀환시키는 것은?

① AND회로
② 무부하회로
③ 플립플롭회로
④ 압력설정회로

해설
① AND회로 : 2개 이상의 입력부와 1개의 출력부를 가지며, 모든 입력부에 입력이 가해졌을 경우에만 출력부에 출력이 나타나는 회로
③ 플립플롭회로 : 2개의 안정된 출력 상태를 가지고, 입력 유무에 관계없이 직전에 가해진 입력 상태를 출력 상태로서 유지하는 회로
④ 압력설정회로 : 모든 유압회로의 기본, 회로 내의 압력을 설정 압력으로 조정하는 회로로서 설정 압력 이상 시 릴리프밸브가 열려 탱크로 귀환하는 회로

18 다음과 같이 1개의 입력포트와 1개의 출력포트를 가지고 입력포트에 입력이 되지 않은 경우에만 출력포트에 출력이 나타나는 회로는?

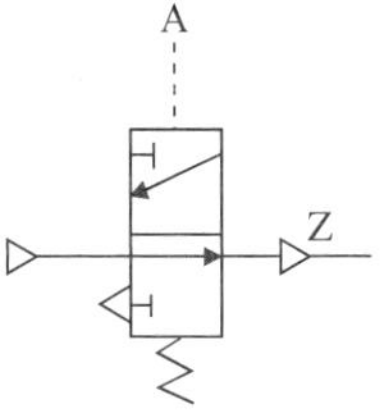

① NOR회로　　② AND회로
③ NOT회로　　④ OR회로

해설
① NOR회로 : 2개 이상의 입력부와 1개의 출력부를 가지며, 입력부의 전부에 입력이 없는 경우에만 출력부에 출력이 나타나는 회로(NOT OR회로의 기능)
② AND회로 : 2개 이상의 입력부와 1개의 출력부를 가지며, 모든 입력부에 입력이 가해졌을 경우에만 출력부에 출력이 나타나는 회로
④ OR회로(논리합회로) : 2개 이상의 입력부와 1개의 출력부를 가지며, 어느 입력부에 입력이 가해져도 출력부에 출력이 나타나는 회로

정답 14 ② 15 ② 16 ② 17 ② 18 ③

19 **압력제어밸브에서 급격한 압력 변동에 따른 밸브 시트를 두드리는 미세한 진동이 생기는 현상은?**

① 노 킹
② 채터링
③ 해머링
④ 캐비테이션

해설
① 노킹 : 내연기관의 이상연소(異常燃燒)에 의해 실린더 벽을 망치로 두드리는 것과 같은 소리가 나는 현상
③ 해머링 : 관 속에 순간적으로 이상한 충격압이 발생하여 음을 내며 진동하는 것(워트 해머링, 수격현상)
④ 캐비테이션 : 유동하고 있는 액체의 압력이 국부적으로 저하되어, 포화 증기압 또는 공기 분리압에 달하여 증기를 발생시키거나 용해 공기 등이 분리되어 기포를 일으키는 현상

20 **관 속을 흐르는 유체에서 '$A_1V_1 = A_2V_2 =$ 일정' 하다는 유체운동의 이론은?(A_1, A_2 : 단면적, V_1, V_2 : 유체속도)**

① 파스칼의 원리
② 연속의 법칙
③ 베르누이의 정리
④ 오일러 방정식

해설
연속의 법칙(Law of Continuity)
관 속을 유체가 가득 차서 흐른다면 단위시간에 단면적 A_1을 통과하는 중량 유량 Q_1은 단면 A_2를 통과하는 중량 유량 Q_2와 같다.
$Q = \gamma_1 A_1 V_1 = \gamma_2 A_2 V_2$
비압축성 유체일 경우 $\gamma_1 = \gamma_2$이므로
$A_1 V_1 = A_2 V_2 =$ 일정

21 **작동유의 유온이 적정 온도 이상으로 상승할 때 일어날 수 있는 현상이 아닌 것은?**

① 윤활 상태의 향상
② 기름의 누설
③ 마찰 부분의 마모 증대
④ 펌프의 효율 저하에 따른 온도 상승

해설
작동유가 고온인 상태에서 사용 시
- 작동유체의 점도 저하
- 내부 누설
- 용적효율 저하
- 국부적으로 발열(온도 상승)하여 습동 부분이 붙기도 함

22 **다음 중 복동 실린더의 공기 소모량을 계산할 때 고려하여야 할 대상이 아닌 것은?**

① 압축비
② 분당 행정수
③ 피스톤 직경
④ 배관의 직경

해설
실린더의 공기 소비량
공기압 실린더의 행정거리에 대한 용적으로 계산한다. 그러므로 배관의 직경은 직접적인 고려 대상이 아니다.
계산식은 다음과 같다.

$$Q_1 = \left[\frac{\pi}{4}\left(D_1^2 L \frac{P+1.033}{1.033} + d^2 l \frac{P}{1.033}\right)\right] n \times \frac{1}{1,000}$$

$$Q_2 = \left[\frac{\pi}{4}(D_1^2 - D_2^2)\, L\, \frac{P+1.033}{1.033} + d^2\, l\, \frac{P}{1.033}\right] n \times \frac{1}{1,000}$$

Q_1 : 로드 전진 시 공기 소비량[L/min]
Q_2 : 로드 후진 시 공기 소비량[L/min]
D_1 : 실린더 튜브의 안지름[cm]
D_2 : 피스톤 로드의 지름[cm]
d : 배관의 안지름[cm]
L : 피스톤의 행정거리[cm]
l : 배관의 길이[cm]
n : 1분당 피스톤 왕복 횟수(회/분)
그러므로, $Q = Q_1 + Q_2$(매 분당 공기 소비량)
보기 중에서 배관의 직경은 복동 실린더의 공기 소모량 계산에서 중요치 않다고 본다.

19 ② 20 ② 21 ① 22 ④ 정답

23 다음 유압기호 중 파일럿 작동, 외부 드레인형의 감압밸브에 해당하는 것은?

①
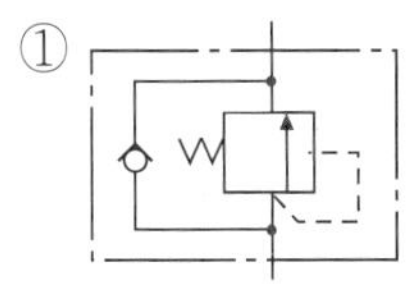

②
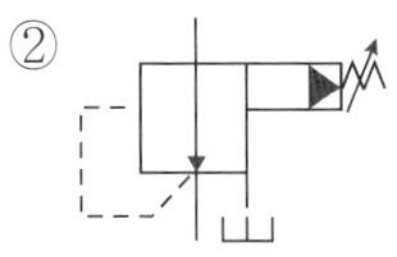

③
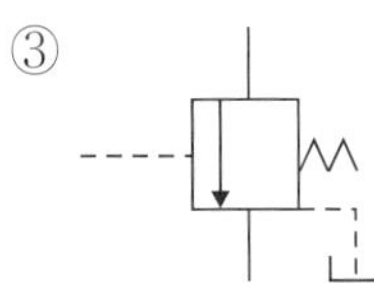

④
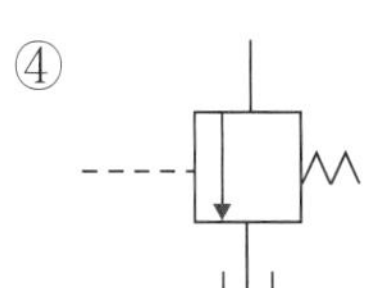

해설

① 카운터밸런스밸브
③ 시퀀스밸브
④ 무부하밸브

24 일명 로터리 실린더라고도 하며 360° 전체를 회전할 수는 없으나 출구와 입구를 변화시키면 ±50° 정, 역회전이 가능한 것은?

① 기어모터
② 베인모터
③ 요동모터
④ 회전 피스톤모터

해설

① 기어 모터
- 구조면에서 가장 간단하며, 출력토크가 일정하다.
- 저속 회전이 가능하고, 소형으로 큰 토크를 낼 수 있다.

② 베인모터
- 구조면에서 베인펌프와 동일하고, 구성 부품수가 적고 구조가 간단하며, 고장이 적다.
- 출력토크가 일정하고, 역전 가능, 무단 변속 가능, 가혹한 운전이 가능하다.

④ 회전 피스톤모터
- 액시얼형과 레이디얼형으로 구분하며, 정용량형과 가변용량형이 있다.
- 고압, 고속 및 대출력을 발생, 구조가 복잡하고 고가이다.

25 유압밸브 중에서 파일럿부가 있어서 파일럿 압력을 이용하여 주(主)스풀을 작동시키는 것은?

① 직동형 릴리프밸브
② 평형 피스톤형 릴리프밸브
③ 인라인형 체크밸브
④ 앵글형 체크밸브

해설

릴리프밸브 : 압력을 설정값 내로 일정하게 유지(안전밸브로 사용)
- 직동형 릴리프밸브 : 피스톤을 스프링 힘으로 조정
- 평형 피스톤형 릴리프밸브 : 피스톤을 파일럿 밸브의 압력으로 조정(압력 오버라이드가 적고, 채터링이 거의 일어나지 않는다)

26 다음 그림은 어떤 밸브의 상세기호이다. 간략기호는?

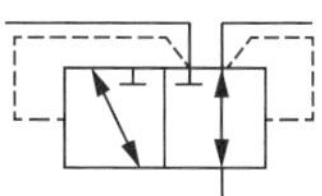

①
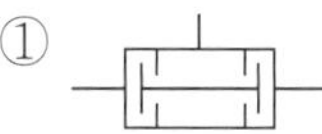

②
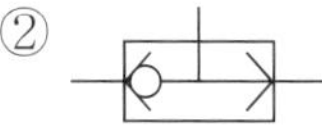

③

④
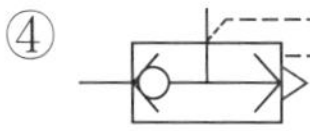

해설

고압우선형 셔틀밸브의 상세기호이다. 고압쪽 입구가 우선 출구에 접속되고, 저압쪽 입구가 폐쇄된다.

정답 23 ② 24 ③ 25 ② 26 ②

27 직류 솔레노이드밸브의 특징으로 옳은 것은?

① 응답성이 좋다.
② 소비전력을 절감할 수 있다.
③ 전원회로 구성품을 쉽게 구할 수 있다.
④ 솔레노이드가 안정되어 소음이 없고, 흡착력이 강하다.

해설
①, ②, ③은 교류 솔레노이드밸브의 특징이다.

28 전기회로에 사용되는 a접점에 대한 설명으로 옳은 것은?

① 상폐 접점이라고 한다.
② Make Contact라고 한다.
③ Normally Close Contact라고 한다.
④ 평상시에는 닫혀 있다가 스위치를 조작할 때에만 접점이 떨어진다.

해설
①, ③, ④는 전기회로에 사용되는 b접점에 대한 설명이다.

29 순수공압제어 체인에서 신호 중복 방지책이 아닌 것은?

① 방향성 롤러레버밸브에 의한 신호제거법
② 시간지연밸브(타이머)에 의한 신호제거법
③ 공압제어 체인에 의한 신호제거법
④ 리밋밸브에 의한 신호제거법

해설
신호 중복 방지대책
- 기계적인 신호제거방법(오버센터장치를 사용 : 눌리는 과정에서만 잠깐 작동되는 것으로 롤러 레버형, 누름 버튼형, 페달형 등이 있다)
- 방향성 롤러레버밸브에 의한 신호제거법
- 시간지연밸브(타이머)에 의한 신호제거법 : 정상 상태 열림형 시간지연밸브 사용
- 공압제어 체인(캐스케이드 체인, 시프트 레지스터 체인)에 의한 신호제거법

30 공압용 배관 및 파이프 이음 시 구비조건으로 틀린 것은?

① 특수공구를 필요로 하지 않을 것
② 통로 너비에 심한 변화를 미치지 않을 것
③ 분해와 조립이 쉽게 재현되지 않도록 할 것
④ 조인트부가 차지하는 최대 바깥지름 및 길이가 소형일 것

해설
배관 및 파이프 이음 시 구비조건
- 분해와 조립이 쉽고 재현성이 있을 것
- 특수공구를 필요로 하지 않을 것
- 통로 너비에 심한 변화를 미치지 않을 것
- 조인트부가 차지하는 최대 바깥지름 및 길이가 소형일 것
- 충격, 진동에 대해 강하고, 이완되지 않을 것

27 ④ 28 ② 29 ④ 30 ③ 정답

제3과목 | 기초전기일반

31 줄의 법칙에 대한 설명 중 옳은 것은?(단, 여기서 H는 열량이다)

① $H = I^2Rt[\mathrm{J}]$

② $H = 0.24IRt[\mathrm{cal}]$

③ $1[\mathrm{kWh}] = 860[\mathrm{cal}]$

④ $1[\mathrm{J}] = \dfrac{1}{9.186}[\mathrm{cal}]$

해설

H는 열량으로, $H[\mathrm{J}] = Pt = VIt = I^2Rt[\mathrm{J}]$

32 220[V], 40[W]의 형광등 10개를 4시간 동안 사용했을 때 소비전력량은?

① 8.8[kWh] ② 0.16[kWh]

③ 1.6[kWh] ④ 16[kWh]

해설

소비전력량 = 전력 × 시간

= 40[W] × 10개 × 4[h] = 1,600[Wh] = 1.6[kWh]

33 사인파 교류 파형에서 주기 T[s], 주파수 f[Hz]와 각속도 ω[rad/s] 사이의 관계식을 나타낸 것으로 옳은 것은?

① $\omega = \dfrac{1}{2\pi f}$ ② $\omega = 2\pi f$

③ $\omega = \dfrac{1}{2\pi T}$ ④ $\omega = 2\pi T$

해설

각속도 $\omega = 2\pi f$, $f = \dfrac{1}{T}$

여기서, T : 주기

34 R-C 직렬회로에서 임피던스가 10[Ω], 저항이 8[Ω]일 때 용량 리액턴스[Ω]는?

① 4 ② 5

③ 6 ④ 7

해설

R-C 직렬회로에서 임피던스

$Z = \sqrt{R^2 + X_C^2}$

$X_C^2 = Z^2 - R^2$

$X_C = \sqrt{Z^2 - R^2} = \sqrt{10^2 - 8^2} = \sqrt{100 - 64} = \sqrt{36} = 6$

35 일반적인 가정에서 제일 많이 사용하는 전원방식은?

① 단상 직류 220[V]

② 단상 교류 220[V]

③ 3상 직류 220[V]

④ 3상 교류 220[V]

해설

우리나라 가정에 공급되는 전압은 주로 단상 2선식 220[V], 주파수 60[Hz]이다.

정답 31 ① 32 ③ 33 ② 34 ③ 35 ②

36 정전용량 C만의 회로에 $v = \sqrt{2}\,V\sin\omega t$[V]인 사인파 전압을 가할 때 전압과 전류의 위상관계는?

① 전류는 전압보다 위상이 90° 뒤진다.
② 전류는 전압보다 위상이 30° 앞선다.
③ 전류는 전압보다 위상이 30° 뒤진다.
④ 전류는 전압보다 위상이 90° 앞선다.

해설
- C(콘덴서)만의 회로 : 전류가 전압보다 90° 앞선다.
- R(저항)만의 회로 : 전류와 전압이 동상이다.
- L(코일)만의 회로 : 전류가 전압보다 90° 뒤진다.

37 내부저항 5[kΩ]의 전압계 측정범위를 10배로 하기 위한 방법은?

① 15[kΩ]의 배율기 저항을 병렬연결한다.
② 15[kΩ]의 배율기 저항을 직렬연결한다.
③ 45[kΩ]의 배율기 저항을 병렬연결한다.
④ 45[kΩ]의 배율기 저항을 직렬연결한다.

해설
전압계의 측정범위를 10배로 하기 위하여 저항도를 10배(50[kΩ])로 늘려 전압의 크기를 $\frac{1}{10}$로 줄여야 하므로, 45[kΩ]의 배율기 저항을 직렬로 연결한다.

38 자석이 갖는 자기량의 단위는?

① [AT] ② [Wb]
③ [N] ④ [H]

해설
② [Wb] : 자극의 세기, 자속의 단위
① [AT] : 기자력의 단위
③ [N] : 정전력
④ [H] : 인덕턴스의 단위

39 어떤 부하의 저항 성분이 8[Ω], 유도 리액턴스가 12[Ω], 용량 리액턴스 12[Ω]일 때, 이 회로에 120[V] 전압 공급 시 피상전력[VA]은 얼마인가?

① 1,000 ② 1,200
③ 1,800 ④ 2,000

해설
$I = \frac{V}{Z} = \frac{120}{8} = 15[\text{A}]$
$P = VI = 120 \times 15 = 1{,}800[\text{VA}]$

40 직선 전류에 의한 자기장의 방향을 알고자 할 때 적용되는 법칙은?

① 패러데이의 법칙
② 플레밍의 왼손 법칙
③ 플레밍의 오른손 법칙
④ 앙페르의 오른나사 법칙

해설
④ 앙페르의 오른나사 법칙 : 도선에 전류가 흐를 때 오른손 엄지로 전류 방향을 맞추고 나머지 네 손가락으로 감싸면 손가락이 감싸고 있는 방향이 자기장의 방향이다.
① 패러데이의 법칙 : 전류가 흐르고 있지 않은 코일에 외부에서 자기장의 변화를 주면 그 변화를 없애기 위해 유도전류가 흐르고, 이 유도전류는 자기장의 변화, 자기선속의 시간적 변화율에 비례하고 코일이 감긴 횟수에 비례한다.
② 플레밍의 왼손 법칙 : 자기장 속에서 전류가 흐르게 되면 전류로 인해 자기장이 생기기 때문에 전류가 흐르고 있는 도선이 힘을 받게 된다. 이 힘을 전자기력이라 하고 왼손의 엄지, 검지, 중지를 각각 직각이 되도록 하면 검지는 자기장, 중지는 전류, 엄지는 힘 방향이 된다.
③ 플레밍의 오른손 법칙 : 유도전류의 방향을 알아낼 수 있는 법칙으로 오른손의 엄지, 검지, 중지를 각각 직각이 되도록 하면 검지는 자기장, 중지는 전류, 엄지는 힘 방향이 된다.

36 ④ 37 ④ 38 ② 39 ③ 40 ④ 정답

41 **3상 유도전동기의 회전 방향을 바꾸기 위한 조치로 옳은 은?**

① 전원의 주파수 변환
② 전동기의 극수 변환
③ 전동기의 Y-Δ 변환
④ 전원의 2상 접속 변환

해설
3상 유도전동기의 회전 방향을 바꾸려면, 3상 전원 3개의 선 중 2개 선의 접속을 바꾼다.

42 **다음 중 직류기의 구성요소가 아닌 것은?**

① 계 자 ② 정류자
③ 콘덴서 ④ 전기자

해설
직류기의 구성요소 : 고정자(계자), 전기자, 정류자

43 **변압기의 온도 상승을 억제하기 위해서 갖추어야 할 변압기유의 조건으로 틀린 것은?**

① 절연내력이 작을 것
② 인화점이 높을 것
③ 응고점이 낮을 것
④ 화학적으로 안정될 것

해설
변압기 절연유의 구비조건
- 절연내력이 크다.
- 인화점이 높고 응고점이 낮다.
- 고온에서 산화되지 않는다.
- 점도가 낮고 냉각효과가 크다.
- 절연재료와 화학작용을 일으키지 않는다.

44 **반도체 사이리스터에 의한 전동기의 속도제어 중 주파수 제어는?**

① 초퍼제어
② 인버터제어
③ 컨버터제어
④ 브리지 정류제어

해설
교류전동기를 이용하여 인버터 출력전압과 주파수를 바꿈으로써 가속·감속제어를 한다.

45 **다음은 어떤 회로인가?**

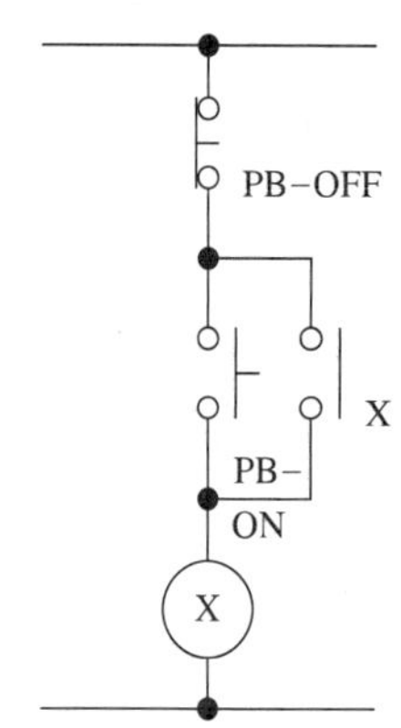

① 정지우선회로
② 기동우선회로
③ 신호검출회로
④ 인터로크회로

해설
PB 스위치를 동시에 투입했을 때 전원이 연결되지 않으므로, 출력(X)이 나올 수 없다.

정답 41 ④ 42 ③ 43 ① 44 ② 45 ①

46 다음 그림과 같은 스프링에서 스프링 상수가 k_1 = 10[N/mm], k_2 = 15[N/mm]이라면 합성 스프링 상수값은 약 몇 [N/mm]인가?

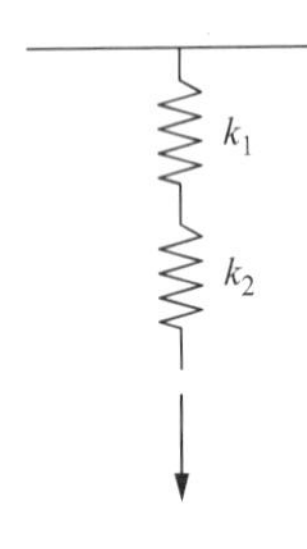

① 3 ② 6
③ 9 ④ 25

해설

직렬의 경우이므로, $\frac{1}{k}=\frac{1}{k_1}+\frac{1}{k_2}$이다.

$\frac{1}{k}=\frac{1}{10}+\frac{1}{15}=\frac{3}{30}+\frac{2}{30}=\frac{5}{30}=\frac{1}{6}$

그러므로, $k=6$

47 나사의 풀림을 방지하는 용도로 사용되지 않는 것은?

① 스프링 와셔
② 캡 너트
③ 분할 핀
④ 로크 너트

해설

나사(너트)의 풀림 방지법
- 탄성(스프링) 와셔에 의한 법
- 로크 너트에 의한 법
- 핀(분할 핀) 또는 작은 나사를 쓰는 법
- 철사에 의한 법
- 너트의 회전 방향에 의한 법
- 자동 죔 너트에 의한 법
- 세트 스크루에 의한 법

48 페더키(Feather Key)라고도 하며, 축 방향으로 보스를 슬라이딩 운동을 시킬 필요가 있을 때 사용하는 키는?

① 성크키 ② 접선키
③ 미끄럼키 ④ 원뿔키

해설

① 성크키(묻힘키, Sunk Key) : 축과 보스에 다 같이 홈을 파서 사용하는 키
② 접선키(Tangential Key) : 축과 보스에 축의 접선 방향으로 홈을 파서 서로 반대의 테이퍼를 가진 2개의 키를 조합하여 사용하는 키
④ 원뿔키(Cone Key) : 축과 보스에 홈을 파지 않고, 한 군데가 갈라진 원뿔통을 끼워 넣어 마찰력으로 고정시켜 사용하는 키

49 굵은 실선 또는 가는 실선을 사용하는 선에 해당하지 않는 것은?

① 외형선 ② 파단선
③ 절단선 ④ 치수선

해설

절단선은 가는 1점쇄선으로 끝부분을 굵게 한 것으로 표현한다.
- 굵은 실선의 용도 : 외형선
- 가는 실선의 용도 : 치수선, 치수보조선, 지시선, 회전단면선, 중심선, 수준면선

46 ② 47 ② 48 ③ 49 ③ 정답

50 SI 단위계의 물리량과 단위가 틀린 것은?

① 힘 - [N] ② 압력 - [Pa]
③ 에너지 - [dyne] ④ 일률 - [W]

해설

SI 단위계
- 길이 : [m]
- 시간 : [sec]
- 질량 : [kg]
- 힘 : [N]
- 무게 : [kgf]
- 일 : [J]
- 일률 : [J/s(W)]
- 압력 : [Pa]

51

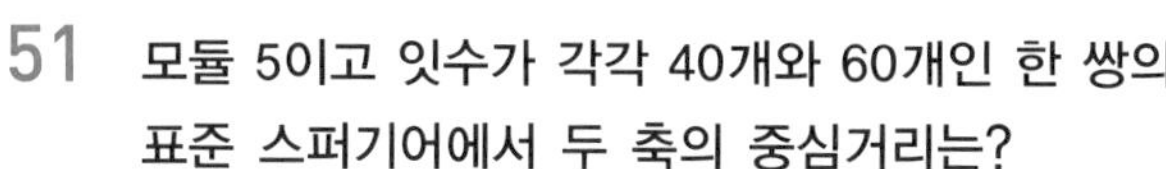
모듈 5이고 잇수가 각각 40개와 60개인 한 쌍의 표준 스퍼기어에서 두 축의 중심거리는?

① 100[mm]
② 150[mm]
③ 200[mm]
④ 250[mm]

해설

중심거리

$C = \frac{D_A + D_B}{2} = \frac{M(Z_A + Z_B)}{2}$[mm]에서

$C = \frac{5 \times (40 + 60)}{2} = 250$[mm]

52 평벨트 전동장치와 비교하여 V벨트 전동장치의 장점에 대한 설명으로 틀린 것은?

① 엇걸기로도 사용이 가능하다.
② 미끄럼이 적고 속도비를 크게 할 수 있다.
③ 운전이 정숙하고 충격을 완화하는 작용을 한다.
④ 비교적 작은 장력으로 큰 회전력을 전달할 수 있다.

해설

V 벨트는 두 축의 회전 방향이 서로 같은 경우에만 사용할 수 있다. 즉, 엇걸기를 할 수 없다.

53 다음 그림과 같은 입체도에서 화살표 방향을 정면으로 할 때 좌측면도로 옳은 것은?(단, 정면도에서 좌우 대칭이다)

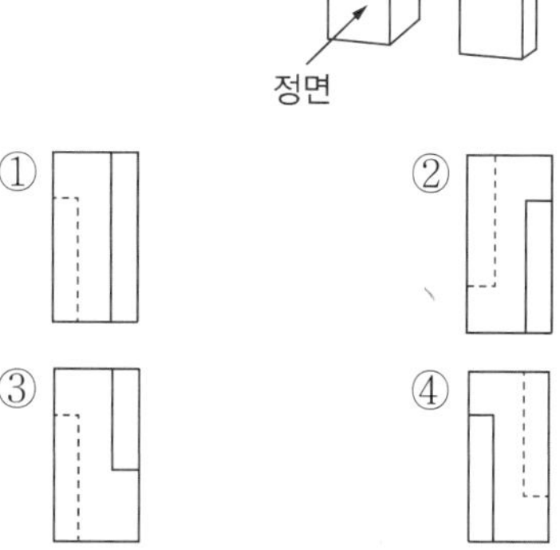

해설

좌측에서 바라본 모습은 ②번 그림이다.

54 판금 제품을 만드는 데 필요한 도면으로 입체의 표면을 한 평면 위에 펼쳐서 그리는 도면은?

① 회전평면도
② 전개도
③ 보조투상도
④ 사투상도

해설
- 회전투상도 : 투상면이 어느 각도를 가지고 있어 실제 모양이 나타나지 않을 때 그 부분을 회전하여 투상하는 방법
- 보조투상도 : 경사면부가 있는 대상물에서 그 경사면의 실제 모양을 표시할 필요가 있는 경우에 그린 투상도
- 사투상도 : 정투상도에서 정면도의 크기와 모양은 그대로 사용, 평면도와 우측면도를 경사시켜 그리는 투상법으로 종류에는 캐비닛도와 카발리에도가 있다.

55 42,500[kgf · mm]의 굽힘 모멘트가 작용하는 연강축 지름은 약 몇 [mm]인가?(단, 허용굽힘응력은 5[kgf/mm^2]이다)

① 21　　② 36
③ 44　　④ 92

해설
굽힘응력 $\sigma = \frac{M(\text{굽힘 모멘트})}{Z(\text{단면계수})}$에서

축지름 단면계수 $Z = \frac{\pi d^3}{32}$이다.

$Z = \frac{M}{\sigma} = \frac{42{,}500[\text{kgf} \cdot \text{mm}]}{5[\text{kgf/mm}^2]} = 8{,}500[\text{mm}^3]$

그러므로, $d^3 = \frac{8{,}500 \times 32}{\pi} \fallingdotseq 86{,}624$, $d \fallingdotseq 44$

56 다음 그림과 같은 용접기호에서 '40'의 의미를 바르게 설명한 것은?

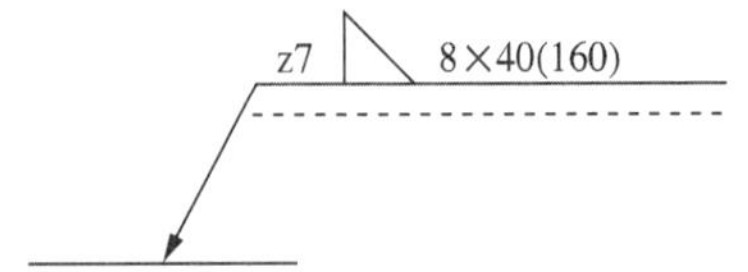

① 용접부의 길이
② 용접부의 수
③ 인접한 용접부의 간격
④ 용입의 바닥까지의 최소거리

해설
단속필릿용접에서
- z7 : 단면에서 이등변 삼각형의 변 길이
- 8 : 용접부의 개수(용접수)
- 40 : 용접부의 길이(크레이터 제외)
- 160 : 인접한 용접부 간격(피치)

57 도면에 표제란과 부품란이 있을 때, 부품란에 기입할 사항으로 가장 거리가 먼 것은?

① 제도 일자
② 부품명
③ 재 질
④ 부품번호

해설
부품란에는 품번, 품명, 재질, 수량, 무게, 공정, 비고란 등을 기입한다. 제도 일자는 표제란에 기입한다.

54 ② 55 ③ 56 ① 57 ① 정답

58 **너트의 밑면에 넓은 원형 플랜지가 붙어 있는 너트는?**

① 와셔붙이 너트

② 육각너트

③ 판 너트

④ 캡 너트

59 **지름 50[mm]인 원형 단면에 하중 4,500[N]이 작용할 때 발생되는 응력은 약 몇 [N/mm²]인가?**

① 2.3

② 4.6

③ 23.3

④ 46.6

해설

압축응력

$$\sigma_c = \frac{P_c}{A}\text{[kg/cm}^2\text{]}$$

$$= \frac{4,500}{\frac{3.14\times50^2}{4}} = \frac{4,500}{1,962.5} = 2.293[\text{N/mm}^2]$$

60 **시험 전 단면적이 6[mm²], 시험 후 단면적이 1.5[mm²]일 때 단면 수축률은?**

① 25[%]

② 45[%]

③ 55[%]

④ 75[%]

해설

단면 수축률

$$= \frac{\text{변형량}}{\text{최초 재료면적}}\times100$$

$$= \frac{\text{시험 전 면적} - \text{시험 후 면적}}{\text{시험 전 면적}}\times100$$

$$= \frac{6-1.5}{6}\times100 = 75[\%]$$

정답 58 ① 59 ① 60 ④

2022년 제1회 과년도 기출복원문제

제1과목 | 공유압 일반

01 공기압 회로에서 압축공기의 역류를 방지하고자 하는 경우에 사용하는 밸브로서, 한쪽 방향으로만 흐르고 반대 방향으로는 흐르지 않는 밸브는?

① 체크밸브
② 셔틀밸브
③ 급속배기밸브
④ 시퀀스밸브

해설
② 셔틀밸브(OR밸브) : 두 개 이상의 입구와 한 개의 출구를 갖춘 밸브로 둘 중 한 개 이상 압력이 작용할 때 출구에 출력신호가 발생한다(양체크밸브 또는 OR밸브, 고압우선셔틀밸브).
③ 급속배기밸브 : 실린더의 속도를 증가시켜 급속히 작동시키고자 할 때 사용한다(배출저항을 작게 하여 운동속도를 빠르게 한다).
④ 시퀀스밸브 : 공유압 회로에서 순차적으로 작동할 때 작동 순서를 회로의 압력에 의해 제어되는 밸브이다.

02 다음 그림의 기호가 나타내는 것은?

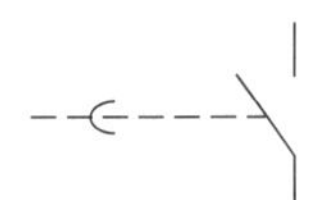

① 수동 조작 스위치 a접점
② 수동 조작 스위치 b접점
③ 소자 지연 타이머 a접점
④ 여자 지연 타이머 a접점

해설
스위치 ON 지연 타이머에 대한 기호이다.

03 습공기 내에 있는 수증기의 양이나 수증기의 압력과 포화상태에 대한 비를 나타내는 것은?

① 절대습도
② 상대습도
③ 대기습도
④ 게이지습도

해설
• 절대습도 $= \dfrac{\text{습공기 중의 수증기의 중량}[g/m^3]}{\text{습공기 중의 건조공기의 중량}[g/m^3]} \times 100[\%]$
• 상대습도 $= \dfrac{\text{습공기 중의 수증기 분압}[kgf/cm^2]}{\text{포화수증기압}[kgf/cm^2]} \times 100[\%]$

04 다음 그림의 연결구를 표시하는 방법에서 틀린 부분은?

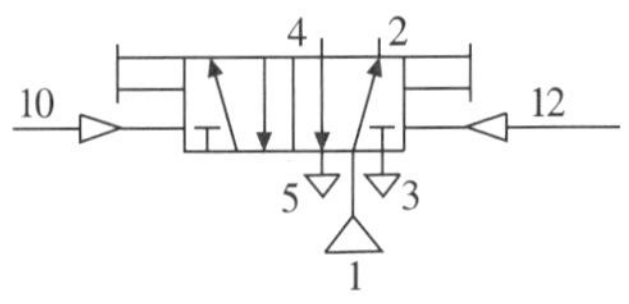

① 공급라인 : 1
② 제어라인 : 4
③ 작업라인 : 2
④ 배기라인 : 3

해설
• 제어라인 : 10, 12
• 작업라인 : 2, 4
• 배기라인 : 3, 5

1 ① 2 ④ 3 ② 4 ② 정답

05 유압장치의 장점이 아닌 것은?

① 힘을 무단으로 변속할 수 있다.
② 속도를 무단으로 변속할 수 있다.
③ 일의 방향을 쉽게 변화시킬 수 있다.
④ 하나의 동력원으로 여러 장치에 동시에 사용할 수 있다.

해설

- 유압장치의 장점
  - 소형 장치로 큰 출력을 얻을 수 있다.
  - 무단 변속이 가능하고 원격제어가 된다.
  - 정숙한 운전과 반전 및 열 방출성이 우수하다.
  - 윤활성 및 방청성이 우수하다.
  - 과부하 시 안전장치가 간단하다.
  - 전기, 전자의 조합으로 자동제어가 가능하다.
- 유압장치의 단점
  - 유온의 변화에 액추에이터의 속도가 변화할 수 있다.
  - 오일에 기포가 섞여 작동이 불량할 수 있다.
  - 인화의 위험이 있다.
  - 고압 사용으로 인한 위험성 및 배관이 까다롭다.
  - 고압에 의한 기름 누설의 우려가 있다.
  - 장치마다 동력원(펌프와 탱크)이 필요하다.

06 주어진 입력신호에 따라 정해진 출력을 나타내며 신호와 출력의 관계가 기억기능을 겸비한 회로는?

① 시퀀스회로
② 온오프회로
③ 레지스터회로
④ 플립플롭회로

해설

① 시퀀스회로 : 미리 정해진 순서에 따라서 제어동작의 각 단계를 점차 추진해 나가는 회로
② 온오프회로 : 제어동작이 밸브의 개폐와 같은 2개의 정해진 상태만을 취하는 제어회로
③ 레지스터회로 : 2진수로서의 정보를 일단 내부로 기억하여 적시에 그 내용이 이용될 수 있도록 구성한 회로

07 유압밸브 중에서 파일럿부가 있어서 파일럿 압력을 이용하여 주(主)스풀을 작동시키는 것은?

① 직동형 릴리프밸브
② 평형 피스톤형 릴리프밸브
③ 인라인형 체크밸브
④ 앵글형 체크밸브

해설

릴리프밸브 : 압력을 설정값 내로 일정하게 유지시킨다(안전밸브로 사용).

- 직동형 릴리프밸브 : 피스톤을 스프링 힘으로 조정한다.
- 평형 피스톤형 릴리프밸브 : 피스톤을 파일럿밸브의 압력으로 조정한다(압력 오버라이드가 작고, 채터링이 거의 일어나지 않는다).

08 구조가 간단하고 운전 시 부하변동 및 성능 변화가 적을 뿐만 아니라 유지보수가 쉽고 내접형과 외접형이 사용되는 펌프는?

① 기어펌프 ② 베인펌프
③ 피스톤펌프 ④ 플런저펌프

해설

② 베인펌프 : 로터의 베인이 반지름 방향으로 홈 속에 끼여 있어서 캠 링의 내면과 접하여 로터와 함께 회전하면서 오일을 토출한다.
③ 피스톤(플런저)펌프 : 실린더의 내부에서는 피스톤의 왕복운동에 의한 용적변화를 이용하여 펌프작용을 한다.

정답 5 ④ 6 ④ 7 ② 8 ①

09 **로드리스(Rodless) 실린더에 대한 설명으로 적당하지 않은 것은?**

① 피스톤 로드가 없다.
② 비교적 행정이 짧다.
③ 설치 공간을 줄일 수 있다.
④ 임의의 위치에 정지시킬 수 있다.

해설
로드리스 실린더(피스톤 로드가 없는 실린더)
- 요크나 마그넷, 체인 등을 통하여 스트로크 범위 내에서 일을 하는 것이다.
- 설치 면적이 극소화되는 장점이 있다.
- 전・후진 시 피스톤 단면적이 같아 중간 정지 특성이 양호하다.
- 스트로크 길이 5[m]까지 제작 가능하다.
- 종류 : 슬릿 튜브식, 마그넷식, 체인식

10 **다음 중 감지거리가 가장 짧은 공압 비접촉식 센서는?**

① 배압 감지기
② 반향 감지센서
③ 공기 배리어
④ 공압 리밋밸브

해설
① 배압 감지기 : 감지거리는 0~0.5[mm] 정도로 가장 짧다.
② 반향 감지기 : 감지거리는 1~6[mm], 특수한 것은 20[cm]까지 감지한다.
③ 공압 배리어 : 감지거리는 100[mm]를 초과해서는 안 된다.

11 **파스칼의 원리에 관한 설명으로 옳지 않은 것은?**

① 각 점의 압력은 모든 방향에서 같다.
② 유체의 압력은 면에 대하여 직각으로 작용한다.
③ 정지해 있는 유체에 힘을 가하면 단면적이 작은 곳은 속도가 느리게 전달된다.
④ 밀폐한 용기 속에 유체의 일부에 가해진 압력은 유체의 모든 부분에 똑같은 세기로 전달된다.

해설
파스칼(Pascal)의 원리
- 경계를 이루고 있는 어떤 표면 위에 정지하고 있는 유체의 압력은 그 표면에 수직으로 작용한다.
- 정지 유체 내의 점에 작용하는 압력의 크기는 모든 방향으로 같게 작용한다.
- 정지하고 있는 유체 중의 압력은 그 무게가 무시될 수 있으면 그 유체 내의 어디에서나 같다.

12 **포핏(Poppet)밸브의 장점이 아닌 것은?**

① 밀봉이 우수하다.
② 작은 힘으로 작동된다.
③ 짧은 거리에서 밸브의 전환이 이루어진다.
④ 먼지 등의 이물질 영향을 거의 받지 않는다.

해설
포핏밸브는 공급압력이 밸브 몸통에 작용하므로 밸브를 열 때 조작력은 유체압에 비례하여 커져야 하는 단점이 있다.

9 ② 10 ① 11 ③ 12 ② 정답

13 **메모리 방식으로 조작력이나 제어신호를 제거하여도 정상 상태로 복귀하지 않고 반대 신호가 주어질 때까지 그 상태를 유지하는 방식은?**

① 디텐드 방식

② 스프링 복귀 방식

③ 파일럿 방식

④ 정상 상태 열림 방식

해설

② 스프링 복귀 방식 : 밸브 본체에 내장되어 있는 스프링력으로 정상 상태로 복귀시키는 방식

③ 파일럿 방식 : 공압신호에 의한 복귀 방식

④ 정상 상태 열림 : 밸브의 조작력이나 제어신호를 가하지 않은 상태에서 밸브가 열려 있는 상태

14 **회로 내의 압력이 설정압 이상이 되면 자동으로 작동하여 탱크 또는 공압기기의 안전을 위하여 사용되는 밸브는?**

① 안전밸브

② 체크밸브

③ 시퀀스밸브

④ 리밋밸브

해설

② 체크밸브 : 한쪽 방향의 유동은 허용하고 반대 방향의 흐름은 차단하는 밸브이다.

③ 시퀀스밸브 : 공유압 회로에서 순차적으로 작동할 때 작동 순서를 회로의 압력에 의해 제어되는 밸브이다.

④ 리밋밸브 : 근접 접촉에 의하여 밸브가 동작되는 밸브로, 일반적으로 3/2way 밸브가 사용된다.

15 **공압 소음기의 구비조건이 아닌 것은?**

① 배기음과 배기저항이 클 것

② 충격이나 진동에 변형이 생기지 않을 것

③ 장기간의 사용에 배기저항 변화가 작을 것

④ 밸브에 장착하기 쉬운 형상일 것

해설

소음기 구비조건

- 배기음과 배기저항이 작을 것
- 소음효과가 클 것
- 장기간의 사용에 대해 배기저항 변화가 작을 것
- 전자밸브 따위에 장착하기 쉬운 형상일 것
- 배기의 충격이나 진동으로 변형이 생기지 않을 것

16 **부하의 변동이 있어도 비교적 안정된 속도를 얻을 수 있는 회로는?**

① 미터인회로

② 미터아웃회로

③ 블리드온회로

④ 블리드오프회로

해설

미터아웃회로는 배출쪽 관로에 체크밸브를 배기 차단되게 설치하고 일방향 유량조절밸브로 관로의 흐름을 제어함으로써 속도(힘)를 제어하는 회로로, 초기 속도는 불안하지만 피스톤 로드에 작용하는 부하 상태에 크게 영향을 받지 않는 장점이 있다. 복동실린더의 속도제어에는 모두가 배기 조절방법을 사용한다.

17 **유압·공기압 도면기호(KS B 0054)의 기호 요소 중 정사각형의 용도가 아닌 것은?**

① 필 터 ② 피스톤

③ 주유기 ④ 열교환기

해설

피스톤은 직사각형으로 표시한다.

정답 13 ① 14 ① 15 ① 16 ② 17 ②

18 다음 그림에 관한 설명으로 옳은 것은?

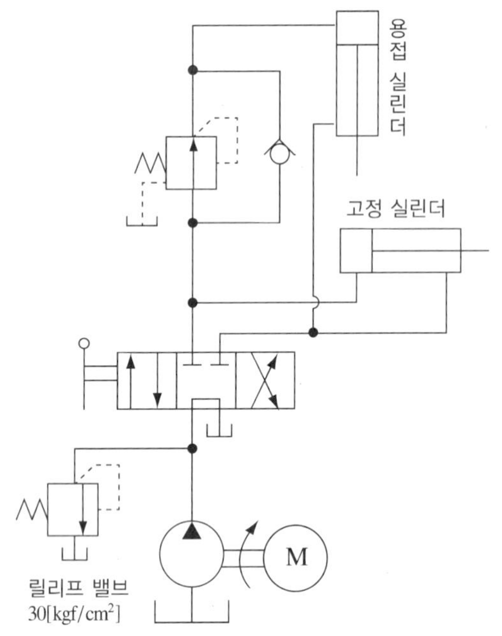

① 자유낙하를 방지하는 회로이다.
② 감압밸브의 설정압력은 릴리프밸브의 설정압력보다 낮다.
③ 용접 실린더와 고정 실린더의 순차제어를 위한 회로이다.
④ 용접 실린더에 공급되는 압력을 높게 하기 위한 방법이다.

해설

감압밸브에 의한 2압력 회로이다. 고정 실린더의 고정압력은 릴리프 밸브의 설정압력으로 설정되고, 용접 실린더의 접합압력은 감압밸브의 설정압력이며, 릴리프밸브의 설정압력보다 낮은 범위에서 조정해야 한다.

19 유압회로에서 유압 작동유의 점도가 너무 높을 때 일어나는 현상이 아닌 것은?

① 응답성이 저하된다.
② 동력손실이 커진다.
③ 열 발생의 원인이 된다.
④ 관 내 저항에 의한 압력이 저하된다.

해설

점도가 너무 높은 경우
- 마찰손실에 의한 동력손실이 크다(장치 전체의 효율 저하).
- 장치(밸브, 관 등)의 관 내 저항에 의한 압력손실이 크다(기계효율 저하).
- 마찰에 의한 열이 많이 발생한다(캐비테이션 발생).
- 응답성이 저하된다(작동유의 비활성).

20 피스톤에 공기압력을 급격하게 작용시켜 피스톤을 고속으로 움직이며, 이때의 속도에너지를 이용하는 공기압 실린더는?

① 탠덤형 공압 실린더
② 다위치형 공압 실린더
③ 텔레스코프형 공압 실린더
④ 임팩트 실린더형 공압 실린더

해설

① 탠덤형 공압 실린더 : 복수의 피스톤을 N개 연결시켜 N배의 출력을 얻을 수 있도록 한 것이다.
② 다위치형 공압 실린더 : 두 개 또는 여러 개의 복수 실린더가 직렬로 연결된 실린더로, 서로 행정거리가 다른 정지위치를 선정하여 제어가 가능하다.
③ 텔레스코프형 공압 실린더 : 긴 행정을 지탱할 수 있는 다단 튜브형 로드를 갖췄으며, 튜브형의 실린더가 2개 이상 서로 맞물려 있는 것으로서 높이에 제한이 있는 경우에 사용한다.

18 ② 19 ④ 20 ④ 정답

21 **압력 변동에 의하여 유량이 변동되지 않도록 압력 보상기구를 내장하여 부하변동에도 항상 일정한 속도를 얻고자 할 때 사용하는 밸브는?**

① 배압밸브
② 감압밸브
③ 압력보상형 밸브
④ 고압우선셔틀밸브

해설
① 배압밸브 : 부하가 급격히 제거되었을 때 귀환유의 유량에 관계없이 일정한 배압을 걸어 주는 역할을 하는 밸브
② 감압밸브 : 주회로의 압력보다 저압으로 사용하고자 할 때 사용하는 밸브
④ 고압우선셔틀밸브(OR밸브) : 두 개 이상의 입구와 한 개의 출구를 갖춘 밸브로 둘 중 한 개 이상 압력이 작용할 때 출구에 출력신호가 발생하는 밸브

22 **시스템을 안전하고 확실하게 운전하기 위한 목적으로 항상 나중에 주어진 입력이 우선 작동하도록 하는 회로는?**

① 인터로크회로 ② 자기유지회로
③ 정지우선회로 ④ 한시동작회로

해설
① 인터로크회로 : 두 개의 회로 사이에 출력이 동시에 나오지 않게 하는 데 사용되는 회로
② 자기유지회로 : 전자계전기 자신의 접점에 의하여 동작회로를 구성하고 스스로 동작을 유지하는 회로
④ 한시동작회로 : 신호가 입력되고 일정시간이 경과된 후 출력이 나오는 회로(한시동작 순시복귀형 타이머회로)

23 **액추에이터의 운동 상태를 나타내는 선도로 시스템의 시간동작 특성과 속도 변화 등을 자세히 파악할 수 있는 선도는?**

① 제어선도 ② 시간선도
③ 변위선도 ④ 단계선도

해설
- 제어선도 : 액추에이터의 운동 변화에 따른 제어밸브 등의 동작 상태를 나타내는 선도로, 신호 중복의 여부를 판단하는 데 유효하다.
- 변위단계선도(작동선도, 시퀀스 차트) : 실린더의 작동 순서를 표시하며 실린더의 변위는 각 단계에 대해서 표시한다.

24 **나선형의 로터가 서로 반대 회전하여 축 방향으로 들어온 공기를 서로 맞물려 회전시켜 공기를 압축하는 압축기는?**

① 터보형 압축기
② 베인형 압축기
③ 스크루형 압축기
④ 왕복 피스톤 압축기

해설
① 터보형 압축기 : 공기의 유동원리를 이용한 것으로 터보를 고속으로 회전(3~4만 회전/분)시키면서 공기를 압축한다.
② 베인형 압축기 : 편심로터가 흡입과 배출 구멍이 있는 실린더 형태의 하우징 내에서 회전하여 압축공기를 토출한다.
④ 왕복 피스톤 압축기 : 일반적으로 널리 사용되며, 생산압력범위는 10~100[kgf/cm^2] 정도이고, 공랭식과 수랭식으로 분류한다.

정답 21 ③ 22 ③ 23 ② 24 ③

25 **펌프의 전효율 80[%], 용적효율 95[%], 압력효율 90[%]라면 펌프의 기계효율은 약 몇 [%]인가?**

① 86　　② 90

③ 94　　④ 98

해설

펌프의 전효율 = 압력효율 × 용적효율 × 기계효율

$$기계효율 = \frac{펌프의\ 전효율}{압력효율 \times 용적효율} = \frac{0.80}{0.90 \times 0.95}$$

$$= 0.94 \times 100[\%]$$

26 **압력이 시간에 대한 방향은 변하지 않고 크기만 변하는 것은?**

① 배 압　　② 전 압

③ 맥 동　　④ 서지압

해설

① 배압 : 축구측(반대쪽)의 압력

② 전압 : 유체의 정압과 동압의 합

④ 서지압 : 과도적으로 상승한 압력의 최댓값

27 **작동유의 점도지수(VI)에 대한 설명으로 틀린 것은?**

① 일반 광유계 유압유의 점도지수(VI)는 90 이상이다.

② 점도지수가 높은 기름일수록 넓은 온도범위에서 사용할 수 있다.

③ 점도지수가 큰 작동유가 온도 변화에 대한 점도 변화가 작다.

④ 점도지수가 작은 경우 정상 운전 시 온도조절범위가 넓어진다.

해설

작동유의 점도지수(VI ; Viscosity Index, 단위 : 푸아즈)

- 유압유는 온도가 변하면 점도도 변하므로 온도 변화에 대한 점도 변화의 비율을 나타내기 위하여 점도지수를 사용한다.
- 점도지수값이 큰 작동유가 온도 변화에 대한 점도 변화가 작다.
- 점도지수가 높은 기름일수록 넓은 온도범위에서 사용할 수 있다.
- 일반 광유계 유압유의 VI는 90 이상이다.
- 고점수 지수 유압유의 VI는 130~225 정도이다.

28 **압축공기 저장탱크의 구성 기기가 아닌 것은?**

① 압력계　　② 소음기

③ 접속관　　④ 드레인 뽑기

해설

압축공기 저장탱크의 구조

- 안전밸브
- 압력 스위치
- 압력계
- 체크밸브
- 차단밸브(공기 배출구)
- 드레인 뽑기
- 접속관 등

25 ③　26 ③　27 ④　28 ② 정답

29 다음 공유압 기호의 역할은?

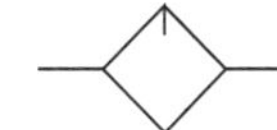

① 기름 분무 분리기로 시스템에 윤활유를 분리시키는 역할을 한다.

② 드레인 배출기 붙이 필터로 드레인을 배출시키는 역할을 한다.

③ 루브리케이터로 시스템에 윤활작용을 위한 윤활유를 뿌려 주는 역할을 한다.

④ 에어 드라이어로 압축공기를 건조시키는 역할을 한다.

30 공압시스템에 사용되는 공압용 필터의 여과방법으로 틀린 것은?

① 냉각하여 분리하는 방식

② 열을 가하여 태우는 방식

③ 흡습제를 사용하여 분리하는 방식

④ 충돌판에 닿게 하여 분리하는 방식

해설

공압필터 여과방식

- 원심력을 이용하여 분리하는 방식
- 충돌판을 닿게 하여 분리하는 방식
- 흡습제를 사용하여 분리하는 방식
- 냉각시켜 분리하는 방식

제3과목 | 기초전기일반

31 반도체 사이리스터에 의한 전동기의 속도제어 중 주파수 제어는?

① 초퍼제어

② 인버터제어

③ 컨버터제어

④ 브리지 정류제어

해설

교류전동기를 이용하여 인버터 출력전압과 주파수를 바꿈으로써 가・감속제어를 하는 방식

32 전류와 자기장의 자력선 방향을 알 수 있는 법칙은?

① 앙페르의 오른나사의 법칙

② 렌츠의 법칙

③ 비오 – 사바르의 법칙

④ 전자유도 법칙

해설

앙페르의 오른나사의 법칙

오른손 엄지가 전류의 방향을 가리키도록 하면 나머지 손가락으로 도선을 감싸듯이 쥐는 것처럼 돌아가는 방향의 원형 자기장이 형성된다. 즉, 엄지손가락의 방향은 오른나사의 진행 방향에, 나머지 감싼 손가락의 방향은 오른나사의 회전 방향에 대응된다.

33 대칭 3상 교류의 성형결선에서 선간전압이 220[V]일 때 상전압은 얼마인가?

① 192[V]　② 172[V]

③ 127[V]　④ 117[V]

해설

성형결선에서 $V_{선} = \sqrt{3}\,V_{상}$이다.

$\therefore\ V_{상} = \frac{1}{\sqrt{3}}\,V_{선} = \frac{1}{\sqrt{3}} \times 220 = 127[V]$

34 **변압기의 온도 상승을 억제하기 위해서 갖추어야 할 변압기유의 조건으로 틀린 것은?**

① 절연내력이 작을 것
② 인화점이 높을 것
③ 응고점이 낮을 것
④ 화학적으로 안정될 것

해설
변압기 절연유의 구비조건
- 절연내력이 크다.
- 인화점이 높고 응고점이 낮다.
- 고온에서 산화되지 않는다.
- 점도가 낮고 냉각효과가 크다.
- 절연재료와 화학작용을 일으키지 않는다.

35 **지름 20[cm], 권수 100회의 원형 코일에 1[A]의 전류를 흘릴 때 코일 중심 자장의 세기[AT/m]는?**

① 200 ② 300
③ 400 ④ 500

해설
코일 중심 자기장의 세기
$H=\frac{NI}{2r}=\frac{100\times 1}{2\times 10^{-1}}=500[\mathrm{AT/m}]$

36 **직류기의 구조 중 정류자면에 접촉하여 전기자 권선과 외부 회로를 연결시켜 주는 것은?**

① 브러시(Brush)
② 정류자(Commutator)
③ 전기자(Armature)
④ 계자(Field Magnet)

해설
직류 전동기의 구조
- 브러시(Brush) : 회전하는 정류자 표면에 접촉하면서 전기자 권선과 외부 회로를 연결하여 주는 부분이다.
- 정류자(Commutator) : 전기자 권선에 발생한 교류를 직류로 바꾸어 주는 부분이다.
- 전기자(Armature) : 회전하는 부분으로, 철심과 전기자 권선으로 되어 있다.
- 계자(Field Magnet) : 자속을 얻기 위한 자장을 만들어 주는 부분으로 자극, 계자 권선, 계철로 되어 있다.

37 **회로에서 검류계의 지시가 0일 때 저항 X는 몇 [Ω]인가?**

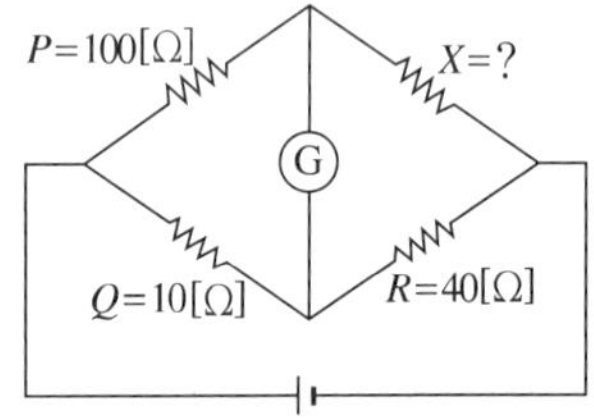

① 10[Ω] ② 40[Ω]
③ 100[Ω] ④ 400[Ω]

해설
휘트스톤 브리지
- 4개의 저항 P, Q, R, X에 검류계를 접속하여 미지의 저항을 측정하기 위한 회로
- 브리지의 평형조건 : $PR=QX$
- $X=\frac{PR}{Q}=\frac{100\times 40}{10}=400[\Omega]$

34 ① 35 ④ 36 ① 37 ④ 정답

38 100[μF]의 콘덴서에 1,000[V]의 전압을 가할 때 콘덴서에 저축되는 에너지는 몇 [J]인가?

① 30 ② 40
③ 50 ④ 60

해설

$W = \frac{1}{2}VQ = \frac{1}{2}CV^2 = \frac{1}{2} \times 100 \times 10^{-6} \times 1{,}000^2 = 50[\mathrm{J}]$

39 다음 단상 유도전동기 중 기동토크가 가장 큰 것은?

① 콘덴서 기동형
② 반발 기동형
③ 분상 기동형
④ 셰이딩 코일형

해설

단상 유도전동기의 종류 및 기동토크 순서
반발 기동형 > 반발 유도형 > 콘덴서 기동형 > 분상 기동형 > 셰이딩 코일형

40 주파수 60[kHz], 인덕턴스 20[μH]인 회로에 교류전류 $I = I_m \sin\omega t$[A]를 인가했을 때, 유도 리액턴스 X_L[Ω]은?

① 1.2π ② 2.4π
③ 36π ④ $1.2 \times 10^3 \pi$

해설

유도 리액턴스

$X_L = \omega L = 2\pi f L = 2\pi \times 60 \times 10^3 \times 20 \times 10^{-6} = 2.4\pi$

41 발전기를 정격전압 220[V]로 전부하 운전하다가 무부하로 운전하였더니 단자전압이 250[V]가 되었다. 이 발전기의 전압 변동률[%]은?

① 10.2 ② 13.6
③ 17.4 ④ 20.4

해설

전압 변동률

$\varepsilon = \frac{V_0 - V}{V} \times 100$ (V_0 : 무부하전압, V : 정격전압)

$\therefore \varepsilon = \frac{250 - 220}{220} \times 100 = 13.6[\%]$

42 직류 240[V], 2,400[W]의 전열기에 흐르는 전류는 몇 [A]인가?

① 0.1 ② 1
③ 10 ④ 100

해설

전 력

$P = I \times V$

$I = \frac{P}{V} = \frac{2{,}400}{240} = 10[\mathrm{A}]$

정답 38 ③ 39 ② 40 ② 41 ② 42 ③

43 동기 전동기에서 자극수가 4극이면, 60[Hz]의 주파수로 전원 공급할 때 동기속도는 몇 [rpm]인가?

① 900　② 1,200
③ 1,800　④ 3,600

해설

$$N_s = \frac{120 \cdot f}{P} = \frac{120 \times 60}{4} = 1,800[\text{rpm}]$$

44 이상적인 연산증폭기의 출력 임피던스의 값은?

① 0　② 1
③ ±1　④ ∞

해설

이상적인 연산증폭기
- 입력전류는 0이다.
- 출력전류는 ±∞이다.
- 입력 임피던스는 무한대이다.
- 출력 임피던스는 0이다.
- 입력단의 전위차는 0이다.
- 증폭비는 무한대이다.

45 운전 중인 전동기를 전원에서 분리하여 발전기로 작용시켜 운동에너지를 전기에너지로 변환시키는 방법은?

① 플러깅
② 발전 제동
③ 회생 제동
④ 역전 제동

해설

① 플러깅 : 직류 전동기를 급정지 또는 역전시키는 전기 제동방법
③ 회생 제동 : 직류 전동기를 발전기로 변환시켜 전력을 전원에 공급시키는 방법
④ 역전 제동 : 전동기의 회전 방향을 바꾸어 급제동시키는 방법

제2과목 | 기계제도(비절삭) 및 기계요소

46 선의 종류에서 물체의 보이지 않는 부분의 형상을 나타내는 것은?

① 굵은 1점쇄선
② 가는 1점쇄선
③ 가는 2점쇄선
④ 가는 파선 또는 굵은 파선

해설

형상을 나타낼 때는 외형선(굵은 실선)을 사용하고, 가려서 보이지 않는 형상은 파선(숨은선)으로 표시한다.

47 나사의 풀림 방지법에 속하지 않는 것은?

① 스프링 와셔를 사용하는 방법
② 로크 너트를 사용하는 방법
③ 부시를 사용하는 방법
④ 자동 조임 너트를 사용하는 방법

해설

나사(너트)의 풀림 방지법
- 탄성 와셔에 의한 법
- 로크 너트에 의한 법
- 핀(분할핀) 또는 작은 나사를 쓰는 법
- 철사에 의한 법
- 너트의 회전 방향에 의한 법
- 자동 죔 너트에 의한 법
- 세트 스크루에 의한 법

43 ③　44 ①　45 ②　46 ④　47 ③　정답

48 **구멍의 치수가 축의 치수보다 작을 때의 끼워맞춤을 무엇이라고 하는가?**

① 보통 끼워맞춤
② 억지 끼워맞춤
③ 중간 끼워맞춤
④ 헐거운 끼워맞춤

해설

끼워맞춤의 종류

- 헐거운 끼워맞춤 : 구멍의 최소 치수가 축의 최대 치수보다 큰 경우이며, 항상 틈새가 생기는 끼워맞춤이다.
- 억지 끼워맞춤 : 구멍의 최대 치수가 축의 최소 치수보다 작은 경우이며, 항상 죔새가 생기는 끼워맞춤이다.
- 중간 끼워맞춤 : 축, 구멍의 치수에 따라 틈새 또는 죔새가 생기는 끼워맞춤으로, 헐거운 끼워맞춤이나 억지 끼워맞춤으로 얻을 수 없는 더욱 작은 틈새나 죔새를 얻는 데 적용한다.

49 **키의 종류 중 일반적으로 60[mm] 이하의 작은 축에 사용되고, 특히 테이퍼 축에 사용이 용이하다. 키의 가공에 의해 축의 강도가 약해지지만 키 및 키 홈 등의 가공이 쉬운 것은?**

① 성크키 ② 접선키
③ 반달키 ④ 원뿔키

해설

① 성크키(묻힘키) : 때려 박음키와 평행키가 있다.
② 접선키 : 축과 보스에 축의 접선 방향으로 홈을 파서 서로 반대의 테이퍼(1/60~1/100)를 가진 2개의 키를 조합하여 끼워 넣는다.
④ 원뿔키 : 축과 보스에 홈을 파지 않고, 한 군데가 갈라진 원뿔통을 끼워 넣어 마찰력으로 고정시킨다.

50 **양 끝에 왼나사 및 오른나사가 있어서 막대나 로프 등을 조이는 데 사용하는 기계요소는?**

① 나비 너트 ② 캡 너트
③ 아이 너트 ④ 턴 버클

해설

나비 너트	캡 너트
아이 너트	**턴 버클**
	오른나사 왼나사

51 **코일 스프링에 350[N]의 하중을 걸어 5.6[cm] 늘어났다면, 이 스프링의 스프링 상수[N/mm]는?**

① 5.25 ② 6.25
③ 53.5 ④ 62.5

해설

스프링 상수는 작용하중과 변위량의 비로 나타낸다.

$$\frac{350[N]}{50[mm]} = 6.25[N/mm]$$

정답 48 ② 49 ③ 50 ④ 51 ②

52 지름 15[mm], 표점거리 100[mm]인 인장시험편을 인장시켰더니 110[mm]가 되었다면 길이 방향의 변형률은?

① 9.1[%] ② 10[%]
③ 11[%] ④ 15[%]

해설
길이 방향의 변형률

$$\frac{l'-l}{l} = \frac{\lambda}{l}\times 100 = \frac{\lambda}{l}\times 100[\%] = \frac{110-100}{100}\times 100 = 10[\%]$$

여기서, l : 최초의 길이
l' : 변형 후의 길이

53 다음 도면과 같이 지시된 치수보조기호의 해독으로 옳은 것은?

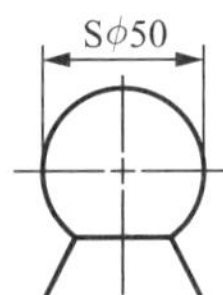

① 호의 지름이 50[mm]
② 구의 지름이 50[mm]
③ 호의 반지름이 50[mm]
④ 구의 반지름이 50[mm]

해설
치수에 사용되는 기호

기 호	구 분
ϕ	지 름
□	정사각형
R	반지름
C	45° 모따기
t	두 께
p	피 치
Sϕ	구면의 지름
SR	구면의 반지름

54 나사의 도시방법에 관한 설명 중 틀린 것은?

① 측면에서 본 그림 및 단면도에서 나사산의 봉우리는 굵은 실선으로 나타낸다.
② 단면도에 나타나는 나사 부품에서 해칭은 나사산의 골 밑을 나타내는 선까지 긋는다.
③ 나사의 끝면에서 본 그림에서는 나사의 골 밑은 가는 실선으로 그린 원주의 3/4에 거의 같은 원의 일부로 표시한다.
④ 숨겨진 나사를 표시하는 것이 필요한 곳에서는 산의 봉우리와 골 밑은 가는 파선으로 표시한다.

해설
나사의 해칭은 전체를 해칭하며, 암수가 체결된 것을 표현할 때는 해칭 방향을 다르게 표기한다.

55 다음 입체도에서 화살표 방향의 정면도로 적합한 것은?

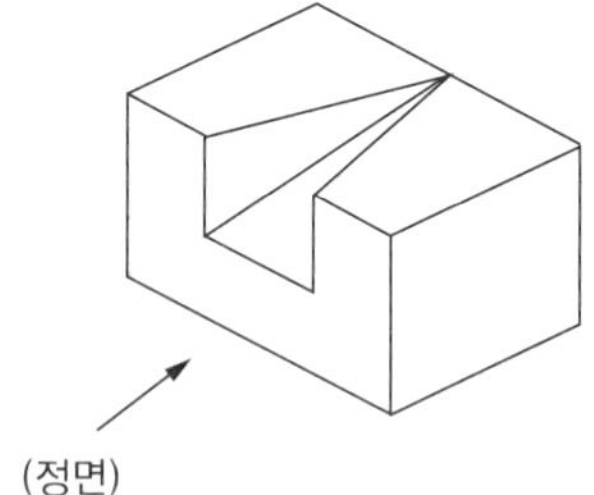

① 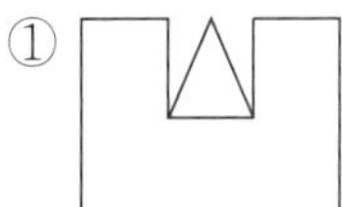
② 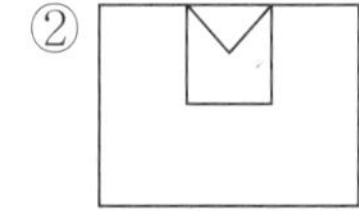
③ 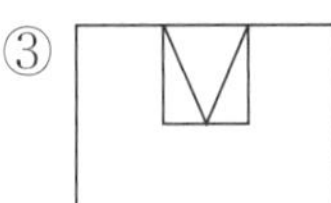
④ 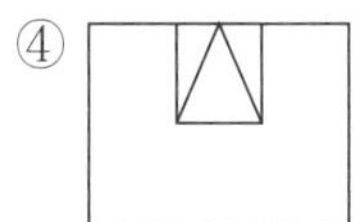

52 ② 53 ② 54 ② 55 ④ 정답

56 하중의 크기와 방향이 주기적으로 바뀌는 하중은?

① 집중하중
② 분포하중
③ 교번하중
④ 반복하중

해설
① 집중하중 : 단위 면적당 한곳에 작용하는 하중
② 분포하중 : 전 하중이 부재 표면에 분포되어 작용하는 하중
④ 반복하중 : 힘이 반복적으로 일정한 방향으로 작용하는 하중

57 가공방법의 보조기호 중 FS가 나타내는 가공은?

① 줄 다듬질
② 리밍 다듬질
③ 래핑 다듬질
④ 스크레이퍼 다듬질

해설
① 줄 다듬질 : FF
② 리밍 다듬질 : FR
③ 래핑 다듬질 : FL

58 스퍼기어 도시법에서 요목표에 기입하는 항목으로 거리가 먼 것은?

① 기어 치형
② 기어의 잇폭
③ 전체 이 높이
④ 걸치기 이 두께

해설
스퍼기어 요목표 : 기어 치형, 기준 래크(치형, 모듈, 압력각), 잇수, 피치원 지름, 전위량, 전체 이 높이, 걸치기 이 두께, 다듬질 방법, 정밀도 등

59 배관 도면에 적힌 'SPPS 380 - S - C 50 × Sch40'에 대한 설명으로 틀린 것은?

① SPPS : 압력배관용 탄소강관
② 380 : 인장강도
③ S, C : 규격
④ 50 × Sch40 : 지름 × 두께

해설
S, C는 합금 원소를 나타낸다.

60 벨트에서 유효장력이란?

① 끌어 당겨져서 장력이 크게 된 장력
② 송출되어서 느슨해져 있는 장력
③ 인장측과 이완측의 차이의 장력
④ 구동 시 벨트에서 발생되는 장력

해설
① 끌어 당겨져서 장력이 크게 된 것은 긴장측이다.
② 송출되어서 느슨해져 있는 장력은 이완측이다.
④ 구동 시 벨트에서 발생되는 장력은 초기 장력이다.

정답 56 ③ 57 ④ 58 ② 59 ③ 60 ③

2022년 제3회 과년도 기출복원문제

제1과목┃ 공유압 일반

01 유압기기에서 스트레이너의 여과입도 중 많이 사용되는 것은?

① 0.5~1[μm]
② 1~30[μm]
③ 50~70[μm]
④ 100~150[μm]

해설
스트레이너의 특징
• 펌프의 흡입구쪽에 설치
• 펌프 토출량의 2배인 여과량을 설치
• 기름 표면 및 기름탱크 바닥에서 각각 50[mm] 떨어져서 설치
• 100~150[μm]의 철망 사용

02 다음 그림은 어떤 회로인가?

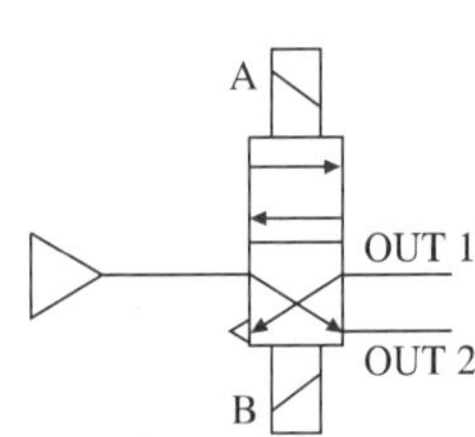

① 1방향 흐름회로
② 플립플롭회로
③ 푸시버튼회로
④ 스트로크회로

해설
플립플롭회로 : 입력신호와 출력신호에 대한 기억 기능이 있다. 먼저 도달한 신호가 우선 작동되며 다음 신호가 입력될 때까지 처음 신호가 유지된다. 문제의 기호는 4/2way 양솔레노이드 밸브로 메모리(플립플롭)기능을 가지고 있다.

03 공압장치에 부착된 압력계의 눈금이 5[kgf/cm^2]를 지시한다. 이 압력을 무엇이라 하는가?(단, 대기 압력을 0으로 하여 측정하였다)

① 대기압력
② 절대압력
③ 진공압력
④ 게이지압력

해설
① 대기압력 : 표준 대기압
② 절대압력 : 사용압력을 완전한 진공으로 하고 그 상태를 0으로 하여 측정한 압력(절대압력 = 대기압±게이지압력)이다.
③ 진공압력 : 대기압보다 높은 압력을 (+)게이지압력, 대기압보다 낮은 압력을 (−)게이지압력 또는 진공압이라고 한다.

04 시스템을 안전하고 확실하게 운전하기 위한 목적으로 사용하는 회로로, 두 개의 회로 사이에 출력이 동시에 나오지 않게 하는 데 사용되는 회로는?

① 인터로크회로
② 자기유지회로
③ 정지우선회로
④ 한시동작회로

해설
② 자기유지회로 : 전자계전기 자신의 접점에 의하여 동작회로를 구성하고 스스로 동작을 유지하는 회로로, 일정시간(기간) 동안 기억기능을 가진다.
③ 정지우선회로(후입력우선회로) : 항상 나중에 주어진 입력이 우선 작동하도록 하는 회로이다.
④ 한시동작회로(ON Delay 회로) : 신호가 입력되고 일정시간이 경과된 후 출력이 나오는 회로(한시동작 순시복귀형 타이머 회로)이다.

1 ④ 2 ② 3 ④ 4 ① 정답

05 다음 보기에서 설명하는 요소의 도면기호는?

보기

압축공기필터는 압축공기가 필터를 통과할 때에 이물질 및 수분을 제거하는 역할을 한다. 이 장치는 필터 내의 응축수를 자동으로 제거하기 위해 사용된다.

① 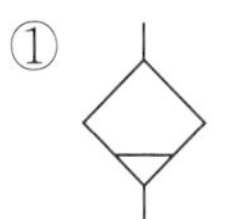

② 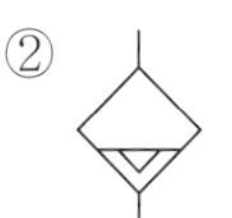

③ 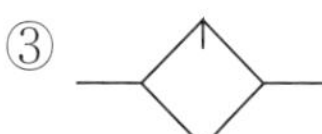

④ 

해설

① 수동 배출
③ 루브리케이터(윤활기)
④ 에어 드라이어(건조기)

06 급격하게 피스톤에 공기압력을 작용시켜서 실린더를 고속으로 움직여 그 속도에너지를 이용하는 공압 실린더는?

① 서보 실린더 ② 충격 실린더
③ 스위치 부착 실린더 ④ 터보 실린더

해설

충격 실린더 : 빠른 속도(7~10[m/s])를 얻을 때 사용되며 프레싱, 플랜징, 리베팅, 펀칭 등의 작업에 이용된다.

07 유압 작동유의 점도가 너무 낮을 때 일어날 수 있는 사항이 아닌 것은?

① 캐비테이션이 발생한다.
② 마모나 눌러붙음이 발생한다.
③ 펌프의 용적효율이 저하된다.
④ 펌프에서의 내부 누설이 증가한다.

해설

캐비테이션은 점도가 너무 높을 때 발생한다.
점도가 너무 낮은 경우 나타나는 현상
- 각 부품에서 누설(내외부)손실이 커진다(용적효율 저하).
- 마찰 부분의 마모가 증대한다(기계수명 저하).
- 펌프효율 저하에 따른 온도가 상승한다(누설에 따른 원인).
- 정밀한 조절과 제어가 곤란하다.

08 피스톤 모터의 특징으로 틀린 것은?

① 사용압력이 높다.
② 출력토크가 크다.
③ 구조가 간단하다.
④ 체적효율이 높다.

해설

피스톤형 모터
- 피스톤의 왕복운동을 기계적 회전운동으로 변환함으로써 회전력을 얻는다. 크랭크, 사판, 캠을 이용한다.
- 중저속회전(20~5,000[rpm]), 고토크형, 출력은 2~25마력(체적효율이 높다)
- 반송장치에 사용한다.

정답 5 ② 6 ② 7 ① 8 ③

09 **어큐뮬레이터 회로에서 어큐뮬레이터의 역할이 아닌 것은?**

① 회로 내의 맥동을 흡수한다.
② 회로 내의 압력을 감압시킨다.
③ 회로 내의 충격압력을 흡수한다.
④ 정전 시 비상용 유압원으로 사용한다.

해설
어큐뮬레이터의 용도(회로의 목적)
- 에너지 축적용(임시 유압원)
- 펌프의 맥동 흡수용
- 충격압력의 완충용
- 유체 이송용
- 2차 회로의 구동
- 압력보상

10 **고압 시퀀스회로의 신호 중복에 관한 설명으로 옳은 것은?**

① 실린더의 제어에 시간지연밸브가 사용될 때를 말한다.
② 실린더의 제어에 2개 이상의 체크 밸브가 사용될 때를 말한다.
③ 1개의 실린더를 제어하는 마스터밸브에 전기신호를 주는 것을 말한다.
④ 1개의 실린더를 제어하는 마스터밸브에 동시에 세트 신호와 리셋신호가 존재하는 것을 말한다.

해설
4/2way, 5/2way의 양밸브에서 Z(전진)신호와 Y(후진)신호를 줄 수 있는 밸브에서 발생한다.
신호 중복 : 마스터 밸브에 세트(Set)신호와 리셋(Reset)신호가 동시에 존재하는 것

11 **유압에너지의 장점이 아닌 것은?**

① 온도 변화에 따른 작업조건의 변화
② 정확한 위치제어 가능
③ 제어 및 조정성 우수
④ 큰 부하 상태에서의 출발이 가능

해설
온도 변화에 따른 작업조건의 변화는 유압에너지의 단점이다.
유압장치의 장점
- 소형 장치로 큰 출력을 얻을 수 있다.
- 무단 변속이 가능하고 원격제어가 가능하다.
- 정숙한 운전과 반전 및 열 방출성이 우수하다.
- 윤활성 및 방청성이 우수하다.
- 과부하 시 안전장치가 간단하다.
- 전기, 전자의 조합으로 자동제어가 가능하다.

12 **ISO-1219 표준(문자식 표현)에 의한 공압밸브의 연결구 표시방법에 따라 A, B, C 등으로 표현되어야 하는 것은?**

① 배기구
② 제어 라인
③ 작업 라인
④ 압축공기 공급 라인

해설

접속구 표시법	ISO 1219	ISO 5599
공급 포트	P	1
작업 포트	A, B, C	2, 4, …
배기 포트	R, S, T	3, 5, …
제어 포트	X, Y, Z	10, 12, 14, …
누출 포트	L	–

9 ② 10 ④ 11 ① 12 ③ 정답

13 **유압회로에서 주회로 압력보다 저압으로 사용하고자 할 때 사용하는 밸브는?**

① 감압밸브
② 시퀀스밸브
③ 언로드밸브
④ 카운터밸런스밸브

해설
② 시퀀스밸브 : 공유압회로에서 순차적으로 작동할 때 작동 순서를 회로의 압력에 의해 제어되는 밸브
③ 언로드밸브 : 작동압이 규정압력 이상으로 달했을 때 무부하운전을 하여 배출하고 규정압력 이하가 되면 밸브는 닫히고 다시 작동하게 되는 밸브
④ 카운터밸런스밸브 : 부하가 급격히 제거되었을 때 그 자중이나 관성력 때문에 소정의 제어를 못하게 되거나 램의 자유낙하를 방지하기 위하여 귀환유의 유량에 관계없이 일정한 배압을 걸어 주는 역할을 하는 밸브

14 **펌프의 토출압력이 높아질 때 체적효율과의 관계로 옳은 것은?**

① 효율이 증가한다.
② 효율은 일정하다.
③ 효율이 감소한다.
④ 효율과는 무관하다.

해설
펌프가 축을 통하여 얻은 에너지 중 유용한 에너지 정도의 척도를 효율이라 한다. 유량–압력선도에서 이론적 송출량에서 누설량이 고려된 실제 송출량만큼 토출되므로 압력이 높아질수록 체적효율은 감소한다.

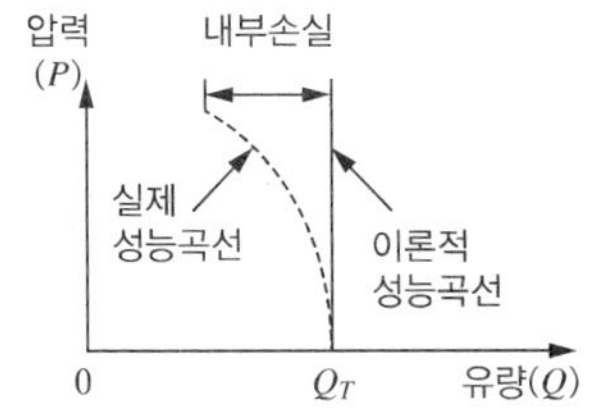

15 **유압장치에서 사용되는 오일탱크에 관한 설명으로 적합하지 않은 것은?**

① 오일을 저장할 뿐만 아니라 오일을 깨끗하게 한다.
② 주유구에는 여과망과 캡 또는 뚜껑을 부착하여 먼지, 절삭분 등의 이물질이 오일탱크에 혼입되지 않게 한다.
③ 공기청정기의 통기용량은 유압펌프 토출량의 2배 이상으로 하고, 오일탱크의 바닥면은 바닥에서 최소 15[cm]를 유지하는 것이 좋다.
④ 오일탱크의 용량은 장치 내의 작동유를 모두 저장하지 않아도 되므로 사용압력, 냉각장치의 유무에 관계없이 가능한 한 작은 것을 사용한다.

해설
탱크의 용적은 작동유의 열을 충분히 발산시키고 필요 유량에 대하여도 충분히 여유 있는 크기이어야 하며, 오일탱크의 크기는 냉각장치의 유무, 사용압력, 유압회로의 상태에 따라서 달라진다.

16 **습공기 중에 포함되어 있는 건조공기 중량에 대한 수증기의 중량을 무엇이라고 하는가?**

① 포화습도 ② 상대습도
③ 평균습도 ④ 절대습도

해설
- 절대습도 : 습공기 1[m^3]당 건공기의 중량과 수증기의 중량비이다.
- 상대습도 : 어떤 습공기 중의 수증기(수증기량) 분압(수증기압)과 같은 온도에서 포화공기의 수증기와 분압의 비이다.

정답 13 ① 14 ③ 15 ④ 16 ④

17 실린더가 전진운동을 완료하고 실린더측에 일정한 압력이 형성된 후에 후진운동을 하는 경우처럼 스위칭 작용에 특별한 압력이 요구되는 곳에 사용하는 밸브는?

① 시퀀스밸브

② 3/2way 방향제어밸브

③ 급속배기밸브

④ 4/2way 방향제어밸브

해설

시퀀스밸브

공유압회로에서 순차적으로 작동할 때 작동 순서를 회로의 압력에 의해 제어되는 밸브이다. 즉, 회로 내의 압력 상승을 검출하여 압력을 전달하여 실린더나 방향제어밸브를 움직여 작동 순서를 제어한다.

18 다음 중 체적효율이 가장 높은 펌프는?

① 외접기어펌프

② 평형형 베인펌프

③ 내접기어펌프

④ 회전피스톤펌프

해설

유압펌프의 효율

- 기어펌프 : 75~90[%]
- 베인펌프 : 75~90[%]
- 피스톤펌프 : 85~95[%]
- 나사펌프 : 75~85[%]

19 다음 유압회로의 명칭은?

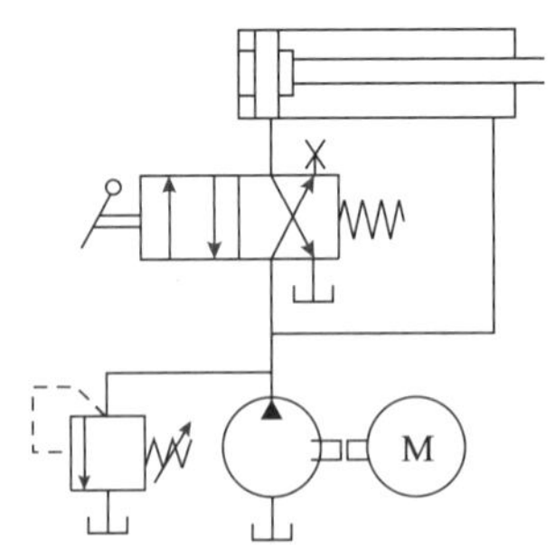

① 로킹회로

② 재생회로

③ 동조회로

④ 속도회로

해설

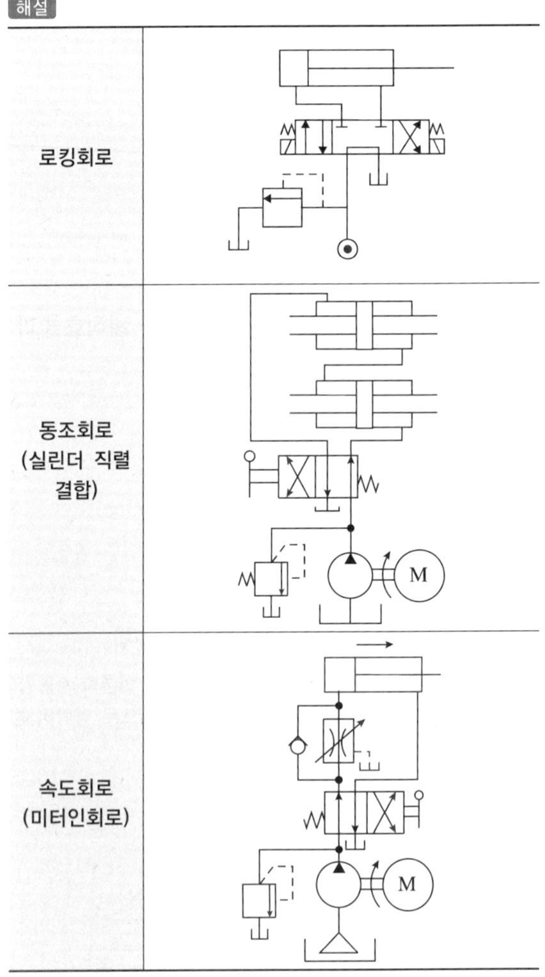

회로	회로도
로킹회로	
동조회로 (실린더 직렬 결합)	
속도회로 (미터인회로)	

17 ① 18 ④ 19 ② **정답**

20 **진공발생기에서 진공이 발생하는 것은 어떤 원리를 이용한 것인가?**

① 샤를의 원리　② 파스칼의 원리
③ 벤투리 원리　④ 토리첼리의 원리

해설
벤투리 효과(원리) : 배관이 넓은 곳은 압력이 높고, 유체의 흐름속도는 느리다. 반면 좁은 곳은 압력이 낮고, 유체의 흐름속도는 빠르다. 배관 내의 압력차로 인하여 유체가 좁은 통로쪽으로 빨려 올라가서 생기는 현상이 벤투리 효과이다.

21 **공압과 유압의 조합기기가 아닌 것은?**

① 증압기
② 공유압 변환기
③ 벤투리 포지션 유닛
④ 하이드롤릭 체크 유닛

해설
공유압 조합기기의 종류
- 에어 하이드로 실린더
- 공유압 변환기
- 증압기
- 하이드롤릭 체크 유닛

22 **공기압축기를 작동원리에 의해 분류하였을 때 회전식 용적형에 해당되는 압축기는?**

① 축류식　② 피스톤식
③ 다이어프램식　④ 루트 블로어식

해설

23 **다음 베르누이 방정식에서 z_1, z_2는 어떤 에너지인가?**

$$\frac{v_1^{\,2}}{2g} + \frac{P_1}{\gamma} + z_1 = \frac{v_2^{\,2}}{2g} + \frac{P_2}{\gamma} + z_2 = \text{일정}$$

① 속도에너지　② 위치에너지
③ 압력에너지　④ 비중량에너지

해설
베르누이 방정식 : 속도에너지 + 압력에너지 + 위치에너지 = 일정

정답 20 ③ 21 ③ 22 ④ 23 ②

24 공압 드레인 배출방법 중 드레인 양에 관계없이 압력 변화를 이용하여 배출하는 것은?

① 수동식 ② 전동식
③ 플로트식 ④ 파일럿식

해설
① 수동식 : 수동으로 콕을 열어 배출한다.
② 전동식 : 전동기에 의하여 일정시간마다 밸브가 열려 배출한다.
③ 플로트식 : 부구식으로 일정량의 드레인이 고이면 부구에 의해 밸브가 열려 배출한다.

25 유압 작동유의 점도지수에 대한 설명으로 틀린 것은?

① 점도지수가 작은 경우 정상 운전 시 온도조절범위가 넓어진다.
② 점도지수가 큰 작동유가 온도변화에 대한 점도변화가 적다.
③ 점도지수가 높은 기름일수록 넓은 온도 범위에서 사용할 수 있다.
④ 온도변화에 대한 점도변화의 비율을 나타내기 위하여 점도지수를 사용한다.

해설
작동유의 점도지수(VI ; Viscosity Index, 단위 : 푸아즈)
- 유압유는 온도가 변하면 점도도 변하므로 온도 변화에 대한 점도 변화의 비율을 나타내기 위하여 점도지수를 사용한다.
- 점도지수값이 큰 작동유가 온도 변화에 대한 점도 변화가 작다.
- 점도지수가 높은 기름일수록 넓은 온도범위에서 사용할 수 있다.
- 일반 광유계 유압유의 VI는 90 이상이다.
- 고점수 지수 유압유의 VI는 130~225 정도이다.

26 펌프의 송출압력이 300[kgf/cm^2]이고, 송출량이 200[L/min], 효율이 95[%]인 레이디얼 플런저 펌프의 소요동력은 약 몇 [PS]인가?

① 100 ② 127
③ 140 ④ 950

해설
펌프의 소요동력

$L_s = \dfrac{P \cdot Q}{450 \cdot \eta}$[PS]

$\dfrac{300 \times 200}{450 \times 0.95} = 140.35$[PS]

27 공압터빈, 공압모터 등의 고속용에 사용되는 여과기 엘리먼트의 입도는?

① 5[μm] 이하
② 5~10[μm]
③ 10~40[μm]
④ 40~70[μm]

해설
① 5[μm] 이하 : 순 유체소자용(특수용)
② 5~10[μm] : 공기 마이크로미터용(정밀용)
④ 40~70[μm] : 일반 공압기기(실린더, 로터리 액추에이터 등)

28 공압장치의 공압밸브 조작방식이 아닌 것은?

① 인력 조작방식
② 기계 조작방식
③ 전기 조작방식
④ 관로 조작방식

해설
공압밸브 조작방식에는 인력 조작방식, 기계 조작방식, 전기 조작방식, 파일럿 조작방식이 있다.

24 ④ 25 ① 26 ③ 27 ③ 28 ④ 정답

29 공기건조기에 대한 설명으로 틀린 것은?

① 이슬점 온도를 낮추는 원리를 이용한 것이 냉동식 건조기이다.
② 흡착식 건조기의 건조제 재생방식에는 히트형과 히트리스형이 있다.
③ 흡수식 건조기는 흡수액으로 염화리튬 수용액과 폴리에틸렌을 사용한다.
④ 흡착식 건조기는 실리카겔, 활성알루미나, 실리콘 다이옥사이드를 사용하는 화학적 과정의 방식이다.

해설
흡착식 건조기는 실리카겔, 활성알루미나, 실리콘 다이옥사이드를 사용하는 물리적 과정의 방식이다.

30 공유압 도면기호의 기호 요소 중 복선의 용도는?

① 주관로 표현
② 파일럿밸브의 공급 관로
③ 포위선
④ 기계적 결합

해설
공유압 도면기호(KS B 0054)에서 선의 의미
- 실선 : 주관로, 파일럿밸브에의 공급 관로, 전기신호선
- 파선 : 파일럿제어 관로, 드레인 관로, 필터, 밸브의 과도 위치
- 1점 쇄선 : 포위선
- 복선 : 기계적 결합(회전축, 레버, 피스톤로드 등)

제3과목 | 기초전기일반

31 반도체로 만든 PN접합은 무슨 작용을 하는가?

① 증폭작용
② 발전작용
③ 정류작용
④ 변조작용

해설
다이오드는 PN 접합으로 되어 있고, 교류를 직류로 바꾸는 정류작용을 한다.

32 자장의 세기에 대한 설명이 잘못된 것은?

① 단위 자극에 작용하는 힘과 같다.
② 자속밀도에 투자율을 곱한 것과 같다.
③ 수직 단면의 자력선 밀도와 같다.
④ 단위 길이당 기자력과 같다.

해설
자속밀도 $B=\mu H$이며, 자속밀도 B의 SI(국제단위) 단위는 테슬러이고, T로 나타낸다.
1T = Weber/m^{2}이고, 기본적인 물리단위는 1T = Wb/m^2 = N/(C · m/s) = N/(A · m)

정답 29 ④ 30 ④ 31 ③ 32 ②

33 3,000[AT/m]의 자장 중에 어떤 자극을 놓았을 때 300[N]의 힘을 받는다고 한다. 자극의 세기는 몇 [Wb]인가?

① 0.1　　② 0.5
③ 1　　④ 5

해설
$F=mH$에서 자극 $m=\frac{F}{H}=\frac{300}{3,000}=0.1[\text{Wb}]$

34 서로 다른 종류의 안티몬과 비스무트의 두 금속을 접속하여 여기에 전류가 통하면, 그 접점에서 열의 발생 또는 흡수가 일어난다. 줄열과 달리 전류의 방향에 따라 열의 흡수와 발생이 다르게 나타나는 현상은?

① 펠티에 효과
② 제베크 효과
③ 제3금속의 법칙
④ 열전효과

해설
두 종류의 금속을 접속하여 전류가 흐를 때 두 금속의 접합부에서 열의 발생 또는 흡수가 일어나는 열전현상을 펠티에 효과라고 하며 전자냉동기에서 응용한다.

35 60[Hz]의 동기 전동기가 2극일 때 동기속도는 몇 [rpm]인가?

① 7,200　　② 4,800
③ 3,600　　④ 2,400

해설
동기 전동기에서 동기속도
$N_s=\frac{120f}{P}=\frac{120\times60}{2}=3,600[\text{rpm}]$

36 자기회로의 옴의 법칙에 대한 설명 중 맞는 것은?

① 자기회로의 기자력은 자속에 반비례한다.
② 자기회로를 통하는 자속은 자기저항에 비례하고, 기자력에 반비례한다.
③ 자기회로의 기자력은 자기저항에 반비례한다.
④ 자기회로를 통하는 자속은 기자력에 비례하고, 자기저항에 반비례한다.

해설
$\phi=\frac{F}{R_m}[\text{Wb}]$
자속은 기자력에 비례하고 자기저항에 반비례한다.

37 극성을 가지고 있어 교류회로에 사용할 수 없는 콘덴서는?

① 전해 콘덴서
② 세라믹 콘덴서
③ 마이카 콘덴서
④ 마일러 콘덴서

해설
전해 콘덴서는 극성을 가지고 있어 직류회로에서 사용한다.

33 ① 34 ① 35 ③ 36 ④ 37 ① 정답

38 다음 그림과 같은 접점회로의 논리식과 등가인 것은?

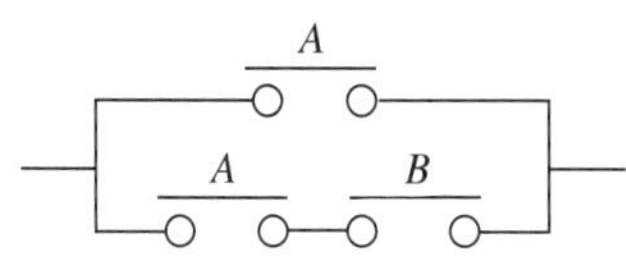

① $\overline{A}$　　② A

③ 0　　④ 1

해설

논리식은 $A+AB=A(1+B)=A$이다.

39 평형 3상 Y결선에서 선간전압과 상전압의 위상차는 몇 [rad]인가?

① $\frac{\pi}{2}$　　② $\frac{\pi}{3}$

③ $\frac{\pi}{4}$　　④ $\frac{\pi}{6}$

해설

Y결선에서 선간전압은 상전압보다 $\frac{\pi}{6}$[rad] 앞선다.

40 다음 그림과 같은 *R-L-C* 직렬회로에서 공진주파수가 발생할 수 있는 조건은?

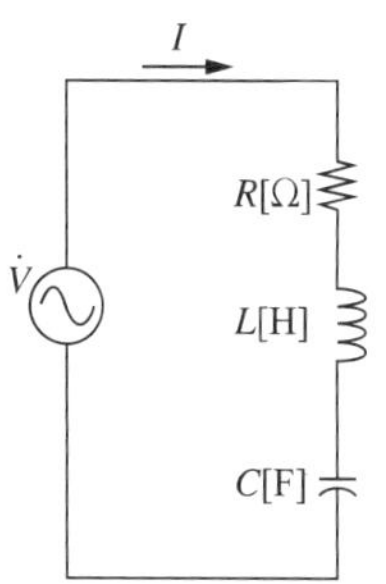

① $R=0$　　② $\omega L > \frac{1}{\omega C}$

③ $\omega L < \frac{1}{\omega C}$　　④ $\omega L = \frac{1}{\omega C}$

해설

R-L-C 공진주파수

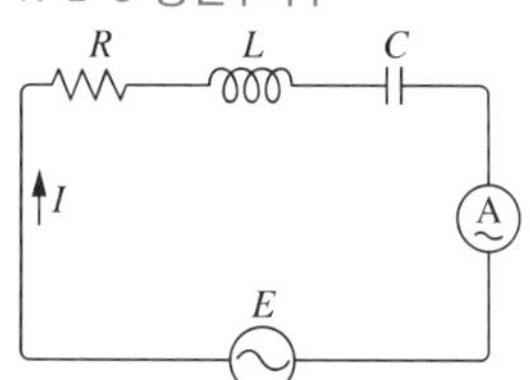

- 회로에 가장 센 전류가 흐를 때의 주파수이다.
- 유도 리액턴스와 용량 리액턴스가 같을 때($XL=XC$) 임피던스는 최소($Z=R$)이고, 회로에는 가장 센 전류가 흐른다.

$f=\frac{1}{2\pi\sqrt{LC}}$

∴ 공진조건 $\omega L=\frac{1}{\omega C}$

41 무한장 직선 도체에 5[A]의 전류가 흐르고 있을 때 생기는 자장의 세기가 10[AT/m]인 점은 도체로부터 약 몇 [cm] 떨어졌는가?

① 6　　② 7

③ 8　　④ 9

해설

무한장 직선에서 자기장의 세기

$H=\frac{I}{2\pi r}$[AT/m]

∴ $r=\frac{I}{2\pi H}=\frac{5}{2\times3.14\times10}\fallingdotseq 8$[cm]

정답 38 ② 39 ④ 40 ④ 41 ③

42 220[V] 전위차로 10[A]의 전류가 3분간 흘렀을 때 전기는 몇 [J]의 일을 하는가?

① 2,200　　② 3,900
③ 39,600　　④ 396,000

해설

전력 : W (Watt, 1J의 일을 1초 동안 해내는 힘)
$P = E \times I = 220 \times 10 = 2,200[\mathrm{W}]$
∴ 전력량(W) $= P \times t$에서 $2,200 \times 180 = 396,000[\mathrm{J}]$

43 동일한 조건에서 코일의 권선수를 10배 증가시켰을 때 인덕턴스의 값은?

① 2배 증가한다.
② 10배 증가한다.
③ 100배 증가한다.
④ 변화 없다.

해설

$$L = k\frac{\mu \cdot n^2 \cdot S}{l}$$

(여기서, k : 계수, μ : 투자율, n : 권선수, S : 코일 단면적, l : 코일 축 방향 길이)
권선수의 제곱에 비례하므로 100배 증가한다. 다른 조건의 변화가 없을 때 인덕턴스가 증가하면 전압도 인덕턴스만큼 증가한다.

44 직류 전동기를 발전기로 변환시켜 전력을 전원에 공급시키는 방법은?

① 플러깅　　② 발전 제동
③ 회생 제동　　④ 역전 제동

해설

① 플러깅 : 직류 전동기를 급정지 또는 역전시키는 전기 제동방법
③ 회생 제동 : 직류 전동기를 발전기로 변환시켜 전력을 전원에 공급시키는 방법
④ 역전 제동 : 전동기의 회전 방향을 바꾸어 급제동시키는 방법

45 사용하는 교류 220[V]의 실횻값과 최댓값은 약 얼마인가?

① 실횻값 200[V], 최댓값 220[V]
② 실횻값 200[V], 최댓값 311[V]
③ 실횻값 220[V], 최댓값 220[V]
④ 실횻값 220[V], 최댓값 311[V]

해설

우리나라에서 사용되는 교류 220[V]는 실횻값이 220[V]라는 의미이며, 최댓값은 311[V] 정도이다.

제2과목 | 기계제도(비절삭) 및 기계요소

46 다음 그림의 치수선은 어떤 치수를 나타내는 것인가?

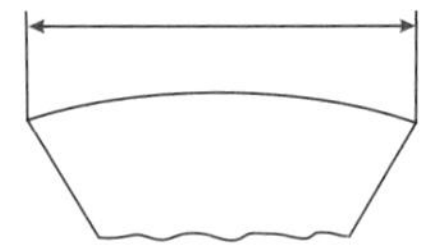

① 각도의 치수
② 현의 길이 치수
③ 호의 길이 치수
④ 반지름의 치수

해설

각도의 치수	30°
호의 길이치수	$\frown 10$
구의 지름 반지름의 치수	Sφ24, SR90

47 **베어링에서 오일 실의 용도를 바르게 설명한 것은?**

① 오일 등이 새는 것을 방지하고 물 또는 먼지 등이 들어가지 않도록 하기 위함
② 축 방향에 작용하는 힘을 방지하기 위함
③ 베어링이 빠져 나오는 것을 방지하기 위함
④ 열의 발산을 좋게 하기 위함

해설
베어링의 윤활은 기계의 장기적 사용과 원활한 회전을 위해서 매우 중요하다. 특히, 오일 실은 베어링의 윤활이 새어나가는 것을 막고 외부의 이물질이 들어오는 것을 방지하는 역할을 한다.

48 **다음은 어떤 투상도인가?**

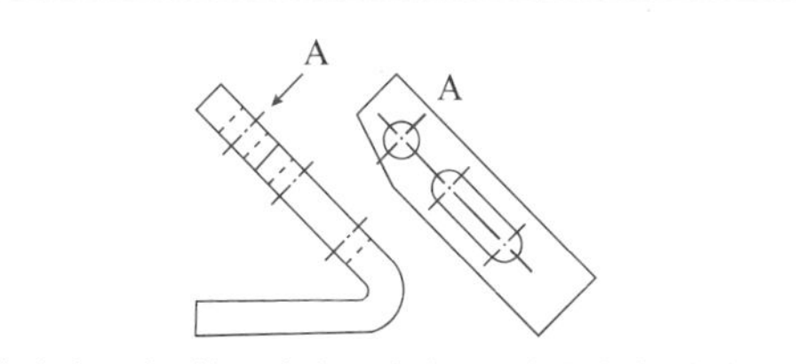

경사면부가 있는 대상물에서 그 경사면의 실제 모양을 표시할 필요가 있는 경우에 그린 투상도

① 부분 투상도
② 회전 투상도
③ 보조 투상도
④ 국부 투상도

해설
① 부분 투상도 : 그림의 일부를 도시하는 것으로, 그 필요 부분만 나타내는 투상도
② 회전 투상도 : 투상면이 어느 각도를 가지고 있어 실제 모양이 나타나지 않을 때 그 부분을 회전하여 투상하는 방법
④ 국부 투상도 : 대상물의 구멍, 홈 등 한 국부만의 모양을 도시하는 것

49 **막대의 양끝에 나사를 깎은 머리 없는 볼트로서 볼트를 끼우기 어려운 곳에 미리 볼트를 심어 놓고 너트를 조일 수 있도록 한 볼트는?**

① 기초 볼트
② 스테이 볼트
③ 스터드 볼트
④ 충격 볼트

해설
① 기초 볼트 : 기계 구조물을 설치할 때 쓰인다.
② 스테이 볼트 : 부품의 간격을 유지하기 위하여 턱을 붙이거나 격리 파이프를 넣은 볼트이다.
④ 충격 볼트 : 볼트에 걸리는 충격 하중에 견디게 만들어진 볼트이다.

50 **다음 중 가는 실선을 잘못 사용한 것은?**

① 물체 내부에 회전 단면을 가는 실선으로 그렸다.
② 당면한 부위의 해칭선을 가는 실선으로 그렸다.
③ 가공 전이나 가공 후의 모양을 가는 실선으로 그렸다.
④ 투상도의 어느 부분이 평면이라는 것을 나타내기 위해 가는 실선으로 대각선을 그렸다.

해설
가공 전후의 모양은 가는 2점쇄선을 사용한다.

51 **웜기어에 대한 설명으로 틀린 것은?**

① 웜과 웜기어를 한 쌍으로 사용하며 역회전 방지 기능이 있다.
② 피니언과 맞물려 회전하면서 직선운동을 한다.
③ 큰 감속비를 얻을 수 있다.
④ 소음과 진동이 작다.

해설
피니언과 맞물려 회전하면서 직선운동을 하는 것은 래크와 피니언이다.

정답 47 ① 48 ③ 49 ③ 50 ③ 51 ②

52 리벳의 호칭이 'KS B 1102 둥근 머리 리벳 18×40 SV330'으로 표시된 경우 숫자 '40'의 의미는?

① 리벳의 수량
② 리벳의 구멍 치수
③ 리벳의 길이
④ 리벳의 호칭지름

해설
리벳의 호칭

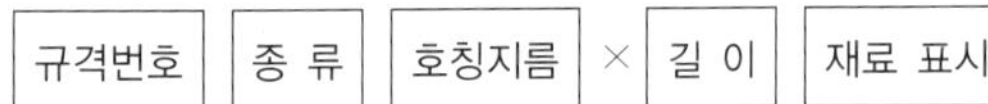

- 18 : 호칭지름
- SV330 : 재료 표시

53 회전력의 전달과 동시에 보스를 축 방향으로 이동시킬 때 가장 적합한 키는?

① 새들키
② 반달키
③ 미끄럼키
④ 접선키

해설
미끄럼키(패더키 : Feather Key)
- 묻힘키의 일종으로 키는 테이퍼가 없이 길다.
- 축 방향으로 보스의 이동이 가능하며 보스와의 간격이 있어 회전 중 이탈을 막기 위해 고정하는 수가 많다.

54 정사각뿔의 중심에 직립하는 원통의 구조물에 대해 그림과 같이 정면도와 평면도를 나타내었다. 여기서 일부 선이 누락된 정면도를 가장 정확하게 완성한 것은?

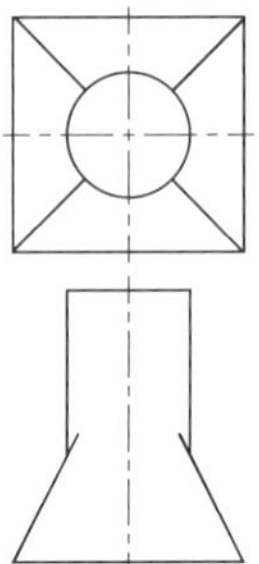

① ② ③ ④

55 42,500[kgf · mm]의 굽힘 모멘트가 작용하는 연강축 지름은 약 몇 [mm]인가?(단, 허용 굽힘 응력은 5[kgf/mm^2]이다)

① 21 ② 36
③ 44 ④ 92

해설

굽힘 응력 $\sigma = \dfrac{M(\text{굽힘 모멘트})}{Z(\text{단면계수})}$에서

축 지름 단면계수 $Z = \dfrac{\pi d^3}{32}$이다.

$$Z = \frac{M}{\sigma} = \frac{42,500[\text{kgf} \cdot \text{mm}]}{5[\text{kgf/mm}^2]} = 8,500[\text{mm}^3]$$

$$\therefore d^3 = \frac{8,500 \times 32}{\pi} \fallingdotseq 86,624, \ d \fallingdotseq 44$$

52 ③ 53 ③ 54 ① 55 ③ 정답

56 축 방향으로 인장 또는 압축이 작용하는 두 축을 연결하는데 사용되며, 분해가 가능한 기계요소는?

① 키 ② 코 터
③ 커플링 ④ 이경티

해설
① 키 : 축, 풀리 등을 축에 고정시킬 때 홈에 끼우는 요소
③ 커플링 : 두 축을 연결하는 요소
④ 이경티 : 지름이 다른 배관 연결용 기구

57 코일 스프링의 도시법에서 요목표에 기입되는 내용이 아닌 것은?

① 압력각
② 자유 높이
③ 재료의 지름
④ 코일의 안지름

해설
코일 스프링의 요목표에는 재료, 재료의 지름, 코일의 안지름, 총 감김수, 앞 끝 두께, 감긴 방향, 자유 높이, 하주 높이, 코일 상수 등을 기록한다.

58 전동장치에 사용되는 V벨트의 단면각으로 옳은 것은?

① 34° ② 36°
③ 38° ④ 40°

해설
V벨트 풀리의 단면각은 34°, 36°, 38°이고, V벨트는 마찰력을 높이기 위해 40°의 단면각을 갖는다.

59 직경이 20[cm]의 원형 단면봉에 2,000[kgf]의 인장하중이 작용할 때 이 봉에 발생되는 인장응력은 몇 [kgf/cm^2]인가?

① 6.37 ② 20.33
③ 31.85 ④ 100

해설
인장응력

$$\sigma = \frac{F}{A} = \frac{2,000}{\frac{\pi\, 20^2}{4}} = \frac{4\times 2,000}{\pi\times 400} = 6.37[\text{kgf/cm}^2]$$

60 스프링 작도법에서 하중이 가해진 상태에서 도시하여야 하는 것은?

① 코일 스프링
② 겹판 스프링
③ 접시 스프링
④ 벌류트 스프링

해설
- 일반적으로 무하중 상태로 도시 : 코일 스프링, 접시 스프링, 벌류트 스프링, 스파이럴 스프링
- 하중이 가해진 상태로 도시 : 겹판 스프링

정답 56 ② 57 ① 58 ④ 59 ① 60 ②

2023년 제1회 최근 기출복원문제

제1과목 | 공유압 일반

01 유관의 안지름을 5[cm], 유속을 10[cm/s]로 하면 최대 유량은 약 몇 [cm^3/s]인가?

① 196
② 250
③ 462
④ 785

해설

유량 $Q = A \times V$에서 면적 $A = \frac{\pi d^2}{4} = \frac{3.14 \times 5^2}{4}$ 이다.

$\therefore$ 유량 $Q = \frac{\pi \times d^2}{4} \times 10 = 196.25[\text{cm}^3/\text{s}]$

02 유압펌프 중 가변 체적형의 제작이 용이한 펌프는?

① 내접형 기어펌프
② 외접형 기어펌프
③ 평형형 베인펌프
④ 축 방향 회전 피스톤 펌프

해설

축 방향 피스톤 펌프(Axial Piston Pump) : 피스톤의 운동 방향이 실린더 블록의 중심선과 같은 방향인 펌프로, 사축식과 사판식이 있다.

03 유압과 비교한 공기압의 특징에 대한 설명으로 옳지 않은 것은?

① 에너지의 축적이 어렵다.
② 동력원의 집중이 용이하다.
③ 압력제어밸브로 과부하 안전대책이 가능하다.
④ 보수 · 관리가 용이하다.

해설

공압장치의 특성
- 장 점
  - 동력원인 압축공기를 간단히 얻을 수 있다.
  - 힘의 증폭이 용이하다.
  - 힘의 전달이 간단하고, 어떤 형태로도 전달 가능하다.
  - 작업속도의 변경이 가능하며 제어가 간단하다.
  - 취급이 간단하다.
  - 인화의 위험 및 서지압력의 발생이 없고, 과부하에 안전하다.
  - 압축공기를 축적(저장)할 수 있다.
  - 탄력이 있다(완충작용 = 공기 스프링 역할).
- 단 점
  - 큰 힘을 얻을 수 없다(보통 3[ton] 이하).
  - 공기의 압축성으로 효율이 좋지 않다.
  - 저속에서 균일한 속도를 얻을 수 없다.
  - 응답속도가 늦다.
  - 배기와 소음이 크다.
  - 구동비용이 고가이다.

1 ① 2 ④ 3 ① 정답

04 구형의 용기를 사용하며, 유실과 가스실은 금속판으로 격리되어 유실에 가스의 침입이 없고, 특히 소형의 고압용 어큐뮬레이터로 이용되는 것은?

① 추부하형 어큐뮬레이터
② 다이어프램형 어큐뮬레이터
③ 스프링 부하형 어큐뮬레이터
④ 블래더형 어큐뮬레이터

해설
① 추부하형 어큐뮬레이터 : 투출압력을 일정하게 할 수 있어서 저압, 대용량에 적합하다(크고 무거워 외부 누설 방지가 곤란하다).
③ 스프링 부하형 어큐뮬레이터 : 넓은 온도 범위에서 사용한다. 저압, 소용량에 적합하며 비교적 가격이 저렴하다.
④ 블래더형 어큐뮬레이터 : 소형이지만 용량이 크고, 블래더의 응답성이 좋아 가장 많이 사용된다.

05 램형 실린더의 장점이 아닌 것은?

① 피스톤이 필요 없다.
② 공기빼기장치가 필요 없다.
③ 실린더 자체의 중량이 가볍다.
④ 압축력에 대한 휨에 강하다.

해설
램형 실린더
• 피스톤 지름과 로드 지름의 차가 없는 수압 가동 부분을 갖는 것으로, 좌굴 등 강성을 요할 때 사용한다.
• 피스톤이 필요 없다.
• 공기빼기장치가 필요 없다.
• 압축력에 대한 휨에 강하다.

06 공압장치의 기본요소 중 구동부에 해당하는 것은?

① 애프터 쿨러 ② 여과기
③ 실린더 ④ 루브리케이터

해설
공압장치의 구성
• 동력원 : 엔진, 전동기
• 공압발생부 : 압축기, 공기탱크, 애프터 쿨러
• 공압청정부 : 필터, 에어 드라이어
• 제어부 : 압력제어, 유량제어, 방향제어
• 구동부(액추에이터) : 실린더, 공압모터, 공압요동 액추에이터

07 압력제어밸브에서 급격한 압력 변동에 따른 밸브 시트를 두드리는 미세한 진동이 생기는 현상은?

① 노 킹
② 채터링
③ 해머링
④ 캐비테이션

해설
① 노킹 : 내연기관의 이상연소(異常燃燒)에 의해 실린더 벽을 망치로 두드리는 것과 같은 소리가 나는 현상
③ 해머링 : 관 속에 순간적으로 이상한 충격압이 발생하여 음을 내며 진동하는 현상(워터 해머링, 수격현상)
④ 캐비테이션 : 유동하고 있는 액체의 압력이 국부적으로 저하되어 포화증기압 또는 공기분리압에 달하여 증기를 발생시키거나 용해공기 등이 분리되어 기포를 일으키는 현상

정답 4 ② 5 ③ 6 ③ 7 ②

08 다음 기호의 명칭은?

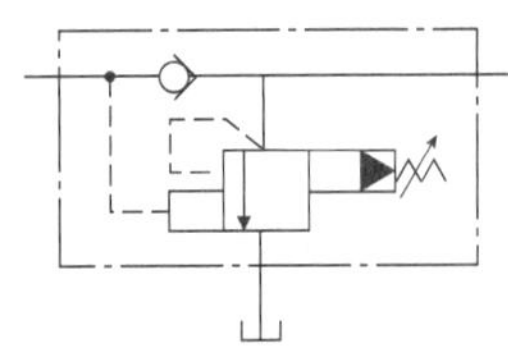

① 브레이크 밸브
② 카운터 밸런스 밸브
③ 무부하 릴리프 밸브
④ 시퀀스 밸브

해설

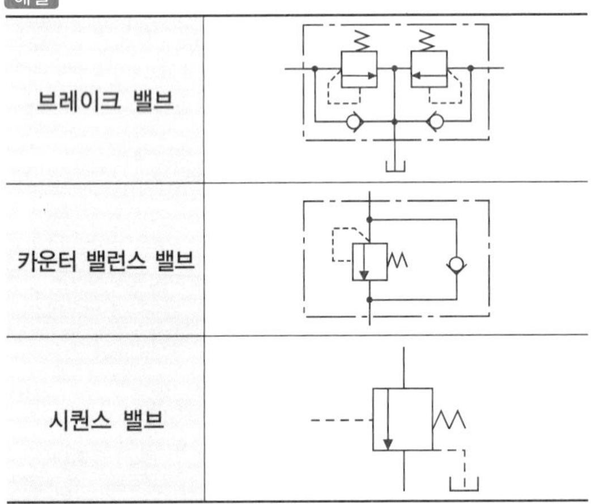

브레이크 밸브	
카운터 밸런스 밸브	
시퀀스 밸브	

09 작동유의 유온이 적정 온도 이상으로 상승할 때 일어날 수 있는 현상이 아닌 것은?

① 윤활 상태의 향상
② 기름의 누설
③ 마찰 부분의 마모 증대
④ 펌프 효율 저하에 따른 온도 상승

해설

고온 상태에서 작동유 사용 시 나타나는 현상

- 작동유체의 점도 저하
- 내부 누설
- 용적효율 저하
- 국부적으로 발열(온도 상승)하여 습동 부분이 붙기도 함

10 다음 중 파일럿 작동, 외부 드레인형의 감압밸브에 해당하는 유압기호는?

①
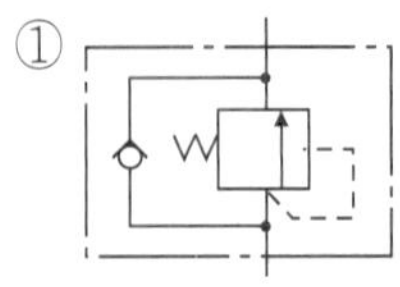

②
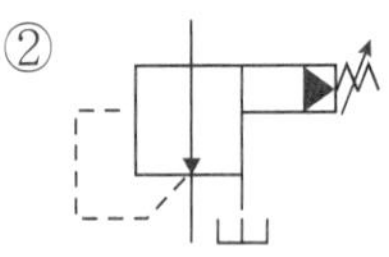

③
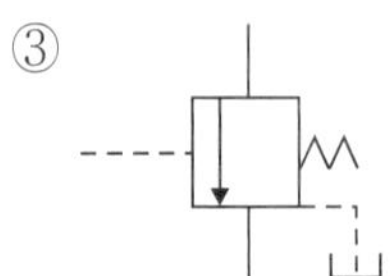

④
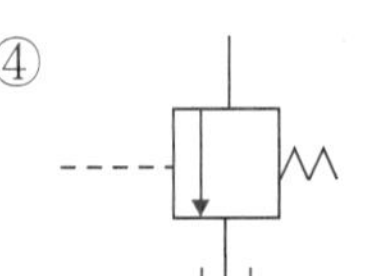

해설

① 카운터밸런스 밸브
③ 시퀀스 밸브
④ 무부하밸브

11 제어작업이 주로 논리제어의 형태로 이루어지는 AND, OR, NOT, 플립플롭 등의 기본 논리 연결을 표시하는 기호도는?

① 논리도
② 회로도
③ 제어선도
④ 변위단계선도

해설

③ 제어선도 : 액추에이터의 운동 변화에 따른 제어밸브 등의 동작 상태를 나타내는 선도로, 신호 중복의 여부를 판단하는 데 유효하다.
④ 변위단계선도(작동선도, 시퀀스 차트) : 실린더의 작동 순서를 표시하며, 실린더의 변위는 각 단계에 대해서 표시한다.

8 ③ 9 ① 10 ② 11 ① 정답

12 유압장치에 사용되는 오일탱크에 대한 설명으로 옳지 않은 것은?

① 오일을 저장할 뿐만 아니라 오일을 깨끗하게 한다.

② 오일탱크의 용량은 장치 내의 작동유를 모두 저장하지 않아도 되므로 사용압력, 냉각장치의 유무에 관계없이 가능한 한 작은 것을 사용한다.

③ 주유구에는 여과망과 캡 또는 뚜껑을 부착하여 먼지, 절삭분 등의 이물질이 오일탱크에 혼입되지 않도록 한다.

④ 공기청정기의 통기 용량은 유압펌프 토출량의 2배 이상으로 하고, 오일탱크의 바닥면은 바닥에서 최소 15[cm]를 유지하는 것이 좋다.

해설

오일탱크 용량은 운전 중지 시 복귀량에 지장이 없어야 하고, 작동 중에도 유면을 적당히 유지하여야 하며, 오일탱크의 크기는 펌프 토출량의 3배 이상이 좋다.

13 주어진 입력신호에 따라 정해진 출력을 나타내며 신호와 출력의 관계가 기억기능을 겸비한 회로는?

① 시퀀스 회로

② 온 오프 회로

③ 레지스터 회로

④ 플립플롭 회로

해설

① 시퀀스 회로 : 미리 정해진 순서에 따라서 제어동작의 각 단계를 점차 추진해 나가는 회로

② 온 오프 회로 : 제어동작이 밸브의 개폐와 같은 2개의 정해진 상태만을 취하는 제어회로

③ 레지스터 회로 : 2진수로서의 정보를 일단 내부로 기억하여 적시에 그 내용이 이용될 수 있도록 구성한 회로

14 다음 보기에서 설명하는 요소의 도면기호는?

보기

압축공기 필터는 압축공기가 필터를 통과할 때 이물질 및 수분을 제거하는 역할을 한다. 이 장치는 필터 내의 응축수를 자동으로 제거하기 위해 사용된다.

①
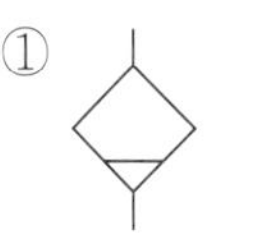

②
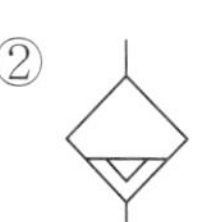

③

④

해설

① 수동 배출

③ 루브리케이터(윤활기)

④ 에어 드라이어(건조기)

15 공기압축기를 작동원리에 의해 분류하였을 때 터보형에 해당되는 압축기는?

① 원심식

② 베인식

③ 피스톤식

④ 다이어프램식

해설

공기압축기 작동원리에 따른 분류

16 송출압력이 200[kgf/cm^2]이며, 100[L/min]의 송출량을 갖는 레이디얼 플런저 펌프의 소요동력은 약 몇 [PS]인가?(단, 펌프효율은 90[%]이다)

① 36.31　　② 39.72
③ 49.38　　④ 59.48

해설
펌프의 소요동력

$L_s = \frac{P \cdot Q}{450 \cdot \eta}$[PS] $= \frac{200 \times 100}{450 \times 0.9} = 49.38$[PS]

17 메모리 방식으로 조작력이나 제어신호를 제거하여도 정상 상태로 복귀하지 않고 반대 신호가 주어질 때까지 그 상태를 유지하는 방식은?

① 디텐드 방식
② 스프링 복귀방식
③ 파일럿 방식
④ 정상 상태 열림 방식

해설
② 스프링 복귀방식 : 밸브 본체에 내장되어 있는 스프링력으로 정상 상태로 복귀시키는 방식
③ 파일럿 방식 : 공압신호에 의한 복귀방식
④ 정상상태 열림 : 밸브의 조작력이나 제어신호를 가하지 않은 상태에서 밸브가 열려 있는 상태

18 압축공기 저장탱크의 구성 기기가 아닌 것은?

① 압력계　　② 체크밸브
③ 유량계　　④ 안전밸브

해설
압축공기 저장탱크의 구조
- 안전밸브
- 압력 스위치
- 압력계
- 체크밸브
- 차단밸브(공기 배출구)
- 드레인 뽑기
- 접속관

19 펌프의 토출압력이 높아질 때 체적효율과의 관계로 옳은 것은?

① 효율이 증가한다.
② 효율은 일정하다.
③ 효율이 감소한다.
④ 효율과는 무관하다.

해설
펌프가 축을 통하여 얻은 에너지 중 유용한 에너지 정도의 척도를 효율이라 한다. 유량 – 압력선도에서 이론적 송출량에서 누설량이 고려된 실제 송출량만큼 토출되므로 압력이 높아질수록 체적효율은 감소한다.

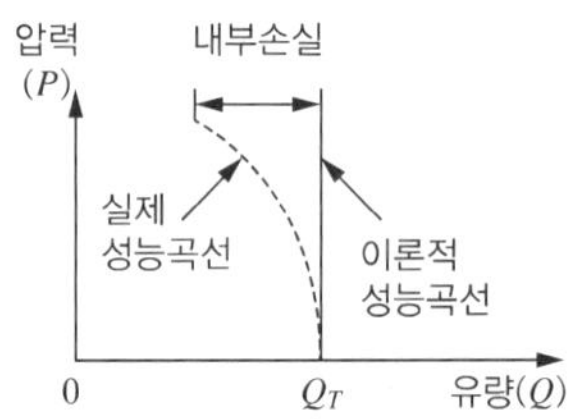

20 유압 · 공기압 도면기호(KS B 0054)의 기호 요소 중 1점쇄선의 용도는?

① 주관로
② 포위선
③ 계측기
④ 회전이음

해설
유 · 공압 도면기호(KS B 0054)에서 선의 의미
- 실선 : 주관로, 파일럿 밸브에의 공급관로, 전기신호선(귀환관로를 포함)
- 파선 : 파일럿 조작관로, 드레인 관, 필터, 밸브의 과도 위치
- 1점쇄선 : 포위선
- 복선 : 기계적 결합(회전축, 레버, 피스톤 로드 등)

16 ③　17 ①　18 ③　19 ③　20 ②　정답

21 다음 그림에 대한 설명으로 옳은 것은?

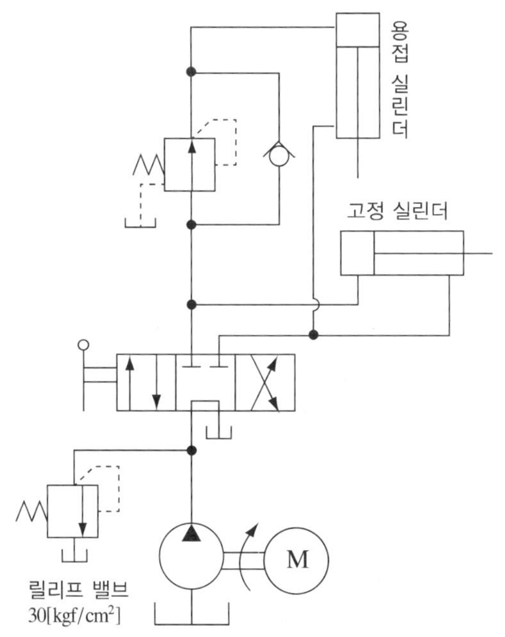

① 자유낙하를 방지하는 회로이다.

② 감압밸브의 설정압력은 릴리프 밸브의 설정압력보다 낮다.

③ 용접 실린더와 고정 실린더의 순차제어를 위한 회로이다.

④ 용접 실린더에 공급되는 압력을 높게 하기 위한 방법이다.

해설

감압밸브에 의한 2압력 회로이다. 고정 실린더의 고정압력은 릴리프 밸브의 설정압력으로 설정된다. 용접 실린더의 접합압력은 감압밸브의 설정압력이며, 릴리프 밸브의 설정압력보다 낮은 범위에서 조정해야 한다.

22 순수 공압제어회로의 설계에서 신호의 트러블(신호 중복에 의한 장애)을 제거하는 방법 중 메모리 밸브를 이용한 공기분배방식은?

① 3/2-Way 밸브의 사용방식

② 시간지연밸브의 사용방식

③ 캐스케이드 체인 사용방식

④ 방향성 리밋 스위치의 사용방식

해설

신호 중복 방지대책

- 기계적인 신호제거방법 : 오버센터장치를 사용한다(눌리는 과정에서만 잠깐 작동되는 것으로 롤러 레버형, 누름 버튼형, 페달형 등이 있다).
- 방향성 롤러 레버 밸브에 의한 신호제거법
- 시간지연밸브(타이머)에 의한 신호제거법 : 정상 상태 열림형 시간지연밸브를 사용한다.
- 공압제어체인(캐스케이드 체인, 시프트 레지스터 체인)에 의한 신호 제거법 : 메모리 밸브를 이용한 공기분배방식이다.

23 1차 측의 공기압력을 일정 공기압으로 설정하고, 2차 측을 조절할 때 설정압력의 변동 상태를 확인하는 것으로, 장시간 사용 후 변동 상태의 확인이 필요한 특성은?

① 유량 특성

② 재현 특성

③ 히스테리시스 특성

④ 릴리프 특성

해설

① 유량 특성 : 2차 측 유로를 조여서 유량이 0인 상태에서 공기압력을 설정한 후 2차 측 유량을 서서히 증가시키면, 2차 측 압력은 서서히 저하되는 특성

③ 히스테리시스 특성 : 압력제어밸브의 핸들을 조작하여 공기압력을 설정하고 압력을 변동시켰다가 다시 핸들을 조작하여 원래의 설정값 복귀시켰을 때 최초의 설정값과의 오차

④ 릴리프 특성 : 2차 측 공기의 압력을 외부에서 상승시켰을 때 릴리프 구멍에서 배기되는 고압의 압력 특성

정답 21 ② 22 ③ 23 ②

24 공기압 실린더의 호칭방법 중 LB의 의미는?

KS B 6373 LB 50 B 100

① 규격번호　　　② 지지형식
③ 쿠션의 유무　　④ 튜브의 안지름

해설

공기압 실린더의 호칭방법

KS B 6373 LB 50 B 100
- 100 : 행정의 길이
- B : 쿠션의 유무(양쪽 쿠션)
- 50 : 튜브의 안지름
- LB : 지지형식(풋형)
- KS B 6373 : 규격번호

25 직류 솔레노이드 밸브의 특징으로 옳은 것은?

① 소비 전력을 절감할 수 있다.
② 응답성은 좋으나 소음이 크다.
③ 전원회로의 구성품을 쉽게 구할 수 있다.
④ 히스테리시스 및 와전류에 의한 손실이 없어 온도 상승이 작다.

해설

직류 솔레노이드 밸브의 특징
- 솔레노이드가 안정되어 소음이 없고, 흡착력이 강하다.
- 히스테리시스 및 와전류에 의한 손실이 없어 온도 상승이 작다.
- 직류 전원으로 24[V]가 가장 많이 쓰이고 48[V], 12[V], 6[V]도 사용한다.

26 피스톤형 축압기의 특징이 아닌 것은?

① 형상이 간단하고 구성품이 적다.
② 축유량을 크게 잡을 수 있다.
③ 유실에 가스 침입의 염려가 없다.
④ 대형 축압기 제작이 용이하다.

해설

피스톤형 축압기는 유실에 가스 침입의 염려가 있다.

27 다음 그림과 같은 유압펌프는?

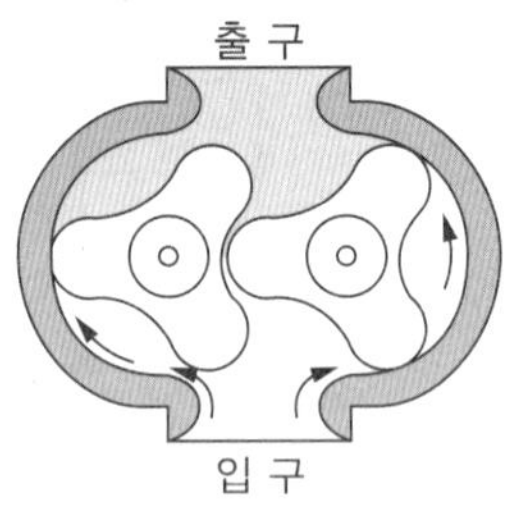

① 나사펌프
② 베인펌프
③ 로브펌프
④ 피스톤펌프

해설

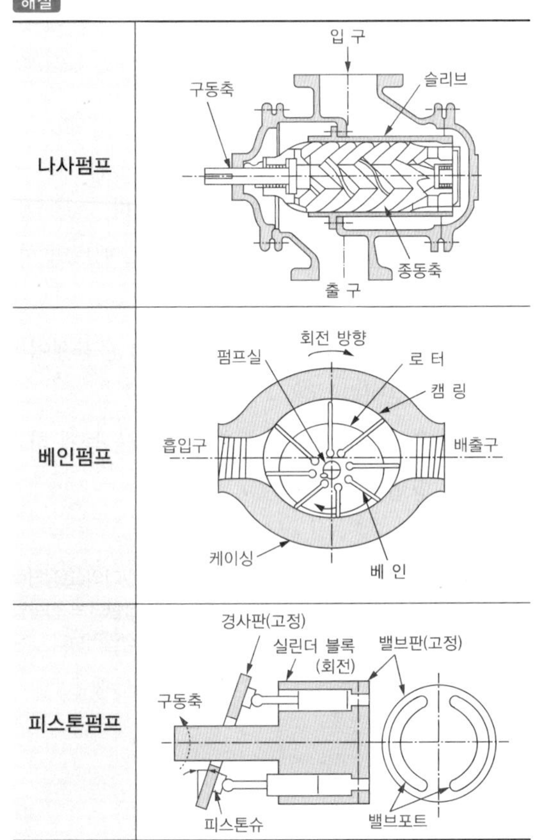

정답 24 ② 25 ④ 26 ③ 27 ③

28 공압 실린더의 장착형식 중 부하운동의 방향과 축심을 일치시켜 가장 견고한 설치방법은?

① 풋 형 ② 플랜지형
③ 크레비스형 ④ 트러니언형

해설
① 풋형 : 일반적이고, 간단한 설치방법으로 경부하용으로 사용한다.
③ 크레비스형, ④ 트러니언형 : 요동형으로 피스톤 로드에 하중이 작용한다.

29 압력제어밸브의 특성 중 핸들을 조작하여 최초의 설정값과의 오차가 발생되는 특성은?

① 유량 특성
② 압력 특성
③ 릴리프 특성
④ 히스테리시스 특성

해설
히스테리시스 특성 : 압력제어밸브의 핸들을 조작하여 공기압력을 설정하고 압력을 변동시켰다가 다시 핸들을 조작하여 원래의 설정값으로 복귀시켰을 때, 최초의 설정값과의 오차가 발생되는 특성이다.

30 좁게 교축된 부분 중 교축 길이가 관로 직경보다 작은 교축밸브의 기호는?

①  ②

③ ④

해설
② : 오리피스
① : 가변교축밸브
③ : 초크밸브
④ : 스톱밸브

제3과목 | 기초전기일반

31 버튼을 누르고 있는 동안만 회로가 동작하고 놓으면 그 즉시 전동기가 정지하는 운전법으로, 주로 공작기계에 사용하는 방법은?

① 촌동 운전 ② 연동 운전
③ 정·역 운전 ④ 순차 운전

해설
입력이 있을 때만 출력이 나오는 회로는 촌동회로이다.

32 실횻값이 E[V]인 정현파 교류전압의 최댓값은 얼마인가?

① $\sqrt{2}\,E$[V] ② $\frac{1}{\sqrt{2}}E$[V]
③ $\frac{2}{\pi}E$[V] ④ $2E$[V]

해설
$E_m = \sqrt{2}\,E$

33 시퀀스 회로에서 전동기를 표시하는 것은?

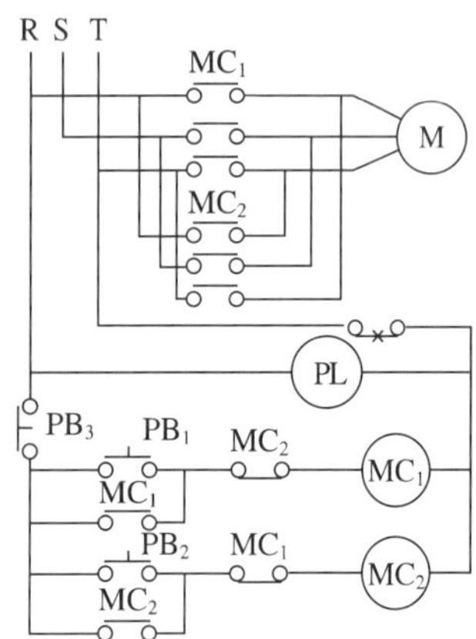

① M　② PL
③ MC_1　④ MC_2

해설
- M : 전동기
- PL : 파일럿램프
- MC : 전자접촉기
- PB : 푸시버튼램프

34 교류전압의 순시값이 $v = \sqrt{2}\,V\sin\omega t$[V]이고, 전류값 $i = \sqrt{2}\,I\sin\left(\omega t + \frac{\pi}{2}\right)$[A]인 정현파의 위상관계는?

① 전류의 위상과 전압의 위상은 같다.
② 전압의 위상이 전류의 위상보다 $\frac{\pi}{4}$[rad]만큼 앞선다.
③ 전류의 위상이 전압의 위상보다 $\frac{\pi}{2}$[rad]만큼 앞선다.
④ 전류의 위상이 전압의 위상보다 $\frac{\pi}{2}$[rad]만큼 뒤진다.

해설
전압의 위상이 전류의 위상보다 $\frac{\pi}{2}$[rad] 뒤진다.

35 저항이 $R[\Omega]$, 리액턴스 $X[\Omega]$이 직렬로 접속된 부하에서 역률은?

① $\cos\theta = \frac{R}{\sqrt{R^2 + X^2}}$
② $\cos\theta = \frac{\sqrt{2}\,R}{\sqrt{R^2 + X^2}}$
③ $\cos\theta = \frac{R}{X^2}$
④ $\cos\theta = \frac{2R}{\sqrt{R^2 + X^2}}$

해설
역 률
$\cos\theta = \frac{R}{Z} = \frac{R}{\sqrt{R^2 + X^2}}$

36 정전용량 C만의 회로에 $v = \sqrt{2}\,V\sin\omega t$[V]인 사인파 전압을 가할 때 전압과 전류의 위상관계는?

① 전류는 전압보다 위상이 90° 뒤진다.
② 전류는 전압보다 위상이 30° 앞선다.
③ 전류는 전압보다 위상이 30° 뒤진다.
④ 전류는 전압보다 위상이 90° 앞선다.

해설
- 저항만의 회로 : 전압과 전류가 동상이다.
- 코일만의 회로 : 전압이 전류보다 90° 앞선다.
- 콘덴서만의 회로: 전류가 전압보다 90° 앞선다.

※ ICE : I(전류)가 C(콘덴서)에서 E(전압)보다 앞선다.

33 ① 34 ③ 35 ① 36 ④ 정답

37 시퀀스 제어용 기기로 전자접촉기와 열동계전기를 총칭하는 것은?

① 적산카운터
② 한시타이머
③ 전자개폐기
④ 전자계전기

해설
전자접촉기와 열동계전기를 총칭하는 계전기를 전자개폐기(Magnetic Relay)라고 한다.

38 3상 교류의 Δ 결선에서 상전압과 선간전압의 크기 관계를 표시한 것은?

① 상전압 < 선간전압
② 상전압 > 선간전압
③ 상전압 = 선간전압
④ 상전압 ≠ 선간전압

해설
- Δ결선에서 선간접압 : $V_L = V_P$
- Y결선에서 선간전압 : $V_L = \sqrt{3}\,V_p$

39 전류 측정 시 안전 및 유의사항으로 거리가 먼 것은?

① 측정 전 날씨의 조건(습도)을 확인한다.
② 직류 전류계를 사용할 때 전원의 극성이 틀리지 않도록 접속한다.
③ 회로 연결 시 그 접속에 따른 접촉저항을 작게 해야 한다.
④ 전류계의 내부저항이 작을수록 회로에 주는 영향이 작고, 그 측정오차도 작다.

해설
전류 측정 시 측정 전 날씨의 조건은 관계가 적다.

40 다음과 같은 측정회로에서 전류계는 20.1[A]를, 전압계는 200[V]를 지시하였다. 저항 R_x의 값은 얼마인가?(단, 전압계의 내부저항 R_v = 2,000[Ω]이다)

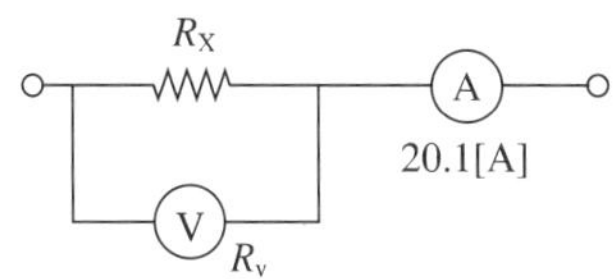

① 20[Ω] ② 20.1[Ω]
③ 10[Ω] ④ 10.1[Ω]

해설
$$\frac{V}{R_v} = \frac{200}{2,000} = 0.1[\text{A}]$$
$2,000 : R_x = I_x : I_v$
$2,000 : R_x = 20 : 0.1$
$$\therefore R_x = \frac{2,000 \times 0.1}{20} = 10[\Omega]$$

41 전동기의 기동 버튼을 누를 때 전원 퓨즈가 단선되는 원인이 아닌 것은?

① 코일의 단락
② 접촉자의 접지
③ 접촉자의 단락
④ 철심면의 오손

해설
부하가 걸리지 않은 합선 상태에서 과전류가 흐를 때 퓨즈가 용단된다.

정답 37 ③ 38 ③ 39 ① 40 ③ 41 ④

42 1[Ω] 미만의 저저항을 측정하기 위하여 전압강하법을 사용하였다. 전압강하법을 이용한 측정 시 유의사항으로 옳지 않은 것은?

① 내부저항이 큰 전압계를 이용한다.
② 측정 중에는 일정한 온도를 유지한다.
③ 도선의 연결 단자 구성 시 접촉저항을 작게 한다.
④ 전원과 병렬로 가변저항을 삽입하여 전류의 양을 조절한다.

해설
저저항 측정법
오차를 최소화하기 위하여 전압강하법, 전위차계법, 캘빈 더블 브리지법을 사용한다.
- 전압강하법(전압전류계법) : 오차를 최소화하기 위하여 내부저항이 큰 전압계를 사용하여 전압계로 흐르는 전류를 최소화함으로써 측정오차를 줄인다. 편위법(바늘의 움직임)으로 측정한다.
- 전위차계법 : 영위법(기준과 비교하여 상대적)으로 측정한다.
- 캘빈 더블 브리지법 : 1[Ω] 이하 저저항의 정밀 측정에 사용된다. 휘트스톤 브리지에 저항이 큰 보조저항을 첨가한 것으로 검류계에 전류가 흐르지 않을 때 측정하므로 정밀 측정에 적합하다.

※ 저항의 분류
- 저저항 : 1[Ω] 미만
- 중저항 : 1[Ω]~1[MΩ]
- 고저항 : 1[MΩ] 이상

43 100[V]에서 10[A]가 흐르는 전열기에 120[V]를 가하면 흐르는 전류는 얼마인가?

① 10[A]
② 12[A]
③ 100[A]
④ 120[A]

해설
전 류
$$I = \frac{V}{R} = \frac{120}{10} = 12[\text{A}]$$
$$\left(\text{전열기의 저항 } R = \frac{V}{I} = \frac{100}{10} = 10[\Omega]\right)$$

44 코일의 성질에 대한 설명으로 옳지 않은 것은?

① 상호 유도작용이 있다.
② 공진하는 성질이 있다.
③ 전원 노이즈 차단의 기능이 있다.
④ 전류의 변화를 확대시키는 작용이 있다.

해설
코일은 인덕턴스(L)의 성질이 있으므로,
- 두 개의 코일 간 상호 유도작용이 있다.
- 콘덴서와 공진작용이 있다.
- 유도 리액턴스 작용으로 높은 주파수에서 노이즈를 차단하는 기능이 있다.
- 유도 기전력으로 전류의 변화를 축소시키는 작용을 한다.

45 정전용량이 100[μF]인 콘덴서가 연결된 교류 60[Hz]의 주파수에 대한 용량 리액턴스는 얼마인가?

① 약 0.27[Ω]
② 약 2.65[Ω]
③ 약 26.5[Ω]
④ 약 265[Ω]

해설
용량 리액턴스
$$X_C = \frac{1}{\omega C} = \frac{1}{2\pi f C}$$
$$= \frac{1}{2 \times \pi \times 60 \times 100 \times 10^{-6}} \fallingdotseq 26.5$$

42 ④ 43 ② 44 ④ 45 ③ 정답

제2과목 | 기계제도(비절삭) 및 기계요소

46 다음 그림과 같은 용접기호에 대한 해석이 잘못된 것은?

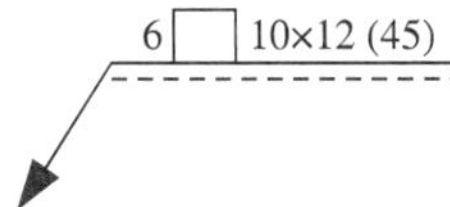

① 용접 목의 길이는 10[mm]이다.
② 슬롯부의 너비는 6[mm]이다.
③ 용접부의 길이는 12[mm]이다.
④ 인접한 용접부 간의 거리(피치)는 45[mm]이다.

해설
① 슬롯 용접의 홈 길이는 10[mm]이다.

47 아이볼트에 2[ton]의 인장하중이 걸릴 때 나사부의 바깥지름은?(단, 허용응력 $\sigma_a = 10[\mathrm{kgf/mm^2}]$이고, 나사는 미터보통나사를 사용한다)

① 20[mm]　② 30[mm]
③ 36[mm]　④ 40[mm]

해설
볼트의 지름 $d = \sqrt{\frac{2W}{\sigma_t}} = \sqrt{\frac{2\times 2{,}000}{10}} = 20$

48 기계제도에서 대상물의 일부를 떼어낸 경계를 표시하는 데 사용하는 선의 명칭은?

① 가상선
② 피치선
③ 파단선
④ 지시선

해설
① 가상선 : 가는 점쇄선, 인접 부분을 참고로 표시하는 데 사용한다. 공구, 지그 등의 위치를 참고로 나타내는 데 사용하고, 가동 부분을 이동 중의 특정한 위치 또는 이동 한계의 위치를 표시하는 데 사용한다.
② 피치선 : 가는 1점쇄선, 되풀이하는 도형의 피치를 취하는 기준을 표시하는 데 쓰인다.
④ 지시선 : 가는 실선, 기술・기호 등을 표시하기 위하여 끌어내는 데 쓰인다.

49 볼트와 너트의 풀림 방지, 핸들을 축에 고정할 때 등 큰 힘을 받지 않는 가벼운 부품을 설치하기 위한 결합용 기계요소로 사용되는 것은?

① 키　② 핀
③ 코 터　④ 리 벳

해설
① 키 : 벨트 풀리나 기어, 차륜을 고정시킬 때 홈을 파고 홈에 끼우는 기계요소이다.
③ 코터 : 축 방향으로 인장 혹은 압축이 작용하는 두 축을 연결하는 데 쓰이며, 분해가 가능하다.
④ 리벳 : 보일러, 철교, 구조물, 탱크와 같은 영구 결합에 널리 쓰인다.

정답 46 ① 47 ① 48 ③ 49 ②

50 체결하려는 부분이 두꺼워서 관통 구멍을 뚫을 수 없을 때 사용되는 볼트는?

① 탭 볼트
② T홈 볼트
③ 아이 볼트
④ 스테이 볼트

해설
② T홈 볼트 : 공작기계 테이블의 T홈 등에 끼워서 공작물을 고정시킨다.
③ 아이 볼트 : 부품을 들어 올리는 데 사용되는 링 모양이나 구멍이 뚫려 있는 볼트이다.
④ 스테이 볼트 : 부품의 간격을 유지하는데 사용하는 볼트로, 턱을 붙이거나 격리 파이프를 넣는다.

51 축이나 구멍에 설치한 부품이 축 방향으로 이동하는 것을 방지하는 목적으로 주로 사용하며, 가공과 설치가 쉬워 소형 정밀기기나 전자기기에 많이 사용되는 기계요소는?

① 키　② 코 터
③ 멈춤링　④ 커플링

해설
① 키 : 벨트 풀리나 기어, 차륜을 고정시킬 때 홈을 파고 홈에 끼우는 기계요소이다.
② 코터 : 축 방향으로 인장 혹은 압축이 작용하는 두 축을 연결하는 데 쓰이며, 분해가 가능하다.
④ 커플링 : 두 축을 연결하는 기구이다.

52 한 변의 길이가 2[cm]인 정사각형 단면의 주철제 각봉에 4,000[N]의 중량을 가진 물체를 올려놓았을 때 생기는 압축응력[N/mm²]은?

① 10[N/mm²]　② 20[N/mm²]
③ 30[N/mm²]　④ 40[N/mm²]

해설
압축응력

$$\sigma_c = \frac{P_c}{A}[\text{kg/cm}^2] = \frac{4,000}{20 \times 20} = 10[\text{N/mm}^2]$$

53 두 축이 나란하지 않고 교차하지도 않으며, 베벨기어의 축을 엇갈리게 한 것으로, 자동차의 차동기어 장치의 감속기어로 사용되는 것은?

① 베벨기어
② 웜기어
③ 베벨 헬리컬 기어
④ 하이포이드 기어

해설
① 베벨기어 : 교차되는 두 축 간에 운동을 전달하는 원뿔형의 기어를 총칭한다(원뿔면에 이를 만든 것으로 이가 직선이다).
② 웜기어 : 웜과 웜기어를 한 쌍으로 사용한 기어이다.
③ 베벨 헬리컬 기어 : 교차되는 두 축에 베벨기어와 헬리컬 기어를 사용한 기어이다.

54 구의 반지름을 나타내는 치수 보조기호는?

① S∅　② R
③ ∅　④ SR

해설
치수 보조기호

기 호	구 분	기 호	구 분
∅	지 름	t	두 께
□	정사각형	p	피 치
R	반지름	S∅	구면의 지름
C	45° 모따기	SR	구면의 반지름

50 ① 51 ③ 52 ① 53 ④ 54 ④ 정답

55 풀리의 지름 200[mm], 회전수 900[rpm]인 평벨트 풀리의 벨트속도는 약 몇 [m/s]인가?

① 9.42
② 10.42
③ 11.42
④ 12.42

해설
원주속도

$$v = \frac{\pi D_1 N_1}{60 \times 10^3} = \frac{\pi D_2 N_2}{60 \times 10^3} [\text{m/s}]$$
$$= \frac{3.14 \times 200 \times 900}{60 \times 1,000} = 9.42[\text{m/s}]$$

56 다음 그림과 같은 스프링에서 스프링 상수가 k_1 = 10[N/mm], k_2 = 15[N/mm]이라면 합성 스프링 상수값은 약 몇 [N/mm]인가?

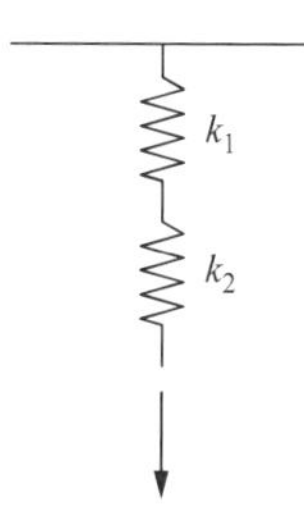

① 3　② 6
③ 9　④ 25

해설
직렬의 경우이므로, $\frac{1}{k} = \frac{1}{k_1} + \frac{1}{k_2}$ 이다.

$$\frac{1}{k} = \frac{1}{10} + \frac{1}{15} = \frac{3}{30} + \frac{2}{30} = \frac{5}{30} = \frac{1}{6}$$
$\therefore k = 6$

57 스퍼기어를 주투상도로 그릴 때 선의 종류별 설명으로 옳지 않은 것은?

① 잇봉우리원은 굵은 실선으로 그린다.
② 피치원은 가는 1점쇄선으로 그린다.
③ 이골원은 굵은 실선으로 그린다.
④ 이뿌리원은 가는 실선으로 그린다.

해설
이골원(이뿌리원)은 가는 실선으로 그린다.

58 면의 치수 30이 다음과 같이 표기되어 있을 때 의미는?

① 참고 치수
② 완성 치수
③ 이론적으로 정확한 치수
④ 다듬질 전 소재 가공 치수

해설
치수에 정사각형을 부여한 것은 이론적으로 정확한 치수를 의미한다.

정답 55 ① 56 ② 57 ④ 58 ③

59 다음 그림과 같이 화살표 방향이 정면일 경우 우측 면도로 가장 적합한 투상도는?

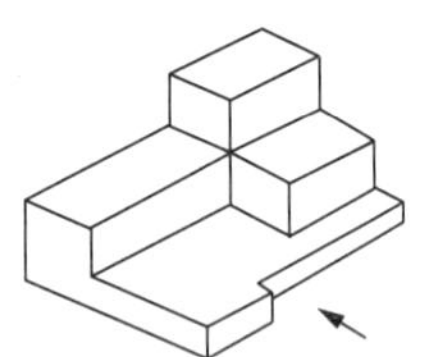

①

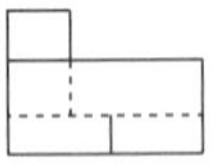

②

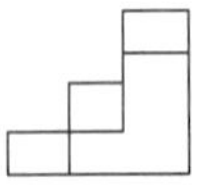

③

④

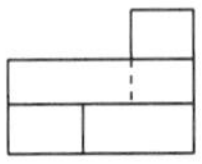

60 재료의 인장강도가 400[N/mm^2], 허용응력이 200 [N/mm^2]일 때 안전율은?

① 0.25

② 0.5

③ 2.0

④ 4.0

해설

안전율

$$S = \frac{\text{인장강도}}{\text{허용응력}}$$

$$= \frac{400}{200}$$

$$= 2.0[\text{N/mm}^2]$$

59 ③ 60 ③ 정답

2023년 제3회 최근 기출복원문제

제1과목 | 공유압 일반

01 작동유의 열화를 촉진하는 원인이 아닌 것은?

① 유온이 너무 높음
② 기포의 혼입
③ 플러깅 불량에 의한 열화된 기름의 잔존
④ 점도의 부적당

해설
① 유온이 너무 높음 → 국부적으로 발열이 발생한다.
② 기포의 혼입 → 캐비테이션 발생으로 열화가 촉진된다.
③ 플러깅 불량에 의한 열화된 기름의 잔존 → 열화된 작동유는 열화를 촉진시킨다.

02 유압장치에서 방향제어밸브의 일종으로 출구가 고압 측 입구에 자동으로 접속되는 동시에 저압 측 입구를 닫는 작용을 하는 밸브는?

① 셀렉터 밸브
② 셔틀밸브
③ 바이패스 밸브
④ 체크밸브

해설
① 셀렉터 밸브 : 선택밸브
③ 바이패스 밸브 : 전 유량을 한 가지 기능에 사용하는 경우나 다른 기능을 위해 유량을 흘려보내야 하는 경우 등에 사용하는 밸브
④ 체크밸브 : 한쪽 방향의 유동은 허용하고, 반대 방향의 흐름은 차단하는 밸브

03 유압동기회로에서 2개의 실린더가 같은 속도로 움직일 수 있도록 위치를 제어해 주는 밸브는?

① 셔틀밸브
② 분류밸브
③ 바이패스 밸브
④ 서보밸브

해설
① 셔틀밸브(OR 밸브, Shuttle Valve) : 두 개 이상의 입구와 한 개의 출구를 갖춘 밸브로, 둘 중 한 개 이상 압력이 작용할 때 출구에 출력신호가 발생한다(양 체크밸브 또는 OR 밸브) 양쪽 입구로 고압과 저압이 유입될 때 고압쪽이 출력된다(고압우선 셔틀밸브).
③ 바이패스 밸브(By-pass Valve) : 전 유량을 한 가지 기능에 사용하는 경우나 다른 기능을 위해 유량을 흘러보내야 하는 경우 등에 사용한다.
④ 서보밸브(Servo Valve) : 유체의 흐름 방향, 유량, 위치를 조절할 수 있다.

04 오일탱크 내의 압력을 대기압 상태로 유지시키는 역할을 하는 것은?

① 가열기 ② 분리판
③ 스트레이너 ④ 에어 브리더

해설
① 가열기 : 작동유의 온도가 저하되면 점도가 높아지므로(펌프의 흡입 불량, 장치의 기동 곤란, 압력손실 증대, 과대한 진동 등이 발생함) 최적의 작업온도를 얻고자 할 때 히터(Heater)가 사용된다.
② 분리판 : 탱크 내부에 분리판(Baffle Plate)을 설치하여 펌프의 흡입쪽과 귀환쪽을 구별하고, 기름이 탱크 내에서 천천히 환류하도록 하여 불순물을 침전시키며 기포의 방출, 기름의 방열을 돕고 기름 온도를 균일하게 한다.
③ 스트레이너 : 펌프의 흡입쪽에 설치하여 불순물 여과작용을 한다.

정답 1 ④ 2 ② 3 ② 4 ④

05 방향전환밸브의 포핏식이 갖고 있는 특징으로 옳은 것은?

① 이동거리가 짧고, 밀봉이 완벽하다.
② 이물질의 영향을 잘 받는다.
③ 작은 힘으로 밸브가 작동한다.
④ 윤활이 필요하며, 수명이 짧다.

해설
포핏밸브의 특징
- 구조가 간단하다(이물질의 영향을 받지 않음).
- 짧은 거리에서 밸브를 개폐한다(개폐속도가 빠름).
- 활동부가 없기 때문에 윤활이 필요 없고, 수명이 길다.
- 소형의 제어밸브나 솔레노이드 밸브의 파일럿 밸브 등에 많이 사용한다.
- 공급압력이 밸브의 몸통에 작용하므로 밸브를 열 때 조작력이 유체압에 비례하여 커져야 하는 단점이 있다.

06 왕복형 공기압축기에 대한 회전형 공기압축기의 특징에 대한 설명으로 옳은 것은?

① 진동이 크다.
② 고압에 적합하다.
③ 소음이 작다.
④ 공압탱크가 필요하다.

해설
압축기의 특성비교

분류 / 특성	왕복형	회전형	터보형
구 조	비교적 간단	간단하고, 섭동부가 적다.	대형이고, 복잡하다.
진 동	비교적 많다.	적다.	적다.
소 음	비교적 크다.	작다.	작다.
보수성	좋다.	섭동부품의 정기 교환이 필요하다.	비교적 좋으나 오버홀이 필요하다.
토출공기 압력	중·고압	중 압	표준 압력
가 격	싸다.	비교적 비싸다.	비싸다.

07 다음과 같은 유압회로의 언로드 형식은 어떤 형태로 분류되는가?

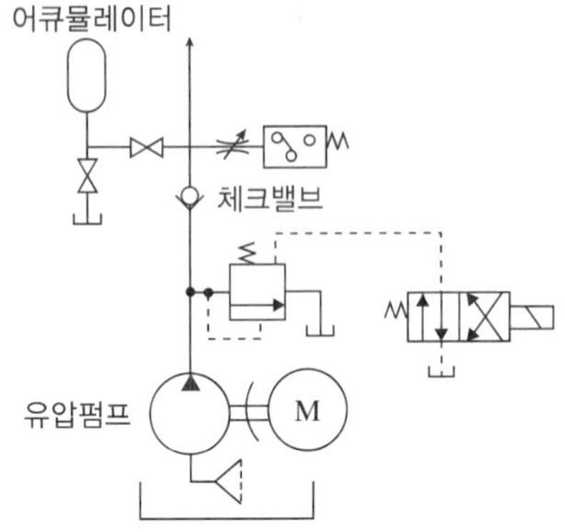

① 바이패스 형식에 의한 방법
② 탠덤센서에 의한 방법
③ 언로드밸브에 의한 방법
④ 릴리프 밸브를 이용한 방법

해설
축압기, 압력 스위치를 사용한 무부하회로이다. 그러나 보기에 없으므로, 릴리프 밸브를 이용한 무부하회로로 펌프 송출 전량을 탱크로 귀환시키는 회로이다.

08 드레인 배출기 붙이 필터를 나타내는 기호는?

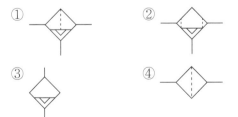

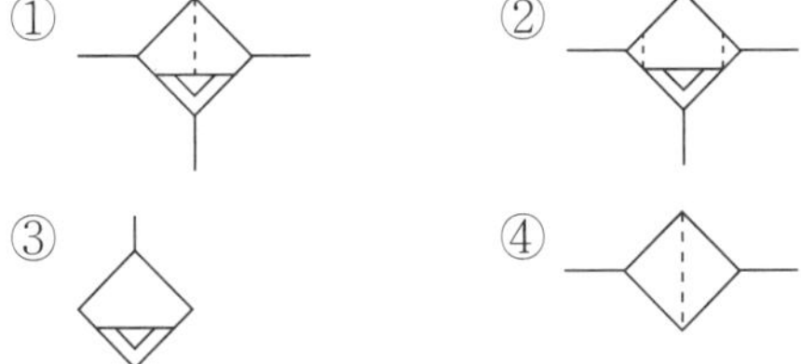

해설
① 드레인 배출기 붙이 필터(자동 배출)
② 기름 분무 분리기(자동 배출)
③ 드레인 배출기(자동 배출)
④ 필터(일반 기호)

5 ① 6 ③ 7 ④ 8 ① 정답

09 **다음 그림의 연결구를 표시하는 방법으로 틀린 부분은?**

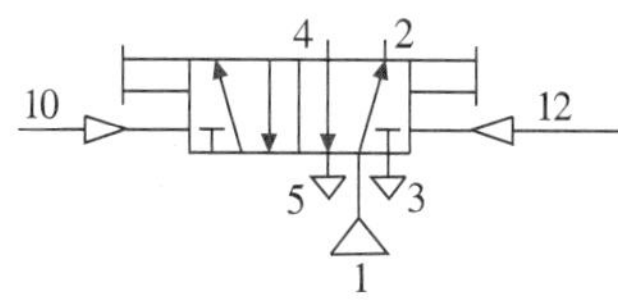

① 공급라인 : 1
② 제어라인 : 4
③ 작업라인 : 2
④ 배기라인 : 3

해설
- 제어라인 : 10, 12
- 작업라인 : 2, 4
- 배기라인 : 3, 5

10 **습공기 내에 있는 수증기의 양이나 수증기의 압력과 포화 상태에 대한 비를 나타내는 것은?**

① 절대습도 ② 상대습도
③ 대기습도 ④ 게이지습도

해설
- 절대습도 = $\frac{\text{습공기 중의 수증기의 중량[g/m}^3]}{\text{습공기 중의 건조공기의 중량[g/m}^3]} \times 100[\%]$
- 상대습도 = $\frac{\text{습공기 중의 수증기 분압[kgf/cm}^2]}{\text{포화수증기압[kgf/cm}^2]} \times 100[\%]$

11 **유압유에서 온도 변화에 따른 점도의 변화를 표시하는 것은?**

① 점도지수 ② 점 도
③ 비 중 ④ 동점도

해설
작동유의 점도지수(VI) : 작동유의 온도에 대한 점도 변화의 비율을 나타내기 위하여 점도지수를 사용한다.
② 점도 : 유체의 점성 정도(점도 계수)
③ 비중 : 물체의 단위 체적당 무게(중량)
④ 동점도 : 유체의 점도(점성률)를 밀도로 나눈 것

12 **습기가 있는 압축공기가 실리카겔, 활성알루미나 등의 건조제를 지나가면 건조제가 압축공기 중의 습기와 결합하여 혼합물이 형성되어 건조되는 공기건조기는?**

① 흡착식 에어 드라이어
② 흡수식 에어 드라이어
③ 냉동식 에어 드라이어
④ 혼합식 에어 드라이어

해설
공기건조기(제습기) : 압축공기 속에 포함되어 있는 수분을 제거하여 건조한 공기로 만드는 기기
- 냉동식 건조기 : 이슬점 온도를 낮추는 원리를 이용한 것
- 흡착식 건조기 : 고체흡착제(실리카겔, 활성알루미나, 실리콘다이옥사이드)를 사용하는 물리적 과정의 방식
- 흡수식 건조기 : 흡수액(염화리튬, 수용액, 폴리에틸렌)을 사용한 화학적 과정의 방식

13 **다음 그림의 회로는?**

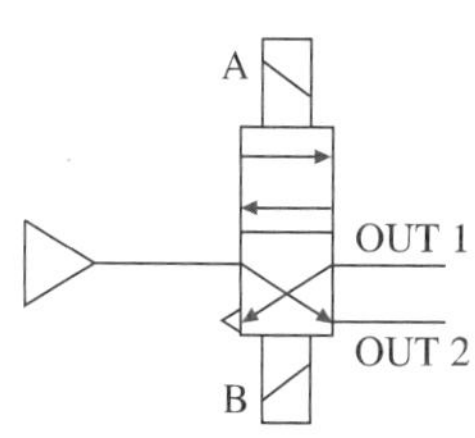

① 1방향 흐름 회로
② 플립플롭 회로
③ 푸시버튼 회로
④ 스트로크 회로

해설
플립플롭 회로 : 입력신호와 출력신호에 대한 기억 기능이 있다. 먼저 도달한 신호가 우선 작동되며 다음 신호가 입력될 때까지 처음 신호가 유지된다. 위 기호는 4/2way 양 솔레노이드 밸브로 메모리(플립플롭) 기능을 가지고 있다.

정답 9 ② 10 ② 11 ① 12 ① 13 ②

14 유압펌프 중 회전 사판의 경사각을 이용하여 토출량을 가변할 수 있는 펌프는?

① 베인펌프

② 액시얼 피스톤 펌프

③ 레이디얼 피스톤 펌프

④ 스크루 펌프

해설

① 베인펌프(Vane Pump) : 로터의 베인이 반지름 방향으로 홈 속에 끼여 있어서 캠링의 내면과 접하여 로터와 함께 회전하면서 오일을 토출하는 펌프

③ 반지름 방향 피스톤 펌프(Radial Piston Pump) : 피스톤의 운동 방향이 실린더 블록의 중심선에 직각인 평면 내에서 방사상으로 나열되어 있는 펌프

④ 나사(스크루)펌프(Screw Pump) : 3개의 정밀한 스크루가 꼭 맞는 하우징 내에서 회전하며 매우 조용하고 효율적으로 유체를 배출시키는 펌프

15 유압 작동유의 일반적인 구비조건으로 옳지 않은 것은?

① 압축성이어야 한다.

② 화학적으로 안정하여야 한다.

③ 방열성이 좋아야 한다.

④ 녹이나 부식 발생이 방지되어야 한다.

해설

작동유의 구비조건

- 비압축성일 것
- 내열성, 점도지수, 체적탄성계수 등이 클 것
- 장시간 사용해도 화학적으로 안정될 것
- 산화안정성(녹이나 부식 발생 등이 방지), 방열성이 좋을 것
- 장치와의 결합성, 유동성이 좋을 것
- 이물질 등을 빨리 분리할 것
- 인화점이 높을 것

16 어큐뮬레이터 회로에서 어큐뮬레이터의 역할이 아닌 것은?

① 회로 내의 맥동을 흡수한다.

② 회로 내의 압력을 감압시킨다.

③ 회로 내의 충격압력을 흡수한다.

④ 정전 시 비상용 유압원으로 사용한다.

해설

어큐뮬레이터의 용도(회로의 목적)

- 에너지 축적용(임시 유압원)
- 펌프의 맥동 흡수용
- 충격압력의 완충용
- 유체 이송용
- 2차 회로의 구동
- 압력보상

17 펌프의 용적효율 94[%], 압력효율 95[%], 펌프의 전효율이 85[%]라면 펌프의 기계효율은 약 몇 [%]인가?

① 85 ② 87

③ 92 ④ 95

해설

펌프의 전효율 = 압력효율 × 용적효율 × 기계효율

즉, $\eta = L_P/L_S = L_P/L_h \cdot \eta_m = \eta_P \cdot \eta_V \cdot \eta_m$

$$\text{기계효율} = \frac{\text{전효율}}{\text{압력효율} \times \text{용적효율}} \times 100[\%]$$

$$= \frac{0.85}{0.95 \times 0.94} \times 100[\%]$$

$$= 95[\%]$$

14 ② 15 ① 16 ② 17 ④ 정답

18 필터를 설치할 때 체크밸브를 병렬로 사용하는 경우가 많다. 이때 체크밸브를 사용하는 이유는?

① 기름의 충만
② 역류의 방지
③ 강도의 보강
④ 눈막힘의 보완

해설
필터 설치 시 눈막힘에 따른 압력 상승을 보완하기 위해 병렬로 사용한다.

19 실린더가 전진운동을 완료하고 실린더 측에 일정한 압력이 형성된 후에 후진운동을 하는 경우처럼 스위칭 작용에 특별한 압력이 요구되는 곳에 사용하는 밸브는?

① 시퀀스 밸브
② 3/2way 방향제어밸브
③ 급속배기밸브
④ 4/2way 방향제어밸브

해설
시퀀스 밸브
공유압회로에서 순차적으로 작동할 때 작동 순서가 회로의 압력에 의해 제어되는 밸브이다. 즉, 회로 내의 압력 상승을 검출하여 압력을 전달하여 실린더나 방향제어밸브를 움직여 작동 순서를 제어한다.

20 압력 80[kgf/cm²], 유량 25[L/min]인 유압모터에서 발생하는 최대 토크는 약 몇 [kgf · m]인가?(단, 1회당 배출량은 30cc/rev이다)

① 1.6 ② 2.2
③ 3.8 ④ 7.6

해설
유압모터의 토크
$T = \frac{q \times P}{2\pi}$[kgf · cm]
여기서, P : 작동유의 압력
q : 유압모터 1회전당 배출량[cm³/rev]
$\therefore\ T = \frac{30 \times 80}{2 \times 3.14 \times 100} = 3.82$[kgf · m]
※ 단위에 주의하여 계산한다.

21 다음 중 회전축, 레버, 피스톤 로드 등을 나타내는 기호는?

① 반 원 ② 정사각형
③ 복 선 ④ 1점쇄선

해설
① 반원 : 회전 각도가 제안을 받는 펌프 또는 액추에이터
② 정사각형 : 제어기기, 전동기 이외의 원동기, 유체 조정기기, 실린더 내의 쿠션, 어큐뮬레이터의 추
④ 1점쇄선 : 포위선

정답 18 ④ 19 ① 20 ③ 21 ③

22 **다음 유압회로의 명칭은?**

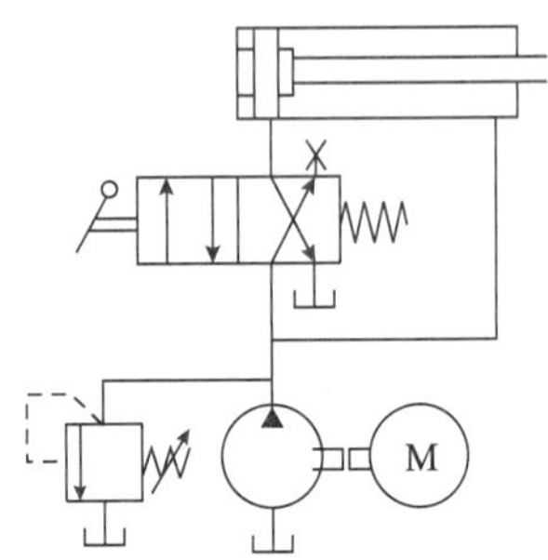

① 로킹회로
② 재생회로
③ 동조회로
④ 속도회로

해설

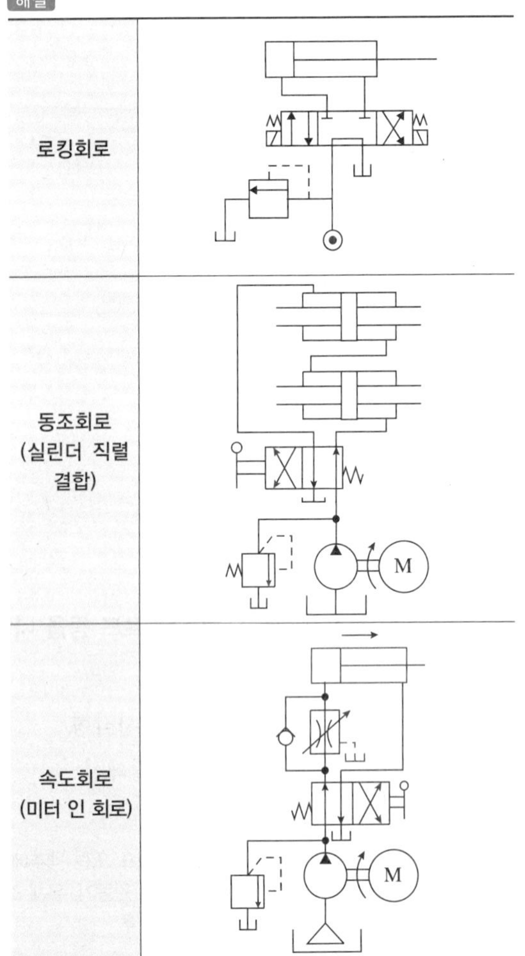

로킹회로
동조회로
(실린더 직렬
결합)
M
속도회로
(미터 인 회로)
M

23 **교류 솔레노이드 밸브에 대한 특징이 아닌 것은?**

① 응답성이 좋다.
② 소비 전력을 절감할 수 있다.
③ 전원회로의 구성품을 쉽게 구할 수 있다.
④ 솔레노이드가 안정되어 소음이 없고, 흡착력이 강하다.

해설

④번은 직류 솔레노이드 밸브의 특징이다.

교류 솔레노이드밸브의 특징

- 응답성이 좋다.
- 소비 전력을 절감할 수 있다.
- 전원회로의 구성품을 쉽게 구할 수 있다.
- 소음이 직류에 비해 크다.

24 **압축기는 변동하는 공기의 수요에 공급량을 맞추기 위해 적절한 조절방식에 의해 제어된다. 다음 중 무부하 조절방식이 아닌 것은?**

① 배기 조절방식
② 차단 조절방식
③ 흡입량 조절방식
④ 그립-암 조절방식

해설

공기압축기 압력제어방법

- 무부하 조절 : 배기 조절, 차단 조절, 그립-암(Grip Arm) 조절
- ON-OFF 제어
- 저속 조절 : 속도 조절, 차단 조절

22 ② 23 ④ 24 ③ **정답**

25 **시스템을 안전하고 확실하게 운전하기 위한 목적으로 항상 나중에 주어진 입력이 우선 작동하도록 하는 회로는?**

① 인터로크 회로 ② 자기유지회로
③ 정지우선회로 ④ 한시동작회로

해설
① 인터로크 회로 : 두 개의 회로 사이에 출력이 동시에 나오지 않도록 하는 데 사용되는 회로
② 자기유지회로 : 전자계전기 자신의 접점에 의하여 동작회로를 구성하고 스스로 동작을 유지하는 회로
④ 한시동작회로 : 신호가 입력되고 일정시간이 경과된 후 출력이 나오는 회로(한시동작 순시복귀형 타이머 회로)

26 **블래더형 축압기의 특징이 아닌 것은?**

① 가장 널리 사용된다.
② 유실에 가스 침입의 염려가 없다.
③ 고무의 강도가 축압기 수명을 결정한다.
④ 소형이면서 용량이 크고 응답성이 좋다.

해설
블래더형 축압기는 유실에 가스 침입의 염려가 있다.

27 **유압시스템에서 유압유를 공급하거나 회로 내의 밸브를 갑자기 폐쇄할 때 발생되는 서지압력을 방지할 목적으로 사용되는 기기의 기호는?**

①
② 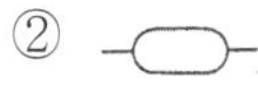
③
④

해설
② : 공기탱크
③ : 기름탱크(밀폐식)
④ : 유량계측기(검류기)

28 **캐비테이션(Cavitation, 공동현상)의 발생원인이 아닌 것은?**

① 패킹부에 공기가 흡입된 경우
② 작동유의 온도가 하강하는 경우
③ 펌프를 규정 속도 이상으로 고속 회전시킬 경우
④ 흡입관로 및 스트레이너의 저항 등에 의한 압력손실이 발생된 경우

해설
캐비테이션의 발생원인
- 흡입관로 및 스트레이너의 저항 등에 의한 압력손실
- 기어 이의 사이에 불충분한 오일이 유입된 경우
- 패킹부에 공기가 흡입된 경우
- 펌프를 규정 속도 이상으로 고속 회전시킬 경우
- 작동유의 점도가 큰 경우

정답 25 ③ 26 ② 27 ① 28 ②

29 작동유 펌핑작업에서 폐입(밀폐)현상이 일어나는 펌프는?

① 나사펌프
② 베인펌프
③ 기어펌프
④ 피스톤 펌프

해설
폐입(밀폐)현상 : 토출 측까지 운반된 오일의 일부가 기어의 맞물림에 의해 두 기어의 틈새에 폐쇄되어 압축과 팽창이 반복되는 현상

30 스풀밸브의 설명으로 옳지 않은 것은?

① 밸브의 개폐속도가 빠르다.
② 메탈실 방식과 탄성체실 방식이 있다.
③ 힘이 축 방향으로 작용하여 조작력의 변화가 작다.
④ 이물질이 섭동 부분에 눌어붙으면 고착현상이 일어난다.

해설
밸브의 개폐속도가 빠른 것은 포핏밸브의 특징이다.

제3과목 | 기초전기일반

31 파형의 맥동 성분을 제거하기 위해 다이오드 정류 회로의 직류 출력단에 부착하는 것은?

① 저 항
② 콘덴서
③ 사이리스터
④ 트랜지스터

해설
콘덴서는 전하를 축적하는 기능과 교류의 흐름을 조절하는 기능이 있다.

32 다음 중 검출기기가 아닌 것은?

① 솔레노이드 밸브
② 리밋 스위치
③ 광전 스위치
④ 근접 스위치

해설
리밋, 광전, 근접 스위치는 검출기기이다.

33 사인파 교류 파형에서 주기 T[s], 주파수 f[Hz]와 각속도 ω[rad/s] 사이의 관계식을 나타낸 것으로 옳은 것은?

① $\omega = \frac{1}{2\pi f}$
② $\omega = 2\pi f$
③ $\omega = \frac{1}{2\pi T}$
④ $\omega = 2\pi T$

해설
$\omega = 2\pi f = \frac{2\pi}{T}\left(f = \frac{1}{T}\right)$

29 ③ 30 ① 31 ② 32 ① 33 ② 정답

34 다음 그림과 같은 직류 브리지의 평형조건은?

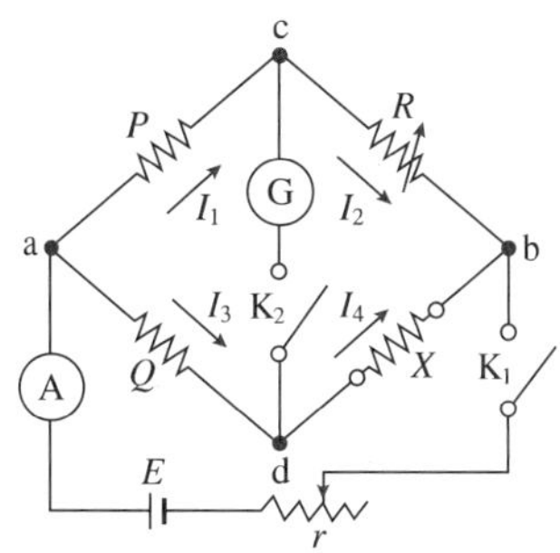

① $QX = PR$

② $PX = QR$

③ $RX = PQ$

④ $RX = 2PQ$

35 시간의 변화에 따라 각 계전기나 접점 등의 변화 상태를 시간적 순서에 의해 출력 상태를 (On/Off), (H/L), (0/1) 등으로 나타낸 것은?

① 실체 배선도

② 플로차트

③ 논리회로도

④ 타임차트

해설

타임차트 : 계전기 및 접점 상태, 램프의 ON/OFF 상태 등을 시간의 변화에 따라 H/L로 표시한 것

36 3상 유도전동기의 회전 방향을 변경하는 방법은?

① 1차 측의 3선 중 임의의 1선을 단락시킨다.

② 1차 측의 3선 중 임의의 2선을 전원에 대하여 바꾼다.

③ 1차 측의 3선 모두를 전원에 대하여 바꾼다.

④ 1차 권선의 극수를 변화시킨다.

해설

1차 측의 3선 중 임의의 2선을 바꾸면 회전 방향이 바뀐다.

37 권선형 유도전동기의 속도제어법 중 비례추이를 이용한 제어법은?

① 극수 변환법

② 전원 주파수 변환법

③ 전압제어법

④ 2차 저항제어법

해설

2차 저항법 : 2차 회로에 가변저항기를 접속하고 비례추이의 원리에 의하여 큰 기동토크를 얻고 기동전류도 억제한다.

38 전기적인 접점기구의 직·병렬로 미리 정해진 순서에 따라 단계적으로 기기가 조작되는 논리판단 제어는?

① 아날로그 정량제어

② 프로세서 제어

③ 서보기구제어

④ 시퀀스 제어

해설

시퀀스 제어는 입력이 시간적으로 차례차례 가해질 경우, 어떤 정해진 입력계열에 대해 특정한 응답을 하는 전기회로이다.

정답 34 ② 35 ④ 36 ② 37 ④ 38 ④

39 불 대수의 기본적인 논리식이 잘못된 것은?

① $A \cdot A = A$

② $A \cdot \overline{A} = 0$

③ $A \cdot (A + B) = A$

④ $A \cdot B + A = B$

해설

$A \cdot B + A = A(B+1) = A$

40 1차 전지(알칼리 전지, 리튬 전지)전압의 크기를 측정하고자 할 때 사용되는 계기는?

① 메 거

② 직류전압계

③ 검류계

④ 교류 브리지

해설

① 메거 : 고저항을 측정하는 계기(절연저항 측정)

③ 검류계 : 매우 작은 전류의 유무를 측정하는 계기

④ 교류 브리지 : 사인파 교류에 의해서 작동하는 브리지 회로

41 직류 분권전동기의 속도제어방법이 아닌 것은?

① 계자제어

② 저항제어

③ 전압제어

④ 주파수제어

해설

직류 분권발전기 속도제어방법

- 저항에 의한 속도제어
- 계자에 의한 속도제어
- 전압에 의한 속도제어

42 직선 전류에 의한 자기장의 방향을 알려고 할 때 적용되는 법칙은?

① 패러데이의 법칙

② 플레밍의 왼손 법칙

③ 플레밍의 오른손 법칙

④ 앙페르의 오른나사 법칙

해설

④ 앙페르의 오른나사 법칙 : 도선에 전류가 흐를 때 오른손 엄지로 전류방향을 맞추고 나머지 네 손가락으로 감싸면 손가락이 감싸고 있는 방향이 자기장의 방향이 된다.

① 패러데이 전자유도법칙 : 전류가 흐르고 있지 않은 코일에 외부에서 자기장의 변화를 생기게 해 주면 그 변화를 없애기 위해서 유도 전류가 흐르고 이 유도전류는 자기장의 변화, 자기선속의 시간적 변화율에 비례하고 코일의 감긴 횟수에 비례한다.

② 플레밍의 왼손 법칙 : 자기장 속에서 전류가 흐르게 되면 전류로 인해 자기장이 생기기 때문에 전류가 흐르고 있는 도선이 힘을 받게 된다. 이 힘을 전자기력이라 하고 왼손의 엄지, 검지, 중지를 각각이 직각이 되도록 펴면 검지는 자기장, 중지는 전류, 엄지는 힘 방향이 된다.

③ 플레밍의 오른손 법칙 : 유도전류의 방향을 알아낼 수 있는 법칙으로 오른손의 엄지, 검지, 중지를 각각이 직각이 되도록 펴면 검지는 자기장, 중지는 전류, 엄지는 힘 방향이 된다.

43 저항 100[Ω]의 부하에서 100[kW]의 전력이 소비되었다면, 이때 흐른 전류는 얼마인가?

① 약 1[A]

② 약 10[A]

③ 약 3.2[A]

④ 약 32[A]

해설

소비 전력

$P = I^2 \cdot R[\mathrm{W}]$

$I = \sqrt{\frac{P}{R}} = \sqrt{\frac{100 \times 10^3}{100}} \fallingdotseq 31.6$

39 ④ 40 ② 41 ④ 42 ④ 43 ④ 정답

44 3[Ω], 6[Ω], 9[Ω]의 저항을 병렬접속할 때 합성저항은 몇 [Ω]인가?

① 약 1.64[Ω]
② 약 2.64[Ω]
③ 6[Ω]
④ 18[Ω]

해설
서로 다른 세 개의 저항이 병렬로 접속된 경우의 저항은

$R = \dfrac{1}{\dfrac{1}{R_1} + \dfrac{1}{R_2} + \dfrac{1}{R_3}}$ 이다.

$R = \dfrac{1}{\dfrac{1}{3} + \dfrac{1}{6} + \dfrac{1}{9}} \fallingdotseq 1.64[\Omega]$

45 자체 인덕턴스가 100[H]가 되는 코일에 전류를 1초 동안 1[A]만큼 변화시켰다면 유도 기전력[V]은?

① 0.1[V]
② 1[V]
③ 10[V]
④ 100[V]

해설
유도 기전력

$e = -L\dfrac{\Delta I}{\Delta t} = -100 \times \dfrac{1}{1} = -100[V]$

제2과목 | 기계제도(비절삭) 및 기계요소

46 속도비가 1/3이고, 원동차의 잇수가 25개, 모듈이 4인 표준 스퍼기어의 외접 연결에서 중심거리는?

① 75[mm]　② 100[mm]
③ 150[mm]　④ 200[mm]

해설
원동차, 종동차 회전수를 각각 n_A, n_B[rpm], 잇수를 Z_A, Z_B, 피치원의 지름을 D_A, D_B[mm]라고 하면,

속도비 $i = \dfrac{n_B}{n_A} = \dfrac{D_A}{D_B} = \dfrac{MZ_A}{MZ_B} = \dfrac{Z_A}{Z_B}$ 가 된다.

중심거리 $C = \dfrac{D_A + D_B}{2} = \dfrac{M(Z_A + Z_B)}{2}$[mm]에서

피치원의 지름으로 속도비를 계산할 수 있다.
피치원의 지름 $D_A = MZ = 4 \times 25 = 100$이다.

속도비 $i = \dfrac{n_B}{n_A} = \dfrac{1}{3} = \dfrac{D_A}{D_B} = \dfrac{100}{D_B}$에서 $D_B = 300$

∴ 중심거리 $C = \dfrac{D_A + D_B}{2} = \dfrac{100 + 300}{2} = 200$

47 평기어에서 잇수가 40개, 모듈이 2.5인 기어의 피치원 지름은 몇 [mm]인가?

① 100　② 125
③ 150　④ 250

해설
모듈 $M = \dfrac{\text{피치원의 지름}}{\text{잇수}} = \dfrac{D}{Z}$에서

피치원 지름 = 모듈 × 잇수 = 2.5 × 40 = 100

정답 44 ① 45 ④ 46 ④ 47 ①

48 우드러프키라고도 하며, 일반적으로 60[mm] 이하의 작은 축에 사용되고, 특히 테이퍼 축에 편리한 키는?

① 평 키
② 반달키
③ 성크키
④ 원뿔키

해설
① 평키 : 축은 자리만 편편하게 다듬고 보스에 홈을 판다. 경하중에 쓰이며, 키에 테이퍼(1/100)가 있다.
③ 성크키(묻힘키) : 축과 보스에 같이 홈을 팔 때 가장 많이 사용되는 종류이다. 머리붙이와 머리 없는 것이 있으며, 해머로 때려 박는다.
④ 원뿔키 : 축과 보스에 홈을 파지 않는다. 한 군데가 갈라진 원뿔통을 끼워 넣어 마찰력으로 고정시킨다.

49 결합용 기계요소인 와셔를 사용하는 이유가 아닌 것은?

① 볼트머리보다 구멍이 클 때
② 볼트 길이가 길어 체결 여유가 많을 때
③ 자리면이 볼트 체결압력을 지탱하기 어려울 때
④ 너트가 닿는 자리면이 거칠거나 기울어져 있을 때

해설
와셔를 사용하는 이유
- 볼트머리의 지름보다 구멍이 클 때
- 접촉면이 바르지 못하고 경사졌을 때
- 자리가 다듬어지지 않았을 때
- 너트가 재료를 파고 들어갈 염려가 있을 때
- 너트의 풀림 방지를 위해

50 다음 보기의 내용이 설명하는 것은?

보기

2개의 축이 평행하지만 축 선의 위치가 어긋나 있을 때 사용한다. 한 개의 원판 앞뒤에 서로 직각 방향으로 키 모양의 돌기를 만들어 이것을 양 축 사이의 플랜지 사이에 끼워 놓아 한쪽의 축을 회전시키면 중앙의 원판이 홈에 따라서 미끄러지며 다른 쪽의 축에 회전력을 전달시키는 축 이음방법이다.

① 셀러 커플링
② 유니버설 커플링
③ 올덤 커플링
④ 마찰 클러치

해설
① 셀러 커플링 : 원뿔 형상의 접촉면으로 조합된 주철제의 외부 원통 1개와 내부 원통 2개를 볼트로 축에 조여 붙여 사용한다.
② 유니버설 커플링 : 두 축이 서로 만나거나 평행해도 그 거리가 멀 때 사용하며, 회전하면서 그 축의 중심선의 위치가 달라지는 것에 동력을 전달하는 데 사용한다.
④ 마찰 클러치 : 원동축과 종동축에 설치된 마찰면을 서로 밀어 그 마찰력으로 회전을 전달한다.

51 코일 스프링의 전체의 평균 지름이 30[mm], 소선의 지름이 3[mm]라면 스프링 지수는?

① 0.1 ② 6
③ 8 ④ 10

해설
스프링 지수 : 스프링 설계에 중요한 수로, 코일의 평균 지름(D)과 재료의 지름(d)의 비이다.

스프링 지수(C) = $\frac{D}{d}$ (보통 4~10) = $\frac{30}{3}$ = 10

48 ② 49 ② 50 ③ 51 ④ 정답

52 다음 그림과 같은 용접기호에서 a5가 의미하는 것은?

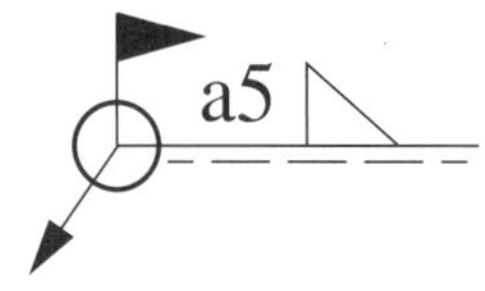

① 루트 간격이 5[mm]이다.
② 필릿용접의 목 두께가 5[mm]이다.
③ 필릿용접의 목 길이가 5[mm]이다.
④ 점용접부의 용접 수가 5개이다.

해설
전체둘레현장용접의 보조기호로 필릿용접, 목 두께를 나타낸다.

53 너트의 풀림방지법이 아닌 것은?

① 턴 버클에 의한 방법
② 자동 죔 너트에 의한 방법
③ 분할 핀에 의한 방법
④ 로크 너트에 의한 방법

해설
너트의 풀림방지법
- 탄성 와셔에 의한 법
- 로크 너트에 의한 법
- 핀(분할핀) 또는 작은 나사를 쓰는 법
- 철사에 의한 법
- 너트의 회전 방향에 의한 법
- 자동 죔 너트에 의한 법
- 세트 스크루에 의한 법

54 고정 원판식 코일에 전류를 통하면 전자력에 의하여 회전 원판이 잡아 당겨져 브레이크가 걸리고, 전류를 끊으면 스프링 작용으로 원판이 떨어져 회전을 계속하는 브레이크는?

① 밴드 브레이크
② 디스크 브레이크
③ 전자 브레이크
④ 블록 브레이크

해설
① 밴드 브레이크 : 브레이크륜의 외주에 강제의 밴드를 감고 밴드에 장력을 주어서 밴드와 브레이크륜 사이의 마찰에 의하여 제동작용을 하는 것
② 디스크(원판) 브레이크 : 마찰면을 원판(디스크)으로 하여 나사나 레버 등으로 축 방향으로 밀어붙여 제동작용을 하는 것
④ 블록 브레이크 : 브레이크 드럼을 브레이크 블록으로 눌러 제동작용을 하는 것

55 관용 테이퍼 나사 중 테이퍼 수나사를 나타내는 표시기호는?

① G ② R
③ Rc ④ Rp

해설
① G : 관용 평행나사
③ Rc : 관용 테이퍼나사(테이퍼 암나사)
④ Rp : 관용 테이퍼나사(평행 암나사)

정답 52 ② 53 ① 54 ③ 55 ②

56 다음 그림의 치수선이 나타내는 것은?

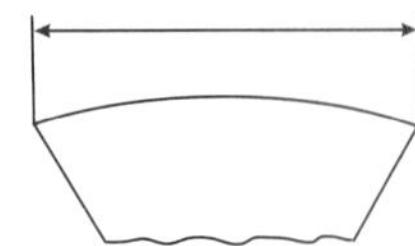

① 각도의 치수
② 현의 길이 치수
③ 호의 길이 치수
④ 반지름의 치수

해설

각도의 치수	30°
호의 길이치수	$\frown{10}$
구의 지름 반지름의 치수	Sϕ24, SR90

57 다음 그림과 같은 스프링에서 하중 W=240[N]을 매달면 처짐은 몇 [cm]가 되는가?(단, 스프링 상수 k_1=20[N/cm], k_2=40[N/cm]이다)

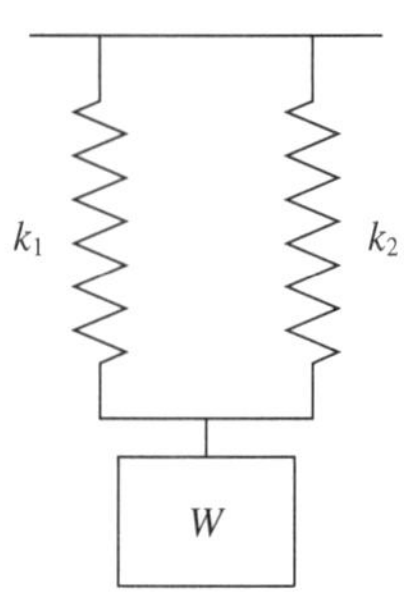

① 3[cm]　② 4[cm]
③ 6[cm]　④ 18.5[cm]

해설

스프링 처짐량 $\delta = \frac{W}{k}$ 에서

스프링 상수는 병렬연결이므로, $k = k_1 + k_2 = 20 + 40 = 60$이다.

∴ 처짐량 $\delta = \frac{W}{k} = \frac{240}{60} = 4$

58 다음 입체도를 제3각법으로 투상하여 정면도, 평면도, 우측면도로 나타냈을 때 가장 적합한 것은?

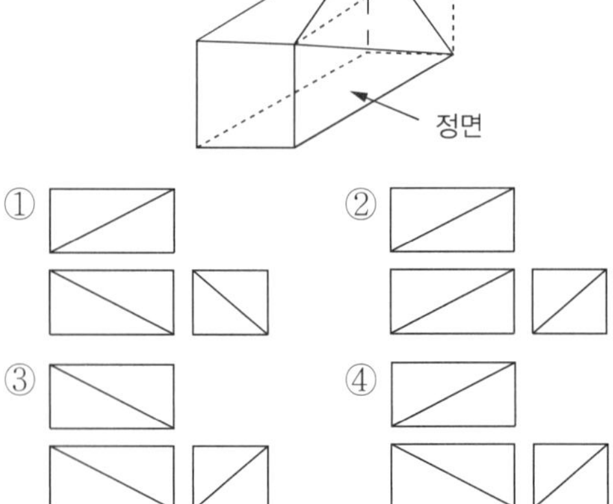

56 ② 57 ② 58 ④ 정답

59 다음 그림과 같이 제3각법으로 도시되는 물체의 입체도로 가장 적합한 것은?

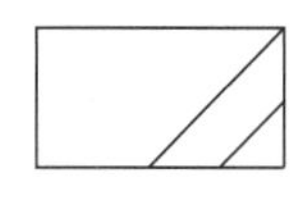

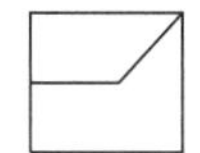

①
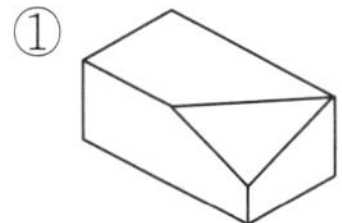

②
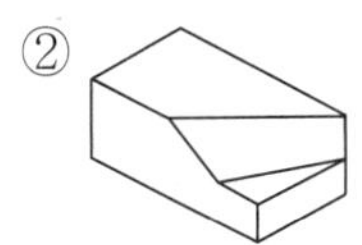

③
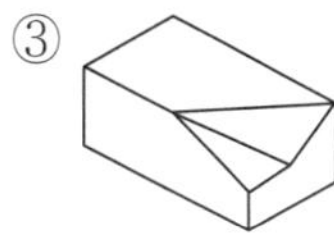

④
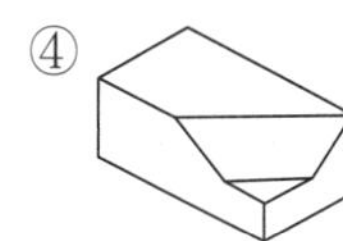

60 스프링의 자유높이(H)와 코일의 평균지름(D)의 비는?

① 스프링 상수
② 스프링 변위량
③ 스프링 종횡비
④ 스프링 하중비

공유압기능사

실기 회로설계에 도움을 주신 에이원테크놀로지에 감사드립니다.

PART 3 NCS 기반 실기시험 예상문제

CHAPTER 01 공기압시스템 설계 및 구성 작업

※ 시험시간 : 1시간 30분

▌요구사항 확인하기

※ 지급된 재료 및 시설을 사용하여 아래 작업을 완성하시오.

가. 공기압기기 배치(각 과제별 공통사항임)

1) 공기압회로와 같이 공기압기기를 선정하여 고정판에 배치하시오(단, 공기압기기는 수평 또는 수직 방향으로 수험자가 임의로 배치하고, 리밋 스위치는 방향성을 고려하여 설치하시오).

2) 공기압호스를 적절한 길이로 절단 및 사용하여 기기를 연결하시오(단, 공기압호스가 시스템 동작에 영향을 주지 않도록 정리하시오).

3) 작업압력(서비스 유닛)을 0.5±0.05MPa로 설정하시오.

나. 공기압회로 설계 및 구성

1) **기본동작**(모든 문제가 동일하다)

PBS1을 1회 ON-OFF하면 주어진 변위단계선도에 따라 실린더 A, B, C가 1사이클 동작하도록 시스템을 구성하시오(단, 전기 배선은 +는 적색으로, -는 청색 또는 흑색으로 연결하고, 전선이 시스템 동작에 영향을 주지 않도록 정리하시오).

※ 기본동작 요구사항, 공기압회로도, 변위단계선도를 참고하여 전기회로도를 설계하면 된다. 본 서적은 스테퍼 방식 중 주회로 차단법으로 설계하였다.

2) **연속동작**(모든 문제가 동일하다)

PBS2를 1회 ON-OFF하면 기본동작을 3사이클 동작한 후 정지하고, PBS3를 1회 ON-OFF하면 리셋되도록 시스템을 구성하시오.

3) **시스템 유지보수**

가) …항, 나) …항, 다) …항, 라) …항은 과제별 내용이 다르다.

4) **정리정돈**(모든 문제가 동일하다)

평가 종료 후 작업한 자리의 부품 정리, 공기압 호스 정리, 전선 정리 등 모든 상태를 초기 상태로 정리하시오.

▌수험자 유의사항(각 항목별로 잘 읽어 보고 준비해야 한다)

※ 다음 유의사항을 고려하여 요구사항을 완성하시오.

1) 시험 시작 전 장비의 이상 유무를 확인합니다.

2) 시험 중 반드시 시험감독위원의 지시에 따라야 하며, 시험감독위원의 지시가 없는 한 시험장을 임의로 이탈할 수 없습니다.

3) 시험에 필요한 기기 이외의 부품이나 장비에 임의로 접촉하지 않도록 주의하시기 바랍니다.

4) 공기압 호스의 제거는 공급압력을 차단한 후 실시하시기 바랍니다.

5) 전기 합선 시에는 즉시 전원공급장치의 전원을 차단하시기 바랍니다.

6) 실린더의 작동 부분에는 전선 및 호스가 접촉되지 않도록 주의하여야 합니다.

7) '기본동작 → 연속동작 → 시스템 유지보수' 순서대로 시험감독위원에게 평가받습니다(단, 평가 시 전원이 유지된 상태에서 2회 동작 시도하여 동일하게 정상 동작이 되어야 하며, 1회만 동작하고 정상적으로 재동작하지 않으면 인정하지 않습니다).

8) 평가 기회는 한 번만 부여되오니, 이 점 유의하여 평가를 요청하시기 바랍니다(단, 평가가 불명확하여 재확인이 필요한 경우 시험감독위원의 판단에 따라 다시 동작시킬 수 있습니다. 회로를 변경 또는 수정할 수 없고, 동작만 재시도합니다).

9) 평가 종료 후 정리정돈 상태에 따라 감점될 수 있음을 유의하시기 바랍니다.

10) 시험 중 작업복 및 안전보호구를 착용하여 안전수칙을 준수하여야 하며, 안전수칙 미준수로 인해 감점될 수 있음을 유의하시기 바랍니다.

11) 다음 사항에 대해서는 채점 대상에서 제외하니 특히 유의하시기 바랍니다.

가) 기 권

(1) 수험자 본인이 수험 도중 시험에 대한 포기의사를 표하는 경우

(2) 실기시험 과정 중 1개 과정이라도 불참한 경우

나) 실 격

(1) 시설・장비의 조작 또는 재료의 취급이 미숙하여 위해를 일으킬 것으로 시험감독위원 전원이 합의하여 판단한 경우

(2) 기능이 해당 등급 수준에 전혀 도달하지 못한 것으로 시험감독위원이 판단할 경우

(3) 부정행위를 한 경우

다) 미완성

(1) 시험시간 내에 작품을 제출하지 못한 경우

라) 오 작

(1) 기본/연속동작에서 공기압회로와 다른 부품을 사용하여 회로를 구성한 경우

(2) 기본동작이 변위단계선도와 일치하지 않는 작품

공개 ①안 과제 풀이

1. 공기압회로 설계 및 구성

1) 기본동작

PBS1을 1회 ON-OFF하면 변위단계선도에 따라 실린더 A, B, C가 1사이클 동작하도록 시스템을 구성하시오(단, 전기 배선은 +는 적색으로, -는 청색 또는 흑색으로 연결하고, 전선이 시스템 동작에 영향을 주지 않도록 정리하시오).

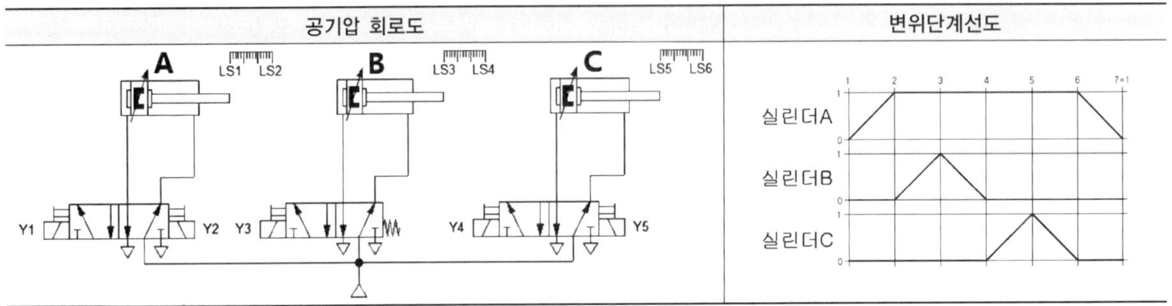

풀이 기본동작 전기회로도 설계하기

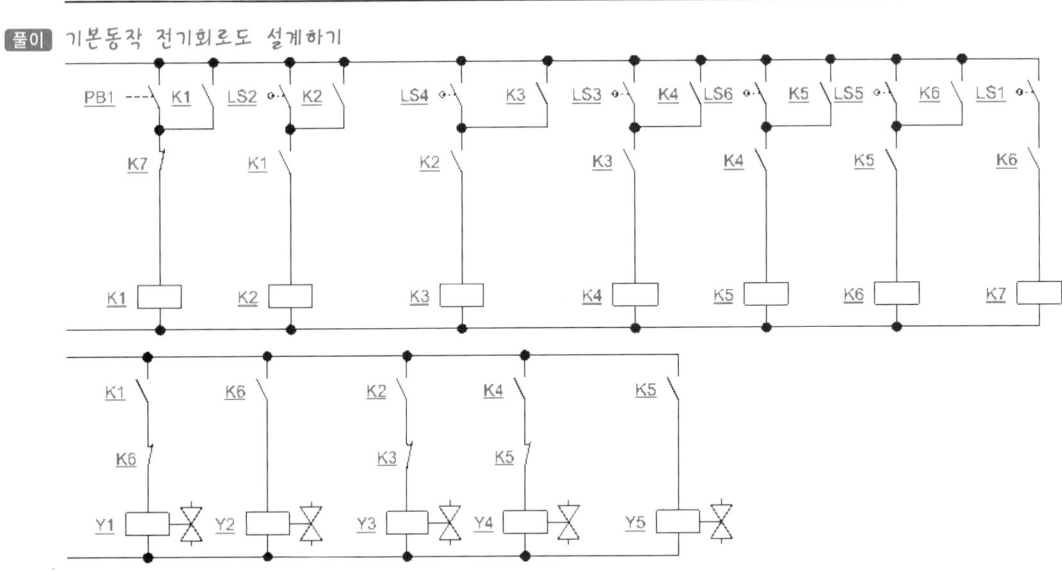

2) 연속동작

PBS2를 1회 ON-OFF하면 기본동작을 3사이클 동작한 후 정지하고, PBS3를 1회 ON-OFF하면 리셋되도록 시스템을 구성하시오.

풀이 연속동작 전기회로도 설계하기

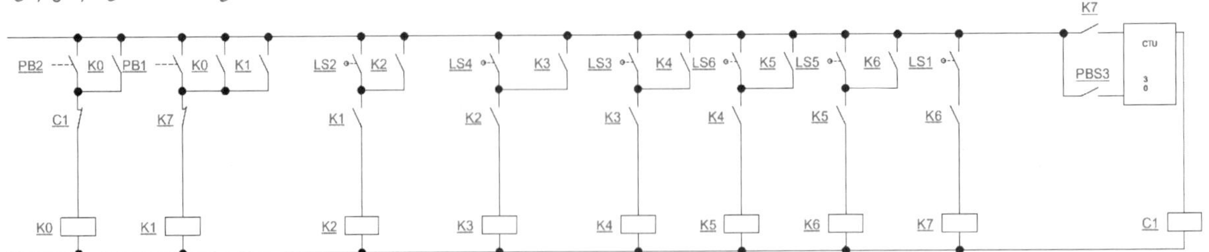

※ 릴레이 번호는 순서대로 부여하면 됨(K0 → K8)

※ 출력(주회로)은 동일함

3) 시스템 유지보수

가) 다음과 같이 부품을 교체한 후 기본/연속동작을 수행할 수 있도록 전기회로도를 변경하고 시스템을 구성하시오.

- 리밋 스위치 LS1과 LS2 → 용량형 센서

나) 다음과 같이 부품을 교체한 후 기본/연속동작을 수행할 수 있도록 전기회로도를 변경하고 시스템을 구성하시오.

- 실린더 B의 편측 솔레노이드밸브 → 실린더 B의 양측 솔레노이드밸브

다) 실린더 C의 후진속도를 조절하기 위하여 급속배기밸브를 사용하여 회로를 구성하시오.

라) 연속동작을 수행하는 동안 램프1이 점등되고 동작 완료 후 소등되도록 전기회로도를 변경하고 시스템을 구성하시오.

풀이 시스템 유지보수 설계하기

가) 공압회로 변경

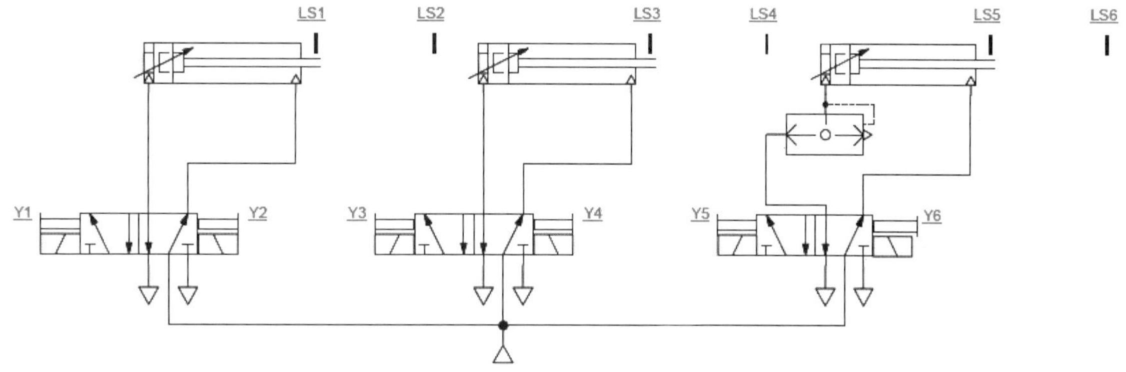

나) 전기회로 변경

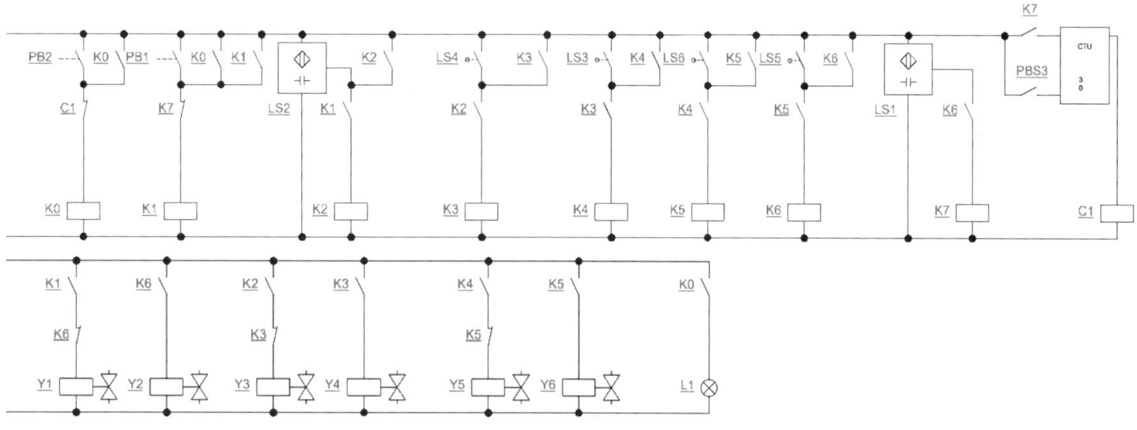

공개 ②안 과제 풀이

1. 공기압회로 설계 및 구성

1) 기본동작

PBS1을 1회 ON-OFF하면 변위단계선도에 따라 실린더 A, B, C가 1사이클 동작하도록 시스템을 구성하시오(단, 전기 배선은 +는 적색으로, -는 청색 또는 흑색으로 연결하고, 전선이 시스템 동작에 영향을 주지 않도록 정리하시오).

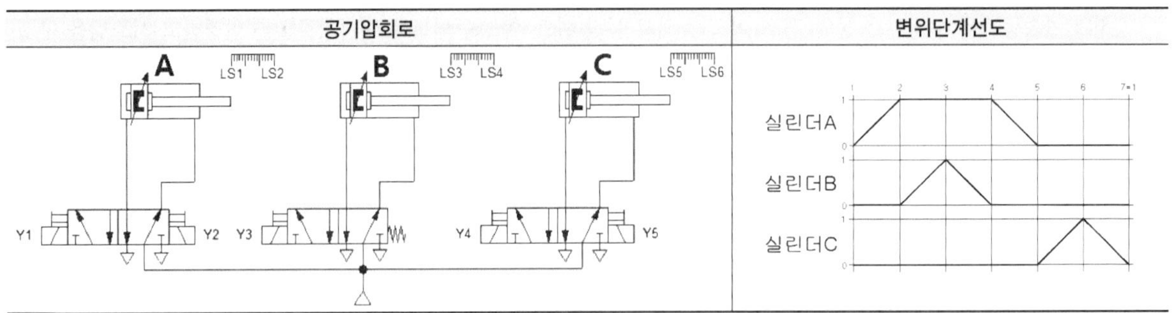

풀이 기본동작 전기회로도 설계하기

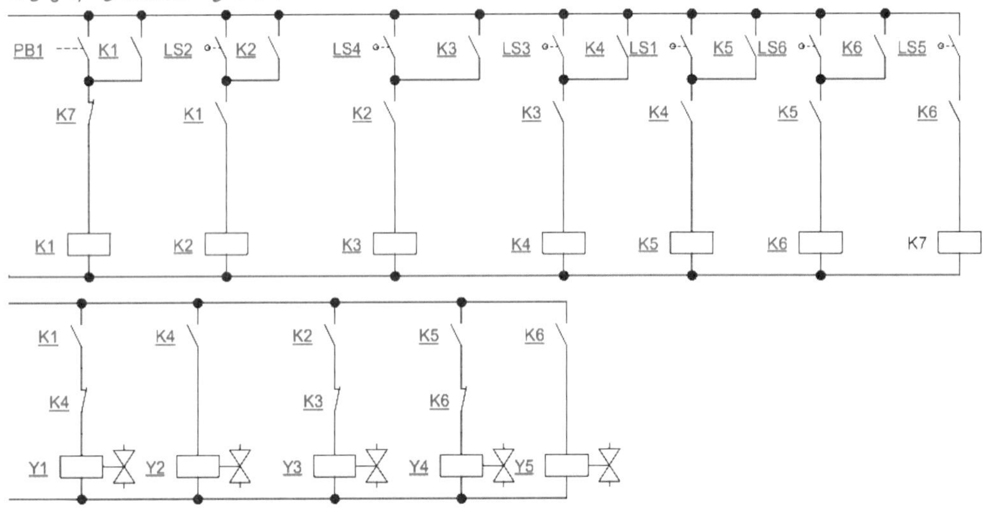

2) 연속동작

PBS2를 1회 ON-OFF하면 기본동작을 3사이클 동작한 후 정지하고, PBS3를 1회 ON-OFF하면 리셋되도록 시스템을 구성하시오.

풀이 연속동작 전기회로도 설계하기

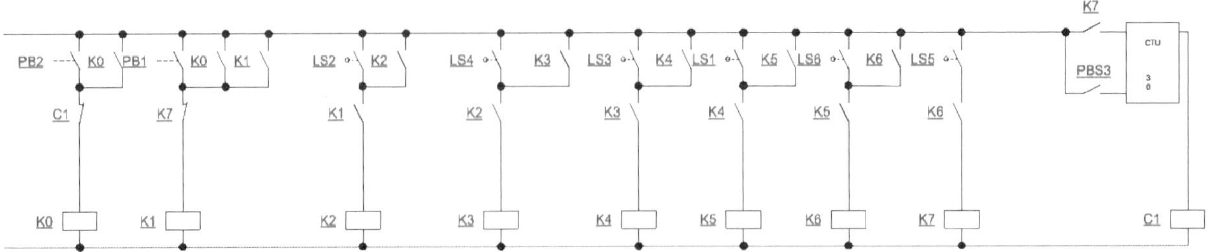

※ 출력(주회로)은 동일함

3) 시스템 유지보수

가) 다음과 같이 부품을 교체한 후 기본/연속동작을 수행할 수 있도록 전기회로도를 변경하고 시스템을 구성하시오.

- 리밋 스위치 LS3과 LS4 → 유도형 센서

나) 실린더 A의 전진이 완료되면 3초 후에 실린더 B가 동작하도록 전기타이머를 사용하여 전기회로도를 변경하고 시스템을 구성하시오.

다) 다음 표와 같이 부품을 교체한 후 기본/연속동작을 수행할 수 있도록 전기회로도를 변경하고 시스템을 구성하시오.

- 실린더 A의 양측 솔레노이드밸브 → 실린더 A의 편측 솔레노이드밸브

라) 실린더 C의 전진속도를 조절하기 위하여 일방향 유량조절밸브를 사용하여 미터아웃방식으로 회로를 구성하시오.

풀이 시스템 유지보수 설계하기

가) 공압회로 변경

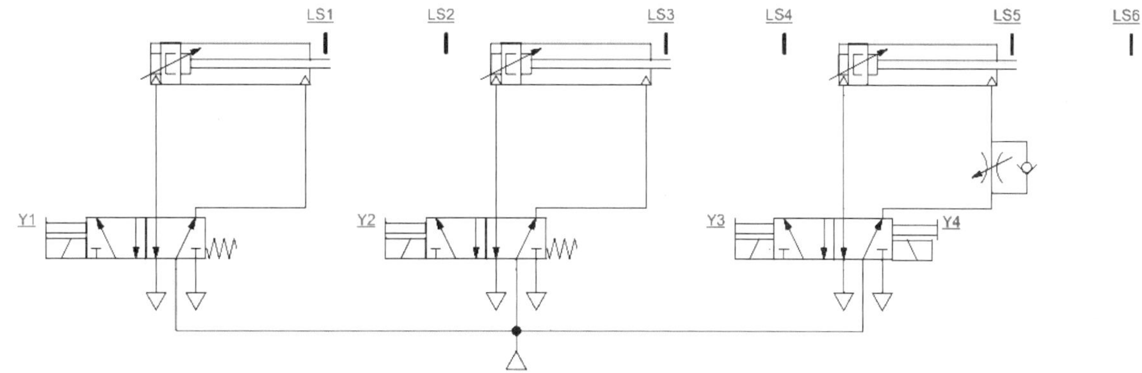

나) 전기회로 변경

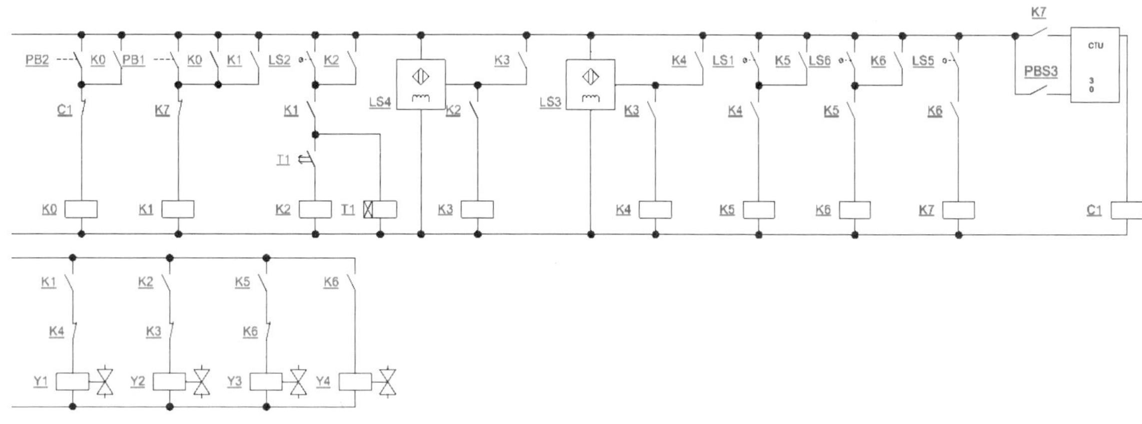

공개 ③안 과제 풀이

1. 공기압회로 설계 및 구성

1) 기본동작

PBS1을 1회 ON-OFF하면 주어진 변위단계선도에 따라 실린더 A, B, C가 1사이클 동작하도록 시스템을 구성하시오(단, 전기 배선은 +는 적색으로, −는 청색 또는 흑색으로 연결하고, 전선이 시스템 동작에 영향을 주지 않도록 정리하시오).

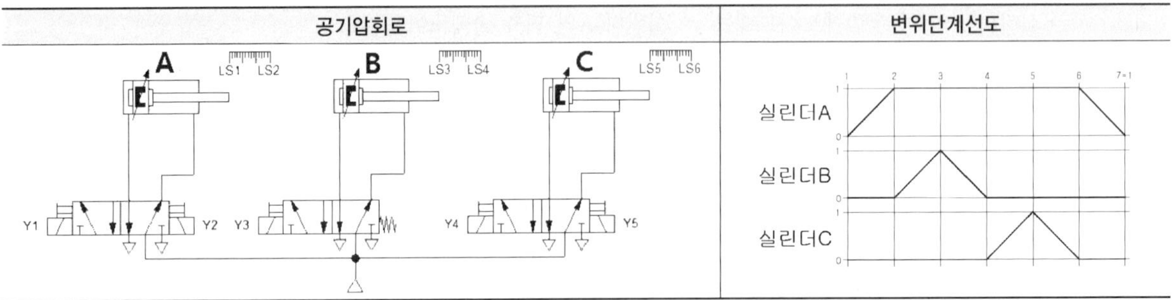

풀이 기본동작 전기회로도 설계하기

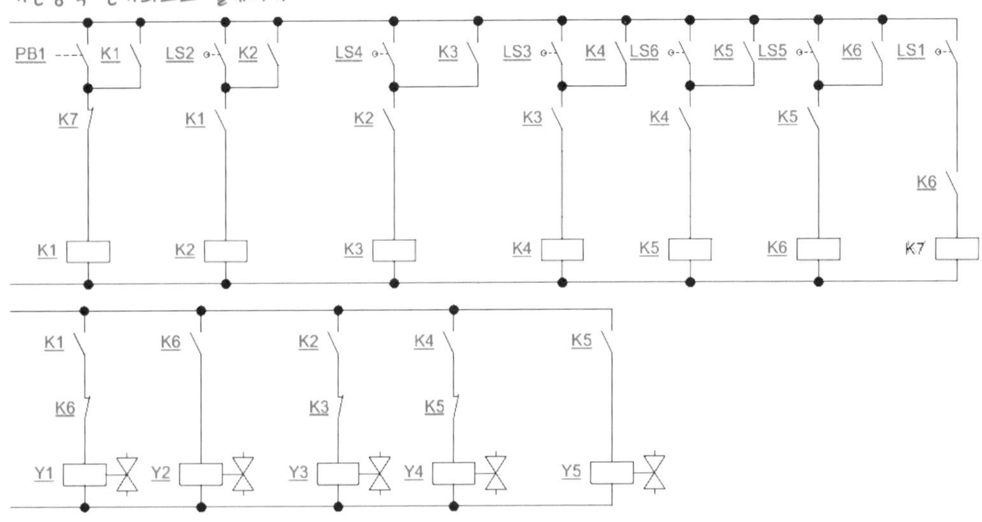

2) 연속동작

PBS2를 1회 ON-OFF하면 기본동작을 3사이클 동작한 후 정지하고, PBS3를 1회 ON-OFF하면 리셋되도록 시스템을 구성하시오.

풀이 연속동작 전기회로도 설계하기

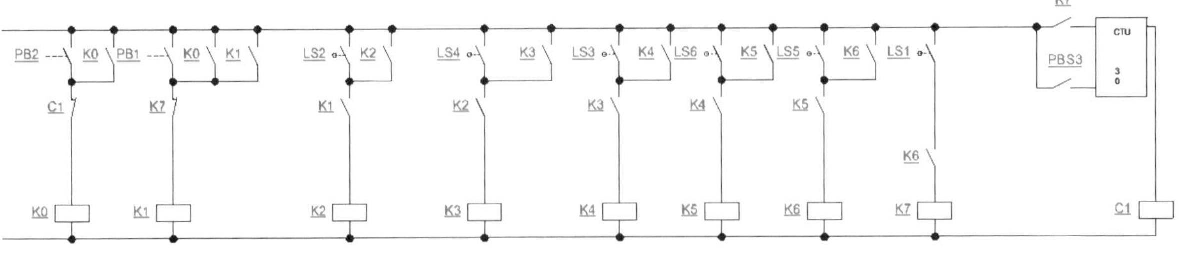

※ 출력(주회로)은 동일함

3) 시스템 유지보수

가) 다음과 같이 부품을 교체한 후 기본/연속동작을 수행할 수 있도록 전기회로도를 변경하고 시스템을 구성하시오.

- 실린더 B의 편측 솔레노이드밸브 → 실린더 B의 양측 솔레노이드밸브

나) 별도의 전기 리밋 스위치와 램프를 1개씩 추가로 사용하여 전기 리밋 스위치가 ON되면 추가된 램프가 ON되고 이때 PBS2를 눌러도 시스템이 운전되지 않고, 전기 리밋 스위치가 OFF되면 램프가 OFF되고 PBS2를 누르면 시스템이 운전되도록 회로를 변경하시오.

다) 실린더 B, C의 후진속도를 조절하기 위하여 일방향 유량조절밸브를 사용하여 미터아웃방식으로 회로를 구성하시오.

라) 감압밸브를 사용하여 실린더 B 전진 시 작동압력이 0.3±0.05MPa로 제어되도록 회로를 변경하시오.

풀이 시스템 유지보수 회로 변경

가) 공압회로 변경

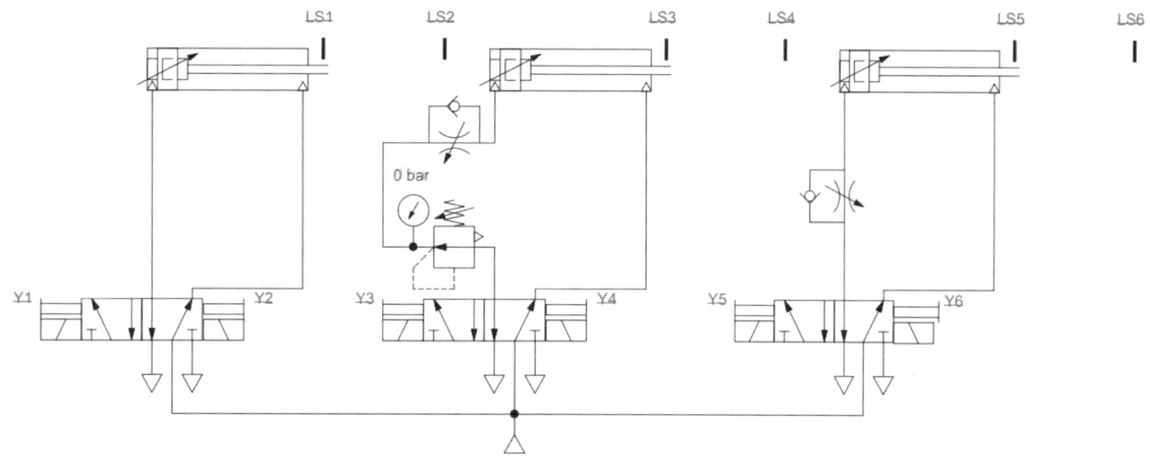

※ 별도의 리밋 스위치 LS7을 설치하여야 됨

나) 전기회로 변경

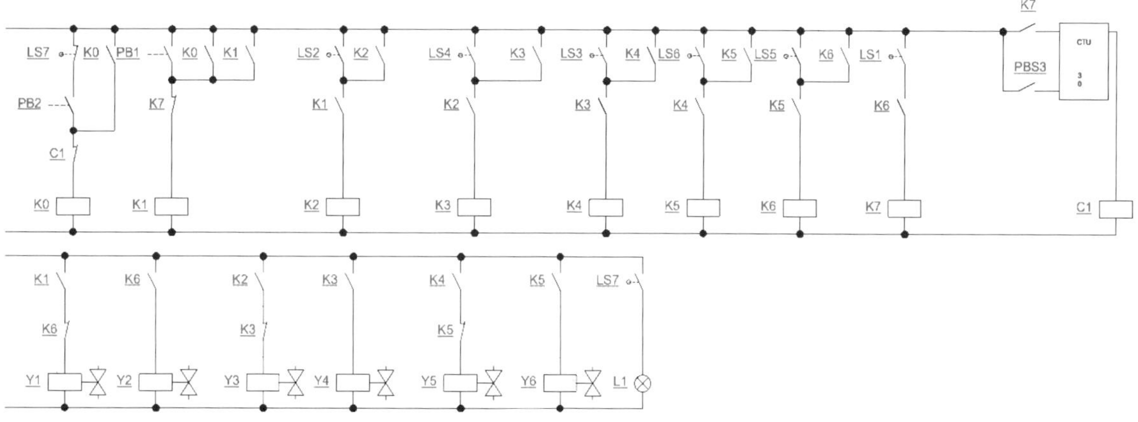

공개 ④안 과제 풀이

1. 공기압회로 설계 및 구성

1) 기본동작 요구사항

PBS1을 1회 ON-OFF하면 주어진 변위단계선도에 따라 실린더 A, B, C가 1사이클 동작하도록 시스템을 구성하시오(단, 전기 배선은 +는 적색으로, -는 청색 또는 흑색으로 연결하고, 전선이 시스템 동작에 영향을 주지 않도록 정리하시오).

공기압회로도	변위단계선도

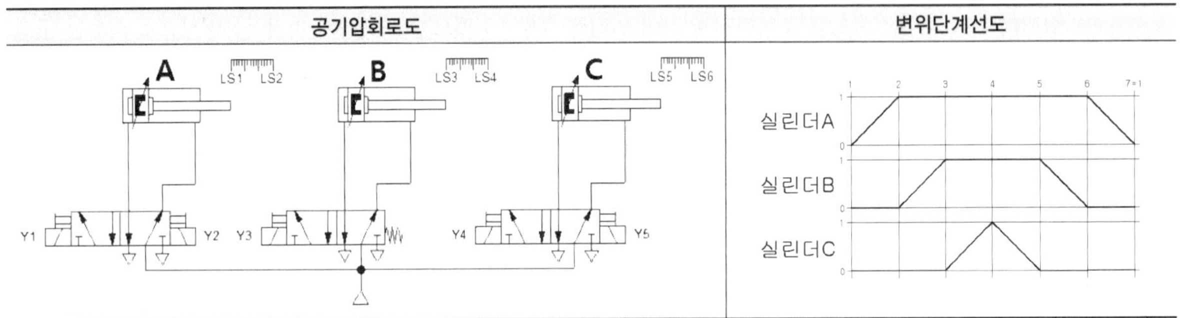

풀이 기본동작 전기회로도 설계하기

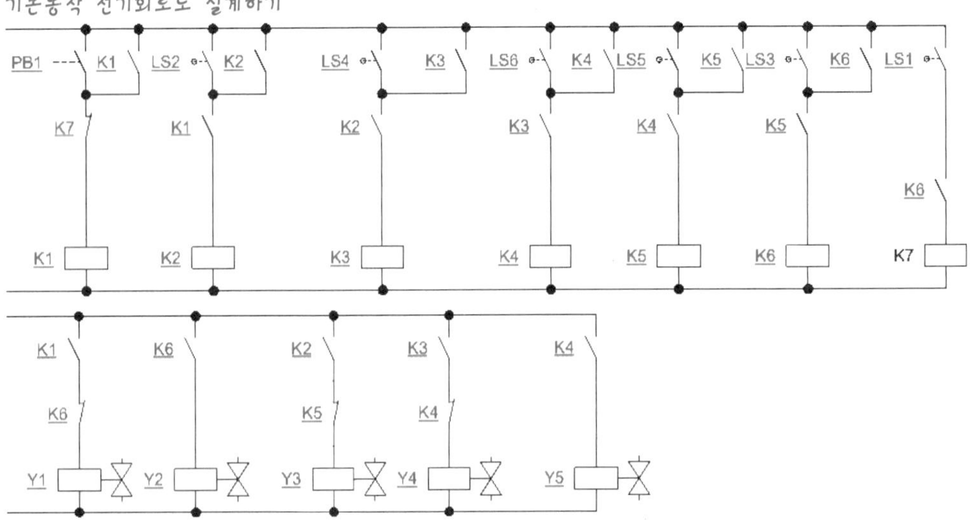

2) 연속동작

PBS2를 1회 ON-OFF하면 기본동작을 3사이클 동작한 후 정지하고, PBS3를 1회 ON-OFF하면 리셋되도록 시스템을 구성하시오.

풀이 연속동작 전기회로도 설계하기

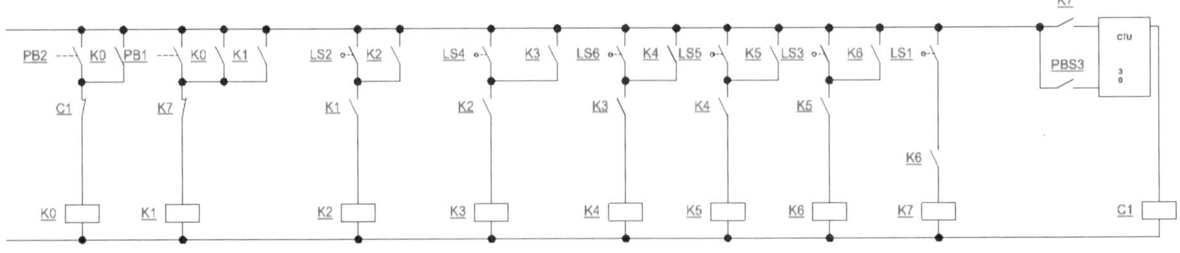

※ 출력(주회로)은 동일함

3) 시스템 유지보수

가) 다음과 같이 부품을 교체한 후 기본/연속동작을 수행할 수 있도록 전기회로도를 변경하고 시스템을 구성하시오.

• 실린더 A의 양측 솔레노이드밸브 → 실린더 A의 편측 솔레노이드밸브

나) 다음과 같이 부품을 교체한 후 기본/연속동작을 수행할 수 있도록 전기회로도를 변경하고 시스템을 구성하시오.

• 리밋 스위치 LS3과 LS4 → 유도형 센서

다) 실린더 B, C의 전진속도를 조절하기 위하여 일방향 유량조절밸브를 사용하여 미터아웃방식으로 회로를 구성하시오.

라) 서비스 유닛의 설정압력을 0.3±0.05MPa로 조정하시오.

풀이 시스템 유지보수 회로 변경

가) 공압회로 변경

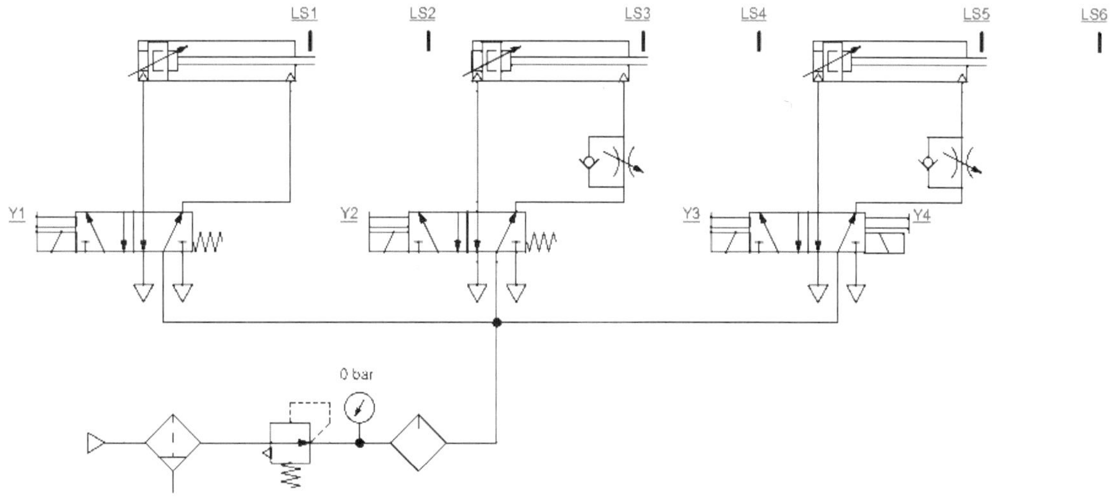

나) 전기회로 변경

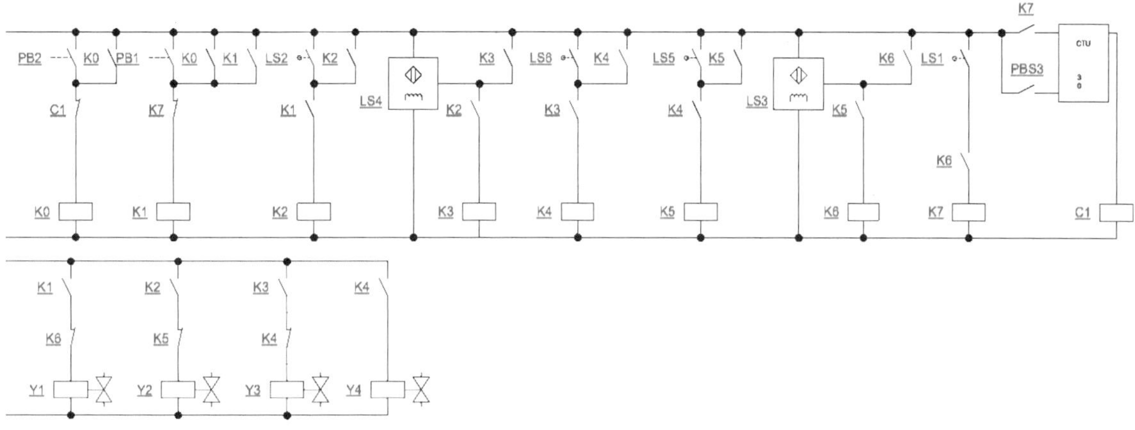

공개 ⑤안 과제 풀이

1. 공기압회로 설계 및 구성

1) 기본동작 요구사항

PBS1을 1회 ON-OFF하면 주어진 변위단계선도에 따라 실린더 A, B, C가 1사이클 동작하도록 시스템을 구성하시오(단, 전기 배선은 +는 적색으로, -는 청색 또는 흑색으로 연결하고, 전선이 시스템 동작에 영향을 주지 않도록 정리하시오).

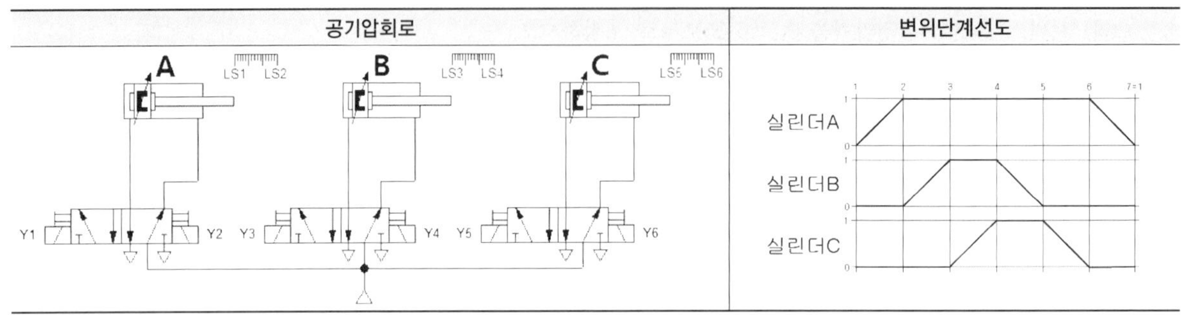

풀이 기본동작 전기회로도 설계하기

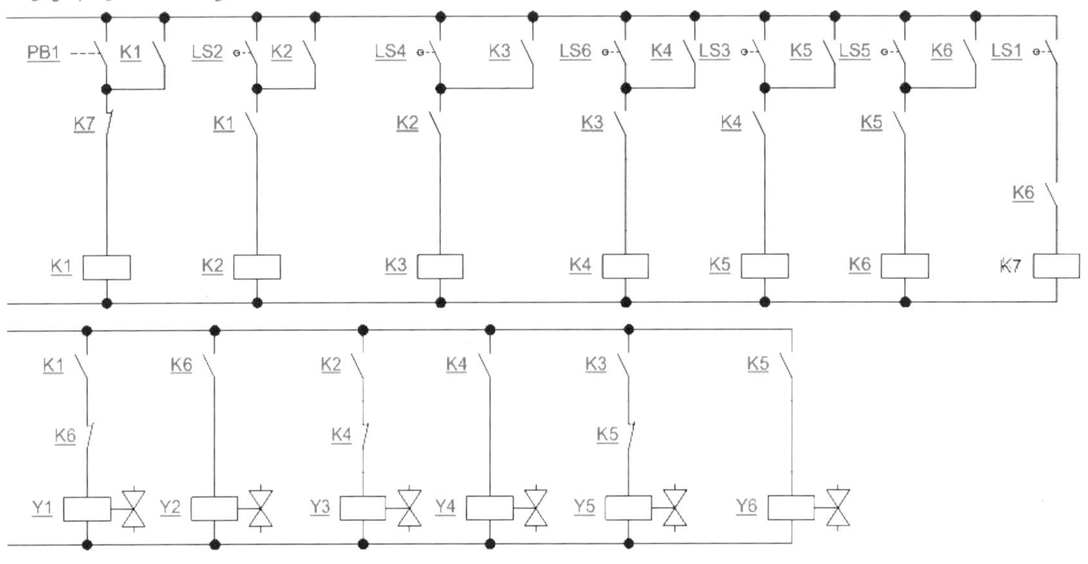

2) 연속동작

PBS2를 1회 ON-OFF하면 기본동작을 3사이클 동작한 후 정지하고, PBS3를 1회 ON-OFF하면 리셋되도록 시스템을 구성하시오.

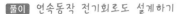

풀이 연속동작 전기회로도 설계하기

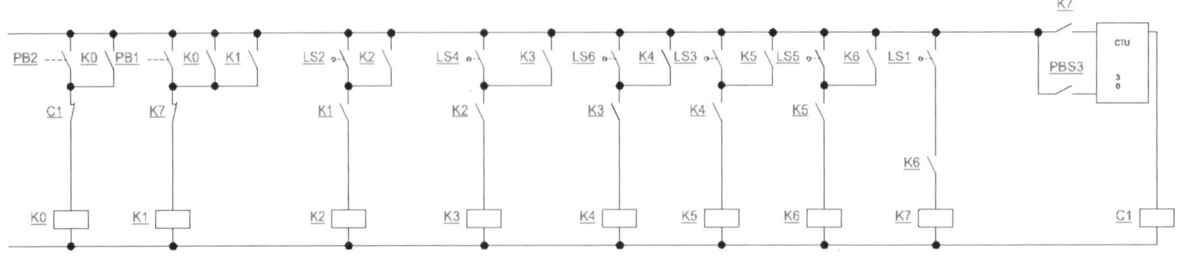

※ 출력(주회로)은 동일함

3) 시스템 유지보수

가) 다음과 같이 부품을 교체한 후 기본/연속동작을 수행할 수 있도록 전기회로도를 변경하고 시스템을 구성하시오.

• 리밋 스위치 LS1과 LS2 → 용량형 센서

나) 실린더 A의 전진이 완료되면 3초 후에 실린더 B가 동작하도록 전기타이머를 사용하여 전기회로도를 변경하고 시스템을 구성하시오.

다) 실린더 C의 후진속도를 조절하기 위하여 급속배기밸브를 사용하여 회로를 구성하시오.

라) 감압밸브를 사용하여 실린더 B 전진 시 작동압력이 0.3±0.05MPa로 제어되도록 회로를 변경하시오.

풀이 시스템 유지보수 회로 변경

가) 공압회로 변경

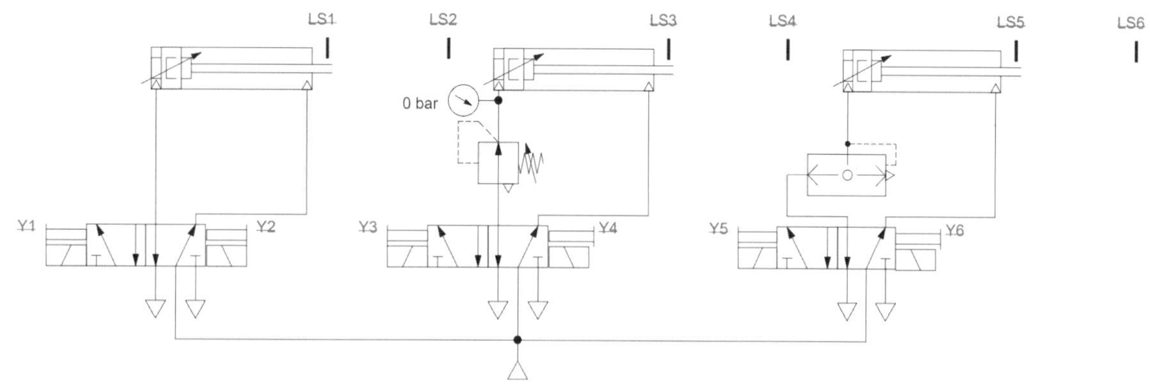

나) 전기회로 변경

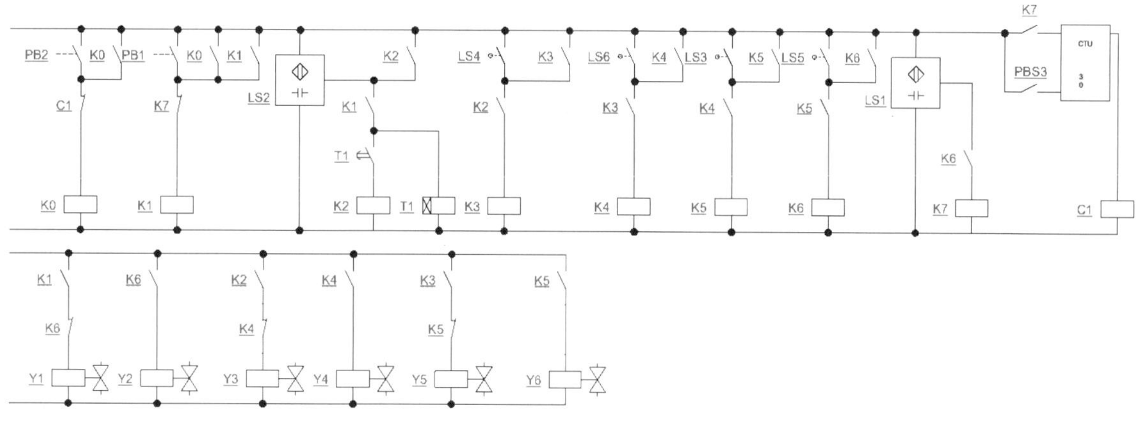

공개 ⑥안 과제 풀이

1. 공기압회로 설계 및 구성

1) 기본동작 요구사항

PBS1을 1회 ON-OFF하면 주어진 변위단계선도에 따라 실린더 A, B, C가 1사이클 동작하도록 시스템을 구성하시오(단, 전기 배선은 +는 적색으로, -는 청색 또는 흑색으로 연결하고, 전선이 시스템 동작에 영향을 주지 않도록 정리하시오).

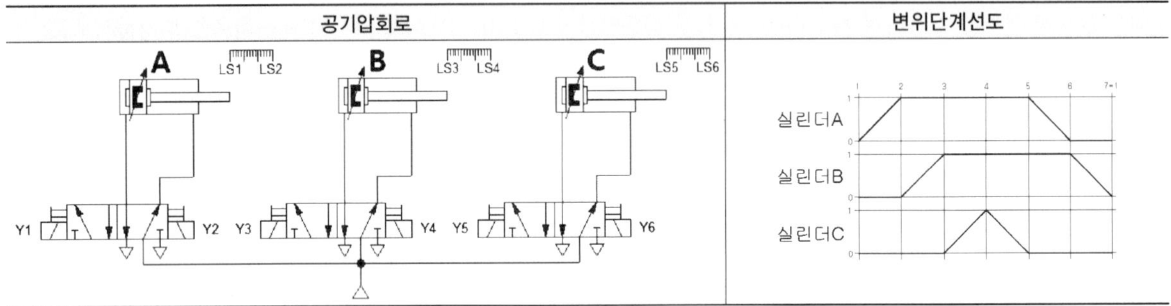

풀이 기본동작 전기회로도 설계하기

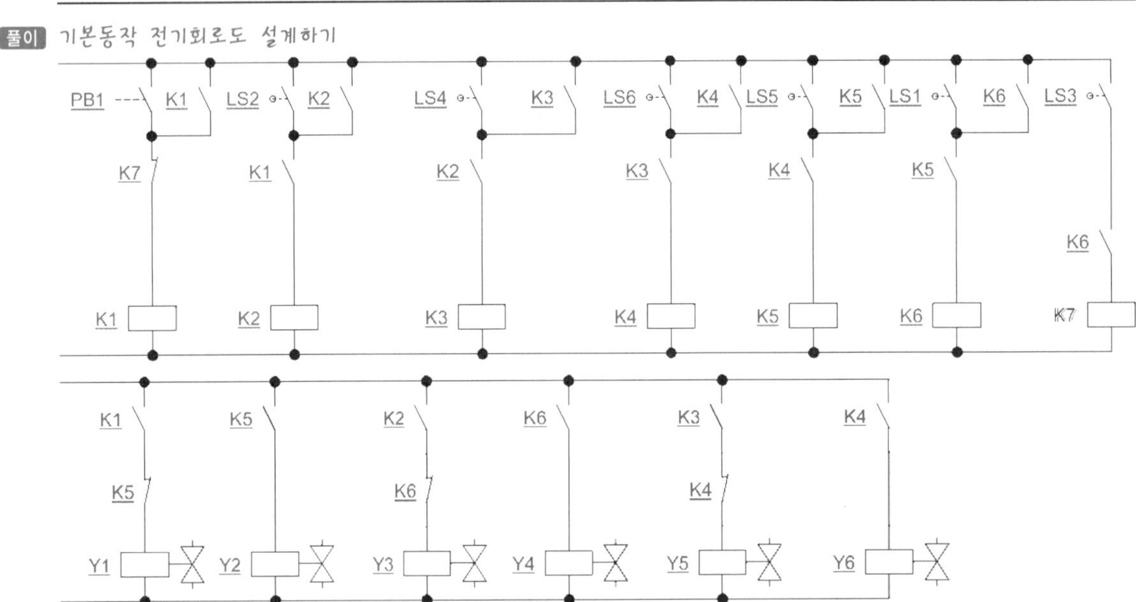

2) 연속동작

PBS2를 1회 ON-OFF하면 기본동작을 3사이클 동작한 후 정지하고, PBS3를 1회 ON-OFF하면 리셋되도록 시스템을 구성하시오.

풀이 연속동작 전기회로도 설계하기

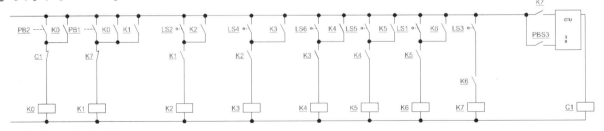

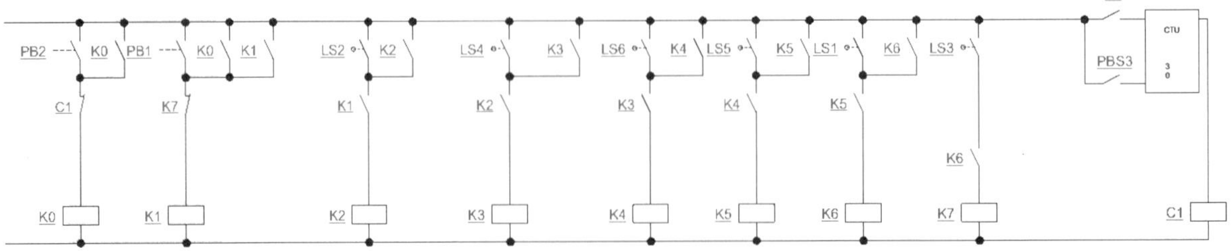

※ 출력(주회로)은 동일함

3) 시스템 유지보수

가) 다음과 같이 부품을 교체한 후 기본/연속동작을 수행할 수 있도록 전기회로도를 변경하고 시스템을 구성하시오.

- 실린더 A의 양측 솔레노이드밸브 → 실린더 A의 편측 솔레노이드밸브

나) 별도의 유지형 스위치와 램프를 1개씩 추가로 사용하여 유지형 스위치가 ON되면 램프가 ON되고 이때 PBS2를 눌러도 시스템이 운전되지 않고, 유지형 스위치가 OFF되면 램프가 OFF되고 PBS2를 누르면 시스템이 운전되도록 회로를 변경하시오.

다) 실린더 B, C의 후진속도를 조절하기 위하여 일방향 유량조절밸브를 사용하여 미터아웃 방식으로 회로를 구성하시오.

라) 서비스 유닛의 설정압력을 0.3±0.05MPa로 조정하시오.

풀이 시스템 유지보수 회로 변경

가) 공압회로 변경

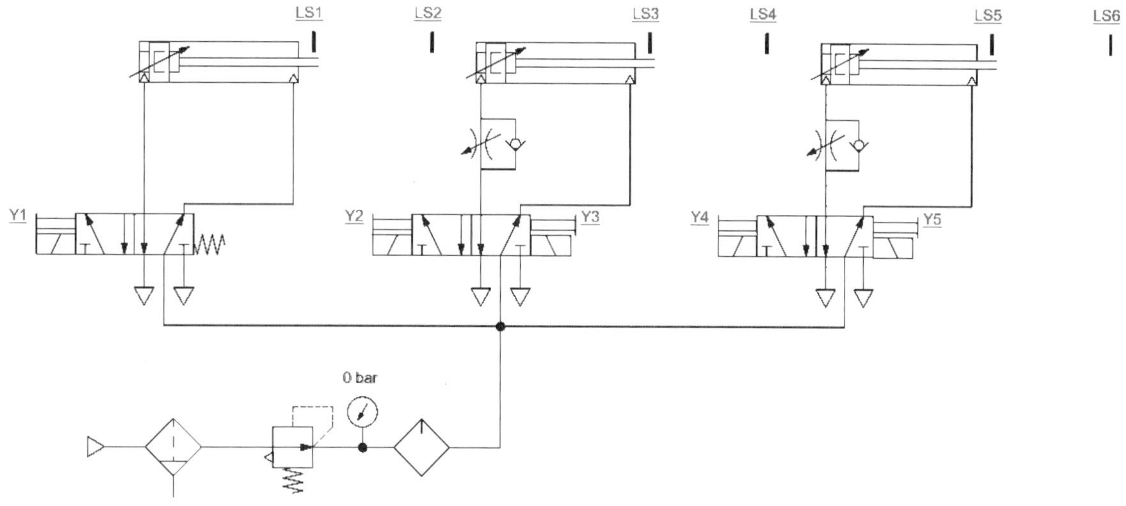

나) 전기회로 변경

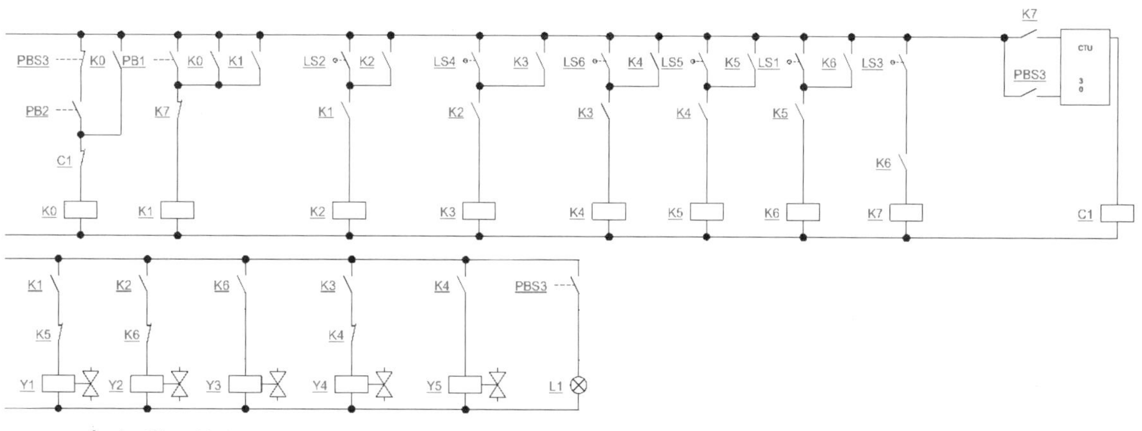

※ PBS3은 유지형 스위치

공개 ⑦안 과제 풀이

1. 공기압회로 설계 및 구성

1) 기본동작 요구사항

PBS1을 1회 ON-OFF하면 주어진 변위단계선도에 따라 실린더 A, B, C가 1사이클 동작하도록 시스템을 구성하시오(단, 전기 배선은 +는 적색으로, -는 청색 또는 흑색으로 연결하고, 전선이 시스템 동작에 영향을 주지 않도록 정리하시오).

공기압회로	변위단계선도

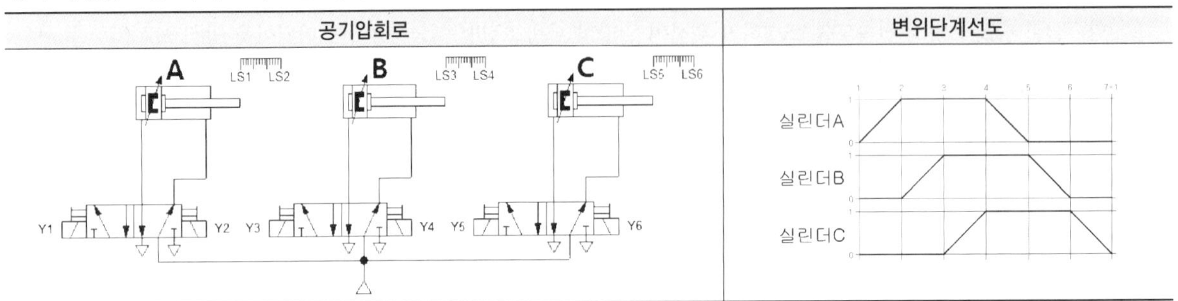

풀이 기본동작 전기회로도 설계하기

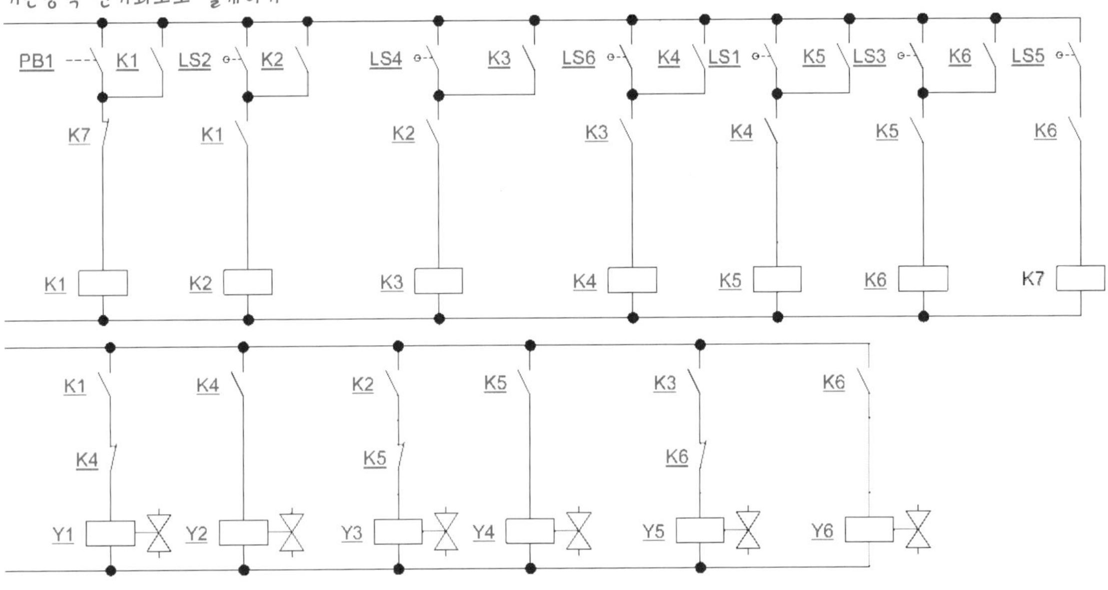

2) 연속동작

PBS2를 1회 ON-OFF하면 기본동작을 3사이클 동작한 후 정지하고, PBS3를 1회 ON-OFF하면 리셋되도록 시스템을 구성하시오.

풀이 연속동작 전기회로도 설계하기

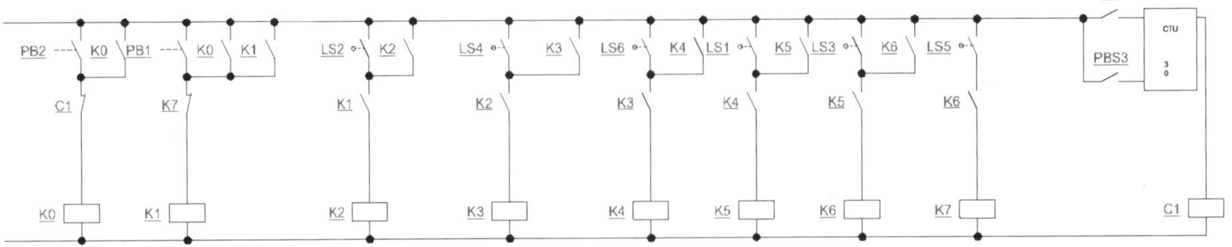

※ 출력(주회로)은 동일함

3) 시스템 유지보수

가) 다음과 같이 부품을 교체한 후 기본/연속동작을 수행할 수 있도록 전기회로도를 변경하고 시스템을 구성하시오.

- 리밋 스위치 LS1과 LS2 → 용량형 센서

나) 다음과 같이 부품을 교체한 후 기본/연속동작을 수행할 수 있도록 전기회로도를 변경하고 시스템을 구성하시오.

- 실린더 B의 양측 솔레노이드밸브 → 실린더 B의 편측 솔레노이드밸브

다) 실린더 A의 전진속도를 조절하기 위하여 일방향 유량조절밸브를 사용하여 미터아웃방식으로 회로를 구성하시오.

라) 감압밸브를 사용하여 실린더 C 전진 시 작동압력이 0.3±0.05MPa로 제어되도록 회로를 변경하시오.

풀이 시스템 유지보수 회로 변경

가) 공압회로 변경

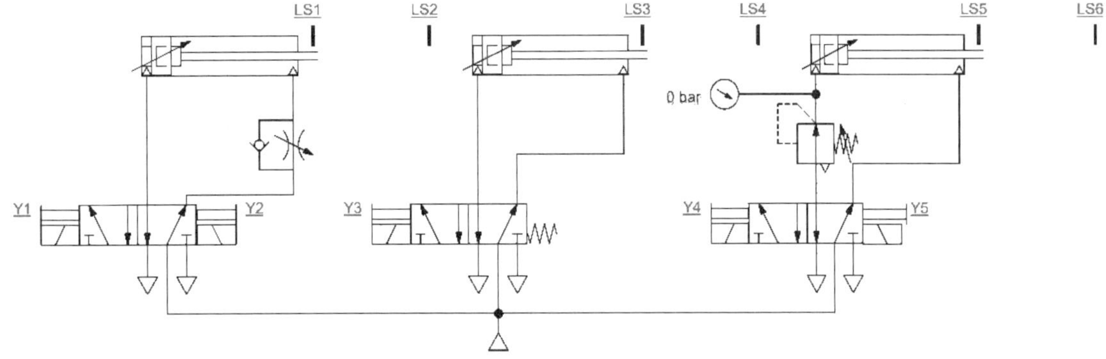

나) 전기회로 변경

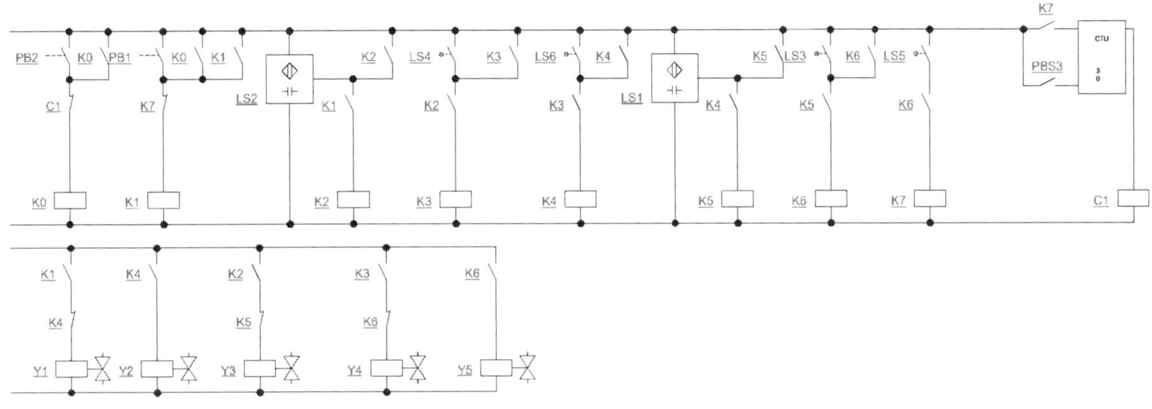

공개 ⑧안 과제 풀이

1. 공기압회로 설계 및 구성

1) 기본동작 요구사항

PBS1을 1회 ON-OFF하면 주어진 변위단계선도에 따라 실린더 A, B, C가 1사이클 동작하도록 시스템을 구성하시오(단, 전기 배선은 +는 적색으로, -는 청색 또는 흑색으로 연결하고, 전선이 시스템 동작에 영향을 주지 않도록 정리하시오).

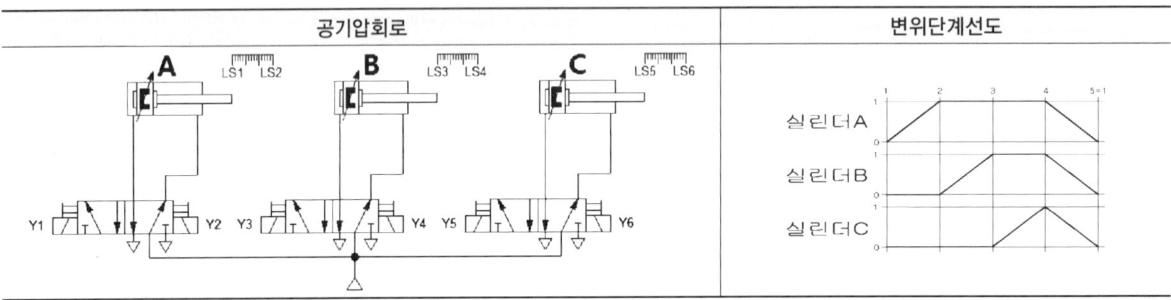

풀이 기본동작 전기회로도 설계하기

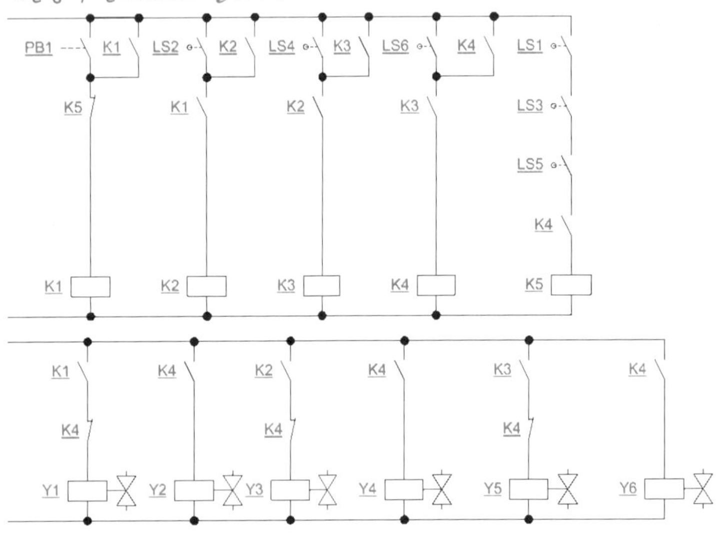

2) 연속동작

PBS2를 1회 ON-OFF하면 기본동작을 3사이클 동작한 후 정지하고, PBS3를 1회 ON-OFF하면 리셋되도록 시스템을 구성하시오.

풀이 연속동작 전기회로도 설계하기

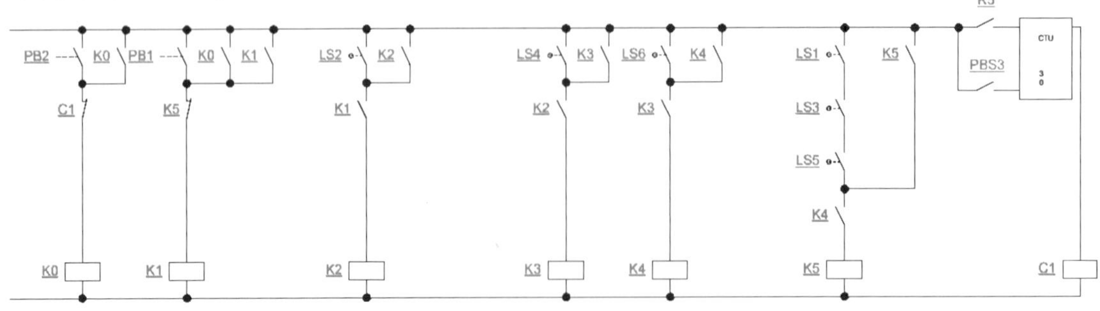

※ 출력(주회로)은 동일함

3) 시스템 유지보수

가) 다음과 같이 부품을 교체한 후 기본/연속동작을 수행할 수 있도록 전기회로도를 변경하고 시스템을 구성하시오.

- 리밋 스위치 LS3과 LS4 → 유도형 센서

나) 실린더 A의 전진이 완료되면 3초 후에 실린더 B가 동작하도록 전기타이머를 사용하여 전기회로도를 변경하고 시스템을 구성하시오.

다) 실린더 B, C의 후진속도를 조절하기 위하여 일방향 유량조절밸브를 사용하여 미터아웃방식으로 회로를 구성하시오.

라) 서비스 유닛의 설정압력을 0.3±0.05MPa로 조정하시오.

풀이 시스템 유지보수 회로 변경

가) 공압회로 변경

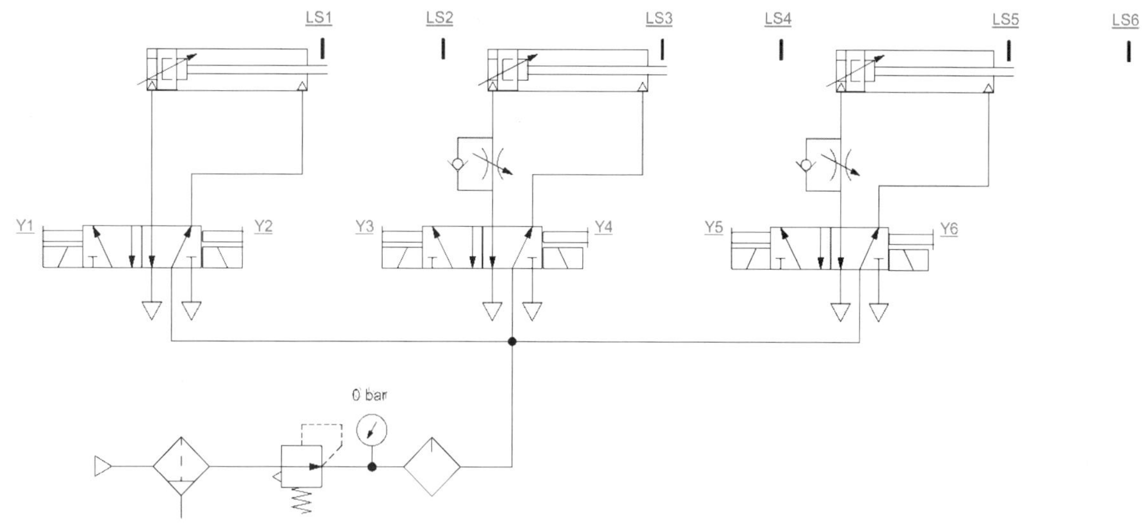

나) 전기회로 변경

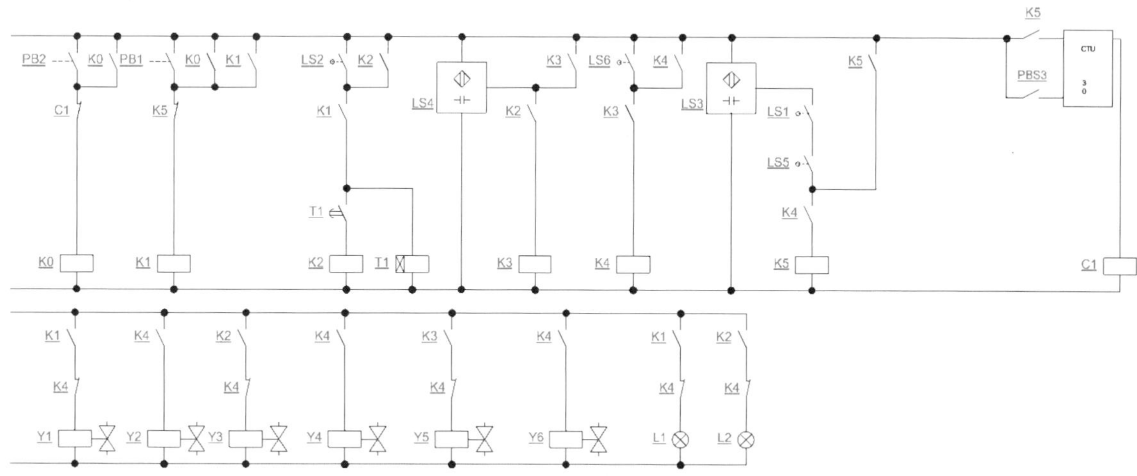

공개 ⑨안 과제 풀이

1. 공기압회로 설계 및 구성

1) 기본동작 요구사항

PBS1을 1회 ON-OFF하면 주어진 변위단계선도에 따라 실린더 A, B, C가 1사이클 동작하도록 시스템을 구성하시오(단, 전기 배선은 +는 적색으로, -는 청색 또는 흑색으로 연결하고, 전선이 시스템 동작에 영향을 주지 않도록 정리하시오).

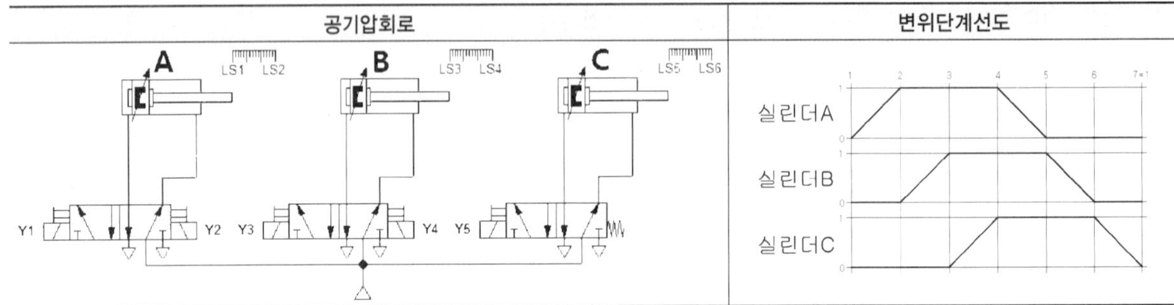

풀이 기본동작 전기회로도 설계하기

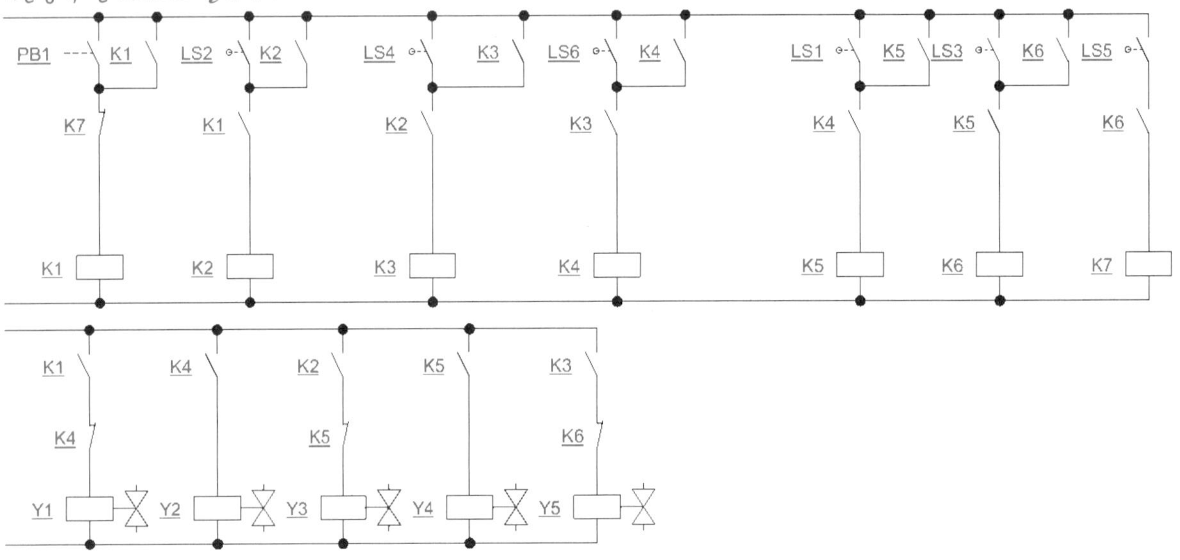

2) 연속동작

PBS2를 1회 ON-OFF하면 기본동작을 3사이클 동작한 후 정지하고, PBS3를 1회 ON-OFF하면 리셋되도록 시스템을 구성하시오.

풀이 연속동작 전기회로도 설계하기

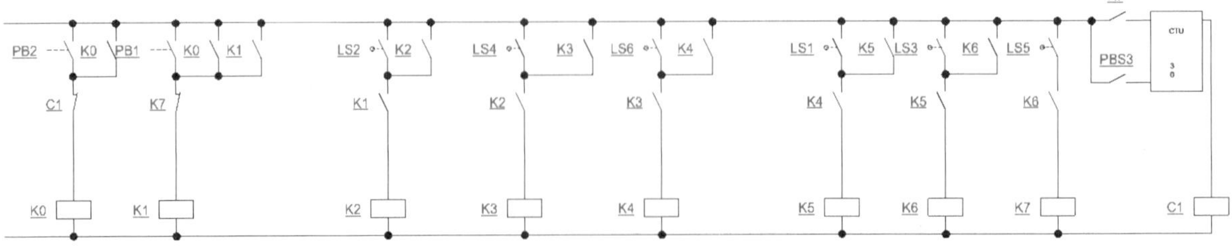

※ 출력(주회로)은 동일함

3) 시스템 유지보수

가) 다음과 같이 부품을 교체한 후 기본/연속동작을 수행할 수 있도록 전기회로도를 변경하고 시스템을 구성하시오.

- 리밋 스위치 LS1과 LS2 → 용량형 센서

나) 다음과 같이 부품을 교체한 후 기본/연속동작을 수행할 수 있도록 전기회로도를 변경하고 시스템을 구성하시오.

- 실린더 B의 양측 솔레노이드밸브 → 실린더 B의 편측 솔레노이드밸브

다) 실린더 C의 후진속도를 조절하기 위하여 급속배기밸브를 사용하여 회로를 구성하시오.

라) 감압밸브를 사용하여 실린더 B 전진 시 작동압력이 0.3±0.05MPa로 제어되도록 회로를 변경하시오.

풀이 시스템 유지보수 회로 변경

가) 공압회로 변경

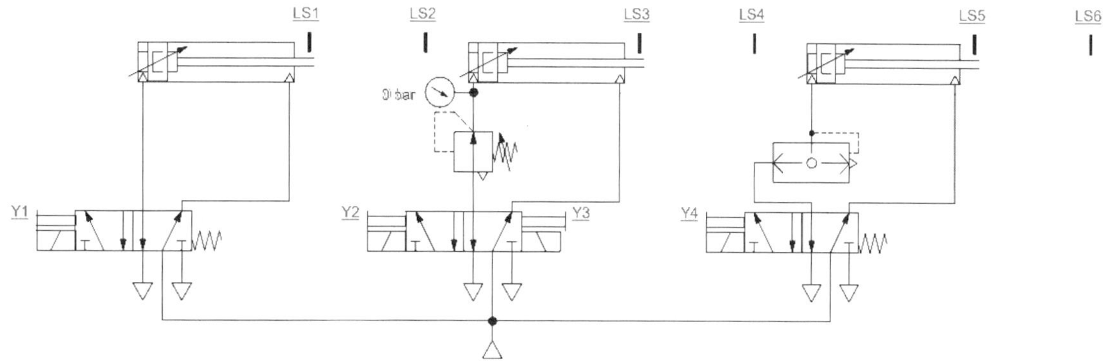

나) 전기회로 변경

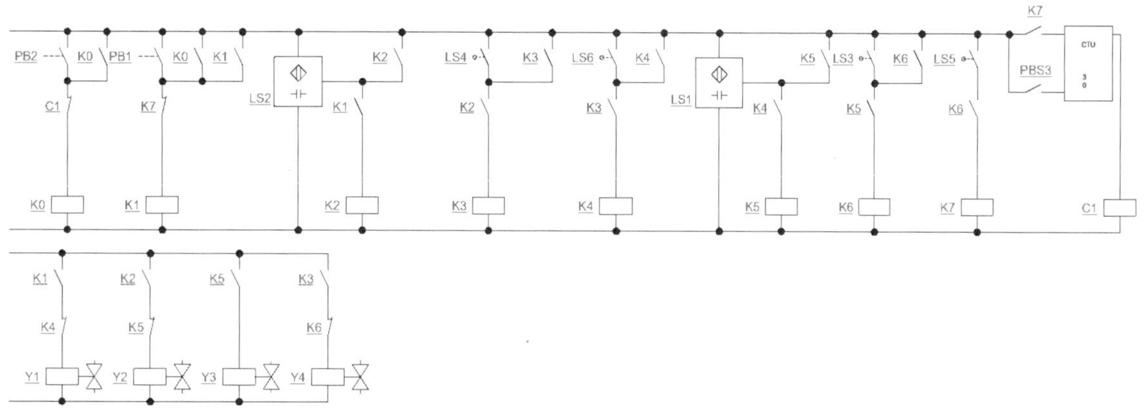

공개 ⑩안 과제 풀이

1. 공기압회로 설계 및 구성

1) 기본동작 요구사항

PBS1을 1회 ON-OFF하면 주어진 변위단계선도에 따라 실린더 A, B, C가 1사이클 동작하도록 시스템을 구성하시오(단, 전기 배선은 +는 적색으로, -는 청색 또는 흑색으로 연결하고, 전선이 시스템 동작에 영향을 주지 않도록 정리하시오).

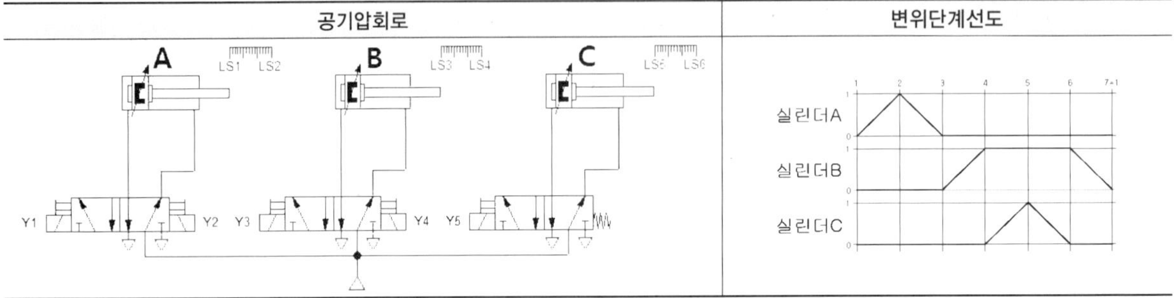

풀이 기본동작 전기회로도 설계하기

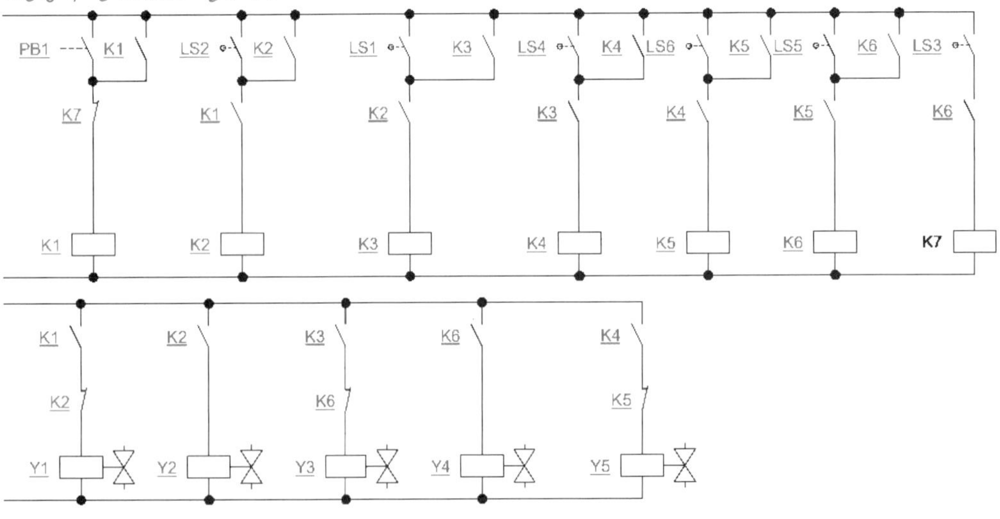

2) 연속동작

PBS2를 1회 ON-OFF하면 기본동작을 3사이클 동작한 후 정지하고, PBS3를 1회 ON-OFF하면 리셋되도록 시스템을 구성하시오.

풀이 연속동작 전기회로도 설계하기

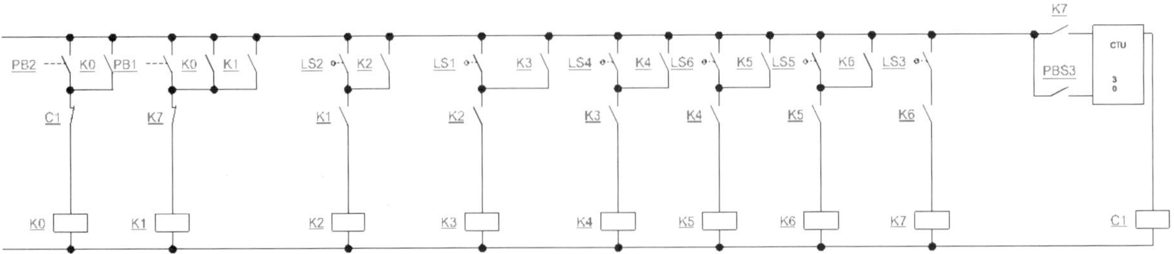

※ 출력(주회로)은 동일함

3) 시스템 유지보수

가) 실린더 C의 전진이 완료되면 3초 후에 다음 동작이 동작하도록 전기타이머를 사용하여 전기회로도를 변경하고 시스템을 구성하시오.

나) 다음과 같이 부품을 교체한 후 기본/연속동작을 수행할 수 있도록 전기회로도를 변경하고 시스템을 구성하시오.

- 실린더 A의 양측 솔레노이드밸브 → 실린더 A의 편측 솔레노이드밸브

다) 실린더 B, C의 전진속도를 조절하기 위하여 일방향 유량조절밸브를 사용하여 미터아웃방식으로 회로를 구성하시오.

라) 서비스 유닛의 설정압력을 0.3±0.05MPa로 조정하시오.

풀이 시스템 유지보수 회로 변경

가) 공압회로 변경

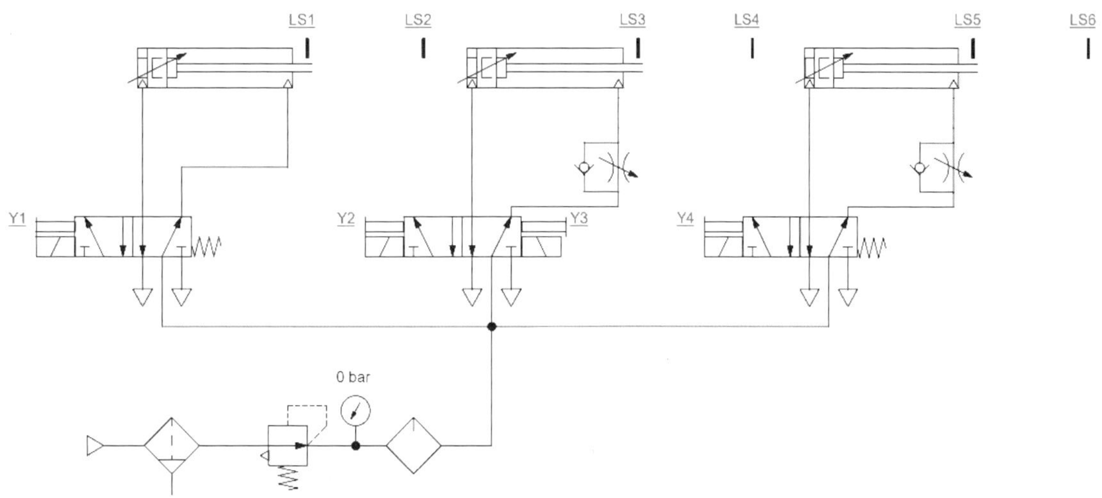

나) 전기회로 변경

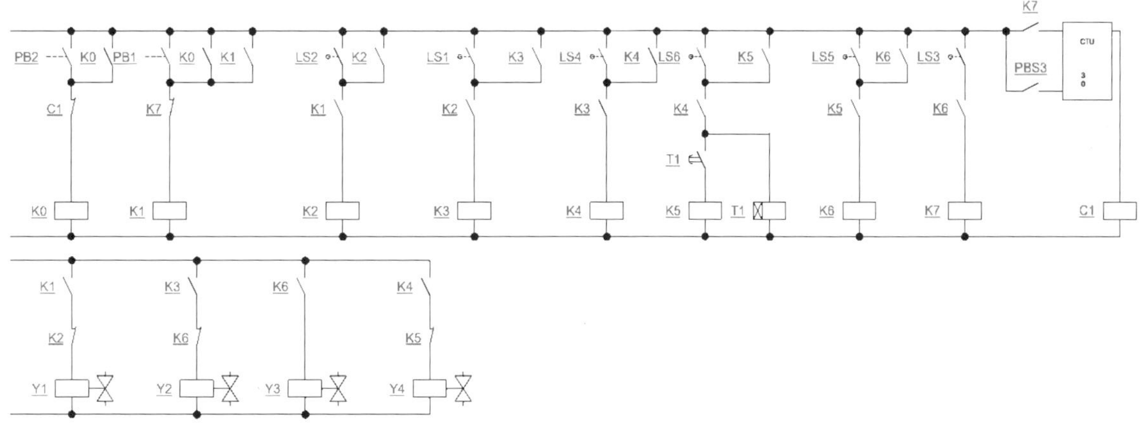

공개 ⑪안 과제 풀이

1. 공기압회로 설계 및 구성

1) 기본동작 요구사항

PBS1을 1회 ON-OFF하면 주어진 변위단계선도에 따라 실린더 A, B, C가 1사이클 동작하도록 시스템을 구성하시오(단, 전기 배선은 +는 적색으로, -는 청색 또는 흑색으로 연결하고, 전선이 시스템 동작에 영향을 주지 않도록 정리하시오).

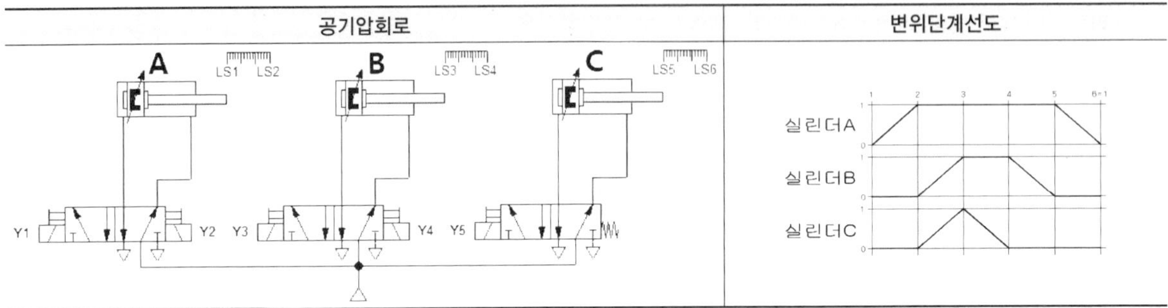

풀이 기본동작 전기회로도 설계하기

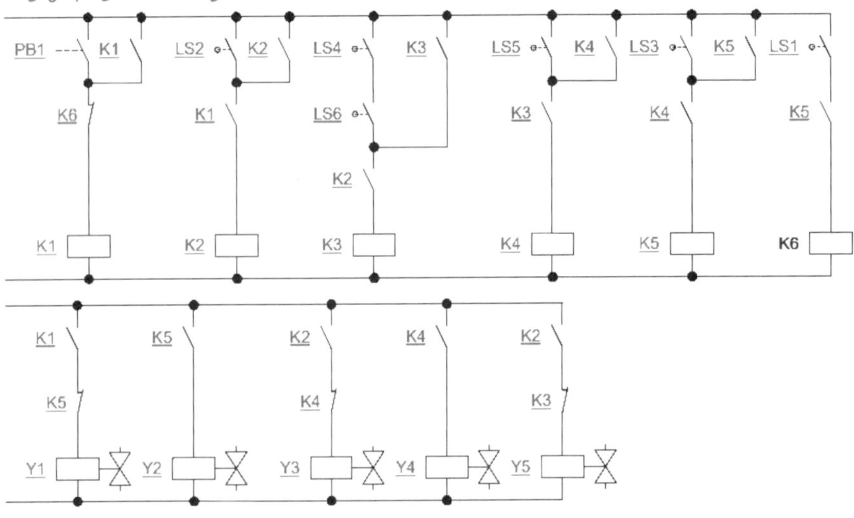

2) 연속동작

PBS2를 1회 ON-OFF하면 기본동작을 3사이클 동작한 후 정지하고, PBS3를 1회 ON-OFF하면 리셋되도록 시스템을 구성하시오.

풀이 연속동작 전기회로도 설계하기

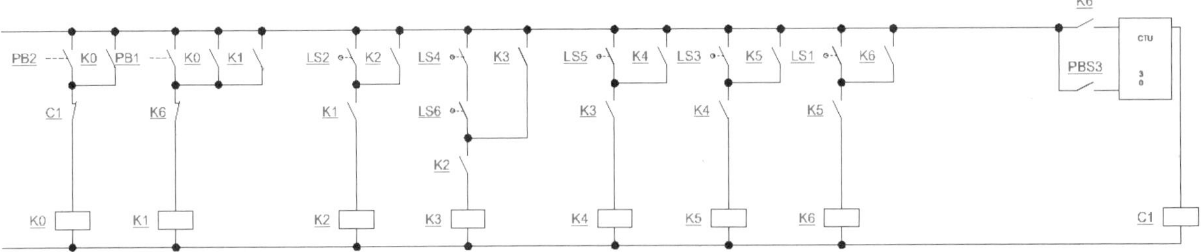

※ 출력(주회로)은 동일함

3) 시스템 유지보수

가) 다음과 같이 부품을 교체한 후 기본/연속동작을 수행할 수 있도록 전기회로도를 변경하고 시스템을 구성하시오.

- 리밋 스위치 LS3과 LS4 → 유도형 센서

나) 다음과 같이 부품을 교체한 후 기본/연속동작을 수행할 수 있도록 전기회로도를 변경하고 시스템을 구성하시오.

- 실린더 A의 양측 솔레노이드밸브 → 실린더 A의 편측 솔레노이드밸브

다) 별도의 유지형 스위치와 램프를 1개씩 추가로 사용하여 유지형 스위치가 ON되면 램프가 ON되고 이때 PBS2를 눌러도 시스템이 운전되지 않고, 유지형 스위치가 OFF되면 램프가 OFF되고 PBS2를 누르면 시스템이 운전되도록 회로를 변경하시오.

라) 실린더 B, C의 후진속도를 조절하기 위하여 일방향 유량조절밸브를 사용하여 미터아웃방식으로 회로를 구성하시오.

풀이 시스템 유지보수 회로 변경

가) 공압회로 변경

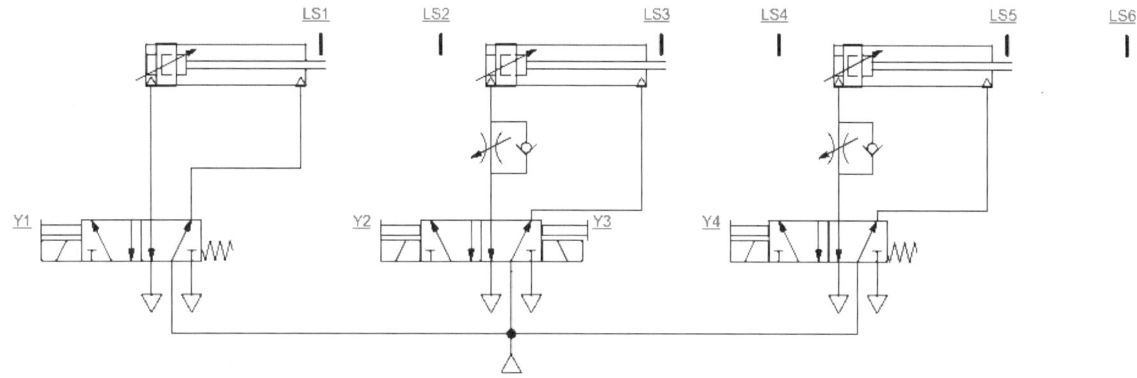

나) 전기회로 변경

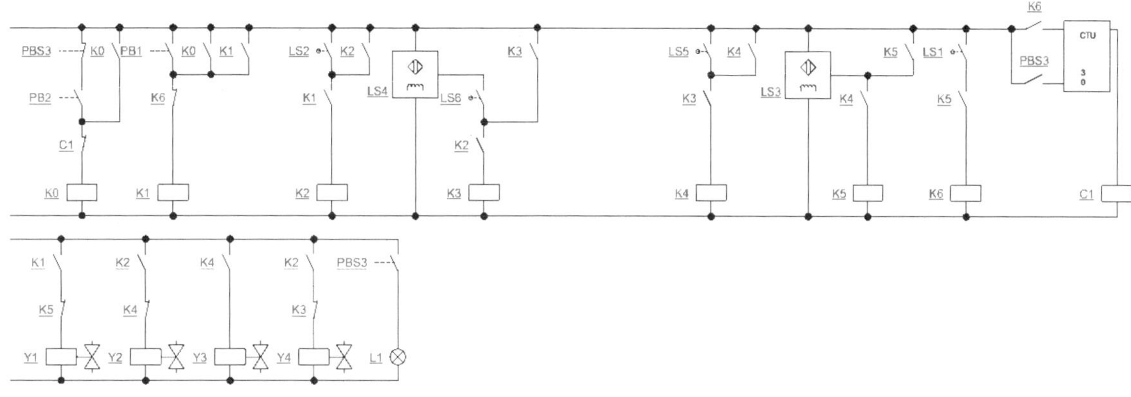

공개 ⑫안 과제 풀이

1. 공기압회로 설계 및 구성

1) 기본동작 요구사항

PBS1을 1회 ON-OFF하면 주어진 변위단계선도에 따라 실린더 A, B, C가 1사이클 동작하도록 시스템을 구성하시오(단, 전기 배선은 +는 적색으로, -는 청색 또는 흑색으로 연결하고, 전선이 시스템 동작에 영향을 주지 않도록 정리하시오).

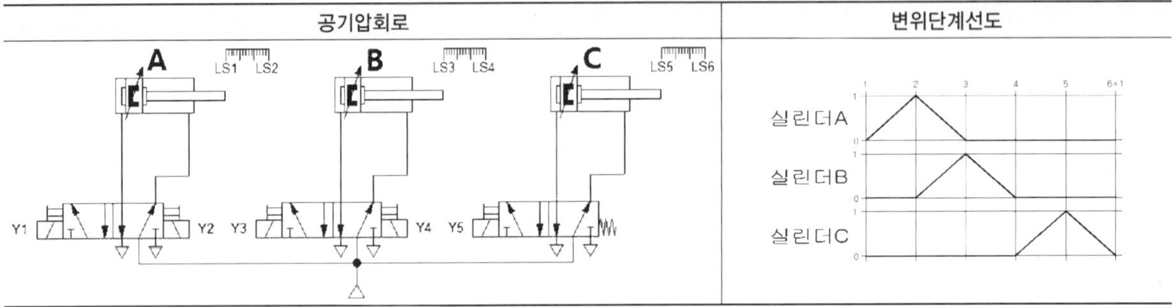

풀이 기본동작 전기회로도 설계하기

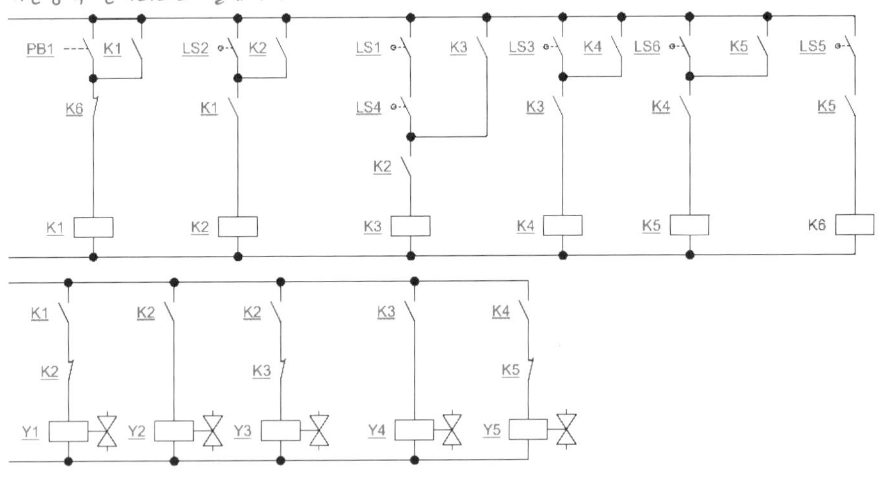

2) 연속동작

PBS2를 1회 ON-OFF하면 기본동작을 3사이클 동작한 후 정지하고, PBS3를 1회 ON-OFF하면 리셋되도록 시스템을 구성하시오.

풀이 연속동작 전기회로도 설계하기

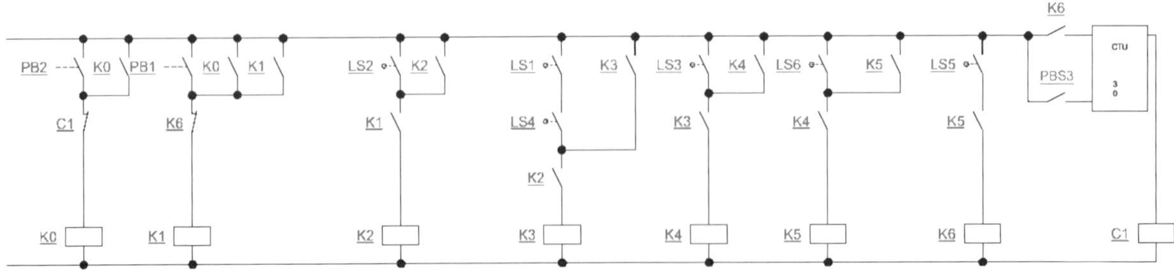

※ 출력(주회로)은 동일함

3) 시스템 유지보수

가) 다음과 같이 부품을 교체한 후 기본/연속동작을 수행할 수 있도록 전기회로도를 변경하고 시스템을 구성하시오.

• 리밋 스위치 LS1과 LS2 → 용량형 센서

나) 실린더 A의 전진이 완료되면 3초 후에 실린더 B가 동작하도록 전기타이머를 사용하여 전기회로도를 변경하고 시스템을 구성하시오.

다) 실린더 B의 전진속도를 조절하기 위하여 일방향 유량조절밸브를 사용하여 미터아웃방식으로 회로를 구성하시오.

라) 감압밸브를 사용하여 실린더 C 전진 시 작동압력이 0.3±0.05MPa로 제어되도록 회로를 변경하시오.

풀이 시스템 유지보수 회로 변경

가) 공압회로 변경

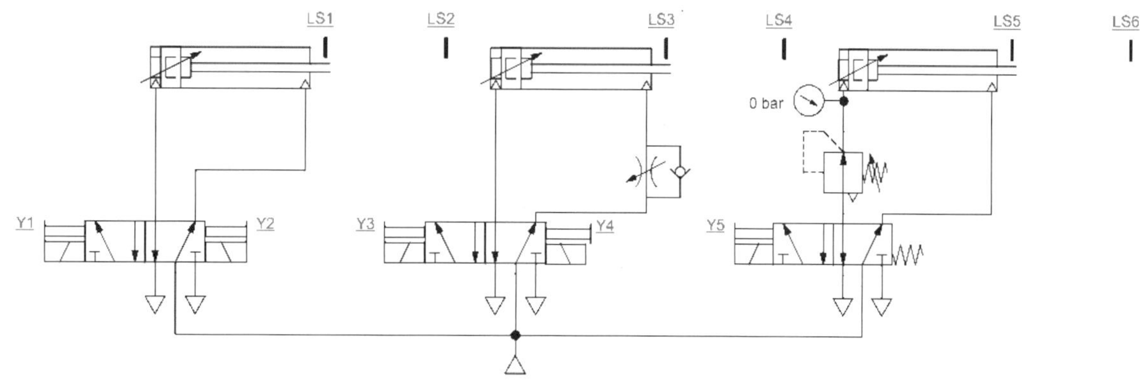

나) 전기회로 변경

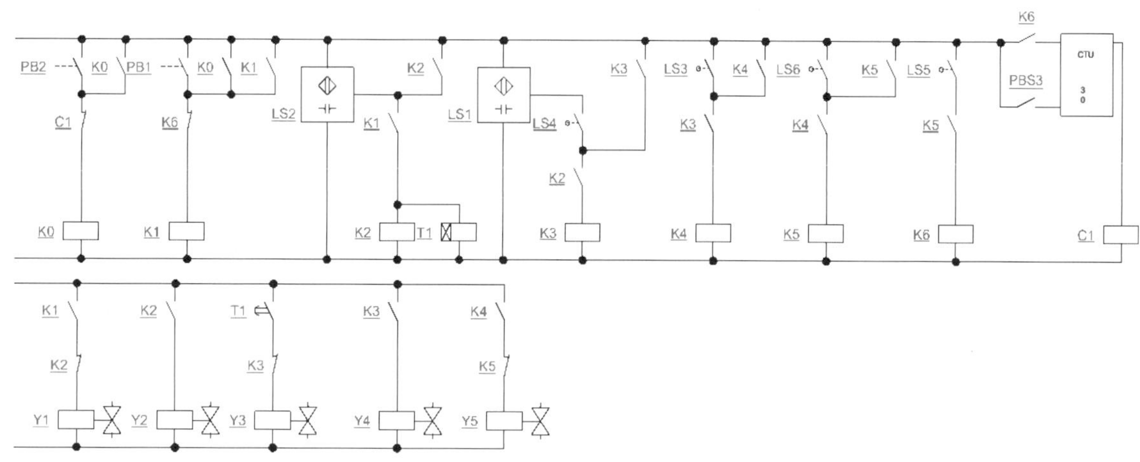

공개 ⑬안 과제 풀이

1. 공기압회로 설계 및 구성

1) 기본동작 요구사항

PBS1을 1회 ON-OFF하면 주어진 변위단계선도에 따라 실린더 A, B, C가 1사이클 동작하도록 시스템을 구성하시오(단, 전기 배선은 +는 적색으로, -는 청색 또는 흑색으로 연결하고, 전선이 시스템 동작에 영향을 주지 않도록 정리하시오).

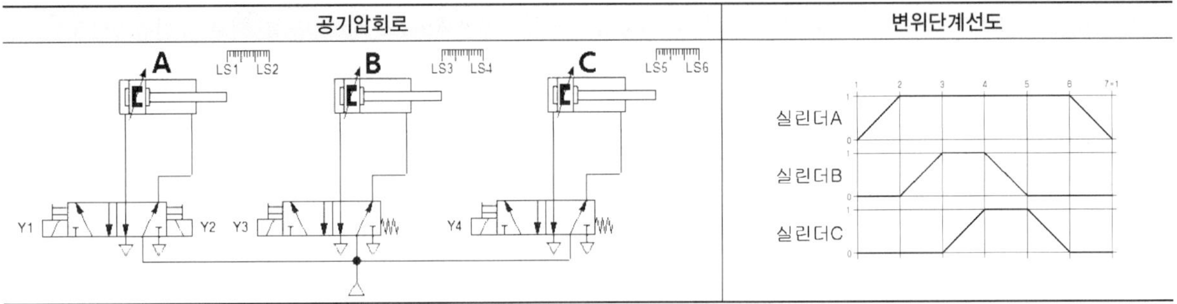

풀이 기본동작 전기회로도 설계하기

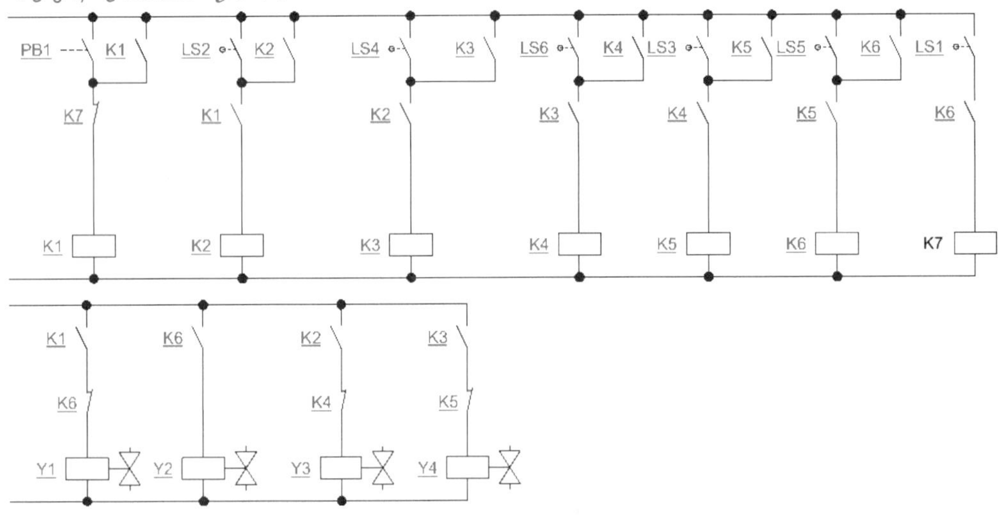

2) 연속동작

PBS2를 1회 ON-OFF하면 기본동작을 3사이클 동작한 후 정지하고, PBS3를 1회 ON-OFF하면 리셋되도록 시스템을 구성하시오.

풀이 연속동작 전기회로도 설계하기

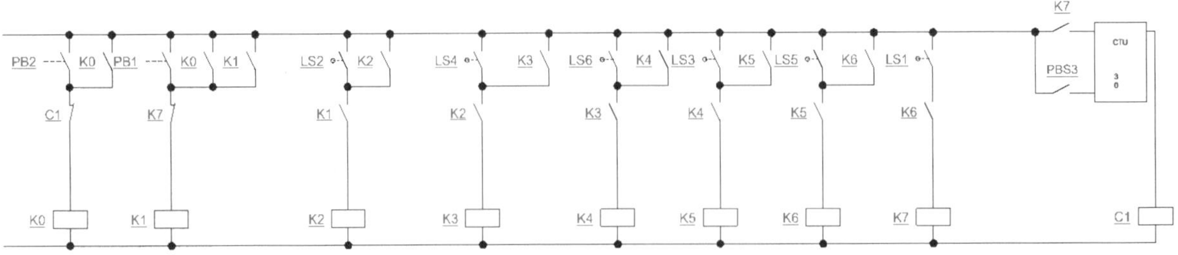

※ 출력(주회로)은 동일함

3) 시스템 유지보수

가) 다음과 같이 부품을 교체한 후 기본/연속동작을 수행할 수 있도록 전기회로도를 변경하고 시스템을 구성하시오.

- 리밋 스위치 LS1과 LS2 → 유도형 센서

나) 다음과 같이 부품을 교체한 후 기본/연속동작을 수행할 수 있도록 전기회로도를 변경하고 시스템을 구성하시오.

- 실린더 B의 편측 솔레노이드밸브 → 실린더 B의 양측 솔레노이드밸브

다) 실린더 B, C의 후진속도를 조절하기 위하여 일방향 유량조절밸브를 사용하여 미터아웃방식으로 회로를 구성하시오.

라) 서비스 유닛의 설정압력을 0.3±0.05MPa로 조정하시오.

풀이 시스템 유지보수 회로 변경

가) 공압회로 변경

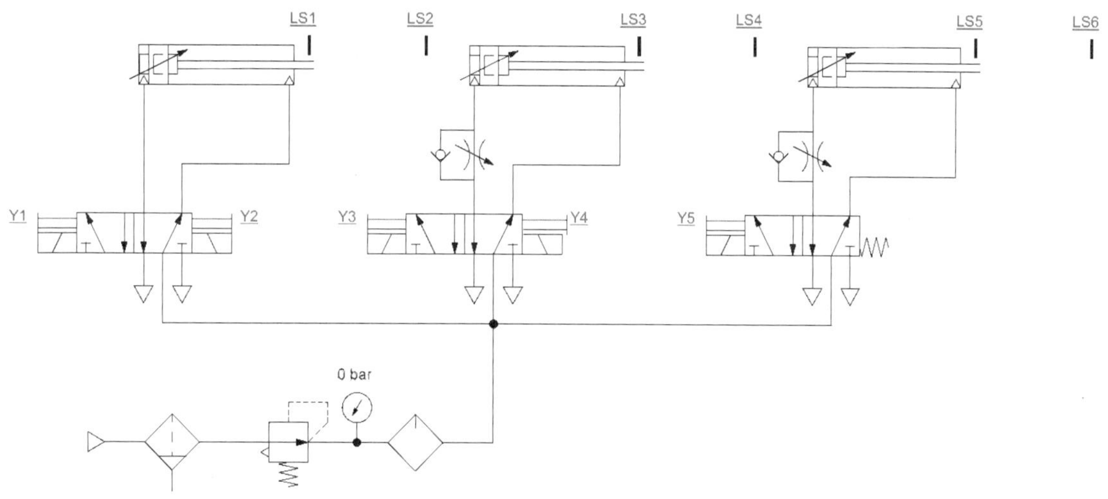

나) 전기회로 변경

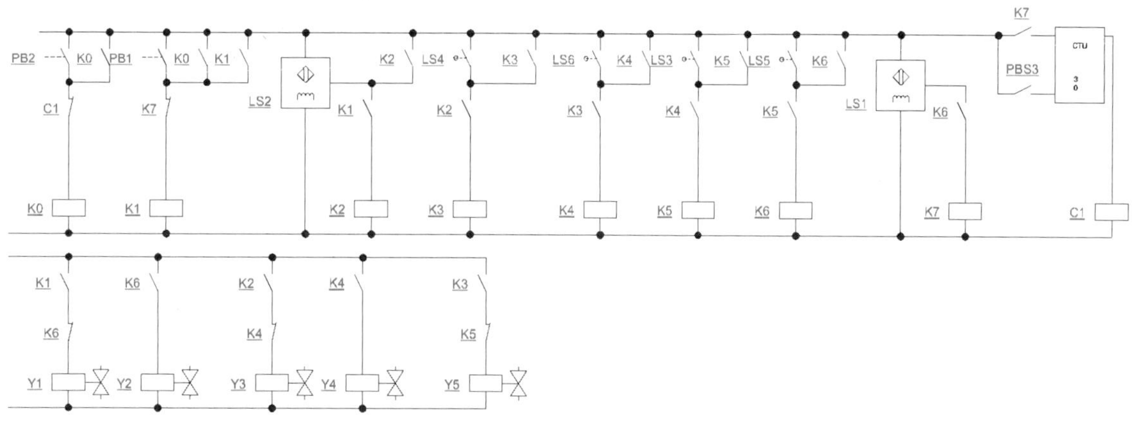

공개 ⑭안 과제 풀이

1. 공기압회로 설계 및 구성

1) 기본동작 요구사항

PBS1을 1회 ON-OFF하면 주어진 변위단계선도에 따라 실린더 A, B, C가 1사이클 동작하도록 시스템을 구성하시오(단, 전기 배선은 +는 적색으로, -는 청색 또는 흑색으로 연결하고, 전선이 시스템 동작에 영향을 주지 않도록 정리하시오).

공기압회로도	변위단계선도

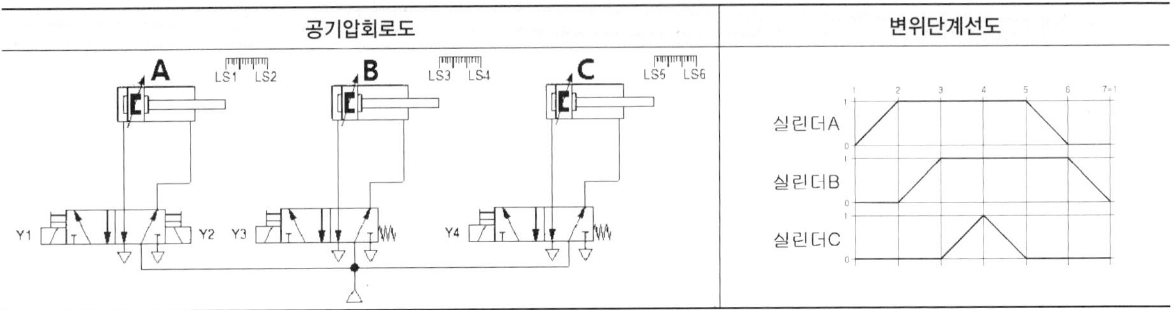

풀이 기본동작 전기회로도 설계하기

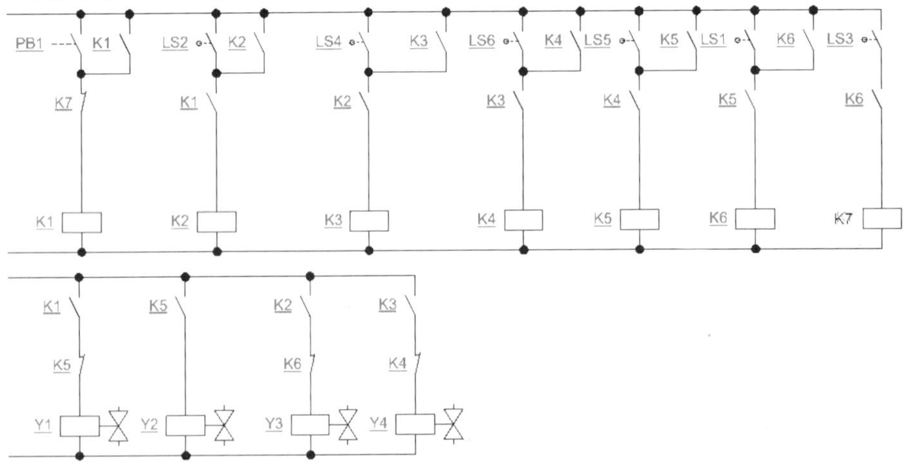

2) 연속동작

PBS2를 1회 ON-OFF하면 기본동작을 3사이클 동작한 후 정지하고, PBS3를 1회 ON-OFF하면 리셋되도록 시스템을 구성하시오.

풀이 연속동작 전기회로도 설계하기

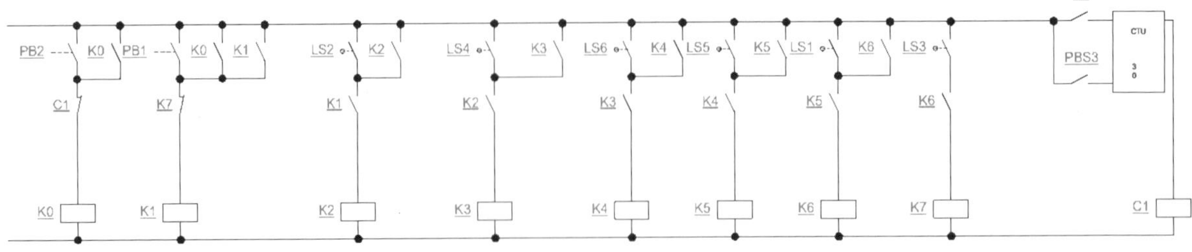

※ 출력(주회로)은 동일함

3) 시스템 유지보수

가) 다음과 같이 부품을 교체한 후 기본/연속동작을 수행할 수 있도록 전기회로도를 변경하고 시스템을 구성하시오.

- 리밋 스위치 LS3과 LS4 → 유도형 센서

나) 다음과 같이 부품을 교체한 후 기본/연속동작을 수행할 수 있도록 전기회로도를 변경하고 시스템을 구성하시오.

- 실린더 A의 양측 솔레노이드밸브 → 실린더 A의 편측 솔레노이드밸브

다) 실린더 B, C의 전진속도를 조절하기 위하여 일방향 유량조절밸브를 사용하여 미터아웃방식으로 회로를 구성하시오.

라) 감압밸브를 사용하여 실린더 B 전진 시 작동압력이 0.3±0.05MPa로 제어되도록 회로를 변경하시오.

풀이 시스템 유지보수 회로 변경

가) 공압회로 변경

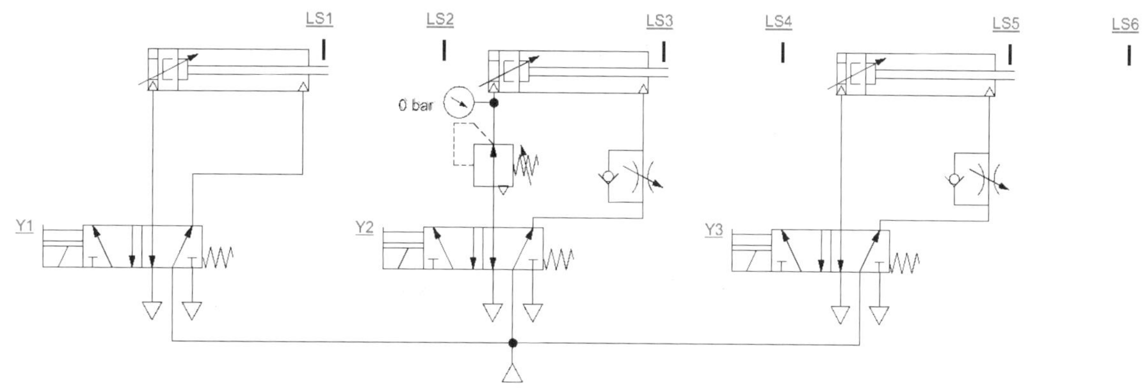

나) 전기회로 변경

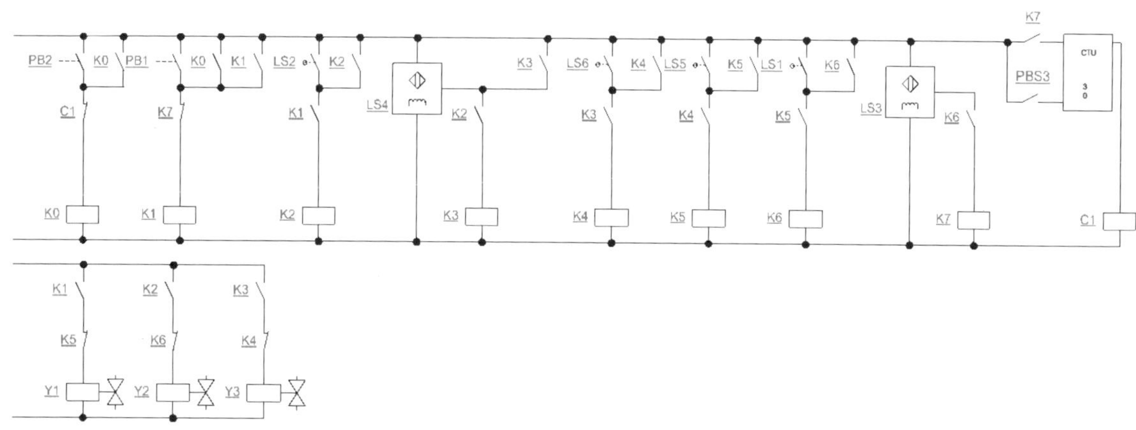

공개 ⑮안 과제 풀이

1. 공기압회로 설계 및 구성

1) 기본동작 요구사항

PBS1을 1회 ON-OFF하면 주어진 변위단계선도에 따라 실린더 A, B, C가 1사이클 동작하도록 시스템을 구성하시오(단, 전기 배선은 +는 적색으로, -는 청색 또는 흑색으로 연결하고, 전선이 시스템 동작에 영향을 주지 않도록 정리하시오).

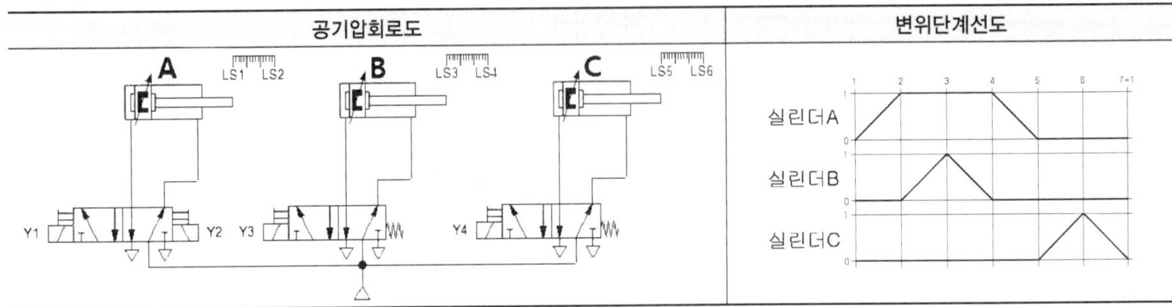

풀이 기본동작 전기회로도 설계하기

2) 연속동작

PBS2를 1회 ON-OFF하면 기본동작을 3사이클 동작한 후 정지하고, PBS3를 1회 ON-OFF하면 리셋되도록 시스템을 구성하시오.

풀이 연속동작 전기회로도 설계하기

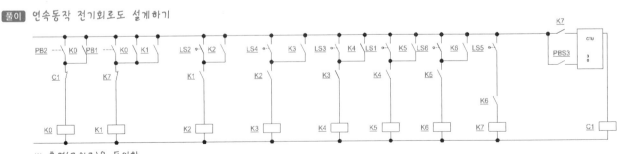

※ 출력(주회로)은 동일함

3) 시스템 유지보수

가) 다음과 같이 부품을 교체한 후 기본/연속동작을 수행할 수 있도록 전기회로도를 변경하고 시스템을 구성하시오.

- 리밋 스위치 LS1과 LS2 → 용량형 센서

나) 실린더 A의 전진이 완료되면 3초 후에 실린더 B가 동작하도록 전기타이머를 사용하여 전기회로도를 변경하고 시스템을 구성하시오.

다) 별도의 전기 리밋 스위치와 램프를 1개씩 추가로 사용하여 전기 리밋 스위치가 ON되면 추가된 램프가 ON되고 이때 PBS2를 눌러도 시스템이 운전되지 않고, 전기 리밋 스위치가 OFF되면 램프가 OFF되고 PBS2를 누르면 시스템이 운전되도록 회로를 변경하시오.

라) 실린더 B, C의 후진속도를 조절하기 위하여 일방향 유량조절밸브를 사용하여 미터아웃방식으로 회로를 구성하시오.

풀이 시스템 유지보수 회로 변경

가) 공압회로 변경

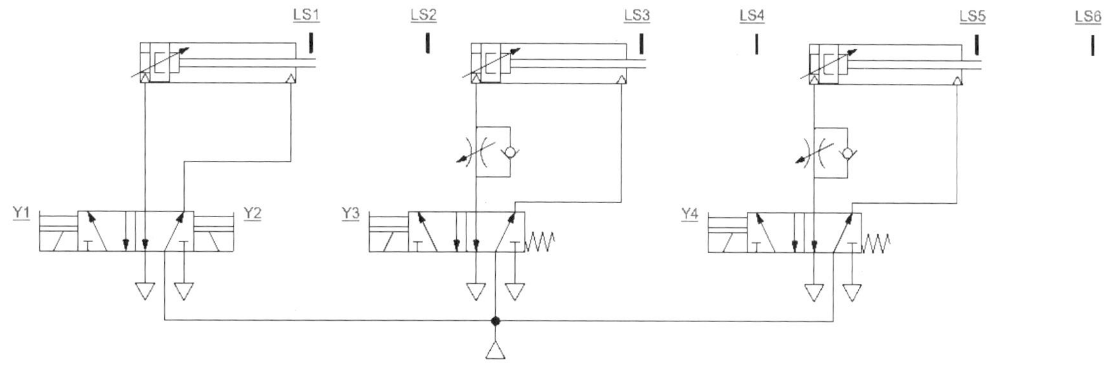

나) 전기회로 변경

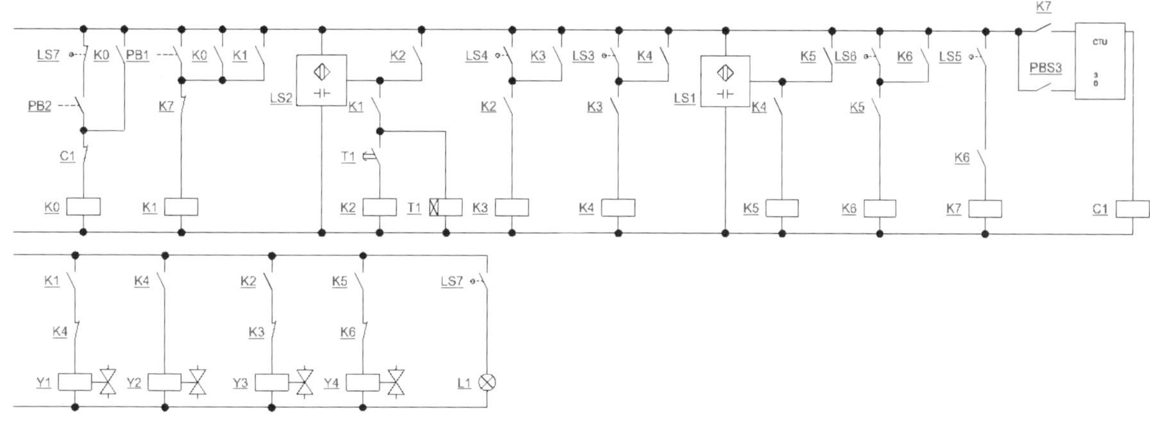

공개 ⑯안 과제 풀이

1. 공기압회로 설계 및 구성

1) 기본동작 요구사항

PBS1을 1회 ON-OFF하면 주어진 변위단계선도에 따라 실린더 A, B, C가 1사이클 동작하도록 시스템을 구성하시오(단, 전기 배선은 +는 적색으로, -는 청색 또는 흑색으로 연결하고, 전선이 시스템 동작에 영향을 주지 않도록 정리하시오).

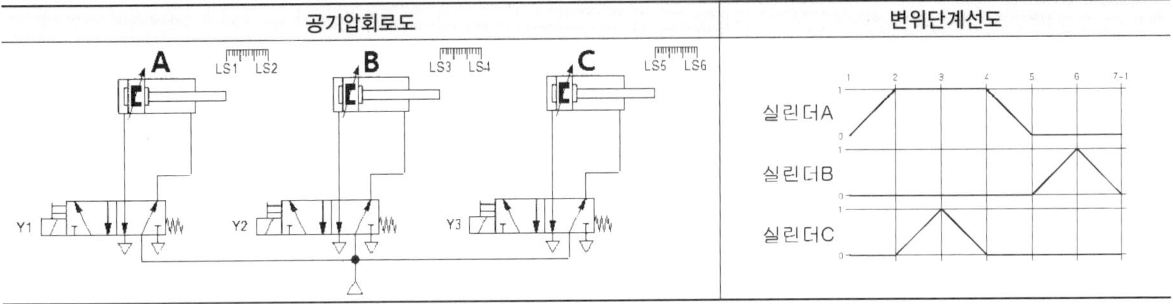

풀이 기본동작 전기회로도 설계하기

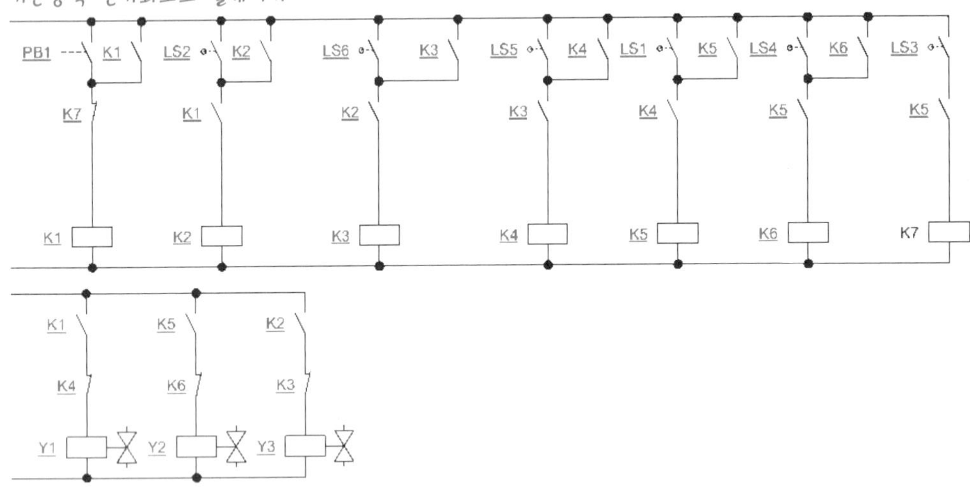

2) 연속동작

PBS2를 1회 ON-OFF하면 기본동작을 3사이클 동작한 후 정지하고, PBS3를 1회 ON-OFF하면 리셋되도록 시스템을 구성하시오.

풀이 연속동작 전기회로도 설계하기

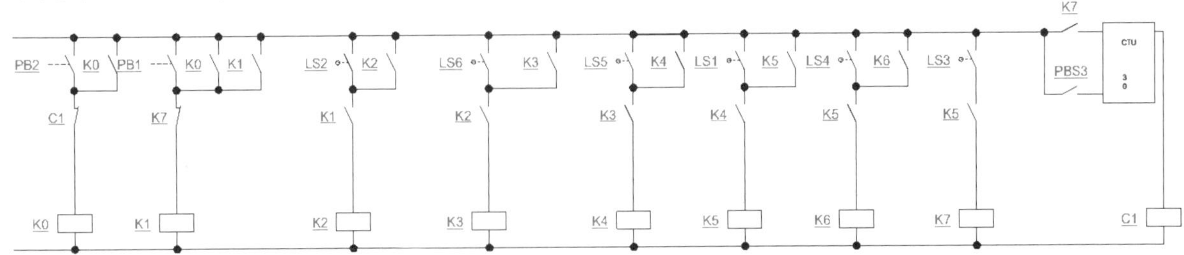

※ 출력(주회로)은 동일함

3) 시스템 유지보수

가) 다음과 같이 부품을 교체한 후 기본/연속동작을 수행할 수 있도록 전기회로도를 변경하고 시스템을 구성하시오.

- 리밋 스위치 LS1과 LS2 → 유도형 센서

나) 다음과 같이 부품을 교체한 후 기본/연속동작을 수행할 수 있도록 전기회로도를 변경하고 시스템을 구성하시오.

- 실린더 B의 편측 솔레노이드밸브 → 실린더 B의 양측 솔레노이드밸브

다) 실린더 C의 후진속도를 조절하기 위하여 급속배기밸브를 사용하여 회로를 구성하시오.

라) 서비스 유닛의 설정압력을 0.3±0.05MPa로 조정하시오.

풀이 시스템 유지보수 회로 변경

가) 공압회로 변경

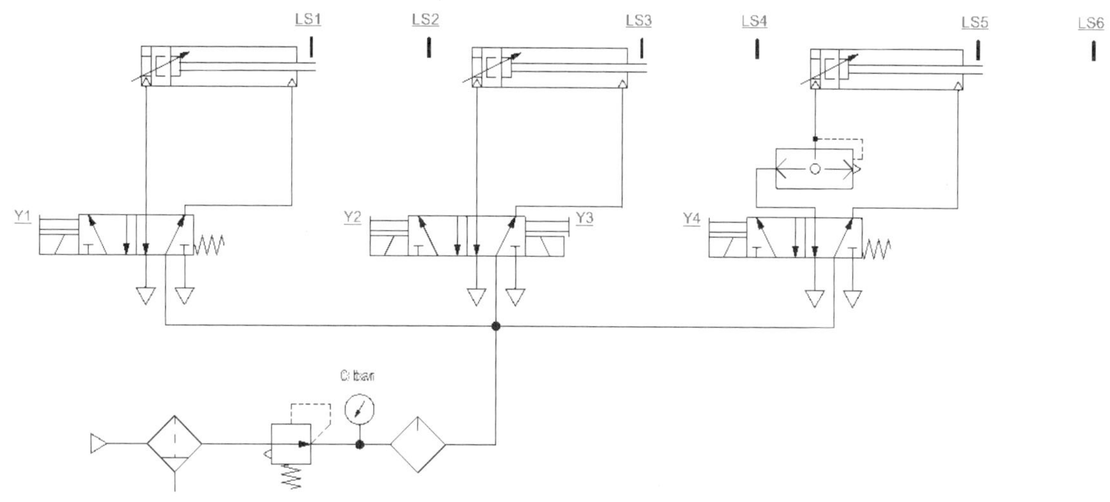

나) 전기회로 변경

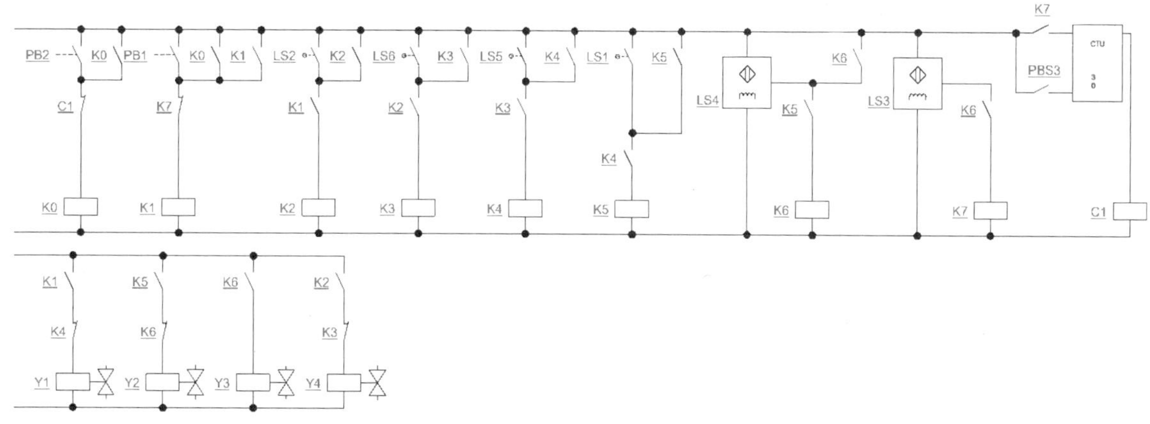

공개 ⑰안 과제 풀이

1. 공기압회로 설계 및 구성

1) 기본동작 요구사항

PBS1을 1회 ON-OFF하면 주어진 변위단계선도에 따라 실린더 A, B, C가 1사이클 동작하도록 시스템을 구성하시오(단, 전기 배선은 +는 적색으로, -는 청색 또는 흑색으로 연결하고, 전선이 시스템 동작에 영향을 주지 않도록 정리하시오).

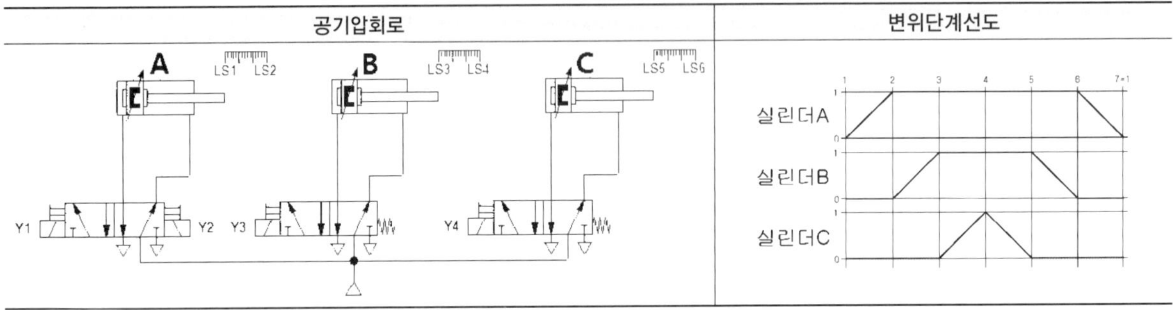

풀이 기본동작 전기회로도 설계하기

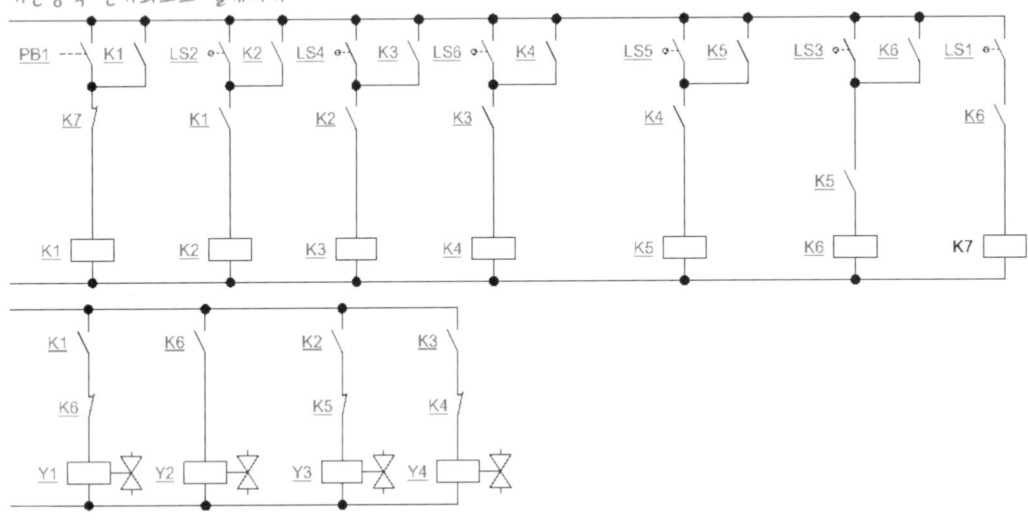

2) 연속동작

PBS2를 1회 ON-OFF하면 기본동작을 3사이클 동작한 후 정지하고, PBS3를 1회 ON-OFF하면 리셋되도록 시스템을 구성하시오.

풀이 연속동작 전기회로도 설계하기

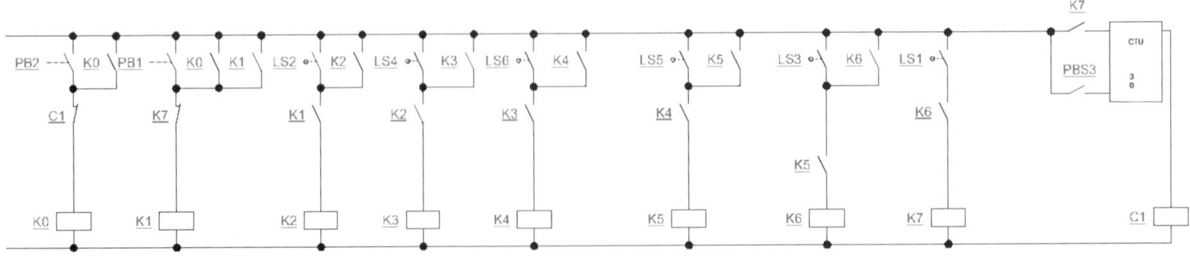

※ 출력(주회로)은 동일함

3) 시스템 유지보수

가) 별도의 유지형 스위치와 램프를 1개씩 추가로 사용하여 유지형 스위치가 ON되면 램프가 ON되고 이때 PBS2를 눌러도 시스템이 운전되지 않고, 유지형 스위치가 OFF되면 램프가 OFF되고 PBS2를 누르면 시스템이 운전되도록 회로를 변경하시오.

나) 다음과 같이 부품을 교체한 후 기본/연속동작을 수행할 수 있도록 전기회로도를 변경하고 시스템을 구성하시오.
- 실린더 A의 양측 솔레노이드밸브 → 실린더 A의 편측 솔레노이드밸브

다) 실린더 B, C의 후진속도를 조절하기 위하여 일방향 유량조절밸브를 사용하여 미터아웃방식으로 회로를 구성하시오.

라) 감압밸브를 사용하여 실린더 C 전진 시 작동압력이 0.3±0.05MPa로 제어되도록 회로를 변경하시오.

풀이 시스템 유지보수 회로 변경

가) 공압회로 변경

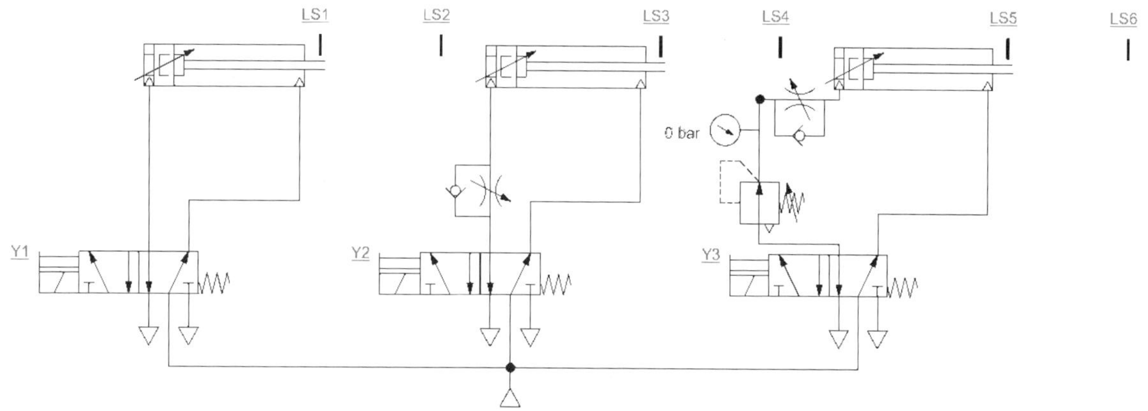

나) 전기회로 변경

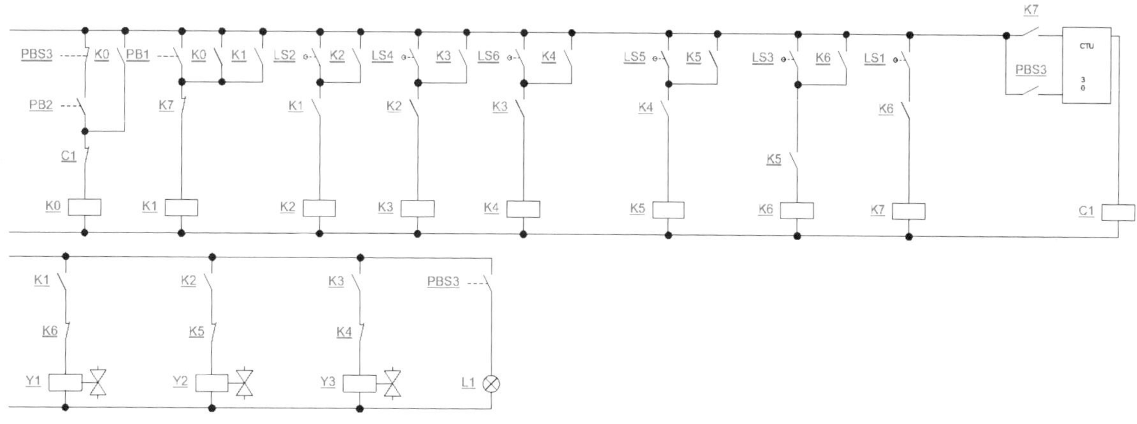

공개 ⑱안 과제 풀이

1. 공기압회로 설계 및 구성

1) 기본동작 요구사항

PBS1을 1회 ON-OFF하면 주어진 변위단계선도에 따라 실린더 A, B, C가 1사이클 동작하도록 시스템을 구성하시오(단, 전기 배선은 +는 적색으로, -는 청색 또는 흑색으로 연결하고, 전선이 시스템 동작에 영향을 주지 않도록 정리하시오).

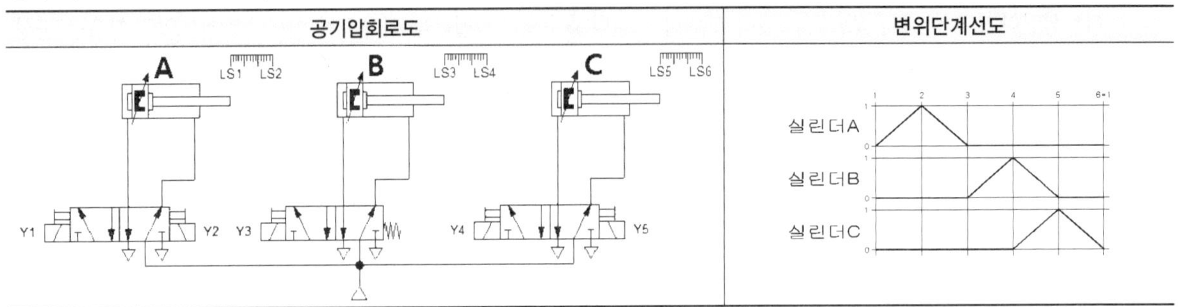

풀이 기본동작 전기회로도 설계하기

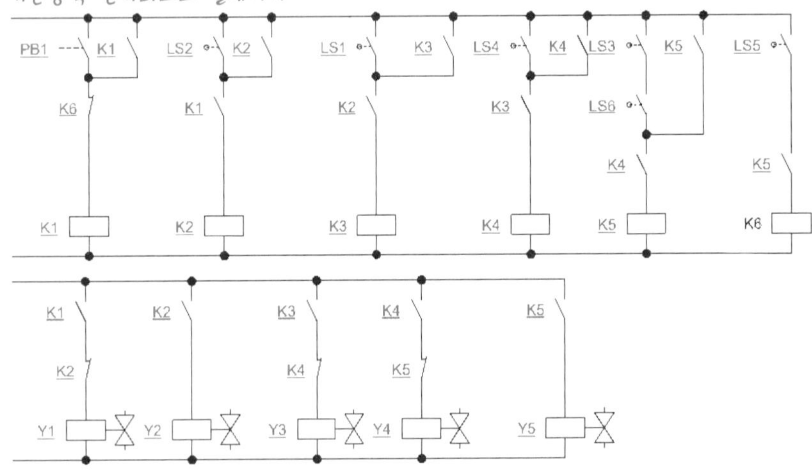

2) 연속동작

PBS2를 1회 ON-OFF하면 기본동작을 3사이클 동작한 후 정지하고, PBS3를 1회 ON-OFF하면 리셋되도록 시스템을 구성하시오.

풀이 연속동작 전기회로도 설계하기

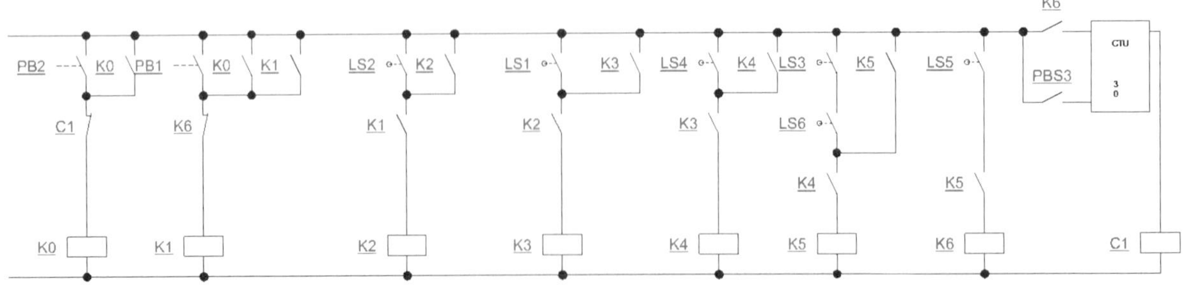

※ 출력(주회로)은 동일함

3) 시스템 유지보수

가) 다음과 같이 부품을 교체한 후 기본/연속동작을 수행할 수 있도록 전기회로도를 변경하고 시스템을 구성하시오.

- 리밋 스위치 LS1과 LS2 → 용량형 센서

나) 다음과 같이 부품을 교체한 후 기본/연속동작을 수행할 수 있도록 전기회로도를 변경하고 시스템을 구성하시오.

- 실린더 B의 편측 솔레노이드밸브 → 실린더 B의 양측 솔레노이드밸브

다) 별도의 유지형 스위치와 램프를 1개씩 추가로 사용하여 유지형 스위치가 ON되면 램프가 ON되고 이때 PBS2를 눌러도 시스템이 운전되지 않고, 유지형 스위치가 OFF되면 램프가 OFF되고 PBS2를 누르면 시스템이 운전되도록 회로를 변경하시오.

라) 실린더 A의 전진속도를 조절하기 위하여 일방향 유량조절밸브를 사용하여 미터아웃방식으로 회로를 구성하시오.

풀이 시스템 유지보수 회로 변경

가) 공압회로 변경

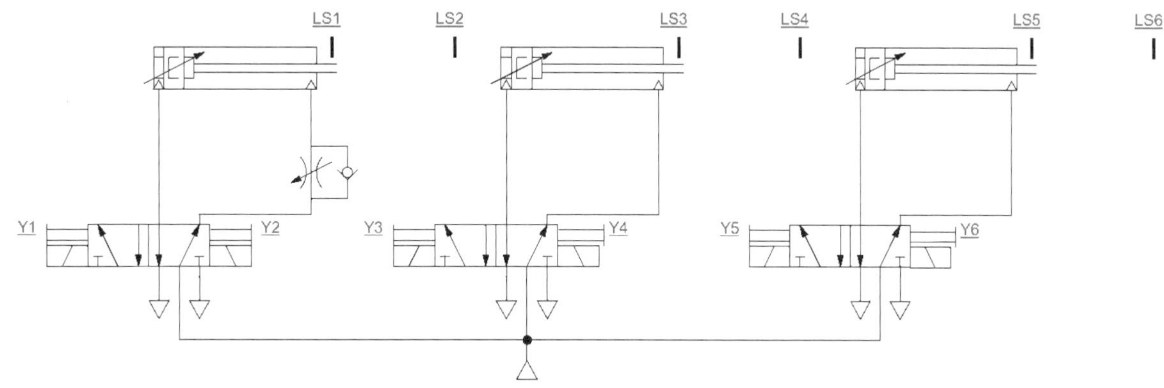

나) 전기회로 변경

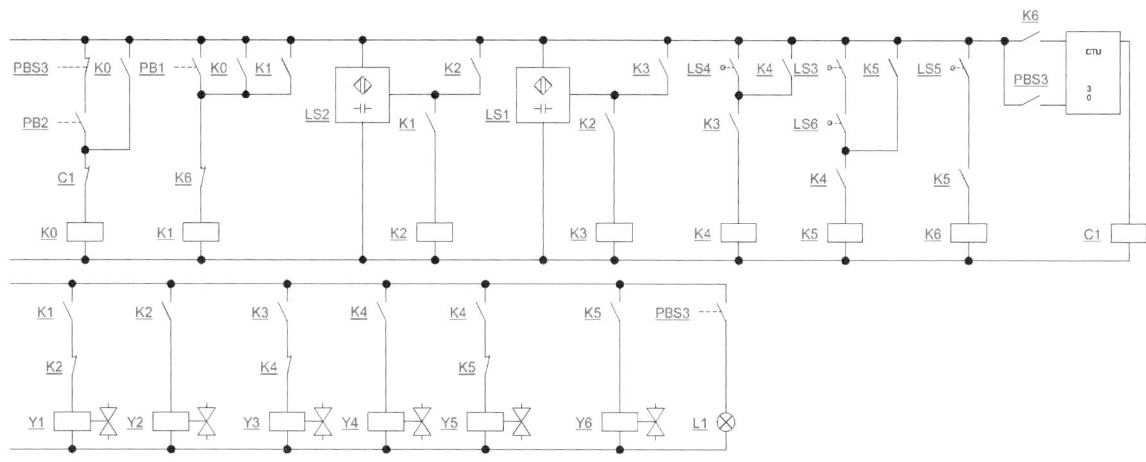

CHAPTER 02 유압시스템 설계 및 구성 작업

※ 시험시간 : 1시간 30분

요구사항 해결하기

가. 유압기기 배치(각 과제별 공통사항임)

1) 유압회로와 같이 유압기기를 선정하여 고정판에 배치하시오(단, 유압기기는 수평 또는 수직 방향으로 수험자가 임의로 배치하고, 리밋 스위치는 방향성을 고려하여 설치하시오).

2) 유압호스를 사용하여 기기를 연결하시오(단, 유압호스가 시스템 동작에 영향을 주지 않도록 정리하시오).

3) 유압회로 내 최고 압력을 4±0.2MPa로 설정하시오.

나. 유압회로 설계 및 구성

1) 기본동작(모든 문제가 동일하다)

PBS1을 1회 ON-OFF하면 주어진 변위단계선도에 따라 실린더 A, B가 1사이클 동작하도록 시스템을 구성하시오(단, 전기 배선은 +는 적색으로, -는 청색 또는 흑색으로 연결하고, 전선이 시스템 동작에 영향을 주지 않도록 정리하시오).

※ 기본동작 요구사항, 유압회로도, 변위단계선도를 참고하여 전기회로도를 설계한다.

2) 연속동작(모든 문제가 동일하다)

PBS2를 1회 ON-OFF하면 기본동작을 3사이클 동작한 후 정지하고, PBS3를 1회 ON-OFF하면 리셋되도록 시스템을 구성하시오.

3) 시스템 유지보수

가) …항, 나) …항, 다) …항, 라) …항은 과제별 내용이 다르다.

4) 정리정돈(모든 문제가 동일하다)

평가 종료 후 작업한 자리의 부품 정리, 기름 제거, 유압배관 정리, 전선 정리 등 모든 상태를 초기 상태로 정리하시오.

▌수험자 유의사항(각 항목별로 잘 읽어 보고 준비해야 한다)

※ 다음 유의사항을 고려하여 요구사항을 완성하시오.

1) 시험 시작 전 장비의 이상 유무를 확인합니다.

2) 시험 중 반드시 시험감독위원의 지시에 따라야 하며, 시험감독위원의 지시가 없는 한 시험장을 임의로 이탈할 수 없습니다.

3) 시험에 필요한 기기 이외의 부품이나 장비에 임의로 접촉하지 않도록 주의하시기 바랍니다.

4) 유압배관의 제거는 공급압력을 차단한 후 실시하시기 바랍니다.

5) 유압펌프는 OFF 상태를 기본으로 하고, 회로 검증 등 필요한 경우에만 동작시키시기 바랍니다.

6) 유압회로가 무부하회로일 경우 압력 설정에 주의하시기 바랍니다.

7) 전기 합선 시에는 즉시 전원공급장치의 전원을 차단하시기 바랍니다.

8) 실린더의 작동 부분에는 전선 및 호스가 접촉되지 않도록 주의하여야 합니다.

9) '기본동작 → 연속동작 → 시스템 유지보수' 순서대로 시험감독위원에게 평가받습니다(단, 각 동작의 평가는 전원이 유지된 상태에서 2회 이상 시도하여 동일하게 정상 동작이 되어야 하며, 1회만 동작하고 정상적으로 재동작하지 않으면 인정하지 않습니다).

10) 평가 기회는 한 번만 부여되오니, 이 점 유의하여 평가를 요청하시기 바랍니다(단, 평가가 불명확하여 재확인이 필요한 경우 시험감독위원의 판단에 따라 다시 동작시킬 수 있습니다. 회로를 변경 또는 수정할 수 없고, 동작만 재시도합니다).

11) 평가 종료 후 정리정돈 상태에 따라 감점될 수 있음을 유의하시기 바랍니다.

12) 시험 중 작업복 및 안전보호구를 착용하여 안전수칙을 준수하여야 하며, 안전수칙 미준수로 인해 감점될 수 있음을 유의하시기 바랍니다.

13) 다음 사항에 대해서는 채점 대상에서 제외하니 특히 유의하시기 바랍니다.
   가) 기 권
      (1) 수험자 본인이 수험 도중 시험에 대한 포기의사를 표하는 경우
      (2) 실기시험 과정 중 1개 과정이라도 불참한 경우
   나) 실 격
      (1) 시설·장비의 조작 또는 재료의 취급이 미숙하여 위해를 일으킬 것으로 시험감독위원 전원이 합의하여 판단한 경우
      (2) 기능이 해당 등급 수준에 전혀 도달하지 못한 것으로 시험감독위원이 판단할 경우
      (3) 부정행위를 한 경우
   다) 미완성
      (1) 시험시간 내에 작품을 제출하지 못한 경우
   라) 오 작
      (1) 기본/연속동작에서 공기압회로와 다른 부품을 사용하여 회로를 구성한 경우
      (2) 기본동작이 변위단계선도와 일치하지 않는 작품

공개 ①안 과제 풀이

1. 유압회로 설계 및 구성

1) **기본동작** : PBS1을 1회 ON-OFF하면 주어진 변위단계선도에 따라 실린더 A, B가 1사이클 동작하도록 시스템을 구성하시오(단, 전기 배선은 +는 적색으로, -는 청색 또는 흑색으로 연결하고, 전선이 시스템 동작에 영향을 주지 않도록 정리하시오).

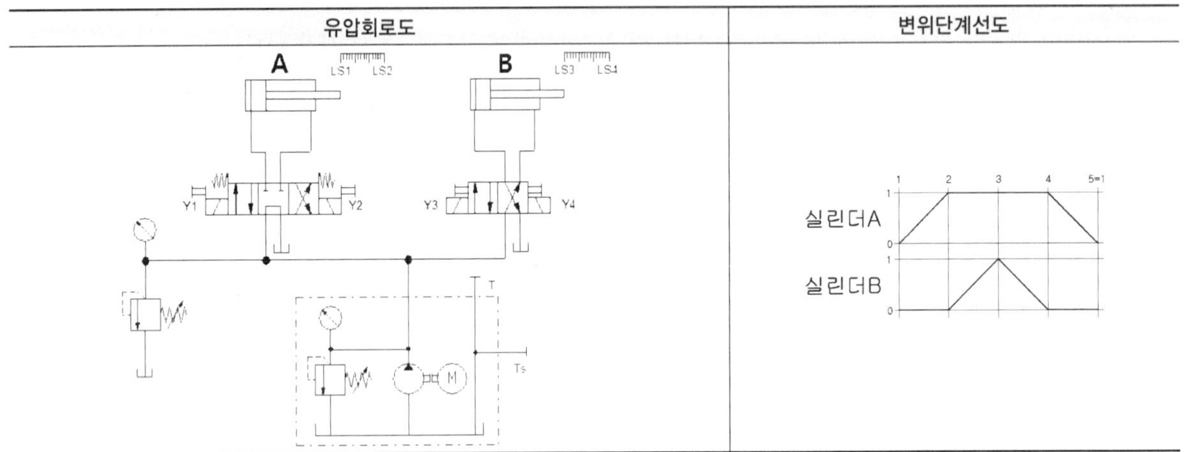

풀이 기본동작 전기회로도 설계하기

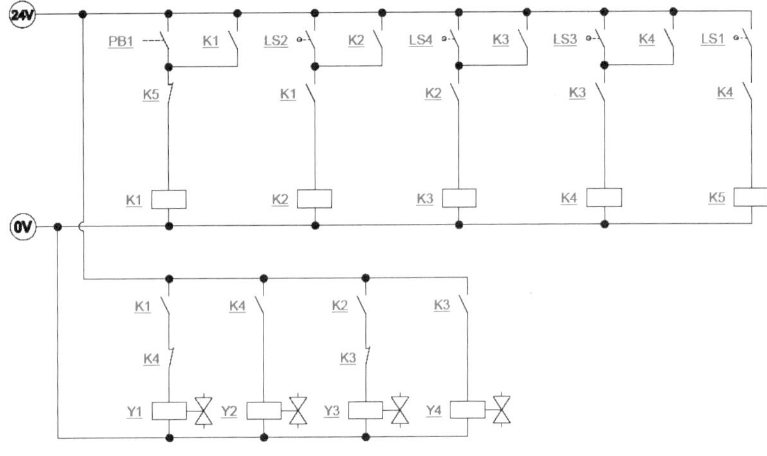

2) **연속동작** : PBS2를 1회 ON-OFF하면 기본동작을 3사이클 동작한 후 정지하고, PBS3를 1회 ON-OFF하면 리셋되도록 시스템을 구성하시오.

풀이 연속동작 전기회로도 설계하기

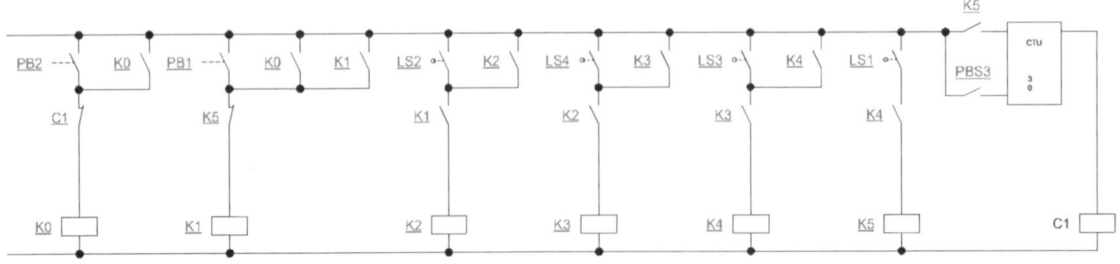

※ 릴레이 번호는 순서대로 부여하면 됨(K0 → K6)

※ 출력(주회로)은 동일함

3) 시스템 유지보수

가) 전기타이머를 사용하여 실린더 A의 전진이 완료되면 3초 후에 실린더 B가 동작하도록 전기회로도를 변경하고 시스템을 구성하시오.

나) 실린더 A의 전진속도가 제어되도록 블리드오프회로를 구성하시오.

다) 부하에 변동 없이 실린더 B의 전진속도가 조절되도록 전진라인에 압력보상형 유량조절밸브를 설치하시오.

라) 유압유의 역류를 방지하기 위해 파워유닛의 토출구에 체크밸브를 추가하여 구성하시오.

풀이 시스템 유지보수 설계하기

가) 유압회로도 변경

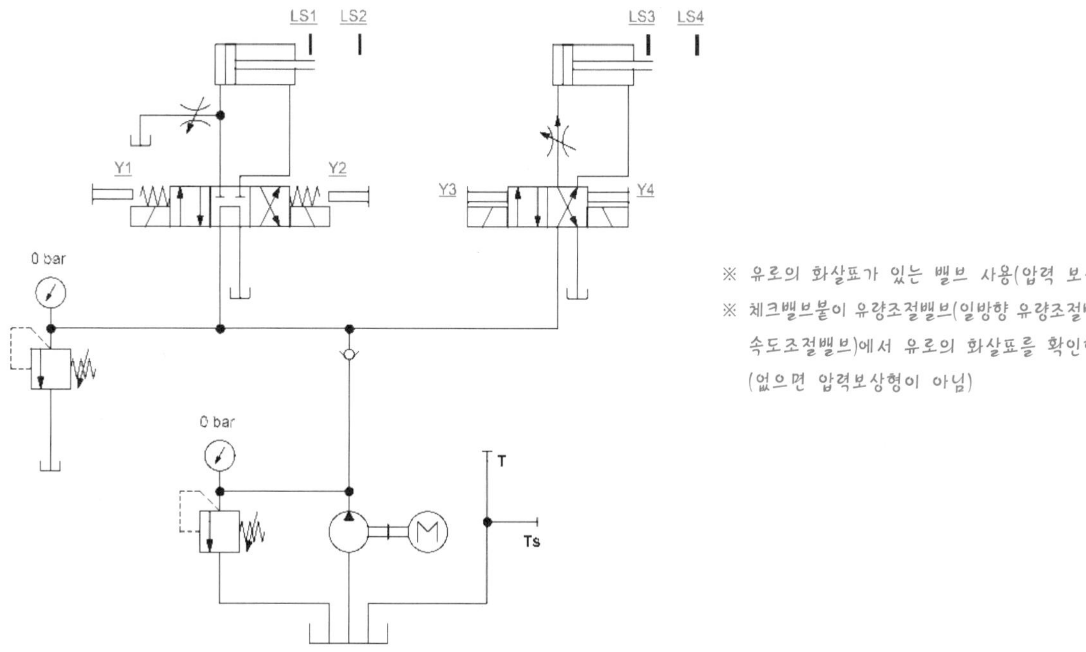

나) 전기회로도 변경

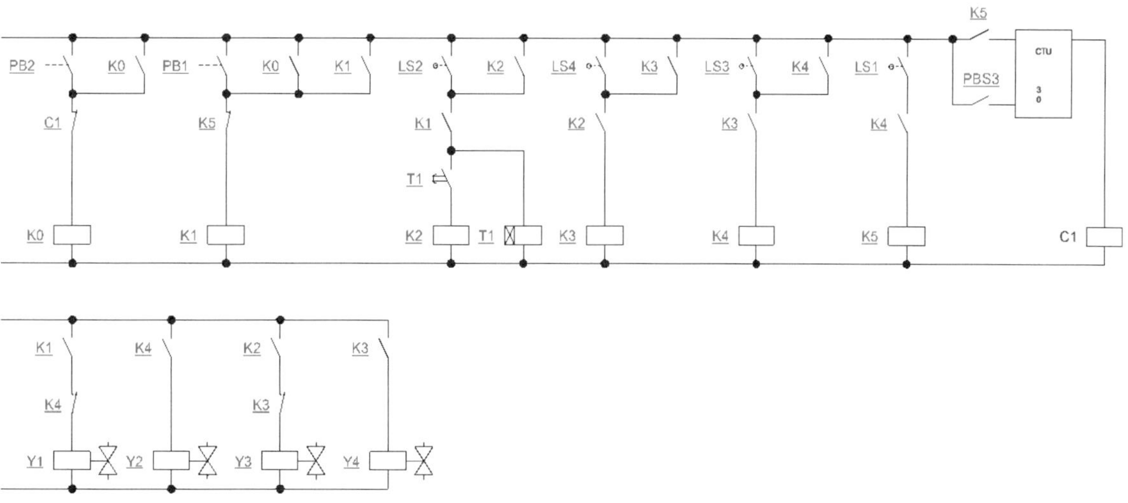

공개 ②안 과제 풀이

1. 유압회로 설계 및 구성

1) **기본동작** : PBS1을 1회 ON-OFF하면 주어진 변위단계선도에 따라 실린더 A, B가 1사이클 동작하도록 시스템을 구성하시오(단, 전기 배선은 +는 적색으로, -는 청색 또는 흑색으로 연결하고, 전선이 시스템 동작에 영향을 주지 않도록 정리하시오).

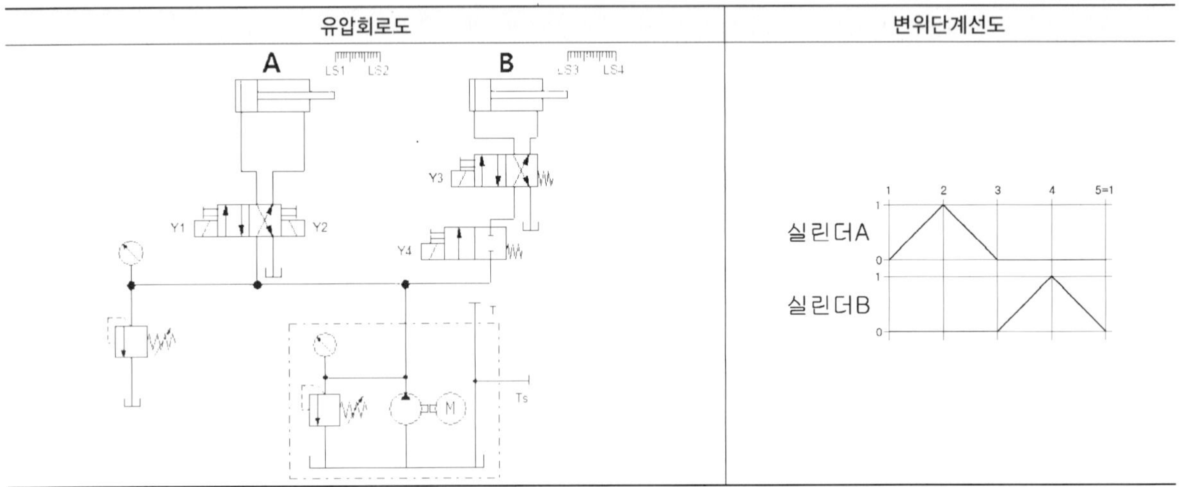

풀이 기본동작 전기회로도 설계하기

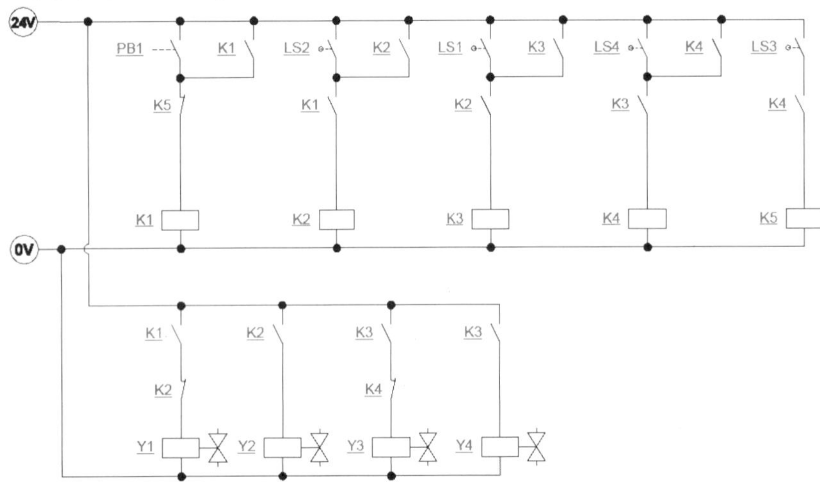

2) **연속동작** : PBS2를 1회 ON-OFF하면 기본동작을 3사이클 동작한 후 정지하고, PBS3를 1회 ON-OFF하면 리셋되도록 시스템을 구성하시오.

풀이 연속동작 전기회로도 설계하기

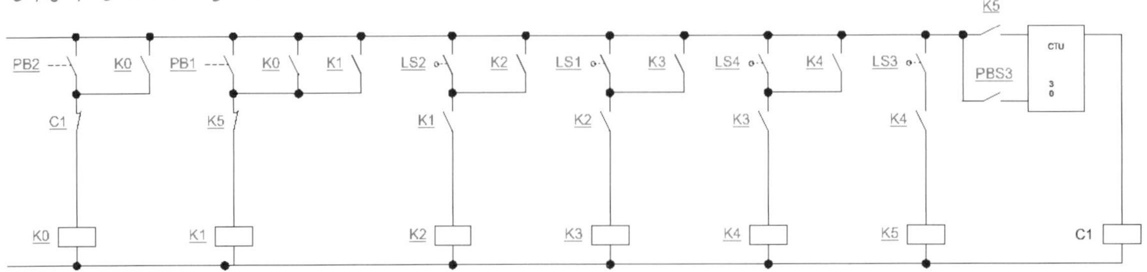

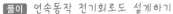

3) 시스템 유지보수

가) 실린더 A의 후진이 완료되면 3초 후에 실린더 B가 동작하도록 전기타이머를 사용하여 전기회로도를 변경하고 시스템을 구성하시오.

나) 2/2way 솔레노이드밸브 작동 중 램프1이 점등되도록 하고, 작동 완료 후 소등되도록 전기회로도를 변경하고 시스템을 구성하시오.

다) 실린더 A의 전·후진속도가 제어되도록 공급라인에 양방향 유량조절밸브를 사용하여 회로를 구성하시오.

라) 실린더 A의 전진운동 시 자중낙하방지회로를 구성하시오(단 릴리프밸브, 체크밸브, 압력게이지를 사용하여 카운터밸런스회로를 구성하고 압력을 2MPa로 설정하시오).

풀이 시스템 유지보수 설계하기

가) 유압회로도 변경

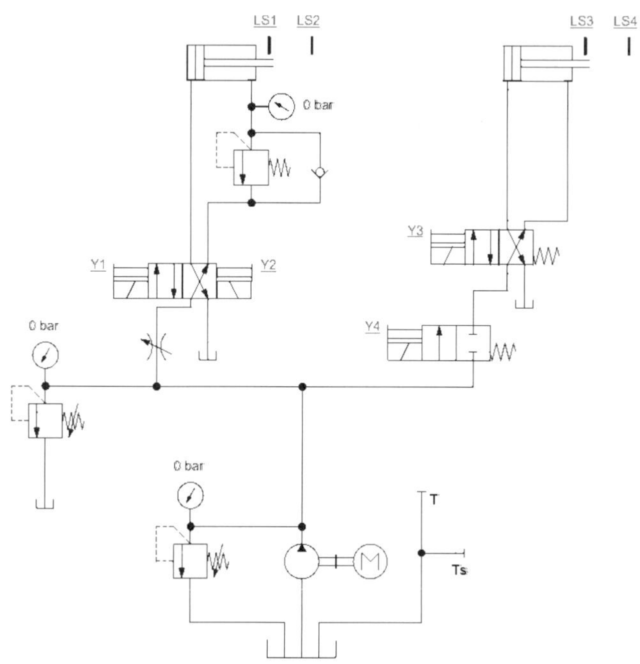

나) 전기회로도 변경

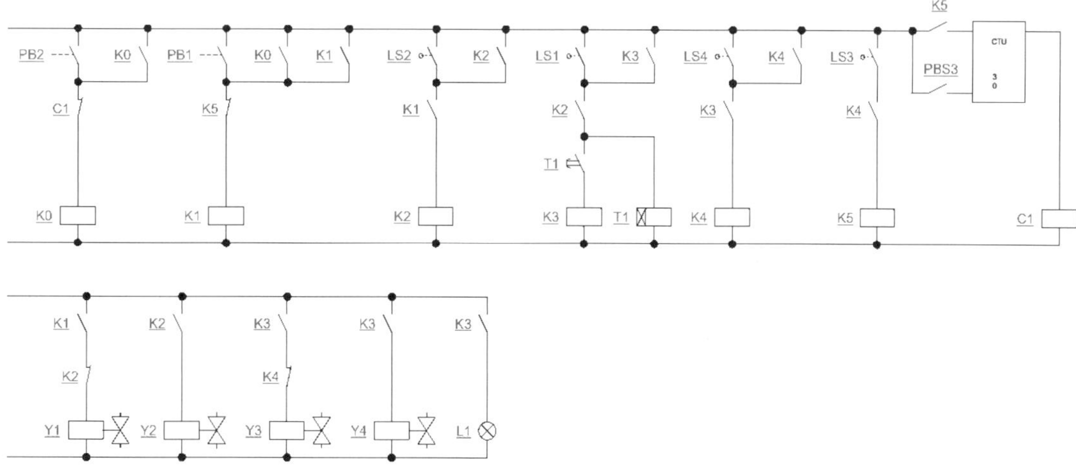

공개 ③안 과제 풀이

1. 유압회로 설계 및 구성

1) **기본동작** : PBS1을 1회 ON-OFF하면 주어진 변위단계선도에 따라 실린더 A, B가 1사이클 동작하도록 시스템을 구성하시오(단, 전기 배선은 +는 적색으로, -는 청색 또는 흑색으로 연결하고, 전선이 시스템 동작에 영향을 주지 않도록 정리하시오).

유압회로도	변위단계선도
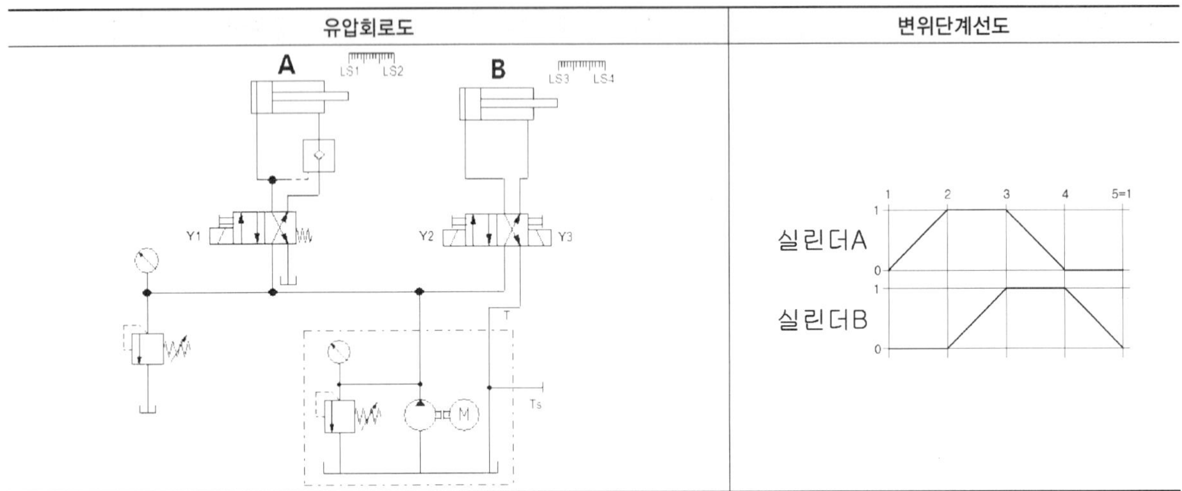	

풀이 기본동작 전기회로도 설계하기

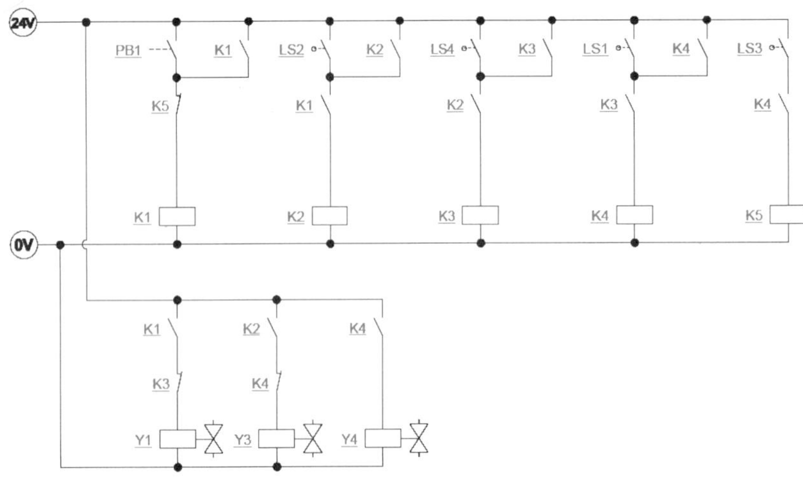

2) **연속동작** : PBS2를 1회 ON-OFF하면 기본동작을 3사이클 동작한 후 정지하고, PBS3를 1회 ON-OFF하면 리셋되도록 시스템을 구성하시오.

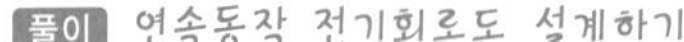

풀이 연속동작 전기회로도 설계하기

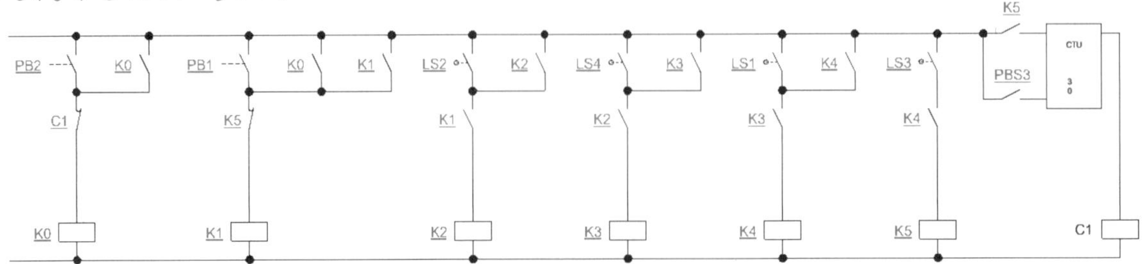

3) 시스템 유지보수

가) 실린더 A, B의 전진속도를 조절하기 위하여 일방향 유량조절밸브를 사용하여 미터인방식으로 회로를 구성하시오.

나) 실린더 B측의 전진라인에 감압밸브와 압력게이지를 추가로 설치하여 유압회로도를 변경하고, 감압밸브의 압력이 2MPa이 되도록 조정하시오.

다) 실린더 A의 전진 리밋 스위치 LS2를 제거하고 압력 스위치를 설치하여 전진 완료 후 압력 스위치의 설정압력(3MPa)에 도달했을 때 실린더 B가 작동하도록 회로를 변경하시오.

라) 연속동작을 수행하는 동안 램프1이 점등되고 동작 완료 후 소등되도록 전기회로도를 변경하고 시스템을 구성하시오.

풀이 시스템 유지보수 회로 변경

가) 유압회로도 변경

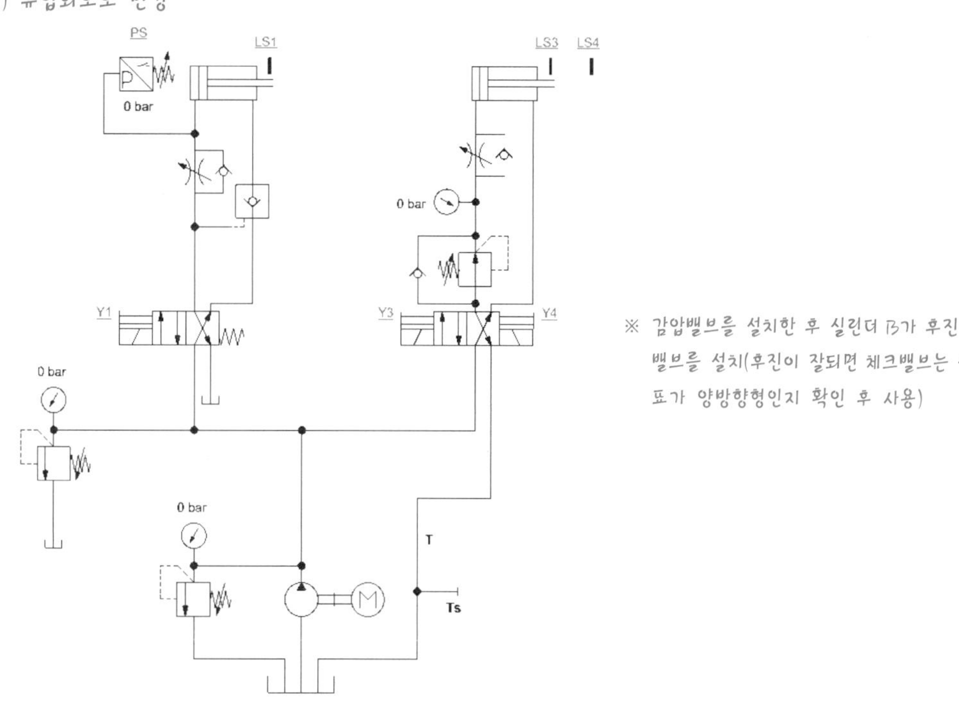

※ 감압밸브를 설치한 후 실린더 B가 후진이 잘되지 않으면 체크밸브를 설치(후진이 잘되면 체크밸브는 생략 가능, 유로의 화살표가 양방향형인지 확인 후 사용)

나) 전기회로도 변경

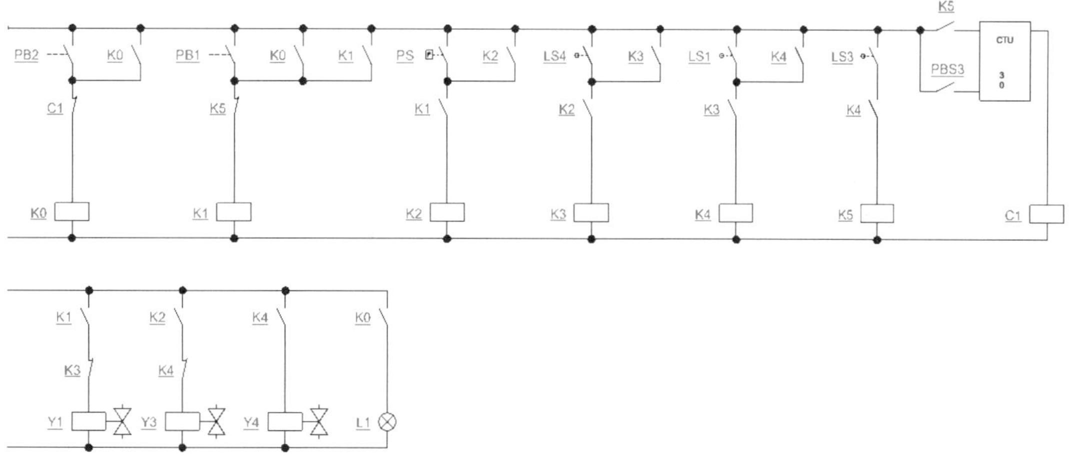

공개 ④안 과제 풀이

1. 유압회로 설계 및 구성

1) **기본동작** : PBS1을 1회 ON-OFF하면 주어진 변위단계선도에 따라 실린더 A, B가 1사이클 동작하도록 시스템을 구성하시오(단, 전기 배선은 +는 적색으로, -는 청색 또는 흑색으로 연결하고, 전선이 시스템 동작에 영향을 주지 않도록 정리하시오).

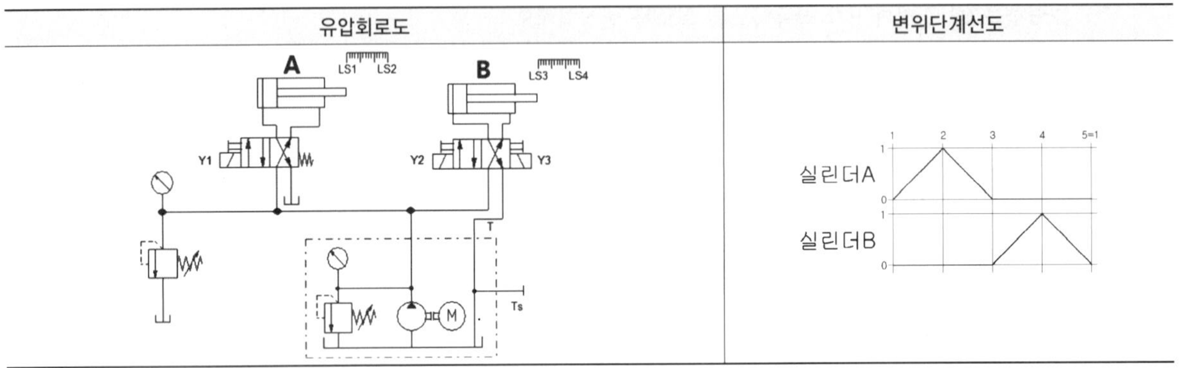

풀이 기본동작 전기회로도 설계하기

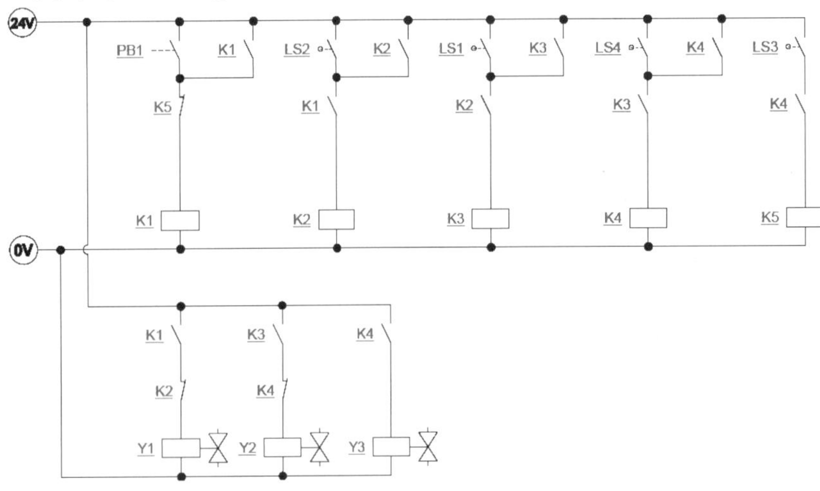

2) **연속동작** : PBS2를 1회 ON-OFF하면 기본동작을 3사이클 동작한 후 정지하고, PBS3를 1회 ON-OFF하면 리셋되도록 시스템을 구성하시오.

풀이 연속동작 전기회로도 설계하기

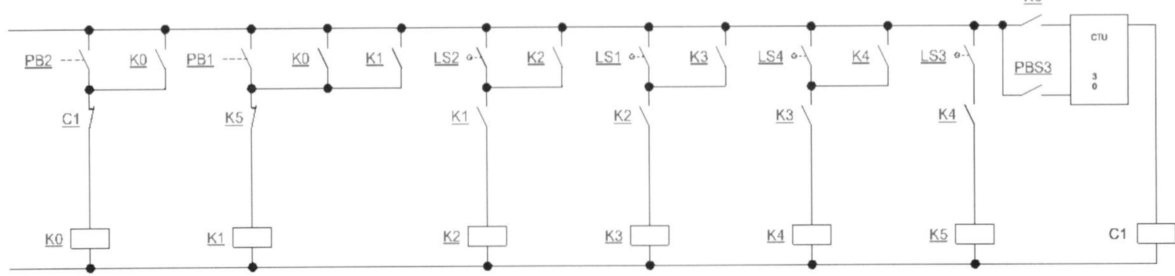

3) 시스템 유지보수

가) 전기타이머를 사용하여 실린더 A의 전진이 완료되면 3초 후에 다음 동작이 동작하도록 전기회로도를 변경하고 시스템을 구성하시오.

나) 실린더 A, B의 후진속도를 조절하기 위하여 일방향 유량조절밸브를 사용하여 미터인방식으로 회로를 구성하시오.

다) 실린더 A의 로드측에 파일럿 조작체크밸브를 이용하여 로킹회로가 되도록 변경하시오.

라) 유지형 스위치를 누르면 램프1이 점등되고, 램프1이 점등된 상태에서 PBS1을 누르면 기본동작을, PBS2를 누르면 연속동작을 동작하도록 전기회로도를 변경하고 시스템을 구성하시오(단, 유지형 스위치를 누르지 않은 상태에서는 램프1이 점등되지 않고 기본/연속동작이 동작되지 않도록 하시오).

풀이 시스템 유지보수 회로 변경

가) 유압회로도 변경

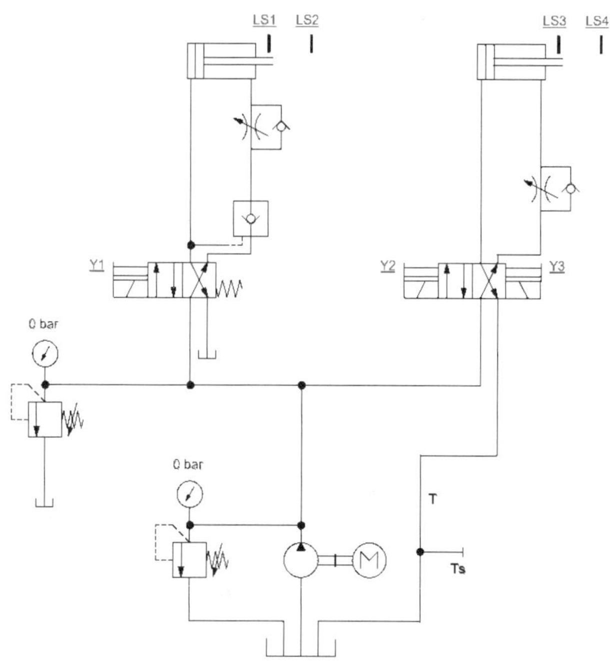

나) 전기회로도 변경

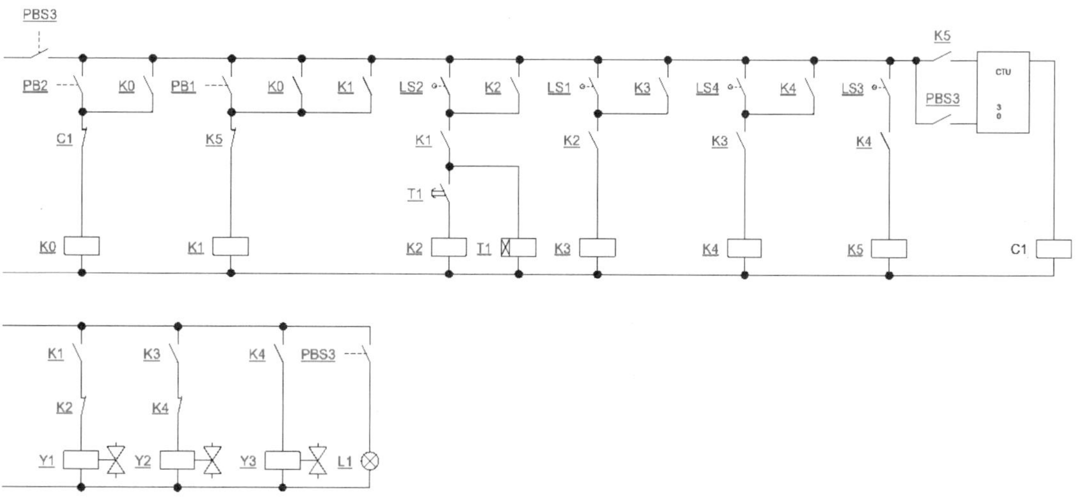

공개 ⑤안 과제 풀이

1. 유압회로 설계 및 구성

1) **기본동작** : PBS1을 1회 ON-OFF하면 주어진 변위단계선도에 따라 실린더 A, B가 1사이클 동작하도록 시스템을 구성하시오(단, 전기 배선은 +는 적색으로, -는 청색 또는 흑색으로 연결하고, 전선이 시스템 동작에 영향을 주지 않도록 정리하시오).

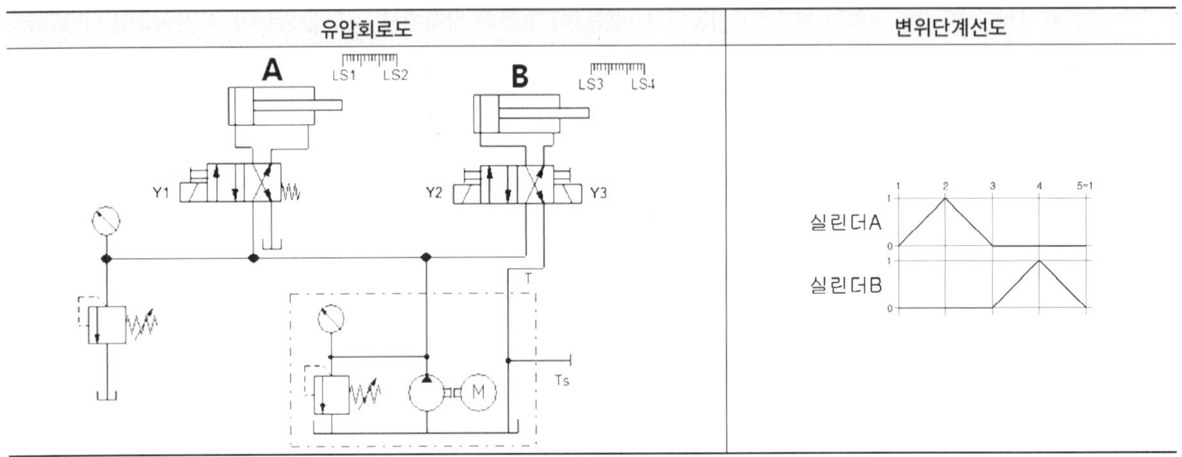

풀이 기본동작 전기회로도 설계하기

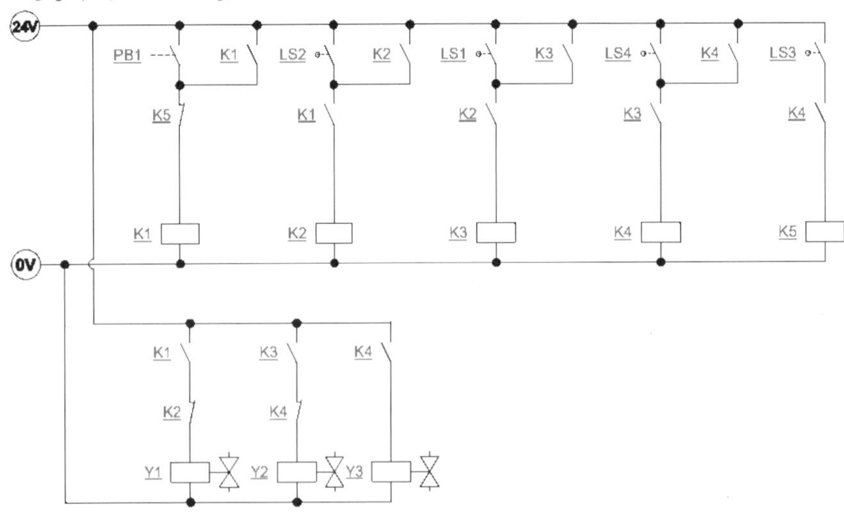

2) **연속동작** : PBS2를 1회 ON-OFF하면 기본동작을 3사이클 동작한 후 정지하고, PBS3를 1회 ON-OFF하면 리셋되도록 시스템을 구성하시오.

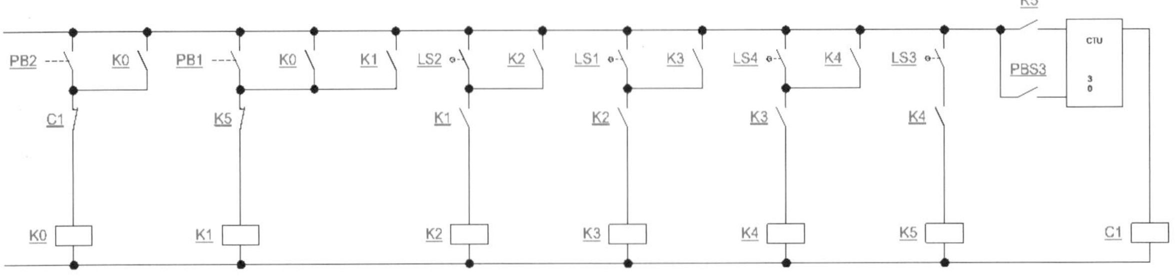

3) 시스템 유지보수

가) 전기타이머를 사용하여 실린더 A의 후진이 완료되면 3초 후에 실린더 B가 동작하도록 전기회로도를 변경하고 시스템을 구성하시오.

나) 부하에 변동 없이 실린더 A의 전진속도가 조절되도록 전진라인에 압력보상형 유량조절밸브를 설치하여 회로를 구성하시오.

다) 유지형 스위치를 누르면 램프1이 점등되고, 램프1이 점등된 상태에서 PBS1을 누르면 기본동작을, PBS2를 누르면 연속동작을 동작하도록 전기회로도를 변경하고 시스템을 구성하시오(단, 유지형 스위치를 누르지 않은 상태에서는 램프1이 점등되지 않고 기본/연속동작이 동작되지 않도록 하시오).

라) 실린더 B의 전진운동 시 자중낙하방지회로를 구성하시오(단 릴리프밸브, 체크밸브, 압력게이지를 사용하여 카운터밸런스회로를 구성하고 압력을 2MPa로 설정하시오).

풀이 시스템 유지보수 회로 변경

가) 유압회로도 변경

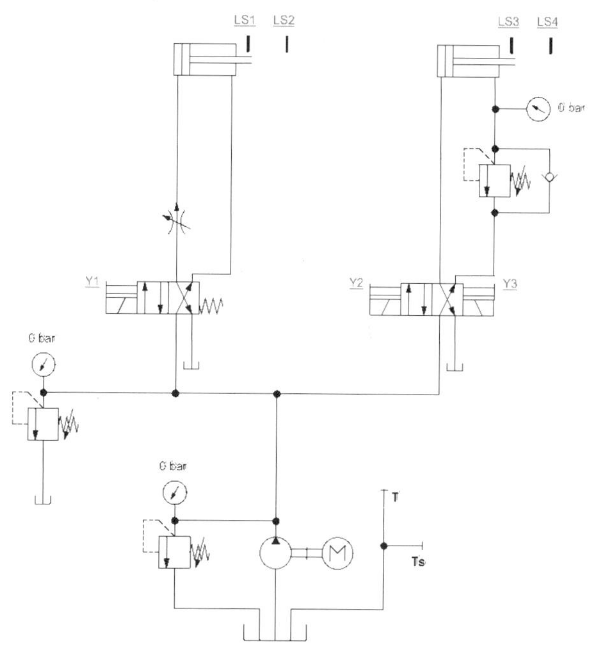

나) 전기회로도 변경

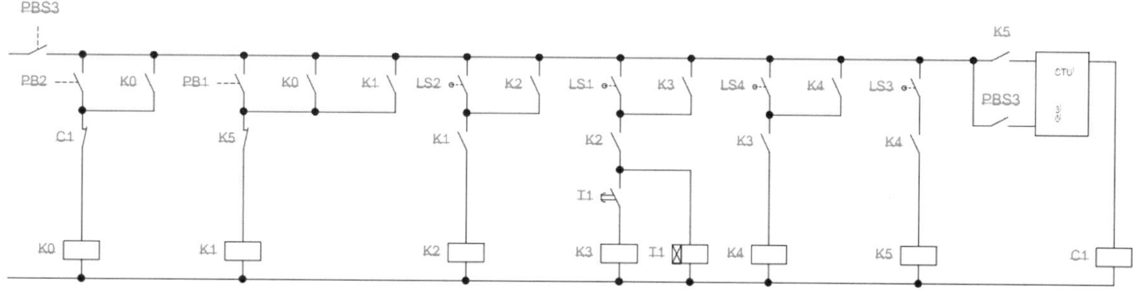

공개 ⑥안 과제 풀이

1. 유압회로 설계 및 구성

1) **기본동작** : PBS1을 1회 ON-OFF하면 주어진 변위단계선도에 따라 실린더 A, B가 1사이클 동작하도록 시스템을 구성하시오(단, 전기 배선은 +는 적색으로, -는 청색 또는 흑색으로 연결하고, 전선이 시스템 동작에 영향을 주지 않도록 정리하시오).

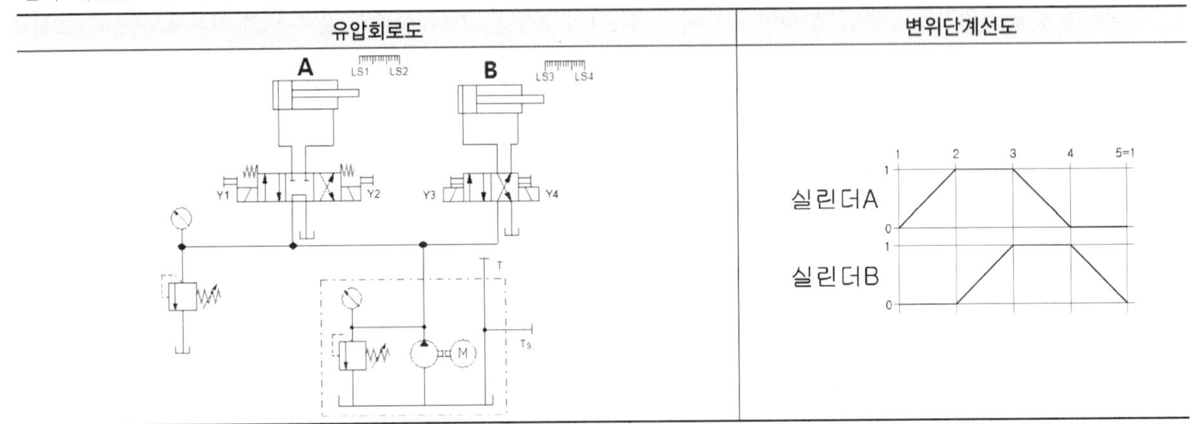

풀이 기본동작 전기회로도 설계하기

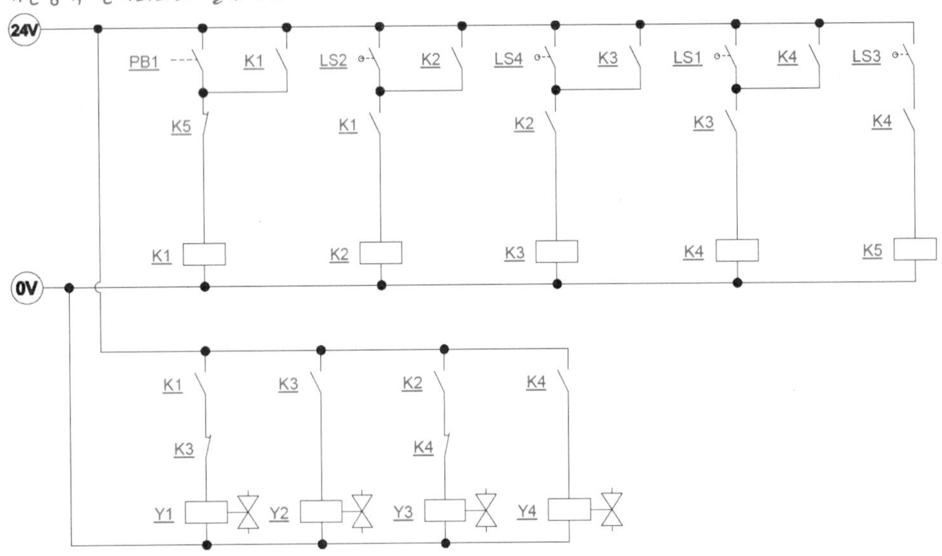

2) **연속동작** : PBS2를 1회 ON-OFF하면 기본동작을 3사이클 동작한 후 정지하고, PBS3를 1회 ON-OFF하면 리셋되도록 시스템을 구성하시오.

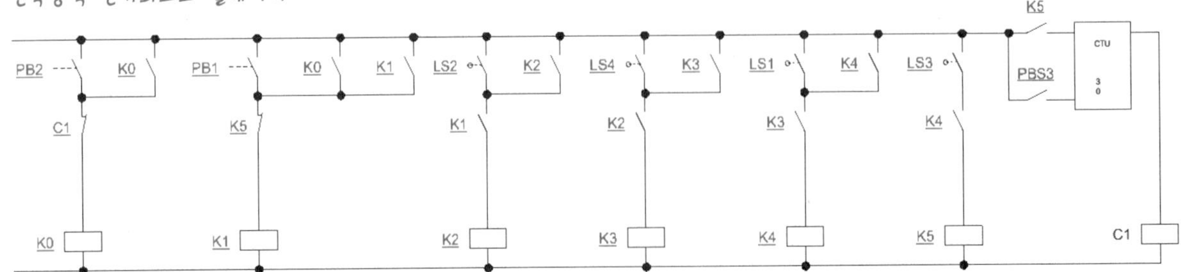

3) 시스템 유지보수

가) 실린더 A의 전진이 완료되면 3초 후에 실린더 B가 동작하도록 전기타이머를 사용하여 전기회로도를 변경하고 시스템을 구성하시오.

나) 실린더 A의 전·후진속도가 제어되도록 공급라인에 양방향 유량조절밸브를 사용하여 회로를 구성하시오.

다) 실린더 A의 전진 리밋 스위치 LS2를 제거하고 압력 스위치를 설치하여 전진 완료 후 압력 스위치의 설정압력(3MPa)에 도달했을 때 다음 동작이 작동하도록 회로를 변경하시오.

라) 유지형 스위치를 누르면 램프1이 점등되고, 램프1이 점등된 상태에서 PBS1을 누르면 기본동작을, PBS2를 누르면 연속동작을 동작하도록 전기회로도를 변경하고 시스템을 구성하시오(단, 유지형 스위치를 누르지 않은 상태에서는 램프1이 점등되지 않고 기본/연속동작이 동작되지 않도록 하시오).

풀이 시스템 유지보수 회로 변경

가) 유압회로도 변경

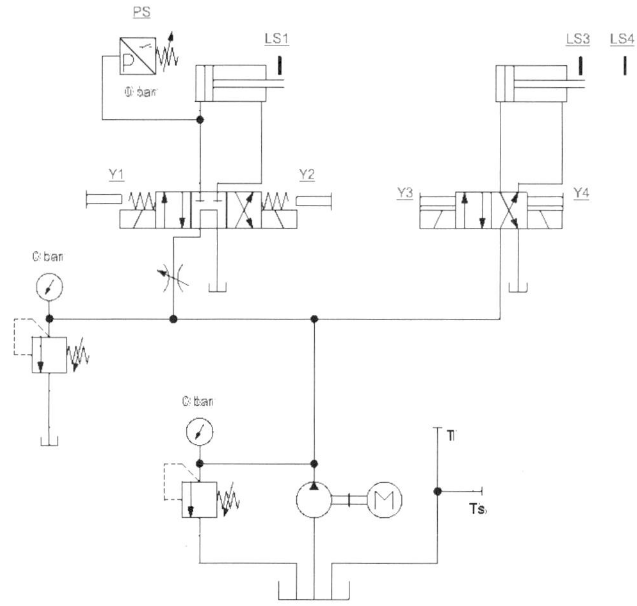

나) 전기회로도 변경

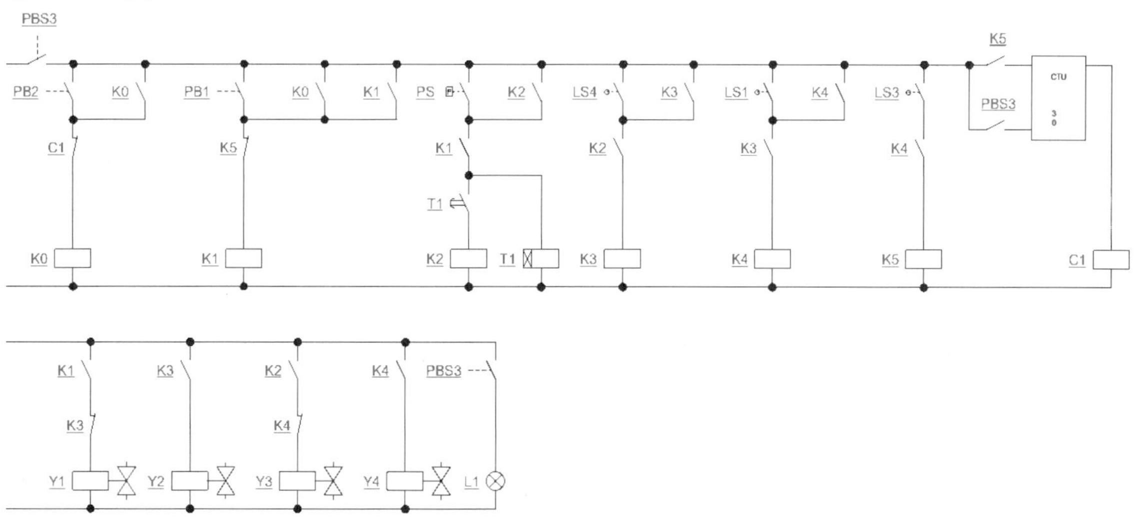

공개 ⑦안 과제 풀이

1. 유압회로 설계 및 구성

1) **기본동작** : PBS1을 1회 ON-OFF하면 주어진 변위단계선도에 따라 실린더 A, B가 1사이클 동작하도록 시스템을 구성하시오(단, 전기 배선은 +는 적색으로, - 는 청색 또는 흑색으로 연결하고, 전선이 시스템 동작에 영향을 주지 않도록 정리하시오).

유압회로도	변위단계선도

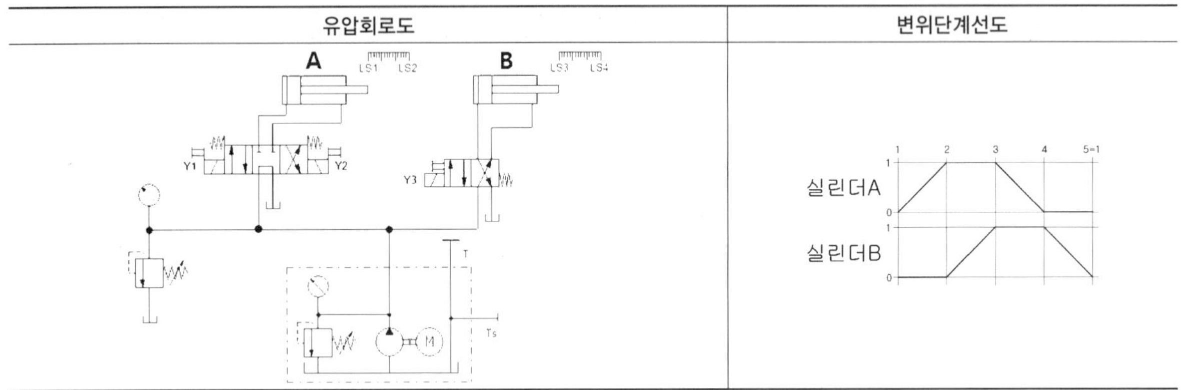

풀이 기본동작 전기회로도 설계하기

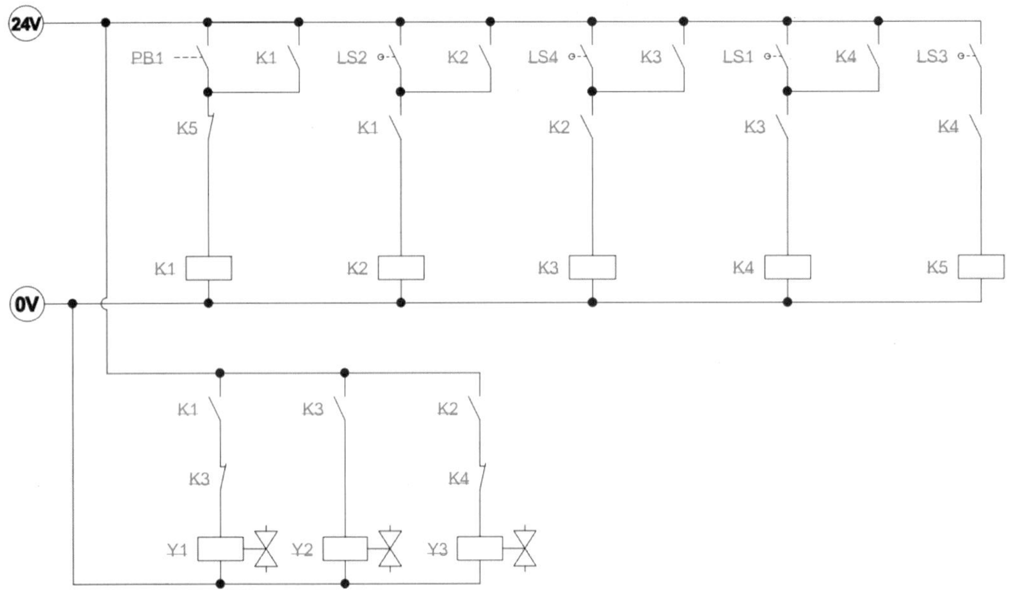

2) **연속동작** : PBS2를 1회 ON-OFF하면 기본동작을 3사이클 동작한 후 정지하고, PBS3를 1회 ON-OFF하면 리셋되도록 시스템을 구성하시오.

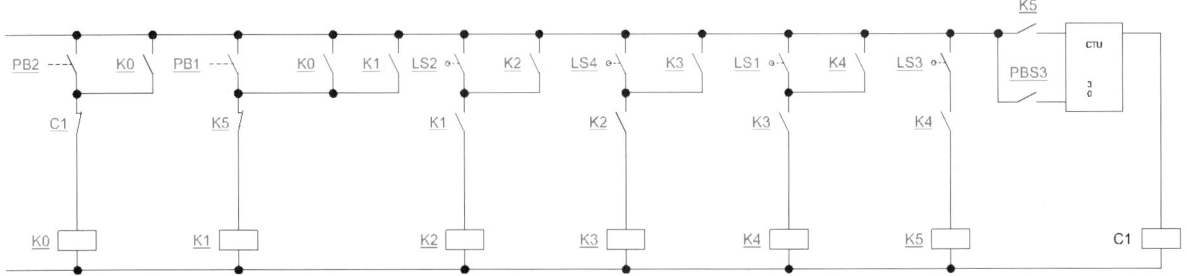

3) 시스템 유지보수

가) 유지형 스위치를 누르면 램프1이 점등되고, 램프1이 점등된 상태에서 PBS1을 누르면 기본동작을, PBS2를 누르면 연속동작을 동작하도록 전기회로도를 변경하고 시스템을 구성하시오(단, 유지형 스위치를 누르지 않은 상태에서는 램프1이 점등되지 않고 기본/연속동작이 동작되지 않도록 하시오).

나) 실린더 B측 전진라인에 감압밸브와 압력게이지를 추가로 설치하여 유압회로도를 변경하고, 감압밸브의 압력이 2MPa이 되도록 조정하시오.

다) 실린더 A의 로드측에 파일럿 조작체크밸브를 이용하여 로킹회로가 되도록 변경하시오.

라) 유압유의 역류를 방지하기 위해 파워유닛의 토출구에 체크밸브를 추가하여 구성하시오.

풀이 시스템 유지보수 회로 변경

가) 유압회로도 변경

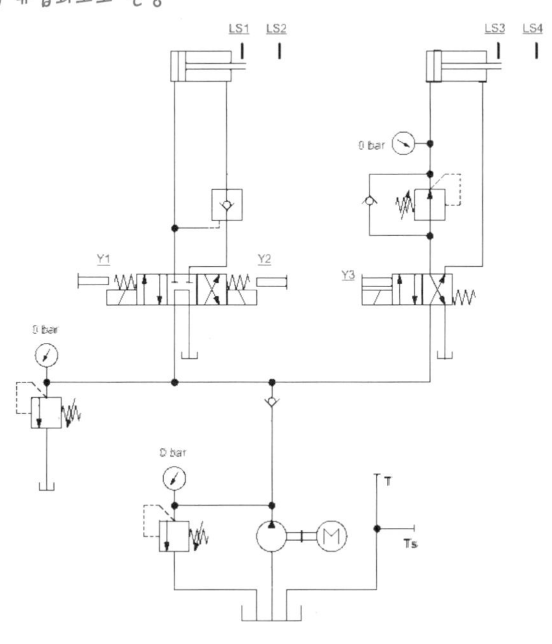

※ 감압밸브를 설치한 후 실린더 B가 후진이 잘되지 않으면 체크밸브를 설치(후진이 잘되면 체크밸브는 생략 가능, 유로의 화살표가 양방향형인지 확인 후 사용)

나) 전기회로도 변경

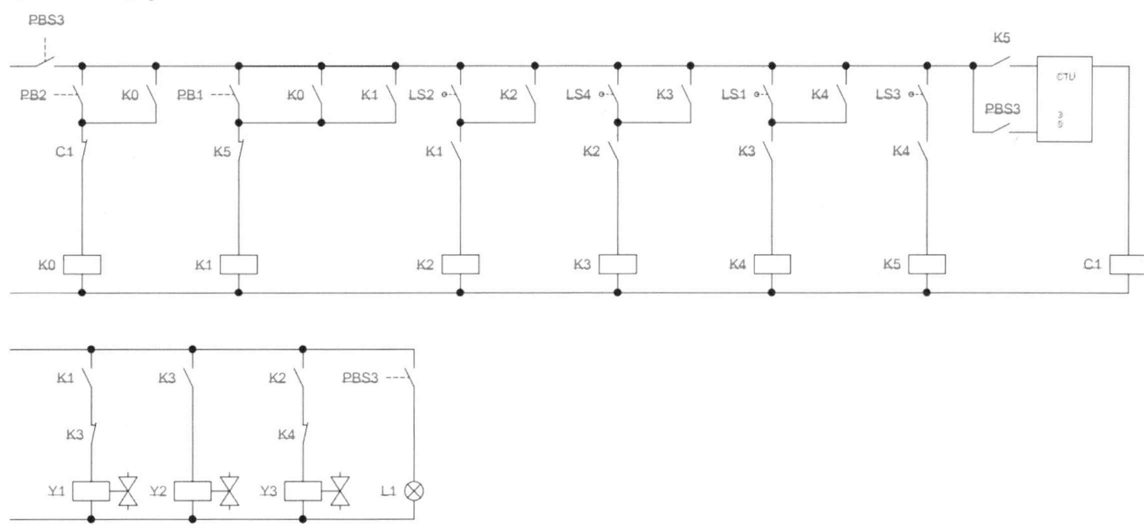

공개 ⑧안 과제 풀이

1. 유압회로 설계 및 구성

1) 기본동작 요구사항

PBS1을 1회 ON-OFF하면 주어진 변위단계선도에 따라 실린더 A, B가 1사이클 동작하도록 시스템을 구성하시오(단, 전기 배선은 +는 적색으로, -는 청색 또는 흑색으로 연결하고, 전선이 시스템 동작에 영향을 주지 않도록 정리하시오).

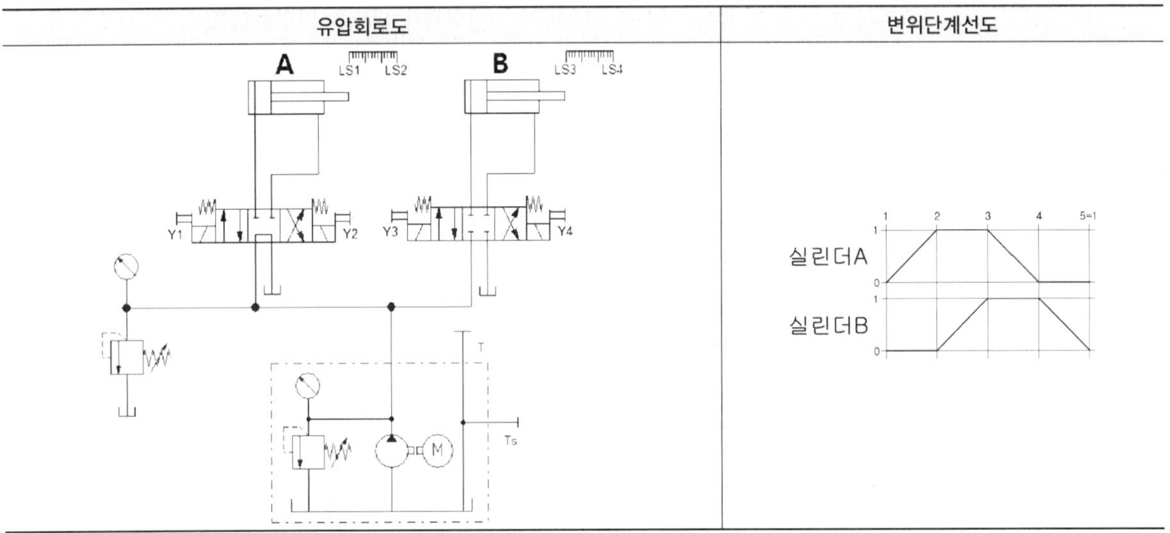

풀이 기본동작 전기회로도 설계하기

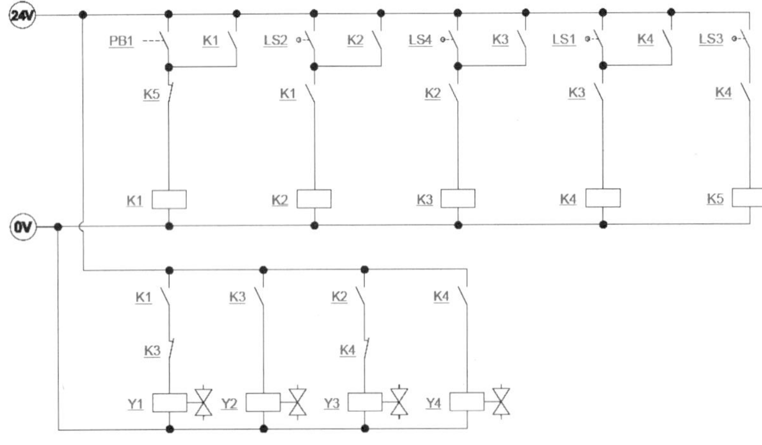

2) **연속동작** : PBS2를 1회 ON-OFF하면 기본동작을 3사이클 동작한 후 정지하고, PBS3를 1회 ON-OFF하면 리셋되도록 시스템을 구성하시오.

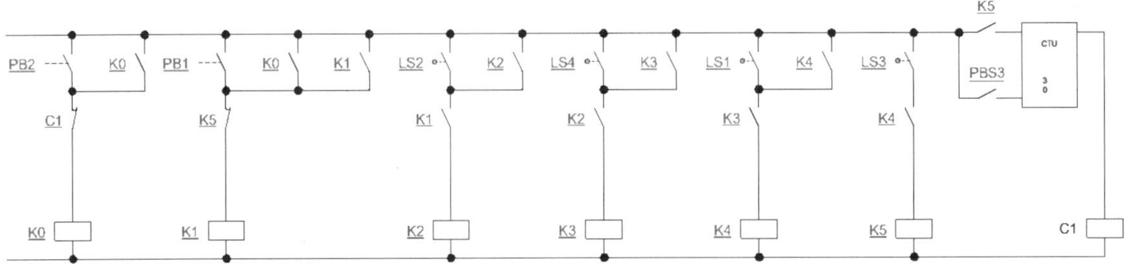

3) 시스템 유지보수

가) 전기타이머를 사용하여 실린더 A의 전진이 완료되면 3초 후에 실린더 B가 동작하도록 전기회로도를 변경하고 시스템을 구성하시오.

나) 연속동작을 수행하는 동안 램프1이 점등되고 동작 완료 후 소등되도록 전기회로도를 변경하고 시스템을 구성하시오.

다) 실린더 A, B의 전진속도를 조절하기 위하여 일방향 유량조절밸브를 사용하여 미터인방식으로 회로를 구성하시오.

라) 실린더 A의 전진 리밋 스위치 LS2를 제거하고 압력 스위치를 설치하여 전진 완료 후 압력 스위치의 설정압력(3MPa)에 도달했을 때 실린더 B가 작동하도록 회로를 변경하시오.

풀이 시스템 유지보수 회로 변경

가) 유압회로도 변경

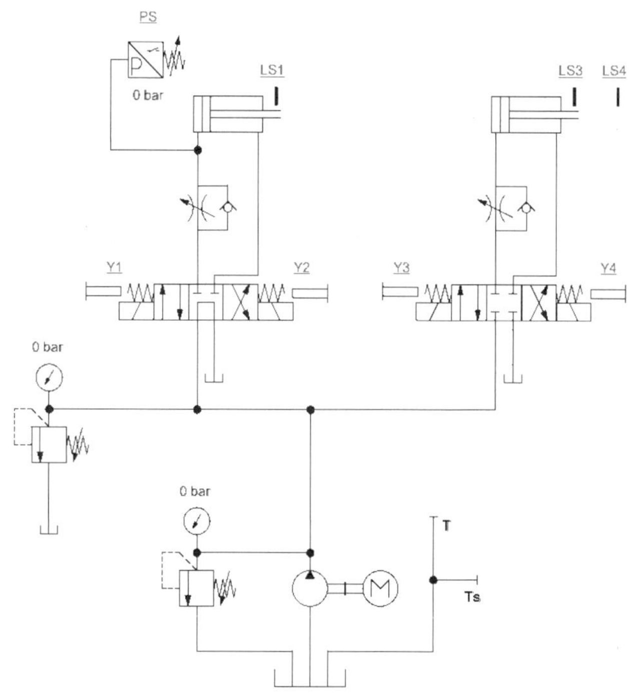

나) 전기회로도 변경

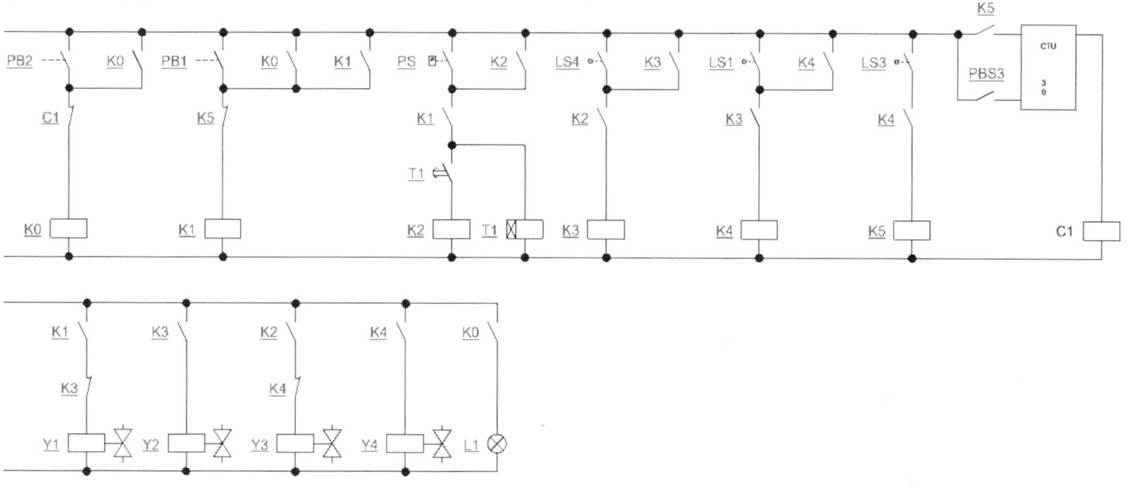

공개 ⑨안 과제 풀이

1. 유압회로 설계 및 구성

1) **기본동작** : PBS1을 1회 ON-OFF하면 주어진 변위단계선도에 따라 실린더 A, B가 1사이클 동작하도록 시스템을 구성하시오(단, 전기 배선은 +는 적색으로, -는 청색 또는 흑색으로 연결하고, 전선이 시스템 동작에 영향을 주지 않도록 정리하시오).

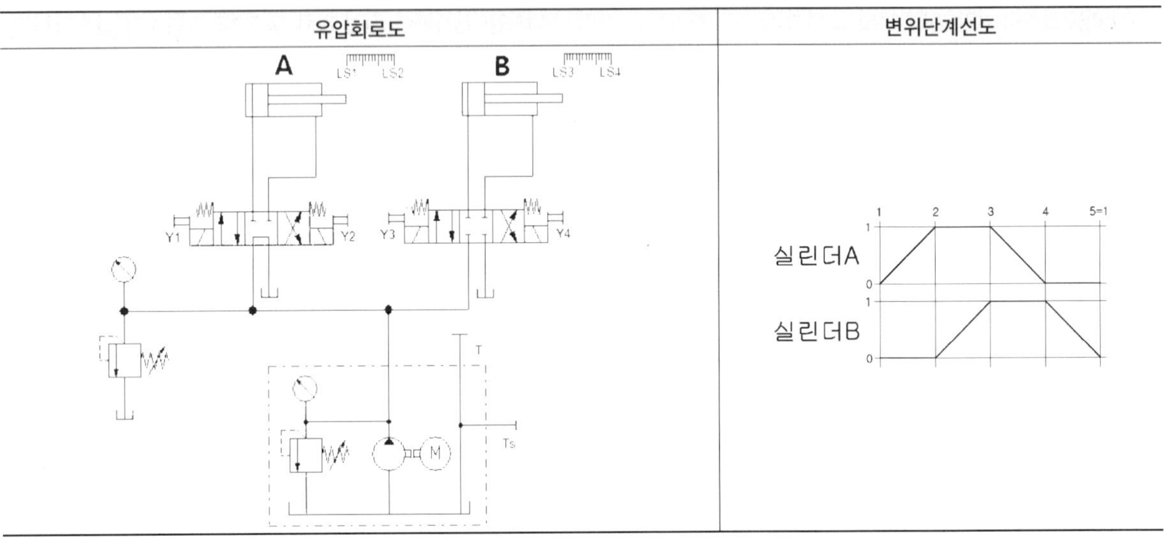

풀이 기본동작 전기회로도 설계하기

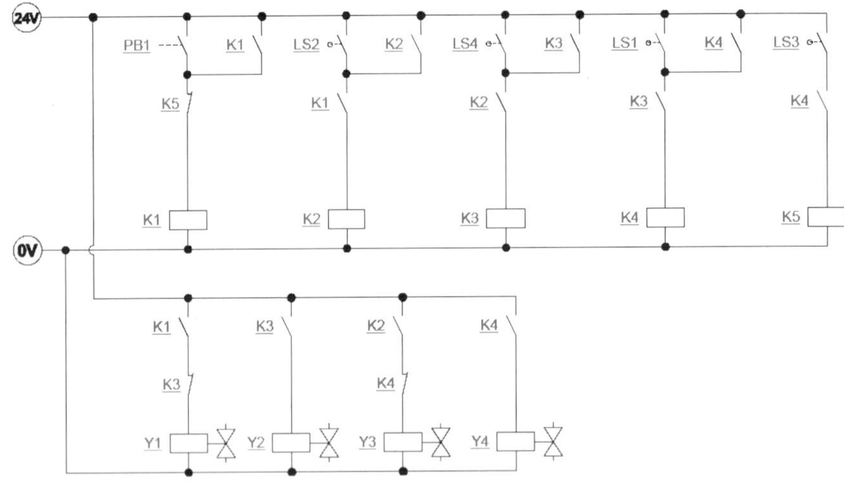

2) **연속동작** : PBS2를 1회 ON-OFF하면 기본동작을 3사이클 동작한 후 정지하고, PBS3를 1회 ON-OFF하면 리셋되도록 시스템을 구성하시오.

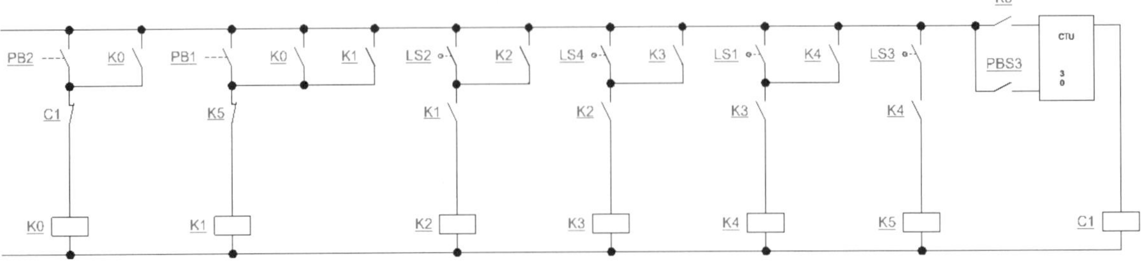

3) 시스템 유지보수

가) 실린더 A의 전진이 완료되면 3초 후에 실린더 B가 동작하도록 전기타이머를 사용하여 전기회로도를 변경하고 시스템을 구성하시오.

나) 실린더 A, B의 전진속도를 조절하기 위하여 일방향 유량조절밸브를 사용하여 미터인방식으로 회로를 구성하시오.

다) 실린더 B의 전진운동 시 자중낙하방지회로를 구성하시오(단, 릴리프밸브, 체크밸브, 압력게이지를 사용하여 카운터밸런스회로를 구성하고 압력을 2MPa로 설정하시오).

라) 유압유의 역류를 방지하기 위해 파워유닛의 토출구에 체크밸브를 추가하여 구성하시오.

풀이 시스템 유지보수 회로 변경

가) 유압회로도 변경

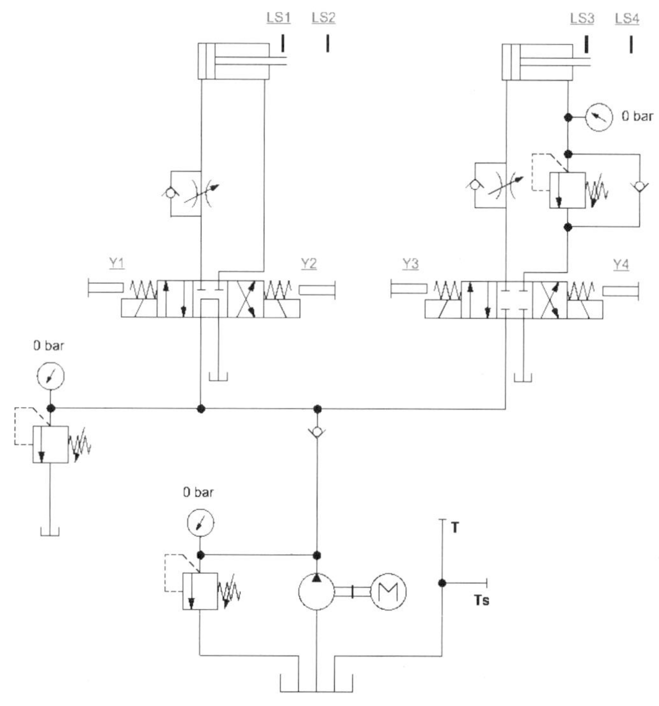

나) 전기회로도 변경

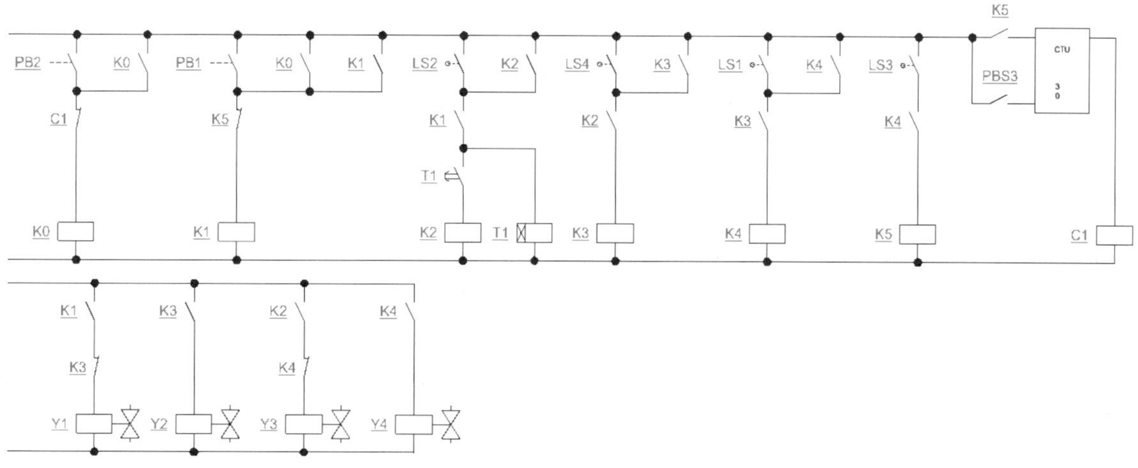

공개 ⑩안 과제 풀이

1. 유압회로 설계 및 구성

1) **기본동작** : PBS1을 1회 ON-OFF하면 주어진 변위단계선도에 따라 실린더 A, B가 1사이클 동작하도록 시스템을 구성하시오(단, 전기 배선은 +는 적색으로, -는 청색 또는 흑색으로 연결하고, 전선이 시스템 동작에 영향을 주지 않도록 정리하시오).

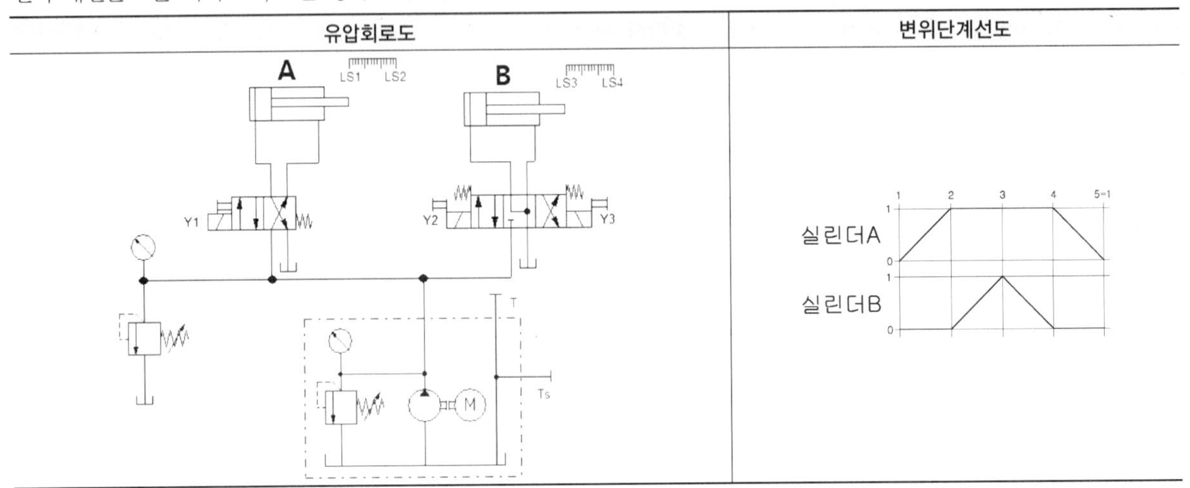

풀이 기본동작 전기회로도 설계하기

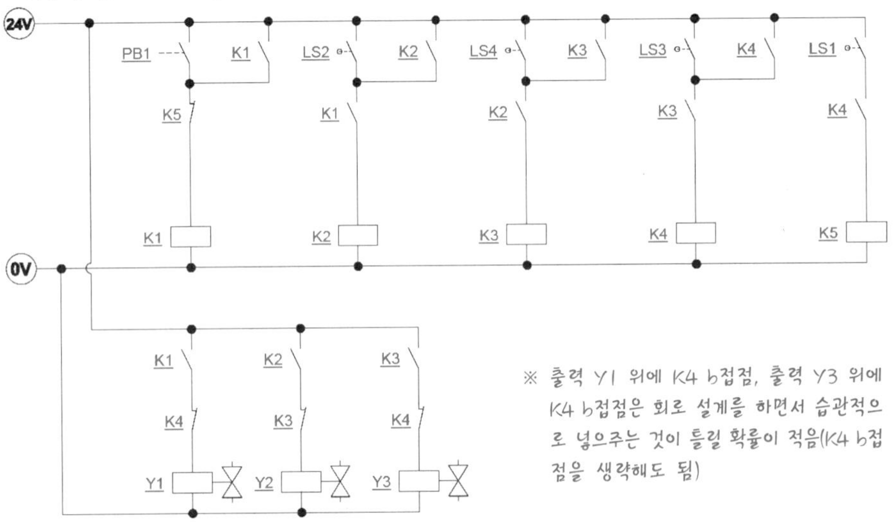

※ 출력 Y1 위에 K4 b접점, 출력 Y3 위에 K4 b접점은 회로 설계를 하면서 습관적으로 넣어주는 것이 틀릴 확률이 적음(K4 b접점을 생략해도 됨)

2) **연속동작** : PBS2를 1회 ON-OFF하면 기본동작을 3사이클 동작한 후 정지하고, PBS3를 1회 ON-OFF하면 리셋되도록 시스템을 구성하시오.

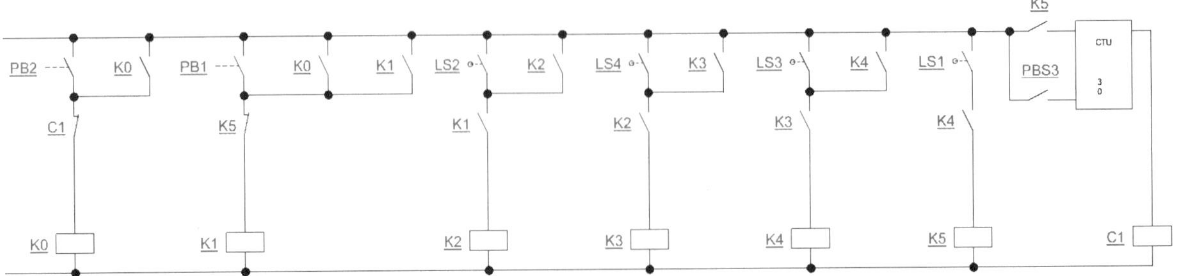

3) 시스템 유지보수

가) 실린더 A의 후진속도를 조절하기 위하여 일방향 유량조절밸브를 사용하여 미터인방식으로 회로를 구성하시오.

나) 유지형 스위치를 누르면 램프1이 점등되고, 램프1이 점등된 상태에서 PBS1을 누르면 기본동작을, PBS2를 누르면 연속동작을 동작하도록 전기회로도를 변경하고 시스템을 구성하시오(단, 유지형 스위치를 누르지 않은 상태에서는 램프1이 점등되지 않고 기본/연속동작이 동작되지 않도록 하시오).

다) 실린더 B의 로드측에 파일럿 조작체크밸브를 이용하여 로킹회로가 되도록 변경하시오.

라) 유압유의 역류를 방지하기 위해 파워유닛의 토출구에 체크밸브를 추가하여 구성하시오.

풀이 시스템 유지보수 회로 변경

가) 유압회로도 변경

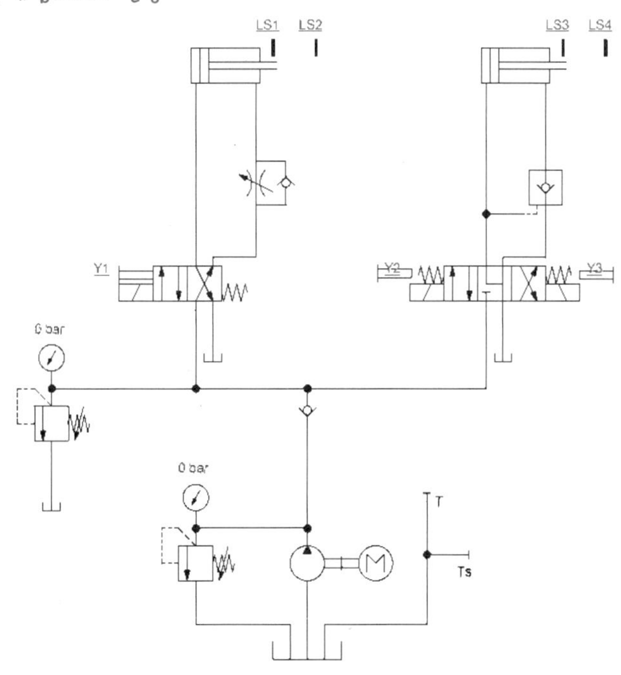

나) 전기회로도 변경

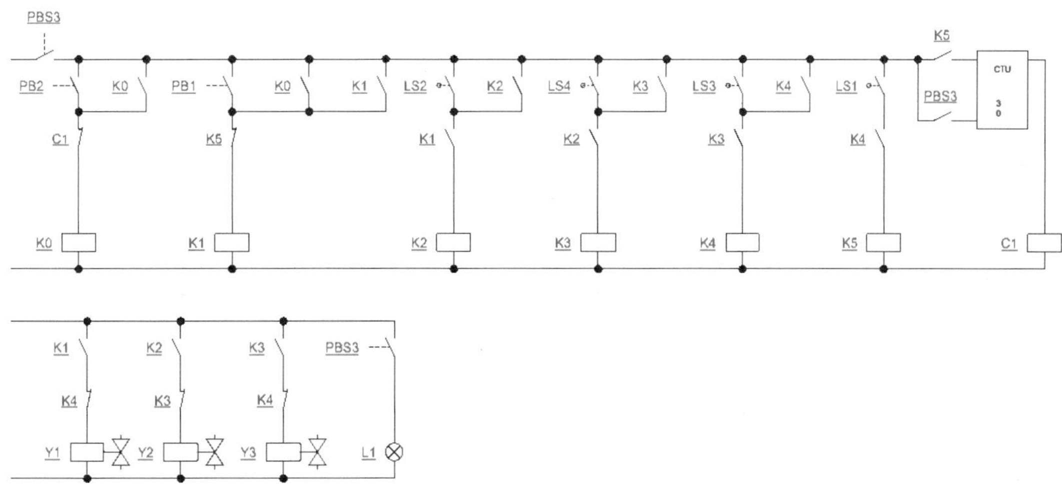

공개 ⑪안 과제 풀이

1. 유압회로 설계 및 구성

1) **기본동작** : PBS1을 1회 ON-OFF하면 주어진 변위단계선도에 따라 실린더 A, B가 1사이클 동작하도록 시스템을 구성하시오(단, 전기 배선은 +는 적색으로, -는 청색 또는 흑색으로 연결하고, 전선이 시스템 동작에 영향을 주지 않도록 정리하시오).

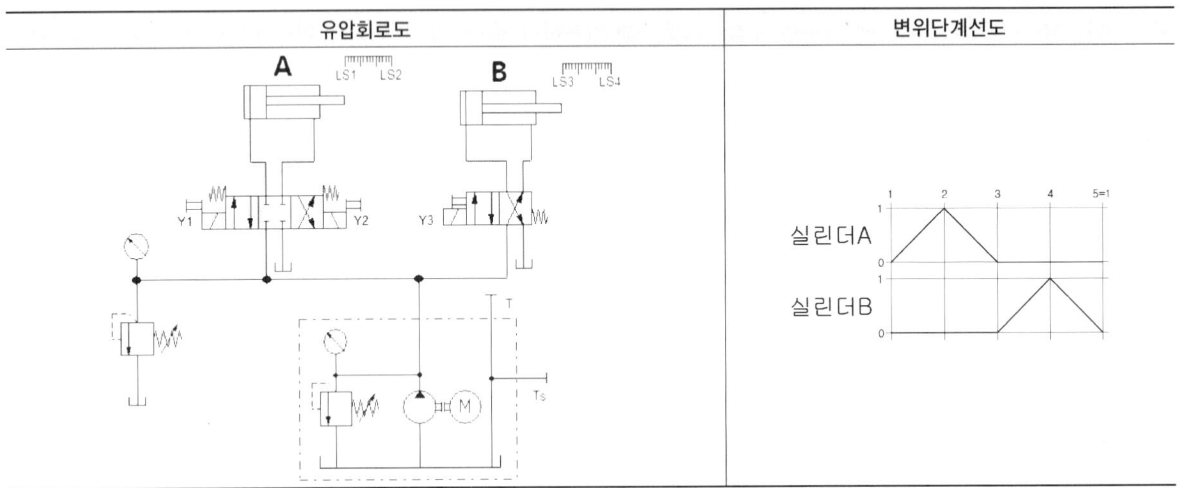

풀이 기본동작 전기회로도 설계하기

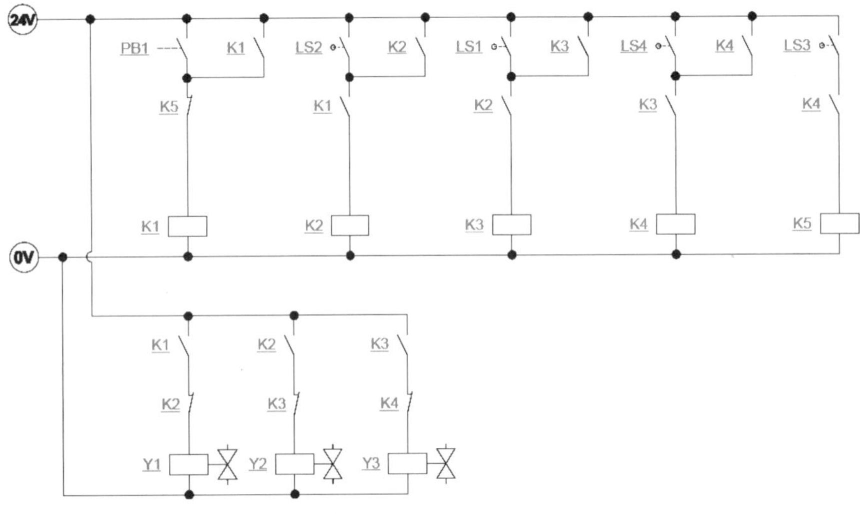

2) **연속동작** : PBS2를 1회 ON-OFF하면 기본동작을 3사이클 동작한 후 정지하고, PBS3를 1회 ON-OFF하면 리셋되도록 시스템을 구성하시오.

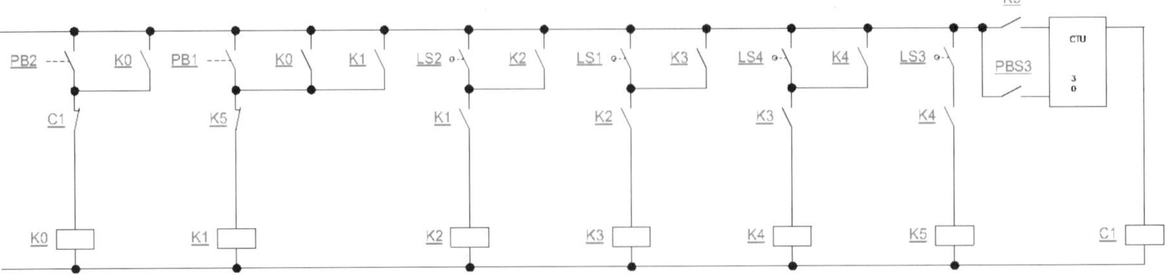

3) 시스템 유지보수

가) 실린더 A의 전진속도를 조절하기 위하여 블리드오프회로를 구성하시오.

나) 실린더 A의 전진이 완료되면 3초 후에 실린더 A가 후진하도록 전기타이머를 사용하여 전기회로도를 변경하고 시스템을 구성하시오.

다) 실린더 B의 전진속도를 조절하기 위하여 일방향 유량조절밸브를 사용하여 미터인방식으로 회로를 구성하시오.

라) 실린더 B의 전진 리밋 스위치 LS4를 제거하고 압력 스위치를 설치하여 후진 완료 후 압력 스위치의 설정압력(3MPa)에 도달했을 때 다음 동작이 작동하도록 회로를 변경하시오.

풀이 시스템 유지보수 회로 변경

가) 유압회로도 변경

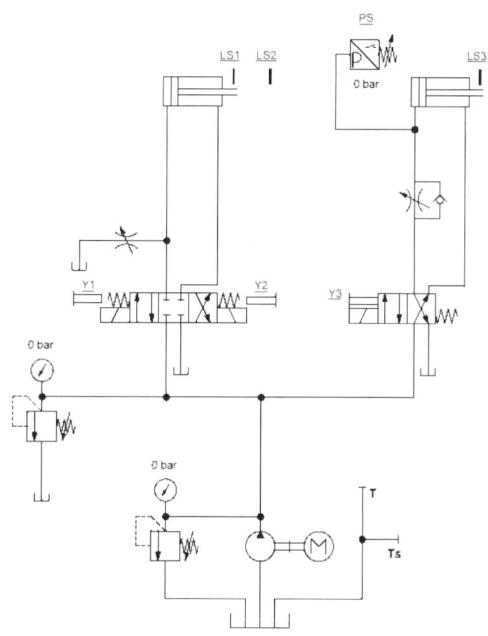

나) 전기회로도 변경

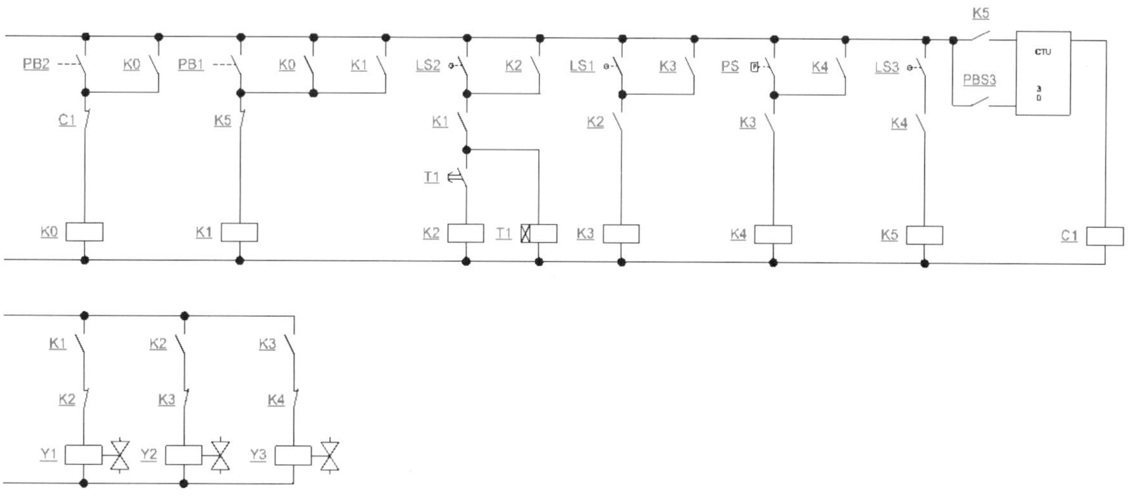

공개 ⑫안 과제 풀이

1. 유압회로 설계 및 구성

1) **기본동작** : PBS1을 1회 ON-OFF하면 주어진 변위단계선도에 따라 실린더 A, B가 1사이클 동작하도록 시스템을 구성하시오(단, 전기 배선은 +는 적색으로, -는 청색 또는 흑색으로 연결하고, 전선이 시스템 동작에 영향을 주지 않도록 정리하시오).

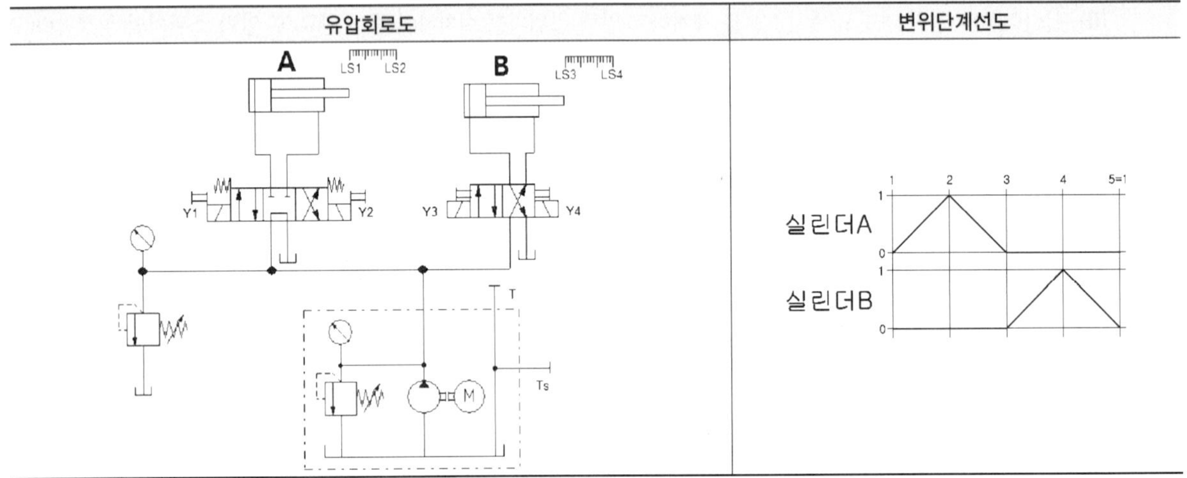

풀이 기본동작 전기회로도 설계하기

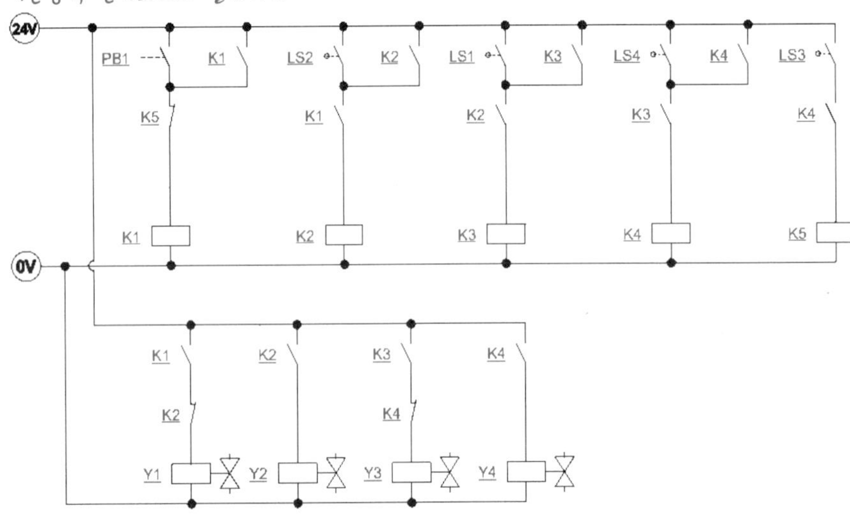

2) **연속동작** : PBS2를 1회 ON-OFF하면 기본동작을 3사이클 동작한 후 정지하고, PBS3를 1회 ON-OFF하면 리셋되도록 시스템을 구성하시오.

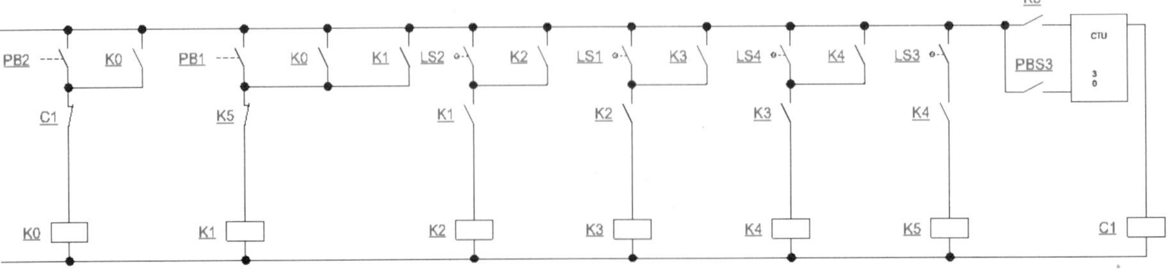

3) 시스템 유지보수

가) 유지형 스위치를 누르면 램프1이 점등되고, 램프1이 점등된 상태에서 PBS1을 누르면 기본동작을, PBS2를 누르면 연속동작을 동작하도록 전기회로도를 변경하고 시스템을 구성하시오(단, 유지형 스위치를 누르지 않은 상태에서는 램프1이 점등되지 않고 기본/연속동작이 동작되지 않도록 하시오).

나) 실린더 A의 전・후진속도가 제어되도록 공급라인에 양방향 유량조절밸브를 사용하여 회로를 구성하시오.

다) 실린더 B의 전진운동 시 자중낙하방지회로를 구성하시오(단 릴리프밸브, 체크밸브, 압력게이지를 사용하여 카운터밸런스회로를 구성하고 압력을 2MPa로 설정하시오).

라) 유압유의 역류를 방지하기 위해 파워유닛의 토출구에 체크밸브를 추가하여 구성하시오.

풀이 시스템 유지보수 회로 변경

가) 유압회로도 변경

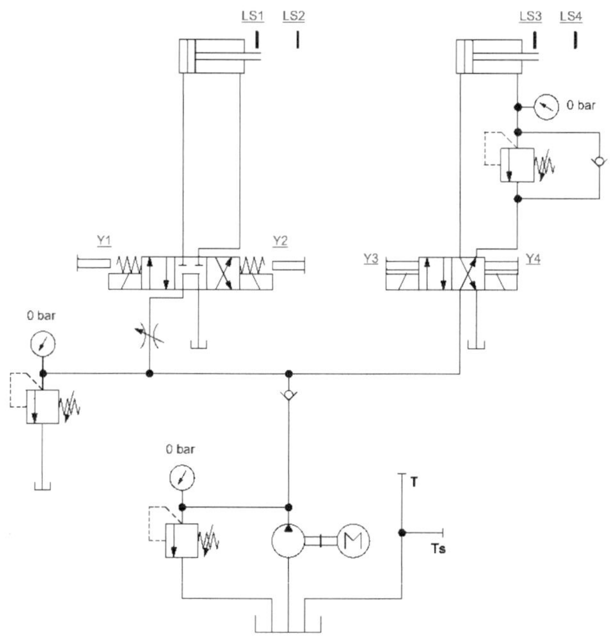

나) 전기회로도 변경

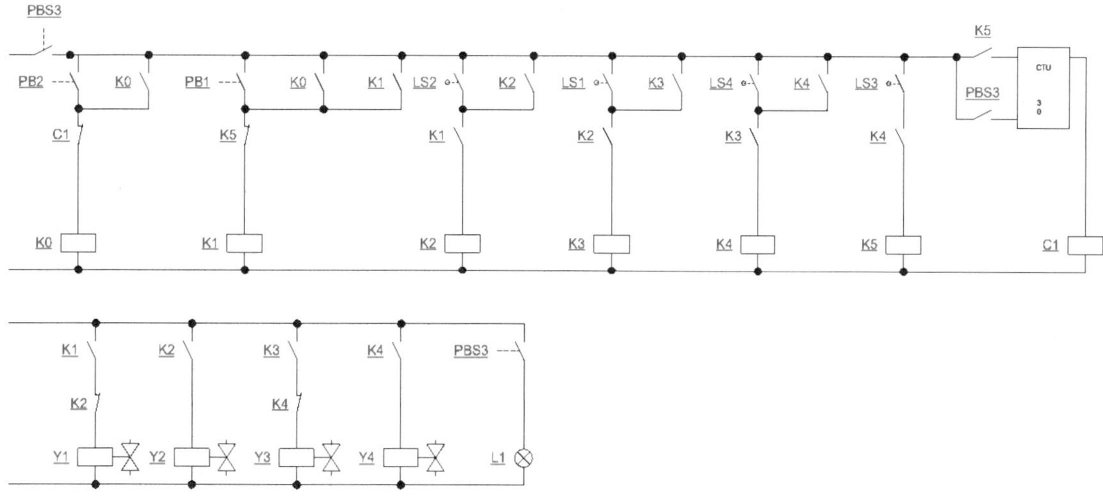

공개 ⑬안 과제 풀이

1. 유압회로 설계 및 구성

1) **기본동작** : PBS1을 1회 ON-OFF하면 주어진 변위단계선도에 따라 실린더 A, B가 1사이클 동작하도록 시스템을 구성하시오(단, 전기 배선은 +는 적색으로, -는 청색 또는 흑색으로 연결하고, 전선이 시스템 동작에 영향을 주지 않도록 정리하시오).

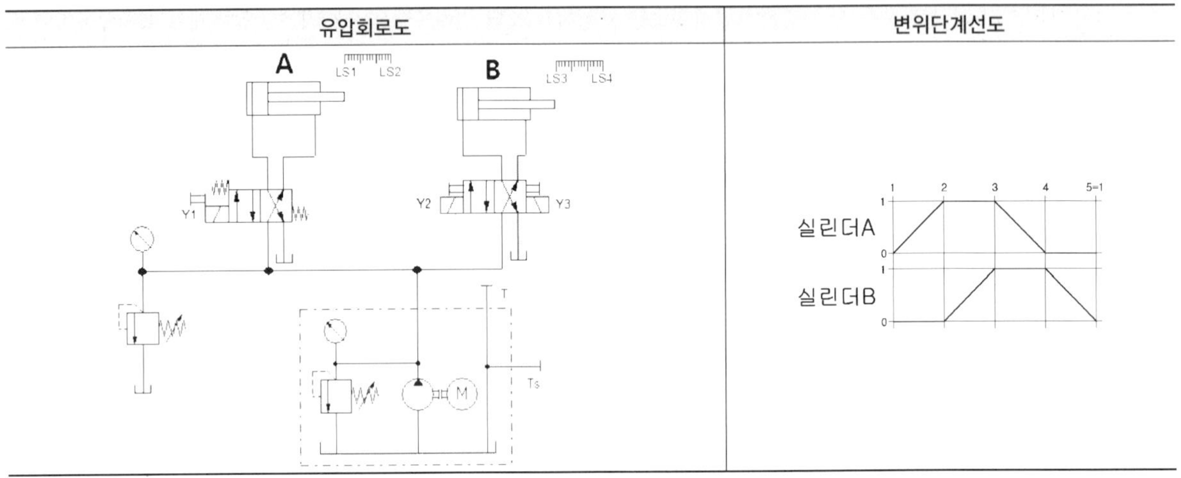

풀이 기본동작 전기회로도 설계하기

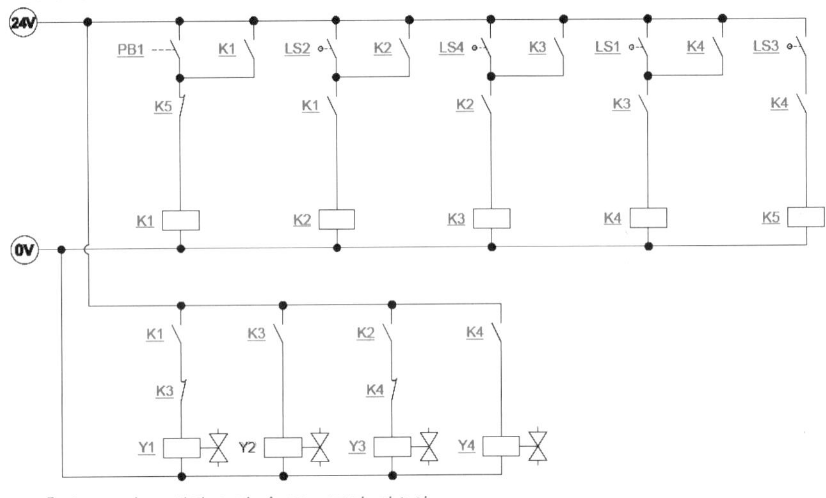

※ 출력의 Y2는 A실린더 양 솔레노이드일 경우임

2) **연속동작** : PBS2를 1회 ON-OFF하면 기본동작을 3사이클 동작한 후 정지하고, PBS3를 1회 ON-OFF하면 리셋되도록 시스템을 구성하시오.

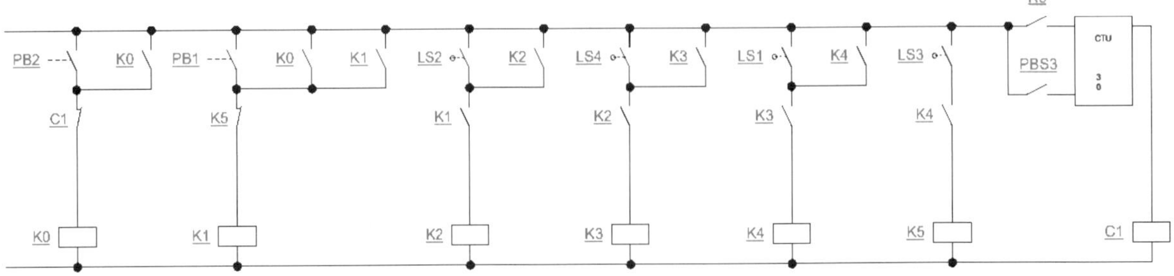

3) 시스템 유지보수

가) 실린더 A의 전진이 완료되면 3초 후에 실린더 B가 동작하도록 전기타이머를 사용하여 전기회로도를 변경하고 시스템을 구성하시오.

나) 실린더 A, B의 전진속도를 조절하기 위하여 일방향 유량조절밸브를 사용하여 미터인방식으로 회로를 구성하시오.

다) 실린더 B측 전진라인에 감압밸브와 압력게이지를 추가로 설치하여 유압회로도를 변경하고, 감압밸브의 압력이 2MPa 이 되도록 조정하시오.

라) 실린더 A의 로드측에 파일럿 조작체크밸브를 이용하여 로킹회로가 되도록 변경하시오.

풀이 시스템 유지보수 회로 변경

가) 유압회로도 변경

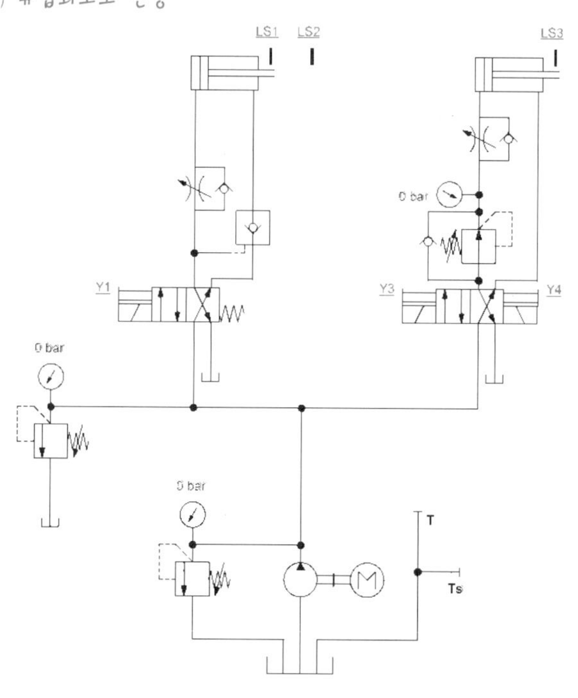

※ 감압밸브를 설치한 후 실린더 B가 후진이 잘되지 않으면 체크밸브를 설치(후진이 잘되면 체크밸브는 생략 가능, 유로의 화살표가 양방향형인지 확인 후 사용)

나) 전기회로도 변경

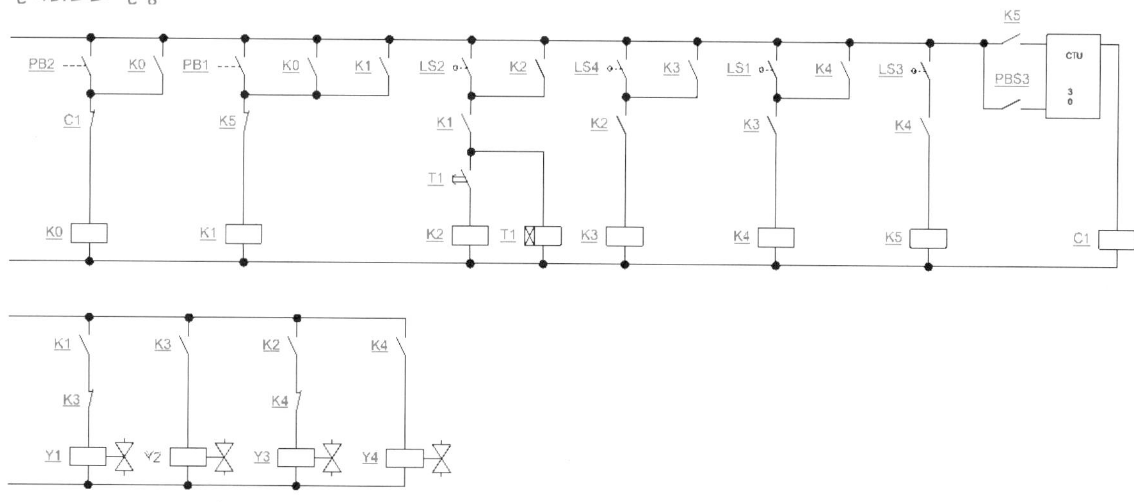

공개 ⑭안 과제 풀이

1. 유압회로 설계 및 구성

1) 기본동작 : PBS1을 1회 ON-OFF하면 주어진 변위단계선도에 따라 실린더 A, B가 1사이클 동작하도록 시스템을 구성하시오(단, 전기 배선은 +는 적색으로, -는 청색 또는 흑색으로 연결하고, 전선이 시스템 동작에 영향을 주지 않도록 정리하시오).

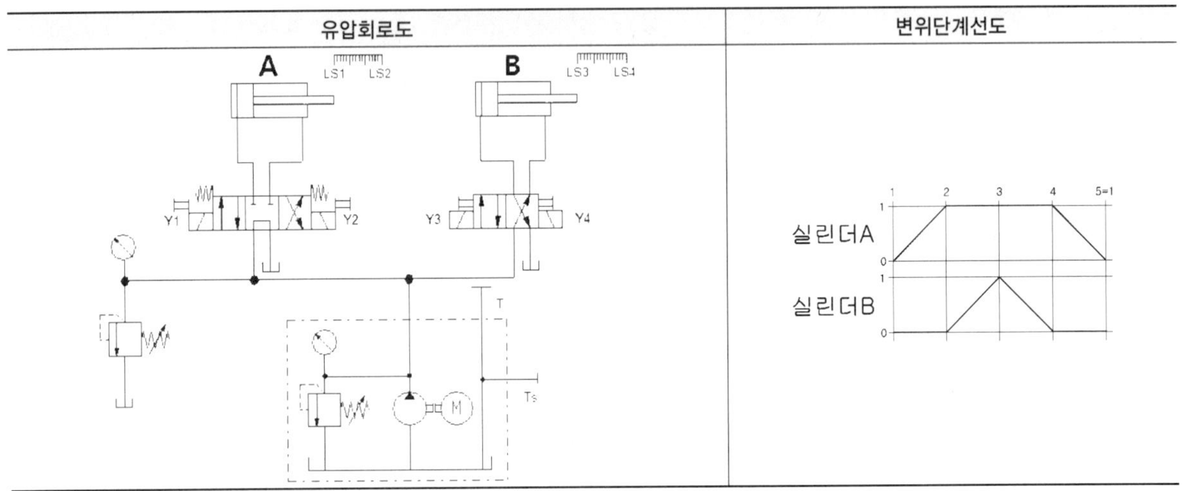

풀이 기본동작 전기회로도 설계하기

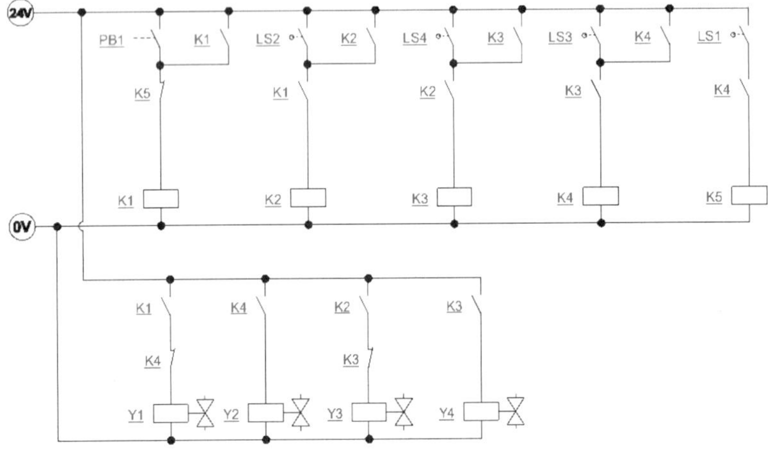

2) 연속동작 : PBS2를 1회 ON-OFF하면 기본동작을 3사이클 동작한 후 정지하고, PBS3를 1회 ON-OFF하면 리셋되도록 시스템을 구성하시오.

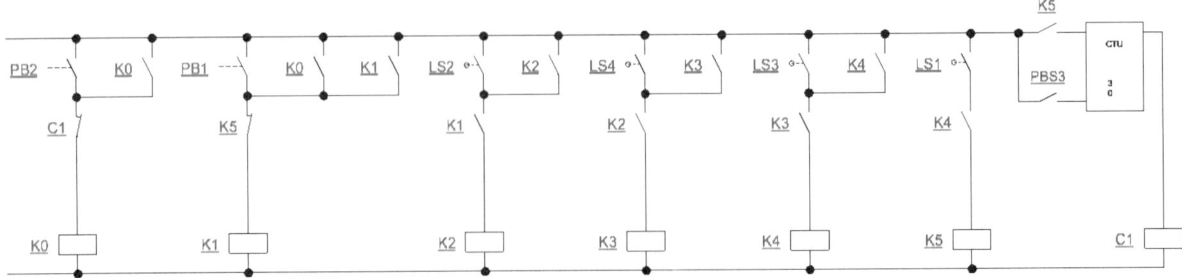

3) 시스템 유지보수

가) 실린더 B의 후진이 완료되면 3초 후에 다음 동작이 동작하도록 전기타이머를 사용하여 전기회로도를 변경하고 시스템을 구성하시오.

나) 실린더 A, B의 전진속도를 조절하기 위하여 일방향 유량조절밸브를 사용하여 미터인방식으로 회로를 구성하시오.

다) 실린더 A의 전진 리밋 스위치 LS2를 제거하고 압력 스위치를 설치하여 전진 완료 후 압력 스위치의 설정압력(3MPa)에 도달했을 때 실린더 B가 작동하도록 회로를 변경하시오.

라) 유압유의 역류를 방지하기 위해 파워유닛의 토출구에 체크밸브를 추가하여 구성하시오.

풀이 시스템 유지보수 회로 변경

가) 유압회로도 변경

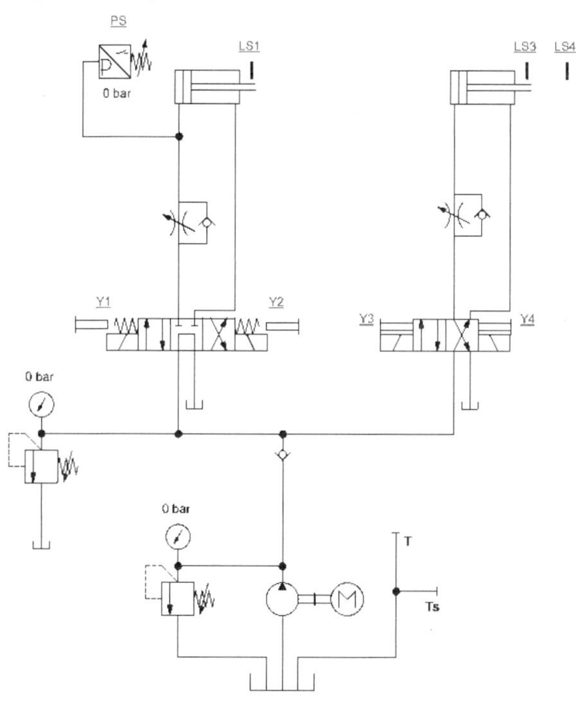

나) 전기회로도 변경

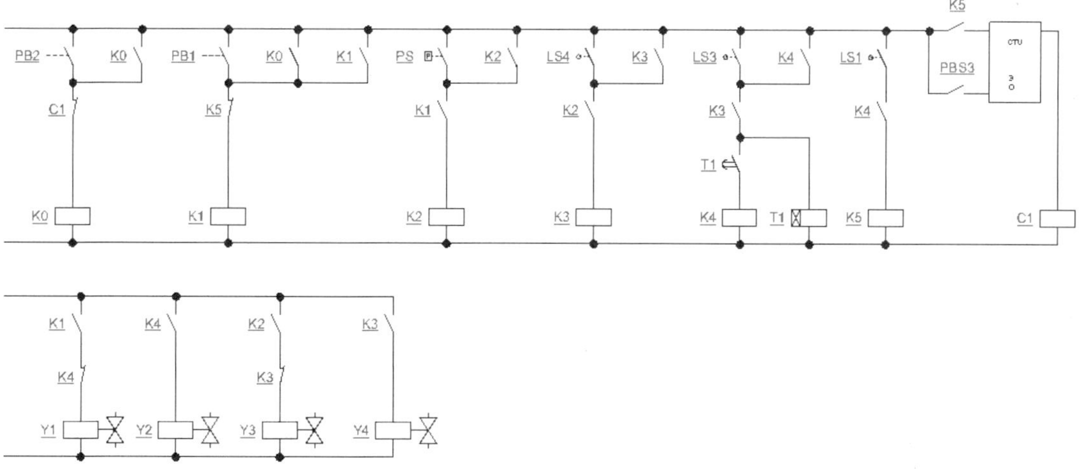

공개 ⑮안 과제 풀이

1. 유압회로 설계 및 구성

1) **기본동작** : PBS1을 1회 ON-OFF하면 주어진 변위단계선도에 따라 실린더 A, B가 1사이클 동작하도록 시스템을 구성하시오(단, 전기 배선은 +는 적색으로, -는 청색 또는 흑색으로 연결하고, 전선이 시스템 동작에 영향을 주지 않도록 정리하시오).

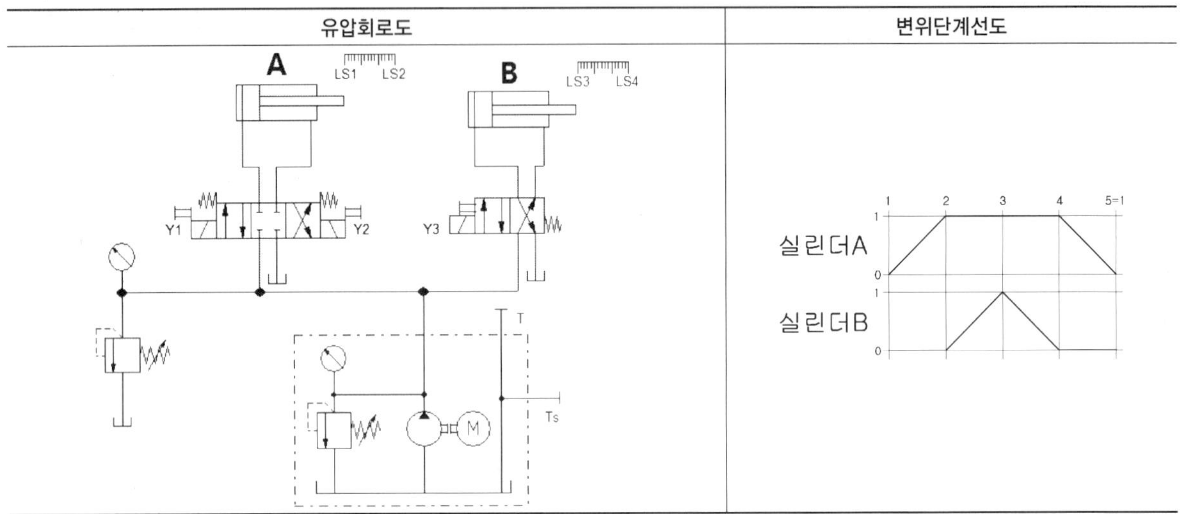

풀이 기본동작 전기회로도 설계하기

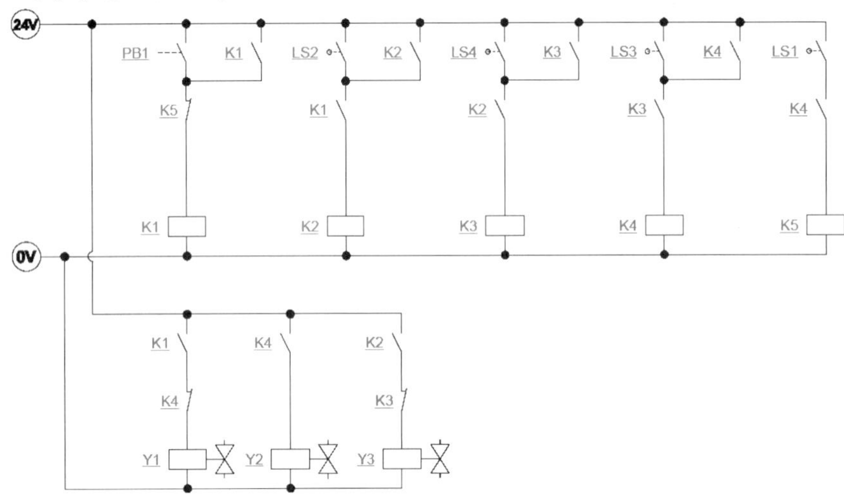

2) **연속동작** : PBS2를 1회 ON-OFF하면 기본동작을 3사이클 동작한 후 정지하고, PBS3를 1회 ON-OFF하면 리셋되도록 시스템을 구성하시오.

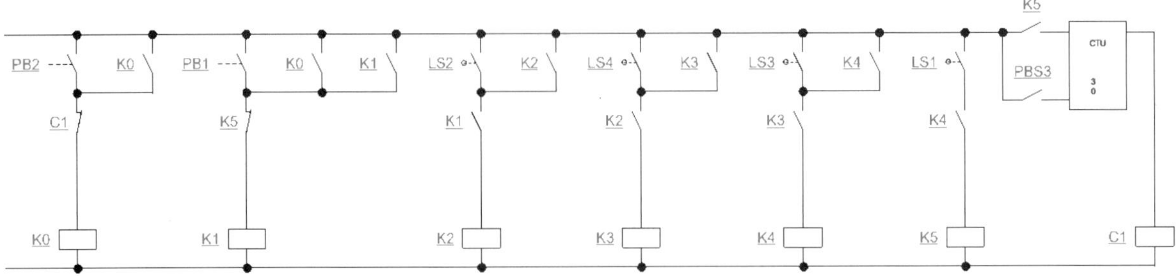

3) 시스템 유지보수

가) 연속동작을 수행하는 동안 램프1이 점등되고 동작 완료 후 소등되도록 전기회로도를 변경하고 시스템을 구성하시오.

나) 실린더 A의 전진속도가 제어되도록 블리드오프회로를 구성하시오.

다) 실린더 B의 전진 리밋 스위치 LS4를 제거하고 압력 스위치를 설치하여 전진 완료 후 압력 스위치의 설정압력(3MPa)에 도달했을 때 다음 동작이 작동하도록 회로를 변경하시오.

라) 실린더 B의 전진운동 시 자중낙하방지회로를 구성하시오(단 릴리프밸브, 체크밸브, 압력게이지를 사용하여 카운터밸런스회로를 구성하고 압력을 2MPa로 설정하시오).

풀이 시스템 유지보수 회로 변경

가) 유압회로도 변경

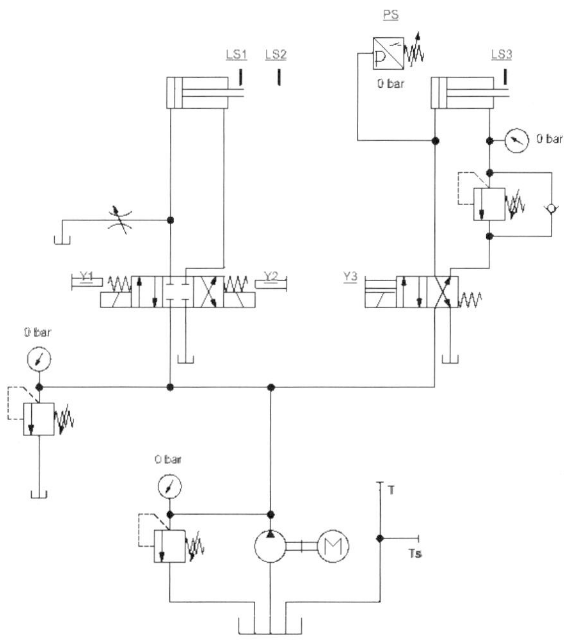

나) 전기회로도 변경

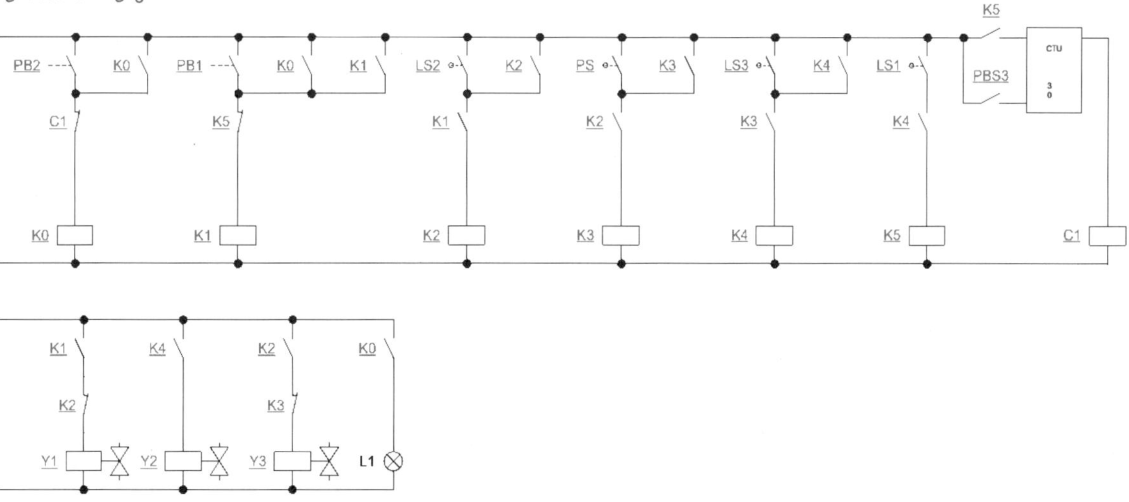

공개 ⑯안 과제 풀이

1. 유압회로 설계 및 구성

1) 기본동작 : PBS1을 1회 ON-OFF하면 주어진 변위단계선도에 따라 실린더 A, B가 1사이클 동작하도록 시스템을 구성하시오(단, 전기 배선은 +는 적색으로, -는 청색 또는 흑색으로 연결하고, 전선이 시스템 동작에 영향을 주지 않도록 정리하시오).

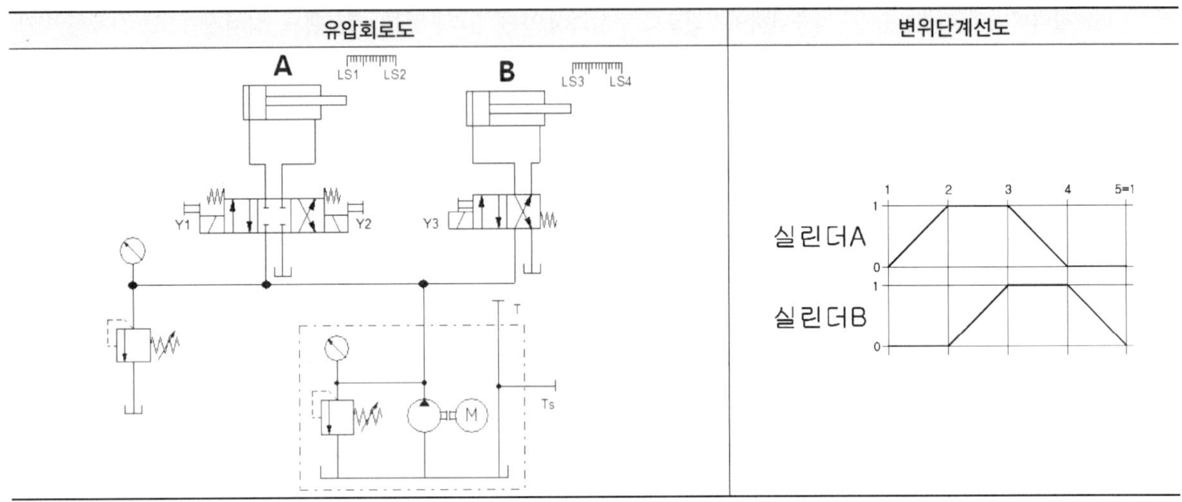

풀이 기본동작 전기회로도 설계하기

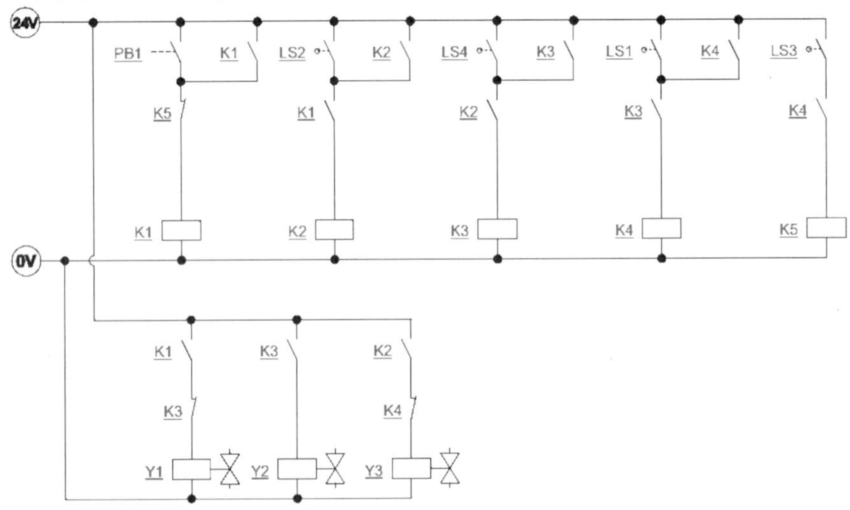

2) 연속동작 : PBS2를 1회 ON-OFF하면 기본동작을 3사이클 동작한 후 정지하고, PBS3를 1회 ON-OFF하면 리셋되도록 시스템을 구성하시오.

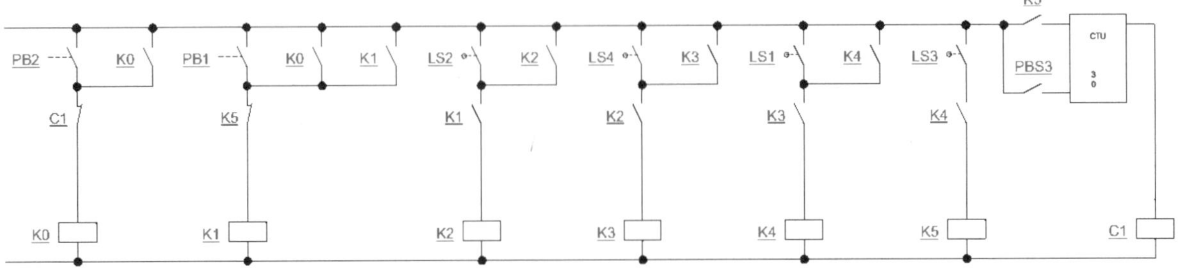

3) 시스템 유지보수

가) 실린더 A의 전진이 완료되면 3초 후에 실린더 B가 동작하도록 전기타이머를 사용하여 전기회로도를 변경하고 시스템을 구성하시오.

나) 실린더 A의 전진속도를 조절하기 위하여 일방향 유량조절밸브를 사용하여 미터인방식으로 회로를 구성하시오.

다) 실린더 A의 전진 리밋 스위치 LS2를 제거하고 압력 스위치를 설치하여 전진 완료 후 압력 스위치의 설정압력(3MPa)에 도달했을 때 실린더 B가 작동하도록 회로를 변경하시오.

라) 실린더 B의 전진속도가 제어되도록 블리드오프회로를 구성하시오.

풀이 시스템 유지보수 회로 변경

가) 유압회로도 변경

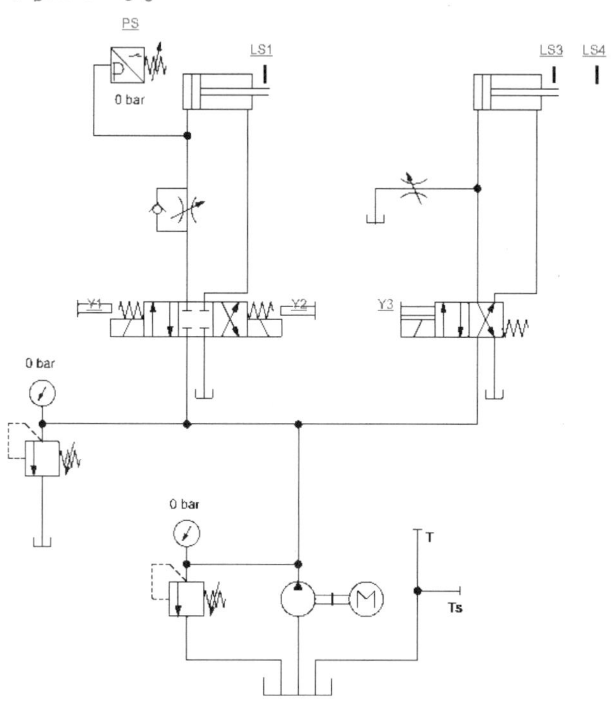

나) 전기회로도 변경

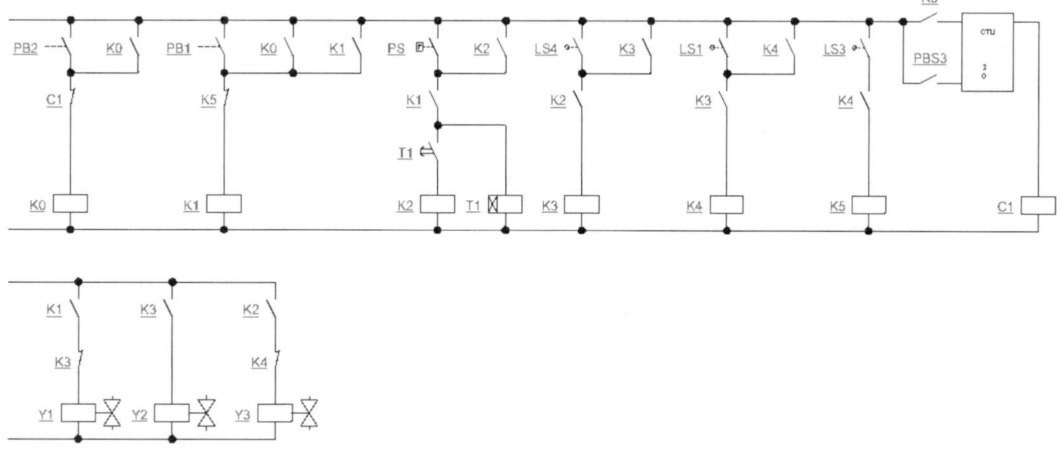

공개 ⑰안 과제 풀이

1. 유압회로 설계 및 구성

1) **기본동작** : PBS1을 1회 ON-OFF하면 주어진 변위단계선도에 따라 실린더 A, B가 1사이클 동작하도록 시스템을 구성하시오(단, 전기 배선은 +는 적색으로, -는 청색 또는 흑색으로 연결하고, 전선이 시스템 동작에 영향을 주지 않도록 정리하시오).

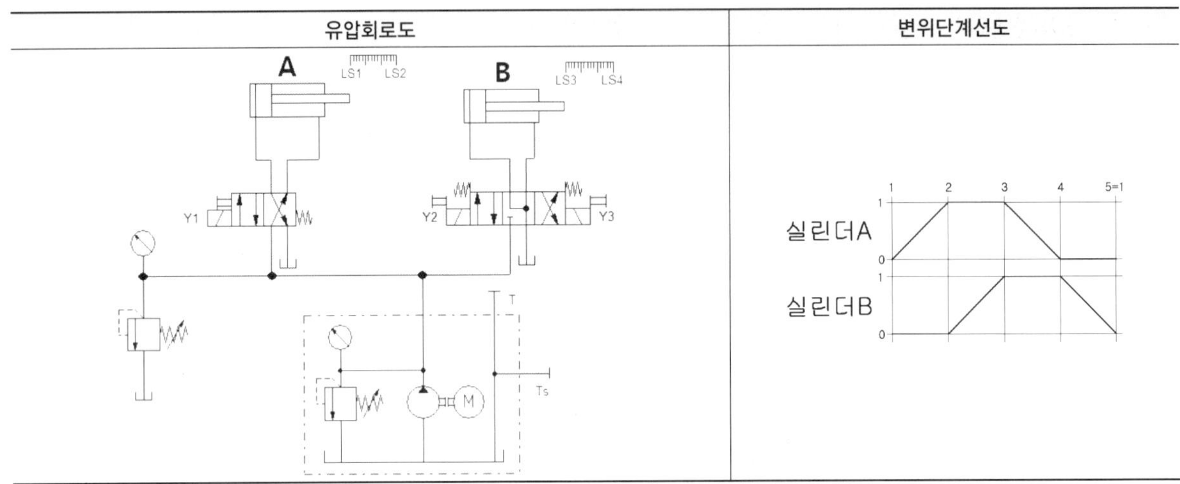

풀이 기본동작 전기회로도 설계하기

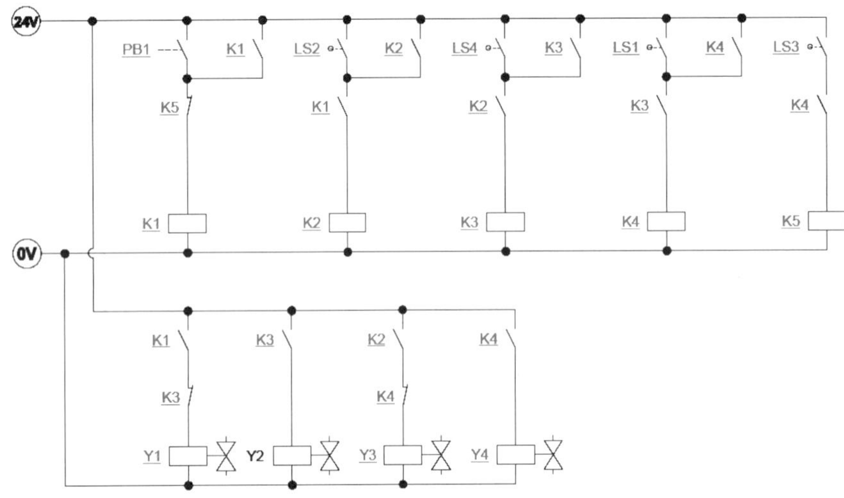

2) **연속동작** : PBS2를 1회 ON-OFF하면 기본동작을 3사이클 동작한 후 정지하고, PBS3를 1회 ON-OFF하면 리셋되도록 시스템을 구성하시오.

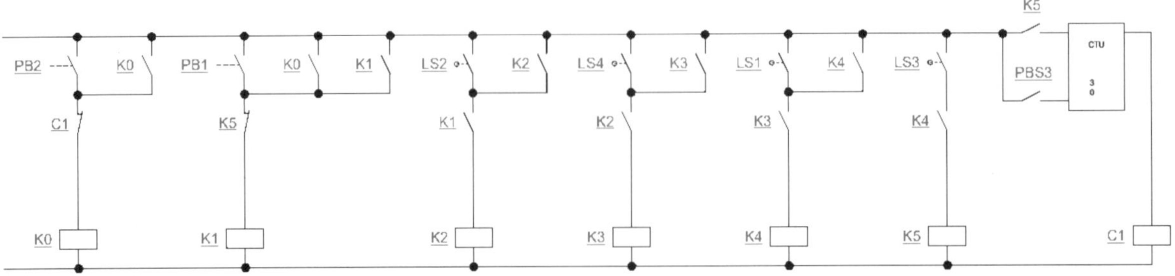

3) 시스템 유지보수

가) 연속동작을 수행하는 동안 램프1이 점등되고 동작 완료 후 소등되도록 전기회로도를 변경하고 시스템을 구성하시오.

나) 실린더 A의 전·후진속도가 제어되도록 공급라인에 양방향 유량조절밸브를 사용하여 회로를 구성하시오.

다) 실린더 B의 로드측에 파일럿 조작체크밸브를 이용하여 로킹회로가 되도록 변경하시오.

라) 유압유의 역류를 방지하기 위해 파워유닛의 토출구에 체크밸브를 추가하여 구성하시오.

풀이 시스템 유지보수 회로 변경

가) 유압회로도 변경

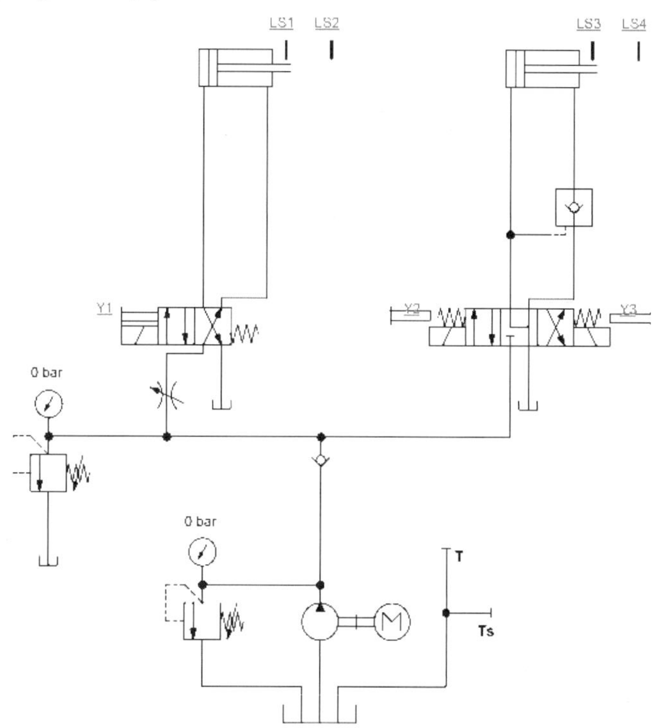

나) 전기회로도 변경

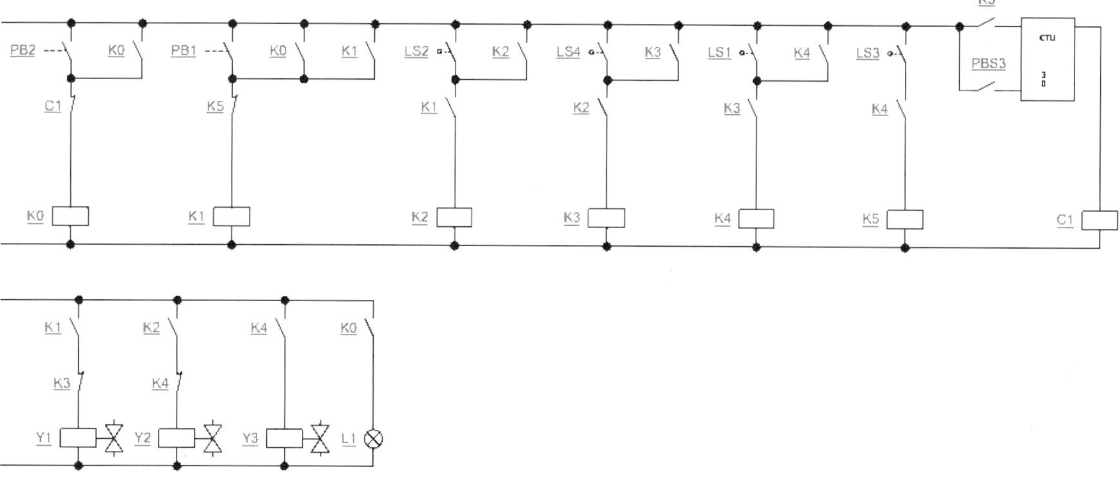

공개 ⑱안 과제 풀이

1. 유압회로 설계 및 구성

1) 기본동작 : PBS1을 1회 ON-OFF하면 주어진 변위단계선도에 따라 실린더 A, B가 1사이클 동작하도록 시스템을 구성하시오(단, 전기 배선은 +는 적색으로, -는 청색 또는 흑색으로 연결하고, 전선이 시스템 동작에 영향을 주지 않도록 정리하시오).

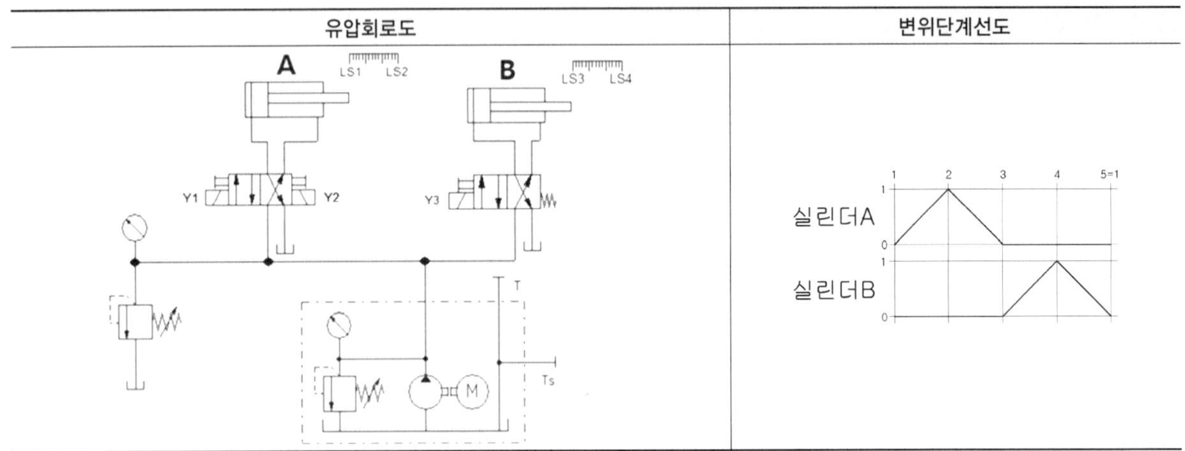

풀이 기본동작 전기회로도 설계하기

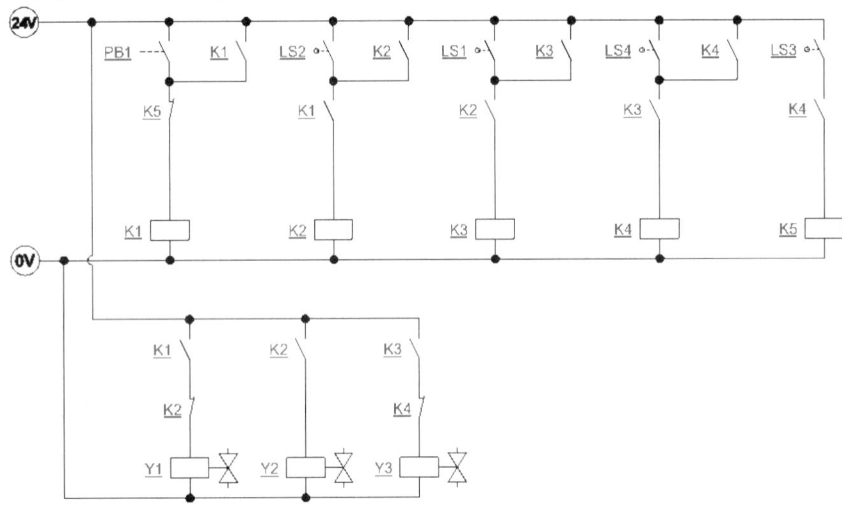

2) 연속동작 : PBS2를 1회 ON-OFF하면 기본동작을 3사이클 동작한 후 정지하고, PBS3를 1회 ON-OFF하면 리셋되도록 시스템을 구성하시오.

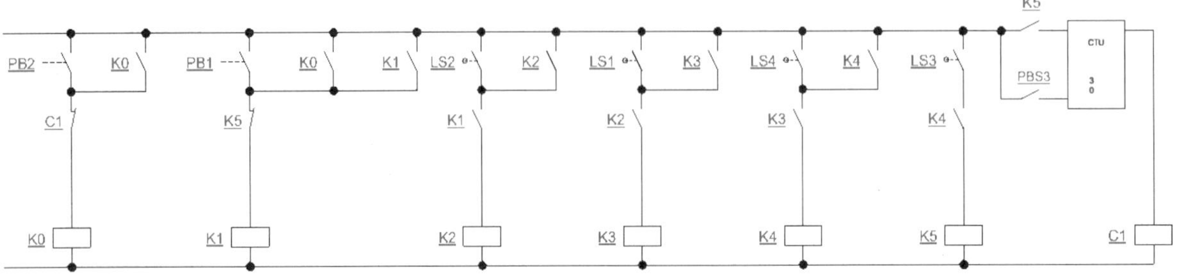

3) 시스템 유지보수

가) 연속동작을 수행하는 동안 램프1이 점등되고 동작 완료 후 소등되도록 전기회로도를 변경하고 시스템을 구성하시오.

나) 실린더 A의 전진이 완료되면 3초 후에 다음 동작이 동작하도록 전기타이머를 사용하여 전기회로도를 변경하고 시스템을 구성하시오.

다) 실린더 A측 전진라인에 감압밸브와 압력게이지를 추가로 설치하여 유압회로도를 변경하고, 감압밸브의 압력이 3MPa이 되도록 조정하시오.

라) 실린더 B의 전진 운동 시 자중낙하방지회로를 구성하시오(단 릴리프밸브, 체크밸브, 압력게이지를 사용하여 카운터밸런스회로를 구성하고 압력을 2MPa로 설정하시오).

풀이 시스템 유지보수 회로 변경

가) 유압회로도 변경

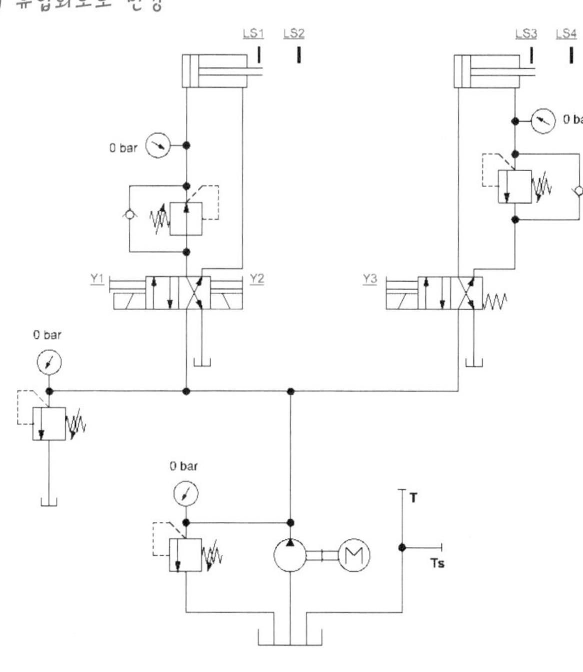

※ 감압밸브를 설치한 후 실린더 B가 후진이 잘되지 않으면 체크밸브를 설치(후진이 잘되면 체크밸브는 생략 가능, 유로의 화살표가 양방향형인지 확인 후 사용)

나) 전기회로도 변경

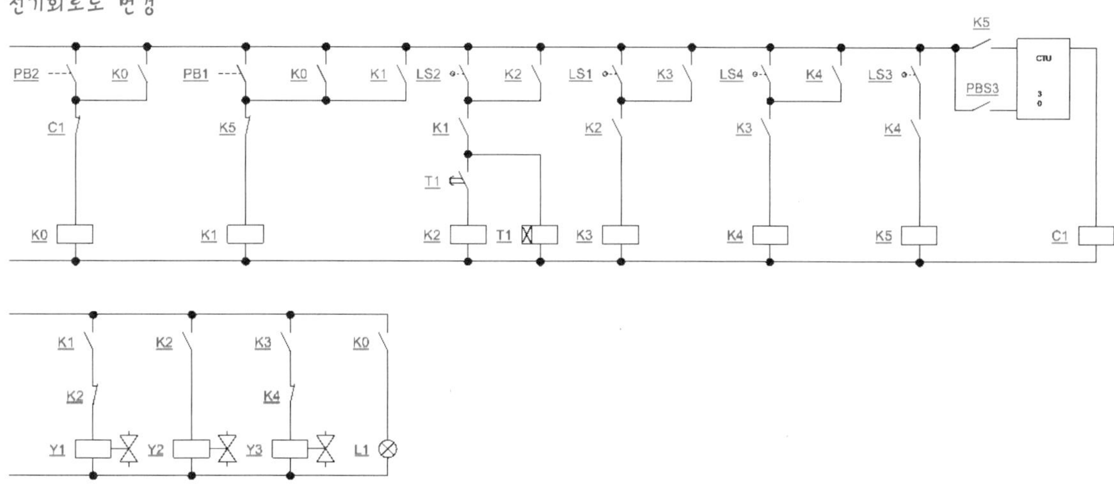

참 / 고 / 문 / 헌

- 기계기능사시험연구회, 기계기능사학과, 일진사, 2013년
- 김평식, 전기기능사, 일진사, 2011년
- 기계설계, 교육과학기술부. 2010년
- 자동화 설비, 교육과학기술부, 2010년
- 전기기기, 교육과학기술부, 2009년
- 공유압, 한국산업인력공단, 2007년
- 자동화 시스템 제어 이론, 한국산업인력공단, 2006년
- 기계일반, 교육인적자원부, 2006년
- 공유압일반, 한국산업인력공단, 2005년
- 이광식, 전산응용기계제도 기능사 필기 엑스파일, 다솔기계설계교육연구소, 2004년
- 용접시험연구회, 용접기능사 총정리, 성안당, 2002년
- 자동 제어 이론, 한국산업인력공단, 1999년

Win-Q 공유압기능사 필기+실기

개정10판1쇄 발행	2024년 01월 05일 (인쇄 2023년 10월 24일)
초 판 발 행	2014년 02월 10일 (인쇄 2013년 12월 31일)
발 행 인	박영일
책 임 편 집	이해욱
편 저	박창학
편 집 진 행	윤진영, 최 영
표지디자인	권은경, 길전홍선
편집디자인	정경일, 이현진
발 행 처	(주)시대고시기획
출 판 등 록	제10-1521호
주 소	서울시 마포구 큰우물로 75 [도화동 538 성지 B/D] 9F
전 화	1600-3600
팩 스	02-701-8823
홈 페 이 지	www.sdedu.co.kr

I S B N	979-11-383-6294-8(13550)
정 가	26,000원

※ 저자와의 협의에 의해 인지를 생략합니다.
※ 이 책은 저작권법의 보호를 받는 저작물이므로 동영상 제작 및 무단전재와 배포를 금합니다.
※ 잘못된 책은 구입하신 서점에서 바꾸어 드립니다.